经典译丛·信息与通信技术

统计信号处理基础
——估计与检测理论(卷 I、卷 II 合集)

Fundamentals of Statistical Signal Processing
Volume I: Estimation Theory

Fundamentals of Statistical Signal Processing
Volume II: Detection Theory

〔美〕 Steven M. Kay 著

罗鹏飞 张文明 刘 忠 赵艳丽 等译
罗鹏飞 审校

U0217866

電子工業出版社·
Publishing House of Electronics Industry
北京·BEIJING

内容简介

本书是一部经典的有关统计信号处理的权威著作。全书分为两卷，分别讲解了统计信号处理基础的估计理论与检测理论。

卷I详细介绍了经典估计理论和贝叶斯估计，总结了各种估计方法，考虑了维纳滤波和卡尔曼滤波，并介绍了对复数据和参数的估计方法。本卷给出了大量的应用实例，包括高分辨率谱分析、系统辨识、数字滤波器设计、自适应噪声对消、自适应波束形成、跟踪和定位等；并且设计了大量的习题来加深对基本概念的理解。

卷II全面介绍了计算机上实现的最佳检测算法，并且重点介绍了现实中的信号处理应用，包括现代语音通信技术及传统的声呐/雷达系统。本卷从检测的基础理论开始，回顾了高斯、χ^2、F、瑞利及莱斯概率密度；讲解了高斯随机变量的二次型，以及渐近高斯概率密度和蒙特卡洛性能评估；介绍了基于简单假设检验的检测理论，包括 Neyman-Pearson 准则、无关数据的处理、贝叶斯风险、多元假设检验，以及确定性信号和随机信号的检测。最后详细分析了适合于未知信号和未知噪声参数的复合假设检验。

本书可以作为电子信息类研究生的统计信号处理课程的教材或教学参考书，也可供从事信号处理的教学、科研和工程技术人员参考。

版权贸易合同登记号　图字：01-2010-8175

图书在版编目(CIP)数据

统计信号处理基础. 估计与检测理论. 卷I、卷II合集 / （美）史蒂文·M.凯(Steven M. Kay)著；罗鹏飞等译. 北京：电子工业出版社，2023.11
(经典译丛. 信息与通信技术)
书名原文：Fundamentals of Statistical Signal Processing, Volume I：Estimation Theory；Fundamentals of Statistical Signal Processing, Volume II：Detection Theory
ISBN 978-7-121-46748-6

I. ①统… II. ①史… ②罗… III. ①统计信号-信号处理 IV. ①TN911.72

中国国家版本馆 CIP 数据核字(2023)第 225787 号

责任编辑：冯小贝
印　　刷：三河市鑫金马印装有限公司
装　　订：三河市鑫金马印装有限公司
出版发行：电子工业出版社
　　　　　北京市海淀区万寿路 173 信箱　邮编：100036
开　　本：787×1092　1/16　印张：47　字数：1422 千字
版　　次：2023 年 11 月第 1 版
印　　次：2023 年 11 月第 1 次印刷
定　　价：199.00 元

凡所购买电子工业出版社图书有缺损问题，请向购买书店调换。若书店售缺，请与本社发行部联系，联系及邮购电话：(010)88254888，88258888。

质量投诉请发邮件至 zlts@phei.com.cn，盗版侵权举报请发邮件至 dbqq@phei.com.cn。

本书咨询联系方式：fengxiaobei@phei.com.cn。

译　者　序

　　Steven M. Kay 是美国罗德岛大学电子与计算机工程系教授，并且是信号处理方面的国际知名学者，一直致力于数学统计方法在数字信号处理中的应用研究。1989 年，由于他在参数谱估计与检测的理论和应用方面做出的突出贡献而被选为 IEEE 会士。Kay 教授还承担了许多本科生和研究生的教学工作，他讲授的本科生课程有"线性系统""线性系统与信号"，研究生课程有"线性变换分析""数字信号处理""随机过程导论""通信理论""估计理论""调制与检测""信号处理中的高级专题（现代谱估计）"等。

　　本书的英文原版自出版之后，已被世界许多大学选为"统计信号处理"研究生课程的教材或教学参考书。作者以多年的教学经验为基础撰写了本书，并通过易于理解的方法介绍了估计与检测理论的基本思想。本书共分为两卷，每卷的第 1 章分别介绍了估计与检测理论的基本概念，并以浅显易懂的方式阐述了估计与检测的基本概念和方法，使读者在一开始就对统计信号处理的基本思想和原理有一个大致的了解。在随后的各章中又延续了这样一种指导思想，即在每章的开头就用一节来概述本章的内容和主要结论。本书最为突出的一个特点是提供了大量的实例，无论是讲解估计理论还是检测理论，作者都以几个简单而又常用的例子来阐述检测、估计的基本理论与方法，读者在阅读本书时可以通过这些例子来比较各种方法的异同，并加深对概念的理解和掌握。此外，大多数章在介绍完基本的理论方法后都给出一些信号处理的例子。这些例子的涉及面比较广，都是作者结合课题研究而编写的各个应用领域的入门例子。在雷达、通信、自动控制、语音信号处理、生物医学、时间序列分析与谱估计等应用领域遇到的许多统计信号处理问题，都可以在本书的例子或习题中找到解决问题的方法，甚至可以直接找到答案。本书的每一章都附有大量的习题，这些习题与每章的内容紧密结合，其中很多是书中结论的证明或进一步的解释，同时也是本书内容的重要组成部分。许多定理的证明都在每章的附录中给出，书中较少有算法的烦琐推导，而把主要的精力放在对基本概念的阐述上。

　　本书的每一卷都是作者针对一个学期约 50 ~ 60 学时的课程编写的，而在我国高校的电子信息类专业的研究生课程体系中，"统计信号处理"的课程一般是 50 ~ 60 学时，其中包括了检测、估计和最佳滤波的内容，因此在选用本书作为教材时需要对内容进行一些取舍。译者承担了多年的"统计信号处理"研究生课程的教学，在近年来的教学中也参考了本书的许多内容。因此，译者可以为选用本书作为教材的教师提供一些参考意见，并且交流教学的经验与体会。

　　参加本书翻译工作的有罗鹏飞（前言；卷 I：第 1 章 ~ 第 6 章、第 13 章 ~ 第 14 章；卷 II：第 1 章 ~ 第 9 章、第 11 章）、张文明（卷 II：第 10 章、第 12 章 ~ 第 13 章）、刘忠（卷 I：第 7 章 ~ 第 8 章）、赵艳丽（卷 I：第 10 章 ~ 第 12 章、附录）、张亮（卷 I：第 15 章）、刘剑（卷 I：第 9 章）。参加翻译、校对和译稿资料整理的还有谭全元、陈瑛、罗佳莹、杨建华、王世希、杨世海、朱国富、田传艳、兰海滨、郭春、沈英春、肖旭、李盾、丹梅、谢小霞、徐振海、曾勇府。最后，由罗鹏飞对全书的译文进行了校对和整理。

　　由于译者的水平有限，文中难免有不当之处，敬请读者批评指正。

前　言[①]

本书的卷I(统计信号处理基础——估计理论)主要描述了从噪声中接收的信号里提取信息的统计参数估计的应用,卷II(统计信号处理基础——检测理论)主要讲解了噪声中信号检测的统计假设检验的应用。这本书为读者提供了统计信号处理的理论和应用的全面介绍。

在有关统计学的许多著作中,参数估计和假设检验是必不可少的主题。这些著作既有统计学家撰写的,也有应用统计技术的专家编著的,前者注重理论的严密性,后者则更为强调实际应用,本书则试图在两个方面达到平衡。这本书的读者群定位在从事信号处理算法的设计与实现的人员,我们把重点放在得到最佳估计算法和最佳检测算法上,并且这些算法可以在数字计算机上实现。因此,假定数据集为连续时间波形的采样或是一个数据点序列,并把那些得到一个最佳估计器(检测器)和分析其性能的重要方法作为选择的主题。于是,本书省略了那些比较难懂的理论叙述,更多的内容请参见相关的参考文献。

通过一些很好的例子来理解和掌握参数估计理论与检测理论,这是作者认为的最好方法,因此本书运用大量的实例来说明相关的理论。同时,书中还给出了其他一些例子,从而将理论应用到当前感兴趣的实际信号处理问题。本书还提供了大量的习题,这些习题包含从理论性的简单应用到基本概念的扩展。为帮助读者更好地理解,在大多数章的开头便给出了这一章的小结部分。

统计信号处理基础——估计理论

第14章给出所有基本估计方法的概述,以及选择一个特定估计量的基本原理。在第2章～第9章首先讨论经典的估计问题,接着在第10章～第13章讨论贝叶斯估计问题。这样的结构安排对于分析两种基本方法的差异是有帮助的。最后,也是为清晰起见,我们首先介绍标量参数的估计原理,然后扩展到矢量情况。这是因为矢量估计要求的矩阵代数有时可能会使主要的概念变得模糊。

统计信号处理基础——检测理论

我们广泛使用 MATLAB 科学程序设计语言(4.2b 版)来得到计算机产生的结果。同时书中也给出部分 MATLAB 程序清单,这些程序对于读者肯定是有益的。第11章给出所有基本检测方法的概述和选择一个特定方法的基本原理。第3章～第5章描述基于简单假设检验的检测,而第6章～第9章给出基于复合假设检验(适合于未知参数)的检测。其他章节介绍了非高斯信号的检测(第10章),模型变化的检测(第12章),以及在阵列处理中复/矢量数据的扩展(第13章)。

本书是根据罗德岛大学估计理论和检测理论的研究生课程编写的,并且包含了更多的内容。必要的背景知识包括数字信号处理的基础、概率与随机过程、线性代数与矩阵理论。这本书也适合于自学,其中的概念对于学生和工程师都是很有帮助的。

---

① 中文翻译版的一些图示、符号、字体、正斜体、参考文献、公式格式等沿用了本书英文原版的写作风格,特此说明。

目　　录

卷 I：统计信号处理基础——估计理论

卷 II：统计信号处理基础——检测理论

卷 I

统计信号处理基础——估计理论

第1章 引 言

1.1 信号处理中的估计

现代估计理论在许多设计用来提取信息的电子信号处理系统中都可以找到,这些系统包括:

1. 雷达
2. 声呐
3. 语音
4. 图像分析
5. 生物医学
6. 通信
7. 自动控制
8. 地震学

所有这些领域都有一个共同的问题,那就是必须估计一组参数的值。我们简单地描述一下前面的三个系统。在雷达系统中,例如在机场监视雷达中[Skolnik 1980],我们感兴趣的是怎样确定飞机的位置。为了确定距离 R,我们可以发射一个电磁脉冲,这个脉冲在遇到飞机时就会产生反射,继而由天线接收的回波将会引起 τ_0 秒的延迟,如图1.1(a)所示。这个距离由方程 $\tau_0 = 2R/c$ 确定,其中 c 是电磁传播速度。显然,如果能够测到双程延迟时间 τ_0,那么也就能测到距离 R。图1.1(b)显示了典型的发射脉冲和接收波形,由于传播损耗,接收回波在幅度上有一定衰减,因而有可能受到环境噪声的影响而变得模糊不清,回波到达时间也可能受到接收机电子器件引入的延迟的干扰。因此,双程延迟时间的确定不仅仅是要求检测接收机中功率电平的跳变。重要的是我们注意到,典型的现代雷达系统通过模数转换器对接收到的连续时间波形进行采样,然后将其输入到数字计算机中。一旦波形被采样,那么这些数据就构成了一个时间序列(这个问题更为详细的描述以及最佳估计方法请参见例3.13和例7.15)。

另一种常见的应用是声呐,我们感兴趣的也是目标位置的确定,例如确定潜艇的方位[Knight et al. 1981, Burdic 1984]。图1.2(a)显示了一个典型的被动声呐,由于目标船上的机器和螺旋桨的转动等原因,该目标将辐射出噪声,这种噪声实际上就是我们关注的信号。该信号在水中传播,并由传感器阵接收,然后这些传感器的输出将发射到一个拖船上以输入到计算机,接收到的信号如图1.2(b)所示。传感器的位置与目标信号的到达角有关,通过测量两个传感器之间的延迟 τ_0,由下面的表达式可以确定方位角 β,

$$\beta = \arccos\left(\frac{c\tau_0}{d}\right) \tag{1.1}$$

其中 c 是水中的光速,d 是传感器之间的距离(更详细的描述请参见例3.15和例7.17)。然而,由于接收到的波形淹没在噪声中,因此接收到的波形并没有图1.2(b)那么清晰,τ_0 的确定将更加困难,那么由(1.1)式得到的 β 值仅仅是一个估计。

另一个应用是语音信号处理[Rabiner and Schafer 1978],其中特别重要的问题是语音识别,也就是机器(数字计算机)的语音识别。一个简单的例子是单个语音或音素(phoneme)的识别,音素是元音、辅音等,或是基本语音,例如图1.3所示的元音/a/和/e/。注意,这些元音是周期波形，其周期称为音高。为了识别声音是/a/还是/e/，可以采用下面的简单方法。让要识别其语音的人将每个元音说三遍，并将波形存储起来。为了识别说出的元音，将它与保存的元音进行比较，选择一个与说出的元音最接近的一个，或者选择使某种距离测度最小的一个。从他或者她记录声音的时候（训练期）到语音识别器识别声音的时候，如果说话者声音的音高发生变化，那么将产生识别困难。由于人类语言的特点，这种易变性也是很自然的。在实际中，使用属性而不是波形自身来度量距离，因为属性对变化的敏感度较低。由于周期信号的傅里叶变换是信号一个周期的傅里叶变换的采样，因此谱包络将不随音高变化。周期只影响频率样本之间的间隔而并不影响它的值。为了提取谱包络，我们使用称为线性预测编码（linear predictive coding，LPC）的语音模型，模型的参数决定了谱包络。对于图 1.3 所示的语音，图 1.4 给出了功率谱（傅里叶变换的幅度平方除以时间采样数）或者周期图以及估计的 LPC 谱包络。（模型参数如何估计以及如何用来求出谱包络请参见例 3.16 和例 7.18。）有趣的是，本例中的人工翻译者很容易识别说话者的元音，然而现实的问题是要设计一个能够完成相同任务的机器。在雷达和声呐问题中，人工翻译者不能从接收波形中确定目标的位置，所以机器是必不可少的。

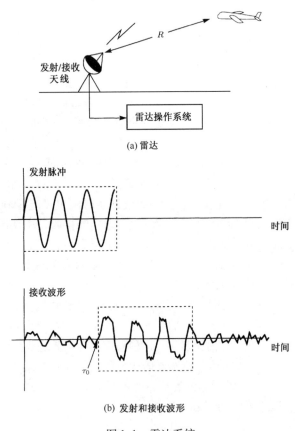

(a) 雷达

(b) 发射和接收波形

图 1.1　雷达系统

在所有的这些系统中，我们都将面对根据连续时间波形提取参数值的问题，由于使用数字计算机来采样并存储连续时间波形，因此该问题等价于从离散时间波形或一组数据集中提取参数的问题。从数学概念上来说，我们有 N 点数据集 $\{x[0], x[1], \ldots, x[N-1]\}$，它与未知参数 θ 有关，我们希望根据数据来确定 θ 或定义估计量

$$\hat{\theta} = g(x[0], x[1], \ldots, x[N-1]) \tag{1.2}$$

其中 g 是某个函数。这是参数估计问题，参数估计将是本书的主题。尽管电子工程师在一段时间内根据模拟信号和模拟电路来设计系统，但是当前和未来的趋势是根据离散时间信号或序列和数字电路进行设计。随着这样一个转换，估计问题也发展为根据时间序列来估计参数，这个时间序列则是一个离散时间过程。另外，由于数据量必须是有限的，因此我们面临类似(1.2)式中函数 g 的确定问题。这样，我们的问题就变成了一个历史性的问题，可以追溯到高斯在 1795 年采用最小二乘数据分析方法来预测行星运动的那个年代[Gauss 1963]。我们所用到的统计估计的理论和技术在[Cox and Hinkley 1974, Kendall and Stuart 1976～1979, Rao 1973, Zacks 1981]中都有所介绍。

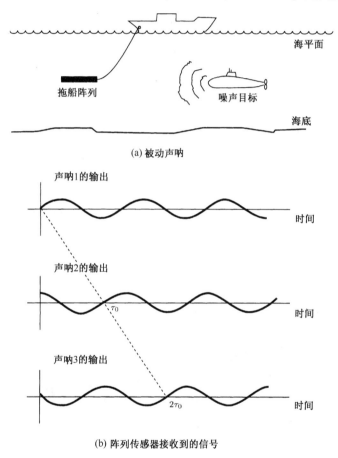

(a) 被动声呐

(b) 阵列传感器接收到的信号

图 1.2　被动声呐系统

下面，我们对本章开头给出的几种信号处理系统进行补充，以结束相关应用领域的讨论。

4. 图像分析——从照相机的图像中估计目标的位置和方向，这在通过机器人去抓取一个目标时是必需的。

5. 生物医学——估计胎儿的心率[Widrow and Stearns 1985]。

6. 通信——估计信号的载频，以便信号能够解调出基带信号[Proakis 1983]。

7. 自动控制——估计汽艇的位置，以便采取正确的导航行为，如同 LORAN 系统[Dabbous 1988]。

8. 地震学——根据油层和岩层的密度不同，基于声反射来估计油田的地下距离[Justice 1985]。

最后，许多源于物理实验、经济等数据分析的应用也将在书中提到[Box and Jenkins 1970, Holm and Hovem 1979, Schuster 1898, Taylor 1986]。

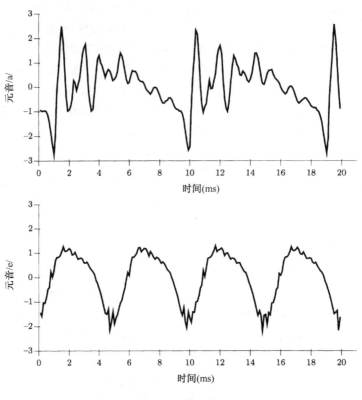

图 1.3　语音的例子

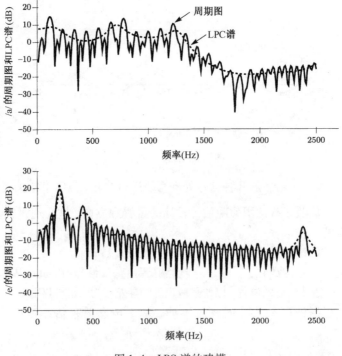

图 1.4　LPC 谱的建模

1.2　估计的数学问题

在确定好的估计量时，第一步就是建立数据的数学模型。由于数据固有的随机性，我们用它的概率密度函数（probability density function, PDF）来描述它，即 $p(x[0],x[1],\ldots,x[N-1];\theta)$。PDF以未知量 θ 为参数，即我们有一族 PDF，其中的每一个 PDF 由于 θ 的不同而不同。我们使用分号来表示这种关系。例如，如果 $N=1$，θ 表示均值，那么数据的 PDF 可能是

$$p(x[0];\theta) = \frac{1}{\sqrt{2\pi\sigma^2}} \exp\left[-\frac{1}{2\sigma^2}(x[0]-\theta)^2\right]$$

不同 θ 的 PDF 如图 1.5 所示。显然，由于 θ 的值影响 $x[0]$ 的概率，因此我们从观测到的 $x[0]$ 的值能够推断出 θ 的值。例如，如果 $x[0]$ 的值是负的，那么 $\theta=\theta_2$ 就值得怀疑，而 $\theta=\theta_1$ 可能更合理。在确定一个好的估计量时，PDF 的这一特点很重要。在实际问题中，并没有给出 PDF，而是要选择一个不仅与问题的约束和先验知识一致，而且在数学上也容易处理的 PDF。为了说明其方法，我们考虑一个图 1.6 所示的假设的道琼斯（Dow-Jones）平均指数，尽管这些数据有较大的起伏，但是可以推断实际上平均而言这些数据是上升的。为了确定这个推断是否正确，我们可以假定数据实际上由一条直线叠加上随机噪声而组成，即

$$x[n] = A + Bn + w[n] \qquad n = 0,1,\ldots,N-1$$

对噪声的一个合理的模型是 $w[n]$ 为高斯白噪声（WGN），即 $w[n]$ 的每一个样本具有 PDF $\mathcal{N}(0,\sigma^2)$（表示具有均值为零、方差为 σ^2 的高斯分布），并且所有样本是互不相关的。那么，未知参数是 A 和 B，把这两个参数用一个矢量表示，则变成了参数矢量 $\boldsymbol{\theta}=[A\ B]^T$。令 $\mathbf{x}=[x[0]\ x[1]\ldots x[N-1]]^T$，PDF 为

$$p(\mathbf{x};\boldsymbol{\theta}) = \frac{1}{(2\pi\sigma^2)^{\frac{N}{2}}} \exp\left[-\frac{1}{2\sigma^2}\sum_{n=0}^{N-1}(x[n]-A-Bn)^2\right] \tag{1.3}$$

信号分量直线的选择与道琼斯指数逗留在 3000 点（A 模拟了这一点）以及正在上升（$B>0$ 模拟了这一点）的推测是一致的。WGN 的假设是为了满足数学处理模型的需要，这样便可以得到闭合形式的估计量。当然，任何得到的估计量的性能都将与假定的 PDF 有关。我们只希望得到的估计量是稳健的（robust），这样 PDF 微小的变化就不会严重影响估计量的性能。更为保守的方法则是利用稳健的统计方法[Huber 1981]。

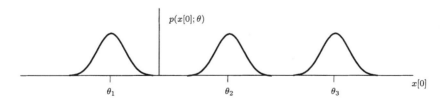

图 1.5　依赖于未知参数的 PDF

基于像（1.3）式那样的 PDF 的估计称为经典的估计，其中感兴趣的参数假定为确定的但却未知。在道琼斯平均指数的例子中，我们知道的先验知识是均值在 3000 点附近，这与现实是不一致的，因为实际选择的 A 的估计量可能使导出的值低至 2000，或者高至 4000。我们更希望通过约束估计量而得到的 A 值在 [2800, 3200] 范围之内。为了把这一先验知识考虑进去，我们假定 A 不再是一个确定的参数，而是一个随机变量；并且给它指定 PDF，即可能在 [2800, 3200] 之间是

均匀分布的。因而，任何估计量都将产生在这个范围内的值，这样的方法称为贝叶斯（Bayesian）估计。我们要估计的这个参数将作为随机变量 θ 的一个现实，这样，数据由联合 PDF 来描述，

$$p(\mathbf{x}, \theta) = p(\mathbf{x}|\theta)p(\theta)$$

其中 $p(\theta)$ 是先验 PDF，它概括了在数据观测以前关于 θ 的先验知识，$p(\mathbf{x}|\theta)$ 是条件 PDF，它概括了在已知 θ 的条件下由数据 $\mathbf{x}$ 提供的知识。读者应该比较一下 $p(\mathbf{x};\theta)$（一族 PDF）和 $p(\mathbf{x}|\theta)$（条件PDF）在表示上的差别以及它们的含义（参见习题 1.3）。

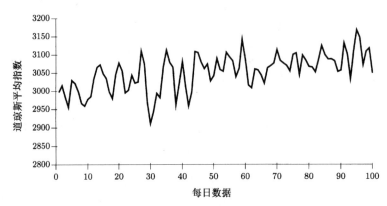

图 1.6　假设的道琼斯平均指数

一旦指定了 PDF，问题就变成了确定最佳估计量的问题，或者成为像（1.2）式那样的数据的函数。注意，估计量可能与其他参数有关，但它们是已知的。一个估计量可以看成对 $\mathbf{x}$ 的每一个现实指定一个 θ 值的规则。θ 的估计就是根据每一个给定的 $\mathbf{x}$ 的现实而获得的 θ 的值。这种特性类似于随机变量（定义在样本空间的一个函数）和它的取值。尽管某些作者在它们之间利用大写和小写字母进行区分，但是本书将不加以区别。根据上下文，它们的含义将是很清楚的。

1.3　估计量性能评估

考虑图 1.7 所示的数据集。粗略地查看一下，就可以发现 $x[n]$ 似乎是由噪声中的 DC 电平 A 组成的。（术语 DC 的使用是参照直流而言的，它等价于一个常数。）我们可以将数据建模为

$$x[n] = A + w[n]$$

其中 $w[n]$ 为零均值噪声过程。我们要根据数据 $\{x[0], x[1], \ldots, x[N-1]\}$ 来估计 A。直观地看，由于 A 是 $x[n]$ 的平均电平（$w[n]$ 是零均值的），那么使用下式即数据的样本均值来估计 A 则是合理的，

$$\hat{A} = \frac{1}{N} \sum_{n=0}^{N-1} x[n]$$

这时可能会有几个疑问：

1. $\hat{A}$ 是否接近 A？

2. 有比样本均值更好的估计吗？

对于图 1.7 的数据集可以得出 $\hat{A} = 0.9$，它是接近真值 $A = 1$ 的，另一个估计可能是

$$\check{A} = x[0]$$

直观地看，我们并不期望这个估计量有很好的性能，因为它并没有利用所有的数据，而且没有通

过平均来减少噪声的影响。然而对于图 1.7 的数据集，$\breve{A} = 0.95$，它比样本均值更接近 A 的真值，那么我们是否可以得出 $\breve{A}$ 就比 $\hat{A}$ 好呢? 答案当然是否定的，因为估计是数据的函数，而数据是随机变量，所以估计也是随机变量，它有许多可能的取值。$\breve{A}$ 更接近真值这样的一个事实只是针对数据的特定现实而言的，如图 1.7 所示，估计 $\breve{A} = 0.95$ (或者 $\breve{A}$ 的现实) 比 $\hat{A} = 0.9$ (或者 $\hat{A}$ 的现实) 更接近真值。为了评估性能，我们必须从统计的观点考虑这一问题，一种可能性就是重复地进行这样的实验，即产生数据，将每一个估计量应用到每一个数据集。那么我们可能会有疑问，在大多数情况下哪一个估计量会得到更好的估计。假定我们通过固定 $A = 1$ 来进行重复的实验，并加上 $w[n]$ 的不同噪声现实来产生 $x[n]$ 现实的一个集合，然后我们对每一个数据集确定两个估计量的值，最后画出直方图 (直方图描述了估计量产生指定范围值的次数，它是 PDF 的近似)。图 1.8 给出了 100 个现实的直方图。很明显 $\hat{A}$ 是比 $\breve{A}$ 更好的估计，因为它得到的值更多地集中在真值 $A = 1$ 附近。因此，$\hat{A}$ 通常将产生比 $\breve{A}$ 更接近真值的值。然而，持怀疑态度的人可能会继续争辩，如果我们重复实验 1000 次，那么 $\breve{A}$ 的直方图将更加集中。为了消除这样一种看法，我们不能重复实验 1000 次，因为怀疑者会再次要求 10 000 次实验来坚持他的假设。为了证明 $\hat{A}$ 更好，可以证明方差更小。我们必须使用的建模除了假定 $w[n]$ 是零均值的，还有就是不相关的和相同的方差 σ^2。那么，首先证明每个估计量的均值是真值，即

$$
\begin{aligned}
E(\hat{A}) &= E\left(\frac{1}{N}\sum_{n=0}^{N-1}x[n]\right) \\
&= \frac{1}{N}\sum_{n=0}^{N-1}E(x[n]) \\
&= A \\
E(\breve{A}) &= E(x[0]) \\
&= A
\end{aligned}
$$

所以对估计量求平均得到真值，其次方差为

$$
\begin{aligned}
\mathrm{var}(\hat{A}) &= \mathrm{var}\left(\frac{1}{N}\sum_{n=0}^{N-1}x[n]\right) \\
&= \frac{1}{N^2}\sum_{n=0}^{N-1}\mathrm{var}(x[n]) \\
&= \frac{1}{N^2}N\sigma^2 \\
&= \frac{\sigma^2}{N}
\end{aligned}
$$

由于 $w[n]$ 是不相关的，因此

$$
\begin{aligned}
\mathrm{var}(\breve{A}) &= \mathrm{var}(x[0]) \\
&= \sigma^2 \\
&> \mathrm{var}(\hat{A})
\end{aligned}
$$

此外，如果假定 $w[n]$ 是高斯的，那么也可以得出结论，给定幅度误差的概率对 $\hat{A}$ 要比对 $\breve{A}$ 小 (参见习题 2.7)。

前一个例子说明了重要的几点，请读者牢记。

1. 估计量是一个随机变量，这样，它的性能完全只能由统计或者 PDF 来描述。

2. 为了评估估计性能，采用计算机模拟将永远不会得出明确的结论，尽管它在洞察一些问

题和帮助做出一些推测方面相当有价值。就最好的情况而言，对于希望的精度，可能能够得到真实的性能。而在最坏的情况下，如果实验次数不够，或者在模拟技术中产生了错误，可能就会得到错误的结果(对于蒙特卡洛计算机技术的进一步描述请参见附录7A)。

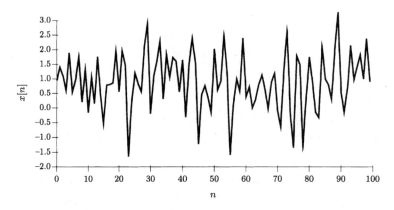

图 1.7　噪声中 DC 电平的现实

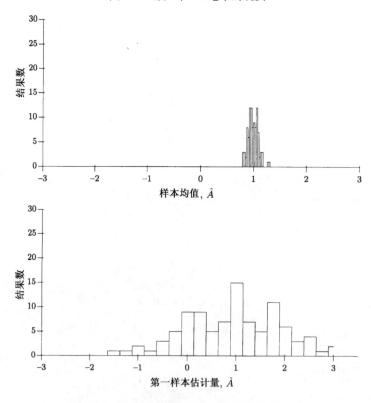

图 1.8　样本均值和第一样本估计量的直方图

　　另一个主题是，我们将重复遇到在性能和计算复杂性之间的折中问题。正如前一个例子那样，即使 $\hat{A}$ 具有更好的性能，但同时也需要更多的计算量。我们将会看到，最佳估计量有时很难实现，需要多维的估计和集成。在这种情况下，可供选择的估计量是准最佳的，但是通过数字计算机实现可能会更好。对于任何特定的应用，用户必须确定，准最佳估计量的计算复杂性的减少是否可以抵消性能上的损失。

1.4 几点说明

在向读者展示估计理论的过程中，我们的原则是给读者提供确定最佳估计所必需的主要思想。我们得出的结论在实际中一定是最有用的，其中省略了许多重要的理论主题，但这在许多关于统计估计理论的参考书中均可以找到，这些参考书都是从更加理论性的角度来撰写的[Cox and Hinkley 1974, Kendall and Stuart 1976 – 1979, Rao 1973, Zacks 1981]。正如前面所提到的那样，我们的目的是得到最佳估计量，如果前者不能求得，或者无法实现，那么我们就转向准最佳估计量。

尽管在附录中包含了许多烦琐的推导和证明，但是我们努力通过许多例子来开拓大家的眼界，从而使较长的数学推导过程最小化。前面描述的噪声中的 DC 电平在介绍估计方法时将作为一种标准例子给出。这样做是希望读者在构建与前面类似的概念时能够建立自己的观点。另外，书中尽可能先介绍标量估计，然后才介绍矢量估计。这种方法减少了矢量/矩阵代数将使主要概念模糊化的趋势。最后，我们首先描述经典的估计，然后是贝叶斯估计，这样做也是为了不会使主要的概念晦涩难懂。使用这样两种方法得到的估计量尽管在表面上是类似的，但是在基本概念上则是不同的。

所有常见符号的数学表示将归纳在附录 2 中，连续时间波形和离散时间波形或者时间序列之间是通过符号 $x(t)$ 和 $x[n]$ 加以区别的，$x(t)$ 表示连续时间，$x[n]$ 表示离散时间。然而，$x[n]$ 的图形是以时间连续形式出现的，为了更容易查看，其中的点用直线相连。所有的矢量和矩阵都使用粗体字，所有的矢量都是列矢量，其他符号都将在本书中出现的位置加以定义。

参考文献

Box, G.E.P., G.M. Jenkins, *Time Series Analysis: Forecasting and Control*, Holden-Day, San Francisco, 1970.

Burdic, W.S., *Underwater Acoustic System Analysis*, Prentice-Hall, Englewood Cliffs, N.J., 1984.

Cox, D.R., D.V. Hinkley, *Theoretical Statistics*, Chapman and Hall, New York, 1974.

Dabbous, T.E., N.U. Ahmed, J.C. McMillan, D.F. Liang, "Filtering of Discontinuous Processes Arising in Marine Integrated Navigation," *IEEE Trans. Aerosp. Electron. Syst.*, Vol. 24, pp. 85–100, 1988.

Gauss, K.G., *Theory of Motion of Heavenly Bodies*, Dover, New York, 1963.

Holm, S., J.M. Hovem, "Estimation of Scalar Ocean Wave Spectra by the Maximum Entropy Method," *IEEE J. Ocean Eng.*, Vol. 4, pp. 76–83, 1979.

Huber, P.J., *Robust Statistics*, J. Wiley, New York, 1981.

Jain, A.K., *Fundamentals of Digital Image Processing*, Prentice-Hall, Englewood Cliffs, N.J., 1989.

Justice, J.H., "Array Processing in Exploration Seismology," in *Array Signal Processing*, S. Haykin, ed., Prentice-Hall, Englewood Cliffs, N.J., 1985.

Kendall, Sir M., A. Stuart, *The Advanced Theory of Statistics*, Vols. 1–3, Macmillan, New York, 1976–1979.

Knight, W.S., R.G. Pridham, S.M. Kay, "Digital Signal Processing for Sonar," *Proc. IEEE*, Vol. 69, pp. 1451–1506, Nov. 1981.

Proakis, J.G., *Digital Communications*, McGraw-Hill, New York, 1983.

Rabiner, L.R., R.W. Schafer, *Digital Processing of Speech Signals*, Prentice-Hall, Englewood Cliffs, N.J., 1978.

Rao, C.R., *Linear Statistical Inference and Its Applications*, J. Wiley, New York, 1973.

Schuster, A., "On the Investigation of Hidden Periodicities with Application to a Supposed 26 Day Period of Meterological Phenomena," *Terrestrial Magnetism*, Vol. 3, pp. 13–41, March 1898.

Skolnik, M.I., *Introduction to Radar Systems*, McGraw-Hill, New York, 1980.

Taylor, S., *Modeling Financial Time Series*, J. Wiley, New York, 1986.

Widrow, B., Stearns, S.D., *Adaptive Signal Processing*, Prentice-Hall, Englewood Cliffs, N.J., 1985.

Zacks, S., *Parametric Statistical Inference*, Pergamon, New York, 1981.

习题

1.1　在雷达系统中，双程延迟时间 τ_0 的估计量具有 PDF $\hat{\tau}_0 \sim \mathcal{N}(\tau_0, \sigma_{\hat{\tau}_0}^2)$，其中 τ_0 是真值。假如要估计距离，请提出一种估计量 $\hat{R}$，并求它的 PDF。然后，确定标准偏差 $\sigma_{\hat{\tau}_0}$，使得距离估计值的 99% 在真值的 100 m 以内，对电磁传播速度取 $c = 3 \times 10^8$ m/s。

1.2　一个未知参数 θ 影响一个随机实验的结果，这个随机实验可以看成随机变量 x。x 的 PDF 为

$$p(x;\theta) = \frac{1}{\sqrt{2\pi}} \exp\left[-\frac{1}{2}(x-\theta)^2\right]$$

进行一系列的实验，发现 x 总是在区间 $[97, 103]$ 内。结果我们得出结论，θ 肯定是 100，这种推测是正确的吗？

1.3　令 $x = \theta + w$，其中 w 是具有 PDF $p_w(w)$ 的随机变量，如果 θ 是一个确定性的参数，根据 p_w 求 x 的 PDF，并且用 $p(x;\theta)$ 表示。其次，假定 θ 是一个与 w 独立的随机变量，求条件 PDF $p(x|\theta)$。最后，不假定 θ 和 w 是独立的，求 $p(x|\theta)$。读者应如何解释 $p(x;\theta)$ 和 $p(x|\theta)$？

1.4　希望估计 WGN 中 DC 电平的值，或者

$$x[n] = A + w[n] \qquad n = 0, 1, \ldots, N-1$$

其中 $w[n]$ 是零均值且不相关的，每一个样本有方差 $\sigma^2 = 1$。考虑以下两个估计量

$$\hat{A} = \frac{1}{N}\sum_{n=0}^{N-1} x[n]$$

$$\check{A} = \frac{1}{N+2}\left(2x[0] + \sum_{n=1}^{N-2} x[n] + 2x[N-1]\right)$$

哪一个更好？这与 A 的值有关吗？

1.5　对与习题 1.4 相同的数据集，提出下面的估计量

$$\hat{A} = \begin{cases} x[0] & \frac{A^2}{\sigma^2} = A^2 > 1000 \\ \frac{1}{N}\sum_{n=0}^{N-1} x[n] & \frac{A^2}{\sigma^2} = A^2 \leq 1000 \end{cases}$$

这个估计量的合理性在于对于高信噪比（signal-to-noise ratio, SNR）或 A^2/σ^2 来说，我们不需要通过求平均来减少噪声的影响，因此可以避免额外的计算量。请评述这一方法。

第 2 章　最小方差无偏估计

2.1　引言

本章我们开始寻找未知确定性参数的好的估计量。我们将注意力限制在通过平均产生真值的估计量上，在这一类估计量中，目标就是要求出一个最小易变性的估计，这样得到的估计量所产生的值在大多数情况下是接近真值的。本章讨论了最小方差无偏估计的概念，但是求解的方法需要更多的理论，在随后的章节里将提供这些理论，并且给出信号处理中遇到的典型问题的许多应用例子。

2.2　小结

在(2.1)式定义的无偏估计量中，一个重要的附加条件就是对未知参数的所有可能值都成立。在这一类估计量中寻找具有最小方差的估计。通过例子证明了由于将(2.5)式定义的最小均方误差作为更为自然的误差准则，通常导出的是不可实现的估计量，因此从实际的观点出发，无偏的约束是合乎需要的。最小方差无偏估计量通常是不存在的，当它们存在的时候，有几种方法可以求出这些估计量。这些方法依赖于 Cramer-Rao 下限和充分统计量的概念。如果最小方差无偏估计量不存在，或者前面两种方法都失败了，则对估计量做进一步的约束，即估计量是数据的线性函数，这样就很容易导出可实现的估计量，但却是准最佳的。

2.3　无偏估计量

无偏估计意味着估计量的平均值为未知参数的真值。一般情况下，由于参数值是在区间 $a < \theta < b$ 上的任何值，因此无偏性断言无论 θ 的真值是多少，估计量的平均值都等于真值。从数学上讲，如果

$$E(\hat{\theta}) = \theta \qquad a < \theta < b \tag{2.1}$$

那么估计量是无偏的，其中 (a, b) 表示 θ 的可能取值范围。

例 2.1　高斯白噪声中 DC 电平的无偏估计量

考虑观测

$$x[n] = A + w[n] \qquad n = 0, 1, \ldots, N-1$$

其中 A 是要估计的参数，$w[n]$ 是 WGN。参数 A 可以取区间 $-\infty < A < \infty$ 上的任何值。那么，$x[n]$ 平均值的一个合理的估计是

$$\hat{A} = \frac{1}{N} \sum_{n=0}^{N-1} x[n] \tag{2.2}$$

即样本均值。由于数学期望运算的线性特性，对于所有的 A 有

$$
\begin{aligned}
E(\hat{A}) &= E\left[\frac{1}{N} \sum_{n=0}^{N-1} x[n] \right] \\
&= \frac{1}{N} \sum_{n=0}^{N-1} E(x[n])
\end{aligned}
$$

$$= \frac{1}{N} \sum_{n=0}^{N-1} A$$
$$= A$$

因此，样本均值的估计量是无偏的。

本例中的 A 可以取任何值，尽管一般情况下未知参数的值由于物理上的考虑而有所限制。例如，估计一个未知电阻的电阻值 R 限定在 $0 < R < \infty$ 上是必要的。

无偏估计量趋向于具有对称 PDF，它的中心在真值 θ 附近，尽管这一点并不是必需的（参见习题 2.5）。例 2.1 的 PDF 显示在图 2.1 中，并且很容易证明其 PDF 为 $\mathcal{N}(A, \sigma^2/N)$（参见习题 2.3）。

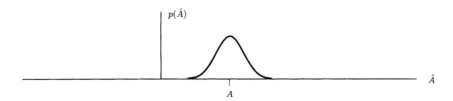

图 2.1　样本均值估计量的 PDF

对于所有的 θ，$E(\hat{\theta}) = \theta$ 的限制是很重要的。令 $\hat{\theta} = g(\mathbf{x})$，其中 $\mathbf{x} = [x[0] \, x[1] \ldots x[N-1]]^T$，这要求

$$E(\hat{\theta}) = \int g(\mathbf{x}) p(\mathbf{x}; \theta) \, d\mathbf{x} = \theta \qquad \text{对于所有的 } \theta \tag{2.3}$$

然而 (2.3) 式可能对某些 θ 成立，而对其他的 θ 值不成立，正如下面的例子说明的那样。

例 2.2　白噪声中 DC 电平的无偏估计量

再次考虑例 2.1，但是将样本均值估计量修正为

$$\check{A} = \frac{1}{2N} \sum_{n=0}^{N-1} x[n]$$

那么，

$$\begin{aligned} E(\check{A}) &= \frac{1}{2} A \\ &= A, \quad A = 0 \\ &\neq A, \quad A \neq 0 \end{aligned}$$

可以看出 (2.3) 式只有在 $A = 0$ 时才成立，显然 $\check{A}$ 是有偏估计。

估计量是无偏的并不意味着它就是好的估计量，这只是保证估计量的平均值为真值；另一方面，有偏估计量是由系统误差造成的一种估计，这种系统误差预先假设是不会出现的。不断的偏差导致估计量的准确性变差。例如，当几个估计量组合在一起的时候，无偏性具有重要的含义（参见习题 2.4）。有时候出现同一参数有多个估计可用的情况，即 $\{\hat{\theta}_1, \hat{\theta}_2, \ldots, \hat{\theta}_n\}$。一个合理的方法就是对这些估计的组合求平均，从而得出一个更好的估计，即

$$\hat{\theta} = \frac{1}{n} \sum_{i=1}^{n} \hat{\theta}_i \tag{2.4}$$

假定每个估计是无偏的，方差相同且互不相关，

$$E(\hat{\theta}) = \theta$$

以及

$$
\begin{aligned}
\mathrm{var}(\hat{\theta}) &= \frac{1}{n^2}\sum_{i=1}^{n}\mathrm{var}(\hat{\theta}_i) \\
&= \frac{\mathrm{var}(\hat{\theta}_1)}{n}
\end{aligned}
$$

所以对其求平均的估计越多,方差越小,最终当 $n\to\infty$ 时,$\hat{\theta}\to\theta$。但是,如果估计量是有偏的,即 $E(\hat{\theta}_i)=\theta+b(\theta)$,那么

$$
\begin{aligned}
E(\hat{\theta}) &= \frac{1}{n}\sum_{i=1}^{n}E(\hat{\theta}_i) \\
&= \theta+b(\theta)
\end{aligned}
$$

无论对多少估计量求平均,$\hat{\theta}$ 都不会收敛到真值。图 2.2 说明了这一点。注意,在一般情况下,

$$
b(\theta)=E(\hat{\theta})-\theta
$$

定义为估计量的偏差。

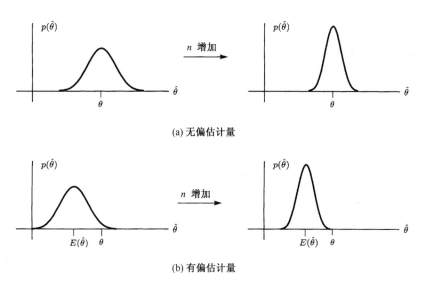

(a) 无偏估计量

(b) 有偏估计量

图 2.2　组合估计量的效果

2.4　最小方差准则

在寻找最佳估计量的时候,我们需要采用某些最佳准则。一个很自然的准则就是均方误差(mean square error,MSE)准则,均方误差定义为

$$
\mathrm{mse}(\hat{\theta})=E\left[(\hat{\theta}-\theta)^2\right] \tag{2.5}
$$

它度量了估计量偏离真值的平方偏差的统计平均值。遗憾的是,这种自然准则的采用导致了不可实现的估计量,这个估计量不能写成数据的唯一函数。为了理解出现的问题,我们将 MSE 重写为

$$
\begin{aligned}
\mathrm{mse}(\hat{\theta}) &= E\left\{\left[\left(\hat{\theta}-E(\hat{\theta})\right)+\left(E(\hat{\theta})-\theta\right)\right]^2\right\} \\
&= \mathrm{var}(\hat{\theta})+\left[E(\hat{\theta})-\theta\right]^2 \\
&= \mathrm{var}(\hat{\theta})+b^2(\theta)
\end{aligned} \tag{2.6}
$$

上式表明，MSE 是由估计量的方差以及偏差引起的误差组成的。例如，在例 2.1 中，对于某个常数 a，考虑一个修正的估计量

$$\check{A} = a \frac{1}{N} \sum_{n=0}^{N-1} x[n]$$

我们试图求出使 MSE 最小的 a，由于 $E(\check{A}) = aA$ 和 $\mathrm{var}(\check{A}) = a^2 \sigma^2 / N$，由（2.6）式可以有

$$\mathrm{mse}(\check{A}) = \frac{a^2 \sigma^2}{N} + (a-1)^2 A^2$$

MSE 对 a 求导，得

$$\frac{d\,\mathrm{mse}(\check{A})}{da} = \frac{2a\sigma^2}{N} + 2(a-1)A^2$$

令上式为零并求解得最佳值为

$$a_{\mathrm{opt}} = \frac{A^2}{A^2 + \sigma^2/N}$$

遗憾的是，从上式可以看出 a 的最佳值与 A 有关，因此估计量是不可实现的。回想一下，由于在（2.6）式中偏差项是 A 的函数，因此估计量与 A 有关。这样看来，似乎是任何与偏差有关的准则都将导出不可实现的估计量。尽管一般情况下的确如此，但是偶尔可实现的 MSE 估计量也是可以找得到的［Bibby and Toutenburg 1977，Rao 1973，Stoica and Moses 1990］。

从实际的观点来看，需要放弃最小 MSE 估计。另一种方法就是约束偏差为零，从而求出使方差最小的估计量。这样的估计量称为最小方差无偏（minimum variance unbiased，MVU）估计量。从（2.6）式可以看出，无偏估计量的 MSE 正好是方差。

使无偏估计量的方差最小的估计量，具有使估计误差 $(\hat{\theta} - \theta)$ 的 PDF 集中在零附近的效果（参见习题 2.7），因此估计误差很大的可能性很小。

2.5　最小方差无偏估计量的存在性

现在的问题是，MVU 估计量是否存在，即对所有的 θ 具有最小方差的无偏估计量。图 2.3 描述了两种可能的情况，如果有三个无偏估计量，它们的方差如图 2.3(a) 所示，那么很显然，$\hat{\theta}_3$ 是 MVU 估计量。然而，如果出现图 2.3(b) 的情况，那么因为对于 $\theta < \theta_0$，$\hat{\theta}_2$ 是最好的，而对于 $\hat{\theta} > \theta_0$，$\hat{\theta}_3$ 是最好的，因此 MVU 估计量是不存在的。在前一种情况中，为了强调对于所有的 θ 方差都是最小的，因此 $\hat{\theta}_3$ 有时也称为一致最小方差无偏估计量。总之，MVU 估计量并不总是存在的，下面的例子说明了这一点。

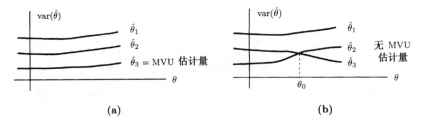

图 2.3　估计量方差与 θ 的相关性

例 2.3　MVU 估计量不存在的例子

如果 PDF 的形式随 θ 变化，那么可以预计，最佳估计量也将随 θ 变化。假定我们有两个独立的 $x[0]$ 和 $x[1]$ 的观测，且 PDF 为

$$x[0] \quad \sim \quad \mathcal{N}(\theta, 1)$$

$$x[1] \quad \sim \quad \begin{cases} \mathcal{N}(\theta, 1)\,, & \theta \geqslant 0 \\ \mathcal{N}(\theta, 2)\,, & \theta < 0 \end{cases}$$

两个估计量

$$\hat{\theta}_1 = \frac{1}{2}(x[0] + x[1])$$

$$\hat{\theta}_2 = \frac{2}{3}x[0] + \frac{1}{3}x[1]$$

很容易证明是无偏的。为了计算方差，我们有

$$\mathrm{var}(\hat{\theta}_1) = \frac{1}{4}(\mathrm{var}(x[0]) + \mathrm{var}(x[1]))$$

$$\mathrm{var}(\hat{\theta}_2) = \frac{4}{9}\mathrm{var}(x[0]) + \frac{1}{9}\mathrm{var}(x[1])$$

所以，我们有

$$\mathrm{var}(\hat{\theta}_1) = \begin{cases} \frac{18}{36}\,, & \theta \geqslant 0 \\ \frac{27}{36}\,, & \theta < 0 \end{cases}$$

和

$$\mathrm{var}(\hat{\theta}_2) = \begin{cases} \frac{20}{36}\,, & \theta \geqslant 0 \\ \frac{24}{36}\,, & \theta < 0 \end{cases}$$

方差如图 2.4 所示。显然，在这两个估计量之间不存在 MVU 估计量。在习题 3.6 中证明了对于 $\theta \geqslant 0$，无偏估计量最小可能的方差是 18/36；而对于 $\theta < 0$，最小可能的方差是 24/36。因此，不存在某个单一估计量一致地小于或等于图 2.4 显示的最小值。

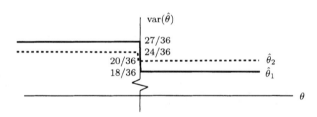

图 2.4　不存在 MVU 估计量的例子

在结束存在性的讨论时，我们注意到甚至单一的无偏估计量也有可能不存在（参见习题 2.11）。在这种情况下，寻找 MVU 估计量的任何努力都是没有结果的。

2.6　求最小方差无偏估计量

即使 MVU 存在，我们也可能不能求出，还没有一种总是能得到估计量的"转动摇把"（turn-the-crank）的方法。下面的几章将讨论几种可能的方法，它们是：

1. 确定 Cramer-Rao 下限（Cramer-Rao lower bound，CRLB），然后检查是否有某些估计量满足 CRLB（第 3 章、第 4 章）。
2. 应用 Rao-Blackwell-Lehmann-Scheffe（RBLS）定理（第 5 章）。
3. 进一步限制估计不仅是无偏的，而且还是线性的，然后在这些限制中找出最小方差估计（第 6 章）。

方法 1 和方法 2 可能会产生 MVU 估计量，而方法 3 只能在数据中的 MVU 估计量为线性时使用。

CRLB 允许我们确定对于任意的无偏估计量，它的方差肯定大于或等于一个给定的值，如

图 2.5 所示。如果存在一个估计量，对于每一个 θ 值，它的方差等于 CRLB，那么这个估计量一定是 MVU 估计量。在这种情况下，运用 CRLB 理论就可以立即得到估计量。当然，也可能出现没有任何估计量的方差等于这个下限；但是，MVU 估计量仍然是存在的，例如，对于图 2.5 的 $\hat{\theta}_1$ 就是这样一种情况。因此，必 须 借 助 于 Rao-Blackwell-Lehmann-Scheffe

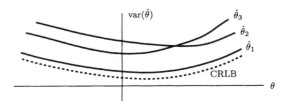

图 2.5   无偏估计量方差的 Cramer-Rao 下限

（RBLS）定理。这种方法首先求出充分统计量（sufficient statistic），即 θ 的无偏估计量；然后对数据的 PDF 稍做限制，那么这种方法就可以保证得到 MVU 估计量。第三种方法要求估计量是线性的（一种严格的限制），然后选择出最佳线性估计量。这种方法只对某些特定的数据集能够得到 MVU 估计量。

2.7   扩展到矢量参数

如果 $\boldsymbol{\theta} = [\theta_1 \theta_2 \ldots \theta_p]^T$ 是未知参数矢量，那么，一旦估计量 $\hat{\boldsymbol{\theta}} = [\hat{\theta}_1 \hat{\theta}_2 \ldots \hat{\theta}_p]^T$ 对于 $i(i = 1, 2, \ldots, p)$ 满足

$$E(\hat{\theta}_i) = \theta_i \qquad a_i < \theta_i < b_i \tag{2.7}$$

我们就说它是无偏的。通过定义

$$E(\hat{\boldsymbol{\theta}}) = \begin{bmatrix} E(\hat{\theta}_1) \\ E(\hat{\theta}_2) \\ \vdots \\ E(\hat{\theta}_p) \end{bmatrix}$$

可以将无偏估计量等效地定义为：在(2.7)式的定义中，包含在括号内的每一个 $\boldsymbol{\theta}$ 具有下列性质

$$E(\hat{\boldsymbol{\theta}}) = \boldsymbol{\theta}$$

MVU 也具有附加的性质，那就是在所有的无偏估计量中，对于 $i(i = 1, 2, \ldots, p)$，$\text{var}(\hat{\boldsymbol{\theta}}_i)$ 是最小的。

参考文献

Bibby, J., H. Toutenburg, *Prediction and Improved Estimation in Linear Models*, J. Wiley, New York, 1977.

Rao, C.R., *Linear Statistical Inference and Its Applications*, J. Wiley, New York, 1973.

Stoica, P., R. Moses, "On Biased Estimators and the Unbiased Cramer-Rao Lower Bound," *Signal Process.*, Vol. 21, pp. 349–350, 1990.

习题

2.1 观测数据为 $\{x[0], x[1], \ldots, x[N-1]\}$，其中 $x[n]$ 是独立同分布的（IID），且服从 $\mathcal{N}(0, \sigma^2)$，利用下式估计方差 σ^2，即

$$\hat{\sigma}^2 = \frac{1}{N} \sum_{n=0}^{N-1} x^2[n]$$

这是无偏估计吗？求 $\hat{\sigma}^2$ 的方差，考察当 $N \to \infty$ 会发生什么情况？

2.2　考虑数据 $\{x[0], x[1], \ldots, x[N-1]\}$，其中每个样本服从 $\mathcal{U}[0, \theta]$，且样本是 IID，能求出 θ 的无偏估计量吗？θ 的范围是 $0 < \theta < \infty$。

2.3　证明在例 2.1 给出的 $\hat{A}$ 的 PDF 是 $\mathcal{N}(A, \sigma^2/N)$。

2.4　病人的心率 h 由计算机每隔 100 ms 自动记录。对 1 s 内的测量 $\{\hat{h}_1, \hat{h}_2, \ldots, \hat{h}_{10}\}$ 求平均，以得到 $\hat{h}$。对于某个常数 α，如果 $E(\hat{h}_i) = \alpha h$，并且对每个 i，$\mathrm{var}(\hat{h}_i) = 1$，确定求平均的方法是否改善了估计量（如果 $\alpha = 1$ 和 $\alpha = 1/2$）。假定每个测量是不相关的。

2.5　两个样本 $\{x[0], x[1]\}$ 是独立的，且服从 $\mathcal{N}(0, \sigma^2)$ 分布，估计量

$$\hat{\sigma}^2 = \frac{1}{2}(x^2[0] + x^2[1])$$

是无偏的。求 $\hat{\sigma}^2$ 的 PDF，确定这个 PDF 是否关于 σ^2 对称。

2.6　对于例 2.1 描述的问题，提出一种更一般的估计量

$$\hat{A} = \sum_{n=0}^{N-1} a_n x[n]$$

求出 a_n，使得估计量是无偏的并且方差最小。提示：将无偏性作为约束方程，采用拉格朗日（Lagrangian）乘因子。

2.7　对于两个无偏估计量，它们的方差满足 $\mathrm{var}(\hat{\theta}) < \mathrm{var}(\check{\theta})$。如果两个估计量是高斯的，请证明对于任意的 $\epsilon > 0$，

$$\Pr\left\{|\hat{\theta} - \theta| > \epsilon\right\} < \Pr\left\{|\check{\theta} - \theta| > \epsilon\right\}$$

这就说明，具有最小方差的估计量将更好，因为它的 PDF 更加集中在真值附近。

2.8　对于例 2.1 描述的问题，利用习题 2.3 的结果，证明当 $N \to \infty$ 时，$\hat{A} \to A$。为此，对于任意的 $\epsilon > 0$，证明

$$\lim_{N \to \infty} \Pr\left\{|\hat{A} - A| > \epsilon\right\} = 0$$

这时的估计量 $\hat{A}$ 称为一致（consistent）估计。如果用另一个估计量 $\check{A} = \dfrac{1}{2N}\sum_{n=0}^{N-1} x[n]$ 代替，考虑一下会发生什么情况？

2.9　本题说明一个无偏估计量经历一个非线性变换以后会发生什么情况。在例 2.1 中，如果我们选择利用下式来估计未知参数 $\theta = A^2$，

$$\hat{\theta} = \left(\frac{1}{N} \sum_{n=0}^{N-1} x[n]\right)^2$$

那么能否确定估计量是无偏的？当 $N \to \infty$ 时会发生什么情况？

2.10　在例 2.1 中，现在假定除了 A 之外，σ^2 也是未知的，我们希望估计矢量参数

$$\hat{\boldsymbol{\theta}} = \left[\begin{array}{c} A \\ \sigma^2 \end{array}\right]$$

下列估计量

$$\hat{\boldsymbol{\theta}} = \left[\begin{array}{c} \hat{A} \\ \hat{\sigma}^2 \end{array}\right] = \left[\begin{array}{c} \dfrac{1}{N} \sum_{n=0}^{N-1} x[n] \\ \dfrac{1}{N-1} \sum_{n=0}^{N-1} \left(x[n] - \hat{A}\right)^2 \end{array}\right]$$

是无偏的吗？

2.11　从分布 $\mathcal{U}[0, 1/\theta]$ 中给定一个单一的观测 $x[0]$，希望利用该观测来估计 θ。假定 $\theta > 0$，证明对于一个估计量 $\hat{\theta} = g(x[0])$，如果它是无偏的，则必须有

$$\int_0^{\frac{1}{\theta}} g(u)\, du = 1$$

然后证明对于所有的 $\theta > 0$，找不到一个函数 g 满足上述条件。

第3章　Cramer-Rao 下限

3.1　引言

对任何无偏估计量的方差确定一个下限，这在实际中被证明是极为有用的。在最好的情况下，这种方法允许确定估计量是 MVU 估计量。对于未知参数的所有取值，如果估计量达到此下限，那么它就是 MVU 估计量。在最坏的情况下，这种方法为比较无偏估计量的性能提供了一个标准。另外，这种方法也提醒我们不可能求得方差小于下限的无偏估计量，后者在信号处理的可行性研究中通常是有用的。尽管存在许多这样的限［McAulay and Hofstetter 1971，Kendall and Stuart 1979，Seidman 1970，Ziv and Zakai 1969］，但是 Cramer-Rao 下限（CRLB）是最容易确定的。而且，这一理论也允许我们立即确定估计量是否达到了下限。如果这样的估计量不存在，那么正如第7章描述的那样，由于无偏估计量可以渐近达到这个下限，因此所有的无偏估计量都不会丢弃。由于这些原因，我们只讨论 CRLB。

3.2　小结

（3.6）式给出了标量参数的 CRLB，如果（3.7）式的条件满足，那么将达到下限，并且达到下限的估计量很容易求出。确定 CRLB 的另一种方法由（3.12）式给出，对于 WGN 中具有未知参数的信号，（3.14）式提供了计算下限的一种方便的方法。当估计的是参数的函数时，它的 CRLB 由（3.16）式给出。尽管 θ 的有效估计量可能存在，但是，一般来说 θ 函数的有效估计量不一定存在（除非函数是线性的）。对于矢量参数，CRLB 由（3.20）式和（3.21）式计算。像标量参数情况那样，如果条件（3.25）式成立，那么就达到下限，因此很容易求得达到下限的估计量。对于矢量参数的函数，（3.30）式提供了下限。而（3.31）式给出了多维高斯 PDF 的 Fisher 信息矩阵（用来确定矢量的 CRLB）的一般公式。最后，如果数据集来源于 WSS 高斯随机过程，那么与 PSD 有关的近似 CRLB 由（3.34）式给出。这个 CRLB 是渐近可用的，或者随着数据记录长度的增大而变得可用。

3.3　估计量精度考虑

在陈述 CRLB 定理之前，揭示一些隐藏的因素是值得的，即确定估计一个参数的准确度有多高。由于所有可能的信息都通过观测的数据以及那些数据的 PDF 而具体表现出来，因此，估计精度直接与 PDF 有关一点也不奇怪。例如，如果 PDF 对参数的依赖性较弱，或者在极端情况下，PDF 根本与参数不相关，那么我们不应该期待能以任意精度来估计参数。一般而言，PDF 受未知参数的影响越大，所得到的估计越好。

例3.1　依赖于未知参数的 PDF

如果观测到单个样本，即

$$x[0] = A + w[0]$$

其中 $w[0] \sim \mathcal{N}(0, \sigma^2)$，我们希望估计 A；如果 σ^2 较小，那么希望得到一个好的估计。实际

上，一个好的无偏估计是 $\hat{A} = x[0]$。方差刚好是 σ^2，所以估计量的精度随 σ^2 的减少而改善。在图 3.1 中显示了另外一种理解问题的方法，图中显示了两个具有不同方差的 PDF，它们是

$$p_i(x[0]; A) = \frac{1}{\sqrt{2\pi\sigma_i^2}} \exp\left[-\frac{1}{2\sigma_i^2}(x[0] - A)^2\right] \quad i = 1, 2 \tag{3.1}$$

图中画出了对于给定的 $x[0]$ 值，PDF 与未知参数 A 的关系。如果 $\sigma_1^2 < \sigma_2^2$，那么根据 $p_1(x[0]; A)$，应该可以更为精确地估计 A。参考图 3.1，我们可以解释这一结果，如果 $x[0] = 3$，$\sigma_1 = 1/3$，那么正如图 3.1(a) 所示，$A > 4$ 是不大可能的。为了理解这一点，我们确定当 A 取某一给定值时，观测 $x[0]$ 在区间 $[x[0] - \delta/2, x[0] + \delta/2] = [3 - \delta/2, 3 + \delta/2]$ 上的概率，即

$$\Pr\left\{3 - \frac{\delta}{2} \leqslant x[0] \leqslant 3 + \frac{\delta}{2}\right\} = \int_{3-\frac{\delta}{2}}^{3+\frac{\delta}{2}} p_i(u; A)\, du$$

对于小的 δ，上述概率为 $p_i(x[0] = 3; A)\delta$。但是，$p_1(x[0] = 3; A = 4)\delta = 0.01\delta$，而 $p_1(x[0] = 3; A = 3)\delta = 1.20\delta$。当 $A = 4$ 时，观测 $x[0]$ 在以 $x[0] = 3$ 为中心的一个小的区间上的概率要小于 $A = 3$ 时的概率。因此，$A > 4$ 的值可以不予考虑，图中表明 A 在区间 $3 \pm 3\sigma_1 = [2, 4]$ 内的值是可行的候选值。图 3.1(b) 的 PDF 与 A 的相关性较弱，这里可行的候选值在宽得多的区间 $3 \pm 3\sigma_2 = [0, 6]$ 上。

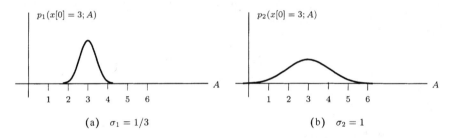

图 3.1 依赖于未知参数的 PDF

当把 PDF 作为未知参数的函数时（$\mathbf{x}$ 固定），我们称其为似然函数，图 3.1 给出了两个似然函数的例子。直观地看，似然函数的"尖锐"性决定了我们估计未知参数的精度。为了定量地说明这一概念，考察一下由对数似然函数在其峰值处的负的二阶导数来度量的"尖锐"性，这是对数似然函数的曲率。在例 3.1 中，如果我们考虑 PDF 的自然对数

$$\ln p(x[0]; A) = -\ln\sqrt{2\pi\sigma^2} - \frac{1}{2\sigma^2}(x[0] - A)^2$$

那么它的一阶导数为

$$\frac{\partial \ln p(x[0]; A)}{\partial A} = \frac{1}{\sigma^2}(x[0] - A) \tag{3.2}$$

并且负的二阶导数变成

$$-\frac{\partial^2 \ln p(x[0]; A)}{\partial A^2} = \frac{1}{\sigma^2} \tag{3.3}$$

曲率随 σ^2 的减少而增加。由于我们已经知道估计量 $\hat{A} = x[0]$ 具有方差 σ^2，那么对于这个例子，

$$\mathrm{var}(\hat{A}) = \frac{1}{-\dfrac{\partial^2 \ln p(x[0]; A)}{\partial A^2}} \tag{3.4}$$

并且方差随曲率的增加而减少。尽管在本例中二阶导数并不依赖 $x[0]$，但一般说来是与 $x[0]$ 有关的。这样，曲率更一般的度量是

$$- E\left[\frac{\partial^2 \ln p(x[0]; A)}{\partial A^2}\right] \tag{3.5}$$

它度量了对数似然函数的平均曲率。对 $p(x[0];A)$ 取数学期望，使得它仅为 A 的函数。数学期望证实了与 $x[0]$ 有关的似然函数本身是一个随机变量。(3.5)式中的值越大，那么估计量的方差越小。

3.4　Cramer-Rao 下限

我们现在准备描述 CRLB 定理。

定理 3.1(Cramer-Rao 下限——标量参数)　假定 PDF $p(\mathbf{x};\theta)$ 满足"正则"条件

$$E\left[\frac{\partial \ln p(\mathbf{x};\theta)}{\partial \theta}\right] = 0 \qquad \text{对于所有的 } \theta$$

其中数学期望是对 $p(\mathbf{x};\theta)$ 求取的。那么，任何无偏估计量 $\hat{\theta}$ 的方差必定满足

$$\mathrm{var}(\hat{\theta}) \geqslant \frac{1}{-E\left[\dfrac{\partial^2 \ln p(\mathbf{x};\theta)}{\partial \theta^2}\right]} \tag{3.6}$$

其中导数是在 θ 的真值处计算的，数学期望是对 $p(\mathbf{x};\theta)$ 求取的。而且，对于某个函数 g 和 I，当且仅当

$$\frac{\partial \ln p(\mathbf{x};\theta)}{\partial \theta} = I(\theta)(g(\mathbf{x}) - \theta) \tag{3.7}$$

时，对所有 θ 达到下限的无偏估计量就可以求得。这个估计量是 $\hat{\theta} = g(\mathbf{x})$，它是 MVU 估计量，最小方差是 $1/I(\theta)$。

由于二阶导数是与 $\mathbf{x}$ 有关的随机变量，所以(3.6)式的数学期望由下式给出，

$$E\left[\frac{\partial^2 \ln p(\mathbf{x};\theta)}{\partial \theta^2}\right] = \int \frac{\partial^2 \ln p(\mathbf{x};\theta)}{\partial \theta^2} p(\mathbf{x};\theta)\, d\mathbf{x}$$

而且，一般来说下限与 θ 有关，如图 2.5 所示(虚线的曲线)。习题 3.1 给出了 PDF 不满足正则条件的一个例子，定理的证明请参见附录 3A。

现在，我们给出一些例子来说明 CRLB 的计算。

例 3.2　例 3.1 的 CRLB

对于例 3.1，从(3.3)式和(3.6)式可以看出，

$$\mathrm{var}(\hat{A}) \geqslant \sigma^2 \qquad \text{对于所有的 } A$$

这样，即使对单一的 A 值，也不会存在方差小于 σ^2 的无偏估计量。但是，事实上如果 $\hat{A} = x[0]$，那么对于所有的 A，$\mathrm{var}(\hat{A}) = \sigma^2$。由于 $x[0]$ 是无偏的，并且达到了 CRLB，因此它肯定是 MVU 估计量。如果不能断定 $x[0]$ 是一个好的估计量，那么就可以利用(3.7)式。根据(3.2)式和(3.7)式，我们进行如下标记

$$\begin{aligned} \theta &= A \\ I(\theta) &= \frac{1}{\sigma^2} \\ g(x[0]) &= x[0] \end{aligned}$$

所以(3.7)式是满足的。因此，$\hat{A} = g(x[0]) = x[0]$ 是 MVU 估计量。另外我们还注意到，$\mathrm{var}(\hat{A}) = \sigma^2 = 1/I(\theta)$，所以根据(3.6)式，肯定有

$$I(\theta) = -E\left[\frac{\partial^2 \ln p(\mathbf{x}; \theta)}{\partial \theta^2}\right]$$

我们在介绍了下一个例子之后还将回到本例中。对于非高斯情况的推广，则请参见习题 3.2。

例 3.3 高斯白噪声中的 DC 电平

对例 3.1 做进一步的推广，考虑多观测

$$x[n] = A + w[n] \qquad n = 0, 1, \ldots, N-1$$

其中 $w[n]$ 是方差为 σ^2 的 WGN。确定 A 的 CRLB，

$$
\begin{aligned}
p(\mathbf{x}; A) &= \prod_{n=0}^{N-1} \frac{1}{\sqrt{2\pi\sigma^2}} \exp\left[-\frac{1}{2\sigma^2}(x[n] - A)^2\right] \\
&= \frac{1}{(2\pi\sigma^2)^{\frac{N}{2}}} \exp\left[-\frac{1}{2\sigma^2}\sum_{n=0}^{N-1}(x[n] - A)^2\right]
\end{aligned}
$$

求出一阶导数，

$$
\begin{aligned}
\frac{\partial \ln p(\mathbf{x}; A)}{\partial A} &= \frac{\partial}{\partial A}\left[-\ln[(2\pi\sigma^2)^{\frac{N}{2}}] - \frac{1}{2\sigma^2}\sum_{n=0}^{N-1}(x[n] - A)^2\right] \\
&= \frac{1}{\sigma^2}\sum_{n=0}^{N-1}(x[n] - A) \\
&= \frac{N}{\sigma^2}(\bar{x} - A)
\end{aligned}
\tag{3.8}
$$

其中 $\bar{x}$ 是样本均值。再次求导，

$$\frac{\partial^2 \ln p(\mathbf{x}; A)}{\partial A^2} = -\frac{N}{\sigma^2}$$

并且注意到二阶导数是常数，由(3.6)式我们得到 CRLB，

$$\mathrm{var}(\hat{A}) \geqslant \frac{\sigma^2}{N} \tag{3.9}$$

另外，通过比较(3.7)式和(3.8)式，我们看到样本均值估计量达到了下限，因此肯定是 MVU 估计量。最小方差由(3.8)式中常数 N/σ^2 的倒数给出（对本例的一些变化请参见习题 3.3 ~ 习题 3.5）。

现在，证明当达到 CRLB 时，$$\mathrm{var}(\hat{\theta}) = \frac{1}{I(\theta)}$$

其中 $$I(\theta) = -E\left[\frac{\partial^2 \ln p(\mathbf{x}; \theta)}{\partial \theta^2}\right]$$

由(3.6)式和(3.7)式，可以得

$$\mathrm{var}(\hat{\theta}) = \frac{1}{-E\left[\dfrac{\partial^2 \ln p(\mathbf{x}; \theta)}{\partial \theta^2}\right]}$$

和 $$\frac{\partial \ln p(\mathbf{x}; \theta)}{\partial \theta} = I(\theta)(\hat{\theta} - \theta)$$

对上式求导，可以得

$$\frac{\partial^2 \ln p(\mathbf{x}; \theta)}{\partial \theta^2} = \frac{\partial I(\theta)}{\partial \theta}(\hat{\theta} - \theta) - I(\theta)$$

取负的数学期望，可以得

$$
\begin{aligned}
-E\left[\frac{\partial^2 \ln p(\mathbf{x}; \theta)}{\partial \theta^2}\right] &= -\frac{\partial I(\theta)}{\partial \theta}[E(\hat{\theta}) - \theta] + I(\theta) \\
&= I(\theta)
\end{aligned}
$$

因此

$$\mathrm{var}(\hat{\theta}) = \frac{1}{I(\theta)} \tag{3.10}$$

在下个例子中，我们将看到 CRLB 并不总是满足的。

例 3.4　相位估计

假定我们希望估计在 WGN 中加正弦信号的相位 ϕ，即

$$x[n] = A\cos(2\pi f_0 n + \phi) + w[n] \qquad n = 0, 1, \ldots, N-1$$

幅度 A 和频率 f_0 假定是已知的（对于幅度和频率都是未知的情况请参见例 3.14），PDF 是

$$p(\mathbf{x}; \phi) = \frac{1}{(2\pi\sigma^2)^{\frac{N}{2}}} \exp\left\{-\frac{1}{2\sigma^2} \sum_{n=0}^{N-1} [x[n] - A\cos(2\pi f_0 n + \phi)]^2\right\}$$

对对数似然函数求导，可以得

$$
\begin{aligned}
\frac{\partial \ln p(\mathbf{x}; \phi)}{\partial \phi} &= -\frac{1}{\sigma^2} \sum_{n=0}^{N-1} [x[n] - A\cos(2\pi f_0 n + \phi)] A\sin(2\pi f_0 n + \phi) \\
&= -\frac{A}{\sigma^2} \sum_{n=0}^{N-1} \left[x[n]\sin(2\pi f_0 n + \phi) - \frac{A}{2}\sin(4\pi f_0 n + 2\phi)\right]
\end{aligned}
$$

以及

$$\frac{\partial^2 \ln p(\mathbf{x}; \phi)}{\partial \phi^2} = -\frac{A}{\sigma^2} \sum_{n=0}^{N-1} [x[n]\cos(2\pi f_0 n + \phi) - A\cos(4\pi f_0 n + 2\phi)]$$

通过取负的期望值，有

$$
\begin{aligned}
-E\left[\frac{\partial^2 \ln p(\mathbf{x}; \phi)}{\partial \phi^2}\right] &= \frac{A}{\sigma^2} \sum_{n=0}^{N-1} [A\cos^2(2\pi f_0 n + \phi) - A\cos(4\pi f_0 n + 2\phi)] \\
&= \frac{A^2}{\sigma^2} \sum_{n=0}^{N-1} \left[\frac{1}{2} + \frac{1}{2}\cos(4\pi f_0 n + 2\phi) - \cos(4\pi f_0 n + 2\phi)\right] \\
&\approx \frac{NA^2}{2\sigma^2}
\end{aligned}
$$

因为对于 f_0 不在 0 或 1/2 附近的情况（参见习题 3.7），

$$\frac{1}{N} \sum_{n=0}^{N-1} \cos(4\pi f_0 n + 2\phi) \approx 0$$

所以

$$\mathrm{var}(\hat{\phi}) \geqslant \frac{2\sigma^2}{NA^2}$$

在本例中，不满足下限成立的条件，因此，不存在无偏的且达到 CRLB 的相位估计量。然而，MVU 仍然可能存在，这时我们并不知道如何确定 MVU 的存在与否，如果存在又如何去求。第 5 章的充分统计量理论将帮助我们回答这些问题。

无偏且达到 CRLB 的估计量（如例 3.3 的样本均值估计量）可以有效地使用数据，所以称其为有

效的。MVU 估计量可能是也可能不是有效的。例如在图 3.2 中，显示了所有估计量的方差（为了说明方便只给出了三个无偏估计量），在图 3.2(a) 中，$\hat{\theta}_1$ 是有效的，它达到了 CRLB，因此它也是 MVU 估计量。而另一方面，在图 3.2(b) 中，$\hat{\theta}_1$ 没有达到 CRLB，因此它不是有效的，然而由于它的方差一致地小于所有其他无偏估计量的方差，因此 $\hat{\theta}_1$ 也是 MVU 估计量。

由 (3.6) 式给出的 CRLB 也可以使用略微不同的形式表示。尽管 (3.6) 式通常在计算中更为方便，但另一种形式有时在理论分析中也是很有用的。根据下列恒等式（参见附录 3A）

$$E\left[\left(\frac{\partial \ln p(\mathbf{x};\theta)}{\partial \theta}\right)^2\right] = -E\left[\frac{\partial^2 \ln p(\mathbf{x};\theta)}{\partial \theta^2}\right] \tag{3.11}$$

所以

$$\text{var}(\hat{\theta}) \geqslant \frac{1}{E\left[\left(\frac{\partial \ln p(\mathbf{x};\theta)}{\partial \theta}\right)^2\right]} \tag{3.12}$$

（参见习题 3.8）。

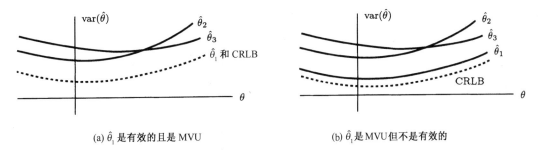

(a) $\hat{\theta}_1$ 是有效的且是 MVU　　　　　　　　(b) $\hat{\theta}_1$ 是 MVU 但不是有效的

图 3.2　有效性与最小方差

(3.6) 式中的分母称为数据 $\mathbf{x}$ 的 Fisher 信息 $I(\theta)$，即

$$I(\theta) = -E\left[\frac{\partial^2 \ln p(\mathbf{x};\theta)}{\partial \theta^2}\right] \tag{3.13}$$

正如我们前面看到的，当达到 CRLB 时，方差是 Fisher 信息的倒数。直观地理解，信息越多，下限越低，它具有信息测度的基本性质，即

1. 由于 (3.11) 式，因此它是非负的。
2. 对独立观测的可加性。

后一个性质可以得出这样的结论：对 N 个 IID 观测的 CRLB 是单次观测的 $1/N$ 倍。为了验证这一点，我们注意到对于独立观测，

$$\ln p(\mathbf{x};\theta) = \sum_{n=0}^{N-1} \ln p(x[n];\theta)$$

这将导致

$$-E\left[\frac{\partial^2 \ln p(\mathbf{x};\theta)}{\partial \theta^2}\right] = -\sum_{n=0}^{N-1} E\left[\frac{\partial^2 \ln p(x[n];\theta)}{\partial \theta^2}\right]$$

最后，对于同分布观测，

$$I(\theta) = Ni(\theta)$$

其中

$$i(\theta) = -E\left[\frac{\partial^2 \ln p(x[n];\theta)}{\partial \theta^2}\right]$$

是一个样本的 Fisher 信息，对于非独立的样本，我们可能期待该信息将小于 $Ni(\theta)$，如同习题 3.9。对于完全相关的样本，例如 $x[0] = x[1] = \cdots = x[N-1]$，我们有 $I(\theta) = i(\theta)$（参见习题 3.9）。因此，附加的观测没有任何信息，CRLB 不会随数据长度的增加而减少。

3.5 高斯白噪声中信号的一般 CRLB

由于通常将信号假定为高斯白噪声的，因此推导这种情况的 CRLB 是值得的。随后，我们将扩展到 (3.31) 式的非高斯白噪声和矢量参数的情况。假定在 WGN 中观测到具有未知参数 θ 的确定性信号，即

$$x[n] = s[n; \theta] + w[n] \qquad n = 0, 1, \ldots, N-1$$

其中清楚地标明了信号对 θ 的依赖性。似然函数为

$$p(\mathbf{x}; \theta) = \frac{1}{(2\pi\sigma^2)^{\frac{N}{2}}} \exp\left\{ -\frac{1}{2\sigma^2} \sum_{n=0}^{N-1} (x[n] - s[n; \theta])^2 \right\}$$

一次求导得

$$\frac{\partial \ln p(\mathbf{x}; \theta)}{\partial \theta} = \frac{1}{\sigma^2} \sum_{n=0}^{N-1} (x[n] - s[n; \theta]) \frac{\partial s[n; \theta]}{\partial \theta}$$

二次求导得

$$\frac{\partial^2 \ln p(\mathbf{x}; \theta)}{\partial \theta^2} = \frac{1}{\sigma^2} \sum_{n=0}^{N-1} \left\{ (x[n] - s[n; \theta]) \frac{\partial^2 s[n; \theta]}{\partial \theta^2} - \left(\frac{\partial s[n; \theta]}{\partial \theta} \right)^2 \right\}$$

取数学期望后得

$$E\left(\frac{\partial^2 \ln p(\mathbf{x}; \theta)}{\partial \theta^2} \right) = -\frac{1}{\sigma^2} \sum_{n=0}^{N-1} \left(\frac{\partial s[n; \theta]}{\partial \theta} \right)^2$$

所以最后有

$$\text{var}(\hat{\theta}) \geq \frac{\sigma^2}{\displaystyle\sum_{n=0}^{N-1} \left(\frac{\partial s[n; \theta]}{\partial \theta} \right)^2} \tag{3.14}$$

下限的形式表明了信号依赖 θ 的重要性。信号随未知参数的改变而迅速改变将产生精确的估计量。将 (3.14) 式简单地应用到例 3.3，其中 $s[n; \theta] = \theta$，最后得到 σ^2/N 的 CRLB。读者也应该验证例 3.4 的结果。作为最后一个例子，我们考察一个频率估计问题。

例 3.5 正弦频率估计

我们假定信号是正弦的，表示为

$$s[n; f_0] = A\cos(2\pi f_0 n + \phi) \qquad 0 < f_0 < \frac{1}{2}$$

其中幅度和相位是已知的（它们未知的情况请参见例 3.14），根据 (3.14) 式，CRLB 变成

$$\text{var}(\hat{f}_0) \geq \frac{\sigma^2}{A^2 \displaystyle\sum_{n=0}^{N-1} [2\pi n \sin(2\pi f_0 n + \phi)]^2} \tag{3.15}$$

CRLB 与频率的关系在图 3.3 中给出，其中 SNR 为 $A^2/\sigma^2 = 1$，数据记录长度 $N = 10$，相位 $\phi = 0$。有趣的是，我们注意到似乎有一个对 (3.15) 式近似的更好的频率估计（参见例 3.14）。另外，当 $f_0 \to 0$ 时，CRLB 趋向无穷大，这是因为 f_0 靠近零时，频率的轻微变化将不会显著地改变信号。

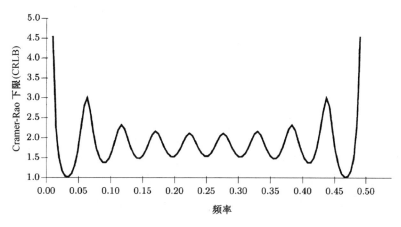

图 3.3　正弦频率估计的 CRLB

3.6　参数变换

在实际应用中，常常出现所要估计的参数是某个基本参数的函数的情况。例如，在例 3.3 中，我们感兴趣的可能不是 A 的符号，而是要估计 A^2 或者信号的功率。已知 A 的 CRLB，我们很容易得到 A^2 或者更一般的 A 的函数的 CRLB。正如附录 3A 中所证明的，如果希望估计 $\alpha = g(\theta)$，那么 CRLB 是

$$\mathrm{var}(\hat{\alpha}) \geqslant \frac{\left(\dfrac{\partial g}{\partial \theta}\right)^2}{-E\left[\dfrac{\partial^2 \ln p(\mathbf{x};\theta)}{\partial \theta^2}\right]} \tag{3.16}$$

对于当前这个例子，这将变成 $\alpha = g(A) = A^2$ 以及

$$\mathrm{var}(\widehat{A^2}) \geqslant \frac{(2A)^2}{N/\sigma^2} = \frac{4A^2\sigma^2}{N} \tag{3.17}$$

注意在使用(3.16)式时，CRLB 是以 θ 来表示的。

在例 3.3 中我们看到，样本均值估计量是 A 的有效估计量，那么有可能认为 $\bar{x}^2$ 是 A^2 的有效估计量。为了尽快消除这种概念，首先证明 $\bar{x}^2$ 甚至不是一个无偏估计量。由于 $\bar{x} \sim \mathcal{N}(A,\, \sigma^2/N)$，

$$\begin{aligned}E(\bar{x}^2) &= E^2(\bar{x}) + \mathrm{var}(\bar{x}) = A^2 + \frac{\sigma^2}{N} \\ &\neq A^2\end{aligned} \tag{3.18}$$

因此，我们立即得出结论，非线性变换破坏了一个估计量的有效性。很容易证明，线性[实际上是仿射(affine)]变换能够保持估计量的有效性。假定 θ 的有效估计量存在，并且由 $\hat{\theta}$ 给出。希望估计 $g(\theta) = a\theta + b$，我们选择 $\widehat{g(\theta)} = g(\hat{\theta}) = a\hat{\theta} + b$ 作为 $g(\theta)$ 的估计量。那么，

$$\begin{aligned}E(a\hat{\theta} + b) &= aE(\hat{\theta}) + b = a\theta + b \\ &= g(\theta)\end{aligned}$$

所以 $\widehat{g(\theta)}$ 是无偏的，由(3.16)式可得 $g(\theta)$ 的 CRLB 为

$$\begin{aligned}
\mathrm{var}(\widehat{g(\theta)}) &\geqslant \frac{\left(\dfrac{\partial g}{\partial \theta}\right)^2}{I(\theta)} \\
&= \left(\frac{\partial g(\theta)}{\partial \theta}\right)^2 \mathrm{var}(\hat{\theta}) \\
&= a^2 \mathrm{var}(\hat{\theta})
\end{aligned}$$

但是，$\mathrm{var}(\widehat{g(\theta)}) = \mathrm{var}(a\,\hat{\theta} + b) = a^2 \mathrm{var}(\hat{\theta})$，所以达到了 CRLB。

尽管只有线性变换保持有效性，但是如果数据记录足够大，那么非线性变换也是近似保持有效性的。这有很大的实际意义，因为通常我们感兴趣的是估计参数的函数。为了说明为什么这种性质成立，我们回到前一个用 $\bar{x}^2$ 估计 A^2 的例子。尽管 $\bar{x}^2$ 是有偏的，但是从(3.18)式注意到 $\bar{x}^2$ 是渐近无偏的，即当 $N\to\infty$ 时是无偏的。另外，由于 $\bar{x} \sim \mathcal{N}(A, \sigma^2/N)$，可以计算方差

$$\mathrm{var}(\bar{x}^2) = E(\bar{x}^4) - E^2(\bar{x}^2)$$

通过利用结果，即如果 $\xi \sim \mathcal{N}(\mu, \sigma^2)$，那么

$$\begin{aligned}
E(\xi^2) &= \mu^2 + \sigma^2 \\
E(\xi^4) &= \mu^4 + 6\mu^2\sigma^2 + 3\sigma^4
\end{aligned}$$

因此

$$\begin{aligned}
\mathrm{var}(\xi^2) &= E(\xi^4) - E^2(\xi^2) \\
&= 4\mu^2\sigma^2 + 2\sigma^4
\end{aligned}$$

那么对于我们的问题，可以有

$$\mathrm{var}(\bar{x}^2) = \frac{4A^2\sigma^2}{N} + \frac{2\sigma^4}{N^2} \tag{3.19}$$

因此，当 $N\to\infty$ 时，方差趋向于 $4A^2\sigma^2/N$，(3.19)式的最后一项要比第一项更快地收敛于零。但这正是由(3.17)式给出的 CRLB，因此就证明了 $\bar{x}^2$ 是 A^2 的渐近有效估计量的断言。直观地理解，出现这种情况是由于变换的统计线性，如图3.4所示。当 N 增加时，$\bar{x}$ 的 PDF 变得更加集中在均值 A 的周围。因此，观测到的 $\bar{x}$ 位于 $\bar{x} = A$ 的一个小的区间上(显示的是 ±3 标准差区间)。在这个小的区间上，非线性变换近似为线性的。因此，由于 $\bar{x}$ 的值落在非线性区域的情况很少发生，变换可以用线性变换代替。事实上，如果在 A 附近线性化 g，那么可以有如下近似：

$$g(\bar{x}) \approx g(A) + \frac{dg(A)}{dA}(\bar{x} - A)$$

在这个近似式中，我们得出

$$E[g(\bar{x})] = g(A) = A^2$$

即估计量是无偏的(渐近)。另外，

$$\begin{aligned}
\mathrm{var}[g(\bar{x})] &= \left[\frac{dg(A)}{dA}\right]^2 \mathrm{var}(\bar{x}) \\
&= \frac{(2A)^2\sigma^2}{N} \\
&= \frac{4A^2\sigma^2}{N}
\end{aligned}$$

所以估计量达到 CRLB(渐近)。因此，估计量是渐近有效的，这一结果也使我们进一步理解(3.16)式给出的 CRLB 的形式。

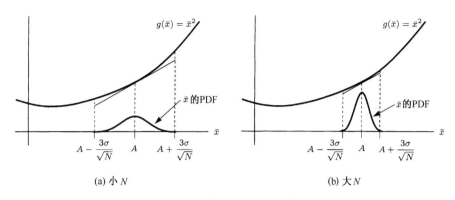

(a) 小 N　　　　　　　　　　　(b) 大 N

图 3.4　非线性变换的统计线性

3.7　扩展到矢量参数

现在，将前一节的结果扩展到估计矢量参数 $\boldsymbol{\theta} = [\,\theta_1\,\theta_2\,\dots\,\theta_p\,]^T$ 的情况。我们假定 $\hat{\boldsymbol{\theta}}$ 是 2.7 节定义的无偏估计。矢量参数的 CRLB 允许我们对每个元素的方差放置一个下限。如同附录 3B 所推导的，CRLB 可以通过一个矩阵的逆的 $[\,i,i\,]$ 元素求出，即

$$\mathrm{var}(\hat{\theta}_i) \geqslant [\mathbf{I}^{-1}(\boldsymbol{\theta})]_{ii} \tag{3.20}$$

其中 $\mathbf{I}(\boldsymbol{\theta})$ 是 $p \times p$ 的 Fisher 信息矩阵，后者由下式定义，即

$$[\mathbf{I}(\boldsymbol{\theta})]_{ij} = -E\left[\frac{\partial^2 \ln p(\mathbf{x};\boldsymbol{\theta})}{\partial \theta_i \partial \theta_j}\right] \quad i = 1,2,\dots,p\,; \; j = 1,2,\dots,p \tag{3.21}$$

在计算 (3.21) 式时利用了 $\boldsymbol{\theta}$ 的真值。注意，在标量情况下 ($p=1$)，$\mathbf{I}(\boldsymbol{\theta}) = I(\theta)$ 并且有标量的 CRLB。下面给出一些例子。

例 3.6　高斯白噪声中的 DC 电平 (重新考察)

我们现在将例 3.3 扩展到除了 A 未知，σ^2 也是未知的情况，参数矢量是 $\boldsymbol{\theta} = [\,A\ \sigma^2\,]^T$，因此 $p = 2$。2×2 的 Fisher 信息矩阵是

$$\mathbf{I}(\boldsymbol{\theta}) = \begin{bmatrix} -E\left[\dfrac{\partial^2 \ln p(\mathbf{x};\boldsymbol{\theta})}{\partial A^2}\right] & -E\left[\dfrac{\partial^2 \ln p(\mathbf{x};\boldsymbol{\theta})}{\partial A \partial \sigma^2}\right] \\[4mm] -E\left[\dfrac{\partial^2 \ln p(\mathbf{x};\boldsymbol{\theta})}{\partial \sigma^2 \partial A}\right] & -E\left[\dfrac{\partial^2 \ln p(\mathbf{x};\boldsymbol{\theta})}{\partial \sigma^{2^2}}\right] \end{bmatrix}$$

根据 (3.21) 式，很显然矩阵是对称的，因为偏导数的顺序是可以交换的，并且也可以证明是正定的 (参见习题 3.10)。根据例 3.3，对数似然函数是

$$\ln p(\mathbf{x};\boldsymbol{\theta}) = -\frac{N}{2}\ln 2\pi - \frac{N}{2}\ln \sigma^2 - \frac{1}{2\sigma^2}\sum_{n=0}^{N-1}(x[n]-A)^2$$

很容易证明导数是

$$\frac{\partial \ln p(\mathbf{x};\boldsymbol{\theta})}{\partial A} = \frac{1}{\sigma^2}\sum_{n=0}^{N-1}(x[n]-A)$$

$$\frac{\partial \ln p(\mathbf{x};\boldsymbol{\theta})}{\partial \sigma^2} = -\frac{N}{2\sigma^2} + \frac{1}{2\sigma^4}\sum_{n=0}^{N-1}(x[n]-A)^2$$

$$\frac{\partial^2 \ln p(\mathbf{x};\boldsymbol{\theta})}{\partial A^2} = -\frac{N}{\sigma^2}$$

$$\frac{\partial^2 \ln p(\mathbf{x};\boldsymbol{\theta})}{\partial A \partial \sigma^2} = -\frac{1}{\sigma^4}\sum_{n=0}^{N-1}(x[n]-A)$$

$$\frac{\partial^2 \ln p(\mathbf{x};\boldsymbol{\theta})}{\partial {\sigma^2}^2} = \frac{N}{2\sigma^4} - \frac{1}{\sigma^6}\sum_{n=0}^{N-1}(x[n]-A)^2$$

通过取负的数学期望，Fisher 信息矩阵就变成

$$\mathbf{I}(\boldsymbol{\theta}) = \begin{bmatrix} \dfrac{N}{\sigma^2} & 0 \\ 0 & \dfrac{N}{2\sigma^4} \end{bmatrix}$$

尽管一般 Fisher 信息不一定是对角矩阵，但本例是对角的，因此很容易求逆，于是

$$\mathrm{var}(\hat{A}) \geq \frac{\sigma^2}{N}$$

$$\mathrm{var}(\hat{\sigma^2}) \geq \frac{2\sigma^4}{N}$$

注意，由于矩阵的对角性，$\hat{A}$ 的 CRLB 与 σ^2 已知时是相同的，但是一般而言这是不成立的，下面的例子说明了这一点。

例 3.7　直线拟合

考虑一个直线拟合问题，或者给定观测

$$x[n] = A + Bn + w[n] \qquad n = 0, 1, \ldots, N-1$$

其中 $w[n]$ 是 WGN，确定斜率 B 和截距 A 的 CRLB。这种情况下的参数矢量是 $\boldsymbol{\theta} = [\,A\ B\,]^T$，我们首先需要计算 2×2 的 Fisher 信息矩阵，即

$$\mathbf{I}(\boldsymbol{\theta}) = \begin{bmatrix} -E\left[\dfrac{\partial^2 \ln p(\mathbf{x};\boldsymbol{\theta})}{\partial A^2}\right] & -E\left[\dfrac{\partial^2 \ln p(\mathbf{x};\boldsymbol{\theta})}{\partial A \partial B}\right] \\ -E\left[\dfrac{\partial^2 \ln p(\mathbf{x};\boldsymbol{\theta})}{\partial B \partial A}\right] & -E\left[\dfrac{\partial^2 \ln p(\mathbf{x};\boldsymbol{\theta})}{\partial B^2}\right] \end{bmatrix}$$

似然函数为

$$p(\mathbf{x};\boldsymbol{\theta}) = \frac{1}{(2\pi\sigma^2)^{\frac{N}{2}}} \exp\left\{ -\frac{1}{2\sigma^2}\sum_{n=0}^{N-1}(x[n]-A-Bn)^2 \right\}$$

导数为

$$\frac{\partial \ln p(\mathbf{x};\boldsymbol{\theta})}{\partial A} = \frac{1}{\sigma^2}\sum_{n=0}^{N-1}(x[n]-A-Bn)$$

$$\frac{\partial \ln p(\mathbf{x};\boldsymbol{\theta})}{\partial B} = \frac{1}{\sigma^2}\sum_{n=0}^{N-1}(x[n]-A-Bn)n$$

以及

$$\frac{\partial^2 \ln p(\mathbf{x};\boldsymbol{\theta})}{\partial A^2} = -\frac{N}{\sigma^2}$$

$$\frac{\partial^2 \ln p(\mathbf{x};\boldsymbol{\theta})}{\partial A \partial B} = -\frac{1}{\sigma^2}\sum_{n=0}^{N-1}n$$

$$\frac{\partial^2 \ln p(\mathbf{x};\boldsymbol{\theta})}{\partial B^2} = -\frac{1}{\sigma^2}\sum_{n=0}^{N-1}n^2$$

由于二阶导数与 $\mathbf{x}$ 无关，所以立即得到

$$
\mathbf{I}(\boldsymbol{\theta}) = \frac{1}{\sigma^2}\begin{bmatrix} N & \sum\limits_{n=0}^{N-1} n \\ \sum\limits_{n=0}^{N-1} n & \sum\limits_{n=0}^{N-1} n^2 \end{bmatrix}
$$

$$
= \frac{1}{\sigma^2}\begin{bmatrix} N & \dfrac{N(N-1)}{2} \\ \dfrac{N(N-1)}{2} & \dfrac{N(N-1)(2N-1)}{6} \end{bmatrix}
$$

其中我们利用了恒等式

$$
\sum_{n=0}^{N-1} n = \frac{N(N-1)}{2}
$$

$$
\sum_{n=0}^{N-1} n^2 = \frac{N(N-1)(2N-1)}{6} \tag{3.22}
$$

求逆矩阵得

$$
\mathbf{I}^{-1}(\boldsymbol{\theta}) = \sigma^2 \begin{bmatrix} \dfrac{2(2N-1)}{N(N+1)} & -\dfrac{6}{N(N+1)} \\ -\dfrac{6}{N(N+1)} & \dfrac{12}{N(N^2-1)} \end{bmatrix}
$$

由(3.20)式得到的 CRLB 为

$$
\mathrm{var}(\hat{A}) \geqslant \frac{2(2N-1)\sigma^2}{N(N+1)}
$$

$$
\mathrm{var}(\hat{B}) \geqslant \frac{12\sigma^2}{N(N^2-1)}
$$

考察一下 CRLB, 可以得到一些有趣的观点。首先注意到 $\hat{A}$ 的 CRLB 相对于 B 是已知时得到的 CRLB 有所增加, 对于后一种情况, 我们有

$$
\mathrm{var}(\hat{A}) \geqslant -\frac{1}{E\left[\dfrac{\partial^2 \ln p(\mathbf{x};A)}{\partial A^2}\right]} = \frac{\sigma^2}{N}
$$

对于 $N \geqslant 2$, 则有 $2(2N-1)/(N+1) > 1$。一般的结论是, CRLB 总是随着我们估计更多的参数而增加(参见习题 3.11 和习题 3.12)。第二点, 对于 $N \geqslant 3$, 可以有

$$
\frac{\mathrm{CRLB}(\hat{A})}{\mathrm{CRLB}(\hat{B})} = \frac{(2N-1)(N-1)}{6} > 1
$$

因此 B 更容易估计, 它的 CRLB 随 $1/N^3$ 而减少; 与此相反的是, A 的 CRLB 与 $1/N$ 有关。这种不同的关系表明 $x[n]$ 对 B 的变化比对 A 的变化更敏感。一个简单的计算揭示了

$$
\Delta x[n] \approx \frac{\partial x[n]}{\partial A}\Delta A = \Delta A
$$

$$
\Delta x[n] \approx \frac{\partial x[n]}{\partial B}\Delta B = n\Delta B
$$

B 的变化被放大了 n 倍, 如图 3.5 所示, 这种影响使我们联想到(3.14)式。在矢量情况下可以得到类似的关系[参见(3.33)式], 这个例子的推广可以参见习题 3.13。

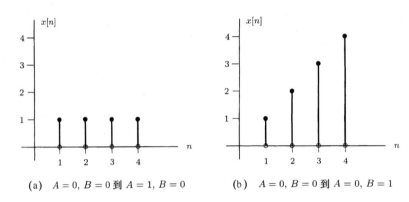

(a)　$A = 0, B = 0$ 到 $A = 1, B = 0$　　　　(b)　$A = 0, B = 0$ 到 $A = 0, B = 1$

图 3.5　观测对参数变化的敏感性——无噪声

计算 CRLB 还可以采用另一种方法，我们使用恒等式

$$E\left[\frac{\partial \ln p(\mathbf{x};\boldsymbol{\theta})}{\partial \theta_i}\frac{\partial \ln p(\mathbf{x};\boldsymbol{\theta})}{\partial \theta_j}\right] = -E\left[\frac{\partial^2 \ln p(\mathbf{x};\boldsymbol{\theta})}{\partial \theta_i \partial \theta_j}\right] \tag{3.23}$$

这在附录 3B 给出了证明。不过，右边给出的形式通常更容易计算。

我们现在正式讲述矢量参数的 CRLB 定理，定理中包括了等号成立的条件。下限根据 $\hat{\boldsymbol{\theta}}$ 的协方差矩阵而给出，估计的协方差矩阵用 $\mathbf{C}_{\hat{\boldsymbol{\theta}}}$ 表示，由 (3.20) 式得出。

定理 3.2（Cramer-Rao 下限——矢量参数）　假定 PDF $p(\mathbf{x};\boldsymbol{\theta})$ 满足"正则"条件，即

$$E\left[\frac{\partial \ln p(\mathbf{x};\boldsymbol{\theta})}{\partial \boldsymbol{\theta}}\right] = \mathbf{0} \qquad 对于所有的 \boldsymbol{\theta}$$

其中数学期望是对 $p(\mathbf{x};\boldsymbol{\theta})$ 求出的。那么，任何无偏估计量 $\hat{\boldsymbol{\theta}}$ 的协方差矩阵满足

$$\mathbf{C}_{\hat{\boldsymbol{\theta}}} - \mathbf{I}^{-1}(\boldsymbol{\theta}) \geqslant \mathbf{0} \tag{3.24}$$

其中 $\geqslant \mathbf{0}$ 解释为矩阵是半正定的。Fisher 信息矩阵 $\mathbf{I}(\boldsymbol{\theta})$ 由下式给出，即

$$[\mathbf{I}(\boldsymbol{\theta})]_{ij} = -E\left[\frac{\partial^2 \ln p(\mathbf{x};\boldsymbol{\theta})}{\partial \theta_i \partial \theta_j}\right]$$

其中导数是在 $\boldsymbol{\theta}$ 的真值上计算的，数学期望是对 $p(\mathbf{x};\boldsymbol{\theta})$ 求出的。而且，对于某个 p 维函数 $\mathbf{g}$ 和某个 $p \times p$ 矩阵 $\mathbf{I}$，当且仅当

$$\frac{\partial \ln p(\mathbf{x};\boldsymbol{\theta})}{\partial \boldsymbol{\theta}} = \mathbf{I}(\boldsymbol{\theta})(\mathbf{g}(\mathbf{x}) - \boldsymbol{\theta}) \tag{3.25}$$

可以求得达到下限 $\mathbf{C}_{\hat{\boldsymbol{\theta}}} = \mathbf{I}^{-1}(\boldsymbol{\theta})$ 的无偏估计量。这个估计量是 $\hat{\boldsymbol{\theta}} = \mathbf{g}(\mathbf{x})$，它是 MVU 估计量，其协方差矩阵是 $\mathbf{I}^{-1}(\boldsymbol{\theta})$。

这些证明在附录 3B 中给出，注意到对于半正定矩阵对角线上的元素是非负的，这就证明了从 (3.24) 式得出 (3.20) 式。因此，

$$\left[\mathbf{C}_{\hat{\boldsymbol{\theta}}} - \mathbf{I}^{-1}(\boldsymbol{\theta})\right]_{ii} \geqslant 0$$

并且

$$\text{var}(\hat{\theta}_i) = [\mathbf{C}_{\hat{\boldsymbol{\theta}}}]_{ii} \geqslant [\mathbf{I}^{-1}(\boldsymbol{\theta})]_{ii} \tag{3.26}$$

另外，当等号成立时，即 $\mathbf{C}_{\hat{\boldsymbol{\theta}}} = \mathbf{I}^{-1}(\boldsymbol{\theta})$，那么 (3.26) 式的等号也将成立。达到 CRLB 的条件是特别有意思的，既然 $\hat{\boldsymbol{\theta}} = \mathbf{g}(\mathbf{x})$ 是有效的，因而也是 MVU 估计量。例 3.7 是等号成立的一个例子。在那里我们求得

$$\frac{\partial \ln p(\mathbf{x};\boldsymbol{\theta})}{\partial \boldsymbol{\theta}} = \begin{bmatrix} \dfrac{\partial \ln p(\mathbf{x};\boldsymbol{\theta})}{\partial A} \\[3mm] \dfrac{\partial \ln p(\mathbf{x};\boldsymbol{\theta})}{\partial B} \end{bmatrix} \tag{3.27}$$

$$= \begin{bmatrix} \dfrac{1}{\sigma^2} \displaystyle\sum_{n=0}^{N-1}(x[n]-A-Bn) \\[4mm] \dfrac{1}{\sigma^2} \displaystyle\sum_{n=0}^{N-1}(x[n]-A-Bn)n \end{bmatrix} \tag{3.28}$$

尽管上式不是很清楚, 但是可以重写为

$$\frac{\partial \ln p(\mathbf{x};\boldsymbol{\theta})}{\partial \boldsymbol{\theta}} = \begin{bmatrix} \dfrac{N}{\sigma^2} & \dfrac{N(N-1)}{2\sigma^2} \\[3mm] \dfrac{N(N-1)}{2\sigma^2} & \dfrac{N(N-1)(2N-1)}{6\sigma^2} \end{bmatrix} \begin{bmatrix} \hat{A}-A \\[2mm] \hat{B}-B \end{bmatrix} \tag{3.29}$$

其中

$$\hat{A} = \frac{2(2N-1)}{N(N+1)}\sum_{n=0}^{N-1}x[n] - \frac{6}{N(N+1)}\sum_{n=0}^{N-1}nx[n]$$

$$\hat{B} = -\frac{6}{N(N+1)}\sum_{n=0}^{N-1}x[n] + \frac{12}{N(N^2-1)}\sum_{n=0}^{N-1}nx[n]$$

因此, 等号成立的条件是满足的, $[\hat{A}\ \hat{B}]^T$ 是有效的, 所以是 MVU 估计量。而且, (3.29)式中的矩阵是协方差矩阵的逆。

如果等号条件成立, 读者可能会问是否能确定 $\hat{\boldsymbol{\theta}}$ 是无偏的。由于正则条件

$$E\left[\frac{\partial \ln p(\mathbf{x};\boldsymbol{\theta})}{\partial \boldsymbol{\theta}}\right] = \mathbf{0}$$

总是假定成立, 因此可以把它们应用到(3.25)式, 这样就得到 $E[\mathbf{g}(\mathbf{x})] = E(\hat{\boldsymbol{\theta}}) = \boldsymbol{\theta}$。

在求矢量参数的 MVU 估计量时, 矢量参数的 CRLB 定理提供了一个有效的工具, 特别是它允许我们对一类重要的数据模型求取 MVU 估计量, 这类数据模型就是线性模型, 在第 4 章将进行详细的描述。刚才描述的直线拟合是一种特殊情况。只要我们能够使用一个线性模型来描述数据, 那么 MVU 估计量和它的性能就很容易求得。

3.8　矢量参数变换的 CRLB

3.6 节的讨论很容易扩展到矢量情况。假定我们希望估计 $\boldsymbol{\alpha} = \mathbf{g}(\boldsymbol{\theta})$, $\mathbf{g}$ 是 r 维函数, 那么正如附录 3B 证明的那样,

$$\mathbf{C}_{\hat{\alpha}} - \frac{\partial \mathbf{g}(\boldsymbol{\theta})}{\partial \boldsymbol{\theta}}\mathbf{I}^{-1}(\boldsymbol{\theta})\frac{\partial \mathbf{g}(\boldsymbol{\theta})^T}{\partial \boldsymbol{\theta}} \geqslant 0 \tag{3.30}$$

其中, 正如前面所解释的那样, $\geqslant 0$ 解释为矩阵是半正定的。在(3.30)式中 $\partial \mathbf{g}(\boldsymbol{\theta})/\partial \boldsymbol{\theta}$ 是 $r \times p$ 雅可比(Jacobian)矩阵, 它定义为

$$\frac{\partial \mathbf{g}(\boldsymbol{\theta})}{\partial \boldsymbol{\theta}} = \begin{bmatrix} \dfrac{\partial g_1(\boldsymbol{\theta})}{\partial \theta_1} & \dfrac{\partial g_1(\boldsymbol{\theta})}{\partial \theta_2} & \cdots & \dfrac{\partial g_1(\boldsymbol{\theta})}{\partial \theta_p} \\[3mm] \dfrac{\partial g_2(\boldsymbol{\theta})}{\partial \theta_1} & \dfrac{\partial g_2(\boldsymbol{\theta})}{\partial \theta_2} & \cdots & \dfrac{\partial g_2(\boldsymbol{\theta})}{\partial \theta_p} \\[3mm] \vdots & \vdots & \ddots & \vdots \\[3mm] \dfrac{\partial g_r(\boldsymbol{\theta})}{\partial \theta_1} & \dfrac{\partial g_r(\boldsymbol{\theta})}{\partial \theta_2} & \cdots & \dfrac{\partial g_r(\boldsymbol{\theta})}{\partial \theta_p} \end{bmatrix}$$

例 3.8　信噪比的 CRLB

考虑一个 WGN 中的 DC 电平问题，其中 A 和 σ^2 是未知的，我们希望估计

$$\alpha = \frac{A^2}{\sigma^2}$$

可以将其作为单个样本的 SNR。这里 $\boldsymbol{\theta} = \begin{bmatrix} A & \sigma^2 \end{bmatrix}^T$，$g(\boldsymbol{\theta}) = \theta_1^2/\theta_2 = A^2/\sigma^2$。那么，正如例 3.6 所证明的那样，

$$\mathbf{I}(\boldsymbol{\theta}) = \begin{bmatrix} \dfrac{N}{\sigma^2} & 0 \\ 0 & \dfrac{N}{2\sigma^4} \end{bmatrix}$$

雅可比矩阵是

$$
\begin{aligned}
\frac{\partial g(\boldsymbol{\theta})}{\partial \boldsymbol{\theta}} &= \begin{bmatrix} \dfrac{\partial g(\boldsymbol{\theta})}{\partial \theta_1} & \dfrac{\partial g(\boldsymbol{\theta})}{\partial \theta_2} \end{bmatrix} = \begin{bmatrix} \dfrac{\partial g(\boldsymbol{\theta})}{\partial A} & \dfrac{\partial g(\boldsymbol{\theta})}{\partial \sigma^2} \end{bmatrix} \\
&= \begin{bmatrix} \dfrac{2A}{\sigma^2} & -\dfrac{A^2}{\sigma^4} \end{bmatrix}
\end{aligned}
$$

所以

$$
\begin{aligned}
\frac{\partial \mathbf{g}(\boldsymbol{\theta})}{\partial \boldsymbol{\theta}} \mathbf{I}^{-1}(\boldsymbol{\theta}) \frac{\partial \mathbf{g}(\boldsymbol{\theta})^T}{\partial \boldsymbol{\theta}} &= \begin{bmatrix} \dfrac{2A}{\sigma^2} & -\dfrac{A^2}{\sigma^4} \end{bmatrix} \begin{bmatrix} \dfrac{\sigma^2}{N} & 0 \\ 0 & \dfrac{2\sigma^4}{N} \end{bmatrix} \begin{bmatrix} \dfrac{2A}{\sigma^2} \\ -\dfrac{A^2}{\sigma^4} \end{bmatrix} \\
&= \frac{4A^2}{N\sigma^2} + \frac{2A^4}{N\sigma^4} \\
&= \frac{4\alpha + 2\alpha^2}{N}
\end{aligned}
$$

最后，由于 α 是标量，所以

$$\mathrm{var}(\hat{\alpha}) \geqslant \frac{4\alpha + 2\alpha^2}{N}$$

正如在 3.6 节中所讨论的那样，对于如下线性变换有效性将得以保持，

$$\boldsymbol{\alpha} = \mathbf{g}(\boldsymbol{\theta}) = \mathbf{A}\boldsymbol{\theta} + \mathbf{b}$$

其中 $\mathbf{A}$ 是 $r \times p$ 矩阵，$\mathbf{b}$ 是 $r \times 1$ 矢量，如果 $\hat{\boldsymbol{\alpha}} = \mathbf{A}\hat{\boldsymbol{\theta}} + \mathbf{b}$，那么 $\hat{\boldsymbol{\theta}}$ 是有效估计量，即 $\mathbf{C}_{\hat{\theta}} = \mathbf{I}^{-1}(\boldsymbol{\theta})$，那么

$$E(\hat{\boldsymbol{\alpha}}) = \mathbf{A}\boldsymbol{\theta} + \mathbf{b} = \boldsymbol{\alpha}$$

所以，$\hat{\boldsymbol{\alpha}}$ 是无偏的且

$$
\begin{aligned}
\mathbf{C}_{\hat{\alpha}} &= \mathbf{A}\mathbf{C}_{\hat{\theta}}\mathbf{A}^T = \mathbf{A}\mathbf{I}^{-1}(\boldsymbol{\theta})\mathbf{A}^T \\
&= \frac{\partial \mathbf{g}(\boldsymbol{\theta})}{\partial \boldsymbol{\theta}} \mathbf{I}^{-1}(\boldsymbol{\theta}) \frac{\partial \mathbf{g}(\boldsymbol{\theta})^T}{\partial \boldsymbol{\theta}}
\end{aligned}
$$

后者是 CRLB。对于非线性变换，有效性只有当 $N \to \infty$ 时保持（这里假定 $N \to \infty$ 时，$\hat{\boldsymbol{\theta}}$ 的 PDF 变成了集中在 $\boldsymbol{\theta}$ 的真值附近，即 $\hat{\boldsymbol{\theta}}$ 是一致估计量）。另外，这也是由于在 $\boldsymbol{\theta}$ 的真值附近 $\mathbf{g}(\boldsymbol{\theta})$ 的统计线性。

3.9　一般高斯情况的 CRLB

对于 CRLB 有一个一般表达式有时是相当方便的。在高斯观测的情况下，我们可以推导 CRLB，它是 (3.14) 式的推广。假定

$$\mathbf{x} \sim \mathcal{N}(\boldsymbol{\mu}(\boldsymbol{\theta}), \mathbf{C}(\boldsymbol{\theta}))$$

所以均值和方差可能都与 $\boldsymbol{\theta}$ 有关。那么，正如附录 3C 所证明的那样，Fisher 信息矩阵由下式给出，

$$
\begin{aligned}
[\mathbf{I}(\boldsymbol{\theta})]_{ij} &= \left[\frac{\partial \boldsymbol{\mu}(\boldsymbol{\theta})}{\partial \theta_i}\right]^T \mathbf{C}^{-1}(\boldsymbol{\theta}) \left[\frac{\partial \boldsymbol{\mu}(\boldsymbol{\theta})}{\partial \theta_j}\right] \\
&+ \frac{1}{2}\mathrm{tr}\left[\mathbf{C}^{-1}(\boldsymbol{\theta})\frac{\partial \mathbf{C}(\boldsymbol{\theta})}{\partial \theta_i}\mathbf{C}^{-1}(\boldsymbol{\theta})\frac{\partial \mathbf{C}(\boldsymbol{\theta})}{\partial \theta_j}\right]
\end{aligned}
\tag{3.31}
$$

其中

$$
\frac{\partial \boldsymbol{\mu}(\boldsymbol{\theta})}{\partial \theta_i} = \begin{bmatrix} \dfrac{\partial [\boldsymbol{\mu}(\boldsymbol{\theta})]_1}{\partial \theta_i} \\[2mm] \dfrac{\partial [\boldsymbol{\mu}(\boldsymbol{\theta})]_2}{\partial \theta_i} \\[2mm] \vdots \\[2mm] \dfrac{\partial [\boldsymbol{\mu}(\boldsymbol{\theta})]_N}{\partial \theta_i} \end{bmatrix}
$$

以及

$$
\frac{\partial \mathbf{C}(\boldsymbol{\theta})}{\partial \theta_i} = \begin{bmatrix} \dfrac{\partial [\mathbf{C}(\boldsymbol{\theta})]_{11}}{\partial \theta_i} & \dfrac{\partial [\mathbf{C}(\boldsymbol{\theta})]_{12}}{\partial \theta_i} & \cdots & \dfrac{\partial [\mathbf{C}(\boldsymbol{\theta})]_{1N}}{\partial \theta_i} \\[2mm] \dfrac{\partial [\mathbf{C}(\boldsymbol{\theta})]_{21}}{\partial \theta_i} & \dfrac{\partial [\mathbf{C}(\boldsymbol{\theta})]_{22}}{\partial \theta_i} & \cdots & \dfrac{\partial [\mathbf{C}(\boldsymbol{\theta})]_{2N}}{\partial \theta_i} \\[2mm] \vdots & \vdots & \ddots & \vdots \\[2mm] \dfrac{\partial [\mathbf{C}(\boldsymbol{\theta})]_{N1}}{\partial \theta_i} & \dfrac{\partial [\mathbf{C}(\boldsymbol{\theta})]_{N2}}{\partial \theta_i} & \cdots & \dfrac{\partial [\mathbf{C}(\boldsymbol{\theta})]_{NN}}{\partial \theta_i} \end{bmatrix}
$$

对于标量情况，

$$
\mathbf{x} \sim \mathcal{N}(\boldsymbol{\mu}(\theta), \mathbf{C}(\theta))
$$

(3.31)式就化简为

$$
\begin{aligned}
I(\theta) &= \left[\frac{\partial \boldsymbol{\mu}(\theta)}{\partial \theta}\right]^T \mathbf{C}^{-1}(\theta)\left[\frac{\partial \boldsymbol{\mu}(\theta)}{\partial \theta}\right] \\
&+ \frac{1}{2}\mathrm{tr}\left[\left(\mathbf{C}^{-1}(\theta)\frac{\partial \mathbf{C}(\theta)}{\partial \theta}\right)^2\right]
\end{aligned}
\tag{3.32}
$$

它是(3.14)式的推广。现在，我们使用一些例子来说明计算过程。

例 3.9　高斯白噪声中信号的参数

假定对于如下数据集，我们希望估计标量参数 θ，

$$
x[n] = s[n; \theta] + w[n] \qquad n = 0, 1, \ldots, N-1
$$

其中 $w[n]$ 是 WGN。协方差矩阵是 $\mathbf{C} = \sigma^2 \mathbf{I}$，与 θ 无关。因此在(3.32)式中的第二项为零，第一项为

$$
\begin{aligned}
I(\theta) &= \frac{1}{\sigma^2}\left[\frac{\partial \boldsymbol{\mu}(\theta)}{\partial \theta}\right]^T \left[\frac{\partial \boldsymbol{\mu}(\theta)}{\partial \theta}\right] \\
&= \frac{1}{\sigma^2}\sum_{n=0}^{N-1}\left(\frac{\partial [\boldsymbol{\mu}(\theta)]_n}{\partial \theta}\right)^2 \\
&= \frac{1}{\sigma^2}\sum_{n=0}^{N-1}\left(\frac{\partial s[n; \theta]}{\partial \theta}\right)^2
\end{aligned}
$$

它与(3.14)式是一致。

推广到 WGN 中估计矢量信号参数的情况，根据(3.31)式，我们有

$$[\mathbf{I}(\boldsymbol{\theta})]_{ij} = \left[\frac{\partial\boldsymbol{\mu}(\boldsymbol{\theta})}{\partial\theta_i}\right]^T \frac{1}{\sigma^2}\mathbf{I}\left[\frac{\partial\boldsymbol{\mu}(\boldsymbol{\theta})}{\partial\theta_j}\right]$$

由此得到

$$[\mathbf{I}(\boldsymbol{\theta})]_{ij} = \frac{1}{\sigma^2}\sum_{n=0}^{N-1}\frac{\partial s[n;\boldsymbol{\theta}]}{\partial\theta_i}\frac{\partial s[n;\boldsymbol{\theta}]}{\partial\theta_j} \tag{3.33}$$

它们是 Fisher 信息矩阵的元素。

例 3.10   噪声参数

假定我们观测

$$x[n] = w[n] \qquad n = 0, 1, \ldots, N-1$$

其中 $w[n]$ 是具有未知方差 $\theta = \sigma^2$ 的 WGN。那么，根据(3.32)式，由于 $\mathbf{C}(\sigma^2) = \sigma^2\mathbf{I}$，我们有

$$\begin{aligned}
I(\sigma^2) &= \frac{1}{2}\mathrm{tr}\left[\left(\mathbf{C}^{-1}(\sigma^2)\frac{\partial\mathbf{C}(\sigma^2)}{\partial\sigma^2}\right)^2\right] \\
&= \frac{1}{2}\mathrm{tr}\left[\left(\left(\frac{1}{\sigma^2}\right)(\mathbf{I})\right)^2\right] \\
&= \frac{1}{2}\mathrm{tr}\left[\frac{1}{\sigma^4}\mathbf{I}\right] \\
&= \frac{N}{2\sigma^4}
\end{aligned}$$

它与例 3.6 的结果一致，下面再给出一个稍微复杂的例子。

例 3.11   WGN 中的随机 DC 电平

考虑数据

$$x[n] = A + w[n] \qquad n = 0, 1, \ldots, N-1$$

其中 $w[n]$ 是 WGN，DC 电平 A 是高斯随机变量，均值为零，方差为 σ_A^2。另外，A 与 $w[n]$ 独立。信号的功率或方差 σ_A^2 是未知参数。那么，$\mathbf{x} = [x[0]\,x[1]\ldots x[N-1]]^T$ 是高斯的且均值为零，其 $N \times N$ 协方差矩阵的 $[i,j]$ 元素为

$$\begin{aligned}
[\mathbf{C}(\sigma_A^2)]_{ij} &= E[x[i-1]x[j-1]] \\
&= E[(A+w[i-1])(A+w[j-1])] \\
&= \sigma_A^2 + \sigma^2\delta_{ij}
\end{aligned}$$

因此，

$$\mathbf{C}(\sigma_A^2) = \sigma_A^2\mathbf{1}\mathbf{1}^T + \sigma^2\mathbf{I}$$

其中 $\mathbf{1} = [1\ 1\ldots 1]^T$。使用 Woodbury 恒等式(参见附录 1)，我们有

$$\mathbf{C}^{-1}(\sigma_A^2) = \frac{1}{\sigma^2}\left(\mathbf{I} - \frac{\sigma_A^2}{\sigma^2 + N\sigma_A^2}\mathbf{1}\mathbf{1}^T\right)$$

另外，由于

$$\frac{\partial\mathbf{C}(\sigma_A^2)}{\partial\sigma_A^2} = \mathbf{1}\mathbf{1}^T$$

我们有

$$\mathbf{C}^{-1}(\sigma_A^2)\frac{\partial\mathbf{C}(\sigma_A^2)}{\partial\sigma_A^2} = \frac{1}{\sigma^2 + N\sigma_A^2}\mathbf{1}\mathbf{1}^T$$

将它代入(3.32)式, 得

$$
\begin{aligned}
I(\sigma_A^2) &= \frac{1}{2}\mathrm{tr}\left[\left(\frac{1}{\sigma^2+N\sigma_A^2}\right)^2 \mathbf{1}^T\mathbf{1}\mathbf{1}^T\right] \\
&= \frac{N}{2}\left(\frac{1}{\sigma^2+N\sigma_A^2}\right)^2 \mathrm{tr}(\mathbf{1}\mathbf{1}^T) \\
&= \frac{1}{2}\left(\frac{N}{\sigma^2+N\sigma_A^2}\right)^2
\end{aligned}
$$

所以 CRLB 是

$$
\mathrm{var}(\sigma_A^2) \geqslant 2\left(\sigma_A^2+\frac{\sigma^2}{N}\right)^2
$$

注意, 即使当 $N\to\infty$ 时, CRLB 也不会减少到 $2\sigma_A^4$ 之下。这是因为每一个附加的数据样本产生相同的 A 值(参见习题3.14)。

3.10　WSS 高斯随机过程的渐近 CRLB

有时候使用 (3.31) 式很难解析地计算 CRLB, 因为需要求解协方差矩阵的逆。当然, 我们总是可以求助于计算机的计算。可以应用到 WSS 高斯随机过程的另一种形式是非常有用的, 由于它的简化形式, 因此可以很容易计算, 并且能够透彻地进行理解。严格地说, 它只有当 $N\to\infty$ 时, 即渐近时才可用, 这是一个根本性的缺陷。在实际中, 如果数据记录长度要比过程的相关时间大得多, 那么这种形式提供了真实 CRLB 的一个好的近似。相关时间定义为 ACF $r_{xx}[k]=E[x[n]x[n+k]]$ 不为零的最大步长 k。因此, 对于一个具有宽 PSD 的过程, 中等数据记录长度就可以得到较好的近似, 而对于窄带过程则要求较长的数据记录。

正如附录3D证明的那样, Fisher 信息的元素近似为(当 $N\to\infty$ 时)

$$
[\mathbf{I}(\boldsymbol{\theta})]_{ij} = \frac{N}{2}\int_{-\frac{1}{2}}^{\frac{1}{2}}\frac{\partial \ln P_{xx}(f;\boldsymbol{\theta})}{\partial \theta_i}\frac{\partial \ln P_{xx}(f;\boldsymbol{\theta})}{\partial \theta_j}\,df \tag{3.34}
$$

其中 $P_{xx}(f;\boldsymbol{\theta})$ 是过程的 PSD, 与 $\boldsymbol{\theta}$ 有关, 假定 $x[n]$ 的均值为零。联想到(3.33)式, 这种形式允许我们考察估计 PSD 或者等价地估计协方差参数的精度。

例3.12　过程的中心频率

一个典型的问题是估计 PSD 的中心频率 f_c; 然而, PSD 是已知的, 它是

$$
P_{xx}(f;f_c) = Q(f-f_c) + Q(-f-f_c) + \sigma^2
$$

假定 $Q(f)$ 和 σ^2 是已知的, 我们希望确定 f_c 的 CRLB。我们把过程看成由随机信号加 WGN 所组成。下面估计信号 PSD 的中心频率。图 3.6 显示了实函数 $Q(f)$ 和信号 PSD $P_{ss}(f;f_c)$。注意, 可能的中心频率限制在区间 $[f_1,1/2-f_2]$ 内。对于这些中心频率, $f\geqslant 0$ 的信号 PSD 将控制在区间 $[0,1/2]$ 中。那么, 由于 $\boldsymbol{\theta}=f_c$ 是标量, 根据(3.34)式, 有

$$
\mathrm{var}(\hat{f}_c) \geqslant \frac{1}{\dfrac{N}{2}\displaystyle\int_{-\frac{1}{2}}^{\frac{1}{2}}\left(\dfrac{\partial \ln P_{xx}(f;f_c)}{\partial f_c}\right)^2 df}
$$

但是

$$\frac{\partial \ln P_{xx}(f; f_c)}{\partial f_c} = \frac{\partial \ln \left[Q(f - f_c) + Q(-f - f_c) + \sigma^2 \right]}{\partial f_c}$$

$$= \frac{\frac{\partial Q(f - f_c)}{\partial f_c} + \frac{\partial Q(-f - f_c)}{\partial f_c}}{Q(f - f_c) + Q(-f - f_c) + \sigma^2}$$

这是 f 的一个偶函数，所以

$$\int_{-\frac{1}{2}}^{\frac{1}{2}} \left(\frac{\partial \ln P_{xx}(f; f_c)}{\partial f_c} \right)^2 df = 2 \int_0^{\frac{1}{2}} \left(\frac{\partial \ln P_{xx}(f; f_c)}{\partial f_c} \right)^2 df$$

另外，对于 $f \geqslant 0$，有 $Q(-f - f_c) = 0$。这样由于在图 3.6 中的假定，它的导数是零，于是得出

$$\mathrm{var}(\hat{f}_c) \geqslant \frac{1}{N \int_0^{\frac{1}{2}} \left(\frac{\frac{\partial Q(f - f_c)}{\partial f_c}}{Q(f - f_c) + \sigma^2} \right)^2 df}$$

$$= \frac{1}{N \int_0^{\frac{1}{2}} \left(\frac{\frac{\partial Q(f - f_c)}{\partial (f - f_c)}(-1)}{Q(f - f_c) + \sigma^2} \right)^2 df}$$

$$= \frac{1}{N \int_{-f_c}^{\frac{1}{2} - f_c} \left(\frac{\frac{\partial Q(f')}{\partial f'}}{Q(f') + \sigma^2} \right)^2 df'}$$

其中令 $f' = f - f_c$。但是，$1/2 - f_c \geqslant 1/2 - f_{c_{\max}} = f_2$ 且 $-f_c \leqslant -f_{c_{\min}} = -f_1$，所以可以将积分限改为区间 $[-1/2, 1/2]$，这样

$$\mathrm{var}(\hat{f}_c) \geqslant \frac{1}{N \int_{-\frac{1}{2}}^{\frac{1}{2}} \left(\frac{\frac{\partial Q(f)}{\partial f}}{Q(f) + \sigma^2} \right)^2 df}$$

$$= \frac{1}{N \int_{-\frac{1}{2}}^{\frac{1}{2}} \left(\frac{\partial \ln(Q(f) + \sigma^2)}{\partial f} \right)^2 df}$$

例如，考虑

$$Q(f) = \exp \left[-\frac{1}{2} \left(\frac{f}{\sigma_f} \right)^2 \right]$$

其中 $\sigma_f \ll 1/2$，所以 $Q(f)$ 是带限的，如图 3.6 所示。那么，如果 $Q(f) \gg \sigma^2$，则有如下近似，

$$\mathrm{var}(\hat{f}_c) \geqslant \frac{1}{N \int_{-\frac{1}{2}}^{\frac{1}{2}} \frac{f^2}{\sigma_f^4} df} = \frac{12 \sigma_f^4}{N}$$

带宽越窄（σ_f^2 越小），谱对中心频率产生的下限越低，因为 PSD 随 f_c 的变化而迅速变化。另一个例子请参见习题 3.16。

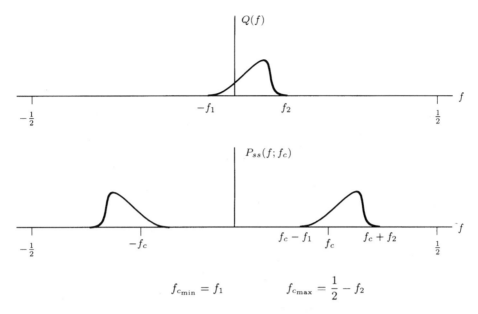

图 3.6　中心频率估计的信号 PSD

3.11　信号处理的例子

我们现在将 CRLB 理论应用到感兴趣的几个信号处理问题中，这些考虑的问题和某些应用领域包括：

1. 距离估计——声呐、雷达、机器人学
2. 频率估计——声呐、雷达、计量经济学、光谱测定
3. 方位估计——声呐、雷达
4. 自回归参数估计——语音、计量经济学

这些例子在第 7 章会再次遇到，在那里我们将研究渐近达到 CRLB 的实际估计量。

例 3.13　距离估计

在雷达和主动声呐中发射信号脉冲，从发射机到目标再返回的双程延迟时间 τ_0 与距离 R 有关，即 $\tau_0 = 2R/c$，其中 c 是传播速度。假定 c 是已知的，因此距离的估计等价于时延的估计。如果 $s(t)$ 是发射信号，那么对于接收连续波形的一个简单模型是

$$x(t) = s(t - \tau_0) + w(t) \qquad 0 \leqslant t \leqslant T$$

发射信号脉冲假定在区间 $[0, T_s]$ 上是非零的。另外，假定信号限制在带宽 B Hz 的频带内，如果最大延迟时间是 $\tau_{0_{\max}}$，那么通过令 $T = T_s + \tau_{0_{\max}}$，观测间隔的选择将包括整个信号。噪声可以建模为具有图 3.7 的 PSD 和 ACF 的高斯噪声，噪声的带限特性是由于对 B Hz 带宽信号的连续波形进行滤波所造成的。以奈奎斯特(Nyquist)采样速率对连续的接收波形进行采样，即以 $\Delta = 1/(2B)$ 秒采样形成观测数据

$$x(n\Delta) = s(n\Delta - \tau_0) + w(n\Delta) \qquad n = 0, 1, \ldots, N - 1$$

令 $x[n]$ 和 $w[n]$ 是采样序列，那么有离散的数据模型

$$x[n] = s(n\Delta - \tau_0) + w[n] \tag{3.35}$$

注意，$w[n]$ 是 WGN，由于样本之间的间隔是 $k\Delta = k/(2B)$，它对应于图 3.7 中 $w(t)$ 的 ACF

的零点。另外，$w[n]$ 的方差为 $\sigma^2 = r_{ww}(0) = N_0 B$。由于信号只在区间 $\tau_0 \leqslant t \leqslant \tau_0 + T_s$ 上是非零的，因此 (3.35) 式化简为

$$x[n] = \begin{cases} w[n] & 0 \leqslant n \leqslant n_0 - 1 \\ s(n\Delta - \tau_0) + w[n] & n_0 \leqslant n \leqslant n_0 + M - 1 \\ w[n] & n_0 + M \leqslant n \leqslant N - 1 \end{cases} \tag{3.36}$$

其中 M 是采样信号的长度，$n_0 = \tau_0/\Delta$ 是样本中的延迟（为了简单起见，我们假定 Δ 非常小，以至于 τ_0/Δ 可用一个整数近似）。由于 $\tau_0 = n_0\Delta$，通过这个公式，可以应用 (3.14) 式计算 CRLB。

$$\begin{aligned}
\text{var}(\hat{\tau}_0) &\geqslant \frac{\sigma^2}{\displaystyle\sum_{n=0}^{N-1}\left(\frac{\partial s[n;\tau_0]}{\partial \tau_0}\right)^2} \\
&= \frac{\sigma^2}{\displaystyle\sum_{n=n_0}^{n_0+M-1}\left(\frac{\partial s(n\Delta - \tau_0)}{\partial \tau_0}\right)^2} \\
&= \frac{\sigma^2}{\displaystyle\sum_{n=n_0}^{n_0+M-1}\left(\left.\frac{ds(t)}{dt}\right|_{t=n\Delta-\tau_0}\right)^2} \\
&= \frac{\sigma^2}{\displaystyle\sum_{n=0}^{M-1}\left(\left.\frac{ds(t)}{dt}\right|_{t=n\Delta}\right)^2}
\end{aligned}$$

假定 Δ 小到足以用一个积分来近似和式，我们有

$$\text{var}(\hat{\tau}_0) \geqslant \frac{\sigma^2}{\dfrac{1}{\Delta}\displaystyle\int_0^{T_s}\left(\frac{ds(t)}{dt}\right)^2 dt}$$

最后，注意 $\Delta = 1/(2B)$，$\sigma^2 = N_0 B$，我们有

$$\text{var}(\hat{\tau}_0) \geqslant \frac{\dfrac{N_0}{2}}{\displaystyle\int_0^{T_s}\left(\frac{ds(t)}{dt}\right)^2 dt} \tag{3.37}$$

注意到信号能量 $\mathcal{E}$ 是

$$\mathcal{E} = \int_0^{T_s} s^2(t)\, dt$$

这样导出 (3.37) 式的另一种形式：

$$\text{var}(\hat{\tau}_0) \geqslant \frac{1}{\dfrac{\mathcal{E}}{N_0/2}\overline{F^2}} \tag{3.38}$$

其中

$$\overline{F^2} = \frac{\displaystyle\int_0^{T_s}\left(\frac{ds(t)}{dt}\right)^2 dt}{\displaystyle\int_0^{T_s} s^2(t)\,dt}$$

可以证明 $\mathcal{E}/(N_0/2)$ 是 SNR[Van Trees 1968]。另外，利用标准傅里叶变换性质，

$$\overline{F^2} = \frac{\displaystyle\int_{-\infty}^{\infty} (2\pi F)^2 |S(F)|^2 dF}{\displaystyle\int_{-\infty}^{\infty} |S(F)|^2 dF} \tag{3.39}$$

其中 F 表示连续时间频率，$S(F)$ 是 $s(t)$ 的傅里叶变换，所以 $\overline{F^2}$ 是信号带宽的度量。在这一表达式中，可以很清楚地看出 $\overline{F^2}$ 是信号的均方带宽。由 (3.38) 式和 (3.39) 式可知，均方带宽越大，CRLB 越小。例如，假定信号是由 $s(t) = \exp\left(-\dfrac{1}{2}\sigma_F^2(t - T_s/2)^2\right)$ 给出的高斯脉冲，$s(t)$ 在区间 $[0, T_s]$ 上非零，那么 $|S(F)| = (\sigma_F/\sqrt{2\pi})\exp(-2\pi^2 F^2/\sigma_F^2)$ 且 $\overline{F^2} = \sigma_F^2/2$。当均方带宽增加时，信号脉冲变窄，这样就更容易估计时延。

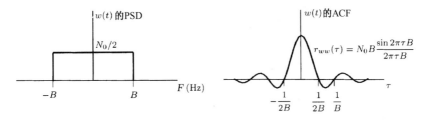

图 3.7　高斯观测噪声的特性

最后，注意到 $R = c\tau_0/2$，利用 (3.16) 式，距离的 CRLB 为

$$\mathrm{var}(\hat{R}) \geqslant \frac{c^2/4}{\dfrac{\mathcal{E}}{N_0/2}\,\overline{F^2}} \tag{3.40}$$

例 3.14　正弦参数估计

在许多领域中，我们都遇到了估计正弦信号参数的问题。本质上，具有周期性的经济数据可能很自然地适合这样的模型；而在声呐和雷达中，物理机械所产生的观测信号也是正弦的。因此，我们考察一下噪声中正弦信号的幅度 A、频率 f_0 和相位 ϕ 的 CRLB 的确定。这一例子是例 3.4 和例 3.5 的推广，其数据假定是

$$x[n] = A\cos(2\pi f_0 n + \phi) + w[n] \qquad n = 0, 1, \ldots, N-1$$

其中 $A > 0$，$0 < f_0 < 1/2$（否则参数是不可识别的，这可以通过考虑 $A = 1$、$\phi = 0$ 与 $A = -1$、$\phi = \pi$，或者 $f_0 = 0$ 且 $A = 1/2$、$\phi = 0$ 与 $A = 1/\sqrt{2}$、$\phi = \pi/4$ 就可以得到证实）。由于多个参数是未知的，对于 $\boldsymbol{\theta} = [A\, f_0\, \phi]^T$，我们使用 (3.33) 式，

$$[\mathbf{I}(\boldsymbol{\theta})]_{ij} = \frac{1}{\sigma^2}\sum_{n=0}^{N-1} \frac{\partial s[n; \boldsymbol{\theta}]}{\partial \theta_i} \frac{\partial s[n; \boldsymbol{\theta}]}{\partial \theta_j}$$

在计算 CRLB 中，我们假定 f_0 不靠近 0 或 1/2，这样，我们根据如下近似 [Stoica 1989]（参见习题 3.7）就可以进行某些简化，对于 $i = 0, 1, 2$，我们有

$$\frac{1}{N^{i+1}}\sum_{n=0}^{N-1} n^i \sin(4\pi f_0 n + 2\phi) \approx 0$$

$$\frac{1}{N^{i+1}}\sum_{n=0}^{N-1} n^i \cos(4\pi f_0 n + 2\phi) \approx 0$$

利用这些近似，并且令 $\alpha = 2\pi f_0 n + \phi$，我们有

$$
\begin{aligned}
[\mathbf{I}(\boldsymbol{\theta})]_{11} &= \frac{1}{\sigma^2} \sum_{n=0}^{N-1} \cos^2 \alpha = \frac{1}{\sigma^2} \sum_{n=0}^{N-1} \left(\frac{1}{2} + \frac{1}{2} \cos 2\alpha \right) \approx \frac{N}{2\sigma^2} \\
[\mathbf{I}(\boldsymbol{\theta})]_{12} &= -\frac{1}{\sigma^2} \sum_{n=0}^{N-1} A 2\pi n \cos \alpha \sin \alpha = -\frac{\pi A}{\sigma^2} \sum_{n=0}^{N-1} n \sin 2\alpha \approx 0 \\
[\mathbf{I}(\boldsymbol{\theta})]_{13} &= -\frac{1}{\sigma^2} \sum_{n=0}^{N-1} A \cos \alpha \sin \alpha = -\frac{A}{2\sigma^2} \sum_{n=0}^{N-1} \sin 2\alpha \approx 0 \\
[\mathbf{I}(\boldsymbol{\theta})]_{22} &= \frac{1}{\sigma^2} \sum_{n=0}^{N-1} A^2 (2\pi n)^2 \sin^2 \alpha = \frac{(2\pi A)^2}{\sigma^2} \sum_{n=0}^{N-1} n^2 \left(\frac{1}{2} - \frac{1}{2} \cos 2\alpha \right) \\
&\approx \frac{(2\pi A)^2}{2\sigma^2} \sum_{n=0}^{N-1} n^2 \\
[\mathbf{I}(\boldsymbol{\theta})]_{23} &= \frac{1}{\sigma^2} \sum_{n=0}^{N-1} A^2 2\pi n \sin^2 \alpha \approx \frac{\pi A^2}{\sigma^2} \sum_{n=0}^{N-1} n \\
[\mathbf{I}(\boldsymbol{\theta})]_{33} &= \frac{1}{\sigma^2} \sum_{n=0}^{N-1} A^2 \sin^2 \alpha \approx \frac{NA^2}{2\sigma^2}
\end{aligned}
$$

Fisher 信息矩阵变成

$$
\mathbf{I}(\boldsymbol{\theta}) = \frac{1}{\sigma^2}
\begin{bmatrix}
\dfrac{N}{2} & 0 & 0 \\[2mm]
0 & 2A^2\pi^2 \displaystyle\sum_{n=0}^{N-1} n^2 & \pi A^2 \displaystyle\sum_{n=0}^{N-1} n \\[2mm]
0 & \pi A^2 \displaystyle\sum_{n=0}^{N-1} n & \dfrac{NA^2}{2}
\end{bmatrix}
$$

利用(3.22)式，我们可以得到逆矩阵，所以

$$
\begin{aligned}
\mathrm{var}(\hat{A}) &\geq \frac{2\sigma^2}{N} \\
\mathrm{var}(\hat{f}_0) &\geq \frac{12}{(2\pi)^2 \eta N (N^2 - 1)} \\
\mathrm{var}(\hat{\phi}) &\geq \frac{2(2N-1)}{\eta N (N+1)}
\end{aligned}
\tag{3.41}
$$

其中 $\eta = A^2/(2\sigma^2)$ 是 SNR。正弦信号的频率估计是相当有趣的，注意到频率的 CRLB 随 SNR 的增加而减少，并且下限随 $1/N^3$ 减少，因此它对数据记录长度相当敏感。这个例子的变化请参见习题 3.17。

例 3.15 方位估计

在声呐中，我们感兴趣是估计图 3.8 所示的目标方位。为此，声压场由排成一线的等间距的传感器观测到，假定目标辐射一个正弦信号 $A\cos(2\pi F_0 t + \phi)$，那么，在第 n 个传感器收到的信号是 $A\cos(2\pi F_0(t - t_n) + \phi)$，其中 t_n 是辐射到第 n 个传感器的时间。如果阵的位置离目标很远，那么，圆的波前在阵的位置就可以看成平面波。如图 3.8 所示，第 $n-1$ 个传感器与第 n 个传感器由于额外的传播距离而引起的波程差为 $d\cos\beta/c$。这样，第 n 个传感器的传播时间为

$$
t_n = t_0 - n\frac{d}{c}\cos\beta \qquad n = 0, 1, \ldots, M-1
$$

其中 t_0 是到第 0 个传感器的传播时间,在第 n 个传感器观测到的信号是

$$s_n(t) = A\cos\left[2\pi F_0(t - t_0 + n\frac{d}{c}\cos\beta) + \phi\right]$$

如果取数据的单个"快拍",或者在某个时刻 t_s 对阵元的输出进行采样,那么

$$s_n(t_s) = A\cos[2\pi(F_0\frac{d}{c}\cos\beta)n + \phi'] \tag{3.42}$$

其中 $\phi' = \phi + 2\pi F_0(t_s - t_0)$。在这个公式中,很显然空间观测是频率为 $f_s = F_0(d/c)\cos\beta$ 的正弦型信号。为了完成数据的描述,我们假定传感器的输出受到零均值、方差为 σ^2 的高斯噪声的污染,传感器与传感器之间的这些噪声是相互独立的,数据的模型为

$$x[n] = s_n(t_s) + w[n] \qquad n = 0, 1, \ldots, M-1$$

其中 $w[n]$ 是 WGN。由于典型的情况是 A、β、ϕ 是未知的,那么,我们有像例 3.14 那样根据 (3.42) 式估计 $\{A, f_s, \phi'\}$ 的问题。一旦确定了这些参数的 CRLB,我们就可以利用参数来变换公式。对 $\boldsymbol{\theta} = [A\, f_s\, \phi']^T$ 的变换是

$$\boldsymbol{\alpha} = \mathbf{g}(\boldsymbol{\theta}) = \begin{bmatrix} A \\ \beta \\ \phi' \end{bmatrix} = \begin{bmatrix} A \\ \arccos\left(\dfrac{cf_s}{F_0 d}\right) \\ \phi' \end{bmatrix}$$

雅可比矩阵为

$$\frac{\partial \mathbf{g}(\boldsymbol{\theta})}{\partial \boldsymbol{\theta}} = \begin{bmatrix} 1 & 0 & 0 \\ 0 & -\dfrac{c}{F_0 d\sin\beta} & 0 \\ 0 & 0 & 1 \end{bmatrix}$$

所以,根据 (3.30) 式得

$$\left[\mathbf{C}_{\hat{\alpha}} - \frac{\partial \mathbf{g}(\boldsymbol{\theta})}{\partial \boldsymbol{\theta}}\mathbf{I}^{-1}(\boldsymbol{\theta})\frac{\partial \mathbf{g}(\boldsymbol{\theta})^T}{\partial \boldsymbol{\theta}}\right]_{22} \geqslant 0$$

由于对角雅可比矩阵,可得

$$\mathrm{var}(\hat{\beta}) \geqslant \left[\frac{\partial \mathbf{g}(\boldsymbol{\theta})}{\partial \boldsymbol{\theta}}\right]_{22}^2 [\mathbf{I}^{-1}(\boldsymbol{\theta})]_{22}$$

但是根据 (3.41) 式,我们有

$$[\mathbf{I}^{-1}(\boldsymbol{\theta})]_{22} = \frac{12}{(2\pi)^2\eta M(M^2 - 1)}$$

因此

$$\mathrm{var}(\hat{\beta}) \geqslant \frac{12}{(2\pi)^2\eta M(M^2 - 1)}\frac{c^2}{F_0^2 d^2\sin^2\beta}$$

或者最终有

$$\mathrm{var}(\hat{\beta}) \geqslant \frac{12}{(2\pi)^2 M\eta\dfrac{M+1}{M-1}\left(\dfrac{L}{\lambda}\right)^2\sin^2\beta} \tag{3.43}$$

其中 $\lambda = c/F_0$ 是传播平面波的波长,$L = (M-1)d$ 是阵的长度。注意,如果 $\beta = 90°$,那么这是最容易估计的方位,而 $\beta = 0°$ 是不可能估计的方位。另外,下限和阵的长度与波长之比(即 L/λ)以及阵的输出 SNR(即 $M\eta$)有关,在习题 3.19 中考察了 CRLB 使用的可行性研究。

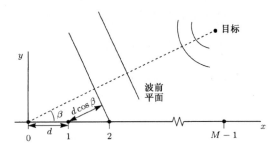

图 3.8　用于方位估计的阵列几何

例 3.16　自回归参数估计

在语音处理中，语音产生的一个重要模型是自回归（AR）过程。如图 3.9 所示，将数据看成一个因果的全极点离散滤波器在 WGN $u[n]$ 激励下的输出。激励噪声 $u[n]$ 是模型固有的一部分，对于确保 $x[n]$ 为 WSS 随机过程则是必需的。全极点滤波器起着模拟声带（vocal tract）的作用，而激励噪声模拟了通过喉咙的收缩所产生的空气的作用力，喉咙的收缩对于产生无声的声音（如"s"）是必要的。滤波器的效果就是将白噪声变成色噪声，以便模拟具有几个谐振的 PSD。这个模型也称为线性预测编码模型（LPC）［Makhoul 1975］。由于 AR 模型具有产生多种 PSD 的能力，因此取决于 AR 滤波器参数 $\{a[1],a[2],\ldots,a[p]\}$ 以及激励白噪声方差 σ_u^2 的选择，AR 模型也成功地应用于高分辨率谱估计。根据观测数据 $\{x[0],x[1],\ldots,x[N-1]\}$ 来估计参数（参见例 7.18），因此功率谱估计为［Kay 1988］

$$A(z) = \sum_{m=1}^{p} a[m]z^{-m}$$

$$\hat{P}_{xx}(f) = \frac{\hat{\sigma_u^2}}{\left|1 + \sum_{m=1}^{p} \hat{a}[m]\exp(-j2\pi fm)\right|^2}$$

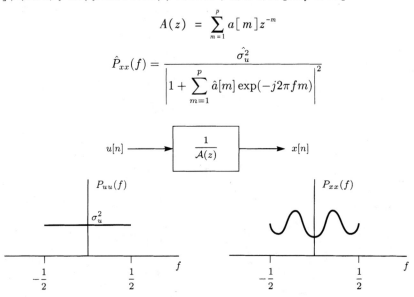

图 3.9　自回归模型

推导 CRLB 是一项相当困难的任务，感兴趣的读者可以参考［Box and Jenkins 1970，Porat and Friedlander 1987］。实际上，由(3.34)式给出的渐近 CRLB 是相当精确的，甚至对于 $N = 100$ 点的短数据记录，如果极点不是太靠近 z 平面的单位圆也是如此。因此，我们现在确定渐近 CRLB。AR 模型的 PSD 为

$$P_{xx}(f;\boldsymbol{\theta}) = \frac{\sigma_u^2}{|A(f)|^2}$$

其中 $\boldsymbol{\theta} = [a[1]\,a[2]\ldots a[p]\,\sigma_u^2]^T$, $A(f) = 1 + \sum_{m=1}^{p} a[m]\exp(-j2\pi fm)$。偏导数为

$$
\begin{aligned}
\frac{\partial \ln P_{xx}(f;\boldsymbol{\theta})}{\partial a[k]} &= -\frac{\partial \ln |A(f)|^2}{\partial a[k]} \\
&= -\frac{1}{|A(f)|^2}\left[A(f)\exp(j2\pi fk) + A^*(f)\exp(-j2\pi fk)\right] \\
\frac{\partial \ln P_{xx}(f;\boldsymbol{\theta})}{\partial \sigma_u^2} &= \frac{1}{\sigma_u^2}
\end{aligned}
$$

对于 $k = 1,2,\ldots,p$, $l = 1,2,\ldots,p$, 由 (3.34) 式我们有

$$
\begin{aligned}
[\mathbf{I}(\boldsymbol{\theta})]_{kl} &= \frac{N}{2}\int_{-\frac{1}{2}}^{\frac{1}{2}} \frac{1}{|A(f)|^4}\left[A(f)\exp(j2\pi fk) + A^*(f)\exp(-j2\pi fk)\right] \\
&\qquad\qquad \cdot \left[A(f)\exp(j2\pi fl) + A^*(f)\exp(-j2\pi fl)\right] df \\
&= \frac{N}{2}\int_{-\frac{1}{2}}^{\frac{1}{2}}\left[\frac{1}{A^*(f)^2}\exp[j2\pi f(k+l)] + \frac{1}{|A(f)|^2}\exp[j2\pi f(k-l)]\right. \\
&\qquad\qquad \left. + \frac{1}{|A(f)|^2}\exp[j2\pi f(l-k)] + \frac{1}{A^2(f)}\exp[-j2\pi f(k+l)]\right] df
\end{aligned}
$$

注意

$$
\begin{aligned}
\int_{-\frac{1}{2}}^{\frac{1}{2}} \frac{1}{A^*(f)^2}\exp[j2\pi f(k+l)]\,df &= \int_{-\frac{1}{2}}^{\frac{1}{2}} \frac{1}{A^2(f)}\exp[-j2\pi f(k+l)]\,df \\
\int_{-\frac{1}{2}}^{\frac{1}{2}} \frac{1}{|A(f)|^2}\exp[j2\pi f(k-l)]\,df &= \int_{-\frac{1}{2}}^{\frac{1}{2}} \frac{1}{|A(f)|^2}\exp[j2\pi f(l-k)]\,df
\end{aligned}
$$

这是根据被积函数的 Hermitian 性质 [由于 $A(-f) = A^*(f)$] 得出的, 于是我们有

$$
\begin{aligned}
[\mathbf{I}(\boldsymbol{\theta})]_{kl} &= N\int_{-\frac{1}{2}}^{\frac{1}{2}} \frac{1}{|A(f)|^2}\exp[j2\pi f(k-l)]\,df \\
&\quad + N\int_{-\frac{1}{2}}^{\frac{1}{2}} \frac{1}{A^*(f)^2}\exp[j2\pi f(k+l)]\,df
\end{aligned}
$$

第二个积分是 $1/A^*(f)^2$ 在 $n = k + l > 0$ 计算的傅里叶反变换。由于序列是两个反因果序列的卷积, 所以这一项是零, 也就是如果

$$
\mathcal{F}^{-1}\left\{\frac{1}{A(f)}\right\} = \begin{cases} h[n] & n \geqslant 0 \\ 0 & n < 0 \end{cases}
$$

那么

$$
\begin{aligned}
\mathcal{F}^{-1}\left\{\frac{1}{A^*(f)^2}\right\} &= h[-n] \star h[-n] \\
&= 0 \quad \text{对于 } n > 0
\end{aligned}
$$

因此,

$$
[\mathbf{I}(\boldsymbol{\theta})]_{kl} = \frac{N}{\sigma_u^2} r_{xx}[k-l]
$$

对于 $k = 1,2,\ldots,p$ 以及 $l = p + 1$,

$$
\begin{aligned}
[\mathbf{I}(\boldsymbol{\theta})]_{kl} &= -\frac{N}{2}\int_{-\frac{1}{2}}^{\frac{1}{2}} \frac{1}{\sigma_u^2}\frac{1}{|A(f)|^2}\left[A(f)\exp(j2\pi fk) + A^*(f)\exp(-j2\pi fk)\right] df \\
&= -\frac{N}{\sigma_u^2}\int_{-\frac{1}{2}}^{\frac{1}{2}} \frac{1}{A^*(f)}\exp(j2\pi fk)\,df \\
&= 0
\end{aligned}
$$

其中我们再次使用了被积函数的 Hermitian 性质和 $\mathcal{F}^{-1}\{1/A^*(f)\}$ 的反因果性。最后，对于 $k = p+1$ 及 $l = p+1$，

$$[\mathbf{I}(\boldsymbol{\theta})]_{kl} = \frac{N}{2}\int_{-\frac{1}{2}}^{\frac{1}{2}}\frac{1}{\sigma_u^4}\,df = \frac{N}{2\sigma_u^4}$$

所以

$$\mathbf{I}(\boldsymbol{\theta}) = \begin{bmatrix} \dfrac{N}{\sigma_u^2}\mathbf{R}_{xx} & \mathbf{0} \\[2mm] \mathbf{0}^T & \dfrac{N}{2\sigma_u^4} \end{bmatrix} \tag{3.44}$$

其中 $[\mathbf{R}_{xx}]_{ij} = r_{xx}[i-j]$ 是 $p \times p$ 的 Toeplitz 自相关矩阵，$\mathbf{0}$ 是 $p \times 1$ 的零矢量。对 Fisher 信息矩阵求逆，我们有

$$\begin{aligned} \mathrm{var}(\hat{a}[k]) &\geqslant \frac{\sigma_u^2}{N}\left[\mathbf{R}_{xx}^{-1}\right]_{kk} \qquad k = 1, 2, \ldots, p \\ \mathrm{var}(\hat{\sigma_u^2}) &\geqslant \frac{2\sigma_u^4}{N}. \end{aligned} \tag{3.45}$$

作为一个例证，如果 $p = 1$，

$$\mathrm{var}(\hat{a}[1]) \geqslant \frac{\sigma_u^2}{N r_{xx}[0]}$$

但是

$$r_{xx}[0] = \frac{\sigma_u^2}{1 - a^2[1]}$$

所以

$$\mathrm{var}(\hat{a}[1]) \geqslant \frac{1}{N}\left(1 - a^2[1]\right)$$

上式表明，当 $|a[1]|$ 靠近 1 时，估计滤波器的参数要比靠近 0 时容易。由于滤波器的极点是 $-a[1]$，这意味着更容易估计具有尖峰 PSD 的过程的滤波器参数（参见习题 3.20）。

参考文献

Box, G.E.P., G.M. Jenkins, *Time Series Analysis: Forecasting and Control*, Holden-Day, San Francisco, 1970.

Brockwell, P.J., R.A. Davis, *Time Series: Theory and Methods*, Springer-Verlag, New York, 1987.

Kay, S.M., *Modern Spectral Estimation: Theory and Application*, Prentice-Hall, Englewood Cliffs, N.J., 1988.

Kendall, Sir M., A. Stuart, *The Advanced Theory of Statistics*, Vol. 2, Macmillan, New York, 1979.

Makhoul, J., "Linear Prediction: A Tutorial Review," *IEEE Proc.*, Vol. 63, pp. 561–580, April 1975.

McAulay, R.J., E.M. Hofstetter, "Barankin Bounds on Parameter Estimation," *IEEE Trans. Inform. Theory*, Vol. 17, pp. 669–676, Nov. 1971.

Porat, B., B. Friedlander, "Computation of the Exact Information Matrix of Gaussian Time Series With Stationary Random Components," *IEEE Trans. Acoust., Speech, Signal Process.*, Vol. 34, pp. 118–130, Feb. 1986.

Porat, B., B. Friedlander, "The Exact Cramer-Rao Bound for Gaussian Autoregressive Processes," *IEEE Trans. Aerosp. Electron. Syst.*, Vol. 23, pp. 537–541, July 1987.

Seidman, L.P., "Performance Limitations and Error Calculations for Parameter Estimation," *Proc. IEEE*, Vol. 58, pp. 644–652, May 1970.

Stoica, P., R.L. Moses, B. Friedlander, T. Soderstrom, "Maximum Likelihood Estimation of the Parameters of Multiple Sinusoids from Noisy Measurements," *IEEE Trans. Acoust., Speech, Signal Process.*, Vol. 37, pp. 378–392, March 1989.

Van Trees, H.L., *Detection, Estimation, and Modulation Theory, Part I*, J. Wiley, New York, 1968.

Ziv, J., M. Zakai, "Some Lower Bounds on Signal Parameter Estimation," *IEEE Trans. Inform. Theory*, Vol. 15, pp. 386–391, May 1969.

习题

3.1 如果对于 $n = 0, 1, \ldots, N-1$, $x[n]$ 是 IID 的, 且服从 $\mathcal{U}[0, \theta]$, 证明正则条件不成立, 即

$$E\left[\frac{\partial \ln p(\mathbf{x}; \theta)}{\partial \theta}\right] \neq 0 \qquad \text{对于所有的 } \theta > 0$$

因此, CRLB 不能应用到本习题。

3.2 在例 3.1 中, 假定 $w[0]$ 具有任意的 PDF $p(w[0])$, 证明 A 的 CRLB 是

$$\text{var}(\hat{A}) \geqslant \left[\int_{-\infty}^{\infty} \frac{\left(\dfrac{dp(u)}{du}\right)^2}{p(u)} du\right]^{-1}$$

对于拉普拉斯(Laplacian) PDF

$$p(w[0]) = \frac{1}{\sqrt{2}\sigma} \exp\left(-\frac{\sqrt{2}|w[0]|}{\sigma}\right)$$

计算 A 的 CRLB, 并且与高斯情况进行比较。

3.3 观测到数据 $x[n] = Ar^n + w[n]$, $n = 0, 1, \ldots, N-1$, 其中 $w[n]$ 是具有方差 σ^2 的 WGN, $r > 0$ 是已知的, 求 A 的 CRLB。证明有效估计量存在, 并求它的方差。对于不同的 r 值, 当 $N \to \infty$ 时方差会怎样?

3.4 如果观测到数据 $x[n] = r^n + w[n]$, $n = 0, 1, \ldots, N-1$, 其中 $w[n]$ 是具有方差 σ^2 的 WGN, 要估计的是 r, 求出 CRLB。有效估计量存在吗? 如果存在请求它的方差。

3.5 如果观测到数据 $x[n] = A + w[n]$, $n = 0, 1, \ldots, N-1$, 其中 $\mathbf{w} = [w[0]\, w[1] \ldots w[N-1]]^T \sim \mathcal{N}(\mathbf{0}, \mathbf{C})$, 求 A 的 CRLB。有效估计量存在吗? 如果存在请求它的方差。

3.6 对于例 2.3 计算 CRLB, 它与给出的结果一致吗?

3.7 在例 3.4 中证明

$$\frac{1}{N} \sum_{n=0}^{N-1} \cos(4\pi f_0 n + 2\phi) \approx 0$$

要使上式成立, f_0 应该满足什么条件? 提示: 注意

$$\sum_{n=0}^{N-1} \cos(\alpha n + \beta) = \text{Re}\left(\sum_{n=0}^{N-1} \exp[j(\alpha n + \beta)]\right)$$

并且利用几何级数求和公式。

3.8 利用(3.12)式的另一种表达式来重复计算例 3.3 的 CRLB。

3.9 我们在相关高斯噪声中观测到 DC 电平的两个样本

$$\begin{aligned} x[0] &= A + w[0] \\ x[1] &= A + w[1] \end{aligned}$$

其中 $\mathbf{w} = [w[0]\, w[1]]^T$ 是零均值的, 协方差矩阵为

$$\mathbf{C} = \sigma^2 \begin{bmatrix} 1 & \rho \\ \rho & 1 \end{bmatrix}$$

参数 ρ 是 $w[0]$ 和 $w[1]$ 之间的相关系数。计算 A 的 CRLB, 并且将它与 $w[n]$ 为 WGN(即 $\rho = 0$)的情况进行比较。另外, 解释当 $\rho \to \pm 1$ 时会发生什么情况? 最后, 解释 Fisher 信息对非独立观测的叠加性质。

3.10 利用(3.23)式, 证明 Fisher 信息矩阵对所有 $\boldsymbol{\theta}$ 是半正定的。实际上, 我们假定它是正定的, 因而也是可逆的, 尽管并不总是这样。考虑习题 3.3 中的数学模型, 但将 r 修改为未知的, 求 $\boldsymbol{\theta} = [A\, r]^T$ 时的 Fisher 信息矩阵。是否存在有使 $\mathbf{I}(\boldsymbol{\theta})$ 不是正定的 $\boldsymbol{\theta}$ 值?

3.11 对于 2×2 正定 Fisher 信息矩阵，可以有

$$\mathbf{I}(\boldsymbol{\theta}) = \left[\begin{array}{cc} a & b \\ b & c \end{array} \right]$$

证明

$$[\mathbf{I}^{-1}(\boldsymbol{\theta})]_{11} = \frac{c}{ac - b^2} \geqslant \frac{1}{a} = \frac{1}{[\mathbf{I}(\boldsymbol{\theta})]_{11}}$$

当第二个参数是已知或未知的时候，关于参数估计的这个式子说明了什么？在什么情况下等号成立？为什么？

3.12 证明

$$[\mathbf{I}^{-1}(\boldsymbol{\theta})]_{ii} \geqslant \frac{1}{[\mathbf{I}(\boldsymbol{\theta})]_{ii}}$$

上式推广了习题 3.11 的结果。另外，该式提供了方差的另一个下限，尽管通常这个下限是达不到的。在什么条件下能够达到新的下限？提示：将 Cauchy-Schwarz 不等式应用到 $\mathbf{e}_i^T \sqrt{\mathbf{I}(\boldsymbol{\theta})} \sqrt{\mathbf{I}^{-1}(\boldsymbol{\theta})} \mathbf{e}_i$，其中 $\mathbf{e}_i$ 是除第 i 个元素为 1 外全为零的矢量。正定矩阵 $\mathbf{A}$ 的平方根定义为这样一个矩阵，这个矩阵与 $\mathbf{A}$ 具有相同的特征矢量，但它的特征值是 $\mathbf{A}$ 的特征值的平方根。

3.13 考虑在例 3.7 中描述的直线拟合问题的推广，通常也称为多项式或曲线拟合，数据模型为

$$x[n] = \sum_{k=0}^{p-1} A_k n^k + w[n] \quad n = 0, 1, \dots, N-1$$

$w[n]$ 是具有方差 σ^2 的 WGN，希望估计 $\{A_0, A_1, \dots, A_{p-1}\}$。求本题的 Fisher 信息矩阵。

3.14 对于例 3.11 的数据模型，考虑估计量 $\hat{\sigma_A^2} = (\hat{A})^2$，其中 $\hat{A}$ 是样本均值。假定我们在随机变量 A 的一个现实为 A_0 时观测到一个给定的数据集，通过验证

$$E(\hat{A} | A = A_0) = A_0$$

$$\text{var}(\hat{A} | A = A_0) = \frac{\sigma^2}{N}$$

证明当 $N \to \infty$ 时，$\hat{A} \to A_0$。因此，对于给定的现实 $A = A_0$，当 $N \to \infty$ 时，$\hat{\sigma_A^2} \to A_0^2$。下一步，通过确定 $\text{var}(A^2)$，求当 $N \to \infty$ 时 $\hat{\sigma_A^2}$ 的方差，其中 $A \sim \mathcal{N}(0, \sigma_A^2)$；并将它与 CRLB 进行比较，解释为什么即使 $N \to \infty$，也不能无误差地估计 σ_A^2。

3.15 观测到独立的二维高斯样本 $\{\mathbf{x}[0], \mathbf{x}[1], \dots, \mathbf{x}[N-1]\}$。每一个观测是 2×1 的矢量，它的分布为 $\mathbf{x}[n] \sim \mathcal{N}(\mathbf{0}, \mathbf{C})$，且

$$\mathbf{C} = \left[\begin{array}{cc} 1 & \rho \\ \rho & 1 \end{array} \right]$$

求相关系数 ρ 的 CRLB。提示：利用 (3.32) 式。

3.16 我们希望估计 WSS 随机过程的总功率 P_0，它的 PSD 为

$$P_{xx}(f) = P_0 Q(f)$$

其中

$$\int_{-\frac{1}{2}}^{\frac{1}{2}} Q(f) \, df = 1$$

$Q(f)$ 是已知的。如果 N 个观测可用，使用精确形式的 (3.32) 式以及渐近近似的 (3.34) 式，求总功率的 CRLB，并且比较两者的结果。

3.17 如果在例 3.14 中，数据在区间 $n = -M, \dots, 0, \dots, M$ 上观测到，求 Fisher 信息矩阵。对于正弦参数，CRLB 是多少？通过假定 M 较大，读者可以利用与例中相同的近似，比较这个例子的结果。

3.18 利用例 3.13 的结果, 如果

$$s(t) = \begin{cases} 1 - 100|t - 0.01| & 0 \leqslant t \leqslant 0.02 \\ 0 & \text{其他} \end{cases}$$

确定声呐最好的距离估计精度。令 $N_0/2 = 10^{-6}$, $c = 1500$ m/s。

3.19 对于一个 1 MHz 的电磁波信号, 设计一个间隔为 $d = \lambda/2$ 的天线线阵, 使得在 $\beta = 90°$ 产生一个 $5°$ 的标准偏差。如果信噪比是 0 dB, 解释一下这个要求的可行性。假定线阵安装在飞机的机翼上, 使用 $c = 3 \times 10^8$ m/s。

3.20 在例 3.16 中, 我们求 AR(1)过程的滤波器参数的 CRLB。假定 σ_u^2 是已知的, 利用(3.16)式和(3.44)式, 求 $P_{xx}(f)$ 在给定频率处的 CRLB。对于 $a[1] = -0.9$, $\sigma_u^2 = 1$, $N = 100$, 画出CRLB与频率之间的关系曲线, 请解释自己的结果。

附录 3A 标量参数 CRLB 的推导

在本附录中，我们推导标量参数 $\alpha = g(\theta)$ 的 CRLB，其中 PDF 以 θ 为参数。我们考虑所有无偏估计量，即对于

$$E(\hat{\alpha}) = \alpha = g(\theta)$$

或者

$$\int \hat{\alpha} p(\mathbf{x}; \theta)\, d\mathbf{x} = g(\theta) \tag{3A.1}$$

在开始推导之前，我们首先考察正则条件

$$E\left[\frac{\partial \ln p(\mathbf{x}; \theta)}{\partial \theta}\right] = 0 \tag{3A.2}$$

假定正则条件是成立的。注意

$$
\begin{aligned}
\int \frac{\partial \ln p(\mathbf{x}; \theta)}{\partial \theta} p(\mathbf{x}; \theta)\, d\mathbf{x} &= \int \frac{\partial p(\mathbf{x}; \theta)}{\partial \theta}\, d\mathbf{x} \\
&= \frac{\partial}{\partial \theta} \int p(\mathbf{x}; \theta)\, d\mathbf{x} \\
&= \frac{\partial 1}{\partial \theta} \\
&= 0
\end{aligned}
$$

因此，我们得出结论：如果导数和积分可以交换顺序，那么正则条件将是满足的。除了当 PDF 非零域与未知参数有关，该结论通常都为真，如习题 3.1 所示。

现在，我们在 (3A.1) 式的两边对 θ 求导，并且交换偏导数和积分的顺序，得

$$\int \hat{\alpha} \frac{\partial p(\mathbf{x}; \theta)}{\partial \theta}\, d\mathbf{x} = \frac{\partial g(\theta)}{\partial \theta}$$

或

$$\int \hat{\alpha} \frac{\partial \ln p(\mathbf{x}; \theta)}{\partial \theta} p(\mathbf{x}; \theta)\, d\mathbf{x} = \frac{\partial g(\theta)}{\partial \theta} \tag{3A.3}$$

利用正则条件，由于

$$\int \alpha \frac{\partial \ln p(\mathbf{x}; \theta)}{\partial \theta} p(\mathbf{x}; \theta)\, d\mathbf{x} = \alpha E\left[\frac{\partial \ln p(\mathbf{x}; \theta)}{\partial \theta}\right] = 0$$

我们可以将 (3A.3) 式修改为

$$\int (\hat{\alpha} - \alpha) \frac{\partial \ln p(\mathbf{x}; \theta)}{\partial \theta} p(\mathbf{x}; \theta)\, d\mathbf{x} = \frac{\partial g(\theta)}{\partial \theta} \tag{3A.4}$$

我们现在应用 Cauchy-Schwarz 不等式

$$\left[\int w(\mathbf{x}) g(\mathbf{x}) h(\mathbf{x})\, d\mathbf{x}\right]^2 \leqslant \int w(\mathbf{x}) g^2(\mathbf{x})\, d\mathbf{x} \int w(\mathbf{x}) h^2(\mathbf{x})\, d\mathbf{x} \tag{3A.5}$$

当且仅当对于某个常数 c，$g(\mathbf{x}) = ch(\mathbf{x})$ 与 $\mathbf{x}$ 无关时等号成立。函数 g 和 h 是标量函数，而对所有的 $\mathbf{x}$，$w(\mathbf{x}) \geqslant 0$。现在令

$$
\begin{aligned}
w(\mathbf{x}) &= p(\mathbf{x}; \theta) \\
g(\mathbf{x}) &= \hat{\alpha} - \alpha \\
h(\mathbf{x}) &= \frac{\partial \ln p(\mathbf{x}; \theta)}{\partial \theta}
\end{aligned}
$$

将 Cauchy-Schwarz 不等式应用到(3A.4)式中, 得

$$
\left(\frac{\partial g(\theta)}{\partial \theta} \right)^2 \leqslant \int (\hat{\alpha} - \alpha)^2 p(\mathbf{x}; \theta) \, d\mathbf{x} \int \left(\frac{\partial \ln p(\mathbf{x}; \theta)}{\partial \theta} \right)^2 p(\mathbf{x}; \theta) \, d\mathbf{x}
$$

或者

$$
\mathrm{var}(\hat{\alpha}) \geqslant \frac{\left(\dfrac{\partial g(\theta)}{\partial \theta} \right)^2}{E\left[\left(\dfrac{\partial \ln p(\mathbf{x}; \theta)}{\partial \theta} \right)^2 \right]}
$$

现在注意到

$$
E\left[\left(\frac{\partial \ln p(\mathbf{x}; \theta)}{\partial \theta} \right)^2 \right] = -E\left[\frac{\partial^2 \ln p(\mathbf{x}; \theta)}{\partial \theta^2} \right]
$$

由(3A.2)式可得

$$
\begin{aligned}
E\left[\frac{\partial \ln p(\mathbf{x}; \theta)}{\partial \theta} \right] &= 0 \\
\int \frac{\partial \ln p(\mathbf{x}; \theta)}{\partial \theta} p(\mathbf{x}; \theta) \, d\mathbf{x} &= 0 \\
\frac{\partial}{\partial \theta} \int \frac{\partial \ln p(\mathbf{x}; \theta)}{\partial \theta} p(\mathbf{x}; \theta) \, d\mathbf{x} &= 0 \\
\int \left[\frac{\partial^2 \ln p(\mathbf{x}; \theta)}{\partial \theta^2} p(\mathbf{x}; \theta) + \frac{\partial \ln p(\mathbf{x}; \theta)}{\partial \theta} \frac{\partial p(\mathbf{x}; \theta)}{\partial \theta} \right] d\mathbf{x} &= 0
\end{aligned}
$$

或者

$$
\begin{aligned}
-E\left[\frac{\partial^2 \ln p(\mathbf{x}; \theta)}{\partial \theta^2} \right] &= \int \frac{\partial \ln p(\mathbf{x}; \theta)}{\partial \theta} \frac{\partial \ln p(\mathbf{x}; \theta)}{\partial \theta} p(\mathbf{x}; \theta) \, d\mathbf{x} \\
&= E\left[\left(\frac{\partial \ln p(\mathbf{x}; \theta)}{\partial \theta} \right)^2 \right]
\end{aligned}
$$

这样,

$$
\mathrm{var}(\hat{\alpha}) \geqslant \frac{\left(\dfrac{\partial g(\theta)}{\partial \theta} \right)^2}{-E\left[\dfrac{\partial^2 \ln p(\mathbf{x}; \theta)}{\partial \theta^2} \right]}
$$

这就是(3.16)式。如果 $\alpha = g(\theta) = \theta$, 我们就有(3.6)式。

注意等号成立的条件是

$$
\frac{\partial \ln p(\mathbf{x}; \theta)}{\partial \theta} = \frac{1}{c}(\hat{\alpha} - \alpha)
$$

其中 c 可能与 θ 有关, 但与 $\mathbf{x}$ 无关。如果 $\alpha = g(\theta) = \theta$, 我们有

$$
\frac{\partial \ln p(\mathbf{x}; \theta)}{\partial \theta} = \frac{1}{c(\theta)}(\hat{\theta} - \theta)
$$

其中标明了 c 对 θ 可能的依赖关系。为了确定 $c(\theta)$，

$$\frac{\partial^2 \ln p(\mathbf{x};\theta)}{\partial \theta^2} = -\frac{1}{c(\theta)} + \frac{\partial\left(\dfrac{1}{c(\theta)}\right)}{\partial \theta}(\hat{\theta} - \theta)$$

$$-E\left[\frac{\partial^2 \ln p(\mathbf{x};\theta)}{\partial \theta^2}\right] = \frac{1}{c(\theta)}$$

或最终得到

$$c(\theta) = \frac{1}{-E\left[\dfrac{\partial^2 \ln p(\mathbf{x};\theta)}{\partial \theta^2}\right]}$$

$$= \frac{1}{I(\theta)}$$

与 (3.7) 式是一致的。

附录 3B　矢量参数 CRLB 的推导

在本附录中推导矢量参数 $\boldsymbol{\alpha} = \mathbf{g}(\boldsymbol{\theta})$ 的 CRLB，PDF 是 $\boldsymbol{\theta}$ 的函数。我们考虑如下的无偏估计量

$$E(\hat{\alpha}_i) = \alpha_i = [\mathbf{g}(\boldsymbol{\theta})]_i \qquad i = 1, 2, \ldots, r$$

正则条件是

$$E\left[\frac{\partial \ln p(\mathbf{x}; \boldsymbol{\theta})}{\partial \boldsymbol{\theta}}\right] = \mathbf{0}$$

所以

$$\int (\hat{\alpha}_i - \alpha_i) \frac{\partial \ln p(\mathbf{x}; \boldsymbol{\theta})}{\partial \theta_i} p(\mathbf{x}; \boldsymbol{\theta}) \, d\mathbf{x} = \frac{\partial [\mathbf{g}(\boldsymbol{\theta})]_i}{\partial \theta_i} \qquad (3\text{B}.1)$$

当 $j \neq i$ 时，

$$
\begin{aligned}
\int (\hat{\alpha}_i - \alpha_i) \frac{\partial \ln p(\mathbf{x}; \boldsymbol{\theta})}{\partial \theta_j} p(\mathbf{x}; \boldsymbol{\theta}) \, d\mathbf{x} &= \int (\hat{\alpha}_i - \alpha_i) \frac{\partial p(\mathbf{x}; \boldsymbol{\theta})}{\partial \theta_j} \, d\mathbf{x} \\
&= \frac{\partial}{\partial \theta_j} \int \hat{\alpha}_i p(\mathbf{x}; \boldsymbol{\theta}) \, d\mathbf{x} \\
&\quad - \alpha_i E\left[\frac{\partial \ln p(\mathbf{x}; \boldsymbol{\theta})}{\partial \theta_j}\right] \qquad (3\text{B}.2) \\
&= \frac{\partial \alpha_i}{\partial \theta_j} \\
&= \frac{\partial [\mathbf{g}(\boldsymbol{\theta})]_i}{\partial \theta_j}
\end{aligned}
$$

将 (3B.1) 式和 (3B.2) 式组合成矩阵形式，我们有

$$\int (\hat{\boldsymbol{\alpha}} - \boldsymbol{\alpha}) \frac{\partial \ln p(\mathbf{x}; \boldsymbol{\theta})}{\partial \boldsymbol{\theta}}^T p(\mathbf{x}; \boldsymbol{\theta}) \, d\mathbf{x} = \frac{\partial \mathbf{g}(\boldsymbol{\theta})}{\partial \boldsymbol{\theta}}$$

对于任意的 $r \times 1$ 矢量 $\mathbf{a}$ 和任意的 $p \times 1$ 矢量 $\mathbf{b}$，前乘一个 $\mathbf{a}^T$ 和后乘一个 $\mathbf{b}$ 后得

$$\int \mathbf{a}^T (\hat{\boldsymbol{\alpha}} - \boldsymbol{\alpha}) \frac{\partial \ln p(\mathbf{x}; \boldsymbol{\theta})}{\partial \boldsymbol{\theta}}^T \mathbf{b} p(\mathbf{x}; \boldsymbol{\theta}) \, d\mathbf{x} = \mathbf{a}^T \frac{\partial \mathbf{g}(\boldsymbol{\theta})}{\partial \boldsymbol{\theta}} \mathbf{b}$$

令

$$
\begin{aligned}
w(\mathbf{x}) &= p(\mathbf{x}; \boldsymbol{\theta}) \\
g(\mathbf{x}) &= \mathbf{a}^T (\hat{\boldsymbol{\alpha}} - \boldsymbol{\alpha}) \\
h(\mathbf{x}) &= \frac{\partial \ln p(\mathbf{x}; \boldsymbol{\theta})}{\partial \boldsymbol{\theta}}^T \mathbf{b}
\end{aligned}
$$

将 Cauchy-Schwarz 不等式应用到 (3A.5) 式中，得

$$
\begin{aligned}
\left(\mathbf{a}^T \frac{\partial \mathbf{g}(\boldsymbol{\theta})}{\partial \boldsymbol{\theta}} \mathbf{b}\right)^2 &\leqslant \int \mathbf{a}^T (\hat{\boldsymbol{\alpha}} - \boldsymbol{\alpha})(\hat{\boldsymbol{\alpha}} - \boldsymbol{\alpha})^T \mathbf{a} p(\mathbf{x}; \boldsymbol{\theta}) \, d\mathbf{x} \\
&\quad \cdot \int \mathbf{b}^T \frac{\partial \ln p(\mathbf{x}; \boldsymbol{\theta})}{\partial \boldsymbol{\theta}} \frac{\partial \ln p(\mathbf{x}; \boldsymbol{\theta})}{\partial \boldsymbol{\theta}}^T \mathbf{b} p(\mathbf{x}; \boldsymbol{\theta}) \, d\mathbf{x} \\
&= \mathbf{a}^T \mathbf{C}_{\hat{\alpha}} \mathbf{a} \mathbf{b}^T \mathbf{I}(\boldsymbol{\theta}) \mathbf{b}
\end{aligned}
$$

正如标量情况那样，由于

$$E\left[\frac{\partial \ln p(\mathbf{x};\boldsymbol{\theta})}{\partial \theta_i}\frac{\partial \ln p(\mathbf{x};\boldsymbol{\theta})}{\partial \theta_j}\right] = -E\left[\frac{\partial^2 \ln p(\mathbf{x};\boldsymbol{\theta})}{\partial \theta_i \partial \theta_j}\right] = [\mathbf{I}(\boldsymbol{\theta})]_{ij}$$

因为 $\mathbf{b}$ 是任意的，令

$$\mathbf{b} = \mathbf{I}^{-1}(\boldsymbol{\theta})\frac{\partial \mathbf{g}(\boldsymbol{\theta})}{\partial \boldsymbol{\theta}}^T \mathbf{a}$$

由此可得

$$\left(\mathbf{a}^T \frac{\partial \mathbf{g}(\boldsymbol{\theta})}{\partial \boldsymbol{\theta}}\mathbf{I}^{-1}(\boldsymbol{\theta})\frac{\partial \mathbf{g}(\boldsymbol{\theta})}{\partial \boldsymbol{\theta}}^T \mathbf{a}\right)^2 \leqslant \mathbf{a}^T \mathbf{C}_{\hat{\alpha}}\mathbf{a}\left(\mathbf{a}^T \frac{\partial \mathbf{g}(\boldsymbol{\theta})}{\partial \boldsymbol{\theta}}\mathbf{I}^{-1}(\boldsymbol{\theta})\frac{\partial \mathbf{g}(\boldsymbol{\theta})}{\partial \boldsymbol{\theta}}^T \mathbf{a}\right)$$

由于 $\mathbf{I}(\boldsymbol{\theta})$ 是正定的，所以 $\mathbf{I}^{-1}(\boldsymbol{\theta})$ 也是正定的，并且 $\frac{\partial \mathbf{g}(\boldsymbol{\theta})}{\partial \boldsymbol{\theta}}\mathbf{I}^{-1}(\boldsymbol{\theta})\frac{\partial \mathbf{g}(\boldsymbol{\theta})}{\partial \boldsymbol{\theta}}^T$ 至少是半正定的。因此括号里的项是非负的，于是我们有

$$\mathbf{a}^T\left(\mathbf{C}_{\hat{\alpha}} - \frac{\partial \mathbf{g}(\boldsymbol{\theta})}{\partial \boldsymbol{\theta}}\mathbf{I}^{-1}(\boldsymbol{\theta})\frac{\partial \mathbf{g}(\boldsymbol{\theta})}{\partial \boldsymbol{\theta}}^T\right)\mathbf{a} \geqslant 0$$

回想一下 $\mathbf{a}$ 是任意的，于是可得出（3.30）式。如果 $\boldsymbol{\alpha} = \mathbf{g}(\boldsymbol{\theta}) = \boldsymbol{\theta}$，那么 $\frac{\partial \mathbf{g}(\boldsymbol{\theta})}{\partial \boldsymbol{\theta}} = \mathbf{I}$，那么可得出（3.24）式。等号成立的条件是 $g(\mathbf{x}) = ch(\mathbf{x})$，其中 c 是与 $\mathbf{x}$ 无关的常数，这个条件就变成

$$\begin{aligned}\mathbf{a}^T(\hat{\boldsymbol{\alpha}} - \boldsymbol{\alpha}) &= c\frac{\partial \ln p(\mathbf{x};\boldsymbol{\theta})}{\partial \boldsymbol{\theta}}^T \mathbf{b}\\ &= c\frac{\partial \ln p(\mathbf{x};\boldsymbol{\theta})}{\partial \boldsymbol{\theta}}^T \mathbf{I}^{-1}(\boldsymbol{\theta})\frac{\partial \mathbf{g}(\boldsymbol{\theta})}{\partial \boldsymbol{\theta}}^T \mathbf{a}\end{aligned}$$

由于 $\mathbf{a}$ 是任意的，

$$\frac{\partial \mathbf{g}(\boldsymbol{\theta})}{\partial \boldsymbol{\theta}}\mathbf{I}^{-1}(\boldsymbol{\theta})\frac{\partial \ln p(\mathbf{x};\boldsymbol{\theta})}{\partial \boldsymbol{\theta}} = \frac{1}{c}(\hat{\boldsymbol{\alpha}} - \boldsymbol{\alpha})$$

考虑 $\boldsymbol{\alpha} = \mathbf{g}(\boldsymbol{\theta}) = \boldsymbol{\theta}$ 的情况，所以 $\frac{\partial \mathbf{g}(\boldsymbol{\theta})}{\partial \boldsymbol{\theta}} = \mathbf{I}$。那么，

$$\frac{\partial \ln p(\mathbf{x};\boldsymbol{\theta})}{\partial \boldsymbol{\theta}} = \frac{1}{c}\mathbf{I}(\boldsymbol{\theta})(\hat{\boldsymbol{\theta}} - \boldsymbol{\theta})$$

注意 c 可能与 $\boldsymbol{\theta}$ 有关，我们有

$$\frac{\partial \ln p(\mathbf{x};\boldsymbol{\theta})}{\partial \theta_i} = \sum_{k=1}^{p}\frac{[\mathbf{I}(\boldsymbol{\theta})]_{ik}}{c(\boldsymbol{\theta})}(\hat{\theta}_k - \theta_k)$$

再次求导，得

$$\frac{\partial^2 \ln p(\mathbf{x};\boldsymbol{\theta})}{\partial \theta_i \partial \theta_j} = \sum_{k=1}^{p}\left(\frac{[\mathbf{I}(\boldsymbol{\theta})]_{ik}}{c(\boldsymbol{\theta})}(-\delta_{kj}) + \frac{\partial\left(\frac{[\mathbf{I}(\boldsymbol{\theta})]_{ik}}{c(\boldsymbol{\theta})}\right)}{\partial \theta_j}(\hat{\theta}_k - \theta_k)\right)$$

最后由于 $E(\hat{\theta}_k) = \theta_k$，我们有

$$\begin{aligned}[\mathbf{I}(\boldsymbol{\theta})]_{ij} &= -E\left[\frac{\partial^2 \ln p(\mathbf{x};\boldsymbol{\theta})}{\partial \theta_i \partial \theta_j}\right]\\ &= \frac{[\mathbf{I}(\boldsymbol{\theta})]_{ij}}{c(\boldsymbol{\theta})}\end{aligned}$$

很显然，$c(\boldsymbol{\theta}) = 1$，于是得到等号成立的条件。

附录 3C　一般高斯 CRLB 的推导

　　假定 $\mathbf{x} \sim \mathcal{N}(\boldsymbol{\mu}(\boldsymbol{\theta}), \mathbf{C}(\boldsymbol{\theta}))$，其中 $\boldsymbol{\mu}(\boldsymbol{\theta})$ 是 $N \times 1$ 均值矢量，$\mathbf{C}(\boldsymbol{\theta})$ 是 $N \times N$ 协方差矩阵，两者都与 $\boldsymbol{\theta}$ 有关，那么，PDF 是

$$p(\mathbf{x}; \boldsymbol{\theta}) = \frac{1}{(2\pi)^{\frac{N}{2}} \det^{\frac{1}{2}}[\mathbf{C}(\boldsymbol{\theta})]} \exp\left[-\frac{1}{2}(\mathbf{x} - \boldsymbol{\mu}(\boldsymbol{\theta}))^T \mathbf{C}^{-1}(\boldsymbol{\theta})(\mathbf{x} - \boldsymbol{\mu}(\boldsymbol{\theta}))\right]$$

利用下面的等式，

$$\frac{\partial \ln \det[\mathbf{C}(\boldsymbol{\theta})]}{\partial \theta_k} = \text{tr}\left(\mathbf{C}^{-1}(\boldsymbol{\theta}) \frac{\partial \mathbf{C}(\boldsymbol{\theta})}{\partial \theta_k}\right) \tag{3C.1}$$

其中 $\partial \mathbf{C}(\boldsymbol{\theta}) / \partial \theta_k$ 是 $N \times N$ 矩阵，第 $[i, j]$ 元素是 $\partial[\mathbf{C}(\boldsymbol{\theta})]_{ij} / \partial \theta_k$，且

$$\frac{\partial \mathbf{C}^{-1}(\boldsymbol{\theta})}{\partial \theta_k} = -\mathbf{C}^{-1}(\boldsymbol{\theta}) \frac{\partial \mathbf{C}(\boldsymbol{\theta})}{\partial \theta_k} \mathbf{C}^{-1}(\boldsymbol{\theta}) \tag{3C.2}$$

为了推导(3C.1)式，首先注意到

$$\frac{\partial \ln \det[\mathbf{C}(\boldsymbol{\theta})]}{\partial \theta_k} = \frac{1}{\det[\mathbf{C}(\boldsymbol{\theta})]} \frac{\partial \det[\mathbf{C}(\boldsymbol{\theta})]}{\partial \theta_k} \tag{3C.3}$$

由于 $\det[\mathbf{C}(\boldsymbol{\theta})]$ 与 $\mathbf{C}(\boldsymbol{\theta})$ 的所有元素有关，所以

$$\begin{aligned}
\frac{\partial \det[\mathbf{C}(\boldsymbol{\theta})]}{\partial \theta_k} &= \sum_{i=1}^{N} \sum_{j=1}^{N} \frac{\partial \det[\mathbf{C}(\boldsymbol{\theta})]}{\partial[\mathbf{C}(\boldsymbol{\theta})]_{ij}} \frac{\partial[\mathbf{C}(\boldsymbol{\theta})]_{ij}}{\partial \theta_k} \\
&= \text{tr}\left(\frac{\partial \det[\mathbf{C}(\boldsymbol{\theta})]}{\partial \mathbf{C}(\boldsymbol{\theta})} \frac{\partial \mathbf{C}^T(\boldsymbol{\theta})}{\partial \theta_k}\right)
\end{aligned} \tag{3C.4}$$

其中 $\partial \det[\mathbf{C}(\boldsymbol{\theta})] / \partial \mathbf{C}(\boldsymbol{\theta})$ 是 $N \times N$ 矩阵，第 $[i, j]$ 元素是 $\partial \det[\mathbf{C}(\boldsymbol{\theta})] / \partial[\mathbf{C}(\boldsymbol{\theta})]_{ij}$，并且利用了恒等式

$$\text{tr}(\mathbf{A}\mathbf{B}^T) = \sum_{i=1}^{N} \sum_{j=1}^{N} [\mathbf{A}]_{ij}[\mathbf{B}]_{ij}$$

根据行列式的定义

$$\det[\mathbf{C}(\boldsymbol{\theta})] = \sum_{i=1}^{N} [\mathbf{C}(\boldsymbol{\theta})]_{ij}[\mathbf{M}]_{ij}$$

其中 $\mathbf{M}$ 是 $N \times N$ 代数余子式矩阵，j 可以取 1 到 N 的任何值。这样，

$$\frac{\partial \det[\mathbf{C}(\boldsymbol{\theta})]}{\partial[\mathbf{C}(\boldsymbol{\theta})]_{ij}} = [\mathbf{M}]_{ij}$$

或者

$$\frac{\partial \det[\mathbf{C}(\boldsymbol{\theta})]}{\partial \mathbf{C}(\boldsymbol{\theta})} = \mathbf{M}$$

然而，众所周知

$$\mathbf{C}^{-1}(\boldsymbol{\theta}) = \frac{\mathbf{M}^T}{\det[\mathbf{C}(\boldsymbol{\theta})]}$$

所以

$$\frac{\partial \det[\mathbf{C}(\boldsymbol{\theta})]}{\partial \mathbf{C}(\boldsymbol{\theta})} = \mathbf{C}^{-1}(\boldsymbol{\theta}) \det[\mathbf{C}(\boldsymbol{\theta})]$$

在(3C.3)式和(3C.4)式中利用这一结果，我们就得到期望的结果

$$
\begin{aligned}
\frac{\partial \ln \det[\mathbf{C}(\boldsymbol{\theta})]}{\partial \theta_k} &= \frac{1}{\det[\mathbf{C}(\boldsymbol{\theta})]} \mathrm{tr} \left(\mathbf{C}^{-1}(\boldsymbol{\theta}) \det[\mathbf{C}(\boldsymbol{\theta})] \frac{\partial \mathbf{C}(\boldsymbol{\theta})}{\partial \theta_k} \right) \\
&= \mathrm{tr} \left(\mathbf{C}^{-1}(\boldsymbol{\theta}) \frac{\partial \mathbf{C}(\boldsymbol{\theta})}{\partial \theta_k} \right)
\end{aligned}
$$

第二个恒等式(3C.2)式很容易推导，考虑

$$\mathbf{C}^{-1}(\boldsymbol{\theta})\mathbf{C}(\boldsymbol{\theta}) = \mathbf{I}$$

对矩阵的每个元素求导，并用矩阵形式表示，我们有

$$\mathbf{C}^{-1}(\boldsymbol{\theta})\frac{\partial \mathbf{C}(\boldsymbol{\theta})}{\partial \theta_k} + \frac{\partial \mathbf{C}^{-1}(\boldsymbol{\theta})}{\partial \theta_k}\mathbf{C}(\boldsymbol{\theta}) = \mathbf{0}$$

于是导出了期望的结果。

现在，我们准备计算 CRLB。求出一阶导数

$$\frac{\partial \ln p(\mathbf{x};\boldsymbol{\theta})}{\partial \theta_k} = -\frac{1}{2}\frac{\partial \ln \det[\mathbf{C}(\boldsymbol{\theta})]}{\partial \theta_k} - \frac{1}{2}\frac{\partial}{\partial \theta_k}\left[(\mathbf{x}-\boldsymbol{\mu}(\boldsymbol{\theta}))^T\mathbf{C}^{-1}(\boldsymbol{\theta})(\mathbf{x}-\boldsymbol{\mu}(\boldsymbol{\theta}))\right]$$

第一项已经利用(3C.1)式进行计算，所以我们考虑第二项

$$
\begin{aligned}
&\frac{\partial}{\partial \theta_k}\left[(\mathbf{x}-\boldsymbol{\mu}(\boldsymbol{\theta}))^T\mathbf{C}^{-1}(\boldsymbol{\theta})(\mathbf{x}-\boldsymbol{\mu}(\boldsymbol{\theta}))\right] \\
&= \frac{\partial}{\partial \theta_k}\sum_{i=1}^{N}\sum_{j=1}^{N}(x[i]-[\boldsymbol{\mu}(\boldsymbol{\theta})]_i)[\mathbf{C}^{-1}(\boldsymbol{\theta})]_{ij}(x[j]-[\boldsymbol{\mu}(\boldsymbol{\theta})]_j) \\
&= \sum_{i=1}^{N}\sum_{j=1}^{N}\left\{(x[i]-[\boldsymbol{\mu}(\boldsymbol{\theta})]_i)\left[[\mathbf{C}^{-1}(\boldsymbol{\theta})]_{ij}\left(-\frac{\partial[\boldsymbol{\mu}(\boldsymbol{\theta})]_j}{\partial \theta_k}\right)\right.\right. \\
&\qquad\left.+ \frac{\partial[\mathbf{C}^{-1}(\boldsymbol{\theta})]_{ij}}{\partial \theta_k}(x[j]-[\boldsymbol{\mu}(\boldsymbol{\theta})]_j)\right] \\
&\qquad\left.+ \left(-\frac{\partial[\boldsymbol{\mu}(\boldsymbol{\theta})]_i}{\partial \theta_k}\right)[\mathbf{C}^{-1}(\boldsymbol{\theta})]_{ij}(x[j]-[\boldsymbol{\mu}(\boldsymbol{\theta})]_j)\right\} \\
&= -(\mathbf{x}-\boldsymbol{\mu}(\boldsymbol{\theta}))^T\mathbf{C}^{-1}(\boldsymbol{\theta})\frac{\partial \boldsymbol{\mu}(\boldsymbol{\theta})}{\partial \theta_k} + (\mathbf{x}-\boldsymbol{\mu}(\boldsymbol{\theta}))^T\frac{\partial \mathbf{C}^{-1}(\boldsymbol{\theta})}{\partial \theta_k}(\mathbf{x}-\boldsymbol{\mu}(\boldsymbol{\theta})) \\
&\qquad - \frac{\partial \boldsymbol{\mu}(\boldsymbol{\theta})^T}{\partial \theta_k}\mathbf{C}^{-1}(\boldsymbol{\theta})(\mathbf{x}-\boldsymbol{\mu}(\boldsymbol{\theta})) \\
&= -2\frac{\partial \boldsymbol{\mu}(\boldsymbol{\theta})^T}{\partial \theta_k}\mathbf{C}^{-1}(\boldsymbol{\theta})(\mathbf{x}-\boldsymbol{\mu}(\boldsymbol{\theta})) + (\mathbf{x}-\boldsymbol{\mu}(\boldsymbol{\theta}))^T\frac{\partial \mathbf{C}^{-1}(\boldsymbol{\theta})}{\partial \theta_k}(\mathbf{x}-\boldsymbol{\mu}(\boldsymbol{\theta}))
\end{aligned}
$$

利用(3C.1)式和最后结果，我们有

$$
\begin{aligned}
\frac{\partial \ln p(\mathbf{x};\boldsymbol{\theta})}{\partial \theta_k} &= -\frac{1}{2}\mathrm{tr}\left(\mathbf{C}^{-1}(\boldsymbol{\theta})\frac{\partial \mathbf{C}(\boldsymbol{\theta})}{\partial \theta_k}\right) + \frac{\partial \boldsymbol{\mu}(\boldsymbol{\theta})}{\partial \theta_k}^T\mathbf{C}^{-1}(\boldsymbol{\theta})(\mathbf{x}-\boldsymbol{\mu}(\boldsymbol{\theta})) \\
&\quad - \frac{1}{2}(\mathbf{x}-\boldsymbol{\mu}(\boldsymbol{\theta}))^T\frac{\partial \mathbf{C}^{-1}(\boldsymbol{\theta})}{\partial \theta_k}(\mathbf{x}-\boldsymbol{\mu}(\boldsymbol{\theta}))
\end{aligned} \tag{3C.5}
$$

令 $\mathbf{y} = \mathbf{x} - \boldsymbol{\mu}(\boldsymbol{\theta})$，计算

$$[\mathbf{I}(\boldsymbol{\theta})]_{kl} = E\left[\frac{\partial \ln p(\mathbf{x};\boldsymbol{\theta})}{\partial \theta_k}\frac{\partial \ln p(\mathbf{x};\boldsymbol{\theta})}{\partial \theta_l}\right]$$

上式与 (3.23) 式等价，于是得到

$$
\begin{aligned}
[\mathbf{I}(\boldsymbol{\theta})]_{kl} = & \frac{1}{4}\mathrm{tr}\left(\mathbf{C}^{-1}(\boldsymbol{\theta})\frac{\partial \mathbf{C}(\boldsymbol{\theta})}{\partial \theta_k}\right)\mathrm{tr}\left(\mathbf{C}^{-1}(\boldsymbol{\theta})\frac{\partial \mathbf{C}(\boldsymbol{\theta})}{\partial \theta_l}\right) \\
& + \frac{1}{2}\mathrm{tr}\left(\mathbf{C}^{-1}(\boldsymbol{\theta})\frac{\partial \mathbf{C}(\boldsymbol{\theta})}{\partial \theta_k}\right)E\left(\mathbf{y}^T\frac{\partial \mathbf{C}^{-1}(\boldsymbol{\theta})}{\partial \theta_l}\mathbf{y}\right) \\
& + \frac{\partial \boldsymbol{\mu}(\boldsymbol{\theta})}{\partial \theta_k}^T\mathbf{C}^{-1}(\boldsymbol{\theta})E[\mathbf{y}\mathbf{y}^T]\mathbf{C}^{-1}(\boldsymbol{\theta})\frac{\partial \boldsymbol{\mu}(\boldsymbol{\theta})}{\partial \theta_l} \\
& + \frac{1}{4}E\left[\mathbf{y}^T\frac{\partial \mathbf{C}^{-1}(\boldsymbol{\theta})}{\partial \theta_k}\mathbf{y}\mathbf{y}^T\frac{\partial \mathbf{C}^{-1}(\boldsymbol{\theta})}{\partial \theta_l}\mathbf{y}\right]
\end{aligned}
$$

其中我们注意到奇数阶矩为零。因而有

$$[\mathbf{I}(\boldsymbol{\theta})]_{kl} =$$

$$
\begin{aligned}
& \frac{1}{4}\mathrm{tr}\left(\mathbf{C}^{-1}(\boldsymbol{\theta})\frac{\partial \mathbf{C}(\boldsymbol{\theta})}{\partial \theta_k}\right)\mathrm{tr}\left(\mathbf{C}^{-1}(\boldsymbol{\theta})\frac{\partial \mathbf{C}(\boldsymbol{\theta})}{\partial \theta_l}\right) \\
& - \frac{1}{2}\mathrm{tr}\left(\mathbf{C}^{-1}(\boldsymbol{\theta})\frac{\partial \mathbf{C}(\boldsymbol{\theta})}{\partial \theta_k}\right)\mathrm{tr}\left(\mathbf{C}^{-1}(\boldsymbol{\theta})\frac{\partial \mathbf{C}(\boldsymbol{\theta})}{\partial \theta_l}\right) \\
& + \frac{\partial \boldsymbol{\mu}(\boldsymbol{\theta})}{\partial \theta_k}^T\mathbf{C}^{-1}(\boldsymbol{\theta})\frac{\partial \boldsymbol{\mu}(\boldsymbol{\theta})}{\partial \theta_l} + \frac{1}{4}E\left[\mathbf{y}^T\frac{\partial \mathbf{C}^{-1}(\boldsymbol{\theta})}{\partial \theta_k}\mathbf{y}\mathbf{y}^T\frac{\partial \mathbf{C}^{-1}(\boldsymbol{\theta})}{\partial \theta_l}\mathbf{y}\right]
\end{aligned}
\tag{3C.6}
$$

其中对于 $N \times 1$ 矢量 $\mathbf{y}$ 和 $\mathbf{z}$，$E(\mathbf{y}^T\mathbf{z}) = \mathrm{tr}[E(\mathbf{z}\mathbf{y}^T)]$，并且利用了 (3C.2) 式。为了计算最后一项，我们利用 [Porat and Friedlander 1986]

$$E[\mathbf{y}^T\mathbf{A}\mathbf{y}\mathbf{y}^T\mathbf{B}\mathbf{y}] = \mathrm{tr}(\mathbf{A}\mathbf{C})\mathrm{tr}(\mathbf{B}\mathbf{C}) + 2\mathrm{tr}(\mathbf{A}\mathbf{C}\mathbf{B}\mathbf{C})$$

其中 $\mathbf{C} = E(\mathbf{y}\mathbf{y}^T)$，$\mathbf{A}$ 和 $\mathbf{B}$ 是对称矩阵。因此，这一项变成

$$
\begin{aligned}
& \frac{1}{4}\mathrm{tr}\left(\frac{\partial \mathbf{C}^{-1}(\boldsymbol{\theta})}{\partial \theta_k}\mathbf{C}(\boldsymbol{\theta})\right)\mathrm{tr}\left(\frac{\partial \mathbf{C}^{-1}(\boldsymbol{\theta})}{\partial \theta_l}\mathbf{C}(\boldsymbol{\theta})\right) \\
& + \frac{1}{2}\mathrm{tr}\left(\frac{\partial \mathbf{C}^{-1}(\boldsymbol{\theta})}{\partial \theta_k}\mathbf{C}(\boldsymbol{\theta})\frac{\partial \mathbf{C}^{-1}(\boldsymbol{\theta})}{\partial \theta_l}\mathbf{C}(\boldsymbol{\theta})\right)
\end{aligned}
$$

接着，利用 (3C.2) 式的关系，这一项变成

$$
\begin{aligned}
& \frac{1}{4}\mathrm{tr}\left(\mathbf{C}^{-1}(\boldsymbol{\theta})\frac{\partial \mathbf{C}(\boldsymbol{\theta})}{\partial \theta_k}\right)\mathrm{tr}\left(\mathbf{C}^{-1}(\boldsymbol{\theta})\frac{\partial \mathbf{C}(\boldsymbol{\theta})}{\partial \theta_l}\right) \\
& + \frac{1}{2}\mathrm{tr}\left(\mathbf{C}^{-1}(\boldsymbol{\theta})\frac{\partial \mathbf{C}(\boldsymbol{\theta})}{\partial \theta_k}\mathbf{C}^{-1}(\boldsymbol{\theta})\frac{\partial \mathbf{C}(\boldsymbol{\theta})}{\partial \theta_l}\right)
\end{aligned}
\tag{3C.7}
$$

最后，利用 (3C.7) 式和 (3C.6) 式就可以得到希望的结果。

附录 3D　渐近 CRLB 的推导

可以证明，几乎任何的 WSS 高斯随机过程 $x[n]$，都可以表示成因果线性时不变滤波器在高斯白噪声 $u[n]$ 驱动下的响应 [Brockwell and Davis 1987]，即

$$x[n] = \sum_{k=0}^{\infty} h[k]u[n-k] \tag{3D.1}$$

其中 $h[0]=1$。唯一的条件就是 PSD 必须满足

$$\int_{-\frac{1}{2}}^{\frac{1}{2}} \ln P_{xx}(f)\,df > -\infty$$

利用这样一种表示，$x[n]$ 的 PSD 为

$$P_{xx}(f) = |H(f)|^2 \sigma_u^2$$

其中 σ_u^2 是 $u[n]$ 的方差，$H(f) = \sum_{k=0}^{\infty} h[k]\exp(-j2\pi fk)$ 是滤波器频率响应。如果观测是 $\{x[0],$ $x[1],\ldots,x[N-1]\}$，并且 N 很大，那么这种表示可近似为

$$\begin{aligned} x[n] &= \sum_{k=0}^{n} h[k]u[n-k] + \sum_{k=n+1}^{\infty} h[k]u[n-k] \\ &\approx \sum_{k=0}^{n} h[k]u[n-k] \end{aligned} \tag{3D.2}$$

这等价于当 $n<0$ 时令 $u[n]=0$。当 $n\to\infty$ 时，(3D.2) 式是 $x[n]$ 的一个较好的近似。但是很显然，表示开始的样本是很差的，除非当 $k>n$ 时 $h[k]$ 很小。对于大的 N，当 N 要远大于冲激响应的长度时，大多数的样本都可以精确地表示。由于

$$r_{xx}[k] = \sigma_u^2 \sum_{n=0}^{\infty} h[n]h[n+k]$$

相关时间或 $r_{xx}[k]$ 的有效持续时间与冲激响应的长度相同。因此，由于 CRLB 是根据 (3D.2) 式推导的，当数据记录长度要远大于相关时间的时候，渐近 CRLB 是一种好的近似。

为了求 $\mathbf{x}$ 的 PDF，我们利用 (3D.2) 式，它是一种从 $\mathbf{u} = [u[0]\,u[1]\ldots u[N-1]]^T$ 到 $\mathbf{x} = [x[0]\,x[1]\ldots x[N-1]]^T$ 的变换，即

$$\mathbf{x} = \underbrace{\begin{bmatrix} h[0] & 0 & 0 & \ldots & 0 \\ h[1] & h[0] & 0 & \ldots & 0 \\ \vdots & \vdots & \vdots & \ddots & \vdots \\ h[N-1] & h[N-2] & h[N-3] & \ldots & h[0] \end{bmatrix}}_{\mathbf{H}} \mathbf{u}$$

注意 $\mathbf{H}$ 的行列式为 $(h[0])^N = 1$，因此它是可逆的。由于 $\mathbf{u} \sim \mathcal{N}(\mathbf{0}, \sigma_u^2\mathbf{I})$，$\mathbf{x}$ 的 PDF 为 $\mathcal{N}(\mathbf{0},$ $\sigma_u^2\mathbf{H}\mathbf{H}^T)$，即

$$p(\mathbf{x};\boldsymbol{\theta}) = \frac{1}{(2\pi)^{\frac{N}{2}} \det^{\frac{1}{2}}(\sigma_u^2\mathbf{H}\mathbf{H}^T)} \exp\left[-\frac{1}{2}\mathbf{x}^T(\sigma_u^2\mathbf{H}\mathbf{H}^T)^{-1}\mathbf{x}\right]$$

又，

$$\det(\sigma_u^2 \mathbf{H}\mathbf{H}^T) = \sigma_u^{2N} \det{}^2(\mathbf{H}) = \sigma_u^{2N}$$

而且，

$$\mathbf{x}^T (\sigma_u^2 \mathbf{H}\mathbf{H}^T)^{-1} \mathbf{x} = \frac{1}{\sigma_u^2} (\mathbf{H}^{-1}\mathbf{x})^T (\mathbf{H}^{-1}\mathbf{x}) = \frac{1}{\sigma_u^2} \mathbf{u}^T \mathbf{u}$$

所以

$$p(\mathbf{x}; \boldsymbol{\theta}) = \frac{1}{(2\pi\sigma_u^2)^{\frac{N}{2}}} \exp\left(-\frac{1}{2\sigma_u^2} \mathbf{u}^T \mathbf{u}\right) \tag{3D.3}$$

根据 (3D.2) 式，近似地可以有

$$X(f) = H(f)U(f)$$

其中

$$X(f) = \sum_{n=0}^{N-1} x[n] \exp(-j2\pi fn)$$

$$U(f) = \sum_{n=0}^{N-1} u[n] \exp(-j2\pi fn)$$

是截断序列的傅里叶变换。由 Parseval 定理，

$$\begin{aligned}
\frac{1}{\sigma_u^2} \mathbf{u}^T \mathbf{u} &= \frac{1}{\sigma_u^2} \sum_{n=0}^{N-1} u^2[n] \\
&= \frac{1}{\sigma_u^2} \int_{-\frac{1}{2}}^{\frac{1}{2}} |U(f)|^2 df \\
&\approx \int_{-\frac{1}{2}}^{\frac{1}{2}} \frac{|X(f)|^2}{\sigma_u^2 |H(f)|^2} df \\
&= \int_{-\frac{1}{2}}^{\frac{1}{2}} \frac{|X(f)|^2}{P_{xx}(f)} df
\end{aligned} \tag{3D.4}$$

又，

$$\begin{aligned}
\ln \sigma_u^2 &= \int_{-\frac{1}{2}}^{\frac{1}{2}} \ln \sigma_u^2 \, df \\
&= \int_{-\frac{1}{2}}^{\frac{1}{2}} \ln\left(\frac{P_{xx}(f)}{|H(f)|^2}\right) df \\
&= \int_{-\frac{1}{2}}^{\frac{1}{2}} \ln P_{xx}(f) \, df - \int_{-\frac{1}{2}}^{\frac{1}{2}} \ln |H(f)|^2 df
\end{aligned}$$

而

$$\begin{aligned}
\int_{-\frac{1}{2}}^{\frac{1}{2}} \ln |H(f)|^2 df &= \int_{-\frac{1}{2}}^{\frac{1}{2}} \ln H(f) + \ln H^*(f) \, df \\
&= 2\operatorname{Re} \int_{-\frac{1}{2}}^{\frac{1}{2}} \ln H(f) \, df \\
&= 2\operatorname{Re} \oint_C \ln \mathcal{H}(z) \frac{dz}{2\pi j z} \\
&= 2\operatorname{Re} \left[\mathcal{Z}^{-1}\{\ln \mathcal{H}(z)\}\big|_{n=0} \right]
\end{aligned}$$

其中 C 是在 z 平面上的单位圆。由于 $\mathcal{H}(z)$ 对应于因果滤波器的系统函数，它在半径为 $r<1$ 的圆外收敛（为了使频率响应存在，假定 $\mathcal{H}(z)$ 在单位圆上存在）；因此 $\ln \mathcal{H}(z)$ 也在半径为 $r<1$ 的圆外收敛，所以对应的序列是因果的。对于因果序列，初值定理是有效的，根据初值定理，

$$
\begin{aligned}
\mathcal{Z}^{-1}\{\ln \mathcal{H}(z)\}|_{n=0} &= \lim_{z\to\infty} \ln \mathcal{H}(z) \\
&= \ln \lim_{z\to\infty} \mathcal{H}(z) \\
&= \ln h[0] = 0
\end{aligned}
$$

因此，

$$
\int_{-\frac{1}{2}}^{\frac{1}{2}} \ln |H(f)|^2 df = 0
$$

最后有

$$
\ln \sigma_u^2 = \int_{-\frac{1}{2}}^{\frac{1}{2}} \ln P_{xx}(f)\, df \tag{3D.5}
$$

将 (3D.4) 式和 (3D.5) 式代入 (3D.3) 式，得到对数 PDF 为

$$
\ln p(\mathbf{x}; \boldsymbol{\theta}) = -\frac{N}{2}\ln 2\pi - \frac{N}{2}\int_{-\frac{1}{2}}^{\frac{1}{2}} \ln P_{xx}(f)\, df - \frac{1}{2}\int_{-\frac{1}{2}}^{\frac{1}{2}} \frac{|X(f)|^2}{P_{xx}(f)}\, df
$$

因此，渐近对数 PDF 为

$$
\ln p(\mathbf{x}; \boldsymbol{\theta}) = -\frac{N}{2}\ln 2\pi - \frac{N}{2}\int_{-\frac{1}{2}}^{\frac{1}{2}} \left[\ln P_{xx}(f) + \frac{\frac{1}{N}|X(f)|^2}{P_{xx}(f)}\right] df \tag{3D.6}
$$

为了确定 CRLB，

$$
\begin{aligned}
\frac{\partial \ln p(\mathbf{x}; \boldsymbol{\theta})}{\partial \theta_i} &= -\frac{N}{2}\int_{-\frac{1}{2}}^{\frac{1}{2}} \left(\frac{1}{P_{xx}(f)} - \frac{\frac{1}{N}|X(f)|^2}{P_{xx}^2(f)}\right)\frac{\partial P_{xx}(f)}{\partial \theta_i}\, df \\
\frac{\partial^2 \ln p(\mathbf{x}; \boldsymbol{\theta})}{\partial \theta_i \partial \theta_j} &= -\frac{N}{2}\int_{-\frac{1}{2}}^{\frac{1}{2}} \left(\frac{1}{P_{xx}(f)} - \frac{\frac{1}{N}|X(f)|^2}{P_{xx}^2(f)}\right)\frac{\partial^2 P_{xx}(f)}{\partial \theta_i \partial \theta_j} \\
&\quad + \left(-\frac{1}{P_{xx}^2(f)} + \frac{\frac{2}{N}|X(f)|^2}{P_{xx}^3(f)}\right)\frac{\partial P_{xx}(f)}{\partial \theta_i}\frac{\partial P_{xx}(f)}{\partial \theta_j}\, df
\end{aligned} \tag{3D.7}
$$

在取数学期望时，我们遇到一项 $E(|X(f)|^2/N)$。对于大的 N，现在证明它是 $P_{xx}(f)$。注意，$|X(f)|^2/N$ 称为周期图估计量。

$$
\begin{aligned}
E\left(\frac{1}{N}|X(f)|^2\right) &= E\left(\frac{1}{N}\sum_{m=0}^{N-1}\sum_{n=0}^{N-1} x[m]x[n]\exp[-j2\pi f(m-n)]\right) \\
&= \frac{1}{N}\sum_{m=0}^{N-1}\sum_{n=0}^{N-1} r_{xx}[m-n]\exp[-j2\pi f(m-n)] \\
&= \sum_{k=-(N-1)}^{N-1}\left(1-\frac{|k|}{N}\right)r_{xx}[k]\exp(-j2\pi fk)
\end{aligned} \tag{3D.8}
$$

其中，我们应用了恒等式

$$
\sum_{m=0}^{N-1}\sum_{n=0}^{N-1} g[m-n] = \sum_{k=-(N-1)}^{N-1} (N-|k|)g[k]
$$

当 $N \to \infty$ 时,

$$\left(1 - \frac{|k|}{N}\right) r_{xx}[k] \to r_{xx}[k]$$

假定 ACF 迅速地消失。因此,

$$E\left[\frac{1}{N}|X(f)|^2\right] \approx P_{xx}(f)$$

在(3D.7)式中取数学期望, 第一项为零, 最后有

$$
\begin{aligned}
[\mathbf{I}(\boldsymbol{\theta})]_{ij} &= \frac{N}{2} \int_{-\frac{1}{2}}^{\frac{1}{2}} \frac{1}{P_{xx}^2(f)} \frac{\partial P_{xx}(f)}{\partial \theta_i} \frac{\partial P_{xx}(f)}{\partial \theta_j} \, df \\
&= \frac{N}{2} \int_{-\frac{1}{2}}^{\frac{1}{2}} \frac{\partial \ln P_{xx}(f)}{\partial \theta_i} \frac{\partial \ln P_{xx}(f)}{\partial \theta_j} \, df
\end{aligned}
$$

这正好是(3.34)式, 在 PSD 表达式中没有精确地表示出与 $\boldsymbol{\theta}$ 的关系。

第4章 线性模型

4.1 引言

MVU 估计量的确定一般来说是一项很困难的任务。然而幸运的是，大量的信号处理问题都可以通过一种很容易确定这个估计量的数据模型来描述。这种模型就是线性模型，一旦符合了线性模型，那么不仅可以立即确定 MVU 估计量，而且也可以很自然地得到它的统计性能。那么，寻找最佳估计量的关键就是按照线性模型来构造问题，以便充分利用线性模型的这一独特的性质。

4.2 小结

线性模型由(4.8)式定义。在能够假定这样的数据模型时，MVU(同时也是有效的)估计量由(4.9)式给出，(4.10)式给出了协方差矩阵。一个更一般的模型(称为一般线性模型)允许噪声有任意的协方差矩阵，与此相反的是，线性模型的协方差矩阵为 $\sigma^2 \mathbf{I}$。一般线性模型的 MVU(同时也是有效的)估计量由(4.25)式给出，(4.26)式给出了对应的协方差矩阵。最后扩展到在数据中允许已知信号分量，以得到(4.31)式的 MVU 估计量(同时也是有效估计量)。协方差矩阵与一般线性模型的相同。

4.3 定义和性质

我们在例 3.7 中讨论直线拟合问题时已经遇到了线性模型。回想一下，那里的问题就是利用一条直线来拟合受到噪声污染的数据。我们的数据模型选择为

$$x[n] = A + Bn + w[n] \qquad n = 0, 1, \ldots, N-1$$

其中 $w[n]$ 是 WGN，要估计的是斜率 B 和截距 A。利用如下的矩阵形式表示将更为紧凑，即

$$\mathbf{x} = \mathbf{H}\boldsymbol{\theta} + \mathbf{w} \qquad (4.1)$$

其中

$$\begin{aligned}
\mathbf{x} &= [x[0]\, x[1] \ldots x[N-1]]^T \\
\mathbf{w} &= [w[0]\, w[1] \ldots w[N-1]]^T \\
\boldsymbol{\theta} &= [A\, B]^T
\end{aligned}$$

和

$$\mathbf{H} = \begin{bmatrix} 1 & 0 \\ 1 & 1 \\ \vdots & \vdots \\ 1 & N-1 \end{bmatrix}$$

矩阵 $\mathbf{H}$ 是 $N \times 2$ 已知矩阵，称为观测矩阵。在 $\mathbf{H}$ 作用到 $\boldsymbol{\theta}$ 后将观测到数据 $\mathbf{x}$。另外，注意噪声矢量具有统计特性 $\mathbf{w} \sim \mathcal{N}(\mathbf{0}, \sigma^2 \mathbf{I})$，(4.1)式的数据模型称为线性模型。在线性模型的定义中，我们假定噪声矢量是高斯的，尽管其他作者对于任意噪声的 PDF 使用了更一般的术语 [Graybill 1976]。

正如在第 3 章所讨论的那样，如果 CRLB 定理的等号成立条件满足，那么确定 MVU 估计量

有时是可能的。根据定理 3.2，如果对于某个函数 **g**，

$$\frac{\partial \ln p(\mathbf{x};\boldsymbol{\theta})}{\partial \boldsymbol{\theta}} = \mathbf{I}(\boldsymbol{\theta})(\mathbf{g}(\mathbf{x}) - \boldsymbol{\theta}) \tag{4.2}$$

那么，$\hat{\boldsymbol{\theta}} = \mathbf{g}(\mathbf{x})$ 将是 MVU 估计量。而且，$\hat{\boldsymbol{\theta}}$ 的协方差将是 $\mathbf{I}^{-1}(\boldsymbol{\theta})$。对于 (4.1) 式的线性模型，为了确定这个条件是否满足，我们有

$$
\begin{aligned}
\frac{\partial \ln p(\mathbf{x};\boldsymbol{\theta})}{\partial \boldsymbol{\theta}} &= \frac{\partial}{\partial \boldsymbol{\theta}}\left[-\ln(2\pi\sigma^2)^{\frac{N}{2}} - \frac{1}{2\sigma^2}(\mathbf{x}-\mathbf{H}\boldsymbol{\theta})^T(\mathbf{x}-\mathbf{H}\boldsymbol{\theta})\right] \\
&= -\frac{1}{2\sigma^2}\frac{\partial}{\partial \boldsymbol{\theta}}\left[\mathbf{x}^T\mathbf{x} - 2\mathbf{x}^T\mathbf{H}\boldsymbol{\theta} + \boldsymbol{\theta}^T\mathbf{H}^T\mathbf{H}\boldsymbol{\theta}\right]
\end{aligned}
$$

使用恒等式

$$
\begin{aligned}
\frac{\partial \mathbf{b}^T\boldsymbol{\theta}}{\partial \boldsymbol{\theta}} &= \mathbf{b} \\
\frac{\partial \boldsymbol{\theta}^T\mathbf{A}\boldsymbol{\theta}}{\partial \boldsymbol{\theta}} &= 2\mathbf{A}\boldsymbol{\theta}
\end{aligned} \tag{4.3}
$$

如果 **A** 是对称矩阵，我们有

$$\frac{\partial \ln p(\mathbf{x};\boldsymbol{\theta})}{\partial \boldsymbol{\theta}} = \frac{1}{\sigma^2}[\mathbf{H}^T\mathbf{x} - \mathbf{H}^T\mathbf{H}\boldsymbol{\theta}]$$

假定 $\mathbf{H}^T\mathbf{H}$ 是可逆的，

$$\frac{\partial \ln p(\mathbf{x};\boldsymbol{\theta})}{\partial \boldsymbol{\theta}} = \frac{\mathbf{H}^T\mathbf{H}}{\sigma^2}[(\mathbf{H}^T\mathbf{H})^{-1}\mathbf{H}^T\mathbf{x} - \boldsymbol{\theta}] \tag{4.4}$$

如果令

$$\hat{\boldsymbol{\theta}} = (\mathbf{H}^T\mathbf{H})^{-1}\mathbf{H}^T\mathbf{x} \tag{4.5}$$

$$\mathbf{I}(\boldsymbol{\theta}) = \frac{\mathbf{H}^T\mathbf{H}}{\sigma^2} \tag{4.6}$$

那么 (4.4) 式与 (4.2) 式相同。因此，$\boldsymbol{\theta}$ 的 MVU 估计量由 (4.5) 式给出，它的协方差矩阵是

$$\mathbf{C}_{\hat{\boldsymbol{\theta}}} = \mathbf{I}^{-1}(\boldsymbol{\theta}) = \sigma^2(\mathbf{H}^T\mathbf{H})^{-1} \tag{4.7}$$

另外，线性模型的 MVU 估计量是有效的，它达到了 CRLB。读者将直线拟合问题的 **H** 矩阵代入 (4.4) 式中，就可以验证 (3.29) 式的结果。要求仔细推敲的唯一细节是 $\mathbf{H}^T\mathbf{H}$ 的不可逆性，对于直线拟合例子，直接的计算就可以证明逆是存在的 [计算由 (3.29) 式给出的矩阵行列式]。另外，这也得出 **H** 的列是线性独立的 (参见习题 4.2)。如果 **H** 的列不是线性独立的，例如，

$$\mathbf{H} = \begin{bmatrix} 1 & 1 \\ 1 & 1 \\ \vdots & \vdots \\ 1 & 1 \end{bmatrix}$$

且 $\mathbf{x} = [2\ 2\ \ldots\ 2]^T$，所以 **x** 位于 **H** 的距离空间，这样即使在没有噪声的情况下，模型参数也是不可识别的。那么，对于

$$\mathbf{x} = \mathbf{H}\boldsymbol{\theta}$$

有关 **H** 的这样一种选择，对 $x[n]$ 我们将有

$$2 = A + B \qquad n = 0, 1, \ldots, N-1$$

如图 4.1 所示，很清楚，对 A 和 B 可以做出无穷多个选择，但都将导致相同的观测，即对于无噪声的 **x**，$\boldsymbol{\theta}$ 不是唯一的。当观测受到噪声污染时，这种情况几乎是不可能改善的。尽管在实际中很少出现，但当 $\mathbf{H}^T\mathbf{H}$ 是病态时 (参见习题 4.3)，这种退化有时也是会发生的。

尽管前面的讨论是以直线拟合作为例证，但是具有一般性，下面的定理总结了这一点。

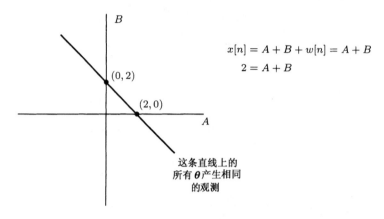

$$x[n] = A + B + w[n] = A + B$$
$$2 = A + B$$

这条直线上的
所有 $\boldsymbol{\theta}$ 产生相同
的观测

图4.1　线性模型参数的不可识别性

定理4.1（线性模型的最小方差无偏估计量）　　如果观测数据可以表示为

$$\mathbf{x} = \mathbf{H}\boldsymbol{\theta} + \mathbf{w} \tag{4.8}$$

其中 $\mathbf{x}$ 是 $N \times 1$ 观测矢量，$\mathbf{H}$ 是已知的 $N \times p$ 观测矩阵（$N > p$），秩为 p，$\boldsymbol{\theta}$ 是 $p \times 1$ 待估计的参数矢量，$\mathbf{w}$ 是 $N \times 1$ 噪声矢量，PDF 为 $\mathcal{N}(\mathbf{0}, \sigma^2 \mathbf{I})$，那么 MVU 估计量是

$$\hat{\boldsymbol{\theta}} = (\mathbf{H}^T \mathbf{H})^{-1} \mathbf{H}^T \mathbf{x} \tag{4.9}$$

$\hat{\boldsymbol{\theta}}$ 的协方差矩阵为

$$\mathbf{C}_{\hat{\theta}} = \sigma^2 (\mathbf{H}^T \mathbf{H})^{-1} \tag{4.10}$$

对于线性模型，MVU 估计量是有效的，它达到了 CRLB。

将（4.8）式代入（4.9）式，很容易得出 $\hat{\boldsymbol{\theta}}$ 是无偏的，由于 $\hat{\boldsymbol{\theta}}$ 是高斯随机矢量 $\mathbf{x}$ 的线性变换，因此 $\hat{\boldsymbol{\theta}}$ 的性能就可完全确定（不仅仅是均值和方差），这样，

$$\hat{\boldsymbol{\theta}} \sim \mathcal{N}(\boldsymbol{\theta}, \sigma^2 (\mathbf{H}^T \mathbf{H})^{-1}) \tag{4.11}$$

线性模型 MVU 估计量的高斯特性允许我们精确地确定统计性能（参见习题4.4）。在下一节，我们将给出一些例子来说明线性模型的使用。

4.4　线性模型的例子

我们已经看到，一旦识别出它是一个线性模型，那么直线拟合问题就容易处理了。一个简单的扩展就是利用一条曲线来拟合实验数据。

例4.1　曲线拟合

在许多种实验情况下，我们希望确定一对变量之间的实验关系。例如，在图4.2中，我们给出了在时间 $t = t_0, t_1, \ldots, t_{N-1}$ 上进行的电压测量的实验结果。通过画出测量值的图形似乎可以看出，被测电压可能是时间的二次函数。这些点并没有精确地位于曲线上是由于实验误差或噪声引起的。因此，数据的一个合理模型是

$$x(t_n) = \theta_1 + \theta_2 t_n + \theta_3 t_n^2 + w(t_n) \qquad n = 0, 1, \ldots, N-1$$

为了利用线性模型的有用特性，我们假定 $w(t_n)$ 是 IID 的零均值、方差为 σ^2 的高斯随机变量，即它们是 WGN 样本。那么，我们有通常的线性模型表达式

$$\mathbf{x} = \mathbf{H}\boldsymbol{\theta} + \mathbf{w}$$

其中
$$\mathbf{x} = [x(t_0)\,x(t_1)\ldots x(t_{N-1})]^T$$
$$\boldsymbol{\theta} = [\theta_1\,\theta_2\,\theta_3]^T$$

和
$$\mathbf{H} = \begin{bmatrix} 1 & t_0 & t_0^2 \\ 1 & t_1 & t_1^2 \\ \vdots & \vdots & \vdots \\ 1 & t_{N-1} & t_{N-1}^2 \end{bmatrix}$$

总而言之，如果我们要使用 $(p-1)$ 阶的多项式来拟合实验数据，那么可以有

$$x(t_n) = \theta_1 + \theta_2 t_n + \cdots + \theta_p t_n^{p-1} + w(t_n) \qquad n = 0,1,\ldots,N-1$$

$\boldsymbol{\theta} = [\theta_1\,\theta_2\ldots\theta_p]^T$ 的 MVU 估计量由 (4.9) 式可得

$$\hat{\boldsymbol{\theta}} = (\mathbf{H}^T\mathbf{H})^{-1}\mathbf{H}^T\mathbf{x}$$

其中
$$\mathbf{x} = [x(t_0)\,x(t_1)\ldots x(t_{N-1})]^T$$
$$\mathbf{H} = \begin{bmatrix} 1 & t_0 & \cdots & t_0^{p-1} \\ 1 & t_1 & \cdots & t_1^{p-1} \\ \vdots & \vdots & \ddots & \vdots \\ 1 & t_{N-1} & \cdots & t_{N-1}^{p-1} \end{bmatrix} \quad (N \times p)$$

本例的观测矩阵具有 Vandermonde 矩阵的特殊形式，注意导出的曲线拟合为

$$\hat{s}(t) = \sum_{i=1}^{p} \hat{\theta}_i t^{i-1}$$

其中 $s(t)$ 表示基本曲线或信号。

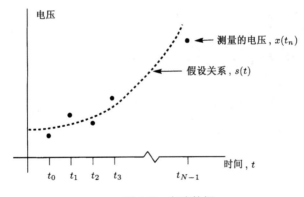

图 4.2 实验数据

例 4.2 傅里叶分析

许多信号都展示了周期行为，在实际中经常要通过傅里叶分析来确定强周期分量的出现。大的傅里叶系数显示了强周期分量。在本例中，我们证明傅里叶分析实际上刚好是线性模型参数的估计。考虑一个由高斯白噪声中正弦信号组成的数据模型：

$$x[n] = \sum_{k=1}^{M} a_k \cos\left(\frac{2\pi kn}{N}\right) + \sum_{k=1}^{M} b_k \sin\left(\frac{2\pi kn}{N}\right) + w[n] \qquad n = 0,1,\ldots,N-1 \tag{4.12}$$

其中 $w[n]$ 是 WGN。假定频率是基频 $f_1 = 1/N$ 的谐波或倍数，表示为 $f_k = k/N$。要估计的余弦和正弦的幅度为 a_k 和 b_k。为了根据线性模型来重新描述这一问题，令

$$\boldsymbol{\theta} = [a_1\,a_2\ldots a_M\,b_1\,b_2\ldots b_M]^T$$

和
$$
\mathbf{H} =
$$

$$
\begin{bmatrix}
1 & \cdots & 1 & 0 & \cdots & 0 \\
\cos\left(\frac{2\pi}{N}\right) & \cdots & \cos\left(\frac{2\pi M}{N}\right) & \sin\left(\frac{2\pi}{N}\right) & \cdots & \sin\left(\frac{2\pi M}{N}\right) \\
\vdots & \ddots & \vdots & \vdots & \ddots & \vdots \\
\cos\left[\frac{2\pi(N-1)}{N}\right] & \cdots & \cos\left[\frac{2\pi M(N-1)}{N}\right] & \sin\left[\frac{2\pi(N-1)}{N}\right] & \cdots & \sin\left[\frac{2\pi M(N-1)}{N}\right]
\end{bmatrix}
$$

注意 $\mathbf{H}$ 是 $N \times 2M$ 维的，其中 $p = 2M$。因此，为了使 $\mathbf{H}$ 满足 $N > p$，我们要求 $M < N/2$。在确定 MVU 估计量时，注意到 $\mathbf{H}$ 的列是正交的，这样可以简化计算。令 $\mathbf{H}$ 用列的形式表示为

$$
\mathbf{H} = [\mathbf{h}_1 \ \mathbf{h}_2 \ldots \mathbf{h}_{2M}]
$$

其中 $\mathbf{h}_i$ 表示 $\mathbf{H}$ 的第 i 列，那么可以得出

$$
\mathbf{h}_i^T \mathbf{h}_j = 0 \qquad \text{对于 } i \neq j
$$

这一性质是相当有用的，它使得

$$
\begin{aligned}
\mathbf{H}^T \mathbf{H} &= \begin{bmatrix} \mathbf{h}_1^T \\ \vdots \\ \mathbf{h}_{2M}^T \end{bmatrix} \begin{bmatrix} \mathbf{h}_1 & \cdots & \mathbf{h}_{2M} \end{bmatrix} \\
&= \begin{bmatrix}
\mathbf{h}_1^T \mathbf{h}_1 & \mathbf{h}_1^T \mathbf{h}_2 & \cdots & \mathbf{h}_1^T \mathbf{h}_{2M} \\
\mathbf{h}_2^T \mathbf{h}_1 & \mathbf{h}_2^T \mathbf{h}_2 & \cdots & \mathbf{h}_2^T \mathbf{h}_{2M} \\
\vdots & \vdots & \ddots & \vdots \\
\mathbf{h}_{2M}^T \mathbf{h}_1 & \mathbf{h}_{2M}^T \mathbf{h}_2 & \cdots & \mathbf{h}_{2M}^T \mathbf{h}_{2M}
\end{bmatrix}
\end{aligned}
$$

变成了一个易于求逆的对角矩阵。列的正交性是根据离散傅里叶变换关系导出的，对于 $i, j = 1, 2, \ldots, M < N/2$：

$$
\begin{aligned}
\sum_{n=0}^{N-1} \cos\left(\frac{2\pi in}{N}\right) \cos\left(\frac{2\pi jn}{N}\right) &= \frac{N}{2}\delta_{ij} \\
\sum_{n=0}^{N-1} \sin\left(\frac{2\pi in}{N}\right) \sin\left(\frac{2\pi jn}{N}\right) &= \frac{N}{2}\delta_{ij} \\
\sum_{n=0}^{N-1} \cos\left(\frac{2\pi in}{N}\right) \sin\left(\frac{2\pi jn}{N}\right) &= 0 \qquad \text{对于所有的 } i, j
\end{aligned} \tag{4.13}
$$

正交性的简要证明在习题 4.5 中给出，利用这一性质，我们有

$$
\mathbf{H}^T \mathbf{H} = \begin{bmatrix}
\frac{N}{2} & 0 & \cdots & 0 \\
0 & \frac{N}{2} & \cdots & 0 \\
\vdots & \vdots & \ddots & \vdots \\
0 & 0 & & \frac{N}{2}
\end{bmatrix} = \frac{N}{2}\mathbf{I}
$$

所以，幅度的 MVU 估计量是

$$
\begin{aligned}
\hat{\boldsymbol{\theta}} &= (\mathbf{H}^T \mathbf{H})^{-1} \mathbf{H}^T \mathbf{x} \\
&= \frac{2}{N}\mathbf{H}^T \mathbf{x} = \frac{2}{N} \begin{bmatrix} \mathbf{h}_1^T \\ \vdots \\ \mathbf{h}_{2M}^T \end{bmatrix} \mathbf{x} \\
&= \begin{bmatrix} \frac{2}{N}\mathbf{h}_1^T \mathbf{x} \\ \vdots \\ \frac{2}{N}\mathbf{h}_{2M}^T \mathbf{x} \end{bmatrix}
\end{aligned}
$$

或者最终为

$$
\begin{aligned}
\hat{a}_k &= \frac{2}{N} \sum_{n=0}^{N-1} x[n] \cos\left(\frac{2\pi kn}{N}\right) \\
\hat{b}_k &= \frac{2}{N} \sum_{n=0}^{N-1} x[n] \sin\left(\frac{2\pi kn}{N}\right)
\end{aligned}
\tag{4.14}
$$

可以看出这些是离散傅里叶变换的系数。由线性模型的性质，可以立即得出均值为

$$
\begin{aligned}
E(\hat{a}_k) &= a_k \\
E(\hat{b}_k) &= b_k
\end{aligned}
\tag{4.15}
$$

协方差矩阵为

$$
\begin{aligned}
\mathbf{C}_{\hat{\theta}} &= \sigma^2 (\mathbf{H}^T \mathbf{H})^{-1} \\
&= \sigma^2 \left(\frac{N}{2}\mathbf{I}\right)^{-1} \\
&= \frac{2\sigma^2}{N}\mathbf{I}
\end{aligned}
\tag{4.16}
$$

因为 $\hat{\boldsymbol{\theta}}$ 是高斯的，协方差矩阵是对角矩阵，那么幅度估计是独立的（正弦信号检测的应用请参见习题 4.6）。

从这个例子可以看出，在简化 MVU 估计量和它的协方差矩阵的计算中，关键的要素是 $\mathbf{H}$ 列的正交性。注意，如果频率任意选择，那么这一性质并不总是成立的。

例 4.3　系统辨识

我们通常感兴趣的是从输入和输出数据中辨识系统的模型，一个常用的模型是节拍延迟线（TDL）模型，或者是图 4.3(a) 显示的有限冲激响应（FIR）滤波器模型。输入 $u[n]$ 是已知的，用来"探测"系统。事实上，在输出端观测的序列 $\sum_{k=0}^{p-1} h[k]u[n-k]$，用来估计 TDL 权重 $h[k]$，或者估计等效的 FIR 滤波器的冲激响应。然而在实际中，输出受到噪声污染，所以图 4.3(b) 的模型更为合适。假定 $u[n]$ 是在 $n=0,1,\ldots,N-1$ 时提供的，输出是在相同区间上观测到的，那么我们有

$$
x[n] = \sum_{k=0}^{p-1} h[k]u[n-k] + w[n] \qquad n = 0,1,\ldots,N-1
\tag{4.17}
$$

其中假定当 $n<0$ 时，$u[n]=0$。使用矩阵形式表示，可以有

$$
\mathbf{x} = \underbrace{\begin{bmatrix} u[0] & 0 & \ldots & 0 \\ u[1] & u[0] & \ldots & 0 \\ \vdots & \vdots & \ddots & \vdots \\ u[N-1] & u[N-2] & \ldots & u[N-p] \end{bmatrix}}_{\mathbf{H}} \underbrace{\begin{bmatrix} h[0] \\ h[1] \\ \vdots \\ h[p-1] \end{bmatrix}}_{\boldsymbol{\theta}} + \mathbf{w}
\tag{4.18}
$$

假定 $w[n]$ 是 WGN，(4.18) 式是线性模型的形式，所以冲激响应的 MVU 估计量是

$$
\hat{\boldsymbol{\theta}} = (\mathbf{H}^T \mathbf{H})^{-1} \mathbf{H}^T \mathbf{x}
$$

协方差矩阵为

$$
\mathbf{C}_{\hat{\theta}} = \sigma^2 (\mathbf{H}^T \mathbf{H})^{-1}
$$

系统辨识的关键问题是如何选择探测信号 $u[n]$。现在，已经证明信号应该选择为伪随机噪声（pseudorandom noise, PRN）[MacWilliams and Sloane 1976]，由于 $\hat{\theta}_i$ 的方差是

$$
\mathrm{var}(\hat{\theta}_i) = \mathbf{e}_i^T \mathbf{C}_{\hat{\theta}} \mathbf{e}_i
$$

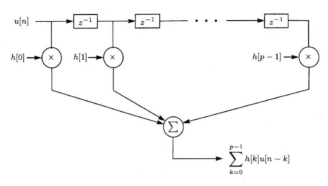

(a) 节拍延迟线

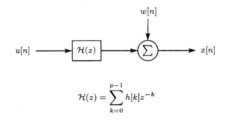

$$\mathcal{H}(z) = \sum_{k=0}^{p-1} h[k]z^{-k}$$

(b) 噪声污染输出数据的模型

图 4.3　系统辨识模型

其中 $\mathbf{e}_i = [\,0\,0\ldots0\,1\,0\ldots0\,]^T$，1 位于第 i 个位置，$\mathbf{C}_{\hat{\theta}}^{-1}$ 可以分解为 $\mathbf{D}^T\mathbf{D}$，其中 $\mathbf{D}$ 是可逆的 $p \times p$ 矩阵，我们可以利用 Cauchy-Schwarz 不等式，注意

$$1 = (\mathbf{e}_i^T\mathbf{D}^T\mathbf{D}^{T^{-1}}\mathbf{e}_i)^2$$

可以令 $\boldsymbol{\xi}_1 = \mathbf{D}\mathbf{e}_i$ 和 $\boldsymbol{\xi}_2 = \mathbf{D}^{T^{-1}}\mathbf{e}_i$，那么可得到不等式

$$(\boldsymbol{\xi}_1^T\boldsymbol{\xi}_2)^2 \leqslant \boldsymbol{\xi}_1^T\boldsymbol{\xi}_1\boldsymbol{\xi}_2^T\boldsymbol{\xi}_2$$

因为 $\boldsymbol{\xi}_1^T\boldsymbol{\xi}_2 = 1$，我们有

$$\begin{aligned} 1 &\leqslant (\mathbf{e}_i^T\mathbf{D}^T\mathbf{D}\mathbf{e}_i)(\mathbf{e}_i^T\mathbf{D}^{-1}\mathbf{D}^{T^{-1}}\mathbf{e}_i) \\ &= (\mathbf{e}_i^T\mathbf{C}_{\hat{\theta}}^{-1}\mathbf{e}_i)(\mathbf{e}_i^T\mathbf{C}_{\hat{\theta}}\mathbf{e}_i) \end{aligned}$$

或者最终有

$$\mathrm{var}(\hat{\theta}_i) \geqslant \frac{1}{\mathbf{e}_i^T\mathbf{C}_{\hat{\theta}}^{-1}\mathbf{e}_i} = \frac{\sigma^2}{[\mathbf{H}^T\mathbf{H}]_{ii}}$$

当且仅当 $\boldsymbol{\xi}_1 = c\boldsymbol{\xi}_2$ 时，或者

$$\mathbf{D}\mathbf{e}_i = c_i\mathbf{D}^{T^{-1}}\mathbf{e}_i$$

时等号成立，即达到最小方差，其中 c 是常数。或者等效地使所有方差最小的条件是

$$\mathbf{D}^T\mathbf{D}\mathbf{e}_i = c_i\mathbf{e}_i \qquad i = 1,2,\ldots,p$$

注意

$$\mathbf{D}^T\mathbf{D} = \mathbf{C}_{\hat{\theta}}^{-1} = \frac{\mathbf{H}^T\mathbf{H}}{\sigma^2}$$

我们有

$$\frac{\mathbf{H}^T\mathbf{H}}{\sigma^2}\mathbf{e}_i = c_i\mathbf{e}_i$$

如果我们将这些条件组合成矩阵形式，那么达到最小可能方差的条件为

$$\mathbf{H}^T\mathbf{H} = \sigma^2 \begin{bmatrix} c_1 & 0 & \ldots & 0 \\ 0 & c_2 & \ldots & 0 \\ \vdots & \vdots & \ddots & \vdots \\ 0 & 0 & \ldots & c_p \end{bmatrix}$$

很显然，为了使 MVU 估计量方差最小，$u[n]$ 应该选择成使 $\mathbf{H}^T\mathbf{H}$ 为对角矩阵。由于 $[\mathbf{H}]_{ij} = u[i-j]$，

$$[\mathbf{H}^T\mathbf{H}]_{ij} = \sum_{n=1}^{N} u[n-i]u[n-j] \qquad i = 1,2,\ldots,p; j = 1,2,\ldots,p \qquad (4.19)$$

对于大的 N 我们有(参见习题 4.7)

$$[\mathbf{H}^T\mathbf{H}]_{ij} \approx \sum_{n=0}^{N-1-|i-j|} u[n]u[n+|i-j|] \qquad (4.20)$$

可以看出它是确定性序列 $u[n]$ 的相关函数。另外，$\mathbf{H}^T\mathbf{H}$ 的近似变成了对称 Toeplitz 自相关矩阵

$$\mathbf{H}^T\mathbf{H} = N \begin{bmatrix} r_{uu}[0] & r_{uu}[1] & \ldots & r_{uu}[p-1] \\ r_{uu}[1] & r_{uu}[0] & \ldots & r_{uu}[p-2] \\ \vdots & \vdots & \ddots & \vdots \\ r_{uu}[p-1] & r_{uu}[p-2] & \ldots & r_{uu}[0] \end{bmatrix}$$

其中

$$r_{uu}[k] = \frac{1}{N}\sum_{n=0}^{N-1-k} u[n]u[n+k]$$

可以作为 $u[n]$ 的自相关函数。为了使 $\mathbf{H}^T\mathbf{H}$ 成为对角矩阵，我们要求

$$r_{uu}[k] = 0 \qquad k \neq 0$$

上式是如果使用 PRN 序列作为输入信号时的近似实现。最后，在这些条件下，$\mathbf{H}^T\mathbf{H} = Nr_{uu}[0]\mathbf{I}$，因此

$$\mathrm{var}(\hat{h}[i]) = \frac{1}{Nr_{uu}[0]/\sigma^2} \qquad i = 0,1,\ldots,p-1 \qquad (4.21)$$

TDL 权重估计量是独立的。

由于选择了 PRN 序列，我们得到的 MVU 估计量为

$$\hat{\boldsymbol{\theta}} = (\mathbf{H}^T\mathbf{H})^{-1}\mathbf{H}^T\mathbf{x}$$

其中 $\mathbf{H}^T\mathbf{H} = Nr_{uu}[0]\mathbf{I}$，因此，由于当 $n < 0$ 时 $u[n] = 0$，我们有

$$\begin{aligned} \hat{h}[i] &= \frac{1}{Nr_{uu}[0]}\sum_{n=0}^{N-1} u[n-i]x[n] \\ &= \frac{\frac{1}{N}\sum_{n=0}^{N-1-i} u[n]x[n+i]}{r_{uu}[0]} \end{aligned} \qquad (4.22)$$

在(4.22)式中的分子刚好是输入和输出序列的互相关函数。因此，如果利用 PRN 来辨识系统，那么近似(对于大的 N)的 MVU 估计量是

$$\hat{h}[i] = \frac{r_{ux}[i]}{r_{uu}[0]} \qquad i = 0, 1, \ldots, p-1 \tag{4.23}$$

其中

$$r_{ux}[i] = \frac{1}{N} \sum_{n=0}^{N-1-i} u[n]x[n+i]$$

$$r_{uu}[0] = \frac{1}{N} \sum_{n=0}^{N-1} u^2[n]$$

对于系统辨识问题的谱的解释请参见习题 4.8。

4.5 扩展到线性模型

更一般的线性模型允许的噪声不是白噪声。一般线性模型假定

$$\mathbf{w} \sim \mathcal{N}(\mathbf{0}, \mathbf{C})$$

其中 $\mathbf{C}$ 不必是与单位矩阵成比例的矩阵。为了确定 MVU 估计量，我们可以重复在 4.3 节中的推导（参见习题 4.9）。另外，我们也可以采用如下的白化（whitening）方法。由于 $\mathbf{C}$ 假定是正定的，那么 $\mathbf{C}^{-1}$ 也是正定的，所以可以分解为

$$\mathbf{C}^{-1} = \mathbf{D}^T \mathbf{D} \tag{4.24}$$

其中 $\mathbf{D}$ 是 $N \times N$ 的可逆矩阵。当矩阵 $\mathbf{D}$ 应用到 $\mathbf{w}$ 时，由于

$$\begin{aligned} E\left[(\mathbf{Dw})(\mathbf{Dw})^T\right] &= \mathbf{DCD}^T \\ &= \mathbf{DD}^{-1}\mathbf{D}^{T^{-1}}\mathbf{D}^T = \mathbf{I} \end{aligned}$$

因此矩阵 $\mathbf{D}$ 起到白化变换的作用。于是，如果将一般模型

$$\mathbf{x} = \mathbf{H}\boldsymbol{\theta} + \mathbf{w}$$

变换到

$$\begin{aligned} \mathbf{x}' &= \mathbf{Dx} \\ &= \mathbf{DH}\boldsymbol{\theta} + \mathbf{Dw} \\ &= \mathbf{H}'\boldsymbol{\theta} + \mathbf{w}' \end{aligned}$$

由于 $\mathbf{w}' = \mathbf{Dw} \sim \mathcal{N}(\mathbf{0}, \mathbf{I})$，因此噪声将被白化，并且得到通常意义下的线性模型。根据（4.9）式，$\boldsymbol{\theta}$ 的 MVU 估计量为

$$\begin{aligned} \hat{\boldsymbol{\theta}} &= (\mathbf{H}'^T\mathbf{H}')^{-1}\mathbf{H}'^T\mathbf{x}' \\ &= (\mathbf{H}^T\mathbf{D}^T\mathbf{DH})^{-1}\mathbf{H}^T\mathbf{D}^T\mathbf{Dx} \end{aligned}$$

所以

$$\hat{\boldsymbol{\theta}} = (\mathbf{H}^T\mathbf{C}^{-1}\mathbf{H})^{-1}\mathbf{H}^T\mathbf{C}^{-1}\mathbf{x} \tag{4.25}$$

类似地，我们求得

$$\mathbf{C}_{\hat{\boldsymbol{\theta}}} = (\mathbf{H}'^T\mathbf{H}')^{-1}$$

或最终得到

$$\mathbf{C}_{\hat{\boldsymbol{\theta}}} = (\mathbf{H}^T\mathbf{C}^{-1}\mathbf{H})^{-1} \tag{4.26}$$

当然，如果 $\mathbf{C} = \sigma^2\mathbf{I}$，我们可以得到前面的结果，下面通过一个例子来说明一般线性模型的使用。

例 4.4 色噪声中的 DC 电平

我们现在将例 3.3 扩展到色噪声情况。如果 $x[n] = A + w[n]$，$n = 0, 1, \ldots, N-1$，其中 $w[n]$ 是有色高斯噪声，具有 $N \times N$ 协方差矩阵 $\mathbf{C}$。根据（4.25）式，利用 $\mathbf{H} = \mathbf{1} = [1\ 1\ldots1]^T$ 可立即得出 DC 电平的 MVU 估计量为

$$\begin{aligned} \hat{A} &= (\mathbf{H}^T\mathbf{C}^{-1}\mathbf{H})^{-1}\mathbf{H}^T\mathbf{C}^{-1}\mathbf{x} \\ &= \frac{\mathbf{1}^T\mathbf{C}^{-1}\mathbf{x}}{\mathbf{1}^T\mathbf{C}^{-1}\mathbf{1}} \end{aligned}$$

由(4.26)式可得它的方差为

$$\begin{aligned} \mathrm{var}(\hat{A}) &= (\mathbf{H}^T\mathbf{C}^{-1}\mathbf{H})^{-1} \\ &= \frac{1}{\mathbf{1}^T\mathbf{C}^{-1}\mathbf{1}} \end{aligned}$$

如果 $\mathbf{C} = \sigma^2\mathbf{I}$，那么样本均值就是我们的 MVU 估计量，它的方差为 σ^2/N。如果将 $\mathbf{C}^{-1}$ 分解为 $\mathbf{D}^T\mathbf{D}$，那么我们可以得出 MVU 估计量的一个有趣的解释。我们注意到，$\mathbf{D}$ 是白化矩阵，MVU 估计量可表示为

$$\begin{aligned} \hat{A} &= \frac{\mathbf{1}^T\mathbf{D}^T\mathbf{D}\mathbf{x}}{\mathbf{1}^T\mathbf{D}^T\mathbf{D}\mathbf{1}} \\ &= \frac{(\mathbf{D}\mathbf{1})^T\mathbf{x}'}{\mathbf{1}^T\mathbf{D}^T\mathbf{D}\mathbf{1}} \\ &= \sum_{n=0}^{N-1} d_n x'[n] \end{aligned} \qquad (4.27)$$

其中 $d_n = [\mathbf{D}\mathbf{1}]_n / \mathbf{1}^T\mathbf{D}^T\mathbf{D}\mathbf{1}$。根据(4.27)式，数据首先被预白化为 $x'[n]$，然后使用预白化平均加权系数 d_n 取平均。预白化具有去相关的效果，并且在取平均之前，在每个观测时间内均衡了噪声的方差(参见习题 4.10 和习题 4.11)。

对线性模型的另一个扩展是允许信号分量是已知的，假定 $\mathbf{s}$ 表示包含在数据中的已知信号，那么，加入这个信号后的线性模型是

$$\mathbf{x} = \mathbf{H}\boldsymbol{\theta} + \mathbf{s} + \mathbf{w}$$

为了确定 MVU 估计量，令 $\mathbf{x}' = \mathbf{x} - \mathbf{s}$，所以

$$\mathbf{x}' = \mathbf{H}\boldsymbol{\theta} + \mathbf{w}$$

现在它是线性模型的形式。MVU 估计量为

$$\hat{\boldsymbol{\theta}} = (\mathbf{H}^T\mathbf{H})^{-1}\mathbf{H}^T(\mathbf{x} - \mathbf{s}) \qquad (4.28)$$

协方差矩阵为

$$\mathbf{C}_{\hat{\theta}} = \sigma^2(\mathbf{H}^T\mathbf{H})^{-1} \qquad (4.29)$$

例 4.5　白噪声中的 DC 电平和指数信号

如果 $x[n] = A + r^n + w[n]$，$n = 0, 1, \ldots, N-1$，其中 r 是已知的，A 是要估计的，$w[n]$ 是 WGN，模型是

$$\mathbf{x} = A\begin{bmatrix} 1 \\ 1 \\ \vdots \\ 1 \end{bmatrix} + \mathbf{s} + \mathbf{w}$$

其中 $\mathbf{s} = [1 \; r \ldots r^{N-1}]^T$。根据(4.28)式，MVU 估计量为

$$\hat{A} = \frac{1}{N}\sum_{n=0}^{N-1}(x[n] - r^n)$$

由(4.29)式可得方差为

$$\mathrm{var}(\hat{A}) = \frac{\sigma^2}{N}$$

现在应该很清楚，以上描述的两种扩展可以组合起来，从而产生一个由下面定理总结的一般线性模型。

定理 4.2(一般线性模型的最小方差无偏估计量)   如果数据可以表示为

$$\mathbf{x} = \mathbf{H}\boldsymbol{\theta} + \mathbf{s} + \mathbf{w} \tag{4.30}$$

其中 $\mathbf{x}$ 是 $N \times 1$ 观测矢量，$\mathbf{H}$ 是 $N \times p$ 观测矩阵($N > p$)，秩为 p，$\boldsymbol{\theta}$ 是 $p \times 1$ 待估计的参数矢量，$\mathbf{s}$ 是 $N \times 1$ 已知信号样本矢量，$\mathbf{w}$ 是 $N \times 1$ 噪声矢量，并且 PDF 为 $\mathcal{N}(\mathbf{0}, \mathbf{C})$，那么 MVU 估计量为

$$\hat{\boldsymbol{\theta}} = (\mathbf{H}^T\mathbf{C}^{-1}\mathbf{H})^{-1}\mathbf{H}^T\mathbf{C}^{-1}(\mathbf{x} - \mathbf{s}) \tag{4.31}$$

协方差矩阵为

$$\mathbf{C}_{\hat{\theta}} = (\mathbf{H}^T\mathbf{C}^{-1}\mathbf{H})^{-1} \tag{4.32}$$

对于一般的线性模型，MVU 估计量是有效估计量，它达到了 CRLB。

由于许多信号处理问题都可以通过(4.30)式来表示，因此这个定理在实际中十分有用。

参考文献

Graybill, F.A., *Theory and Application of the Linear Model*, Duxbury Press, North Scituate, Mass., 1976.

MacWilliams, F.J., N.J. Sloane, "Pseudo-Random Sequences and Arrays," *Proc. IEEE*, Vol. 64, pp. 1715–1729, Dec. 1976.

习题

4.1　我们希望估计噪声中指数信号的幅度，观测数据为

$$x[n] = \sum_{i=1}^{p} A_i r_i^n + w[n] \qquad n = 0,1,\ldots,N-1$$

其中 $w[n]$ 是方差为 σ^2 的 WGN，求幅度的 MVU 估计量及它们的协方差。当 $p = 2$、$r_1 = 1$、$r_2 = -1$ 且 N 为偶数时，计算你的结果。

4.2　证明：当且仅当 $\mathbf{H}$ 的列是线性独立时 $\mathbf{H}^T\mathbf{H}$ 的逆存在。这个问题等价于当且仅当 $\mathbf{H}$ 的列是线性独立时，$\mathbf{H}^T\mathbf{H}$ 是正定的，因而也是可逆的。

4.3　考虑观测矩阵

$$\mathbf{H} = \begin{bmatrix} 1 & 1 \\ 1 & 1 \\ 1 & 1+\epsilon \end{bmatrix}$$

其中 ϵ 很小，计算 $(\mathbf{H}^T\mathbf{H})^{-1}$，并且考察当 $\epsilon \to 0$ 会发生什么情况？如果 $\mathbf{x} = [\,2\ 2\ 2\,]^T$，求 MVU 估计量，描述当 $\epsilon \to 0$ 会发生什么情况？

4.4　在线性模型中，我们希望估计信号 $\mathbf{s} = \mathbf{H}\boldsymbol{\theta}$。如果求得了 $\boldsymbol{\theta}$ 的 MVU 估计量，那么信号可以估计为 $\hat{\mathbf{s}} = \mathbf{H}\hat{\boldsymbol{\theta}}$。$\hat{\mathbf{s}}$ 的 PDF 是什么？将你的结果应用到例 4.2 的线性模型。

4.5　证明：对于 $k,l = 1,2,\ldots,M < N/2$，

$$\sum_{n=0}^{N-1} \cos\left(\frac{2\pi kn}{N}\right) \cos\left(\frac{2\pi ln}{N}\right) = \frac{N}{2}\delta_{kl}$$

利用

$$\cos\omega_1 \cos\omega_2 = \frac{1}{2}\cos(\omega_1+\omega_2) + \frac{1}{2}\cos(\omega_1-\omega_2)$$

并且注意到

$$\sum_{n=0}^{N-1} \cos\alpha n = \mathrm{Re}\left(\sum_{n=0}^{N-1}\exp(j\alpha n)\right)$$

4.6　在例 4.2 中假定我们在 $f_k = k/N$ 处有一个正弦分量，由(4.12)式给出的模型为

$$x[n] = a_k\cos(2\pi f_k n) + b_k\sin(2\pi f_k n) + w[n] \qquad n = 0,1,\ldots,N-1$$

利用恒等式 $A\cos\omega + B\sin\omega = \sqrt{A^2 + B^2}\cos(\omega - \phi)$，其中，$\phi = \arctan(B/A)$，我们可以将模型重写为

$$x[n] = \sqrt{a_k^2 + b_k^2}\cos(2\pi f_k n - \phi) + w[n]$$

对于 a_k 和 b_k 采用 MVU 估计量，所以正弦信号功率的估计为

$$\hat{P} = \frac{\hat{a}_k^2 + \hat{b}_k^2}{2}$$

可检测性的测度为 $E^2(\hat{P})/\mathrm{var}(\hat{P})$，比较当信号出现时的测度和只有噪声出现(即 $a_k = b_k = 0$ 时)的测度，能够使用功率的估计来判定信号是否出现吗？

4.7　通过令(4.19)式的极限是 $n = -\infty$ 到 $n = \infty$ 来验证(4.20)式；注意，对于 $n < 0$ 和 $n > N - 1$，$u[n] = 0$。

4.8　我们希望根据输入和输出过程来估计因果线性系统的频率响应 $H(f)$，假定输入过程 $u[n]$ 和输出过程 $x[n]$ 是 WSS 随机过程。证明：输入和输出过程的互功率谱密度是

$$P_{ux}(f) = H(f)P_{uu}(f)$$

其中，$P_{ux}(f) = \mathcal{F}\{r_{ux}[k]\}$ 且 $r_{ux}[k] = E(u[n]x[n+k])$。如果输入过程是 PSD 为 $P_{uu}(f) = \sigma^2$ 的白噪声，那么请为频率响应提出一种估计量。如果对于某个频带 $P_{uu}(f)$ 为零，你能估计频率响应吗？当线性系统是 TDL 时，能将估计量与(4.23)式联系起来吗？

4.9　通过重复 4.3 节的推导过程来推导(4.25)式和(4.26)式。

4.10　在例 4.4 中，如果噪声样本是不相关的，但方差不相等，即

$$\mathbf{C} = \mathrm{diag}(\sigma_0^2, \sigma_1^2, \ldots, \sigma_{N-1}^2)$$

求 d_n，解释你的结果。如果某个 σ_n^2 等于零，那么 $\hat{A}$ 会怎样？

4.11　假定采用习题 3.9 中的数据模型，求 A 的 MVU 估计量及它的方差。为什么估计量与 ρ 无关？如果 $\rho \to \pm 1$ 会发生什么情况？

4.12　在本题中，我们考察 $\boldsymbol{\theta}$ 线性函数的估计。令新的参量为 $\boldsymbol{\alpha} = \mathbf{A}\boldsymbol{\theta}$，其中 $\mathbf{A}$ 是已知的 $r \times p$ 矩阵，且 $r < p$，秩为 r。证明 MVU 估计量是

$$\hat{\boldsymbol{\alpha}} = \mathbf{A}\hat{\boldsymbol{\theta}}$$

其中 $\hat{\boldsymbol{\theta}}$ 是 $\boldsymbol{\theta}$ 的 MVU 估计量，同时求协方差矩阵。提示：利用

$$\mathbf{x}' = \mathbf{A}(\mathbf{H}^T\mathbf{H})^{-1}\mathbf{H}^T\mathbf{x}$$

来取代 $\mathbf{x}$，其中 $\mathbf{x}'$ 是 $r \times 1$ 矩阵。这便导出了简化的线性模型。可以证明，$\mathbf{x}'$ 包含了关于 $\boldsymbol{\theta}$ 的所有信息，所以我们可以根据这个低维的数据集来建立自己的估计量[Graybill 1976]。

4.13　在实际中，我们有时候遇到这样的线性模型：$\mathbf{x} = \mathbf{H}\boldsymbol{\theta} + \mathbf{w}$，但是 $\mathbf{H}$ 是由随机变量组成的，假定我们忽略这个差别而采用通常的估计量

$$\hat{\boldsymbol{\theta}} = (\mathbf{H}^T\mathbf{H})^{-1}\mathbf{H}^T\mathbf{x}$$

其中我们假定 $\mathbf{H}$ 的特定现实是已知的。证明：如果 $\mathbf{H}$ 和 $\mathbf{w}$ 是独立的，那么 $\hat{\boldsymbol{\theta}}$ 的均值和协方差是

$$\begin{aligned} E(\hat{\boldsymbol{\theta}}) &= \boldsymbol{\theta} \\ \mathbf{C}_{\hat{\boldsymbol{\theta}}} &= \sigma^2 E_H\left[(\mathbf{H}^T\mathbf{H})^{-1}\right] \end{aligned}$$

其中 E_H 表示对 $\mathbf{H}$ 的 PDF 求数学期望。如果不做独立的假定会发生什么情况？

4.14　假定我们观测一个噪声中衰落的信号，我们把这个衰落信号看成是由另一个"开"(on)或"关"(off)的信号导出的。例如，考虑在 WGN 中的 DC 电平，即 $x[n] = A + w[n]$，$n = 0, 1, \ldots, N-1$，当信号衰落时数据模型变成

$$x[n] = \begin{cases} A + w[n] & n = 0, 1, \ldots, M-1 \\ w[n] & n = M, M+1, \ldots, N-1 \end{cases}$$

其中衰落的概率是 ϵ。假定我们知道信号在什么时候经历了衰落，利用习题 4.13 的结果来确定 A 的估计量和它的方差，将这个结果与没有衰落的情况进行比较。

第 5 章　一般最小方差无偏估计

5.1　引言

我们已经看到 CRLB 的计算有时导出了有效估计量，因而也是 MVU 估计量。特别是线性模型提供了这种方法的有用例子。然而，如果有效估计量不存在，那么能够求出 MVU 估计量（当然假定它是存在的）仍然是很有意思的。为此，要求掌握充分统计量（sufficient statistic）的概念和重要的 Rao-Blackwell-Lehmann-Scheffe（RBLS）定理。利用这一理论，许多情况下通过简单地考察 PDF 就有可能确定 MVU 估计量，在本章我们就来探讨这是如何实现的。

5.2　小结

在 5.3 节中，我们定义了充分统计量，充分统计量总结了数据，从某种意义上来说，如果我们给定了充分统计量，那么数据的 PDF 将不再与未知参数有关。Neyman-Fisher 因子分解定理（参见定理 5.1）使我们通过考察 PDF 就可以很容易地求出充分统计量。一旦求得充分统计量，MVU 估计量就可以通过求充分统计量的一个函数来确定，这个充分统计量的函数是无偏估计量。这种方法总结在定理 5.2 中，称为 Rao-Blackwell-Lehmann-Scheffe（RBLS）定理。在应用这个定理时，我们必须保证充分统计量是完备的，即只存在它的唯一函数，这个唯一函数是无偏估计量。在定理 5.3 和定理 5.4 中给出了对矢量参数情况的扩展，这种方法基本上与标量情况相同。我们首先必须求出像未知参数那样多的充分统计量，然后根据充分统计量来确定无偏估计量。

5.3　充分统计量

在第 4 章，对于 WGN 中的 DC 电平 A（见例 3.3），我们求出的样本均值

$$\hat{A} = \frac{1}{N} \sum_{n=0}^{N-1} x[n]$$

是 MVU 估计量，方差为 σ^2/N。另外，如果我们选择

$$\check{A} = x[0]$$

作为估计量，那么就可以清楚地看出，尽管 $\check{A}$ 是无偏的，但是它的方差（为 σ^2）要比最小方差大得多。直观地理解，较差的性能是由于放弃了数据点 $\{x[1], x[2], \ldots, x[N-1]\}$ 而导致的直接结果，这些数据点携带有关 A 的信息。一个合理的问题是要了解哪些数据与估计问题有关？或者是否存在一个数据集是充分的？可以声称下面的数据集是充分的，它们可以用来计算 $\hat{A}$。

$$
\begin{aligned}
S_1 &= \{x[0], x[1], \ldots, x[N-1]\} \\
S_2 &= \{x[0] + x[1], x[2], x[3], \ldots, x[N-1]\} \\
S_3 &= \left\{ \sum_{n=0}^{N-1} x[n] \right\}
\end{aligned}
$$

S_1 表示原始数据集，对估计问题而言它总是充分的，S_2 和 S_3 也是充分的。对于这个问题，很明

显有许多充分数据集。包含最小元素的数据集称为最小集。如果我们把这些数据集的元素看成统计量，那么我们说 S_1 的 N 个统计量是充分的，S_2 的 $(N-1)$ 个统计量以及 S_3 的单个统计量也都是充分的。后一个统计量 $\sum_{n=0}^{N-1} x[n]$ 除了是充分统计量，它还是最小充分统计量。对于 A 的估计问题，一旦知道了 $\sum_{n=0}^{N-1} x[n]$，就不再需要单个的数据值，因为所有的信息都已经包含在充分统计量中。为了定量地说明上述含义，考虑数据的 PDF

$$p(\mathbf{x}; A) = \frac{1}{(2\pi\sigma^2)^{\frac{N}{2}}} \exp\left[-\frac{1}{2\sigma^2} \sum_{n=0}^{N-1} (x[n] - A)^2\right] \tag{5.1}$$

并且假定已经观测到 $T(\mathbf{x}) = \sum_{n=0}^{N-1} x[n] = T_0$。这个统计量的知识将把 PDF 改变为条件 PDF，即 $p(\mathbf{x} \mid \sum_{n=0}^{N-1} x[n] = T_0; A)$，它给出了在观测到充分统计量后观测的 PDF。由于统计量是估计 A 的充分统计量，这个条件 PDF 就应该与 A 无关。如果这个条件 PDF 与 A 有关，那么就可以推断出除了充分统计量已经提供的信息，在数据中还有其他有关 A 的信息。例如，在图 5.1(a) 中，对于任意的 $\mathbf{x}_0$，如果 $\mathbf{x} = \mathbf{x}_0$，那么 A 的值靠近 A_0 将更有可能。这与 $\sum_{n=0}^{N-1} x[n]$ 为有效统计量的概念是相冲突的。另一方面，在图 5.1(b) 中，A 的任何值都是等可能的，所以可以放弃在观测到 $T(\mathbf{x})$ 后的数据。因此，为了要证明统计量是充分的，我们必须确定条件 PDF，并且确定它与 A 是无关的。

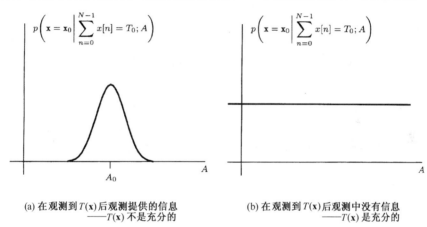

(a) 在观测到 $T(\mathbf{x})$ 后观测提供的信息　　　　　　(b) 在观测到 $T(\mathbf{x})$ 后观测中没有信息
　　　——$T(\mathbf{x})$ 不是充分的　　　　　　　　　　　　　——$T(\mathbf{x})$ 是充分的

图 5.1　充分统计量定义

例 5.1　充分统计量的证明

考虑 (5.1) 式的 PDF，为了证明 $\sum_{n=0}^{N-1} x[n]$ 是充分统计量，我们必须确定 $p(\mathbf{x} \mid T(\mathbf{x}) = T_0; A)$，其中 $T(\mathbf{x}) = \sum_{n=0}^{N-1} x[n]$。由条件 PDF 的定义，我们有

$$p(\mathbf{x} \mid T(\mathbf{x}) = T_0; A) = \frac{p(\mathbf{x}, T(\mathbf{x}) = T_0; A)}{p(T(\mathbf{x}) = T_0; A)}$$

但是，注意到 $T(\mathbf{x})$ 是与 $\mathbf{x}$ 有关的函数，所以只有当 $\mathbf{x}$ 满足 $T(\mathbf{x}) = T_0$ 时，联合 PDF $p(\mathbf{x}, T(\mathbf{x}) = T_0; A)$ 不为零。因此，联合 PDF 是 $p(\mathbf{x}; A)\delta(T(\mathbf{x}) - T_0)$，其中 δ 是冲激（Dirac delta）函数（进一步的讨论请参见附录 5A）。这样我们有

$$p(\mathbf{x} \mid T(\mathbf{x}) = T_0; A) = \frac{p(\mathbf{x}; A)\delta(T(\mathbf{x}) - T_0)}{p(T(\mathbf{x}) = T_0; A)} \tag{5.2}$$

很显然，$T(\mathbf{x}) \sim \mathcal{N}(NA, N\sigma^2)$，所以

$$p(\mathbf{x}; A)\delta(T(\mathbf{x}) - T_0)$$

$$= \frac{1}{(2\pi\sigma^2)^{\frac{N}{2}}} \exp\left[-\frac{1}{2\sigma^2}\sum_{n=0}^{N-1}(x[n] - A)^2\right]\delta(T(\mathbf{x}) - T_0)$$

$$= \frac{1}{(2\pi\sigma^2)^{\frac{N}{2}}} \exp\left[-\frac{1}{2\sigma^2}\left(\sum_{n=0}^{N-1} x^2[n] - 2AT(\mathbf{x}) + NA^2\right)\right]\delta(T(\mathbf{x}) - T_0)$$

$$= \frac{1}{(2\pi\sigma^2)^{\frac{N}{2}}} \exp\left[-\frac{1}{2\sigma^2}\left(\sum_{n=0}^{N-1} x^2[n] - 2AT_0 + NA^2\right)\right]\delta(T(\mathbf{x}) - T_0)$$

由(5.2)式，我们有

$$p(\mathbf{x}|T(\mathbf{x}) = T_0; A)$$

$$= \frac{\frac{1}{(2\pi\sigma^2)^{\frac{N}{2}}} \exp\left[-\frac{1}{2\sigma^2}\sum_{n=0}^{N-1} x^2[n]\right] \exp\left[-\frac{1}{2\sigma^2}(-2AT_0 + NA^2)\right]}{\frac{1}{\sqrt{2\pi N\sigma^2}} \exp\left[-\frac{1}{2N\sigma^2}(T_0 - NA)^2\right]} \delta(T(\mathbf{x}) - T_0)$$

$$= \frac{\sqrt{N}}{(2\pi\sigma^2)^{\frac{N-1}{2}}} \exp\left[-\frac{1}{2\sigma^2}\sum_{n=0}^{N-1} x^2[n]\right] \exp\left[\frac{T_0^2}{2N\sigma^2}\right]\delta(T(\mathbf{x}) - T_0)$$

它是与 A 无关的。因此，我们可以得出结论：$\sum_{n=0}^{N-1} x[n]$ 是 A 的估计的充分统计量。

在本例中说明了证明估计量是充分统计量的方法。对于许多问题，计算条件 PDF 是非常棘手的事情，所以需要一种更为简便的方法。另外，在例5.1中，选择 $\sum_{n=0}^{N-1} x[n]$ 作为充分统计量也是偶然的，不具有普遍意义。总之，一个更为复杂的问题就是要辨别潜在的充分统计量。猜测充分统计量然后验证的方法在实际中当然是不能满足需要的。为了减少这种猜测，我们可以利用 Neyman-Fisher 分解定理，这是一种寻找充分统计量的简单的"转动摇把"的方法。

5.4 求充分统计量

现在描述 Neyman-Fisher 因子分解定理，然后我们在几个例子中用它来求充分统计量。

定理 5.1 (Neyman-Fisher 因子分解定理) 如果我们能够将 PDF $p(\mathbf{x}; \theta)$ 分解为

$$p(\mathbf{x}; \theta) = g(T(\mathbf{x}), \theta)h(\mathbf{x}) \tag{5.3}$$

其中 g 为只是通过 $T(\mathbf{x})$ 才与 $\mathbf{x}$ 有关的函数，h 只是 $\mathbf{x}$ 的函数，那么 $T(\mathbf{x})$ 是 θ 的充分统计量。反过来，如果 $T(\mathbf{x})$ 是 θ 的充分统计量，那么 PDF 可以分解为(5.3)式。

这个定理的证明包含在附录 5A 中，应该提及的是，PDF 是否能够以要求的形式进行分解有时并不是很明显。如果是这种情况，充分统计量有可能并不存在，下面给出一些例子来说明这个定理的应用。

例 5.2 WGN 中的 DC 电平

我们现在重新考察前一节讨论的问题，有一个由(5.1)式给出的 PDF，其中我们注意到 σ^2 假定是已知的。为了说明存在因子分解，我们观察到 PDF 的指数项可以重写为

$$\sum_{n=0}^{N-1}(x[n] - A)^2 = \sum_{n=0}^{N-1} x^2[n] - 2A\sum_{n=0}^{N-1} x[n] + NA^2$$

所以，PDF 可以分解为

$$p(\mathbf{x};A) = \underbrace{\frac{1}{(2\pi\sigma^2)^{\frac{N}{2}}} \exp\left[-\frac{1}{2\sigma^2}\left(NA^2 - 2A\sum_{n=0}^{N-1}x[n]\right)\right]}_{g(T(\mathbf{x}),A)} \underbrace{\exp\left[-\frac{1}{2\sigma^2}\sum_{n=0}^{N-1}x^2[n]\right]}_{h(\mathbf{x})}$$

很显然，$T(\mathbf{x}) = \sum_{n=0}^{N-1}x[n]$ 是 A 的充分统计量。注意，$T'(\mathbf{x}) = 2\sum_{n=0}^{N-1}x[n]$ 也是 A 的充分统计量。事实上，$\sum_{n=0}^{N-1}x[n]$ 的任何一对一的函数都是充分统计量（参见习题 5.12）。因此，充分统计量只在一对一变换中才是唯一的。

例5.3　WGN 的功率

现在考虑 (5.1) 式中当 $A=0$ 且 σ^2 是未知时的 PDF，那么

$$p(\mathbf{x};\sigma^2) = \underbrace{\frac{1}{(2\pi\sigma^2)^{\frac{N}{2}}} \exp\left[-\frac{1}{2\sigma^2}\sum_{n=0}^{N-1}x^2[n]\right]}_{g(T(\mathbf{x}),\sigma^2)} \cdot \underbrace{1}_{h(\mathbf{x})}$$

从因子分解定理可以很明显地看出，$T(\mathbf{x}) = \sum_{n=0}^{N-1}x^2[n]$ 是 σ^2 的充分统计量，请参见习题 5.1。

例5.4　正弦信号的相位

回想一下例 3.4 的问题，我们希望估计 WGN 中正弦信号的相位，即

$$x[n] = A\cos(2\pi f_0 n + \phi) + w[n] \qquad n = 0,1,\ldots,N-1$$

这里，正弦信号的幅度 A 和频率 f_0 是已知的，噪声的方差 σ^2 也是已知的。PDF 为

$$p(\mathbf{x};\phi) = \frac{1}{(2\pi\sigma^2)^{\frac{N}{2}}} \exp\left\{-\frac{1}{2\sigma^2}\sum_{n=0}^{N-1}[x[n] - A\cos(2\pi f_0 n + \phi)]^2\right\}$$

指数项可以展开为

$$\sum_{n=0}^{N-1}x^2[n] - 2A\sum_{n=0}^{N-1}x[n]\cos(2\pi f_0 n + \phi) + \sum_{n=0}^{N-1}A^2\cos^2(2\pi f_0 n + \phi)$$

$$\begin{aligned}
= \ &\sum_{n=0}^{N-1}x^2[n] - 2A\left(\sum_{n=0}^{N-1}x[n]\cos 2\pi f_0 n\right)\cos\phi \\
&+ 2A\left(\sum_{n=0}^{N-1}x[n]\sin 2\pi f_0 n\right)\sin\phi + \sum_{n=0}^{N-1}A^2\cos^2(2\pi f_0 n + \phi)
\end{aligned}$$

在本例中，PDF 似乎并不能分解成 Neyman-Fisher 定理要求的形式，因此，不存在单一的充分统计量。然而，它可以分解成

$$p(\mathbf{x};\phi) =$$

$$\underbrace{\frac{1}{(2\pi\sigma^2)^{\frac{N}{2}}} \exp\left\{-\frac{1}{2\sigma^2}\left[\sum_{n=0}^{N-1}A^2\cos^2(2\pi f_0 n + \phi) - 2AT_1(\mathbf{x})\cos\phi + 2AT_2(\mathbf{x})\sin\phi\right]\right\}}_{g(T_1(\mathbf{x}),T_2(\mathbf{x}),\phi)}$$

$$\cdot \underbrace{\exp\left[-\frac{1}{2\sigma^2}\sum_{n=0}^{N-1}x^2[n]\right]}_{h(\mathbf{x})}$$

其中

$$T_1(\mathbf{x}) = \sum_{n=0}^{N-1} x[n] \cos 2\pi f_0 n$$

$$T_2(\mathbf{x}) = \sum_{n=0}^{N-1} x[n] \sin 2\pi f_0 n$$

将 Neyman-Fisher 定理稍做推广，我们就可以得出结论：$T_1(\mathbf{x})$ 和 $T_2(\mathbf{x})$ 是 ϕ 的估计的联合充分统计量，然而不存在单一的充分统计量。为什么我们要将注意力限制在单一的充分统计量上，其理由在下一节就会变得很清楚。

联合充分统计量的概念是我们前面定义的简单扩展，如果 r 个统计量 $T_1(\mathbf{x})$，$T_2(\mathbf{x})$，…，$T_r(\mathbf{x})$ 的条件 PDF $p(\mathbf{x}|T_1(\mathbf{x}),T_2(\mathbf{x}),\dots,T_r(\mathbf{x});\theta)$ 与 θ 无关，那么我就称这 r 个统计量为联合充分统计量。Neyman-Fisher 定理断言：如果 $p(\mathbf{x};\theta)$ 能够分解为 [Kendall and Stuart 1979]

$$p(\mathbf{x};\theta) = g(T_1(\mathbf{x}),T_2(\mathbf{x}),\dots,T_r(\mathbf{x}),\theta)h(\mathbf{x}) \tag{5.4}$$

那么 $\{T_1(\mathbf{x}),T_2(\mathbf{x}),\dots,T_r(\mathbf{x})\}$ 是 θ 的充分统计量。很显然，原始数据总是充分统计量，因为我们可以令 $r=N$，以及

$$T_{n+1}(\mathbf{x}) = x[n] \qquad n = 0,1,\dots,N-1$$

所以

$$g = p(\mathbf{x};\theta)$$
$$h = 1$$

那么 (5.4) 式就变成了恒等式。当然，原始数据很少是充分统计量的最小集。

5.5   利用充分统计量求 MVU 估计量

假定我们已经能够求 θ 的充分统计量 $T(\mathbf{x})$，那么我们可以利用 Rao-Blackwell-Lehmann-Scheffe(RBLS) 定理来求 MVU 估计量(参见图 5.2)。我们首先用一个例子来说明方法，然后正式描述定理。

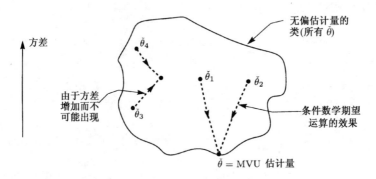

图 5.2   求 MVU 估计量的 RBLS 讨论

例 5.5   WGN 中的 DC 电平

我们继续例 5.2 的讨论，尽管我们已经知道 $\hat{A} = \bar{x}$ 是 MVU 估计量(因为它是有效的)，我们将应用 RBLS 定理，这一定理甚至在有效统计量不存在时也可以应用；并且在有效统计量不存在时，CRLB 方法是不能使用的。求 MVU 估计量的过程可以通过两种方法来实现，它们都基于充分统计量 $T(\mathbf{x}) = \sum_{n=0}^{N-1} x[n]$。

　　1. 求 A 的任何无偏估计量，如 $\check{A} = x[0]$，确定 $\hat{A} = E(\check{A}|T)$，数学期望是对 $p(\check{A}|T)$ 来求的。
　　2. 求某个函数 g，以便使 $\hat{A} = g(T)$ 是 A 的无偏估计量。

对于第一种方法，我们可以令无偏估计量为 $\check{A} = x[0]$，确定 $\hat{A} = E\left(x[0] \mid \sum_{n=0}^{N-1} x[n]\right)$。为此，我们需要利用条件高斯 PDF 的某些性质。对于具有均值矢量 $\boldsymbol{\mu} = [E(x)\, E(y)]^T$ 且协方差矩阵为

$$\mathbf{C} = \begin{bmatrix} \text{var}(x) & \text{cov}(x,y) \\ \text{cov}(y,x) & \text{var}(y) \end{bmatrix}$$

的高斯随机矢量 $[x\, y]^T$，可以证明（参见附录 10A）

$$
\begin{aligned}
E(x|y) &= \int_{-\infty}^{\infty} x p(x|y)\, dx \\
&= \int_{-\infty}^{\infty} x \frac{p(x,y)}{p(y)}\, dx \\
&= E(x) + \frac{\text{cov}(x,y)}{\text{var}(y)}(y - E(y))
\end{aligned}
\tag{5.5}
$$

应用这一结果，我们令 $x = x[0]$，$y = \sum_{n=0}^{N-1} x[n]$，且注意到

$$
\begin{bmatrix} x \\ y \end{bmatrix} = \begin{bmatrix} x[0] \\ \sum_{n=0}^{N-1} x[n] \end{bmatrix} = \underbrace{\begin{bmatrix} 1 & 0 & 0 & \dots & 0 \\ 1 & 1 & 1 & \dots & 1 \end{bmatrix}}_{\mathbf{L}} \begin{bmatrix} x[0] \\ x[1] \\ \vdots \\ x[N-1] \end{bmatrix}
$$

因此，$[x\, y]^T$ 的 PDF 是 $\mathcal{N}(\boldsymbol{\mu}, \mathbf{C})$，由于这表示的是高斯矢量的线性变换，其中

$$
\begin{aligned}
\boldsymbol{\mu} &= \mathbf{L}E(\mathbf{x}) = \mathbf{L}A\mathbf{1} = \begin{bmatrix} A \\ NA \end{bmatrix} \\
\mathbf{C} &= \sigma^2 \mathbf{L}\mathbf{L}^T = \sigma^2 \begin{bmatrix} 1 & 1 \\ 1 & N \end{bmatrix}
\end{aligned}
$$

因此，最终我们由 (5.5) 式得

$$
\begin{aligned}
\hat{A} &= E(x|y) = A + \frac{\sigma^2}{N\sigma^2}\left(\sum_{n=0}^{N-1} x[n] - NA\right) \\
&= \frac{1}{N}\sum_{n=0}^{N-1} x[n]
\end{aligned}
$$

它是 MVU 估计量。这种方法要求计算条件数学期望，通常在数学上不易处理。

再关注一下第二种方法，我们需要求某个函数 g，使得

$$\hat{A} = g\left(\sum_{n=0}^{N-1} x[n]\right)$$

是 A 的无偏估计量。通过考察，这个函数为 $g(x) = x/N$，于是

$$\hat{A} = \frac{1}{N}\sum_{n=0}^{N-1} x[n]$$

是 MVU 估计量。这种备选方法很容易应用，因此，在实际中它是通常使用的一种方法。

我们现在正式描述 RBLS 定理。

定理 5.2（RBLS 定理） 如果 $\check{\theta}$ 是 θ 的无偏估计量，$T(\mathbf{x})$ 是 θ 的充分统计量，那么，$\hat{\theta} = E(\check{\theta} \mid T(\mathbf{x}))$ 是

1. θ 的一个适用的估计量（与 θ 无关）；

2. 无偏的；

3. 对于所有的 θ，它的方差要小于或等于 $\check{\theta}$ 的方差。

另外，如果充分统计量是完备的，那么 $\hat{\theta}$ 是 MVU 估计量。

附录 5B 给出了证明，在前面的例子中，我们看到 $E\left(x[0] \mid \sum_{n=0}^{N-1} x[n]\right) = \bar{x}$ 与 A 无关，它是一个适用的估计量且是无偏的，并且其方差比 $x[0]$ 的方差小。正如定理 5.2 所断言的那样，不存在具有更小方差的其他估计量，这可以从充分统计量 $\sum_{n=0}^{N-1} x[n]$ 是完备的充分统计量的性质而得出。从本质上讲，如果只存在一个无偏统计量函数，那么该统计量就是完备的。下面给出 $\hat{\theta} = E(\check{\theta} \mid T(\mathbf{x}))$ 是 MVU 估计量的解释。考虑 θ 所有可能的无偏估计量，如图 5.2 所示。通过确定 $E(\check{\theta} \mid T(\mathbf{x}))$，我们可以降低估计量的方差（定理 5.2 的性质 3），并且仍然保持在无偏估计量这一类中（定理 5.2 的性质 2）。但是，由于

$$
\begin{aligned}
\hat{\theta} &= E(\check{\theta} \mid T(\mathbf{x})) = \int \check{\theta} p(\check{\theta} \mid T(\mathbf{x})) \, d\check{\theta} \\
&= g(T(\mathbf{x}))
\end{aligned}
\tag{5.6}
$$

$E(\check{\theta} \mid T(x))$ 是充分统计量 $T(\mathbf{x})$ 的唯一函数。如果 $T(\mathbf{x})$ 是完备的，那么就存在唯一的无偏估计量 T 的函数。因此，$\hat{\theta}$ 是唯一的，与 $\check{\theta}$ 无关，$\check{\theta}$ 是从图 5.2 的无偏估计类中选择的，每一个都映射成一个相同的估计量 $\hat{\theta}$。对于无偏估计类中的任何 $\check{\theta}$，由于 $\hat{\theta}$ 的方差肯定小于 $\check{\theta}$ 的方差（定理 5.2 的性质 3），因此我们得出结论，$\hat{\theta}$ 肯定是 MVU 估计量。总之，MVU 估计量可以通过取任意无偏估计量并执行 (5.6) 式的运算来求得。另一种方法是，由于只存在一个充分统计量的函数导出了无偏估计量，因此，只需求唯一的 g，使得充分统计量是无偏的。对于后一种方法，我们在例 5.5 中求得 $g\left(\sum_{n=0}^{N-1} x[n]\right) = \sum_{n=0}^{N-1} x[n] / N$。

完备性的性质与 $\mathbf{x}$ 的 PDF 有关，而该性质反过来又确定了充分统计量的 PDF。对于许多我们感兴趣的情况，这都是成立的。特别是，对于一族指数 PDF（参见习题 5.14 和习题 5.15），这种条件也是满足的。为了说明实现完备的充分统计量通常是比较困难的，建议读者参考 [Kendall and Stuart 1979]。下面的两个例子将介绍完备性的有关概念。

例 5.6 充分统计量的完备性

对于 A 的估计，充分统计量 $\sum_{n=0}^{N-1} x[n]$ 是完备的，即存在唯一函数 g 满足 $E\left[g\left(\sum_{n=0}^{N-1} x[n]\right)\right] = A$。然而，假定存在第二个函数 h 满足 $E\left[h\left(\sum_{n=0}^{N-1} x[n]\right)\right] = A$。那么，利用 $T = \sum_{n=0}^{N-1} x[n]$ 可得出

$$
E[g(T) - h(T)] = A - A = 0 \qquad \text{对于所有的 } A
$$

或者由于 $T \sim \mathcal{N}(NA, N\sigma^2)$，

$$
\int_{-\infty}^{\infty} v(T) \frac{1}{\sqrt{2\pi N\sigma^2}} \exp\left[-\frac{1}{2N\sigma^2}(T - NA)^2\right] dT = 0 \qquad \text{对于所有的 } A
$$

其中 $v(T) = g(T) - h(T)$。令 $\tau = T/N$ 且 $v'(\tau) = v(N\tau)$，我们有

$$
\int_{-\infty}^{\infty} v'(\tau) \frac{N}{\sqrt{2\pi N\sigma^2}} \exp\left[-\frac{N}{2\sigma^2}(A - \tau)^2\right] d\tau = 0 \qquad \text{对于所有的 } A
\tag{5.7}
$$

可以将其作为函数 $v'(\tau)$ 与高斯脉冲 $w(\tau)$ 的卷积（参见图 5.3）。对于所有的 A，为了要使结果为零，$v'(\tau)$ 必须为零。为了实现这一点，我们回想一下，当且仅当信号的傅里叶变换为零时信号才为零，由此引出的条件是

$$V'(f)W(f) = 0 \quad \text{对于所有的 } f$$

其中 $V'(f) = \mathcal{F}\{v'(\tau)\}$，且 $W(f)$ 是(5.7)式的高斯脉冲的傅里叶变换。由于 $W(f)$ 也是高斯的，因此对于所有的 f，$W(f)$ 为正，当且仅当 $V'(f) = 0$（对于所有的 f）时条件才满足。因此，我们肯定有对于所有的 τ，$v'(\tau) = 0$。这就表示 $g = h$，即函数 g 是唯一的。

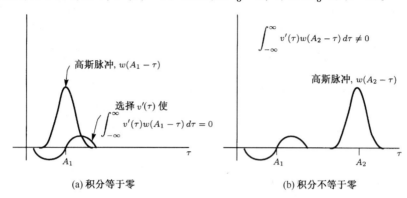

图 5.3　充分统计量的完备性条件（满足）

例 5.7　不完备的充分统计量

考虑当数据为

$$x[0] = A + w[0]$$

时 A 的估计，其中 $w[0] \sim \mathcal{U}\left[-\frac{1}{2}, \frac{1}{2}\right]$。充分统计量是 $x[0]$，$x[0]$ 是唯一的可用数据；另外，$x[0]$ 是 A 的无偏估计量。我们也许会得出结论，$g(x[0]) = x[0]$ 是 MVU 估计量的可行候选者。实际上它是一个 MVU 估计量，但仍然要求证明它是完备的充分统计量。正如前一个例子那样，我们假定存在另一个具有无偏性质 $h([x[0]]) = A$ 的函数 h，并且试图要证明 $h = g$。同样令 $v(T) = g(T) - h(T)$，我们考察对下列于方程 v 的可能解，

$$\int_{-\infty}^{\infty} v(T)p(\mathbf{x}; A)\, d\mathbf{x} = 0 \quad \text{对于所有的 } A$$

然而对于这个问题，$\mathbf{x} = x[0] = T$，所以

$$\int_{-\infty}^{\infty} v(T)p(T; A)\, dT = 0 \quad \text{对于所有的 } A$$

而

$$p(T; A) = \begin{cases} 1 & A - \frac{1}{2} \leqslant T \leqslant A + \frac{1}{2} \\ 0 & \text{其他} \end{cases}$$

所以条件简化为

$$\int_{A-\frac{1}{2}}^{A+\frac{1}{2}} v(T)\, dT = 0 \quad \text{对于所有的 } A$$

非零函数 $v(T) = \sin 2\pi T$ 将满足这个条件，如图 5.4 所示。因此，解为

$$v(T) = g(T) - h(T) = \sin 2\pi T$$

或者

$$h(T) = T - \sin 2\pi T$$

于是，估计量

$$\hat{A} = x[0] - \sin 2\pi x[0]$$

也是根据充分统计量得到的，且是 A 的无偏估计。至少找到一个其他的无偏估计量也是充分统计量的函数，我们就可以得出充分统计量是不完备的结论。RBLS 定理不再成立，也不可能断定 $\hat{A} = x[0]$ 是 MVU 估计量。

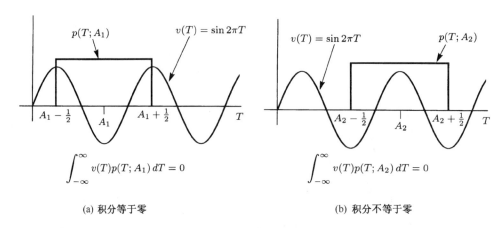

$$\int_{-\infty}^{\infty} v(T)p(T; A_1)\,dT = 0 \qquad\qquad \int_{-\infty}^{\infty} v(T)p(T; A_2)\,dT = 0$$

(a) 积分等于零   (b) 积分不等于零

图 5.4   充分统计量的完备性条件（不满足）

下面总结一下完备性条件，如果条件

$$\int_{-\infty}^{\infty} v(T)p(T;\theta)\,dT = 0 \qquad 对于所有的 \theta \tag{5.8}$$

只对零函数即 $v(T) = 0$（对所有的 T）满足，那么，我们就说充分统计量是完备的。

此时，有必要回顾一下我们得出的结论，然后将它们应用到当我们不知道 MVU 估计量时的参数估计问题。具体方法如下（参见图 5.5）：

1. 利用 Neyman-Fisher 因子分解定理来求一个 θ 的统计量，即 $T(\mathbf{x})$。

2. 确定充分统计量是否是完备的，如果是，继续往下进行处理；否则这个方法就不能使用。

3. 求一个充分统计量的函数，以此来得到一个无偏估计 $\hat{\theta} = g(T(\mathbf{x}))$。那么，$\hat{\theta}$ 是 MVU 估计量。

对于步骤 3 也可以采用另一种方法：

3′. 计算 $\hat{\theta} = E(\check{\theta}|T(\mathbf{x}))$，其中 $\check{\theta}$ 是任意无偏估计量。

然而在实际中，条件数学期望的计算通常是十分烦琐的，下一个例子说明了整个步骤。

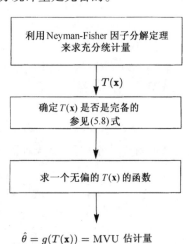

$$\hat{\theta} = g(T(\mathbf{x})) = \text{MVU 估计量}$$

图 5.5   求 MVU 估计量的
步骤（标量参数）

例 5.8   均匀噪声的均值

我们观测到数据

$$x[n] = w[n] \qquad n = 0, 1, \ldots, N-1$$

其中 $w[n]$ 是 IID 噪声，PDF 为 $\mathcal{U}[0, \beta]$，$\beta > 0$。我们希望求均值 $\theta = \beta/2$ 的 MVU 估计量。利用 CRLB 求有效统计量的最初方法，也就是求 MVU 估计量的方法是不能在该问题中使用的。因为 PDF 不满足要求的正则条件（参见习题 3.1），θ 的一个很自然的估计量是样本均值，即

$$\hat{\theta} = \frac{1}{N} \sum_{n=0}^{N-1} x[n]$$

很容易证明样本均值是无偏的,并且有方差

$$\begin{aligned} \mathrm{var}(\hat{\theta}) &= \frac{1}{N}\mathrm{var}(x[n]) \\ &= \frac{\beta^2}{12N} \end{aligned} \tag{5.9}$$

为了确定样本均值是否是这一问题的 MVU 估计量,我们遵循总结在图 5.5 中的步骤。定义一个单位阶跃函数,即

$$u(x) = \begin{cases} 1 & x > 0 \\ 0 & x < 0 \end{cases}$$

那么,

$$p(x[n];\theta) = \frac{1}{\beta}\left[u(x[n]) - u(x[n]-\beta)\right]$$

其中 $\beta = 2\theta$,因此数据的 PDF 是

$$p(\mathbf{x};\theta) = \frac{1}{\beta^N} \prod_{n=0}^{N-1} \left[u(x[n]) - u(x[n]-\beta)\right]$$

对于所有的 $x[n]$,只有 $0 < x[n] < \beta$ 时,PDF 将是非零的,所以

$$p(\mathbf{x};\theta) = \begin{cases} \dfrac{1}{\beta^N} & 0 < x[n] < \beta \quad n = 0, 1, \ldots, N-1 \\ 0 & \text{其他} \end{cases}$$

另外,我们可以写成

$$p(\mathbf{x};\theta) = \begin{cases} \dfrac{1}{\beta^N} & \max x[n] < \beta,\ \min x[n] > 0 \\ 0 & \text{其他} \end{cases}$$

所以

$$p(\mathbf{x};\theta) = \underbrace{\frac{1}{\beta^N} u(\beta - \max x[n])}_{g(T(\mathbf{x}),\theta)}\, \underbrace{u(\min x[n])}_{h(\mathbf{x})}$$

根据 Neyman-Fisher 因子分解定理,$T(\mathbf{x}) = \max x[n]$ 是 θ 的充分统计量,而且可以证明充分统计量是完备的,我们省略证明。

下一步,需要确定一个充分统计量的函数,使得它是无偏的。为此,要求我们确定 $T = \max x[n]$ 的期望值,统计量 T 称为顺序统计量(order statistic)。下面推导 T 的 PDF,首先计算累积分布函数,即

$$\begin{aligned} \Pr\{T \leqslant \xi\} &= \Pr\{x[0] \leqslant \xi, x[1] \leqslant \xi, \ldots, x[N-1] \leqslant \xi\} \\ &= \prod_{n=0}^{N-1} \Pr\{x[n] \leqslant \xi\} \\ &= \Pr\{x[n] \leqslant \xi\}^N \end{aligned}$$

由于随机变量为 IID,PDF 如下所示:

$$\begin{aligned} p_T(\xi) &= \frac{d\Pr\{T \leqslant \xi\}}{d\xi} \\ &= N\Pr\{x[n] \leqslant \xi\}^{N-1}\frac{d\Pr\{x[n] \leqslant \xi\}}{d\xi} \end{aligned}$$

而 $d\Pr\{x[n]\leqslant\xi\}/d\xi$ 是 $x[n]$ 的 PDF，即

$$p_{x[n]}(\xi;\theta) = \begin{cases} \dfrac{1}{\beta} & 0 < \xi < \beta \\[2mm] 0 & \text{其他} \end{cases}$$

通过积分我们得到

$$\Pr\{x[n]\leqslant\xi\} = \begin{cases} 0 & \xi < 0 \\[2mm] \dfrac{\xi}{\beta} & 0 < \xi < \beta \\[2mm] 1 & \xi > \beta \end{cases}$$

最终得到

$$p_T(\xi) = \begin{cases} 0 & \xi < 0 \\[2mm] N\left(\dfrac{\xi}{\beta}\right)^{N-1}\dfrac{1}{\beta} & 0 < \xi < \beta \\[2mm] 0 & \xi > \beta \end{cases}$$

我们现在有

$$\begin{aligned} E(T) &= \int_{-\infty}^{\infty} \xi p_T(\xi)\,d\xi \\ &= \int_0^{\beta} \xi N\left(\frac{\xi}{\beta}\right)^{N-1}\frac{1}{\beta}\,d\xi \\ &= \frac{N}{N+1}\beta \\ &= \frac{2N}{N+1}\theta \end{aligned}$$

为了使这个量成为无偏的，我们令 $\hat{\theta} = [(N+1)/2N]T$，所以最终 MVU 估计量是

$$\hat{\theta} = \frac{N+1}{2N}\max x[n]$$

这与直观的理解相反，对于均匀分布噪声，样本均值不是均值的 MVU 估计量。将最小方差与样本均值估计量的方差进行比较是很有意思的，注意

$$\mathrm{var}(\hat{\theta}) = \left(\frac{N+1}{2N}\right)^2 \mathrm{var}(T)$$

以及

$$\begin{aligned} \mathrm{var}(T) &= \int_0^{\beta} \xi^2 \frac{N\xi^{N-1}}{\beta^N}\,d\xi - \left(\frac{N\beta}{N+1}\right)^2 \\ &= \frac{N\beta^2}{(N+1)^2(N+2)} \end{aligned}$$

我们有最小方差为

$$\mathrm{var}(\hat{\theta}) = \frac{\beta^2}{4N(N+2)} \qquad\qquad (5.10)$$

对于 $N\geqslant 2$（对于 $N=1$，估计量是相同的），这个最小方差要比样本均值估计量的方差小[参见(5.9)式]。由于 MVU 估计量的方差随 $1/N^2$ 而降低，而样本均值估计量的方差随 $1/N$ 而减少，因此对于大的 N，方差的差异是很大的。

前一个例子的成功依赖于能够求出一个充分统计量，如果不能求出，那么这一方法是不能应用的。例如，回忆一下相位估计的例子（参见例 5.4），其中需要两个估计量 $T_1(\mathbf{x})$ 和 $T_2(\mathbf{x})$，定理 5.2 可以扩展到这种情况。然而，MVU 估计量[假定为完备的充分统计量，即对于所有的 $E(g(T_1, T_2)) = 0$ 意味着 $g = 0$]将需要确定为 $\hat{\phi} = E(\check{\phi}|T_1, T_2)$，其中 $\check{\phi}$ 为相位的任意无偏估计

量。否则，我们需要猜测函数 g 的形式，函数 g 将 T_1 和 T_2 组合成一个 ϕ 的无偏估计量（参见习题 5.10），正如前面指出的那样，条件数学期望的计算是很困难的。

5.6　扩展到矢量参数

我们现在将结果扩展到 $p \times 1$ 矢量参数 $\boldsymbol{\theta}$ 的估计问题。在这种情况下，我们需要求取一个无偏矢量估计量（每个元素是无偏的），这样的矢量估计量的每个元素具有最小方差，前一节的结果可以很自然地进行扩展。在矢量的情况下，我们可能有比参数的个数更多的充分统计量（$r > p$），或者个数相同（$r = p$），或者充分统计量的个数比要估计的参数的个数少（$r < p$）。在下一个例子中讨论了 $r > p$ 和 $r = p$ 的情况，而 $r < p$ 的情况请参见习题 5.16。在我们前面的讨论中，一种希望的情况将是 $r = p$，这允许我们通过将充分统计量变换成无偏的来确定 MVU 估计量。RBLS 定理可以扩展到矢量情况，从而证明该方法是有意义的。遗憾的是，该方法并非总是可以实现的。在展示一些例子来说明这种可能性之前，我们先给出基本定义和定理。

如果在统计量给定的条件下数据的 PDF 与 A 无关，即 $p(\mathbf{x}|\mathbf{T}(\mathbf{x});\boldsymbol{\theta})$ 与 $\boldsymbol{\theta}$ 无关，也就是说 $p(\mathbf{x}|\mathbf{T}(\mathbf{x});\boldsymbol{\theta}) = p(\mathbf{x}|\mathbf{T}(\mathbf{x}))$，那么矢量统计量 $\mathbf{T}(\mathbf{x}) = [T_1(\mathbf{x})\, T_2(\mathbf{x})\, \ldots\, T_r(\mathbf{x})]^T$ 称为 $\boldsymbol{\theta}$ 的充分统计量。一般来说，存在许多这样的 $\mathbf{T}(\mathbf{x})$（包括数据 $\mathbf{x}$），所以我们感兴趣的是最小充分统计量，即最小维数的 $\mathbf{T}$。为了求最小充分统计量，我们可以再次求助于 Neyman-Fisher 因子分解定理，下面给出矢量情况的定理。

定理 5.3[Neyman-Fisher 因子分解定理(矢量参数)]　如果我们能够将 PDF $p(\mathbf{x};\boldsymbol{\theta})$ 分解为

$$p(\mathbf{x};\boldsymbol{\theta}) = g(\mathbf{T}(\mathbf{x}),\boldsymbol{\theta})h(\mathbf{x}) \tag{5.11}$$

其中 g 只是通过 $\mathbf{T}(\mathbf{x})$ 才与 $\mathbf{x}$ 有关的函数，即一个 $r \times 1$ 统计量，g 也与 $\boldsymbol{\theta}$ 有关，h 只是 $\mathbf{x}$ 的函数，那么 $\mathbf{T}(\mathbf{x})$ 是 $\boldsymbol{\theta}$ 的充分统计量。反过来，如果 $\mathbf{T}(\mathbf{x})$ 是 $\boldsymbol{\theta}$ 的充分统计量，那么 PDF 可以分解为 (5.11) 式。

定理的证明在 [Kendall and Stuart 1979] 中。注意，总是存在一个充分统计量的集合，数据集 $\mathbf{x}$ 自己就是一个充分统计量。有疑问的正是充分统计量的维数，这正是因子分解定理要告诉我们的。下面给出一些例子。

例 5.9　正弦参数估计

设 WGN 中加入了正弦信号

$$x[n] = A \cos 2\pi f_0 n + w[n] \qquad n = 0, 1, \ldots, N-1$$

其中幅度 A、频率 f_0 及噪声方差 σ^2 是未知的，因此，未知参数矢量为 $\boldsymbol{\theta} = [A\, f_0\, \sigma^2]^T$，PDF 为

$$p(\mathbf{x};\boldsymbol{\theta}) = \frac{1}{(2\pi\sigma^2)^{\frac{N}{2}}} \exp\left[-\frac{1}{2\sigma^2} \sum_{n=0}^{N-1} (x[n] - A\cos 2\pi f_0 n)^2\right]$$

展开指数项，我们有

$$\sum_{n=0}^{N-1} (x[n] - A\cos 2\pi f_0 n)^2 = \sum_{n=0}^{N-1} x^2[n] - 2A \sum_{n=0}^{N-1} x[n]\cos 2\pi f_0 n + A^2 \sum_{n=0}^{N-1} \cos^2 2\pi f_0 n$$

由于有 $\sum_{n=0}^{N-1} x[n]\cos 2\pi f_0 n$ 项，其中 f_0 是未知的，我们不能将 PDF 化简为 (5.11) 式的形式。另一方面，如果频率是已知的，未知参数矢量是 $\boldsymbol{\theta} = [A\, \sigma^2]^T$，PDF 就可以表示为

$$p(\mathbf{x};\boldsymbol{\theta}) =$$

$$\underbrace{\frac{1}{(2\pi\sigma^2)^{\frac{N}{2}}} \exp\left[-\frac{1}{2\sigma^2}\left(\sum_{n=0}^{N-1} x^2[n] - 2A \sum_{n=0}^{N-1} x[n]\cos 2\pi f_0 n + A^2 \sum_{n=0}^{N-1} \cos^2 2\pi f_0 n\right)\right]}_{g(\mathbf{T}(\mathbf{x}),\boldsymbol{\theta})} \cdot \underbrace{1}_{h(\mathbf{x})}$$

其中

$$\mathbf{T}(\mathbf{x}) = \begin{bmatrix} \sum_{n=0}^{N-1} x[n]\cos 2\pi f_0 n \\ \sum_{n=0}^{N-1} x^2[n] \end{bmatrix}$$

因此，当且仅当 f_0 是已知的时候，$\mathbf{T}(\mathbf{x})$ 是 A 和 σ^2 的充分统计量（参见习题 5.17）。下一个例子将继续该问题。

例5.10　具有未知噪声功率的白噪声中的DC电平

如果

$$x[n] = A + w[n] \qquad n = 0, 1, \ldots, N-1$$

其中 $w[n]$ 是具有方差 σ^2 的 WGN，且未知参数是 A 和 σ^2，我们可以利用前一个例子的结果来求维数为 2 的充分统计量。令未知矢量参数为 $\boldsymbol{\theta} = [A \ \sigma^2]^T$，令前一个例子中的 $f_0 = 0$，那么，我们有充分统计量

$$\mathbf{T}(\mathbf{x}) = \begin{bmatrix} \sum_{n=0}^{N-1} x[n] \\ \sum_{n=0}^{N-1} x^2[n] \end{bmatrix}$$

注意，我们已经观察到当 σ^2 已知时，$\sum_{n=0}^{N-1} x[n]$ 是 A 的充分统计量（参见例 5.2），同时也观察到当 A 是已知时（$A = 0$），$\sum_{n=0}^{N-1} x^2[n]$ 是 σ^2 的充分统计量（参见例 5.3）。在本例中，同样的统计量是联合充分的。然而，这并不总是正确的。由于有两个参数要估计，我们已经求出了两个充分统计量，因此在本例中应该能够求出 MVU 估计量。

在实际求出前一个例子的 MVU 估计量以前，我们有必要描述矢量参数的 RBLS 定理。

定理5.4[RBLS定理(矢量参数)]　如果 $\check{\boldsymbol{\theta}}$ 是 $\boldsymbol{\theta}$ 的无偏估计量，$T(\boldsymbol{\theta})$ 是 $\boldsymbol{\theta}$ 的 $r \times 1$ 的充分统计量，那么 $\hat{\boldsymbol{\theta}} = E(\check{\boldsymbol{\theta}}|\mathbf{T}(\mathbf{x}))$ 是

1. $\boldsymbol{\theta}$ 的一个可用的估计量（与 $\boldsymbol{\theta}$ 无关）；

2. 无偏的；

3. 它的方差要小于或等于 $\check{\boldsymbol{\theta}}$ 的方差（$\hat{\boldsymbol{\theta}}$ 的每一个元素都有小一些的或相等的方差）。

另外，如果充分统计量是完备的，那么 $\hat{\boldsymbol{\theta}}$ 是 MVU 估计量。

在矢量参数情况下的完备性意味着对于 $\mathbf{v}(\mathbf{T})$，$\mathbf{T}$ 的任意 $r \times 1$ 函数，如果

$$E(\mathbf{v}(\mathbf{T})) = \int \mathbf{v}(\mathbf{T}) p(\mathbf{T};\boldsymbol{\theta}) \, d\mathbf{T} = 0 \qquad \text{对于所有的} \ \boldsymbol{\theta} \tag{5.12}$$

那么 $$\mathbf{v}(\mathbf{T}) = 0 \qquad \text{对于所有的} \ \mathbf{T}$$

必须成立。和前面一样，要证明该定理是很困难的。另外，应能够直接从 $\mathbf{T}(\mathbf{x})$ 确定 MVU 估

计量而不必计算 $E(\check{\boldsymbol{\theta}}|\mathbf{T}(\mathbf{x}))$，充分统计量的维数应该等于未知参数的维数，即 $r = p$。如果这个条件满足，假定 $\mathbf{T}$ 是完备的充分统计量，那么只需求一个 p 维的函数 $\mathbf{g}$，

$$E(\mathbf{g}(\mathbf{T})) = \boldsymbol{\theta}$$

假设 $\mathbf{T}$ 是完备的充分统计量。我们将继续例 5.10 的附论，以演示这种方法。

例 5.11　在具有未知噪声功率的 WGN 中的 DC 电平 (继续)

我们首先要求充分统计量的均值，

$$\mathbf{T}(\mathbf{x}) = \left[\begin{array}{c} T_1(\mathbf{x}) \\ T_2(\mathbf{x}) \end{array} \right] = \left[\begin{array}{c} \displaystyle\sum_{n=0}^{N-1} x[n] \\ \displaystyle\sum_{n=0}^{N-1} x^2[n] \end{array} \right]$$

取数学期望，得

$$E(\mathbf{T}(\mathbf{x})) = \left[\begin{array}{c} NA \\ NE(x^2[n]) \end{array} \right] = \left[\begin{array}{c} NA \\ N(\sigma^2 + A^2) \end{array} \right]$$

很显然，通过将统计量除以 N，就可以消除 $\mathbf{T}(\mathbf{x})$ 的第一个分量的偏差。然而，这对于第二个分量没有帮助。很明显，$T_2(\mathbf{x}) = \sum_{n=0}^{N-1} x^2[n]$ 估计的是二阶矩，而不是所希望的方差。如果我们把 $\mathbf{T}(\mathbf{x})$ 变换为

$$\mathbf{g}(\mathbf{T}(\mathbf{x})) = \left[\begin{array}{c} \frac{1}{N} T_1(\mathbf{x}) \\ \frac{1}{N} T_2(\mathbf{x}) - \left[\frac{1}{N} T_1(\mathbf{x})\right]^2 \end{array} \right]$$

$$= \left[\begin{array}{c} \bar{x} \\ \dfrac{1}{N} \displaystyle\sum_{n=0}^{N-1} x^2[n] - \bar{x}^2 \end{array} \right]$$

那么
$$E(\bar{x}) = A$$

且
$$E\left(\frac{1}{N} \sum_{n=0}^{N-1} x^2[n] - \bar{x}^2 \right) = \sigma^2 + A^2 - E(\bar{x}^2)$$

但是，我们知道 $\bar{x} \sim \mathcal{N}(A, \sigma^2/N)$，所以

$$E(\bar{x}^2) = A^2 + \sigma^2/N$$

且我们有

$$E\left(\frac{1}{N} \sum_{n=0}^{N-1} x^2[n] - \bar{x}^2 \right) = \sigma^2 (1 - \frac{1}{N}) = \frac{N-1}{N} \sigma^2$$

如果用 $N/(N-1)$ 乘以这个统计量，那么它是 σ^2 的无偏估计量。最后，合适的变换是

$$\mathbf{g}(\mathbf{T}(\mathbf{x})) = \left[\begin{array}{c} \frac{1}{N} T_1(\mathbf{x}) \\ \frac{1}{N-1} \left[T_2(\mathbf{x}) - N(\frac{1}{N} T_1(\mathbf{x}))^2 \right] \end{array} \right]$$

$$= \left[\begin{array}{c} \bar{x} \\ \dfrac{1}{N-1} \left[\displaystyle\sum_{n=0}^{N-1} x^2[n] - N\bar{x}^2 \right] \end{array} \right]$$

然而，由于

$$\sum_{n=0}^{N-1}(x[n]-\bar{x})^2 = \sum_{n=0}^{N-1}x^2[n] - 2\sum_{n=0}^{N-1}x[n]\bar{x} + N\bar{x}^2$$

$$= \sum_{n=0}^{N-1}x^2[n] - N\bar{x}^2$$

这样可以写为

$$\hat{\boldsymbol{\theta}} = \begin{bmatrix} \bar{x} \\ \dfrac{1}{N-1}\sum_{n=0}^{N-1}(x[n]-\bar{x})^2 \end{bmatrix}$$

它是 $\boldsymbol{\theta} = [A\ \sigma^2]^T$ 的 MVU 估计量。$\hat{\sigma^2}$ 的归一化因子为 $1/(N-1)$ 是由于在估计均值时丢失了一个自由度。在本例中，$\hat{\boldsymbol{\theta}}$ 不是有效的。可以证明 [Hoel, Port, and Stone 1971] $\bar{x}$ 和 $\hat{\sigma^2}$ 是独立的，

$$\bar{x} \sim \mathcal{N}\left(A, \frac{\sigma^2}{N}\right)$$

$$\frac{(N-1)\hat{\sigma^2}}{\sigma^2} \sim \chi^2_{N-1}$$

因此，协方差矩阵是

$$\mathbf{C}_{\hat{\theta}} = \begin{bmatrix} \dfrac{\sigma^2}{N} & 0 \\ 0 & \dfrac{2\sigma^4}{N-1} \end{bmatrix}$$

而 CRLB 是（参见例 3.6）

$$\mathbf{I}^{-1}(\boldsymbol{\theta}) = \begin{bmatrix} \dfrac{\sigma^2}{N} & 0 \\ 0 & \dfrac{2\sigma^4}{N} \end{bmatrix}$$

这样，MVU 估计量通过考察 CRLB 是不大可能得到的。

　　最后，我们应该观察到，如果已经预先知道或怀疑样本均值和样本方差是 MVU 估计量，那么是可以简化我们的工作的。注意到 PDF

$$p(\mathbf{x};\boldsymbol{\theta}) = \frac{1}{(2\pi\sigma^2)^{\frac{N}{2}}}\exp\left[-\frac{1}{2\sigma^2}\sum_{n=0}^{N-1}(x[n]-A)^2\right]$$

的指数项为

$$\sum_{n=0}^{N-1}(x[n]-A)^2 = \sum_{n=0}^{N-1}(x[n]-\bar{x}+\bar{x}-A)^2$$

$$= \sum_{n=0}^{N-1}(x[n]-\bar{x})^2 + 2(\bar{x}-A)\sum_{n=0}^{N-1}(x[n]-\bar{x}) + N(\bar{x}-A)^2$$

中间项为零，所以我们有因子分解

$$p(\mathbf{x};\boldsymbol{\theta}) = \underbrace{\frac{1}{(2\pi\sigma^2)^{\frac{N}{2}}}\exp\left\{-\frac{1}{2\sigma^2}\left[\sum_{n=0}^{N-1}(x[n]-\bar{x})^2 + N(\bar{x}-A)^2\right]\right\}}_{g(\mathbf{T}'(\mathbf{x}),\boldsymbol{\theta})} \cdot \underbrace{1}_{h(\mathbf{x})}$$

其中

$$\mathbf{T}'(\mathbf{x}) = \begin{bmatrix} \bar{x} \\ \displaystyle\sum_{n=0}^{N-1}(x[n]-\bar{x})^2 \end{bmatrix}$$

第二个分量除以$(N-1)$，就可以得到$\hat{\boldsymbol{\theta}}$。当然，$\mathbf{T}'(\mathbf{x})$和$\mathbf{T}(\mathbf{x})$通过一一对应的变换建立起联系，这就再次说明充分统计量在这些变换里是唯一的。

在断定$\hat{\boldsymbol{\theta}}$是MVU估计时，我们还没有证明统计量的完备性。由于高斯PDF是矢量指数类PDF中的一个特殊情况，我们已经知道在这种情况下是完备的[Kendall and Stuart 1979]（标量指数类PDF的定义请参见习题5.14），因此就可以得出统计量是完备的。

参考文献

Hoel, P.G., S.C. Port, C.J. Stone, *Introduction to Statistical Theory*, Houghton Mifflin, Boston, 1971.

Hoskins, R.F., *Generalized Functions*, J. Wiley, New York, 1979.

Kendall, Sir M., A. Stuart, *The Advanced Theory of Statistics*, Vol. 2, Macmillan, New York, 1979.

Papoulis, A., *Probability, Random Variables, and Stochastic Processes*, McGraw-Hill, New York, 1965.

习题

5.1　对于例5.3，利用$p(\mathbf{x}\mid \sum_{n=0}^{N-1}x^2[n]=T_0;\sigma^2)$与$\sigma^2$无关的定义，证明$\sum_{n=0}^{N-1}x^2[n]$是$\sigma^2$的充分统计量。

提示：注意$s=\sum_{n=0}^{N-1}x^2[n]/\sigma^2$是具有$N$个自由度的chi平方分布，即

$$p(s) = \begin{cases} \dfrac{1}{2^{\frac{N}{2}}\Gamma\left(\frac{N}{2}\right)}\exp\left(-\dfrac{s}{2}\right)s^{\frac{N}{2}-1} & s>0 \\ 0 & s<0 \end{cases}$$

5.2　IID 观测 $x[n]$ $(n=0,1,\ldots,N-1)$具有瑞利(Rayleigh) PDF

$$p(x[n];\sigma^2) = \begin{cases} \dfrac{x[n]}{\sigma^2}\exp\left(-\dfrac{1}{2}\dfrac{x^2[n]}{\sigma^2}\right) & x[n]>0 \\ 0 & x[n]<0 \end{cases}$$

求σ^2的充分统计量。

5.3　IID 观测 $x[n]$ $(n=0,1,\ldots,N-1)$具有指数 PDF

$$p(x[n];\lambda) = \begin{cases} \lambda\exp(-\lambda x[n]) & x[n]>0 \\ 0 & x[n]<0 \end{cases}$$

求λ的充分统计量。

5.4　IID 观测 $x[n]$ $(n=0,1,\ldots,N-1)$服从$\mathcal{N}(\theta,\theta)$，其中$\theta>0$。求$\theta$的充分统计量。

5.5　IID 观测 $x[n]$ $(n=0,1,\ldots,N-1)$服从$\mathcal{U}[-\theta,\theta]$其中$\theta>0$。求$\theta$的充分统计量。

5.6　如果观测到$x[n]=A+w[n]$ $(n=0,1,\ldots,N-1)$，其中$w[n]$是具有方差σ^2的WGN，求σ^2的MVU估计量，假定A是已知的。可以假定充分统计量是完备的。

5.7　考虑WGN中的正弦信号的频率估计，即

$$x[n] = \cos 2\pi f_0 n + w[n] \qquad n=0,1,\ldots,N-1$$

其中$w[n]$是具有已知方差σ^2的WGN。证明，求一个f_0的充分统计量是不可能的。

5.8　利用类似于习题5.7的方法，对于数据

$$x[n] = r^n + w[n] \qquad n=0,1,\ldots,N-1$$

考虑阻尼常数r的估计，其中，$w[n]$是具有已知方差σ^2的WGN，证明r的充分统计量并不存在。

5.9　假定 $x[n]$是贝努利(Bernoulli)实验(抛硬币)的结果，

$$\Pr\{x[n] = 1\} = \theta$$
$$\Pr\{x[n] = 0\} = 1 - \theta$$

并且做了 N 次 IID 观测。假定对于离散随机变量，Neyman-Fisher 因子分解定理成立，求 θ 的充分统计量。然后假定完备性，求 θ 的 MVU 估计量。

5.10　对于例 5.4，提出下列估计量

$$\hat{\phi} = -\arctan\left[\frac{T_2(\mathbf{x})}{T_1(\mathbf{x})}\right]$$

证明在高 SNR 时或 $\sigma^2 \to 0$ 时，

$$T_1(\mathbf{x}) \approx \sum_{n=0}^{N-1} A\cos(2\pi f_0 n + \phi)\cos 2\pi f_0 n$$
$$T_2(\mathbf{x}) \approx \sum_{n=0}^{N-1} A\cos(2\pi f_0 n + \phi)\sin 2\pi f_0 n$$

估计量满足 $\hat{\phi} \approx \phi$。利用你认为合适的近似。提出的估计量是 MVU 估计量吗？

5.11　对于例 5.2，希望估计 $\theta = 2A + 1$ 来代替估计 A。求 θ 的 MVU 估计量。如果参数 $\theta = A^3$，那么 θ 的 MVU 估计量是什么？提示：根据 θ 重新参数化 PDF，并且使用标准的方法。

5.12　本题考察这样一个思想：在一一对应的变换内，充分统计量是唯一的。再次考虑例 5.2，但是充分统计量是

$$T_1(\mathbf{x}) = \sum_{n=0}^{N-1} x[n]$$
$$T_2(\mathbf{x}) = \left(\sum_{n=0}^{N-1} x[n]\right)^3$$

求函数 g_1 和 g_2，以便满足无偏性条件，即

$$E[g_1(T_1(\mathbf{x}))] = A$$
$$E[g_2(T_2(\mathbf{x}))] = A$$

因而也就是 MVU 估计量。从 T_1 到 T_2 的变换是一一对应的吗？如果考虑统计量 $T_3(\mathbf{x}) = \left(\sum_{n=0}^{N-1} x[n]\right)^2$ 会发生什么情况？能够求出一个函数 g_3 满足无偏的约束吗？

5.13　在本题中，我们推导在前面没有遇到过的一个例子的 MVU 统计量。如果根据 PDF 观测到的 N 个 IID 数据服从

$$p(x[n];\theta) = \begin{cases} \exp[-(x[n] - \theta)] & x[n] > \theta \\ 0 & x[n] < \theta \end{cases}$$

求 θ 的 MVU 估计量。注意，θ 表示 $x[n]$ 可以达到的最小值。假定充分统计量是完备的。

5.14　对于随机变量 x，考虑 PDF

$$p(x;\theta) = \exp[A(\theta)B(x) + C(x) + D(\theta)]$$

这类 PDF 属于标量指数类 PDF，这类 PDF 有许多有用的性质，特别是充分统计量的性质，这些性质在本题和下一题中进行讨论。证明下面的 PDF 在这类 PDF 中。

a. 高斯

$$p(x;\mu) = \frac{1}{\sqrt{2\pi}}\exp\left[-\frac{1}{2}(x - \mu)^2\right]$$

b. 瑞利

$$p(x;\sigma^2) = \begin{cases} \dfrac{x}{\sigma^2}\exp\left[-\dfrac{1}{2}\dfrac{x^2}{\sigma^2}\right] & x > 0 \\ 0 & x < 0 \end{cases}$$

c. 指数

$$p(x;\lambda) = \begin{cases} \lambda \exp[-\lambda x] & x > 0 \\ 0 & x < 0 \end{cases}$$

其中 $\lambda > 0$。

5.15　如果我们观察到 $x[n]$ $(n=0,1,\ldots,N-1)$，它们是 IID 的，且 PDF 属于指数类 PDF，证明

$$T(\mathbf{x}) = \sum_{n=0}^{N-1} B(x[n])$$

是 θ 的充分统计量。然后应用这一结论，确定习题 5.14 中的高斯、瑞利和指数 PDF 的充分统计量。最后，假定统计量是完备的，求每种情况的 MVU 估计量（如果可能）。（将你的结果与例 5.2、习题 5.2 和习题 5.3 分别进行比较。）

5.16　在本题中给出一个例子，其中充分统计量要比待估计的参数少 [Kendall and Stuart 1979]。假定观察到 $x[n]$ $(n=0,1,\ldots,N-1)$，其中 $\mathbf{x} \sim \mathcal{N}(\boldsymbol{\mu}, \mathbf{C})$ 且

$$\boldsymbol{\mu} = \begin{bmatrix} N\mu \\ 0 \\ 0 \\ \vdots \\ 0 \end{bmatrix}$$

$$\mathbf{C} = \begin{bmatrix} N-1+\sigma^2 & -\mathbf{1}^T \\ -\mathbf{1} & \mathbf{I} \end{bmatrix}$$

协方差矩阵 $\mathbf{C}$ 的维数为

$$\begin{bmatrix} 1 \times 1 & 1 \times (N-1) \\ (N-1) \times 1 & (N-1) \times (N-1) \end{bmatrix}$$

令 $\boldsymbol{\theta} = [\mu \ \sigma^2]^T$，证明

$$p(\mathbf{x}; \boldsymbol{\theta}) = \frac{1}{(2\pi)^{\frac{N}{2}}\sigma} \exp\left\{ -\frac{1}{2}\left[\frac{N^2}{\sigma^2}(\bar{x}-\mu)^2 + \sum_{n=1}^{N-1} x^2[n] \right] \right\}$$

$\boldsymbol{\theta}$ 的充分统计量是什么？提示：需要求分块矩阵的逆和行列式，并且利用 Woodbury 恒等式。

5.17　考虑 WGN 中已知频率的正弦信号，即

$$x[n] = A\cos 2\pi f_0 n + w[n] \qquad n = 0, 1, \ldots, N-1$$

其中 $w[n]$ 是具有方差 σ^2 的 WGN。求下列参数的 MVU 估计量：

a. 幅度 A，假定 σ^2 已知；

b. 幅度 A 和噪声方差 σ^2。

可以假定充分统计量是完备的。提示：例 5.9 和例 5.11 的结果可能有一些帮助。

5.18　如果观察到 $x[n]$ $(n=0,1,\ldots,N-1)$，其中样本是 IID，且分布服从 $\mathcal{U}[\theta_1, \theta_2]$，求 $\boldsymbol{\theta} = [\theta_1 \theta_2]^T$ 的充分统计量。

5.19　回想一下在第 4 章的线性模型，数据的模型为

$$\mathbf{x} = \mathbf{H}\boldsymbol{\theta} + \mathbf{w}$$

其中 $\mathbf{w} \sim \mathcal{N}(\mathbf{0}, \sigma^2\mathbf{I})$，$\sigma^2$ 是已知的，利用 Neyman-Fisher 定理和 RBLS 定理求 $\boldsymbol{\theta}$ 的 MVU 估计量。假定充分统计量是完备的。将你的结果与第 4 章描述的结果进行比较。提示：首先证明下列恒等式成立：

$$(\mathbf{x}-\mathbf{H}\boldsymbol{\theta})^T(\mathbf{x}-\mathbf{H}\boldsymbol{\theta}) = (\mathbf{x}-\mathbf{H}\hat{\boldsymbol{\theta}})^T(\mathbf{x}-\mathbf{H}\hat{\boldsymbol{\theta}}) + (\boldsymbol{\theta}-\hat{\boldsymbol{\theta}})^T\mathbf{H}^T\mathbf{H}(\boldsymbol{\theta}-\hat{\boldsymbol{\theta}})$$

其中

$$\hat{\boldsymbol{\theta}} = (\mathbf{H}^T\mathbf{H})^{-1}\mathbf{H}^T\mathbf{x}$$

附录5A Neyman-Fisher 因子分解定理（标量参数）的证明

考虑联合 PDF 情况下的 $p(\mathbf{x}, T(\mathbf{x}); \theta)$，在计算 PDF 中应该注意 $T(\mathbf{x})$ 与 $\mathbf{x}$ 是有关的。因此，当在 $\mathbf{x} = \mathbf{x}_0$ 且 $T(\mathbf{x}) = T_0$ 的情况下计算时，联合 PDF 肯定为零，除非 $T(\mathbf{x}_0) = T_0$。这类似于我们有两个随机变量 x 和 y，总是有 $x = y$ 的情况。联合 PDF $p(x, y)$ 为 $p(x)\delta(y-x)$，它是在二维平面上的一个线冲激函数，并且是一个退化的二维 PDF。在这种情况下，我们有 $p(\mathbf{x}, T(\mathbf{x}) = T_0; \theta) = p(\mathbf{x}; \theta)\delta(T(\mathbf{x}) - T_0)$，在我们的证明中将使用这个式子。我们需要的第二个结果是表示几个随机变量函数的 PDF 的简化方法。对于一个随机矢量 $\mathbf{x}$，如果 $y = g(\mathbf{x})$，那么 y 的 PDF 可以写成

$$p(y) = \int p(\mathbf{x})\delta(y - g(\mathbf{x}))\, d\mathbf{x} \tag{5A.1}$$

利用 δ 函数的性质[Hoskins 1979]，可以证明上式等价于随机变量变换的常用公式[Papoulis 1965]。例如，如果 $\mathbf{x}$ 是标量随机变量，那么

$$\delta(y - g(x)) = \sum_{i=1}^{k} \frac{\delta(x - x_i)}{\left|\dfrac{dg}{dx}\right|_{x = x_i}}$$

其中 $\{x_1, x_2, \ldots, x_k\}$ 是 $y = g(x)$ 的所有解。将其代入 (5A.1) 式，经计算可得到常用的公式。

我们从证明当因子分解成立时 $T(\mathbf{x})$ 是充分统计量开始。

$$
\begin{aligned}
p(\mathbf{x}|T(\mathbf{x}) = T_0; \theta) &= \frac{p(\mathbf{x}, T(\mathbf{x}) = T_0; \theta)}{p(T(\mathbf{x}) = T_0; \theta)} \\
&= \frac{p(\mathbf{x}; \theta)\delta(T(\mathbf{x}) - T_0)}{p(T(\mathbf{x}) = T_0; \theta)}
\end{aligned}
$$

利用因子分解

$$p(\mathbf{x}|T(\mathbf{x}) = T_0; \theta) = \frac{g(T(\mathbf{x}) = T_0, \theta)h(\mathbf{x})\delta(T(\mathbf{x}) - T_0)}{p(T(\mathbf{x}) = T_0; \theta)} \tag{5A.2}$$

由 (5A.1) 式，

$$p(T(\mathbf{x}) = T_0; \theta) = \int p(\mathbf{x}; \theta)\delta(T(\mathbf{x}) - T_0)\, dx$$

再次利用因子分解

$$
\begin{aligned}
p(T(\mathbf{x}) = T_0; \theta) &= \int g(T(\mathbf{x}) = T_0, \theta)h(\mathbf{x})\delta(T(\mathbf{x}) - T_0)\, dx \\
&= g(T(\mathbf{x}) = T_0, \theta)\int h(\mathbf{x})\delta(T(\mathbf{x}) - T_0)\, d\mathbf{x}
\end{aligned}
$$

最后一步是可能的，因为除了在 R^N 空间中对于 $T(\mathbf{x}) = T_0$ 的曲面上积分为零。在这个曲面上，g 是常数，在 (5A.2) 式中利用这个式子，可得

$$p(\mathbf{x}|T(\mathbf{x}) = T_0; \theta) = \frac{h(\mathbf{x})\delta(T(\mathbf{x}) - T_0)}{\int h(\mathbf{x})\delta(T(\mathbf{x}) - T_0)\, d\mathbf{x}}$$

与 θ 无关，因此，我们可以得出结论：$T(\mathbf{x})$ 是充分统计量。

然后，我们证明如果 $T(\mathbf{x})$ 是充分统计量，那么因子分解成立。考虑联合 PDF

$$p(\mathbf{x}, T(\mathbf{x}) = T_0; \theta) = p(\mathbf{x}|T(\mathbf{x}) = T_0; \theta)p(T(\mathbf{x}) = T_0; \theta) \tag{5A.3}$$

注意到

$$p(\mathbf{x}, T(\mathbf{x}) = T_0; \theta) = p(\mathbf{x}; \theta)\delta(T(\mathbf{x}) - T_0)$$

因为 $T(\mathbf{x})$ 是充分统计量，条件 PDF 与 θ 无关。因此，我们把它写成 $p(\mathbf{x}|T(\mathbf{x}) = T_0)$。现在由于给定 $T(\mathbf{x}) = T_0$，在 R^N 空间定义了一个曲面，因此条件 PDF 只在这个曲面上不为零。我们可以令 $p(\mathbf{x}|T(\mathbf{x}) = T_0) = w(\mathbf{x})\delta(T(\mathbf{x}) - T_0)$，其中

$$\int w(\mathbf{x})\delta(T(\mathbf{x}) - T_0) \, d\mathbf{x} = 1 \tag{5A.4}$$

这样，将其代到(5A.3)式，得

$$p(\mathbf{x}; \theta)\delta(T(\mathbf{x}) - T_0) = w(\mathbf{x})\delta(T(\mathbf{x}) - T_0)p(T(\mathbf{x}) = T_0; \theta) \tag{5A.5}$$

我们可以令

$$w(\mathbf{x}) = \frac{h(\mathbf{x})}{\int h(\mathbf{x})\delta(T(\mathbf{x}) - T_0) \, d\mathbf{x}}$$

所以(5A.4)式满足。那么，(5A.5)式变成

$$p(\mathbf{x}; \theta)\delta(T(\mathbf{x}) - T_0) = \frac{h(\mathbf{x})\delta(T(\mathbf{x}) - T_0)}{\int h(\mathbf{x})\delta(T(\mathbf{x}) - T_0) \, d\mathbf{x}} p(T(\mathbf{x}) = T_0; \theta)$$

或

$$p(\mathbf{x}; \theta) = g(T(\mathbf{x}) = T_0; \theta)h(\mathbf{x})$$

其中

$$g(T(\mathbf{x}) = T_0; \theta) = \frac{p(T(\mathbf{x}) = T_0; \theta)}{\int h(\mathbf{x})\delta(T(\mathbf{x}) - T_0) \, d\mathbf{x}}$$

在这个式子中，原则上我们看到，由于

$$p(T(\mathbf{x}) = T_0; \theta) = g(T(\mathbf{x}) = T_0; \theta) \int h(\mathbf{x})\delta(T(\mathbf{x}) - T_0) \, d\mathbf{x}$$

充分统计量的 PDF 可以根据因子分解而求得。

附录 5B Rao-Blackwell-Lehmann-Scheffe 定理(标量参数)的证明

为了证明定理 5.2 的(1), 即 $\hat{\theta}$ 是 θ 的一个可用的统计量(不是 θ 的函数), 注意到

$$
\begin{aligned}
\hat{\theta} &= E(\check{\theta}|T(\mathbf{x})) \\
&= \int \check{\theta}(\mathbf{x}) p(\mathbf{x}|T(\mathbf{x}); \theta) \, d\mathbf{x}
\end{aligned}
\tag{5B.1}
$$

由充分统计量的定义, $p(\mathbf{x}|T(\mathbf{x}); \theta)$ 与 θ 无关, 而只与 $\mathbf{x}$ 和 $T(\mathbf{x})$ 有关。因此, 在对 $\mathbf{x}$ 积分后, 结果将只是 T 的函数, 因此也只是 $\mathbf{x}$ 的函数。

为了证明定理 5.2 的(2), 即 $\hat{\theta}$ 是无偏的, 我们利用(5B.1)式以及 $\hat{\theta}$ 只是 T 的函数这样的事实, 于是,

$$
\begin{aligned}
E(\hat{\theta}) &= \iint \check{\theta}(\mathbf{x}) p(\mathbf{x}|T(\mathbf{x}); \theta) \, d\mathbf{x} \, p(T(\mathbf{x}); \theta) \, dT \\
&= \int \check{\theta}(\mathbf{x}) \int p(\mathbf{x}|T(\mathbf{x}); \theta) p(T(\mathbf{x}); \theta) \, dT \, d\mathbf{x} \\
&= \int \check{\theta}(\mathbf{x}) p(\mathbf{x}; \theta) \, d\mathbf{x} \\
&= E(\check{\theta})
\end{aligned}
$$

但是, 由假定 $\check{\theta}$ 是无偏的, 因此

$$
E(\hat{\theta}) = E(\check{\theta}) = \theta
$$

为了证明定理 5.2 的(3), 即

$$
\operatorname{var}(\hat{\theta}) \leqslant \operatorname{var}(\check{\theta})
$$

我们有

$$
\begin{aligned}
\operatorname{var}(\check{\theta}) &= E\left[(\check{\theta} - E(\check{\theta}))^2\right] \\
&= E\left[(\check{\theta} - \hat{\theta} + \hat{\theta} - \theta)^2\right] \\
&= E[(\check{\theta} - \hat{\theta})^2] + 2E[(\check{\theta} - \hat{\theta})(\hat{\theta} - \theta)] + E[(\hat{\theta} - \theta)^2]
\end{aligned}
$$

现在证明上式中的交叉项 $E\left[(\check{\theta} - \hat{\theta})(\hat{\theta} - \theta)\right]$ 为零。我们知道 $\hat{\theta}$ 只是 T 的函数。这样, 交叉项的数学期望是对 T 和 $\check{\theta}$ 的联合 PDF 求的, 即

$$
E_{T, \check{\theta}}[(\check{\theta} - \hat{\theta})(\hat{\theta} - \theta)] = E_T E_{\check{\theta}|T}[(\check{\theta} - \hat{\theta})(\hat{\theta} - \theta)]
$$

但是

$$
E_{\check{\theta}|T}[(\check{\theta} - \hat{\theta})(\hat{\theta} - \theta)] = E_{\check{\theta}|T}[\check{\theta} - \hat{\theta}](\hat{\theta} - \theta)
$$

以及

$$
E_{\check{\theta}|T}[\check{\theta} - \hat{\theta}] = E_{\check{\theta}|T}(\check{\theta}|T) - \hat{\theta} = \hat{\theta} - \hat{\theta} = 0
$$

这样, 我们得到期望的结果。即

$$
\begin{aligned}
\operatorname{var}(\check{\theta}) &= E[(\check{\theta} - \hat{\theta})^2] + \operatorname{var}(\hat{\theta}) \\
&\geqslant \operatorname{var}(\hat{\theta})
\end{aligned}
$$

最后, 如果 $\hat{\theta}$ 是完备的, 由 5.5 节的讨论可以得出它是 MVU 估计量。

第6章　最佳线性无偏估计量

6.1　引言

在实际中常出现的情况是，MVU 估计量即使存在也无法求出。例如，我们可能并不知道数据的 PDF；或者即使知道，我们也愿意为它假定一个模型。在这种情况下，前面依赖于 CRLB 和充分统计量理论的方法就不能应用。即使 PDF 已知，后一种方法也不能保证得到 MVU 估计量。面对这种无法确定最佳 MVU 估计量的情况，我们有理由去寻找准最佳估计量。在确定准最佳估计量的时候，永远也不能确定我们可能失去多少性能（由于 MVU 估计量的最小方差是未知的）。但是，如果准最佳估计量的方差能够确定，而且如果它满足我们的系统要求，那么就有理由认为它对于我们当前的问题是合适的。如果它的方差太大，那么就需要寻找其他的准最佳估计量，希望找到一个满足系统要求的准最佳估计量。一个常用的方法是限制估计量为数据的线性函数，并求无偏且具有最小方差的线性估计量。这个估计量称为最佳线性无偏估计量（best linear unbiased estimator, BLUE），我们将看到利用 PDF 的一阶矩、二阶矩的知识就可以确定 BLUE。由于不需要 PDF 的完整知识，实现时采用 BLUE 通常更适合。

6.2　小结

BLUE 是基于(6.1)式定义的线性估计量。如果我们限定这个估计量像(6.2)式那样是无偏的，并且使(6.3)式的方差最小，那么参数的 BLUE 由(6.5)式给出，BLUE 的最小方差是(6.6)式。确定 BLUE 只要求数据的均值和协方差。在矢量参数的情况下，BLUE 由(6.16)式给出，其协方差由(6.17)式给出。无论是在标量参数的情况下还是在矢量参数的情况下，如果数据是高斯的，那么 BLUE 也是 MVU 估计量。

6.3　BLUE 的定义

我们观察到数据集 $\{x[0], x[1], \ldots, x[N-1]\}$，它的 PDF $p(\mathbf{x}; \theta)$ 与未知参数 θ 有关。BLUE 限定估计量与数据呈线性的，即

$$\hat{\theta} = \sum_{n=0}^{N-1} a_n x[n] \tag{6.1}$$

其中 a_n 是待定的常数（除了附加常数，类似的定义请参见习题 6.6）。与 a_n 的选择有关，我们可以得到许多 θ 的不同估计量。但是，最佳估计量或 BLUE 定义为无偏的且具有最小方差的估计量。在确定产生 BLUE 的 a_n 之前，必须解释 BLUE 最佳的含义。由于我们限定估计量是一类线性估计量，那么只有当 MVU 估计量刚好是线性时，BLUE 才是最佳的（也就是说，它是 MVU 估计量）。例如，对于 WGN 中 DC 电平值的估计问题（参见例 3.3），MVU 估计量是样本均值，即

$$\hat{\theta} = \bar{x} = \sum_{n=0}^{N-1} \frac{1}{N} x[n]$$

显然它是数据的线性函数。因此，如果我们将注意力限定在线性估计量中，那么实际上什么也没有丢弃，因为 MVU 估计量就是在线性估计量这一类中。图 6.1(a) 说明了这一思想。另一方面，对于

均匀分布的噪声均值的估计问题(参见例5.8)，求得的 MVU 估计量是

$$\hat{\theta} = \frac{N+1}{2N} \max x[n]$$

它是数据的非线性函数，如果我们限定估计量是线性的，那么就可以简单地看出，BLUE 是样本均值。对于这个问题的 BLUE 是准最佳的，如图6.1(b)所示。在例5.8中进一步证明了性能上的差别是很大的。遗憾的是，没有 PDF 的知识，就无法确定采用 BLUE 后性能的损失。

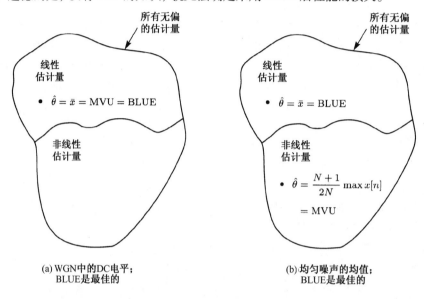

图 6.1　BLUE 的最佳性

　　最后，对于某些估计问题，BLUE 的应用总体来说可能是不合适的。考虑 WGN 功率的估计问题，很容易证明，MVU 估计量为(参见例3.6)

$$\hat{\sigma^2} = \frac{1}{N} \sum_{n=0}^{N-1} x^2[n]$$

它是数据的非线性函数。如果我们强迫估计量如(6.1)式那样是线性的，那么

$$\hat{\sigma^2} = \sum_{n=0}^{N-1} a_n x[n]$$

$$E(\hat{\sigma^2}) = \sum_{n=0}^{N-1} a_n E(x[n]) = 0$$

由于对于所有的 n，$E(x[n]) = 0$。这样，我们甚至求不出一个无偏的线性估计量，它只是具有最小方差。尽管 BLUE 对该问题是不合适的，但是，利用变换数据 $y[n] = x^2[n]$ 的 BLUE，由

$$\hat{\sigma^2} = \sum_{n=0}^{N-1} a_n y[n] = \sum_{n=0}^{N-1} a_n x^2[n]$$

得出无偏的约束

$$E(\hat{\sigma^2}) = \sum_{n=0}^{N-1} a_n \sigma^2 = \sigma^2$$

有许多 a_n 值满足这一约束，所以我们将得到一个可行的估计量。为了得到 BLUE，读者能够猜测 a_n 应为什么吗？（对于这种数据变换方法的例子请参见习题 6.5。）因此，只要数据变换得十分合适，BLUE 仍然是可以应用的。

6.4　求 BLUE

为了确定 BLUE，我们约束 $\hat{\theta}$ 是线性和无偏的，那么求 a_n 以便使方差最小。由 (6.1) 式，无偏的约束为

$$E(\hat{\theta}) = \sum_{n=0}^{N-1} a_n E(x[n]) = \theta \tag{6.2}$$

$\hat{\theta}$ 的方差为

$$\mathrm{var}(\hat{\theta}) = E\left[\left(\sum_{n=0}^{N-1} a_n x[n] - E\left(\sum_{n=0}^{N-1} a_n x[n]\right)\right)^2\right]$$

但是，利用 (6.2) 式且令 $\mathbf{a} = [a_0\, a_1 \cdots a_{N-1}]^T$，我们有

$$
\begin{aligned}
\mathrm{var}(\hat{\theta}) &= E\left[\left(\mathbf{a}^T\mathbf{x} - \mathbf{a}^T E(\mathbf{x})\right)^2\right] \\
&= E\left[\left(\mathbf{a}^T(\mathbf{x} - E(\mathbf{x}))\right)^2\right] \\
&= E\left[\mathbf{a}^T(\mathbf{x} - E(\mathbf{x}))(\mathbf{x} - E(\mathbf{x}))^T\mathbf{a}\right] \\
&= \mathbf{a}^T\mathbf{C}\mathbf{a}
\end{aligned}
\tag{6.3}
$$

权重矢量 $\mathbf{a}$ 是在约束 (6.2) 式的情况下通过使 (6.3) 式最小而求得的。在继续我们的讨论之前，需要假定 $E(x[n])$ 的某些形式。为了满足无偏的约束，$E(x[n])$ 必须与 θ 呈线性的，即

$$E(x[n]) = s[n]\theta \tag{6.4}$$

其中 $s[n]$ 是已知的。另外，它可能不满足约束条件。例如，如果 $E(x[n]) = \cos\theta$，那么无偏约束是对于所有的 θ，$\sum_{n=0}^{N-1} a_n \cos\theta = \theta$。很显然，并不存在 a_n 满足无偏约束条件。注意，如果我们将 $x[n]$ 写成

$$x[n] = E(x[n]) + [x[n] - E(x[n])]$$

那么，我们把 $x[n] - E(x[n])$ 看成噪声或 $w[n]$，这样可以有

$$x[n] = \theta s[n] + w[n]$$

(6.4) 式的假定就意味着 BLUE 可以应用到噪声的已知信号幅度的估计问题中。为了推广它的应用，我们要求一种非线性变换，正如已经描述的那样。

根据 (6.4) 式给出的假定，我们现在总结一下估计问题。为了求 BLUE，在无偏约束的条件下，我们需要使方差

$$\mathrm{var}(\hat{\theta}) = \mathbf{a}^T\mathbf{C}\mathbf{a}$$

最小。由 (6.2) 式和 (6.4) 式，无偏的约束条件变成

$$
\begin{aligned}
\sum_{n=0}^{N-1} a_n E(x[n]) &= \theta \\
\sum_{n=0}^{N-1} a_n s[n]\theta &= \theta \\
\sum_{n=0}^{N-1} a_n s[n] &= 1
\end{aligned}
$$

即
$$\mathbf{a}^T\mathbf{s} = 1$$

其中 $\mathbf{s} = [s[0]\,s[1]\ldots s[N-1]]^T$。对这个最小化问题的解在附录 6A 推导为

$$\mathbf{a}_{\mathrm{opt}} = \frac{\mathbf{C}^{-1}\mathbf{s}}{\mathbf{s}^T\mathbf{C}^{-1}\mathbf{s}}$$

所以 BLUE 为

$$\hat{\theta} = \frac{\mathbf{s}^T\mathbf{C}^{-1}\mathbf{x}}{\mathbf{s}^T\mathbf{C}^{-1}\mathbf{s}} \tag{6.5}$$

并且具有最小方差

$$\mathrm{var}(\hat{\theta}) = \frac{1}{\mathbf{s}^T\mathbf{C}^{-1}\mathbf{s}} \tag{6.6}$$

由 (6.4) 式注意到，由于 $E(\mathbf{x}) = \theta\mathbf{s}$，BLUE 是无偏的，

$$
\begin{aligned}
E(\hat{\theta}) &= \frac{\mathbf{s}^T\mathbf{C}^{-1}E(\mathbf{x})}{\mathbf{s}^T\mathbf{C}^{-1}\mathbf{s}} \\
&= \frac{\mathbf{s}^T\mathbf{C}^{-1}\theta\mathbf{s}}{\mathbf{s}^T\mathbf{C}^{-1}\mathbf{s}} \\
&= \theta
\end{aligned}
$$

另外，正如早些时候所断言的那样，为了确定 BLUE，我们只要求如下项：

1. $\mathbf{s}$ 或者成比例的均值
2. 协方差矩阵 $\mathbf{C}$

即前二阶矩，而不是整个 PDF，下面给出几个例子。

例 6.1 白噪声中的 DC 电平

如果我们观测到

$$x[n] = A + w[n] \qquad n = 0, 1, \ldots, N-1$$

其中 $w[n]$ 是方差为 σ^2 的白噪声（以及末端指定的 PDF），那么问题就是要估计 A。由于 $w[n]$ 不必为高斯分布的，即使噪声样本是不相关的，它们也可能不是统计上独立的。由于 $E(x[n]) = A$，根据 (6.4) 式我们有 $s[n] = 1$，因此 $\mathbf{s} = \mathbf{1}$。由 (6.5) 式，BLUE 为

$$
\begin{aligned}
\hat{A} &= \frac{\mathbf{1}^T\dfrac{1}{\sigma^2}\mathbf{I}\mathbf{x}}{\mathbf{1}^T\dfrac{1}{\sigma^2}\mathbf{I}\mathbf{1}} \\
&= \frac{1}{N}\sum_{n=0}^{N-1} x[n] = \bar{x}
\end{aligned}
$$

并且由 (6.6) 式，最小方差为

$$
\begin{aligned}
\mathrm{var}(\hat{A}) &= \frac{1}{\mathbf{1}^T\dfrac{1}{\sigma^2}\mathbf{1}} \\
&= \frac{\sigma^2}{N}
\end{aligned}
$$

因此，样本均值是 BLUE，它与数据的 PDF 无关。另外已经讨论过，对于高斯噪声，BLUE 也是 MVU 估计量。

例 6.2 不相关噪声中的 DC 电平

现在令 $w[n]$ 是零均值不相关噪声，$\mathrm{var}(w[n]) = \sigma_n^2$，重复例 6.1。和前面一样，$\mathbf{s} = \mathbf{1}$，由

(6.5)式和(6.6)式,

$$\hat{A} = \frac{\mathbf{1}^T \mathbf{C}^{-1} \mathbf{x}}{\mathbf{1}^T \mathbf{C}^{-1} \mathbf{1}}$$

$$\mathrm{var}(\hat{A}) = \frac{1}{\mathbf{1}^T \mathbf{C}^{-1} \mathbf{1}}$$

协方差矩阵为

$$\mathbf{C} = \begin{bmatrix} \sigma_0^2 & 0 & \dots & 0 \\ 0 & \sigma_1^2 & \dots & 0 \\ \vdots & \vdots & \ddots & \vdots \\ 0 & 0 & \dots & \sigma_{N-1}^2 \end{bmatrix}$$

它的逆为

$$\mathbf{C}^{-1} = \begin{bmatrix} \dfrac{1}{\sigma_0^2} & 0 & \dots & 0 \\ 0 & \dfrac{1}{\sigma_1^2} & \dots & 0 \\ \vdots & \vdots & \ddots & \vdots \\ 0 & 0 & \dots & \dfrac{1}{\sigma_{N-1}^2} \end{bmatrix}$$

因此,

$$\hat{A} = \frac{\displaystyle\sum_{n=0}^{N-1} \frac{x[n]}{\sigma_n^2}}{\displaystyle\sum_{n=0}^{N-1} \frac{1}{\sigma_n^2}} \tag{6.7}$$

$$\mathrm{var}(\hat{A}) = \frac{1}{\displaystyle\sum_{n=0}^{N-1} \frac{1}{\sigma_n^2}} \tag{6.8}$$

方差小的样本被赋予较大的 BLUE 加权, 以试图从每个样本来平衡噪声的贡献。(6.7)式的分母是一个比例因子, 要使估计量是无偏的, 则这个比例因子是必需的。进一步的结果请参见习题 6.2。

总而言之, BLUE 中 $\mathbf{C}^{-1}$ 的出现, 起到了在平均前对数据预白化的作用, 在前面例 4.4 讨论有色高斯噪声中 DC 电平的估计问题时遇到过这种情况。另外, 在那个例子中, 得到的 A 的估计量是相同的。然而, 由于高斯噪声的假定, 估计量也可以说是有效的, 因而也是 MVU。关于高斯噪声的 MVU 估计量与本例的 BLUE 是相同的, 这不是一种巧合, 而是一个一般的结论, 也就是对于线性模型的参数估计(参见第 4 章), 关于高斯噪声的 BLUE 与 MVU 估计量是相同的。这一点我们将在下一节详细讨论。

6.5 扩展到矢量参数

如果待估计的参数是 $p \times 1$ 矢量参数, 那么为了使估计量与数据呈线性关系, 我们要求

$$\hat{\theta}_i = \sum_{n=0}^{N-1} a_{in} x[n] \qquad i = 1, 2, \dots, p \tag{6.9}$$

其中 a_{in} 是加权系数，用矩阵形式表示为

$$\hat{\boldsymbol{\theta}} = \mathbf{A}\mathbf{x}$$

其中 $\mathbf{A}$ 是 $p \times N$ 矩阵。为了使 $\hat{\boldsymbol{\theta}}$ 是无偏的，我们要求

$$E(\hat{\theta}_i) = \sum_{n=0}^{N-1} a_{in}E(x[n]) = \theta_i \qquad i = 1, 2, \ldots, p \tag{6.10}$$

或者用矩阵表示为

$$E(\hat{\boldsymbol{\theta}}) = \mathbf{A}E(\mathbf{x}) = \boldsymbol{\theta} \tag{6.11}$$

记住，线性估计量只适合于满足无偏约束的问题。由(6.11)式，我们肯定有

$$E(\mathbf{x}) = \mathbf{H}\boldsymbol{\theta} \tag{6.12}$$

$\mathbf{H}$ 是已知的 $N \times p$ 矩阵。在标量情况下［参见(6.4)式］，

$$E(\mathbf{x}) = \underbrace{\begin{bmatrix} s[0] \\ s[1] \\ \vdots \\ s[N-1] \end{bmatrix}}_{\mathbf{H}} \theta$$

所以(6.12)式是矢量情况的推广。将(6.12)式代入(6.11)式，得到无偏的约束为

$$\mathbf{A}\mathbf{H} = \mathbf{I} \tag{6.13}$$

如果我们定义 $\mathbf{a}_i = [a_{i0}\, a_{i1} \ldots a_{i(N-1)}]^T$，那么 $\hat{\theta}_i = \mathbf{a}_i^T \mathbf{x}$；对于每一个 $\mathbf{a}_i$，可以重写无偏约束条件，并注意到

$$\mathbf{A} = \begin{bmatrix} \mathbf{a}_1^T \\ \mathbf{a}_2^T \\ \vdots \\ \mathbf{a}_p^T \end{bmatrix}$$

令 $\mathbf{h}_i$ 表示 $\mathbf{H}$ 的第 i 列，那么

$$\mathbf{H} = \begin{bmatrix} \mathbf{h}_1 & \mathbf{h}_2 & \cdots & \mathbf{h}_p \end{bmatrix}$$

利用这些定义，(6.13)式的无偏约束条件可以化简为

$$\mathbf{a}_i^T \mathbf{h}_j = \delta_{ij} \qquad i = 1, 2, \ldots, p; j = 1, 2, \ldots, p \tag{6.14}$$

另外，利用标量情况的结果［参见(6.3)式］，方差为

$$\mathrm{var}(\hat{\theta}_i) = \mathbf{a}_i^T \mathbf{C}\mathbf{a}_i \tag{6.15}$$

对于矢量情况的 BLUE，它是通过(6.14)式的约束，使(6.15)式最小而求得的，即对每个 i 反复地使其最小。在附录 6B 中通过最小化而得到的 BLUE 为

$$\hat{\boldsymbol{\theta}} = (\mathbf{H}^T\mathbf{C}^{-1}\mathbf{H})^{-1}\mathbf{H}^T\mathbf{C}^{-1}\mathbf{x} \tag{6.16}$$

协方差矩阵为

$$\mathbf{C}_{\hat{\theta}} = (\mathbf{H}^T\mathbf{C}^{-1}\mathbf{H})^{-1} \tag{6.17}$$

对于一般线性模型［参见(4.25)式］，BLUE 的形式与 MVU 估计量是相同的。这扩展了例6.1和例6.2的观测，从一般线性模型的定义得出的就是这种情况，一般线性模型为

$$\mathbf{x} = \mathbf{H}\boldsymbol{\theta} + \mathbf{w}$$

其中 $\mathbf{w} \sim \mathcal{N}(\mathbf{0}, \mathbf{C})$。利用这个模型,我们试图估计 $\boldsymbol{\theta}$,其中 $E(\mathbf{x}) = \mathbf{H}\boldsymbol{\theta}$。这是(6.12)式所做的假定。但是,由(4.25)式,对高斯数据的 MVU 估计量是

$$\hat{\boldsymbol{\theta}} = (\mathbf{H}^T\mathbf{C}^{-1}\mathbf{H})^{-1}\mathbf{H}^T\mathbf{C}^{-1}\mathbf{x}$$

很显然它是 $\mathbf{x}$ 的线性函数。因此,将估计量限制为线性并不会得出准最佳估计量,因为 MVU 估计量在线性估计类中。我们可以得出结论:如果数据是高斯的,那么 BLUE 也是 MVU 估计量。

为了总结上述的讨论,我们现在描述一般线性模型矢量参数的 BLUE。在这里,一般线性模型并没有假定高斯噪声,我们称数据具有一般线性模型的形式。下面的定理称为高斯–马尔可夫(Gauss-Markov)定理。

定理 6.1(高斯–马尔可夫定理)　如果数据具有线性模型的形式,即

$$\mathbf{x} = \mathbf{H}\boldsymbol{\theta} + \mathbf{w} \tag{6.18}$$

其中 $\mathbf{H}$ 是已知的 $N \times p$ 矩阵,$\boldsymbol{\theta}$ 是 $p \times 1$ 的待估计参数矢量,$\mathbf{w}$ 是 $N \times 1$ 的均值为零、协方差为 $\mathbf{C}$ 的噪声矢量(然而 $\mathbf{w}$ 的 PDF 是任意的),那么 $\boldsymbol{\theta}$ 的 BLUE 是

$$\hat{\boldsymbol{\theta}} = (\mathbf{H}^T\mathbf{C}^{-1}\mathbf{H})^{-1}\mathbf{H}^T\mathbf{C}^{-1}\mathbf{x} \tag{6.19}$$

$\hat{\theta}_i$ 的最小方差是

$$\mathrm{var}(\hat{\theta}_i) = [(\mathbf{H}^T\mathbf{C}^{-1}\mathbf{H})^{-1}]_{ii} \tag{6.20}$$

另外,$\hat{\boldsymbol{\theta}}$ 的协方差矩阵为

$$\mathbf{C}_{\hat{\theta}} = (\mathbf{H}^T\mathbf{C}^{-1}\mathbf{H})^{-1} \tag{6.21}$$

习题 6.12 和习题 6.13 给出了 BLUE 的一些性质,计算 BLUE 的其他例子在第 4 章中给出。

6.6　信号处理的例子

在许多信号处理系统的设计中,我们的测量数据与"原始数据"并不对应。例如,在光干涉仪中,输入到系统的是光,输出是由光检测器测出的光子数[Chamberlain 1979],系统被设计成将输入的光信号与这个信号自身的延迟进行混合(通过空间隔开的镜和非线性装置)。那么数据可近似看成自相关函数。原始数据即光强度是不可用的,我们希望从给定的信息估计输入的光谱。假定测量为高斯的可能是不现实的,这是因为如果随机过程是高斯的,那么自相关函数肯定是非高斯的[Anderson 1971]。而且,一般来说要精确求出 PDF 是不可能的,这在数学上很难处理。这种情况下就促使我们应用 BLUE,下面详细讨论第二个例子。

例 6.3　源定位

一个相当有趣的问题(特别是对于乘坐飞机旅行的人)是根据源的发射信号来确定源的位置。为了跟踪飞机的位置,我们通常使用几个天线,图 6.2 给出了一种常用的方法,这种方法是根据信号到达的时差(TDOA)的测量来估计相应的位置。在图中,同一时刻所有三个天线接收到飞机发射的信号,所以 $t_1 = t_2 = t_3$。天线 1 和天线 2 的 TDOA $t_2 - t_1$ 是零,天线 2 和天线 3 的 TDOA $t_3 - t_2$ 也为零。因此,我们可以得出结论:到所有三个天线的距离 R_i 是相同。天线 1 和天线 2 之间的虚线指明了为了使 $R_1 = R_2$,飞机可能出现的位置;同样,天线 2 和天线 3 之间的虚线也是如此。这两条直线的交点确定了飞机的位置。在更一般的情况中,TDOA 不为零,虚线变成了双曲线,交点同样也给出了飞机的位置。为了定位,至少需要三个天线,而当存在噪声时就希望有更多的天线。

我们现在考察一下应用估计理论的定位问题[Lee 1975]，为此我们假定 N 个天线放在已知的位置，到达时间测量 $t_i(i=0,1,\ldots,N-1)$ 是可用的。问题是要估计图 6.3 所示的位置 (x_s,y_s)。到达时间假定受到零均值和已知方差的污染，但是它的 PDF 是未知的。对于在 $t=T_0$ 时刻由源发射的信号，测量可以利用如下的模型表示，即

$$t_i = T_0 + R_i/c + \epsilon_i \qquad i = 0,1,\ldots,N-1 \qquad (6.22)$$

其中 ϵ_i 是测量噪声，c 表示传播速度。噪声样本假定为零均值、方差为 σ^2，且互不相关。对噪声的 PDF 没有做假定。为了进一步分析，我们必须建立每个天线的距离 R_i 与未知位置 $\boldsymbol{\theta}=[x_s\ y_s]^T$ 之间的关系。令第 i 个天线的位置是 (x_i,y_i)，假定它是已知的，于是我们有

$$R_i = \sqrt{(x_s-x_i)^2 + (y_s-y_i)^2} \qquad (6.23)$$

将(6.23)式代入(6.22)式，我们看到模型与未知参数 x_s 和 y_s 呈非线性关系，为了应用高斯 – 马尔可夫定理，我们假定有一个标称(nominal)源位置 (x_n,y_n) 可用。这个靠近真实源位置的标称位置可以由前面的测量得到。当源被跟踪时，这是一种典型的情况。因此，为了估计新的源位置，我们要求 $\boldsymbol{\theta}=[(x_s-x_n)(y_s-y_n)]^T=[\delta x_s\ \delta y_s]^T$ 的一个估计，如图 6.3 所示。标称距离用 R_n 表示，我们在标称值 $x_s=x_n$、$y_s=y_n$ 附近用 R_i(看成 x_s 和 y_s 的二维函数)的一阶泰勒(Taylor)级数展开，

$$R_i \approx R_{n_i} + \frac{x_n-x_i}{R_{n_i}}\delta x_s + \frac{y_n-y_i}{R_{n_i}}\delta y_s \qquad (6.24)$$

非线性模型线性化更为完整的描述请参见第 8 章。利用这样的近似代入(6.22)式，得

$$t_i = T_0 + \frac{R_{n_i}}{c} + \frac{x_n-x_i}{R_{n_i}c}\delta x_s + \frac{y_n-y_i}{R_{n_i}c}\delta y_s + \epsilon_i$$

与未知参数 δx_s 和 δy_s 是线性关系。另外，由于如图 6.3 所示，

$$\frac{x_n-x_i}{R_{n_i}} = \cos\alpha_i$$

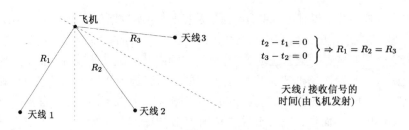

图 6.2　根据到达时间测量的时差对飞机进行定位

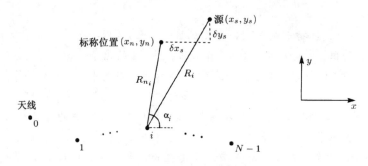

图 6.3　源定位几何图例

$$\frac{y_n - y_i}{R_{n_i}} = \sin \alpha_i$$

模型化简为

$$t_i = T_0 + \frac{R_{n_i}}{c} + \frac{\cos \alpha_i}{c} \delta x_s + \frac{\sin \alpha_i}{c} \delta y_s + \epsilon_i$$

项 R_{n_i}/c 是已知的常数，通过令（参见习题 6.6）

$$\tau_i = t_i - \frac{R_{n_i}}{c}$$

可以将 R_{n_i}/c 并入测量中。因此，对于我们的线性模型，可以有

$$\tau_i = T_0 + \frac{\cos \alpha_i}{c} \delta x_s + \frac{\sin \alpha_i}{c} \delta y_s + \epsilon_i \tag{6.25}$$

其中未知参数是 T_0、δx_s、δy_s。我们从实际情况考虑，假定源发射信号的时间 T_0 是未知的，T_0 的确定需要在源与接收机之间精确的时钟同步，出于经济原因的考虑应该避免使用 T_0。我们习惯于考虑到达的时差或 TDOA 测量来消除（6.25）式的 T_0。产生的 TDOA 如下所示：

$$
\begin{aligned}
\xi_1 &= \tau_1 - \tau_0 \\
\xi_2 &= \tau_2 - \tau_1 \\
&\vdots \\
\xi_{N-1} &= \tau_{N-1} - \tau_{N-2}
\end{aligned}
$$

那么，由（6.25）式我们得到最终的线性模型

$$\xi_i = \frac{1}{c}(\cos \alpha_i - \cos \alpha_{i-1}) \delta x_s + \frac{1}{c}(\sin \alpha_i - \sin \alpha_{i-1}) \delta y_s + \epsilon_i - \epsilon_{i-1} \tag{6.26}$$

其中 $i = 1, 2, \ldots, N-1$。另一种等效的方法是利用（6.25）式来估计 T_0 和源的位置。现在，我们把估计问题化简成了由高斯 – 马尔可夫定理描述的问题，其中

$$
\begin{aligned}
\boldsymbol{\theta} &= \begin{bmatrix} \delta x_s & \delta y_s \end{bmatrix}^T \\
\mathbf{H} &= \frac{1}{c} \begin{bmatrix}
\cos \alpha_1 - \cos \alpha_0 & \sin \alpha_1 - \sin \alpha_0 \\
\cos \alpha_2 - \cos \alpha_1 & \sin \alpha_2 - \sin \alpha_1 \\
\vdots & \vdots \\
\cos \alpha_{N-1} - \cos \alpha_{N-2} & \sin \alpha_{N-1} - \sin \alpha_{N-2}
\end{bmatrix} \\
\mathbf{w} &= \begin{bmatrix}
\epsilon_1 - \epsilon_0 \\
\epsilon_2 - \epsilon_1 \\
\vdots \\
\epsilon_{N-1} - \epsilon_{N-2}
\end{bmatrix}
\end{aligned}
$$

噪声矢量 $\mathbf{w}$ 是零均值的，但不再是由不相关随机变量组成的。为了求出协方差矩阵，我们注意到

$$
\mathbf{w} = \underbrace{\begin{bmatrix}
-1 & 1 & 0 & 0 & \ldots & 0 \\
0 & -1 & 1 & 0 & \ldots & 0 \\
\vdots & \vdots & \vdots & \vdots & \vdots & \vdots \\
0 & 0 & \ldots & 0 & -1 & 1
\end{bmatrix}}_{\mathbf{A}} \underbrace{\begin{bmatrix}
\epsilon_0 \\
\epsilon_1 \\
\vdots \\
\epsilon_{N-1}
\end{bmatrix}}_{\boldsymbol{\epsilon}}
$$

其中 $\mathbf{A}$ 是 $(N-1) \times N$ 维的。由于 $\boldsymbol{\epsilon}$ 的协方差矩阵是 $\sigma^2 \mathbf{I}$，我们有

$$\mathbf{C} = E[\mathbf{A}\boldsymbol{\epsilon}^T\mathbf{A}^T] = \sigma^2\mathbf{A}\mathbf{A}^T$$

由(6.19)式，源定位参数的 BLUE 为

$$
\begin{aligned}
\hat{\boldsymbol{\theta}} &= (\mathbf{H}^T\mathbf{C}^{-1}\mathbf{H})^{-1}\mathbf{H}^T\mathbf{C}^{-1}\boldsymbol{\xi} \\
&= [\mathbf{H}^T(\mathbf{A}\mathbf{A}^T)^{-1}\mathbf{H}]^{-1}\mathbf{H}^T(\mathbf{A}\mathbf{A}^T)^{-1}\boldsymbol{\xi}
\end{aligned}
\tag{6.27}
$$

由(6.20)式，最小方差为

$$\mathrm{var}(\hat{\theta}_i) = \sigma^2\left[\left\{\mathbf{H}^T(\mathbf{A}\mathbf{A}^T)^{-1}\mathbf{H}\right\}^{-1}\right]_{ii} \tag{6.28}$$

或者由(6.21)式，协方差矩阵为

$$\mathbf{C}_{\hat{\theta}} = \sigma^2\left[\mathbf{H}^T(\mathbf{A}\mathbf{A}^T)^{-1}\mathbf{H}\right]^{-1} \tag{6.29}$$

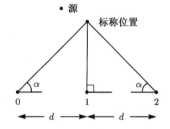

图 6.4   具有最小天线数的线阵源定位几何图例

例如，对于图 6.4 所示的三天线线阵（天线要求的最小数），我们有

$$\mathbf{H} = \frac{1}{c}\begin{bmatrix} -\cos\alpha & 1-\sin\alpha \\ -\cos\alpha & -(1-\sin\alpha) \end{bmatrix}$$

$$\mathbf{A} = \begin{bmatrix} -1 & 1 & 0 \\ 0 & -1 & 1 \end{bmatrix}$$

代入(6.29)式后，对于协方差矩阵我们有

$$\mathbf{C}_{\hat{\theta}} = \sigma^2 c^2\begin{bmatrix} \dfrac{1}{2\cos^2\alpha} & 0 \\ 0 & \dfrac{3/2}{(1-\sin\alpha)^2} \end{bmatrix}$$

为了获得最好的定位，我们希望 α 要小，这可以通过加大天线间隔 d 来实现，所以阵的基线即整个长度加大。注意，定位精度与距离有关，短的距离或小的 α 具有最好的精度。

参考文献

Anderson, T.W., *The Statistical Analysis of Time Series*, J. Wiley, New York, 1971.

Chamberlain, J., *The Principles of Interferometric Spectroscopy*, J. Wiley, New York, 1979.

Lee, H.B., "A Novel Procedure for Assessing the Accuracy of Hyperbolic Multilateration Systems," *IEEE Trans. Aerosp. Electron. Syst.*, Vol. 11, pp. 2–15, Jan. 1975.

习题

6.1   如果对于 $n = 0, 1, \ldots, N-1$，$x[n] = Ar^n + w[n]$，其中 A 是未知参数，r 是未知常数，$w[n]$ 是零均值方差为 σ^2 的白噪声。求 A 的 BLUE 和最小方差。当 $N\to\infty$ 时最小方差趋向于零吗？

6.2   在例 6.2 中令噪声方差为 $\sigma_n^2 = n + 1$，并考察当 $N\to\infty$ 时 BLUE 的方差会发生什么变化？当 $\sigma_n^2 = (n+1)^2$ 时重新进行考察，并且解释你的结果。

6.3   考虑一个在例 6.2 中描述的估计问题，但是现在假定噪声样本是相关的，协方差矩阵为

$$\mathbf{C} = \sigma^2\begin{bmatrix} 1 & \rho & & & & \\ \rho & 1 & & \mathbf{0} & & \mathbf{0} \\ & & 1 & \rho & & \\ \mathbf{0} & & \rho & 1 & \cdots & \mathbf{0} \\ \vdots & & \vdots & & \ddots & \vdots \\ & & & & 1 & \rho \\ \mathbf{0} & & \mathbf{0} & & \cdots & \rho & 1 \end{bmatrix}$$

其中 $|\rho| < 1$，矩阵的维数 N 是偶数。$\mathbf{C}$ 是块对角矩阵，所以很容易求逆（参见附录 1）。求 BLUE 和它的方差，并且解释你的结果。

6.4　观察到的 IID 样本 $\{x[0], x[1], \ldots, x[N-1]\}$ 服从如下分布：

a. 拉普拉斯

$$p(x[n]; \mu) = \frac{1}{2} \exp[-|x[n] - \mu|]$$

b. 高斯

$$p(x[n]; \mu) = \frac{1}{\sqrt{2\pi}} \exp\left[-\frac{1}{2}(x[n] - \mu)^2\right]$$

求两种情况下 BLUE 的均值 μ。解释一下 μ 的 MVU 估计量。

6.5　观察到的 IID 样本 $\{x[0], x[1], \ldots, x[N-1]\}$ 服从对数 PDF

$$p(x[n]; \theta) = \begin{cases} \dfrac{1}{\sqrt{2\pi}x[n]} \exp\left[-\dfrac{1}{2}(\ln x[n] - \theta)^2\right] & x[n] > 0 \\ 0 & x[n] < 0 \end{cases}$$

证明均值为 $\exp(\theta + 1/2)$，因此无偏约束不满足。使用随机变量变换 $y[n] = \ln x[n]$ 的方法，求 θ 的 BLUE。

6.6　在本题中，我们扩展标量 BLUE 的结果。假定 $E(x[n]) = \theta s[n] + \beta$，其中 θ 是待估计的未知参数，β 是已知常数，数据矢量 $\mathbf{x}$ 的协方差矩阵为 $\mathbf{C}$。在本题我们定义修正的（实际上是仿射的）线性估计量为

$$\hat{\theta} = \sum_{n=0}^{N-1} a_n x[n] + b$$

证明 BLUE 为

$$\hat{\theta} = \frac{\mathbf{s}^T \mathbf{C}^{-1}(\mathbf{x} - \beta \mathbf{1})}{\mathbf{s}^T \mathbf{C}^{-1} \mathbf{s}}$$

另外求最小方差。

6.7　假定观测到 $x[n] = As[n] + w[n]$，$n = 0, 1, \ldots, N-1$，其中 $w[n]$ 是零均值协方差阵为 $\mathbf{C}$ 的噪声，$s[n]$ 是已知信号。幅度 A 是待估计的量，求 BLUE。讨论如果 $\mathbf{C}$ 的特征矢量为 $\mathbf{s} = [s[0]s[1]\ldots s[N-1]]^T$，那么会发生什么情况？同时求最小方差。

6.8　继续习题 6.7，我们总是能够将 $\mathbf{s}$ 表示为 $\mathbf{C}$ 的特征矢量的线性组合，这是因为我们总是能够求出 N 个线性无关的特征矢量。而且可以证明，由于 $\mathbf{C}$ 的对称性，这些特征矢量是正交的。因此，信号的正交表示为

$$\mathbf{s} = \sum_{i=0}^{N-1} \alpha_i \mathbf{v}_i$$

其中 $\{\mathbf{v}_0, \mathbf{v}_1, \ldots, \mathbf{v}_{N-1}\}$ 是 $\mathbf{C}$ 的正交特征矢量，证明 BLUE 的最小方差为

$$\mathrm{var}(\hat{A}) = \frac{1}{\displaystyle\sum_{i=0}^{N-1} \frac{\alpha_i^2}{\lambda_i}}$$

其中 λ_i 是 $\mathbf{C}$ 对应于特征矢量 $\mathbf{v}_i$ 的特征值。其次，证明信号能量 $\mathcal{E} = \mathbf{s}^T \mathbf{s}$ 由 $\sum_{i=0}^{N-1} \alpha_i^2$ 给出。最后证明，如果约束能量为某个值 $\mathcal{E}_0$，那么 BLUE 的最小可能方差通过选择

$$\mathbf{s} = c\mathbf{v}_{\min}$$

而得到，其中 $\mathbf{v}_{\min}$ 是 $\mathbf{C}$ 对应于最小特征值的特征矢量，c 的选择要满足能量约束 $\mathcal{E}_0 = \mathbf{s}^T \mathbf{s} = c^2$。假定 $\mathbf{C}$ 的特征值是不同的，解释为什么这样的结果是有意义的。

6.9　在启闭键控（OOK）的通信系统中，我们发射两个信号中的一个，即

$$s_0(t) = 0 \qquad 0 \leqslant t \leqslant T$$

表示二进制 0，而

$$s_1(t) = A \cos 2\pi f_1 t \qquad 0 \leqslant t \leqslant T$$

表示二进制 1。假定幅度是正的，为了确定发射的是哪一位信息，我们对接收的波形进行采样，得到

$$x[n] = s_i[n] + w[n] \qquad n = 0, 1, \ldots, N-1$$

如果发射 0，那么我们有 $s_i[n] = 0$；如果发射 1，则我们有 $s_i[n] = A\cos 2\pi f_1 n$（假定采样率为 1 样本/秒）。由 $w[n]$ 给出的噪声样本用来模拟信道噪声。一个简单的接收机可以用来估计正弦信号的幅度 A，如果 $\hat{A} > \gamma$，判发射的信号为 1；如果 $\hat{A} < \gamma$，判发射的信号为 0。因此，等价的问题是根据接收数据

$$x[n] = A\cos 2\pi f_1 n + w[n] \qquad n = 0, 1, \ldots, N-1$$

来估计幅度 A，其中 $w[n]$ 是零均值且协方差矩阵为 $\mathbf{C} = \sigma^2 \mathbf{I}$ 的噪声。求本题的 BLUE，解释导出的检测器。求发射机在 $0 \leqslant f_1 < 1/2$ 内使用的最好的频率。

6.10 我们继续习题 6.9，考察在色噪声环境下 OOK 系统信号选择的问题，令噪声 $w[n]$ 是零均值的 WSS 随机过程，ACF 为

$$r_{ww}[k] = \begin{cases} 1.81 & k = 0 \\ 0 & k = 1 \\ 0.9 & k = 2 \\ 0 & k \geqslant 3 \end{cases}$$

求 PSD，并且对于 $0 \leqslant f \leqslant 1/2$ 画出 PSD 的图形。和前一个习题一样，对于 $N = 50$，求产生 BLUE 最小方差的频率。提示：需要利用计算机。

6.11 考虑 WSS 中估计 DC 电平的问题，给定

$$x[n] = A + w[n] \qquad n = 0, 1, \ldots, N-1$$

其中 $w[n]$ 是零均值 WSS 随机过程，ACF 为 $r_{ww}[k]$，估计 A。建议在 $n = N-1$ 时用图 6.5 所示的 FIR 滤波器的输出来估计 A。注意估计量为

$$\hat{A} = \sum_{k=0}^{N-1} h[k] x[N-1-k]$$

输入 $x[n]$ 假定在 $n < 0$ 时为零。为了得到好的估计量，我们希望有一个滤波器，它让 DC 信号 A 通过，但阻止噪声 $w[n]$。因此，我们选择 $H(\exp(j0)) = 1$ 为约束条件，通过选择 FIR 滤波器的系数 $h[k]$，使输出的噪声功率在 $n = N-1$ 时达到最小。求最佳滤波器系数和最佳滤波器输出端的最小噪声功率，解释你的结果。

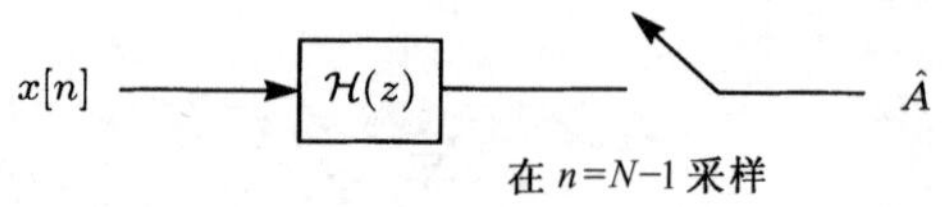

$$\mathcal{H}(z) = \sum_{k=0}^{N-1} h[k] z^{-k}$$

图 6.5　习题 6.11 的 FIR 滤波器估计量

6.12 证明 BLUE 对于 $\boldsymbol{\theta}$ 的线性变化的互易性。这样，如果我们希望估计

$$\boldsymbol{\alpha} = \mathbf{B}\boldsymbol{\theta} + \mathbf{b}$$

其中 $\mathbf{B}$ 是已知的 $p \times p$ 可逆矩阵，$\mathbf{b}$ 是已知的 $p \times 1$ 的矢量，证明 BLUE 由下式给出，

$$\hat{\boldsymbol{\alpha}} = \mathbf{B}\hat{\boldsymbol{\theta}} + \mathbf{b}$$

其中 $\hat{\boldsymbol{\theta}}$ 是 $\boldsymbol{\theta}$ 的 BLUE。假定 $\mathbf{x} = \mathbf{H}\boldsymbol{\theta} + \mathbf{w}$，其中 $E(\mathbf{w}) = \mathbf{0}$，$E(\mathbf{ww}^T) = \mathbf{C}$。提示：在数据模型中用 $\boldsymbol{\theta}$ 取代 $\boldsymbol{\alpha}$。

6.13 在本习题中证明 BLUE 与第 8 章中要讨论的加权最小二乘估计量相同。加权最小二乘估计量通过使准则

$$J = (\mathbf{x} - \mathbf{H}\boldsymbol{\theta})^T \mathbf{C}^{-1} (\mathbf{x} - \mathbf{H}\boldsymbol{\theta})$$

最小而求得的。证明，使 J 最小的 $\boldsymbol{\theta}$ 是 BLUE。

6.14 噪声过程由 IID 零均值、PDF 为

$$p(w[n]) = \frac{1-\epsilon}{\sqrt{2\pi\sigma_B^2}} \exp\left[-\frac{1}{2}\left(\frac{w^2[n]}{\sigma_b^2}\right)\right] + \frac{\epsilon}{\sqrt{2\pi\sigma_I^2}} \exp\left[-\frac{1}{2}\left(\frac{w^2[n]}{\sigma_I^2}\right)\right]$$

的随机变量组成, 其中 $0 < \epsilon < 1$。这样的 PDF 称为高斯混合 PDF, 它用来模拟 $100(1 - \epsilon)\%$ 具有方差为 σ_B^2 的高斯噪声以及剩余的服从方差 σ_I^2 的高斯噪声。一般 $\sigma_I^2 >> \sigma_B^2$ 且 $\epsilon << 1$, 所以具有方差为 σ_B^2 的背景噪声在噪声中起主要作用, 但是也包含高电平事件或干扰, 这是使用方差为 σ_I^2 的高斯噪声来模拟的。证明, 这种 PDF 的方差为

$$\sigma^2 = (1-\epsilon)\sigma_B^2 + \epsilon\sigma_I^2$$

如果认为 $\{w^2[0], w^2[1], \ldots, w^2[N-1]\}$ 是数据, 且 σ_B^2 假定已知, 求 σ_I^2 的 BLUE。提示: 利用习题 6.12 的结果。

6.15 对于一般线性模型

$$\mathbf{x} = \mathbf{H}\boldsymbol{\theta} + \mathbf{s} + \mathbf{w}$$

其中 $\mathbf{s}$ 是已知的 $N \times 1$ 的矢量, $E(\mathbf{w}) = \mathbf{0}$, $E(\mathbf{w}\mathbf{w}^T) = \mathbf{C}$, 求 BLUE。

6.16 在实现定理 6.1 描述的线性模型的 BLUE 中, 我们可能不知道错误地使用了协方差矩阵而形成了估计, 即

$$\hat{\boldsymbol{\theta}} = (\mathbf{H}^T\hat{\mathbf{C}}^{-1}\mathbf{H})^{-1}\mathbf{H}^T\hat{\mathbf{C}}^{-1}\mathbf{x}$$

为了考察这种模型误差的影响, 假定我们希望像例 6.2 那样估计 A。求这个估计量的方差, 以及在 $N = 2$ 且

$$\mathbf{C} = \begin{bmatrix} 1 & 0 \\ 0 & 1 \end{bmatrix}$$

$$\hat{\mathbf{C}} = \begin{bmatrix} 1 & 0 \\ 0 & \alpha \end{bmatrix}$$

时 BLUE 的方差。比较当 $\alpha \to 0$、$\alpha = 1$ 和 $\alpha \to \infty$ 时的方差。

附录 6A 标量 BLUE 的推导

为了在约束 $\mathbf{a}^T\mathbf{s} = 1$ 下使 $\mathrm{var}(\hat{\theta}) = \mathbf{a}^T\mathbf{C}\mathbf{a}$ 最小，我们使用拉格朗日乘因子的方法。拉格朗日函数 J 变成

$$J = \mathbf{a}^T\mathbf{C}\mathbf{a} + \lambda(\mathbf{a}^T\mathbf{s} - 1)$$

利用(4.3)式，对于 $\mathbf{a}$ 的梯度为

$$\frac{\partial J}{\partial \mathbf{a}} = 2\mathbf{C}\mathbf{a} + \lambda\mathbf{s}$$

令这个等式为零矢量，解方程得

$$\mathbf{a} = -\frac{\lambda}{2}\mathbf{C}^{-1}\mathbf{s}$$

拉格朗日乘因子 λ 可以通过约束方程

$$\mathbf{a}^T\mathbf{s} = -\frac{\lambda}{2}\mathbf{s}^T\mathbf{C}^{-1}\mathbf{s} = 1$$

求得，即

$$-\frac{\lambda}{2} = \frac{1}{\mathbf{s}^T\mathbf{C}^{-1}\mathbf{s}}$$

所以当

$$\mathbf{a}_{\mathrm{opt}} = \frac{\mathbf{C}^{-1}\mathbf{s}}{\mathbf{s}^T\mathbf{C}^{-1}\mathbf{s}}$$

时，满足约束条件的梯度为零。对于这样一个 $\mathbf{a}$ 值，方差为

$$
\begin{aligned}
\mathrm{var}(\hat{\theta}) &= \mathbf{a}_{\mathrm{opt}}^T\mathbf{C}\mathbf{a}_{\mathrm{opt}} \\
&= \frac{\mathbf{s}^T\mathbf{C}^{-1}\mathbf{C}\mathbf{C}^{-1}\mathbf{s}}{(\mathbf{s}^T\mathbf{C}^{-1}\mathbf{s})^2} \\
&= \frac{1}{\mathbf{s}^T\mathbf{C}^{-1}\mathbf{s}}
\end{aligned}
$$

$\mathbf{a}_{\mathrm{opt}}$ 确实是全局最小，而不是局部最小，这可以通过函数

$$G = (\mathbf{a} - \mathbf{a}_{\mathrm{opt}})^T\mathbf{C}(\mathbf{a} - \mathbf{a}_{\mathrm{opt}})$$

加以验证。展开 G，我们有

$$
\begin{aligned}
G &= \mathbf{a}^T\mathbf{C}\mathbf{a} - 2\mathbf{a}_{\mathrm{opt}}^T\mathbf{C}\mathbf{a} + \mathbf{a}_{\mathrm{opt}}^T\mathbf{C}\mathbf{a}_{\mathrm{opt}} \\
&= \mathbf{a}^T\mathbf{C}\mathbf{a} - 2\frac{\mathbf{s}^T\mathbf{C}^{-1}\mathbf{C}\mathbf{a}}{\mathbf{s}^T\mathbf{C}^{-1}\mathbf{s}} + \frac{1}{\mathbf{s}^T\mathbf{C}^{-1}\mathbf{s}} \\
&= \mathbf{a}^T\mathbf{C}\mathbf{a} - \frac{1}{\mathbf{s}^T\mathbf{C}^{-1}\mathbf{s}}
\end{aligned}
$$

其中我们使用了约束方程。因此，

$$\mathbf{a}^T\mathbf{C}\mathbf{a} = (\mathbf{a} - \mathbf{a}_{\mathrm{opt}})^T\mathbf{C}(\mathbf{a} - \mathbf{a}_{\mathrm{opt}}) + \frac{1}{\mathbf{s}^T\mathbf{C}^{-1}\mathbf{s}}$$

只有在 $\mathbf{a} = \mathbf{a}_{\mathrm{opt}}$ 时，上式才唯一地达到最小。这是因为 $\mathbf{C}$ 的正定性质，右边第一项对于所有的 $(\mathbf{a} - \mathbf{a}_{\mathrm{opt}}) \neq \mathbf{0}$ 都是大于等于零的。

附录 6B　矢量 BLUE 的推导

为了推导矢量参数的 BLUE，我们需要在约束

$$\mathbf{a}_i^T \mathbf{h}_j = \delta_{ij} \qquad i = 1, 2, \ldots, p; j = 1, 2, \ldots, p$$

且 $i = 1, 2, \ldots, p$ 的情况下，使下式最小，

$$\mathrm{var}(\hat{\theta}_i) = \mathbf{a}_i^T \mathbf{C} \mathbf{a}_i$$

这个问题除对 $\mathbf{a}_i$ 附加约束条件外与标量情况相同（参见附录 6A）。这里对 $\mathbf{a}_i$ 有 p 个约束而不是一个约束。由于每个 $\mathbf{a}_i$ 没有假定任何值，彼此无关，我们实际上有 p 个独立的最小化问题，只是通过约束条件而联系起来。采用与附录 6A 类似的方法，我们考虑 $\mathbf{a}_i$ 的拉格朗日函数，

$$J_i = \mathbf{a}_i^T \mathbf{C} \mathbf{a}_i + \sum_{j=1}^{p} \lambda_j^{(i)} (\mathbf{a}_i^T \mathbf{h}_j - \delta_{ij})$$

利用(4.3)式求拉格朗日的梯度，

$$\frac{\partial J_i}{\partial \mathbf{a}_i} = 2\mathbf{C} \mathbf{a}_i + \sum_{j=1}^{p} \lambda_j^{(i)} \mathbf{h}_j$$

我们现在令 $\boldsymbol{\lambda}_i = [\lambda_1^{(i)} \lambda_2^{(i)} \ldots \lambda_p^{(i)}]^T$，并且注意到 $\mathbf{H} = [\mathbf{h}_1 \mathbf{h}_2 \ldots \mathbf{h}_p]$，得

$$\frac{\partial J_i}{\partial \mathbf{a}_i} = 2\mathbf{C} \mathbf{a}_i + \mathbf{H} \boldsymbol{\lambda}_i$$

令梯度等于零，得

$$\mathbf{a}_i = -\frac{1}{2} \mathbf{C}^{-1} \mathbf{H} \boldsymbol{\lambda}_i \tag{6B.1}$$

为了求拉格朗日乘因子，我们利用约束方程，

$$\mathbf{a}_i^T \mathbf{h}_j = \delta_{ij} \qquad j = 1, 2, \ldots, p$$

或者使用组合形式

$$\begin{bmatrix} \mathbf{h}_1^T \\ \vdots \\ \mathbf{h}_{i-1}^T \\ \mathbf{h}_i^T \\ \mathbf{h}_{i+1}^T \\ \vdots \\ \mathbf{h}_p^T \end{bmatrix} \mathbf{a}_i = \begin{bmatrix} 0 \\ \vdots \\ 0 \\ 1 \\ 0 \\ \vdots \\ 0 \end{bmatrix}$$

令 $\mathbf{e}_i$ 表示除第 i 个位置外全为零的矢量，我们有约束方程

$$\mathbf{H}^T \mathbf{a}_i = \mathbf{e}_i$$

利用(6B.1)式，约束方程变成

$$\mathbf{H}^T \mathbf{a}_i = -\frac{1}{2} \mathbf{H}^T \mathbf{C}^{-1} \mathbf{H} \boldsymbol{\lambda}_i = \mathbf{e}_i$$

假定 $\mathbf{H}^T \mathbf{C}^{-1} \mathbf{H}$ 是可逆的，那么拉格朗日乘因子是

$$-\frac{1}{2}\lambda_i = (\mathbf{H}^T\mathbf{C}^{-1}\mathbf{H})^{-1}\mathbf{e}_i$$

在(6B.1)式中利用这个结果可以得到最终结果，

$$\mathbf{a}_{i_{\mathrm{opt}}} = \mathbf{C}^{-1}\mathbf{H}(\mathbf{H}^T\mathbf{C}^{-1}\mathbf{H})^{-1}\mathbf{e}_i \tag{6B.2}$$

对应的方差为

$$
\begin{aligned}
\mathrm{var}(\hat{\theta}_i) &= \mathbf{a}_{i_{\mathrm{opt}}}^T\mathbf{C}\mathbf{a}_{i_{\mathrm{opt}}}\\
&= \mathbf{e}_i^T(\mathbf{H}^T\mathbf{C}^{-1}\mathbf{H})^{-1}\mathbf{H}^T\mathbf{C}^{-1}\mathbf{C}\mathbf{C}^{-1}\mathbf{H}(\mathbf{H}^T\mathbf{C}^{-1}\mathbf{H})^{-1}\mathbf{e}_i\\
&= \mathbf{e}_i^T(\mathbf{H}^T\mathbf{C}^{-1}\mathbf{H})^{-1}\mathbf{e}_i
\end{aligned}
$$

利用附录 6A 类似的方法，可以证明 $\mathbf{a}_{i_{\mathrm{opt}}}$ 产生全局最小。通过令

$$
\begin{aligned}
\hat{\boldsymbol{\theta}} &= \begin{bmatrix} \mathbf{a}_{1_{\mathrm{opt}}}^T\mathbf{x}\\ \mathbf{a}_{2_{\mathrm{opt}}}^T\mathbf{x}\\ \vdots\\ \mathbf{a}_{p_{\mathrm{opt}}}^T\mathbf{x} \end{bmatrix} = \begin{bmatrix} \mathbf{e}_1^T(\mathbf{H}^T\mathbf{C}^{-1}\mathbf{H})^{-1}\mathbf{H}^T\mathbf{C}^{-1}\mathbf{x}\\ \mathbf{e}_2^T(\mathbf{H}^T\mathbf{C}^{-1}\mathbf{H})^{-1}\mathbf{H}^T\mathbf{C}^{-1}\mathbf{x}\\ \vdots\\ \mathbf{e}_p^T(\mathbf{H}^T\mathbf{C}^{-1}\mathbf{H})^{-1}\mathbf{H}^T\mathbf{C}^{-1}\mathbf{x} \end{bmatrix}\\
&= \begin{bmatrix} \mathbf{e}_1^T\\ \mathbf{e}_2^T\\ \vdots\\ \mathbf{e}_p^T \end{bmatrix}(\mathbf{H}^T\mathbf{C}^{-1}\mathbf{H})^{-1}\mathbf{H}^T\mathbf{C}^{-1}\mathbf{x}\\
&= (\mathbf{H}^T\mathbf{C}^{-1}\mathbf{H})^{-1}\mathbf{H}^T\mathbf{C}^{-1}\mathbf{x}
\end{aligned}
$$

由于 $[\mathbf{e}_1\ \mathbf{e}_2\dots\mathbf{e}_p]^T$ 是单位矩阵，我们可以使用更为紧凑的形式来表示矢量 BLUE。另外，$\hat{\boldsymbol{\theta}}$ 的协方差矩阵为

$$\mathbf{C}_{\hat{\theta}} = E\left[(\hat{\boldsymbol{\theta}} - E(\hat{\boldsymbol{\theta}}))(\hat{\boldsymbol{\theta}} - E(\hat{\boldsymbol{\theta}}))^T\right]$$

其中

$$
\begin{aligned}
\hat{\boldsymbol{\theta}} - E(\hat{\boldsymbol{\theta}}) &= (\mathbf{H}^T\mathbf{C}^{-1}\mathbf{H})^{-1}\mathbf{H}^T\mathbf{C}^{-1}(\mathbf{H}\boldsymbol{\theta} + \mathbf{w}) - E(\hat{\boldsymbol{\theta}})\\
&= (\mathbf{H}^T\mathbf{C}^{-1}\mathbf{H})^{-1}\mathbf{H}^T\mathbf{C}^{-1}\mathbf{w}
\end{aligned}
$$

这样，

$$\mathbf{C}_{\hat{\theta}} = E[(\mathbf{H}^T\mathbf{C}^{-1}\mathbf{H})^{-1}\mathbf{H}^T\mathbf{C}^{-1}\mathbf{w}\mathbf{w}^T\mathbf{C}^{-1}\mathbf{H}(\mathbf{H}^T\mathbf{C}^{-1}\mathbf{H})^{-1}]$$

由于 $\mathbf{w}$ 的协方差矩阵是 $\mathbf{C}$，我们有

$$
\begin{aligned}
\mathbf{C}_{\hat{\theta}} &= (\mathbf{H}^T\mathbf{C}^{-1}\mathbf{H})^{-1}\mathbf{H}^T\mathbf{C}^{-1}\mathbf{C}\mathbf{C}^{-1}\mathbf{H}(\mathbf{H}^T\mathbf{C}^{-1}\mathbf{H})^{-1}\\
&= (\mathbf{H}^T\mathbf{C}^{-1}\mathbf{H})^{-1}
\end{aligned}
$$

由 $\mathbf{C}_{\hat{\theta}}$ 的对角元素给出了最小方差，即前面已经推导过的，

$$\mathrm{var}(\hat{\theta}_i) = \mathbf{e}_i^T\mathbf{C}_{\hat{\theta}}\mathbf{e}_i = [(\mathbf{H}^T\mathbf{C}^{-1}\mathbf{H})^{-1}]_{ii}$$

第 7 章　最大似然估计

7.1　引言

本章探讨 MVU 估计量的一种替代形式，在 MVU 估计量不存在或者存在但不能求解的情况下，这种方法是很有效的。这种基于最大似然原理的估计，是人们获得实用估计的最通用的方法。其独特的特点在于它是"转动摇把"的方法，利用它可简便地实现对复杂的估计问题的求解。另外，对于绝大多数实用的最大似然估计，当观测数据足够多时，其性能是最优的。特别是由于它的近似效率高，因此非常接近 MVU 估计量。基于以上这些原因，几乎所有实用的估计都是基于最大似然原理。

7.2　小结

在 7.3 节中，我们讨论了一个达不到 CRLB 的估计问题，因此不存在一个有效的估计量，且也不能实现第 5 章介绍的利用充分统计量求解 MVU 估计的方法。不过，我们所考察的估计量，对于大量观测数据而言是渐近有效的估计量。这就是最大似然估计量（MLE），它定义为使似然函数最大的 θ 值。总之，正如定理 7.1 所述，MLE 具有渐近无偏特性，可达到 CRLB，并且具有高斯 PDF，因此可以称其是渐近最优的估计。例 7.6 也证明了噪声中的信号估计，在高 SNR 情况下，MLE 可以达到 CRLB。根据定理 7.2 所述的不变性，θ 的 MLE 可用于求 θ 函数的 MLE。如果求不出 MLE 的闭合表达形式，那么可以采用网格搜索法或似然函数迭代最大化的数值方法来求解。这些迭代方法，诸如 Newton-Raphson 法（7.29）式和得分法（7.33）式，仅在网格搜索法失去作用时才使用，但是不能保证 MLE 收敛。矢量参数 θ 的 MLE 使矢量 θ 的分量的似然函数最大。定理 7.3 总结了矢量参数 MLE 的渐近特性，定理 7.4 总结了其不变性；对于有限数据记录，线性模型的 MLE 可达到 CRLB。导出的估计量就是定理 7.5 所总结的通常 MVU 估计量。根据 Newton-Raphson 法（7.48）式和得分法（7.50）式，可求矢量参数 MLE 的数值解。另外一种求解方法是数学期望最大（expectation-max-imization，EM）算法（7.56）式和（7.57）式，其本质仍为迭代算法。最后，对于 WSS 高斯随机过程，通过求渐近对数似然函数（7.60）式的极大值，可近似求出其 MLE。与精确 MLE 求解相比，这种方法的计算量大大地减少了。

7.3　举例

作为我们为什么对近似最佳估计量感兴趣的理由，现在考察一个估计问题，它没有明显的方法求得 MVU 估计量。利用基于最大似然原理的估计量，即最大似然估计量（maximum likelihood estimator，MLE），我们可以求得非常接近于 MVU 估计量的估计量。其近似的本质在于，对于足够多的数据记录，MLE 具有渐近有效性。

例 7.1　高斯白噪声中的 DC 电平——修正

设观测数据集　　　　　　　　$x[n] = A + w[n] \qquad n = 0, 1, \ldots, N-1$

其中 A 是假定为正（$A > 0$）的未知电平，$w[n]$ 是具有未知方差 A 的 WGN。这个问题不同于通常的问题（参见例 3.3），不同之处在于未知参数 A 与均值和方差有关系。为了求得 A 的

MVU 估计量, 应首先确定其 CRLB(参见第 3 章), 判断它是否满足等式。其 PDF 为

$$p(\mathbf{x}; A) = \frac{1}{(2\pi A)^{\frac{N}{2}}} \exp\left[-\frac{1}{2A}\sum_{n=0}^{N-1}(x[n]-A)^2\right] \tag{7.1}$$

求对数似然函数(PDF 的对数仍是参数 A 的函数)的导数, 得

$$\begin{aligned}
\frac{\partial \ln p(\mathbf{x}; A)}{\partial A} &= -\frac{N}{2A} + \frac{1}{A}\sum_{n=0}^{N-1}(x[n]-A) + \frac{1}{2A^2}\sum_{n=0}^{N-1}(x[n]-A)^2 \\
&\stackrel{?}{=} I(A)(\hat{A}-A)
\end{aligned}$$

对数似然函数求导后能否表示成所希望的形式是不太清楚的, 它是在某次偶然的观测中出现的, 似乎不能表示成这种形式, 因此不存在有效估计。不过对于这个问题, 我们仍可确定其 CRLB 来求解它的估计(参见习题 7.1), 即

$$\text{var}(\hat{A}) \geqslant \frac{A^2}{N(A+\frac{1}{2})} \tag{7.2}$$

下面, 我们试图利用充分统计量理论(参见第 5 章)来求解其 MVU 估计量。为了把(7.1)式因子分解为(5.3)式的形式, 我们注意到

$$\frac{1}{A}\sum_{n=0}^{N-1}(x[n]-A)^2 = \frac{1}{A}\sum_{n=0}^{N-1}x^2[n] - 2N\bar{x} + NA$$

故其 PDF 因子分解为

$$p(\mathbf{x}; A) = \underbrace{\frac{1}{(2\pi A)^{\frac{N}{2}}}\exp\left[-\frac{1}{2}\left(\frac{1}{A}\sum_{n=0}^{N-1}x^2[n] + NA\right)\right]}_{g\left(\sum_{n=0}^{N-1}x^2[n],\, A\right)}\underbrace{\exp(N\bar{x})}_{h(\mathbf{x})}$$

根据 Neyman-Fisher 因子分解定理, A 的充分统计量为 $T(\mathbf{x}) = \sum_{n=0}^{N-1}x^2[n]$。下一步则要在假设 $T(\mathbf{x})$ 是一个完备的充分统计量的条件下, 寻找一个能产生无偏估计量的充分统计量函数。因此, 我们有必要找到一个函数 g, 即

$$E\left[g\left(\sum_{n=0}^{N-1}x^2[n]\right)\right] = A \qquad \text{对于所有的 } A > 0$$

因为

$$\begin{aligned}
E\left[\sum_{n=0}^{N-1}x^2[n]\right] &= NE[x^2[n]] \\
&= N\left[\text{var}(x[n]) + E^2(x[n])\right] \\
&= N(A+A^2)
\end{aligned}$$

如何选择 g 是不清楚的, 也不能简单地像例 5.8 所做的那样给充分统计量乘以一个比例因子来使它成为无偏估计。

另一种方法是确定条件数学期望 $E(\hat{A}\,|\,\sum_{n=0}^{N-1}x^2[n])$, 其中 $\hat{A}$ 是任意无偏估计量。例如, 如果选择无偏估计量 $\hat{A}=x[0]$, 那么 MVU 估计量就具有如下形式:

$$E\left(x[0]\,\middle|\,\sum_{n=0}^{N-1}x^2[n]\right) \tag{7.3}$$

不过, 计算条件数学期望的难度看起来也非常大。

至此，我们用尽了各种可能的最佳方法，但这并不等于我们不能提出一些估计量。一种可能的估计方法是考虑 A 等于均值，因为我们知道 $A>0$，所以

$$\hat{A}_1 = \begin{cases} \bar{x} & \bar{x} > 0 \\ 0 & \bar{x} \leqslant 0 \end{cases}$$

另一种估计方法是考虑 A 等于方差，则

$$\hat{A}_2 = \frac{1}{N-1} \sum_{n=0}^{N-1} (x[n] - \hat{A}_1)^2$$

（参见习题 7.2）。但是，这些估计方法都不能称为某种意义下的最佳估计量。

因为无法求解 MVU 估计量，所以我们提出一种准最佳估计量，当观测数据记录足够多或者当 $N \to \infty$ 时，这种估计量是有效的，其均值为

$$E(\hat{A}) \quad \rightarrow \quad A \tag{7.4}$$

$$\mathrm{var}(\hat{A}) \quad \rightarrow \quad \mathrm{CRLB} \tag{7.5}$$

其 CRLB 由 (7.2) 式给出。满足 (7.4) 式的估计 $\hat{A}$ 称为渐近无偏估计；如果该估计又满足 (7.5) 式，则称为渐近有效估计。对于有限长度的数据记录，其最佳性是有保证的（可以参见习题 7.4）。也许还存在比这更好的估计量，但要找到它们可能颇费周折。

例 7.2 高斯白噪声中的 DC 电平——修正（继续）

我们提出如下估计量：

$$\hat{A} = -\frac{1}{2} + \sqrt{\frac{1}{N} \sum_{n=0}^{N-1} x^2[n] + \frac{1}{4}} \tag{7.6}$$

该估计量是有偏估计，因为

$$\begin{aligned}
E(\hat{A}) &= E\left(-\frac{1}{2} + \sqrt{\frac{1}{N} \sum_{n=0}^{N-1} x^2[n] + \frac{1}{4}} \right) \\
&\neq -\frac{1}{2} + \sqrt{E\left(\frac{1}{N} \sum_{n=0}^{N-1} x^2[n] \right) + \frac{1}{4}} \qquad \text{对于所有的 } A \\
&= -\frac{1}{2} + \sqrt{A + A^2 + \frac{1}{4}} \\
&= A
\end{aligned}$$

尽管如此，当 $N \to \infty$ 时，这仍不失为一种合理估计量，根据大数律，得

$$\frac{1}{N} \sum_{n=0}^{N-1} x^2[n] \to E(x^2[n]) = A + A^2$$

因此从 (7.6) 式可得

$$\hat{A} \to A$$

我们称估计量 $\hat{A}$ 为一致估计量（参见习题 7.5 和习题 7.6）。当 $N \to \infty$ 时，我们可以利用 3.6 节所介绍的统计线性化理论，求解估计量 $\hat{A}$ 的均值和方差。在本例题中，对于大的数据记录，$\frac{1}{N} \sum_{n=0}^{N-1} x^2[n]$ 的 PDF 集中在其均值 $A + A^2$ 附近。这使得我们可以对 (7.6) 式给出的函数进行线性化，从而将 $\frac{1}{N} \sum_{n=0}^{N-1} x^2[n]$ 变换为 $\hat{A}$。令该函数为 g，则

$$\hat{A} = g(u)$$

其中，$u = \dfrac{1}{N} \sum_{n=0}^{N-1} x^2[n]$，因此

$$g(u) = -\frac{1}{2} + \sqrt{u + \frac{1}{4}}$$

在 $u_0 = E(u) = A + A^2$ 附近进行线性化，得

$$g(u) \approx g(u_0) + \frac{dg(u)}{du}\Big|_{u=u_0} (u - u_0)$$

或

$$\hat{A} \approx A + \frac{\frac{1}{2}}{A + \frac{1}{2}}\left[\frac{1}{N}\sum_{n=0}^{N-1} x^2[n] - (A + A^2)\right] \tag{7.7}$$

现在可求得其渐近均值为

$$E(\hat{A}) = A$$

所以估计 $\hat{A}$ 是渐近无偏的。另外，根据(7.7)式，其渐近方差变为

$$\begin{aligned}
\mathrm{var}(\hat{A}) &= \left(\frac{\frac{1}{2}}{A+\frac{1}{2}}\right)^2 \mathrm{var}\left[\frac{1}{N}\sum_{n=0}^{N-1} x^2[n]\right] \\
&= \frac{\frac{1}{4}}{N(A+\frac{1}{2})^2}\mathrm{var}(x^2[n])
\end{aligned}$$

但可以证明 $\mathrm{var}(x^2[n])$ 为 $4A^3 + 2A^2$（参见3.6节），因此

$$\begin{aligned}
\mathrm{var}(\hat{A}) &= \frac{\frac{1}{4}}{N(A+\frac{1}{2})^2}4A^2(A+\frac{1}{2}) \\
&= \frac{A^2}{N(A+\frac{1}{2})}
\end{aligned}$$

根据(7.2)式这就是其 CRLB。

综上所述，(7.6)式提出的估计量是渐近无偏估计并渐近达到了 CRLB。因此，该估计量是渐近有效估计。而且，根据中心极限定理，当 $N\to\infty$ 时，随机变量 $\dfrac{1}{N}\sum_{n=0}^{N-1} x^2[n]$ 是高斯分布的，因为当观测数据记录足够多时，估计 $\hat{A}$ 是这个高斯随机变量的线性函数[参见(7.7)式]，因此它也具有高斯的 PDF。

上面讨论的估计称为 MLE，下一节将讨论如何求得它。

7.4　求 MLE

标量参数的 MLE 定义为对于固定的 $\mathbf{x}$，使 $p(\mathbf{x};\theta)$ 最大的 θ 值，也就是使似然函数最大的 θ 值，最大化是在 θ 允许的范围内求得的。在前面的例题中，要求 $A > 0$。因为 $p(\mathbf{x};\theta)$ 是 $\mathbf{x}$ 的函数，求最大值得到的估计 $\hat{\theta}$ 也是 $\mathbf{x}$ 的函数。MLE 的基本原理是根据对于某个给定的 θ，$\mathbf{x}$ 落在一个小区域的概率为 $p(\mathbf{x};\theta)d\mathbf{x}$。在图 7.1 中，PDF 是在给定 $\mathbf{x} = \mathbf{x}_0$ 时计算得到的，于是画出了它与 θ 的关系曲线。对于每一个 θ 的 $p(\mathbf{x} = \mathbf{x}_0;\theta)d\mathbf{x}$ 值表明了对于给定的

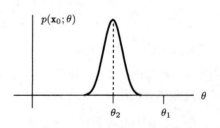

图7.1　最大似然估计原理

θ 值，$\mathbf{x}$ 落在 R^N 区域中以 $\mathbf{x}_0$ 为中心的 $d\mathbf{x}$ 区域内的概率。如果已经观测到 $\mathbf{x} = \mathbf{x}_0$，那么可推断 $\theta = \theta_1$ 是不大合理的。因为如果 $\theta = \theta_1$，那么实际上观测 $\mathbf{x} = \mathbf{x}_0$ 的概率应该非常小。看起来 $\theta = \theta_2$ 更有可能是真值。观察到 $\mathbf{x} = \mathbf{x}_0$ 的概率很高，数据 $\mathbf{x}_0$ 实际上就是观测到的数据。于是，可选 $\hat{\theta} = \theta_2$ 作为我们的估计，即选择在 θ 允许的范围内，使 $p(\mathbf{x} = \mathbf{x}_0 ; \theta)$ 最大的 θ 值作为估计。下面继续讨论例题。

例 7.3　高斯白噪声中的 DC 电平——修正（继续）

为了真正求解这个问题的 MLE，首先由（7.1）式写出其 PDF

$$p(\mathbf{x}; A) = \frac{1}{(2\pi A)^{\frac{N}{2}}} \exp\left[-\frac{1}{2A} \sum_{n=0}^{N-1} (x[n] - A)^2\right]$$

考虑到此式是 A 的函数，因此它变成了似然函数。取对数似然函数关于 A 的导数，得

$$\frac{\partial \ln p(\mathbf{x}; A)}{\partial A} = -\frac{N}{2A} + \frac{1}{A} \sum_{n=0}^{N-1} (x[n] - A) + \frac{1}{2A^2} \sum_{n=0}^{N-1} (x[n] - A)^2$$

令它等于零，可得

$$\hat{A}^2 + \hat{A} - \frac{1}{N} \sum_{n=0}^{N-1} x^2[n] = 0$$

求解 $\hat{A}$ 得到两个解

$$\hat{A} = -\frac{1}{2} \pm \sqrt{\frac{1}{N} \sum_{n=0}^{N-1} x^2[n] + \frac{1}{4}}$$

对应于 A 的允许范围或者 $A > 0$，选择其解为

$$\hat{A} = -\frac{1}{2} + \sqrt{\frac{1}{N} \sum_{n=0}^{N-1} x^2[n] + \frac{1}{4}}$$

注意，对于 $\frac{1}{N} \sum_{n=0}^{N-1} x^2[n]$ 所有可能的值，$\hat{A} > 0$。通过考察二阶导数可验证，$\hat{A}$ 确实是使对数似然函数最大的估计量。

最大似然函数方法不仅可求得渐近有效的估计量，而且有时还能求得有限数据记录的有效估计量，这在下面的例题中予以说明。

例 7.4　高斯白噪声中的 DC 电平

设接收的数据为

$$x[n] = A + w[n] \qquad n = 0, 1, \ldots, N-1$$

其中 A 是待估计的未知电平，$w[n]$ 是已知方差为 σ^2 的 WGN，其 PDF 为

$$p(\mathbf{x}; A) = \frac{1}{(2\pi\sigma^2)^{\frac{N}{2}}} \exp\left[-\frac{1}{2\sigma^2} \sum_{n=0}^{N-1} (x[n] - A)^2\right]$$

取对数似然函数关于 A 的导数，得

$$\frac{\partial \ln p(\mathbf{x}; A)}{\partial A} = \frac{1}{\sigma^2} \sum_{n=0}^{N-1} (x[n] - A)$$

令它等于零，得 MLE

$$\hat{A} = \frac{1}{N}\sum_{n=0}^{N-1} x[n]$$

但是，我们已经看到了样本均值是一个有效估计量（参见例 3.3），因此，MLE 是有效估计量。

一般而言，此结论都是正确的，如果一个有效估计量存在，那么使用最大似然估计方法就可以求出它，证明思路请参见习题 7.12。

7.5　MLE 的性质

7.3 节讨论的例题引出了一种估计量，对于足够多的数据记录（或者说渐近地）来说，该估计是无偏估计，可达到 CRLB，并且具有高斯 PDF。总之，MLE 的分布可表示为

$$\hat{\theta} \overset{a}{\sim} \mathcal{N}(\theta, I^{-1}(\theta)) \tag{7.8}$$

其中，$\overset{a}{\sim}$ 表示"渐近分布于"。这个结果很通用，并且构成了 MLE 的所谓最佳性的基础。当然，在实际应用中，预先很难知道 N 到底必须取多大，才能使得(7.8)式成立。通常情况下，推导出 MLE 的解析 PDF 表达形式是不可能的。正如下面所讨论的，作为可评估其性能的一种可替代的方法，通常是需要利用计算机来进行模拟的。

例 7.5　高斯白噪声中的 DC 电平——修正（继续）

通过计算机模拟，确定需要多长的数据记录才能应用渐近结果。从原理上来讲，估计 $\hat{A}$ 的精确 PDF[参见(7.6)式]能够求得但极其困难。如果采用蒙特卡洛（Monte Carlo）方法（参见附录7A），那么对于不同的数据记录长度，取 $M=1000$ 可产生估计 $\hat{A}$ 的现实，其均值 $E(\hat{A})$ 和方差 $\mathrm{var}(\hat{A})$ 可通过下式估计为

$$\widehat{E(\hat{A})} = \frac{1}{M}\sum_{i=1}^{M}\hat{A}_i \tag{7.9}$$

$$\widehat{\mathrm{var}(\hat{A})} = \frac{1}{M}\sum_{i=1}^{M}\left(\hat{A}_i - \widehat{E(\hat{A})}\right)^2 \tag{7.10}$$

当 A 值等于 1 时，对于不同的数据记录长度，应用上述方法所得结果列于表 7.1 中。在列表时，没有采用渐近方差或(7.2)式的 CRLB，而是利用下式来计算方差，

$$N\mathrm{var}(\hat{A}) = \frac{A^2}{A + \frac{1}{2}}$$

表 7.1　例 7.2 中的实际均值和方差与理论上的渐近值

数据记录长度，N	均值，$E(\hat{A})$	$N \times$ 方差，$N\,\mathrm{var}(\hat{A})$
5	0.954	0.624
10	0.976	0.648
15	0.991	0.696
20	0.996(0.987)	0.707(0.669)
25	0.994	0.656
理论渐近值	1	0.667

因为此式与 N 无关，使得我们可以更容易检验它的收敛性。均值和标准化方差的理论渐近值为

$$
\begin{aligned}
E(\hat{A}) &= A = 1 \\
N\mathrm{var}(\hat{A}) &= \frac{2}{3}
\end{aligned}
$$

从表 7.1 中可以看出，均值大约在 $N=20$ 的样本点处收敛，然而方差在 $N \geq 15$ 时在某个值附近跳动。方差跳动现象是使用计算机模拟方法估计方差时的统计起伏所导致的，也可能是随机数产生器不够精确所引起的。为了验证这个问题，对于长度为 $N=20$ 的数据记录，将现实数目增加到 $M=5000$。这样得到的均值和标准化方差的估计结果标注在圆括号中，标准化方差几乎与其渐近值一致。然而不知什么原因（假定为随机数产生器的原因），均值稍微偏离了其渐近值。[关于求解 $E(\hat{A})$ 的更为精确的公式，也可以参见习题 9.8。]

下一步，利用蒙特卡洛计算机模拟方法，确定估计 $\hat{A}$ 的 PDF。对长度为 $N=5$ 和 $N=20$ 的数据记录分别进行模拟，根据 (7.8) 式，其渐近 PDF 为

$$
\hat{A} \overset{a}{\sim} \mathcal{N}(A, I^{-1}(A))
$$

当 $A=1$ 时，利用 (7.2) 式，上式变为

$$
\hat{A} \overset{a}{\sim} \mathcal{N}\left(1, \frac{2/3}{N}\right)
$$

在图 7.2 中，对比地画出了理论上的 PDF 和估计的 PDF 或直方图（参见附录 7A）。为了构造直方图，采用 $M=5000$ 个 $\hat{A}$ 的现实，并将横轴划分为 100 单元或小格。注意，对于 $N=5$，与理论 PDF 比，估计的 PDF 有些偏向左侧，这与此时均值太小（参见表 7.1）是一致的。对于 $N=20$，虽然估计的 PDF 看起来还有些向左偏，但是与理论 PDF 吻合得比较好。可以推测，对于足够多的数据记录，其渐近 PDF 将与其真正的 PDF 吻合得更好。

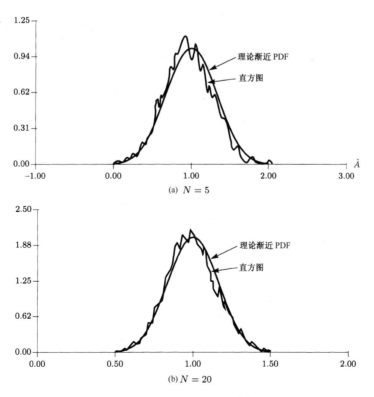

(a) $N=5$

(b) $N=20$

图 7.2　理论上的 PDF 和直方图

在描述那些不能解析地表达其 PDF 的估计性能时，我们必须更多地借助于前面例题所介绍的计算机模拟方法。实际上，计算机已经变成了分析非线性估计量的性能的重要工具。因此，能够掌握这种模拟方法是很重要的。附录 7A 给出了前面例题所用到的计算机模拟方法的介绍。当然，用于统计计算的蒙特卡洛计算机方法还需要进行更完整的讨论，有兴趣的读者可参考下列文献资料：[Bendat and Piersol 1971, Schwartz and Shaw 1975]。习题 7.13 和习题 7.14 也提供了实现这些模拟的一些实用方法。下面一个定理总结了 MLE 的渐近特性。

定理 7.1(MLE 的渐近特性)　　如果数据 **x** 的 PDF $p(\mathbf{x};\theta)$ 满足某些"正则"条件，那么对于足够多的数据记录，未知参数 θ 的 MLE 渐近服从

$$\hat{\theta} \overset{a}{\sim} \mathcal{N}(\theta, I^{-1}(\theta)) \tag{7.11}$$

其中 $I(\theta)$ 是在未知参数真值处计算的 Fisher 信息。

正则条件要求对数似然函数的导数存在，也要求 Fisher 信息非零，附录 7B 对此进行了详细的介绍。附录 7B 也给出了 IID 观测的简要证明。

根据渐近分布，MLE 可视为渐近无偏的和渐近达到 CRLB，因此它是渐近有效的，并且也是渐近最佳的。当然，实际上运用其渐近特性的主要问题一直是 N 必须取多大？幸好在很多感兴趣的情况中，如例 7.5 所示，数据记录长度基本满足要求，这在接下来的例题中也会看到。

例 7.6　正弦信号相位的 MLE

我们现在再考虑例 3.4 提出的问题，希望对噪声中正弦序列(信号)的相位 ϕ 进行估计，设观测为

$$x[n] = A\cos(2\pi f_0 n + \phi) + w[n] \qquad n = 0, 1, \ldots, N-1$$

其中，假设 $w[n]$ 是已知方差 σ^2 的 WGN 信号，幅度 A 和频率 f_0 假定是已知的。对这个问题的估计，从第 5 章可知不存在单一的充分统计量。其充分统计量为

$$\begin{aligned} T_1(\mathbf{x}) &= \sum_{n=0}^{N-1} x[n]\cos(2\pi f_0 n) \\ T_2(\mathbf{x}) &= \sum_{n=0}^{N-1} x[n]\sin(2\pi f_0 n) \end{aligned} \tag{7.12}$$

MLE 可以通过使 $p(\mathbf{x};\phi)$ 最大而求得，也就是使

$$p(\mathbf{x};\phi) = \frac{1}{(2\pi\sigma^2)^{\frac{N}{2}}} \exp\left[-\frac{1}{2\sigma^2}\sum_{n=0}^{N-1}(x[n] - A\cos(2\pi f_0 n + \phi))^2\right]$$

最大，或者等效于使

$$J(\phi) = \sum_{n=0}^{N-1}(x[n] - A\cos(2\pi f_0 n + \phi))^2 \tag{7.13}$$

最小。对 ϕ 求导，得

$$\frac{\partial J(\phi)}{\partial \phi} = 2\sum_{n=0}^{N-1}(x[n] - A\cos(2\pi f_0 n + \phi))A\sin(2\pi f_0 n + \phi)$$

令它等于零，得

$$\sum_{n=0}^{N-1} x[n]\sin(2\pi f_0 n+\hat{\phi}) = A\sum_{n=0}^{N-1}\sin(2\pi f_0 n+\hat{\phi})\cos(2\pi f_0 n+\hat{\phi}) \tag{7.14}$$

但是，当 f_0 不在 0 或 1/2 附近时，因为下式成立（参见习题 3.7），等式右边可近似等于零。

$$\frac{1}{N}\sum_{n=0}^{N-1}\sin(2\pi f_0 n+\hat{\phi})\cos(2\pi f_0 n+\hat{\phi}) = \frac{1}{2N}\sum_{n=0}^{N-1}\sin(4\pi f_0 n+2\hat{\phi}) \approx 0 \tag{7.15}$$

因此，(7.14)式左边除以 N 并令其等于零，就得到一个近似的 MLE，满足

$$\sum_{n=0}^{N-1} x[n]\sin(2\pi f_0 n+\hat{\phi}) = 0 \tag{7.16}$$

展开上式，得

$$\sum_{n=0}^{N-1} x[n]\sin 2\pi f_0 n\cos\hat{\phi} = -\sum_{n=0}^{N-1} x[n]\cos 2\pi f_0 n\sin\hat{\phi}$$

或者说，相位 MLE 最终可以近似表示为

$$\hat{\phi} = -\arctan\frac{\displaystyle\sum_{n=0}^{N-1} x[n]\sin 2\pi f_0 n}{\displaystyle\sum_{n=0}^{N-1} x[n]\cos 2\pi f_0 n} \tag{7.17}$$

令人感兴趣的是，MLE 是充分统计量的一个函数。回过头看，如果能回忆起 Neyman-Fisher 因子分解定理，这应该不会太令人吃惊。在本例中，存在两个充分统计量，使得一种分解为

$$p(\mathbf{x};\phi) = g(T_1(\mathbf{x}), T_2(\mathbf{x}),\phi)h(\mathbf{x})$$

显然，求 $p(\mathbf{x};\phi)$ 最大值等效于求函数 g 最大值[因为 $h(\mathbf{x})$ 总是可选择并保证 $h(\mathbf{x})>0$]，于是估计 $\hat{\phi}$ 一定是 $T_1(\mathbf{x})$ 和 $T_2(\mathbf{x})$ 的函数。

根据定理 7.1，相位估计的渐近 PDF 满足

$$\hat{\phi} \overset{a}{\sim} \mathcal{N}(\phi, I^{-1}(\phi)) \tag{7.18}$$

由例 3.4 可知

$$I(\phi) = \frac{NA^2}{2\sigma^2}$$

于是渐近方差为

$$\mathrm{var}(\hat{\phi}) = \frac{1}{N\frac{A^2}{2\sigma^2}} = \frac{1}{N\eta} \tag{7.19}$$

其中 $\eta = (A^2/2)/\sigma^2$ 是 SNR。为了确定渐近均值和方差可用的数据记录长度，我们取 $A=1$、$f_0=0.08$、$\phi=\pi/4$ 和 $\sigma^2=0.05$ 来进行计算机模拟，其结果列于表 7.2 中。从表中可以看出，在 $N=80$ 时达到了渐近均值和归一化方差。当数据记录长度较短时，估计量有很大偏差，部分偏差是由(7.15)式所做的假设引起的。实际上，(7.17)式所给出的 MLE 仅当 N 足够大时才有效的。为了求出精确的 MLE，必须使(7.13)式给出的 J 达到最小，(7.13)式是对所有的 ϕ 计算的，利用网格搜索法求最小值就可以做到这一点。另外，观察表 7.2 可知，当

$N=20$ 时方差低于 CRLB。这是可能的，因为它是有偏估计量，而 CRLB 是假设一个无偏估计量的情况下得到的，对有偏估计量是无效的。

表 7.2　例 7.6 中估计的理论渐近值和实际的均值与方差

数据记录长度，N	均值，$E(\hat{\phi})$	$N \times$ 方差，$N \operatorname{var}(\hat{\phi})$
20	0.732	0.0978
40	0.746	0.108
60	0.774	0.110
80	0.789	0.0990
理论渐近值	$\phi = 0.785$	$1/\eta = 0.1$

下面，我们固定数据记录长度为 $N=80$，并改变 SNR。画出均值和方差与 SNR 的关系曲线，以及理论渐近值与 SNR 的关系曲线，如图 7.3 和图 7.4 所示。在图 7.3 中，大约在 SNR 大于 -10 dB 时，估计量达到了渐近均值。在图 7.4 中，画出了 $10\log_{10}\operatorname{var}(\hat{\phi})$ 曲线。当我们利用 dB 形式画出 CRLB 与 SNR 的关系时就形成了一条直线，这正是我们所要的效果。特别是，根据 (7.19) 式，渐近方差或者 CRLB 为

$$
\begin{aligned}
10\log_{10}\operatorname{var}(\hat{\phi}) &= 10\log_{10}\frac{1}{N\eta} \\
&= -10\log_{10}N - 10\log_{10}\eta
\end{aligned}
$$

考查这些结果，我们看到一个特别的趋势。对于低的 SNR，方差高于 CRLB；仅在高 SNR 时才达到 CRLB。因此，为使渐近结果可用，要求的数据记录长度也与 SNR 有关。为了理解为什么会出现这种情况，我们画出了对数似然函数与不同的 SNR 的典型现实。从图 7.5 中可以看出，在高 SNR 时，对于不同的现实，极大值是相对稳定的，因此 MLE 具有低的方差；然而在低 SNR 时，增加噪声的结果将导致其他一些尖峰出现。有时这些尖峰大于真值附近的尖峰，从而导致了很大的估计误差，并最终导致了很大的方差。这些大的误差估计称为野值（outlier），并将引起门限效应，如图 7.3 和图 7.4 所示。非线性估计几乎总是会表现出这种现象。

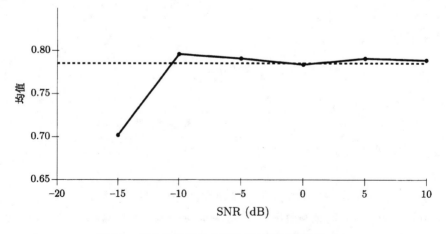

图 7.3　相位估计量的实际均值与渐近均值的对比

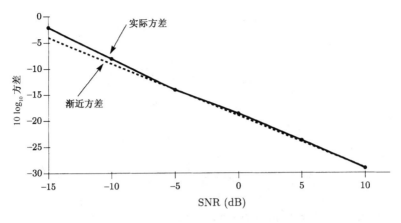

图 7.4　相位估计量的实际方差与渐近方差对比

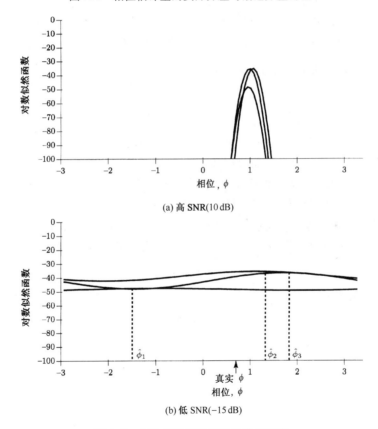

图 7.5　相位对数似然函数的典型现实

　　总而言之，当数据记录足够多时，MLE 的渐近 PDF 是有效的。对于噪声中的信号估计问题，如果 SNR 足够高，甚至当数据记录较短时，CRLB 也可能达到。为了理解其中的原因，(7.17)式的相位估计量可以表示为

$$\hat{\phi} = -\arctan \frac{\sum\limits_{n=0}^{N-1}[A\cos(2\pi f_0 n + \phi) + w[n]]\sin 2\pi f_0 n}{\sum\limits_{n=0}^{N-1}[A\cos(2\pi f_0 n + \phi) + w[n]]\cos 2\pi f_0 n}$$

$$\approx \quad -\arctan \frac{-\frac{NA}{2}\sin\phi + \sum_{n=0}^{N-1} w[n]\sin 2\pi f_0 n}{\frac{NA}{2}\cos\phi + \sum_{n=0}^{N-1} w[n]\cos 2\pi f_0 n}$$

其中，我们采用了与(7.15)式同样的近似方法和一些标准的三角恒等式。化简得

$$\hat{\phi} \approx \arctan \frac{\sin\phi - \frac{2}{NA}\sum_{n=0}^{N-1} w[n]\sin 2\pi f_0 n}{\cos\phi + \frac{2}{NA}\sum_{n=0}^{N-1} w[n]\cos 2\pi f_0 n} \tag{7.20}$$

如果数据记录很大，或者正弦信号功率很大，噪声项将会很小。在这样的条件下，估计误差会很小，MLE 也就可以达到其渐近分布。关于这一点的更详细的讨论请参见习题 7.15。

在某些情况下，不论数据记录取多长，以及不论 SNR 如何变化，渐近分布皆不成立。由于估计量中缺乏求平均的项，估计误差不可能减少，因此这种情况就会出现，请参见下例。

例 7.7　非独立非高斯噪声中的 DC 电平

考虑观测为

$$x[n] = A + w[n] \qquad n = 0, 1, \ldots, N-1$$

其中，每个 $w[n]$ 的样本的 PDF $p(w[n])$ 如图 7.6(a)所示。PDF 是关于 $w[n]=0$ 对称的且在 $w[n]=0$ 处有最大值。而且，我们假定所有的噪声样本都相等，即 $w[0] = w[1] = \cdots = w[N-1]$。因为所有观测都是相同的，所以对 A 进行估计时，我们仅仅需要考虑一个简单的观测。只利用 $x[0]$，我们首先注意到 $x[0]$ 的 PDF 是 $p(w[n])$ 平移得到的，其中位移量是 A，如图 7.6(b)所示。这是因为 $p_{x[0]}(x[0];A) = p_{w[0]}(x[0]-A)$。$A$ 的 MLE 是使 $p_{w[0]}(x[0]-A)$ 最大的值，因为 $w[0]$ 的 PDF 在 $w[0]=0$ 处有最大值，所以 A 的 MLE 变为

$$\hat{A} = x[0]$$

该估计量的均值为

$$E(\hat{A}) = E(x[0]) = A$$

因为噪声 PDF 是关于 $w[0]=0$ 对称的。$\hat{A} = x[0]$ 的方差与 $x[0]$ 或 $w[0]$ 的方差是相同的。因此，

$$\text{var}(\hat{A}) = \int_{-\infty}^{\infty} u^2 p_{w[0]}(u)\, du$$

同时根据习题 3.2，CRLB 是

$$\text{var}(\hat{A}) \geqslant \left[\int_{-\infty}^{\infty} \frac{\left(\dfrac{dp_{w[0]}(u)}{du} \right)^2}{p_{w[0]}(u)}\, du \right]^{-1}$$

一般这两者是不等的（参见习题 7.16）。于是在本例中，当数据记录长度增加时，估计误差不会减少而是保持不变。而且，如图 7.6(b)所示，$\hat{A} = x[0]$ 的 PDF 是 $p(w[n])$ 平移得到的，显然是非高斯的。最后，当 $N \to \infty$ 时，$\hat{A}$ 甚至不是一致估计。

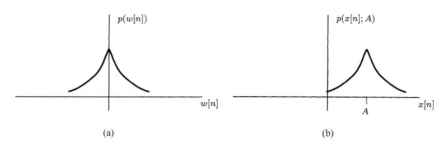

图 7.6　例 7.7 的非高斯 PDF

7.6　变换参数的 MLE

在许多情况下，我们希望估计 θ 的一个函数，其 PDF 中含有参数。例如，我们也许并不关心 WGN 中 DC 电平 A 的值，而只是关心其功率 A^2。在这种情况下，A^2 的 MLE 很容易从 A 的 MLE 求出。下面我们将举例说明。

例 7.8　WGN 中变换 DC 电平

考虑观测数据

$$x[n] = A + w[n] \qquad n = 0, 1, \ldots, N-1$$

其中 $w[n]$ 是方差为 σ^2 的 WGN。我们希望求解 $\alpha = \exp(A)$ 的 MLE。给出 PDF 如下：

$$p(\mathbf{x}; A) = \frac{1}{(2\pi\sigma^2)^{\frac{N}{2}}} \exp\left[-\frac{1}{2\sigma^2} \sum_{n=0}^{N-1} (x[n] - A)^2 \right] \qquad -\infty < A < \infty \tag{7.21}$$

该 PDF 表达式含有参数 $\theta = A$。然而，因为 α 是 A 的一对一的变换，我们能将其 PDF 等效地参数化为

$$p_T(\mathbf{x}; \alpha) = \frac{1}{(2\pi\sigma^2)^{\frac{N}{2}}} \exp\left[-\frac{1}{2\sigma^2} \sum_{n=0}^{N-1} (x[n] - \ln\alpha)^2 \right] \quad \alpha > 0 \tag{7.22}$$

其中下标 T 表明该 PDF 含有变换后的参数。显然，$p_T(\mathbf{x}; \alpha)$ 是下面数据集的 PDF，

$$x[n] = \ln\alpha + w[n] \qquad n = 0, 1, \ldots, N-1$$

并且 (7.21) 式和 (7.22) 式是完全等效的。通过使 (7.22) 式在 α 上达到最大，可求解 α 的 MLE。对 $p_T(\mathbf{x}; \alpha)$ 求关于 α 导数并令其等于零，得

$$\sum_{n=0}^{N-1} (x[n] - \ln\hat{\alpha}) \frac{1}{\hat{\alpha}} = 0$$

或者

$$\hat{\alpha} = \exp(\bar{x})$$

但 $\bar{x}$ 只是 A 的 MLE，于是

$$\hat{\alpha} = \exp(\hat{A}) = \exp(\hat{\theta})$$

使用原始参数的 MLE 替换变换中的参数，可以求出变换后参数的 MLE。MLE 的这个性质称为不变性。

例 7.9　WGN 中变换 DC 电平（另一个例子）

现在，假设对于前一个例题中的数据集，变换为 $\alpha = A^2$。如果重复上面的步骤，不久我们将会遇到一个问题。把 $p(\mathbf{x}; A)$ 变成关于 α 参数的形式，可以发现

$$A = \pm\sqrt{\alpha}$$

因为变换不是一一对应的。如果我们选择 $A = \sqrt{\alpha}$，那么（7.21）式中一些可能的 PDF 将会丢失。实际上，我们需要下列两组 PDF 来刻画所有可能的 PDF，

$$
\begin{aligned}
p_{T_1}(\mathbf{x};\alpha) &= \frac{1}{(2\pi\sigma^2)^{\frac{N}{2}}} \exp\left[-\frac{1}{2\sigma^2}\sum_{n=0}^{N-1}(x[n]-\sqrt{\alpha})^2\right] & \alpha \geqslant 0 \\
p_{T_2}(\mathbf{x};\alpha) &= \frac{1}{(2\pi\sigma^2)^{\frac{N}{2}}} \exp\left[-\frac{1}{2\sigma^2}\sum_{n=0}^{N-1}(x[n]+\sqrt{\alpha})^2\right] & \alpha > 0
\end{aligned}
\tag{7.23}
$$

求解 α 的 MLE 是可能的，只要某一个 α 值使得 $p_{T_1}(\mathbf{x};\alpha)$ 和 $p_{T_2}(\mathbf{x};\alpha)$ 出现最大，就可将该 α 作为 α 的 MLE，即

$$\hat{\alpha} = \arg\max_{\alpha}\{p_{T_1}(\mathbf{x};\alpha), p_{T_2}(\mathbf{x};\alpha)\} \tag{7.24}$$

另外，我们能通过以下的两步来求得最大值，即

1. 对于给定的 α 值（如 α_0），确定 $p_{T_1}(\mathbf{x};\alpha)$ 或 $p_{T_2}(\mathbf{x};\alpha)$ 中哪一个更大。例如，如果

$$p_{T_1}(\mathbf{x};\alpha_0) > p_{T_2}(\mathbf{x};\alpha_0)$$

那么就意味着可把 $p_{T_1}(\mathbf{x};\alpha_0)$ 的值作为 $\bar{p}_T(\mathbf{x};\alpha_0)$。对于所有的 $\alpha > 0$，重复上述步骤，从而构成 $\bar{p}_T(\mathbf{x};\alpha)$。[注意，$\bar{p}_T(\mathbf{x};\alpha = 0) = p(\mathbf{x};A = 0)$。]

2. 在 $\alpha \geqslant 0$ 上使 $\bar{p}_T(\mathbf{x};\alpha)$ 最大的 α 值作为 α 的 MLE。

这个过程如图 7.7 所示，函数 $\bar{p}_T(\mathbf{x};\alpha)$ 可认为是一个修正的似然函数，它是从原始的似然函数中，通过对产生原始似然函数最大值的 A 进行变换（对于给定的 α）而推导出来的。在此例中，对于每一个 α 值，A 的可能值为 $\pm\sqrt{\alpha}$。根据（7.24）式，MLE $\hat{\alpha}$ 为

$$
\begin{aligned}
\hat{\alpha} &= \arg\max_{\alpha \geqslant 0}\{p(\mathbf{x};\sqrt{\alpha}), p(\mathbf{x};-\sqrt{\alpha})\} \\
&= \left[\arg\max_{\sqrt{\alpha} \geqslant 0}\{p(\mathbf{x};\sqrt{\alpha}), p(\mathbf{x};-\sqrt{\alpha})\}\right]^2 \\
&= \left[\arg\max_{-\infty < A < \infty}p(\mathbf{x};A)\right]^2 \\
&= \hat{A}^2 \\
&= \bar{x}^2
\end{aligned}
$$

这又再一次体现了不变性。可以将其理解为 $\hat{\alpha}$ 使修正后的似然函数 $\bar{p}_T(\mathbf{x};\alpha)$ 最大，因为将 α 作为参数的标准似然函数是不能定义出来的。

我们将前面的讨论总结为下面的定理。

定理 7.2（MLE 的不变性）　参数 $\alpha = g(\theta)$ 的 MLE 由下式给出，其中 PDF $p(\mathbf{x};\theta)$ 是参数 θ 的函数，

$$\hat{\alpha} = g(\hat{\theta})$$

其中 $\hat{\theta}$ 是 θ 的 MLE。使 $p(\mathbf{x};\theta)$ 最大可求得 θ 的 MLE。如果 g 不是一对一的函数，那么使得修正后的似然函数 $\bar{p}_T(\mathbf{x};\alpha)$ 最大的 $\hat{\alpha}$ 定义为

$$\bar{p}_T(\mathbf{x};\alpha) = \max_{\{\theta:\alpha = g(\theta)\}}p(\mathbf{x};\theta)$$

我们通过另一个例子来完成我们的讨论。

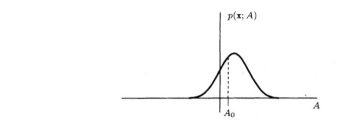

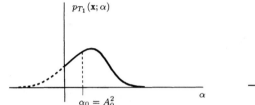

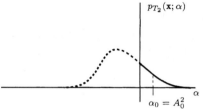

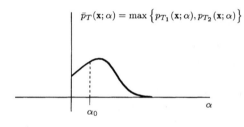

图 7.7　修正后的似然函数的结构

例 7.10　WGN 的功率 (dB)

我们观测 N 个方差为 σ^2 的 WGN 样本，并估计其以 dB 表示的功率。为此，我们首先要求 σ^2 的 MLE。我们可利用不变性原理来求解以 dB 表示的功率 P，功率 P 定义为

$$P = 10 \log_{10} \sigma^2$$

PDF 由下式给出：

$$p(\mathbf{x}; \sigma^2) = \frac{1}{(2\pi\sigma^2)^{\frac{N}{2}}} \exp\left[-\frac{1}{2\sigma^2} \sum_{n=0}^{N-1} x^2[n] \right]$$

对对数似然函数求导，得

$$
\begin{aligned}
\frac{\partial \ln p(\mathbf{x}; \sigma^2)}{\partial \sigma^2} &= \frac{\partial}{\partial \sigma^2}\left[-\frac{N}{2}\ln 2\pi - \frac{N}{2}\ln\sigma^2 - \frac{1}{2\sigma^2}\sum_{n=0}^{N-1} x^2[n] \right] \\
&= -\frac{N}{2\sigma^2} + \frac{1}{2\sigma^4}\sum_{n=0}^{N-1} x^2[n]
\end{aligned}
$$

并令上式等于零，得 MLE

$$\hat{\sigma^2} = \frac{1}{N}\sum_{n=0}^{N-1} x^2[n]$$

以 dB 表示功率的 MLE 就可由下式推得：

$$
\begin{aligned}
\hat{P} &= 10\log_{10}\hat{\sigma^2} \\
&= 10\log_{10}\frac{1}{N}\sum_{n=0}^{N-1} x^2[n]
\end{aligned}
$$

7.7 MLE 的数值确定

MLE 的一个独特的优点在于，对于一个给定的数据集，我们总是能在数值上求出它。这是因为当一个已知函数即似然函数取最大值时，MLE 就可确定下来。例如，如果 θ 值的可允许范围在区间 $[a, b]$ 中，那么我们只需在此区间上使 $p(\mathbf{x}; \theta)$ 最大即可。此时，最"安全"的方法在 $[a, b]$ 区间采用如图 7.8 所示的网格搜索法。对于给定的数据集，只要 θ 值的间隔足够小，我们就保证可求出其 MLE。当然，对于一个新的数据集，因为似然函数肯定会改变，所以将不得不重复使用网格搜索法。然而，如果 θ 的范围没有控制在有限区间内，比如在估计噪声过程的方差时（$\sigma^2 > 0$），

那么从数值计算角度来看，网格搜索法也许是不可行的。在这种情况下，我们只好通过迭代来求最大值。经典的方法是 Newton-Raphson 方法、得分法和数学期望最大算法。一般而言，如果设定的初始值接近于真实最大值，那么这些方法可以求出 MLE。否则迭代就不会收敛，或者只会收敛到局部最大值。使用这些迭代方法的困难在于，通常我们事先并不知道它们是否收敛；或者即使收敛，所求得的值是否就是 MLE。我

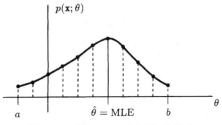

图 7.8　求解 MLE 的网格搜索法

们的估计问题与其他最大化问题的重要区别在于，要最大化的函数事先是未知的。似然函数对于每个数据集是变化的，即要求的是一个随机函数的最大值。不过，这些方法有时能得到好的结果。现在，我们来介绍一些更通用的方法。[Bard 1974] 更为完整地介绍了应用于估计问题的非线性最优化方法，感兴趣的读者可以参考。

作为一个对比方法，我们会在下面的例题中应用这些方法。

例 7.11　WGN 中的指数信号

考虑观测数据

$$x[n] = r^n + w[n] \qquad n = 0, 1, \ldots, N-1$$

其中 $w[n]$ 是方差为 σ^2 的 WGN。需要进行估计的量是参数 r，即指数因子，要求 $r > 0$。r 的 MLE 就是使似然函数最大的 r 值，

$$p(\mathbf{x}; r) = \frac{1}{(2\pi\sigma^2)^{\frac{N}{2}}} \exp\left[-\frac{1}{2\sigma^2} \sum_{n=0}^{N-1} (x[n] - r^n)^2\right]$$

或者，可以等效为使下式最小的 r 值，

$$J(r) = \sum_{n=0}^{N-1} (x[n] - r^n)^2$$

对 $J(r)$ 求导，并令它等于零，得

$$\sum_{n=0}^{N-1} (x[n] - r^n)\, nr^{n-1} = 0 \tag{7.25}$$

这是一个 r 的非线性方程，不能直接求解。我们将考虑采用 Newton-Raphson 方法或得分法的迭代方法。

迭代方法通过求导函数的零值而使对数似然函数最大。为此，我们求导并令其为零，得

$$\frac{\partial \ln p(\mathbf{x}; \theta)}{\partial \theta} = 0 \tag{7.26}$$

接着，使用迭代方法求解此方程，令

$$g(\theta) = \frac{\partial \ln p(\mathbf{x}; \theta)}{\partial \theta}$$

同时，假设我们有一个求解(7.26)式的初始猜测值，将该初始猜测值称为 θ_0。因此，如果 $g(\theta)$ 在 θ_0 附近是近似线性的，我们就能将它近似表示为

$$g(\theta) \approx g(\theta_0) + \left.\frac{dg(\theta)}{d\theta}\right|_{\theta=\theta_0} (\theta - \theta_0) \tag{7.27}$$

如图 7.9 所示。下面，我们利用(7.27)式，求解零值所对应的 θ_1。因此，令 $g(\theta_1)$ 等于零并求解出 θ_1，得

$$\theta_1 = \theta_0 - \frac{g(\theta_0)}{\left.\dfrac{dg(\theta)}{d\theta}\right|_{\theta=\theta_0}}$$

我们又利用这个新的猜测值 θ_1 作为我们的线性化点，对函数 g 再次进行线性化，并重复前面的方法来求新的零值。如图 7.9 所示，这个猜测值序列将收敛到 $g(\theta)$ 的真零值。总之，Newton-Raphson 迭代法是根据前一个猜测值 θ_{k+1}，利用下式求出一个新的猜测值 θ_k，

$$\theta_{k+1} = \theta_k - \frac{g(\theta_k)}{\left.\dfrac{dg(\theta)}{d\theta}\right|_{\theta=\theta_k}} \tag{7.28}$$

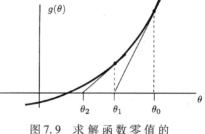

图 7.9　求解函数零值的 Newton-Raphson方法

注意，正如所希望的，迭代在 $\theta_{k+1} = \theta_k$ 处收敛，并且根据(7.28)式，$g(\theta_k) = 0$。因为 $g(\theta)$ 是对数似然函数的导函数，我们求得 MLE 为

$$\theta_{k+1} = \theta_k - \left[\frac{\partial^2 \ln p(\mathbf{x}; \theta)}{\partial \theta^2}\right]^{-1} \left.\frac{\partial \ln p(\mathbf{x}; \theta)}{\partial \theta}\right|_{\theta=\theta_k} \tag{7.29}$$

关于 Newton-Raphson 迭代法，下面几点需要予以说明：

1. 迭代可能不收敛。当对数似然函数的二阶导数较小时特别明显。在这种情况下，从(7.29)式可以看出，从一次迭代到另一次迭代，修正项的起伏可能很大。

2. 即使迭代收敛，求得的点也可能不是全局的最大值，而可能只是一个局部的最大值或者甚至是一个局部最小值。因此，为了避免这些可能发生的情况，最好采用几个起始点，在能够收敛的点中选择能产生最大值的一点。一般而言，如果起始点靠近全局最大值，那么迭代将收敛到它。当然，也不能过分强调一个好的起始猜测值的重要性。习题 7.18 就这一点予以了说明。

我们在例 7.11 中应用 Newton-Raphson 迭代法，得

$$\begin{aligned}
\frac{\partial \ln p(\mathbf{x}; r)}{\partial r} &= \frac{1}{\sigma^2} \sum_{n=0}^{N-1} (x[n] - r^n) n r^{n-1} \\
\frac{\partial^2 \ln p(\mathbf{x}; r)}{\partial r^2} &= \frac{1}{\sigma^2} \left[\sum_{n=0}^{N-1} n(n-1)x[n]r^{n-2} - \sum_{n=0}^{N-1} n(2n-1)r^{2n-2} \right] \\
&= \frac{1}{\sigma^2} \sum_{n=0}^{N-1} n r^{n-2} [(n-1)x[n] - (2n-1)r^n]
\end{aligned} \tag{7.30}$$

于是，Newton-Raphson 迭代法变为

$$r_{k+1} = r_k - \frac{\sum\limits_{n=0}^{N-1}(x[n] - r_k^n)nr_k^{n-1}}{\sum\limits_{n=0}^{N-1}nr_k^{n-2}[(n-1)x[n] - (2n-1)r_k^n]} \tag{7.31}$$

第二种常用的迭代方法是得分法。考虑到

$$\left.\frac{\partial^2 \ln p(\mathbf{x};\theta)}{\partial \theta^2}\right|_{\theta=\theta_k} \approx -I(\theta_k) \tag{7.32}$$

其中 $I(\theta)$ 是 Fisher 信息。事实上，对于 IID 样本，根据大数定理，我们有

$$\begin{aligned}
\frac{\partial^2 \ln p(\mathbf{x};\theta)}{\partial \theta^2} &= \sum_{n=0}^{N-1}\frac{\partial^2 \ln p(x[n];\theta)}{\partial \theta^2} \\
&= N\frac{1}{N}\sum_{n=0}^{N-1}\frac{\partial^2 \ln p(x[n];\theta)}{\partial \theta^2} \\
&\approx NE\left[\frac{\partial^2 \ln p(x[n];\theta)}{\partial \theta^2}\right] \\
&= -Ni(\theta) \\
&= -I(\theta)
\end{aligned}$$

利用它的期望值代替其二阶导数，大概会增加迭代的稳定性。于是，此方法变为

$$\theta_{k+1} = \theta_k + I^{-1}(\theta)\left.\frac{\partial \ln p(\mathbf{x};\theta)}{\partial \theta}\right|_{\theta=\theta_k} \tag{7.33}$$

这种方法就称为得分法，它也遇到了与 Newton-Raphson 方法相同的收敛问题。正如我们在例 7.11 中应用的那样，利用 (7.30) 式，得

$$I(\theta) = \frac{1}{\sigma^2}\sum_{n=0}^{N-1}n^2 r^{2n-2}$$

所以

$$r_{k+1} = r_k + \frac{\sum\limits_{n=0}^{N-1}(x[n] - r_k^n)nr_k^{n-1}}{\sum\limits_{n=0}^{N-1}n^2 r_k^{2n-2}} \tag{7.34}$$

作为迭代方法的例子，我们对例 7.11 利用计算机模拟来实现 Newton-Raphson 迭代法。使用参数 $N = 50$，$r = 0.5$ 和 $\sigma^2 = 0.01$，我们产生了过程的一个现实。当 $0 < r < 1$ 时，图 7.10 画出了一个特定的结果 $-J(r)$。函数的峰值（即 MLE）出现在 $r = 0.493$。从图上可以看出，当 $r < 0.5$ 时函数相当平坦的，但当 r 值较大时函数是很陡峭的。事实上，当 $r > 1$ 时，由于指数信号 r^n 会导致函数变为非常大的负数，因此难以画出来。我们采用几个初始猜测值，应用 (7.31) 式所给出的 Newton-Raphson 方法。迭代结果列于表 7.3 中。当 $r_0 = 0.8$ 或 $r_0 = 0.2$ 时，迭代很快收敛到真实的最大值。然而，当 $r_0 = 1.2$ 时，虽然迭代 29 次后也能达到真实最大值，但收敛是很慢的。如果初始猜测值小于 0.18 或大于 1.2，随后的迭代会超过 1 并且继续增大，最终导致计算机溢出。在这种情况下，Newton-Raphson 迭代法不收敛。不出所料，当初始猜测值靠近真正的 MLE 时，这种方法的效果很好，否则可能得到较差的结果。

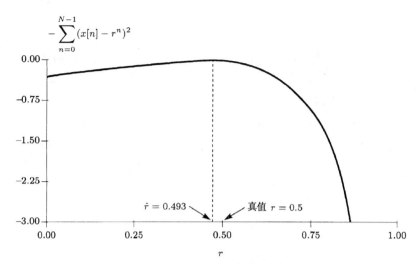

图 7.10　对于 MLE，函数有最大值

表 7.3　Newton-Raphson 迭代序列

迭代	起始猜测值，r_0		
	0.8	0.2	1.2
1	0.723	0.799	1.187
2	0.638	0.722	1.174
3	0.561	0.637	1.161
4	0.510	0.560	1.148
5	0.494	0.510	1.136
6	0.493	0.494	1.123
7		0.493	1.111
8			1.098
9			1.086
10			1.074
⋮			⋮
29			0.493

　　第三种方法是最近提出的数学期望最大算法。不同于前面的两种方法，它部分地依赖于设计者的灵巧设计。然而，该方法的优点是在某些适当的条件下，可以保证至少收敛到一个局部最大值。与其他所有的迭代方法一样，不能保证收敛到全局最大值。数学期望最大算法不是一个"转动摇把"方法，因此不能将其运用到所有的估计问题。对于涉及矢量参数的一类特定的估计问题，它是很有用处的，因此我们在下节中继续讨论这种方法。

7.8　扩展到矢量参数

　　矢量参数 $\boldsymbol{\theta}$ 的 MLE 定义为，在 $\boldsymbol{\theta}$ 允许的区域内使似然函数 $p(\mathbf{x};\boldsymbol{\theta})$ 达到最大所对应的 $\boldsymbol{\theta}$ 值。假设似然函数可导，MLE 可从下式求出，

$$\frac{\partial \ln p(\mathbf{x};\boldsymbol{\theta})}{\partial \boldsymbol{\theta}} = 0 \tag{7.35}$$

如果存在多个解，那么使似然函数最大的那个解就是 MLE。现在，我们来求解例 3.6 问题的 MLE。

例 7.12　WGN 中的 DC 电平

考虑数据
$$x[n] = A + w[n] \qquad n = 0, 1, \ldots, N-1$$

其中 $w[n]$ 是方差为 σ^2 的 WGN，矢量参数 $\boldsymbol{\theta} = [A \; \sigma^2]^T$ 是待估计量。那么根据例 3.6，

$$\frac{\partial \ln p(\mathbf{x};\boldsymbol{\theta})}{\partial A} = \frac{1}{\sigma^2} \sum_{n=0}^{N-1} (x[n] - A)$$

$$\frac{\partial \ln p(\mathbf{x};\boldsymbol{\theta})}{\partial \sigma^2} = -\frac{N}{2\sigma^2} + \frac{1}{2\sigma^4} \sum_{n=0}^{N-1} (x[n] - A)^2$$

从第一个方程解出 A，我们可得 MLE 为

$$\hat{A} = \bar{x}$$

从第二个方程解出 σ^2，并利用 $\hat{A} = \bar{x}$，得

$$\hat{\sigma^2} = \frac{1}{N} \sum_{n=0}^{N-1} (x[n] - \bar{x})^2$$

MLE 为

$$\hat{\boldsymbol{\theta}} = \begin{bmatrix} \bar{x} \\ \dfrac{1}{N} \sum_{n=0}^{N-1} (x[n] - \bar{x})^2 \end{bmatrix}$$

下面的定理总结了矢量参数 MLE 的渐近特性。

定理 7.3[MLE(矢量参数)的渐近特性]　如果数据 $\mathbf{x}$ 的 PDF $p(\mathbf{x};\boldsymbol{\theta})$ 满足某些"正则"条件，那么，未知参数 $\boldsymbol{\theta}$ 的 MLE 渐近服从于

$$\hat{\boldsymbol{\theta}} \overset{a}{\sim} \mathcal{N}(\boldsymbol{\theta}, \mathbf{I}^{-1}(\boldsymbol{\theta})) \tag{7.36}$$

其中 $\mathbf{I}(\boldsymbol{\theta})$ 是在未知参数的真值处计算出来的 Fisher 信息矩阵。

正则条件类似于附录 7B 中所讨论的标量参数的条件。为了说明这一点，考虑前面的例题，可以证明[Hoel, Port, and Stone 1971]

$$\bar{x} \sim \mathcal{N}(A, \sigma^2/N)$$

$$T = \sum_{n=0}^{N-1} \frac{(x[n] - \bar{x})^2}{\sigma^2} \sim \chi^2_{N-1} \tag{7.37}$$

而且这两个统计量是独立的。当 N 很大时，根据中心极限定理可知

$$\chi^2_N \overset{a}{\sim} \mathcal{N}(N, 2N)$$

所以
$$T \overset{a}{\sim} \mathcal{N}(N-1, 2(N-1))$$

即
$$\hat{\sigma^2} = \frac{1}{N} \sum_{n=0}^{N-1} (x[n] - \bar{x})^2 \overset{a}{\sim} \mathcal{N}\left(\frac{(N-1)\sigma^2}{N}, \frac{2(N-1)\sigma^4}{N^2} \right) \tag{7.38}$$

因为统计量都是高斯分布的且相互独立，所以 $\hat{\boldsymbol{\theta}}$ 的渐近 PDF 是联合高斯分布的。而且，当 N 很大时，根据(7.37)式和(7.38)式可得

$$E(\hat{\boldsymbol{\theta}}) = \begin{bmatrix} A \\ \dfrac{(N-1)\sigma^2}{N} \end{bmatrix} \rightarrow \begin{bmatrix} A \\ \sigma^2 \end{bmatrix} = \boldsymbol{\theta}$$

$$\mathbf{C}(\boldsymbol{\theta}) = \begin{bmatrix} \dfrac{\sigma^2}{N} & 0 \\ 0 & \dfrac{2(N-1)\sigma^4}{N^2} \end{bmatrix} \rightarrow \begin{bmatrix} \dfrac{\sigma^2}{N} & 0 \\ 0 & \dfrac{2\sigma^4}{N} \end{bmatrix} = \mathbf{I}^{-1}(\boldsymbol{\theta})$$

其中 Fisher 信息矩阵的逆矩阵已经在前面的例 3.6 中给出。因此,(7.36)式描述了其渐近分布性。

在某些情况下,MLE 的渐近 PDF 不由(7.36)式给出。这种情况通常出现在被估计的参数数目远大于可得到的样本数据的数目时。正如例 7.7 所示,这种情况限制了在估计量中取平均。

例 7.13　非高斯噪声中的信号

考虑数据
$$x[n] = s[n] + w[n] \qquad n = 0, 1, \ldots, N-1$$

其中 $w[n]$ 是具有拉普拉斯 PDF 的零均值的 IID 噪声

$$p(w[n]) = \frac{1}{4} \exp\left[-\frac{1}{2}|w[n]|\right]$$

信号样本 $\{s[0], s[1], \ldots, s[N-1]\}$ 是待估计量。数据的 PDF 为

$$p(\mathbf{x}; \boldsymbol{\theta}) = \prod_{n=0}^{N-1} \frac{1}{4} \exp\left[-\frac{1}{2}|x[n] - s[n]|\right] \tag{7.39}$$

很容易看出,$\boldsymbol{\theta} = [s[0]\,s[1] \ldots s[N-1]]^T$ 的 MLE 是

$$\hat{s}[n] = x[n] \qquad n = 0, 1, \ldots, N-1$$

或者等效于
$$\hat{\boldsymbol{\theta}} = \mathbf{x}$$

显而易见,即使 $N \rightarrow \infty$,MLE 也是非高斯分布的。$\hat{\boldsymbol{\theta}}$ 的 PDF 由(7.39)式给出,只要用 $\hat{\boldsymbol{\theta}}$ 代替(7.39)式中的 $\mathbf{x}$ 即可。困难的是可能没有取平均,因为我们已经选择了与参数一样多的数据点作为估计。因此,解释了 MLE 的渐近高斯 PDF(参见附录 7B)的中心极限定理在此是不能应用的。

下面的定理总结了不变性,这与标量参数一样。

定理 7.4[MLE 的不变性(矢量参数)]　参数 $\boldsymbol{\alpha} = \mathbf{g}(\boldsymbol{\theta})$ 的 MLE 由下式给出,其中 $\mathbf{g}$ 是 $p \times 1$ 维参数 $\boldsymbol{\theta}$ 的 r 维函数,PDF $p(\mathbf{x}; \boldsymbol{\theta})$ 是参数 $\boldsymbol{\theta}$ 的函数,

$$\hat{\boldsymbol{\alpha}} = \mathbf{g}(\hat{\boldsymbol{\theta}})$$

其中 $\hat{\boldsymbol{\theta}}$ 是 $\boldsymbol{\theta}$ 的 MLE。如果 $\mathbf{g}$ 不是一个可逆函数,那么 $\hat{\boldsymbol{\alpha}}$ 使修正似然函数 $\bar{p}_T(\mathbf{x}; \boldsymbol{\alpha})$ 达到最大,定义为

$$\bar{p}_T(\mathbf{x}; \boldsymbol{\alpha}) = \max_{\{\boldsymbol{\theta}: \boldsymbol{\alpha} = \mathbf{g}(\boldsymbol{\theta})\}} p(\mathbf{x}; \boldsymbol{\theta})$$

使用这个定理的例子请参见习题 7.21。

在第 3 章中,我们讨论了一般高斯情况的 CRLB 的计算,我们讨论的观测数据矢量的 PDF 为

$$\mathbf{x} \sim \mathcal{N}(\boldsymbol{\mu}(\boldsymbol{\theta}), \mathbf{C}(\boldsymbol{\theta}))$$

在附录 3C[参见(3C.5)式]中,已经证明了对数似然函数的偏导数为

$$
\begin{aligned}
\frac{\partial \ln p(\mathbf{x};\boldsymbol{\theta})}{\partial \theta_k} &= -\frac{1}{2}\mathrm{tr}\left(\mathbf{C}^{-1}(\boldsymbol{\theta})\frac{\partial \mathbf{C}(\boldsymbol{\theta})}{\partial \theta_k}\right) + \frac{\partial \boldsymbol{\mu}(\boldsymbol{\theta})^T}{\partial \theta_k}\mathbf{C}^{-1}(\boldsymbol{\theta})(\mathbf{x}-\boldsymbol{\mu}(\boldsymbol{\theta})) \\
&\quad -\frac{1}{2}(\mathbf{x}-\boldsymbol{\mu}(\boldsymbol{\theta}))^T\frac{\partial \mathbf{C}^{-1}(\boldsymbol{\theta})}{\partial \theta_k}(\mathbf{x}-\boldsymbol{\mu}(\boldsymbol{\theta}))
\end{aligned} \tag{7.40}
$$

其中 $k=1,2,\ldots,p$。通过令(7.40)式等于零，我们能求出 MLE 的必要条件；并且如果偶然有解，可以求得精确的 MLE。使用附录 3C 中的(3C.2)式代替(7.40)式的 $\partial \mathbf{C}^{-1}(\boldsymbol{\theta})/\partial \theta_k$，可以得到一个更为简便的表达形式。关于这一点的一个很重要的例子，是在第 4 章已详细介绍过的线性模型。请回忆一下广义的线性数据模型为

$$
\mathbf{x} = \mathbf{H}\boldsymbol{\theta} + \mathbf{w} \tag{7.41}
$$

其中已知 $\mathbf{H}$ 是 $N \times p$ 矩阵，$\mathbf{w}$ 是一个 PDF 为 $\mathcal{N}(\mathbf{0},\ \mathbf{C})$ 的 $N \times 1$ 噪声矢量。在这些条件下，PDF 为

$$
p(\mathbf{x};\boldsymbol{\theta}) = \frac{1}{(2\pi)^{\frac{N}{2}}\det^{\frac{1}{2}}(\mathbf{C})}\exp\left[-\frac{1}{2}(\mathbf{x}-\mathbf{H}\boldsymbol{\theta})^T\mathbf{C}^{-1}(\mathbf{x}-\mathbf{H}\boldsymbol{\theta})\right]
$$

于是使下式达到最小可求出 $\boldsymbol{\theta}$ 的 MLE，

$$
J(\boldsymbol{\theta}) = (\mathbf{x}-\mathbf{H}\boldsymbol{\theta})^T\mathbf{C}^{-1}(\mathbf{x}-\mathbf{H}\boldsymbol{\theta}) \tag{7.42}
$$

因为这是一个以 $\boldsymbol{\theta}$ 为元素的二次型函数，并且 $\mathbf{C}^{-1}$ 是一个正定矩阵，所以求导数可求出全局最小值。现在，利用(7.40)式并注意到

$$
\boldsymbol{\mu}(\boldsymbol{\theta}) = \mathbf{H}\boldsymbol{\theta}
$$

且协方差矩阵与 $\boldsymbol{\theta}$ 无关，我们有

$$
\frac{\partial \ln p(\mathbf{x};\boldsymbol{\theta})}{\partial \theta_k} = \frac{\partial (\mathbf{H}\boldsymbol{\theta})^T}{\partial \theta_k}\mathbf{C}^{-1}(\mathbf{x}-\mathbf{H}\boldsymbol{\theta})
$$

合并偏导，用梯度形式表示，得

$$
\frac{\partial \ln p(\mathbf{x};\boldsymbol{\theta})}{\partial \boldsymbol{\theta}} = \frac{\partial (\mathbf{H}\boldsymbol{\theta})^T}{\partial \boldsymbol{\theta}}\mathbf{C}^{-1}(\mathbf{x}-\mathbf{H}\boldsymbol{\theta})
$$

因此可令梯度等于零，得

$$
\mathbf{H}^T\mathbf{C}^{-1}(\mathbf{x}-\mathbf{H}\hat{\boldsymbol{\theta}}) = \mathbf{0}
$$

求解出 $\hat{\boldsymbol{\theta}}$ 得到 MLE 为

$$
\hat{\boldsymbol{\theta}} = (\mathbf{H}^T\mathbf{C}^{-1}\mathbf{H})^{-1}\mathbf{H}^T\mathbf{C}^{-1}\mathbf{x} \tag{7.43}
$$

但是在第 4 章中已经证明，这个估计量是 MVU 估计量，并且是一个有效估计量。因此，$\hat{\boldsymbol{\theta}}$ 是无偏的，其协方差为

$$
\mathbf{C}_{\hat{\theta}} = (\mathbf{H}^T\mathbf{C}^{-1}\mathbf{H})^{-1} \tag{7.44}
$$

最后，MLE 的 PDF 是高斯分布的(是 $\mathbf{x}$ 的线性函数)，因此甚至对于有限长度的数据记录，也可得到定理 7.3 的渐近特性。对于线性模型，其 MLE 可以称为是最佳的。下面的定理总结了这些结论。

定理 7.5(线性模型的最佳 MLE)   如果观测数据 $\mathbf{x}$ 可以由一般线性模型表示

$$
\mathbf{x} = \mathbf{H}\boldsymbol{\theta} + \mathbf{w} \tag{7.45}
$$

其中已知 $\mathbf{H}$ 是一个秩为 p 的 $N \times p$ 矩阵，且 $N > p$，$\boldsymbol{\theta}$ 是一个被估计的 $p \times 1$ 参数矢量，而且 $\mathbf{w}$ 是一个有 PDF $\mathcal{N}(\mathbf{0},\ \mathbf{C})$ 的噪声矢量，那么，$\boldsymbol{\theta}$ 的 MLE 为

$$
\hat{\boldsymbol{\theta}} = (\mathbf{H}^T\mathbf{C}^{-1}\mathbf{H})^{-1}\mathbf{H}^T\mathbf{C}^{-1}\mathbf{x} \tag{7.46}
$$

$\hat{\boldsymbol{\theta}}$ 也是一个有效估计量,它达到了 CRLB,所以它是 MVU 估计量。$\hat{\boldsymbol{\theta}}$ 的 PDF 为

$$\hat{\boldsymbol{\theta}} \sim \mathcal{N}(\boldsymbol{\theta}, (\mathbf{H}^T \mathbf{C}^{-1} \mathbf{H})^{-1}) \tag{7.47}$$

第 4 章给出了许多例题,上述结论可以推广为:如果有效估计量存在,那么它就可由 MLE 求出(参见习题 7.12)。

在求解 MLE 时,很常用的方法是利用数值最大化技术,如 7.7 节所介绍的 Newton-Raphson 迭代法和得分法。这些方法很容易推广到矢量参数情况。Newton-Raphson 迭代法变为

$$\boldsymbol{\theta}_{k+1} = \boldsymbol{\theta}_k - \left[\frac{\partial^2 \ln p(\mathbf{x}; \boldsymbol{\theta})}{\partial \boldsymbol{\theta} \partial \boldsymbol{\theta}^T} \right]^{-1} \frac{\partial \ln p(\mathbf{x}; \boldsymbol{\theta})}{\partial \boldsymbol{\theta}} \bigg|_{\boldsymbol{\theta} = \boldsymbol{\theta}_k} \tag{7.48}$$

其中

$$\left[\frac{\partial^2 \ln p(\mathbf{x}; \boldsymbol{\theta})}{\partial \boldsymbol{\theta} \partial \boldsymbol{\theta}^T} \right]_{ij} = \frac{\partial^2 \ln p(\mathbf{x}; \boldsymbol{\theta})}{\partial \theta_i \partial \theta_j} \qquad \begin{array}{l} i = 1, 2, \ldots, p \\ j = 1, 2, \ldots, p \end{array}$$

是对数似然函数的 Hessian 矩阵,且 $\dfrac{\partial \ln p(\mathbf{x}; \boldsymbol{\theta})}{\partial \boldsymbol{\theta}}$ 是 $p \times 1$ 的梯度矢量。在实现(7.48)式的迭代运算时,不要求计算 Hessian 矩阵的逆。重写(7.48)式为

$$\frac{\partial^2 \ln p(\mathbf{x}; \boldsymbol{\theta})}{\partial \boldsymbol{\theta} \partial \boldsymbol{\theta}^T} \bigg|_{\boldsymbol{\theta} = \boldsymbol{\theta}_k} \boldsymbol{\theta}_{k+1} = \frac{\partial^2 \ln p(\mathbf{x}; \boldsymbol{\theta})}{\partial \boldsymbol{\theta} \partial \boldsymbol{\theta}^T} \bigg|_{\boldsymbol{\theta} = \boldsymbol{\theta}_k} \boldsymbol{\theta}_k - \frac{\partial \ln p(\mathbf{x}; \boldsymbol{\theta})}{\partial \boldsymbol{\theta}} \bigg|_{\boldsymbol{\theta} = \boldsymbol{\theta}_k} \tag{7.49}$$

我们看到,通过同时求解 p 个联立线性方程组,新的迭代 $\boldsymbol{\theta}_{k+1}$ 能从前一个迭代 $\boldsymbol{\theta}_k$ 求出。

通过利用负的 Fisher 信息矩阵代替 Hessian 矩阵,可从 Newton-Raphson 方法推导出得分法,

$$\boldsymbol{\theta}_{k+1} = \boldsymbol{\theta}_k + \mathbf{I}^{-1}(\boldsymbol{\theta}) \frac{\partial \ln p(\mathbf{x}; \boldsymbol{\theta})}{\partial \boldsymbol{\theta}} \bigg|_{\boldsymbol{\theta} = \boldsymbol{\theta}_k} \tag{7.50}$$

正如前面所解释的一样,通过把(7.50)式写为(7.49)式的形式,可以避免求逆运算。类似于标量情况,Newton-Raphson 迭代法和得分法可能会遇到收敛问题(参见 7.7 节),使用它们时必须倍加小心。一般情况下,当数据记录变长时,对数似然函数在最大值附近变得更加接近于二次型函数,利用迭代方法可求解出 MLE。

数值确定 MLE 的第三种方法是数学期望最大算法(EM)[Dempster, Laird, and Rubin 1977]。这种方法虽然其本质上仍然为迭代运算,但它在某些适当的条件下可保证收敛,而且在收敛处至少可求出一个局部最大值。该方法具有每步运算都增加似然的所希望的特性。EM 算法利用了要比给定的对数似然函数更容易确定 MLE 的那些观测。举例来说,设

$$x[n] = \sum_{i=1}^{p} \cos 2\pi f_i n + w[n] \qquad n = 0, 1, \ldots, N-1$$

其中 $w[n]$ 是方差为 σ^2 的 WGN(高斯白噪声),频率 $\mathbf{f} = [f_1 f_2 \ldots f_p]^T$ 是待估计量。MLE 将要求下式的多维最小化,

$$J(\mathbf{f}) = \sum_{n=0}^{N-1} \left(x[n] - \sum_{i=1}^{p} \cos 2\pi f_i n \right)^2$$

另一方面,如果原始数据集能够使用独立的数据集代替,

$$y_i[n] = \cos 2\pi f_i n + w_i[n] \qquad \begin{array}{l} i = 1, 2, \ldots, p \\ n = 0, 1, \ldots, N-1 \end{array} \tag{7.51}$$

其中 $w_i[n]$ 是方差为 σ_i^2 的 WGN,那么问题就可以分解。由于假设数据是相互独立的,容易证明 PDF 可以因子分解为每一个数据集的 PDF。因此,通过求下式的最小值可求出 f_i 的 MLE,

$$J(f_i) = \sum_{n=0}^{N-1} (y_i[n] - \cos 2\pi f_i n)^2 \qquad i = 1, 2, \ldots, p$$

最初的 p 维最小化问题简化为 p 个单独的一维最小化问题，一般而言，一维的问题就易于求解。新的数据集 $\{y_1[n], y_2[n], \ldots, y_p[n]\}$ 称为完备数据(complete data)，如果噪声可分解为

$$w[n] = \sum_{i=1}^{p} w_i[n]$$

那么新的数据集与初始数据集的关系为

$$x[n] = \sum_{i=1}^{p} y_i[n] \tag{7.52}$$

要使这样的分解成立，我们还将假设 $w_i[n]$ 噪声过程是相互独立的，而且

$$\sigma^2 = \sum_{i=1}^{p} \sigma_i^2 \tag{7.53}$$

剩下的关键问题是如何从初始数据或不完备数据中获得完备数据。读者还应该注意到，这种分解不是唯一的。我们刚好能简单地假设完备数据为

$$
\begin{aligned}
y_1[n] &= \sum_{i=1}^{p} \cos 2\pi f_i n \\
y_2[n] &= w[n]
\end{aligned}
$$

于是

$$x[n] = y_1[n] + y_2[n]$$

是一个信号和噪声的分解。

总之，我们假设存在一个完备数据到不完备数据的变换，这个变换为

$$\mathbf{x} = \mathbf{g}(\mathbf{y}_1, \mathbf{y}_2, \ldots, \mathbf{y}_M) = \mathbf{g}(\mathbf{y}) \tag{7.54}$$

其中在前一个例子里 $M = p$，$\mathbf{y}_i$ 的元素由(7.51)式给出。函数 $\mathbf{g}$ 是一个多对一的变换。我们希望通过使 $\ln p_x(\mathbf{x}; \boldsymbol{\theta})$ 最大来求 $\boldsymbol{\theta}$ 的 MLE。求这个最大值很困难，我们以求 $\ln p_y(\mathbf{y}; \boldsymbol{\theta})$ 的最大值来代替。因为 $\mathbf{y}$ 无法求得，我们使用对数似然函数的条件数学期望来代替对数似然函数，即

$$E_{y|x}[\ln p_y(\mathbf{y}; \boldsymbol{\theta})] = \int \ln p_y(\mathbf{y}; \boldsymbol{\theta}) p(\mathbf{y}|\mathbf{x}; \boldsymbol{\theta}) \, d\mathbf{y} \tag{7.55}$$

最后，因为必须知道 $\boldsymbol{\theta}$ 才能确定 $p(\mathbf{y}|\mathbf{x}; \boldsymbol{\theta})$，因此，对数似然函数的数学期望将作为当前的猜测。令 $\boldsymbol{\theta}_k$ 表示 $\boldsymbol{\theta}$ 的 MLE 的第 k 次猜测，于是就有了下面的迭代算法。

数学期望(E)： 确定完备数据的平均对数似然函数，

$$U(\boldsymbol{\theta}, \boldsymbol{\theta}_k) = \int \ln p_y(\mathbf{y}; \boldsymbol{\theta}) p(\mathbf{y}|\mathbf{x}; \boldsymbol{\theta}_k) \, d\mathbf{y} \tag{7.56}$$

最大化(M)： 求使完备数据的平均对数似然函数最大的 θ 值，

$$\boldsymbol{\theta}_{k+1} = \arg \max_{\boldsymbol{\theta}} U(\boldsymbol{\theta}, \boldsymbol{\theta}_k) \tag{7.57}$$

在收敛处，我们非常有希望求出 MLE。这种方法称为 EM 算法。在我们的频率估计问题中应用该方法，就可以得到如下的迭代方法，其推导请参见附录7C。

E 步： 对于 $i = 1, 2, \ldots, p$，

$$\hat{y}_i[n] = \cos 2\pi f_{i_k} n + \beta_i (x[n] - \sum_{i=1}^{p} \cos 2\pi f_{i_k} n) \tag{7.58}$$

M 步: 对于 $i = 1, 2, \ldots, p$,

$$f_{i_{k+1}} = \arg\max_{f_i} \sum_{n=0}^{N-1} \hat{y}_i[n] \cos 2\pi f_i n \tag{7.59}$$

其中, 只要 $\sum_{i=1}^{p} \beta_i = 1$, 可以任意选择 β_i。

注意, (7.58) 式中的 $\beta_i(x[n] - \sum_{i=1}^{p} \cos 2\pi f_{i_k} n)$ 是 $w_i[n]$ 的一个估计。因此, 该算法逐步把初始数据集分解为 p 个单独的数据集, 每一个数据集由 WGN 中的单个正弦信号组成。上式给出的最大值对应于单个正弦信号的 MLE, 这个 MLE 是根据由估计的完备数据集给出的那个数据集而得到的(参见习题 7.19)。这种方法已经获得了很好的结果, 它的不足是确定一个闭合形式的条件数学期望很困难, 以及选择一个完备数据的任意性。然而, 这种方法可以很容易地应用于高斯问题的求解。需要对此方法进行更深入了解的读者, 可以参考 [Feder and Weinstein 1988]。

7.9 渐近 MLE

在很多情况下, 由于需要求高维协方差矩阵的逆矩阵, 所以求解一个具有高斯 PDF 的参数的 MLE 是非常困难的。例如, 如果 $\mathbf{x} \sim \mathcal{N}(\mathbf{0}, \mathbf{C}(\boldsymbol{\theta}))$, 求下式的最大值可求出 $\boldsymbol{\theta}$ 的 MLE,

$$p(\mathbf{x}; \boldsymbol{\theta}) = \frac{1}{(2\pi)^{\frac{N}{2}} \det^{\frac{1}{2}}(\mathbf{C}(\boldsymbol{\theta}))} \exp\left[-\frac{1}{2} \mathbf{x}^T \mathbf{C}^{-1}(\boldsymbol{\theta}) \mathbf{x}\right]$$

如果不能求出协方差矩阵的闭合形式的逆矩阵, 那么采用搜索法对 $\boldsymbol{\theta}$ 的每一个值进行搜索时要求出 $N \times N$ 矩阵的逆。当 $\mathbf{x}$ 是取自一个零均值 WSS 随机过程的数据时, 可以采用一个近似方法求解, 因此其协方差矩阵是 Toeplitz 矩阵(参见附录 1)。在这种情况下, 附录 3D 已经证明, 渐近(对于大的数据记录)的对数似然函数由下式给出[参见 (3D.6) 式],

$$\ln p(\mathbf{x}; \boldsymbol{\theta}) = -\frac{N}{2} \ln 2\pi - \frac{N}{2} \int_{-\frac{1}{2}}^{\frac{1}{2}} \left[\ln P_{xx}(f) + \frac{I(f)}{P_{xx}(f)}\right] df \tag{7.60}$$

其中

$$I(f) = \frac{1}{N} \left|\sum_{n=0}^{N-1} x[n] \exp(-j2\pi f n)\right|^2$$

是数据的周期图, 并且 $P_{xx}(f)$ 是 PSD。通过 PSD, 对数似然函数与 $\boldsymbol{\theta}$ 有关。对 (7.60) 式求导得到 MLE 的必要条件,

$$\frac{\partial \ln p(\mathbf{x}; \boldsymbol{\theta})}{\partial \theta_i} = -\frac{N}{2} \int_{-\frac{1}{2}}^{\frac{1}{2}} \left[\frac{1}{P_{xx}(f)} - \frac{I(f)}{P_{xx}^2(f)}\right] \frac{\partial P_{xx}(f)}{\partial \theta_i} df$$

即

$$\int_{-\frac{1}{2}}^{\frac{1}{2}} \left[\frac{1}{P_{xx}(f)} - \frac{I(f)}{P_{xx}^2(f)}\right] \frac{\partial P_{xx}(f)}{\partial \theta_i} df = 0 \tag{7.61}$$

附录 3D 中的 (3D.7) 式给出了其二阶导数, 所以利用渐近似然函数就可能实现 Newton-Raphson 迭代法和得分法。这样就引出了更为简便的迭代方法, 并常常应用于实际的估计问题, 下面给出一个例子。

例 7.14 高斯滑动平均(MA)过程

一个常见的 WSS 随机过程具有 ACF

$$r_{xx}[k] = \begin{cases} 1 + b^2[1] + b^2[2] & k = 0 \\ b[1] + b[1]b[2] & k = 1 \\ b[2] & k = 2 \\ 0 & k \geqslant 3 \end{cases}$$

容易证明其 PSD 为

$$P_{xx}(f) = \left| 1 + b[1]\exp(-j2\pi f) + b[2]\exp(-j4\pi f) \right|^2$$

把方差为 1 的 WGN 通过一个系统函数为 $\mathcal{B}(z) = 1 + b[1]z^{-1} + b[2]z^{-2}$ 的滤波器，可得到过程 $x[n]$。通常假设滤波器 $\mathcal{B}(z)$ 是最小相位系统或零点 z_1、z_2 落在单位圆内。这称为二阶滑动平均过程。求解 MA 滤波器参数 $b[1]$、$b[2]$ 的 MLE 时，我们必须计算协方差矩阵的逆。取而代之的是，可以利用 (7.60) 式求一个近似的 MLE。注意滤波器是最小相位的，

$$\int_{-\frac{1}{2}}^{\frac{1}{2}} \ln P_{xx}(f)\, df = 0$$

对于这个过程（参见习题 7.22），求下式的最小值可求得近似的 MLE，

$$\int_{-\frac{1}{2}}^{\frac{1}{2}} \frac{I(f)}{\left| 1 + b[1]\exp(-j2\pi f) + b[2]\exp(-j4\pi f) \right|^2}\, df$$

然而

$$\mathcal{B}(z) = (1 - z_1 z^{-1})(1 - z_2 z^{-1})$$

其中 $|z_1| < 1$，$|z_2| < 1$。在允许的零点上求下式的最小值可求出 MLE，

$$\int_{-\frac{1}{2}}^{\frac{1}{2}} \frac{I(f)}{|1 - z_1\exp(-j2\pi f)|^2 |1 - z_2\exp(-j2\pi f)|^2}\, df$$

并通过下式转化为 MA 参数，

$$\begin{aligned} b[1] &= -(z_1 + z_2) \\ b[2] &= z_1 z_2 \end{aligned}$$

当 z_1 为复数时，我们应该利用约束 $z_2 = z_1^*$。当 z_1 为实数时，我们必须保证 z_2 也是实数。这些约束条件对于确保 $\mathcal{B}(z)$ 的系数为实数是必要的，那么网格搜索法或任意一种迭代方法都可以应用。

下一节将给出渐近 MLE 的另一个例子。

7.10　信号处理的例子

在 3.11 节中，我们讨论了四个信号处理估计问题的例子。每个例子都确定了 CRLB。由 MLE 的渐近特性，MLE 的渐近 PDF 由 $\mathcal{N}(\boldsymbol{\theta}, \mathbf{I}^{-1}(\boldsymbol{\theta}))$ 给出，其中 $\mathbf{I}^{-1}(\boldsymbol{\theta})$ 在 3.11 节中给出。我们现在求出 MLE 的显式表达式。与这些问题有关的叙述和表示方法请读者查阅 3.11 节。

例 7.15　距离估计（例 3.13）

从 (3.36) 式可知其 PDF 为

$$\begin{aligned} p(\mathbf{x}; n_0) = \ &\prod_{n=0}^{n_0-1} \frac{1}{\sqrt{2\pi\sigma^2}} \exp\left[-\frac{1}{2\sigma^2} x^2[n] \right] \\ &\cdot \prod_{n=n_0}^{n_0+M-1} \frac{1}{\sqrt{2\pi\sigma^2}} \exp\left[-\frac{1}{2\sigma^2} (x[n] - s[n-n_0])^2 \right] \\ &\cdot \prod_{n=n_0+M}^{N-1} \frac{1}{\sqrt{2\pi\sigma^2}} \exp\left[-\frac{1}{2\sigma^2} x^2[n] \right] \end{aligned}$$

此时，连续参数 τ_0 已经离散化为 $n_0 = \tau_0/\Delta$。似然函数简化为

$$p(\mathbf{x}; n_0) = \frac{1}{(2\pi\sigma^2)^{\frac{N}{2}}} \exp\left[-\frac{1}{2\sigma^2}\sum_{n=0}^{N-1}x^2[n]\right]$$

$$\cdot \prod_{n=n_0}^{n_0+M-1}\exp\left[-\frac{1}{2\sigma^2}(-2x[n]s[n-n_0]+s^2[n-n_0])\right]$$

通过求下式的最大值,

$$\exp\left[-\frac{1}{2\sigma^2}\sum_{n=n_0}^{n_0+M-1}(-2x[n]s[n-n_0]+s^2[n-n_0])\right]$$

或者可等效为求下式的最小值,

$$\sum_{n=n_0}^{n_0+M-1}(-2x[n]s[n-n_0]+s^2[n-n_0])$$

可求得 n_0 的 MLE。但是,$\sum_{n=n_0}^{n_0+M-1}s^2[n-n_0] = \sum_{n=0}^{N-1}s^2[n]$ 且不是 n_0 的函数。因此,通过求下式的最大值可求得 n_0 的 MLE,

$$\sum_{n=n_0}^{n_0+M-1}x[n]s[n-n_0] \tag{7.62}$$

根据不变性原理,由于 $R = c\tau_0/2 = cn_0\Delta/2$,所以距离的 MLE 为 $\hat{R} = (c\Delta/2)\hat{n}_0$。注意,通过将数据与所有可能接收到的信号进行相关,并选择出最大值就可求得时延 n_0 的 MLE。

例 7.16　正弦信号参数估计(例 3.14)

给出 PDF 如下式,

$$p(\mathbf{x}; \boldsymbol{\theta}) = \frac{1}{(2\pi\sigma^2)^{\frac{N}{2}}}\exp\left[-\frac{1}{2\sigma^2}\sum_{n=0}^{N-1}(x[n]-A\cos(2\pi f_0 n + \phi))^2\right]$$

其中 $A>0$ 且 $0<f_0<1/2$。通过求下式的最小值可求得幅度 A、频率 f_0 以及相位 ϕ 的 MLE,

$$J(A, f_0, \phi) = \sum_{n=0}^{N-1}(x[n]-A\cos(2\pi f_0 n + \phi))^2$$

我们首先展开余弦项得

$$J(A, f_0, \phi) = \sum_{n=0}^{N-1}(x[n]-A\cos\phi\cos 2\pi f_0 n + A\sin\phi\sin 2\pi f_0 n)^2$$

虽然 J 不是 A 和 ϕ 的二次型函数,但是我们可以把它变换成二次型函数,令

$$\alpha_1 = A\cos\phi$$
$$\alpha_2 = -A\sin\phi$$

这是一对一变换,其逆变换为

$$\begin{aligned} A &= \sqrt{\alpha_1^2 + \alpha_2^2} \\ \phi &= \arctan\left(\frac{-\alpha_2}{\alpha_1}\right) \end{aligned} \tag{7.63}$$

再令

$$\mathbf{c} = [1\ \cos 2\pi f_0 \ldots \cos 2\pi f_0(N-1)]^T$$
$$\mathbf{s} = [0\ \sin 2\pi f_0 \ldots \sin 2\pi f_0(N-1)]^T$$

于是可得

$$
\begin{aligned}
J'(\alpha_1, \alpha_2, f_0) &= (\mathbf{x} - \alpha_1 \mathbf{c} - \alpha_2 \mathbf{s})^T (\mathbf{x} - \alpha_1 \mathbf{c} - \alpha_2 \mathbf{s}) \\
&= (\mathbf{x} - \mathbf{H}\boldsymbol{\alpha})^T (\mathbf{x} - \mathbf{H}\boldsymbol{\alpha})
\end{aligned}
$$

其中 $\boldsymbol{\alpha} = \begin{bmatrix} \alpha_1 \alpha_2 \end{bmatrix}^T$，$\mathbf{H} = \begin{bmatrix} \mathbf{c} \ \mathbf{s} \end{bmatrix}$。因此，在 $\boldsymbol{\alpha}$ 上达到最小的函数正好就是(7.42)式在 $\mathbf{C} = \mathbf{I}$ 时的线性模型中遇到的函数。根据(7.43)式，最小化的解为

$$
\hat{\boldsymbol{\alpha}} = (\mathbf{H}^T\mathbf{H})^{-1}\mathbf{H}^T\mathbf{x} \tag{7.64}
$$

因此

$$
\begin{aligned}
J'(\hat{\alpha_1}, \hat{\alpha_2}, f_0) &= (\mathbf{x} - \mathbf{H}\hat{\boldsymbol{\alpha}})^T (\mathbf{x} - \mathbf{H}\hat{\boldsymbol{\alpha}}) \\
&= (\mathbf{x} - \mathbf{H}(\mathbf{H}^T\mathbf{H})^{-1}\mathbf{H}^T\mathbf{x})^T (\mathbf{x} - \mathbf{H}(\mathbf{H}^T\mathbf{H})^{-1}\mathbf{H}^T\mathbf{x}) \\
&= \mathbf{x}^T (\mathbf{I} - \mathbf{H}(\mathbf{H}^T\mathbf{H})^{-1}\mathbf{H}^T)\mathbf{x}
\end{aligned}
$$

因为 $\mathbf{I} - \mathbf{H}(\mathbf{H}^T\mathbf{H})^{-1}\mathbf{H}^T$ 是一个等幂矩阵(如果 $\mathbf{A}^2 = \mathbf{A}$，$\mathbf{A}$ 矩阵是等幂矩阵)。因此，为了求估计量 $\hat{f}_0$，我们必须在 f_0 上求 J' 的最小值，或者等效为求下式的最大值，

$$
\mathbf{x}^T\mathbf{H}(\mathbf{H}^T\mathbf{H})^{-1}\mathbf{H}^T\mathbf{x}
$$

根据 $\mathbf{H}$ 的定义，我们通过求下式的最大值所对应的值来作为频率的 MLE，

$$
\begin{bmatrix} \mathbf{c}^T\mathbf{x} \\ \mathbf{s}^T\mathbf{x} \end{bmatrix}^T \begin{bmatrix} \mathbf{c}^T\mathbf{c} & \mathbf{c}^T\mathbf{s} \\ \mathbf{s}^T\mathbf{c} & \mathbf{s}^T\mathbf{s} \end{bmatrix}^{-1} \begin{bmatrix} \mathbf{c}^T\mathbf{x} \\ \mathbf{s}^T\mathbf{x} \end{bmatrix} \tag{7.65}
$$

一旦通过上式求出了 $\hat{f}_0$，那么 $\hat{\boldsymbol{\alpha}}$ 就能根据(7.64)式求得，于是 $\hat{A}$、$\hat{\phi}$ 就能根据(7.63)式求得。如果 f_0 不在 0 或 1/2(参见习题7.24)附近，那么可求出一个近似的 MLE，因为在这种情况下，

$$
\begin{aligned}
\frac{1}{N}\mathbf{c}^T\mathbf{s} &= \frac{1}{N}\sum_{n=0}^{N-1} \cos 2\pi f_0 n \sin 2\pi f_0 n \\
&= \frac{1}{2N}\sum_{n=0}^{N-1} \sin 4\pi f_0 n \\
&\approx 0
\end{aligned}
$$

类似地，$\mathbf{c}^T\mathbf{c}/N \approx 1/2$ 且 $\mathbf{s}^T\mathbf{s}/N \approx 1/2$(参见习题3.7)，那么(7.65)式近似变为

$$
\begin{bmatrix} \mathbf{c}^T\mathbf{x} \\ \mathbf{s}^T\mathbf{x} \end{bmatrix}^T \begin{bmatrix} \frac{N}{2} & 0 \\ 0 & \frac{N}{2} \end{bmatrix}^{-1} \begin{bmatrix} \mathbf{c}^T\mathbf{x} \\ \mathbf{s}^T\mathbf{x} \end{bmatrix}
$$

$$
\begin{aligned}
&= \frac{2}{N}\left[(\mathbf{c}^T\mathbf{x})^2 + (\mathbf{s}^T\mathbf{x})^2 \right] \\
&= \frac{2}{N}\left[\left(\sum_{n=0}^{N-1} x[n]\cos 2\pi f_0 n\right)^2 + \left(\sum_{n=0}^{N-1} x[n]\sin 2\pi f_0 n\right)^2 \right] \\
&= \frac{2}{N}\left| \sum_{n=0}^{N-1} x[n]\exp(-j2\pi f_0 n) \right|^2
\end{aligned}
$$

或者通过在 f 上使周期图

$$
I(f) = \frac{1}{N}\left| \sum_{n=0}^{N-1} x[n]\exp(-j2\pi f n) \right|^2 \tag{7.66}
$$

最大来求得频率的 MLE。于是，根据(7.64)式，

$$\hat{\boldsymbol{\alpha}} \approx \frac{2}{N} \begin{bmatrix} \hat{\mathbf{c}}^T \mathbf{x} \\ \hat{\mathbf{s}}^T \mathbf{x} \end{bmatrix}$$

$$= \begin{bmatrix} \dfrac{2}{N} \displaystyle\sum_{n=0}^{N-1} x[n] \cos 2\pi \hat{f}_0 n \\ \dfrac{2}{N} \displaystyle\sum_{n=0}^{N-1} x[n] \sin 2\pi \hat{f}_0 n \end{bmatrix}$$

这样最终我们有

$$\hat{A} = \sqrt{\hat{\alpha_1}^2 + \hat{\alpha_2}^2} = \frac{2}{N} \left| \sum_{n=0}^{N-1} x[n] \exp(-j2\pi \hat{f}_0 n) \right|$$

$$\hat{\phi} = \arctan \frac{-\displaystyle\sum_{n=0}^{N-1} x[n] \sin 2\pi \hat{f}_0 n}{\displaystyle\sum_{n=0}^{N-1} x[n] \cos 2\pi \hat{f}_0 n}$$

例 7.17　方位估计 (例 3.15)

入射到一个线阵列上的正弦信号的方位 β 与空间频率 f_s 的关系为

$$f_s = \frac{F_0 d}{c} \cos \beta$$

假定幅度、相位和空间频率都是需要估计的量, 这就成为上一例刚刚描述的正弦信号参数估计问题。然而, 假定已知时间频率 F_0、d 和 c。一旦利用 MLE 估计出 f_s, 那么根据不变性原理, 方位的 MLE 可立即得出, 即

$$\hat{\beta} = \arccos \left(\frac{\hat{f}_s c}{F_0 d} \right)$$

为了求得 $\hat{f}_s$, 实际上常常是根据 M 个传感器的周期图 (7.66) 式, 即

$$I(f_s) = \frac{1}{M} \left| \sum_{n=0}^{M-1} x[n] \exp(-j2\pi f_s n) \right|^2$$

的尖峰来求得近似的 MLE。此处, $x[n]$ 是从传感器 n 得到的样本。另外, 通过在 β 上求下式的最大值可直接求得方位的近似 MLE,

$$I'(\beta) = \frac{1}{M} \left| \sum_{n=0}^{M-1} x[n] \exp \left(-j2\pi F_0 \frac{d}{c} n \cos \beta \right) \right|^2$$

例 7.18　自回归参数估计 (例 3.16)

我们将利用 (7.60) 式给出的对数似然的渐近形式来求得 MLE, 因为 PSD 为

$$P_{xx}(f) = \frac{\sigma_u^2}{|A(f)|^2}$$

我们有

$$\ln p(\mathbf{x}; \mathbf{a}, \sigma_u^2) = -\frac{N}{2} \ln 2\pi - \frac{N}{2} \int_{-\frac{1}{2}}^{\frac{1}{2}} \left[\ln \frac{\sigma_u^2}{|A(f)|^2} + \frac{I(f)}{\frac{\sigma_u^2}{|A(f)|^2}} \right] df$$

如习题 7.22 所证明的那样, 因为 $A(z)$ 是最小相位的 [要求 $1/A(z)$ 是稳定性的], 于是

$$\int_{-\frac{1}{2}}^{\frac{1}{2}} \ln |A(f)|^2 df = 0$$

因此

$$\ln p(\mathbf{x}; \mathbf{a}, \sigma_u^2) = -\frac{N}{2}\ln 2\pi - \frac{N}{2}\ln \sigma_u^2 - \frac{N}{2\sigma_u^2}\int_{-\frac{1}{2}}^{\frac{1}{2}} |A(f)|^2 I(f)\, df \qquad (7.67)$$

对 σ_u^2 求导，并令结果等于零，得

$$-\frac{N}{2\sigma_u^2} + \frac{N}{2\sigma_u^4}\int_{-\frac{1}{2}}^{\frac{1}{2}} |A(f)|^2 I(f)\, df = 0$$

于是

$$\hat{\sigma_u^2} = \int_{-\frac{1}{2}}^{\frac{1}{2}} |A(f)|^2 I(f)\, df$$

把这个结果代入 (7.67) 式，得

$$\ln p(\mathbf{x}; \mathbf{a}, \hat{\sigma_u^2}) = -\frac{N}{2}\ln 2\pi - \frac{N}{2}\ln \hat{\sigma_u^2} - \frac{N}{2}$$

为了求得 $\hat{\mathbf{a}}$，我们必须使 $\hat{\sigma_u^2}$ 最小，或者使

$$J(\mathbf{a}) = \int_{-\frac{1}{2}}^{\frac{1}{2}} |A(f)|^2 I(f)\, df$$

最小。注意这个函数是 $\mathbf{a}$ 的二次型，通过求导可求出全局最小值。对于 $k = 1, 2, \ldots, p$，我们有

$$\begin{aligned}
\frac{\partial J(\mathbf{a})}{\partial a[k]} &= \int_{-\frac{1}{2}}^{\frac{1}{2}}\left[A(f)\frac{\partial A^*(f)}{\partial a[k]} + \frac{\partial A(f)}{\partial a[k]}A^*(f)\right] I(f)\, df \\
&= \int_{-\frac{1}{2}}^{\frac{1}{2}}\left[A(f)\exp(j2\pi fk) + A^*(f)\exp(-j2\pi fk)\right] I(f)\, df
\end{aligned}$$

由于 $A(-f) = A^*(f)$，$I(-f) = I(f)$，我们可以将上式重写为

$$\frac{\partial J(\mathbf{a})}{\partial a[k]} = 2\int_{-\frac{1}{2}}^{\frac{1}{2}} A(f)I(f)\exp(j2\pi fk)\, df$$

令它等于零，得

$$\int_{-\frac{1}{2}}^{\frac{1}{2}}\left(1 + \sum_{l=1}^{p} a[l]\exp(-j2\pi fl)\right) I(f)\exp(j2\pi fk)\, df = 0 \qquad k = 1, 2, \ldots, p \qquad (7.68)$$

或

$$\sum_{l=1}^{p} a[l]\int_{-\frac{1}{2}}^{\frac{1}{2}} I(f)\exp[j2\pi f(k-l)]\, df = -\int_{-\frac{1}{2}}^{\frac{1}{2}} I(f)\exp[j2\pi fk]\, df$$

但 $\int_{-\frac{1}{2}}^{\frac{1}{2}} I(f)\exp[j2\pi fk]\, df$ 刚好是在 k 处计算的周期图的傅里叶反变换，可以证明它是估计的 ACF（参见习题 7.25）：

$$\hat{r}_{xx}[k] = \begin{cases} \dfrac{1}{N}\displaystyle\sum_{n=0}^{N-1-|k|} x[n]x[n+|k|] & |k| \leqslant N-1 \\ 0 & |k| \geqslant N \end{cases}$$

为了得到 AR 滤波器参数 $\mathbf{a}$ 的近似 MLE，这组待求解的方程组变为

$$\sum_{l=1}^{p} \hat{a}[l]\hat{r}_{xx}[k-l] = -\hat{r}_{xx}[k] \qquad k = 1, 2, \ldots, p$$

或写成矩阵形式

$$
\begin{bmatrix}
\hat{r}_{xx}[0] & \hat{r}_{xx}[1] & \ldots & \hat{r}_{xx}[p-1] \\
\hat{r}_{xx}[1] & \hat{r}_{xx}[0] & \ldots & \hat{r}_{xx}[p-2] \\
\vdots & \vdots & \ddots & \vdots \\
\hat{r}_{xx}[p-1] & \hat{r}_{xx}[p-2] & \ldots & \hat{r}_{xx}[0]
\end{bmatrix}
\begin{bmatrix}
\hat{a}[1] \\
\hat{a}[2] \\
\vdots \\
\hat{a}[p]
\end{bmatrix}
= -
\begin{bmatrix}
\hat{r}_{xx}[1] \\
\hat{r}_{xx}[2] \\
\vdots \\
\hat{r}_{xx}[p]
\end{bmatrix}
\tag{7.69}
$$

这些方程就称为所谓的估计的 Yule-Walker 方程，这是一种线性预测的自相关方法。注意矩阵和右边矢量的特殊形式，因而可利用递推法求解，例如著名的 Levinson 递推法 [Kay 1988]。为了完成我们的讨论，我们求解出了 σ_u^2 的 MLE 的一个显式表达式。从 (7.68) 式，我们注意到

$$
\int_{-\frac{1}{2}}^{\frac{1}{2}} \hat{A}(f) I(f) \exp(j2\pi fk)\, df = 0 \qquad k = 1, 2, \ldots, p
$$

因为

$$
\begin{aligned}
\hat{\sigma_u^2} &= \int_{-\frac{1}{2}}^{\frac{1}{2}} |\hat{A}(f)|^2 I(f)\, df \\
&= \int_{-\frac{1}{2}}^{\frac{1}{2}} \hat{A}(f) I(f) \hat{A}^*(f)\, df \\
&= \sum_{k=0}^{p} \hat{a}[k] \int_{-\frac{1}{2}}^{\frac{1}{2}} \hat{A}(f) I(f) \exp(j2\pi fk)\, df
\end{aligned}
$$

根据 (7.69) 式，我们注意到除 $k = 0$ 外，和式中的所有项均为零。可以得出 (我们令 $\hat{a}[0] = 1$)

$$
\begin{aligned}
\hat{\sigma_u^2} &= \int_{-\frac{1}{2}}^{\frac{1}{2}} \hat{A}(f) I(f)\, df \\
&= \sum_{k=0}^{p} \hat{a}[k] \int_{-\frac{1}{2}}^{\frac{1}{2}} I(f) \exp(-j2\pi fk)\, df \\
&= \sum_{k=0}^{p} \hat{a}[k] \hat{r}_{xx}[-k] \\
&= \sum_{k=0}^{p} \hat{a}[k] \hat{r}_{xx}[k]
\end{aligned}
$$

最后，MLE 为

$$
\hat{\sigma_u^2} = \hat{r}_{xx}[0] + \sum_{k=1}^{p} \hat{a}[k] \hat{r}_{xx}[k]
\tag{7.70}
$$

参考文献

Bard, Y., *Nonlinear Parameter Estimation*, Academic Press, New York, 1974.

Bendat, J.S., A.G. Piersol, *Random Data: Analysis and Measurement Procedures*, J. Wiley, New York, 1971.

Bickel, P.J., K.A. Doksum, *Mathematical Statistics*, Holden-Day, San Francisco, 1977.

Dempster, A.P., N.M. Laird, D.B. Rubin, "Maximum Likelihood From Incomplete Data via the EM Algorithm," *Ann. Roy. Statist. Soc.*, Vol. 39, pp. 1–38, Dec. 1977.

Dudewicz, E.J., *Introduction to Probability and Statistics*, Holt, Rinehart, and Winston, New York, 1976.

Feder, M., E. Weinstein, "Parameter Estimation of Superimposed Signals Using the EM Algorithm," *IEEE Trans. Acoust., Speech, Signal Process.*, Vol. 36, pp. 477–489, April 1988.

Hoel, P.G., S.C. Port, C.J. Stone, *Introduction to Statistical Theory*, Houghton Mifflin, Boston, 1971.

Kay, S.M, *Modern Spectral Estimation: Theory and Application*, Prentice-Hall, Englewood Cliffs, N.J., 1988.

Rao, C.R. *Linear Statistical Inference and Its Applications*, J. Wiley, New York, 1973.

Schwartz, M., L. Shaw, *Signal Processing: Discrete Spectral Analysis, Detection, and Estimation*, McGraw-Hill, New York, 1975.

习题

7.1 证明(7.2)式给出了例7.1中 $\hat{A}$ 的 CRLB。

7.2 考虑例7.1问题的样本均值估计量。求出其方差并与 CRLB 比较。对于有限 N，样本均值估计量达到了 CRLB 吗？如果 $N \to \infty$ 又会如何？MLE 和样本均值估计量相比，哪一个更好？

7.3 我们从如下 PDF 中观测到 N 个 IID 样本，

  a. 高斯

$$p(x; \mu) = \frac{1}{\sqrt{2\pi}} \exp\left[-\frac{1}{2}(x - \mu)^2\right]$$

  b. 指数

$$p(x; \lambda) = \begin{cases} \lambda \exp(-\lambda x) & x > 0 \\ 0 & x < 0 \end{cases}$$

在各自的情况下求出未知参数的 MLE，并验证它确实使似然函数达到最大。求出的估计量意味着什么？

7.4 渐近结果有时会使人产生误解，因此应用时要倍加小心。例如，有两个 θ 的无偏估计量，它们的方差分别为

$$\begin{aligned} \text{var}(\hat{\theta}_1) &= \frac{2}{N} \\ \text{var}(\hat{\theta}_2) &= \frac{1}{N} + \frac{100}{N^2} \end{aligned}$$

请画出方差与 N 的关系并确定出较好的估计量。

7.5 下面给出了一致估计量的正式定义，如果对于给定的任意 $\epsilon > 0$，满足

$$\lim_{N \to \infty} \Pr\{|\hat{\theta} - \theta| > \epsilon\} = 0$$

那么估计量 $\hat{\theta}$ 是一致的。

证明：对于在已知方差的高斯白噪声中对 DC 电平 A 的估计问题，样本均值是一致估计量。提示：利用切比雪夫（Chebychev）不等式。

7.6 另一个一致性结论断言：如果 $\alpha = g(\theta)$，其中 g 是连续函数，且 $\hat{\theta}$ 是 θ 的一致估计量，那么 $\hat{\alpha} = g(\hat{\theta})$ 是 α 的一致估计量。请利用统计线性化理论和一致性的正式定义，说明为什么此结论是正确的。提示：在 θ 真值附近线性化 g。

7.7 从指数族 PDF 中考虑 N 个 IID 观测

$$p(x; \theta) = \exp\left[A(\theta)B(x) + C(x) + D(\theta)\right]$$

其中 A、B、C 和 D 是各自变量的函数。确定求解 MLE 的方程。并把你的结果应用到习题7.3的 PDF 中。

7.8 如果我们从贝努利实验（抛硬币）中观测到 N 个 IID 样本，其概率为

$$\begin{aligned} \Pr\{x[n] = 1\} &= p \\ \Pr\{x[n] = 0\} &= 1 - p \end{aligned}$$

求 p 的 MLE。

7.9 对于从 $\mathcal{U}[0, \theta]$ PDF 观测到的 N 个 IID 样本，求 θ 的 MLE。

7.10 如果观测到数据集

$$x[n] = As[n] + w[n] \qquad n = 0, 1, \ldots, N-1$$

其中已知 $s[n]$，且 $w[n]$ 是具有已知方差 σ^2 的 WGN，求 A 的 MLE。确定 MLE 的 PDF 并判断是否是渐近 PDF。

7.11 请列出一个可求解习题3.15中相关系数 ρ 的 MLE 的方程。如果 $N \to \infty$，你能求出一个近似解吗？提示：在方程中令 $\sum_{n=0}^{N-1} x_1^2[n]/N \to 1$ 和 $\sum_{n=0}^{N-1} x_2^2[n]/N \to 1$，其中 $\mathbf{x}[n] = [x_1[n] x_2[n]]^T$。

7.12 本题我们证明如果有效估计量存在，那么最大似然方法可求出它。假设对于一个标量参数，如果有效估

计量存在, 那么我们可得

$$\frac{\partial \ln p(\mathbf{x};\theta)}{\partial \theta} = I(\theta)(\hat{\theta} - \theta)$$

请用此式证明上述定理。

7.13 我们观测到 WGN 中 DC 电平的 N 个 IID 样本, 即

$$x[n] = A + w[n] \qquad n = 0, 1, \ldots, N-1$$

其中 A 是被估计量, $w[n]$ 是方差为 σ^2 的 WGN。使用蒙特卡洛计算机模拟方法, 验证 MLE 的 PDF, 即样本均值为 $\mathcal{N}(A, \sigma^2/N)$。画出并比较理论的 PDF 以及计算机产生的 PDF, 取 $A=1$, $\sigma^2=0.1$, $N=50$, 以及 $M=1000$ 个现实。如果 M 增加到 5000 时会发生什么情况? 提示: 利用附录 7A 所提供的计算机子程序。

7.14 设 IID 数据样本为 $x[n]$, $n=0,1,\ldots,N-1$, 其中 $x[n] \sim \mathcal{N}(0, \sigma^2)$。那么, 根据 Slutsky 理论 [Bickel and Doksum 1977], 如果 $\bar{x}$ 表示样本均值, 且

$$\hat{\sigma}^2 = \frac{1}{N} \sum_{n=0}^{N-1} (x[n] - \bar{x})^2$$

表示样本方差, 那么

$$\frac{\bar{x}}{\hat{\sigma}/\sqrt{N}} \overset{a}{\sim} \mathcal{N}(0,1)$$

虽然可以解析地证明此结论, 但要求对随机变量的收敛性非常熟悉。取而代之的是利用蒙特卡洛计算机模拟方法求 $\bar{x}/(\hat{\sigma}/\sqrt{N})$ 的 PDF, 其中 $\sigma^2=1$, $N=10$, $N=100$。将你的结果与理论渐近 PDF 进行比较。提示: 利用附录 7A 所提供的计算机子程序。

7.15 本题我们证明当估计误差很小时, MLE 可以达到其渐近 PDF。考虑例 7.6 并在 (7.20) 式中令

$$\epsilon_s = -\frac{2}{NA} \sum_{n=0}^{N-1} w[n] \sin 2\pi f_0 n$$

$$\epsilon_c = \frac{2}{NA} \sum_{n=0}^{N-1} w[n] \cos 2\pi f_0 n$$

假设 f_0 不在 0 或 1/2 附近, 因此可以像例 3.4 那样进行近似。首先证明 ϵ_s 和 ϵ_c 近似是不相关的, 因而也是独立的高斯随机变量。其次, 求出 ϵ_s, ϵ_c 的 PDF。接着, 假设 ϵ_s 和 ϵ_c 很小, 利用截断泰勒级数在 ϕ 真值附近对 $\hat{\phi}$ 进行展开, 得

$$\begin{aligned}
\hat{\phi} &= g(\epsilon_s, \epsilon_c) \\
&\approx g(0,0) + \left.\frac{\partial g(\epsilon_s, \epsilon_c)}{\partial \epsilon_s}\right|_{\epsilon_s=0, \epsilon_c=0} \epsilon_s + \left.\frac{\partial g(\epsilon_s, \epsilon_c)}{\partial \epsilon_c}\right|_{\epsilon_s=0, \epsilon_c=0} \epsilon_c
\end{aligned}$$

其中函数 g 在 (7.20) 式中已给出, 请利用这个展开式求 $\hat{\phi}$ 的 PDF。将其方差与例 3.4 中的 CRLB 进行对比。注意, 当 ϵ_s、ϵ_c 很小时, 要么 $N \to \infty$, 要么 $A \to \infty$。

7.16 在例 7.7 中求出 $\mathrm{var}(\hat{A})$ 以及如下非高斯 PDF (又称拉普拉斯 PDF) 的 CRLB,

$$p(w[0]) = \frac{1}{2} \exp(-|w[0]|)$$

问当 $N \to \infty$ 时, MLE 达到了 CRLB 吗?

7.17 从一个 $\mathcal{N}(0, 1/\theta)$ PDF 中观测到 N 个 IID 样本, 其中 $\theta > 0$, 求 θ 的 MLE 以及它的渐近 PDF。

7.18 在域 $-3 \leqslant x \leqslant 13$ 上画出函数

$$g(x) = \exp\left[-\frac{1}{2} x^2\right] + 0.1 \exp\left[-\frac{1}{2}(x-10)^2\right]$$

从图上求出函数的最大值。接着, 设定起始猜测点为 $x_0=0.5$ 和 $x_0=9.5$, 利用 Newton-Raphson 迭代法求其最大值。关于迭代起始猜测点的重要性, 你有什么看法?

7.19 设

$$x[n] = \cos 2\pi f_0 n + w[n] \qquad n = 0, 1, \ldots, N-1$$

其中 $w[n]$ 是方差为 σ^2 的 WGN，证明通过在区间 $0 < f_0 < 1/2$（f_0 不在 0 或 1/2 附近）使

$$\sum_{n=0}^{N-1} x[n] \cos 2\pi f_0 n$$

最大可近似求出频率的 MLE。接着，取 $N = 10$，$f_0 = 0.25$，以及 $\sigma^2 = 0.01$，利用蒙特卡洛计算机模拟方法（参见附录 7A）求解，并画出被最大化的函数。运用 Newton-Raphson 迭代法求最大值，并与网格搜索法所得结果进行比较。

7.20 设数据集

$$x[n] = s[n] + w[n] \qquad n = 0, 1, \ldots, N-1$$

其中 $s[n]$（$n = 0, 1, \ldots, N-1$）未知，$w[n]$ 是方差为 σ^2 的 WGN。求出 $s[n]$ 的 MLE 以及它的 PDF。问符合渐近 MLE 特性吗？如果符合，那么 MLE 是无偏的、有效的、高斯的、一致的吗？

7.21 从 PDF $\mathcal{N}(A, \sigma^2)$ 观测到 N 个 IID 样本，其中 A 和 σ^2 皆未知，求 SNR $\alpha = A^2/\sigma^2$ 的 MLE？

7.22 证明如果

$$\mathcal{A}(z) = 1 + \sum_{k=1}^{p} a[k] z^{-k}$$

是一个最小相位多项式（所有的根都落在 z 平面上单位圆内），那么

$$\int_{-\frac{1}{2}}^{\frac{1}{2}} \ln |A(f)|^2 \, df = 0$$

要证明此结论，首先证明

$$\int_{-\frac{1}{2}}^{\frac{1}{2}} \ln |A(f)|^2 \, df = 2 \operatorname{Re} \left\{ \frac{1}{2\pi j} \oint \ln \mathcal{A}(z) \frac{dz}{z} \right\}$$

其中围线是 z 平面上的单位圆。其次，注意到

$$\frac{1}{2\pi j} \oint \ln \mathcal{A}(z) \frac{dz}{z}$$

是在 $n = 0$ 处计算得到的 $\ln \mathcal{A}(z)$ 的 z 反变换。最后利用事实，一个最小相位 $\ln \mathcal{A}(z)$ 使得 $\ln \mathcal{A}(z)$ 的 z 反变换是因果的。

7.23 求 PSD 的总功率 P_0 的渐近 MLE，PSD 为

$$P_{xx}(f) = P_0 Q(f)$$

其中

$$\int_{-\frac{1}{2}}^{\frac{1}{2}} Q(f) \, df = 1$$

如果对于所有的 f，$Q(f) = 1$，过程为 WGN，请化简你的结果。提示：第二部分可使用习题 7.25 的结果。

7.24 例 7.16 已证明：周期图的尖峰是在 f_0 不位于 0 或 1/2 附近的条件下频率的 MLE。画出 $N = 10$、频率 $f_0 = 0.25$ 和 $f_0 = 0.05$ 时的周期图。使用无噪声数据

$$x[n] = \cos 2\pi f_0 n \qquad n = 0, 1, \ldots, N-1$$

如果这个近似无效，会发生什么情况？使用精确函数

$$\mathbf{x}^T \mathbf{H} (\mathbf{H}^T \mathbf{H})^{-1} \mathbf{H}^T \mathbf{x}$$

重做一次，其中 $\mathbf{H}$ 在例 7.16 中已定义。

7.25 证明周期图的傅里叶反变换是

$$\hat{r}_{xx}[k] = \begin{cases} \dfrac{1}{N} \displaystyle\sum_{n=0}^{N-1-|k|} x[n]x[n+|k|] & |k| \leqslant N-1 \\ 0 & |k| \geqslant N \end{cases}$$

提示：周期图能表示为

$$I(f) = \frac{1}{N} X'(f) X'(f)^*$$

其中 $X'(f)$ 是序列

$$x'[n] = \begin{cases} x[n] & 0 \leqslant n \leqslant N-1 \\ 0 & \text{其他} \end{cases}$$

的傅里叶变换。

7.26 一个 AR(1) PSD 为

$$P_{xx}(f) = \frac{\sigma_u^2}{|1 + a[1]\exp(-j2\pi f)|^2}$$

如果 $a[1]$ 和 σ^2 是未知的，利用(7.69)式和(7.70)式求 $f = f_0$ 时 $P_{xx}(f)$ 的 MLE。MLE 的渐近方差是多少？提示：利用(3.30)式和(3.44)式。

附录7A　蒙特卡洛方法

我们现在介绍用于产生随机变量现实的计算机方法(参见例7.1),

$$\hat{A} = -\frac{1}{2} + \sqrt{\frac{1}{N}\sum_{n=0}^{N-1}x^2[n]+\frac{1}{4}}$$

其中 $x[n]=A+w[n]$, $w[n]$ 是方差为 $A(A>0)$ 的WGN。另外, 还要讨论如何求 $\hat{A}$ 的均值、方差以及PDF等统计特性。对那些要确定性能的估计量, 这里描述的方法都是可以应用的。

其中的步骤归纳如下。

数据产生:

1. 产生 N 个独立的 $\mathcal{U}[0,1]$ 随机变量。
2. 通过 Box-Mueller 变换方法将这些变量变换为高斯随机变量, 得到 $w[n]$。
3. $w[n]$ 加 A 得到 $x[n]$, 然后计算 $\hat{A}$。
4. 上述过程重复 M 次, 产生 M 个 $\hat{A}$ 的现实。

统计特性:

1. 根据(7.9)式确定均值。
2. 根据(7.10)式确定方差。
3. 利用直方图确定 PDF。

这种方法在 Fortran 语言编写的计算机程序 MONTECARLO 中予以实现, 下面我们介绍该方法。

在产生数据时, 我们首先利用一个可以产生独立 $\mathcal{U}[0,1]$ 随机变量的标准伪随机噪声产生器。例如, 可以使用 VAX 11/780 系统内部的一个函数 RAN。在 MONTECARLO 中, 子程序 RANDOM 调用了 N 次(N 为偶数)RAN 函数。其次, 我们利用 Box-Mueller 转换方法把这些独立同分布的随机变量转化成均值为0、方差为1的独立高斯随机变量,

$$\begin{array}{rcl} w_1 & = & \sqrt{-2\ln u_1}\cos 2\pi u_2 \\ w_2 & = & \sqrt{-2\ln u_1}\sin 2\pi u_2 \end{array}$$

其中 u_1、u_2 是独立的 $\mathcal{U}[0,1]$ 随机变量, w_1、w_2 是独立的 $\mathcal{N}(0,1)$ 随机变量。因为每次转换运算都要操作两个随机变量, 所以 N 必须为偶数(如果 N 为奇数, 则只是增加1, 放弃了额外的随机变量)。仅需要简单地乘以 σ 就可转化为 $\mathcal{N}(0,\sigma^2)$ 随机变量。整个过程由子程序 WGN 实现。接着, A 与 $w[n]$ 相加产生一个时间序列现实 $x[n]$, 其中 $n=0,1,\ldots,N-1$。根据这个 $x[n]$ 现实, 计算 $\hat{A}$。重复此过程 M 次, 得到 M 个 $\hat{A}$ 的现实。

分别根据(7.9)式和(7.10)式求其均值和方差。在子程序 STATS 中使用了方差估计的另外一种形式

$$\widehat{\mathrm{var}(\hat{A})} = \frac{1}{M}\sum_{i=1}^{M}\hat{A}_i^2 - \widehat{E(\hat{A})}^2$$

要求现实的数目 M 必须保证均值和方差的精确估计，它可通过求估计量的方差来确定，因为 (7.9)式和(7.10)式只不过是估计量本身。一个简单的方法是不断地增加 M 直到(7.9)式和 (7.10)式收敛为止，此时的 M 为所要确定的数目。

最后我们利用一种估计的 PDF 即直方图来求 $\hat{A}$ 的 PDF。直方图通过求 $\hat{A}$ 落在某指定区间的次数来估计 PDF。然后除以总的现实数目得到概率，再除以区间长度得到 PDF 估计。图 7A.1 画出了一个典型直方图，该 PDF 是在区间$(x_{\min}, x_{\max})$上估计得到的。每一个子区间$(x_i - \Delta x/2, x_i + \Delta x/2)$称为一个单元。第 i 个单元的值可由下式求出：

$$\widehat{p(x_i)} = \frac{\frac{L_i}{M}}{\Delta x}$$

其中 L_i 是落在第 i 个单元内的 x_i 的现实个数。因此 L_i/M 估计出 x_i 落在第 i 个单元的概率，除以 Δx 我们就得到估计的 PDF。如果我们把 $\widehat{p(x_i)}$ 与 PDF 在单元的中心联系起来，接着在这些点进行内插，如图 7A.1 所示，就可以得到一个连续 PDF 的估计。从这些讨论可以清楚地看出，为了得到好的 PDF 估计，我们希望单元宽度很小。这是因为我们估计的不是 PDF $p(x)$ 而是

$$\frac{1}{\Delta x} \int_{x_i - \frac{\Delta x}{2}}^{x_i + \frac{\Delta x}{2}} p(x)\,dx$$

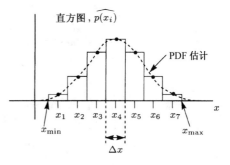

图 7A.1　计算机产生数据的直方图

即在整个单元上的平均 PDF。遗憾的是，当单元宽度变小时(单元增多)，落进单元的某个现实的概率也相应变小。这会产生变化剧烈的 PDF 估计。同前面一样，一个好的策略是一直加大 M 直到估计的 PDF 出现收敛为止。直方图方法由子程序 HISTOG 实现。关于 PDF 估计的更详细讨论请参见[Bendat and Piersol 1971]。

FORTRAN Program MONTECARLO

```
C   MONTECARLO
C   This program determines the asymptotic properties
C   of the MLE for a N(A,A) PDF (see Examples 7.1-7.3, 7.5).
C
C   The array dimensions are given as variable.  Replace them
C   with numerical values.  To use this program you will need
C   a plotting subroutine to replace PLOT and a random number
C   generator to replace the intrinsic function RAN in the
C   subroutine RANDOM.
C
        DIMENSION X(N),W(N),AHAT(M),PDF(NCELLS),HIST(NCELLS)
       * ,XX(NCELLS)
        PI=4.*ATAN(1.)
C   Input the value of A, the number of data points N, and the
C   number of realizations M.
        WRITE(6,10)
10      FORMAT(' INPUT A, N, AND M')
        READ(5,*)A,N,M
C   Generate M realizations of the estimate of A.
        DO 40 K=1,M
C   Generate the noise samples and add A to each one.
        CALL WGN(N,A,W)
        DO 20 I=1,N
```

```
20      X(I)=A+W(I)
C  Generate the estimate of A.
        XSQ=0.
        DO 30 I=1,N
30      XSQ=XSQ+X(I)*X(I)/N
        AHAT(K)=-0.5+SQRT(XSQ+0.25)
40      CONTINUE
C  Compute the mean and variance of the estimates of A.
        CALL STATS(AHAT,M,AMEAN,AVAR)
C  Normalize the variance by N.
        AVAR=N*AVAR
        WRITE(6,*)AMEAN,AVAR
C  Input the interval (XMIN,XMAX) and the number of cells
C  for the histogram.
        WRITE(6,50)
50      FORMAT(' INPUT XMIN,XMAX,NCELLS FOR HISTOGRAM')
        READ(5,*)XMIN,XMAX,NCELLS
C  Compute the histogram.
        CALL HISTOG(AHAT,M,XMIN,XMAX,NCELLS,XX,HIST)
C  Compute the asymptotic variance.
        SIG2=A*A/(N*(A+0.5))
C  Compute the asymptotic Gaussian PDF for comparison to
C  the histogram.
        DO 60 I=1,NCELLS
        ARG=(XX(I)-A)*(XX(I)-A)/SIG2
        IF(ARG.GT.50.)PDF(I)=0.
        IF(ARG.LT.50.)PDF(I)=(1./SQRT(2.*PI*SIG2))*EXP(-0.5*ARG)
60      CONTINUE
C  Compare graphically the asymptotic PDF to the histogram.
        CALL PLOT(XX,HIST,PDF)
        STOP
        END
        SUBROUTINE STATS(X,N,XMEAN,XVAR)
C  This program computes the sample mean and variance
C  of a data set.
C
C  Input parameters:
C
C    X      - Array of dimension Nx1 containing data
C    N      - Number of data set
C
C  Output parameters:
C
C    XMEAN - Sample mean
C    XVAR  - Sample variance
C
        DIMENSION X(1)
        XMEAN=0.
        XSQ=0.
        DO 10 I=1,N
        XMEAN=XMEAN+X(I)/N
10      XSQ=XSQ+X(I)*X(I)/N
        XVAR=XSQ-XMEAN*XMEAN
        RETURN
        END
        SUBROUTINE HISTOG(X,N,XMIN,XMAX,NCELLS,XX,HIST)
C  This subroutine computes a histogram of a set of data.
C
C  Input parameters:
C
C    X      - Input data array of dimension Nx1
C    N      - Number of data samples
C    XMIN   - Minimum value for histogram horizontal axis
C    XMAX   - Maximum value for histogram horizontal axis
C    NCELLS - Number of cells desired
C
C  Output parameters:
```

```
C
C     XX      - Array of dimension NCELLSx1 containing
C               cell centers
C     HIST    - Histogram values for each cell where HIST(I)
C               is the value for XX(I), I=1,2,..,NCELLS
C
      DIMENSION X(1),XX(1),HIST(1)
      CELLWID=(XMAX-XMIN)/FLOAT(NCELLS)
      DO 10 I=1,NCELLS
10    XX(I)=XMIN+CELLWID/2.+(I-1.)*CELLWID
      DO 30 K=1,NCELLS
      HIST(K)=0.
      CELLMIN=XX(K)-CELLWID/2.
      CELLMAX=XX(K)+CELLWID/2.
      DO 20 I=1,N
20    IF(X(I).GT.CELLMIN.AND.X(I).LT.CELLMAX)HIST(K)=
     * HIST(K)+1./(N*CELLWID)
30    CONTINUE
      RETURN
      END
      SUBROUTINE PLOT(X,Y1,Y2)
      DIMENSION X(1),Y1(1),Y2(1)
C Replace this subroutine with any standard Fortran-compatible
C plotting routine.
      RETURN
      END
      SUBROUTINE WGN(N,VAR,W)
C This subroutine generates samples of zero mean white
C Gaussian noise.
C
C Input parameters:
C
C   N   - Number of noise samples desired
C   VAR - Variance of noise desired
C
C Output parameters:
C
C   W   - Array of dimension Nx1 containing noise samples
C
      DIMENSION W(1)
      PI=4.*ATAN(1.)
C   Add 1 to desired number of samples if N is odd.
      N1=N
      IF(MOD(N,2).NE.0)N1=N+1
C Generate N1 independent and uniformly distributed random
C variates on [0,1].
      CALL RANDOM(N1,VAR,W)
      L=N1/2
C Convert uniformly distributed random variates to Gaussian
C ones using a Box-Mueller transformation.
      DO 10 I=1,L
      U1=W(2*I-1)

      U2=W(2*I)
      TEMP=SQRT(-2.*ALOG(U1))
      W(2*I-1)=TEMP*COS(2.*PI*U2)*SQRT(VAR)
10    W(2*I)=TEMP*SIN(2.*PI*U2)*SQRT(VAR)
      RETURN
      END
      SUBROUTINE RANDOM(N1,VAR,W)
      DIMENSION W(1)
      DO 10 I=1,N1
C For machines other than DEC VAX 11/780 replace RAN(ISEED)
C with a random number generator.
10    W(I)=RAN(11111)
      RETURN
      END
```

附录7B 标量参数 MLE 的渐近 PDF

我们现在给出定理7.1的简要证明。有关一致性的严格证明请参见[Dudewicz 1976]，有关渐近高斯特性的严格证明请参见[Rao 1973]。为了简化讨论，假设观测为 IID，我们还要假设以下正则性条件。

1. 对数似然函数的一阶、二阶导数都有定义。

2.
$$E\left[\frac{\partial \ln p(x[n];\theta)}{\partial \theta}\right] = 0$$

我们首先证明 MLE 是一致的。为此，我们需要下面的不等式（证明请参见[Dudewicz 1976]），该不等式与 Kullback-Leibler 信息相联系。

$$\int \ln \left[\frac{p(x[n];\theta_1)}{p(x[n];\theta_2)}\right] p(x[n];\theta_1)\, dx[n] \geqslant 0 \tag{7B.1}$$

当且仅当 $\theta_1 = \theta_2$ 时才取等号。求对数似然函数的最大值，等效于我们求下式的最大值，

$$\begin{aligned}
\frac{1}{N}\ln p(\mathbf{x};\theta) &= \frac{1}{N}\ln \prod_{n=0}^{N-1} p(x[n];\theta)\\
&= \frac{1}{N}\sum_{n=0}^{N-1} \ln p(x[n];\theta)
\end{aligned}$$

但是当 $N\to\infty$ 时，根据大数定律，上式趋近于期望值。因此，如果 θ_0 表示 θ 的真值，得

$$\frac{1}{N}\sum_{n=0}^{N-1}\ln p(x[n];\theta) \to \int \ln p(x[n];\theta)p(x[n];\theta_0)\, dx[n] \tag{7B.2}$$

然而，根据(7B.1)式，

$$\int \ln [p(x[n];\theta_1)]\, p(x[n];\theta_1)\, dx[n] \geqslant \int \ln [p(x[n];\theta_2)]\, p(x[n];\theta_1)\, dx[n]$$

因此，(7B.2)式右边是在 $\theta = \theta_0$ 时达到最大。根据有关连续性的观点，(7B.2)式左边或归一化似然函数肯定也是在 $\theta = \theta_0$ 或 $N\to\infty$ 时达到最大，MLE 是 $\hat{\theta} = \theta_0$。故 MLE 是一致的。

为了推导 MLE 的渐近 PDF，我们首先利用泰勒级数在 θ 的真值 θ_0 处进行级数展开。于是，根据均值定理，得

$$\left.\frac{\partial \ln p(\mathbf{x};\theta)}{\partial \theta}\right|_{\theta=\hat{\theta}} = \left.\frac{\partial \ln p(\mathbf{x};\theta)}{\partial \theta}\right|_{\theta=\theta_0} + \left.\frac{\partial^2 \ln p(\mathbf{x};\theta)}{\partial \theta^2}\right|_{\theta=\tilde{\theta}}(\hat{\theta}-\theta_0)$$

其中 $\theta_0 < \tilde{\theta} < \hat{\theta}$。而

$$\left.\frac{\partial \ln p(\mathbf{x};\theta)}{\partial \theta}\right|_{\theta=\hat{\theta}} = 0$$

根据 MLE 的定义，有

$$0 = \left.\frac{\partial \ln p(\mathbf{x};\theta)}{\partial \theta}\right|_{\theta=\theta_0} + \left.\frac{\partial^2 \ln p(\mathbf{x};\theta)}{\partial \theta^2}\right|_{\theta=\tilde{\theta}}(\hat{\theta}-\theta_0) \tag{7B.3}$$

现在考虑 $\sqrt{N}(\hat{\theta}-\theta_0)$，于是(7B.3)式可变为

$$\sqrt{N}(\hat{\theta} - \theta_0) = \frac{\dfrac{1}{\sqrt{N}} \left.\dfrac{\partial \ln p(\mathbf{x}; \theta)}{\partial \theta}\right|_{\theta = \theta_0}}{-\dfrac{1}{N} \left.\dfrac{\partial^2 \ln p(\mathbf{x}; \theta)}{\partial \theta^2}\right|_{\theta = \tilde{\theta}}} \tag{7B.4}$$

按照 IID 假设

$$\frac{1}{N} \left.\frac{\partial^2 \ln p(\mathbf{x}; \theta)}{\partial \theta^2}\right|_{\theta = \tilde{\theta}} = \frac{1}{N} \sum_{n=0}^{N-1} \left.\frac{\partial^2 \ln p(x[n]; \theta)}{\partial \theta^2}\right|_{\theta = \tilde{\theta}}$$

因为 $\theta_0 < \tilde{\theta} < \hat{\theta}$，根据 MLE 的一致性，我们也一定有 $\tilde{\theta} \to \theta_0$。故

$$\frac{1}{N} \left.\frac{\partial^2 \ln p(\mathbf{x}; \theta)}{\partial \theta^2}\right|_{\theta = \tilde{\theta}} \quad \to \quad \frac{1}{N} \sum_{n=0}^{N-1} \left.\frac{\partial^2 \ln p(x[n]; \theta)}{\partial \theta^2}\right|_{\theta = \theta_0}$$

$$\to \quad E\left[\left.\frac{\partial^2 \ln p(x[n]; \theta)}{\partial \theta^2}\right|_{\theta = \theta_0}\right]$$

$$= \quad -i(\theta_0)$$

根据大数定理，上式最终收敛。同时，分子项为

$$\frac{1}{\sqrt{N}} \sum_{n=0}^{N-1} \left.\frac{\partial \ln p(x[n]; \theta)}{\partial \theta}\right|_{\theta = \theta_0}$$

现在

$$\xi_n = \left.\frac{\partial \ln p(x[n]; \theta)}{\partial \theta}\right|_{\theta = \theta_0}$$

是一个随机变量和 $x[n]$ 的一个函数。另外，因为 $x[n]$ 是 IID，ξ_n 也是 IID。根据中心极限定理，(7B.4) 式中分子项的 PDF 趋向于高斯分布，其均值为

$$E\left[\frac{1}{\sqrt{N}} \sum_{n=0}^{N-1} \left.\frac{\partial \ln p(x[n]; \theta)}{\partial \theta}\right|_{\theta = \theta_0}\right] = 0$$

方差为

$$E\left[\left(\frac{1}{\sqrt{N}} \sum_{n=0}^{N-1} \left.\frac{\partial \ln p(x[n]; \theta)}{\partial \theta}\right|_{\theta = \theta_0}\right)^2\right] = \frac{1}{N} \sum_{n=0}^{N-1} E\left[\left.\left(\frac{\partial \ln p(x[n]; \theta)}{\partial \theta}\right)^2\right|_{\theta = \theta_0}\right]$$

$$= \quad i(\theta_0)$$

由于随机变量是独立的，Slutsky 定理 [Bickel and Doksum 1977] 告诉我们，如果随机变量序列 x_n 具有随机变量 x 的渐近 PDF，而且随机变量序列 y_n 趋近于常数 c，那么 x_n/y_n 就具有随机变量 x/c 相同的渐近 PDF。在这里，

$$x \quad \sim \quad \mathcal{N}(0, i(\theta_0))$$

$$y_n \quad \to \quad c = i(\theta_0)$$

于是 (7B.4) 式变为

$$\sqrt{N}(\hat{\theta} - \theta_0) \stackrel{a}{\sim} \mathcal{N}(0, i^{-1}(\theta_0))$$

即可等效为

$$\hat{\theta} \stackrel{a}{\sim} \mathcal{N}\left(\theta_0, \frac{1}{Ni(\theta_0)}\right)$$

即最后可得

$$\hat{\theta} \stackrel{a}{\sim} \mathcal{N}(\theta_0, I^{-1}(\theta_0))$$

附录7C EM 算法实例中条件对数似然函数的推导

我们注意到独立数据集的假设，根据(7.51)式，我们有

$$
\begin{aligned}
\ln p_y(\mathbf{y};\boldsymbol{\theta}) &= \sum_{i=1}^{p} \ln p(\mathbf{y}_i;\theta_i) \\
&= \sum_{i=1}^{p} \ln\left\{ \frac{1}{(2\pi\sigma_i^2)^{\frac{N}{2}}} \exp\left[-\frac{1}{2\sigma_i^2} \sum_{n=0}^{N-1} (y_i[n] - \cos 2\pi f_i n)^2 \right] \right\} \\
&= c - \sum_{i=1}^{p} \frac{1}{2\sigma_i^2} \sum_{n=0}^{N-1} (y_i[n] - \cos 2\pi f_i n)^2 \\
&= g(\mathbf{y}) + \sum_{i=1}^{p} \frac{1}{\sigma_i^2} \sum_{n=0}^{N-1} \left(y_i[n] \cos 2\pi f_i n - \frac{1}{2}\cos^2 2\pi f_i n \right)
\end{aligned}
$$

其中 c 是常数，$g(\mathbf{y})$ 不依赖于频率。对于不在 0 或 1/2 附近的 f_i，取近似 $\sum_{n=0}^{N-1}\cos^2 2\pi f_i n \approx N/2$，得

$$
\ln p_y(\mathbf{y};\boldsymbol{\theta}) = h(\mathbf{y}) + \sum_{i=1}^{p} \frac{1}{\sigma_i^2} \sum_{n=0}^{N-1} y_i[n] \cos 2\pi f_i n
$$

或令 $\mathbf{c}_i = \left[\, 1 \cos 2\pi f_i \ldots \cos 2\pi f_i (N-1)\, \right]^T$，我们有

$$
\ln p_y(\mathbf{y};\boldsymbol{\theta}) = h(\mathbf{y}) + \sum_{i=1}^{p} \frac{1}{\sigma_i^2} \mathbf{c}_i^T \mathbf{y}_i \tag{7C.1}
$$

将 $\mathbf{c}_i$ 和 $\mathbf{y}_i$ 排列成如下矢量：

$$
\mathbf{c} = \begin{bmatrix} \frac{1}{\sigma_1^2}\mathbf{c}_1 \\ \frac{1}{\sigma_2^2}\mathbf{c}_2 \\ \vdots \\ \frac{1}{\sigma_p^2}\mathbf{c}_p \end{bmatrix} \qquad \mathbf{y} = \begin{bmatrix} \mathbf{y}_1 \\ \mathbf{y}_2 \\ \vdots \\ \mathbf{y}_p \end{bmatrix}
$$

得

$$
\ln p_y(\mathbf{y};\boldsymbol{\theta}) = h(\mathbf{y}) + \mathbf{c}^T \mathbf{y}
$$

根据(7.56)式，我们写出条件数学期望为

$$
\begin{aligned}
U(\boldsymbol{\theta},\boldsymbol{\theta}_k) &= E[\ln p_y(\mathbf{y};\boldsymbol{\theta})|\mathbf{x};\boldsymbol{\theta}_k] \\
&= E(h(\mathbf{y})|\mathbf{x};\boldsymbol{\theta}_k) + \mathbf{c}^T E(\mathbf{y}|\mathbf{x};\boldsymbol{\theta}_k)
\end{aligned} \tag{7C.2}
$$

因为我们希望求关于 $\boldsymbol{\theta}$ 的 $U(\boldsymbol{\theta},\boldsymbol{\theta}_k)$ 的最大值，由于 $h(\mathbf{y})$ 的期望值不依赖于 $\boldsymbol{\theta}$，因此能忽略它。因为 $\mathbf{y}$ 和 $\mathbf{x}$ 是联合高斯分布的，根据(7.52)式，

$$
\mathbf{x} = \sum_{i=1}^{p} \mathbf{y}_i = [\mathbf{I}\ \mathbf{I} \ldots \mathbf{I}]\mathbf{y}
$$

其中 $\mathbf{I}$ 是 $N \times N$ 单位矩阵，变换矩阵由 p 个单位矩阵组成。利用联合高斯随机矢量的条件期望的标准结果(参见附录 10A)，我们有

$$E(\mathbf{y}|\mathbf{x};\boldsymbol{\theta}_k) = E(\mathbf{y}) + \mathbf{C}_{yx}\mathbf{C}_{xx}^{-1}(\mathbf{x} - E(\mathbf{x}))$$

均值由下式给出：

$$E(\mathbf{y}) = \begin{bmatrix} \mathbf{c}_1 \\ \mathbf{c}_2 \\ \vdots \\ \mathbf{c}_p \end{bmatrix}$$

$$E(\mathbf{x}) = \sum_{i=1}^{p}\mathbf{c}_i$$

而协方差矩阵为

$$\mathbf{C}_{xx} = \sigma^2\mathbf{I}$$

$$\mathbf{C}_{yx} = E\left(\begin{bmatrix} \mathbf{w}_1 \\ \mathbf{w}_2 \\ \vdots \\ \mathbf{w}_p \end{bmatrix}\mathbf{w}^T\right)$$

$$= E\left(\begin{bmatrix} \mathbf{w}_1 \\ \mathbf{w}_2 \\ \vdots \\ \mathbf{w}_p \end{bmatrix}\left\{[\mathbf{I}\,\mathbf{I}\ldots\mathbf{I}]\begin{bmatrix} \mathbf{w}_1 \\ \mathbf{w}_2 \\ \vdots \\ \mathbf{w}_p \end{bmatrix}\right\}^T\right)$$

$$= \begin{bmatrix} \sigma_1^2\mathbf{I} & \mathbf{0} & \ldots & \mathbf{0} \\ \mathbf{0} & \sigma_2^2\mathbf{I} & \ldots & \mathbf{0} \\ \vdots & \vdots & \ddots & \vdots \\ \mathbf{0} & \mathbf{0} & \ldots & \sigma_p^2\mathbf{I} \end{bmatrix}\begin{bmatrix} \mathbf{I} \\ \mathbf{I} \\ \vdots \\ \mathbf{I} \end{bmatrix}$$

$$= \begin{bmatrix} \sigma_1^2\mathbf{I} \\ \sigma_2^2\mathbf{I} \\ \vdots \\ \sigma_p^2\mathbf{I} \end{bmatrix}$$

所以

$$E(\mathbf{y}|\mathbf{x};\boldsymbol{\theta}_k) = \begin{bmatrix} \mathbf{c}_1 \\ \mathbf{c}_2 \\ \vdots \\ \mathbf{c}_p \end{bmatrix} + \frac{1}{\sigma^2}\begin{bmatrix} \sigma_1^2\mathbf{I} \\ \sigma_2^2\mathbf{I} \\ \vdots \\ \sigma_p^2\mathbf{I} \end{bmatrix}\left(\mathbf{x} - \sum_{i=1}^{p}\mathbf{c}_i\right)$$

$$= \begin{bmatrix} \mathbf{c}_1 \\ \mathbf{c}_2 \\ \vdots \\ \mathbf{c}_p \end{bmatrix} + \begin{bmatrix} \frac{\sigma_1^2}{\sigma^2}(\mathbf{x} - \sum_{i=1}^{p}\mathbf{c}_i) \\ \frac{\sigma_2^2}{\sigma^2}(\mathbf{x} - \sum_{i=1}^{p}\mathbf{c}_i) \\ \vdots \\ \frac{\sigma_p^2}{\sigma^2}(\mathbf{x} - \sum_{i=1}^{p}\mathbf{c}_i) \end{bmatrix}$$

即

$$E(\mathbf{y}_i|\mathbf{x};\boldsymbol{\theta}_k) = \mathbf{c}_i + \frac{\sigma_i^2}{\sigma^2}\left(\mathbf{x} - \sum_{i=1}^{p}\mathbf{c}_i\right) \qquad i = 1, 2, \ldots, p$$

其中 $\mathbf{c}_i$ 是用 $\boldsymbol{\theta}_k$ 计算得出的。注意，$E(\mathbf{y}_i|\mathbf{x};\boldsymbol{\theta}_k)$ 可认为是 $y_i[n]$ 数据集的一个估计，因为令 $\hat{\mathbf{y}}_i =$

$E(\mathbf{y}_i | \mathbf{x}; \boldsymbol{\theta}_k)$，

$$\hat{y}_i[n] = \cos 2\pi f_{i_k} n + \frac{\sigma_i^2}{\sigma^2}\left(x[n] - \sum_{i=1}^{p} \cos 2\pi f_{i_k} n\right) \tag{7C.3}$$

利用(7C.2)式并去掉与 $\boldsymbol{\theta}$ 不相关的项，我们有

$$U'(\boldsymbol{\theta}, \boldsymbol{\theta}_k) = \sum_{i=1}^{p} \mathbf{c}_i^T \hat{\mathbf{y}}_i$$

在 $\boldsymbol{\theta}$ 上使上式最大是通过分别使和式中的每一项达到最大来实现的，即

$$f_{i_{k+1}} = \arg\max_{f_i} \mathbf{c}_i^T \hat{\mathbf{y}}_i \tag{7C.4}$$

最后，因为 σ_i^2 不唯一，它们能任意选择只要满足下式［参见(7.53)式］

$$\sum_{i=1}^{p} \sigma_i^2 = \sigma^2$$

或等效为

$$\sum_{i=1}^{p} \beta_i = \sum_{i=1}^{p} \frac{\sigma_i^2}{\sigma^2} = 1$$

第8章 最小二乘估计

8.1 引言

在前面几章中，我们试图通过考虑无偏的且具有最小方差的一类估计来求得最佳的或准最佳的(对于大数据记录)估计量，即所谓的 MVU 估计量。现在，我们从这一原理出发，考察一类估计量，它们一般不具有最佳的性质，但是对于很多感兴趣的问题，这类估计量是十分有意义的。这就是最小二乘估计方法，这种方法可追溯到 1795 年，当年高斯使用这种方法研究了行星运动。其突出特点是对观测数据没有做任何概率假设，只需假设一个信号模型。那么其优点在于这种方法的应用范围更加广泛。其不足在于它不是最佳的；而且，如果没有对数据的概率结构做某些特定的假设，那么统计性能是无法评价的。尽管如此，最小二乘估计仍被广泛应用于实际的估计问题中，因为它易于实现，能够使最小二乘误差达到最小。

8.2 小结

用于参数估计的最小二乘估计法是选择使(8.1)式达到最小的 θ，其中信号与 θ 有关。8.3 节介绍了线性最小二乘估计问题和非线性最小二乘估计问题。使(8.9)式达到最小的一般的线性二乘估计问题导出了(8.10)式的最小二乘估计量，并且得到最小二乘误差(8.11)式~(8.13)式。(8.14)式的加权的最小二乘误差指标，导出了 (8.16)式的估计量和(8.17)式的最小二乘误差。在 8.5 节介绍了最小二乘估计方法的几何解释，并引出了重要的正交原理。当矢量参数的维数未知时，按阶递推(order-recursive)最小二乘估计方法可能是很有用的。该方法随着未知参数数目的增加而递推地计算出最小二乘估计量。(8.28)式~(8.31)式归纳了这种方法。如果希望随着数据得到的顺序及时更新最小二乘估计量，那么就可以采用序贯的方法。它利用前一时间的估计和新获得的数据来确定最小二乘估计量。(8.46)式~(8.48)式归纳了所需的计算。有时矢量参数会受到限制，如(8.50)式所示。在这种情况下，(8.52)式给出了约束的最小二乘估计量。8.9 节讨论了非线性最小二乘估计方法，介绍了一些把非线性问题转化为线性问题的方法；如果这些线性化方法行不通，后面又紧接着介绍了迭代最小化方法。最常使用的两种迭代方法是(8.61)式的 Newton-Raphson 迭代法和(8.62)式的 Gauss-Newton 迭代法。

8.3 最小二乘估计方法

在确定一个好的估计量时，我们的注意力集中在求出一个无偏的且具有最小方差的估计量。我们选择方差作为估计量性能好坏的度量，实际上就意味着寻找使我们的估计和真实参数值的差别(平均上)达到最小。在最小二乘估计(least squares, LS)方法中，我们试图使给定的数据 $x[n]$ 和假定的信号或者无噪声数据之差的平方达到最小，如图 8.1 所示。信号是由某个模型产生的，反过来它又与我们的未知参数 θ 有关。信号 $s[n]$ 是完全确定性信号。由于观测噪声或模型的不精确性，我们观测到了一个受到扰动的 $s[n]$ 项，把它表示为 $x[n]$。θ 的最小二乘估计量(LSE)选择那个使 $s[n]$ 最靠近观测数据 $x[n]$ 的值。靠近度由 LS 误差指标来度量，

$$J(\theta) = \sum_{n=0}^{N-1} (x[n] - s[n])^2 \tag{8.1}$$

其中假定观测间隔为 $n = 0, 1, \ldots, N-1$，J 与 θ 的关系是通过 $s[n]$ 联系起来的，使 $J(\theta)$ 最小的 θ 值就是 LSE。注意，没有对数据 $x[n]$ 做任何概率（统计）假设。这种方法对于高斯以及非高斯噪声是同样有效的。当然，LSE 的性能毫无疑问地取决于污染的噪声和模型误差的特性。LSE 通常在以下几种情形中使用：数据的精确统计特性未知，最佳估计量根本不能求到或者在实际应用时因为太复杂而不能应用。

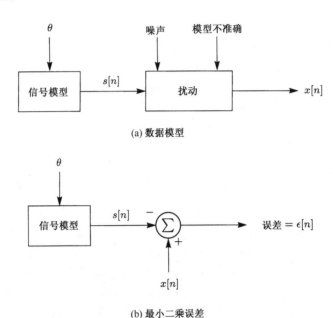

(a) 数据模型

(b) 最小二乘误差

图 8.1　最小二乘估计方法

例 8.1　DC 电平信号

假定图 8.1 中的信号模型是 $s[n] = A$，并且我们观测到 $x[n]$ $(n = 0, 1, \ldots, N-1)$。那么，根据 LS 方法，可以通过使

$$J(A) = \sum_{n=0}^{N-1} (x[n] - A)^2$$

最小来估计 A。对 A 求导数并令结果等于零，得

$$\hat{A} = \frac{1}{N} \sum_{n=0}^{N-1} x[n]$$
$$= \bar{x}$$

即得样本均值估计量。然而，我们熟悉的估计量不能称为 MVU 意义下的最佳估计，而仅仅是使 LS 误差最小。从前面的讨论中我们知道，如果 $x[n] = A + w[n]$，其中 $w[n]$ 是零均值的 WGN，那么 LSE 也将会是 MVU 估计量，然而在其他的情况下就不是。为了强调潜在的困难，考虑如果噪声是非零均值时会出现什么情况？那么，样本均值估计量实际上将是 $A + E(w[n])$ 的估计量，因为 $w[n]$ 能够写成

$$w[n] = E(w[n]) + w'[n]$$

其中 $w'[n]$ 是零均值噪声，数据用

$$x[n] = A + E(w[n]) + w'[n]$$

描述会更合适。使用该方法应当清楚，它必须假定观测数据是由一个确定性的信号和零均

值噪声组成的。如果是这样,对于准确选择的信号参数,平均而言误差$\epsilon[n]=x[n]-s[n]$将趋向于零。那么,使(8.1)式最小就是一个合理的方法。读者也许还会考虑到如果假定的DC电平信号模型不正确会发生什么情况,例如数据表示为$x[n]=A+Bn+w[n]$。这个模型误差将使 LSE 是有偏的。

例8.2　正弦信号频率估计

设信号模型为
$$s[n]=\cos 2\pi f_0 n$$

其中频率f_0为待估计量。通过使

$$J(f_0)=\sum_{n=0}^{N-1}(x[n]-\cos 2\pi f_0 n)^2$$

最小可求得 LSE。与 DC 电平信号很容易求得最小值相反,此处 LS 误差是f_0的高度非线性的函数,最小化不能用闭合形式求出。因为误差指标是信号的二次型函数,所以与未知参数呈线性关系的信号产生了J的一个二次函数,如上例所示。于是最小化是很容易做到的。与未知参数呈线性关系的信号模型可以产生一个线性最小二乘估计问题。反之,如本例所示的问题就是一个非线性最小二乘估计问题。通过8.9节所介绍的网格搜索法或迭代最小化方法,可以求解非线性 LS 问题。应当注意到,信号本身并不要求是线性的,只是要求未知参数是线性的,下面的例题将加以说明。

例8.3　正弦信号幅度估计

如果信号为$s[n]=A\cos 2\pi f_0 n$,其中f_0是已知的,A是待估计的参数,那么,LSE 在A上使

$$J(A)=\sum_{n=0}^{N-1}(x[n]-A\cos 2\pi f_0 n)^2$$

最小。因为$J(A)$是A的二次型函数,通过求导可以很容易求出最小值。从实际的观点来看,这种线性 LS 问题是我们所希望的。然而,如果已知A而频率是待估计量,那么该问题可等效为例8.2的问题,也就是说,它将是一个非线性的 LS 问题。最后的一种可能性是在矢量参数情况下,A和f_0皆为待估计量。于是,误差指标

$$J(A,f_0)=\sum_{n=0}^{N-1}(x[n]-A\cos 2\pi f_0 n)^2$$

是A的二次型函数,但不是f_0的二次型函数。最终结果是对于给定的f_0,能使用闭合形式求出J关于A的最小值,从而把求J的最小化问题简化成只是对f_0的问题。在这类问题中,信号对某些参数是线性的,而对另外一些参数是非线性的,这称为可分离的最小二乘问题。在8.9节中,我们将进一步讨论该问题。

8.4　线性最小二乘估计

对于标量参数应用线性 LS 方法时,我们假设
$$s[n]=\theta h[n] \tag{8.2}$$
其中$h[n]$是一个已知序列。(为了与相似的信号模型进行比较,读者也许要参考第6章有关 BLUE 的介绍。)LS 误差指标变为

$$J(\theta)=\sum_{n=0}^{N-1}(x[n]-\theta h[n])^2 \tag{8.3}$$

已经证明通过求最小值，可求得 LSE 为

$$\hat{\theta} = \frac{\sum_{n=0}^{N-1} x[n]h[n]}{\sum_{n=0}^{N-1} h^2[n]} \tag{8.4}$$

把(8.4)式代入(8.3)式，可得最小 LS 误差为

$$
\begin{aligned}
J_{\min} = J(\hat{\theta}) &= \sum_{n=0}^{N-1}(x[n] - \hat{\theta}h[n])(x[n] - \hat{\theta}h[n]) \\
&= \sum_{n=0}^{N-1} x[n](x[n] - \hat{\theta}h[n]) - \hat{\theta}\underbrace{\sum_{n=0}^{N-1} h[n](x[n] - \hat{\theta}h[n])}_{S} \\
&= \sum_{n=0}^{N-1} x^2[n] - \hat{\theta}\sum_{n=0}^{N-1} x[n]h[n]
\end{aligned} \tag{8.5}
$$

最后一步是因为求和 S 为零（代入 $\hat{\theta}$ 可验证）。另外，利用(8.4)式，我们能将 $J_{\min}$ 重写为

$$J_{\min} = \sum_{n=0}^{N-1} x^2[n] - \frac{\left(\sum_{n=0}^{N-1} x[n]h[n]\right)^2}{\sum_{n=0}^{N-1} h^2[n]} \tag{8.6}$$

由于信号进行了拟合(fit)，最小 LS 误差小于数据的原始能量或 $\sum_{n=0}^{N-1} x^2[n]$。例如在例 8.1 中，$\theta = A$，我们有 $h[n] = 1$。所以，根据(8.4)式得 $\hat{A} = \bar{x}$，由(8.5)式，得

$$J_{\min} = \sum_{n=0}^{N-1} x^2[n] - N\bar{x}^2$$

如果数据是无噪声的，则 $x[n] = A$，那么 $J_{\min} = 0$ 或者说我们对数据有完美的 LS 拟合。另一方面，如果 $x[n] = A + w[n]$，其中 $E(w^2[n]) \gg A^2$，那么 $\sum_{n=0}^{N-1} x^2[n]/N \gg \bar{x}^2$。于是最小 LS 误差将为

$$J_{\min} \approx \sum_{n=0}^{N-1} x^2[n]$$

即与初始误差没有多大区别。可以证明（参见习题 8.2），最小 LS 误差总是位于这两个极端之间，即

$$0 \leqslant J_{\min} \leqslant \sum_{n=0}^{N-1} x^2[n] \tag{8.7}$$

　　这些结论可以简单地扩展到 $p \times 1$ 矢量参数 $\boldsymbol{\theta}$，并且具有很大的实用价值。对于与未知参数呈线性关系的信号 $\mathbf{s} = [s[0]\,s[1]\dots s[N-1]]^T$，使用矩阵符号表示，我们假定

$$\mathbf{s} = \mathbf{H}\boldsymbol{\theta} \tag{8.8}$$

其中已知 $\mathbf{H}$ 是一个满秩为 p 的 $N \times p$ 矩阵（$N > p$），矩阵 $\mathbf{H}$ 称为观测矩阵。当然，这是一个线性模型，虽然并没有对通常的噪声 PDF 做出假设。第 4 章介绍了许多信号例子皆满足此模型。LSE 可通过使

$$J(\boldsymbol{\theta}) = \sum_{n=0}^{N-1}(x[n] - s[n])^2 = (\mathbf{x} - \mathbf{H}\boldsymbol{\theta})^T(\mathbf{x} - \mathbf{H}\boldsymbol{\theta}) \tag{8.9}$$

最小来求得，利用(4.3)式，这是很容易实现的（因为 J 是 $\boldsymbol{\theta}$ 的二次型函数）。因为

$$
\begin{aligned}
J(\boldsymbol{\theta}) &= \mathbf{x}^T\mathbf{x} - \mathbf{x}^T\mathbf{H}\boldsymbol{\theta} - \boldsymbol{\theta}^T\mathbf{H}^T\mathbf{x} + \boldsymbol{\theta}^T\mathbf{H}^T\mathbf{H}\boldsymbol{\theta} \\
&= \mathbf{x}^T\mathbf{x} - 2\mathbf{x}^T\mathbf{H}\boldsymbol{\theta} + \boldsymbol{\theta}^T\mathbf{H}^T\mathbf{H}\boldsymbol{\theta}
\end{aligned}
$$

（注意 $\mathbf{x}^T\mathbf{H}\boldsymbol{\theta}$ 是一个标量），其梯度为

$$
\frac{\partial J(\boldsymbol{\theta})}{\partial \boldsymbol{\theta}} = -2\mathbf{H}^T\mathbf{x} + 2\mathbf{H}^T\mathbf{H}\boldsymbol{\theta}
$$

令梯度等于零，得 LSE 为

$$
\hat{\boldsymbol{\theta}} = (\mathbf{H}^T\mathbf{H})^{-1}\mathbf{H}^T\mathbf{x} \tag{8.10}
$$

用来求解 $\hat{\boldsymbol{\theta}}$ 的方程 $\mathbf{H}^T\mathbf{H}\boldsymbol{\theta} = \mathbf{H}^T\mathbf{x}$ 称为标准方程。$\mathbf{H}$ 满秩的假定可确保 $\mathbf{H}^T\mathbf{H}$ 是可逆的。另一种推导可以参见习题8.4。令人吃惊的是，我们求得一个估计量，它与线性模型的有效估计量以及 BLUE 具有相同的函数形式。由(8.10)式给出的 $\hat{\boldsymbol{\theta}}$，它与对数据做出假设所得到的估计量是不相同的。对于 BLUE，将要求 $E(\mathbf{x}) = \mathbf{H}\boldsymbol{\theta}$ 和 $\mathbf{C}_x = \sigma^2\mathbf{I}$（参见第 6 章）；对于有效估计，除这些特性外，还要求 $\mathbf{x}$ 为高斯的（参见第 4 章）。作为一个与正题无关的话题，如果这些假设成立，我们能很容易确定 LSE 的统计特性（参见习题8.6），这些特性在第 4 章和第 6 章已经给出。否则，解决这些问题也是非常困难的。根据(8.9)式和(8.10)式，可求得最小 LS 误差为

$$
\begin{aligned}
J_{\min} = J(\hat{\boldsymbol{\theta}}) &= (\mathbf{x} - \mathbf{H}\hat{\boldsymbol{\theta}})^T(\mathbf{x} - \mathbf{H}\hat{\boldsymbol{\theta}}) \\
&= \left(\mathbf{x} - \mathbf{H}(\mathbf{H}^T\mathbf{H})^{-1}\mathbf{H}^T\mathbf{x}\right)^T \left(\mathbf{x} - \mathbf{H}(\mathbf{H}^T\mathbf{H})^{-1}\mathbf{H}^T\mathbf{x}\right) \\
&= \mathbf{x}^T\left(\mathbf{I} - \mathbf{H}(\mathbf{H}^T\mathbf{H})^{-1}\mathbf{H}^T\right)\left(\mathbf{I} - \mathbf{H}(\mathbf{H}^T\mathbf{H})^{-1}\mathbf{H}^T\right)\mathbf{x} \\
&= \mathbf{x}^T\left(\mathbf{I} - \mathbf{H}(\mathbf{H}^T\mathbf{H})^{-1}\mathbf{H}^T\right)\mathbf{x}
\end{aligned} \tag{8.11}
$$

最后一步是根据 $\mathbf{I} - \mathbf{H}(\mathbf{H}^T\mathbf{H})^{-1}\mathbf{H}^T$ 是等幂矩阵或者说它具有特性 $\mathbf{A}^2 = \mathbf{A}$ 这样的事实而得出的。$J_{\min}$ 的其他形式为

$$
J_{\min} = \mathbf{x}^T\mathbf{x} - \mathbf{x}^T\mathbf{H}(\mathbf{H}^T\mathbf{H})^{-1}\mathbf{H}^T\mathbf{x} \tag{8.12}
$$

$$
= \mathbf{x}^T(\mathbf{x} - \mathbf{H}\hat{\boldsymbol{\theta}}) \tag{8.13}
$$

线性 LS 问题的一种扩展形式是加权 LS。我们不是求(8.9)式的最小值，而是在(8.9)式中加入一个 $N \times N$ 维的、正定的（根据定义也是对称的）加权矩阵 $\mathbf{W}$，于是

$$
J(\boldsymbol{\theta}) = (\mathbf{x} - \mathbf{H}\boldsymbol{\theta})^T\mathbf{W}(\mathbf{x} - \mathbf{H}\boldsymbol{\theta}) \tag{8.14}
$$

例如，如果 $\mathbf{W}$ 是对角矩阵，对角元素为 $[\mathbf{W}]_{ii} = w_i > 0$，那么例8.1的 LS 误差将为

$$
J(A) = \sum_{n=0}^{N-1} w_n(x[n] - A)^2
$$

引入加权因子到误差指标中的原因，是为了强调那些被认为是更可靠的数据样本的贡献。再来看例8.1，如果 $x[n] = A + w[n]$，其中 $w[n]$ 是均值为零、方差为 σ_n^2 的不相关噪声，那么有理由选择 $w_n = 1/\sigma_n^2$。这样选择得出的估计量为（参见习题8.8）

$$
\hat{A} = \frac{\sum_{n=0}^{N-1} \dfrac{x[n]}{\sigma_n^2}}{\sum_{n=0}^{N-1} \dfrac{1}{\sigma_n^2}} \tag{8.15}
$$

当然，这个熟悉的估计量是 BLUE，因为 $w[n]$ 是不相关的，所以 $\mathbf{W} = \mathbf{C}^{-1}$（参见习题6.2）。

已经证明加权 LSE 的一般形式是

$$
\hat{\boldsymbol{\theta}} = (\mathbf{H}^T\mathbf{W}\mathbf{H})^{-1}\mathbf{H}^T\mathbf{W}\mathbf{x} \tag{8.16}
$$

它的最小 LS 误差为

$$J_{\min} = \mathbf{x}^T \left(\mathbf{W} - \mathbf{W}\mathbf{H}(\mathbf{H}^T\mathbf{W}\mathbf{H})^{-1}\mathbf{H}^T\mathbf{W} \right) \mathbf{x} \tag{8.17}$$

（参见习题 8.9）。

8.5 几何解释

我们现在从几何的观点重新考察线性 LS 方法，其优点是可以更加清晰地揭示出这种方法的本质，并且可以导出其他有用的特性及加深对估计量的理解。回想一下一般的信号模型 $\mathbf{s} = \mathbf{H}\boldsymbol{\theta}$。如果我们用 $\mathbf{h}_i$ 表示 $\mathbf{H}$ 的列矢量，则有

$$\mathbf{s} = \begin{bmatrix} \mathbf{h}_1 & \mathbf{h}_2 & \dots & \mathbf{h}_p \end{bmatrix} \begin{bmatrix} \theta_1 \\ \theta_2 \\ \vdots \\ \theta_p \end{bmatrix} = \sum_{i=1}^{p} \theta_i \mathbf{h}_i$$

可以看出，信号模型是"信号"矢量 $\{\mathbf{h}_1, \mathbf{h}_2, \dots, \mathbf{h}_p\}$ 的线性组合。

例 8.4 傅里叶分析

重新参考例 4.2（且 $M = 1$），我们假定信号模型为

$$s[n] = a\cos 2\pi f_0 n + b\sin 2\pi f_0 n \qquad n = 0, 1, \dots, N-1$$

其中 f_0 为已知频率，$\boldsymbol{\theta} = [\, a \; b \,]^T$ 是待估计的量。于是，用矢量形式表示，我们有

$$\begin{bmatrix} s[0] \\ s[1] \\ \vdots \\ s[N-1] \end{bmatrix} = \begin{bmatrix} 1 & 0 \\ \cos 2\pi f_0 & \sin 2\pi f_0 \\ \vdots & \vdots \\ \cos 2\pi f_0(N-1) & \sin 2\pi f_0(N-1) \end{bmatrix} \begin{bmatrix} a \\ b \end{bmatrix} \tag{8.18}$$

可以看出，$\mathbf{H}$ 的列矢量是由余弦和正弦序列的样本构成的。另外，由于

$$\mathbf{h}_1 = \begin{bmatrix} 1 & \cos 2\pi f_0 & \dots & \cos 2\pi f_0(N-1) \end{bmatrix}^T$$
$$\mathbf{h}_2 = \begin{bmatrix} 0 & \sin 2\pi f_0 & \dots & \sin 2\pi f_0(N-1) \end{bmatrix}^T$$

我们有
$$\mathbf{s} = a\mathbf{h}_1 + b\mathbf{h}_2$$

LS 误差可以定义为

$$J(\boldsymbol{\theta}) = (\mathbf{x} - \mathbf{H}\boldsymbol{\theta})^T(\mathbf{x} - \mathbf{H}\boldsymbol{\theta})$$

如果我们进一步定义一个 $N \times 1$ 矢量 $\boldsymbol{\xi} = [\, \xi_1 \, \xi_2 \dots \xi_N \,]^T$ 的欧几里得（Euclidean）长度为

$$\|\boldsymbol{\xi}\| = \sqrt{\sum_{i=1}^{N} \xi_i^2} = \sqrt{\boldsymbol{\xi}^T\boldsymbol{\xi}}$$

那么，LS 误差可以重写为

$$J(\boldsymbol{\theta}) = \|\mathbf{x} - \mathbf{H}\boldsymbol{\theta}\|^2 = \left\| \mathbf{x} - \sum_{i=1}^{p} \theta_i \mathbf{h}_i \right\|^2 \tag{8.19}$$

我们现在看到，线性 LS 方法试图使数据矢量 $\mathbf{x}$ 到信号矢量 $\sum_{i=1}^{p} \theta_i \mathbf{h}_i$ 的距离平方最小，信号矢量肯定是 $\mathbf{H}$ 的列矢量的一个线性组合。数据矢量可能位于 N 维空间 R^N 中的任意位置，而所有可能的信号矢量是 $p < N$ 个矢量的线性组合时，它肯定位于 R^N 的一个 p 维子空间中，记为 S^p。（$\mathbf{H}$ 满秩的假设使我们确保列矢量是线性独立的，因此张成的子空间确实是 p 维的。）如图 8.2 所

示，我们取 $N=3$ 和 $p=2$ 时，图中对此做出了解释。注意 θ_1、θ_2（其中我们假定 $-\infty < \theta_1 < \infty$，$-\infty < \theta_2 < \infty$）所有可能选择产生信号矢量，该信号矢量被限制在子空间 S^2 中，而且一般情况下 $\mathbf{x}$ 并不在此子空间中。直观地理解，很清楚矢量 $\hat{\mathbf{s}}$ 位于 S^2 中，且在欧几里得意义上是最靠近 $\mathbf{x}$ 的，$\hat{\mathbf{s}}$ 是 S^2 中 $\mathbf{x}$ 的分量。另外，$\hat{\mathbf{s}}$ 是 $\mathbf{x}$ 在 S^2 上的正交投影，这意味着误差矢量 $\mathbf{x}-\hat{\mathbf{s}}$ 肯定与 S^2 中的所有矢量正交。R^N 中两个矢量正交的定义为 $\mathbf{x}^T \mathbf{y}=0$。为了真正求出本例的 $\hat{\mathbf{s}}$，我们使用正交条件。这就是说，误差矢量是正交于信号子空间的，即

$$(\mathbf{x}-\hat{\mathbf{s}}) \perp S^2$$

其中 $\perp$ 表示正交（或垂直）。要使它成立，我们肯定有

$$(\mathbf{x}-\hat{\mathbf{s}}) \quad \perp \quad \mathbf{h}_1$$
$$(\mathbf{x}-\hat{\mathbf{s}}) \quad \perp \quad \mathbf{h}_2$$

因为误差矢量正交于 $\mathbf{h}_1$ 和 $\mathbf{h}_2$ 的任意线性组合。利用正交定义，我们有

$$(\mathbf{x}-\hat{\mathbf{s}})^T \mathbf{h}_1 = 0$$
$$(\mathbf{x}-\hat{\mathbf{s}})^T \mathbf{h}_2 = 0$$

令 $\hat{\mathbf{s}} = \theta_1 \mathbf{h}_1 + \theta_2 \mathbf{h}_2$，我们得

$$(\mathbf{x}-\theta_1 \mathbf{h}_1 - \theta_2 \mathbf{h}_2)^T \mathbf{h}_1 = 0$$
$$(\mathbf{x}-\theta_1 \mathbf{h}_1 - \theta_2 \mathbf{h}_2)^T \mathbf{h}_2 = 0$$

用矩阵形式表示为

$$(\mathbf{x}-\mathbf{H}\boldsymbol{\theta})^T \mathbf{h}_1 = 0$$
$$(\mathbf{x}-\mathbf{H}\boldsymbol{\theta})^T \mathbf{h}_2 = 0$$

结合这两个方程得

$$(\mathbf{x}-\mathbf{H}\boldsymbol{\theta})^T \begin{bmatrix} \mathbf{h}_1 & \mathbf{h}_2 \end{bmatrix} = \mathbf{0}^T$$

即

$$(\mathbf{x}-\mathbf{H}\boldsymbol{\theta})^T \mathbf{H} = \mathbf{0}^T \tag{8.20}$$

最后，我们得到 LSE 为

$$\hat{\boldsymbol{\theta}} = (\mathbf{H}^T \mathbf{H})^{-1} \mathbf{H}^T \mathbf{x}$$

注意，如果 $\boldsymbol{\epsilon} = \mathbf{x} - \mathbf{H}\boldsymbol{\theta}$ 表示误差矢量，那么运用下列条件，由（8.20）式可求得 LSE，

$$\boldsymbol{\epsilon}^T \mathbf{H} = \mathbf{0}^T \tag{8.21}$$

误差矢量必定与 $\mathbf{H}$ 的列矢量正交。这就是著名的正交原理。实际上，误差表示了不能由信号模型描述的 $\mathbf{x}$ 的那一部分。在第 12 章研究随机参数估计时，也出现了类似的正交原理。

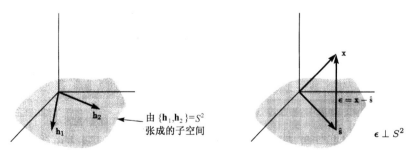

(a) 信号子空间   (b) 正交投影法求解信号估计

图 8.2 在 $\mathbf{R}^3$ 中线性最小二乘的几何图示

再来看图 8.2(b)，最小 LS 误差是 $\| \mathbf{x}-\hat{\mathbf{s}} \|^2$，即

$$\|\mathbf{x}-\hat{\mathbf{s}}\|^2 = \|\mathbf{x}-\mathbf{H}\hat{\boldsymbol{\theta}}\|^2 = (\mathbf{x}-\mathbf{H}\hat{\boldsymbol{\theta}})^T(\mathbf{x}-\mathbf{H}\hat{\boldsymbol{\theta}})$$

计算这个误差时，我们可以利用(8.21)式[在推导出标量情况的(8.5)式中，已经这样处理过]，得

$$
\begin{aligned}
J_{\min} &= (\mathbf{x} - \mathbf{H}\hat{\boldsymbol{\theta}})^T(\mathbf{x} - \mathbf{H}\hat{\boldsymbol{\theta}}) = \mathbf{x}^T(\mathbf{x} - \mathbf{H}\hat{\boldsymbol{\theta}}) - \hat{\boldsymbol{\theta}}^T\mathbf{H}^T\boldsymbol{\epsilon} \\
&= \mathbf{x}^T\mathbf{x} - \mathbf{x}^T\mathbf{H}\hat{\boldsymbol{\theta}} = \mathbf{x}^T\left(\mathbf{I} - \mathbf{H}(\mathbf{H}^T\mathbf{H})^{-1}\mathbf{H}^T\right)\mathbf{x}
\end{aligned}
\tag{8.22}
$$

总而言之，LS 方法可以解释为一个拟合问题，或者用另一个矢量 $\hat{\mathbf{s}}$ 近似 R^N 空间的数据矢量 $\mathbf{x}$ 的问题，矢量 $\hat{\mathbf{s}}$ 是位于 R^N 的 p 维子空间的矢量 $\{\mathbf{h}_1, \mathbf{h}_2, \ldots, \mathbf{h}_p\}$ 的线性组合。在子空间中，$\hat{\mathbf{s}}$ 是 $\mathbf{x}$ 的正交投影，通过选择这个正交投影就可以求解该问题。一旦建立了这种关系，我们关于矢量几何的许多直观表示方法就都可以采用，这对我们将是有益的。我们现在就来讨论某些结论。

参考图 8.3(a)，如果碰巧 $\mathbf{h}_1$ 和 $\mathbf{h}_2$ 是正交的，那么就能很容易地求得 $\hat{\mathbf{s}}$。这是因为 $\hat{\mathbf{s}}$ 沿 $\mathbf{h}_1$ 的分量，即 $\hat{\mathbf{s}}_1$，它并不包含 $\hat{\mathbf{s}}$ 沿 $\mathbf{h}_2$ 的分量。如果 $\mathbf{h}_1$ 和 $\mathbf{h}_2$ 是正交的，那么我们将有图 8.3(b)所示的情况。做出正交的假定，且假定 $\|\mathbf{h}_1\| = \|\mathbf{h}_2\| = 1$（标准正交矢量），我们有

$$
\hat{\mathbf{s}} = \hat{\mathbf{s}}_1 + \hat{\mathbf{s}}_2 = (\mathbf{h}_1^T\mathbf{x})\mathbf{h}_1 + (\mathbf{h}_2^T\mathbf{x})\mathbf{h}_2
$$

其中 $\mathbf{h}_i^T\mathbf{x}$ 是矢量 $\mathbf{x}$ 沿 $\mathbf{h}_i$ 方向上的长度（模）。用矩阵表示为

$$
\hat{\mathbf{s}} = \begin{bmatrix} \mathbf{h}_1 & \mathbf{h}_2 \end{bmatrix} \begin{bmatrix} \mathbf{h}_1^T\mathbf{x} \\ \mathbf{h}_2^T\mathbf{x} \end{bmatrix} = \begin{bmatrix} \mathbf{h}_1 & \mathbf{h}_2 \end{bmatrix} \begin{bmatrix} \mathbf{h}_1^T \\ \mathbf{h}_2^T \end{bmatrix} \mathbf{x} = \mathbf{H}\mathbf{H}^T\mathbf{x}
$$

所以

$$
\hat{\boldsymbol{\theta}} = \mathbf{H}^T\mathbf{x}
$$

这一结果是由于 $\mathbf{H}$ 的列是单位正交的。于是，我们有

$$
(\mathbf{H}^T\mathbf{H})^{-1} = (\mathbf{I})^{-1} = \mathbf{I}
$$

因此

$$
\hat{\boldsymbol{\theta}} = (\mathbf{H}^T\mathbf{H})^{-1}\mathbf{H}^T\mathbf{x} = \mathbf{H}^T\mathbf{x}
$$

我们没有必要求逆矩阵。下面介绍一个例题。

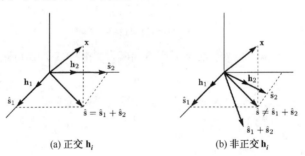

(a) 正交 $\mathbf{h}_i$ (b) 非正交 $\mathbf{h}_i$

图 8.3　观测矩阵非正交列矢量的影响

例 8.5　傅里叶分析(继续)

继续例 8.4，如果 $f_0 = k/N$，其中 k 是取 $k = 1, 2, \ldots, N/2 - 1$ 中的任意一个，很容易证明[参见(4.13)式]

$$
\mathbf{h}_1^T\mathbf{h}_2 = \sum_{n=0}^{N-1} \cos\left(2\pi\frac{k}{N}n\right)\sin\left(2\pi\frac{k}{N}n\right) = 0
$$

另外，

$$
\begin{aligned}
\mathbf{h}_1^T\mathbf{h}_1 &= \frac{N}{2} \\
\mathbf{h}_2^T\mathbf{h}_2 &= \frac{N}{2}
\end{aligned}
$$

所以 $\mathbf{h}_1$ 和 $\mathbf{h}_2$ 是正交的但不是单位正交的。组合这些结论，得 $\mathbf{H}^T\mathbf{H} = (N/2)\mathbf{I}$，因此

$$\hat{\boldsymbol{\theta}} = \begin{bmatrix} \hat{a} \\ \hat{b} \end{bmatrix} = (\mathbf{H}^T\mathbf{H})^{-1}\mathbf{H}^T\mathbf{x} = \frac{2}{N}\mathbf{H}^T\mathbf{x}$$

$$= \begin{bmatrix} \dfrac{2}{N}\displaystyle\sum_{n=0}^{N-1}x[n]\cos\left(2\pi\dfrac{k}{N}n\right) \\ \dfrac{2}{N}\displaystyle\sum_{n=0}^{N-1}x[n]\sin\left(2\pi\dfrac{k}{N}n\right) \end{bmatrix}$$

如果我们定义信号如下:

$$s[n] = a'\sqrt{\frac{2}{N}}\cos\left(2\pi\frac{k}{N}n\right) + b'\sqrt{\frac{2}{N}}\sin\left(2\pi\frac{k}{N}n\right)$$

那么 $\mathbf{H}$ 的列矢量也是单位正交的。

一般情况下, $\mathbf{H}$ 的列矢量将不是正交的, 故信号矢量估计为

$$\hat{\mathbf{s}} = \mathbf{H}\hat{\boldsymbol{\theta}} = \mathbf{H}(\mathbf{H}^T\mathbf{H})^{-1}\mathbf{H}^T\mathbf{x}$$

信号估计是 $\mathbf{x}$ 在 p 维子空间上的正交投影。$N \times N$ 矩阵 $\mathbf{P} = \mathbf{H}(\mathbf{H}^T\mathbf{H})^{-1}\mathbf{H}^T$ 称为正交投影矩阵或简称为投影矩阵, 它具有如下特性:

1. $\mathbf{P}^T = \mathbf{P}$, 为对称矩阵;

2. $\mathbf{P}^2 = \mathbf{P}$, 为等幂矩阵。

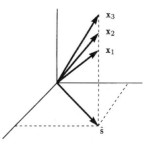

图 8.4　在子空间上具有
相同投影的矢量

在习题 8.11 证明了投影矩阵必定为对称矩阵, 如果将 $\mathbf{P}$ 应用于 $\mathbf{Px}$, 由于 $\mathbf{Px}$ 已经在子空间中, 那么必定得出同样的矢量。等幂矩阵也就是这么得来的。另外, 投影矩阵必定是奇异的(因为 $\mathbf{H}$ 的列矢量独立, 它的秩为 p, 相关证明请参见习题 8.12)。如果不是奇异的, 那么 $\mathbf{x}$ 就能从 $\hat{\mathbf{s}}$ 中恢复出来, 这显然是不可能的, 因为如果这样, 那么许多 $\mathbf{x}$ 将会具有相同的投影, 如图 8.4 所示。

同样, 误差矢量 $\boldsymbol{\epsilon} = \mathbf{x} - \hat{\mathbf{s}} = (\mathbf{I} - \mathbf{P})\mathbf{x}$ 是 $\mathbf{x}$ 在补子空间上或者正交于信号子空间的子空间上的投影。矩阵 $\mathbf{P}^\perp = \mathbf{I} - \mathbf{P}$ 也是一个投影矩阵, 根据上述性质很容易验证这一点。于是, 根据(8.22)式, 最小 LS 误差为

$$J_{\min} = \mathbf{x}^T(\mathbf{I} - \mathbf{P})\mathbf{x} = \mathbf{x}^T\mathbf{P}^\perp\mathbf{x} = \mathbf{x}^T{\mathbf{P}^\perp}^T\mathbf{P}^\perp\mathbf{x} = \|\mathbf{P}^\perp\mathbf{x}\|^2$$

刚好是 $\|\boldsymbol{\epsilon}\|^2$。

在下一节中, 我们将进一步利用几何理论来推导按阶递推 LS 算法。

8.6　按阶递推最小二乘估计

在很多情况下, 信号模型是未知的, 必须进行假定。例如, 考虑如图 8.5(a)所示的实验数据。模型可以假设为

$$\begin{aligned} s_1(t) &= A \\ s_2(t) &= A + Bt \end{aligned}$$

其中 $0 \le t \le T$。如果数据 $x[n]$ 是通过在时刻 $t = n\Delta$ 采样 $x(t)$ 而得到的序列, 其中 $\Delta = 1$, $n = 0,1,\ldots,N-1$, 对应的离散时间信号模型变为

$$\begin{aligned} s_1[n] &= A \\ s_2[n] &= A + Bn \end{aligned}$$

当

$$\mathbf{H}_1 = \begin{bmatrix} 1 \\ 1 \\ \vdots \\ 1 \end{bmatrix} \qquad \mathbf{H}_2 = \begin{bmatrix} 1 & 0 \\ 1 & 1 \\ \vdots & \vdots \\ 1 & N-1 \end{bmatrix}$$

时，利用 LSE 可求出其截距和斜率的估计为

$$\hat{A}_1 = \bar{x} \tag{8.23}$$

以及（参见习题8.13）

$$\begin{aligned} \hat{A}_2 &= \frac{2(2N-1)}{N(N+1)} \sum_{n=0}^{N-1} x[n] - \frac{6}{N(N+1)} \sum_{n=0}^{N-1} nx[n] \\ \hat{B}_2 &= -\frac{6}{N(N+1)} \sum_{n=0}^{N-1} x[n] + \frac{12}{N(N^2-1)} \sum_{n=0}^{N-1} nx[n] \end{aligned} \tag{8.24}$$

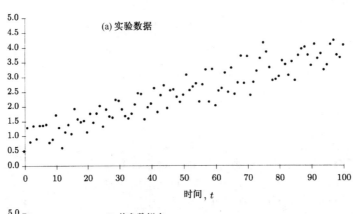

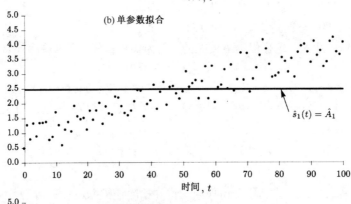

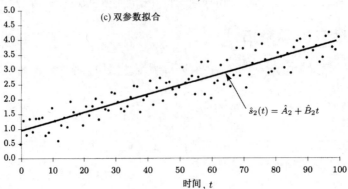

图 8.5　利用最小二乘拟合实验数据

如图 8.5(b) 和图 8.5(c) 所示，我们已经画出了 $\hat{s}_1(t) = \hat{A}_1$ 和 $\hat{s}_2(t) = \hat{A}_2 + \hat{B}_2 t$，其中 $T = 100$。不出所料，使用双参数进行拟合的效果更好。后面，我们还将证明当参数更多时，最小 LS 误差一定会降低。大家可能会提出一个问题：是否应当在信号模型中增加一个二次项。如果增加了一个二次项，拟合效果理应将变得更好。我们认识到数据是有误差的，这样做也许会很好地拟合噪声。这种情形并非是我们所希望发生的，但由于我们对信号模型缺乏认识，这种情形的发生在某种程度上也是不可避免的。实际上，我们选择了足以描述数据的最简单的信号模型。一种方案是增加多项式的阶数，直到当阶数再继续增加而最小 LS 误差下降不多时为止。对于图 8.5 所示的数据，最小 LS 误差与参数数目的关系曲线如图 8.6 所示。模型 $s_1(t)$ 和 $s_2(t)$ 分别对应于 $k = 1$ 和 $k = 2$。可以看到在 $k = 2$ 处曲线有一个大的下降。而对于更大的阶数只有些许下降，表明为噪声的模型。在这个例题中，信号实际上为

$$s(t) = 1 + 0.03t$$

而噪声 $w[n]$ 是方差 $\sigma^2 = 0.1$ 的 WGN。注意，如果 A、B 的估计非常好，最小 LS 误差应当为

$$J_{\min} = J(\hat{A}, \hat{B}) = J(A, B) = \sum_{n=0}^{N-1} (x[n] - s[n])^2 = \sum_{n=0}^{N-1} w^2[n] \approx N\sigma^2$$

于是达到真实的阶数时，$J_{\min} \approx 10$。在图 8.6 中，这一点得到了验证，因此也提高了我们所选择模型的置信度。

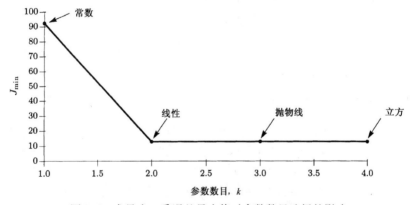

图 8.6　求最小二乘误差最小值时参数数目选择的影响

在前面的例题中，我们看到能够在几种信号模型中确定出 LSE 是很重要的。一种直接的方法是利用 (8.10) 式计算每一种模型的 LSE。另外，利用按阶递推 LS 方法可以减少计算量。在这种方法中，我们按阶更新 LSE。特别是我们能够根据维数为 $N \times k$ 的 $\mathbf{H}$ 矩阵的解，计算出基于维数为 $N \times (k+1)$ 的 $\mathbf{H}$ 的 LSE。在前面的例题中，如果 $\mathbf{H}_2$ 的列矢量是正交的，这种按阶更新将变得极为简单。为了看出其中的原因，我们假设信号模型为

$$s_1[n] = A_1$$
$$s_2[n] = A_2 + B_2 n$$

其中 $-M \leqslant n \leqslant M$。我们现在将观测区间改为对称区间 $[-M, M]$，不同于最初的区间 $[0, N-1]$。这种假设的效果是使 $\mathbf{H}_2$ 的列矢量正交化，因为现在

$$\mathbf{H}_2 = \begin{bmatrix} 1 & -M \\ 1 & -(M-1) \\ \vdots & \vdots \\ 1 & M \end{bmatrix}$$

由于

$$\mathbf{H}_2^T \mathbf{H}_2 = \begin{bmatrix} 2M+1 & 0 \\ 0 & \sum_{n=-M}^{M} n^2 \end{bmatrix}$$

是对角矩阵，因此 LSE 就很容易求出。其解为

$$\hat{A}_1 = \frac{1}{2M+1} \sum_{n=-M}^{M} x[n]$$

和

$$\hat{A}_2 = \frac{1}{2M+1} \sum_{n=-M}^{M} x[n]$$

$$\hat{B}_2 = \frac{\sum_{n=-M}^{M} nx[n]}{\sum_{n=-M}^{M} n^2}$$

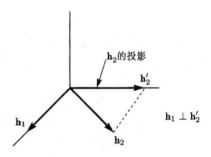

图 8.7　Gram-Schmidt 正交化

　　在这种情况下，当我们在模型中增加一个参数时，A 的 LSE 不会发生变化，这在代数学上是根据 $\mathbf{H}_2^T \mathbf{H}_2$ 的对角性质所得出的结论。从几何学的观点来看，根据图 8.3(a)，这个结论就已经是很显然的。$\mathbf{h}_i$ 的正交性使得我们能把 $\mathbf{x}$ 分别投影到 $\mathbf{h}_1$ 和 $\mathbf{h}_2$ 方向，然后把结果相加。每个投影都是独立的。一般而言，列矢量不是正交的，但能够用另一组正交的 p 矢量代替。这个过程如图 8.7 所示，我们称为 Gram-Schmidt 正交化。新的列 $\mathbf{h}_2$ 被投影到正交于 $\mathbf{h}_1$ 的子空间上。那么，因为 $\mathbf{h}_1$ 和 $\mathbf{h}_2'$ 是正交的，LS 信号估计变为

$$\hat{\mathbf{s}} = \mathbf{h}_1 \hat{\theta}_1 + \mathbf{h}_2' \hat{\theta}_2'$$

其中 $\mathbf{h}_1 \hat{\theta}_1$ 也是信号仅根据 $\mathbf{H} = \mathbf{h}_1$ 的 LSE。这种方法在信号模型中用递推的形式将每一项加到信号模型上，它更新了其阶数。在习题 8.14 中，这种几何观点与 Gram-Schmidt 正交化结合在一起推导了阶更新方程。在附录 8A 中给出了代数推导过程，现在归纳如下。

　　把 $N \times k$ 观测矩阵表示为 $\mathbf{H}_k$，基于 $\mathbf{H}_k$ 的 LSE 为 $\hat{\boldsymbol{\theta}}_k$，即

$$\hat{\boldsymbol{\theta}}_k = (\mathbf{H}_k^T \mathbf{H}_k)^{-1} \mathbf{H}_k^T \mathbf{x} \tag{8.25}$$

基于 $\mathbf{H}_k$ 的最小 LS 误差为

$$J_{\min_k} = (\mathbf{x} - \mathbf{H}_k \hat{\boldsymbol{\theta}}_k)^T (\mathbf{x} - \mathbf{H}_k \hat{\boldsymbol{\theta}}_k) \tag{8.26}$$

　　通过将阶数增加到 $k+1$，我们在观测矩阵中增加一列。这就产生了一个新的观测矩阵，其分块矩阵形式为

$$\mathbf{H}_{k+1} = \begin{bmatrix} \mathbf{H}_k & \mathbf{h}_{k+1} \end{bmatrix} = \begin{bmatrix} N \times k & N \times 1 \end{bmatrix} \tag{8.27}$$

为了更新 $\hat{\boldsymbol{\theta}}_k$ 和 $J_{\min_k}$，我们利用

$$\hat{\boldsymbol{\theta}}_{k+1} = \begin{bmatrix} \hat{\boldsymbol{\theta}}_k - \dfrac{(\mathbf{H}_k^T \mathbf{H}_k)^{-1} \mathbf{H}_k^T \mathbf{h}_{k+1} \mathbf{h}_{k+1}^T \mathbf{P}_k^{\perp} \mathbf{x}}{\mathbf{h}_{k+1}^T \mathbf{P}_k^{\perp} \mathbf{h}_{k+1}} \\ \dfrac{\mathbf{h}_{k+1}^T \mathbf{P}_k^{\perp} \mathbf{x}}{\mathbf{h}_{k+1}^T \mathbf{P}_k^{\perp} \mathbf{h}_{k+1}} \end{bmatrix} = \begin{bmatrix} k \times 1 \\ 1 \times 1 \end{bmatrix} \tag{8.28}$$

其中

$$\mathbf{P}_k^\perp = \mathbf{I} - \mathbf{H}_k (\mathbf{H}_k^T \mathbf{H}_k)^{-1} \mathbf{H}_k^T$$

是在一个子空间上的投影矩阵，该子空间正交于由 $\mathbf{H}_k$ 的列矢量张成的子空间。为了避免求 $\mathbf{H}_k^T \mathbf{H}_k$ 的逆矩阵，我们令

$$\mathbf{D}_k = (\mathbf{H}_k^T \mathbf{H}_k)^{-1} \tag{8.29}$$

并且利用递推公式

$$
\begin{aligned}
\mathbf{D}_{k+1} &= \begin{bmatrix}
\mathbf{D}_k + \dfrac{\mathbf{D}_k \mathbf{H}_k^T \mathbf{h}_{k+1} \mathbf{h}_{k+1}^T \mathbf{H}_k \mathbf{D}_k}{\mathbf{h}_{k+1}^T \mathbf{P}_k^\perp \mathbf{h}_{k+1}} & -\dfrac{\mathbf{D}_k \mathbf{H}_k^T \mathbf{h}_{k+1}}{\mathbf{h}_{k+1}^T \mathbf{P}_k^\perp \mathbf{h}_{k+1}} \\[3ex]
-\dfrac{\mathbf{h}_{k+1}^T \mathbf{H}_k \mathbf{D}_k}{\mathbf{h}_{k+1}^T \mathbf{P}_k^\perp \mathbf{h}_{k+1}} & \dfrac{1}{\mathbf{h}_{k+1}^T \mathbf{P}_k^\perp \mathbf{h}_{k+1}}
\end{bmatrix} \\[4ex]
&= \begin{bmatrix}
k \times k & k \times 1 \\
1 \times k & 1 \times 1
\end{bmatrix}
\end{aligned}
\tag{8.30}
$$

其中 $\mathbf{P}_k^\perp = \mathbf{I} - \mathbf{H}_k \mathbf{D}_k \mathbf{H}_k^T$。通过利用下式，最小 LS 误差就得以更新

$$J_{\min_{k+1}} = J_{\min_k} - \frac{\left(\mathbf{h}_{k+1}^T \mathbf{P}_k^\perp \mathbf{x} \right)^2}{\mathbf{h}_{k+1}^T \mathbf{P}_k^\perp \mathbf{h}_{k+1}} \tag{8.31}$$

整个算法不必进行矩阵求逆运算。通过利用(8.25)式、(8.26)式和(8.29)式，分别确定 $\hat{\theta}_1$、$J_{\min_1}$ 和 $\mathbf{D}_1$，从而开始递推运算。我们称(8.28)式、(8.30)式和(8.31)式为按阶递推最小二乘估计方法。为了说明计算过程，我们在前面的直线拟合例题中应用这种方法。

例 8.6　直线拟合

因为 $s_1[n] = A_1$ 和 $s_2[n] = A_2 + B_2 n$，其中 $n = 0, 1, \ldots, N-1$，得

$$
\begin{aligned}
\mathbf{H}_1 &= \begin{bmatrix} 1 \\ 1 \\ \vdots \\ 1 \end{bmatrix} = \mathbf{1} \\[2ex]
\mathbf{H}_2 &= \begin{bmatrix} \mathbf{H}_1 & \mathbf{h}_2 \end{bmatrix}
\end{aligned}
$$

其中

$$\mathbf{h}_2 = \begin{bmatrix} 0 \\ 1 \\ \vdots \\ N-1 \end{bmatrix}$$

利用(8.25)式和(8.26)式开始递推，

$$\hat{A}_1 = \hat{\theta}_1 = (\mathbf{H}_1^T \mathbf{H}_1)^{-1} \mathbf{H}_1^T \mathbf{x} = \bar{x}$$

和

$$J_{\min_1} = (\mathbf{x} - \mathbf{H}_1 \hat{\theta}_1)^T (\mathbf{x} - \mathbf{H}_1 \hat{\theta}_1) = \sum_{n=0}^{N-1} (x[n] - \bar{x})^2$$

接着，我们利用(8.28)式求解 $\hat{\boldsymbol{\theta}}_2 = [\hat{A}_2 \hat{B}_2]^T$，即

$$\hat{\boldsymbol{\theta}}_2 = \begin{bmatrix} \hat{\theta}_1 - \dfrac{(\mathbf{H}_1^T \mathbf{H}_1)^{-1} \mathbf{H}_1^T \mathbf{h}_2 \mathbf{h}_2^T \mathbf{P}_1^\perp \mathbf{x}}{\mathbf{h}_2^T \mathbf{P}_1^\perp \mathbf{h}_2} \\[3ex] \dfrac{\mathbf{h}_2^T \mathbf{P}_1^\perp \mathbf{x}}{\mathbf{h}_2^T \mathbf{P}_1^\perp \mathbf{h}_2} \end{bmatrix}$$

必要的项为

$$\begin{aligned}
(\mathbf{H}_1^T\mathbf{H}_1)^{-1} &= \frac{1}{N} \\
\mathbf{P}_1^\perp &= \mathbf{I} - \mathbf{H}_1(\mathbf{H}_1^T\mathbf{H}_1)^{-1}\mathbf{H}_1^T = \mathbf{I} - \frac{1}{N}\mathbf{1}\mathbf{1}^T \\
\mathbf{P}_1^\perp\mathbf{x} &= \mathbf{x} - \frac{1}{N}\mathbf{1}\mathbf{1}^T\mathbf{x} = \mathbf{x} - \bar{x}\mathbf{1} \\
\mathbf{h}_2^T\mathbf{P}_1^\perp\mathbf{x} &= \mathbf{h}_2^T\mathbf{x} - \bar{x}\mathbf{h}_2^T\mathbf{1} = \sum_{n=0}^{N-1}nx[n] - \bar{x}\sum_{n=0}^{N-1}n \\
\mathbf{h}_2^T\mathbf{P}_1^\perp\mathbf{h}_2 &= \mathbf{h}_2^T\mathbf{h}_2 - \frac{1}{N}(\mathbf{h}_2^T\mathbf{1})^2 = \sum_{n=0}^{N-1}n^2 - \frac{1}{N}\left(\sum_{n=0}^{N-1}n\right)^2
\end{aligned}$$

替换上式得

$$\hat{\boldsymbol{\theta}}_2 = \begin{bmatrix} \bar{x} - \dfrac{\dfrac{1}{N}\displaystyle\sum_{n=0}^{N-1}n\left[\displaystyle\sum_{n=0}^{N-1}nx[n] - \bar{x}\displaystyle\sum_{n=0}^{N-1}n\right]}{\displaystyle\sum_{n=0}^{N-1}n^2 - \dfrac{1}{N}\left(\displaystyle\sum_{n=0}^{N-1}n\right)^2} \\[4em] \dfrac{\displaystyle\sum_{n=0}^{N-1}nx[n] - \bar{x}\displaystyle\sum_{n=0}^{N-1}n}{\displaystyle\sum_{n=0}^{N-1}n^2 - \dfrac{1}{N}\left(\displaystyle\sum_{n=0}^{N-1}n\right)^2} \end{bmatrix} = \begin{bmatrix} \bar{x} - \dfrac{1}{N}\displaystyle\sum_{n=0}^{N-1}n\hat{B}_2 \\[2em] \hat{B}_2 \end{bmatrix}$$

化简得

$$\begin{aligned}
\hat{B}_2 &= \frac{\displaystyle\sum_{n=0}^{N-1}nx[n] - \bar{x}\displaystyle\sum_{n=0}^{N-1}n}{\displaystyle\sum_{n=0}^{N-1}n^2 - \dfrac{1}{N}\left(\displaystyle\sum_{n=0}^{N-1}n\right)^2} = \frac{\displaystyle\sum_{n=0}^{N-1}nx[n] - \dfrac{N(N-1)}{2}\bar{x}}{N(N^2-1)/12} \\[2em]
&= -\frac{6}{N(N+1)}\sum_{n=0}^{N-1}x[n] + \frac{12}{N(N^2-1)}\sum_{n=0}^{N-1}nx[n]
\end{aligned}$$

以及

$$\begin{aligned}
\hat{A}_2 &= \bar{x} - \frac{1}{N}\sum_{n=0}^{N-1}n\hat{B}_2 = \bar{x} - \frac{N-1}{2}\hat{B}_2 \\[1em]
&= \frac{2(2N-1)}{N(N+1)}\sum_{n=0}^{N-1}x[n] - \frac{6}{N(N+1)}\sum_{n=0}^{N-1}nx[n]
\end{aligned}$$

我们可以看出，这与 (8.24) 式是一致的。根据 (8.31) 式，最小 LS 误差为

$$\begin{aligned}
J_{\min_2} &= J_{\min_1} - \frac{(\mathbf{h}_2^T\mathbf{P}_1^\perp\mathbf{x})^2}{\mathbf{h}_2^T\mathbf{P}_1^\perp\mathbf{h}_2} = J_{\min_1} - \frac{\left(\displaystyle\sum_{n=0}^{N-1}nx[n] - \bar{x}\displaystyle\sum_{n=0}^{N-1}n\right)^2}{\displaystyle\sum_{n=0}^{N-1}n^2 - \dfrac{1}{N}\left(\displaystyle\sum_{n=0}^{N-1}n\right)^2} \\[2em]
&= J_{\min_1} - \frac{\left(\displaystyle\sum_{n=0}^{N-1}nx[n] - \dfrac{N}{2}(N-1)\bar{x}\right)^2}{N(N^2-1)/12}
\end{aligned}$$

在求解二阶模型参数的 LSE 时，我们首先求解了一阶模型的 LSE。一般而言，递推方法逐次

求解 LS 问题, 直到达到了所期望的阶数。因此, 按阶递推更新算法不仅求出了期望模型的 LSE, 而且也求出了所有的低阶模型的 LSE。正如前面所讨论的, 当预先未知模型阶数时, 这个性质是很有用的。

对于(8.28)式, 我们谈几点看法:

1. 如果新的列 $\mathbf{h}_{k+1}$ 正交于前面的所有列, 那么 $\mathbf{H}_k^T \mathbf{h}_{k+1} = \mathbf{0}$, 且根据(8.28)式有

$$
\hat{\boldsymbol{\theta}}_{k+1} = \begin{bmatrix} \hat{\boldsymbol{\theta}}_k \\ \dfrac{\mathbf{h}_{k+1}^T \mathbf{P}_k^{\perp} \mathbf{x}}{\mathbf{h}_{k+1}^T \mathbf{P}_k^{\perp} \mathbf{h}_{k+1}} \end{bmatrix}
$$

即 $\hat{\boldsymbol{\theta}}_{k+1}$ 的前 k 个分量是相同的, 这一点可用图 8.3(a)进行几何解释。

2. 项 $\mathbf{P}_k^{\perp} \mathbf{x} = (\mathbf{I} - \mathbf{H}_k(\mathbf{H}_k^T \mathbf{H}_k)^{-1} \mathbf{H}_k^T)\mathbf{x} = \mathbf{x} - \mathbf{H}_k \hat{\boldsymbol{\theta}}_k = \boldsymbol{\epsilon}_k$ 是 LS 误差矢量, 即数据残差(residual), 它们不能由 $\mathbf{H}_k$ 的列矢量表示。它表示 $\mathbf{x}$ 正交于由 $\mathbf{H}_k$ 的列矢量张成的子空间的分量(参见习题8.17)。我们称 $\mathbf{P}_k^{\perp} \mathbf{x}$ 为残差, 是 $\mathbf{x}$ 仍有待建模的那一部分。

3. 如果 $\mathbf{h}_{k+1}$ 几乎在由 $\mathbf{H}_k$ 的列矢量张成的空间中, 那么如图 8.8 所示, $\mathbf{P}_k^{\perp} \mathbf{h}_{k+1}$ 将很小。结果,

$$
\mathbf{h}_{k+1}^T \mathbf{P}_k^{\perp} \mathbf{h}_{k+1} = \mathbf{h}_{k+1}^T \mathbf{P}_k^{\perp T} \mathbf{P}_k^{\perp} \mathbf{h}_{k+1} = ||\mathbf{P}_k^{\perp} \mathbf{h}_{k+1}||^2 \approx 0
$$

并且递推过程将会"放大"[参见(8.28)式]。实质上, $\mathbf{h}_{k+1}$ 近似位于由 $\mathbf{H}_k$ 的列张成的子空间中, 新的观测矩阵 $\mathbf{H}_{k+1}$ 的秩近似为 k, 因此 $\mathbf{H}_{k+1}^T \mathbf{H}_{k+1}$ 近似为奇异的。在实际中, 我们监视 $\mathbf{h}_{k+1}^T \mathbf{P}_k^{\perp} \mathbf{h}_{k+1}$ 这一项, 并且从递推过程中剔除出那些使这一项产生很小值的列矢量。

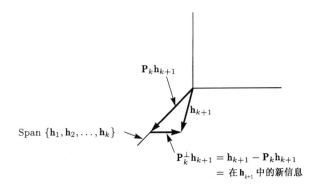

图 8.8　观测矩阵列矢量的近似共线性

4. 最小 LS 误差可重写为如下形式, 这种形式更能给人启示, 它表明了新参数在减少误差中所做的贡献。根据(8.22)式和(8.31)式, 我们得

$$
J_{\min_{k+1}} = \mathbf{x}^T \mathbf{P}_k^{\perp} \mathbf{x} - \frac{(\mathbf{h}_{k+1}^T \mathbf{P}_k^{\perp} \mathbf{x})^2}{\mathbf{h}_{k+1}^T \mathbf{P}_k^{\perp} \mathbf{h}_{k+1}} = \mathbf{x}^T \mathbf{P}_k^{\perp} \mathbf{x} \left[1 - \frac{(\mathbf{h}_{k+1}^T \mathbf{P}_k^{\perp} \mathbf{x})^2}{\mathbf{x}^T \mathbf{P}_k^{\perp} \mathbf{x} \, \mathbf{h}_{k+1}^T \mathbf{P}_k^{\perp} \mathbf{h}_{k+1}} \right] \quad (8.32)
$$

$$
= J_{\min_k}(1 - r_{k+1}^2)
$$

其中

$$
r_{k+1}^2 = \frac{[(\mathbf{P}_k^{\perp} \mathbf{h}_{k+1})^T (\mathbf{P}_k^{\perp} \mathbf{x})]^2}{||\mathbf{P}_k^{\perp} \mathbf{h}_{k+1}||^2 \, ||\mathbf{P}_k^{\perp} \mathbf{x}||^2} \quad (8.33)
$$

令 $(\mathbf{x}, \mathbf{y}) = \mathbf{x}^T \mathbf{y}$ 表示 R^N 空间中的内积, 我们有

$$
r_{k+1}^2 = \frac{(\mathbf{P}_k^{\perp} \mathbf{h}_{k+1}, \mathbf{P}_k^{\perp} \mathbf{x})^2}{||\mathbf{P}_k^{\perp} \mathbf{h}_{k+1}||^2 \, ||\mathbf{P}_k^{\perp} \mathbf{x}||^2}
$$

其中 r_{k+1}^2 可看成相关系数的平方, 而且具有如下性质

$$0 \leqslant r_{k+1}^2 \leqslant 1$$

直观上来看，$\mathbf{P}_k^\perp \mathbf{x}$ 代表残差，或者代表根据 k 个参数对 $\mathbf{x}$ 建模的误差，而 $\mathbf{P}_k^\perp \mathbf{h}_{k+1}$ 则代表了第 $k+1$ 个参数所贡献的新模型信息（参见图 8.8）。举例来说，如果 $\mathbf{P}_k^\perp \mathbf{x}$ 和 $\mathbf{P}_k^\perp \mathbf{h}_{k+1}$ 是在同一直线上，那么 $r_{k+1}^2 = 1$ 且 $J_{\min_{k+1}} = 0$。这就是说，$\mathbf{x}$ 不能由 $\mathbf{H}_k$ 的列表示出来的那一部分，能够由 $\mathbf{h}_{k+1}$ 完整地表示出来。假设 $r_{k+1} \neq 0$，（8.32）式也表明最小 LS 误差随着阶数增大而单调下降，如图 8.6 所示。

5. 回忆 LS 信号估计为

$$\hat{\mathbf{s}} = \mathbf{H}\hat{\boldsymbol{\theta}} = \mathbf{P}\mathbf{x}$$

其中 $\mathbf{P}$ 是投影矩阵，附录 8B 证明了可以利用（8.28）式递推地更新 $\mathbf{P}$。结果为

$$\mathbf{P}_{k+1} = \mathbf{P}_k + \frac{(\mathbf{I} - \mathbf{P}_k)\mathbf{h}_{k+1}\mathbf{h}_{k+1}^T(\mathbf{I} - \mathbf{P}_k)}{\mathbf{h}_{k+1}^T(\mathbf{I} - \mathbf{P}_k)\mathbf{h}_{k+1}} \tag{8.34}$$

这称为递推正交投影矩阵。它在确定最小 LS 误差的递推公式中的应用参见习题 8.18。如果我们定义单位长度矢量为

$$\mathbf{u}_{k+1} = \frac{(\mathbf{I} - \mathbf{P}_k)\mathbf{h}_{k+1}}{||(\mathbf{I} - \mathbf{P}_k)\mathbf{h}_{k+1}||} = \frac{\mathbf{P}_k^\perp \mathbf{h}_{k+1}}{||\mathbf{P}_k^\perp \mathbf{h}_{k+1}||}$$

则递推的投影运算变为

$$\mathbf{P}_{k+1} = \mathbf{P}_k + \mathbf{u}_{k+1}\mathbf{u}_{k+1}^T$$

其中 $\mathbf{u}_{k+1}$ 指明了新信息的方向（参见图 8.8），或者通过令 $\hat{\mathbf{s}}_k = \mathbf{P}_k\mathbf{x}$，我们得

$$\begin{aligned}
\hat{\mathbf{s}}_{k+1} &= \mathbf{P}_{k+1}\mathbf{x} = \mathbf{P}_k\mathbf{x} + (\mathbf{u}_{k+1}^T\mathbf{x})\mathbf{u}_{k+1} \\
&= \hat{\mathbf{s}}_k + (\mathbf{u}_{k+1}^T\mathbf{x})\mathbf{u}_{k+1}
\end{aligned}$$

8.7 序贯最小二乘估计

在许多信号处理的应用问题中，接收的数据是通过对连续时间信号波形进行采样而得到的。随着时间进展，数据源源不断地被采样，可供使用的数据就越来越多。我们因此可以选择，要么等到所有的可供使用的数据全部采样到时再进行处理；要么正如我们现在所介绍的，按照时间顺序进行数据处理。这就产生了按照时间顺序的 LSE 序列。特别是，假设我们已经求出了基于 $\{x[0], x[1], \ldots, x[N-1]\}$ 的 LSE $\hat{\boldsymbol{\theta}}$。如果我们现在观测到 $x[N]$，不必重解（8.10）式的线性方程就能（按照时间顺序）更新 $\hat{\boldsymbol{\theta}}$ 吗？回答是肯定的，为便于与初始的处理方法区分开来，我们称这种方法为序贯最小二乘估计。初始处理方法是一次性处理全部数据，又称为批处理方法。

考虑例 8.1，此例中的 DC 信号电平是需要进行估计的。我们看到，LSE 为

$$\hat{A}[N-1] = \frac{1}{N}\sum_{n=0}^{N-1} x[n]$$

其中 $\hat{A}$ 的自变量表示观测到的最新数据点的序号。如果我们现在观测到新的数据样本 $x[N]$，那么 LSE 变为

$$\hat{A}[N] = \frac{1}{N+1}\sum_{n=0}^{N} x[n]$$

在计算这个新的估计量时，我们不必重新计算观测的和，因为

$$\hat{A}[N] = \frac{1}{N+1}\left(\sum_{n=0}^{N-1} x[n] + x[N]\right) = \frac{N}{N+1}\hat{A}[N-1] + \frac{1}{N+1}x[N] \tag{8.35}$$

通过利用前面计算的 LSE 和新的观测，可以求出新的 LSE。序贯方法本身也有助于给出有趣的解释。重新整理 (8.35) 式，我们有

$$\hat{A}[N] = \hat{A}[N-1] + \frac{1}{N+1}\left(x[N] - \hat{A}[N-1]\right) \tag{8.36}$$

新的估计等于老的估计加上一个修正项。修正项随着 N 增大而下降，它反映了这样的一个事实：估计 $\hat{A}[N-1]$ 是基于许多数据样本的，因此应赋予更大的权值。而 $x[N] - \hat{A}[N-1]$ 可看成使用以前的样本预测 $x[N]$ 时的误差，以前的数据样本概括在 $\hat{A}[N-1]$ 中。如果误差为零，更新时就没有修正项。否则，新的估计就与老的估计有区别。

最小 LS 误差也可以通过递推计算求得。根据到 $N-1$ 时刻的数据样本，误差为

$$J_{\min}[N-1] = \sum_{n=0}^{N-1}(x[n] - \hat{A}[N-1])^2$$

并利用 (8.36) 式，得

$$
\begin{aligned}
J_{\min}[N] &= \sum_{n=0}^{N}(x[n] - \hat{A}[N])^2 \\
&= \sum_{n=0}^{N-1}\left[x[n] - \hat{A}[N-1] - \frac{1}{N+1}(x[N] - \hat{A}[N-1])\right]^2 + (x[N] - \hat{A}[N])^2 \\
&= J_{\min}[N-1] - \frac{2}{N+1}\sum_{n=0}^{N-1}(x[n] - \hat{A}[N-1])(x[N] - \hat{A}[N-1]) \\
&\quad + \frac{N}{(N+1)^2}(x[N] - \hat{A}[N-1])^2 + (x[N] - \hat{A}[N])^2
\end{aligned}
$$

注意上式右边的中间项为零，简化后得

$$J_{\min}[N] = J_{\min}[N-1] + \frac{N}{N+1}(x[N] - \hat{A}[N-1])^2$$

如果我们注意到随着每一个新数据点的加入，平方误差项的数目也随之增加，那么最小 LS 误差的增加这种明显奇怪的行为就不难解释。因此，对于同样数目的参数需要拟合更多的点。

在加权 LS 问题中，出现了一个序贯 LS 方法的更为有趣的例子。就当前的例子而言，如果加权矩阵 $\mathbf{W}$ 是对角矩阵，其中 $[\mathbf{W}]_{ii} = 1/\sigma_i^2$，那么根据 (8.15) 式，加权的 LSE 为

$$\hat{A}[N-1] = \frac{\displaystyle\sum_{n=0}^{N-1}\frac{x[n]}{\sigma_n^2}}{\displaystyle\sum_{n=0}^{N-1}\frac{1}{\sigma_n^2}}$$

求解其序贯形式，我们将上式写成

$$
\begin{aligned}
\hat{A}[N] &= \frac{\displaystyle\sum_{n=0}^{N}\frac{x[n]}{\sigma_n^2}}{\displaystyle\sum_{n=0}^{N}\frac{1}{\sigma_n^2}} = \frac{\displaystyle\sum_{n=0}^{N-1}\frac{x[n]}{\sigma_n^2} + \frac{x[N]}{\sigma_N^2}}{\displaystyle\sum_{n=0}^{N}\frac{1}{\sigma_n^2}} = \frac{\left(\displaystyle\sum_{n=0}^{N-1}\frac{1}{\sigma_n^2}\right)\hat{A}[N-1]}{\displaystyle\sum_{n=0}^{N}\frac{1}{\sigma_n^2}} + \frac{\frac{x[N]}{\sigma_N^2}}{\displaystyle\sum_{n=0}^{N}\frac{1}{\sigma_n^2}} \\
&= \hat{A}[N-1] - \frac{\frac{1}{\sigma_N^2}\hat{A}[N-1]}{\displaystyle\sum_{n=0}^{N}\frac{1}{\sigma_n^2}} + \frac{\frac{x[N]}{\sigma_N^2}}{\displaystyle\sum_{n=0}^{N}\frac{1}{\sigma_n^2}}
\end{aligned}
$$

或者最终有

$$\hat{A}[N] = \hat{A}[N-1] + \frac{\frac{1}{\sigma_N^2}}{\sum_{n=0}^{N} \frac{1}{\sigma_n^2}} (x[N] - \hat{A}[N-1]) \tag{8.37}$$

不出所料，如果对于所有的 n 有 $\sigma_n^2 = \sigma^2$，我们就得到了前面的结果。与相关项相乘的增益因子依赖于新数据样本的置信度。如果新样本是噪声，即 $\sigma_N^2 \to \infty$，我们就不修正前面的 LSE。另一方面，如果新样本是无噪声的，即 $\sigma_N^2 \to 0$，那么 $\hat{A}[N] \to x[N]$。我们丢弃了前面所有的样本。这样增益因子就代表了新数据样本相对于前面的数据样本的置信度。如果确实有 $x[n] = A + w[n]$，其中 $w[n]$ 是均值为零、方差为 σ_n^2 的不相关的噪声，我们就能对结果有更深入的理解。不过，从第 6 章（参见例 6.2）了解到，LSE 实际上就是 BLUE，因此

$$\mathrm{var}(\hat{A}[N-1]) = \frac{1}{\sum_{n=0}^{N-1} \frac{1}{\sigma_n^2}}$$

而且第 N 次修正量的增益因子为[参见(8.37)式]

$$K[N] = \frac{\frac{1}{\sigma_N^2}}{\sum_{n=0}^{N} \frac{1}{\sigma_n^2}} = \frac{\frac{1}{\sigma_N^2}}{\frac{1}{\sigma_N^2} + \frac{1}{\mathrm{var}(\hat{A}[N-1])}} = \frac{\mathrm{var}(\hat{A}[N-1])}{\mathrm{var}(\hat{A}[N-1]) + \sigma_N^2} \tag{8.38}$$

因为 $0 \leqslant K[N] \leqslant 1$，如果 $K[N]$ 很大即 $\mathrm{var}(\hat{A}[N-1])$ 很大，则修正量很大。同样，如果前面的估计量的方差很小，那么修正量也很小。为了递推地确定增益可以推导进一步的表达式，因为 $K[N]$ 取决于 $\mathrm{var}(\hat{A}[N-1])$，我们可以将后者表示为

$$\mathrm{var}(\hat{A}[N]) = \frac{1}{\sum_{n=0}^{N} \frac{1}{\sigma_n^2}} = \frac{1}{\sum_{n=0}^{N-1} \frac{1}{\sigma_n^2} + \frac{1}{\sigma_N^2}} = \frac{1}{\frac{1}{\mathrm{var}(\hat{A}[N-1])} + \frac{1}{\sigma_N^2}}$$

$$= \frac{\mathrm{var}(\hat{A}[N-1])\sigma_N^2}{\mathrm{var}(\hat{A}[N-1]) + \sigma_N^2} = \left(1 - \frac{\mathrm{var}(\hat{A}[N-1])}{\mathrm{var}(\hat{A}[N-1]) + \sigma_N^2}\right) \mathrm{var}(\hat{A}[N-1])$$

或者最终有

$$\mathrm{var}(\hat{A}[N]) = (1 - K[N])\mathrm{var}(\hat{A}[N-1]) \tag{8.39}$$

如下面所总结的那样，为了递推地求出 $K[N]$，我们可以利用(8.38)式和(8.39)式。在递推地求解增益的过程中，LSE 的方差也可以递推求得。归纳我们的结论，可以有

估计量更新：

$$\hat{A}[N] = \hat{A}[N-1] + K[N](x[N] - \hat{A}[N-1]) \tag{8.40}$$

其中

$$K[N] = \frac{\mathrm{var}(\hat{A}[N-1])}{\mathrm{var}(\hat{A}[N-1]) + \sigma_N^2} \tag{8.41}$$

方差更新：

$$\mathrm{var}(\hat{A}[N]) = (1 - K[N])\mathrm{var}(\hat{A}[N-1]) \tag{8.42}$$

我们利用

$$\hat{A}[0] = x[0]$$
$$\mathrm{var}(\hat{A}[0]) = \sigma_0^2$$

开始递推。于是,利用(8.41)式可求得 $K[1]$,同时利用(8.40)式可求得 $\hat{A}[1]$。接着,由(8.42)式可确定 $\mathrm{var}(\hat{A}[1])$。按这种方式继续递推,我们又可求出 $K[2]$、$\hat{A}[2]$ 和 $\mathrm{var}(\hat{A}[2])$ 等。一个序贯 LS 方法的例子如图 8.9 所示,其中 $A = 10$、$\sigma_n^2 = 1$,此图是进行蒙特卡洛计算机模拟所获得的结果。方差和增益序列分别根据(8.42)式和(8.41)式递推地计算得出。注意它们降低到零,因为

$$\mathrm{var}(\hat{A}[N]) = \frac{1}{\displaystyle\sum_{n=0}^{N} \frac{1}{\sigma_n^2}} = \frac{1}{N+1}$$

以及根据(8.41)式,

$$K[N] = \frac{\frac{1}{N}}{\frac{1}{N}+1} = \frac{1}{N+1}$$

如图 8.9(c)所示,估计似乎会收敛到真值 $A = 10$。这与方差趋向于为零是一致的。最终,可以证明(参见习题 8.19)最小 LS 误差能按下式递推计算,

$$J_{\min}[N] = J_{\min}[N-1] + \frac{\left(x[N] - \hat{A}[N-1]\right)^2}{\mathrm{var}(\hat{A}[N-1]) + \sigma_N^2} \tag{8.43}$$

现在,将我们的结果推广到得到矢量参数的序贯 LSE。附录 8C 给出了推导过程。考虑当 $\mathbf{W} = \mathbf{C}^{-1}$ 时,加权 LS 误差指标 J 的最小化问题,其中 $\mathbf{C}$ 表示零均值噪声的协方差矩阵,即

$$J = (\mathbf{x} - \mathbf{H}\boldsymbol{\theta})^T \mathbf{C}^{-1} (\mathbf{x} - \mathbf{H}\boldsymbol{\theta})$$

这里暗含了与 BLUE 同样的假设条件。根据(8.16)式我们知道,加权 LSE 为

$$\hat{\boldsymbol{\theta}} = (\mathbf{H}^T \mathbf{C}^{-1} \mathbf{H})^{-1} \mathbf{H}^T \mathbf{C}^{-1} \mathbf{x}$$

因为 $\mathbf{C}$ 是噪声的协方差矩阵,根据(6.17)式可得

$$\mathbf{C}_{\hat{\theta}} = (\mathbf{H}^T \mathbf{C}^{-1} \mathbf{H})^{-1}$$

其中 $\mathbf{C}_{\hat{\theta}}$ 是 $\hat{\boldsymbol{\theta}}$ 的协方差矩阵。如果 $\mathbf{C}$ 是对角矩阵或噪声是不相关的,那么 $\hat{\boldsymbol{\theta}}$ 可以按照时间顺序计算,否则就不能。假设这个条件满足,令

$$\begin{aligned}
\mathbf{C}[n] &= \mathrm{diag}(\sigma_0^2, \sigma_1^2, \ldots, \sigma_n^2) \\
\mathbf{H}[n] &= \begin{bmatrix} \mathbf{H}[n-1] \\ \mathbf{h}^T[n] \end{bmatrix} = \begin{bmatrix} n \times p \\ 1 \times p \end{bmatrix} \\
\mathbf{x}[n] &= \begin{bmatrix} x[0] & x[1] & \ldots & x[n] \end{bmatrix}^T
\end{aligned}$$

并且用 $\hat{\boldsymbol{\theta}}[n]$ 表示 $\boldsymbol{\theta}$ 基于 $\mathbf{x}[n]$ 或者 $(n+1)$ 个数据样本的加权 LSE。那么,批估计量为

$$\hat{\boldsymbol{\theta}}[n] = (\mathbf{H}^T[n] \mathbf{C}^{-1}[n] \mathbf{H}[n])^{-1} \mathbf{H}^T[n] \mathbf{C}^{-1}[n] \mathbf{x}[n] \tag{8.44}$$

协方差矩阵为

$$\mathbf{C}_{\hat{\theta}} = \boldsymbol{\Sigma}[n] = (\mathbf{H}^T[n] \mathbf{C}^{-1}[n] \mathbf{H}[n])^{-1} \tag{8.45}$$

应当记住,$\mathbf{C}[n]$ 是噪声的协方差矩阵,而 $\boldsymbol{\Sigma}[n]$ 是 LSE 的协方差矩阵。序贯 LSE 变为

估计量更新:

$$\hat{\boldsymbol{\theta}}[n] = \hat{\boldsymbol{\theta}}[n-1] + \mathbf{K}[n]\left(x[n] - \mathbf{h}^T[n]\hat{\boldsymbol{\theta}}[n-1]\right) \tag{8.46}$$

其中

$$\mathbf{K}[n] = \frac{\boldsymbol{\Sigma}[n-1]\mathbf{h}[n]}{\sigma_n^2 + \mathbf{h}^T[n]\boldsymbol{\Sigma}[n-1]\mathbf{h}[n]} \tag{8.47}$$

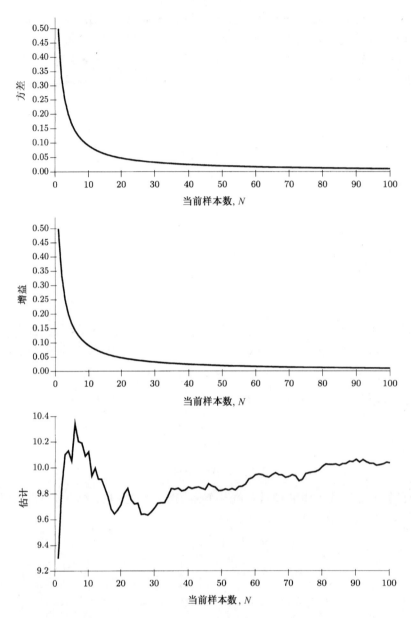

图 8.9　白噪声中 DC 电平的序贯最小二乘估计

协方差更新:

$$\boldsymbol{\Sigma}[n] = (\mathbf{I} - \mathbf{K}[n]\mathbf{h}^T[n])\,\boldsymbol{\Sigma}[n-1] \tag{8.48}$$

增益因子 $\mathbf{K}[n]$ 是一个 $p \times 1$ 矢量，协方差矩阵 $\boldsymbol{\Sigma}[n]$ 的维数是 $p \times p$。最令人感兴趣的是，不需要进行矩阵求逆运算。图 8.10 归纳了估计量更新过程，其中粗箭头代表了矢量处理。为了开始递推运算，我们必须给 $\hat{\boldsymbol{\theta}}[n-1]$ 和 $\boldsymbol{\Sigma}[n-1]$ 指定初始值，所以 $\mathbf{K}[n]$ 就能从 (8.47) 式求出，并且 $\hat{\boldsymbol{\theta}}[n]$ 能从 (8.46) 式求出。在推导 (8.46) 式 ~ (8.48) 式时，假定 $\hat{\boldsymbol{\theta}}[n-1]$ 和 $\boldsymbol{\Sigma}[n-1]$ 是可以利用的，即在每次计算 (8.44) 式和 (8.45) 式时，$\mathbf{H}^T[n-1]\mathbf{C}^{-1}[n-1]\mathbf{H}[n-1]$ 是可逆的。因为这是可逆的，所以 $\mathbf{H}[n-1]$ 的秩必须大于或等于 p。由于 $\mathbf{H}[n-1]$ 是 $n \times p$ 矩阵，我们肯定有 $n \geqslant p$（假设它的全部列矢量是线性独立的）。因此，序贯 LS 方法利用批估计量 (8.44) 式和 (8.45) 式可

以正常地求出 $\hat{\boldsymbol{\theta}}[p-1]$ 和 $\boldsymbol{\Sigma}[p-1]$。于是对于 $n\geqslant p$，就可以运用序贯方程(8.46)式~(8.48)式。递推的第二种初始化方法是给 $\hat{\boldsymbol{\theta}}[-1]$ 和 $\boldsymbol{\Sigma}[-1]$ 指定一个初始值。于是对于 $n\geqslant 0$，就可以计算出序贯 LS 估计量。这种方法影响估计量偏向 $\hat{\boldsymbol{\theta}}[-1]$。典型情况下，为了使这种偏差的影响最小，我们选择大的 $\boldsymbol{\Sigma}[-1]$（$\hat{\boldsymbol{\theta}}[-1]$ 的置信度降低）或者 $\boldsymbol{\Sigma}[-1]=\alpha\mathbf{I}$，其中 α 取大的值，也就是 $\hat{\boldsymbol{\theta}}[-1]=\mathbf{0}$。当 $n\geqslant p$ 时的 LSE，在 $\alpha\to\infty$ 时与用于初始化时的批估计量是相同的（参见习题8.23）。在下一个例子中，我们将说明如何建立这些方程式。在例8.13中，我们将把这个方法应用到信号处理问题中。

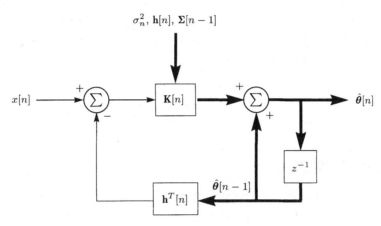

图8.10 序贯最小二乘估计量

例8.7 傅里叶分析

继续例8.4的讨论，其信号模型为

$$s[n] = a\cos 2\pi f_0 n + b\sin 2\pi f_0 n \qquad n\geqslant 0$$

且 $\boldsymbol{\theta}=[\,a\ b\,]^T$ 是一个要通过序贯 LSE 进行估计的量。此外，我们还假设噪声是不相关的（应用序贯 LS 时，$\mathbf{C}[n]$ 必须是对角矩阵），而且对于每一个数据样本具有相等的方差 σ^2。因为有两个参数要进行估计，所以利用一个批初始化方法，我们至少需要两个观测即 $x[0]$、$x[1]$ 来开始这个递推过程。我们利用(8.44)式计算第一个 LSE，得

$$\hat{\boldsymbol{\theta}}[1] = \left(\mathbf{H}^T[1]\left(\frac{1}{\sigma^2}\mathbf{I}\right)\mathbf{H}[1]\right)^{-1}\mathbf{H}^T[1]\left(\frac{1}{\sigma^2}\mathbf{I}\right)\mathbf{x}[1] = (\mathbf{H}^T[1]\mathbf{H}[1])^{-1}\mathbf{H}^T[1]\mathbf{x}[1]$$

其中

$$\mathbf{H}[1] = \begin{bmatrix} 1 & 0 \\ \cos 2\pi f_0 & \sin 2\pi f_0 \end{bmatrix}$$

$$\mathbf{x}[1] = \begin{bmatrix} x[0] \\ x[1] \end{bmatrix}$$

$\mathbf{H}[1]$ 是(8.18)式所给出的 $\mathbf{H}$ 的 2×2 分块矩阵。根据(8.45)式，初始的协方差矩阵为

$$\boldsymbol{\Sigma}[1] = \left[\mathbf{H}^T[1]\left(\frac{1}{\sigma^2}\mathbf{I}\right)\mathbf{H}[1]\right]^{-1} = \sigma^2(\mathbf{H}^T[1]\mathbf{H}[1])^{-1}$$

接着，我们求 $\hat{\boldsymbol{\theta}}[2]$。为此，我们首先根据(8.47)式计算 2×1 增益矢量，得

$$\mathbf{K}[2] = \frac{\boldsymbol{\Sigma}[1]\mathbf{h}[2]}{\sigma^2 + \mathbf{h}^T[2]\boldsymbol{\Sigma}[1]\mathbf{h}[2]}$$

其中 $\mathbf{h}^T[2]$ 是 $\mathbf{H}[2]$ 矩阵的新行矢量，即

$$\mathbf{h}^T[2] = \left[\begin{array}{cc} \cos 4\pi f_0 & \sin 4\pi f_0 \end{array}\right]$$

一旦求出了增益矢量，根据(8.46)式可求出 $\hat{\boldsymbol{\theta}}[2]$，得

$$\hat{\boldsymbol{\theta}}[2] = \hat{\boldsymbol{\theta}}[1] + \mathbf{K}[2](x[2] - \mathbf{h}^T[2]\hat{\boldsymbol{\theta}}[1])$$

最终，当利用(8.48)式计算下一个增益矢量的同时，就更新了 2×2 LSE 协方差矩阵，即

$$\boldsymbol{\Sigma}[2] = (\mathbf{I} - \mathbf{K}[2]\mathbf{h}^T[2])\boldsymbol{\Sigma}[1]$$

　　显然，在一般情况下，利用计算机求 $\hat{\boldsymbol{\theta}}[n]$ 是很有必要的。另外，除了初始化过程，不需要进行矩阵求逆运算。而且，我们甚至能够通过假设 $\hat{\boldsymbol{\theta}}[-1] = \mathbf{0}$ 和 $\boldsymbol{\Sigma}[-1] = \alpha\mathbf{I}$ 且 α 很大以避开初始化过程的矩阵求逆运算。于是递推运算就从 $n = 0$ 开始，而且当 $n \geqslant 2$ 时，我们将得到与前面当 α 足够大时相同的结果。

　　最后，我们说明一下，如果需要最小 LS 误差，则它也能继而求得(参见附录8C)，即

$$J_{\min}[n] = J_{\min}[n-1] + \frac{(x[n] - \mathbf{h}^T[n]\hat{\boldsymbol{\theta}}[n-1])^2}{\sigma_n^2 + \mathbf{h}^T[n]\boldsymbol{\Sigma}[n-1]\mathbf{h}[n]} \tag{8.49}$$

8.8　约束最小二乘估计

　　有时，我们会遇到未知参数受到限制的 LS 问题。比如下面的情形，我们希望估计几个信号的幅度，但预先知道这些信号的幅度中有部分是相等的。于是，利用先验知识，总的被估计参数的数目应当有所减少。对于这个例子，参数是线性相关的，从而引出了线性约束的线性最小二乘估计问题。这个问题比较容易解决，下面我们予以说明。

　　假设参数 $\boldsymbol{\theta}$ 受到 $r < p$ 个线性约束。约束条件必须是相互独立的，排除 $\theta_1 + \theta_2 = 0$ 和 $2\theta_1 + 2\theta_2 = 0$ 那样的冗余条件，其中 θ_i 是 $\boldsymbol{\theta}$ 的第 i 个元素。我们归纳约束为

$$\mathbf{A}\boldsymbol{\theta} = \mathbf{b} \tag{8.50}$$

其中已知 $\mathbf{A}$ 是一个 $r \times p$ 矩阵，而且已知 $\mathbf{b}$ 是一个 $r \times 1$ 矢量。举例来说，如果 $p = 2$ 而且已知一个参数是另一个参数的负数，于是约束可表示为 $\theta_1 + \theta_2 = 0$。我们于是有 $\mathbf{A} = [\,1\ 1\,]$ 和 $\mathbf{b} = \mathbf{0}$。矩阵 $\mathbf{A}$ 总是假设为满秩的(等于 r)，这对于约束条件相互独立是必要的。应当认识到在约束 LS 问题中，实际上只有 $(p - r)$ 个独立参数。

　　为了求出线性约束的 LSE，我们使用拉格朗日乘因子。通过使如下的拉格朗日乘因子最小来确定 $\hat{\boldsymbol{\theta}}_c$ (c 表示约束 LSE)，

$$J_c = (\mathbf{x} - \mathbf{H}\boldsymbol{\theta})^T(\mathbf{x} - \mathbf{H}\boldsymbol{\theta}) + \boldsymbol{\lambda}^T(\mathbf{A}\boldsymbol{\theta} - \mathbf{b})$$

其中 $\boldsymbol{\lambda}$ 是拉格朗日乘因子的 $r \times 1$ 矢量。展开这个表达式，得

$$J_c = \mathbf{x}^T\mathbf{x} - 2\boldsymbol{\theta}^T\mathbf{H}^T\mathbf{x} + \boldsymbol{\theta}^T\mathbf{H}^T\mathbf{H}\boldsymbol{\theta} + \boldsymbol{\lambda}^T\mathbf{A}\boldsymbol{\theta} - \boldsymbol{\lambda}^T\mathbf{b}$$

取关于 $\boldsymbol{\theta}$ 的梯度并利用(4.3)式得

$$\frac{\partial J_c}{\partial \boldsymbol{\theta}} = -2\mathbf{H}^T\mathbf{x} + 2\mathbf{H}^T\mathbf{H}\boldsymbol{\theta} + \mathbf{A}^T\boldsymbol{\lambda}$$

令上式等于零，得

$$\begin{aligned}
\hat{\boldsymbol{\theta}}_c &= (\mathbf{H}^T\mathbf{H})^{-1}\mathbf{H}^T\mathbf{x} - \frac{1}{2}(\mathbf{H}^T\mathbf{H})^{-1}\mathbf{A}^T\boldsymbol{\lambda} \\
&= \hat{\boldsymbol{\theta}} - (\mathbf{H}^T\mathbf{H})^{-1}\mathbf{A}^T\frac{\boldsymbol{\lambda}}{2}
\end{aligned} \tag{8.51}$$

其中 $\hat{\boldsymbol{\theta}}$ 是无约束 LSE，$\boldsymbol{\lambda}$ 也可求出。为了求 $\boldsymbol{\lambda}$，我们利用(8.50)式的约束条件，于是

$$\mathbf{A}\boldsymbol{\theta}_c = \mathbf{A}\hat{\boldsymbol{\theta}} - \mathbf{A}(\mathbf{H}^T\mathbf{H})^{-1}\mathbf{A}^T\frac{\boldsymbol{\lambda}}{2} = \mathbf{b}$$

因此

$$\frac{\boldsymbol{\lambda}}{2} = \left[\mathbf{A}(\mathbf{H}^T\mathbf{H})^{-1}\mathbf{A}^T\right]^{-1}(\mathbf{A}\hat{\boldsymbol{\theta}} - \mathbf{b})$$

代入 (8.51) 式, 得解为

$$\hat{\boldsymbol{\theta}}_c = \hat{\boldsymbol{\theta}} - (\mathbf{H}^T\mathbf{H})^{-1}\mathbf{A}^T\left[\mathbf{A}(\mathbf{H}^T\mathbf{H})^{-1}\mathbf{A}^T\right]^{-1}(\mathbf{A}\hat{\boldsymbol{\theta}} - \mathbf{b}) \tag{8.52}$$

其中 $\hat{\boldsymbol{\theta}} = (\mathbf{H}^T\mathbf{H})^{-1}\mathbf{H}^T\mathbf{x}$。约束 LSE 是无约束 LSE 的修正形式。如果碰巧 $\hat{\boldsymbol{\theta}}$ 满足约束条件, 即 $\mathbf{A}\hat{\boldsymbol{\theta}} = \mathbf{b}$, 于是根据 (8.52) 式, 约束 LSE 与无约束 LSE 是相同的估计量。然而, 通常不会出现这样的情况。我们考虑一个简单的例子。

例 8.8　约束信号

如果信号模型为

$$s[n] = \begin{cases} \theta_1 & n = 0 \\ \theta_2 & n = 1 \\ 0 & n = 2 \end{cases}$$

我们观测到 $\{x[0], x[1], x[2]\}$, 那么观测矩阵为

$$\mathbf{H} = \begin{bmatrix} 1 & 0 \\ 0 & 1 \\ 0 & 0 \end{bmatrix}$$

观测到信号矢量

$$\mathbf{s} = \mathbf{H}\boldsymbol{\theta} = \begin{bmatrix} \theta_1 \\ \theta_2 \\ 0 \end{bmatrix}$$

必须位于如图 8.11(a) 所示的平面内。无约束 LSE 为

$$\hat{\boldsymbol{\theta}} = (\mathbf{H}^T\mathbf{H})^{-1}\mathbf{H}^T\mathbf{x} = \begin{bmatrix} x[0] \\ x[1] \end{bmatrix}$$

以及信号估计为

$$\hat{\mathbf{s}} = \mathbf{H}\hat{\boldsymbol{\theta}} = \begin{bmatrix} x[0] \\ x[1] \\ 0 \end{bmatrix}$$

如图 8.11(a) 所示, 直观地来看, 这个结果是合理的。现在, 假设我们预先已经知道 $\theta_1 = \theta_2$。根据 (8.50) 式, 我们有

$$\begin{bmatrix} 1 & -1 \end{bmatrix}\boldsymbol{\theta} = 0$$

于是 $\mathbf{A} = \begin{bmatrix} 1 & -1 \end{bmatrix}$ 且 $\mathbf{b} = 0$。注意 $\mathbf{H}^T\mathbf{H} = \mathbf{I}$, 根据 (8.52) 式, 我们得

$$\hat{\boldsymbol{\theta}}_c = \hat{\boldsymbol{\theta}} - \mathbf{A}^T(\mathbf{A}\mathbf{A}^T)^{-1}\mathbf{A}\hat{\boldsymbol{\theta}} = \left[\mathbf{I} - \mathbf{A}^T(\mathbf{A}\mathbf{A}^T)^{-1}\mathbf{A}\right]\hat{\boldsymbol{\theta}}$$

经过一些简单的代数运算, 上式变为

$$\hat{\boldsymbol{\theta}}_c = \begin{bmatrix} \frac{1}{2}(x[0] + x[1]) \\ \frac{1}{2}(x[0] + x[1]) \end{bmatrix}$$

约束信号估计变为

$$\hat{\mathbf{s}}_c = \mathbf{H}\hat{\boldsymbol{\theta}}_c = \begin{bmatrix} \frac{1}{2}(x[0] + x[1]) \\ \frac{1}{2}(x[0] + x[1]) \\ 0 \end{bmatrix}$$

如图 8.11(b)所示。因为 $\theta_1 = \theta_2$，我们正好取两个观测的平均，直观上来看，这也是合理的。在这个简单的问题中，我们正好可以很容易地把参数约束条件直接合并到信号模型，得

$$s[n] = \begin{cases} \theta & n=0 \\ \theta & n=1 \\ 0 & n=2 \end{cases}$$

θ 为被估计量。这将会得出相同的结果，同时也是必然的。有时，因为一些很明显的原因，这个新模型被认为是已简化的模型[Graybill 1976]。使用几何的观点来看待约束 LS 问题是很有价值的。再次参考图 8.11(b)，如果 $\theta_1 = \theta_2$，则信号模型为

$$\mathbf{s} = \begin{bmatrix} 1 \\ 1 \\ 0 \end{bmatrix} \theta$$

$\mathbf{s}$ 必须位于如图所示的约束子空间中。约束信号估计 $\hat{\mathbf{s}}_c$ 可以看成无约束信号估计 $\hat{\mathbf{s}}$ 在约束子空间上的正交投影。这是对(8.52)式修正项的几何说明。事实上，利用投影理论，可以通过几何的方式来求得(8.52)式，请参见习题 8.24。

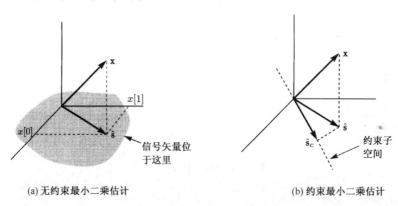

(a) 无约束最小二乘估计   (b) 约束最小二乘估计

图 8.11   无约束最小二乘估计与约束最小二乘估计的对比

8.9   非线性最小二乘估计

在 8.3 节中，我们介绍了非线性 LS 问题。现在我们将详细研究这个问题。回想一下，LS 方法是通过使

$$J = (\mathbf{x} - \mathbf{s}(\boldsymbol{\theta}))^T (\mathbf{x} - \mathbf{s}(\boldsymbol{\theta}))$$

最小来估计模型参数 $\boldsymbol{\theta}$，其中 $\mathbf{s}(\boldsymbol{\theta})$ 是 $\mathbf{x}$ 的信号模型，显然与 $\boldsymbol{\theta}$ 有关。[注意，如果 $\mathbf{x} - \mathbf{s}(\boldsymbol{\theta}) \sim \mathcal{N}(\mathbf{0}, \sigma^2 \mathbf{I})$，那么 LSE 也就是 MLE]。在线性 LS 问题中，信号表示为特殊的形式 $\mathbf{s}(\boldsymbol{\theta}) = \mathbf{H}\boldsymbol{\theta}$，从而引出了简单的线性 LSE。一般情况下，$\mathbf{s}(\boldsymbol{\theta})$ 不能表示为这种形式，而是 $\boldsymbol{\theta}$ 的一个 N 维非线性函数。在这种情况下，求 J 的最小值变得十分困难，或者不可能求得 J 的最小值。这种非线性 LS 问题的形式在统计学上常常称为一个非线性回归问题[Bard 1974, Seber and Wild 1989]，在这方面可以找到许多理论著作。实际上，求解非线性 LSE 必须是基于迭代方法，并且会遇到在第 7 章中使用数值方法求解 MLE 时的同样限制。只有 $\boldsymbol{\theta}$ 的维数很小时，也许得要求 $p \leqslant 5$，这样网格搜索方法才是实际可行的好方法。

在讨论求解非线性 LSE 的一般方法之前，我们首先描述两个能降低这种问题复杂度的方法，它们是

1. 参数变换
2. 参数分离

在第一种方法中，我们寻找一个 $\boldsymbol{\theta}$ 的一对一变换，从而得到新空间中的一个线性信号模型。为此，我们令

$$\boldsymbol{\alpha} = \mathbf{g}(\boldsymbol{\theta})$$

其中 $\mathbf{g}$ 是 $\boldsymbol{\theta}$ 的一个 p 维函数，它的反函数存在。如果能找到这样一个 $\mathbf{g}$ 满足

$$\mathbf{s}(\boldsymbol{\theta}(\boldsymbol{\alpha})) = \mathbf{s}\left(\mathbf{g}^{-1}(\boldsymbol{\alpha})\right) = \mathbf{H}\boldsymbol{\alpha}$$

那么，信号模型与 $\boldsymbol{\alpha}$ 呈线性关系。因此，我们能很容易求得 $\boldsymbol{\alpha}$ 的线性 LSE，$\boldsymbol{\theta}$ 的非线性 LSE 可通过下式求出，

$$\hat{\boldsymbol{\theta}} = \mathbf{g}^{-1}(\hat{\boldsymbol{\alpha}})$$

其中

$$\hat{\boldsymbol{\alpha}} = (\mathbf{H}^T\mathbf{H})^{-1}\mathbf{H}^T\mathbf{x}$$

这种方法之所以可行，是因为具有如下特性：通过一对一映射得到的一个变换空间，最小化是在这个变换空间中进行的，得到最小值后再变换回到原始空间（参见习题 8.26）。变换 $\mathbf{g}$ 如果存在，那么确定它通常也是相当困难的。有一部分非线性 LS 问题能应用这个方法求解就足够了。

例 8.9　正弦信号参数估计

设一个正弦信号模型为

$$s[n] = A\cos(2\pi f_0 n + \phi) \qquad n = 0, 1, \ldots, N-1$$

希望估计幅度 A 和相位 ϕ，其中 $A > 0$。假设已知频率 f_0。LSE 可以通过在 A 和 ϕ 上使

$$J = \sum_{n=0}^{N-1}\left(x[n] - A\cos(2\pi f_0 n + \phi)\right)^2$$

最小而得到，这是一个非线性 LS 问题。然而，因为

$$A\cos(2\pi f_0 n + \phi) = A\cos\phi\cos 2\pi f_0 n - A\sin\phi\sin 2\pi f_0 n$$

如果我们令

$$\begin{aligned} \alpha_1 &= A\cos\phi \\ \alpha_2 &= -A\sin\phi \end{aligned}$$

于是信号模型变为

$$s[n] = \alpha_1 \cos 2\pi f_0 n + \alpha_2 \sin 2\pi f_0 n$$

利用矩阵形式表示，上式变为

$$\mathbf{s} = \mathbf{H}\boldsymbol{\alpha}$$

其中

$$\mathbf{H} = \begin{bmatrix} 1 & 0 \\ \cos 2\pi f_0 & \sin 2\pi f_0 \\ \vdots & \vdots \\ \cos 2\pi f_0(N-1) & \sin 2\pi f_0(N-1) \end{bmatrix}$$

现在，它与新参数呈线性关系，$\boldsymbol{\alpha}$ 的 LSE 为

$$\hat{\boldsymbol{\alpha}} = (\mathbf{H}^T\mathbf{H})^{-1}\mathbf{H}^T\mathbf{x}$$

为了求出 $\hat{\boldsymbol{\theta}}$，我们必须求出逆变换 $\mathbf{g}^{-1}(\boldsymbol{\alpha})$。这就是

$$\begin{aligned} A &= \sqrt{\alpha_1^2 + \alpha_2^2} \\ \phi &= \arctan\left(\frac{-\alpha_2}{\alpha_1}\right) \end{aligned}$$

于是这个问题的非线性 LSE 为

$$\hat{\boldsymbol{\theta}} = \left[\begin{array}{c} \hat{A} \\ \hat{\phi} \end{array} \right] = \left[\begin{array}{c} \sqrt{\hat{\alpha}_1^2 + \hat{\alpha}_2^2} \\ \arctan\left(\dfrac{-\hat{\alpha}_2}{\hat{\alpha}_1} \right) \end{array} \right]$$

其中 $\hat{\boldsymbol{\alpha}} = (\mathbf{H}^T \mathbf{H})^{-1} \mathbf{H}^T \mathbf{x}$。读者可以参考例 7.16。在例 7.16 中。这种方法用来求解频率的 MLE。

非线性 LS 问题的第二种类型利用了分离特性，它的复杂度低于一般方法。虽然信号模型是非线性的，但是其中的一些参数可能是线性的，如例 8.3 所示。一般而言，可分离的信号模型具有如下形式：

$$\mathbf{s} = \mathbf{H}(\boldsymbol{\alpha})\boldsymbol{\beta}$$

其中

$$\boldsymbol{\theta} = \left[\begin{array}{c} \boldsymbol{\alpha} \\ \boldsymbol{\beta} \end{array} \right] = \left[\begin{array}{c} (p-q) \times 1 \\ q \times 1 \end{array} \right]$$

而且 $\mathbf{H}(\boldsymbol{\alpha})$ 是一个与 $\boldsymbol{\alpha}$ 有关的 $N \times q$ 矩阵。这个模型与 $\boldsymbol{\beta}$ 呈线性关系但与 $\boldsymbol{\alpha}$ 呈非线性关系。因此，LS 误差可求关于 $\boldsymbol{\beta}$ 的最小值，于是化简成仅为 $\boldsymbol{\alpha}$ 的一个函数。因为

$$J(\boldsymbol{\alpha}, \boldsymbol{\beta}) = (\mathbf{x} - \mathbf{H}(\boldsymbol{\alpha})\boldsymbol{\beta})^T (\mathbf{x} - \mathbf{H}(\boldsymbol{\alpha})\boldsymbol{\beta})$$

对于给定的 $\boldsymbol{\alpha}$，使 J 达到最小的 $\boldsymbol{\beta}$ 为

$$\hat{\boldsymbol{\beta}} = \left(\mathbf{H}^T(\boldsymbol{\alpha})\mathbf{H}(\boldsymbol{\alpha})\right)^{-1} \mathbf{H}^T(\boldsymbol{\alpha})\mathbf{x} \tag{8.53}$$

并且根据 (8.22) 式，得到的 LS 误差为

$$J(\boldsymbol{\alpha}, \hat{\boldsymbol{\beta}}) = \mathbf{x}^T \left[\mathbf{I} - \mathbf{H}(\boldsymbol{\alpha}) \left(\mathbf{H}^T(\boldsymbol{\alpha})\mathbf{H}(\boldsymbol{\alpha})\right)^{-1} \mathbf{H}^T(\boldsymbol{\alpha}) \right] \mathbf{x}$$

这个问题现在化简成在 $\boldsymbol{\alpha}$ 上求下式的最大值，

$$\mathbf{x}^T \mathbf{H}(\boldsymbol{\alpha}) \left(\mathbf{H}^T(\boldsymbol{\alpha})\mathbf{H}(\boldsymbol{\alpha})\right)^{-1} \mathbf{H}^T(\boldsymbol{\alpha})\mathbf{x} \tag{8.54}$$

举例来说，如果 $q = p - 1$，$\boldsymbol{\alpha}$ 是一个标量，那么就有可能使用网格搜索法求解。这种方法与求最初的 p 维函数最小值问题形成了对照（参见例 7.16）。

例 8.10　阻尼指数信号

假设我们有一个形如下式的信号模型：

$$s[n] = A_1 r^n + A_2 r^{2n} + A_3 r^{3n}$$

其中未知参数为 $\{A_1, A_2, A_3, r\}$。已知 $0 < r < 1$。于是，该模型与幅度 $\boldsymbol{\beta} = [A_1 \ A_2 \ A_3]^T$ 呈线性关系，与阻尼因子 $\boldsymbol{\alpha} = r$ 呈非线性关系。利用 (8.54) 式，通过在 $0 < r < 1$ 上求下式的最大值，可求得非线性的 LSE，

$$\mathbf{x}^T \mathbf{H}(r) \left(\mathbf{H}^T(r)\mathbf{H}(r)\right)^{-1} \mathbf{H}^T(r)\mathbf{x}$$

其中

$$\mathbf{H}(r) = \left[\begin{array}{ccc} 1 & 1 & 1 \\ r & r^2 & r^3 \\ \vdots & \vdots & \vdots \\ r^{N-1} & r^{2(N-1)} & r^{3(N-1)} \end{array} \right]$$

一旦求得了 $\hat{r}$，我们就求出了幅度的 LSE

$$\hat{\boldsymbol{\beta}} = \left(\mathbf{H}^T(\hat{r})\mathbf{H}(\hat{r})\right)^{-1} \mathbf{H}^T(\hat{r})\mathbf{x}$$

在数字计算机上，这个最大值很容易求出。

通过一个适当的变换，结合这种方法也很可能将一个不可分离的问题简化为一个可分离的问题。如果这些方法都行不通，我们就只好去求解最初的非线性 LS 问题，或者求下式的最小值，

$$J = (\mathbf{x} - \mathbf{s}(\boldsymbol{\theta}))^T (\mathbf{x} - \mathbf{s}(\boldsymbol{\theta}))$$

通过求 J 的导数可求得必要条件。它们是

$$\frac{\partial J}{\partial \theta_j} = -2 \sum_{i=0}^{N-1} (x[i] - s[i]) \frac{\partial s[i]}{\partial \theta_j} = 0$$

其中 $j = 1, 2, \ldots, p$。如果我们定义一个 $N \times p$ 雅可比矩阵为

$$\left[\frac{\partial \mathbf{s}(\boldsymbol{\theta})}{\partial \boldsymbol{\theta}} \right]_{ij} = \frac{\partial s[i]}{\partial \theta_j} \qquad \begin{matrix} i = 0, 1, \ldots, N-1 \\ j = 1, 2, \ldots, p \end{matrix}$$

于是必要条件变为

$$\sum_{i=0}^{N-1} (x[i] - s[i]) \left[\frac{\partial \mathbf{s}(\boldsymbol{\theta})}{\partial \boldsymbol{\theta}} \right]_{ij} = 0 \qquad j = 1, 2, \ldots, p$$

或用矩阵形式表示为

$$\frac{\partial \mathbf{s}(\boldsymbol{\theta})^T}{\partial \boldsymbol{\theta}} (\mathbf{x} - \mathbf{s}(\boldsymbol{\theta})) = \mathbf{0} \tag{8.55}$$

这是一组 p 个联立非线性方程。[如果信号与未知参数即 $\mathbf{s}(\boldsymbol{\theta}) = \mathbf{H}\boldsymbol{\theta}$ 呈线性关系，也就是 $\partial \mathbf{s}(\boldsymbol{\theta}) / \partial \boldsymbol{\theta} = \mathbf{H}$，我们就得到了通常的 LS 方程。]利用第 7 章所介绍的 Newton-Raphson 迭代法可以求解。令

$$\mathbf{g}(\boldsymbol{\theta}) = \frac{\partial \mathbf{s}(\boldsymbol{\theta})^T}{\partial \boldsymbol{\theta}} (\mathbf{x} - \mathbf{s}(\boldsymbol{\theta})) \tag{8.56}$$

迭代变为

$$\boldsymbol{\theta}_{k+1} = \boldsymbol{\theta}_k - \left(\frac{\partial \mathbf{g}(\boldsymbol{\theta})}{\partial \boldsymbol{\theta}} \right)^{-1} \mathbf{g}(\boldsymbol{\theta}) \Bigg|_{\boldsymbol{\theta} = \boldsymbol{\theta}_k} \tag{8.57}$$

这个雅可比矩阵实际上是与 J 成比例的 Hessian 矩阵，为了求得 $\mathbf{g}$ 的雅可比矩阵，我们需要

$$\frac{\partial [\mathbf{g}(\boldsymbol{\theta})]_i}{\partial \theta_j} = \frac{\partial}{\partial \theta_j} \left[\sum_{n=0}^{N-1} (x[n] - s[n]) \frac{\partial s[n]}{\partial \theta_i} \right]$$

这是根据(8.56)式得出的。求解得

$$\frac{\partial [\mathbf{g}(\boldsymbol{\theta})]_i}{\partial \theta_j} = \sum_{n=0}^{N-1} \left[(x[n] - s[n]) \frac{\partial^2 s[n]}{\partial \theta_i \partial \theta_j} - \frac{\partial s[n]}{\partial \theta_j} \frac{\partial s[n]}{\partial \theta_i} \right]$$

为了把它写成更为简明的形式，令

$$[\mathbf{H}(\boldsymbol{\theta})]_{ij} = \left[\frac{\partial s(\boldsymbol{\theta})}{\partial \boldsymbol{\theta}} \right]_{ij} = \frac{\partial s[i]}{\partial \theta_j} \tag{8.58}$$

其中 $i = 0, 1, \ldots, N-1; j = 1, 2, \ldots, p$。[如果 $\mathbf{s}(\boldsymbol{\theta}) = \mathbf{H}\boldsymbol{\theta}$，那么 $\mathbf{H}(\boldsymbol{\theta}) = \mathbf{H}$。]令

$$[\mathbf{G}_n(\boldsymbol{\theta})]_{ij} = \frac{\partial^2 s[n]}{\partial \theta_i \partial \theta_j} \tag{8.59}$$

其中 $i = 1, 2, \ldots, p; j = 1, 2, \ldots, p$。那么

$$\begin{aligned} \frac{\partial [\mathbf{g}(\boldsymbol{\theta})]_i}{\partial \theta_j} &= \sum_{n=0}^{N-1} (x[n] - s[n]) [\mathbf{G}_n(\boldsymbol{\theta})]_{ij} - [\mathbf{H}(\boldsymbol{\theta})]_{nj} [\mathbf{H}(\boldsymbol{\theta})]_{ni} \\ &= \sum_{n=0}^{N-1} [\mathbf{G}_n(\boldsymbol{\theta})]_{ij} (x[n] - s[n]) - [\mathbf{H}^T(\boldsymbol{\theta})]_{in} [\mathbf{H}(\boldsymbol{\theta})]_{nj} \end{aligned}$$

以及
$$\frac{\partial \mathbf{g}(\boldsymbol{\theta})}{\partial \boldsymbol{\theta}} = \sum_{n=0}^{N-1} \mathbf{G}_n(\boldsymbol{\theta})(x[n] - s[n]) - \mathbf{H}^T(\boldsymbol{\theta})\mathbf{H}(\boldsymbol{\theta}) \tag{8.60}$$

总而言之，我们利用(8.57)式、(8.56)式和(8.60)式，Newton-Raphson 迭代过程为

$$\begin{aligned}
\boldsymbol{\theta}_{k+1} &= \boldsymbol{\theta}_k + \left(\mathbf{H}^T(\boldsymbol{\theta}_k)\mathbf{H}(\boldsymbol{\theta}_k) - \sum_{n=0}^{N-1} \mathbf{G}_n(\boldsymbol{\theta}_k)(x[n] - [\mathbf{s}(\boldsymbol{\theta}_k)]_n)\right)^{-1} \\
&\quad \cdot \mathbf{H}^T(\boldsymbol{\theta}_k)(\mathbf{x} - \mathbf{s}(\boldsymbol{\theta}_k))
\end{aligned} \tag{8.61}$$

其中 $\mathbf{H}(\boldsymbol{\theta})$ 由(8.58)式给出，$\mathbf{G}_n(\boldsymbol{\theta})$ 由(8.59)式给出。这些是信号对未知参数的一阶和二阶偏导数。有趣的是，注意到如果 $\mathbf{s}(\boldsymbol{\theta}) = \mathbf{H}\boldsymbol{\theta}$，那么 $\mathbf{G}_n(\boldsymbol{\theta}) = \mathbf{0}$ 以及 $\mathbf{H}(\boldsymbol{\theta}) = \mathbf{H}$，我们得

$$\begin{aligned}
\boldsymbol{\theta}_{k+1} &= \boldsymbol{\theta}_k + (\mathbf{H}^T\mathbf{H})^{-1}\mathbf{H}^T(\mathbf{x} - \mathbf{H}\boldsymbol{\theta}_k) \\
&= (\mathbf{H}^T\mathbf{H})^{-1}\mathbf{H}^T\mathbf{x}
\end{aligned}$$

即一步达到收敛。当然，由于 LS 误差指标的精确的二次型特性，因此导致了一个线性的 $\mathbf{g}(\boldsymbol{\theta})$。那么，信号模型有望是近似线性的，很快就会出现收敛。

求解一个非线性 LS 问题的第二种方法，是使信号模型在某个标称的 $\boldsymbol{\theta}$ 附近进行线性化，然后应用线性 LS 方法。这不同于 Newton-Raphson 迭代法，Newton-Raphson 迭代法是在当前的迭代结果附近线性化 J 的导数。为了弄清这两者的差别，考虑一个标量参数，令 θ_0 为 θ 的标称值。于是，在 θ_0 附近进行线性化，我们有

$$s[n;\theta] \approx s[n;\theta_0] + \left.\frac{\partial s[n;\theta]}{\partial \theta}\right|_{\theta=\theta_0} (\theta - \theta_0)$$

现在表明 $s[n]$ 是与 θ 有关的。LS 误差变为

$$\begin{aligned}
J &= \sum_{n=0}^{N-1} (x[n] - s[n;\theta])^2 \\
&\approx \sum_{n=0}^{N-1} \left(x[n] - s[n;\theta_0] + \left.\frac{\partial s[n;\theta]}{\partial \theta}\right|_{\theta=\theta_0}\theta_0 - \left.\frac{\partial s[n;\theta]}{\partial \theta}\right|_{\theta=\theta_0}\theta\right)^2 \\
&= (\mathbf{x} - \mathbf{s}(\theta_0) + \mathbf{H}(\theta_0)\theta_0 - \mathbf{H}(\theta_0)\theta)^T (\mathbf{x} - \mathbf{s}(\theta_0) + \mathbf{H}(\theta_0)\theta_0 - \mathbf{H}(\theta_0)\theta)
\end{aligned}$$

因为 $\mathbf{x} - \mathbf{s}(\theta_0) + \mathbf{H}(\theta_0)\theta_0$ 是已知的，我们求得 LSE 为

$$\begin{aligned}
\hat{\theta} &= \left(\mathbf{H}^T(\theta_0)\mathbf{H}(\theta_0)\right)^{-1} \mathbf{H}^T(\theta_0)(\mathbf{x} - \mathbf{s}(\theta_0) + \mathbf{H}(\theta_0)\theta_0) \\
&= \theta_0 + \left(\mathbf{H}^T(\theta_0)\mathbf{H}(\theta_0)\right)^{-1} \mathbf{H}^T(\theta_0)(\mathbf{x} - \mathbf{s}(\theta_0))
\end{aligned}$$

如果我们现在进行迭代求解，则其变为

$$\theta_{k+1} = \theta_k + \left(\mathbf{H}^T(\theta_k)\mathbf{H}(\theta_k)\right)^{-1} \mathbf{H}^T(\theta_k)(\mathbf{x} - \mathbf{s}(\theta_k))$$

除了省略了二阶导数或 $\mathbf{G}_n$，这与 Newton-Raphson 迭代法是一致的。这种线性化方法称为 Gauss-Newton 迭代法，而且很容易推广到矢量参数情形，即

$$\boldsymbol{\theta}_{k+1} = \boldsymbol{\theta}_k + \left(\mathbf{H}^T(\boldsymbol{\theta}_k)\mathbf{H}(\boldsymbol{\theta}_k)\right)^{-1} \mathbf{H}^T(\boldsymbol{\theta}_k)(\mathbf{x} - \mathbf{s}(\boldsymbol{\theta}_k)) \tag{8.62}$$

其中
$$[\mathbf{H}(\boldsymbol{\theta})]_{ij} = \frac{\partial s[i]}{\partial \theta_j}$$

在后面的例 8.14 中介绍了 Gauss-Newton 迭代法。Newton-Raphson 迭代法和 Gauss-Newton 迭代法都存在收敛问题。人们一直在争论，即两种方法都不足以可靠地使用。另外，有关它们实现的详细内容，感兴趣的读者可以查阅[Seber and Wild 1989]。

8.10 信号处理的例子

我们现在介绍应用 LSE 的一些典型的信号处理问题。在这些应用中，最佳 MVU 估计量是不能求得的。噪声的统计特性可能是未知的，即使它是已知的，最佳 MVU 估计量也不可能求出。对于已知的噪声统计特性，其渐近最佳 MLE 大多因为太复杂而不能实现。面对这些实际困难，我们可以利用最小二乘估计。

例 8.11 数字滤波器设计

数字信号处理中的一个最为常见的问题是设计一个数字滤波器，要求它的频率响应与给定的频率响应特性接近匹配[Oppenheim and Schafer 1975]。另外，我们也可以匹配其冲激响应，这就是本例要考察的方法。一个常见的无限冲激响应(IIR)滤波器具有系统函数，如下所示：

$$\mathcal{H}(z) = \frac{\mathcal{B}(z)}{\mathcal{A}(z)} = \frac{b[0] + b[1]z^{-1} + \cdots + b[q]z^{-q}}{1 + a[1]z^{-1} + \cdots + a[p]z^{-p}}$$

如果希望的频率响应为 $H_d(f) = \mathcal{H}_d(\exp[j2\pi f])$，那么傅里叶反变换就是所要求的冲激响应，即

$$h_d[n] = \mathcal{F}^{-1}\{H_d(f)\}$$

数字滤波器冲激响应可以用一个递推的差分方程表示，通过取 $\mathcal{H}(z)$ 的 z 反变换，就可得

$$h[n] = \begin{cases} -\sum_{k=1}^{p} a[k]h[n-k] + \sum_{k=0}^{q} b[k]\delta[n-k] & n \geqslant 0 \\ 0 & n < 0 \end{cases}$$

一个直接的 LS 解法就是选择 $\{a[k], b[k]\}$，使

$$J = \sum_{n=0}^{N-1} (h_d[n] - h[n])^2$$

最小，其中 N 是足够大的整数，使得 $h_d[n]$ 基本上为零。遗憾的是，这种方法产生了一个非线性 LS 问题(如果要了解精确的解法，请参见习题 8.28)。(读者应该注意到，$h_d[n]$ 起到了"数据"的作用，而 $h[n]$ 又起到了"信号"模型的作用。另外，数据中的"噪声"可以认为是由建模误差所造成的，而建模误差的统计特性又是未知的。)例如，如果

$$\mathcal{H}(z) = \frac{b[0]}{1 + a[1]z^{-1}}$$

那么

$$h[n] = \begin{cases} b[0](-a[1])^n & n \geqslant 0 \\ 0 & n < 0 \end{cases}$$

而且

$$J = \sum_{n=0}^{N-1} (h_d[n] - b[0](-a[1])^n)^2$$

这显然与 $a[1]$ 呈非线性关系。事实上，$\mathcal{A}(z)$ 的出现使得 LS 误差变为非二次型函数。为了避免这个问题，我们用 $\mathcal{A}(z)$ 对 $h_d[n]$ 和 $h[n]$ 进行滤波，如图 8.12 所示。那么，我们可使滤波的 LS 误差

$$J_f = \sum_{n=0}^{N-1} (h_{d_f}[n] - b[n])^2$$

达到最小，其中 $h_{d_f}[n]$ 由下式给出：

$$h_{d_f}[n] = \sum_{k=0}^{p} a[k]h_d[n-k]$$

且 $a[0]=1$。于是滤波的 LS 误差变为

$$J_f = \sum_{n=0}^{N-1} \left(\sum_{k=0}^{p} a[k]h_d[n-k] - b[n] \right)^2$$

现在它是 $a[k]$ 和 $b[k]$ 的二次型函数。另外，

$$J_f = \sum_{n=0}^{N-1} \left[h_d[n] - \left(-\sum_{k=1}^{p} a[k]h_d[n-k] + b[n] \right) \right]^2$$

在滤波器系数上求此式的最小值时，我们注意到，因为当 $n>q$ 时，$b[n]=0$，所以 $b[n]$ 只出现在第一个 $(q+1)$ 项。因此，我们令上式中 $\mathbf{a} = [\,a[1]\ a[2]\dots a[p]\,]^T$ 且 $\mathbf{b} = [\,b[0]\ b[1]\dots \mathbf{b}[q]\,]^T$，得

$$\begin{aligned}
J_f(\mathbf{a},\mathbf{b}) &= \sum_{n=0}^{q} \left[h_d[n] - \left(-\sum_{k=1}^{p} a[k]h_d[n-k] + b[n] \right) \right]^2 \\
&+ \sum_{n=q+1}^{N-1} \left[h_d[n] - \left(-\sum_{k=1}^{p} a[k]h_d[n-k] \right) \right]^2
\end{aligned}$$

通过令

$$h_d[n] - \left(-\sum_{k=1}^{p} a[k]h_d[n-k] + b[n] \right) = 0 \qquad n=0,1,\dots,q$$

即

$$b[n] = h_d[n] + \sum_{k=1}^{p} a[k]h_d[n-k]$$

可以使第一个和式最小（实际上为零）。用矩阵形式表示，分子系数的 LSE 为

$$\hat{\mathbf{b}} = \mathbf{h} + \mathbf{H}_0 \hat{\mathbf{a}}$$

其中

$$\mathbf{h} = [\ h_d[0]\ \ h_d[1]\ \ \dots\ \ h_d[q]\ ]^T$$

$$\mathbf{H}_0 = \begin{bmatrix}
0 & 0 & \dots & 0 \\
h_d[0] & 0 & \dots & 0 \\
h_d[1] & h_d[0] & \dots & 0 \\
\vdots & \vdots & \vdots & \vdots \\
h_d[q-1] & h_d[q-2] & \dots & h_d[q-p]
\end{bmatrix}$$

矢量 $\mathbf{h}$ 的维数是 $(q+1)\times 1$，而矩阵 $\mathbf{H}_0$ 的维数是 $(q+1)\times p$。为了求出分母系数的 LSE，即 $\hat{\mathbf{a}}$，我们必须使

$$J_f(\mathbf{a},\hat{\mathbf{b}}) = \sum_{n=q+1}^{N-1} \left[h_d[n] - \left(-\sum_{k=1}^{p} a[k]h_d[n-k] \right) \right]^2 = (\mathbf{x} - \mathbf{H}\boldsymbol{\theta})^T(\mathbf{x} - \mathbf{H}\boldsymbol{\theta})$$

最小，其中 $\boldsymbol{\theta} = \mathbf{a}$，而且

$$\mathbf{x} = [\ h_d[q+1]\ \ h_d[q+2]\ \ \dots\ \ h_d[N-1]\ ]^T \qquad (N-1-q \times 1)$$

$$\mathbf{H} = -\begin{bmatrix}
h_d[q] & h_d[q-1] & \dots & h_d[q-p+1] \\
h_d[q+1] & h_d[q] & \dots & h_d[q-p+2] \\
\vdots & \vdots & \vdots & \vdots \\
h_d[N-2] & h_d[N-3] & \dots & h_d[N-1-p]
\end{bmatrix} \qquad (N-1-q \times p)$$

分母系数的 LSE 为　　　　　　　　　　$\hat{\mathbf{a}} = (\mathbf{H}^T\mathbf{H})^{-1}\mathbf{H}^T\mathbf{x}$

这种设计数字滤波器的方法称为最小二乘 Prony 方法[Parks and Burrus 1987]。例如，考虑设计一个低通滤波器，希望的频率响应为

$$H'_d(f) = \begin{cases} 1 & |f| < f_c \\ 0 & |f| > f_c \end{cases}$$

其中 f_c 为截止频率。对应的冲激响应为

$$h'_d[n] = \frac{\sin 2\pi f_c n}{\pi n} \qquad -\infty < n < \infty$$

正如我们所预料的，它不是因果的（由于零相位频率响应的假设）。为了确保其因果性，我们延迟冲激响应 n_0 个样本点，并且令 $n < 0$ 时，总的冲激响应为零。接着，利用 LS Prony 方法，为了近似达到所希望的冲激响应，我们假设有 N 个样本点可以利用，即

$$h_d[n] = \frac{\sin 2\pi f_c(n - n_0)}{\pi(n - n_0)} \qquad n = 0, 1, \ldots, N-1$$

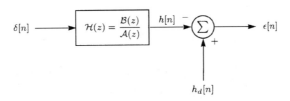

(a) 真实的最小二乘误差

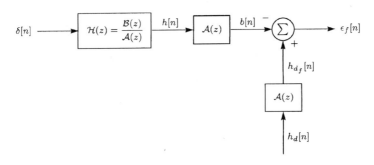

(b) 滤波后的最小二乘误差

图 8.12　非线性最小二乘滤波器设计到线性最小二乘滤波器设计的转换

对于 $f_c = 0.1$ 的截止频率和 $n_0 = 25$ 个样本点的延迟，$N = 50$ 时所希望的冲激响应如图 8.13（a）所示。相应的所希望的幅度响应如图 8.13（b）所示。冲激响应的旁瓣（sidelobe）结构体现了冲激响应的截断效应。利用 $p = q = 10$ 时的 LS Prony 方法，可以设计出一个与所要求的低通滤波器频率响应相匹配的数字滤波器。结果如图 8.13（c）所示，其中频率响应的幅度即 $|\mathcal{H}(\exp(j2\pi f))|$ 以 dB 形式画出。相比于所希望的响应，一致性一般来说是好的，Prony 数字滤波器在通带内（频率低于截止频率）表现出尖峰结构，而在阻带内（频率高于截止频率）与希望的响应相比有平滑的下降边沿。取较大的 p 和 q 值，可以使一致性得到改善。

例 8.12　对 ARMA 模型的 AR 参数估计

现在，我们介绍一种自回归滑动平均（ARMA）模型的 AR 参数估计的方法。对于 WSS 随机

过程的 ARMA 模型，假设其 PSD 为

$$P_{xx}(f) = \frac{\sigma_u^2 |B(f)|^2}{|A(f)|^2}$$

其中

$$B(f) = 1 + \sum_{k=1}^{q} b[k] \exp(-j2\pi fk)$$

$$A(f) = 1 + \sum_{k=1}^{p} a[k] \exp(-j2\pi fk)$$

$b[k]$ 称为 MA 滤波器参数，$a[k]$ 称为 AR 滤波器参数，并且 σ_u^2 为驱动白噪声的方差。这个过程是利用一个方差为 σ_u^2 的白噪声来激励一个频率响应为 $B(f)/A(f)$ 的因果滤波器而得到的。如果 $b[k]$ 为零，那么我们就得到了例 3.16 所介绍的 AR 过程。在例 7.18 中，讨论了利用一个渐近的 MLE 对 AR 模型的 AR 参数进行估计的问题。对于 ARMA 过程，即使渐近 MLE 也是很难处理的。另外一种方法依赖于 ACF 的方程误差建模。该方法对 AR 滤波器参数进行估计，剩下的 MA 滤波器参数和白噪声方差采用其他方法来求解。

为了确定 ACF，我们将 PSD 扩展到 z 平面，然后求它的 z 反变换，即

$$\mathcal{P}_{xx}(z) = \frac{\sigma^2 \mathcal{B}(z) \mathcal{B}(z^{-1})}{\mathcal{A}(z) \mathcal{A}(z^{-1})}$$

其中 $B(f) = \mathcal{B}(\exp(j2\pi f))$，$A(f) = \mathcal{A}(\exp(j2\pi f))$。常规的 PSD 是在 z 平面的单位圆上［即 $z = \exp(j2\pi f)$ 上］计算 $\mathcal{P}_{xx}(z)$ 而求得的。建立 ACF 的差分方程是十分方便的。这个差分方程可以作为方程误差建模的基础。取 $\mathcal{A}(z)\mathcal{P}_{xx}(z)$ 的 z 反变换，得

$$\mathcal{Z}^{-1}\{\mathcal{A}(z)\mathcal{P}_{xx}(z)\} = \mathcal{Z}^{-1}\left\{\sigma^2 \mathcal{B}(z) \frac{\mathcal{B}(z^{-1})}{\mathcal{A}(z^{-1})}\right\}$$

因为滤波器的冲激响应是因果的，由此可得出，对于 $n < 0$，

$$h[n] = \mathcal{Z}^{-1}\left\{\frac{\mathcal{B}(z)}{\mathcal{A}(z)}\right\} = 0$$

因此对于 $n > 0$，我们有

$$h[-n] = \mathcal{Z}^{-1}\left\{\frac{\mathcal{B}(z^{-1})}{\mathcal{A}(z^{-1})}\right\} = 0$$

因而是反因果的。于是

$$\mathcal{Z}^{-1}\left\{\sigma^2 \mathcal{B}(z) \frac{\mathcal{B}(z^{-1})}{\mathcal{A}(z^{-1})}\right\} = \sigma^2 b[n] \star h[-n] = 0 \quad \text{对于 } n > q$$

继续，得

$$\mathcal{Z}^{-1}\{\mathcal{A}(z)\mathcal{P}_{xx}(z)\} = \mathcal{Z}^{-1}\left\{\sigma^2 \mathcal{B}(z) \frac{\mathcal{B}(z^{-1})}{\mathcal{A}(z^{-1})}\right\} = 0 \quad \text{对于 } n > q$$

最后，ACF 的差分方程可以表示为

$$\sum_{k=0}^{p} a[k] r_{xx}[n-k] = 0 \quad \text{对于 } n > q \tag{8.63}$$

其中 $a[0] = 1$，这些方程称为修正的 Yule-Walker 方程。回顾一下例 7.18，AR 过程的 Yule-Walker 方程除在 $n > 0$ 时仍然成立外（因为对于 AR 过程，$q = 0$），与这里的方程是相同的。在这些方程中，只出现了 AR 滤波器参数。

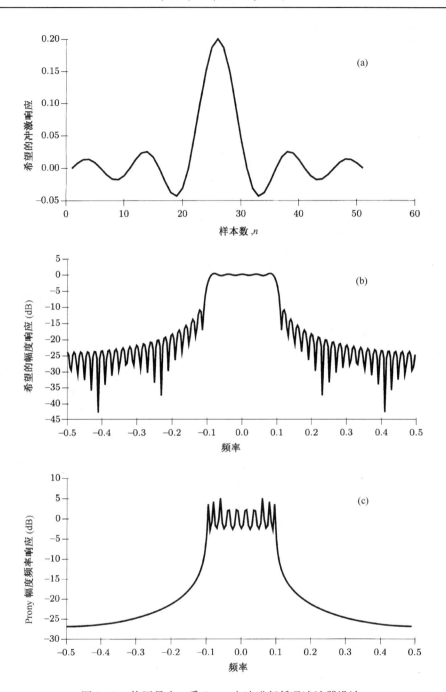

图 8.13   使用最小二乘 Prony 方法进行低通滤波器设计

在实际中，我们必须估计 ACF 的迟延(lag)，如下所示：

$$\hat{r}_{xx}[k] = \frac{1}{N} \sum_{n=0}^{N-1-|k|} x[n]x[n+|k|]$$

假定 $x[n]$($n=0,1,\ldots,N-1$)可用。将上式代入(8.63)式，得

$$\sum_{k=0}^{p} a[k]\hat{r}_{xx}[n-k] = \epsilon[n] \qquad n > q$$

其中$\epsilon[n]$表示为由于在 ACF 函数估计中的误差效应所引入的误差。模型变为

$$\hat{r}_{xx}[n] = -\sum_{k=1}^{p} a[k]\hat{r}_{xx}[n-k] + \epsilon[n] \qquad n > q$$

此式可视为与未知的 AR 滤波器参数呈线性关系。如果在迟延 $n = 0, 1, \ldots, M$ 时对 ACF 进行估计(其中我们必须满足 $M \leqslant N-1$),那么 $a[k]$ 的 LSE 将使

$$J = \sum_{n=q+1}^{M} \left[\hat{r}_{xx}[n] - \left(-\sum_{k=1}^{p} a[k]\hat{r}_{xx}[n-k] \right) \right]^2 = (\mathbf{x} - \mathbf{H}\boldsymbol{\theta})^T(\mathbf{x} - \mathbf{H}\boldsymbol{\theta}) \qquad (8.64)$$

最小,其中

$$\mathbf{x} = \begin{bmatrix} \hat{r}_{xx}[q+1] \\ \hat{r}_{xx}[q+2] \\ \vdots \\ \hat{r}_{xx}[M] \end{bmatrix}$$

$$\boldsymbol{\theta} = \begin{bmatrix} a[1] \\ a[2] \\ \vdots \\ a[p] \end{bmatrix}$$

$$\mathbf{H} = -\begin{bmatrix} \hat{r}_{xx}[q] & \hat{r}_{xx}[q-1] & \ldots & \hat{r}_{xx}[q-p+1] \\ \hat{r}_{xx}[q+1] & \hat{r}_{xx}[q] & \ldots & \hat{r}_{xx}[q-p+2] \\ \vdots & \vdots & \vdots & \vdots \\ \hat{r}_{xx}[M-1] & \hat{r}_{xx}[M-2] & \ldots & \hat{r}_{xx}[M-p] \end{bmatrix}$$

$\boldsymbol{\theta}$ 的 LSE 为 $(\mathbf{H}^T\mathbf{H})^{-1}\mathbf{H}^T\mathbf{x}$,称为最小二乘修正的 Yule-Walker 方程。令人感到有趣的是,在本例中,我们在 LSE 中使用的是估计的 ACF 数据,而不是原始的数据。另外,通常都是已知的确定性的观测矩阵 $\mathbf{H}$,而现在却是一个随机矩阵。正如所料,确定 LSE 的统计特性是非常困难的。在实际中,M 不应当选择太大,因为高的延迟 ACF 估计不可靠,这是由于在 $r_{xx}[k]$ 的估计中取平均时用到了 $(N-k)$ 延迟乘积。有些研究者提倡使用加权 LSE 来反映(8.64)式的误差随 n 增加的变化趋势。例如,选择 $w_n = 1 - (n/(M+1))$,可以使用(8.16)式的加权 LSE 来实现。有关这个问题的更深入的讨论请查阅[Kay 1988]。

例 8.13　自适应噪声对消器

信号处理中的一个常见的问题是消除不想要的噪声。它在许多问题中都会出现,比如在电路中抑制 60 Hz 的干扰,在 EKG 图形[Widrow and Stearns 1985]中抑制母亲的心跳,因为母亲的心跳会遮盖胎儿心跳。实现它们的一个特别有效的方法是使用自适应噪声对消器(ANC)。该方法假定可以用经过适当滤波后的参考噪声与需要消去的噪声相减。举例来说,为了消去 60 Hz 的干扰,我们需要已知干扰的幅度和相位,而这两者通常都是未知的。如图 8.14 所示的适当的自适应滤波器能够修正其幅度和相位,使它与需要消去的干扰几乎相同。一个离散时间的 ANC 如图 8.15 所示,基本通道含有要被消去的噪声 $x[n]$。为了实现对消,参考通道含有一个已知的序列 $x_R[n]$,这个序列类似于噪声序列但又不完全与噪声序列相同,因此要经过滤波使之与噪声相匹配。选择滤波器 $\mathcal{H}_n(z)$ 的加权值,使得对于每个时刻 n,可以有 $\hat{x}[k] \approx x[k]$ $(k = 0, 1, \ldots, n)$。因为我们要使 $\epsilon[n] \approx 0$,所以只有在时刻 n 选择权值使得下式达到最小才有意义,

$$
\begin{aligned}
J[n] &= \sum_{k=0}^{n} \epsilon^2[k] = \sum_{k=0}^{n} (x[k] - \hat{x}[k])^2 \\
&= \sum_{k=0}^{n} \left(x[k] - \sum_{l=0}^{p-1} h_n[l] x_R[k-l] \right)^2
\end{aligned}
$$

其中 $h_n[l]$ 是在时刻 n 的滤波器权值。至此可以立即认识到，求解一个序贯 LS 问题就可以确定出加权值。在给出答案之前，我们注意到 LSE 假设了干扰在整个时间上是固定的或者说它是平稳的。例如，假设基本通道中出现了如图 8.16(a) 所示的正弦信号。然而，如果出现的干扰信号如图 8.16(b) 所示，那么自适应滤波器必须很快地改变它的系数，以便在 $t > t_0$ 时，对变化的干扰做出响应。自适应滤波器能变化多快，主要取决于在 $t = t_0$ 时转移前后 $J[n]$ 中有多少误差项。$t > t_0$ 时所选择的加权值将要兼顾新、老加权值。如果转移发生在离散时刻 $n = n_0$，那么在 $n \gg n_0$ 之前，我们很可能会得到错误的加权值。为了使滤波器能很快地适应，我们可以加入一个"遗忘因子" λ，以调低 $J[n]$ 中以前误差的权值，其中 $0 < \lambda < 1$，于是得到

$$
J[n] = \sum_{k=0}^{n} \lambda^{n-k} \left(x[k] - \sum_{l=0}^{p-1} h_n[l] x_R[k-l] \right)^2
$$

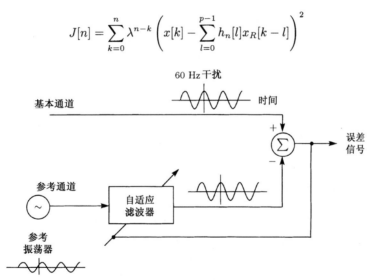

图 8.14　60 Hz 干扰的自适应噪声对消器

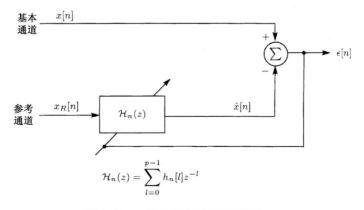

$$
\mathcal{H}_n(z) = \sum_{l=0}^{p-1} h_n[l] z^{-l}
$$

图 8.15　一般的自适应噪声对消器

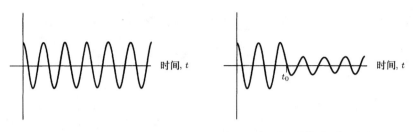

(a) 固定的干扰模型 (平稳的)　　　　　　　(b) 变化的干扰模型 (非平稳的)

图 8.16　干扰模型的平稳性

这种按照指数规律降低以前误差权值的修正方法，允许滤波器对干扰的变化做出迅速的反应。付出的代价是滤波器权值的估计的波动大一些，对 LS 误差的依赖减少。注意，如果对于每一个 n，使用下面的最小化问题代替，那么解将是不变的，

$$J'[n] = \sum_{k=0}^{n} \frac{1}{\lambda^k} \left(x[k] - \sum_{l=0}^{p-1} h_n[l] x_R[k-l] \right)^2 \tag{8.65}$$

这样，我们得到了 8.7 节所介绍的标准的序贯加权 LS 问题。参考 (8.46) 式，我们把滤波器权值的序贯 LSE 表示为

$$\hat{\boldsymbol{\theta}}[n] = \left[\begin{array}{cccc} \hat{h}_n[0] & \hat{h}_n[1] & \dots & \hat{h}_n[p-1] \end{array} \right]^T$$

数据矢量 $\mathbf{h}[n]$ 为 (不得与冲激响应 $h[n]$ 相混淆)

$$\mathbf{h}[n] = \left[\begin{array}{cccc} x_R[n] & x_R[n-1] & \dots & x_R[n-p+1] \end{array} \right]^T$$

而且权值 σ_n^2 由 λ^n 给出。另外，我们注意到

$$e[n] = x[n] - \mathbf{h}^T[n] \hat{\boldsymbol{\theta}}[n-1] = x[n] - \sum_{l=0}^{p-1} \hat{h}_{n-1}[l] x_R[n-l]$$

是在 n 时刻基于 $n-1$ 时刻滤波器权值的误差。(这与 $\epsilon[n] = x[n] - \hat{x}[n] = x[n] - \mathbf{h}^T[n] \hat{\boldsymbol{\theta}}[n]$ 是不同的。) 根据 (8.46) 式 ~ (8.48) 式，算法可总结为

$$\hat{\boldsymbol{\theta}}[n] = \hat{\boldsymbol{\theta}}[n-1] + \mathbf{K}[n] e[n]$$

其中

$$e[n] = x[n] - \sum_{l=0}^{p-1} \hat{h}_{n-1}[l] x_R[n-l]$$

$$\mathbf{K}[n] = \frac{\boldsymbol{\Sigma}[n-1] \mathbf{h}[n]}{\lambda^n + \mathbf{h}^T[n] \boldsymbol{\Sigma}[n-1] \mathbf{h}[n]}$$

$$\mathbf{h}[n] = \left[\begin{array}{cccc} x_R[n] & x_R[n-1] & \dots & x_R[n-p+1] \end{array} \right]^T$$

$$\boldsymbol{\Sigma}[n] = (\mathbf{I} - \mathbf{K}[n] \mathbf{h}^T[n]) \boldsymbol{\Sigma}[n-1]$$

遗忘因子选为 $0 < \lambda < 1$，其中 λ 在 1 附近或者典型的为 $0.9 < \lambda < 1$。例如，对一个正弦信号干扰

$$x[n] = 10 \cos(2\pi(0.1)n + \pi/4)$$

和一个参考信号

$$x_R[n] = \cos(2\pi(0.1)n)$$

由于参考信号只是在幅度和相位上进行修正来匹配干扰，因此我们使用两系数 ($p = 2$) 的滤波器来实现 ANC。为了初始化序贯 LS 估计量，我们选择

$$\hat{\boldsymbol{\theta}}[-1] = \mathbf{0}$$
$$\boldsymbol{\Sigma}[-1] = 10^5 \mathbf{I}$$

假定遗忘因子为 $\lambda = 0.99$。干扰 $x[n]$ 和 ANC 的输出 $\epsilon[n]$ 分别如图 8.17(a) 和图 8.17(b) 所示。不出所料，干扰被对消了。滤波器系数的 LSE 如图 8.17(c) 所示，从图中可以看到它们很快地收敛到稳态值。为了求出加权值的稳态值，我们需要求解

$$\mathcal{H}[\exp(2\pi(0.1))] = 10\exp(j\pi/4)$$

此式表示：为了能和干扰匹配，自适应滤波器参考信号的增益必须增加 10 倍，且增加 $\pi/4$ 的相位。求解得

$$h[0] + h[1]\exp(-j2\pi(0.1)) = 10\exp(j\pi/4)$$

由此可得 $h[0] = 16.8$ 和 $h[1] = -12.0$。

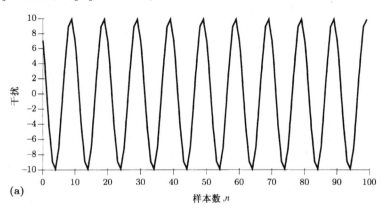

(a)

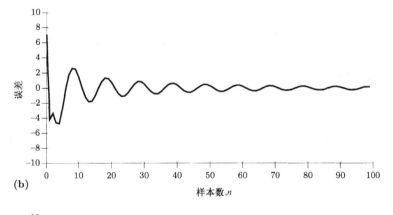

(b)

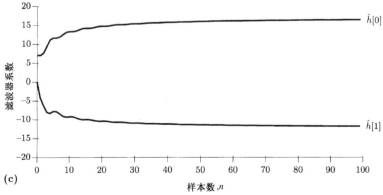

(c)

图 8.17　干扰对消举例

例8.14　锁相环

现在，我们考虑在通信系统中的载波恢复问题，这对于相干解调而言是很有必要的。假设收到载波，但其淹没在噪声中。接收到的无噪声的载波为

$$s[n] = \cos(2\pi f_0 n + \phi) \qquad n = -M, \ldots, 0, \ldots, M$$

其中频率 f_0 和相位 ϕ 是需要进行估计的量。为了简化代数运算，选择一个对称的观测区间。使用 LSE。由于是非线性的，我们采用 (8.62) 式的方法进行线性化。首先确定 $\mathbf{H}(\boldsymbol{\theta})$，其中 $\boldsymbol{\theta} = [f_0 \phi]^T$，得

$$\frac{\partial s[n]}{\partial f_0} = -n2\pi \sin(2\pi f_0 n + \phi)$$

$$\frac{\partial s[n]}{\partial \phi} = -\sin(2\pi f_0 n + \phi)$$

所以

$$\mathbf{H}(\boldsymbol{\theta}) = - \begin{bmatrix} -M2\pi\sin(-2\pi f_0 M + \phi) & \sin(-2\pi f_0 M + \phi) \\ -(M-1)2\pi\sin(-2\pi f_0(M-1) + \phi) & \sin(-2\pi f_0(M-1) + \phi) \\ \vdots & \vdots \\ M2\pi\sin(2\pi f_0 M + \phi) & \sin(2\pi f_0 M + \phi) \end{bmatrix}$$

和

$$\mathbf{H}^T(\boldsymbol{\theta})\mathbf{H}(\boldsymbol{\theta}) = \begin{bmatrix} 4\pi^2 \sum_{n=-M}^{M} n^2 \sin^2(2\pi f_0 n + \phi) & 2\pi \sum_{n=-M}^{M} n \sin^2(2\pi f_0 n + \phi) \\ 2\pi \sum_{n=-M}^{M} n \sin^2(2\pi f_0 n + \phi) & \sum_{n=-M}^{M} \sin^2(2\pi f_0 n + \phi) \end{bmatrix}$$

但是

$$\sum_{n=-M}^{M} n^2 \sin^2(2\pi f_0 n + \phi) = \sum_{n=-M}^{M} \left[\frac{n^2}{2} - \frac{n^2}{2}\cos(4\pi f_0 n + 2\phi)\right]$$

$$\sum_{n=-M}^{M} n \sin^2(2\pi f_0 n + \phi) = \sum_{n=-M}^{M} \left[\frac{n}{2} - \frac{n}{2}\cos(4\pi f_0 n + 2\phi)\right]$$

$$\sum_{n=-M}^{M} \sin^2(2\pi f_0 n + \phi) = \sum_{n=-M}^{M} \left[\frac{1}{2} - \frac{1}{2}\cos(4\pi f_0 n + 2\phi)\right]$$

并且因为 [Stoica et al. 1989]

$$\frac{1}{(2M+1)^{i+1}} \sum_{n=-M}^{M} n^i \cos(4\pi f_0 n + 2\phi) \approx 0 \qquad i = 0, 1, 2$$

根据 (3.22) 式，当 $M \gg 1$ 时，我们有

$$\mathbf{H}^T(\boldsymbol{\theta})\mathbf{H}(\boldsymbol{\theta}) \approx \begin{bmatrix} \dfrac{4\pi^2}{3}M(M+1)(2M+1) & 0 \\ 0 & \dfrac{2M+1}{2} \end{bmatrix} \approx \begin{bmatrix} \dfrac{8\pi^2 M^3}{3} & 0 \\ 0 & M \end{bmatrix}$$

于是根据 (8.62) 式，我们有

$$f_{0_{k+1}} = f_{0_k} - \frac{3}{4\pi M^3} \sum_{n=-M}^{M} n \sin(2\pi f_{0_k} n + \phi_k)(x[n] - \cos(2\pi f_{0_k} n + \phi_k))$$

$$\phi_{k+1} = \phi_k - \frac{1}{M} \sum_{n=-M}^{M} \sin(2\pi f_{0_k} n + \phi_k)(x[n] - \cos(2\pi f_{0_k} n + \phi_k))$$

或者由于

$$\frac{1}{2M+1} \sum_{n=-M}^{M} \sin(2\pi f_{0_k} n + \phi_k) \cos(2\pi f_{0_k} n + \phi_k)$$

$$= \frac{1}{2(2M+1)} \sum_{n=-M}^{M} \sin(4\pi f_{0_k} n + 2\phi_k)$$

$$\approx 0$$

所以可得出

$$f_{0_{k+1}} = f_{0_k} - \frac{3}{4\pi M^3} \sum_{n=-M}^{M} n x[n] \sin(2\pi f_{0_k} n + \phi_k)$$

$$\phi_{k+1} = \phi_k - \frac{1}{M} \sum_{n=-M}^{M} x[n] \sin(2\pi f_{0_k} n + \phi_k)$$

频率和相位的 LSE 能用锁相环来实现[Proakis 1983]。在习题 8.29 中,可以证明对于足够高的 SNR,收敛的解为

$$f_{0_{k+1}} = f_{0_k} \approx f_0$$
$$\phi_{k+1} = \phi_k \approx \phi$$

参考文献

Bard, Y., *Nonlinear Parameter Estimation*, Academic Press, New York, 1974.

Graybill, F.A., *Theory and Application of the Linear Model*, Duxbury Press, North Scituate, Mass., 1976.

Kay, S.M., *Modern Spectral Estimation: Theory and Application*, Prentice-Hall, Englewood Cliffs, N.J., 1988.

Oppenheim, A.V., R.W. Schafer, *Digital Signal Processing*, Prentice-Hall, Englewood Cliffs, N.J., 1975.

Parks, T.W., C.S. Burrus, *Digital Filter Design*, J. Wiley, New York, 1987.

Proakis, J.G., *Digital Communications*, McGraw-Hill, New York, 1983.

Scharf, L.L., *Statistical Signal Processing*, Addison-Wesley, New York, 1991.

Seber, G.A.F., C.J. Wild, *Nonlinear Regression*, J. Wiley, New York, 1989.

Stoica, P., R.L. Moses, B. Friedlander, T. Soderstrom, "Maximum Likelihood Estimation of the Parameters of Multiple Sinusoids from Noisy Measurements," *IEEE Trans. Acoust., Speech, Signal Process.*, Vol. 37, pp. 378–392, March 1989.

Widrow, B., S.D. Stearns, *Adaptive Signal Processing*, Prentice-Hall, Englewood Cliffs, N.J., 1985.

习题

8.1 为了求得 $\boldsymbol{\theta} = [A \, f_0 \, Br]^T$ 的 LSE,其中 $0 < r < 1$,要使 LS 误差

$$J = \sum_{n=0}^{N-1} (x[n] - A\cos 2\pi f_0 n - Br^n)^2$$

最小。这是一个线性的还是非线性的 LS 问题? LS 误差是参数的二次型函数吗? 如果是,则是哪些参数? 你能用数字计算机求解这个最小值问题吗?

8.2 证明(8.7)式给出的不等式。

8.3 对于信号模型

$$s[n] = \begin{cases} A & 0 \leqslant n \leqslant M-1 \\ -A & M \leqslant n \leqslant N-1 \end{cases}$$

求 A 的 LSE 以及最小 LS 误差。假设观测为 $x[n] = s[n] + w[n]$,$n = 0, 1, \ldots, N-1$。如果 $w[n]$ 是方差为 σ^2 的 WGN,求 LSE 的 PDF。

8.4 通过证明下列恒等式，推导出(8.10)式给出的矢量参数的 LSE，

$$J = (\mathbf{x} - \mathbf{H}\hat{\boldsymbol{\theta}})^T(\mathbf{x} - \mathbf{H}\hat{\boldsymbol{\theta}}) + (\hat{\boldsymbol{\theta}} - \boldsymbol{\theta})^T\mathbf{H}^T\mathbf{H}(\hat{\boldsymbol{\theta}} - \boldsymbol{\theta})$$

其中

$$\hat{\boldsymbol{\theta}} = (\mathbf{H}^T\mathbf{H})^{-1}\mathbf{H}^T\mathbf{x}$$

为了完成证明，证明当 $\boldsymbol{\theta} = \hat{\boldsymbol{\theta}}$ 时 J 达到最小，假设 $\mathbf{H}$ 是满秩矩阵，$\mathbf{H}^T\mathbf{H}$ 是正定的。

8.5 设信号模型为

$$s[n] = \sum_{i=1}^{p} A_i \cos 2\pi f_i n$$

其中已知频率 f_i，且幅度 A_i 为需要估计的量，请列出 LSE 正则方程(不要求解)。然后，如果已知频率为 $f_i = i/N$，请显式地求解 LSE 和最小 LS 误差。最后，如果 $x[n] = s[n] + w[n]$，其中 $w[n]$ 是方差为 σ^2 的 WGN，假设频率给定，请确定 LSE 的 PDF。提示：对于给定的频率，$\mathbf{H}$ 的列矢量是正交的。

8.6 对于(8.10)式的一般形式的 LSE，如果已知 $\mathbf{x} \sim \mathcal{N}(\mathbf{H}\boldsymbol{\theta}, \sigma^2\mathbf{I})$。求 LSE 的 PDF，LSE 是无偏的吗？

8.7 在本题中，设信号模型：$\mathbf{x} = \mathbf{H}\boldsymbol{\theta} + \mathbf{w}$，其中 $\mathbf{w}$ 的均值为零，协方差矩阵为 $\sigma^2\mathbf{I}$。我们考虑对该信号模型中的噪声方差 σ^2 进行估计。建议估计量为

$$\hat{\sigma^2} = \frac{1}{N}J_{\min} = \frac{1}{N}(\mathbf{x} - \mathbf{H}\hat{\boldsymbol{\theta}})^T(\mathbf{x} - \mathbf{H}\hat{\boldsymbol{\theta}})$$

其中 $\hat{\boldsymbol{\theta}}$ 是 (8.10)式的 LSE。问：这个估计量是无偏的吗？如果不是无偏的，能否出一个无偏的估计量？并说明理由。提示：要利用恒等式 $E(\mathbf{x}^T\mathbf{y}) = E(\text{tr}(\mathbf{y}\mathbf{x}^T)) = \text{tr}(E(\mathbf{y}\mathbf{x}^T))$ 和 $\text{tr}(\mathbf{AB}) = \text{tr}(\mathbf{BA})$。

8.8 证明(8.15)式给出的 A 的 LSE。如果 $x[n] = A + w[n]$，其中 $w[n]$ 是均值为零、方差为 σ_n^2 的不相关的噪声，请求 $\hat{A}$ 的均值和方差。

8.9 对于加权的 LSE，证明(8.16)式和(8.17)式。注意，如果 $\mathbf{W}$ 是正定矩阵，那么我们可以将其表示为 $\mathbf{W} = \mathbf{D}^T\mathbf{D}$，其中 $\mathbf{D}$ 是一个可逆的 $N \times N$ 矩阵。

8.10 参考图 8.2(b)，证明

$$\|\hat{\mathbf{s}}\|^2 + \|\mathbf{x} - \hat{\mathbf{s}}\|^2 = \|\mathbf{x}\|^2$$

此式可以认为是最小二乘勾股定理。

8.11 在本题中，我们证明投影矩阵 $\mathbf{P}$ 必须是对称的矩阵。令 $\mathbf{x} = \xi + \xi^{\perp}$，其中 ξ 位于由投影矩阵构成的子空间内，即 $\mathbf{P}\mathbf{x} = \xi$，而 $\xi^{\perp}$ 位于正交子空间内，即 $\mathbf{P}\xi^{\perp} = \mathbf{0}$。对于 R^N 空间中的任意矢量 $\mathbf{x}_1$ 和 $\mathbf{x}_2$，通过如上所讨论的将 $\mathbf{x}_1$ 和 $\mathbf{x}_2$ 进行分解，证明

$$\mathbf{x}_1^T\mathbf{P}\mathbf{x}_2 - \mathbf{x}_2^T\mathbf{P}\mathbf{x}_1 = 0$$

最后，证明所要的结论。

8.12 证明投影矩阵的下列性质：

$$\mathbf{P} = \mathbf{H}(\mathbf{H}^T\mathbf{H})^{-1}\mathbf{H}^T$$

a. $\mathbf{P}$ 是等幂矩阵。

b. $\mathbf{P}$ 半正定矩阵。

c. $\mathbf{P}$ 的特征值不是 1 就是 0。

d. $\mathbf{P}$ 的秩为 p。利用事实：矩阵的迹等于矩阵特征值之和。

8.13 证明(8.24)式所给出的结果。

8.14 在本题中，我们利用几何理论推导按阶更新 LS 方程。假设 $\hat{\boldsymbol{\theta}}_k$ 可用，而且已知

$$\hat{\mathbf{s}}_k = \mathbf{H}_k\hat{\boldsymbol{\theta}}_k$$

现在，如果利用 $\mathbf{h}_{k+1}$，那么 LS 信号估计变为

$$\hat{\mathbf{s}}_{k+1} = \hat{\mathbf{s}}_k + \alpha\mathbf{h}'_{k+1}$$

其中 $\mathbf{h}'_{k+1}$ 是 $\mathbf{h}_{k+1}$ 正交于由 $\{\mathbf{h}_1,\mathbf{h}_2,\ldots,\mathbf{h}_k\}$ 张成的子空间的分量。首先，求 $\mathbf{h}'_{k+1}$；然后，注意到 $\alpha\mathbf{h}'_{k+1}$ 是 $\mathbf{x}$ 在 $\mathbf{h}'_{k+1}$ 上的投影，由此来确定 α。最后，因为

$$\hat{\mathbf{s}}_{k+1} = \mathbf{H}_{k+1}\hat{\boldsymbol{\theta}}_{k+1}$$

于是可确定 $\hat{\boldsymbol{\theta}}_{k+1}$。

8.15 利用按阶递推 LS 求 A 和 B 的值，使

$$J = \sum_{n=0}^{N-1} (x[n] - A - Br^n)^2$$

达到最小，参数 r 假定是已知的。

8.16 设信号模型为

$$\begin{aligned} s_1[n] &= A \qquad 0 \leqslant n \leqslant N-1 \\ s_2[n] &= \begin{cases} A & 0 \leqslant n \leqslant M-1 \\ B & M \leqslant n \leqslant N-1 \end{cases} \end{aligned}$$

第二个信号对于模拟在 $n = M$ 点的电平跳变是很有用的。我们可以使用另外一种形式来表示第二个模型，

$$s[n] = Au_1[n] + (B - A)u_2[n]$$

其中

$$\begin{aligned} u_1[n] &= 1 \qquad 0 \leqslant n \leqslant N-1 \\ u_2[n] &= \begin{cases} 0 & 0 \leqslant n \leqslant M-1 \\ 1 & M \leqslant n \leqslant N-1 \end{cases} \end{aligned}$$

现在令 $\boldsymbol{\theta}_1 = A$ 和 $\boldsymbol{\theta}_2 = [A\ (B-A)]^T$，并利用按阶递推 LS，求解每个模型的 LSE 和最小 LS 误差。请讨论怎样才能利用它检测电平的跳变。

8.17 请证明 $\mathbf{P}_k^\perp\mathbf{x}$ 正交于由 $\mathbf{H}_k$ 的列矢量张成的空间。

8.18 请利用正交递推的投影矩阵公式(8.34)式，推导最小 LS 误差的更新公式——(8.31)式。

8.19 利用序贯 LSE 更新(8.40)式，证明最小 LS 误差的序贯公式——(8.43)式。

8.20 令 $x[n] = Ar^n + w[n]$，其中 $w[n]$ 是方差 $\sigma^2 = 1$ 的 WGN。假设已知 r，求 A 的序贯 LSE。另外，利用序贯形式确定 LSE 的方差，并求解方差的显式表达式(作为 n 的函数)。令 $\hat{A}[0] = x[0]$，且 $\mathrm{var}(\hat{A}[0]) = \sigma^2 = 1$。

8.21 利用增益(8.41)式、方差(8.42)式的序贯更新公式，当 $\sigma_n^2 = r^n$ 时，解出增益和方差序列。用 $\mathrm{var}(\hat{A}[0]) = \mathrm{var}(x[0]) = \sigma_0^2 = 1$ 进行初始化。接着，当 $N \to \infty$ 时，如果 $r = 1$、$0 < r < 1$ 以及 $r > 1$，考察增益和方差会发生什么变化。提示：求解出 $1/\mathrm{var}(\hat{A}[N])$。

8.22 使用蒙特卡洛计算机模拟方法画出(8.40)式给出的 $\hat{A}[N]$ 曲线。假设数据由下式给出，

$$x[n] = A + w[n]$$

其中 $w[n]$ 是均值为零、方差 $\sigma_n^2 = r^n$ 的 WGN。取 $A = 10$，以及 $r = 1$，0.95，1.05。利用 $\hat{A}[0] = x[0]$ 和 $\mathrm{var}(\hat{A}[0]) = \mathrm{var}(x[0]) = \sigma_0^2 = 1$ 来初始化估计量。另外，画出增益和方差序列。

8.23 在本题中，我们考察序贯 LSE 的初始化。假设我们选 $\hat{\boldsymbol{\theta}}[-1]$ 和 $\boldsymbol{\Sigma}[-1] = \alpha\mathbf{I}$ 来初始化 LSE。我们将证明：当 $\alpha \to \infty$ 时，对于 $n \geqslant p$，批 LSE

$$\begin{aligned} \hat{\boldsymbol{\theta}}_B[n] &= (\mathbf{H}^T[n]\mathbf{C}^{-1}[n]\mathbf{H}[n])^{-1}\mathbf{H}^T[n]\mathbf{C}^{-1}[n]\mathbf{x}[n] \\ &= \left(\sum_{k=0}^{n}\frac{1}{\sigma_k^2}\mathbf{h}[k]\mathbf{h}^T[k]\right)^{-1}\left(\sum_{k=0}^{n}\frac{1}{\sigma_k^2}x[k]\mathbf{h}^T[k]\right) \end{aligned}$$

与序贯 LSE 是相同的。首先，假设初始的观测矢量 $\{\mathbf{h}[-p],\mathbf{h}[-(p-1)],\ldots,\mathbf{h}[-1]\}$ 和噪声方差 $\{\sigma_{-p}^2,\sigma_{-(p-1)}^2,\ldots,\sigma_{-1}^2\}$ 存在，于是，对于已选定的初始 LSE 和协方差，我们可以利用批估计量。因此

$$\hat{\boldsymbol{\theta}}[-1] = \hat{\boldsymbol{\theta}}_B[-1] = (\mathbf{H}^T[-1]\mathbf{C}^{-1}[-1]\mathbf{H}[-1])^{-1}\mathbf{H}^T[-1]\mathbf{C}^{-1}[-1]\mathbf{x}[-1]$$

且

$$\boldsymbol{\Sigma}[-1] = (\mathbf{H}^T[-1]\mathbf{C}^{-1}[-1]\mathbf{H}[-1])^{-1}$$

其中

$$\mathbf{H}[-1] = \begin{bmatrix} \mathbf{h}^T[-p] \\ \mathbf{h}^T[-(p-1)] \\ \vdots \\ \mathbf{h}^T[-1] \end{bmatrix}$$

$$\mathbf{C}[-1] = \operatorname{diag}\left(\sigma_{-p}^2, \sigma_{-(p-1)}^2, \dots, \sigma_{-1}^2\right)$$

这样，我们就可以把序贯 LSE 的初始化估计看成将批估计量应用到初始观测矢量的结果。由于利用批估计量初始化序贯 LSE 与使用所有观测矢量的批 LSE 是一致的，对于用假定初始条件的序贯 LSE，我们有

$$\hat{\boldsymbol{\theta}}_S[n] = \left(\sum_{k=-p}^{n} \frac{1}{\sigma_k^2}\mathbf{h}[k]\mathbf{h}^T[k]\right)^{-1} \left(\sum_{k=-p}^{n} \frac{1}{\sigma_k^2}x[k]\mathbf{h}^T[k]\right)$$

证明此式能重新表示为

$$\hat{\boldsymbol{\theta}}_S[n] = \left(\boldsymbol{\Sigma}^{-1}[-1] + \sum_{k=0}^{n} \frac{1}{\sigma_k^2}\mathbf{h}[k]\mathbf{h}^T[k]\right)^{-1} \left(\boldsymbol{\Sigma}^{-1}[-1]\hat{\boldsymbol{\theta}}[-1] + \sum_{k=0}^{n} \frac{1}{\sigma_k^2}x[k]\mathbf{h}^T[k]\right)$$

然后考察对于 $0 \leqslant n \leqslant p-1$ 和 $n \geqslant p$，当 $\alpha \to \infty$ 时，会发生什么情况？

8.24 在例 8.8 中，首先把 $\mathbf{x}$ 投影到由 $\mathbf{h}_1$ 和 $\mathbf{h}_2$ 张成的子空间上，从而产生 $\hat{\mathbf{s}}$，然后把 $\hat{\mathbf{s}}$ 投影到约束子空间上，通过这样的方法来确定 $\hat{\mathbf{s}}_c$。

8.25 如果信号模型为

$$s[n] = A + B(-1)^n \qquad n = 0, 1, \dots, N-1$$

N 为偶数，求 $\boldsymbol{\theta} = [\,A\ B\,]^T$ 的 LSE。现在假设 $A = B$，利用约束 LS 方法重解本题，并对结果进行比较。

8.26 考虑 $h(\theta)$ 关于 θ 的最小化问题，假设

$$\hat{\theta} = \arg\min_{\theta} h(\theta)$$

令 $\alpha = g(\theta)$，其中 g 是一对一映射。证明：如果 $\hat{\alpha}$ 使 $h(g^{-1}(\alpha))$ 最小，那么 $\hat{\theta} = g^{-1}(\hat{\alpha})$。

8.27 令观测数据为

$$x[n] = \exp(\theta) + w[n] \qquad n = 0, 1, \dots, N-1$$

建立求解 θ 的 LSE 的 Newton-Raphson 迭代法。你能避免非线性最佳化问题并求得解析的 LSE 吗？

8.28 在例 8.11 中，真正的 LSE 必须使

$$J = \sum_{n=0}^{N-1} (h_d[n] - h[n])^2$$

最小。在本题中，我们要推导出求解真正 LSE 的最佳方程 [Scharf 1991]。假设 $p = q+1$，首先证明信号模型可以表示为

$$\mathbf{s} = \begin{bmatrix} h[0] \\ h[1] \\ \vdots \\ h[N-1] \end{bmatrix} = \underbrace{\begin{bmatrix} g[0] & 0 & \dots & 0 \\ g[1] & g[0] & \dots & 0 \\ \vdots & \vdots & \ddots & \vdots \\ g[q] & g[q-1] & \dots & g[0] \\ g[q+1] & g[q] & \dots & g[1] \\ \vdots & \vdots & \vdots & \vdots \\ g[N-1] & g[N-2] & \dots & g[N-1-q] \end{bmatrix}}_{\mathbf{G}} \underbrace{\begin{bmatrix} b[0] \\ b[1] \\ \vdots \\ b[q] \end{bmatrix}}_{\mathbf{b}}$$

其中

$$g[n] = \mathcal{Z}^{-1}\left\{\frac{1}{\mathcal{A}(z)}\right\}$$

且 $\mathbf{G}$ 是 $N \times (q+1)$ 维的。令 $\mathbf{x} = [\,h_d[0]\ h_d[1]\dots h_d[N-1]\,]^T$，请证明

$$J(\mathbf{a}, \hat{\mathbf{b}}) = \mathbf{x}^T\left(\mathbf{I} - \mathbf{G}(\mathbf{G}^T\mathbf{G})^{-1}\mathbf{G}^T\right)\mathbf{x}$$

其中 $\hat{\mathbf{b}}$ 是 $\mathbf{b}$ 的 LSE(对于一个给定的 $\mathbf{a}$)。最后证明

$$\mathbf{I} - \mathbf{G}(\mathbf{G}^T\mathbf{G})^{-1}\mathbf{G}^T = \mathbf{A}(\mathbf{A}^T\mathbf{A})^{-1}\mathbf{A}^T \tag{8.66}$$

其中 $\mathbf{A}^T$ 是 $(N-q-1)\times N = (N-p)\times N$ 矩阵

$$\mathbf{A}^T = \begin{bmatrix} a[p] & a[p-1] & \dots & 1 & 0 & 0 & \dots & 0 \\ 0 & a[p] & \dots & a[1] & 1 & 0 & \dots & 0 \\ \vdots & \vdots & \vdots & \vdots & \vdots & \vdots & \vdots & \vdots \\ 0 & 0 & \dots & 0 & a[p] & a[p-1] & \dots & 1 \end{bmatrix}$$

因此，$\mathbf{a}$ 的 LSE 可通过使下式最小来求得，

$$\mathbf{x}^T\mathbf{A}(\mathbf{A}^T\mathbf{A})^{-1}\mathbf{A}^T\mathbf{x}$$

一旦求出(利用非线性最佳方法)，我们有

$$\begin{aligned} \hat{\mathbf{b}} &= (\mathbf{G}^T\mathbf{G})^{-1}\mathbf{G}^T\mathbf{x} \\ &= (\mathbf{I} - \mathbf{A}(\mathbf{A}^T\mathbf{A})^{-1}\mathbf{A}^T)\mathbf{x} \end{aligned}$$

其中 $\mathbf{A}$ 中的元素用 $\mathbf{a}$ 的 LSE 代替。注意，本题是一个可分离非线性 LS 问题的例子。提示：为了证明 (8.66)式，考虑 $\mathbf{L} = [\,\mathbf{A}\ \mathbf{G}\,]$，它是可逆的(因为它是满秩矩阵)，计算

$$\mathbf{L}(\mathbf{L}^T\mathbf{L})^{-1}\mathbf{L}^T = \mathbf{I}$$

你也需要考察 $\mathbf{A}^T\mathbf{G} = \mathbf{0}$，这是从 $a[n] * g[n] = \delta[n]$ 得出的。

8.29　例 8.14 中，假设锁相环收敛，所以 $f_{0_{k+1}} = f_{0_k}$ 以及 $\phi_{k+1} = \phi_k$。对于高 SNR，$x[n] \approx \cos(2\pi f_0 n + \phi)$，证明最终可以迭代的将是频率和相位的真值。

附录8A 按阶递推最小二乘估计的推导

在这个附录中，我们推导按阶递推最小二乘估计的(8.28)式～(8.31)式。参考(8.25)式，我们有

$$\hat{\boldsymbol{\theta}}_{k+1} = (\mathbf{H}_{k+1}^T \mathbf{H}_{k+1})^{-1} \mathbf{H}_{k+1}^T \mathbf{x}$$

但

$$
\begin{aligned}
\mathbf{H}_{k+1}^T \mathbf{H}_{k+1} &= \begin{bmatrix} \mathbf{H}_k^T \\ \mathbf{h}_{k+1}^T \end{bmatrix} \begin{bmatrix} \mathbf{H}_k & \mathbf{h}_{k+1} \end{bmatrix} \\
&= \begin{bmatrix} \mathbf{H}_k^T \mathbf{H}_k & \mathbf{H}_k^T \mathbf{h}_{k+1} \\ \mathbf{h}_{k+1}^T \mathbf{H}_k & \mathbf{h}_{k+1}^T \mathbf{h}_{k+1} \end{bmatrix} = \begin{bmatrix} k \times k & k \times 1 \\ 1 \times k & 1 \times 1 \end{bmatrix}
\end{aligned}
$$

利用分块矩阵求逆公式(参见附录1)

$$
\begin{bmatrix} \mathbf{A} & \mathbf{b} \\ \mathbf{b}^T & c \end{bmatrix}^{-1} = \begin{bmatrix} \left(\mathbf{A} - \dfrac{\mathbf{b}\mathbf{b}^T}{c} \right)^{-1} & -\dfrac{1}{c}\left(\mathbf{A} - \dfrac{\mathbf{b}\mathbf{b}^T}{c} \right)^{-1} \mathbf{b} \\ -\dfrac{1}{c}\mathbf{b}^T \left(\mathbf{A} - \dfrac{\mathbf{b}\mathbf{b}^T}{c} \right)^{-1} & \dfrac{1}{c - \mathbf{b}^T \mathbf{A}^{-1} \mathbf{b}} \end{bmatrix}
$$

其中 $\mathbf{A}$ 是一个对称 $k \times k$ 矩阵，$\mathbf{b}$ 是一个 $k \times 1$ 矢量，c 是一个标量，并且由 Woodbury 恒等式(参见附录1)

$$\left(\mathbf{A} - \frac{\mathbf{b}\mathbf{b}^T}{c} \right)^{-1} = \mathbf{A}^{-1} + \frac{\mathbf{A}^{-1}\mathbf{b}\mathbf{b}^T\mathbf{A}^{-1}}{c - \mathbf{b}^T\mathbf{A}^{-1}\mathbf{b}}$$

我们有

$$
(\mathbf{H}_{k+1}^T \mathbf{H}_{k+1})^{-1} = \begin{bmatrix} \underbrace{\mathbf{D}_k + \dfrac{\mathbf{D}_k \mathbf{H}_k^T \mathbf{h}_{k+1} \mathbf{h}_{k+1}^T \mathbf{H}_k \mathbf{D}_k}{\mathbf{h}_{k+1}^T \mathbf{h}_{k+1} - \mathbf{h}_{k+1}^T \mathbf{H}_k \mathbf{D}_k \mathbf{H}_k^T \mathbf{h}_{k+1}}}_{\mathbf{E}_k} & -\dfrac{\mathbf{E}_k \mathbf{H}_k^T \mathbf{h}_{k+1}}{\mathbf{h}_{k+1}^T \mathbf{h}_{k+1}} \\ -\dfrac{\mathbf{h}_{k+1}^T \mathbf{H}_k \mathbf{E}_k}{\mathbf{h}_{k+1}^T \mathbf{h}_{k+1}} & \dfrac{1}{\mathbf{h}_{k+1}^T \mathbf{h}_{k+1} - \mathbf{h}_{k+1}^T \mathbf{H}_k \mathbf{D}_k \mathbf{H}_k^T \mathbf{h}_{k+1}} \end{bmatrix}
$$

其中 $\mathbf{D}_k = (\mathbf{H}_k^T \mathbf{H}_k)^{-1}$，或者

$$
\mathbf{D}_{k+1} = \begin{bmatrix} \mathbf{D}_k + \dfrac{\mathbf{D}_k \mathbf{H}_k^T \mathbf{h}_{k+1} \mathbf{h}_{k+1}^T \mathbf{H}_k \mathbf{D}_k}{\mathbf{h}_{k+1}^T \mathbf{P}_k^\perp \mathbf{h}_{k+1}} & -\dfrac{\mathbf{E}_k \mathbf{H}_k^T \mathbf{h}_{k+1}}{\mathbf{h}_{k+1}^T \mathbf{h}_{k+1}} \\ -\dfrac{\mathbf{h}_{k+1}^T \mathbf{H}_k \mathbf{E}_k}{\mathbf{h}_{k+1}^T \mathbf{h}_{k+1}} & \dfrac{1}{\mathbf{h}_{k+1}^T \mathbf{P}_k^\perp \mathbf{h}_{k+1}} \end{bmatrix}
$$

化简 $\mathbf{D}_{k+1}$ 的非对角块，我们可得

$$
\begin{aligned}
\frac{\mathbf{E}_k \mathbf{H}_k^T \mathbf{h}_{k+1}}{\mathbf{h}_{k+1}^T \mathbf{h}_{k+1}} &= \frac{\mathbf{D}_k \mathbf{H}_k^T \mathbf{h}_{k+1}}{\mathbf{h}_{k+1}^T \mathbf{h}_{k+1}} + \frac{\mathbf{D}_k \mathbf{H}_k^T \mathbf{h}_{k+1} \mathbf{h}_{k+1}^T \mathbf{H}_k \mathbf{D}_k \mathbf{H}_k^T \mathbf{h}_{k+1}}{\mathbf{h}_{k+1}^T \mathbf{P}_k^\perp \mathbf{h}_{k+1} \mathbf{h}_{k+1}^T \mathbf{h}_{k+1}} \\
&= \frac{\mathbf{D}_k \mathbf{H}_k^T \mathbf{h}_{k+1} \left[\mathbf{h}_{k+1}^T \mathbf{P}_k^\perp \mathbf{h}_{k+1} + \mathbf{h}_{k+1}^T (\mathbf{I} - \mathbf{P}_k^\perp) \mathbf{h}_{k+1} \right]}{\mathbf{h}_{k+1}^T \mathbf{P}_k^\perp \mathbf{h}_{k+1} \mathbf{h}_{k+1}^T \mathbf{h}_{k+1}} \\
&= \frac{\mathbf{D}_k \mathbf{H}_k^T \mathbf{h}_{k+1}}{\mathbf{h}_{k+1}^T \mathbf{P}_k^\perp \mathbf{h}_{k+1}}
\end{aligned}
$$

最后，我们有

$$
\mathbf{D}_{k+1} = \begin{bmatrix} \mathbf{D}_k + \dfrac{\mathbf{D}_k \mathbf{H}_k^T \mathbf{h}_{k+1} \mathbf{h}_{k+1}^T \mathbf{H}_k \mathbf{D}_k}{\mathbf{h}_{k+1}^T \mathbf{P}_k^{\perp} \mathbf{h}_{k+1}} & -\dfrac{\mathbf{D}_k \mathbf{H}_k^T \mathbf{h}_{k+1}}{\mathbf{h}_{k+1}^T \mathbf{P}_k^{\perp} \mathbf{h}_{k+1}} \\[3mm] -\dfrac{\mathbf{h}_{k+1}^T \mathbf{H}_k \mathbf{D}_k}{\mathbf{h}_{k+1}^T \mathbf{P}_k^{\perp} \mathbf{h}_{k+1}} & \dfrac{1}{\mathbf{h}_{k+1}^T \mathbf{P}_k^{\perp} \mathbf{h}_{k+1}} \end{bmatrix} = \begin{bmatrix} k \times k & k \times 1 \\ 1 \times k & 1 \times 1 \end{bmatrix}
$$

为了求 $\hat{\boldsymbol{\theta}}_{k+1}$，我们利用前面的结果，

$$
\begin{aligned}
\hat{\boldsymbol{\theta}}_{k+1} &= \mathbf{D}_{k+1} \mathbf{H}_{k+1}^T \mathbf{x} = \mathbf{D}_{k+1} \begin{bmatrix} \mathbf{H}_k^T \mathbf{x} \\ \mathbf{h}_{k+1}^T \mathbf{x} \end{bmatrix} \\[3mm]
&= \begin{bmatrix} \mathbf{D}_k \mathbf{H}_k^T \mathbf{x} + \dfrac{\mathbf{D}_k \mathbf{H}_k^T \mathbf{h}_{k+1} \mathbf{h}_{k+1}^T \mathbf{H}_k \mathbf{D}_k \mathbf{H}_k^T \mathbf{x}}{\mathbf{h}_{k+1}^T \mathbf{P}_k^{\perp} \mathbf{h}_{k+1}} - \dfrac{\mathbf{D}_k \mathbf{H}_k^T \mathbf{h}_{k+1} \mathbf{h}_{k+1}^T \mathbf{x}}{\mathbf{h}_{k+1}^T \mathbf{P}_k^{\perp} \mathbf{h}_{k+1}} \\[3mm] -\dfrac{\mathbf{h}_{k+1}^T \mathbf{H}_k \mathbf{D}_k \mathbf{H}_k^T \mathbf{x}}{\mathbf{h}_{k+1}^T \mathbf{P}_k^{\perp} \mathbf{h}_{k+1}} + \dfrac{\mathbf{h}_{k+1}^T \mathbf{x}}{\mathbf{h}_{k+1}^T \mathbf{P}_k^{\perp} \mathbf{h}_{k+1}} \end{bmatrix} \\[3mm]
&= \begin{bmatrix} \hat{\boldsymbol{\theta}}_k - \dfrac{\mathbf{D}_k \mathbf{H}_k^T \mathbf{h}_{k+1} \mathbf{h}_{k+1}^T (\mathbf{x} - \mathbf{H}_k \mathbf{D}_k \mathbf{H}_k^T \mathbf{x})}{\mathbf{h}_{k+1}^T \mathbf{P}_k^{\perp} \mathbf{h}_{k+1}} \\[3mm] \dfrac{\mathbf{h}_{k+1}^T (\mathbf{x} - \mathbf{H}_k \mathbf{D}_k \mathbf{H}_k^T \mathbf{x})}{\mathbf{h}_{k+1}^T \mathbf{P}_k^{\perp} \mathbf{h}_{k+1}} \end{bmatrix} \\[3mm]
&= \begin{bmatrix} \hat{\boldsymbol{\theta}}_k - \dfrac{\mathbf{D}_k \mathbf{H}_k^T \mathbf{h}_{k+1} \mathbf{h}_{k+1}^T \mathbf{P}_k^{\perp} \mathbf{x}}{\mathbf{h}_{k+1}^T \mathbf{P}_k^{\perp} \mathbf{h}_{k+1}} \\[3mm] \dfrac{\mathbf{h}_{k+1}^T \mathbf{P}_k^{\perp} \mathbf{x}}{\mathbf{h}_{k+1}^T \mathbf{P}_k^{\perp} \mathbf{h}_{k+1}} \end{bmatrix}
\end{aligned}
$$

于是，最小 LS 误差的更新为

$$
\begin{aligned}
J_{\min_{k+1}} &= (\mathbf{x} - \mathbf{H}_{k+1} \hat{\boldsymbol{\theta}}_{k+1})^T (\mathbf{x} - \mathbf{H}_{k+1} \hat{\boldsymbol{\theta}}_{k+1}) \\[2mm]
&= \mathbf{x}^T \mathbf{x} - \mathbf{x}^T \mathbf{H}_{k+1} \hat{\boldsymbol{\theta}}_{k+1} \\[3mm]
&= \mathbf{x}^T \mathbf{x} - \mathbf{x}^T \begin{bmatrix} \mathbf{H}_k & \mathbf{h}_{k+1} \end{bmatrix} \begin{bmatrix} \hat{\boldsymbol{\theta}}_k - \dfrac{\mathbf{D}_k \mathbf{H}_k^T \mathbf{h}_{k+1} \mathbf{h}_{k+1}^T \mathbf{P}_k^{\perp} \mathbf{x}}{\mathbf{h}_{k+1}^T \mathbf{P}_k^{\perp} \mathbf{h}_{k+1}} \\[3mm] \dfrac{\mathbf{h}_{k+1}^T \mathbf{P}_k^{\perp} \mathbf{x}}{\mathbf{h}_{k+1}^T \mathbf{P}_k^{\perp} \mathbf{h}_{k+1}} \end{bmatrix} \\[3mm]
&= \mathbf{x}^T \mathbf{x} - \mathbf{x}^T \mathbf{H}_k \hat{\boldsymbol{\theta}}_k + \dfrac{\mathbf{x}^T \mathbf{H}_k \mathbf{D}_k \mathbf{H}_k^T \mathbf{h}_{k+1} \mathbf{h}_{k+1}^T \mathbf{P}_k^{\perp} \mathbf{x}}{\mathbf{h}_{k+1}^T \mathbf{P}_k^{\perp} \mathbf{h}_{k+1}} \\[3mm]
&\quad - \mathbf{x}^T \mathbf{h}_{k+1} \dfrac{\mathbf{h}_{k+1}^T \mathbf{P}_k^{\perp} \mathbf{x}}{\mathbf{h}_{k+1}^T \mathbf{P}_k^{\perp} \mathbf{h}_{k+1}} \\[3mm]
&= J_{\min_k} - \dfrac{\mathbf{x}^T (\mathbf{I} - \mathbf{H}_k \mathbf{D}_k \mathbf{H}_k^T) \mathbf{h}_{k+1} \mathbf{h}_{k+1}^T \mathbf{P}_k^{\perp} \mathbf{x}}{\mathbf{h}_{k+1}^T \mathbf{P}_k^{\perp} \mathbf{h}_{k+1}} \\[3mm]
&= J_{\min_k} - \dfrac{\mathbf{x}^T \mathbf{P}_k^{\perp} \mathbf{h}_{k+1} \mathbf{h}_{k+1}^T \mathbf{P}_k^{\perp} \mathbf{x}}{\mathbf{h}_{k+1}^T \mathbf{P}_k^{\perp} \mathbf{h}_{k+1}} \\[3mm]
&= J_{\min_k} - \dfrac{(\mathbf{h}_{k+1}^T \mathbf{P}_k^{\perp} \mathbf{x})^2}{\mathbf{h}_{k+1}^T \mathbf{P}_k^{\perp} \mathbf{h}_{k+1}}
\end{aligned}
$$

附录 8B　递推投影矩阵的推导

我们现在推导(8.34)式所给出的投影矩阵的递推更新。因为

$$
\begin{aligned}
\mathbf{P}_{k+1} &= \mathbf{H}_{k+1}\left(\mathbf{H}_{k+1}^{T}\mathbf{H}_{k+1}\right)^{-1}\mathbf{H}_{k+1}^{T} \\
&= \mathbf{H}_{k+1}\mathbf{D}_{k+1}\mathbf{H}_{k+1}^{T}
\end{aligned}
$$

其中 $\mathbf{D}_{k+1} = \left(\mathbf{H}_{k+1}^{T}\mathbf{H}_{k+1}\right)^{-1}$，我们可以利用附录 8A 所推导的 $\mathbf{D}_{k}$ 的更新。因此，我们有

$$
\begin{aligned}
\mathbf{P}_{k+1} &= \begin{bmatrix} \mathbf{H}_{k} & \mathbf{h}_{k+1} \end{bmatrix}
\begin{bmatrix}
\mathbf{D}_{k} + \dfrac{\mathbf{D}_{k}\mathbf{H}_{k}^{T}\mathbf{h}_{k+1}\mathbf{h}_{k+1}^{T}\mathbf{H}_{k}\mathbf{D}_{k}}{\mathbf{h}_{k+1}^{T}\mathbf{P}_{k}^{\perp}\mathbf{h}_{k+1}} & -\dfrac{\mathbf{D}_{k}\mathbf{H}_{k}^{T}\mathbf{h}_{k+1}}{\mathbf{h}_{k+1}^{T}\mathbf{P}_{k}^{\perp}\mathbf{h}_{k+1}} \\
-\dfrac{\mathbf{h}_{k+1}^{T}\mathbf{H}_{k}\mathbf{D}_{k}}{\mathbf{h}_{k+1}^{T}\mathbf{P}_{k}^{\perp}\mathbf{h}_{k+1}} & \dfrac{1}{\mathbf{h}_{k+1}^{T}\mathbf{P}_{k}^{\perp}\mathbf{h}_{k+1}}
\end{bmatrix}
\begin{bmatrix} \mathbf{H}_{k}^{T} \\ \mathbf{h}_{k+1}^{T} \end{bmatrix} \\
&= \mathbf{H}_{k}\mathbf{D}_{k}\mathbf{H}_{k}^{T} + \frac{\mathbf{H}_{k}\mathbf{D}_{k}\mathbf{H}_{k}^{T}\mathbf{h}_{k+1}\mathbf{h}_{k+1}^{T}\mathbf{H}_{k}\mathbf{D}_{k}\mathbf{H}_{k}^{T}}{\mathbf{h}_{k+1}^{T}\mathbf{P}_{k}^{\perp}\mathbf{h}_{k+1}} \\
&\quad - \frac{\mathbf{H}_{k}\mathbf{D}_{k}\mathbf{H}_{k}^{T}\mathbf{h}_{k+1}\mathbf{h}_{k+1}^{T}}{\mathbf{h}_{k+1}^{T}\mathbf{P}_{k}^{\perp}\mathbf{h}_{k+1}} \\
&\quad - \frac{\mathbf{h}_{k+1}\mathbf{h}_{k+1}^{T}\mathbf{H}_{k}\mathbf{D}_{k}\mathbf{H}_{k}^{T}}{\mathbf{h}_{k+1}^{T}\mathbf{P}_{k}^{\perp}\mathbf{h}_{k+1}} + \frac{\mathbf{h}_{k+1}\mathbf{h}_{k+1}^{T}}{\mathbf{h}_{k+1}^{T}\mathbf{P}_{k}^{\perp}\mathbf{h}_{k+1}} \\
&= \mathbf{P}_{k} + \frac{\mathbf{P}_{k}\mathbf{h}_{k+1}\mathbf{h}_{k+1}^{T}\mathbf{P}_{k}}{\mathbf{h}_{k+1}^{T}\mathbf{P}_{k}^{\perp}\mathbf{h}_{k+1}} - \frac{\mathbf{P}_{k}\mathbf{h}_{k+1}\mathbf{h}_{k+1}^{T}}{\mathbf{h}_{k+1}^{T}\mathbf{P}_{k}^{\perp}\mathbf{h}_{k+1}} \\
&\quad - \frac{\mathbf{h}_{k+1}\mathbf{h}_{k+1}^{T}\mathbf{P}_{k}}{\mathbf{h}_{k+1}^{T}\mathbf{P}_{k}^{\perp}\mathbf{h}_{k+1}} + \frac{\mathbf{h}_{k+1}\mathbf{h}_{k+1}^{T}}{\mathbf{h}_{k+1}^{T}\mathbf{P}_{k}^{\perp}\mathbf{h}_{k+1}} \\
&= \mathbf{P}_{k} + \frac{(\mathbf{I}-\mathbf{P}_{k})\mathbf{h}_{k+1}\mathbf{h}_{k+1}^{T}(\mathbf{I}-\mathbf{P}_{k})}{\mathbf{h}_{k+1}^{T}\mathbf{P}_{k}^{\perp}\mathbf{h}_{k+1}}
\end{aligned}
$$

附录8C 序贯最小二乘估计的推导

在这个附录中，我们推导(8.46)式~(8.48)式。

$$\hat{\boldsymbol{\theta}}[n] = \left(\mathbf{H}^T[n]\mathbf{C}^{-1}[n]\mathbf{H}[n]\right)^{-1}\mathbf{H}^T[n]\mathbf{C}^{-1}[n]\mathbf{x}[n]$$

$$= \left(\left[\begin{array}{cc}\mathbf{H}^T[n-1] & \mathbf{h}[n]\end{array}\right]\left[\begin{array}{cc}\mathbf{C}[n-1] & \mathbf{0} \\ \mathbf{0}^T & \sigma_n^2\end{array}\right]^{-1}\left[\begin{array}{c}\mathbf{H}[n-1] \\ \mathbf{h}^T[n]\end{array}\right]\right)^{-1}$$

$$\cdot \left(\left[\begin{array}{cc}\mathbf{H}^T[n-1] & \mathbf{h}[n]\end{array}\right]\left[\begin{array}{cc}\mathbf{C}[n-1] & \mathbf{0} \\ \mathbf{0}^T & \sigma_n^2\end{array}\right]^{-1}\left[\begin{array}{c}\mathbf{x}[n-1] \\ x[n]\end{array}\right]\right)$$

因为协方差矩阵是对角矩阵，对它求逆易得

$$\hat{\boldsymbol{\theta}}[n] = \left(\mathbf{H}^T[n-1]\mathbf{C}^{-1}[n-1]\mathbf{H}[n-1] + \frac{1}{\sigma_n^2}\mathbf{h}[n]\mathbf{h}^T[n]\right)^{-1}$$

$$\cdot \left(\mathbf{H}^T[n-1]\mathbf{C}^{-1}[n-1]\mathbf{x}[n-1] + \frac{1}{\sigma_n^2}\mathbf{h}[n]x[n]\right)$$

令

$$\boldsymbol{\Sigma}[n-1] = \left(\mathbf{H}^T[n-1]\mathbf{C}^{-1}[n-1]\mathbf{H}[n-1]\right)^{-1}$$

它是 $\hat{\boldsymbol{\theta}}[n-1]$ 的协方差矩阵。于是

$$\hat{\boldsymbol{\theta}}[n] = \left(\boldsymbol{\Sigma}^{-1}[n-1] + \frac{1}{\sigma_n^2}\mathbf{h}[n]\mathbf{h}^T[n]\right)^{-1}$$

$$\cdot \left(\mathbf{H}^T[n-1]\mathbf{C}^{-1}[n-1]\mathbf{x}[n-1] + \frac{1}{\sigma_n^2}\mathbf{h}[n]x[n]\right)$$

圆括号内的第一项刚好是 $\boldsymbol{\Sigma}[n]$。我们可以利用 Woodbury 恒等式(参见附录1)，得

$$\boldsymbol{\Sigma}[n] = \left(\boldsymbol{\Sigma}^{-1}[n-1] + \frac{1}{\sigma_n^2}\mathbf{h}[n]\mathbf{h}^T[n]\right)^{-1}$$

$$= \boldsymbol{\Sigma}[n-1] - \frac{\boldsymbol{\Sigma}[n-1]\mathbf{h}[n]\mathbf{h}^T[n]\boldsymbol{\Sigma}[n-1]}{\sigma_n^2 + \mathbf{h}^T[n]\boldsymbol{\Sigma}[n-1]\mathbf{h}[n]}$$

$$= \left(\mathbf{I} - \mathbf{K}[n]\mathbf{h}^T[n]\right)\boldsymbol{\Sigma}[n-1]$$

其中

$$\mathbf{K}[n] = \frac{\boldsymbol{\Sigma}[n-1]\mathbf{h}[n]}{\sigma_n^2 + \mathbf{h}^T[n]\boldsymbol{\Sigma}[n-1]\mathbf{h}[n]}$$

将这些结果应用到 $\hat{\boldsymbol{\theta}}[n]$，得

$$\hat{\boldsymbol{\theta}}[n] = \left(\mathbf{I} - \mathbf{K}[n]\mathbf{h}^T[n]\right)\boldsymbol{\Sigma}[n-1]$$

$$\cdot \left(\boldsymbol{\Sigma}^{-1}[n-1]\hat{\boldsymbol{\theta}}[n-1] + \frac{1}{\sigma_n^2}\mathbf{h}[n]x[n]\right)$$

因为

$$\hat{\boldsymbol{\theta}}[n-1] = \left(\mathbf{H}^T[n-1]\mathbf{C}^{-1}[n-1]\mathbf{H}[n-1]\right)^{-1}\mathbf{H}^T[n-1]\mathbf{C}^{-1}[n-1]\mathbf{x}[n-1]$$

$$= \boldsymbol{\Sigma}[n-1]\mathbf{H}^T[n-1]\mathbf{C}^{-1}[n-1]\mathbf{x}[n-1]$$

那么，我们有

$$\hat{\boldsymbol{\theta}}[n] = \hat{\boldsymbol{\theta}}[n-1] + \frac{1}{\sigma_n^2}\boldsymbol{\Sigma}[n-1]\mathbf{h}[n]x[n] - \mathbf{K}[n]\mathbf{h}^T[n]\hat{\boldsymbol{\theta}}[n-1]$$

$$- \frac{1}{\sigma_n^2}\mathbf{K}[n]\mathbf{h}^T[n]\boldsymbol{\Sigma}[n-1]\mathbf{h}[n]x[n]$$

但
$$\frac{1}{\sigma_n^2}\boldsymbol{\Sigma}[n-1]\mathbf{h}[n] - \frac{1}{\sigma_n^2}\mathbf{K}[n]\mathbf{h}^T[n]\boldsymbol{\Sigma}[n-1]\mathbf{h}[n]$$

$$= \frac{1}{\sigma_n^2}\left(\sigma_n^2 + \mathbf{h}^T[n]\boldsymbol{\Sigma}[n-1]\mathbf{h}[n]\right)\mathbf{K}[n]$$

$$- \frac{1}{\sigma_n^2}\mathbf{K}[n]\mathbf{h}^T[n]\boldsymbol{\Sigma}[n-1]\mathbf{h}[n]$$

$$= \mathbf{K}[n]$$

因此
$$\hat{\boldsymbol{\theta}}[n] = \hat{\boldsymbol{\theta}}[n-1] + \mathbf{K}[n]x[n] - \mathbf{K}[n]\mathbf{h}^T[n]\hat{\boldsymbol{\theta}}[n-1]$$

$$= \hat{\boldsymbol{\theta}}[n-1] + \mathbf{K}[n]\left(x[n] - \mathbf{h}^T[n]\hat{\boldsymbol{\theta}}[n-1]\right)$$

最后，为了更新最小 LS 误差，我们有

$$J_{\min}[n] = \left(\mathbf{x}[n] - \mathbf{H}[n]\hat{\boldsymbol{\theta}}[n]\right)^T \mathbf{C}^{-1}[n]\left(\mathbf{x}[n] - \mathbf{H}[n]\hat{\boldsymbol{\theta}}[n]\right)$$

$$= \mathbf{x}^T[n]\mathbf{C}^{-1}[n]\left(\mathbf{x}[n] - \mathbf{H}[n]\hat{\boldsymbol{\theta}}[n]\right)$$

$$= \begin{bmatrix} \mathbf{x}^T[n-1] & x[n] \end{bmatrix} \begin{bmatrix} \mathbf{C}^{-1}[n-1] & \mathbf{0} \\ \mathbf{0}^T & \dfrac{1}{\sigma_n^2} \end{bmatrix} \begin{bmatrix} \mathbf{x}[n-1] - \mathbf{H}[n-1]\hat{\boldsymbol{\theta}}[n] \\ x[n] - \mathbf{h}^T[n]\hat{\boldsymbol{\theta}}[n] \end{bmatrix}$$

$$= \mathbf{x}^T[n-1]\mathbf{C}^{-1}[n-1]\left(\mathbf{x}[n-1] - \mathbf{H}[n-1]\hat{\boldsymbol{\theta}}[n]\right)$$

$$+ \frac{1}{\sigma_n^2}x[n]\left(x[n] - \mathbf{h}^T[n]\hat{\boldsymbol{\theta}}[n]\right)$$

令 $e[n] = x[n] - \mathbf{h}^T[n]\hat{\boldsymbol{\theta}}[n-1]$，利用 $\hat{\boldsymbol{\theta}}[n]$ 的更新，得

$$J_{\min}[n] = \mathbf{x}^T[n-1]\mathbf{C}^{-1}[n-1]\left(\mathbf{x}[n-1] - \mathbf{H}[n-1]\hat{\boldsymbol{\theta}}[n-1] - \mathbf{H}[n-1]\mathbf{K}[n]e[n]\right)$$

$$+ \frac{1}{\sigma_n^2}x[n]\left(x[n] - \mathbf{h}^T[n]\hat{\boldsymbol{\theta}}[n-1] - \mathbf{h}^T[n]\mathbf{K}[n]e[n]\right)$$

$$= J_{\min}[n-1] - \mathbf{x}^T[n-1]\mathbf{C}^{-1}[n-1]\mathbf{H}[n-1]\mathbf{K}[n]e[n]$$

$$+ \frac{1}{\sigma_n^2}x[n]\left(1 - \mathbf{h}^T[n]\mathbf{K}[n]\right)e[n]$$

但
$$\mathbf{H}^T[n-1]\mathbf{C}^{-1}[n-1]\mathbf{x}[n-1] = \boldsymbol{\Sigma}^{-1}[n-1]\hat{\boldsymbol{\theta}}[n-1]$$

于是
$$J_{\min}[n] = J_{\min}[n-1] - \hat{\boldsymbol{\theta}}^T[n-1]\boldsymbol{\Sigma}^{-1}[n-1]\mathbf{K}[n]e[n]$$

$$+ \frac{1}{\sigma_n^2}x[n]\left(1 - \mathbf{h}^T[n]\mathbf{K}[n]\right)e[n]$$

另外，

$$\frac{1}{\sigma_n^2}x[n]\left(1 - \mathbf{h}^T[n]\mathbf{K}[n]\right) - \hat{\boldsymbol{\theta}}^T[n-1]\boldsymbol{\Sigma}^{-1}[n-1]\mathbf{K}[n]$$

$$= \frac{1}{\sigma_n^2}x[n]\left(1 - \frac{\mathbf{h}^T[n]\boldsymbol{\Sigma}[n-1]\mathbf{h}[n]}{\sigma_n^2 + \mathbf{h}^T[n]\boldsymbol{\Sigma}[n-1]\mathbf{h}[n]}\right) - \frac{\hat{\boldsymbol{\theta}}^T[n-1]\mathbf{h}[n]}{\sigma_n^2 + \mathbf{h}^T[n]\boldsymbol{\Sigma}[n-1]\mathbf{h}[n]}$$

$$= \frac{x[n] - \mathbf{h}^T[n]\hat{\boldsymbol{\theta}}[n-1]}{\sigma_n^2 + \mathbf{h}^T[n]\boldsymbol{\Sigma}[n-1]\mathbf{h}[n]} = \frac{e[n]}{\sigma_n^2 + \mathbf{h}^T[n]\boldsymbol{\Sigma}[n-1]\mathbf{h}[n]}$$

因此，我们最终有

$$J_{\min}[n] = J_{\min}[n-1] + \frac{e^2[n]}{\sigma_n^2 + \mathbf{h}^T[n]\boldsymbol{\Sigma}[n-1]\mathbf{h}[n]}$$

第9章 矩 方 法

9.1 引言

本章描述矩方法。这种方法引入了一种容易确定和实现简单的估计量。尽管估计量不是最佳的，但是如果数据记录足够长，那么它是很有用的。这是因为矩方法的估计量通常是一致的。如果估计性能不满足要求，也可以作为起始估计，随后通过 MLE 的 Newton-Raphson 实现来对其进行改善。在得到矩方法的估计量后，我们描述了分析其统计特性的近似方法。通常，这些技术足以用来对其他估计量的性能进行评估，因此它们本身也是有效的。

9.2 小结

在 9.3 节中通过几个例子说明了使用矩方法进行估计的步骤。矢量参量的估计的一般形式在 (9.11) 式中给出。矩方法估计量的性能可以由近似均值 (9.15) 式和近似方差 (9.16) 式在一定程度上进行刻画。任何依赖于统计特性的、其 PDF 集中在均值附近的估计都可以采用同样的表达式。另外，对于噪声中的信号，当 SNR 很高时这种近似的均值和方差也是有效的。估计的性能可以由近似均值 (9.18) 式和近似方差 (9.19) 式在一定程度上进行刻画。

9.3 矩方法

矩方法估计建立在 PDF 中矩的理论方程的解之上。例如，假定我们观测到 $x[n]$ ($n = 0$, $1, \ldots, N-1$)，它是一个从高斯混合 PDF 中得到的 IID 样本 (参见习题 6.14)，

$$p(x[n]; \epsilon) = \frac{1-\epsilon}{\sqrt{2\pi\sigma_1^2}} \exp\left(-\frac{1}{2}\frac{x^2[n]}{\sigma_1^2}\right) + \frac{\epsilon}{\sqrt{2\pi\sigma_2^2}} \exp\left(-\frac{1}{2}\frac{x^2[n]}{\sigma_2^2}\right)$$

或者用更为简洁的形式表示为

$$p(x[n]; \epsilon) = (1-\epsilon)\phi_1(x[n]) + \epsilon\phi_2(x[n])$$

其中

$$\phi_i(x[n]) = \frac{1}{\sqrt{2\pi\sigma_i^2}} \exp\left(-\frac{1}{2}\frac{x^2[n]}{\sigma_i^2}\right)$$

参数 ϵ 称为混合参数，满足 $0 < \epsilon < 1$，σ_1^2、σ_2^2 是每个高斯 PDF 的方差。高斯混合 PDF 可以看成一个以概率 $1 - \epsilon$ 从 $\mathcal{N}(0, \sigma_1^2)$ PDF 中得到的随机变量，以及按概率 ϵ 从 $\mathcal{N}(0, \sigma_2^2)$ PDF 得到的一个随机变量之和的 PDF。如果 σ_1^2、σ_2^2 是已知的，而 ϵ 是待估计量，那么所有我们常用的 MVU 方法都会失败。MLE 要使一个 ϵ 的非线性函数取最大值，尽管这可以通过网格搜索方法来实现，但是使用矩方法可以提供一个非常简单的估计量。注意，由于 $x[n]$ 的均值是零，所以

$$
\begin{aligned}
E(x^2[n]) &= \int_{-\infty}^{\infty} x^2[n]\left[(1-\epsilon)\phi_1(x[n]) + \epsilon\phi_2(x[n])\right] dx[n] \\
&= (1-\epsilon)\sigma_1^2 + \epsilon\sigma_2^2
\end{aligned}
\tag{9.1}
$$

这个理论方程将未知参数 ϵ 与二阶矩联系起来。如果我们能够使用估计量 $\frac{1}{N}\sum_{n=0}^{N-1} x^2[n]$ 来代替 $E(x^2[n])$，那么我们有

$$\frac{1}{N}\sum_{n=0}^{N-1}x^2[n]=(1-\epsilon)\sigma_1^2+\epsilon\sigma_2^2 \tag{9.2}$$

解出 ϵ，那么就得到矩方法的估计量为

$$\hat{\epsilon}=\frac{\dfrac{1}{N}\sum_{n=0}^{N-1}x^2[n]-\sigma_1^2}{\sigma_2^2-\sigma_1^2} \tag{9.3}$$

估计量之所以容易求取，是因为(9.1)式的理论矩方程具有线性特性。很容易证明估计量是无偏的(尽管通常不是这样的)。$\hat{\epsilon}$ 的方差可以求得为

$$\begin{aligned}\mathrm{var}(\hat{\epsilon})&=\frac{1}{(\sigma_2^2-\sigma_1^2)^2}\mathrm{var}\left(\frac{1}{N}\sum_{n=0}^{N-1}x^2[n]\right)=\frac{1}{N(\sigma_2^2-\sigma_1^2)^2}\mathrm{var}(x^2[n])\\&=\frac{1}{N(\sigma_2^2-\sigma_1^2)^2}\left[E(x^4[n])-E^2(x^2[n])\right]\end{aligned}$$

但是很容易证明

$$E(x^4[n])=(1-\epsilon)3\sigma_1^4+\epsilon3\sigma_2^4$$

将它与(9.1)式组合在一起，就可以得到方差为

$$\mathrm{var}(\hat{\epsilon})=\frac{3(1-\epsilon)\sigma_1^4+3\epsilon\sigma_2^4-[(1-\epsilon)\sigma_1^2+\epsilon\sigma_2^2]^2}{N(\sigma_2^2-\sigma_1^2)^2} \tag{9.4}$$

为了确定性能的损失，我们可以计算 CRLB(需要使用数值方法进行计算)，然后与(9.4)式进行比较，如果方差增加很大，那么我们可以尝试使用 MLE 来实现，对于大数据记录，MLE 可以达到 CRLB。应该可以观测到，当 $N\to\infty$ 时，$\hat{\epsilon}\to\epsilon$，矩方法估计量是一致估计量。这是因为当 $N\to\infty$ 时，由(9.3)式可得 $E(\hat{\epsilon})=\epsilon$，以及由(9.4)式可得 $\mathrm{var}(\hat{\epsilon})\to0$。由于对于大数据记录，矩的估计趋向于真实的矩，那么要求解的方程也就趋向于理论方程。于是，一般矩方法的估计量是一致的(参见习题7.5)。例如在(9.2)式中，当 $N\to\infty$ 时，我们有

$$\frac{1}{N}\sum_{n=0}^{N-1}x^2[n]\to E(x^2[n])$$

和理论方程的结果。当我们求出 ϵ 时，就得到了真实的值。

我们现在针对标量参数总结一下矩方法。假定第 k 阶矩 $\mu_k=E(x^k[n])$ 与未知参数的关系为

$$\mu_k=h(\theta) \tag{9.5}$$

我们首先求解 θ 为

$$\theta=h^{-1}(\mu_k)$$

假定 h^{-1} 存在。然后我们将它的估计量代替理论上的矩，

$$\hat{\mu}_k=\frac{1}{N}\sum_{n=0}^{N-1}x^k[n] \tag{9.6}$$

从而得到矩方法的估计量

$$\hat{\theta}=h^{-1}\left(\frac{1}{N}\sum_{n=0}^{N-1}x^k[n]\right) \tag{9.7}$$

下面给出几个例子。

例 9.1 WGN 中的 DC 电平

如果观测到 $x[n] = A + w[n]$, $n = 0, 1, \ldots, N-1$, 其中 $w[n]$ 是方差为 σ^2 的 WGN, A 是被估计量, 那么我们知道

$$\mu_1 = E(x[n]) = A$$

这就是 (9.5) 式的理论方程。按照 (9.7) 式, 用估计量代替 μ_1, 得出结果

$$\hat{A} = \frac{1}{N} \sum_{n=0}^{N-1} x[n]$$

在这个例子中, h 是恒等变换或者说 $h(x) = x$。

例 9.2 指数 PDF

考虑指数 PDF 中的 N IID 观测,

$$p(x[n]; \lambda) = \begin{cases} \lambda \exp(-\lambda x[n]) & x[n] > 0 \\ 0 & x[n] < 0 \end{cases}$$

我们希望估计参数 λ, 其中 $\lambda > 0$。一阶矩为

$$\mu_1 = E(x[n]) = \int_0^\infty x[n] \lambda \exp(-\lambda x[n]) \, dx[n] = \frac{1}{\lambda} \int_0^\infty \xi \exp(-\xi) \, d\xi = \frac{1}{\lambda}$$

求解 λ,

$$\lambda = \frac{1}{\mu_1}$$

然后用估计量代入, 得到矩方法的估计量为

$$\hat{\lambda} = \frac{1}{\dfrac{1}{N} \sum_{n=0}^{N-1} x[n]}$$

9.4 扩展到矢量参数

考虑 $p \times 1$ 维的矢量参数 $\boldsymbol{\theta}$。显而易见要求解 $\boldsymbol{\theta}$ 需要 p 阶理论矩方程。因此我们假定

$$\begin{aligned}
\mu_1 &= h_1(\theta_1, \theta_2, \ldots, \theta_p) \\
\mu_2 &= h_2(\theta_1, \theta_2, \ldots, \theta_p) \\
\vdots \quad &\vdots \quad \vdots \\
\mu_p &= h_p(\theta_1, \theta_2, \ldots, \theta_p)
\end{aligned} \tag{9.8}$$

或者以矩阵形式表示为

$$\boldsymbol{\mu} = \mathbf{h}(\boldsymbol{\theta}) \tag{9.9}$$

然后我们求解 $\boldsymbol{\theta}$,

$$\boldsymbol{\theta} = \mathbf{h}^{-1}(\boldsymbol{\mu}) \tag{9.10}$$

确定矩方法估计量为

$$\hat{\boldsymbol{\theta}} = \mathbf{h}^{-1}(\hat{\boldsymbol{\mu}}) \tag{9.11}$$

其中

$$\hat{\boldsymbol{\mu}} = \begin{bmatrix} \dfrac{1}{N} \displaystyle\sum_{n=0}^{N-1} x[n] \\[1.5em] \dfrac{1}{N} \displaystyle\sum_{n=0}^{N-1} x^2[n] \\[1.5em] \vdots \\[0.5em] \dfrac{1}{N} \displaystyle\sum_{n=0}^{N-1} x^p[n] \end{bmatrix}$$

有可能出现前 p 阶矩不足以确定所有待估计的参数（参见例 9.3）的情况。在这种情况下，我们需要求出 p 个矩方程组，使得 (9.9) 式能够解出 $\boldsymbol{\theta}$ 以得到 (9.10) 式。实际应用中要尽可能使用最低阶的矩，这是因为矩估计量的方差一般来说随着阶数而增大；同时也是因为我们希望得到的方程组最好是线性的或者至少非线性不是很强，这样便于求解。否则，就需要求非线性的最佳化问题，这与我们采用矩方法易于实现估计量的最初动机不符。在矢量参数的情况下，我们还需要互相关矩，9.6 节的信号处理的例子对此进行了阐述（也可以参见习题 9.5）。下面，我们继续讲解高斯混合的例子。

例 9.3 高斯混合 PDF

重新回到介绍高斯混合 PDF 的例子，现在假设除 ϵ 外，高斯方差 σ_1^2 和 σ_2^2 也假定是未知的。为了要估计所有的三个参数，我们需要三个矩方程。注意到 PDF 是偶函数，所以所有的奇数阶矩为零，我们利用

$$
\begin{aligned}
\mu_2 &= E(x^2[n]) = (1-\epsilon)\sigma_1^2 + \epsilon\sigma_2^2 \\
\mu_4 &= E(x^4[n]) = 3(1-\epsilon)\sigma_1^4 + 3\epsilon\sigma_2^4 \\
\mu_6 &= E(x^6[n]) = 15(1-\epsilon)\sigma_1^6 + 15\epsilon\sigma_2^6
\end{aligned}
$$

尽管方程组是非线性的，但是可以通过下面的方法求解。令 [Rider 1961]

$$
\begin{aligned}
u &= \sigma_1^2 + \sigma_2^2 \\
v &= \sigma_1^2\sigma_2^2
\end{aligned}
\tag{9.12}
$$

那么，通过直接代入就可以证明

$$
\begin{aligned}
u &= \frac{\mu_6 - 5\mu_4\mu_2}{5\mu_4 - 15\mu_2^2} \\
v &= \mu_2 u - \frac{\mu_4}{3}
\end{aligned}
$$

一旦求出 u，也就可以确定 v。那么，σ_1^2 和 σ_2^2 通过求解 (9.12) 式可得出，

$$
\begin{aligned}
\sigma_1^2 &= \frac{u + \sqrt{u^2 - 4v}}{2} \\
\sigma_2^2 &= \frac{v}{\sigma_1^2}
\end{aligned}
$$

最后，混合参数变成 [参见 (9.3) 式]

$$
\epsilon = \frac{\mu_2 - \sigma_1^2}{\sigma_2^2 - \sigma_1^2}
$$

矩方法进行同样的运算，只是将理论上的矩 $\{\mu_2, \mu_4, \mu_6\}$ 用估计量代替。

9.5 估计量的统计评价

在矩方法中，我们无法预先知道估计量性能的好坏。一旦得到了估计量，如果幸运的话，我们就有可能像高斯混合的例子那样确定均值和方差的统计性质。因为

$$
\hat{\boldsymbol{\theta}} = \mathbf{h}^{-1}(\hat{\boldsymbol{\mu}}) = \mathbf{g}(\mathbf{x})
\tag{9.13}
$$

理论上我们能够通过随机变量变换的标准公式来确定 $\hat{\boldsymbol{\theta}}$ 的 PDF。然而实际上，由于数学上难以处理，这种做法通常是行不通的。因为 (9.13) 式是估计的一般表述形式，所以这种方法也可以用于矩方法估计量以外的其他估计量的描述，并允许我们通过确定均值和方差的近似表达式来评判估计量的性能。作为近似的估计，估计的性能随数据记录的增长而改善。如果要精确地确定均值和方差，就必须采用第 7 章中讨论的蒙特卡洛计算机模拟方法。

考虑用 (9.13) 式估计的标量参数，为了确定 $\hat{\theta}$ 的近似均值和方差，我们必须假定它与 $r < N$ 个统计量 $\{T_1\mathbf{x}, T_2(\mathbf{x}), \ldots, T_r(\mathbf{x})\}$ 有关，它们的方差和协方差很小。后一个假定意味着 $[T_1 T_2 \ldots T_r]^T$ 的 PDF 集中在它的均值附近。例如，在例 9.2 中，λ 的估计可以写为

$$\hat{\lambda} = g(T_1(\mathbf{x}))$$

其中 $T_1(\mathbf{x}) = \dfrac{1}{N} \sum_{n=0}^{N-1} x[n]$ 和 $g(T_1) = 1/T_1$。正如例 9.4 所描述的那样，因为 $\mathrm{var}(T_1) = 1/(N\lambda^2)$，所以对于大的 N，T_1 的 PDF 集中在它的均值附近。运用第 3 章中讨论的统计的线性化方法，我们可以在 T_1 的均值附近将 g 用一阶泰勒级数展开。通常假定

$$\hat{\theta} = g(\mathbf{T})$$

其中 $\mathbf{T} = [T_1 T_2 \ldots T_r]^T$。那么我们将 g 在点 $\mathbf{T} = E(\mathbf{T}) = \boldsymbol{\mu}$ 附近用一阶泰勒级数展开，

$$\hat{\theta} = g(\mathbf{T}) \approx g(\boldsymbol{\mu}) + \sum_{k=1}^{r} \left.\frac{\partial g}{\partial T_k}\right|_{\mathbf{T}=\boldsymbol{\mu}} (T_k - \mu_k) \tag{9.14}$$

假设这是成立的，那么均值变成

$$E(\hat{\theta}) = g(\boldsymbol{\mu}) \tag{9.15}$$

$E(\hat{\theta}) = E(g(\mathbf{T})) = g(E(\mathbf{T}))$ 这样的一种近似程度，意味着数学期望运算与非线性函数 g 可以交换。值得注意的是，这里我们需要 $\mathbf{T}$ 的一阶矩来确定均值。为了确定方差，再次使用 (9.14) 式得出

$$\mathrm{var}(\hat{\theta}) = E\left\{ \left[g(\boldsymbol{\mu}) + \left.\frac{\partial g}{\partial \mathbf{T}}\right|_{\mathbf{T}=\boldsymbol{\mu}}^{T} (\mathbf{T} - \boldsymbol{\mu}) - E(\hat{\theta}) \right]^2 \right\}$$

但是由 (9.15) 式，我们有 $E(\hat{\theta}) = g(\boldsymbol{\mu})$。因此

$$\mathrm{var}(\hat{\theta}) = \left.\frac{\partial g}{\partial \mathbf{T}}\right|_{\mathbf{T}=\boldsymbol{\mu}}^{T} \mathbf{C}_T \left.\frac{\partial g}{\partial \mathbf{T}}\right|_{\mathbf{T}=\boldsymbol{\mu}} \tag{9.16}$$

其中 $\mathbf{C}_T$ 是矩阵 $\mathbf{T}$ 的协方差矩阵。这样为了确定方差，我们要求均值 $\boldsymbol{\mu}$ 和协方差矩阵 $\mathbf{C}_T$。同样的推导过程可扩展到高阶泰勒级数展开，尽管这样会使代数推导变得比较烦琐（参见习题 9.8 和习题 9.9）。下面举例说明。

例 9.4 指数 PDF（继续）

继续讨论例 9.2，假设已求得矩方法的估计量

$$\hat{\lambda} = \frac{1}{\dfrac{1}{N} \sum_{n=0}^{N-1} x[n]}$$

其中 $x[n]$ 是 IID，并且每个都服从指数分布。使用 (9.15) 式和 (9.16) 式，求取近似的均值和方差。本例中我们有

$$\hat{\lambda} = g(T_1)$$

其中

$$T_1 = \frac{1}{N} \sum_{n=0}^{N-1} x[n]$$

且

$$g(T_1) = \frac{1}{T_1}$$

T_1 的均值为

$$\mu_1 = E(T_1) \;=\; \frac{1}{N}\sum_{n=0}^{N-1} E(x[n]) \;=\; E(x[n]) \;=\; \frac{1}{\lambda}$$

利用例 9.2 的结果，T_1 的方差为

$$\mathrm{var}(T_1) \;=\; \mathrm{var}\left(\frac{1}{N}\sum_{n=0}^{N-1} x[n]\right) \;=\; \frac{\mathrm{var}(x[n])}{N}$$

但是

$$\mathrm{var}(x[n]) \;=\; \int_0^\infty x^2[n]\lambda\exp(-\lambda x[n])\,dx[n] - \frac{1}{\lambda^2} \;=\; \frac{2}{\lambda^2} - \frac{1}{\lambda^2} = \frac{1}{\lambda^2}$$

所以

$$\mathrm{var}(T_1) = \frac{1}{N\lambda^2}$$

由于 $g(T_1) = 1/T_1$，

$$\left.\frac{\partial g}{\partial T_1}\right|_{T_1=\mu_1} = -\frac{1}{\mu_1^2} = -\lambda^2$$

根据 (9.15) 式可求得近似的均值为

$$E(\hat\lambda) = g(\mu_1) = \frac{1}{\frac{1}{\lambda}} = \lambda$$

根据 (9.16) 式可求得近似的方差为

$$\mathrm{var}(\hat\lambda) \;=\; \left.\frac{\partial g}{\partial T_1}\right|_{T_1=\mu_1} \mathrm{var}(T_1)\left.\frac{\partial g}{\partial T_1}\right|_{T_1=\mu_1} \;=\; (-\lambda^2)\frac{1}{N\lambda^2}(-\lambda^2) \;=\; \frac{\lambda^2}{N}$$

可以看出，估计量是近似无偏的，并且近似的方差随着 N 的增大而减小。需要强调的是，这些表达方式只是近似，它和 g 的线性化精度是一致的。实际上在本例中，$\hat\lambda$ 可以很容易证明是 MLE。这样，它的渐近 PDF（当 $N\to\infty$ 时）可以证明是 [参见 (7.8) 式]

$$\hat\lambda \stackrel{a}{\sim} \mathcal{N}(\lambda, \lambda^2/N)$$

因此，只有当 $N\to\infty$ 时近似值是精确的。（在习题 9.10 中，利用 g 的二次展开来推导 $\hat\lambda$ 的均值和方差的二阶近似。）为了确定均值和方差表达式成立所要求的 N 值究竟要多大，必须进行蒙特卡洛计算机模拟。

利用泰勒级数方法的基本前提是函数 g 在 $p(\mathbf{T};\theta)$ 必须为非零的 $\mathbf{T}$ 的范围内是近似线性的。在下面情况中，这是很自然的。

1. 数据记录足够大，以至于如前面例子中所描述的，$p(\mathbf{T};\theta)$ 集中在均值附近。在例子中，当 $N\to\infty$ 时，由于 $\mathrm{var}(T_1)=1/(N/\lambda^2)\to 0$，因此当 $N\to\infty$ 时，$T_1 = \frac{1}{N}\sum_{n=0}^{N-1} x[n]$ 的 PDF 变得更加集中在 $E(T_1)$ 附近。

2. 噪声中的信号参数估计的问题，高 SNR 的情况。在这种情况下，通过在信号附近展开函数，就可以得到近似的均值和方差，对于高 SNR 而言结果会非常精确。这是因为在高 SNR 的情况下，噪声只引起无噪声情况下得到的估计量的值有轻微抖动。下面讨论第二种情况。

我们考虑数据

$$x[n] = s[n;\theta] + w[n] \qquad n = 0, 1, \ldots, N-1$$

其中 $w[n]$ 是协方差矩阵为 $\mathbf{C}$ 的零均值噪声。标量 θ 的一般估计量为

$$\hat\theta \;=\; g(\mathbf{x}) \;=\; g(\mathbf{s}(\theta)+\mathbf{w}) \;=\; h(\mathbf{w})$$

在这种情况下，我们可以选择统计量 $\mathbf{T}$ 作为起始数据，由于随着 SNR 的增大，$\mathbf{T} = \mathbf{x}$ 的 PDF 将更加集中于均值附近，或者说集中在信号附近。我们现在利用函数 g 在 $\mathbf{x}$ 的均值 $\boldsymbol{\mu} = \mathbf{s}(\theta)$ 附近的一阶泰勒级数展开，或者等价于在 $\mathbf{w} = \mathbf{0}$ 附近 h 的一阶泰勒级数展开。由此得

$$\hat{\theta} \approx h(\mathbf{0}) + \sum_{n=0}^{N-1} \left.\frac{\partial h}{\partial w[n]}\right|_{\mathbf{w}=\mathbf{0}} w[n] \tag{9.17}$$

如前所述，可以近似地得出

$$E(\hat{\theta}) = \mathbf{h}(\mathbf{0}) = g(\mathbf{s}(\theta)) \tag{9.18}$$

$$\mathrm{var}(\hat{\theta}) = \left.\frac{\partial h}{\partial \mathbf{w}}\right|_{\mathbf{w}=\mathbf{0}}^{T} \mathbf{C} \left.\frac{\partial h}{\partial \mathbf{w}}\right|_{\mathbf{w}=\mathbf{0}} \tag{9.19}$$

在大多数情况下，如果没有噪声，由于 $g(\mathbf{s}(\theta)) = \theta$，那么估计量将得到真实值。因此对于高 SNR 的情况，估计量是无偏的。下面给出一个例子。

例 9.5 白噪声中的指数信号

对于数据

$$x[n] = r^n + w[n] \qquad n = 0, 1, 2$$

其中 $w[n]$ 是零均值、方差为 σ^2 的不相关噪声，阻尼因子 r 是要被估计的量。不使用似然函数最大的方法求解 MLE（参见例 7.11），我们提出一种估计量

$$\hat{r} = \frac{x[2] + x[1]}{x[1] + x[0]}$$

根据信号和噪声，我们有

$$\hat{r} = h(\mathbf{w}) = \frac{r^2 + w[2] + r + w[1]}{r + w[1] + 1 + w[0]}$$

根据(9.18)式

$$E(\hat{r}) = h(\mathbf{0}) = \frac{r^2 + r}{r + 1} = r$$

或者说估计量是近似无偏的。为了求方差，

$$\left.\frac{\partial h}{\partial w[0]}\right|_{\mathbf{w}=\mathbf{0}} = \left. -\frac{r^2 + w[2] + r + w[1]}{(r + w[1] + 1 + w[0])^2}\right|_{\mathbf{w}=\mathbf{0}} = -\frac{r^2 + r}{(r+1)^2} = -\frac{r}{r+1}$$

类似地，

$$\left.\frac{\partial h}{\partial w[1]}\right|_{\mathbf{w}=\mathbf{0}} = -\frac{r-1}{r+1}$$

$$\left.\frac{\partial h}{\partial w[2]}\right|_{\mathbf{w}=\mathbf{0}} = \frac{1}{r+1}$$

因为 $\mathbf{C} = \sigma^2 \mathbf{I}$，由(9.19)式我们有

$$\mathrm{var}(\hat{r}) = \sigma^2 \sum_{n=0}^{2} \left(\left.\frac{\partial h}{\partial w[n]}\right|_{\mathbf{w}=\mathbf{0}}\right)^2 = \frac{\sigma^2}{(r+1)^2}[r^2 + (r-1)^2 + 1] = 2\sigma^2 \frac{r^2 - r + 1}{(r+1)^2}$$

值得注意的是，根据(9.14)式和(9.17)式，估计量分别是 $\mathbf{T}$ 和 $\mathbf{w}$ 的近似线性函数。如果这些估计量是高斯的，则 $\hat{\theta}$ 也是高斯的，至少在泰勒级数近似假定内是高斯的。最后需要注意的是，对于矢量参数，每个分量的近似均值和方差都可以采用这些技术来得到。应用一阶泰勒级数展开得到 $\hat{\boldsymbol{\theta}}$ 的协方差矩阵是可能的，但是将会十分烦琐。

9.6　信号处理的例子

我们现在将矩方法和近似性能分析应用到频率估计问题。假设我们观测到

$$x[n] = A\cos(2\pi f_0 n + \phi) + w[n] \qquad n = 0, 1, \ldots, N-1$$

其中 $w[n]$ 是零均值、方差为 σ^2 的白噪声，频率 f_0 是待估计量。这个问题在例 7.16 中讨论过，在那里证明了频率的 MLE 近似由周期图的峰值位置给出。为了努力减少搜索峰值位置所需的计算量，我们现在描述一种矩方法估计量。为此我们采用与常规正弦信号模型稍微不同的模型，假设相位 ϕ 是与 $w[n]$ 无关的随机变量，且服从 $\phi \sim \mathcal{U}[0, 2\pi]$ 分布。利用这样的假设，信号 $s[n] = A\cos(2\pi f_0 n + \phi)$ 可以看成 WSS 随机过程的一个现实，这一点通过确定 $s[n]$ 的 ACF 和均值就可以验证。均值为

$$E(s[n]) \;\;=\;\; E[A\cos(2\pi f_0 n + \phi)] \;\;=\;\; \int_0^{2\pi} A\cos(2\pi f_0 n + \phi)\frac{1}{2\pi}\,d\phi \;\;=\;\; 0$$

ACF 为

$$
\begin{aligned}
r_{ss}[k] \;\;&=\;\; E[s[n]s[n+k]]\\
&=\;\; E[A^2\cos(2\pi f_0 n + \phi)\cos(2\pi f_0(n+k) + \phi)]\\
&=\;\; A^2 E\left[\frac{1}{2}\cos(4\pi f_0 n + 2\pi f_0 k + 2\phi) + \frac{1}{2}\cos 2\pi f_0 k\right]\\
&=\;\; \frac{A^2}{2}\cos 2\pi f_0 k
\end{aligned}
$$

观测过程的 ACF 变为

$$r_{xx}[k] \;\;=\;\; r_{ss}[k] + r_{ww}[k] \;\;=\;\; \frac{A^2}{2}\cos 2\pi f_0 k + \sigma^2\delta[k]$$

为了简化讨论，对于随后的估计量，我们假定信号幅度是已知的（对于幅度未知情况，则请参见习题 9.12）。令 $A = \sqrt{2}$，则 ACF 变成

$$r_{xx}[k] = \cos 2\pi f_0 k + \sigma^2\delta[k]$$

为了使用矩方法估计频率，我们观测到

$$r_{xx}[1] = \cos 2\pi f_0$$

因此，不用假定 σ^2 的知识，我们就可以实现矩方法估计量

$$\hat{f}_0 = \frac{1}{2\pi}\arccos \hat{r}_{xx}[1]$$

其中 $\hat{r}_{xx}[1]$ 是 $r_{xx}[1]$ 的估计量。对于 $k = 1$，ACF 的一个合理的估计量是

$$\hat{r}_{xx}[1] = \frac{1}{N-1}\sum_{n=0}^{N-2} x[n]x[n+1]$$

所以，最终我们得到频率估计为

$$\hat{f}_0 = \frac{1}{2\pi}\arccos\left[\frac{1}{N-1}\sum_{n=0}^{N-2} x[n]x[n+1]\right] \tag{9.20}$$

当 SNR 很低时，通常会出现反余弦函数的参数值可能会超过 1 的情况。如果是这种情况，则估计是无意义，也表明估计量是不可靠的。

尽管前面我们分析的是随机相位正弦信号模型，但是，如果相位 ϕ 是确定性的但未知（参见习题 9.11），那么估计仍然是有效的。为了确定 $\hat{f}_0$ 的均值和方差，我们假定 ϕ 是确定性的。为

了评价估计量的性能, 我们应用一阶泰勒级数展开方法, 并且在 $\mathbf{w} = \mathbf{0}$ 点附近展开。这样, 对于足够高的 SNR, 得到的性能是有效的。根据 (9.18) 式, 我们有

$$
\begin{aligned}
E(\hat{f}_0) &= \frac{1}{2\pi} \arccos \left[\frac{1}{N-1} \sum_{n=0}^{N-2} \sqrt{2} \cos(2\pi f_0 n + \phi) \sqrt{2} \cos(2\pi f_0 (n+1) + \phi) \right] \\
&= \frac{1}{2\pi} \arccos \left[\frac{1}{N-1} \sum_{n=0}^{N-2} \left(\cos(4\pi f_0 n + 2\pi f_0 + 2\phi) + \cos 2\pi f_0 \right) \right]
\end{aligned}
$$

上式中倍频项的取和近似为 0, 所以对于高 SNR,

$$
E(\hat{f}_0) = \frac{1}{2\pi} \arccos \left[\cos 2\pi f_0 \right] = f_0 \tag{9.21}
$$

为了求方差, 我们注意到

$$
\hat{f}_0 = h(\mathbf{w}) = \frac{1}{2\pi} \arccos \left[\underbrace{\frac{1}{N-1} \sum_{n=0}^{N-2} (s[n] + w[n])(s[n+1] + w[n+1])}_{u} \right]
$$

所以一阶偏导数为

$$
\left. \frac{\partial h}{\partial w[i]} \right|_{\mathbf{w}=\mathbf{0}} = -\frac{1}{2\pi} \frac{1}{\sqrt{1-u^2}} \left. \frac{\partial u}{\partial w[i]} \right|_{\mathbf{w}=\mathbf{0}}
$$

但是,

$$
\left. \frac{\partial u}{\partial w[i]} \right|_{\mathbf{w}=\mathbf{0}} = \frac{1}{N-1} \frac{\partial}{\partial w[i]} \left. \sum_{n=0}^{N-2} (s[n]w[n+1] + w[n]s[n+1]) \right|_{\mathbf{w}=\mathbf{0}}
$$

求导并令 $\mathbf{w} = \mathbf{0}$ 以后, 和式里的其他项为零。于是我们有

$$
\left. \frac{\partial u}{\partial w[i]} \right|_{\mathbf{w}=\mathbf{0}} = \begin{cases} \frac{1}{N-1} s[1] & i = 0 \\ \frac{1}{N-1} (s[i-1] + s[i+1]) & i = 1, 2, \ldots, N-2 \\ \frac{1}{N-1} s[N-2] & i = N-1 \end{cases}
$$

另外,

$$
u|_{\mathbf{w}=\mathbf{0}} = \frac{1}{N-1} \sum_{n=0}^{N-2} s[n]s[n+1] \approx \cos 2\pi f_0
$$

这是已经证明过的。因此,

$$
\left. \frac{\partial h}{\partial w[i]} \right|_{\mathbf{w}=\mathbf{0}} = -\frac{1}{2\pi \sin 2\pi f_0} \left. \frac{\partial u}{\partial w[i]} \right|_{\mathbf{w}=\mathbf{0}}
$$

根据 (9.19) 式利用 $\mathbf{C} = \sigma^2 \mathbf{I}$, 我们得到

$$
\begin{aligned}
\mathrm{var}(\hat{f}_0) &= \sigma^2 \sum_{n=0}^{N-1} \left(\left. \frac{\partial h}{\partial w[n]} \right|_{\mathbf{w}=\mathbf{0}} \right)^2 \\
&= \frac{\sigma^2}{(2\pi)^2 (N-1)^2 \sin^2 2\pi f_0} \left[s^2[1] \right. \\
&\qquad \left. + \sum_{n=1}^{N-2} (s[n-1] + s[n+1])^2 + s^2[N-2] \right]
\end{aligned}
$$

但是很容易验证 $s[n-1] + s[n+1] = 2\cos 2\pi f_0 s[n]$, 所以最终对于高 SNR, 频率估计的方差为

$$
\mathrm{var}(\hat{f}_0) = \frac{\sigma^2}{(2\pi)^2 (N-1)^2 \sin^2 2\pi f_0} \left[s^2[1] + 4\cos^2 2\pi f_0 \sum_{n=1}^{N-2} s^2[n] + s^2[N-2] \right] \tag{9.22}
$$

其中 $s[n] = \sqrt{2}\cos(2\pi f_0 n + \phi)$。方差的计算尽管比较烦琐，但是很容易理解。该方差以 $1/N^2$（对于 $f_0 = 1/4$）迅速减少，而 CRLB 的方差是以 $1/N^3$ 减小[参见(3.41)式]。另外，当 f_0 在 0 或 1/2 附近时，方差迅速增加，这是因为反余弦运算要求确定 $\hat{f}_0$。如图 9.1 所示，由于陡峭的斜率，自变量 x 在 ±1 附近（f_0 在 0 或 1/2 附近）的轻微变化会引起函数值的很大起伏。

作为一个近似均值和方差表达式精度的例子，考虑一个数据集，对于 $A = \sqrt{2}$，参数 $\text{SNR} = A^2/2\sigma^2 = 1/\sigma^2$，且 $f_0 = 0.2$、$\phi = 0$ 和 $N = 50$。对于 $w[n]$ 为 WGN 的情况，针对几种不同的 SNR，按(9.20)式给出的 $\hat{f}_0$ 的 1000 个现实进行蒙特卡洛计算机模拟。在图 9.2(a) 中，画出了得到的实际均值 $E(\hat{f}_0)$ 和 $f_0 = 0.2$ 的理论均值与 SNR 的关系。对于高 SNR，正如预期的那样，估计基本上是无偏的。轻微的差异是在推导估计量时的近似所产生的，

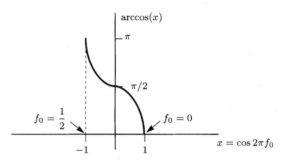

图 9.1　频率估计方差增加的解释

理论上，N 足够大以至于可以忽略倍频项。可以证明对于高 SNR，对于大的 N 值，均值等于真实的均值。

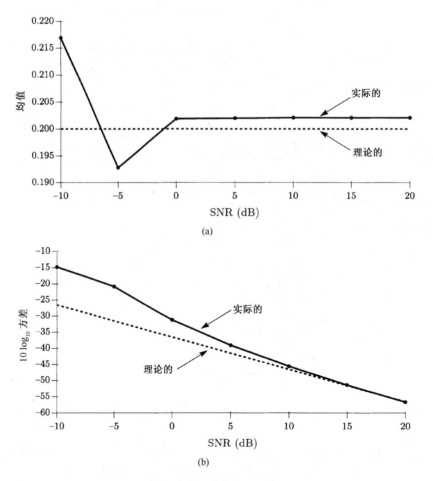

图 9.2　矩方法的频率估计量

图9.2(b)绘出了实际得到的方差和由(9.22)式得到的理论方差与 SNR 的关系曲线。很显然具有相同的特性。关于这个例子的更进一步讨论请参见习题9.13。关于这种估计方法的更深入讨论，读者可以参考[Lank et al.1973,Kay 1989]。

参考文献

Kay, S., "A Fast and Accurate Single Frequency Estimator," *IEEE Trans. Acoust., Speech, Signal Process.*, Vol. 37, pp. 1987–1990, Dec. 1989.

Lank, G.W., I.S. Reed, G.E. Pollon, "A Semicoherent Detection and Doppler Estimation Statistic," *IEEE Trans. Aerosp. Electron. Systems*, Vol. 9, pp. 151–165, March 1973.

Rider, P.R., "Estimating the Parameters of Mixed Poisson, Binomial, and Weibull Distributions by the Method of Moments," *Bull. Int. Statist. Inst.*, Vol. 38, pp. 1–8, 1961.

习题

9.1　如果 N 个 IID 观测 $\{x[0],x[1],\dots,x[N-1]\}$ 服从瑞利 PDF

$$p(x;\sigma^2) = \begin{cases} \dfrac{x}{\sigma^2}\exp\left(-\dfrac{1}{2}\dfrac{x^2}{\sigma^2}\right) & x>0 \\ 0 & x<0 \end{cases}$$

求 σ^2 的矩方法估计量。

9.2　如果 N 个 IID 观测 $\{x[0],x[1],\dots,x[N-1]\}$ 服从拉普拉斯 PDF

$$p(x;\sigma) = \frac{1}{\sqrt{2}\sigma}\exp\left(-\frac{\sqrt{2}|x|}{\sigma}\right)$$

求 σ 的矩方法估计量。

9.3　假设观测到来自二维高斯 PDF 中的 N 个 IID 样本 $\{\mathbf{x}_0, \mathbf{x}_1, \dots, \mathbf{x}_{N-1}\}$，其中每个 $\mathbf{x}$ 都是 PDF $\mathbf{x} \sim \mathcal{N}(\mathbf{0}, \mathbf{C})$ 的 2×1 随机矢量。如果

$$\mathbf{C} = \begin{bmatrix} 1 & \rho \\ \rho & 1 \end{bmatrix}$$

求 ρ 的矩方法估计量。同时，确定求解 ρ 的 MLE 的三次方程。解释不同估计量实现的难易程度。

9.4　如果 N 个 IID 观测 $\{x[0],x[1],\dots,x[N-1]\}$ 服从 $\mathcal{N}(\mu,\sigma^2)$ PDF，求 $\boldsymbol{\theta} = [\mu\ \sigma^2]^T$ 的矩方法估计量。

9.5　在例8.12 中我们确定 ARMA 过程的 ACF 满足递归差分方程

$$r_{xx}[n] = -\sum_{k=1}^{p} a[k]r_{xx}[n-k] \qquad n>q$$

其中 $\{a[1],a[2],\dots,a[p]\}$ 是 AR 滤波器参数，q 是 MA 的阶。建立 AR 滤波器参数的矩方法估计量。

9.6　对于 WGN 中的 DC 电平，即

$$x[n] = A + w[n] \qquad n=0,1,\dots,N-1$$

其中 $w[n]$ 是方差为 σ^2 的 WGN，参数 A^2 是待估计量，利用

$$\widehat{A^2} = (\bar{x})^2$$

进行估计。利用一阶泰勒级数展开的方法，求这个估计量近似的均值和方差。

9.7　对于观测数据

$$x[n] = \cos\phi + w[n] \qquad n=0,1,\dots,N-1$$

其中 $w[n]$ 是方差为 σ^2 的 WGN，求 ϕ 的矩方法估计量。假设 SNR 较高，利用一阶泰勒级数展开的方法求估计量近似的均值和方差。

9.8　在本题中，运用二阶泰勒级数展开来求估计的均值。为此，将 $\hat{\theta} = g(\mathbf{T})$ 在 $\mathbf{T}$ 的均值附近或 $\mathbf{T}=\boldsymbol{\mu}$ 附近展

开，展开式保留到二次项。证明 $\hat{\theta}$ 的近似均值估计为

$$E(\hat{\theta}) = g(\boldsymbol{\mu}) + \frac{1}{2}\text{tr}[\mathbf{G}(\boldsymbol{\mu})\mathbf{C}_T]$$

其中

$$[\mathbf{G}(\boldsymbol{\mu})]_{ij} = \frac{\partial^2 g}{\partial T_i \partial T_j}\bigg|_{\mathbf{T}=\boldsymbol{\mu}}$$

提示：利用结果

$$E(\mathbf{x}^T\mathbf{y}) = E(\text{tr}(\mathbf{y}\mathbf{x}^T)) = \text{tr}(E(\mathbf{y}\mathbf{x}^T))$$

9.9　在本题中，运用二阶泰勒级数展开来求估计的方差。为此，将 $\hat{\theta} = g(\mathbf{T})$ 在 $\mathbf{T}$ 的均值附近或 $\mathbf{T}=\boldsymbol{\mu}$ 附近展开，展开式保留到二次项。然后利用习题 9.8 的结果，最后假定 $\mathbf{T} \sim \mathcal{N}(\boldsymbol{\mu}, \mathbf{C}_T)$。应该可以验证下面的结果，

$$\text{var}(\hat{\theta}) = \frac{\partial g}{\partial \mathbf{T}}\bigg|_{\mathbf{T}=\boldsymbol{\mu}}^T \mathbf{C}_T \frac{\partial g}{\partial \mathbf{T}}\bigg|_{\mathbf{T}=\boldsymbol{\mu}} + \frac{1}{2}\text{tr}\left[(\mathbf{G}(\boldsymbol{\mu})\mathbf{C}_T)^2\right]$$

其中 $r \times r$ 的 $\mathbf{G}(\boldsymbol{\mu})$ 在习题 9.8 中已定义。提示：需要运用下面的结果，对于 $N \times N$ 对称矩阵 $\mathbf{A}$，如果 $\mathbf{x} \sim \mathcal{N}(\mathbf{0}, \mathbf{C}_x)$，则

$$\text{var}(\mathbf{x}^T\mathbf{A}\mathbf{x}) = 2\text{tr}\left[(\mathbf{A}\mathbf{C}_x)^2\right]$$

9.10　利用习题 9.8 和习题 9.9 的结论，求习题 9.4 中讨论的 λ 的估计量二阶近似均值和方差。将得到的结果与一阶近似的结果进行比较，根据方差表达式证明 $\bar{x}$ 具有高斯型 PDF。另外，将结果与渐近 MLE 理论预测结果进行比较（回想一下估计量也是 MLE）。

9.11　证明对于正弦信号

$$s[n] = A\cos(2\pi f_0 n + \phi)$$

其中相位 ϕ 是确定性未知量，当 $N \to \infty$ 时有

$$\frac{1}{N-1}\sum_{n=0}^{N-2} s[n]s[n+1] \to \frac{A^2}{2}\cos 2\pi f_0$$

假设 f_0 不在 0 或 1/2 附近。这也补充说明了对确定性相位的正弦信号在 9.6 节的信号处理例子中提出的矩方法估计量。

9.12　为了推广 9.6 节的信号处理例子中提出的频率估计量的应用，假设信号幅度 A 是未知的。是否可以将 (9.20) 式中的估计用在这种情况呢？考虑估计量

$$\hat{f}_0 = \frac{1}{2\pi}\arccos\left[\frac{\dfrac{1}{N-1}\displaystyle\sum_{n=0}^{N-2} x[n]x[n+1]}{\dfrac{1}{N}\displaystyle\sum_{n=0}^{N-1} x^2[n]}\right]$$

证明在高 SNR 且 N 很大的情况下，$E(\hat{f}_0) = f_0$。证明这种估计量是基于 ACF 的矩方法估计量。你是否认为这个估计在低 SNR 情况下是有效的？

9.13　对于 9.6 节中信号处理的例子，假设参数是 $A = \sqrt{2}$，$f_0 = 0.25$，$\phi = 0$，且 N 是奇数。根据 (9.22) 式证明 $\text{var}(\hat{f}_0) = 0$。为了理解这一结果，注意到

$$\frac{\partial h}{\partial w[i]}\bigg|_{\mathbf{w}=0} = 0$$

其中 $i = 0, 1, \dots, N-1$。对于一阶泰勒级数展开表达式而言这说明什么？应该如何改进这种情况？

第10章 贝叶斯原理

10.1 引言

前面我们讨论了统计估计理论的经典方法，在那里我们假定感兴趣的参数 θ 是确定的未知常量。从现在开始，假定参数 θ 是随机变量，我们必须估计的是其特定的一个现实。这就是贝叶斯（Bayesian）方法，该方法的命名是根据它的实现建立在贝叶斯定理的基础之上。运用这样的估计方法基于两方面的原因。第一，如果我们有 θ 的一些先验知识，那么就可以将先验知识应用到我们的估计量中，这样做要求假定 θ 是具有给定 PDF 的随机变量。而在经典的估计方法中，我们发现很难运用先验知识。因此，在应用贝叶斯方法时可以改善估计精度。第二，在找不到 MVU 估计量的情况下，贝叶斯估计是很有用的。例如，当一种无偏估计量的方差可能不是一致地小于其他无偏估计量的方差时，在这种情况下，大部分参数估计量的均方误差小于其他的估计量。通过指定 θ 的 PDF 可以设计得到估计量的方法。得出的估计量可以认为是"平均"意义下最佳的，或者是假定 θ 的先验 PDF 的情况下的最佳估计。本章将导出贝叶斯方法，并针对贝叶斯方法的运用而对一些问题展开讨论。读者应该注意的是，这种估计方法已经有很长一段时间的历史，并且一直对其有争议。我们推荐读者阅读 [Box and Tiao 1973] 等更权威的论著。

10.2 小结

贝叶斯 MSE 在 (10.2) 式中定义，通过 (10.5) 式的估计量而使其达到最小，这个估计量是后验 PDF 的均值。10.4 节描述了一个具有高斯先验 PDF 的 WGN 中 DC 电平的例子。对于这个例子的最小 MSE 估计量由 (10.11) 式给出，它代表数据知识和先验知识之间的加权。对应的最小 MSE 由 (10.14) 式给出。根据 10.5 节描述的数据，对随机变量现实的估计能力基于随机变量的相关性。定理 10.2 概述了联合高斯 PDF 产生条件 PDF 的结果，这个条件 PDF 也是高斯的，它具有均值 (10.24) 式、协方差 (10.25) 式。把这些结果应用到 (10.26) 式的贝叶斯线性模型，得到了总结在定理 10.3 中的后验 PDF。在第 11 章中将会证明，(10.28) 式的后验 PDF 的均值是矢量参数的最小 MSE 估计量。10.7 节从贝叶斯观点出发，讨论了多余参数，而 10.8 节讨论了在经典估计问题中使用贝叶斯估计可能会遇到的潜在困难。

10.3 先验知识和估计

估计理论的基本原则是通过应用先验知识将得到更为精确的估计量。例如，如果参数被限定在一个已知的范围内，那么任何好的估计量都只产生此范围内的估计。在例 3.1 中证明了 A 的 MVU 估计量是样本均值 $\bar{x}$。然而这是假定 A 可以取 $-\infty < A < \infty$ 上的任何值。考虑到物理条件的限制，认为 A 的取值在有限区间 $-A_0 \leqslant A \leqslant A_0$ 内要更为合理。由于 $\hat{A} = \bar{x}$ 可能会产生已知范围之外的值，因此将得到的 $\hat{A}$ 作为最佳估计量是不合适的，如图 10.1 (a) 所示，这是因为噪声的影响。毫无疑问，如果我们利用截断的样本均值估计量

$$\check{A} = \begin{cases} -A_0 & \bar{x} < -A_0 \\ \bar{x} & -A_0 \leqslant \bar{x} \leqslant A_0 \\ A_0 & \bar{x} > A_0 \end{cases}$$

这与已知的限制一致，那么估计性能的改善是可以实现的。这样的估计量的 PDF 为

$$
\begin{aligned}
p_{\check{A}}(\xi; A) = & \ \Pr\{\bar{x} \le -A_0\}\delta(\xi + A_0) \\
& + p_{\hat{A}}(\xi; A)[u(\xi + A_0) - u(\xi - A_0)] \\
& + \Pr\{\bar{x} \ge A_0\}\delta(\xi - A_0)
\end{aligned} \tag{10.1}
$$

其中 $u(x)$ 是单位阶跃函数。如图 10.1(b) 所示。可以看出，$\check{A}$ 是有偏估计量。然而，如果比较两种估计量的 MSE，我们会注意到，对于区间 $-A_0 \le A \le A_0$ 上的任何 A，

$$
\begin{aligned}
\mathrm{mse}(\hat{A}) = & \ \int_{-\infty}^{\infty} (\xi - A)^2 p_{\hat{A}}(\xi; A)\,d\xi \\
= & \ \int_{-\infty}^{-A_0} (\xi - A)^2 p_{\hat{A}}(\xi; A)\,d\xi + \int_{-A_0}^{A_0} (\xi - A)^2 p_{\hat{A}}(\xi; A)\,d\xi \\
& + \int_{A_0}^{\infty} (\xi - A)^2 p_{\hat{A}}(\xi; A)\,d\xi \\
> & \ \int_{-\infty}^{-A_0} (-A_0 - A)^2 p_{\hat{A}}(\xi; A)\,d\xi + \int_{-A_0}^{A_0} (\xi - A)^2 p_{\hat{A}}(\xi; A)\,d\xi \\
& + \int_{A_0}^{\infty} (A_0 - A)^2 p_{\hat{A}}(\xi; A)\,d\xi \\
= & \ \mathrm{mse}(\check{A})
\end{aligned}
$$

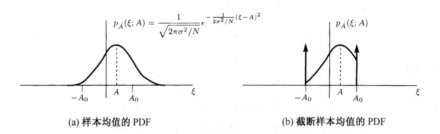

(a) 样本均值的 PDF　　　　　　　　　　(b) 截断样本均值的 PDF

图 10.1　利用先验知识可以改善估计量

　　因此，截断样本均值估计量 $\check{A}$ 从 MSE 上来看要优于样本均值估计量。尽管 $\hat{A}$ 仍然是 MVU 估计量，我们通过允许估计量是有偏的来减小均方误差。对于这种情况，就会出现最佳估计量存在与否的问题。(读者可以回想一下，在经典情况下使用最佳 MSE 准则常常导出不可实现的估计量。在贝叶斯方法中，这个问题就不存在了。)只有在重建数据模型后，我们才能肯定地回答这个问题。我们知道 A 必须处于一个已知的区间，假定 A 的真值是从这个区间上选择出来的。然后，我们把选择一个真值的过程看成一个随机事件，这个随机事件的 PDF 可以指定。只知道 A 的取值范围，而对 A 的值靠近任何特定值没有任何倾向性，在这种情况下，将 $\mathcal{U}[-A_0, A_0]$ PDF 赋给随机变量 A。图 10.2 描述了数据模型，如图所示，根据给定的 PDF 选择 A 的行为是贝叶斯方法和经典方法的不同之处。以往的问题是估计 A 的值或者随机变量的实现，而现在我们可以把 A 是如何选择的知识结合进来。例如，我们可以寻找一种估计量 $\hat{A}$，使如下定义的贝叶斯 MSE 最小，

$$
\mathrm{Bmse}(\hat{A}) = E[(A - \hat{A})^2] \tag{10.2}
$$

　　与经典估计误差定义 $\hat{A} - A$ 相反，我们定义误差 $A - \hat{A}$。这个定义对后面讨论贝叶斯估计量的矢量空间解释是很有用的。在 (10.2) 式中，我们强调由于 A 是一个随机变量，因此期望运算是对联合 PDF $p(\mathbf{x}, A)$ 求取的，这是 MSE 与经典估计本质上的不同。为了表示区别，我们采用符号 Bmse。为了正确评价两者的差别，将经典 MSE

$$\text{mse}(\hat{A}) = \int (\hat{A} - A)^2 p(\mathbf{x}; A)\, d\mathbf{x} \tag{10.3}$$

与贝叶斯 MSE

$$\text{Bmse}(\hat{A}) = \iint (A - \hat{A})^2 p(\mathbf{x}, A)\, d\mathbf{x}\, dA \tag{10.4}$$

进行比较, 正如平均 PDF 所表示出来的那样, 甚至基本的实验也是不同的。如果我们要通过蒙特卡洛计算机模拟来评估 MSE 性能, 那么对于经典方法要选择 $w[n]$ 的现实, 然后加到给定的 A 上。这个过程重复 M 次, 每次都将新的 $w[n]$ 的现实加到同样的 A 上。在贝叶斯方法中, 对于每一个现实, 我们按照 PDF $\mathcal{U}[-A_0, A_0]$ 来选择 A, 然后产生 $w[n]$(假设 $w[n]$ 与 A 是独立的)。接着重复这个过程 M 次。在经典的估计中, 我们对每一个假定的 A 值得到一个 MSE; 而在贝叶斯情况下, 得到一个单一的 MSE 值, 再对 A 的 PDF 取平均。注意, 尽管经典的 MSE 通常与 A 有关, 因此使 MSE 最小的估计量也与 A 有关(参见 2.4 节), 但是贝叶斯 MSE 就不同。我们通过积分消除了参数的依赖性。显而易见, 比较经典估计和贝叶斯估计就像比较"苹果和桔子"一样。如果读者想这样做, 就会使自己思维混乱。不过, 有时估计的形式是一样的(参见习题 10.1)。

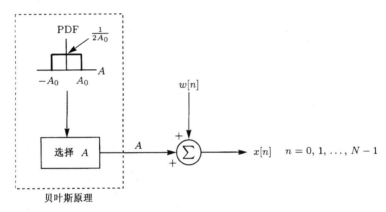

图 10.2　贝叶斯方法的数据模型

为了完成我们的例子, 我们推导使贝叶斯 MSE 最小的估计量。首先, 应用贝叶斯原理, 可以写出

$$p(\mathbf{x}, A) = p(A|\mathbf{x})p(\mathbf{x})$$

所以

$$\text{Bmse}(\hat{A}) = \int \left[\int (A - \hat{A})^2 p(A|\mathbf{x})\, dA \right] p(\mathbf{x})\, d\mathbf{x}$$

现在, 由于对于所有的 $\mathbf{x}$ 而言有 $p(\mathbf{x}) \geq 0$, 如果括号内的积分对每一个 $\mathbf{x}$ 能够最小, 那么贝叶斯 MSE 将达到最小。因此, 固定 $\mathbf{x}$ 使 $\hat{A}$ 是一个标量变量(与 $\mathbf{x}$ 的一般函数相反), 我们有

$$\begin{aligned}
\frac{\partial}{\partial \hat{A}} \int (A - \hat{A})^2 p(A|\mathbf{x})\, dA &= \int \frac{\partial}{\partial \hat{A}} (A - \hat{A})^2 p(A|\mathbf{x})\, dA \\
&= \int -2(A - \hat{A}) p(A|\mathbf{x})\, dA \\
&= -2 \int A p(A|\mathbf{x})\, dA + 2\hat{A} \int p(A|\mathbf{x})\, dA
\end{aligned}$$

令等式等于零, 得

$$\hat{A} = \int A p(A|\mathbf{x})\, dA$$

或者最终得
$$\hat{A} = E(A|\mathbf{x}) \tag{10.5}$$

因为条件 PDF 积分必须等于 1。可以看出使贝叶斯 MSE 最小的最佳估计量是后验 PDF $p(A|\mathbf{x})$ 的均值（另一种推导也可以参见习题 10.5）。后验 PDF 是指得到观测数据后 A 的 PDF。与此相对，$p(A)$ 或者

$$p(A) = \int p(\mathbf{x}, A)\, d\mathbf{x}$$

可以看成 A 的先验 PDF，它表示在数据被观测到之前的 PDF。今后，我们称使贝叶斯 MSE 最小的估计量为最小均方误差（MMSE）估计量。直观地理解，观测数据的影响如图 10.3 所示，估计值集中在 A 的 PDF 附近（参见习题 10.15）。这是因为数据知识可以减少我们对于 A 的不确定性。后面，我们将重新回到这种概念上来。

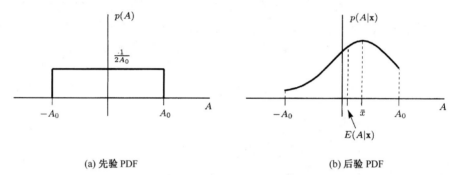

(a) 先验 PDF　　　　　　　　　　　　(b) 后验 PDF

图 10.3　先验与后验 PDF 的比较

在确定 MMSE 估计量时，我们首先需要后验 PDF。可以利用贝叶斯规则确定后验 PDF

$$p(A|\mathbf{x}) = \frac{p(\mathbf{x}|A)p(A)}{p(\mathbf{x})} = \frac{p(\mathbf{x}|A)p(A)}{\int p(\mathbf{x}|A)p(A)\, dA} \tag{10.6}$$

注意分母正好是一个与 A 无关的归一化因子，它可以保证 $p(A|\mathbf{x})$ 积分是 1。如果继续我们的例子，可以回顾前面的先验 PDF $p(A)$ 是 $\mathcal{U}[-A_0, A_0]$。为了计算条件 PDF $p(\mathbf{x}|A)$，我们需要进一步假定，通过 $p(A)$ 来选择 A 并不会影响噪声样本的 PDF，即 $w[n]$ 与 A 无关。那么，对于 $n=0$, $1, \ldots, N-1$，我们有

$$
\begin{aligned}
p_x(x[n]|A) &= p_w(x[n] - A|A) = p_w(x[n] - A) \\
&= \frac{1}{\sqrt{2\pi\sigma^2}} \exp\left[-\frac{1}{2\sigma^2}(x[n] - A)^2\right]
\end{aligned}
$$

因此
$$p(\mathbf{x}|A) = \frac{1}{(2\pi\sigma^2)^{\frac{N}{2}}} \exp\left[-\frac{1}{2\sigma^2} \sum_{n=0}^{N-1} (x[n] - A)^2\right] \tag{10.7}$$

很显然，此时的 PDF 在形式上和通常的经典 PDF $p(\mathbf{x}; A)$ 相等。然而，在贝叶斯情况下，这个 PDF 是条件的 PDF，因此使用了"|"分隔符。而在经典情况下，它表示无条件的 PDF（虽然它的参数与 A 有关），因此使用了"；"分隔符（参见习题 10.6）。利用 (10.6) 式和 (10.7) 式，后验 PDF 变为

$$
p(A|\mathbf{x}) =
\begin{cases}
\dfrac{\dfrac{1}{2A_0(2\pi\sigma^2)^{\frac{N}{2}}} \exp\left[-\dfrac{1}{2\sigma^2} \displaystyle\sum_{n=0}^{N-1} (x[n] - A)^2\right]}{\displaystyle\int_{-A_0}^{A_0} \dfrac{1}{2A_0(2\pi\sigma^2)^{\frac{N}{2}}} \exp\left[-\dfrac{1}{2\sigma^2} \displaystyle\sum_{n=0}^{N-1} (x[n] - A)^2\right] dA} & |A| \leqslant A_0 \\[2em]
0 & |A| > A_0
\end{cases}
$$

但是

$$\sum_{n=0}^{N-1}(x[n]-A)^2 = \sum_{n=0}^{N-1}x^2[n]-2NA\bar{x}+NA^2$$
$$= N(A-\bar{x})^2+\sum_{n=0}^{N-1}x^2[n]-N\bar{x}^2$$

所以，我们有

$$p(A|\mathbf{x})=\begin{cases} \dfrac{1}{c\sqrt{2\pi\frac{\sigma^2}{N}}}\exp\left[-\dfrac{1}{2\frac{\sigma^2}{N}}(A-\bar{x})^2\right] & |A|\leqslant A_0 \\ 0 & |A|>A_0 \end{cases} \tag{10.8}$$

因子 c 是根据 $p(A|\mathbf{x})$ 积分等于 1 的要求来确定的，于是，

$$c=\int_{-A_0}^{A_0}\frac{1}{\sqrt{2\pi\frac{\sigma^2}{N}}}\exp\left[-\frac{1}{2\frac{\sigma^2}{N}}(A-\bar{x})^2\right]dA$$

可以看出，这个 PDF 是截断高斯的，如图 10.3(b)所示。MMSE 估计量[它是 $p(A|\mathbf{x})$ 的均值]为

$$\begin{aligned} \hat{A} &= E(A|\mathbf{x}) = \int_{-\infty}^{\infty}Ap(A|\mathbf{x})\,dA \\ &= \frac{\displaystyle\int_{-A_0}^{A_0}A\frac{1}{\sqrt{2\pi\frac{\sigma^2}{N}}}\exp\left[-\frac{1}{2\frac{\sigma^2}{N}}(A-\bar{x})^2\right]dA}{\displaystyle\int_{-A_0}^{A_0}\frac{1}{\sqrt{2\pi\frac{\sigma^2}{N}}}\exp\left[-\frac{1}{2\frac{\sigma^2}{N}}(A-\bar{x})^2\right]dA} \end{aligned} \tag{10.9}$$

尽管这不能解出闭合形式，我们注意到 $\hat{A}$ 是 $\bar{x}$、A_0 和 σ^2 的函数(参见习题 10.7)。MMSE 估计量不是 $\bar{x}$，这是由于图 10.3(b)的截断效应，除非 A_0 足够大以至于实际上没有截断。如果 $A_0\gg\sqrt{\sigma^2/N}$，就会出现这种情况。否则，估计量将偏向于零，而不是等于 $\bar{x}$。这是因为包含在 $p(A)$ 中的先验知识，在没有数据 $\mathbf{x}$ 时，将产生 MMSE 估计量(参见习题 10.8)

$$\hat{A}=E(A)=0$$

数据的影响是在 $A=0$ 和 $A=\bar{x}$ 之间定位后验均值，实际上这是在先验知识和由数据贡献的知识之间进行折中。为了进一步理解这个加权，考虑当 N 变得足够大以至于数据知识变得更重要时会发生什么情况。如图 10.4 所示，当 N 增加时，从(10.8)式我们可以得到后验 PDF 变得更加集中在 $\bar{x}$ 周围(因为 σ^2/N 降低)。因而，它变得接近高斯分布，均值正好变成 $\bar{x}$。MMSE 估计量对先验知识的依赖越来越少，对数据的依赖越来越多，这称为数据把先验知识"擦除"了。

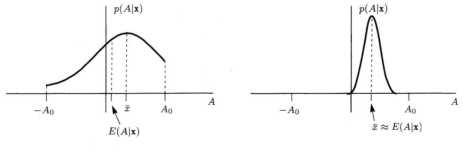

(a) 短数据记录   (b) 大数据记录

图 10.4 增加数据记录对后验 PDF 的影响

这个例子的结论在一般情况下是成立的，现在我们进行总结。参数估计的贝叶斯方法假设要估计的参数是随机变量 θ 的一个现实。这样，我们对它指定一个先验 PDF $p(\theta)$。在观测到数据后，后验 PDF $p(\theta|\mathbf{x})$ 概括了我们对这个参数的了解情况。对 θ 和 $\mathbf{x}$ 的所有现实，使平均 MSE 最小的估计量定义为最佳估计量，即所谓的贝叶斯 MSE。该估计量是后验 PDF 的均值，即 $\hat{\theta} = E(\theta|\mathbf{x})$。估计量可显式地表示为

$$\hat{\theta} = E(\theta|\mathbf{x}) = \int \theta p(\theta|\mathbf{x}) \, d\theta \tag{10.10}$$

一般而言，MMSE 估计量依赖于先验知识和数据，如果先验知识相对于数据较弱，那么估计量将忽略先验知识。否则，估计量将偏向于先验均值。如期望的那样，利用先验知识通常能改善估计精度（参见例 10.1）。

在贝叶斯估计中，先验 PDF 的选择是很关键的。错误的选择将导致差的估计量，这类似于在经典估计量问题中使用不正确的数据模型设计估计量。围绕贝叶斯估计量的使用上有许多争议，这源于在实践中不能证明先验 PDF。我们完全可以说，除非先验概率是建立在物理约束的基础上，否则还是使用经典估计比较合适。

10.4 选择先验 PDF

如前面的章节所讲，一旦选定先验 PDF，那么 MMSE 估计量就可以直接从 (10.10) 式得出。它的存在性是毫无疑问的，这就像在经典方法里 MVU 估计量是存在的一样。但是剩下的唯一障碍在于，$E(\theta|\mathbf{x})$ 能否显式确定。在前面介绍的例子里，由 (10.8) 式给出的后验 PDF $p(A|\mathbf{x})$ 不能显式地求出，因为需要对 $p(\mathbf{x}|A)p(A)$ 进行归一化，使得它积分为 1。另外，后验均值也不能求出，这已由 (10.9) 式所证明。我们在实际中实现 MMSE 估计量时，不得不借助于数值积分。这个问题在矢量参数情况下相当复杂，此时后验 PDF 变为

$$p(\boldsymbol{\theta}|\mathbf{x}) = \frac{p(\mathbf{x}|\boldsymbol{\theta})p(\boldsymbol{\theta})}{\int p(\mathbf{x}|\boldsymbol{\theta})p(\boldsymbol{\theta}) \, d\boldsymbol{\theta}}$$

它要求 $\boldsymbol{\theta}$ 的 p 维积分。另外，还得求均值（参见第 11 章），要求进一步求积分。对实践中的 MMSE 估计量，我们需要使用闭合形式表示。接下来的例子解释了一个重要的情形，此时给出闭合形式就是可能的。

例 10.1 WGN 中的 DC 电平——高斯先验 PDF

现在，我们修改介绍的例子中的先验知识。之前假设均匀先验 PDF

$$p(A) = \begin{cases} \dfrac{1}{2A_0} & |A| \leqslant A_0 \\ 0 & |A| > A_0 \end{cases}$$

这会导致难处理的积分。而在本例题中，我们考虑高斯先验 PDF

$$p(A) = \frac{1}{\sqrt{2\pi\sigma_A^2}} \exp\left[-\frac{1}{2\sigma_A^2}(A - \mu_A)^2\right]$$

这两个先验 PDF 表示的关于 A 的先验知识明显不同，尽管在 $\mu_A = 0$ 和 $3\sigma_A = A_0$ 的高斯先验 PDF 里，混合了知识 $|A| \leqslant A_0$。当然，对于高斯先验 PDF 来说，接近零的 A 的值的概率更大。现在，如果

$$p(\mathbf{x}|A) = \frac{1}{(2\pi\sigma^2)^{\frac{N}{2}}} \exp\left[-\frac{1}{2\sigma^2} \sum_{n=0}^{N-1} (x[n] - A)^2\right]$$

$$= \frac{1}{(2\pi\sigma^2)^{\frac{N}{2}}} \exp\left[-\frac{1}{2\sigma^2} \sum_{n=0}^{N-1} x^2[n]\right] \exp\left[-\frac{1}{2\sigma^2}(NA^2 - 2NA\bar{x})\right]$$

我们有

$$p(A|\mathbf{x}) = \frac{p(\mathbf{x}|A)p(A)}{\int p(\mathbf{x}|A)p(A)\,dA}$$

$$= \frac{\dfrac{1}{(2\pi\sigma^2)^{\frac{N}{2}} \sqrt{2\pi\sigma_A^2}} \exp\left[-\dfrac{1}{2\sigma^2} \displaystyle\sum_{n=0}^{N-1} x^2[n]\right] \exp\left[-\dfrac{1}{2\sigma^2}(NA^2 - 2NA\bar{x})\right]}{\displaystyle\int_{-\infty}^{\infty} \dfrac{1}{(2\pi\sigma^2)^{\frac{N}{2}} \sqrt{2\pi\sigma_A^2}} \exp\left[-\dfrac{1}{2\sigma^2} \displaystyle\sum_{n=0}^{N-1} x^2[n]\right] \exp\left[-\dfrac{1}{2\sigma^2}(NA^2 - 2NA\bar{x})\right]}$$

$$\cdot \frac{\exp\left[-\dfrac{1}{2\sigma_A^2}(A - \mu_A)^2\right]}{\exp\left[-\dfrac{1}{2\sigma_A^2}(A - \mu_A)^2\right]\,dA}$$

$$= \frac{\exp\left[-\dfrac{1}{2}\left(\dfrac{1}{\sigma^2}(NA^2 - 2NA\bar{x}) + \dfrac{1}{\sigma_A^2}(A - \mu_A)^2\right)\right]}{\displaystyle\int_{-\infty}^{\infty} \exp\left[-\dfrac{1}{2}\left(\dfrac{1}{\sigma^2}(NA^2 - 2NA\bar{x}) + \dfrac{1}{\sigma_A^2}(A - \mu_A)^2\right)\right]\,dA}$$

$$= \frac{\exp\left[-\dfrac{1}{2}Q(A)\right]}{\displaystyle\int_{-\infty}^{\infty} \exp\left[-\dfrac{1}{2}Q(A)\right]\,dA}$$

不过我们注意到, 分母和 A 无关, 它是一个归一化因子, 指数项是 A 的二次型。因而, $p(A|\mathbf{x})$ 一定是高斯 PDF, 其均值和方差依赖于 $\mathbf{x}$。接着, 我们对 $Q(A)$ 有

$$Q(A) = \frac{N}{\sigma^2}A^2 - \frac{2NA\bar{x}}{\sigma^2} + \frac{A^2}{\sigma_A^2} - \frac{2\mu_A A}{\sigma_A^2} + \frac{\mu_A^2}{\sigma_A^2}$$

$$= \left(\frac{N}{\sigma^2} + \frac{1}{\sigma_A^2}\right)A^2 - 2\left(\frac{N}{\sigma^2}\bar{x} + \frac{\mu_A}{\sigma_A^2}\right)A + \frac{\mu_A^2}{\sigma_A^2}$$

令

$$\sigma_{A|x}^2 = \frac{1}{\dfrac{N}{\sigma^2} + \dfrac{1}{\sigma_A^2}}$$

$$\mu_{A|x} = \left(\frac{N}{\sigma^2}\bar{x} + \frac{\mu_A}{\sigma_A^2}\right)\sigma_{A|x}^2$$

那么

$$Q(A) = \frac{1}{\sigma_{A|x}^2}\left(A^2 - 2\mu_{A|x}A + \mu_{A|x}^2\right) - \frac{\mu_{A|x}^2}{\sigma_{A|x}^2} + \frac{\mu_A^2}{\sigma_A^2}$$

$$= \frac{1}{\sigma_{A|x}^2}(A - \mu_{A|x})^2 - \frac{\mu_{A|x}^2}{\sigma_{A|x}^2} + \frac{\mu_A^2}{\sigma_A^2}$$

所以

$$p(A|\mathbf{x}) = \frac{\exp\left[-\dfrac{1}{2\sigma_{A|x}^2}(A-\mu_{A|x})^2\right]\exp\left[-\dfrac{1}{2}\left(\dfrac{\mu_A^2}{\sigma_A^2}-\dfrac{\mu_{A|x}^2}{\sigma_{A|x}^2}\right)\right]}{\displaystyle\int_{-\infty}^{\infty}\exp\left[-\dfrac{1}{2\sigma_{A|x}^2}(A-\mu_{A|x})^2\right]\exp\left[-\dfrac{1}{2}\left(\dfrac{\mu_A^2}{\sigma_A^2}-\dfrac{\mu_{A|x}^2}{\sigma_{A|x}^2}\right)\right]dA}$$

$$= \frac{1}{\sqrt{2\pi\sigma_{A|x}^2}}\exp\left[-\frac{1}{2\sigma_{A|x}^2}(A-\mu_{A|x})^2\right]$$

最后一步是从要求 $p(A|\mathbf{x})$ 积分等于 1 得到的。因此，后验 PDF 也是高斯的（这个结论同样可以利用定理 10.2 得到，因为 A、$\mathbf{x}$ 是联合高斯的）。在这种形式下，MMSE 估计量很容易求得，即

$$\hat{A} = E(A|\mathbf{x}) = \mu_{A|x} = \frac{\dfrac{N}{\sigma^2}\bar{x}+\dfrac{\mu_A}{\sigma_A^2}}{\dfrac{N}{\sigma^2}+\dfrac{1}{\sigma_A^2}}$$

最后，MMSE 估计量是

$$\hat{A} = \frac{\sigma_A^2}{\sigma_A^2+\dfrac{\sigma^2}{N}}\bar{x}+\frac{\dfrac{\sigma^2}{N}}{\sigma_A^2+\dfrac{\sigma^2}{N}}\mu_A = \alpha\bar{x}+(1-\alpha)\mu_A \tag{10.11}$$

其中

$$\alpha = \frac{\sigma_A^2}{\sigma_A^2+\dfrac{\sigma^2}{N}}$$

注意，因为 $0<\alpha<1$，所以 α 是一个加权因子。利用高斯先验 PDF，我们可以显式地确定 MMSE 估计量。检验先验知识和数据的相互影响是很有趣的。当数据比较少时，$\sigma_A^2\ll\sigma^2/N$，α 也较小，且 $\hat{A}\approx\mu_A$；而当观测数据比较多时，$\sigma_A^2\gg\sigma^2/N$，$\alpha\approx 1$，$\hat{A}\approx\bar{x}$。加权因子 α 直接依赖于我们对先验知识 σ_A^2 和数据知识 σ^2/N 的置信度。（σ^2/N 可以解释为条件方差，即 $E\left[(\bar{x}-A)^2|A\right]$。）另外，当 N 增加时，我们也可以通过考察后验 PDF 来考察这个过程。参考

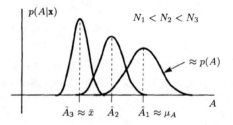

图 10.5　增加数据记录长度对后验 PDF 的影响

图 10.5，当数据记录长度 N 增加时，后验 PDF 变得更窄。这是因为后验方差

$$\mathrm{var}(A|\mathbf{x}) = \sigma_{A|x}^2 = \frac{1}{\dfrac{N}{\sigma^2}+\dfrac{1}{\sigma_A^2}} \tag{10.12}$$

减小。同样，后验均值 (10.11) 式或者 $\hat{A}$ 也将随着 N 的增加而变化。对于小的 N，它近似为 μ_A；但当 N 增大时，它将趋向于 $\bar{x}$。实际上，当 $N\to\infty$ 时，我们有 $\hat{A}\to\bar{x}$，反过来则趋向于 A 选择的真值。我们观察到，如果没有先验知识，可以令 $\sigma_A^2\to\infty$ 来表示这样一种情况，那么对任意数据记录长度都有 $\hat{A}\to\bar{x}$。这样就得到了"经典"估计量。最后，正如我们最初声称的那样，利用先验知识可以提高估计量精度。为了看清这一点，我们回想一下，

$$\mathrm{Bmse}(\hat{A}) = E[(A-\hat{A})^2]$$

其中数学期望是对 $p(\mathbf{x},A)$ 求的。但是

$$\begin{aligned} \text{Bmse}(\hat{A}) &= \iint (A - \hat{A})^2 p(\mathbf{x}, A)\, d\mathbf{x}\, dA \\ &= \iint (A - \hat{A})^2 p(A|\mathbf{x})\, dA p(\mathbf{x})\, d\mathbf{x} \end{aligned}$$

由于 $\hat{A} = E(A|\mathbf{x})$，我们有

$$\begin{aligned} \text{Bmse}(\hat{A}) &= \iint [A - E(A|\mathbf{x})]^2 p(A|\mathbf{x})\, dA p(\mathbf{x})\, d\mathbf{x} \\ &= \int \text{var}(A|\mathbf{x}) p(\mathbf{x})\, d\mathbf{x} \end{aligned} \tag{10.13}$$

我们看到贝叶斯 MSE 恰好是后验 PDF 的方差对 $\mathbf{x}$ 的 PDF 取平均。于是，我们有

$$\text{Bmse}(\hat{A}) = \int \sigma^2_{A|x} p(\mathbf{x})\, d\mathbf{x} = \frac{1}{\dfrac{N}{\sigma^2} + \dfrac{1}{\sigma^2_A}}$$

因为 $\sigma^2_{A|x}$ 与 $\mathbf{x}$ 无关。上式可以重新写为

$$\text{Bmse}(\hat{A}) = \frac{\sigma^2}{N} \left(\frac{\sigma^2_A}{\sigma^2_A + \frac{\sigma^2}{N}} \right) \tag{10.14}$$

这样最后我们看到

$$\text{Bmse}(\hat{A}) < \frac{\sigma^2}{N}$$

其中 σ^2/N 是当没有先验知识时（令 $\sigma^2_A \to \infty$）得到的最小 MSE。很明显，在贝叶斯意义下建模的任何先验知识都会改善贝叶斯估计量的性能。

在实践中，高斯先验 PDF 由于数学上的易处理性，所以相当有用，这在上面的例子里已经解释过了，基本特性就是它的再生性。如果 $p(\mathbf{x}, A)$ 是高斯的，那么边缘 PDF $p(A)$ 以及后验 PDF $p(A|\mathbf{x})$ 都是高斯的。因此，在 $\mathbf{x}$ 条件下的 PDF 的形式保持相同，只有均值和方差发生改变。具有这样性质的另一个例子在习题 10.10 里给出。此外，高斯先验 PDF 在很多实践问题中都会遇到。在前面的例子里，我们可以想象通过直流电压表来测量电源 DC 电压的问题。例如，如果我们设定电源是 10 V，那么先验知识模型可能是 $A \sim \mathcal{N}(10, \sigma^2_A)$，其中 σ^2_A 对精确的电源比较小，而对不可靠的电源则比较大。接着，我们进行 N 次电压的测量。测量的模型是 $x[n] = A + w[n]$，其中电压表的误差 $w[n]$ 可以看成方差为 σ^2 的 WGN。σ^2 的值将反映我们对电压表的置信度。真实电压的 MMSE 估计量将由（10.11）式给出。如果我们对一批具有相同误差特性的电源和电压表重复这个过程，那么我们的估计量将使贝叶斯 MSE 最小。

10.5 高斯 PDF 的特性

现在，我们通过考察高斯 PDF 的特性来推广上一节的结论。本节的结论将在下一章推导贝叶斯估计量中用到。首先，我们考察二维高斯 PDF 来说明重要的特性，然后描述一般多维高斯 PDF 的特性。我们将要利用的显著特性即后验 PDF 也是高斯的，尽管其具有不同的均值和方差。同时，我们也将强调一些物理解释。

考虑联合高斯随机矢量 $[\,x\ y\,]^T$，它的 PDF 是

$$p(x, y) = \frac{1}{2\pi \det^{\frac{1}{2}}(\mathbf{C})} \exp \left[-\frac{1}{2} \begin{bmatrix} x - E(x) \\ y - E(y) \end{bmatrix}^T \mathbf{C}^{-1} \begin{bmatrix} x - E(x) \\ y - E(y) \end{bmatrix} \right] \tag{10.15}$$

这也称为二维高斯 PDF。均值矢量和协方差矩阵是

$$E\left(\begin{bmatrix} x \\ y \end{bmatrix}\right) = \begin{bmatrix} E(x) \\ E(y) \end{bmatrix}$$

$$\mathbf{C} = \begin{bmatrix} \mathrm{var}(x) & \mathrm{cov}(x,y) \\ \mathrm{cov}(y,x) & \mathrm{var}(y) \end{bmatrix}$$

注意，边缘 PDF $p(x)$ 和 $p(y)$ 也是高斯的，这可以利用积分证明，

$$p(x) = \int_{-\infty}^{\infty} p(x,y)\,dy = \frac{1}{\sqrt{2\pi\mathrm{var}(x)}}\exp\left[-\frac{1}{2\mathrm{var}(x)}(x-E(x))^2\right]$$

$$p(y) = \int_{-\infty}^{\infty} p(x,y)\,dx = \frac{1}{\sqrt{2\pi\mathrm{var}(y)}}\exp\left[-\frac{1}{2\mathrm{var}(y)}(y-E(y))^2\right]$$

沿着 PDF $p(x,y)$ 是常数的等值线，则是 x 和 y 满足

$$\begin{bmatrix} x-E(x) \\ y-E(y) \end{bmatrix}^T \mathbf{C}^{-1} \begin{bmatrix} x-E(x) \\ y-E(y) \end{bmatrix}$$

为常数的那些值。它们是如图 10.6 所示的椭圆等值线。一旦观测到 x，比如说为 x_0，那么 y 的条件 PDF 变为

$$p(y|x_0) = \frac{p(x_0,y)}{p(x_0)} = \frac{p(x_0,y)}{\displaystyle\int_{-\infty}^{\infty} p(x_0,y)\,dy}$$

所以 y 的条件 PDF 是如图 10.6 所示的经归一化积分为 1 的横截面那一部分。很容易看出，因为 $p(x_0,y)$（其中 x_0 是一个固定数）具有相对于 y 的

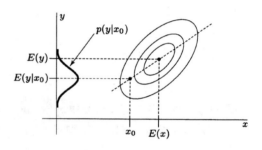

图 10.6　归一化二维 PDF 的恒定密度的等值线

高斯形式 [从 (10.15) 式可看出，指数项是 y 的二次型]，所以条件 PDF 一定也是高斯的。因为 $p(y)$ 也是高斯的，我们可以把这个性质描述为：如果 x 和 y 是联合高斯的，那么先验 PDF $p(y)$ 和后验 PDF $p(y|x)$ 也是高斯的。在附录 10A 中，我们推导确切的 PDF，下面的定理对此进行了总结。

定理 10.1（二维高斯条件 PDF）　如果 x 和 y 服从二维高斯 PDF，均值矢量为 $[E(x)\,E(y)]^T$，协方差矩阵是

$$\mathbf{C} = \begin{bmatrix} \mathrm{var}(x) & \mathrm{cov}(x,y) \\ \mathrm{cov}(y,x) & \mathrm{var}(y) \end{bmatrix}$$

所以

$$p(x,y) = \frac{1}{2\pi\det^{\frac{1}{2}}(\mathbf{C})}\exp\left[-\frac{1}{2}\begin{bmatrix} x-E(x) \\ y-E(y) \end{bmatrix}^T \mathbf{C}^{-1} \begin{bmatrix} x-E(x) \\ y-E(y) \end{bmatrix}\right]$$

那么条件 PDF $p(y|x)$ 也是高斯的，且

$$E(y|x) = E(y) + \frac{\mathrm{cov}(x,y)}{\mathrm{var}(x)}(x-E(x)) \tag{10.16}$$

$$\mathrm{var}(y|x) = \mathrm{var}(y) - \frac{\mathrm{cov}^2(x,y)}{\mathrm{var}(x)} \tag{10.17}$$

我们可以按照下列方式来看待这个结论。在观测 x 之前，随机变量 y 服从先验 PDF $p(y)$，即 $y \sim \mathcal{N}(E(y), \mathrm{var}(y))$。在观测 x 之后，随机变量 y 服从定理 10.1 给出的后验 PDF $p(y|x)$ 分布，

仅仅是均值和方差发生了改变。假设 x 和 y 不是独立的, 因而 $\text{cov}(x,y) \neq 0$, 后验 PDF 变得更为集中, 因为关于 y 的不确定度较少。为了证明这一点, 我们注意到根据(10.17)式有

$$\text{var}(y|x) = \text{var}(y)\left[1 - \frac{\text{cov}^2(x,y)}{\text{var}(x)\text{var}(y)}\right] = \text{var}(y)(1 - \rho^2) \qquad (10.18)$$

其中

$$\rho = \frac{\text{cov}(x,y)}{\sqrt{\text{var}(x)\text{var}(y)}} \qquad (10.19)$$

是满足 $|\rho| \leqslant 1$ 的相关系数。从我们前面的讨论中, 可以认识到 $E(y|x)$ 是观测到 x 后 y 的 MMSE 估计量, 所以根据(10.16)式有

$$\hat{y} = E(y) + \frac{\text{cov}(x,y)}{\text{var}(x)}(x - E(x)) \qquad (10.20)$$

采用归一化形式(一个零均值单位方差的随机变量), 上式变为

$$\frac{\hat{y} - E(y)}{\sqrt{\text{var}(y)}} = \frac{\text{cov}(x,y)}{\sqrt{\text{var}(x)\text{var}(y)}}\frac{x - E(x)}{\sqrt{\text{var}(x)}}$$

即

$$\hat{y}_n = \rho x_n \qquad (10.21)$$

那么相关系数所起的作用就是对归一化的观测 x_n 乘以一个比例因子, 以便得到随机变量 y_n 的归一化现实的 MMSE 估计量。如果随机变量已经归一化 $[E(x) = E(y) = 0, \text{var}(x) = \text{var}(y) = 1]$, 那么恒定 PDF 等值线如图 10.7 所示。对于每个 x, 当把 $p(x,y)$ 看成 y 的函数时, 其峰值的位置在虚线 $y = \rho x$ 上, 而且很容易证明 $\hat{y} = E(y|x) = \rho x$(参见习题 10.12)。因此, MMSE 估计量利用了两个随机变量之间的相关性, 在估计一个随机变量的现实时用到了另一个随机变量的现实。

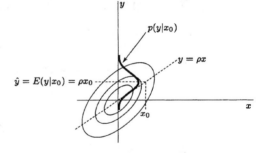

图 10.7　归一化双变量 PDF 的常数密度的等值线

根据(10.13)式和(10.18)式, 最小 MSE 为

$$\text{Bmse}(\hat{y}) = \int \text{var}(y|x)p(x)\,dx = \text{var}(y|x) = \text{var}(y)(1 - \rho^2) \qquad (10.22)$$

由于后验方差与 x 无关 $[\text{var}(y)$ 和 ρ 只与协方差矩阵有关]。因此, 估计量的质量与相关系数有关, 相关系数是 x 和 y 之间统计依赖性的度量。

为了推广这些结论, 考虑一个联合高斯矢量 $[\mathbf{x}^T \mathbf{y}^T]^T$, 其中 $\mathbf{x}$ 是 $k \times 1$ 数据矢量, $\mathbf{y}$ 是 $l \times 1$ 数据矢量, 也就是 $[\mathbf{x}^T \mathbf{y}^T]^T$ 是服从多维高斯 PDF 的。那么, 对于一个给定的 $\mathbf{x}$, $\mathbf{y}$ 的条件 PDF 也是高斯的。在下面的定理中总结了这一结论(相关证明请参见附录 10A)。

定理 10.2(多维高斯条件 PDF)　如果 $\mathbf{x}$ 和 $\mathbf{y}$ 是联合高斯, 其中 $\mathbf{x}$ 是 $k \times 1$ 数据矢量, $\mathbf{y}$ 是 $l \times 1$ 数据矢量, 均值矢量是 $[E(\mathbf{x})^T E(\mathbf{y})^T]^T$, 分块协方差矩阵是

$$\mathbf{C} = \begin{bmatrix} \mathbf{C}_{xx} & \mathbf{C}_{xy} \\ \mathbf{C}_{yx} & \mathbf{C}_{yy} \end{bmatrix} = \begin{bmatrix} k \times k & k \times l \\ l \times k & l \times l \end{bmatrix} \qquad (10.23)$$

所以

$$p(\mathbf{x},\mathbf{y}) = \frac{1}{(2\pi)^{\frac{k+l}{2}} \det^{\frac{1}{2}}(\mathbf{C})} \exp\left[-\frac{1}{2}\left(\begin{bmatrix} \mathbf{x} - E(\mathbf{x}) \\ \mathbf{y} - E(\mathbf{y}) \end{bmatrix}\right)^T \mathbf{C}^{-1}\left(\begin{bmatrix} \mathbf{x} - E(\mathbf{x}) \\ \mathbf{y} - E(\mathbf{y}) \end{bmatrix}\right)\right]$$

那么条件 PDF $p(\mathbf{y}|\mathbf{x})$ 也是高斯的，且

$$E(\mathbf{y}|\mathbf{x}) = E(\mathbf{y}) + \mathbf{C}_{yx}\mathbf{C}_{xx}^{-1}(\mathbf{x} - E(\mathbf{x})) \qquad (10.24)$$

$$\mathbf{C}_{y|x} = \mathbf{C}_{yy} - \mathbf{C}_{yx}\mathbf{C}_{xx}^{-1}\mathbf{C}_{xy} \qquad (10.25)$$

注意，条件 PDF 的协方差矩阵不依赖于 $\mathbf{x}$，尽管这个特性一般来说不成立，但这在以后是有用的。正如二维的情况那样，先验 PDF $p(\mathbf{y})$ 和后验 PDF $p(\mathbf{y}|\mathbf{x})$ 一样都是高斯的。当做出联合高斯假设的时候，可能会出现疑问。在下一节，我们考察这一性质成立的一个重要数据模型，即贝叶斯线性模型。

10.6　贝叶斯线性模型

回顾在例 10.1 中，数据模型为

$$x[n] = A + w[n] \qquad n = 0, 1, \ldots, N-1$$

其中 $A \sim \mathcal{N}(\mu_A, \sigma_A^2)$，$w[n]$ 是与 A 无关的 WGN。在矢量形式下，我们有等价的数据模型

$$\mathbf{x} = \mathbf{1}A + \mathbf{w}$$

这看起来具有第 4 章描述的线性模型的形式，除了假设 A 是一个随机变量。因此，我们可以定义一个一般线性模型的贝叶斯等价形式就一点也不奇怪了。特别是要令数据模型为

$$\mathbf{x} = \mathbf{H}\boldsymbol{\theta} + \mathbf{w} \qquad (10.26)$$

其中 $\mathbf{x}$ 是一个 $N \times 1$ 数据矢量，$\mathbf{H}$ 是一个已知的 $N \times p$ 矩阵，$\boldsymbol{\theta}$ 是一个 $p \times 1$ 的、具有先验概率 PDF $\mathcal{N}(\boldsymbol{\mu}_\theta, \mathbf{C}_\theta)$ 的随机矢量，$\mathbf{w}$ 是一个 $N \times 1$ 的噪声矢量，具有 PDF $\mathcal{N}(\mathbf{0}, \mathbf{C}_w)$，且与 $\boldsymbol{\theta}$ 无关。这个数据模型称为贝叶斯一般线性模型。它和经典的一般线性模型的区别在于，将 $\boldsymbol{\theta}$ 看成一个具有高斯先验 PDF 的随机变量。在推导贝叶斯估计量时，对于后验 PDF $p(\boldsymbol{\theta}|\mathbf{x})$ 使用显式表达式将是很有益处的。从定理 10.2 我们知道，如果 $\mathbf{x}$ 和 $\boldsymbol{\theta}$ 是联合高斯的，那么后验 PDF 也是高斯的。因此，剩下的就是要证明的确是这个情形。令 $\mathbf{z} = [\mathbf{x}^T \boldsymbol{\theta}^T]^T$，那么从 (10.26) 式我们有

$$\mathbf{z} = \begin{bmatrix} \mathbf{H}\boldsymbol{\theta} + \mathbf{w} \\ \boldsymbol{\theta} \end{bmatrix} = \begin{bmatrix} \mathbf{H} & \mathbf{I} \\ \mathbf{I} & \mathbf{0} \end{bmatrix} \begin{bmatrix} \boldsymbol{\theta} \\ \mathbf{w} \end{bmatrix}$$

其中单位矩阵是 $N \times N$ 维的（右上角）和 $p \times p$ 维的（左下角），$\mathbf{0}$ 是一个 $N \times N$ 的零矩阵。因为 $\boldsymbol{\theta}$ 和 $\mathbf{w}$ 是相互独立的，且每一个都是高斯的，所以它们是联合高斯的。另外，因为 $\mathbf{z}$ 是高斯矢量的线性变换，所以它也是高斯的。因而，可以直接应用定理 10.2，我们只需要确定后验 PDF 的均值和协方差。我们把 $\mathbf{x}$ 看成 $\mathbf{H}\boldsymbol{\theta} + \mathbf{w}$，将 $\mathbf{y}$ 看成 $\boldsymbol{\theta}$，得到均值为

$$E(\mathbf{x}) = E(\mathbf{H}\boldsymbol{\theta} + \mathbf{w}) = \mathbf{H}E(\boldsymbol{\theta}) = \mathbf{H}\boldsymbol{\mu}_\theta$$
$$E(\mathbf{y}) = E(\boldsymbol{\theta}) = \boldsymbol{\mu}_\theta$$

回想一下，$\boldsymbol{\theta}$ 和 $\mathbf{w}$ 是统计独立的，所以协方差为

$$\begin{aligned} \mathbf{C}_{xx} &= E\left[(\mathbf{x} - E(\mathbf{x}))(\mathbf{x} - E(\mathbf{x}))^T\right] \\ &= E\left[(\mathbf{H}\boldsymbol{\theta} + \mathbf{w} - \mathbf{H}\boldsymbol{\mu}_\theta)(\mathbf{H}\boldsymbol{\theta} + \mathbf{w} - \mathbf{H}\boldsymbol{\mu}_\theta)^T\right] \\ &= E\left[(\mathbf{H}(\boldsymbol{\theta} - \boldsymbol{\mu}_\theta) + \mathbf{w})(\mathbf{H}(\boldsymbol{\theta} - \boldsymbol{\mu}_\theta) + \mathbf{w})^T\right] \\ &= \mathbf{H}E\left[(\boldsymbol{\theta} - \boldsymbol{\mu}_\theta)(\boldsymbol{\theta} - \boldsymbol{\mu}_\theta)^T\right]\mathbf{H}^T + E(\mathbf{w}\mathbf{w}^T) \\ &= \mathbf{H}\mathbf{C}_\theta\mathbf{H}^T + \mathbf{C}_w \end{aligned}$$

另外，互协方差矩阵为

$$\begin{aligned} \mathbf{C}_{yx} &= E\left[(\mathbf{y} - E(\mathbf{y}))(\mathbf{x} - E(\mathbf{x}))^T\right] = E\left[(\boldsymbol{\theta} - \boldsymbol{\mu}_\theta)(\mathbf{H}(\boldsymbol{\theta} - \boldsymbol{\mu}_\theta) + \mathbf{w})^T\right] \\ &= E\left[(\boldsymbol{\theta} - \boldsymbol{\mu}_\theta)(\mathbf{H}(\boldsymbol{\theta} - \boldsymbol{\mu}_\theta))^T\right] = \mathbf{C}_\theta\mathbf{H}^T \end{aligned}$$

现在，我们可以对贝叶斯一般线性模型的结果进行总结。

定理 10.3(贝叶斯一般线性模型的后验 PDF) 如果观测数据 **x** 可以写为

$$\mathbf{x} = \mathbf{H}\boldsymbol{\theta} + \mathbf{w} \tag{10.27}$$

其中 **x** 是一个 $N \times 1$ 的数据矢量，**H** 是一个已知的 $N \times p$ 矩阵，$\boldsymbol{\theta}$ 是一个 $p \times 1$ 的随机矢量，具有先验 PDF $\mathcal{N}(\boldsymbol{\mu}_\theta, \mathbf{C}_\theta)$，**w** 是一个 $N \times 1$ 的噪声矢量，具有 PDF $\mathcal{N}(\mathbf{0}, \mathbf{C}_w)$，且与 $\boldsymbol{\theta}$ 无关，那么后验 PDF $p(\boldsymbol{\theta}|\mathbf{x})$ 是高斯分布的，它的均值为

$$E(\boldsymbol{\theta}|\mathbf{x}) = \boldsymbol{\mu}_\theta + \mathbf{C}_\theta \mathbf{H}^T (\mathbf{H}\mathbf{C}_\theta \mathbf{H}^T + \mathbf{C}_w)^{-1} (\mathbf{x} - \mathbf{H}\boldsymbol{\mu}_\theta) \tag{10.28}$$

协方差为

$$\mathbf{C}_{\theta|x} = \mathbf{C}_\theta - \mathbf{C}_\theta \mathbf{H}^T (\mathbf{H}\mathbf{C}_\theta \mathbf{H}^T + \mathbf{C}_w)^{-1} \mathbf{H}\mathbf{C}_\theta \tag{10.29}$$

和经典的一般线性模型相比，**H** 不必是满秩的来确保 $\mathbf{H}\mathbf{C}_\theta \mathbf{H}^T + \mathbf{C}_w$ 的可逆性。我们通过在例 10.1 中应用这些公式来说明它们的运用。

例 10.2 WGN 中的 DC 电平——高斯先验 PDF(继续)

因为 $x[n] = A + w[n]$，$n = 0, 1, \ldots, N-1$，$A \sim \mathcal{N}(\mu_A, \sigma_A^2)$，$w[n]$ 是方差为 σ^2 的 WGN，且与 A 相互独立，我们有贝叶斯一般线性模型

$$\mathbf{x} = \mathbf{1}A + \mathbf{w}$$

依据定理 10.3，$p(A|\mathbf{x})$ 是高斯的，且

$$E(A|\mathbf{x}) = \mu_A + \sigma_A^2 \mathbf{1}^T (\mathbf{1}\sigma_A^2 \mathbf{1}^T + \sigma^2 \mathbf{I})^{-1} (\mathbf{x} - \mathbf{1}\mu_A)$$

利用 Woodbury 恒等式(参见附录 1) 有

$$\left(\mathbf{I} + \frac{\sigma_A^2}{\sigma^2} \mathbf{1}\mathbf{1}^T \right)^{-1} = \mathbf{I} - \frac{\frac{\sigma_A^2}{\sigma^2} \mathbf{1}\mathbf{1}^T}{1 + N\frac{\sigma_A^2}{\sigma^2}} \tag{10.30}$$

所以

$$
\begin{aligned}
E(A|\mathbf{x}) &= \mu_A + \frac{\sigma_A^2}{\sigma^2} \mathbf{1}^T \left(\mathbf{I} - \frac{\mathbf{1}\mathbf{1}^T}{N + \frac{\sigma^2}{\sigma_A^2}} \right) (\mathbf{x} - \mathbf{1}\mu_A) \\
&= \mu_A + \frac{\sigma_A^2}{\sigma^2} \left(\mathbf{1}^T - \frac{N}{N + \frac{\sigma^2}{\sigma_A^2}} \mathbf{1}^T \right) (\mathbf{x} - \mathbf{1}\mu_A) \\
&= \mu_A + \frac{\sigma_A^2}{\sigma^2} \left(1 - \frac{N}{N + \frac{\sigma^2}{\sigma_A^2}} \right) (N\bar{x} - N\mu_A) \\
&= \mu_A + \frac{N}{N + \frac{\sigma^2}{\sigma_A^2}} (\bar{x} - \mu_A) \\
&= \mu_A + \frac{\sigma_A^2}{\sigma_A^2 + \frac{\sigma^2}{N}} (\bar{x} - \mu_A) \tag{10.31}
\end{aligned}
$$

注意到一个有趣的现象：这个形式下 MMSE 估计量有点像"序贯"型的估计量(参见 8.7 节)。无数据估计即 $\hat{A} = \mu_A$ 由数据估计量 $\bar{x}$ 和前一个估计 μ_A 之间的误差来校正。"增益因子"

$\sigma_A^2/(\sigma_A^2+\sigma^2/N)$ 依赖于我们对以前估计和当前数据的置信度。后面我们将要看到，可以定义一个序贯 MMSE 估计量，它正好具有这些性质。最后，进行一些代数推导就可以得到 (10.11) 式。

为了求出后验方差，我们利用(10.29)式，这样

$$\text{var}(A|\mathbf{x}) = \sigma_A^2 - \sigma_A^2 \mathbf{1}^T (\mathbf{1}\sigma_A^2\mathbf{1}^T + \sigma^2\mathbf{I})^{-1}\mathbf{1}\sigma_A^2$$

再次利用(10.30)式，我们得到

$$
\begin{aligned}
\text{var}(A|\mathbf{x}) &= \sigma_A^2 - \frac{\sigma_A^2}{\sigma^2}\mathbf{1}^T \left(\mathbf{I} - \frac{\mathbf{1}\mathbf{1}^T}{N + \frac{\sigma^2}{\sigma_A^2}} \right) \mathbf{1}\sigma_A^2 \\
&= \sigma_A^2 - \frac{\sigma_A^4}{\sigma^2}\left(N - \frac{N^2}{N + \frac{\sigma^2}{\sigma_A^2}} \right) = \frac{\frac{\sigma^2}{N}\sigma_A^2}{\sigma_A^2 + \frac{\sigma^2}{N}}
\end{aligned}
$$

这正好就是(10.12)式。

在接下来的章节里，我们将推广贝叶斯线性模型的应用。为了进一步的参考，我们指出后验 PDF 的均值(10.28)式和协方差(10.29)式可以使用另一种替代形式来表示(参见习题 10.13)，

$$E(\boldsymbol{\theta}|\mathbf{x}) = \boldsymbol{\mu}_\theta + (\mathbf{C}_\theta^{-1} + \mathbf{H}^T\mathbf{C}_w^{-1}\mathbf{H})^{-1}\mathbf{H}^T\mathbf{C}_w^{-1}(\mathbf{x} - \mathbf{H}\boldsymbol{\mu}_\theta) \tag{10.32}$$

且

$$\mathbf{C}_{\theta|x} = (\mathbf{C}_\theta^{-1} + \mathbf{H}^T\mathbf{C}_w^{-1}\mathbf{H})^{-1} \tag{10.33}$$

即

$$\mathbf{C}_{\theta|x}^{-1} = \mathbf{C}_\theta^{-1} + \mathbf{H}^T\mathbf{C}_w^{-1}\mathbf{H} \tag{10.34}$$

后一个的表达式是特别有趣的。对于前一个例子我们有

$$\frac{1}{\text{var}(A|\mathbf{x})} = \frac{1}{\sigma_A^2} + \mathbf{1}^T(\sigma^2\mathbf{I})^{-1}\mathbf{1} = \frac{1}{\sigma_A^2} + \frac{1}{\frac{\sigma^2}{N}}$$

这种形式有助于解释先验知识 $1/\sigma_A^2$ 的"信息"(或者说方差倒数)，以及加上数据 $1/(\sigma^2/N)$ 后在后验 PDF 中产生的"信息"。

10.7 　多余参数

许多估计问题都是由一个未知参数集来表征的，而我们真正感兴趣的只是它们的一个子集。剩余的参数只会使问题变得复杂，我们称其为多余参数。WGN 中的 DC 电平就是这样一种情况，我们感兴趣的是估计 σ^2，但是 A 是未知的。DC 电平 A 就是多余参数。如果我们假设参数像经典估计那样是确定性的，那么一般来说，除估计 σ^2 和 A 外我们别无选择。在贝叶斯方法中，我们可以通过对多余参数积分来消除它们。假设要估计的未知参数是 $\boldsymbol{\theta}$，出现的附加的多余参数为 $\boldsymbol{\alpha}$。那么，如果 $p(\boldsymbol{\theta}, \boldsymbol{\alpha}|\mathbf{x})$ 代表后验 PDF，我们可以确定 $\boldsymbol{\theta}$ 的后验 PDF 为

$$p(\boldsymbol{\theta}|\mathbf{x}) = \int p(\boldsymbol{\theta}, \boldsymbol{\alpha}|\mathbf{x})\,d\boldsymbol{\alpha} \tag{10.35}$$

我们也可以将上式表示为

$$p(\boldsymbol{\theta}|\mathbf{x}) = \frac{p(\mathbf{x}|\boldsymbol{\theta})p(\boldsymbol{\theta})}{\int p(\mathbf{x}|\boldsymbol{\theta})p(\boldsymbol{\theta})\,d\boldsymbol{\theta}} \tag{10.36}$$

其中

$$p(\mathbf{x}|\boldsymbol{\theta}) = \int p(\mathbf{x}|\boldsymbol{\theta},\boldsymbol{\alpha})p(\boldsymbol{\alpha}|\boldsymbol{\theta})\,d\boldsymbol{\alpha} \qquad (10.37)$$

如果我们进一步假设多余参数和希望的参数是独立的，那么(10.37)式可以简化为

$$p(\mathbf{x}|\boldsymbol{\theta}) = \int p(\mathbf{x}|\boldsymbol{\theta},\boldsymbol{\alpha})p(\boldsymbol{\alpha})\,d\boldsymbol{\alpha} \qquad (10.38)$$

我们观察到，首先，对条件 PDF $p(\mathbf{x}|\boldsymbol{\theta},\boldsymbol{\alpha})$ 的多余参数积分，可以消除条件 PDF 中的多余参数。接着，就像通常一样利用贝叶斯定理来求后验 PDF。如果希望求 MMSE 估计量，那么只需要后验 PDF 的均值，这样问题中就不再有多余参数。当然，它们的存在将影响最后的估计量，因为从(10.38)式可知，$p(\mathbf{x}|\boldsymbol{\theta})$ 与 $p(\boldsymbol{\alpha})$ 有关。从理论角度来说，贝叶斯方法不会遇到像经典估计量的多余参数使一个估计量失效那样的问题。我们现在通过一个例子来说明这个方法。

例 10.3　比例协方差矩阵

假设我们观察到 $N \times 1$ 的数据矢量 $\mathbf{x}$，它的条件 PDF $p(\mathbf{x}|\boldsymbol{\theta},\sigma^2)$ 是 $\mathcal{N}(\mathbf{0},\sigma^2\mathbf{C}(\boldsymbol{\theta}))$。（读者不应该把 $\mathbf{C}(\boldsymbol{\theta})$ 和 $\mathbf{C}_\theta$ 混淆，前者是一个和 $\mathbf{x}$ 的协方差成比例的矩阵，后者是 $\boldsymbol{\theta}$ 的协方差矩阵。）参数 $\boldsymbol{\theta}$ 是要估计的，σ^2 则被看成一个多余参数。协方差矩阵以某种未指明的方式依赖于 $\boldsymbol{\theta}$。我们指定 σ^2 的先验 PDF，

$$p(\sigma^2) = \begin{cases} \dfrac{\lambda\exp\left(-\frac{\lambda}{\sigma^2}\right)}{\sigma^4} & \sigma^2 > 0 \\ 0 & \sigma^2 < 0 \end{cases} \qquad (10.39)$$

其中 $\lambda > 0$，假设 σ^2 和 $\boldsymbol{\theta}$ 独立。先验 PDF 是逆伽马(gamma)PDF 的一个特殊情况。那么，根据(10.38)式，我们有

$$\begin{aligned}
p(\mathbf{x}|\boldsymbol{\theta}) &= \int p(\mathbf{x}|\boldsymbol{\theta},\sigma^2)p(\sigma^2)\,d\sigma^2 \\
&= \int_0^\infty \frac{1}{(2\pi)^{\frac{N}{2}}\det^{\frac{1}{2}}[\sigma^2\mathbf{C}(\boldsymbol{\theta})]}\exp\left[-\frac{1}{2}\mathbf{x}^T(\sigma^2\mathbf{C}(\boldsymbol{\theta}))^{-1}\mathbf{x}\right]\frac{\lambda\exp\left(-\frac{\lambda}{\sigma^2}\right)}{\sigma^4}\,d\sigma^2 \\
&= \int_0^\infty \frac{1}{(2\pi)^{\frac{N}{2}}\sigma^N\det^{\frac{1}{2}}[\mathbf{C}(\boldsymbol{\theta})]}\exp\left[-\frac{1}{2\sigma^2}\mathbf{x}^T\mathbf{C}^{-1}(\boldsymbol{\theta})\mathbf{x}\right]\frac{\lambda\exp\left(-\frac{\lambda}{\sigma^2}\right)}{\sigma^4}\,d\sigma^2
\end{aligned}$$

令 $\xi = 1/\sigma^2$，我们有

$$p(\mathbf{x}|\boldsymbol{\theta}) = \frac{\lambda}{(2\pi)^{\frac{N}{2}}\det^{\frac{1}{2}}[\mathbf{C}(\boldsymbol{\theta})]}\int_0^\infty \xi^{\frac{N}{2}}\exp\left[-\left(\lambda+\frac{1}{2}\mathbf{x}^T\mathbf{C}^{-1}(\boldsymbol{\theta})\mathbf{x}\right)\xi\right]d\xi$$

但是，对于 $a > 0$ 和 $m > 0$，根据伽马积分的性质可得

$$\int_0^\infty x^{m-1}\exp(-ax)\,dx = a^{-m}\Gamma(m)$$

因而，计算这个积分值可得

$$p(\mathbf{x}|\boldsymbol{\theta}) = \frac{\lambda\Gamma\left(\frac{N}{2}+1\right)}{(2\pi)^{\frac{N}{2}}\det^{\frac{1}{2}}[\mathbf{C}(\boldsymbol{\theta})]\left(\lambda+\frac{1}{2}\mathbf{x}^T\mathbf{C}^{-1}(\boldsymbol{\theta})\mathbf{x}\right)^{\frac{N}{2}+1}}$$

把这个式子代入(10.36)式可以求出后验 PDF(至少在理论上可以)。

10.8　确定性参数的贝叶斯估计

尽管严格来说，贝叶斯方法只能应用在 $\boldsymbol{\theta}$ 是随机变量的情况，然而在实践中，贝叶斯方法也经常用到确定性参数的估计中。也就是说，利用贝叶斯假设获得一个估计量，譬如 MMSE 估计

量,然后就把 $\boldsymbol{\theta}$ 作为非随机变量一样应用。如果 MVU 估计量不存在,就可能出现这种情况。例如,我们不大可能找到一个无偏估计量,这个估计量从方差的角度来说,能够一致地好于其他估计量(参见例 2.3)。然而在贝叶斯框架内,MMSE 估计量总是存在的,因此它至少提供了一个估计,平均而言(选择不同的 $\boldsymbol{\theta}$ 值)它的性能是好的。当然,对于一个特定的 $\boldsymbol{\theta}$,估计量的性能并不好,这就是我们把贝叶斯估计量应用于确定性参数的估计所带来的风险。为了说明这个潜在的缺陷,考虑例 10.1,对于这个例子[参见(10.11)式],

$$\hat{A} = \frac{\sigma_A^2}{\sigma_A^2 + \sigma^2/N}\bar{x} + \frac{\sigma^2/N}{\sigma_A^2 + \sigma^2/N}\mu_A = \alpha\bar{x} + (1-\alpha)\mu_A$$

且 $0 < \alpha < 1$。如果 A 是一个确定性参数,我们可以利用(2.6)式来计算 MSE,

$$\mathrm{mse}(\hat{A}) = \mathrm{var}(\hat{A}) + b^2(\hat{A})$$

其中 $b(\hat{A}) = E(\hat{A}) - A$ 是偏差。那么,

$$
\begin{aligned}
\mathrm{mse}(\hat{A}) &= \alpha^2\mathrm{var}(\bar{x}) + [\alpha A + (1-\alpha)\mu_A - A]^2 \\
&= \alpha^2\frac{\sigma^2}{N} + (1-\alpha)^2(A - \mu_A)^2
\end{aligned}
\tag{10.40}
$$

可以看出,因为 $0 < \alpha < 1$,利用贝叶斯估计量减少了方差,但是增加了 MSE 的偏差分量。由图 10.8 可进一步看出,贝叶斯估计量只是在 A 接近先验均值 μ_A 时,它的 MSE 才显示出比 MVU 估计量 $\bar{x}$ 的小。其他情况下,贝叶斯估计量是一个比较差的估计量。它并不具有所希望的那种 MSE 一致地小于其他估计量的性质,而只是平均而言或在贝叶斯意义下,MSE 才小于其他估计量。因此,即使 A 是一个随机变量,$\mathrm{mse}(\hat{A})$ 也被看成在 A 已知的条件下的 MSE,于是有

$$
\begin{aligned}
\mathrm{Bmse}(\hat{A}) &= E_A[\mathrm{mse}(\hat{A})] = \alpha^2\frac{\sigma^2}{N} + (1-\alpha)^2 E_A[(A-\mu_A)^2] \\
&= \alpha^2\frac{\sigma^2}{N} + (1-\alpha)^2\sigma_A^2 = \frac{\sigma^2}{N}\frac{\sigma_A^2}{\sigma_A^2 + \frac{\sigma^2}{N}} \\
&< \frac{\sigma^2}{N} = \mathrm{Bmse}(\bar{x})
\end{aligned}
$$

即贝叶斯 MSE 较小。实际上,为了减少整个 MSE,贝叶斯 MMSE 估计量为了方差而牺牲了偏差。在进行这样的处理时,将会从先验知识 $A \sim \mathcal{N}(\mu_A, \sigma_A^2)$ 中受益。这样允许调整 α,使得平均意义上总的 MSE 较小。在图 10.8 中,当 A 不在 μ_A 附近时,在 MSE 较大时对 α 的选择是没有意义的,因为这种情况出现得不频繁。当然,经典估计方法对于产生一个对所有的 A 性能都良好的估计量是没有优势的。

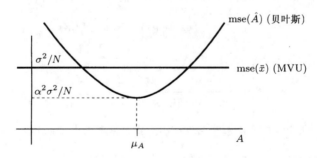

图 10.8 WGN 中 MVU 和贝叶斯估计量的均方误差

另一个要关注的是对先验 PDF 的选择。如果像我们在经典估计中假设的那样,没有提供先验知识,那么我们就不要应用贝叶斯估计。再考虑一个同样的例子,如果 A 是确定性的,但是我

们应用贝叶斯估计量,那么将会看到

$$E(\hat{A}) = \frac{\sigma_A^2}{\sigma_A^2 + \sigma^2/N} A + \frac{\sigma^2/N}{\sigma_A^2 + \sigma^2/N} \mu_A$$

这里有一个偏差,它是趋于 μ_A 的。为了减少这个偏差,我们需要指定一个近似平坦的先验 PDF,例如,通过令 $\sigma_A^2 \to \infty$。然而,如同前面描述过的那样,当 A 靠近 μ_A 时,MSE 可能相当大。(另外,注意当 $\sigma_A^2 \to \infty$,我们有 $\hat{A} \to \bar{x}$ 和 $\mathrm{mse}(\hat{A}) \to \mathrm{mse}(\bar{x})$,这样图 10.8 的两条曲线就变成相同的了。)通常来说,这样的先验 PDF 称为不含信息量的先验 PDF。对于确定性参数利用贝叶斯估计量通常是可以的,这是建立在不含信息量的先验 PDF 不向问题增加任何信息的基础之上。对于一个给定的问题,如何选择先验 PDF 超出了我们的讨论范围(一个可能的方法可以参见习题 10.15 ~ 习题 10.17)。关于这个概念存在很多争议,感兴趣的读者可以参考 [Box and Tiao 1973],以了解更详细的内容和基本原理。

参考文献

Ash, R., *Information Theory*, J. Wiley, New York, 1965.
Box, G.E.P., G.C. Tiao, *Bayesian Inference in Statistical Analysis*, Addison-Wesley, Reading, Mass., 1973.
Gallager, R.G., *Information Theory and Reliable Communication*, J. Wiley, New York, 1968.
Zacks, S., *Parametric Statistical Inference*, Pergamon, New York, 1981.

习题

10.1 在本题中,我们将贝叶斯方法应用到确定性参数的估计问题。因为参数是确定性的,我们将先验 PDF 指定为 $p(\theta) = \delta(\theta - \theta_0)$,其中 θ_0 是真值。在此先验 PDF 下求 MMSE 估计量,并解释你的结果。

10.2 两个随机变量 x 和 y,如果联合条件 PDF 分解为

$$p(x, y|z) = p(x|z)p(y|z)$$

那么称它们是条件独立的。在上式中 z 是条件随机变量。我们观测 $x[n] = A + w[n]$,$n = 0$ 或 1,其中 A、$w[0]$ 和 $w[1]$ 是随机变量。如果 A、$w[0]$ 和 $w[1]$ 是相互独立的,证明 $x[0]$ 和 $x[1]$ 是条件独立的。给出条件的随机变量是 A。$x[0]$ 和 $x[1]$ 是无条件独立的吗? 也就是

$$p(x[0], x[1]) = p(x[0])p(x[1])$$

成立吗? 为了回答这个问题,考虑当 A、$w[0]$ 和 $w[1]$ 是独立的且每一个随机变量都有 PDF $\mathcal{N}(0, 1)$ 的情况。

10.3 观测到数据 $x[n]$,其中 $n = 0, 1, \ldots, N-1$,每一个样本都具有条件 PDF

$$p(x[n]|\theta) = \begin{cases} \exp[-(x[n] - \theta)] & x[n] > \theta \\ 0 & x[n] < \theta \end{cases}$$

在 θ 条件下这些观测是独立的。先验 PDF 是

$$p(\theta) = \begin{cases} \exp(-\theta) & \theta > 0 \\ 0 & \theta < 0 \end{cases}$$

求 θ 的 MMSE 估计量。注意:对条件独立的定义请参见习题 10.2。

10.4 重复习题 10.3,但是条件 PDF 是

$$p(x[n]|\theta) = \begin{cases} \dfrac{1}{\theta} & 0 \leqslant x[n] \leqslant \theta \\ 0 & \text{其他} \end{cases}$$

以及均匀先验 PDF $\theta \sim \mathcal{U}[0, \beta]$。如果 β 非常大,这样先验知识很少,则会出现什么情况?

10.5   通过令

$$\text{Bmse}(\hat{\theta}) = E_{x,\theta}\left[(\theta - \hat{\theta})^2\right] = E_{x,\theta}\left\{\left[(\theta - E(\theta|\mathbf{x})) + \left(E(\theta|\mathbf{x}) - \hat{\theta}\right)\right]^2\right\}$$

并进行计算来重新推导 MMSE 估计量。提示：利用结果 $E_{x,\theta}(\ ) = E_x\left[E_{\theta|x}(\ )\right]$。

10.6   在例 10.1 中，把数据模型修正为

$$x[n] = A + w[n] \qquad n = 0, 1, \ldots, N-1$$

其中 $w[n]$ 是 WGN，如果 $A \geqslant 0$，那么方差为 σ_+^2，如果 $A < 0$，那么方差为 σ_-^2。求 PDF $p(\mathbf{x}|A)$。把它与经典情况的 PDF $p(\mathbf{x};A)$ 进行比较，在经典的情况下 A 是确定性的，$w[n]$ 是 WGN，它的方差 σ^2 为

a. $\sigma_+^2 = \sigma_-^2$

b. $\sigma_+^2 \neq \sigma_-^2$

10.7   如果 $\sqrt{\sigma^2/N} = 1$，对于 $A_0 = 3$ 和 $A_0 = 10$，画出由 (10.9) 式给出的 $\overline{x}$ 与 $\hat{A}$ 的函数曲线。把你的结果和估计量 $\hat{A} = \overline{x}$ 进行比较。提示：注意分子可以用闭合形式计算，分母与高斯随机变量的累积分布函数有关。

10.8   一个随机变量 θ 具有 PDF $p(\theta)$。希望在没有任何可用数据的情况下估计 θ 的一个现实。为此提出了使 $E\left[(\theta - \hat{\theta})^2\right]$ 最小的 MMSE 估计量，其中期望值仅是对 $p(\theta)$ 求的。证明 MMSE 估计量为 $\hat{\theta} = E(\theta)$。将你的结果应用到例 10.1，当把数据考虑进去时，证明最小贝叶斯 MSE 是减少的。

10.9   某质检员的工作是监控制造出来的电阻的阻值。为此他从一批电阻中选出一个并用一个欧姆表来测量它。他知道欧姆表质量较差，它给测量带来了误差，这个误差可以看成一个 $\mathcal{N}(0, 1)$ 的随机变量。因此，质检员取 N 独立的测量。另外，他知道阻值应该是 100 欧姆。由于制造允许的容差，通常它们是在用 ϵ 表示的误差范围之内，其中 $\epsilon \sim \mathcal{N}(0, 0.011)$。如果质检员选择一个电阻，那么"平均来说"需要多少次欧姆表测量才能保证阻值 R 的 MMSE 估计量精确到 0.1 欧姆？也就是说，质检员在一整天内需要连续选择多少个电阻？如果他没有关于制造容差的任何先验知识，他需要多少次测量？

10.10   在本题中，我们讨论再生 PDF。回顾前面，

$$p(\theta|\mathbf{x}) = \frac{p(\mathbf{x}|\theta)p(\theta)}{\int p(\mathbf{x}|\theta)p(\theta)\,d\theta}$$

其中分母和 θ 无关。如果选择一个 $p(\theta)$，使得它和 $p(\mathbf{x}|\theta)$ 相乘时，我们得到 θ 的 PDF 的相同形式，那么后验 PDF $p(\theta|\mathbf{x})$ 将有和 $p(\theta)$ 相同的形式。例 10.1 的高斯 PDF 正是这样一种情况。现在，假设在 θ 条件下 $x[n]$ 的 PDF 是指数 PDF

$$p(x[n]|\theta) = \begin{cases} \theta \exp(-\theta x[n]) & x[n] > 0 \\ 0 & x[n] < 0 \end{cases}$$

其中 $x[n]$ 是条件独立的（参见习题 10.2）。接着，假设伽马先验 PDF

$$p(\theta) = \begin{cases} \dfrac{\lambda^\alpha}{\Gamma(\alpha)} \theta^{\alpha-1} \exp(-\lambda\theta) & \theta > 0 \\ 0 & \theta < 0 \end{cases}$$

其中 $\lambda > 0$，$\alpha > 0$，求后验 PDF。把它和先验 PDF 相比较。这种 PDF 在该情形下是伽马的，称为共轭先验 PDF。

10.11   我们希望根据一个人的身高来估计他的体重。为了判断其可行性，对 $N = 100$ 个人取数据，产生有序的数据对 (h, w)，其中 h 代表身高，w 代表体重。得到的数据如图 10.9(a) 所示的。解释你如何利用 MMSE 估计量根据一个人的身高来猜测他的体重。对于这些数据的建模有些什么样的假设？接下来，对很遥远的行星上的人进行同样的实验，得到的数据如图 10.9(b) 所示。现在体重的 MMSE 估计量将是什么？

10.12   如果 $[\,x\ y\,]^T \sim \mathcal{N}(\mathbf{0}, \mathbf{C})$，其中

$$\mathbf{C} = \begin{bmatrix} 1 & \rho \\ \rho & 1 \end{bmatrix}$$

对某个 $x = x_0$，令 $g(y) = p(x_0, y)$。证明当 $y = \rho x_0$ 时使 $g(y)$ 最大。另外，证明 $E(y|x_0) = \rho x_0$。它们为什么是相同的？如果 $\rho = 0$，基于 x 的 y 的 MMSE 估计量是什么？

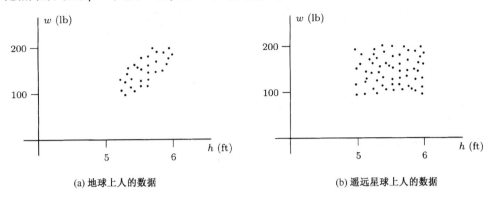

(a) 地球上人的数据　　　　　　　　　　　(b) 遥远星球上人的数据

图 10.9　身高 – 体重数据

10.13　利用矩阵求逆引理，证明（10.32）式和（10.33）式。提示：首先证明（10.33）式然后利用它来证明（10.32）式。

10.14　观测到数据

$$x[n] = Ar^n + w[n] \qquad n = 0, 1, \ldots, N - 1$$

其中 r 是已知的，$w[n]$ 是方差为 σ^2 的 WGN，$A \sim \mathcal{N}(0, \sigma_A^2)$ 和 $w[n]$ 独立。求 A 的 MMSE 估计量以及最小贝叶斯MSE。

10.15　对随机变量 θ 的随机性的一个度量是它的熵（entropy），熵定义为

$$H(\theta) = E(-\ln p(\theta)) = -\int \ln p(\theta) p(\theta) \, d\theta$$

如果 $\theta \sim \mathcal{N}(\mu_\theta, \sigma_\theta^2)$，求这个熵，并说明它和PDF集中度的关系。观测到数据后，后验PDF的熵可以定义为

$$H(\theta|\mathbf{x}) = E(-\ln p(\theta|\mathbf{x})) = -\iint \ln p(\theta|\mathbf{x}) p(\mathbf{x}, \theta) \, d\mathbf{x} d\theta$$

且它应该比 $H(\theta)$ 小。因此，通过观测得到的信息的度量是

$$I = H(\theta) - H(\theta|\mathbf{x})$$

证明 $I \geq 0$。在什么条件下 $I = 0$？提示：把 $H(\theta)$ 表示为

$$H(\theta) = -\iint \ln p(\theta) p(\mathbf{x}, \theta) \, d\mathbf{x} \, d\theta$$

另外，对于 PDF $p_1(\mathbf{u})$，$p_2(\mathbf{u})$，需要不等式

$$\int \ln \frac{p_1(\mathbf{u})}{p_2(\mathbf{u})} p_1(\mathbf{u}) \, d\mathbf{u} \geq 0$$

当且仅当 $p_1(\mathbf{u}) = p_2(\mathbf{u})$ 时，等式成立。（关于这个方法更详细的描述请参见[Zacks 1981]，这个方法依赖于信息论中互信息的标准概念[Ash 1965, Gallagher 1968]。）

10.16　对于例 10.1，证明由观测数据得到的信息是

$$I = \frac{1}{2} \ln \left(1 + \frac{\sigma_A^2}{\sigma^2/N} \right)$$

10.17　在选择不含信息的或者不假设任何先验知识的先验 PDF 时，我们需要从数据中得到最大的信息量。在这种方式下，数据是了解未知参数的主要贡献者。利用习题 10.15 的结果，这种方法可以通过选择使 I 最大的 $p(\theta)$ 来实现。对于例 10.1 的高斯先验 PDF，该如何选择 μ_A 和 σ_A^2 使得 $p(A)$ 是不含信息的？

附录 10A 条件高斯 PDF 的推导

在本附录里，我们推导总结在定理 10.2 中的多维高斯 PDF 的条件 PDF。读者将注意到，这个结果正是例 10.1 的结果的矢量扩展。另外，甚至在协方差矩阵 **C** 是奇异时，后验均值和协方差仍然有效。附录 7C 就是这种情况，在那里 **x** 是 **y** 的一个线性函数。然而，在这个附录的推导中，假设协方差矩阵是可逆的。

利用定理 10.2 的符号表示法，我们有

$$
\begin{aligned}
p(\mathbf{y}|\mathbf{x}) &= \frac{p(\mathbf{x},\mathbf{y})}{p(\mathbf{x})} \\
&= \frac{\dfrac{1}{(2\pi)^{\frac{k+l}{2}}\det^{\frac{1}{2}}(\mathbf{C})}\exp\left[-\dfrac{1}{2}\left(\begin{bmatrix}\mathbf{x}-E(\mathbf{x})\\\mathbf{y}-E(\mathbf{y})\end{bmatrix}\right)^{T}\mathbf{C}^{-1}\left(\begin{bmatrix}\mathbf{x}-E(\mathbf{x})\\\mathbf{y}-E(\mathbf{y})\end{bmatrix}\right)\right]}{\dfrac{1}{(2\pi)^{\frac{k}{2}}\det^{\frac{1}{2}}(\mathbf{C}_{xx})}\exp\left[-\dfrac{1}{2}(\mathbf{x}-E(\mathbf{x}))^{T}\mathbf{C}_{xx}^{-1}(\mathbf{x}-E(\mathbf{x}))\right]}
\end{aligned}
$$

$p(\mathbf{x})$ 也可以写成这种形式，即 **x** 也是一个给定均值和协方差的多维高斯随机变量，这是从 **x** 和 **y** 是联合高斯分布推出的。为了证明上述概念，我们令

$$
\mathbf{x}=\begin{bmatrix}\mathbf{I}&\mathbf{0}\\\mathbf{0}&\mathbf{0}\end{bmatrix}\begin{bmatrix}\mathbf{x}\\\mathbf{y}\end{bmatrix}
$$

并应用高斯矢量的性质：高斯矢量的线性变换仍为高斯矢量。接着，我们考察分块协方差矩阵的行列式。因为分块矩阵的行列式可以通过下式求得，

$$
\det\left(\begin{bmatrix}\mathbf{A}_{11}&\mathbf{A}_{12}\\\mathbf{A}_{21}&\mathbf{A}_{22}\end{bmatrix}\right)=\det(\mathbf{A}_{11})\det(\mathbf{A}_{22}-\mathbf{A}_{21}\mathbf{A}_{11}^{-1}\mathbf{A}_{12})
$$

那么可得

$$
\det(\mathbf{C})=\det(\mathbf{C}_{xx})\det(\mathbf{C}_{yy}-\mathbf{C}_{yx}\mathbf{C}_{xx}^{-1}\mathbf{C}_{xy})
$$

这样

$$
\frac{\det(\mathbf{C})}{\det(\mathbf{C}_{xx})}=\det(\mathbf{C}_{yy}-\mathbf{C}_{yx}\mathbf{C}_{xx}^{-1}\mathbf{C}_{xy})
$$

因此我们有

$$
p(\mathbf{y}|\mathbf{x})=\frac{1}{(2\pi)^{\frac{1}{2}}\det^{\frac{1}{2}}(\mathbf{C}_{yy}-\mathbf{C}_{yx}\mathbf{C}_{xx}^{-1}\mathbf{C}_{xy})}\exp\left(-\frac{1}{2}Q\right)
$$

其中

$$
Q=\begin{bmatrix}\mathbf{x}-E(\mathbf{x})\\\mathbf{y}-E(\mathbf{y})\end{bmatrix}^{T}\mathbf{C}^{-1}\begin{bmatrix}\mathbf{x}-E(\mathbf{x})\\\mathbf{y}-E(\mathbf{y})\end{bmatrix}-(\mathbf{x}-E(\mathbf{x}))^{T}\mathbf{C}_{xx}^{-1}(\mathbf{x}-E(\mathbf{x}))
$$

为了计算 Q，我们利用分块对称矩阵的矩阵求逆公式

$$
\begin{bmatrix} \mathbf{A}_{11} & \mathbf{A}_{12} \\ \mathbf{A}_{21} & \mathbf{A}_{22} \end{bmatrix}^{-1}
$$

$$
= \begin{bmatrix} (\mathbf{A}_{11} - \mathbf{A}_{12}\mathbf{A}_{22}^{-1}\mathbf{A}_{21})^{-1} & -\mathbf{A}_{11}^{-1}\mathbf{A}_{12}(\mathbf{A}_{22} - \mathbf{A}_{21}\mathbf{A}_{11}^{-1}\mathbf{A}_{12})^{-1} \\ -(\mathbf{A}_{22} - \mathbf{A}_{21}\mathbf{A}_{11}^{-1}\mathbf{A}_{12})^{-1}\mathbf{A}_{21}\mathbf{A}_{11}^{-1} & (\mathbf{A}_{22} - \mathbf{A}_{21}\mathbf{A}_{11}^{-1}\mathbf{A}_{12})^{-1} \end{bmatrix}
$$

利用这个形式，非对角线上的矩阵块互为转置，因此逆矩阵肯定是对称的。这是因为 $\mathbf{C}$ 是对称的，因此 $\mathbf{C}^{-1}$ 也是对称的。利用矩阵求逆引理我们有

$$
(\mathbf{A}_{11} - \mathbf{A}_{12}\mathbf{A}_{22}^{-1}\mathbf{A}_{21})^{-1} = \mathbf{A}_{11}^{-1} + \mathbf{A}_{11}^{-1}\mathbf{A}_{12}(\mathbf{A}_{22} - \mathbf{A}_{21}\mathbf{A}_{11}^{-1}\mathbf{A}_{12})^{-1}\mathbf{A}_{21}\mathbf{A}_{11}^{-1}
$$

所以

$$
\mathbf{C}^{-1} = \begin{bmatrix} \mathbf{C}_{xx}^{-1} + \mathbf{C}_{xx}^{-1}\mathbf{C}_{xy}\mathbf{B}^{-1}\mathbf{C}_{yx}\mathbf{C}_{xx}^{-1} & -\mathbf{C}_{xx}^{-1}\mathbf{C}_{xy}\mathbf{B}^{-1} \\ -\mathbf{B}^{-1}\mathbf{C}_{yx}\mathbf{C}_{xx}^{-1} & \mathbf{B}^{-1} \end{bmatrix}
$$

其中

$$
\mathbf{B} = \mathbf{C}_{yy} - \mathbf{C}_{yx}\mathbf{C}_{xx}^{-1}\mathbf{C}_{xy}
$$

逆矩阵可以写成因式分解形式，即

$$
\mathbf{C}^{-1} = \begin{bmatrix} \mathbf{I} & -\mathbf{C}_{xx}^{-1}\mathbf{C}_{xy} \\ \mathbf{0} & \mathbf{I} \end{bmatrix} \begin{bmatrix} \mathbf{C}_{xx}^{-1} & \mathbf{0} \\ \mathbf{0} & \mathbf{B}^{-1} \end{bmatrix} \begin{bmatrix} \mathbf{I} & \mathbf{0} \\ -\mathbf{C}_{yx}\mathbf{C}_{xx}^{-1} & \mathbf{I} \end{bmatrix}
$$

所以，令 $\tilde{\mathbf{x}} = \mathbf{x} - E(\mathbf{x})$，$\tilde{\mathbf{y}} = \mathbf{y} - E(\mathbf{y})$，我们有

$$
\begin{aligned}
Q &= \begin{bmatrix} \tilde{\mathbf{x}} \\ \tilde{\mathbf{y}} \end{bmatrix}^T \begin{bmatrix} \mathbf{I} & -\mathbf{C}_{xx}^{-1}\mathbf{C}_{xy} \\ \mathbf{0} & \mathbf{I} \end{bmatrix} \begin{bmatrix} \mathbf{C}_{xx}^{-1} & \mathbf{0} \\ \mathbf{0} & \mathbf{B}^{-1} \end{bmatrix} \begin{bmatrix} \mathbf{I} & \mathbf{0} \\ -\mathbf{C}_{yx}\mathbf{C}_{xx}^{-1} & \mathbf{I} \end{bmatrix} \begin{bmatrix} \tilde{\mathbf{x}} \\ \tilde{\mathbf{y}} \end{bmatrix} \\
&\quad - \tilde{\mathbf{x}}^T\mathbf{C}_{xx}^{-1}\tilde{\mathbf{x}} \\
&= \begin{bmatrix} \tilde{\mathbf{x}} \\ \tilde{\mathbf{y}} - \mathbf{C}_{yx}\mathbf{C}_{xx}^{-1}\tilde{\mathbf{x}} \end{bmatrix}^T \begin{bmatrix} \mathbf{C}_{xx}^{-1} & \mathbf{0} \\ \mathbf{0} & \mathbf{B}^{-1} \end{bmatrix} \begin{bmatrix} \tilde{\mathbf{x}} \\ \tilde{\mathbf{y}} - \mathbf{C}_{yx}\mathbf{C}_{xx}^{-1}\tilde{\mathbf{x}} \end{bmatrix} - \tilde{\mathbf{x}}^T\mathbf{C}_{xx}^{-1}\tilde{\mathbf{x}} \\
&= (\tilde{\mathbf{y}} - \mathbf{C}_{yx}\mathbf{C}_{xx}^{-1}\tilde{\mathbf{x}})^T\mathbf{B}^{-1}(\tilde{\mathbf{y}} - \mathbf{C}_{yx}\mathbf{C}_{xx}^{-1}\tilde{\mathbf{x}})
\end{aligned}
$$

或者最终得到

$$
\begin{aligned}
Q &= \left[\mathbf{y} - \left(E(\mathbf{y}) + \mathbf{C}_{yx}\mathbf{C}_{xx}^{-1}(\mathbf{x} - E(\mathbf{x}))\right)\right]^T \\
&\quad [\mathbf{C}_{yy} - \mathbf{C}_{yx}\mathbf{C}_{xx}^{-1}\mathbf{C}_{xy}]^{-1} \left[\mathbf{y} - \left(E(\mathbf{y}) + \mathbf{C}_{yx}\mathbf{C}_{xx}^{-1}(\mathbf{x} - E(\mathbf{x}))\right)\right]
\end{aligned}
$$

另外后验 PDF 的均值由（10.24）式给出，协方差由（10.25）式给出。

第11章 一般贝叶斯估计量

11.1 引言

上一章中介绍了参数估计的贝叶斯方法，本章我们来研究更为一般的贝叶斯估计量及其性质。为此，本章讨论了贝叶斯风险函数的概念。使贝叶斯风险函数最小导出了多种估计量。我们重点考虑的估计量是 MMSE 估计量和最大后验估计量，这两个估计量是实践应用中最基本的估计量。另外，本章还讨论了贝叶斯估计量的性能，引出了误差椭圆的概念。通过一个解卷积问题，我们阐述了贝叶斯估计量在信号处理中的应用。作为一个特例，我们详细考虑了噪声滤波器问题。在这个问题中，我们利用 MMSE 估计量和贝叶斯线性模型相结合，得出了重要的维纳（Wiener）滤波器。在下一章，我们将描述维纳滤波器更为完整的性质及其扩展。

11.2 小结

（11.1）式定义了贝叶斯风险。对于一个二次型的代价函数，后验 PDF 的均值或者通常说的 MMSE 估计量使这个风险最小。（11.2）式表示的比例性的代价函数引出了一个最佳估计量，它是后验 PDF 的中值。对于（11.3）式中的"成功－失败"（hit-or-miss）型代价函数，后验 PDF 的众数（mode）或者最大值的位置是最佳估计量，后者称为最大后验概率（MAP）估计量。（11.10）式给出了矢量参数的 MMSE 估计量，对应的最小贝叶斯 MSE 由（11.12）式给出。在 11.5 节中包含了几个计算 MAP 估计量的例子，接着由（11.23）式或（11.24）式定义了矢量 MAP 估计量。矢量 MAP 估计量不是标量 MAP 估计量的简单扩展，但是使一个稍微不同的贝叶斯风险最小。文中指出了 MMSE 和 MAP 估计量对于线性变换是可以交换的，但是这个特性不能推广到非线性变换中。MMSE 估计量的性能由误差 PDF（11.26）式来表征。对于贝叶斯线性模型，MMSE 估计量的性能由（11.29）式和（11.30）式精确地表示出来，并且导出了像例 11.7 中讨论的误差椭圆的概念。最后，对于重要的贝叶斯线性模型，定理 11.1 总结了 MMSE 估计量和它的性能。

11.3 风险函数

前面我们通过使 $E[(\theta - \hat{\theta})^2]$ 最小推导了 MMSE 估计量，其中数学期望是对 PDF $p(\mathbf{x}, \theta)$ 求的。如果我们令 $\epsilon = \theta - \hat{\theta}$ 表示对于 $\mathbf{x}$ 特定现实的估计量与 θ 的误差，另外令 $C(\epsilon) = \epsilon^2$，那么 MSE 准则就是使 $E[C(\epsilon)]$ 最小。图 11.1（a）所示的确定性函数 $C(\epsilon)$ 称为代价函数。注意到越大的误差，代价也就越大。另外，平均代价即 $E[C(\epsilon)]$ 称为贝叶斯风险 $\mathcal{R}$，即

$$\mathcal{R} = E[C(\epsilon)] \tag{11.1}$$

用来度量一个给定估计的性能。如果 $C(\epsilon) = \epsilon^2$，那么代价函数是二次型代价函数，贝叶斯风险刚好是 MSE。当然，不一定非要限制是二次型代价函数，尽管从数学上容易处理的角度来说这是非常希望的。图 11.1（b）和图 11.1（c）给出了其他可能的代价函数。在图 11.1（b）中，我们有

$$C(\epsilon) = |\epsilon| \tag{11.2}$$

这个代价函数对误差按比例进行"处罚"。图 11.1（c）画出了"成功－失败"型代价函数。对于较

小的误差，指定为没有代价；对于超过门限误差的所有误差，指定代价为 1，即

$$\mathcal{C}(\epsilon) = \begin{cases} 0 & |\epsilon| < \delta \\ 1 & |\epsilon| > \delta \end{cases} \tag{11.3}$$

其中 $\delta > 0$。如果 δ 小，我们可以认为这个代价函数对任何误差都处以相同的"处罚"（即"失败"），没有误差时不"处罚"（即"成功"）。注意在所有这三种情况中，误差函数都是关于 ϵ 对称的，这表示假定正的误差和负的误差的不良影响是等同的。当然，通常情况下它们未必是这样。

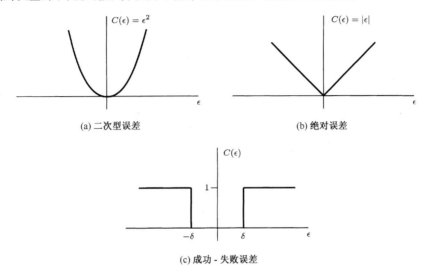

(a) 二次型误差 (b) 绝对误差

(c) 成功 - 失败误差

图 11.1 代价函数的例子

我们已经看到，对于二次型代价函数，MMSE 估计量 $\hat{\theta} = E(\theta|\mathbf{x})$ 使贝叶斯风险最小。现在，我们确定其他代价函数的最佳估计量。贝叶斯风险 $\mathcal{R}$ 是

$$\begin{aligned} \mathcal{R} &= E[\mathcal{C}(\epsilon)] = \iint \mathcal{C}(\theta - \hat{\theta})p(\mathbf{x}, \theta)\, d\mathbf{x}\, d\theta \\ &= \int \left[\int \mathcal{C}(\theta - \hat{\theta})p(\theta|\mathbf{x})\, d\theta \right] p(\mathbf{x})\, d\mathbf{x} \end{aligned} \tag{11.4}$$

如同在第 10 章中对 MMSE 所做的那样，我们试图对每一个 $\mathbf{x}$ 使内层的积分最小。保持 $\mathbf{x}$ 固定不变，$\hat{\theta}$ 变成了一个标量型的变量。首先，考虑绝对值误差代价函数，对于 (11.4) 式中的内层的积分，我们有

$$g(\hat{\theta}) = \int |\theta - \hat{\theta}|p(\theta|\mathbf{x})\, d\theta = \int_{-\infty}^{\hat{\theta}} (\hat{\theta} - \theta)p(\theta|\mathbf{x})\, d\theta + \int_{\hat{\theta}}^{\infty} (\theta - \hat{\theta})p(\theta|\mathbf{x})\, d\theta$$

利用 Leibnitz 准则，对 $\hat{\theta}$ 求导，得

$$\frac{\partial}{\partial u} \int_{\phi_1(u)}^{\phi_2(u)} h(u, v)\, dv = \int_{\phi_1(u)}^{\phi_2(u)} \frac{\partial h(u, v)}{\partial u}\, dv + \frac{d\phi_2(u)}{du} h(u, \phi_2(u)) - \frac{d\phi_1(u)}{du} h(u, \phi_1(u))$$

对于第一个积分，令 $h(\hat{\theta}, \theta) = (\hat{\theta} - \theta)p(\theta|\mathbf{x})$，我们有

$$h(u, \phi_2(u)) = h(\hat{\theta}, \hat{\theta}) = (\hat{\theta} - \hat{\theta})p(\hat{\theta}|\mathbf{x}) = 0$$

因为下限和 u 无关，所以 $d\phi_1(u)/du = 0$。类似地，对于第二个积分，对应项是零。因此，我们只需对被积函数求导，得

$$\frac{dg(\hat{\theta})}{d\hat{\theta}} = \int_{-\infty}^{\hat{\theta}} p(\theta|\mathbf{x})\, d\theta - \int_{\hat{\theta}}^{\infty} p(\theta|\mathbf{x})\, d\theta = 0$$

或

$$\int_{-\infty}^{\hat{\theta}} p(\theta|\mathbf{x})\,d\theta = \int_{\hat{\theta}}^{\infty} p(\theta|\mathbf{x})\,d\theta$$

根据定义 $\hat{\theta}$ 是后验 PDF 的中值，或者是 $\Pr\{\theta \le \hat{\theta}|\mathbf{x}\} = 1/2$ 的点。

对于"成功 – 失败"型代价函数，对于 $\epsilon > \delta$ 和 $\epsilon < -\delta$，或者对于 $\theta > \hat{\theta} + \delta$ 和 $\theta < \hat{\theta} - \delta$，我们有 $\mathcal{C}(\epsilon) = 1$，所以在(11.4)式中内层积分是

$$g(\hat{\theta}) = \int_{-\infty}^{\hat{\theta}-\delta} 1 \cdot p(\theta|\mathbf{x})\,d\theta + \int_{\hat{\theta}+\delta}^{\infty} 1 \cdot p(\theta|\mathbf{x})\,d\theta$$

但是

$$\int_{-\infty}^{\infty} p(\theta|\mathbf{x})\,d\theta = 1$$

所以可得

$$g(\hat{\theta}) = 1 - \int_{\hat{\theta}-\delta}^{\hat{\theta}+\delta} p(\theta|\mathbf{x})\,d\theta$$

通过使下式最大就可以使上式最小，

$$\int_{\hat{\theta}-\delta}^{\hat{\theta}+\delta} p(\theta|\mathbf{x})\,d\theta$$

对于任意小的 δ，选择对应于 $p(\theta|\mathbf{x})$ 最大值位置的 $\hat{\theta}$，就将使 $\int_{\hat{\theta}-\delta}^{\hat{\theta}+\delta} p(\theta|\mathbf{x})\,d\theta$ 最大。对于"成功 – 失败"型的代价函数，使贝叶斯风险最小的估计量也就是后验 PDF 的众数（最大值的位置）。这个估计量称为最大后验（MAP）估计量，后面将进行更详细的描述。

总而言之，对于图 11.1 所示的代价函数，使贝叶斯风险最小的估计量分别是后验 PDF 的均值、中值和众数。这在图 11.2(a) 中给出了解释。对于某些后验 PDF，这三种估计量是相同的，一个明显的例子是高斯后验 PDF

$$p(\theta|\mathbf{x}) = \frac{1}{\sqrt{2\pi\sigma_{\theta|x}^2}} \exp\left[-\frac{1}{2\sigma_{\theta|x}^2}(\theta - \mu_{\theta|x})^2\right]$$

均值 $\mu_{\theta|x}$ 等于中值（由于对称性）和众数，如图 11.2(b) 所示。（参见习题 11.2。）

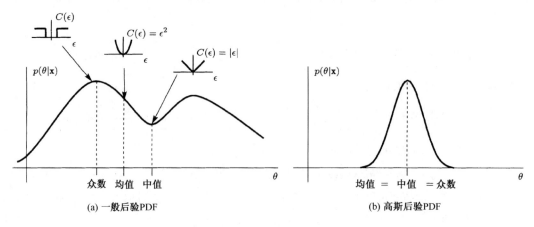

图 11.2   不同代价函数的估计量

11.4　最小均方误差估计量

在第 10 章里，MMSE 估计量被确定为是 $E(\theta|\mathbf{x})$ 或后验 PDF 的均值，因此它通常也称为条件均值估计量。接下来，我们继续讨论这种重要的估计量，先把它扩展到矢量参数的情形，然后研究它的某些性质。

如果 $\boldsymbol{\theta}$ 是个 $p \times 1$ 维的矢量参数，那么为了估计 θ_1，我们可以把剩余的参数看成多余参量（参见第 10 章）。如果 $p(\mathbf{x}|\boldsymbol{\theta})$ 是数据的条件 PDF，$p(\boldsymbol{\theta})$ 是矢量参数的先验 PDF，则可以得到 θ_1 的后验 PDF 为

$$p(\theta_1|\mathbf{x}) = \int \cdots \int p(\boldsymbol{\theta}|\mathbf{x})\, d\theta_2 \cdots d\theta_p \tag{11.5}$$

其中

$$p(\boldsymbol{\theta}|\mathbf{x}) = \frac{p(\mathbf{x}|\boldsymbol{\theta})p(\boldsymbol{\theta})}{\int p(\mathbf{x}|\boldsymbol{\theta})p(\boldsymbol{\theta})\, d\boldsymbol{\theta}} \tag{11.6}$$

然后，出于和第 10 章中的同样理由，我们有

$$\hat{\theta}_1 \;=\; E(\theta_1|\mathbf{x}) \;=\; \int \theta_1 p(\theta_1|\mathbf{x})\, d\theta_1$$

或者更一般的情形

$$\hat{\theta}_i = \int \theta_i p(\theta_i|\mathbf{x})\, d\theta_i \qquad i = 1, 2, \ldots, p \tag{11.7}$$

这就是使

$$E[(\theta_i - \hat{\theta}_i)^2] = \int (\theta_i - \hat{\theta}_i)^2 p(\mathbf{x}, \theta_i)\, d\mathbf{x}\, d\theta_i \tag{11.8}$$

最小的 MMSE 估计量。(11.8)式是对边缘 PDF $p(\mathbf{x}, \theta_i)$ 取平均的均方误差。因此，对于一个矢量参数的 MMSE 估计量，不需要任何新的内容，仅需要确定每一个参数的后验 PDF。另外，由(11.5)式，对于第一个参数的 MMSE 估计量可以表示为

$$\hat{\theta}_1 \;=\; \int \theta_1 p(\theta_1|\mathbf{x})\, d\theta_1 \;=\; \int \theta_1 \left[\int \cdots \int p(\boldsymbol{\theta}|\mathbf{x})\, d\theta_2 \ldots d\theta_p \right] d\theta_1 \;=\; \int \theta_1 p(\boldsymbol{\theta}|\mathbf{x})\, d\boldsymbol{\theta}$$

或者更一般地表示为

$$\hat{\theta}_i = \int \theta_i p(\boldsymbol{\theta}|\mathbf{x})\, d\boldsymbol{\theta} \qquad i = 1, 2, \ldots, p$$

利用矢量形式我们有

$$\hat{\boldsymbol{\theta}} \;=\; \begin{bmatrix} \int \theta_1 p(\boldsymbol{\theta}|\mathbf{x})\, d\boldsymbol{\theta} \\ \int \theta_2 p(\boldsymbol{\theta}|\mathbf{x})\, d\boldsymbol{\theta} \\ \vdots \\ \int \theta_p p(\boldsymbol{\theta}|\mathbf{x})\, d\boldsymbol{\theta} \end{bmatrix} \;=\; \int \boldsymbol{\theta} p(\boldsymbol{\theta}|\mathbf{x})\, d\boldsymbol{\theta} \tag{11.9}$$

$$=\; E(\boldsymbol{\theta}|\mathbf{x}) \tag{11.10}$$

其中的数学期望是对矢量参数的后验 PDF 即 $p(\boldsymbol{\theta}|\mathbf{x})$ 求的。注意，矢量 MMSE 估计量 $E(\boldsymbol{\theta}|\mathbf{x})$ 对未知矢量参数的每一分量都使 MSE 最小，即 $[\hat{\boldsymbol{\theta}}]_i = [E(\boldsymbol{\theta}|\mathbf{x})]_i$ 使 $E[(\theta_i - \hat{\theta}_i)^2]$ 最小。这可以通过下面的推导得出。

正如第 10 章里讨论的那样，标量参数的贝叶斯 MSE 的最小值，是在对 $\mathbf{x}$ 的 PDF 取平均时的

后验 PDF 的方差[参见(10.13)式]。这是因为

$$\mathrm{Bmse}(\hat{\theta}_1) = E[(\theta_1 - \hat{\theta}_1)^2] = \int (\theta_1 - \hat{\theta}_1)^2 p(\mathbf{x}, \theta_1)\, d\theta_1\, d\mathbf{x}$$

而且因为 $\hat{\theta}_1 = E(\theta_1|\mathbf{x})$，所以我们有

$$\mathrm{Bmse}(\hat{\theta}_1) = \int \left[\int (\theta_1 - E(\theta_1|\mathbf{x}))^2\, p(\theta_1|\mathbf{x})\, d\theta_1 \right] p(\mathbf{x})\, d\mathbf{x} = \int \mathrm{var}(\theta_1|\mathbf{x}) p(\mathbf{x})\, d\mathbf{x}$$

然而现在，后验 PDF 可以写成

$$p(\theta_1|\mathbf{x}) = \int \cdots \int p(\boldsymbol{\theta}|\mathbf{x})\, d\theta_2 \ldots d\theta_p$$

所以

$$\mathrm{Bmse}(\hat{\theta}_1) = \int \left[\int (\theta_1 - E(\theta_1|\mathbf{x}))^2\, p(\boldsymbol{\theta}|\mathbf{x})\, d\boldsymbol{\theta} \right] p(\mathbf{x})\, d\mathbf{x} \qquad (11.11)$$

在(11.11)式里的积分是对后验 PDF $p(\boldsymbol{\theta}|\mathbf{x})$ 求取的 θ_1 的方差。这刚好是后验 PDF 的协方差矩阵 $\mathbf{C}_{\theta|x}$ 的 $[1,1]$ 元素。因此，一般来说，我们有最小的贝叶斯 MSE，即

$$\mathrm{Bmse}(\hat{\theta}_i) = \int [\mathbf{C}_{\theta|x}]_{ii} p(\mathbf{x})\, d\mathbf{x} \qquad i = 1, 2, \ldots, p \qquad (11.12)$$

其中

$$\mathbf{C}_{\theta|x} = E_{\theta|x} \left[(\boldsymbol{\theta} - E(\boldsymbol{\theta}|\mathbf{x}))(\boldsymbol{\theta} - E(\boldsymbol{\theta}|\mathbf{x}))^T \right] \qquad (11.13)$$

下面给出一个例子。

例 11.1　贝叶斯傅里叶分析

我们重新考虑例 4.2，不过为了简化计算，我们令 $M=1$，这样数据模型就变成

$$x[n] = a \cos 2\pi f_0 n + b \sin 2\pi f_0 n + w[n] \qquad n = 0, 1, \ldots, N-1$$

其中 f_0 是 $1/N$ 的倍数，除了 0 或 1/2（因为此时 $\sin 2\pi f_0 n$ 恒等于零），并且 $w[n]$ 是方差为 σ^2 的 WGN。希望估计 $\boldsymbol{\theta} = [a\ b]^T$。我们从经典模型出发，假定 a、b 是随机变量，先验 PDF 为

$$\boldsymbol{\theta} \sim \mathcal{N}(\mathbf{0}, \sigma_\theta^2 \mathbf{I})$$

$\boldsymbol{\theta}$ 与 $w[n]$ 独立。这种类型的模型称为瑞利衰落正弦信号模型[Van Trees 1968]，它通常用来表示通过色散介质传播的正弦信号（参见习题 11.6）。为了求得 MMSE 估计量，我们需要计算 $E(\boldsymbol{\theta}|\mathbf{x})$。数据模型可以重写为

$$\mathbf{x} = \mathbf{H}\boldsymbol{\theta} + \mathbf{w}$$

其中

$$\mathbf{H} = \begin{bmatrix} 1 & 0 \\ \cos 2\pi f_0 & \sin 2\pi f_0 \\ \vdots & \vdots \\ \cos[2\pi f_0(N-1)] & \sin[2\pi f_0(N-1)] \end{bmatrix}$$

这称为贝叶斯线性模型。从定理 10.3 我们可以得到后验 PDF 的均值和方差。为此，我们令

$$\begin{aligned} \mu_\theta &= \mathbf{0} \\ \mathbf{C}_\theta &= \sigma_\theta^2 \mathbf{I} \\ \mathbf{C}_w &= \sigma^2 \mathbf{I} \end{aligned}$$

则

$$\begin{aligned} \hat{\boldsymbol{\theta}} &= E(\boldsymbol{\theta}|\mathbf{x}) = \sigma_\theta^2 \mathbf{H}^T (\mathbf{H}\sigma_\theta^2 \mathbf{H}^T + \sigma^2 \mathbf{I})^{-1} \mathbf{x} \\ \mathbf{C}_{\theta|x} &= \sigma_\theta^2 \mathbf{I} - \sigma_\theta^2 \mathbf{H}^T (\mathbf{H}\sigma_\theta^2 \mathbf{H}^T + \sigma^2 \mathbf{I})^{-1} \mathbf{H}\sigma_\theta^2 \end{aligned}$$

由(10.32)式和(10.33)式，可以给出一个更为方便形式，即

$$\hat{\boldsymbol{\theta}} = E(\boldsymbol{\theta}|\mathbf{x}) = \left(\frac{1}{\sigma_\theta^2}\mathbf{I} + \mathbf{H}^T\frac{1}{\sigma^2}\mathbf{H}\right)^{-1}\mathbf{H}^T\frac{1}{\sigma^2}\mathbf{x}$$

$$\mathbf{C}_{\theta|x} = \left(\frac{1}{\sigma_\theta^2}\mathbf{I} + \mathbf{H}^T\frac{1}{\sigma^2}\mathbf{H}\right)^{-1}$$

现在,因为 $\mathbf{H}$ 的每列是相互正交的(因为频率选择的缘故),我们有(参见例 4.2)

$$\mathbf{H}^T\mathbf{H} = \frac{N}{2}\mathbf{I}$$

和

$$\hat{\boldsymbol{\theta}} = \left(\frac{1}{\sigma_\theta^2}\mathbf{I} + \frac{N}{2\sigma^2}\mathbf{I}\right)^{-1}\frac{\mathbf{H}^T\mathbf{x}}{\sigma^2} = \frac{\frac{1}{\sigma^2}}{\frac{1}{\sigma_\theta^2} + \frac{N}{2\sigma^2}}\mathbf{H}^T\mathbf{x}$$

即 MMSE 估计量为

$$\hat{a} = \frac{1}{1 + \frac{2\sigma^2/N}{\sigma_\theta^2}}\left[\frac{2}{N}\sum_{n=0}^{N-1}x[n]\cos 2\pi f_0 n\right]$$

$$\hat{b} = \frac{1}{1 + \frac{2\sigma^2/N}{\sigma_\theta^2}}\left[\frac{2}{N}\sum_{n=0}^{N-1}x[n]\sin 2\pi f_0 n\right]$$

这个结果和经典情况只在比例因子上不同;如果 $\sigma_\theta^2 \gg 2\sigma^2/N$,那么两个结果是相同的。这对应于与数据知识相比有着较少先验知识的情况。后验协方差矩阵为

$$\mathbf{C}_{\theta|x} = \frac{1}{\frac{1}{\sigma_\theta^2} + \frac{N}{2\sigma^2}}\mathbf{I}$$

它与 $\mathbf{x}$ 无关。因此,从(11.12)式可得

$$\mathrm{Bmse}(\hat{a}) = \frac{1}{\frac{1}{\sigma_\theta^2} + \frac{1}{2\sigma^2/N}}$$

$$\mathrm{Bmse}(\hat{b}) = \frac{1}{\frac{1}{\sigma_\theta^2} + \frac{1}{2\sigma^2/N}}$$

注意到一个有趣的现象:在贝叶斯线性模型中没有先验知识的时候,MMMS 估计量与经典线性模型的 MVU 估计量有着相同的形式。正如习题 11.7 所描述的那样,许多偶然情况的参与使得我们得出了这样的结果。为了证明这个结果,我们注意到从(10.32)式可得

$$\hat{\boldsymbol{\theta}} = E(\boldsymbol{\theta}|\mathbf{x}) = \boldsymbol{\mu}_\theta + (\mathbf{C}_\theta^{-1} + \mathbf{H}^T\mathbf{C}_w^{-1}\mathbf{H})^{-1}\mathbf{H}^T\mathbf{C}_w^{-1}(\mathbf{x} - \mathbf{H}\boldsymbol{\mu}_\theta)$$

对于无先验知识的情况,$\mathbf{C}_\theta^{-1} \to \mathbf{0}$,因此

$$\hat{\boldsymbol{\theta}} \to (\mathbf{H}^T\mathbf{C}_w^{-1}\mathbf{H})^{-1}\mathbf{H}^T\mathbf{C}_w^{-1}\mathbf{x} \tag{11.14}$$

这是一般线性模型的 MVU 估计量(参见第 4 章)。

MMSE 估计量有几个有用的性质,在第 13 章我们学习卡尔曼(Kalman)滤波器的时候将要用到(参见习题 11.8 和习题 11.9)。首先,对于线性变换它可以交换(实际上是仿射)。对于

$$\boldsymbol{\alpha} = \mathbf{A}\boldsymbol{\theta} + \mathbf{b} \tag{11.15}$$

假设我们想要估计 $\boldsymbol{\alpha}$,其中 $\mathbf{A}$ 是一个已知的 $r \times p$ 矩阵,$\mathbf{b}$ 是一个已知的 $r \times 1$ 矢量。那么,$\boldsymbol{\alpha}$ 是一个随机矢量,它的 MMSE 估计量为

$$\hat{\boldsymbol{\alpha}} = E(\boldsymbol{\alpha}|\mathbf{x})$$

因为数学期望运算的线性特性,

$$\hat{\boldsymbol{\alpha}} = E(\mathbf{A}\boldsymbol{\theta} + \mathbf{b}|\mathbf{x}) = \mathbf{A}E(\boldsymbol{\theta}|\mathbf{x}) + \mathbf{b} = \mathbf{A}\hat{\boldsymbol{\theta}} + \mathbf{b} \tag{11.16}$$

无论联合 PDF $p(\mathbf{x}, \boldsymbol{\theta})$ 是什么这都是成立的。第二个重要的性质，是针对基于两个数据矢量 $\mathbf{x}_1$、$\mathbf{x}_2$ 的 MMSE 估计量。我们假定 $\boldsymbol{\theta}$、$\mathbf{x}_1$、$\mathbf{x}_2$ 是联合高斯的，数据矢量是相互独立的。MMSE 估计量是

$$\hat{\boldsymbol{\theta}} = E(\boldsymbol{\theta}|\mathbf{x}_1, \mathbf{x}_2)$$

令 $\boldsymbol{x} = \begin{bmatrix} \mathbf{x}_1^T & \mathbf{x}_2^T \end{bmatrix}^T$，从定理 10.2 我们有

$$\hat{\boldsymbol{\theta}} = E(\boldsymbol{\theta}|\mathbf{x}) = E(\boldsymbol{\theta}) + \mathbf{C}_{\theta x}\mathbf{C}_{xx}^{-1}(\mathbf{x} - E(\mathbf{x})) \tag{11.17}$$

因为 $\mathbf{x}_1$、$\mathbf{x}_2$ 是相互独立的，

$$\mathbf{C}_{xx}^{-1} = \begin{bmatrix} \mathbf{C}_{x_1 x_1} & \mathbf{C}_{x_1 x_2} \\ \mathbf{C}_{x_2 x_1} & \mathbf{C}_{x_2 x_2} \end{bmatrix}^{-1} = \begin{bmatrix} \mathbf{C}_{x_1 x_1} & \mathbf{0} \\ \mathbf{0} & \mathbf{C}_{x_2 x_2} \end{bmatrix}^{-1} = \begin{bmatrix} \mathbf{C}_{x_1 x_1}^{-1} & \mathbf{0} \\ \mathbf{0} & \mathbf{C}_{x_2 x_2}^{-1} \end{bmatrix}$$

另外

$$\mathbf{C}_{\theta x} = E\left[\boldsymbol{\theta} \begin{bmatrix} \mathbf{x}_1 \\ \mathbf{x}_2 \end{bmatrix}^T\right] = \begin{bmatrix} \mathbf{C}_{\theta x_1} & \mathbf{C}_{\theta x_2} \end{bmatrix}$$

从 (11.17) 式可得出

$$\begin{aligned} \hat{\boldsymbol{\theta}} &= E(\boldsymbol{\theta}) + \begin{bmatrix} \mathbf{C}_{\theta x_1} & \mathbf{C}_{\theta x_2} \end{bmatrix} \begin{bmatrix} \mathbf{C}_{x_1 x_1}^{-1} & \mathbf{0} \\ \mathbf{0} & \mathbf{C}_{x_2 x_2}^{-1} \end{bmatrix} \begin{bmatrix} \mathbf{x}_1 - E(\mathbf{x}_1) \\ \mathbf{x}_2 - E(\mathbf{x}_2) \end{bmatrix} \\ &= E(\boldsymbol{\theta}) + \mathbf{C}_{\theta x_1}\mathbf{C}_{x_1 x_1}^{-1}(\mathbf{x}_1 - E(\mathbf{x}_1)) + \mathbf{C}_{\theta x_2}\mathbf{C}_{x_2 x_2}^{-1}(\mathbf{x}_2 - E(\mathbf{x}_2)) \end{aligned}$$

我们可以把这个估计量解释为是由先验估计量 $E(\boldsymbol{\theta})$ 和通过独立数据集得到的估计量组成的。可以看出对于独立的数据集，MMSE 估计量具有叠加性质。这个结果在推导序贯 MMSE 估计量时是很有用的（参见第 13 章）。

最后，在联合高斯情况下，MMSE 是数据的线性函数，这可以从 (11.17) 式中看出。这使得我们像 11.6 节描述的那样，可以很容易地确定误差的 PDF。

11.5　最大后验估计量

在 MAP 估计方法中，我们选择 $\hat{\theta}$ 使 PDF 最大，即

$$\hat{\theta} = \arg\max_\theta p(\theta|\mathbf{x})$$

可以证明这是对于"成功 – 失败"型代价函数使贝叶斯风险最小。在求 $p(\theta|\mathbf{x})$ 最大值时，我们观察到

$$p(\theta|\mathbf{x}) = \frac{p(\mathbf{x}|\theta)p(\theta)}{p(\mathbf{x})}$$

所以 $p(\mathbf{x}|\theta)p(\theta)$ 的最大值是和它等价的。我们发现除了存在先验 PDF，它是 MLE 的再现。因此，MAP 估计量是

$$\hat{\theta} = \arg\max_\theta p(\mathbf{x}|\theta)p(\theta) \tag{11.18}$$

或等价地，

$$\hat{\theta} = \arg\max_\theta \left[\ln p(\mathbf{x}|\theta) + \ln p(\theta)\right] \tag{11.19}$$

在把 MAP 估计量扩展到矢量情况之前，我们给出几个例子。

例 11.2　指数 PDF

假设

$$p(x[n]|\theta) = \begin{cases} \theta \exp(-\theta x[n]) & x[n] > 0 \\ 0 & x[n] < 0 \end{cases}$$

其中 $x[n]$ 是条件 IID，即

$$p(\mathbf{x}|\theta) = \prod_{n=0}^{N-1} p(x[n]|\theta)$$

先验 PDF 是

$$p(\theta) = \begin{cases} \lambda \exp(-\lambda\theta) & \theta > 0 \\ 0 & \theta < 0 \end{cases}$$

那么 MAP 估计量可以通过使

$$\begin{aligned} g(\theta) &= \ln p(\mathbf{x}|\theta) + \ln p(\theta) = \ln\left[\theta^N \exp\left(-\theta \sum_{n=0}^{N-1} x[n]\right)\right] + \ln\left[\lambda \exp(-\lambda\theta)\right] \\ &= N\ln\theta - N\theta\bar{x} + \ln\lambda - \lambda\theta \end{aligned}$$

最大而求得，其中 $\theta > 0$。对 θ 求导得

$$\frac{dg(\theta)}{d\theta} = \frac{N}{\theta} - N\bar{x} - \lambda$$

令它等于零，得到 MAP 估计量为

$$\hat{\theta} = \frac{1}{\bar{x} + \frac{\lambda}{N}}$$

注意到当 $N \to \infty$ 时，$\hat{\theta} \to 1/\bar{x}$。另外，回想 $E(x[n]|\theta) = 1/\theta$（参见例 9.2），所以

$$\theta = \frac{1}{E(x[n]|\theta)}$$

证实了 MAP 估计量的合理性。另外，如果 $\lambda \to 0$，则先验 PDF 几乎是均匀分布的，我们得到估计量 $1/\bar{x}$。实际上，这就是贝叶斯 MLE［通过使 $p(\mathbf{x}|\theta)$ 最大而得到的估计量］，因为当 $\lambda \to 0$ 时我们有如图 11.3 所示的情况，即条件 PDF 比先验 PDF 占主导地位。g 的最大值不受先验 PDF 的影响。

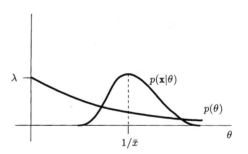

图 11.3　在 MAP 估计量中状态 PDF 比先验 PDF 占优势

例 11.3　WGN 中 DC 电平——均匀先验 PDF

回顾在第 10 章里介绍的例子，在那里我们讨论了具有均匀先验 PDF 的 WGN 中 DC 电平 A 的 MMSE 估计量。(10.9) 式所给出的 MMSE 估计量由于需要求积分值，因此得不到精确的形式。后验 PDF 由下式给出，

$$p(A|\mathbf{x}) = \begin{cases} \dfrac{\dfrac{1}{\sqrt{2\pi\sigma^2/N}} \exp\left[-\dfrac{1}{2\frac{\sigma^2}{N}}(A-\bar{x})^2\right]}{\displaystyle\int_{-A_0}^{A_0} \dfrac{1}{\sqrt{2\pi\sigma^2/N}} \exp\left[-\dfrac{1}{2\frac{\sigma^2}{N}}(A-\bar{x})^2\right] dA} & |A| \leqslant A_0 \\ 0 & |A| > A_0 \end{cases}$$

在确定 A 的 MAP 估计量时，我们首先注意到分母或者说归一化因子不依赖于 A。这个观测结果是形成 (11.18) 式的基础。对 $\bar{x}$ 不同值的后验 PDF 如图 11.4 所示。虚线表示原始

高斯 PDF 部分，它被截断产生后验 PDF。由图中可以明显看出，如果 $|\bar{x}| \leqslant A_0$，则最大值是 $\bar{x}$；如果 $\bar{x} > A_0$ 则最大值是 A_0；如果 $\bar{x} < -A_0$ 则最大值是 $-A_0$。因此，MAP 估计量可以精确地表示为

$$\hat{A} = \begin{cases} -A_0 & \bar{x} < -A_0 \\ \bar{x} & -A_0 \leqslant \bar{x} \leqslant A_0 \\ A_0 & \bar{x} > A_0 \end{cases} \tag{11.20}$$

因此，经典估计量 $\bar{x}$ 被采用，除非它落在已知的限定区间外；如果它落在已知的限定区间外，我们将放弃这个数据，仅依赖先验知识。注意，MAP 估计量通常更容易确定，因为它不包含任何积分，而只是求最大值。因为 $p(\theta)$ 是先验 PDF，我们必须事先给定，且 $p(\mathbf{x}|\theta)$ 是数据的 PDF，在描述我们的数据模型时假定是已知的，我们看到这样并不要求积分。在 MMSE 估计量中，积分是估计量实现的一个必要的部分。当然，求最大值并非没有潜在的问题，在确定 MLE 时遇到的困难就证实了存在这些潜在问题（参见 7.7 节）。

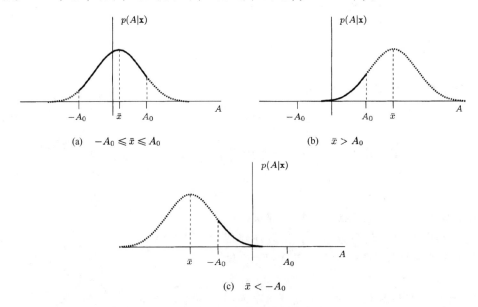

(a) $-A_0 \leqslant \bar{x} \leqslant A_0$　　　　　(b) $\bar{x} > A_0$

(c) $\bar{x} < -A_0$

图 11.4　MAP 估计量的确定

为了把 MAP 估计量扩展到矢量参数，在这种情况下后验 PDF 是 $p(\boldsymbol{\theta}|\mathbf{x})$，我们再次利用结果

$$p(\theta_1|\mathbf{x}) = \int \cdots \int p(\boldsymbol{\theta}|\mathbf{x}) \, d\theta_2 \ldots d\theta_p \tag{11.21}$$

那么，MAP 估计量由下式给定，

$$\hat{\theta}_1 = \arg \max_{\theta_1} p(\theta_1|\mathbf{x})$$

或者更一般地表示为

$$\hat{\theta}_i = \arg \max_{\theta_i} p(\theta_i|\mathbf{x}) \qquad i = 1, 2, \ldots, p \tag{11.22}$$

该估计量对每一个 i 使平均"成功 - 失败"型代价函数

$$\mathcal{R}_i = E[\mathcal{C}(\theta_i - \hat{\theta}_i)]$$

最小，数学期望是对 $p(\mathbf{x}, \theta_i)$ 求的。

对于标量参数，MAP 估计量的优势之一在于，我们只需要使用数值方法来确定 $p(\mathbf{x}|\theta)p(\theta)$ 的

最大值，而不需要积分。然而，MAP 估计量对标量参数的这种我们需要的特性并不能延续到矢量参数情况下，因为矢量参数情况中需要每次像(11.21)式那样得到 $p(\theta_i|\mathbf{x})$。然而，我们可以采用下面的矢量 MAP 估计量

$$\hat{\boldsymbol{\theta}} = \arg\max_{\boldsymbol{\theta}} p(\boldsymbol{\theta}|\mathbf{x}) \tag{11.23}$$

其中，为了得到估计量要使矢量参数 $\boldsymbol{\theta}$ 的后验 PDF 最大。现在，我们不再需要确定边缘 PDF，这样消除了积分运算步骤，因为它可以等价表示为

$$\hat{\boldsymbol{\theta}} = \arg\max_{\boldsymbol{\theta}} p(\mathbf{x}|\boldsymbol{\theta}) p(\boldsymbol{\theta}) \tag{11.24}$$

通常情况下，这个估计量和(11.22)式不同，图 11.5 所示的例子对此进行了解释。注意，$p(\theta_1, \theta_2|\mathbf{x})$ 是常数，它在长方形区域上（单交叉影线）等于1/6，在正方形区域在（双交叉影线）等于1/3。从(11.23)式可以明显看出，矢量 MAP 估计量是落在正方形内的值（尽管不是唯一的），所以 $0 < \hat{\theta}_2 < 1$。使 $p(\theta_2|\mathbf{x})$ 最大的 $\boldsymbol{\theta}$ 就是求得的 θ_2 的 MAP 估计量。但是

$$
\begin{aligned}
p(\theta_2|\mathbf{x}) &= \int p(\theta_1, \theta_2|\mathbf{x}) \, d\theta_1 \\
&= \begin{cases} \displaystyle\int_2^3 \frac{1}{3} \, d\theta_1 & 0 < \theta_2 < 1 \\[2ex] \displaystyle\int_0^2 \frac{1}{6} \, d\theta_1 + \int_3^5 \frac{1}{6} \, d\theta_1 & 1 < \theta_2 < 2 \end{cases} \\[2ex]
&= \begin{cases} \frac{1}{3} & 0 < \theta_2 < 1 \\[1ex] \frac{2}{3} & 1 < \theta_2 < 2 \end{cases}
\end{aligned}
$$

如图 11.5(b)所示。很显然，MAP 估计量是 $1 < \hat{\theta}_2 < 2$ 中的任意值，它与矢量 MAP 估计量是不同的。然而可以证明，矢量 MAP 估计量的确使贝叶斯风险最小，尽管它与"成功–失败"型代价函数得到的估计量不同（参见习题11.11）。因此，我们以后就称矢量 MAP 估计量为 MAP 估计量。

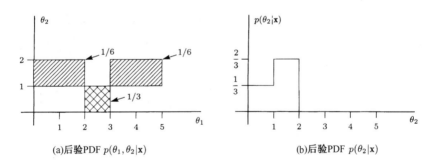

(a)后验PDF $p(\theta_1, \theta_2|\mathbf{x})$　　　　　　　　　(b)后验PDF $p(\theta_2|\mathbf{x})$

图 11.5　标量 MAP 估计量和矢量 MAP 估计量的比较

例 11.4　WGN 中的 DC 电平——未知方差

我们观察到

$$x[n] = A + w[n] \qquad n = 0, 1, \ldots, N-1$$

与通常的例子里只有 A 是待估计的参数不同，在这个例子中，WGN $w[n]$ 的方差 σ^2 也是未知的。矢量参数是 $\boldsymbol{\theta} = [A \ \sigma^2]^T$。我们假定数据的条件 PDF 为

$$p(\mathbf{x}|A, \sigma^2) = \frac{1}{(2\pi\sigma^2)^{\frac{N}{2}}} \exp\left[-\frac{1}{2\sigma^2} \sum_{n=0}^{N-1} (x[n] - A)^2 \right]$$

所以在知道 $\boldsymbol{\theta}$ 的条件下，我们有 WGN 中的 DC 电平。先验 PDF 假定为

$$p(A, \sigma^2) = p(A|\sigma^2)p(\sigma^2) = \frac{1}{\sqrt{2\pi\alpha\sigma^2}} \exp\left[-\frac{1}{2\alpha\sigma^2}(A - \mu_A)^2\right] \frac{\lambda\exp(-\frac{\lambda}{\sigma^2})}{\sigma^4}$$

在 σ^2 给定的条件下，A 的先验 PDF 就是通常的 $\mathcal{N}(\mu_A, \sigma_A^2)$ PDF，除了 $\sigma_A^2 = \alpha\sigma^2$。$\sigma^2$ 的先验 PDF 和例 10.3 中用到的一样，是逆伽马 PDF 的一个特例。注意 A 和 σ^2 不是独立的。这个先验 PDF 是共轭先验 PDF（参见习题 10.10）。为了获得 MAP 估计量，我们需要使函数

$$g(A, \sigma^2) = p(\mathbf{x}|A, \sigma^2)p(A, \sigma^2) = p(\mathbf{x}|A, \sigma^2)p(A|\sigma^2)p(\sigma^2)$$

关于 A 和 σ^2 最大。为了求出使 g 最大的 A 值，我们可以等价地刚好使 $p(\mathbf{x}|A, \sigma^2)p(A|\sigma^2)$ 最大。但是在例 10.1 中，我们证明了

$$h(A) = p(\mathbf{x}|A, \sigma^2)p(A|\sigma^2) = \frac{1}{(2\pi\sigma^2)^{\frac{N}{2}}\sqrt{2\pi\sigma_A^2}} \exp\left[-\frac{1}{2\sigma^2}\sum_{n=0}^{N-1} x^2[n]\right] \exp\left[-\frac{1}{2}Q(A)\right]$$

其中

$$Q(A) = \frac{1}{\sigma_{A|x}^2}(A - \mu_{A|x})^2 - \frac{\mu_{A|x}^2}{\sigma_{A|x}^2} + \frac{\mu_A^2}{\sigma_A^2}$$

且

$$\mu_{A|x} = \frac{\frac{N}{\sigma^2}\bar{x} + \frac{\mu_A}{\sigma_A^2}}{\frac{N}{\sigma^2} + \frac{1}{\sigma_A^2}}$$

$$\sigma_{A|x}^2 = \frac{1}{\frac{N}{\sigma^2} + \frac{1}{\sigma_A^2}}$$

关于 A 使 $h(A)$ 最大等价于使 $Q(A)$ 最小，所以

$$\hat{A} = \mu_{A|x} = \frac{\frac{N}{\sigma^2}\bar{x} + \frac{\mu_A}{\sigma_A^2}}{\frac{N}{\sigma^2} + \frac{1}{\sigma_A^2}}$$

因为 $\sigma_A^2 = \alpha\sigma^2$，我们有

$$\hat{A} = \frac{N\bar{x} + \frac{\mu_A}{\alpha}}{N + \frac{1}{\alpha}}$$

由于这与 σ^2 无关，因此它是 MAP 估计量。接着，我们通过使 $g(\hat{A}, \sigma^2) = h(\hat{A})p(\sigma^2)$ 来求 σ^2 的 MAP 估计量。首先，注意到

$$h(\hat{A}) = \frac{1}{(2\pi\sigma^2)^{\frac{N}{2}}\sqrt{2\pi\sigma_A^2}} \exp\left[-\frac{1}{2\sigma^2}\sum_{n=0}^{N-1} x^2[n]\right] \exp\left[-\frac{1}{2}Q(\hat{A})\right]$$

其中

$$Q(\hat{A}) = \frac{\mu_A^2}{\sigma_A^2} - \frac{\mu_{A|x}^2}{\sigma_{A|x}^2}$$

令 $\sigma_A^2 = \alpha\sigma^2$，我们有

$$Q(\hat{A}) = \frac{\mu_A^2}{\alpha\sigma^2} - \hat{A}^2\left(\frac{N}{\sigma^2} + \frac{1}{\alpha\sigma^2}\right) = \frac{1}{\sigma^2}\underbrace{\left[\frac{\mu_A^2}{\alpha} - \hat{A}^2(N + \frac{1}{\alpha})\right]}_{\xi}$$

因此，我们必须求关于 σ^2 使

$$\begin{aligned}
g(\hat{A}, \sigma^2) &= \frac{1}{(2\pi\sigma^2)^{\frac{N}{2}}\sqrt{2\pi\alpha\sigma^2}} \exp\left[-\frac{1}{2\sigma^2}\sum_{n=0}^{N-1} x^2[n] - \frac{1}{2\sigma^2}\xi\right] \frac{\lambda\exp(-\frac{\lambda}{\sigma^2})}{\sigma^4} \\
&= \frac{c}{(\sigma^2)^{\frac{N+5}{2}}} \exp\left(-\frac{a}{\sigma^2}\right)
\end{aligned}$$

最大的值, 其中 c 是一个和 σ^2 无关的常数, 且

$$a = \frac{1}{2}\sum_{n=0}^{N-1}x^2[n] + \frac{1}{2}\xi + \lambda$$

对 $\ln g$ 求导数得出

$$\frac{\partial \ln g(\hat{A}, \sigma^2)}{\partial \sigma^2} = -\frac{\frac{N+5}{2}}{\sigma^2} + \frac{a}{\sigma^4}$$

令它等于零得到

$$
\begin{aligned}
\hat{\sigma}^2 &= \frac{1}{\frac{N+5}{2}}a = \frac{1}{\frac{N+5}{2}}\left[\frac{1}{2}\sum_{n=0}^{N-1}x^2[n] + \frac{1}{2}\xi + \lambda\right] \\
&= \frac{1}{N+5}\left[\sum_{n=0}^{N-1}x^2[n] + \frac{\mu_A^2}{\alpha} - \hat{A}^2\left(N + \frac{1}{\alpha}\right) + 2\lambda\right] \\
&= \frac{N}{N+5}\left[\frac{1}{N}\sum_{n=0}^{N-1}x^2[n] - \hat{A}^2\right] + \frac{1}{(N+5)\alpha}(\mu_A^2 - \hat{A}^2) + \frac{2\lambda}{N+5}
\end{aligned}
$$

因此 MAP 估计量是

$$
\hat{\boldsymbol{\theta}} = \begin{bmatrix} \hat{A} \\ \hat{\sigma}^2 \end{bmatrix} = \begin{bmatrix} \dfrac{N\bar{x} + \frac{\mu_A}{\alpha}}{N + \frac{1}{\alpha}} \\ \dfrac{N}{N+5}\left[\dfrac{1}{N}\displaystyle\sum_{n=0}^{N-1}x^2[n] - \hat{A}^2\right] + \dfrac{1}{(N+5)\alpha}(\mu_A^2 - \hat{A}^2) + \dfrac{2\lambda}{N+5} \end{bmatrix}
$$

不出所料, 如果 $N \to \infty$, 以至于条件的或者数据的 PDF 比先验 PDF 占支配地位, 那么我们有

$$
\begin{aligned}
\hat{A} &\to \bar{x} \\
\hat{\sigma}^2 &\to \frac{1}{N}\sum_{n=0}^{N-1}x^2[n] - \bar{x}^2 = \frac{1}{N}\sum_{n=0}^{N-1}(x[n] - \bar{x})^2
\end{aligned}
$$

这就是贝叶斯 MLE。回忆一下贝叶斯 MLE 是使 $p(\mathbf{x}|\boldsymbol{\theta})$ 最大的 $\boldsymbol{\theta}$ 值。

当 $N \to \infty$ 时, MAP 估计量变成了贝叶斯 MLE, 通常情况下这是正确的。为了得到 MAP 估计量, 我们必须使 $p(\mathbf{x}|\boldsymbol{\theta})p(\boldsymbol{\theta})$ 最大。如果先验 $p(\boldsymbol{\theta})$ 在 $\boldsymbol{\theta}$ 定义的范围内是均匀分布, 而 $p(\mathbf{x}|\boldsymbol{\theta})$ 是非零的[当 $N \to \infty$ 时, 数据 PDF 比先验 PDF 占支配优势, $p(\mathbf{x}|\boldsymbol{\theta})$ 刚好就是这样一种情况], 那么使 $p(\mathbf{x}|\boldsymbol{\theta})p(\boldsymbol{\theta})$ 最大就等于使 $p(\mathbf{x}|\boldsymbol{\theta})$ 最大。如果 $p(\mathbf{x}|\boldsymbol{\theta})$ 有和 PDF 族 $p(\mathbf{x};\boldsymbol{\theta})$ 相同的形式 (正如前一个例子那样), 那么贝叶斯 MLE 和经典 MLE 也有相同的形式。然而, 要提醒读者注意的是, 通过下边的实验对比, 可以看出这两个估计量在本质上是不同的。

MAP 估计量的一些性质是非常重要的。首先, 如果后验 PDF 是高斯的, 例如在贝叶斯线性模型中那样, 那么众数或者峰值位置与均值是相同的。因此, 如果 $\mathbf{x}$ 和 $\boldsymbol{\theta}$ 是联合高斯分布, 那么 MAP 估计量和 MMSE 估计量是相同的。其次, 在最大似然理论中遇到的不变性对于 MAP 估计量并不成立, 下边的例子将对此做出解释。

例 11.5　指数 PDF

在例 11.2 中假定我们要估计 $\alpha = 1/\theta$。我们或许会认为 MAP 估计量是

$$\hat{\alpha} = \frac{1}{\hat{\theta}}$$

其中 $\hat{\theta}$ 是 θ 的 MAP 估计量, 所以

$$\hat{\alpha} = \bar{x} + \frac{\lambda}{N} \tag{11.25}$$

现在，我们来证明这是不正确的。前面有

$$p(x[n]|\theta) = \begin{cases} \theta \exp(-\theta x[n]) & x[n] > 0 \\ 0 & x[n] < 0 \end{cases}$$

由于知道 α 等价于知道 θ，因此根据观测 α，条件 PDF 是

$$p(x[n]|\alpha) = \begin{cases} \dfrac{1}{\alpha} \exp\left(-\dfrac{x[n]}{\alpha}\right) & x[n] > 0 \\ 0 & x[n] < 0 \end{cases}$$

先验 PDF 是

$$p(\theta) = \begin{cases} \lambda \exp(-\lambda \theta) & \theta > 0 \\ 0 & \theta < 0 \end{cases}$$

不能仅仅通过令 $\theta = 1/\alpha$ 而变换到 $p(\alpha)$。这是因为 θ 是一个随机变量，不是一个确定性参数，α 的 PDF 必须考虑变换的导数，即

$$p_\alpha(\alpha) = \frac{p_\theta(\theta(\alpha))}{\left|\dfrac{d\alpha}{d\theta}\right|} = \begin{cases} \dfrac{\lambda \exp(-\lambda/\alpha)}{\alpha^2} & \alpha > 0 \\ 0 & \alpha < 0 \end{cases}$$

否则，先验 PDF 的积分不会等于 1。继续完成这个问题，

$$\begin{aligned} g(\alpha) &= \ln p(\mathbf{x}|\alpha) + \ln p(\alpha) = \ln\left[\left(\frac{1}{\alpha}\right)^N \exp\left(-\frac{1}{\alpha}\sum_{n=0}^{N-1} x[n]\right)\right] + \ln \frac{\lambda \exp(-\lambda/\alpha)}{\alpha^2} \\ &= -N\ln\alpha - N\frac{\bar{x}}{\alpha} + \ln\lambda - \frac{\lambda}{\alpha} - 2\ln\alpha = -(N+2)\ln\alpha - \frac{N\bar{x}+\lambda}{\alpha} + \ln\lambda \end{aligned}$$

对 α 求导数，

$$\frac{dg}{d\alpha} = -\frac{N+2}{\alpha} + \frac{N\bar{x}+\lambda}{\alpha^2}$$

令它等于零，得出 MAP 估计量为

$$\hat{\alpha} = \frac{N\bar{x}+\lambda}{N+2}$$

这和 (11.25) 式是不同的。因此可以看出，MAP 估计量对非线性变换是不能互换的，尽管对线性变换可以这样做（参见习题 11.12）。

11.6　性能描述

在经典估计问题中，我们感兴趣的是估计量的均值和方差。假定估计量是高斯的，那么我们能立即得到 PDF。如果 PDF 集中在参数的真值附近，那么我们可以说这个估计量性能良好。在随机参数的情况下，不能使用同样的方法。对 θ 的每一个现实，参数的随机性导致了估计量 PDF 不同。我们使用 $p(\hat{\theta}|\theta)$ 来表示这个 PDF。为了得到好的性能，对于每一个可能的 θ 值，估计应该靠近 θ，或者误差

$$\epsilon = \theta - \hat{\theta}$$

应该小。图 11.6 中给出的几个条件 PDF 说明了这一点。每一个 PDF 对应一个给定 θ 现实所得到的估计的 PDF。如果想让 $\hat{\theta}$ 是一个好的估计量，那么对于所有可能的 θ，$p(\hat{\theta}|\theta)$ 应该集中在 θ 附近。这个推理导出了 MMSE 估计量，它使 $E_{x,\theta}[(\theta-\hat{\theta})^2]$ 最小。这样，对于任意的贝叶斯估计量，通过确定误差的 PDF 来评定性能是有道理的。这个 PDF 现在考虑到了 θ 的随机性，它应该集中在零附近。对于 MMSE 估计量 $\hat{\theta} = E(\theta|\mathbf{x})$，误差是

$$\epsilon = \theta - E(\theta|\mathbf{x})$$

误差的均值是

$$E_{x,\theta}(\epsilon) = E_{x,\theta}[\theta - E(\theta|\mathbf{x})] = E_x\left[E_{\theta|x}(\theta) - E_{\theta|x}(\theta|\mathbf{x})\right] = E_x\left[E(\theta|\mathbf{x}) - E(\theta|\mathbf{x})\right] = 0$$

所以 MMSE 估计量的误差均值[是对 $p(\mathbf{x},\theta)$ 求平均的]是零。MMSE 估计量误差的方差是

$$\mathrm{var}(\epsilon) = E_{x,\theta}(\epsilon^2)$$

因为 $E(\epsilon) = 0$,故

$$\mathrm{var}(\epsilon) = E_{x,\theta}\left[(\theta - \hat{\theta})^2\right]$$

这恰好是最小贝叶斯 MSE。最后,如果 ϵ 是高斯分布的,我们有

$$\epsilon \sim \mathcal{N}(0, \mathrm{Bmse}(\hat{\theta})) \tag{11.26}$$

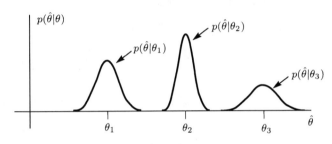

图 11.6   估计误差和参数现实的相关性

例 11.6   WGN 中的 DC 电平——高斯先验 PDF

参考例 10.1,我们有

$$\hat{A} = \frac{\sigma_A^2}{\sigma_A^2 + \frac{\sigma^2}{N}}\bar{x} + \frac{\frac{\sigma^2}{N}}{\sigma_A^2 + \frac{\sigma^2}{N}}\mu_A$$

并且

$$\mathrm{Bmse}(\hat{A}) = \frac{1}{\frac{N}{\sigma^2} + \frac{1}{\sigma_A^2}}$$

在这种情况下,误差是 $\epsilon = A - \hat{A}$。因为 $\hat{A}$ 和 $\mathbf{x}$ 是线性关系,且 $\mathbf{x}$ 和 A 是联合高斯分布的,所以 ϵ 是高斯分布的。这样,从(11.26)式我们有

$$\epsilon \sim \mathcal{N}\left(0, \frac{1}{\frac{N}{\sigma^2} + \frac{1}{\sigma_A^2}}\right)$$

当 $N \to \infty$ 时,PDF 将向零附近收缩,估计量可以说成是贝叶斯意义下的一致估计。一致性意味着对于足够多的数据纪录,$\hat{A}$ 总是接近 A 的现实(参见习题 11.10),而不管现实值是多少。

对于矢量参数 $\boldsymbol{\theta}$,误差可以定义为

$$\boldsymbol{\epsilon} = \boldsymbol{\theta} - \hat{\boldsymbol{\theta}}$$

如前面所讲,如果 $\hat{\boldsymbol{\theta}}$ 是 MMSE 估计量,那么 $\boldsymbol{\epsilon}$ 的均值将为零。它的方差矩阵是

$$E_{x,\theta}(\boldsymbol{\epsilon}\boldsymbol{\epsilon}^T) = E_{x,\theta}\left[(\boldsymbol{\theta} - E(\boldsymbol{\theta}|\mathbf{x}))(\boldsymbol{\theta} - E(\boldsymbol{\theta}|\mathbf{x}))^T\right]$$

这里的数学期望是对 PDF $p(\mathbf{x},\boldsymbol{\theta})$ 求取的。注意

$$[E(\boldsymbol{\theta}|\mathbf{x})]_i = E(\theta_i|\mathbf{x}) = \int \theta_i p(\boldsymbol{\theta}|\mathbf{x})\, d\boldsymbol{\theta} = \int \theta_i p(\theta_i|\mathbf{x})\, d\theta_i$$

它仅依赖于 $\mathbf{x}$。因此，$E(\boldsymbol{\theta}|\mathbf{x})$ 是 $\mathbf{x}$ 的函数，所以它应该是一个适用的估计量。正如在标量参数情况下那样，由于 $[i,i]$ 元素是

$$\left[E_{x,\theta}(\boldsymbol{\epsilon}\boldsymbol{\epsilon}^T)\right]_{ii} = \iint \left[\theta_i - E(\theta_i|\mathbf{x})\right]^2 p(\mathbf{x},\boldsymbol{\theta})\,d\mathbf{x}\,d\boldsymbol{\theta}$$

误差协方差矩阵的对角线上的元素代表贝叶斯 MSE 的最小值。对 $\theta_1,\ldots,\theta_{i-1},\theta_{i+1},\ldots,\theta_p$ 积分，得

$$\left[E_{x,\theta}(\boldsymbol{\epsilon}\boldsymbol{\epsilon}^T)\right]_{ii} = \iint \left[\theta_i - E(\theta_i|\mathbf{x})\right]^2 p(\mathbf{x},\theta_i)\,d\mathbf{x}\,d\theta_i$$

这就是对 $\hat{\theta}_i$ 的最小贝叶斯 MSE。因此，误差协方差矩阵 $E_{x,\theta}(\boldsymbol{\epsilon}\boldsymbol{\epsilon}^T)$ 对角线上的元素恰好是最小贝叶斯 MSE。误差协方差矩阵有时称为贝叶斯均方误差阵，记为 $\mathbf{M}_{\hat{\theta}}$。为了确定 $\boldsymbol{\epsilon}$ 的 PDF，现在我们来推导整个协方差矩阵。我们专门讨论贝叶斯线性模型（参见定理 10.3），那么，

$$\begin{aligned}
\mathbf{M}_{\hat{\theta}} &= E_{x,\theta}\left[(\boldsymbol{\theta} - E(\boldsymbol{\theta}|\mathbf{x}))(\boldsymbol{\theta} - E(\boldsymbol{\theta}|\mathbf{x}))^T\right]\\
&= E_x E_{\theta|x}\left[(\boldsymbol{\theta} - E(\boldsymbol{\theta}|\mathbf{x}))(\boldsymbol{\theta} - E(\boldsymbol{\theta}|\mathbf{x}))^T\right]\\
&= E_x(\mathbf{C}_{\theta|x})
\end{aligned}$$

其中 $\mathbf{C}_{\theta|x}$ 是后验 PDF $p(\boldsymbol{\theta}|\mathbf{x})$ 协方差矩阵。如果 $\boldsymbol{\theta}$ 和 $\mathbf{x}$ 是联合高斯分布的，因为 $\mathbf{C}_{\theta|x}$ 与 $\mathbf{x}$ 无关。那么从（10.25）式可得

$$\mathbf{M}_{\hat{\theta}} = \mathbf{C}_{\theta\theta} - \mathbf{C}_{\theta x}\mathbf{C}_{xx}^{-1}\mathbf{C}_{x\theta} \qquad (11.27)$$

具体针对贝叶斯线性模型，从（10.29）式我们有（把 $\mathbf{C}_{\theta\theta}$ 简写为 $\mathbf{C}_\theta$）

$$\mathbf{M}_{\hat{\theta}} = \mathbf{C}_\theta - \mathbf{C}_\theta \mathbf{H}^T(\mathbf{H}\mathbf{C}_\theta\mathbf{H}^T + \mathbf{C}_w)^{-1}\mathbf{H}\mathbf{C}_\theta \qquad (11.28)$$

或者从（10.33）式可得

$$\mathbf{M}_{\hat{\theta}} = (\mathbf{C}_\theta^{-1} + \mathbf{H}^T\mathbf{C}_w^{-1}\mathbf{H})^{-1} \qquad (11.29)$$

最后，应该可以观察到，对于贝叶斯线性模型，$\boldsymbol{\epsilon} = \boldsymbol{\theta} - \hat{\boldsymbol{\theta}}$ 是高斯分布的，因为从（10.28）式，

$$\boldsymbol{\epsilon} = \boldsymbol{\theta} - \hat{\boldsymbol{\theta}} = \boldsymbol{\theta} - \boldsymbol{\mu}_\theta - \mathbf{C}_\theta\mathbf{H}^T(\mathbf{H}\mathbf{C}_\theta\mathbf{H}^T + \mathbf{C}_w)^{-1}(\mathbf{x} - \mathbf{H}\boldsymbol{\mu}_\theta)$$

这样，$\boldsymbol{\epsilon}$ 是 $\mathbf{x}$ 和 $\boldsymbol{\theta}$ 的线性变换，而 $\mathbf{x}$ 和 $\boldsymbol{\theta}$ 自身是联合高斯分布的。因此，贝叶斯线性模型参数的 MMSE 估计量的误差矢量具有如下的特性，

$$\boldsymbol{\epsilon} \sim \mathcal{N}(\mathbf{0},\mathbf{M}_{\hat{\theta}}) \qquad (11.30)$$

其中 $\mathbf{M}_{\hat{\theta}}$ 由（11.28）式或（11.29）式给定。下面给出了一个例子。

例 11.7 贝叶斯傅里叶分析（继续）

现在我们再来考虑例 11.1。回想一下，

$$\begin{aligned}
\mathbf{C}_\theta &= \sigma_\theta^2\mathbf{I}\\
\mathbf{C}_w &= \sigma^2\mathbf{I}\\
\mathbf{H}^T\mathbf{H} &= \frac{N}{2}\mathbf{I}
\end{aligned}$$

因此，由（11.29）式，

$$\mathbf{M}_{\hat{\theta}} = (\mathbf{C}_\theta^{-1} + \mathbf{H}^T\mathbf{C}_w^{-1}\mathbf{H})^{-1} = \left(\frac{1}{\sigma_\theta^2}\mathbf{I} + \frac{N}{2\sigma^2}\mathbf{I}\right)^{-1} = \left(\frac{1}{\sigma_\theta^2} + \frac{N}{2\sigma^2}\right)^{-1}\mathbf{I}$$

因此，误差 $\boldsymbol{\epsilon} = \begin{bmatrix} \epsilon_{\hat{a}} & \epsilon_{\hat{b}} \end{bmatrix}^T$ 具有 PDF

$$\boldsymbol{\epsilon} \sim \mathcal{N}(\mathbf{0},\mathbf{M}_{\hat{\theta}})$$

其中

$$\mathbf{M}_{\hat{\theta}} = \begin{bmatrix} \dfrac{1}{\frac{1}{\sigma_\theta^2} + \frac{1}{2\sigma^2/N}} & 0 \\ 0 & \dfrac{1}{\frac{1}{\sigma_\theta^2} + \frac{1}{2\sigma^2/N}} \end{bmatrix}$$

可以看出误差分量是相互独立的，此外

$$\mathrm{Bmse}(\hat{a}) = [\mathbf{M}_{\hat{\theta}}]_{11}$$
$$\mathrm{Bmse}(\hat{b}) = [\mathbf{M}_{\hat{\theta}}]_{22}$$

这和例 11.1 的结果是一致的。另外，对于这个例子，误差矢量的 PDF 具有恒定概率密度的圆形等值线，如图 11.7(a) 所示。总结估计量性能的一种方法是通过误差椭圆，即同心椭圆（在这种情况下是圆）。通常这是一个椭圆，误差矢量以概率 P 落在这个椭圆内。令

$$\boldsymbol{\epsilon}^T \mathbf{M}_{\hat{\theta}}^{-1} \boldsymbol{\epsilon} = c^2 \tag{11.31}$$

那么，$\boldsymbol{\epsilon}$ 落在由 (11.31) 式描述的椭圆内的概率 P 是

$$P = \mathrm{Pr}\{\boldsymbol{\epsilon}^T \mathbf{M}_{\hat{\theta}}^{-1} \boldsymbol{\epsilon} \leqslant c^2\}$$

但是，$u = \boldsymbol{\epsilon}^T \mathbf{M}_{\hat{\theta}}^{-1} \boldsymbol{\epsilon}$ 是一个 χ_2^2 随机变量，PDF 为（参见习题 11.13）

$$p(u) = \begin{cases} \dfrac{1}{2} \exp\left(-\dfrac{u}{2}\right) & u > 0 \\ 0 & u < 0 \end{cases}$$

所以

$$P = \mathrm{Pr}\{\boldsymbol{\epsilon}^T \mathbf{M}_{\hat{\theta}}^{-1} \boldsymbol{\epsilon} \leqslant c^2\} = \int_0^{c^2} \frac{1}{2} \exp\left(-\frac{u}{2}\right) du = 1 - \exp\left(-\frac{c^2}{2}\right)$$

或者

$$\boldsymbol{\epsilon}^T \mathbf{M}_{\hat{\theta}}^{-1} \boldsymbol{\epsilon} = 2\ln\left(\frac{1}{1-P}\right)$$

上式描述了对于一个概率 P 的误差椭圆。误差矢量以概率 P 落在这个椭圆里。在图 11.7(b) 里给出了 $\sigma_\theta^2 = 1$、$\sigma^2/N = 1/2$ 的一个例子，所以

$$\mathbf{M}_{\hat{\theta}} = \begin{bmatrix} \frac{1}{2} & 0 \\ 0 & \frac{1}{2} \end{bmatrix}$$

这样

$$\boldsymbol{\epsilon}^T \boldsymbol{\epsilon} = \ln\left(\frac{1}{1-P}\right)$$

通常，如果最小 MSE 矩阵不是比例于单位矩阵（参习题 11.14 和习题 11.15），那么等值线是椭圆的。

现在，我们把结论总结成一个定理。

定理 11.1（贝叶斯线性模型下 MMSE 估计量的性能）　如果观测数据 $\mathbf{x}$ 可以使用定理 10.3 中的贝叶斯线性模型表示，那么 MMSE 估计量为

$$\hat{\boldsymbol{\theta}} = \boldsymbol{\mu}_\theta + \mathbf{C}_\theta \mathbf{H}^T \left(\mathbf{H}\mathbf{C}_\theta \mathbf{H}^T + \mathbf{C}_w\right)^{-1} (\mathbf{x} - \mathbf{H}\boldsymbol{\mu}_\theta) \tag{11.32}$$

$$= \boldsymbol{\mu}_\theta + \left(\mathbf{C}_\theta^{-1} + \mathbf{H}^T \mathbf{C}_w^{-1} \mathbf{H}\right)^{-1} \mathbf{H}^T \mathbf{C}_w^{-1} (\mathbf{x} - \mathbf{H}\boldsymbol{\mu}_\theta) \tag{11.33}$$

估计量的性能是通过误差 $\boldsymbol{\epsilon} = \boldsymbol{\theta} - \hat{\boldsymbol{\theta}}$ 来度量的，它的 PDF 是高斯的，均值为零，协方差矩阵为

$$\mathbf{C}_\epsilon = E_{x,\theta}(\boldsymbol{\epsilon}\boldsymbol{\epsilon}^T) = \mathbf{C}_\theta - \mathbf{C}_\theta \mathbf{H}^T \left(\mathbf{H}\mathbf{C}_\theta \mathbf{H}^T + \mathbf{C}_w\right)^{-1} \mathbf{H}\mathbf{C}_\theta \tag{11.34}$$

$$= (\mathbf{C}_\theta^{-1} + \mathbf{H}^T \mathbf{C}_w^{-1} \mathbf{H})^{-1} \tag{11.35}$$

误差协方差矩阵也是最小的 MSE 矩阵 $\mathbf{M}_{\hat\theta}$，其对角线上的元素产生最小贝叶斯 MSE，即

$$[\mathbf{M}_{\hat\theta}]_{ii} = [\mathbf{C}_\epsilon]_{ii} = \mathrm{Bmse}(\hat\theta_i) \tag{11.36}$$

有关直线拟合的应用请参见习题 11.16 和习题 11.17。

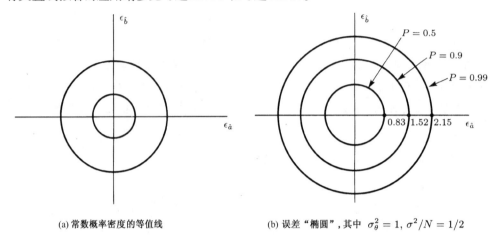

(a) 常数概率密度的等值线   (b) 误差"椭圆"，其中 $\sigma_\theta^2 = 1,\ \sigma^2/N = 1/2$

图 11.7   贝叶斯傅里叶分解的误差椭圆

11.7   信号处理的例子

有许多信号处理问题适用贝叶斯线性模型，不过这里我们只提及一些。考虑一个通信问题，我们发射一个信号 $s(t)$ 通过具有冲激响应 $h(t)$ 的信道。在信道输出端我们观察到一个如图 11.8 所示的被噪声污染的波形。我们的问题就是要在区间 $0 \leqslant t \leqslant T_s$ 上估计 $s(t)$。因为信道使信号失真和变长，所以我们在较长的时间段 $0 \leqslant t \leqslant T$ 内观察 $x(t)$。这样的问题有时也称为解卷积问题 [Haykin 1991]。我们希望从一个被噪声污染的项 $s_o(t) = s(t) \star h(t)$ 中解卷积出 $s(t)$，这里 $\star$ 表示卷积。在地震信号的处理中也遇到这样的问题，其中 $s(t)$ 表示一个爆炸产生的信号因为岩石的不均匀性而引起的一系列声反射波 [Robinson and Treitel 1980]。滤波器冲激响应 $h(t)$ 则反映了地壳介质。在图像处理中，对于二维信号会出现同样的问题，其中 $s(t)$ 的二维信号形式表示一幅图像，而 $h(t)$ 的二维信号形式则表示由于聚焦不好所引起的失真，相关例子请参考 [Jain 1989]。为了能在解决这个问题上取得些进展，我们假定 $h(t)$ 是已知的，否则这是一个盲的解卷积问题，而这是一个相当难的问题 [Haykin 1991]。我们进一步假设 $s(t)$ 是随机过程的一个现实。这样表示对语音也是合适的，信号随说话者和内容的不同而变化。因此，贝叶斯假设看起来是合理的。观测到的连续时间数据是

$$x(t) = \int_0^{T_s} h(t-\tau)s(\tau)\,d\tau + w(t) \qquad 0 \leqslant t \leqslant T \tag{11.37}$$

假定 $s(t)$ 在时间间隔 $[0, T_s]$ 上是非零的，$h(t)$ 在时间间隔 $[0, T_h]$ 内是非零的，所以观测时间间隔应选为 $[0, T]$，其中 $T = T_s + T_h$。我们观察到输出信号 $s_o(t)$ 是嵌在噪声 $w(t)$ 里的。在将这个问题转化成离散时间信号时，我们假定 $s(t)$ 是带限在 B Hz 内的信号，这样输出信号 $s_o(t)$ 也是带限在 B Hz 内的信号。连续时间噪声假定是零均值的 WSS 高斯随机过程，具有 PSD

$$P_{ww}(F) = \begin{cases} \dfrac{N_0}{2} & |F| < B \\[2mm] 0 & |F| > B \end{cases}$$

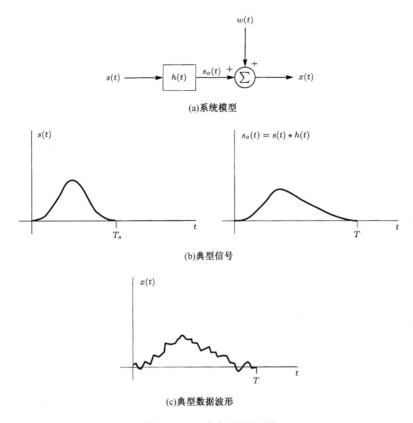

图 11.8　一般解卷积问题

为了得到等效的离散时间数据，我们在时刻 $t = n\Delta$ [其中 $\Delta = 1/(2B)$] 对 $x(t)$ 进行采样（参见附录 11A），得

$$x[n] = \sum_{m=0}^{n_s-1} h[n-m]s[m] + w[n] \qquad n = 0, 1, \ldots, N-1$$

其中 $x[n] = x(n\Delta)$，$h[n] = \Delta h(n\Delta)$，$s[n] = s(n\Delta)$，且 $w[n] = w(n\Delta)$。离散时间信号 $s[n]$ 在时间间隔 $[0, n_s-1]$ 内是非零的，$h[n]$ 在时间间隔 $[0, n_h-1]$ 内是非零的。小于或等于 T_s/Δ 和 T_h/Δ 的最大整数分别用 n_s-1 和 n_h-1 表示。因此，$N = n_s + n_h - 1$。最后得出 $w[n]$ 是具有方差 $\sigma^2 = N_0 B$ 的 WGN。这是因为 $w(t)$ 的 ACF 是一个 sinc 函数，$w(t)$ 的采样值对应于 sinc 函数的零值（参见例 3.13）。如果我们假定 $s(t)$ 是一个高斯过程，那么 $s[n]$ 是一个离散时间的高斯过程。用矢量矩阵表示，我们有

$$
\underbrace{\begin{bmatrix} x[0] \\ x[1] \\ \vdots \\ x[N-1] \end{bmatrix}}_{\mathbf{x}}
$$
$$
= \underbrace{\begin{bmatrix} h[0] & 0 & \cdots & 0 \\ h[1] & h[0] & \cdots & 0 \\ \vdots & \vdots & \vdots & \vdots \\ h[N-1] & h[N-2] & \cdots & h[N-n_s] \end{bmatrix}}_{\mathbf{H}} \underbrace{\begin{bmatrix} s[0] \\ s[1] \\ \vdots \\ s[n_s-1] \end{bmatrix}}_{\boldsymbol{\theta}} + \underbrace{\begin{bmatrix} w[0] \\ w[1] \\ \vdots \\ w[N-1] \end{bmatrix}}_{\mathbf{w}}
\qquad (11.38)
$$

注意在 $\mathbf{H}$ 中，对于 $n > n_h - 1$，元素 $h[n] = 0$。这正好是 $p = n_s$ 时的贝叶斯线性模型的形式。另外，由于 $h(t)$ 的因果性，$h(n)$ 也具有因果性，$\mathbf{H}$ 是一个下三角矩阵。我们只需要指定 $\boldsymbol{\theta} = \mathbf{s}$ 的均值和协方差，就可完成对贝叶斯线性模型的描述。如果信号是零均值的（例如，语音中的例子），我们可以假设先验 PDF 为

$$\mathbf{s} \sim \mathcal{N}(\mathbf{0}, \mathbf{C}_s)$$

通过假定信号是 WSS 可以求出协方差矩阵的明确表达式，至少在一个短时间间隔内是可以的（例如在语音中）。那么，

$$[\mathbf{C}_s]_{ij} = r_{ss}[i - j]$$

其中 $r_{ss}[k]$ 是 ACF。如果 PSD 是已知的，那么就可以得到 ACF，因而也就指定了 $\mathbf{C}_s$。于是，根据 (11.32) 式，$\mathbf{s}$ 的 MMSE 估计量为

$$\hat{\mathbf{s}} = \mathbf{C}_s \mathbf{H}^T \left(\mathbf{H} \mathbf{C}_s \mathbf{H}^T + \sigma^2 \mathbf{I} \right)^{-1} \mathbf{x} \tag{11.39}$$

当 $\mathbf{H} = \mathbf{I}$ 时，出现了一种有趣的特殊情况，其中 $\mathbf{I}$ 是 $n_s \times n_s$ 单位矩阵。这时，信道冲激响应是 $h[n] = \delta[n]$，所以贝叶斯线性模型变成

$$\mathbf{x} = \boldsymbol{\theta} + \mathbf{w}$$

实际上信道是透明的。注意，在经典线性模型中，我们总是假定 $\mathbf{H}$ 是 $N \times p$ 的，其中 $N > p$。这从实践的角度来讲是非常重要的，因为对于 $\mathbf{H} = \mathbf{I}$，MVU 估计量为

$$\hat{\boldsymbol{\theta}} = (\mathbf{H}^T \mathbf{H})^{-1} \mathbf{H}^T \mathbf{x} = \mathbf{x}$$

因为估计参数的个数和观测一样多，在这种情况下不存在取平均。在贝叶斯情况下，由于我们有 $\boldsymbol{\theta}$ 的先验知识，因此可以令 $N = p$ 或者甚至令 $N < p$。如果 $N < p$，(11.39) 式仍然存在；而在经典估计中，MVU 估计量不存在。现在，我们假定 $\mathbf{H} = \mathbf{I}$，$\mathbf{s}$ 的 MMSE 估计量是

$$\hat{\mathbf{s}} = \mathbf{C}_s (\mathbf{C}_s + \sigma^2 \mathbf{I})^{-1} \mathbf{x} \tag{11.40}$$

注意这个估计量可以写成 $\hat{\mathbf{s}} = \mathbf{A}\mathbf{x}$，其中 $\mathbf{A}$ 是一个 $n_s \times n_s$ 的矩阵。$\mathbf{A}$ 矩阵称为维纳滤波器。维纳滤波器将在第 12 章有更为详细的介绍。例如，对于标量情况，我们根据 $x[0]$ 来估计 $s[0]$，维纳滤波器变成

$$\hat{s}[0] = \frac{r_{ss}[0]}{r_{ss}[0] + \sigma^2} x[0] = \frac{\eta}{\eta + 1} x[0]$$

其中 $\eta = r_{ss}[0]/\sigma^2$ 是 SNR。对于高的 SNR，我们有 $\hat{s}[0] \approx x[0]$；而对于低的 SNR，$\hat{s}[0] \approx 0$。如果假定 $s[n]$ 是 AR(1) 过程的一个现实，即

$$s[n] = -a[1]s[n-1] + u[n]$$

则我们可以得到一个更为有趣的例子，其中 $u[n]$ 是具有方差为 σ_u^2 的 WGN，$a[1]$ 是滤波器系数。这个过程的 ACF 可以证明是（参见附录 1）

$$r_{ss}[k] = \frac{\sigma_u^2}{1 - a^2[1]} (-a[1])^{|k|}$$

PSD 为

$$P_{ss}(f) = \frac{\sigma_u^2}{|1 + a[1]\exp(-j2\pi f)|^2}$$

当 $a[1] < 0$ 时，PSD 是一个低通过程的功率谱，在图 11.9 中给出了一个 $a[1] = -0.95$、$\sigma_u^2 = 1$ 的例子，对于同样的 AR 参数，在图 11.10(a) 中用虚线给出了 $s[n]$ 的一个现实。当加上 WGN 而产生 5 dB 的 SNR 时，数据 $x[n]$ 就变成图 11.10(a) 中用实线给出的图形。由 (11.40) 式给出的维纳

滤波器将对噪声的起伏进行平滑, 如图 11.10(b) 中的实线所示。然而, 付出的代价是同时对信号也做了平滑。这是一种典型的折中。最后, 可能像期望的那样, 可以证明维纳滤波器起到一个低通滤波器的作用(参见习题 11.18)。

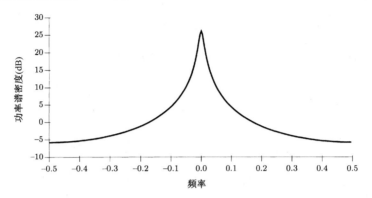

图 11.9　AR(1)过程的功率谱密度

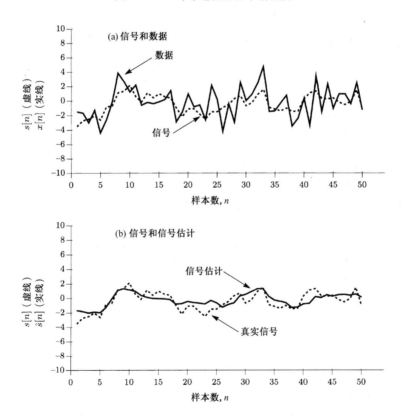

图 11.10　维纳滤波器的例子

参考文献

Haykin, S., *Adaptive Filter Theory*, Prentice-Hall, Englewood Cliffs, N.J., 1991.

Jain, A.K., *Fundamentals of Digital Image Processing*, Prentice-Hall, Englewood Cliffs, N.J., 1989.

Robinson, E.A, S. Treitel, *Geophysical Signal Analysis*, Prentice-Hall, Englewood Cliffs, N.J., 1980.

Van Trees, H.L., *Detection, Estimation, and Modulation Theory*, Part I, J. Wiley, New York, 1968.

习题

11.1 观测到的数据 $x[n]$（$n = 0, 1, \ldots, N-1$）具有 PDF

$$p(x[n]|\mu) = \frac{1}{\sqrt{2\pi\sigma^2}} \exp\left[-\frac{1}{2\sigma^2}(x[n] - \mu)^2\right]$$

在 μ 给定的条件下，$x[n]$ 是相互独立的。均值 μ 具有先验 PDF

$$\mu \sim \mathcal{N}(\mu_0, \sigma_0^2)$$

求 μ 的 MMSE 和 MAP 估计量。另外，当 $\sigma_0^2 \to 0$ 和 $\sigma_0^2 \to \infty$ 时将发生什么情况？

11.2 对于后验 PDF

$$p(\theta|x) = \frac{\epsilon}{\sqrt{2\pi}} \exp\left[-\frac{1}{2}(\theta - x)^2\right] + \frac{1-\epsilon}{\sqrt{2\pi}} \exp\left[-\frac{1}{2}(\theta + x)^2\right]$$

画出 $\epsilon = 1/2$ 和 $\epsilon = 3/4$ 时的 PDF。然后，对于同样的 ϵ 值，求 MMSE 和 MAP 的估计量。

11.3 对于后验 PDF

$$p(\theta|x) = \begin{cases} \exp\left[-(\theta - x)\right] & \theta > x \\ 0 & \theta < x \end{cases}$$

求 MMSE 和 MAP 估计量

11.4 观测到数据 $x[n] = A + w[n]$（$n = 0, 1, \ldots, N-1$），假定未知参数 A 具有先验 PDF

$$p(A) = \begin{cases} \lambda\exp(-\lambda A) & A > 0 \\ 0 & A < 0 \end{cases}$$

其中 $\lambda > 0$，$w[n]$ 是方差为 σ^2 的 WGN，且与 A 独立。求 A 的 MAP 估计量。

11.5 如果 $\boldsymbol{\theta}$ 和 $\mathbf{x}$ 是联合高斯的，

$$\begin{bmatrix} \boldsymbol{\theta} \\ \mathbf{x} \end{bmatrix} \sim \mathcal{N}(\boldsymbol{\mu}, \mathbf{C})$$

其中

$$\boldsymbol{\mu} = \begin{bmatrix} E(\boldsymbol{\theta}) \\ E(\mathbf{x}) \end{bmatrix}$$

$$\mathbf{C} = \begin{bmatrix} \mathbf{C}_{\theta\theta} & \mathbf{C}_{\theta x} \\ \mathbf{C}_{x\theta} & \mathbf{C}_{xx} \end{bmatrix}$$

根据 $\mathbf{x}$ 求 $\boldsymbol{\theta}$ 的 MMSE 估计量。另外，确定 $\boldsymbol{\theta}$ 每一个分量的最小贝叶斯 MSE。解释当 $\mathbf{C}_{\theta x} = \mathbf{0}$ 时会发生什么情况。

11.6 考虑例 11.1 对 WGN 中单个正弦信号的数据模型，将模型重写为

$$x[n] = A\cos(2\pi f_0 n + \phi) + w[n]$$

其中

$$A = \sqrt{a^2 + b^2}$$

$$\phi = \arctan\left(\frac{-b}{a}\right)$$

如果 $\boldsymbol{\theta} = [\,a\ b\,]^T \sim \mathcal{N}(\mathbf{0}, \sigma_\theta^2\mathbf{I})$，证明 A 的 PDF 是瑞利的，ϕ 的 PDF 是 $\mathcal{U}[0, 2\pi]$，且 A 和 ϕ 是相互独立的。

11.7 在经典的一般线性模型中，MVU 估计量也是有效的，可以使用最大似然方法来得到它，即 MVU 估计量通过使

$$p(\mathbf{x}; \boldsymbol{\theta}) = \frac{1}{(2\pi)^{\frac{N}{2}} \det^{\frac{1}{2}}(\mathbf{C})} \exp\left[-\frac{1}{2}(\mathbf{x} - \mathbf{H}\boldsymbol{\theta})^T \mathbf{C}^{-1}(\mathbf{x} - \mathbf{H}\boldsymbol{\theta})\right]$$

最大来求得。对于贝叶斯线性模型，MMSE 估计量与 MAP 估计量是相同的。试说明在没有先验知识的情况下，贝叶斯线性模型的 MMSE 估计量在形式上与经典的一般线性模型的 MVU 估计量相同。

11.8 确定关系

$$\boldsymbol{\theta}[n] = \mathbf{A}\boldsymbol{\theta}[n-1] \qquad n \geqslant 1$$

考虑一个随时间变化的参数 $\boldsymbol{\theta}$，其中 $\mathbf{A}$ 是一个 $p \times p$ 的可逆矩阵，$\boldsymbol{\theta}[0]$ 是一个看成随机矢量的未知参数。注意，一旦指定 $\boldsymbol{\theta}[0]$，则 $\boldsymbol{\theta}[n](n\geqslant1)$ 也指定了。证明 $\boldsymbol{\theta}[n]$ 的MMSE估计量是

$$\hat{\boldsymbol{\theta}}[n] = \mathbf{A}^n \hat{\boldsymbol{\theta}}[0]$$

其中 $\hat{\boldsymbol{\theta}}[0]$ 是 $\boldsymbol{\theta}[0]$ 的 MMSE 估计量，或者等效地有

$$\hat{\boldsymbol{\theta}}[n] = \mathbf{A}\hat{\boldsymbol{\theta}}[n-1]$$

11.9　一个飞行器开始于一个未知位置 $(x[0], y[0])$，按照

$$\begin{aligned} x[n] &= x[0] + v_x n \\ y[n] &= y[0] + v_y n \end{aligned}$$

以常速运动，其中 v_x、v_y 分别是飞行器在 x、y 方向的速度分量，都是未知的。我们希望估计每一时刻 n，飞行器的位置和速度。尽管初始位置 $(x[0], y[0])$ 和速度 $[v_x\ v_y]^T$ 都是未知的，但是它们可以看成一个随机矢量。证明 $\boldsymbol{\theta}[n] = [x[n]\ y[n]\ v_x\ v_y]^T$ 能够由MMSE估计器估计为

$$\hat{\boldsymbol{\theta}}[n] = \mathbf{A}^n \hat{\boldsymbol{\theta}}[0]$$

其中 $\hat{\boldsymbol{\theta}}[0]$ 是 $[x[0]\ y[0]\ v_x\ v_y]^T$ 的 MMSE 估计量。另外，确定 $\mathbf{A}$。

11.10　证明例 11.2 中的 MAP 估计量是贝叶斯意义下的一致估计，或者当 $N\to\infty$ 且 $\hat{\theta}\to\theta$ 时，对于未知参数的任何现实 θ，这个 MAP 估计量是一致的。说明为什么在一般情况下这是真的。提示：参见例 9.4。

11.11　考虑矢量 MAP 估计量

$$\hat{\boldsymbol{\theta}} = \arg\max_{\boldsymbol{\theta}} p(\boldsymbol{\theta}|\mathbf{x})$$

证明这个估计量对于代价函数

$$\mathcal{C}(\boldsymbol{\epsilon}) = \begin{cases} 1 & \|\boldsymbol{\epsilon}\| > \delta \\ 0 & \|\boldsymbol{\epsilon}\| < \delta \end{cases}$$

使贝叶斯风险最小。其中 $\boldsymbol{\epsilon} = \boldsymbol{\theta} - \hat{\boldsymbol{\theta}}$，$\|\boldsymbol{\epsilon}\|^2 = \sum_{i=1}^{p} \epsilon_i^2$，且 $\delta \to 0$。

11.12　证明

$$\boldsymbol{\alpha} = \mathbf{A}\boldsymbol{\theta}$$

的 MAP 估计量为

$$\hat{\boldsymbol{\alpha}} = \mathbf{A}\hat{\boldsymbol{\theta}}$$

其中 $\boldsymbol{\alpha}$ 是一个 $p \times 1$ 的矢量，$\mathbf{A}$ 是一个可逆的 $p \times p$ 的矩阵。也就是说，MAP 估计量对可逆的线性变换是可以变换的。

11.13　如果 $\mathbf{x}$ 是一个 2×1 的随机矢量，具有 PDF

$$\mathbf{x} \sim \mathcal{N}(\mathbf{0}, \mathbf{C})$$

证明 $\mathbf{x}^T \mathbf{C}^{-1} \mathbf{x}$ 的 PDF 是一个 χ_2^2 随机变量。提示：注意 $\mathbf{C}^{-1}$ 可以因式分解为 $\mathbf{D}^T\mathbf{D}$，其中 $\mathbf{D}$ 是一个在 4.5 节描述的白化变换。

11.14　如果 $\boldsymbol{\epsilon}$ 是一个 2×1 的随机矢量，$\boldsymbol{\epsilon} \sim \mathcal{N}(\mathbf{0}, \mathbf{M}_{\hat{\theta}})$，在如下情况中画出 $P = 0.9$ 时的误差椭圆：

a.　$\mathbf{M}_{\hat{\theta}} = \begin{bmatrix} 1 & 0 \\ 0 & 1 \end{bmatrix}$

b.　$\mathbf{M}_{\hat{\theta}} = \begin{bmatrix} 1 & 0 \\ 0 & 2 \end{bmatrix}$

c.　$\mathbf{M}_{\hat{\theta}} = \begin{bmatrix} 2 & 1 \\ 1 & 2 \end{bmatrix}$

11.15　作为贝叶斯线性模型的一个特例，假设

$$\mathbf{x} = \boldsymbol{\theta} + \mathbf{w}$$

其中 $\boldsymbol{\theta}$ 是一个 2×1 的随机矢量，且

$$
\begin{aligned}
\mathbf{C}_w &= \sigma^2 \mathbf{I} \\
\mathbf{C}_\theta &= \left[\begin{array}{cc} \sigma_1^2 & 0 \\ 0 & \sigma_2^2 \end{array} \right]
\end{aligned}
$$

如果 $\sigma_1^2 = \sigma_2^2$ 和 $\sigma_2^2 > \sigma_1^2$，画出误差椭圆。如果 $\sigma_2^2 \gg \sigma_1^2$ 会发生什么情况？

11.16 在利用实验数据拟合一条直线时，我们假设模型

$$
x[n] = A + Bn + w[n] \qquad -M \leqslant n \leqslant M
$$

其中 $w[n]$ 是方差为 σ^2 的 WGN。如果有一些关于斜率 B 和截距 A 的先验知识：

$$
\left[\begin{array}{c} A \\ B \end{array} \right] \sim \mathcal{N}\left(\left[\begin{array}{c} A_0 \\ B_0 \end{array} \right], \left[\begin{array}{cc} \sigma_A^2 & 0 \\ 0 & \sigma_B^2 \end{array} \right] \right)
$$

求 A 和 B 的 MMSE 估计量以及最小贝叶斯 MSE。假定 A、B 与 $w[n]$ 独立。哪一个参数从先验知识那里得到最多的益处？

11.17 如果 $s[n] = A + Bn$，其中 $n = -M, -(M-1), \dots, M$，且 $\hat{A}$, $\hat{B}$ 分别是 A 和 B 的 MMSE 估计量，试求 $\mathbf{s} = [s[-M] s[-(M-1)] \dots s[M]]^T$ 的 MMSE 估计量 $\hat{\mathbf{s}}$。接下来，如果数据模型如习题 11.16 所给定的那样，求误差 $\boldsymbol{\epsilon} = \mathbf{s} - \hat{\mathbf{s}}$ 的 PDF。误差是怎么随 n 变化的？为什么？

11.18 在本题中，推导 WGN 中信号估计的非因果维纳滤波器，我们通过扩展 11.7 节中的结论来进行推导。在那里，信号的 MMSE 估计量是由(11.40)式给出的。首先，证明

$$
(\mathbf{C}_s + \sigma^2 \mathbf{I})\hat{\mathbf{s}} = \mathbf{C}_s \mathbf{x}
$$

接着，假定信号是 WSS，所以

$$
\begin{aligned}
\left[\mathbf{C}_s + \sigma^2 \mathbf{I} \right]_{ij} &= r_{ss}[i-j] + \sigma^2 \delta[i-j] = r_{xx}[i-j] \\
\left[\mathbf{C}_s \right]_{ij} &= r_{ss}[i-j]
\end{aligned}
$$

于是，求解 $\hat{\mathbf{s}}$ 的方程可以写成

$$
\sum_{j=0}^{N-1} r_{xx}[i-j]\hat{s}[j] = \sum_{j=0}^{N-1} r_{ss}[i-j]x[j]
$$

其中 $i = 0, 1, \dots, N-1$。然后，把这个结论推广到根据 $x[n]$（$|n| \leqslant M$）来估计 $s[n]$（$|n| \leqslant M$）的情况，并令 $M \to \infty$，得到

$$
\sum_{j=-\infty}^{\infty} r_{xx}[i-j]\hat{s}[j] = \sum_{j=-\infty}^{\infty} r_{ss}[i-j]x[j]
$$

其中 $-\infty < i < \infty$。利用傅里叶变换，求维纳滤波器的频率响应 $H(f)$，即

$$
H(f) = \frac{\hat{S}(f)}{X(f)}
$$

（可以假定 $x[n]$ 和 $\hat{s}[n]$ 的傅里叶变换存在）。解释你的结果。

附录 11A　连续时间系统到离散时间系统的转换

一个连续时间信号 $s(t)$ 输入到一个冲激响应为 $h(t)$ 的线性时不变系统中，输出 $s_o(t)$ 是

$$s_o(t) = \int_{-\infty}^{\infty} h(t-\tau)s(\tau)\,d\tau$$

我们假定 $s(t)$ 是带限为 B Hz 的信号，输出信号也一定是带限为 B Hz 的信号。因此，我们可以假定系统的频率响应 $\mathcal{F}\{h(t)\}$ 也是带限为 B Hz 的。于是，图 11A.1(a) 所示的原始系统可以被图 11A.1(b) 所示的系统取代，其中虚线框里所表示的运算器是一个采样器和低通滤波器。采样函数为

$$p(t) = \sum_{n=-\infty}^{\infty} \delta(t-n\Delta)$$

低通滤波器的频率响应为

$$H_{\mathrm{lpf}}(F) = \begin{cases} \Delta & |F| < B \\ 0 & |F| > B \end{cases}$$

对于带宽为 B 的限带信号，在虚线框里的系统并不改变信号。这是因为采样运算只是对 $s(t)$ 的频谱进行复制，而低通滤波器只保留乘以 Δ 的原始谱，这是为了抵消由采样引入的比例因子 $1/\Delta$。接着，注意到第一个低通滤波器可以和系统合并，因为 $h(t)$ 也假定是带限为 B Hz 的。结果如图 11A.1(c) 所示。为了重建 $s_o(t)$，我们只需要知道采样值 $s_o(n\Delta)$。参考图 11.11(b) 和图 11.11(c)，我们有

$$
\begin{aligned}
s_o(t) &= \int_{-\infty}^{\infty} \Delta h(t-\tau) \sum_{m=-\infty}^{\infty} s(m\Delta)\delta(\tau-m\Delta)\,d\tau \\
&= \Delta \sum_{m=-\infty}^{\infty} s(m\Delta) \int_{-\infty}^{\infty} h(t-\tau)\delta(\tau-m\Delta)\,d\tau \\
&= \Delta \sum_{m=-\infty}^{\infty} s(m\Delta)h(t-m\Delta)
\end{aligned}
$$

所以输出的采样值是

$$s_o(n\Delta) = \sum_{m=-\infty}^{\infty} \Delta h(n\Delta-m\Delta)s(m\Delta)$$

或者令 $s_o[n] = s_o(n\Delta)$，$h[n] = \Delta h(n\Delta)$，以及 $s[n] = s(n\Delta)$，上式变为

$$s_o[n] = \sum_{m=-\infty}^{\infty} h[n-m]s[m]$$

让信号

$$\sum_{n=-\infty}^{\infty} s_o[n]\delta(t-n\Delta)$$

通过图 11A.1(c) 所示的低通滤波器，就得到了连续时间的输出信号。在任何实际系统中，我们都将对连续时间信号 $s_o(t)$ 进行采样来得到我们需要的数据集 $s_o[n]$。因而，如图 11A.1(d) 所

示，连续时间信号 $s_o(t)$ 可以用离散时间信号 $s_o[n]$ 取代，而不会丢失信息。最后注意，实际中的 $s(t)$ 由于是时限的，所以它不可能是带限的。我们一般假定（在实际中也被证实）信号是近似带限的。信息的损失常常忽略不计。

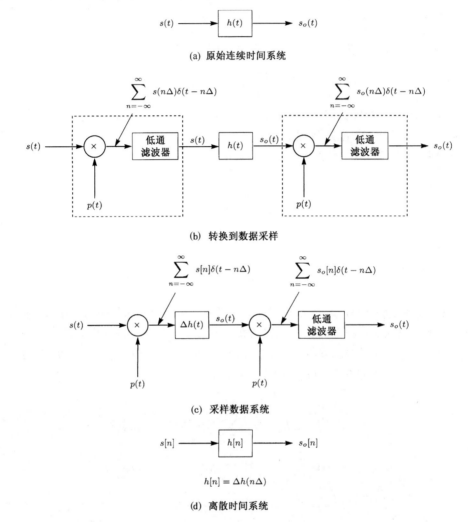

(a) 原始连续时间系统

(b) 转换到数据采样

(c) 采样数据系统

(d) 离散时间系统

图 11A.1 从连续时间系统到离散时间系统的转换

第 12 章 线性贝叶斯估计量

12.1 引言

在上一章里讨论的最佳贝叶斯估计量是很难用闭合形式确定的,并且在实践中因其计算量太大而难以实现。MMSE 估计量含有多重积分,而 MAP 估计量含有多维最大值求解问题。尽管在联合高斯假设条件下这些估计量很容易求得,但是在一般情况下是不容易的。当我们不能做出高斯假定的时候,就必须利用另外的方法。为了弥补这样的缺陷,我们选择保留 MMSE 准则,但是限定估计量是线性的。那么,估计量的显式表示可以很容易地依据 PDF 的前两阶矩来确定。这种方法在许多方面类似于经典估计中的 BLUE,其中的一些相同之处是很明显的。在实践中,这类估计量通常称为维纳滤波器,它的应用非常广泛。

12.2 小结

(12.1)式定义了线性估计量,(12.2)式定义了相应的贝叶斯 MSE。使贝叶斯 MSE 最小化导出了(12.6)式的线性 MMSE(LMMSE)估计量和(12.8)式的最小贝叶斯 MSE。估计量也可以像 12.4 节描述的那样利用矢量空间的观点来推导。这种方法引出了重要的正交原理:线性 MMSE 估计量的误差和数据一定是不相关的。矢量 LMMSE 估计量由(12.20)式给出,最小贝叶斯 MSE 由(12.21)式和(12.22)式给出。对于线性变换,估计量可以按(12.23)式进行转换,且具有迭加性(12.24)式。对于具有贝叶斯线性模型形式(没有高斯假定的贝叶斯线性模型)的数据矢量,LMMSE 估计量和它的性能在定理 12.1 中进行了总结。如果需要,贝叶斯线性模型形式的估计量可以利用(12.47)式~(12.49)式随时间顺序地实现。

12.3 线性 MMSE 估计

首先假定标量参数 θ 是我们根据数据集 $\{x[0], x[1], \ldots, x[N-1]\}$ 进行估计的量,数据集用矢量 $\mathbf{x} = [x[0]\,x[1]\ldots x[N-1]]^T$ 表示。将未知参数看成一个随机变量的现实。对于联合 PDF $p(\mathbf{x}, \theta)$,我们不假定任何特定的形式,但是稍后将会看到,我们只需要前两阶矩的知识。θ 可以从 $\mathbf{x}$ 估计出来是因为假定 θ 与 $\mathbf{x}$ 是统计相关的,正如联合 PDF $p(\mathbf{x}, \theta)$ 概括的那样,特别是对于线性估计量,我们依靠 θ 和 $\mathbf{x}$ 之间的相关。现在,我们来考虑具有如下形式的所有线性(实际是仿射的)估计量,

$$\hat{\theta} = \sum_{n=0}^{N-1} a_n x[n] + a_N \tag{12.1}$$

选择加权系数 a_n 来使贝叶斯 MSE

$$\text{Bmse}(\hat{\theta}) = E\left[(\theta - \hat{\theta})^2\right] \tag{12.2}$$

最小,其中数学期望是对 PDF $p(\mathbf{x}, \theta)$ 来求的。导出的估计量称为线性最小均方误差(linear minimum mean square error, LMMSE)估计量。注意,我们包含的 a_N 系数允许 $\mathbf{x}$ 和 θ 的均值非零。如果均值全为零,那么这个系数就可以省略,后面将会证明。

在确定 LMMSE 估计量之前，我们应该牢记估计量是准最佳的，除非 MMSE 估计量刚好是线性的。例如，如果应用贝叶斯线性模型（参见10.6 节），那么 LMMSE 估计量就是最佳估计量。否则，就存在着更好的估计量，尽管它们是非线性的（参见10.3 节中介绍的例子）。因为 LMMSE 估计量依赖于随机变量之间的相关性，所以和数据不相关的参数不可能被线性地估计。因此，上面提出的方法并不总是可行的，下面的例子说明了这一点。考虑一个参数 θ，它根据单一数据 $x[0]$来估计，其中 $x[0] \sim \mathcal{N}(0, \sigma^2)$。如果待估计的参数是 $x[0]$现实的功率，即 $\theta = x^2[0]$，那么理想的估计量是

$$\hat{\theta} = x^2[0]$$

因为最小贝叶斯 MSE 将等于零。很显然这个估计量是非线性的。然而，如果我们试图应用LMMSE 估计量，即

$$\hat{\theta} = a_0 x[0] + a_1$$

那么最佳加权系数 a_0 和 a_1 可以通过使

$$\mathrm{Bmse}(\hat{\theta}) \;=\; E\left[(\theta - \hat{\theta})^2\right] \;=\; E\left[(\theta - a_0 x[0] - a_1)^2\right]$$

最小而求出。

我们分别对 a_0 和 a_1 求导，并令其为零，得

$$
\begin{aligned}
E\left[(\theta - a_0 x[0] - a_1)x[0]\right] &= 0 \\
E(\theta - a_0 x[0] - a_1) &= 0
\end{aligned}
$$

或者

$$
\begin{aligned}
a_0 E(x^2[0]) + a_1 E(x[0]) &= E(\theta x[0]) \\
a_0 E(x[0]) + a_1 &= E(\theta)
\end{aligned}
$$

但是 $E(x[0]) = 0$, $E(\theta x[0]) = E(x^3[0]) = 0$，所以

$$
\begin{aligned}
a_0 &= 0 \\
a_1 &= E(\theta) = E(x^2[0]) = \sigma^2
\end{aligned}
$$

因此，LMMSE 估计量是 $\hat{\theta} = \sigma^2$，它与数据无关。这是因为 θ 和 $x[0]$是不相关的。最小 MSE 是

$$
\begin{aligned}
\mathrm{Bmse}(\hat{\theta}) &= E\left[(\theta - \hat{\theta})^2\right] = E\left[(\theta - \sigma^2)^2\right] = E\left[(x^2[0] - \sigma^2)^2\right] \\
&= E(x^4[0]) - 2\sigma^2 E(x^2[0]) + \sigma^4 = 3\sigma^4 - 2\sigma^4 + \sigma^4 = 2\sigma^4
\end{aligned}
$$

这与非线性估计量 $\theta = x^2[0]$的最小 MSE 为零正好相反。很明显，对于这个问题，LMMSE 估计量是不合适的。习题 12.1 研究了如何修正 LMMSE 估计量，从而使它可以应用。

我们现在来推导在(12.1)式里用到的最佳加权系数。把(12.1)式代入(12.2)式并求导，得

$$\frac{\partial}{\partial a_N} E\left[\left(\theta - \sum_{n=0}^{N-1} a_n x[n] - a_N\right)^2\right] = -2E\left[\theta - \sum_{n=0}^{N-1} a_n x[n] - a_N\right]$$

令它为零，得

$$a_N = E(\theta) - \sum_{n=0}^{N-1} a_n E(x[n]) \tag{12.3}$$

这正如前面所说的，如果均值是零，那么系数也是零。接着，对于剩余的系数 a_n，我们需要使

$$\mathrm{Bmse}(\hat{\theta}) = E\left\{\left[\sum_{n=0}^{N-1} a_n(x[n] - E(x[n])) - (\theta - E(\theta))\right]^2\right\}$$

最小, 其中 a_N 用(12.3)式取代。令 $\mathbf{a} = [a_0 a_1 \ldots a_{N-1}]^T$, 我们有

$$
\begin{aligned}
\mathrm{Bmse}(\hat{\theta}) &= E\left\{[\mathbf{a}^T(\mathbf{x} - E(\mathbf{x})) - (\theta - E(\theta))]^2\right\} \\
&= E\left[\mathbf{a}^T(\mathbf{x} - E(\mathbf{x}))(\mathbf{x} - E(\mathbf{x}))^T\mathbf{a}\right] - E\left[\mathbf{a}^T(\mathbf{x} - E(\mathbf{x}))(\theta - E(\theta))\right] \\
&\quad - E\left[(\theta - E(\theta))(\mathbf{x} - E(\mathbf{x}))^T\mathbf{a}\right] + E\left[(\theta - E(\theta))^2\right] \\
&= \mathbf{a}^T\mathbf{C}_{xx}\mathbf{a} - \mathbf{a}^T\mathbf{C}_{x\theta} - \mathbf{C}_{\theta x}\mathbf{a} + C_{\theta\theta}
\end{aligned}
\tag{12.4}
$$

其中 $\mathbf{C}_{xx}$ 是 $\mathbf{x}$ 的 $N \times N$ 协方差矩阵, $\mathbf{C}_{\theta x}$ 是 $1 \times N$ 的互协方差矢量, 具有性质 $\mathbf{C}_{\theta x}^T = \mathbf{C}_{x\theta}$, 且 $C_{\theta\theta}$ 是 θ 的方差。利用(4.3)式, 我们可以使(12.4)式最小, 求梯度得

$$
\frac{\partial \mathrm{Bmse}(\hat{\theta})}{\partial \mathbf{a}} = 2\mathbf{C}_{xx}\mathbf{a} - 2\mathbf{C}_{x\theta}
$$

令这个式子为零, 得

$$
\mathbf{a} = \mathbf{C}_{xx}^{-1}\mathbf{C}_{x\theta}
\tag{12.5}
$$

在(12.1)式中利用(12.3)式和(12.5)式, 得

$$
\hat{\theta} = \mathbf{a}^T\mathbf{x} + a_N = \mathbf{C}_{x\theta}^T\mathbf{C}_{xx}^{-1}\mathbf{x} + E(\theta) - \mathbf{C}_{x\theta}^T\mathbf{C}_{xx}^{-1}E(\mathbf{x})
$$

即最后的 LMMSE 估计量为

$$
\hat{\theta} = E(\theta) + \mathbf{C}_{\theta x}\mathbf{C}_{xx}^{-1}(\mathbf{x} - E(\mathbf{x}))
\tag{12.6}
$$

注意, 它与联合高斯的 $\mathbf{x}$ 和 θ 的 MMSE 估计量在形式上是相同的, 这可以从(10.24)式得到证明。这是因为在高斯情况下, MMSE 估计量刚好是线性的, 因此自动满足了我们的限制条件。如果 θ 和 $\mathbf{x}$ 的均值式零, 那么

$$
\hat{\theta} = \mathbf{C}_{\theta x}\mathbf{C}_{xx}^{-1}\mathbf{x}
\tag{12.7}
$$

把(12.5)式代入(12.4)式, 得到最小贝叶斯 MSE 为

$$
\begin{aligned}
\mathrm{Bmse}(\hat{\theta}) &= \mathbf{C}_{x\theta}^T\mathbf{C}_{xx}^{-1}\mathbf{C}_{xx}\mathbf{C}_{xx}^{-1}\mathbf{C}_{x\theta} - \mathbf{C}_{x\theta}^T\mathbf{C}_{xx}^{-1}\mathbf{C}_{x\theta} - \mathbf{C}_{\theta x}\mathbf{C}_{xx}^{-1}\mathbf{C}_{x\theta} + C_{\theta\theta} \\
&= \mathbf{C}_{\theta x}\mathbf{C}_{xx}^{-1}\mathbf{C}_{x\theta} - 2\mathbf{C}_{\theta x}\mathbf{C}_{xx}^{-1}\mathbf{C}_{x\theta} + C_{\theta\theta}
\end{aligned}
$$

或最终为

$$
\mathrm{Bmse}(\hat{\theta}) = C_{\theta\theta} - \mathbf{C}_{\theta x}\mathbf{C}_{xx}^{-1}\mathbf{C}_{x\theta}
\tag{12.8}
$$

这和把(10.25)式代入(11.12)式得到的结果是相同的。下面给出了一个例子。

例 12.1　WGN 中具有均匀先验 PDF 的 DC 电平

考虑第 10 章介绍的例题, 数据模型为

$$
x[n] = A + w[n] \qquad n = 0, 1, \ldots, N-1
$$

其中 $A \sim \mathcal{U}[-A_0, A_0]$, $w[n]$ 是方差为 σ^2 的 WGN, A 和 $w[n]$ 是相互独立的。MMSE 由于要求积分[参见(10.9)式]而不能得到闭合形式的解。应用 LMMSE, 我们首先注意到 $E(A) = 0$, 因此 $E(x[n]) = 0$。由于 $E(\mathbf{x}) = \mathbf{0}$, 协方差矩阵为

$$
\begin{aligned}
\mathbf{C}_{xx} &= E(\mathbf{x}\mathbf{x}^T) = E\left[(A\mathbf{1} + \mathbf{w})(A\mathbf{1} + \mathbf{w})^T\right] = E(A^2)\mathbf{1}\mathbf{1}^T + \sigma^2\mathbf{I} \\
\mathbf{C}_{\theta x} &= E(A\mathbf{x}^T) = E\left[A(A\mathbf{1} + \mathbf{w})^T\right] = E(A^2)\mathbf{1}^T
\end{aligned}
$$

其中 $\mathbf{1}$ 是 $N \times 1$ 的全 1 矢量。因此, 由(12.7)式可得

$$
\hat{A} = \mathbf{C}_{\theta x}\mathbf{C}_{xx}^{-1}\mathbf{x} = \sigma_A^2\mathbf{1}^T(\sigma_A^2\mathbf{1}\mathbf{1}^T + \sigma^2\mathbf{I})^{-1}\mathbf{x}
$$

其中我们令 $\sigma_A^2 = E(A^2)$。然而, 估计量的形式与例 10.2 中令 $\mu_A = 0$ 遇到的估计量相同, 所以, 由(10.31)式,

$$
\hat{A} = \frac{\sigma_A^2}{\sigma_A^2 + \frac{\sigma^2}{N}}\bar{x}
$$

由于 $\sigma_A^2 = E(A^2) = (2A_0)^2/12 = A_0^2/3$，$A$ 的 LMMSE 估计量为

$$\hat{A} = \frac{\frac{A_0^2}{3}}{\frac{A_0^2}{3} + \frac{\sigma^2}{N}} \bar{x} \tag{12.9}$$

与最初要求积分的 MMSE 估计量相反，我们已经得到了闭合形式的 LMMSE 估计量。另外，注意到我们并不需要知道 A 是均匀分布的，而仅仅需要知道它的均值和方差；或者说并不需要 $w[n]$ 是高斯的，而只需要知道它是白噪声及其方差就足够了。同样，也不必要求 A 和 $\mathbf{w}$ 是独立的，只要求它们是不相关的就行了。总而言之，确定 LMMSE 估计量所要求的就是 $p(\mathbf{x}, \theta)$ 的前二阶矩，即

$$\begin{bmatrix} E(\theta) \\ E(\mathbf{x}) \end{bmatrix}, \begin{bmatrix} C_{\theta\theta} & \mathbf{C}_{\theta x} \\ \mathbf{C}_{x\theta} & \mathbf{C}_{xx} \end{bmatrix}$$

然而，我们必须认识到，(12.9)式的 LMMSE 是准最佳的，因为已经将其限制为线性的。对于这个问题的最佳估计量由(10.9)式给出。

12.4 几何解释

在第 8 章里，我们讨论了基于矢量空间概念的 LSE 的几何解释。LMMSE 也接纳类似的解释，尽管现在"矢量"是随机变量。[实际上，这两个矢量空间都是更为一般的希尔伯特(Hilbert)空间[Luenberger 1969]的特殊情况。]在这种表述中假定 θ 和 $\mathbf{x}$ 是零均值的。如果它们不是，则总是可以定义零均值的随机变量 $\theta' = \theta - E(\theta)$ 和 $\mathbf{x}' = \mathbf{x} - E(\mathbf{x})$，然后考虑 θ' 的估计，这个估计是 $\mathbf{x}'$ 的线性函数(参见习题 12.5)。现在我们希望求 a_n，所以

$$\hat{\theta} = \sum_{n=0}^{N-1} a_n x[n]$$

使

$$\text{Bmse}(\hat{\theta}) = E\left[(\theta - \hat{\theta})^2\right]$$

最小。我们现在把随机变量 θ，$x[0]$，$x[1]$，...，$x[N-1]$ 看成图 12.1 中用符号表示的一个矢量空间的元素。读者可能希望证明它是满足矢量空间的性质，例如矢量相加、用一个标量相乘等性质。因为通常情况下，θ 不能完美地表示为 $x[n]$ 的线性组合(如果能，那么我们的估计量是最理想的)，我们把 θ 想成只是部分地位于由 $x[n]$ 张成的子空间中。我们可以定义每一个矢量 x 的"长度"是 $\| x \| = \sqrt{E(x^2)}$，即方差的平方根。方差越大矢量长度越长。长度为零的矢量是那些方差为零的随机变量，也就是恒等于零的随机变量(实际上根本就不是随机的)。最后，为了完成我们的描述，我们要求两个矢量之间内积的表示。(回想一下，如果 $\mathbf{x}$、$\mathbf{y}$ 是 R^3 中的欧几里得矢量，那么内积是 $(\mathbf{x},\mathbf{y}) = \mathbf{x}^T\mathbf{y} = \| \mathbf{x} \| \| \mathbf{y} \| \cos\alpha$，其中 α 是两个矢量间的夹角。)可以证明，合适的定义是

$$(x, y) = E(xy) \tag{12.10}$$

这里所谓合适的定义是指满足矢量 x 和 y 之间内积的性质(参见习题 12.4)。利用这个定义我们有

$$(x, x) = E(x^2) = \|x\|^2 \tag{12.11}$$

这个定义与我们前面矢量长度的定义是一致的。另外，如果

$$(x, y) = E(xy) = 0 \tag{12.12}$$

那么，我们可以定义两个矢量是正交的。由于矢量是零均值的，这等价于当且仅当这两个矢量是

不相关的时, 两个矢量是正交的。[在 R^3 中, 如果两个欧几里得矢量间的夹角 $\alpha = 90°$, 那么它们是正交的, 所以 $(\mathbf{x}, \mathbf{y}) = \|\mathbf{x}\| \|\mathbf{y}\| \cos\alpha = 0$。] 回顾我们以前的讨论, 这意味着如果两个矢量是正交的, 那么我们不能用其中的一个来估计另一个。如图 12.2 所示, 因为在 x 方向没有 y 的分量, 所以我们不能用 x 来估计 y。如果试图用 x 来估计 y, 那么需要求出 a, 这样 $\hat{y} = ax$, 使得贝叶斯 MSE$(\mathrm{Bmse}(\hat{y}) = E[(y - \hat{y})^2])$ 最小。为了求得最佳的 a, 贝叶斯 MSE 对 a 求导, 得

$$\frac{d\,\mathrm{Bmse}(\hat{y})}{da} = \frac{d}{da}E[(y - ax)^2] = \frac{d}{da}[E(y^2) - 2aE(xy) + a^2 E(x^2)]$$
$$= -2E(xy) + 2aE(x^2) = 0$$

于是可得

$$a = \frac{E(xy)}{E(x^2)} = 0$$

y 的 LMMSE 估计量刚好是 $\hat{y} = 0$。当然, 这是 (12.7) 式当 $N = 1$、$\theta = y$、$x[0] = x$ 和 $C_{\theta x} = 0$ 时的特殊情况。

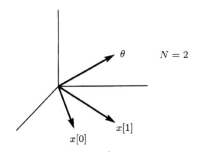

图 12.1　随机变量的矢量空间解释

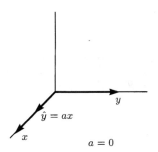

图 12.2　正交的随机变量 y 不能基于 x 进行线性估计

记住这些概念, 我们继续利用矢量空间的观点来确定 LMMSE 的估计量。这种方法对 LMMSE 估计过程概念的理解是很有用的, 在后面推导序贯 LMMSE 估计量时, 我们会用到这些概念。和以前一样, 我们假设

$$\hat{\theta} = \sum_{n=0}^{N-1} a_n x[n]$$

其中由于零均值的假定, 因此 $a_N = 0$。我们希望利用 $x[0]$, $x[1]$, ..., $x[N-1]$ 的线性组合来估计 θ。应该选择权值系数 a_n, 使 MSE

$$E[(\theta - \hat{\theta})^2] = E\left[\left(\theta - \sum_{n=0}^{N-1} a_n x[n]\right)^2\right] = \left\|\theta - \sum_{n=0}^{N-1} a_n x[n]\right\|^2$$

最小。但是, 这意味着使 MSE 最小等价于使误差矢量 $\epsilon = \theta - \hat{\theta}$ 的长度平方最小。几个候选估计的误差矢量显示在图 12.3 (b) 中。很显然, 当 ϵ 与由 $\{x[0], x[1], \ldots, x[N-1]\}$ 张成的子空间正交时, 这个误差矢量的长度是最小的。因此, 我们要求

$$\epsilon \perp x[0], x[1], \ldots, x[N-1] \tag{12.13}$$

或者利用正交的定义, 要求

$$E\left[(\theta - \hat{\theta})x[n]\right] = 0 \qquad n = 0, 1, \ldots, N-1 \tag{12.14}$$

这是重要的正交原理或者投影定理。正交原理表明在利用数据样本的线性组合来估计一个随机变量现实的时候, 当误差和每一个数据样本正交时, 我们可以得到最佳估计量。利用正交原理, 可以很容易求出加权系数, 即

$$E\left[\left(\theta - \sum_{n=0}^{N-1} a_m x[m]\right) x[n]\right] = 0 \qquad n = 0, 1, \ldots, N-1$$

或者

$$\sum_{n=0}^{N-1} a_m E(x[m]x[n]) = E(\theta x[n]) \qquad n = 0, 1, \ldots, N-1$$

用矩阵形式表示为

$$\begin{bmatrix} E(x^2[0]) & E(x[0]x[1]) & \ldots & E(x[0]x[N-1]) \\ E(x[1]x[0]) & E(x^2[1]) & \ldots & E(x[1]x[N-1]) \\ \vdots & \vdots & \ddots & \vdots \\ E(x[N-1]x[0]) & E(x[N-1]x[1]) & \ldots & E(x^2[N-1]) \end{bmatrix} \begin{bmatrix} a_0 \\ a_1 \\ \vdots \\ a_{N-1} \end{bmatrix}$$

$$= \begin{bmatrix} E(\theta x[0]) \\ E(\theta x[1]) \\ \vdots \\ E(\theta x[N-1]) \end{bmatrix} \tag{12.15}$$

这些是正规方程。矩阵记为 $\mathbf{C}_{xx}$，右边的矢量为 $\mathbf{C}_{x\theta}$。因此，

$$\mathbf{C}_{xx}\mathbf{a} = \mathbf{C}_{x\theta} \tag{12.16}$$

且

$$\mathbf{a} = \mathbf{C}_{xx}^{-1}\mathbf{C}_{x\theta} \tag{12.17}$$

θ 的 LMMSE 估计量是

$$\hat{\theta} = \mathbf{a}^T\mathbf{x} = \mathbf{C}_{x\theta}^T\mathbf{C}_{xx}^{-1}\mathbf{x}$$

或者最后得

$$\hat{\theta} = \mathbf{C}_{\theta x}\mathbf{C}_{xx}^{-1}\mathbf{x} \tag{12.18}$$

这和 (12.7) 式是一致的。最小贝叶斯 MSE 是误差矢量长度的平方，即

$$\text{Bmse}(\hat{\theta}) = \|\epsilon\|^2 = \left\|\theta - \sum_{n=0}^{N-1} a_n x[n]\right\|^2 = E\left[\left(\theta - \sum_{n=0}^{N-1} a_n x[n]\right)^2\right]$$

其中 a_n 是由 (12.17) 式给出的。但是

$$\begin{aligned} \text{Bmse}(\hat{\theta}) &= E\left[\left(\theta - \sum_{n=0}^{N-1} a_n x[n]\right)\left(\theta - \sum_{m=0}^{N-1} a_m x[m]\right)\right] \\ &= E\left[\left(\theta - \sum_{n=0}^{N-1} a_n x[n]\right)\theta\right] - E\left[\left(\theta - \sum_{n=0}^{N-1} a_n x[n]\right)\sum_{m=0}^{N-1} a_m x[m]\right] \\ &= E(\theta^2) - \sum_{n=0}^{N-1} a_n E(x[n]\theta) - \sum_{m=0}^{N-1} a_m E\left[\left(\theta - \sum_{n=0}^{N-1} a_n x[n]\right)x[m]\right] \end{aligned}$$

最后一项为零是由于正交原理，于是，

$$\text{Bmse}(\hat{\theta}) = C_{\theta\theta} - \mathbf{a}^T\mathbf{C}_{x\theta} = C_{\theta\theta} - \mathbf{C}_{x\theta}^T\mathbf{C}_{xx}^{-1}\mathbf{C}_{x\theta} = C_{\theta\theta} - \mathbf{C}_{\theta x}\mathbf{C}_{xx}^{-1}\mathbf{C}_{x\theta}$$

这与 (12.8) 式是一致的。

当我们利用矢量空间结构来查看 LMMSE 估计量时，可以很容易地推导出许多重要的结论。在 12.6 节中，我们考察了它在序贯估计中的应用。下面给出了一个简单的例子，用来说明它在使估计问题概念化方面的运用。

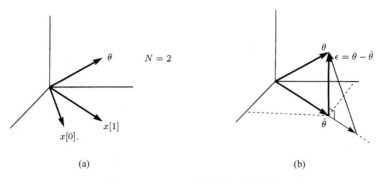

图 12.3　LMMSE 估计的正交原理

例 12.2　利用正交矢量进行估计

假定 $x[0]$ 和 $x[1]$ 是零均值且互不相关，但是它们与 θ 是相关的。图 12.4(a)说明了这种情形。基于 $x[0]$ 和 $x[1]$ 的 θ 的LMMSE估计量，是 θ 在 $x[0]$ 和 $x[1]$ 上的投影之和，如图 12.4(b) 所示，即

$$\hat{\theta} = \hat{\theta}_0 + \hat{\theta}_1 = \left(\theta, \frac{x[0]}{\|x[0]\|}\right)\frac{x[0]}{\|x[0]\|} + \left(\theta, \frac{x[1]}{\|x[1]\|}\right)\frac{x[1]}{\|x[1]\|}$$

每个分量都是投影$(\theta, x[n]/\|x[n]\|)$的长度乘以 $x[n]$ 方向的单位矢量，是在 $x[n]$ 方向的单位矢量的倍数。因为 $\|x[n]\| = \sqrt{\mathrm{var}(x[n])}$ 是一个常数，这可以等效地写成

$$\hat{\theta} = \frac{(\theta, x[0])}{(x[0], x[0])}x[0] + \frac{(\theta, x[1])}{(x[1], x[1])}x[1]$$

根据内积(12.10)式的定义，我们有

$$\hat{\theta} = \frac{E(\theta x[0])}{E(x^2[0])}x[0] + \frac{E(\theta x[1])}{E(x^2[1])}x[1]$$

$$= \begin{bmatrix} E(\theta x[0]) & E(\theta x[1]) \end{bmatrix} \begin{bmatrix} E(x^2[0]) & 0 \\ 0 & E(x^2[1]) \end{bmatrix}^{-1} \begin{bmatrix} x[0] \\ x[1] \end{bmatrix} = \mathbf{C}_{\theta x}\mathbf{C}_{xx}^{-1}\mathbf{x}$$

　　显然，这么容易地得到这样的结果是由于 $x[0]$ 和 $x[1]$ 的正交性，或者等价地说是由于 $\mathbf{C}_{xx}$ 的对角特性。对于非正交的数据样本，如果我们首先把这些样本进行正交化处理，即用张成同样子空间的不相关样本来取代数据，那么我们就可以应用同样的方法。在 12.6 节将更详细地讲述这种方法。

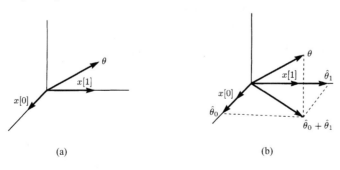

图 12.4　利用正交矢量的线性估计

12.5　矢量 LMMSE 估计量

矢量 LMMSE 估计量是标量情况的简单扩展。现在我们希望求线性估计量，使每一个元素的贝叶斯MSE最小。我们假定

$$\hat{\theta}_i = \sum_{n=0}^{N-1} a_{in} x[n] + a_{iN} \tag{12.19}$$

其中 $i = 1, 2, \ldots, p$，选择加权系数使

$$\text{Bmse}(\hat{\theta}_i) = E\left[(\theta_i - \hat{\theta}_i)^2\right] \qquad i = 1, 2, \ldots, p$$

最小，其中期望是对 $p(\mathbf{x}, \theta_i)$ 求的。因为我们实际上确定 p 个单独的估计量，所以可以应用标量解，我们从(12.6)式可得

$$\hat{\theta}_i = E(\theta_i) + \mathbf{C}_{\theta_i x} \mathbf{C}_{xx}^{-1} (\mathbf{x} - E(\mathbf{x})) \qquad i = 1, 2, \ldots, p$$

根据(12.8)式，最小贝叶斯 MSE 为

$$\text{Bmse}(\hat{\theta}_i) = C_{\theta_i \theta_i} - \mathbf{C}_{\theta_i x} \mathbf{C}_{xx}^{-1} \mathbf{C}_{x\theta_i} \qquad i = 1, 2, \ldots, p$$

标量 LMMSE 估计量可以组合成一个矢量估计量，即

$$
\begin{aligned}
\hat{\boldsymbol{\theta}} &= \begin{bmatrix} E(\theta_1) \\ E(\theta_2) \\ \vdots \\ E(\theta_p) \end{bmatrix} + \begin{bmatrix} \mathbf{C}_{\theta_1 x} \mathbf{C}_{xx}^{-1} (\mathbf{x} - E(\mathbf{x})) \\ \mathbf{C}_{\theta_2 x} \mathbf{C}_{xx}^{-1} (\mathbf{x} - E(\mathbf{x})) \\ \vdots \\ \mathbf{C}_{\theta_p x} \mathbf{C}_{xx}^{-1} (\mathbf{x} - E(\mathbf{x})) \end{bmatrix} \\
&= \begin{bmatrix} E(\theta_1) \\ E(\theta_2) \\ \vdots \\ E(\theta_p) \end{bmatrix} + \begin{bmatrix} \mathbf{C}_{\theta_1 x} \\ \mathbf{C}_{\theta_2 x} \\ \vdots \\ \mathbf{C}_{\theta_p x} \end{bmatrix} \mathbf{C}_{xx}^{-1} (\mathbf{x} - E(\mathbf{x})) \\
&= E(\boldsymbol{\theta}) + \mathbf{C}_{\theta x} \mathbf{C}_{xx}^{-1} (\mathbf{x} - E(\mathbf{x}))
\end{aligned} \tag{12.20}
$$

其中 $\mathbf{C}_{\theta x}$ 是 $p \times N$ 矩阵。通过类似的方法，我们求得贝叶斯 MSE 矩阵是(参见习题 12.7)

$$\mathbf{M}_{\hat{\theta}} = E\left[(\boldsymbol{\theta} - \hat{\boldsymbol{\theta}})(\boldsymbol{\theta} - \hat{\boldsymbol{\theta}})^T\right] = \mathbf{C}_{\theta\theta} - \mathbf{C}_{\theta x} \mathbf{C}_{xx}^{-1} \mathbf{C}_{x\theta} \tag{12.21}$$

其中 $\mathbf{C}_{\theta\theta}$ 是 $p \times p$ 协方差矩阵。因此，贝叶斯 MSE 最小值是(参见习题 12.7)

$$\text{Bmse}(\hat{\theta}_i) = [\mathbf{M}_{\hat{\theta}}]_{ii} \tag{12.22}$$

当然，这些结果和高斯情况下的线性 MMSE 估计量是相同的。因为在高斯情况下的线性 MMSE估计量是线性的。注意，为了确定LMMSE估计量，我们只要求PDF的前二阶矩。

LMMSE 估计量的两个性质特别有用。第一个性质是，LMMSE估计量在线性变换上是可以转换的(实际上是仿射的)。也就是说如果

$$\boldsymbol{\alpha} = \mathbf{A}\boldsymbol{\theta} + \mathbf{b}$$

那么 $\boldsymbol{\alpha}$ 的 LMMSE 估计量是

$$\hat{\boldsymbol{\alpha}} = \mathbf{A}\hat{\boldsymbol{\theta}} + \mathbf{b} \tag{12.23}$$

$\hat{\boldsymbol{\theta}}$ 由(12.20)式给出。第二个性质描述的是，未知参数之和的LMMSE估计量是每一个估计量之和，特别是，如果我们希望估计 $\boldsymbol{\alpha} = \boldsymbol{\theta}_1 + \boldsymbol{\theta}_2$，那么

$$\hat{\boldsymbol{\alpha}} = \hat{\boldsymbol{\theta}}_1 + \hat{\boldsymbol{\theta}}_2 \tag{12.24}$$

其中

$$\hat{\boldsymbol{\theta}}_1 = E(\boldsymbol{\theta}_1) + \mathbf{C}_{\theta_1 x}\mathbf{C}_{xx}^{-1}(\mathbf{x} - E(\mathbf{x}))$$
$$\hat{\boldsymbol{\theta}}_2 = E(\boldsymbol{\theta}_2) + \mathbf{C}_{\theta_2 x}\mathbf{C}_{xx}^{-1}(\mathbf{x} - E(\mathbf{x}))$$

这些性质的证明将作为习题留给读者(参见习题 12.8)。

　　与 BLUE 类似,对于贝叶斯情况存在一个高斯 – 马尔可夫定理。定理声称对于具有贝叶斯线性模型的数据,即没有高斯假设的贝叶斯线性模型,最佳线性估计量是存在的。最佳性由贝叶斯MSE来度量。这个定理刚好是LMMSE估计量在贝叶斯线性模型中的应用。更特别的是,假定数据是

$$\mathbf{x} = \mathbf{H}\boldsymbol{\theta} + \mathbf{w}$$

其中 $\boldsymbol{\theta}$ 是待估计的随机矢量,均值为 $E(\boldsymbol{\theta})$,协方差是 $\mathbf{C}_{\theta\theta}$,$\mathbf{H}$ 是已知的观测矩阵,$\mathbf{w}$ 是均值为零、协方差为 $\mathbf{C}_w$ 的随机矢量,$\boldsymbol{\theta}$ 和 $\mathbf{w}$ 是不相关的。那么,$\boldsymbol{\theta}$ 的 LMMSE 估计量由(12.20)式给出,其中

$$E(\mathbf{x}) = \mathbf{H}E(\boldsymbol{\theta})$$
$$\mathbf{C}_{xx} = \mathbf{H}\mathbf{C}_{\theta\theta}\mathbf{H}^T + \mathbf{C}_w$$
$$\mathbf{C}_{\theta x} = \mathbf{C}_{\theta\theta}\mathbf{H}^T$$

(详细情况请参见 10.6 节)这总结在贝叶斯高斯 – 马尔可夫定理中。

　　定理 12.1(贝叶斯高斯 – 马尔可夫定理)　　如果数据由贝叶斯线性模型来描述,

$$\mathbf{x} = \mathbf{H}\boldsymbol{\theta} + \mathbf{w} \tag{12.25}$$

其中 $\mathbf{x}$ 是 $N \times 1$ 数据矢量;$\mathbf{H}$ 是已知的 $N \times p$ 观测矩阵;$\boldsymbol{\theta}$ 是 $p \times 1$ 随机矢量,它的现实是要估计的,它的均值为 $E(\boldsymbol{\theta})$,协方差矩阵为 $\mathbf{C}_{\theta\theta}$;$\mathbf{w}$ 是 $N \times 1$ 的随机矢量,它的均值是零,协方差矩阵是 $\mathbf{C}_w$,且与 $\boldsymbol{\theta}$ 是不相关的[另外,联合 PDF $p(\mathbf{w}, \boldsymbol{\theta})$ 是任意的]。那么,$\boldsymbol{\theta}$ 的 LMMSE 估计量是

$$\hat{\boldsymbol{\theta}} = E(\boldsymbol{\theta}) + \mathbf{C}_{\theta\theta}\mathbf{H}^T(\mathbf{H}\mathbf{C}_{\theta\theta}\mathbf{H}^T + \mathbf{C}_w)^{-1}(\mathbf{x} - \mathbf{H}E(\boldsymbol{\theta})) \tag{12.26}$$

$$= E(\boldsymbol{\theta}) + (\mathbf{C}_{\theta\theta}^{-1} + \mathbf{H}^T\mathbf{C}_w^{-1}\mathbf{H})^{-1}\mathbf{H}^T\mathbf{C}_w^{-1}(\mathbf{x} - \mathbf{H}E(\boldsymbol{\theta})) \tag{12.27}$$

估计量的性能是用误差 $\boldsymbol{\epsilon} = \boldsymbol{\theta} - \hat{\boldsymbol{\theta}}$ 来度量的,误差的均值是零,协方差矩阵是

$$\mathbf{C}_\epsilon = E_{x,\theta}(\boldsymbol{\epsilon}\boldsymbol{\epsilon}^T) = \mathbf{C}_{\theta\theta} - \mathbf{C}_{\theta\theta}\mathbf{H}^T(\mathbf{H}\mathbf{C}_{\theta\theta}\mathbf{H}^T + \mathbf{C}_w)^{-1}\mathbf{H}\mathbf{C}_{\theta\theta} \tag{12.28}$$

$$= (\mathbf{C}_{\theta\theta}^{-1} + \mathbf{H}^T\mathbf{C}_w^{-1}\mathbf{H})^{-1} \tag{12.29}$$

误差协方差矩阵也是最小 MSE 矩阵 $\mathbf{M}_{\hat{\theta}}$,它的对角元素是最小贝叶斯 MSE,

$$[\mathbf{M}_{\hat{\theta}}]_{ii} = [\mathbf{C}_\epsilon]_{ii} = \mathrm{Bmse}(\hat{\theta}_i) \tag{12.30}$$

　　这些结论和贝叶斯线性模型的定理 11.1 是相同的,除了误差矢量不必是高斯的。这个估计量确定的例子以及它的性能都已经在 10.6 节中给出。贝叶斯高斯 – 马尔可夫定理描述的是,在线性估计量中,对于 $\boldsymbol{\theta}$ 的每一个元素使贝叶斯 MSE 最小的估计量由(12.26)式或(12.27)式给出。它可能不是最佳的,除非条件期望 $E(\boldsymbol{\theta}|\mathbf{x})$ 刚好是线性的。联合高斯 PDF 正是这样一种情况。尽管 LMMSE 估计量是准最佳的,然而在实际中它是相当有用的,因为它具有闭合形式的解,并且只与均值和协方差有关。

12.6　序贯 LMMSE 估计

　　在第 8 章里,我们讨论了序贯 LS 方法,LSE 估计量随时间按照新数据获得的时间顺序进行更新。类似的过程可以用到 LMMSE 估计量。从矢量空间的观点可以得出这是可能的。在例 12.2 里,LMMSE 估计量是将估计 $\hat{\theta}_1$(根据新数据 $x[1]$)加到老的估计 $\hat{\theta}_0$(根据数据 $x[0]$)上得到的。这是可能的,因为 $x[0]$ 和 $x[1]$ 是正交的。如果它们不是正交的,尽管方法是类似的,但是代数上的计算将

变得很烦琐。在描述一般结果之前，我们通过考虑在白噪声中的 DC 电平来说明所包含的运算，白噪声中的 DC 电平问题具有贝叶斯线性模型，其推导过程是纯代数的。那么，我们利用矢量空间的方法来重复这个推导过程。这样做的理由是为了给第 13 章中的卡尔曼方法奠定基础，卡尔曼滤波器是采用同样的方法推导出来的。我们假定 DC 电平 A 的均值为零，这样可以应用矢量空间方法。

从例 10.1 中利用 $\mu_A = 0$［参见 (10.11) 式］来开始代数推导，我们有

$$\hat{A}[N-1] = \frac{\sigma_A^2}{\sigma_A^2 + \frac{\sigma^2}{N}} \bar{x}$$

其中 $\hat{A}[N-1]$ 表示基于 $\{x[0], x[1], \ldots, x[N-1]\}$ 的 LMMSE 估计量。这是因为 LMMSE 估计量在形式上和高斯情形的 MMSE 估计量相同。另外，我们从 (10.14) 式注意到

$$\text{Bmse}(\hat{A}[N-1]) = \frac{\sigma_A^2 \sigma^2}{N\sigma_A^2 + \sigma^2} \tag{12.31}$$

当 $x[N]$ 可用时更新估计量

$$
\begin{aligned}
\hat{A}[N] &= \frac{\sigma_A^2}{\sigma_A^2 + \frac{\sigma^2}{N+1}} \frac{1}{N+1} \sum_{n=0}^{N} x[n] \\
&= \frac{N\sigma_A^2}{(N+1)\sigma_A^2 + \sigma^2} \frac{1}{N} \left(\sum_{n=0}^{N-1} x[n] + x[N] \right) \\
&= \frac{N\sigma_A^2}{(N+1)\sigma_A^2 + \sigma^2} \frac{\sigma_A^2 + \frac{\sigma^2}{N}}{\sigma_A^2} \hat{A}[N-1] + \frac{\sigma_A^2}{(N+1)\sigma_A^2 + \sigma^2} x[N] \\
&= \frac{N\sigma_A^2 + \sigma^2}{(N+1)\sigma_A^2 + \sigma^2} \hat{A}[N-1] + \frac{\sigma_A^2}{(N+1)\sigma_A^2 + \sigma^2} x[N] \\
&= \hat{A}[N-1] + \left(\frac{N\sigma_A^2 + \sigma^2}{(N+1)\sigma_A^2 + \sigma^2} - 1 \right) \hat{A}[N-1] + \frac{\sigma_A^2}{(N+1)\sigma_A^2 + \sigma^2} x[N] \\
&= \hat{A}[N-1] + \frac{\sigma_A^2}{(N+1)\sigma_A^2 + \sigma^2} (x[N] - \hat{A}[N-1])
\end{aligned}
\tag{12.32}
$$

与序贯 LS 估计量类似，我们使用预测误差 $x[N] - \hat{A}[N-1]$ 乘以一个比例因子来修正老的估计 $\hat{A}[N-1]$。由 (12.32) 式和 (12.31) 式，这个比例因子或者增益因子是

$$K[N] = \frac{\sigma_A^2}{(N+1)\sigma_A^2 + \sigma^2} = \frac{\text{Bmse}(\hat{A}[N-1])}{\text{Bmse}(\hat{A}[N-1]) + \sigma^2} \tag{12.33}$$

当 $N \to \infty$ 时这个因子减至零，反映了对老的估计量的置信度增加。我们也可以从 (12.31) 式来更新最小贝叶斯 MSE，

$$
\begin{aligned}
\text{Bmse}(\hat{A}[N]) &= \frac{\sigma_A^2 \sigma^2}{(N+1)\sigma_A^2 + \sigma^2} = \frac{N\sigma_A^2 + \sigma^2}{(N+1)\sigma_A^2 + \sigma^2} \frac{\sigma_A^2 \sigma^2}{N\sigma_A^2 + \sigma^2} \\
&= (1 - K[N])\text{Bmse}(\hat{A}[N-1])
\end{aligned}
$$

总结我们的结果，得出下列序贯 LMMSE 估计量。

估计量更新：

$$\hat{A}[N] = \hat{A}[N-1] + K[N](x[N] - \hat{A}[N-1]) \tag{12.34}$$

其中

$$K[N] = \frac{\text{Bmse}(\hat{A}[N-1])}{\text{Bmse}(\hat{A}[N-1]) + \sigma^2} \tag{12.35}$$

最小 MSE 更新：

$$\text{Bmse}(\hat{A}[N]) = (1 - K[N])\text{Bmse}(\hat{A}[N-1]) \tag{12.36}$$

现在，我们利用矢量空间的观点来推导同样的结果。（在附录 12A 中利用矢量空间方法推导了一般序贯 LMMSE 估计量，它是下面推导方法的简单推广。）假定要求 LMMSE 估计量 $\hat{A}[1]$，它是基于图 12.5(a)所示的数据 $\{x[0], x[1]\}$。因为 $x[0]$ 和 $x[1]$ 不是正交的，我们不能简单地把基于 $x[0]$ 的估计加到基于 $x[1]$ 的估计上。如果这样做，不过是沿 $x[0]$ 方向加上了一个额外分量。然而，我们可以像图 12.5(b)那样，利用 $\hat{A}[0]$ 和一个与 $\hat{A}[0]$ 正交的分量之和来生成 $\hat{A}[1]$，那个分量就是 $\Delta\hat{A}[1]$。为了求出该分量方向上的矢量，需要回顾前面讲到的 LMMSE 估计量误差与数据正交的性质。因此，如果我们求基于 $x[0]$ 的 $x[1]$ 的 LMMSE 估计量，称其为 $\hat{x}[1|0]$，那么误差 $x[1] - \hat{x}[1|0]$ 将与 $x[0]$ 正交，如图 12.5(c)所示。由于 $x[0]$ 与 $x[1] - \hat{x}[1|0]$ 是正交的，我们可以把 A 分别投影到每个矢量上，然后把这些结果相加，这样

$$\hat{A}[1] = \hat{A}[0] + \Delta\hat{A}[1]$$

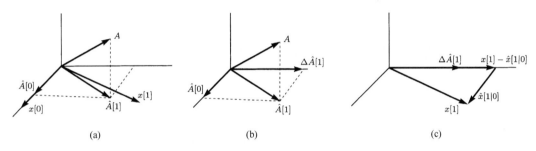

图 12.5　利用矢量空间方法的序贯估计

为了求出修正项 $\Delta\hat{A}[1]$，我们首先注意到，对于均值都为零的随机变量 x 和 y，根据(12.7)式，y 基于 x 的 LMMSE 估计量是

$$\hat{y} = \frac{E(xy)}{E(x^2)}x \tag{12.37}$$

因此，我们有

$$\hat{x}[1|0] = \frac{E(x[0]x[1])}{E(x^2[0])}x[0] = \frac{E[(A+w[0])(A+w[1])]}{E[(A+w[0])^2]}x[0] = \frac{\sigma_A^2}{\sigma_A^2 + \sigma^2}x[0] \tag{12.38}$$

误差矢量 $\tilde{x}[1] = x[1] - \hat{x}[1|0]$ 表示 $x[1]$ 贡献给 A 的估计的新信息。因此，我们也称它为新息（innovation）。A 在这个误差矢量上的投影正是我们希望的修正项

$$\Delta\hat{A}[1] = \left(A, \frac{\tilde{x}[1]}{||\tilde{x}[1]||}\right)\frac{\tilde{x}[1]}{||\tilde{x}[1]||} = \frac{E(A\tilde{x}[1])\tilde{x}[1]}{E(\tilde{x}^2[1])}$$

如果令 $K[1] = E(A\tilde{x}[1])/E(\tilde{x}^2[1])$，则对 LMMSE 估计量有

$$\hat{A}[1] = \hat{A}[0] + K[1](x[1] - \hat{x}[1|0])$$

为了计算 $\hat{x}[1|0]$，我们注意到 $x[1] = A + w[1]$。因此，从(12.24)式的叠加性，我们有 $\hat{x}[1|0] = \hat{A}[0] + \hat{w}[1|0]$。由于 $w[1]$ 式与 $w[0]$ 不相关，我们有 $\hat{w}[1|0] = 0$。那么，最后 $\hat{x}[1|0] = \hat{A}[0]$，求得 $\hat{A}[0]$ 为

$$\hat{A}[0] = \frac{E(Ax[0])}{E(x^2[0])}x[0] = \frac{\sigma_A^2}{\sigma_A^2 + \sigma^2}x[0]$$

因此，
$$\hat{A}[1] = \hat{A}[0] + K[1](x[1] - \hat{A}[0])$$

剩下的就只有修正的增益 $K[1]$，由于

$$\tilde{x}[1] = x[1] - \hat{x}[1|0] = x[1] - \hat{A}[0] = x[1] - \frac{\sigma_A^2}{\sigma_A^2 + \sigma^2} x[0]$$

增益变为

$$K[1] = \frac{E\left[A\left(x[1] - \frac{\sigma_A^2}{\sigma_A^2 + \sigma^2}x[0]\right)\right]}{E\left[\left(x[1] - \frac{\sigma_A^2}{\sigma_A^2 + \sigma^2}x[0]\right)^2\right]} = \frac{\sigma_A^2}{2\sigma_A^2 + \sigma^2}$$

它与 $N = 1$ 的（12.33）式是一致的。我们可以继续采用这个方法来求 $\hat{A}[2]$，$\hat{A}[3]$，$\ldots$。总之，我们

1. 求出基于 $x[0]$ 的 A 的 LMMSE 估计量，得到 $\hat{A}[0]$；
2. 求出基于 $x[0]$ 的 $x[1]$ 的 LMMSE 估计量，得到 $\hat{x}[1|0]$；
3. 确定新数据 $x[1]$ 的新息，得到 $x[1] - \hat{x}[1|0]$；
4. 将 A 基于新息的 LMMSE 估计量加到 $\hat{A}[0]$ 上，得到 $\hat{A}[1]$；
5. 继续这个过程。

从本质上讲，我们正在产生一组不相关的或正交的随机变量，称为新息 $\{x[0], x[1] - \hat{x}[1|0], x[2] - \hat{x}[2|0,1], \ldots\}$，这个过程称为 Gram-Schmidt 正交化（参见习题 12.10）。为了求得 A 基于 $\{x[0], x[1], \ldots, x[N-1]\}$ 的 LMMSE 估计量，我们只要把各个估计量简单地相加就可以得出

$$\hat{A}[N-1] = \sum_{n=0}^{N-1} K[n](x[n] - \hat{x}[n|0,1,\ldots,n-1]) \tag{12.39}$$

其中每一个增益因子是

$$K[n] = \frac{E[A(x[n] - \hat{x}[n|0,1,\ldots,n-1])]}{E\left[(x[n] - \hat{x}[n|0,1,\ldots,n-1])^2\right]} \tag{12.40}$$

这个简单的形式是由于新息的不相关性质。利用序贯的形式，（12.39）式变为

$$\hat{A}[N] = \hat{A}[N-1] + K[N](x[N] - \hat{x}[N|0,1,\ldots,N-1]) \tag{12.41}$$

为了完成推导，我们必须求出 $\hat{x}[N|0,1,\ldots,N-1]$ 和增益 $K[N]$。首先利用（12.24）式的叠加性。因为 A 和 $w[N]$ 是不相关的且均值为零，$x[N] = A + w[N]$ 的 LMMSE 估计量是

$$\hat{x}[N|0,1,\ldots,N-1] = \hat{A}[N|0,1,\ldots,N-1] + \hat{w}[N|0,1,\ldots,N-1]$$

但是，$\hat{A}[N|0,1,\ldots,N-1]$ 是在 N 时刻 A 的现实基于 $\{x[0], x[1], \ldots, x[N-1]\}$ 的 LMMSE 估计量，即 $\hat{A}[N-1]$（回想一下，A 在观测间隔上是不变的）。另外，$\hat{w}[N|0,1,\ldots,N-1]$ 是零，这是因为 A 和 $w[n]$ 是不相关的，$w[n]$ 是白噪声，所以 $w[N]$ 与以前的数据样本是不相关的。这样，

$$\hat{x}[N|0,1,\ldots,N-1] = \hat{A}[N-1] \tag{12.42}$$

为了求出增益，我们利用（12.40）式和（12.42）式，得

$$K[N] = \frac{E\left[A(x[N] - \hat{A}[N-1])\right]}{E\left[(x[N] - \hat{A}[N-1])^2\right]}$$

但是

$$E\left[A(x[N] - \hat{A}[N-1])\right] = E\left[(A - \hat{A}[N-1])(x[N] - \hat{A}[N-1])\right] \tag{12.43}$$

因为 $x[N] - \hat{A}[N-1]$ 是 $x[N]$ 的新息，新息与 $\{x[0], x[1], \ldots, x[N-1]\}$ 正交，因而也与 $\hat{A}[N-1]$ 正交（样本数据 $x[0]$, $x[1]$, $\ldots$, $x[N-1]$ 的线性组合）。另外，正如以前解释的那样，$E[w[N](A - \hat{A}[N-1])] = 0$，所以

$$E\left[A(x[N] - \hat{A}[N-1])\right] = E\left[(A - \hat{A}[N-1])^2\right] = \text{Bmse}(\hat{A}[N-1]) \tag{12.44}$$

另外，

$$\begin{aligned}
E\left[(x[N] - \hat{A}[N-1])^2\right] &= E\left[(w[N] + A - \hat{A}[N-1])^2\right] \\
&= E(w^2[N]) + E\left[(A - \hat{A}[N-1])^2\right] \\
&= \sigma^2 + \text{Bmse}(\hat{A}[N-1])
\end{aligned} \tag{12.45}$$

所以最后

$$K[N] = \frac{\text{Bmse}(\hat{A}[N-1])}{\sigma^2 + \text{Bmse}(\hat{A}[N-1])} \tag{12.46}$$

最小 MSE 的更新为

$$\begin{aligned}
\text{Bmse}(\hat{A}[N]) &= E\left[(A - \hat{A}[N])^2\right] \\
&= E\left[\left(A - \hat{A}[N-1] - K[N](x[N] - \hat{A}[N-1])\right)^2\right] \\
&= E\left[(A - \hat{A}[N-1])^2\right] - 2K[N]E\left[(A - \hat{A}[N-1])(x[N] - \hat{A}[N-1])\right] \\
&\quad + K^2[N]E\left[(x[N] - \hat{A}[N-1])^2\right] \\
&= \text{Bmse}(\hat{A}[N-1]) - 2K[N]\text{Bmse}(\hat{A}[N-1]) \\
&\quad + K^2[N]\left(\sigma^2 + \text{Bmse}(\hat{A}[N-1])\right)
\end{aligned}$$

其中，我们利用了 (12.43) 式 ~ (12.45) 式。利用 (12.46) 式，我们有

$$\text{Bmse}(\hat{A}[N]) = (1 - K[N])\text{Bmse}(\hat{A}[N-1])$$

这样，我们基于矢量空间的观点，推导出了序贯的 LMMSE 估计量。

　　在附录 12A 里，我们将前面描述的矢量空间方法推广到序贯矢量 LMMSE 估计量。为此我们必须假定数据具有贝叶斯线性模型形式（参见定理 12.1），$\mathbf{C}_w$ 是对角矩阵，这样 $w[n]$ 是不相关的，方差为 $E(w^2[n]) = \sigma_n^2$。后者是一个关键的假设，在前面的例子里曾用到过。幸运的是，得到的这组方程对非零均值也是可用的（参见附录 12A）。因此，接下来的方程是 (12.26) 式的矢量 LMMSE 估计量的序贯实现，即当噪声协方差矩阵 $\mathbf{C}_w$ 是对角矩阵时的 (12.27) 式。为了定义这个方程，我们令 $\hat{\boldsymbol{\theta}}[n]$ 是基于 $\{x[0], x[1], \ldots, x[n]\}$ 的 LMMSE 估计量，$\mathbf{M}[n]$ 是相应的最小 MSE 矩阵 [刚好是 (12.28) 式或 (12.29) 式的序贯形式]，即

$$\mathbf{M}[n] = E\left[(\boldsymbol{\theta} - \hat{\boldsymbol{\theta}}[n])(\boldsymbol{\theta} - \hat{\boldsymbol{\theta}}[n])^T\right]$$

另外，我们把 $(n+1) \times p$ 观测矩阵分解为

$$\mathbf{H}[n] = \left[\begin{array}{c} \mathbf{H}[n-1] \\ \mathbf{h}^T[n] \end{array}\right] = \left[\begin{array}{c} n \times p \\ 1 \times p \end{array}\right]$$

那么，序贯 LMMSE 估计量变为（参见附录 12A）

估计量更新：

$$\hat{\boldsymbol{\theta}}[n] = \hat{\boldsymbol{\theta}}[n-1] + \mathbf{K}[n](x[n] - \mathbf{h}^T[n]\hat{\boldsymbol{\theta}}[n-1]) \tag{12.47}$$

其中

$$\mathbf{K}[n] = \frac{\mathbf{M}[n-1]\mathbf{h}[n]}{\sigma_n^2 + \mathbf{h}^T[n]\mathbf{M}[n-1]\mathbf{h}[n]} \tag{12.48}$$

最小 MSE 矩阵更新：

$$\mathbf{M}[n] = (\mathbf{I} - \mathbf{K}[n]\mathbf{h}^T[n])\mathbf{M}[n-1] \tag{12.49}$$

增益因子 $\mathbf{K}[n]$ 是一个 $p \times 1$ 矢量，最小MSE矩阵维数为 $p \times p$。在图12.6里概括了整个估计量，其中加黑的箭头表示矢量处理。为了开始递推，我们需要为 $\hat{\boldsymbol{\theta}}[n-1]$ 和 $\mathbf{M}[n-1]$ 指定初始值，所以 $\mathbf{K}[n]$ 可以从（12.48）式确定，$\hat{\boldsymbol{\theta}}[n]$ 可以从（12.47）式确定。为此，我们指定 $\hat{\boldsymbol{\theta}}[-1]$ 和 $\mathbf{M}[-1]$，这样可以从 $n=0$ 开始递推。因为在 $n=-1$ 时没有观测数据，那么根据（12.19）式，我们的估计量变为常数 $\hat{\theta}_i = a_{i0}$。很容易证明LMMSE估计量恰好是 θ_i 的均值［参见（12.3）式］，即

$$\hat{\boldsymbol{\theta}}[-1] = E(\boldsymbol{\theta})$$

于是，最小 MSE 矩阵是

$$\mathbf{M}[-1] \;=\; E\left[(\boldsymbol{\theta} - \hat{\boldsymbol{\theta}}[-1])(\boldsymbol{\theta} - \hat{\boldsymbol{\theta}}[-1])^T\right] \;=\; \mathbf{C}_{\theta\theta}$$

有几点要注意：

1. 在没有 $\boldsymbol{\theta}$ 的先验知识时，我们可以令 $\mathbf{C}_{\theta\theta} \to \infty$。那么，我们可以得到与序贯LSE相同的形式（参见8.7节），尽管本质上两个方法是不同的。

2. 不要求矩阵的逆。

3. 增益 $\mathbf{K}[n]$ 与用 σ_n^2 度量的新样本数据的置信度以及由 $\mathbf{M}[n-1]$ 概括的以前的数据置信度有关。

下面给出了一个例子。

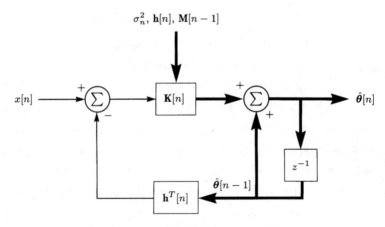

图 12.6　序贯线性最小均方估计量

例 12.3　贝叶斯傅里叶分析

我们现在利用序贯 LS 来计算例 11.1 中的 LMMSE 估计量。数据模型是

$$x[n] = a\cos 2\pi f_0 n + b\sin 2\pi f_0 n + w[n] \qquad n = 0, 1, \dots, N-1$$

其中 f_0 是除 0 和 1/2 外的任何频率，而频率 0 和 1/2 使 $\sin 2\pi f_0 n$ 等于零（在例 11.1 中，我们

假设 f_0 是 $1/N$ 的倍数), $w[n]$ 是方差为 σ^2 的白噪声。我们希望序贯地估计 $\boldsymbol{\theta} = [\, a \; b\,]^T$。我们进一步假定应用贝叶斯线性模型，$\boldsymbol{\theta}$ 的均值为 $E(\boldsymbol{\theta})$，方差为 $\sigma_\theta^2 \mathbf{I}$。序贯估计量初始化为

$$\begin{aligned}\hat{\boldsymbol{\theta}}[-1] &= E(\boldsymbol{\theta}) \\ \mathbf{M}[-1] &= \mathbf{C}_{\theta\theta} = \sigma_\theta^2 \mathbf{I}\end{aligned}$$

那么从 (12.47) 式有

$$\hat{\boldsymbol{\theta}}[0] = \hat{\boldsymbol{\theta}}[-1] + \mathbf{K}[0](x[0] - \mathbf{h}^T[0]\hat{\boldsymbol{\theta}}[-1])$$

矢量 $\mathbf{h}^T[0]$ 是观测矩阵的第一行，即

$$\mathbf{h}^T[0] = \begin{bmatrix} 1 & 0 \end{bmatrix}$$

其他行是

$$\mathbf{h}^T[n] = \begin{bmatrix} \cos 2\pi f_0 n & \sin 2\pi f_0 n \end{bmatrix}$$

根据 (12.48) 式，2×1 增益矢量为

$$\mathbf{K}[0] = \frac{\mathbf{M}[-1]\mathbf{h}[0]}{\sigma^2 + \mathbf{h}^T[0]\mathbf{M}[-1]\mathbf{h}[0]}$$

其中 $\mathbf{M}[-1] = \sigma_\theta^2 \mathbf{I}$。一旦求出了增益矢量，$\hat{\boldsymbol{\theta}}[0]$ 就可以计算出来。最后，根据 (12.49) 式，MSE 矩阵更新为

$$\mathbf{M}[0] = (\mathbf{I} - \mathbf{K}[0]\mathbf{h}^T[0])\mathbf{M}[-1]$$

对于 $n \geqslant 1$，利用类似的方法继续此过程。

12.7 信号处理的例子——维纳滤波器

我们现在来详细考察 LMMSE 估计量的一些重要应用。为此，我们假定数据 $\{x[0], x[1], \ldots, x[N-1]\}$ 是均值为零的 WSS。这样，$N \times N$ 的协方差矩阵 $\mathbf{C}_{xx}$ 具有对称 Toeplitz 形式，即

$$\mathbf{C}_{xx} = \begin{bmatrix} r_{xx}[0] & r_{xx}[1] & \cdots & r_{xx}[N-1] \\ r_{xx}[1] & r_{xx}[0] & \cdots & r_{xx}[N-2] \\ \vdots & \vdots & \ddots & \vdots \\ r_{xx}[N-1] & r_{xx}[N-2] & \cdots & r_{xx}[0] \end{bmatrix} = \mathbf{R}_{xx} \qquad (12.50)$$

其中 $r_{xx}[k]$ 是 $x[n]$ 过程的 ACF，$\mathbf{R}_{xx}$ 代表自相关矩阵。另外，假设待估计的参数 $\boldsymbol{\theta}$ 也是零均值的。我们将要描述的这组应用通常称为维纳滤波器。

我们将研究如下 3 个主要问题。它们是 (参见图 12.7)

1. **滤波**，其中 $\theta = s[n]$ 是根据 $x[m] = s[m] + w[m]$ $(m = 0,1,\ldots,n)$ 来估计的量，序列 $s[n]$ 和 $w[n]$ 表示信号和噪声过程。问题是要从噪声中滤出信号。注意，信号样本只是基于当前和过去的数据来估计的，所以当 n 增加时，我们将估计过程看成将数据加到一个因果滤波器。

2. **平滑**，其中 $\theta = s[n]$ $(n = 0,1,\ldots,N-1)$ 是根据数据集 $\{x[0], x[1], \ldots, x[N-1]\}$ 估计的量，其中 $x[n] = s[n] + w[n]$。与滤波不同的是，我们允许使用未来的数据。例如，为了估计 $s[1]$，我们可以利用整个数据集 $\{x[0], x[1], \ldots, x[N-1]\}$，然而在滤波中我们限制只能用 $\{x[0], x[1]\}$。很显然，在平滑时，只有收集了所有的数据才能得到估计。

3. **预测**，其中 $\theta = x[N-1+l]$ $(l$ 是正整数) 是根据 $\{x[0], x[1], \ldots, x[N-1]\}$ 估计的量，我们称其为 l 步预测问题。

在习题 12.14 中探讨的相关问题是根据 $\{x[0], \ldots, x[n-1], x[n+1], \ldots, x[N-1]\}$ 来估计

$x[n]$ 的，我们称为内插问题。为了解决这三个问题，令 $E(\boldsymbol{\theta}) = E(\mathbf{x}) = \mathbf{0}$，利用（12.20）式有

$$\hat{\boldsymbol{\theta}} = \mathbf{C}_{\theta x}\mathbf{C}_{xx}^{-1}\mathbf{x} \tag{12.51}$$

最小贝叶斯 MSE 矩阵由（12.21）式给出，

$$\mathbf{M}_{\hat{\theta}} = \mathbf{C}_{\theta\theta} - \mathbf{C}_{\theta x}\mathbf{C}_{xx}^{-1}\mathbf{C}_{x\theta} \tag{12.52}$$

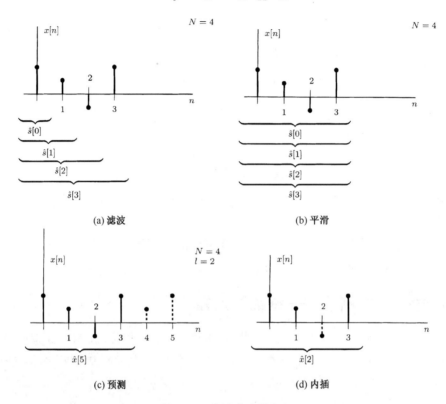

（a）滤波　　　　　　　　　　　　　　　　（b）平滑

（c）预测　　　　　　　　　　　　　　　　（d）内插

图 12.7　维纳滤波器定义

首先考虑平滑问题。我们希望根据 $\mathbf{x} = [\,x[0]\,x[1]\ldots x[N-1]\,]^T$ 来估计 $\boldsymbol{\theta} = \mathbf{s} = [\,s[0]\,$ $s[1]\ldots s[N-1]\,]^T$。我们做出信号和噪声过程是不相关的合理假设。因而，

$$r_{xx}[k] = r_{ss}[k] + r_{ww}[k]$$

那么，我们有

$$\mathbf{C}_{xx} = \mathbf{R}_{xx} = \mathbf{R}_{ss} + \mathbf{R}_{ww}$$

另外

$$\mathbf{C}_{\theta x} = E(\mathbf{s}\mathbf{x}^T) = E(\mathbf{s}(\mathbf{s}+\mathbf{w})^T) = \mathbf{R}_{ss}$$

因此，从（12.51）式得出信号的维纳估计量为

$$\hat{\mathbf{s}} = \mathbf{R}_{ss}(\mathbf{R}_{ss} + \mathbf{R}_{ww})^{-1}\mathbf{x} \tag{12.53}$$

$N \times N$ 矩阵

$$\mathbf{W} = \mathbf{R}_{ss}(\mathbf{R}_{ss} + \mathbf{R}_{ww})^{-1} \tag{12.54}$$

称为维纳平滑矩阵。对应的最小 MSE 矩阵根据（12.52）式为

$$\mathbf{M}_{\hat{\mathbf{s}}} = \mathbf{R}_{ss} - \mathbf{R}_{ss}(\mathbf{R}_{ss} + \mathbf{R}_{ww})^{-1}\mathbf{R}_{ss} = (\mathbf{I} - \mathbf{W})\mathbf{R}_{ss} \tag{12.55}$$

例如，如果 $N = 1$，我们将希望根据 $x[0] = s[0] + w[0]$ 来估计 $s[0]$。那么，维纳平滑器 $\mathbf{W}$ 刚好是一个标量 W，由下式给出

$$W = \frac{r_{ss}[0]}{r_{ss}[0] + r_{ww}[0]} = \frac{\eta}{\eta + 1} \tag{12.56}$$

其中 $\eta = r_{ss}[0]/r_{ww}[0]$ 是 SNR。对于高 SNR，$W \to 1$，我们有 $\hat{s}[0] \to x[0]$；而对于低 SNR，$W \to 0$，我们有 $\hat{s}[0] \to 0$。对应的最小 MSE 为

$$M_{\hat{s}} = (1 - W)r_{ss}[0] = \left(1 - \frac{\eta}{\eta + 1}\right) r_{ss}[0]$$

这个式子的两个极端情况是高 SNR 时为零，低 SNR 时为 $r_{ss}[0]$。在 11.7 节中给出了维纳平滑器的数值计算例子，同样的情况请参见习题 12.15。

接下来我们考虑滤波问题，这里我们希望根据 $\mathbf{x} = [x[0]\,x[1]\ldots x[n]]^T$ 来估计 $\theta = s[n]$。对每一个 n 重复这个问题，直到整个信号 $s[n]$（$n = 0, 1, \ldots, N-1$）被估计出来。与前面一样，$x[n] = s[n] + w[n]$，其中 $s[n]$ 和 $w[n]$ 分别是信号和噪声过程，它们是互不相关的。这样，

$$\mathbf{C}_{xx} = \mathbf{R}_{ss} + \mathbf{R}_{ww}$$

其中 $\mathbf{R}_{ss}$ 和 $\mathbf{R}_{ww}$ 是 $(n+1) \times (n+1)$ 自相关矩阵。另外，

$$\begin{aligned}
\mathbf{C}_{\theta x} &= E\left(s[n]\begin{bmatrix} x[0] & x[1] & \ldots & x[n] \end{bmatrix}\right) \\
&= E\left(s[n]\begin{bmatrix} s[0] & s[1] & \ldots & s[n] \end{bmatrix}\right) \\
&= [r_{ss}[n]\,r_{ss}[n-1]\ldots r_{ss}[0]]
\end{aligned}$$

令后一个行矢量用 $\mathbf{r}'^T_{ss}$ 表示，根据（12.51）式我们有

$$\hat{s}[n] = \mathbf{r}'^T_{ss}(\mathbf{R}_{ss} + \mathbf{R}_{ww})^{-1}\mathbf{x} \tag{12.57}$$

可以看出权值的 $(n+1) \times 1$ 矢量是

$$\mathbf{a} = (\mathbf{R}_{ss} + \mathbf{R}_{ww})^{-1}\mathbf{r}'_{ss}$$

回顾前面有

$$\hat{s}[n] = \mathbf{a}^T\mathbf{x}$$

其中 $\mathbf{a} = [a_0\,a_1\ldots a_n]^T$，这和（12.1）式中标量 LMMSE 估计量的原始公式一样。如果我们定义一个时变冲激响应 $h^{(n)}[k]$，则可以把形成这个估计量的过程表示为随着 n 增加的一个滤波运算。特别是，我们令 $h^{(n)}[k]$ 是 n 时刻滤波器对之前输入的 k 个冲激样本的响应。为了与滤波过程相对应，我们令

$$h^{(n)}[k] = a_{n-k} \qquad k = 0, 1, \ldots, n$$

注意到矢量 $\mathbf{h} = [h^{(n)}[0]\,h^{(n)}[1]\ldots h^{(n)}[n]]^T$ 刚好是矢量 $\mathbf{a}$ 颠倒过来。那么，

$$\hat{s}[n] = \sum_{k=0}^{n} a_k x[k] = \sum_{k=0}^{n} h^{(n)}[n-k]x[k]$$

即

$$\hat{s}[n] = \sum_{k=0}^{n} h^{(n)}[k]x[n-k] \tag{12.58}$$

将其看成一个时变 FIR 滤波器。为了找出冲激响应 $\mathbf{h}$ 的显式表示，我们注意到，由于

$$(\mathbf{R}_{ss} + \mathbf{R}_{ww})\mathbf{a} = \mathbf{r}'_{ss}$$

可以得出

$$(\mathbf{R}_{ss} + \mathbf{R}_{ww})\mathbf{h} = \mathbf{r}_{ss}$$

其中 $\mathbf{r}_{ss} = [r_{ss}[0]\,r_{ss}[1]\ldots r_{ss}[n]]^T$。这个结论依赖于 $\mathbf{R}_{ss} + \mathbf{R}_{ww}$ 的对称 Toeplitz 性质，以及 $\mathbf{h}$ 恰好是 $\mathbf{a}$ 颠倒过来的这样一个事实。这个线性方程系列写出来将是

$$\begin{bmatrix} r_{xx}[0] & r_{xx}[1] & \dots & r_{xx}[n] \\ r_{xx}[1] & r_{xx}[0] & \dots & r_{xx}[n-1] \\ \vdots & \vdots & \ddots & \vdots \\ r_{xx}[n] & r_{xx}[n-1] & \dots & r_{xx}[0] \end{bmatrix} \begin{bmatrix} h^{(n)}[0] \\ h^{(n)}[1] \\ \vdots \\ h^{(n)}[n] \end{bmatrix} = \begin{bmatrix} r_{ss}[0] \\ r_{ss}[1] \\ \vdots \\ r_{ss}[n] \end{bmatrix} \tag{12.59}$$

其中 $r_{xx}[k] = r_{ss}[k] + r_{ww}[k]$。这是维纳–霍夫(Wiener-Hopf)滤波方程，显然对每个 n 值都必须解出来。然而，为了求解，Levinson递推算法是一种有效的算法，它可以递推地求解方程而避免了对每个 n 值都求解[Marple 1987]。对于足够大的 n，可以证明滤波器变成了时不变的，所以只需要一个解。在这种情况下得到一个解析解是有可能的。维纳–霍夫方程可以写成

$$\sum_{k=0}^{n} h^{(n)}[k] r_{xx}[l-k] = r_{ss}[l] \qquad l = 0, 1, \dots, n$$

其中我们利用了性质 $r_{xx}[-k] = r_{xx}[k]$。当 $n \to \infty$ 时，在上面的式子中利用时不变的 $h[k]$ 来代替时变冲激响应 $h^{(n)}[k]$，我们有

$$\sum_{k=0}^{\infty} h[k] r_{xx}[l-k] = r_{ss}[l] \qquad l = 0, 1, \dots \tag{12.60}$$

如果我们根据当前和无限多个过去的数据，即根据 $x[m]$ $(m \leqslant n)$ 来估计 $s[n]$，那么将得到一组相同的方程。这称之为无限维纳滤波器。为了理解其中的原因，我们令

$$\hat{s}[n] = \sum_{k=0}^{\infty} h[k] x[n-k]$$

并且利用正交原理(12.13)式。那么，我们有

$$s[n] - \hat{s}[n] \perp \dots, x[n-1], x[n]$$

或者由正交的定义

$$E\left[(s[n] - \hat{s}[n]) x[n-l]\right] = 0 \qquad l = 0, 1, \dots$$

因而，

$$E\left(\sum_{k=0}^{\infty} h[k] x[n-k] x[n-l]\right) = E(s[n] x[n-l])$$

因此，对于无限维纳滤波器冲激响应，要解的方程是

$$\sum_{k=0}^{\infty} h[k] r_{xx}[l-k] = r_{ss}[l] \qquad l = 0, 1, \dots$$

读者稍微想一下就会确信，这个解一定是相同的，因为根据 $x[m]$ $(0 \leqslant m \leqslant n)$ 估计 $s[n]$ 的问题，当 $n \to \infty$ 时，实际上刚好等于利用当前的和过去无限多个数据来估计当前的样本的问题。滤波器的时不变使解与待估计的是哪个样本无关，即与 n 无关。(12.60)式的解利用了谱分解，这将在习题 12.16 中进行探讨。表面上看，似乎我们可以利用傅里叶变换技术来求解，因为等式左边是两个序列的卷积。然而实际情况并非如此，因为方程只对 $l \geqslant 0$ 时成立。确实，如果它们对 $l < 0$ 也成立，那么傅里叶变换方法是可以利用的。这样的一组方程在平滑问题中也会出现，在平滑问题中，待估计的 $s[n]$ 是根据 $\{\dots, x[-1], x[0], x[1], \dots\}$ 来进行估计的，或者说是根据 $x[k]$ (对于所有的 k)来估计的。在这种情况下，平滑估计量具有如下形式：

$$\hat{s}[n] = \sum_{k=-\infty}^{\infty} a_k x[k]$$

令 $h[k] = a_{n-k}$，我们有如下卷积和

$$\hat{s}[n] = \sum_{k=-\infty}^{\infty} h[k]x[n-k]$$

其中 $h[k]$ 是一个无限双边时不变滤波器的冲激响应。维纳-霍夫方程变为（参见习题 12.17）

$$\sum_{k=-\infty}^{\infty} h[k]r_{xx}[l-k] = r_{ss}[k] \qquad -\infty < l < \infty \qquad (12.61)$$

这和滤波情形的区别在于，现在的方程必须对所有的 l 都满足，并且没有限制 $h[k]$ 是因果的。因此，我们可以利用傅里叶变换方法来解决冲激响应，因为（12.61）式变为

$$h[n] \star r_{xx}[n] = r_{ss}[n] \qquad (12.62)$$

其中 $\star$ 表示卷积。令 $H(f)$ 表示无限维纳平滑器的频率响应，对（12.62）式取傅里叶变换，我们有

$$H(f) = \frac{P_{ss}(f)}{P_{xx}(f)} = \frac{P_{ss}(f)}{P_{ss}(f) + P_{ww}(f)}$$

频率响应是频率的实偶函数，所以冲激响应也必须是实偶的。这意味着滤波器不是因果的。当然，这正是我们期望的，因为在求 $s[n]$ 的估计时，除了要利用当前和过去的数据，还要利用未来的数据。在离开这个主题之前，我们要指出很有价值的一点是，维纳平滑器对 SNR 高的数据频谱部分予以加重，而对 SNR 低的数据的频谱部分予以衰减。很显然，如果我们定义"局部 SNR"为在中心频率 f 的一个窄频带内的 SNR，即

$$\eta(f) = \frac{P_{ss}(f)}{P_{ww}(f)}$$

那么，最佳滤波频率响应变为

$$H(f) = \frac{\eta(f)}{\eta(f) + 1}$$

显然，滤波器响应满足 $0 < H(f) < 1$，这样，当 $\eta(f) \approx 0$ 时（低的局部 SNR），维纳平滑器响应是 $H(f) \approx 0$，并且当 $\eta(f) \to \infty$ 时（高的本地 SNR），$H(f) \approx 1$。读者可以把这些结论与（12.56）式给出的维纳滤波器的结论进行比较。有关无限维纳平滑器的进一步的结果请参见习题 12.18。

最后，我们考察预测问题，在这个问题里我们希望根据 $\mathbf{x} = [x[0]\,x[1]\,\ldots\,x[N-1]]^T$ 来估计 $\theta = x[N-1+l]\,(l \geqslant 1)$。由此得出的估计量称之为 l 步线性预测器。把

$$\mathbf{C}_{xx} = \mathbf{R}_{xx}$$

代入（12.51）式，其中 $\mathbf{R}_{xx}$ 是 $N \times N$ 维，且

$$\begin{aligned} \mathbf{C}_{\theta x} &= E\left[x[N-1+l]\left[\,x[0]\quad x[1]\quad \ldots\quad x[N-1]\,\right]\right] \\ &= \left[\,r_{xx}[N-1+l]\quad r_{xx}[N-2+l]\quad \ldots\quad r_{xx}[l]\,\right] \end{aligned}$$

令后面的矢量用 $\mathbf{r}'^T_{xx}$ 表示。那么

$$\hat{x}[N-1+l] = \mathbf{r}'^T_{xx}\mathbf{R}^{-1}_{xx}\mathbf{x}$$

回顾前面

$$\mathbf{a} = \mathbf{R}^{-1}_{xx}\mathbf{r}'_{xx} \qquad (12.63)$$

我们有

$$\hat{x}[N-1+l] = \sum_{k=0}^{N-1} a_k x[k]$$

如果我们令 $h[N-k] = a_k$ 且用"滤波"来解释，那么

$$\hat{x}[N-1+l] = \sum_{k=0}^{N-1} h[N-k]x[k] = \sum_{k=1}^{N} h[k]x[N-k] \tag{12.64}$$

可以看到预测样本是具有冲激响应 $h[n]$ 的滤波器的输出。从 (12.63) 式可得要解的方程是（再次注意 $\mathbf{h}$ 恰好是 $\mathbf{a}$ 颠倒过来）

$$\mathbf{R}_{xx}\mathbf{h} = \mathbf{r}_{xx}$$

其中 $\mathbf{r}_{xx} = [r_{xx}[l] \, r_{xx}[l+1] \ldots r_{xx}[N-1+l]]^T$。它们的显式表达式变为

$$\begin{bmatrix} r_{xx}[0] & r_{xx}[1] & \ldots & r_{xx}[N-1] \\ r_{xx}[1] & r_{xx}[0] & \ldots & r_{xx}[N-2] \\ \vdots & \vdots & \ddots & \vdots \\ r_{xx}[N-1] & r_{xx}[N-2] & \ldots & r_{xx}[0] \end{bmatrix} \begin{bmatrix} h[1] \\ h[2] \\ \vdots \\ h[N] \end{bmatrix} = \begin{bmatrix} r_{xx}[l] \\ r_{xx}[l+1] \\ \vdots \\ r_{xx}[N-1+l] \end{bmatrix} \tag{12.65}$$

这是根据 N 个过去样本的 l 步线性预测器的维纳–霍夫预测方程。解这个方程的有效计算方式是 Levinson 递推算法 [Marple 1987]。对于 $l=1$ 这种特殊情况对应的是一步线性预测器，$-h[n]$ 的值称之为线性预测系数，它广泛应用于语音建模中 [Makhoul 1975]。另外，对于 $l=1$，导出的方程与用来求解 AR(N) 过程的 AR 滤波器参数的 Yule-Walker 方程相同（参见例 7.18 和附录 1）。

根据 (12.52) 式，l 步线性预测器的最小 MSE 是

$$M_{\hat{x}} = r_{xx}[0] - \mathbf{r}'^T_{xx}\mathbf{R}^{-1}_{xx}\mathbf{r}'_{xx}$$

或者，等价于

$$\begin{aligned} M_{\hat{x}} &= r_{xx}[0] - \mathbf{r}'^T_{xx}\mathbf{a} = r_{xx}[0] - \sum_{k=0}^{N-1} a_k r_{xx}[N-1+l-k] \\ &= r_{xx}[0] - \sum_{k=0}^{N-1} h[N-k]r_{xx}[N-1+l-k] \\ &= r_{xx}[0] - \sum_{k=1}^{N} h[k]r_{xx}[k+(l-1)] \end{aligned} \tag{12.66}$$

例如，假定 $x[n]$ 是一个 AR(1) 过程，它的 ACF 是（参见附录 1）

$$r_{xx}[k] = \frac{\sigma_u^2}{1-a^2[1]} (-a[1])^{|k|}$$

我们希望求出一步预测器 $\hat{x}[N]$ [参见 (12.64) 式]，

$$\hat{x}[N] = \sum_{k=1}^{N} h[k]x[N-k]$$

为了解出 $h[k]$，我们利用 $l=1$ 的 (12.65) 式，得

$$\sum_{k=1}^{N} h[k]r_{xx}[m-k] = r_{xx}[m] \qquad m = 1, 2, \ldots, N$$

代入 ACF，我们有

$$\sum_{k=1}^{N} h[k](-a[1])^{|m-k|} = (-a[1])^{|m|}$$

很容易证明这些方程的解为

$$h[k] = \begin{cases} -a[1] & k=1 \\ 0 & k=2, 3, \ldots, N \end{cases}$$

因而,一步线性预测器是

$$\hat{x}[N] = -a[1]x[N-1]$$

只与前一个样本有关。得到这样的一步预测器也就毫不奇怪了,因为 AR(1)过程满足

$$x[n] = -a[1]x[n-1] + u[n]$$

其中 $u[n]$ 是白噪声。所以要预测的样本满足

$$x[N] = -a[1]x[N-1] + u[N]$$

这个预测器不能用来预测 $u[N]$,因为 $u[N]$ 与过去的样本数据是不相关的[回顾前面,因为 AR(1)滤波器是因果的,$x[n]$ 是 $\{u[n],u[n-1],\ldots\}$ 的线性组合,因此 $x[n]$ 与 $u[n]$ 所有未来的样本是不相关的],预测误差是 $x[N]-\hat{x}[N] = u[N]$,最小 MSE 刚好是驱动噪声功率 σ_u^2。为了证明这一点,由(12.66)式我们有

$$
\begin{aligned}
M_{\hat{x}} &= r_{xx}[0] - \sum_{k=1}^{N} h[k]r_{xx}[k] = r_{xx}[0] + a[1]r_{xx}[1] \\
&= \frac{\sigma_u^2}{1-a^2[1]} + a[1]\frac{\sigma_u^2}{1-a^2[1]}(-a[1]) = \sigma_u^2
\end{aligned}
$$

我们可以把这些结论通过求解

$$\sum_{k=1}^{N} h[k]r_{xx}[m-k] = r_{xx}[m+l-1] \qquad m = 1,2,\ldots,N$$

扩展到 l 步预测器。代入 AR(1)过程的 ACF,上式变为

$$\sum_{k=1}^{N} h[k](-a[1])^{|m-k|} = (-a[1])^{|m+l-1|}$$

可以很容易证明,这个解是

$$h[k] = \begin{cases} (-a[1])^l & k=1 \\ 0 & k=2,3,\ldots,N \end{cases}$$

因此 l 步预测器是

$$\hat{x}[(N-1)+l] = (-a[1])^l x[N-1] \tag{12.67}$$

由(12.66)式,最小 MSE 是

$$
\begin{aligned}
M_{\hat{x}} &= r_{xx}[0] - h[1]r_{xx}[l] = \frac{\sigma_u^2}{1-a^2[1]} - (-a[1])^l \frac{\sigma_u^2}{1-a^2[1]}(-a[1])^l \\
&= \frac{\sigma_u^2}{1-a^2[1]}(1-a^{2l}[1])
\end{aligned}
$$

我们注意到一个有趣的现象,预测器随着 l 衰减到零(因为 $|a[1]|<1$)。这是合理的,因为我们待预测的样本 $x[(N-1)+l]$ 与预测依据的数据样本 $x[N-1]$ 之间的相关函数是 $r_{xx}[l]$。当 l 增加时,$r_{xx}[l]$ 衰减到零,因此 $\hat{x}[(N-1)+l]$ 也是衰减到零。这同样反映在最小 MSE 上,当 $l=1$ 时它是最小的,随着 l 的增加而变大。

一个数值的例子说明了 l 步预测器的行为。如果 $a[1] = -0.95$,$\sigma_u^2 = 0.1$,所以这个过程具有低通 PSD,那么对于一个给定的 $x[n]$ 的现实,我们得到的结果如图 12.8 所示。真实数据用实线表示,而对 $n \geq 11$ 的预测数据用虚线表示。预测由(12.67)式给出,其中 $N=11$,$l=1,2,\ldots,$ 40,这样它随着 l 增加而衰减到零。可以看出,预测值通常比较差,除非 l 比较小。同样的问题请参见习题 12.19 和习题 12.20。

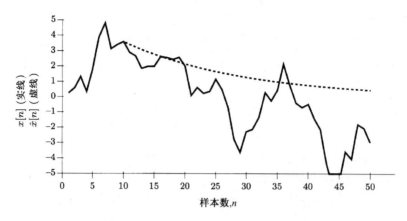

图 12.8   AR(1)过程的现实的线性预测

参考文献

Kay, S., "Some Results in Linear Interpolation Theory," *IEEE Trans. Acoust., Speech, Signal Process.*, Vol. 31, pp. 746–749, June 1983.

Luenberger, D.G., *Optimization by Vector Space Methods*, J. Wiley, New York, 1969.

Makhoul, J., "Linear Prediction: A Tutorial Review," *Proc. IEEE*, Vol. 63, pp. 561–580, April 1975.

Marple, S.L., Jr., *Digital Spectral Analysis*, Prentice-Hall, Englewood Cliffs, N.J., 1987.

Orfanidis, S.J., *Optimum Signal Processing*, Macmillan, New York, 1985.

习题

12.1   考虑一个基于单个数据样本 $x[0]$ 的标量参数 θ 的二次型估计量

$$\hat{\theta} = ax^2[0] + bx[0] + c$$

求出使贝叶斯 MSE 最小的系数 a、b、c。如果 $x[0] \sim \mathcal{U}\left[-\dfrac{1}{2}, \dfrac{1}{2}\right]$，求出LMMSE估计量和 $\theta = \cos 2\pi x[0]$ 时的二次型MMSE估计量。另外，比较它们的最小MSE。

12.2   考虑数据

$$x[n] = Ar^n + w[n] \quad n = 0, 1, \ldots, N-1$$

其中 A 是待估计的参数，r 是一个已知常数，$w[n]$ 是均值为零，方差为 σ^2 的白噪声。参数 A 可以看成一个均值为 μ_A、方差为 σ_A^2 的随机变量，且与 $w[n]$ 独立。求 A 的LMMSE估计量和最小贝叶斯MSE。

12.3   一个高斯随机矢量 $\mathbf{x} = [x_1 x_2]^T$ 的均值为零，协方差矩阵为 $\mathbf{C}_{xx}$。如果要根据 x_1 线性地估计 x_2，求使贝叶斯 MSE 最小的估计量。另外，求出最小 MSE，并且证明当且仅当 $\mathbf{C}_{xx}$ 是奇异的时最小MSE为零。扩展你的结论以证明，如果一个 $N \times 1$ 零均值高斯随机矢量的协方差矩阵不是正定的，那么任何随机变量都可以通过其他变量的线性组合而完美估计出来。提示：注意

$$E\left[\left(\sum_{i=1}^{N} a_i x_i\right)^2\right] = \mathbf{a}^T \mathbf{C}_{xx} \mathbf{a}$$

12.4   矢量空间内两个矢量 x、y 的内积 (x, y) 必须满足下列性质

    a. $(x, x) \geqslant 0$，并且当且仅当 $x = 0$ 时，$(x, x) = 0$。

    b. $(x, y) = (y, x)$。

    c. $(c_1 x_1 + c_2 x_2, y) = c_1(x_1, y) + c_2(x_2, y)$。

如果 x 和 y 是两个零均值的随机变量，定义 $(x,y) = E(xy)$，证明它满足内积的性质。

12.5 如果我们要假设一个非零值的随机变量，那么一个合理的方法是定义 x 和 y 的内积为 $(x,y) = \text{cov}(x,y)$。对于这样的定义，当且仅当 x 和 y 是不相关时它们是正交的。对于这样的"内积"，习题 12.4 中的哪个性质不符合？

12.6 我们观测数据 $x[n] = s[n] + w[n]$，$n = 0,1,\ldots,N-1$，其中 $s[n]$ 和 $w[n]$ 是零均值WSS随机过程，且它们是互不相关的。ACF 是

$$
\begin{aligned}
r_{ss}[k] &= \sigma_s^2 \delta[k] \\
r_{ww}[k] &= \sigma^2 \delta[k]
\end{aligned}
$$

根据 $\mathbf{x} = [x[0]\, x[1]\ldots x[N-1]]^T$，确定 $\mathbf{s} = [s[0]\, s[1]\ldots s[N-1]]^T$ 的LMMSE估计量，以及相应的最小MSE矩阵。

12.7 推导 (12.21) 式给定的矢量 LMMSE 估计量的贝叶斯 MSE 矩阵，以及 (12.22) 式的最小贝叶斯 MSE。注意数学期望算子所隐含的取平均的PDF。

12.8 证明 (12.23) 式和 (12.24) 式给出的LMMSE估计量的可转换性以及叠加性。

12.9 推导类似于 (12.34) 式 ~ (12.36) 式的序贯LMMSE估计量，但是 $\mu_A \neq 0$。提示：在例 10.1 的结论的基础上运用代数方法。

12.10 给定一个矢量集 $\{x_1, x_2, \ldots, x_n\}$，通过 Gram-Schmidt 正交化方法求一组新的矢量 $\{e_1, e_2, \ldots, e_n\}$，这组新的矢量集是相互正交的（正交且具有单位长度），即 $(e_i, e_j) = \delta_{ij}$。该方法是

a. $e_1 = \dfrac{x_1}{\| x_1 \|}$

b. $z_2 = x_2 - (x_2, e_1) e_1$

$e_2 = \dfrac{z_2}{\| z_2 \|}$

c. 等等

或者一般而言，对于 $n \geqslant 2$，

$$
\begin{aligned}
z_n &= x_n - \sum_{i=1}^{n-1} (x_n, e_i) e_i \\
e_n &= \frac{z_n}{\|z_n\|}
\end{aligned}
$$

给出这个方法的几何解释。对于欧几里得矢量

$$
\begin{bmatrix} 1 \\ 1 \\ 2 \end{bmatrix}, \quad
\begin{bmatrix} 1 \\ 0 \\ 1 \end{bmatrix}, \quad
\begin{bmatrix} 1 \\ 1 \\ 1 \end{bmatrix}
$$

利用 Gram-Schmidt 方法求出三个正交矢量。对于欧几里得矢量 $\mathbf{x}$ 和 $\mathbf{y}$，内积定义为 $(\mathbf{x},\mathbf{y}) = \mathbf{x}^T \mathbf{y}$。

12.11 令 $\mathbf{x}$ 表示三个零均值随机变量组成的矢量，协方差矩阵为

$$
\mathbf{C}_{xx} = \begin{bmatrix} 1 & \rho & \rho^2 \\ \rho & 1 & \rho \\ \rho^2 & \rho & 1 \end{bmatrix}
$$

如果 $\mathbf{y} = \mathbf{Ax}$，确定一个 3×3 的矩阵 $\mathbf{A}$，使得 $\mathbf{y}$ 的协方差矩阵是 $\mathbf{I}$，或者等价于使随机变量 $\{y_1, y_2, y_3\}$ 是不相关的且具有单位方差。利用习题 12.10 里的 Gram-Schmidt 正交化方法来求解这个问题。关于 $\mathbf{A}$ 有一些什么有趣的现象？最后，建立 $\mathbf{C}_{xx}^{-1}$ 和 $\mathbf{A}$ 的关系式。注意 $\mathbf{A}$ 可以看成一个白化变换（参见 4.5 节）。

12.12 对于一个标量参数的序贯 LMMSE 估计量，解释对某些 n 如果 $\sigma_n^2 \to 0$ 会发生什么情况？对于矢量情况你是否能得出相同的结论？

12.13 对于例 12.1 描述的问题，求其序贯 LMMSE 估计量。证明该序贯估计量和 (12.9) 式表示的批估计量是相同的。提示：解出 $1/K[n]$ 序列。

12.14 在本题中，我们考察数据样本的内插问题。我们假设数据样本 $\{x[n-M],\ldots,x[n-1],x[n+1],\ldots,$ $x[n+M]\}$ 可用，我们希望估计或内插 $x[n]$。假定数据和 $x[n]$ 是一个零均值 WSS 随机过程的现实。令 $x[n]$ 的 LMMSE 估计量是

$$\hat{x}[n] = \sum_{\substack{k=-M \\ k \neq 0}}^{M} a_k x[n-k]$$

利用正交原理求出求解加权系数的一组线性方程。接着，证明 $a_{-k} = a_k$，并解释它为什么肯定为真。对内插的更进一步讨论请参考 [Kay 1983]。

12.15 考虑由（12.56）式给出的单数据样本的维纳平滑器。把 W 和 $M_{\hat{s}}$ 重写为 $s[0]$ 和 $x[0]$ 的相关系数

$$\rho = \frac{\mathrm{cov}(s[0], x[0])}{\sqrt{\mathrm{var}(s[0])\mathrm{var}(x[0])}}$$

的函数。解释你的结果。

12.16 在本题中，我们探讨基于当前和无限个过去数据的维纳–霍夫滤波方程的解，即利用 z 变换求方程

$$\sum_{k=0}^{\infty} h[k] r_{xx}[l-k] = r_{ss}[l] \qquad l \geqslant 0$$

的解。首先我们定义单边 z 变换为

$$[\mathcal{X}(z)]_+ \ = \ \left[\sum_{n=-\infty}^{\infty} x[n]z^{-n}\right]_+ \ = \ \sum_{n=0}^{\infty} x[n]z^{-n}$$

可以看出这是常规的 z 变换，不过 z 的正幂部分被忽略。接着，我们把维纳–霍夫方程写为

$$h[n] \star r_{xx}[n] - r_{ss}[n] = 0 \qquad n \geqslant 0 \tag{12.68}$$

其中 $h[n]$ 被限定为是因果的。左边的 z 变换（双边）为

$$\mathcal{H}(z)\mathcal{P}_{xx}(z) - \mathcal{P}_{ss}(z)$$

所以为了满足（12.68）式我们必须有

$$[\mathcal{H}(z)\mathcal{P}_{xx}(z) - \mathcal{P}_{ss}(z)]_+ = 0$$

通过频谱因式分解定理 [Orfanidis 1985]，如果 $\mathcal{P}_{xx}(z)$ 在单位圆上没有零点，那么它可以分解为

$$\mathcal{P}_{xx}(z) = \mathcal{B}(z)\mathcal{B}(z^{-1})$$

其中 $\mathcal{B}(z)$ 是因果序列的 z 变换，$\mathcal{B}(z^{-1})$ 是一个非因果序列的 z 变换。因此

$$[\mathcal{H}(z)\mathcal{B}(z)\mathcal{B}(z^{-1}) - \mathcal{P}_{ss}(z)]_+ = 0$$

令 $\mathcal{G}(z) = \mathcal{H}(z)\,\mathcal{B}(z)$，所以

$$\left[\mathcal{B}(z^{-1})\left(\mathcal{G}(z) - \frac{\mathcal{P}_{ss}(z)}{\mathcal{B}(z^{-1})}\right)\right]_+ = 0$$

注意 $\mathcal{G}(z)$ 是一个因果序列的 z 变换，证明

$$\mathcal{H}(z) = \frac{1}{\mathcal{B}(z)}\left[\frac{\mathcal{P}_{ss}(z)}{\mathcal{B}(z^{-1})}\right]_+$$

有关确定维纳滤波器计算的例子请参考 [Orfanidis 1985]。

12.17 我们重新来推导无限维纳平滑器（12.61）式。首先假定

$$\hat{s}[n] = \sum_{k=-\infty}^{\infty} h[k] x[n-k]$$

然后利用正交原理。

12.18 对于无限维纳平滑滤波器，证明最小贝叶斯 MSE 是

$$M_{\hat{s}} = r_{ss}[0] - \sum_{k=-\infty}^{\infty} h[k] r_{ss}[k]$$

然后, 利用傅里叶变换技术, 证明这可以写成

$$M_{\hat{s}} = \int_{-\frac{1}{2}}^{\frac{1}{2}} P_{ss}(f)\left(1 - H(f)\right) df$$

其中

$$H(f) = \frac{P_{ss}(f)}{P_{ss}(f) + P_{ww}(f)}$$

如果

$$P_{ss}(f) = \begin{cases} P_0 & |f| \leqslant \frac{1}{4} \\ 0 & \frac{1}{4} < |f| \leqslant \frac{1}{2} \end{cases}$$

$$P_{ww}(f) = \sigma^2$$

计算维纳平滑器和最小 MSE, 并解释你的结论。

12.19　假设 $x[n]$ 是一个零均值 WSS 随机过程。我们希望根据 $\{x[n-1], x[n-2], \ldots, x[n-N]\}$ 来预测 $x[n]$。利用正交原理来推导LMMSE估计量或预测器。解释为什么对于 $l = 1$, 这个方程和 (12.65) 式相同, 即它们和 n 是无关的。另外, 再次利用正交原理, 重新推导 (12.66) 式的最小 MSE。

12.20　考虑一个 AR(N) 过程

$$x[n] = -\sum_{k=1}^{N} a[k]x[n-k] + u[n]$$

其中 $u[n]$ 是方差为 σ_u^2 的白噪声。证明 $x[n]$ 的最佳一步线性预测器是

$$\hat{x}[n] = -\sum_{k=1}^{N} a[k]x[n-k]$$

另外, 求最小 MSE。提示: 把这个要解的方程和Yule-Walker方程相比较 (参见附录 1)。

附录 12A　贝叶斯线性模型的序贯 LMMSE 估计量的推导

我们将利用矢量空间法来更新 $\hat{\boldsymbol{\theta}}[n-1]$ 的第 i 个分量,

$$\hat{\theta}_i[n] = \hat{\theta}_i[n-1] + K_i[n](x[n] - \hat{x}[n|n-1]) \tag{12A.1}$$

其中 $\hat{x}[n|n-1]$ 是 $x[n]$ 基于 $\{x[0], x[1], \ldots, x[n-1]\}$ 的 LMMSE 估计量。在 12.6 节里,我们使用 $\hat{x}[n|0,1,\ldots,n-1]$ 来表示同样的 LMMSE 估计量,现在,我们也利用这种表示来简化这个表示形式。(12A.1)式是基于图 12.5 描述的同样原理而得出的[参见(12.41)式]。另外,我们令 $\tilde{x}[n] = x[n] - \hat{x}[n|n-1]$,它是新息序列。那么,我们对全部的参数进行更新,即

$$\hat{\boldsymbol{\theta}}[n] = \hat{\boldsymbol{\theta}}[n-1] + \mathbf{K}[n](x[n] - \hat{x}[n|n-1])$$

在开始推导之前,我们讲述几个必需的性质。读者可能回想起所有的随机变量都假设为零均值。

1. $\mathbf{A}\boldsymbol{\theta}$ 的 LMMSE 估计量是 $\mathbf{A}\hat{\boldsymbol{\theta}}$,具有如(12.23)式所示的可转换性质。

2. $\boldsymbol{\theta}_1 + \boldsymbol{\theta}_2$ 的 LMMSE 估计量是 $\hat{\boldsymbol{\theta}}_1 + \hat{\boldsymbol{\theta}}_2$,满足(12.24)式的可加性。

3. 因为 $\hat{\theta}_i[n-1]$ 是样本 $\{x[0], x[1], \ldots, x[n-1]\}$ 的线性组合,新息 $x[n] - \hat{x}[n|n-1]$ 和过去的数据样本是不相关的,这样可以得出

$$E\left[\hat{\theta}_i[n-1](x[n] - \hat{x}[n|n-1])\right] = 0$$

4. 因为 $\boldsymbol{\theta}$ 和 $w[n]$ 在贝叶斯线性模型中假定为不相关的,且 $\hat{\boldsymbol{\theta}}[n-1]$ 和 $w[n]$ 也是不相关的,所以可以得出

$$E\left[\left(\boldsymbol{\theta} - \hat{\boldsymbol{\theta}}[n-1]\right)w[n]\right] = \mathbf{0}$$

为了看出为什么 $\hat{\boldsymbol{\theta}}[n-1]$ 和 $w[n]$ 是不相关的,我们首先注意到 $\hat{\boldsymbol{\theta}}[n-1]$ 和过去的数据样本线性相关,即与 $\boldsymbol{\theta}$ 和 $\{w[0], w[1], \ldots, w[n-1]\}$ 线性相关。但是 $w[n]$ 与 $\boldsymbol{\theta}$ 是不相关的,由 $\mathbf{C}_w$ 是对角的假设,即假设 $w[n]$ 是一个不相关随机变量序列,因此 $w[n]$ 和过去的噪声样本是不相关的。

根据这些结论,就可以简化推导。开始我们注意到

$$x[n] = \mathbf{h}^T[n]\boldsymbol{\theta} + w[n]$$

利用性质 1 和根据性质 2,我们有

$$\hat{x}[n|n-1] = \mathbf{h}^T[n]\hat{\boldsymbol{\theta}}[n-1] + \hat{w}[n|n-1]$$

但是 $\hat{w}[n|n-1] = 0$,因为 $w[n]$ 和过去的数据样本是不相关的,如同性质 4 里的解释一样。因此

$$\hat{x}[n|n-1] = \mathbf{h}^T[n]\hat{\boldsymbol{\theta}}[n-1]$$

接着我们求增益因子 $K_i[n]$。利用(12.37)式,我们有

$$K_i[n] = \frac{E\left[\theta_i(x[n] - \hat{x}[n|n-1])\right]}{E\left[(x[n] - \hat{x}[n|n-1])^2\right]} \tag{12A.2}$$

计算分母,

$$
\begin{aligned}
E\left[(x[n]-\hat{x}[n|n-1])^2\right] &= E\left[\left(\mathbf{h}^T[n]\boldsymbol{\theta}+w[n]-\mathbf{h}^T[n]\hat{\boldsymbol{\theta}}[n-1]\right)^2\right] \\
&= E\left[\left(\mathbf{h}^T[n](\boldsymbol{\theta}-\hat{\boldsymbol{\theta}}[n-1])+w[n]\right)^2\right] \\
&= \mathbf{h}^T[n]E\left[(\boldsymbol{\theta}-\hat{\boldsymbol{\theta}}[n-1])(\boldsymbol{\theta}-\hat{\boldsymbol{\theta}}[n-1])^T\right]\mathbf{h}[n] \\
&\quad + E(w^2[n]) \\
&= \mathbf{h}^T[n]\mathbf{M}[n-1]\mathbf{h}[n]+\sigma_n^2
\end{aligned}
$$

其中我们利用了性质 4。现在利用性质 3 和性质 4 来计算分子,

$$
\begin{aligned}
E\left[\theta_i(x[n]-\hat{x}[n|n-1])\right] &= E\left[(\theta_i-\hat{\theta}_i[n-1])(x[n]-\hat{x}[n|n-1])\right] \\
&= E\left[(\theta_i-\hat{\theta}_i[n-1])(\mathbf{h}^T[n]\boldsymbol{\theta}+w[n]-\mathbf{h}^T[n]\hat{\boldsymbol{\theta}}[n-1])\right] \\
&= E\left[(\theta_i-\hat{\theta}_i[n-1])\left(\mathbf{h}^T[n](\boldsymbol{\theta}-\hat{\boldsymbol{\theta}}[n-1])\right)\right] \\
&= E\left[(\theta_i-\hat{\theta}_i[n-1])(\boldsymbol{\theta}-\hat{\boldsymbol{\theta}}[n-1])^T\right]\mathbf{h}[n]
\end{aligned}
\tag{12A.3}
$$

所以

$$
K_i[n]=\frac{E\left[(\theta_i-\hat{\theta}_i[n-1])(\boldsymbol{\theta}-\hat{\boldsymbol{\theta}}[n-1])^T\right]\mathbf{h}[n]}{\mathbf{h}^T[n]\mathbf{M}[n-1]\mathbf{h}[n]+\sigma_n^2}
$$

因此

$$
\mathbf{K}[n]=\frac{\mathbf{M}[n-1]\mathbf{h}[n]}{\mathbf{h}^T[n]\mathbf{M}[n-1]\mathbf{h}[n]+\sigma_n^2}
\tag{12A.4}
$$

为了确定 MSE 矩阵的更新,

$$
\begin{aligned}
\mathbf{M}[n] &= E\left[(\boldsymbol{\theta}-\hat{\boldsymbol{\theta}}[n])(\boldsymbol{\theta}-\hat{\boldsymbol{\theta}}[n])^T\right] \\
&= E\left[\left(\boldsymbol{\theta}-\hat{\boldsymbol{\theta}}[n-1]-\mathbf{K}[n](x[n]-\hat{x}[n|n-1])\right)\right. \\
&\quad \left.\cdot\left(\boldsymbol{\theta}-\hat{\boldsymbol{\theta}}[n-1]-\mathbf{K}[n](x[n]-\hat{x}[n|n-1])\right)^T\right] \\
&= \mathbf{M}[n-1]-E\left[(\boldsymbol{\theta}-\hat{\boldsymbol{\theta}}[n-1])(x[n]-\hat{x}[n|n-1])\mathbf{K}^T[n]\right] \\
&\quad -\mathbf{K}[n]E\left[(x[n]-\hat{x}[n|n-1])(\boldsymbol{\theta}-\hat{\boldsymbol{\theta}}[n-1])^T\right] \\
&\quad +\mathbf{K}[n]E\left[(x[n]-\hat{x}[n|n-1])^2\right]\mathbf{K}^T[n]
\end{aligned}
$$

但是由 (12A.2) 式和 (12A.4) 式,

$$
\mathbf{K}[n]E\left[(x[n]-\hat{x}[n|n-1])^2\right]=\mathbf{M}[n-1]\mathbf{h}[n]
$$

以及从由从性质 3 和 (12A.3) 式,

$$
\begin{aligned}
E\left[(\boldsymbol{\theta}-\hat{\boldsymbol{\theta}}[n-1])(x[n]-\hat{x}[n|n-1])\right] &= E\left[\boldsymbol{\theta}(x[n]-\hat{x}[n|n-1])\right] \\
&= \mathbf{M}[n-1]\mathbf{h}[n]
\end{aligned}
$$

所以

$$
\begin{aligned}
\mathbf{M}[n] &= \mathbf{M}[n-1]-\mathbf{M}[n-1]\mathbf{h}[n]\mathbf{K}^T[n]-\mathbf{K}[n]\mathbf{h}^T[n]\mathbf{M}[n-1] \\
&\quad +\mathbf{M}[n-1]\mathbf{h}[n]\mathbf{K}^T[n] \\
&= \left(\mathbf{I}-\mathbf{K}[n]\mathbf{h}^T[n]\right)\mathbf{M}[n-1]
\end{aligned}
$$

接下来我们证明，如果 $\boldsymbol{\theta}$ 和 $x[n]$ 不是零均值的，那么可以得出同样的方程。因为最小 MSE 矩阵 (12.49) 式的序贯实现必须和 (12.28) 式是相同的，它与均值无关，同样 $\mathbf{M}[n]$ 也与均值无关。另外，因为 $\mathbf{M}[n]$ 依赖于 $\mathbf{K}[n]$，增益矢量也肯定是与均值无关的。最后，(12.47) 式的估计量更新方程对零均值也是成立的，我们在这个附录里已经证明。如果均值不为零，我们仍然将 (12.47) 式应用到数据集 $x[n] - E(x[n])$，把估计量看成 $\boldsymbol{\theta} - E(\boldsymbol{\theta})$。然而，利用可转换性质，对于常矢量 $\mathbf{b}$，$\boldsymbol{\theta} + \mathbf{b}$ 的 LMMSE 估计量是 $\hat{\boldsymbol{\theta}} + \mathbf{b}$ [参见 (12.23) 式]。这样，(12.47) 式变为

$$\hat{\boldsymbol{\theta}}[n] - E(\boldsymbol{\theta}) = \hat{\boldsymbol{\theta}}[n-1] - E(\boldsymbol{\theta}) + \mathbf{K}[n]\left[x[n] - E(x[n]) - \mathbf{h}^T[n](\hat{\boldsymbol{\theta}}[n-1] - E(\boldsymbol{\theta}))\right]$$

其中 $\hat{\boldsymbol{\theta}}[n]$ 式是对非零均值的 LMMSE 估计量。进行整理和抵消后我们有

$$\hat{\boldsymbol{\theta}}[n] = \hat{\boldsymbol{\theta}}[n-1] + \mathbf{K}[n]\left[x[n] - \mathbf{h}^T[n]\hat{\boldsymbol{\theta}}[n-1] - (E(x[n]) - \mathbf{h}^T[n]E(\boldsymbol{\theta}))\right]$$

并且因为

$$\begin{aligned}
E(x[n]) &= E\left(\mathbf{h}^T[n]\boldsymbol{\theta} + w[n]\right) \\
&= \mathbf{h}^T[n]E(\boldsymbol{\theta})
\end{aligned}$$

我们最终可得出估计量更新的相同方程。

第13章 卡尔曼滤波器

13.1 引言

我们现在讨论维纳滤波器的重要的推广。扩展的意义在于能够适合于非平稳的矢量信号和噪声的情况，这与维纳滤波是不同的，维纳滤波限制在平稳标量信号和噪声。这一推广称为卡尔曼滤波器，可以将其看成噪声中序贯 MMSE 估计量，其中信号利用动态或状态方程来描述。卡尔曼滤波器推广了 12.6 节的序贯 MMSE，根据动态模型，允许在时间进程中包含未知参数。如果信号和噪声是联合高斯的，那么卡尔曼滤波器是最佳 MMSE 估计量；如果不是联合高斯的，则卡尔曼滤波器是最佳 LMMSE 估计量。

13.2 小结

标量高斯 – 马尔可夫信号模型由 (13.1) 式和 (13.2) 式给出了回归的形式，它的均值、协方差函数和方差分别由 (13.4) 式、(13.5) 式和 (13.6) 式给出。推广到矢量信号得到了 (13.12) 式，随后给出了矢量模型的一些统计假设。另外，在 (13.13) 式给出了明确的表达式，对应的均值和协方差函数是 (13.14) 式、(13.15) 式和 (13.16) 式，或者由 (13.17) 式和 (13.18) 式给出的递推形式。定理 13.1 总结了矢量高斯 – 马尔可夫信号模型，标量信号 – 标量观测的序贯 MMSE 估计器或卡尔曼滤波器由 (13.38) 式 ~ (13.42) 式给出。如果滤波器达到稳态，那么正如 13.5 节所描述的那样，它将变成无限长度的维纳滤波器。卡尔曼滤波器的两个推广是由 (13.50) 式 ~ (13.54) 式给出的矢量信号形式以及矢量信号和矢量观测的形式，矢量信号和矢量观测的假定和实现在定理 13.2 中进行了描述。当信号模型和观测模型是非线性的时候，卡尔曼滤波器不能直接应用，但是可用线性化的方法得到准最佳的扩展卡尔曼滤波器，它的方程如 (13.67) 式 ~ (13.71) 式所示。

13.3 动态信号模型

通过回忆常用的 WGN 中 DC 电平的例子，我们开始信号模型的讨论，即

$$x[n] = A + w[n]$$

其中 A 是待估计参数，$w[n]$ 是方差为 σ^2 的 WGN。信号模型 A 可以表示 DC 电源的电压输出，噪声 $w[n]$ 可以表示由不精确的电压表在进行连续测量中引入的误差。因此，$x[n]$ 表示电源输出受到噪声污染的观测。即使电源产生的是一个恒定的电压 A，但实际上真实的电压值是随时间进程缓慢变化的，这是电路中由于温度的影响、器件的老化造成的。因此，精确的测量模型是

$$x[n] = A[n] + w[n]$$

其中 $A[n]$ 是在时间 n 的真实电压值。然而，利用这个模型，由于我们需要估计 $A[n]$（$n = 0$，$1, \ldots, N-1$）而不是单个参数 A，因此我们的估计问题继而复杂得多。为了着重说明困难，我们假定电压 $A[n]$ 是一个未知的确定性参数序列，那么，很容易证明 $A[n]$ 的 MVU 估计量为

$$\hat{A}[n] = x[n]$$

由于缺乏平均，估计是不准确的，事实上估计的方差与噪声的方差相同，即 $\mathrm{var}(\hat{A}[n]) = \sigma^2$。这种估计量不是所希望的，估计量的变化如图 13.1 所示。我们希望如果电源提供的电压为10 V，那么真实电压将在 10 V 附近，即随时间的变化是很小的（否则就该去买一个新电源了）。图 13.1 给出了一个真实电压的例子，可以看出它是在 10 V 附近变化的。$A[n]$ 的连续样本的差别不是很大，这使我们得出结论，它们表现出高度的"相关性"。这样的推理自然使我们认为 $A[n]$ 是随机过程的一个现实，它的均值为 10，样本之间存在一定的相关性。相关约束的强制要求使我们避免 $A[n]$ 的估计随时间起伏太大。这样，我们将认为 $A[n]$ 是待估计随机过程的一个现实，采用贝叶斯估计是合适的。我们在第 12 章讨论维纳滤波时已经用过这种类型的建模。在那里，待估计信号称为 $s[n]$，假定它是零均值的。保持这种标准的表示方式，现在采用 $s[n]$ 作为我们的表示而不是 $\theta[n]$。另外，由于零均值的假定，$s[n]$ 将表示 $A[n] - 10$ 的信号模型。一旦我们指定了信号模型为零均值 $s[n]$，那么通过加 $E(s[n])$ 就很容易修正，以适合非零均值过程。我们总是假定均值是已知的。

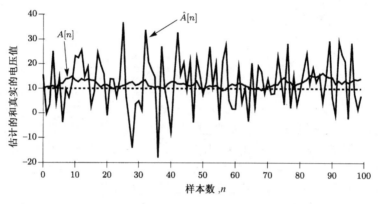

图 13.1　真实电压和 MVU 估计量

允许我们描述样本之间相关的 $s[n]$ 的简单模型是一阶高斯 – 马尔可夫过程

$$s[n] = as[n-1] + u[n] \qquad n \geq 0 \tag{13.1}$$

其中 $u[n]$ 是方差为 σ_u^2 的 WGN，$s[-1] \sim \mathcal{N}(\mu_s, \sigma_s^2)$，$s[-1]$ 与 $u[n]$（对于所有的 $n \geq 0$）独立。（读者不要将高斯 – 马尔可夫过程与高斯 – 马尔可夫定理中考虑的模型相混淆，它们是不同的。）噪声 $u[n]$ 称为驱动或者激励噪声，因为 $s[n]$ 可以作为线性时不变系统在 $u[n]$ 驱动下的输出。在一些控制文献中，系统称为控制系统，$u[n]$ 称为控制噪声 [Jaswinski 1970]。(13.1) 式的模型也称为动态或状态模型。当前的输出 $s[n]$ 只依赖于系统在前一时刻的状态，即 $s[n-1]$ 以及当前的输入 $u[n]$。系统在 n_0 时刻的状态通常定义为信息量，它与 $n \geq n_0$ 的输入一起确定了 $n \geq n_0$ 的输出 [Chen 1970]。很显然，状态是 $s[n-1]$，它总结了所有过去的输入对系统的影响。今后，我们称 (13.1) 式为高斯 – 马尔可夫模型，这里则理解为一阶的。

　　(13.1) 式的信号模型与 AR(1) 过程除信号在 $n=0$ 起始外相类似，由于是在 $n=0$ 起始，因而不是 WSS。我们将看到，当 $n \to \infty$ 时，起始条件的影响是可以忽略不计的，过程实际上是 WSS，可以看成 AR(1) 过程，滤波器参数为 $a[1] = -a$。对于 $a = 0.98$、$\sigma_u^2 = 0.1$、$\mu_s = 5$、$\sigma_s^2 = 1$ 的 $s[n]$ 的一个典型的现实如图 13.2 所示。注意到均值从大约 5 开始，但是很快减小到零。这种行为刚好是系统对大的起始样本 $s[-1] \approx \mu_s = 5$ 的暂态响应。另外，样本是强相关的。我们可以通过确定 $s[n]$ 的均值和方差来定量分析这些结果。由于 $s[n]$ 是高斯的，因此也就给出了完整的统计描述，下面将要证明。

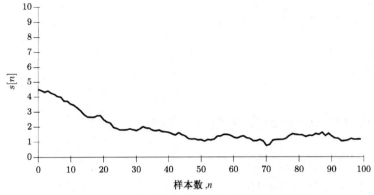

图 13.2　一阶高斯 – 马尔可夫过程的典型现实

首先，我们将 $s[n]$ 表示为起始条件和输入的函数，

$$
\begin{aligned}
s[0] &= as[-1] + u[0] \\
s[1] &= as[0] + u[1] = a^2 s[-1] + au[0] + u[1]
\end{aligned}
$$

等等

一般而言，我们有

$$
s[n] = a^{n+1} s[-1] + \sum_{k=0}^{n} a^k u[n-k] \tag{13.2}
$$

我们看到，$s[n]$ 是起始条件以及从起始时刻到当前时刻加入的驱动噪声的线性函数。由于这些随机变量都是独立的和高斯的，因此 $s[n]$ 是高斯的，并且可以进一步证明 $s[n]$ 是一个高斯随机过程（参见习题 13.1）。现在，由（13.2）式得出均值为

$$
\begin{aligned}
E(s[n]) &= a^{n+1} E(s[-1]) \tag{13.3} \\
&= a^{n+1} \mu_s \tag{13.4}
\end{aligned}
$$

由（13.2）式和（13.4）式，样本 $s[m]$ 和 $s[n]$ 的协方差为

$$
\begin{aligned}
c_s[m,n] &= E\left[(s[m] - E(s[m]))(s[n] - E(s[n]))\right] \\
&= E\left[\left(a^{m+1}(s[-1] - \mu_s) + \sum_{k=0}^{m} a^k u[m-k]\right)\right. \\
&\qquad \left. \cdot \left(a^{n+1}(s[-1] - \mu_s) + \sum_{l=0}^{n} a^l u[n-l]\right)\right] \\
&= a^{m+n+2}\sigma_s^2 + \sum_{k=0}^{m}\sum_{l=0}^{n} a^{k+l} E(u[m-k]u[n-l])
\end{aligned}
$$

而

$$
E(u[m-k]u[n-l]) = \sigma_u^2 \delta[l - (n-m+k)]
$$

或者

$$
E(u[m-k]u[n-l]) = \begin{cases} \sigma_u^2 & l = n-m+k \\ 0 & \text{其他} \end{cases}
$$

这样，对于 $m \geq n$，

$$
c_s[m,n] = a^{m+n+2}\sigma_s^2 + \sigma_u^2 \sum_{k=m-n}^{m} a^{2k+n-m} = a^{m+n+2}\sigma_s^2 + \sigma_u^2 a^{m-n} \sum_{k=0}^{n} a^{2k} \tag{13.5}
$$

当然，对于 $m < n$，$c_s[m,n] = c_s[n,m]$。注意方差为

$$
\text{var}(s[n]) = c_s[n,n] = a^{2n+2}\sigma_s^2 + \sigma_u^2 \sum_{k=0}^{n} a^{2k} \tag{13.6}
$$

很显然，由于均值与 n 有关，协方差依赖于 m 和 n，而不是 m 和 n 的差，因此 $s[n]$ 不是 WSS。然而，当 $n \to \infty$ 时，由于 $|a| < 1$，为了过程的稳定性要求这是必要的，由（13.4）式和（13.5）式，我们有

$$E(s[n]) \quad \to \quad 0$$

$$c_s[m,n] \quad \to \quad \frac{\sigma_u^2 a^{m-n}}{1-a^2}$$

否则，均值和方差将随 n 呈指数增长。这样，当 $n \to \infty$ 时，均值为零，协方差函数变成了 ACF，且

$$r_{ss}[k] = c_s[m,n]|_{m-n=k} = \frac{\sigma_u^2}{1-a^2} a^k \qquad k \geqslant 0$$

上式称为 AR(1) 过程的 ACF。如果起始条件选择得当，$s[n]$ 对于 $n \geqslant 0$ 甚至有可能是 WSS（参见习题 13.2）。在任何情况下，由（13.5）式可以看出，通过选择 a 可以使过程强相关（$|a| \to 1$）或者不相关（$|a| \to 0$），这从（13.1）式也可以明显看出。例如，在图 13.3 中，我们画出了均值、方差和稳态时的协方差函数（ACF）。

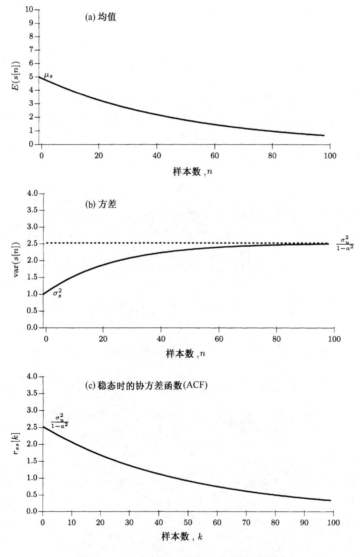

图 13.3　一阶高斯 – 马尔可夫过程的统计

由于高斯 – 马尔可夫过程的特殊形式，均值和方差也能够递推地表示。这对于概念的理解以及将结果扩展到矢量高斯 – 马尔可夫过程是很有用的。均值和方差由(13.1)式可以直接得出，

$$E(s[n]) = aE(s[n-1]) + E(u[n])$$

或者

$$E(s[n]) = aE(s[n-1]) \tag{13.7}$$

且

$$
\begin{aligned}
\mathrm{var}(s[n]) &= E\left[(s[n] - E(s[n]))^2\right] \\
&= E\left[(as[n-1] + u[n] - aE(s[n-1]))^2\right] \\
&= a^2\mathrm{var}(s[n-1]) + \sigma_u^2
\end{aligned} \tag{13.8}
$$

其中我们利用了 $E(u[n]s[n-1]) = 0$，这可以由(13.2)式得出，因为 $s[n-1]$ 只与 $\{s[-1], u[0], \ldots, u[n-1]\}$ 有关；并由假定，$\{s[-1], u[0], \ldots, u[n-1]\}$ 与 $u[n]$ 是无关的。方程(13.7)式和(13.8)式称为均值和方差传播方程。协方差函数的传播方程在习题 13.4 中探讨。由(13.8)式注意到，由于 $as[n-1]$ 的影响使方差减少，但是由于 $u[n]$ 的影响使方差增加。在稳态的情况下，即当 $n \to \infty$ 时，这些影响相互平衡，得到方差 $\sigma_u^2/(1-a^2)$〔刚好是在(13.8)式中令 $\mathrm{var}(s[n-1]) = \mathrm{var}(s[n])$ 并且求解所得〕。

之所以很容易地得到均值和方差传播方程，是因为 $s[n]$ 只与前一个样本 $s[n-1]$ 和输入 $u[n]$ 有关。现在，考虑一个用 $\mathrm{AR}(p)$ 过程的回归形式表示的 p 阶高斯 – 马尔可夫过程，即

$$s[n] = -\sum_{k=1}^{p} a[k]s[n-k] + u[n] \tag{13.9}$$

由于现在 $s[n]$ 与前 p 个样本有关，均值和方差传播方程将变得更为复杂。为了扩展前面的结果，我们首先注意到，由于前 p 个样本与 $u[n]$ 一起确定了系统的输出，因此系统在 n 时刻的状态是 $\{s[n-1], s[n-2], \ldots, s[n-p]\}$。这样，我们定义状态矢量为

$$\mathbf{s}[n-1] = \begin{bmatrix} s[n-p] \\ s[n-p+1] \\ \vdots \\ s[n-1] \end{bmatrix} \tag{13.10}$$

利用这个定义，我们可以使用下面的形式重写(13.9)式，

$$
\begin{bmatrix} s[n-p+1] \\ s[n-p+2] \\ \vdots \\ s[n-1] \\ s[n] \end{bmatrix} = \underbrace{\begin{bmatrix} 0 & 1 & 0 & \cdots & 0 \\ 0 & 0 & 1 & \cdots & 0 \\ \vdots & \vdots & \vdots & \ddots & \vdots \\ 0 & 0 & 0 & \cdots & 1 \\ -a[p] & -a[p-1] & -a[p-2] & \cdots & -a[1] \end{bmatrix}}_{\mathbf{A}} \begin{bmatrix} s[n-p] \\ s[n-p+1] \\ \vdots \\ s[n-2] \\ s[n-1] \end{bmatrix} + \underbrace{\begin{bmatrix} 0 \\ 0 \\ \vdots \\ 1 \end{bmatrix}}_{\mathbf{B}} u[n]
$$

其中附加了 $(p-1)$ 个刚好是恒等式的方程。因此，使用状态矢量的定义，我们有

$$\mathbf{s}[n] = \mathbf{A}\mathbf{s}[n-1] + \mathbf{B}u[n] \tag{13.11}$$

其中 $\mathbf{A}$ 是 $p \times p$ 非奇异矩阵(称为状态转移矩阵)，$\mathbf{B}$ 是一个 $p \times 1$ 矢量。现在，我们有一种希望的形式〔将其与(13.1)式进行比较〕，其中矢量信号 $s[n]$ 很容易根据前一个时刻它的值、状态矢量和输入进行计算。$u[n]$ 是 $r \times 1$ 驱动噪声矢量。如图 13.4 所示，对于矢量信号，我们有一个状态

模型，它可以看成一个矢量输入激励一个线性时不变系统（$\mathbf{A}$ 和 $\mathbf{B}$ 是常数矩阵）的输出响应。在图 13.4（a）中，$\mathcal{H}(z)$ 是 $p \times r$ 矩阵系统函数。概括起来，我们的一般矢量高斯–马尔可夫模型具有以下形式。

$$\mathbf{s}[n] = \mathbf{A}\mathbf{s}[n-1] + \mathbf{B}\mathbf{u}[n] \qquad n \geqslant 0 \tag{13.12}$$

其中 $\mathbf{A}$、$\mathbf{B}$ 是常数矩阵，维数分别为 $p \times p$ 和 $p \times r$，$\mathbf{s}[n]$ 是 $p \times 1$ 矢量。$\mathbf{u}[n]$ 是 $r \times 1$ 驱动噪声矢量。我们有时称（13.12）式为状态模型，这里的统计假定为

1. 输入 $\mathbf{u}[n]$ 是矢量 WGN 序列，即 $\mathbf{u}[n]$ 是一个不相关的联合高斯矢量，$E(\mathbf{u}[n]) = \mathbf{0}$，于是，我们有

$$E(\mathbf{u}[m]\mathbf{u}^T[n]) = \mathbf{0} \qquad m \neq n$$

$\mathbf{u}[n]$ 的协方差阵为
$$E(\mathbf{u}[n]\mathbf{u}^T[n]) = \mathbf{Q}$$

其中 $\mathbf{Q}$ 是 $r \times r$ 正定矩阵。注意，由于联合高斯的假定，矢量样本是相互独立的。

2. 起始状态或 $\mathbf{s}[-1]$ 是随机矢量，

$$\mathbf{s}[-1] \sim \mathcal{N}(\boldsymbol{\mu}_s, \mathbf{C}_s)$$

并且与 $\mathbf{u}[n]$（对于所有的 $n \geqslant 0$）相互独立。

现在，我们用一个例子来加以说明。

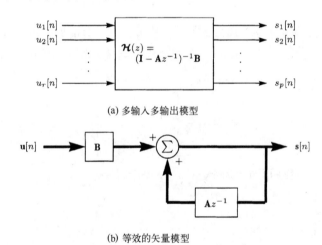

(a) 多输入多输出模型

(b) 等效的矢量模型

图 13.4　矢量高斯–马尔可夫信号系统模型

例 13.1　两个 DC 电源

回想一下开头的例子，现在考虑两个随时间变化的 DC 电源输出模型。如果我们假定输出是彼此独立的（函数意义下的），那么对每个输出的一个合理的模型是（13.1）式的标量模型，即

$$\begin{aligned} s_1[n] &= a_1 s_1[n-1] + u_1[n] \\ s_2[n] &= a_2 s_2[n-1] + u_2[n] \end{aligned}$$

其中 $s_1[-1] \sim \mathcal{N}(\mu_{s_1}, \sigma_{s_1}^2)$，$s_2[-1] \sim \mathcal{N}(\mu_{s_2}, \sigma_{s_2}^2)$，$u_1[n]$ 是方差为 $\sigma_{u_1}^2$ 的 WGN，$u_2[n]$ 是方差为 $\sigma_{u_2}^2$ 的 WGN，所有随机变量相互都是独立的。考虑将 $\mathbf{s}[n] = [s_1[n]\ s_2[n]]^T$ 看成待估计的矢量参数。我们有模型

$$
\underbrace{\begin{bmatrix} s_1[n] \\ s_2[n] \end{bmatrix}}_{s[n]} = \underbrace{\begin{bmatrix} a_1 & 0 \\ 0 & a_2 \end{bmatrix}}_{\mathbf{A}} \underbrace{\begin{bmatrix} s_1[n-1] \\ s_2[n-1] \end{bmatrix}}_{s[n-1]} + \underbrace{\begin{bmatrix} 1 & 0 \\ 0 & 1 \end{bmatrix}}_{\mathbf{B}} \underbrace{\begin{bmatrix} u_1[n] \\ u_2[n] \end{bmatrix}}_{\mathbf{u}[n]}
$$

其中 $\mathbf{u}[n]$ 是零均值的矢量 WGN，协方差矩阵为

$$
E(\mathbf{u}[m]\mathbf{u}^T[n]) = \begin{bmatrix} E(u_1[m]u_1[n]) & E(u_1[m]u_2[n]) \\ E(u_2[m]u_1[n]) & E(u_2[m]u_2[n]) \end{bmatrix} = \begin{bmatrix} \sigma_{u_1}^2 & 0 \\ 0 & \sigma_{u_2}^2 \end{bmatrix} \delta[m-n]
$$

所以

$$
\mathbf{Q} = \begin{bmatrix} \sigma_{u_1}^2 & 0 \\ 0 & \sigma_{u_2}^2 \end{bmatrix}
$$

且

$$
\mathbf{s}[-1] = \begin{bmatrix} s_1[-1] \\ s_2[-1] \end{bmatrix}
$$

$$
\sim \mathcal{N}\left(\begin{bmatrix} \mu_{s_1} \\ \mu_{s_2} \end{bmatrix}, \begin{bmatrix} \sigma_{s_1}^2 & 0 \\ 0 & \sigma_{s_2}^2 \end{bmatrix}\right)
$$

另一方面，如果两个输出从同一个源产生（可能是共享一个电路），那么毫无疑问它们是相关的。我们将会看到，通过令任意矩阵 $\mathbf{A}$、$\mathbf{B}$ 或 $\mathbf{Q}$ 为非对角矩阵，就可以模拟这种情况 [参见 (13.26) 式]。

下面，我们推导矢量高斯 – 马尔可夫统计性质来完成我们的讨论。计算是标量模型的简单扩展。首先，我们确定 $\mathbf{s}[n]$ 的精确表达式，由 (13.12) 式我们有

$$
\begin{aligned}
\mathbf{s}[0] &= \mathbf{A}\mathbf{s}[-1] + \mathbf{B}\mathbf{u}[0] \\
\mathbf{s}[1] &= \mathbf{A}\mathbf{s}[0] + \mathbf{B}\mathbf{u}[1] = \mathbf{A}^2\mathbf{s}[-1] + \mathbf{A}\mathbf{B}\mathbf{u}[0] + \mathbf{B}\mathbf{u}[1]
\end{aligned}
$$

等等

一般而言，我们有

$$
\mathbf{s}[n] = \mathbf{A}^{n+1}\mathbf{s}[-1] + \sum_{k=0}^{n} \mathbf{A}^k \mathbf{B}\mathbf{u}[n-k] \tag{13.13}
$$

其中 $\mathbf{A}^0 = \mathbf{I}$。可以看出，$\mathbf{s}[n]$ 是起始条件和驱动噪声输入的线性函数，于是，$\mathbf{s}[n]$ 是高斯随机过程。剩下的就是要确定均值和协方差函数。由 (13.13) 式，

$$
E(\mathbf{s}[n]) = \mathbf{A}^{n+1}E(\mathbf{s}[-1]) = \mathbf{A}^{n+1}\boldsymbol{\mu}_s \tag{13.14}
$$

协方差函数为

$$
\begin{aligned}
\mathbf{C}_s[m,n] &= E\left[(\mathbf{s}[m] - E(\mathbf{s}[m]))(\mathbf{s}[n] - E(\mathbf{s}[n]))^T\right] \\
&= E\left[\left(\mathbf{A}^{m+1}(\mathbf{s}[-1] - \boldsymbol{\mu}_s) + \sum_{k=0}^{m} \mathbf{A}^k \mathbf{B}\mathbf{u}[m-k]\right)\right. \\
&\quad \left. \cdot \left(\mathbf{A}^{n+1}(\mathbf{s}[-1] - \boldsymbol{\mu}_s) + \sum_{l=0}^{n} \mathbf{A}^l \mathbf{B}\mathbf{u}[n-l]\right)^T\right] \\
&= \mathbf{A}^{m+1}\mathbf{C}_s\mathbf{A}^{n+1^T} + \sum_{k=0}^{m}\sum_{l=0}^{n} \mathbf{A}^k \mathbf{B}E(\mathbf{u}[m-k]\mathbf{u}^T[n-l])\mathbf{B}^T\mathbf{A}^{l^T}
\end{aligned}
$$

但是

$$
E(\mathbf{u}[m-k]\mathbf{u}^T[n-l]) = \mathbf{Q}\delta[l-(n-m+k)] = \begin{cases} \mathbf{Q} & l = n-m+k \\ \mathbf{0} & \text{其他} \end{cases}
$$

这样，对于 $m \geqslant n$，

$$\mathbf{C}_s[m,n] = \mathbf{A}^{m+1}\mathbf{C}_s\mathbf{A}^{n+1^T} + \sum_{k=m-n}^{m} \mathbf{A}^k\mathbf{B}\mathbf{Q}\mathbf{B}^T\mathbf{A}^{n-m+k^T} \tag{13.15}$$

对于 $m < n$，
$$\mathbf{C}_s[m,n] = \mathbf{C}_s^T[n,m]$$

$\mathbf{s}[n]$ 的协方差矩阵为

$$\mathbf{C}[n] = \mathbf{C}_s[n,n] = \mathbf{A}^{n+1}\mathbf{C}_s\mathbf{A}^{n+1^T} + \sum_{k=0}^{n} \mathbf{A}^k\mathbf{B}\mathbf{Q}\mathbf{B}^T\mathbf{A}^{k^T} \tag{13.16}$$

另外，注意由(13.12)式，均值和协方差矩阵的传播方程可以写成（参见习题13.5）

$$E(\mathbf{s}[n]) = \mathbf{A}E(\mathbf{s}[n-1]) \tag{13.17}$$

$$\mathbf{C}[n] = \mathbf{A}\mathbf{C}[n-1]\mathbf{A}^T + \mathbf{B}\mathbf{Q}\mathbf{B}^T \qquad n \geq 0 \tag{13.18}$$

像标量情况那样，协方差矩阵由于 $\mathbf{A}\mathbf{C}[n-1]\mathbf{A}^T$ 项而减少，由于 $\mathbf{B}\mathbf{Q}\mathbf{B}^T$ 项而增加。（可以证明，对于一个稳定的过程，$\mathbf{A}$ 的特征值在幅度上肯定小于1，参见习题13.6。）由(13.14)式和(13.16)式，很明显稳态性质类似于标量高斯-马尔可夫模型时的稳态性质。由于 $\mathbf{A}$ 的特征值在幅度上全部小于1，因此当 $n \to \infty$ 时，均值将趋向于零，即

$$E(\mathbf{s}[n]) = \mathbf{A}^{n+1}\boldsymbol{\mu}_s \to \mathbf{0}$$

另外，由(13.16)式，可以证明当 $n \to \infty$ 时（参见习题13.7），

$$\mathbf{A}^{n+1}\mathbf{C}_s\mathbf{A}^{n+1^T} \to \mathbf{0}$$

所以

$$\mathbf{C}[n] \to \mathbf{C} = \sum_{k=0}^{\infty} \mathbf{A}^k\mathbf{B}\mathbf{Q}\mathbf{B}^T\mathbf{A}^{k^T} \tag{13.19}$$

有趣的是，我们注意到，如果在(13.18)式中令 $\mathbf{C}[n-1] = \mathbf{C}[n] = \mathbf{C}$，稳态时的协方差也是(13.18)式的解。那么，稳态时的协方差满足

$$\mathbf{C} = \mathbf{A}\mathbf{C}\mathbf{A}^T + \mathbf{B}\mathbf{Q}\mathbf{B}^T \tag{13.20}$$

(13.19)式就是解，通过直接代入就可以验证，我们称之为 Lyapunov 方程。

尽管我们在高斯-马尔可夫模型的定义中假定矩阵 $\mathbf{A}$、$\mathbf{B}$ 和 $\mathbf{Q}$ 与 n 无关，但是与 n 有关也是可以的，并且在某些情况下也是相当有用的。对均值和协方差函数也可以建立类似的表达式，一个主要的差别是过程可能达不到稳态。

我们现在对模型及其性质进行归纳。

定理13.1（矢量高斯-马尔可夫模型） $p \times 1$ 矢量信号 $\mathbf{s}[n]$ 的高斯-马尔可夫模型为

$$\mathbf{s}[n] = \mathbf{A}\mathbf{s}[n-1] + \mathbf{B}\mathbf{u}[n] \qquad n \geq 0 \tag{13.21}$$

$\mathbf{A}$、$\mathbf{B}$ 是维数分别为 $p \times p$ 和 $p \times r$ 的已知矩阵，假定 $\mathbf{A}$ 的特征值幅度是小于1的。驱动噪声矢量 $\mathbf{u}[n]$ 是 $r \times 1$ 维的，它是矢量 WGN，即 $\mathbf{u}[n] \sim \mathcal{N}(\mathbf{0}, \mathbf{Q})$，且 $\mathbf{u}[n]$ 的是相互独立的。起始条件 $\mathbf{s}[-1]$ 是一个 $p \times 1$ 随机矢量，服从 $\mathbf{s}[-1] \sim \mathcal{N}(\boldsymbol{\mu}_s, \mathbf{C}_s)$，它与 $\mathbf{u}[n]$ 是独立的。那么，信号过程是高斯的，均值为

$$E(\mathbf{s}[n]) = \mathbf{A}^{n+1}\boldsymbol{\mu}_s \tag{13.22}$$

协方差函数对于 $m \geq n$，

$$\begin{aligned}
\mathbf{C}_s[m,n] &= E\left[(\mathbf{s}[m] - E(\mathbf{s}[m]))(\mathbf{s}[n] - E(\mathbf{s}[n]))^T\right] \\
&= \mathbf{A}^{m+1}\mathbf{C}_s\mathbf{A}^{n+1^T} + \sum_{k=m-n}^{m} \mathbf{A}^k\mathbf{B}\mathbf{Q}\mathbf{B}^T\mathbf{A}^{n-m+k^T}
\end{aligned} \tag{13.23}$$

而对于 $m < n$，

$$\mathbf{C}_s[m, n] = \mathbf{C}_s^T[n, m]$$

协方差矩阵为

$$\mathbf{C}[n] = \mathbf{C}_s[n, n] = \mathbf{A}^{n+1}\mathbf{C}_s\mathbf{A}^{n+1^T} + \sum_{k=0}^{n} \mathbf{A}^k\mathbf{B}\mathbf{Q}\mathbf{B}^T\mathbf{A}^{k^T} \tag{13.24}$$

均值和协方差矩阵的传播函数方程为

$$E(\mathbf{s}[n]) = \mathbf{A}E(\mathbf{s}[n-1]) \tag{13.25}$$

$$\mathbf{C}[n] = \mathbf{A}\mathbf{C}[n-1]\mathbf{A}^T + \mathbf{B}\mathbf{Q}\mathbf{B}^T \tag{13.26}$$

13.4　标量卡尔曼滤波器

在前一节讨论的标量高斯 – 马尔可夫信号模型具有如下形式，

$$s[n] = as[n-1] + u[n] \qquad n \geqslant 0$$

我们现在描述一种序贯 MMSE 估计量，当 n 增加的时候，它允许我们根据数据 $\{x[0],$ $x[1], \ldots, x[n]\}$ 来估计 $s[n]$。这样一种运算称为滤波，估计量 $\hat{s}[n]$ 是根据以前样本建立的估计量 $\hat{s}[n-1]$ 进行计算的。因此这是一种递推的方法，这就是所谓的卡尔曼滤波器。正如引言中所介绍的那样，卡尔曼滤波器的多功能性是它有着广泛应用的原因，它既可以用来估计标量高斯 – 马尔可夫信号，也可以扩展到矢量情况。而且，我们前面讨论的由标量序列如 $\{x[0], x[1], \ldots, x[n]\}$ 组成的数据也可以扩充到矢量观测 $\{\mathbf{x}[0], \mathbf{x}[1], \ldots, \mathbf{x}[n]\}$。一个常用的例子出现在阵列处理中，其中每一个时刻我们对一组传感器的输出进行采样。如果我们有 M 个传感器，那么每一个数据样本 $\mathbf{x}[n]$ 或观测将是 $M \times 1$ 矢量。我们在内容体系上总结了如下三个不同的级别。

1. 标量状态 – 标量观测 $(s[n-1], x[n])$
2. 矢量状态 – 标量观测 $(\mathbf{s}[n-1], x[n])$
3. 矢量状态 – 矢量观测 $(\mathbf{s}[n-1], \mathbf{x}[n])$

在本节我们讨论第一种情况，剩下的两种情况留到 13.6 节。

考虑标量状态方程和标量矢量观测方程

$$\begin{aligned} s[n] &= as[n-1] + u[n] \\ x[n] &= s[n] + w[n] \end{aligned} \tag{13.27}$$

其中 $u[n]$ 是具有独立样本的零均值高斯噪声，$E(u^2[n]) = \sigma_u^2$，$w[n]$ 是具有独立样本的零均值高斯噪声，$E(w^2[n]) = \sigma_n^2$。我们进一步假定 $s[-1]$、$u[n]$ 和 $w[n]$ 是相互独立的。最后，我们假定 $s[-1] \sim \mathcal{N}(\mu_s, \sigma_s^2)$，噪声过程 $w[n]$ 只是在方差随时间变化这一点上与 WGN 不同。为了简化推导，我们假定 $\mu_s = 0$，所以根据 (13.4) 式，对于 $n \geqslant 0$，$E(s[n]) = 0$。后面我们将考虑非零起始信号的均值。我们希望根据观测 $\{x[0], x[1], \ldots, x[n]\}$ 来估计 $s[n]$，或者对 $x[n]$ 滤波产生 $\hat{s}[n]$。更为一般的情况是，根据 $\{x[0], x[1], \ldots, x[m]\}$ 建立的 $s[n]$ 的估计量将用 $\hat{s}[n|m]$ 表示。我们最佳的准则就是使贝叶斯 MSE，即

$$E\left[(s[n] - \hat{s}[n|n])^2\right]$$

最小。其中数学期望是对 $p(x[0], x[1], \ldots, x[n], s[n])$ 求取的。但是，MMSE 估计量刚好是

后验 PDF 的均值，即

$$\hat{s}[n|n] = E(s[n]|x[0], x[1], \ldots, x[n]) \tag{13.28}$$

由于 $\theta = s[n]$ 和 $\mathbf{x} = [x[0] x[1] \ldots x[n]]^T$ 是联合高斯的，因此利用零均值应用定理 10.2，上式变成

$$\hat{s}[n|n] = \mathbf{C}_{\theta x} \mathbf{C}_{xx}^{-1} \mathbf{x} \tag{13.29}$$

由于我们对信号和噪声假定服从高斯分布，因此 MMSE 估计量是线性的，并且在代数形式上与 LMMSE 估计量相同。代数性质允许我们利用矢量空间方法来求估计量。由于我们已经知道最佳估计量是线性的，线性的约束并不影响一般性。另外，如果高斯假定无效，那么导出的估计量仍然是有效的，但只能说是一种最佳 LMMSE 估计量。回到 (13.29) 式的序贯计算，我们注意到如果 $x[n]$ 与 $\{x[0], x[1], \ldots, x[n-1]\}$ 是不相关的，那么由 (13.28) 式和正交原理，我们有 (参见例 12.2)

$$
\begin{aligned}
\hat{s}[n|n] &= E(s[n]|x[0], x[1], \ldots, x[n-1]) + E(s[n]|x[n]) \\
&= \hat{s}[n|n-1] + E(s[n]|x[n])
\end{aligned}
$$

它具有希望的序贯形式。遗憾的是由于 $x[n]$ 各时刻的值与 $s[n]$ 有关，因此它们是相关的，即 $x[n]$ 的样本与样本之间是相关的。根据我们在第 12 章讨论的序贯 LMMSE 估计量，由观测 $x[n]$ 来确定对旧的估计量 $\hat{s}[n|n-1]$ 的修正可以利用矢量空间来解释。在解释之前，我们总结 MMSE 估计量将要用到的一些性质。

1. 如果 θ 是零均值的，那么 θ 根据两个不相关的数据矢量（假定是联合高斯分布）的 MMSE 估计量为（参见 11.4 节）

$$\hat{\theta} = E(\theta|\mathbf{x}_1, \mathbf{x}_2) = E(\theta|\mathbf{x}_1) + E(\theta|\mathbf{x}_2)$$

2. 如果 $\theta = \theta_1 + \theta_2$，MMSE 估计量是可加的，那么

$$\hat{\theta} = E(\theta|\mathbf{x}) = E(\theta_1 + \theta_2|\mathbf{x}) = E(\theta_1|\mathbf{x}) + E(\theta_2|\mathbf{x})$$

利用这条性质，我们开始推导 (13.38) 式 ~ (13.42) 式。令 $\mathbf{X}[n] = [x[0] x[1] \ldots x[n]]^T$（我们现在用 $\mathbf{X}$ 表示，是为了避免与前面的 $\mathbf{x}[n]$ 的表示相混淆，$\mathbf{x}[n]$ 随后将用来表示矢量观测），$\tilde{x}[n]$ 表示新息。回想一下，新息是 $x[n]$ 与前面的样本 $\{x[0], x[1], \ldots, x[n-1]\}$ 不相关的那一部分，即

$$\tilde{x}[n] = x[n] - \hat{x}[n|n-1] \tag{13.30}$$

这是因为根据正交原理，$\hat{x}[n|n-1]$ 是基于数据 $\{x[0], x[1], \ldots, x[n-1]\}$ 建立的 $x[n]$ 的 MMSE 估计量，误差或者 $\tilde{x}[n]$ 与数据是正交（不相关）的，由于 $x[n]$ 可以由

$$x[n] = \tilde{x}[n] + \hat{x}[n|n-1] = \tilde{x}[n] + \sum_{k=0}^{n-1} a_k x[k]$$

恢复出来，其中 a_k 是 $x[n]$ 根据 $\{x[0], x[1], \ldots, x[n-1]\}$ 的 MMSE 估计量的最佳加权系数，因此部分数据 $\mathbf{X}[n-1]$、$\tilde{x}[n]$ 等价于原始的数据集。现在我们将 (13.28) 式重写为

$$\hat{s}[n|n] = E(s[n]|\mathbf{X}[n-1], \tilde{x}[n])$$

由于 $\mathbf{X}[n-1]$ 与 $\tilde{x}[n]$ 是不相关的，由性质 1 我们有

$$\hat{s}[n|n] = E(s[n]|\mathbf{X}[n-1]) + E(s[n]|\tilde{x}[n])$$

但是，$E(s[n]|\mathbf{X}[n-1])$ 是根据前面数据对 $s[n]$ 的预测，我们用 $\hat{s}[n|n-1]$ 表示。由 (13.1) 式和性质 2，因为 $E(u[n]|\mathbf{X}[n-1]) = 0$，精确的预测为

$$
\begin{aligned}
\hat{s}[n|n-1] &= E(s[n]|\mathbf{X}[n-1]) \\
&= E(as[n-1]+u[n]|\mathbf{X}[n-1]) \\
&= aE(s[n-1]|\mathbf{X}[n-1]) \\
&= a\hat{s}[n-1|n-1]
\end{aligned}
$$

这是由于 $u[n]$ 与 $\{x[0],x[1],\dots,x[n-1]\}$ 无关，所以

$$
E(u[n]|\mathbf{X}[n-1]) = E(u[n]) = 0
$$

我们只要注意到 $u[n]$ 与所有 $w[n]$ 都是无关的，并且由(13.2)式，$s[0],s[1],\dots,s[n-1]$ 是随机变量 $\{u[0],u[1],\dots,u[n-1],s[-1]\}$ 的线性组合，而这些变量与 $u[n]$ 是无关的，那么就可以得出 $u(n)$ 与 $\{x(0),x(1),\dots,x(n-1)\}$ 是线性无关的。现在我们有

$$
\hat{s}[n|n] = \hat{s}[n|n-1] + E(s[n]|\tilde{x}[n]) \tag{13.31}
$$

其中

$$
\hat{s}[n|n-1] = a\hat{s}[n-1|n-1]
$$

为了确定 $E(s[n]|\tilde{x}[n])$，我们注意到它是 $s[n]$ 根据 $\tilde{x}[n]$ 的 MMSE 估计量。这样它是线性的，并且由于 $s[n]$ 的零均值的假定，它具有下面的形式，

$$
E(s[n]|\tilde{x}[n]) = K[n]\tilde{x}[n] = K[n](x[n]-\hat{x}[n|n-1])
$$

其中

$$
K[n] = \frac{E(s[n]\tilde{x}[n])}{E(\tilde{x}^2[n])} \tag{13.32}
$$

由联合高斯的 θ 和 x 的一般 MMSE 估计量可得出

$$
\hat{\theta} = C_{\theta x}C_{xx}^{-1}x = \frac{E(\theta x)}{E(x^2)}x
$$

而 $x[n]=s[n]+w[n]$，所以由性质 2，

$$
\hat{x}[n|n-1] = \hat{s}[n|n-1] + \hat{w}[n|n-1] = \hat{s}[n|n-1]
$$

上式中由于 $w[n]$ 与 $\{x[0],x[1],\dots,x[n-1]\}$ 无关，所以 $\hat{w}[n|n-1]=0$。这样，

$$
E(s[n]|\tilde{x}[n]) = K[n](x[n]-\hat{s}[n|n-1])
$$

由(13.31)式，我们有

$$
\hat{s}[n|n] = \hat{s}[n|n-1] + K[n](x[n]-\hat{s}[n|n-1]) \tag{13.33}
$$

其中

$$
\hat{s}[n|n-1] = a\hat{s}[n-1|n-1] \tag{13.34}
$$

剩下的就是要确定增益 $K[n]$。由(13.32)式，增益因子是

$$
K[n] = \frac{E[s[n](x[n]-\hat{s}[n|n-1])]}{E[(x[n]-\hat{s}[n|n-1])^2]}
$$

为了计算 $K[n]$，我们需要如下结果：

1.
$$
E[s[n](x[n]-\hat{s}[n|n-1])] = E[(s[n]-\hat{s}[n|n-1])(x[n]-\hat{s}[n|n-1])]
$$

2.
$$
E[w[n](s[n]-\hat{s}[n|n-1])] = 0
$$

第一个结果是因为这样的事实，即新息

$$
\tilde{x}[n] = x[n]-\hat{x}[n|n-1] = x[n]-\hat{s}[n|n-1] \tag{13.35}
$$

与过去数据是不相关的，因而新息与 $\hat{s}[n|n-1]$ 也是不相关的，因为 $\hat{s}[n|n-1]$ 是 $x[0]$，$x[1],\dots,x[n-1]$ 的线性组合。第二个结果则是因为 $s[n]$ 和 $w[n]$ 是不相关的，并且 $w[n]$ 与过去数据是不相关的(因为 $w[n]$ 是一个不相关的过程)。利用这些性质，增益变成

$$K[n] = \frac{E[(s[n] - \hat{s}[n|n-1])(x[n] - \hat{s}[n|n-1])]}{E[(s[n] - \hat{s}[n|n-1] + w[n])^2]}$$

$$= \frac{E[(s[n] - \hat{s}[n|n-1])^2]}{\sigma_n^2 + E[(s[n] - \hat{s}[n|n-1])^2]} \tag{13.36}$$

但是分子刚好是根据前面的数据估计 $s[n]$ 时产生的最小 MSE, 即最小一步均方预测误差, 用 $M[n|n-1]$ 表示, 所以,

$$K[n] = \frac{M[n|n-1]}{\sigma_n^2 + M[n|n-1]} \tag{13.37}$$

为了计算增益, 我们需要最小预测误差的表达式, 利用 (13.34) 式,

$$\begin{aligned} M[n|n-1] &= E[(s[n] - \hat{s}[n|n-1])^2] \\ &= E[(as[n-1] + u[n] - \hat{s}[n|n-1])^2] \\ &= E[(a(s[n-1] - \hat{s}[n-1|n-1]) + u[n])^2] \end{aligned}$$

我们注意到

$$E[(s[n-1] - \hat{s}[n-1|n-1])u[n]] = 0$$

这是由于 $s[n-1]$ 与 $\{u[0], u[1], \dots, u[n-1], s[-1]\}$ 有关, 而 $\{u[0], u[1], \dots, u[n-1], s[-1]\}$ 与 $u[n]$ 无关, $\hat{s}[n-1|n-1]$ 与过去数据样本即与 $\{s[0] + w[0], s[1] + w[1], \dots, s[n-1] + w[n-1]\}$ 有关, 而这些与 $u[n]$ 都是无关的。因此,

$$M[n|n-1] = a^2 M[n-1|n-1] + \sigma_u^2$$

最后, 我们要求 $M[n|n]$ 的递推表达式。利用 (13.33) 式, 我们有

$$\begin{aligned} M[n|n] &= E[(s[n] - \hat{s}[n|n])^2] \\ &= E[(s[n] - \hat{s}[n|n-1] - K[n](x[n] - \hat{s}[n|n-1]))^2] \\ &= E[(s[n] - \hat{s}[n|n-1])^2] - 2K[n]E[(s[n] - \hat{s}[n|n-1])(x[n] - \hat{s}[n|n-1])] \\ &\quad + K^2[n]E[(x[n] - \hat{s}[n|n-1])^2] \end{aligned}$$

但是第一项是 $M[n|n-1]$, 从 (13.36) 式可以看出, 第二项的数学期望是 $K[n]$ 的分子, 最后一项的数学期望是 $K[n]$ 的分母。因此, 根据 (13.37) 式,

$$\begin{aligned} M[n|n] &= M[n|n-1] - 2K^2[n](M[n|n-1] + \sigma_n^2) + K[n]M[n|n-1] \\ &= M[n|n-1] - 2K[n]M[n|n-1] + K[n]M[n|n-1] \\ &= (1 - K[n])M[n|n-1] \end{aligned}$$

这样就完成了标量状态 – 标量观测卡尔曼滤波器的推导。尽管推导过程十分烦琐, 但最终的方程实际上是相当简单和直观的, 我们将它们总结如下。对于 $n \geqslant 0$,

预测:

$$\hat{s}[n|n-1] = a\hat{s}[n-1|n-1] \tag{13.38}$$

最小预测 MSE:

$$M[n|n-1] = a^2 M[n-1|n-1] + \sigma_u^2 \tag{13.39}$$

卡尔曼增益:

$$K[n] = \frac{M[n|n-1]}{\sigma_n^2 + M[n|n-1]} \tag{13.40}$$

修正:

$$\hat{s}[n|n] = \hat{s}[n|n-1] + K[n](x[n] - \hat{s}[n|n-1]) \tag{13.41}$$

最小 MSE:

$$M[n|n] = (1 - K[n])M[n|n-1] \tag{13.42}$$

尽管推导是对于 $\mu_s = 0$，因此 $E(s[n]) = 0$，但是对于 $\mu_s \neq 0$（参见附录 13A）也可以得出相同的方程。因此，为了初始化方程，我们利用 $\hat{s}[-1|-1] = E(s[-1]) = \mu_s$，由于这个量是在没有任何数据时对 $s[-1]$ 的估计，因此 $M[-1|-1] = \sigma_s^2$。图 13.5 给出了卡尔曼滤波器的框图，有趣的是我们注意到信号的动态模型是估计器的微分部分。另外，我们也可以把增益方框的输出看成 $u[n]$ 的估计 $\hat{u}[n]$。由（13.38）式和（13.41）式，信号的估计为

$$\hat{s}[n|n] = a\hat{s}[n-1|n-1] + \hat{u}[n]$$

其中 $\hat{u}[n] = K[n](x[n] - \hat{s}[n|n-1])$。就这个估计来说是 $u[n]$ 的近似，正如我们所希望的那样有 $\hat{s}[n|n] \approx s[n]$。下面，考虑一个例子来说明卡尔曼滤波器的流程。

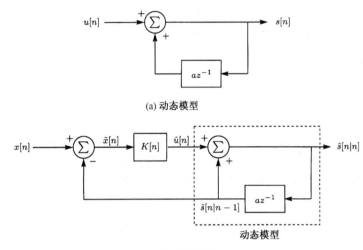

(a) 动态模型

(b) 卡尔曼滤波器

图 13.5　标量状态－标量观测卡尔曼滤波器及其与动态模型之间的关系

例 13.2　标量状态－标量观测卡尔曼滤波器

信号模型是一阶高斯－马尔可夫过程，

$$s[n] = \frac{1}{2}s[n-1] + u[n] \qquad n \geq 0$$

其中 $s[-1] \sim \mathcal{N}(0, 1)$，$\sigma_u^2 = 2$。我们假定是在噪声 $w[n]$ 中观测到信号，所以数据是 $x[n] = s[n] + w[n]$，其中 $w[n]$ 是零均值高斯噪声，具有独立的样本，方差为 $\sigma_n^2 = (1/2)^n$，并且与 $s[-1]$ 和 $u[n]$（$n \geq 0$）独立。我们将滤波器初始化为

$$\hat{s}[-1|-1] \;=\; E(s[-1]) = 0$$
$$M[-1|-1] \;=\; E[(s[-1] - \hat{s}[-1|-1])^2] \;=\; E(s^2[-1]) = 1$$

根据（13.38）式和（13.39）式，首先预测 $s[0]$ 得

$$\hat{s}[0|-1] \;=\; a\hat{s}[-1|-1] \;=\; \frac{1}{2}(0) = 0$$
$$M[0|-1] \;=\; a^2 M[-1|-1] + \sigma_u^2 \;=\; \frac{1}{4}(1) + 2 = \frac{9}{4}$$

其次，当观测到 $x[0]$ 时，利用（13.40）式和（13.41）式修正我们的预测估计，得

$$K[0] \;=\; \frac{M[0|-1]}{\sigma_0^2 + M[0|-1]} \;=\; \frac{\frac{9}{4}}{1 + \frac{9}{4}} = \frac{9}{13}$$

$$\hat{s}[0|0] \quad = \quad \hat{s}[0|-1] + K[0](x[0] - \hat{s}[0|-1]) \quad = \quad 0 + \frac{9}{13}(x[0] - 0) = \frac{9}{13}x[0]$$

接着，利用(13.42)式更新最小 MSE，

$$M[0|0] \quad = \quad (1 - K[0])M[0|-1] \quad = \quad \left(1 - \frac{9}{13}\right)\frac{9}{4} = \frac{9}{13}$$

对于 $n = 1$，我们得到结果

$$\hat{s}[1|0] \quad = \quad \frac{9}{26}x[0]$$

$$M[1|0] \quad = \quad \frac{113}{52}$$

$$K[1] \quad = \quad \frac{113}{129}$$

$$\hat{s}[1|1] \quad = \quad \frac{9}{26}x[0] + \frac{113}{129}\left(x[1] - \frac{9}{26}x[0]\right)$$

$$M[1|1] \quad = \quad \frac{452}{1677}$$

读者可以对其进行验证。

我们应该注意到，如果 $E(s[-1]) \neq 0$，可以导出一组相同的等式。在这种情况下，由于 $E(s[n]) = a^{n+1}E(s[-1])$ [参见(13.3)式]，所以 $s[n]$ 的均值将不是零，这种扩展在习题 13.13 中进行了探讨。回想一下，零均值假定的理由是允许我们使用正交原理。我们现在讨论卡尔曼滤波器的一些重要性质，它们是：

1. 卡尔曼滤波器将第 12 章的序贯 MMSE 扩展到了未知参数按照动态模型随时间变化的情况。在第 12 章，我们推导了序贯 LMMSE 估计量的方程 [参见(12.47)式~(12.49)式]，它与假定高斯统计特性时的序贯 MMSE 在形式上是相同的。特别是对于标量情况，有 $h[n] = 1$，且用 $s[n]$ 代替 $\theta[n]$，那么这些方程变成

$$\hat{s}[n] \quad = \quad \hat{s}[n-1] + K[n](x[n] - \hat{s}[n-1]) \qquad (13.43)$$

$$K[n] \quad = \quad \frac{M[n-1]}{\sigma_n^2 + M[n-1]} \qquad (13.44)$$

$$M[n] \quad = \quad (1 - K[n])M[n-1] \qquad (13.45)$$

当待估计的参数不随时间变化时，卡尔曼滤波器将化简为这些方程。通过假定驱动噪声是零或 $\sigma_u^2 = 0$ 和 $a = 1$ 即可得出。那么，由(13.1)式，状态方程就变成了 $s[n] = s[n-1]$，或精确地写成 $s[n] = s[-1] = \theta$。待估计参数是常数，将其看成一个随机变量的现实。那么，预测则是具有最小 MSE $M[n|n-1] = M[n-1|n-1]$ 的 $\hat{s}[n|n-1] = \hat{s}[n-1|n-1]$，所以我们可以省略卡尔曼滤波器的预测阶段。这就是说，预测刚好是 $s[n]$ 的最后估计。由于我们可以令 $\hat{s}[n|n] = \hat{s}[n]$、$\hat{s}[n|n-1] = \hat{s}[n-1]$、$M[n|n] = M[n]$ 以及 $M[n|n-1] = M[n-1]$，因此修正阶段可化简为(13.43)式~(13.45)式。

2. 不要求矩阵求逆。这可以和估计 $\theta = s[n]$ 的批处理方法进行比较，

$$\hat{\theta} = \mathbf{C}_{\theta x}\mathbf{C}_{xx}^{-1}\mathbf{x}$$

其中 $\mathbf{x} = [x[0]\,x[1]\ldots x[n]]^T$。这个公式的应用要求我们对待估计的 $s[n]$ 的每个样本求 $\mathbf{C}_{xx}$ 的逆。事实上，矩阵的维数是 $(n+1) \times (n+1)$，随着 n 的变化会变得很大。

3. 卡尔曼滤波器是一种时变滤波器。由(13.38)式和(13.41)式注意到

$$\begin{aligned}
\hat{s}[n|n] &= a\hat{s}[n-1|n-1] + K[n](x[n] - a\hat{s}[n-1|n-1]) \\
&= a(1 - K[n])\hat{s}[n-1|n-1] + K[n]x[n]
\end{aligned}$$

这是一个时变系数的一阶递归滤波器，如图 13.6 所示。

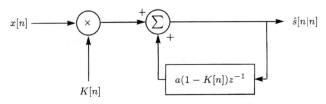

图 13.6　作为时变滤波器的卡尔曼滤波器

4. 卡尔曼滤波器提供了它自身性能的度量。由(13.42)式，最小贝叶斯 MSE 作为估计量的一部分而计算。另外，误差度量在任何数据收集之前可以离线计算出来，这是因为 $M[n|n]$ 只与(13.39)式和(13.40)式有关，而这两式与数据无关。我们将会看到，对于扩展的卡尔曼滤波器，最小 MSE 序列必须在线计算(参见 13.7 节)。

5. 预测阶段增加了误差，而修正阶段减少了误差。在最小预测 MSE 与最小 MSE 之间存在一种相互作用。如果当 $n \to \infty$ 时达到稳态条件，那么 $M[n|n]$ 和 $M[n|n-1]$ 都变成了常数，且 $M[n|n-1] > M[n-1|n-1]$(参见习题 13.14)。因此，误差将在预测阶段增加。当新数据得到后，我们修正估计，根据(13.42)式 MSE 减小(由于 $K[n] < 1$)。图 13.7 给出了一个例子，其中取 $a = 0.99$，$\sigma_u^2 = 0.1$，$\sigma_n^2 = 0.9^{n+1}$，$M[-1|-1] = 1$。关于这一点，我们在下一节讨论卡尔曼滤波器与维纳滤波器的关系时会进行详细的分析。

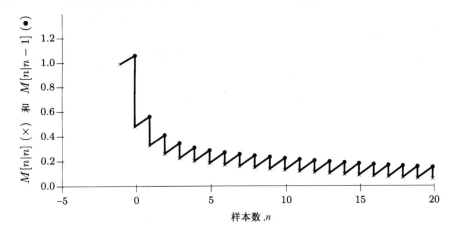

图 13.7　预测和修正最小 MSE

6. 预测是卡尔曼滤波器的一部分。由(13.38)式可以看出，为了确定 $s[n]$ 最好的滤波估计，我们使用了预测。由(13.38)式，根据 $\{x[0], x[1], \ldots, x[n-1]\}$，我们可以求出 $s[n]$ 的最佳一步预测。如果我们希望最佳二步预测，则根据 $\{x[0], x[1], \ldots, x[n-1]\}$ 建立 $s[n+1]$ 的最佳估计也很容易得到。为此我们令 $\sigma_n^2 \to \infty$，意味着 $x[n]$ 的噪声是如此之大，以至于卡尔曼滤波器不能利用这样的观测矩阵。那么，$\hat{s}[n+1|n-1]$ 刚好是最佳二步预测。为了计算它，由(13.38)式，我们有

$$\hat{s}[n+1|n] = a\hat{s}[n|n]$$

另外, 由于 $K[n] \to 0$, 由 (13.41) 式我们有 $\hat{s}[n|n] = \hat{s}[n|n-1]$, 其中 $\hat{s}[n|n-1] = a\hat{s}[n-1|n-1]$。这样, 最佳两步预测是

$$
\begin{aligned}
\hat{s}[n+1|n-1] &= \hat{s}[n+1|n] = a\hat{s}[n|n] \\
&= a\hat{s}[n|n-1] = a^2\hat{s}[n-1|n-1]
\end{aligned}
$$

这也可以推广到 l 步预测器, 习题 13.15 给予了证明。

7. 由不相关新息序列驱动的卡尔曼滤波器, 在稳态的情况下可以看成白化滤波器。注意, 由 (13.38) 式和 (13.41) 式,

$$
\hat{s}[n|n] = a\hat{s}[n-1|n-1] + K[n](x[n] - \hat{s}[n|n-1])
$$

所以滤波器的输入是新息序列 $\tilde{x}[n] = x[n] - \hat{s}[n|n-1]$ [参见 (13.35) 式], 如图 13.8 所示。根据矢量空间方法的讨论, 我们知道 $\tilde{x}[n]$ 与 $\{x[0], x[1], \ldots, x[n-1]\}$ 是不相关的, 如图 13.9 所示, $\{x[0], x[1], \ldots, x[n-1]\}$ 将转换成一个不相关的随机变量序列。另外, 如果我们把 $\tilde{x}[n]$ 看成卡尔曼滤波器的输出, 同时滤波器达到稳态, 那么它就变成了图 13.10 所示的线性时不变的白化滤波器。下一节将进行详细的讨论。

8. 对于每一个估计量 $\hat{s}[n]$, 就使贝叶斯 MSE 最小而言, 卡尔曼滤波器是最佳的。如果高斯假定无效, 那么它仍然是第 12 章所述的那种线性 MMSE 估计量。

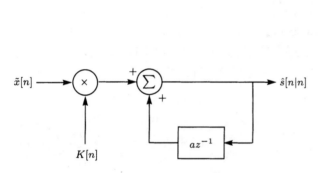

图 13.8　新息 – 驱动卡尔曼滤波器

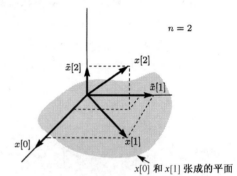

图 13.9　新息序列 $\tilde{x}(n)$ 的正交性(不相关性质)

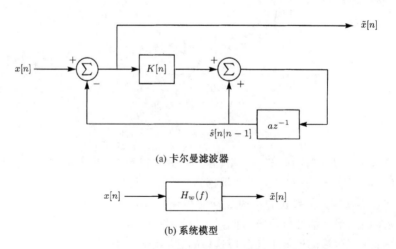

(a) 卡尔曼滤波器

(b) 系统模型

图 13.10　卡尔曼滤波器的白化滤波器解释

　　如果观测也是矢量的,那么所有这些卡尔曼滤波器的性质除性质 2 外都可以推广到矢量状态的情况。

13.5　卡尔曼滤波器与维纳滤波器的关系

　　第 12 章描述的因果无限长度的维纳滤波器得到的 $s[n]$ 估计是线性时不变滤波器的输出,即

$$\hat{s}[n] = \sum_{k=0}^{\infty} h[k]x[n-k]$$

$s[n]$ 的估计量基于当前数据样本和过去无限的样本。为了解析地确定滤波器的冲激响应 $h[k]$,我们需要假定信号 $s[n]$ 和噪声 $w[n]$ 是 WSS 过程,所以维纳－霍夫方程可以求解(参见习题 12.16)。在卡尔曼滤波公式中,信号和噪声不必是 WSS。$w[n]$ 的方差可能随 n 变化,而且 $s[n]$ 只有当 $n \rightarrow \infty$ 时是 WSS 的。另外,卡尔曼滤波器产生的估计只利用了从 0 到 n 的样本数据,而不是无限长度维纳滤波器假定的过去无限的数据。然而,当 $n \rightarrow \infty$ 时,如果 $\sigma_n^2 = \sigma^2$,则两个滤波器是相同的。这是因为 $s[n]$ 趋向于 13.3 节所证明的统计平稳,即它变成了 AR(1) 过程,那么估计器是基于当前和过去无限的样本。由于卡尔曼滤波器将趋向于一个线性时不变滤波器,我们可以令 $K[n] \rightarrow K[\infty]$、$M[n|n] \rightarrow M[\infty]$ 和 $M[n|n-1] \rightarrow M_p[\infty]$,其中 $M_p[\infty]$ 是稳态一步预测误差。为了求稳态卡尔曼滤波器,我们首先需要求 $M[\infty]$。由 (13.39) 式、(13.40) 式和 (13.42) 式,我们有

$$M[\infty] = \left(1 - \frac{M_p[\infty]}{\sigma^2 + M_p[\infty]}\right) M_p[\infty] = \frac{\sigma^2 M_p[\infty]}{M_p[\infty] + \sigma^2} = \frac{\sigma^2(a^2 M[\infty] + \sigma_u^2)}{a^2 M[\infty] + \sigma_u^2 + \sigma^2} \quad (13.46)$$

必须解出 $M[\infty]$。导出的方程称为稳态 Ricatti 方程,可以看出这是一个二次型方程。一旦求出了 $M[\infty]$,就可以确定 $M_p[\infty]$,也就最终确定了 $K[\infty]$。那么,稳态卡尔曼滤波器取一阶回归滤波器的形式,如图 13.6 所示,其中用恒定值 $K[\infty]$ 代替 $K[n]$。注意,利用数值的方法求解 Ricatti 方程的简单方法就是运行卡尔曼滤波器直到收敛,这样将得到一个期望的时不变的滤波器。稳态卡尔曼滤波器具有下面的形式,

$$\begin{aligned}\hat{s}[n|n] &= a\hat{s}[n-1|n-1] + K[\infty](x[n] - a\hat{s}[n-1|n-1]) \\ &= a(1 - K[\infty])\hat{s}[n-1|n-1] + K[\infty]x[n]\end{aligned}$$

所以,它的稳态传递函数是

$$\mathcal{H}_{\infty}(z) = \frac{K[\infty]}{1 - a(1 - K[\infty])z^{-1}} \quad (13.47)$$

例如,如果 $a = 0.9$、$\sigma_u^2 = 1$、$\sigma^2 = 1$,由 (13.46) 式我们求得 $M[\infty] = 0.5974$(其他解是负的)。因此,由 (13.39) 式求得 $M_p[\infty] = 1.4839$,由 (13.40) 式求得 $K[\infty] = 0.5974$。稳态频率响应为

$$H_{\infty}(f) = \mathcal{H}_{\infty}(\exp(j2\pi f)) = \frac{0.5974}{1 - 0.3623\exp(-j2\pi f)}$$

它的幅度在图 13.11 中用实线表示,而稳态信号的 PSD

$$P_{ss}(f) = \frac{\sigma_u^2}{|1 - a\exp(-j2\pi f)|^2} = \frac{1}{|1 - 0.9\exp(-j2\pi f)|^2}$$

用虚线表示。如果对于因果的无限长度的维纳滤波器,解出了维纳－霍夫方程,那么会得到相同的结果。因此,如果当 $n \rightarrow \infty$ 时信号和噪声变成 WSS,那么稳态时的卡尔曼滤波器等价于因果的无限长度的维纳滤波器。

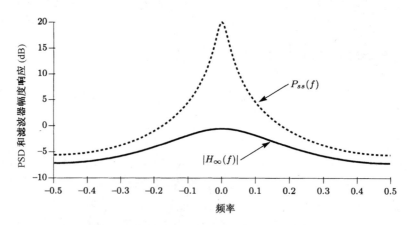

图 13.11   信号 PSD 和稳态卡尔曼滤波器幅度响应

最后，在前一节讨论的性质 7 的白化滤波器性质在本例中也可以得到证明。新息是

$$\tilde{x}[n] = x[n] - \hat{s}[n|n-1] = x[n] - a\hat{s}[n-1|n-1] \tag{13.48}$$

但是在稳态时，$\hat{s}[n|n]$ 是由 $x[n]$ 驱动的一个系统函数为 $\mathcal{H}_\infty(z)$ 的滤波器的输出。这样，由 (13.48) 式和 (13.47) 式，把输入 $x[n]$ 与输出 $\tilde{x}[n]$ 联系起来的系统函数为

$$\mathcal{H}_w(z) = 1 - az^{-1}\mathcal{H}_\infty(z) = 1 - \frac{az^{-1}K[\infty]}{1 - a(1 - K[\infty])z^{-1}}$$

$$= \frac{1 - az^{-1}}{1 - a(1 - K[\infty])z^{-1}}$$

对于本例，我们有白化滤波器的频率响应

$$H_w(f) = \frac{1 - 0.9\exp(-j2\pi f)}{1 - 0.3623\exp(-j2\pi f)}$$

它的幅度在图 13.12 中用实线表示，虚线表示 $x[n]$ 的 PSD。注意，$x[n]$ 的 PSD 为

$$P_{xx}(f) = P_{ss}(f) + \sigma^2 = \frac{\sigma_u^2}{|1 - a\exp(-j2\pi f)|^2} + \sigma^2$$

$$= \frac{\sigma_u^2 + \sigma^2|1 - a\exp(-j2\pi f)|^2}{|1 - a\exp(-j2\pi f)|^2}$$

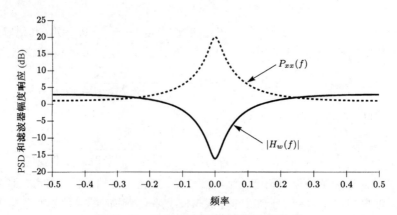

图 13.12   稳态卡尔曼滤波器的白化性质

对于本例是

$$P_{xx}(f) = \frac{1 + |1 - 0.9\exp(-j2\pi f)|^2}{|1 - 0.9\exp(-j2\pi f)|^2}$$

因此，白化滤波器的输出是

$$|H_w(f)|^2 P_{xx}(f) = \frac{1 + |1 - 0.9\exp(-j2\pi f)|^2}{|1 - 0.3623\exp(-j2\pi f)|^2}$$

可以证明这是一个恒定 PSD $P_{\tilde{x}\tilde{x}}(f) = 2.48$。总之，我们有

$$P_{\tilde{x}\tilde{x}}(f) = \frac{\sigma_{\tilde{x}}^2}{|H_w(f)|^2}$$

其中 $\sigma_{\tilde{x}}^2$ 是新息的方差。这样，如图 13.13 所示，具有频率响应 $H_w(f)$ 的滤波器的输出 PSD 是高度
为 $\sigma_{\tilde{x}}^2$ 的平坦的 PSD。

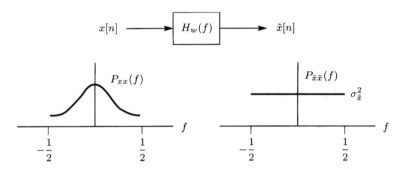

图 13.13   稳态卡尔曼白化滤波器的输入和输出的 PSD

13.6   矢量卡尔曼滤波器

标量状态－标量观测卡尔曼滤波器很容易推广，两个推广是用定理 13.1 描述的服从高斯－
马尔可夫模型的 $\mathbf{s}[n]$ 代替 $s[n]$，用矢量观测 $\mathbf{x}[n]$ 代替标量观测 $x[n]$。第一个推广将得到矢量
状态－标量观测卡尔曼滤波器，而第二个推广将导出最一般形式的矢量状态－矢量观测卡尔曼
滤波器。在两种情况下，由定理 13.1，状态模型为

$$\mathbf{s}[n] = \mathbf{A}\mathbf{s}[n-1] + \mathbf{B}\mathbf{u}[n] \qquad n \geq 0$$

其中 $\mathbf{A}$、$\mathbf{B}$ 是已知的 $p \times p$ 和 $p \times r$ 矩阵，$\mathbf{u}[n]$ 是服从 $\mathbf{u}[n] \sim \mathcal{N}(\mathbf{0}, \mathbf{Q})$ 的矢量 WGN，$\mathbf{s}[-1] \sim$
$\mathcal{N}(\boldsymbol{\mu}_s, \mathbf{C}_s)$，$\mathbf{s}[-1]$ 与 $\mathbf{u}[n]$ 相互独立。矢量状态－标量观测卡尔曼滤波器假定观测遵循线性模
型(参见 10.6 节)，再加上噪声协方差矩阵是对角矩阵的假设。这样，对于第 n 个数据样本，我
们有

$$x[n] = \mathbf{h}^T[n]\mathbf{s}[n] + w[n] \tag{13.49}$$

其中 $\mathbf{h}[n]$ 是已知的 $p \times 1$ 矢量，$w[n]$ 是具有不相关样本的零均值高斯噪声，方差为 σ_n^2，另外
$\mathbf{s}[-1]$ 与 $\mathbf{u}[n]$ 相互独立。(13.49)式的数据模型称为观测或测量方程。13.8 节给出了一个例
子，在那里我们希望跟踪随机时变 FIR 滤波器的系数。在那个例子里，状态是由冲激响应值组成
的。对这样一组设置的卡尔曼滤波器可用与标量状态情况一样的方法推导出来，附录 13A 给出了
推导。我们现在将结果总结如下，读者应该注意到与(13.38)式~(13.42)式类似的情况。
预测：

$$\hat{\mathbf{s}}[n|n-1] = \mathbf{A}\hat{\mathbf{s}}[n-1|n-1] \tag{13.50}$$

最小预测 MSE 矩阵($p \times p$)：

$$\mathbf{M}[n|n-1] = \mathbf{A}\mathbf{M}[n-1|n-1]\mathbf{A}^T + \mathbf{B}\mathbf{Q}\mathbf{B}^T \tag{13.51}$$

卡尔曼增益矢量($p \times 1$)：

$$\mathbf{K}[n] = \frac{\mathbf{M}[n|n-1]\mathbf{h}[n]}{\sigma_n^2 + \mathbf{h}^T[n]\mathbf{M}[n|n-1]\mathbf{h}[n]} \tag{13.52}$$

修正：

$$\hat{s}[n|n] = \hat{s}[n|n-1] + \mathbf{K}[n](x[n] - \mathbf{h}^T[n]\hat{s}[n|n-1]) \tag{13.53}$$

最小 MSE 矩阵($p \times p$)：

$$\mathbf{M}[n|n] = (\mathbf{I} - \mathbf{K}[n]\mathbf{h}^T[n])\mathbf{M}[n|n-1] \tag{13.54}$$

其中均方误差矩阵定义为

$$\mathbf{M}[n|n] = E\left[(\mathbf{s}[n] - \hat{s}[n|n])(\mathbf{s}[n] - \hat{s}[n|n])^T\right] \tag{13.55}$$

$$\mathbf{M}[n|n-1] = E\left[(\mathbf{s}[n] - \hat{s}[n|n-1])(\mathbf{s}[n] - \hat{s}[n|n-1])^T\right] \tag{13.56}$$

为了初始化方程，我们利用 $\hat{s}[-1|-1] = E(\mathbf{s}[-1]) = \boldsymbol{\mu}_s$ 和 $\mathbf{M}[-1|-1] = \mathbf{C}_s$。递归的顺序与标量状态-标量观测情况相同。另外，正如前面描述的，不要求矩阵求逆，但是在考虑矢量观测时就并非如此。如果 $\mathbf{A} = \mathbf{I}$ 且 $\mathbf{B} = \mathbf{0}$，那么方程与序贯 LMMSE 估计量相同［参见(12.47)式~(12.49)式］。这是因为信号模型是相同的，信号是常数（不随时间变化）。13.8 节给出了应用例子。

最后，我们将卡尔曼滤波器推广到实际中常用的矢量观测的情况。例如在阵列处理中，每个时刻我们对 M 个传感器的阵输出进行采样，那么观测为 $\mathbf{x}[n] = [x_1[n]\, x_2[n] \ldots x_M[n]]^T$，其中 $x_i[n]$ 是 n 时刻第 i 个传感器的输出。观测利用贝叶斯线性模型

$$\mathbf{x} = \mathbf{H}\boldsymbol{\theta} + \mathbf{w}$$

来建模，其中每个矢量观测具有这种形式。用 n 表示索引，用 $\mathbf{s}$ 代替 $\boldsymbol{\theta}$，那么我们的观测模型为

$$\mathbf{x}[n] = \mathbf{H}[n]\mathbf{s}[n] + \mathbf{w}[n] \tag{13.57}$$

其中 $\mathbf{H}[n]$ 是已知的 $M \times p$ 矩阵，$\mathbf{x}[n]$ 是 $M \times 1$ 观测矢量，$\mathbf{w}[n]$ 是 $M \times 1$ 观测噪声序列。$\mathbf{w}[n]$ 的元素是相互独立的，$\mathbf{u}[n]$ 与 $\mathbf{s}[-1]$ 也是相互独立的，且 $\mathbf{w}[n] \sim \mathcal{N}(\mathbf{0}, \mathbf{C}[n])$。除协方差矩阵与 n 有关外，$\mathbf{w}[n]$ 可以看成一个矢量 WGN。对于阵列处理问题，$\mathbf{s}[n]$ 表示 p 个发射信号的矢量，它可以被看作随机的，$\mathbf{H}[n]$ 则作为由于介质引起的线性变换。因为 $\mathbf{H}[n]$ 与 n 有关，所以介质可以看成是时变的。因此，$\mathbf{H}[n]\mathbf{s}[n]$ 是 M 个传感器信号的输出。另外，传感器输出受到噪声 $\mathbf{w}[n]$ 污染。对 $\mathbf{w}[n]$ 的统计假设显示了噪声在传感器与传感器之间于同一时刻是相关的，协方差矩阵为 $\mathbf{C}[n]$，这个相关随时间变化。然而，在不同时刻之间的噪声样本是不相关的，因为对于 $i \neq j$，$E(\mathbf{w}[i]\mathbf{w}^T[j]) = \mathbf{0}$。利用这样的数据模型，我们就可以推导矢量状态-矢量观测卡尔曼滤波器，这是一种最一般的估计量，由于要求许多假定，我们用一个定理加以总结。

定理 13.2（矢量卡尔曼滤波器）　$p \times 1$ 信号矢量 $\mathbf{s}[n]$ 随时间的变化服从高斯-马尔可夫模型，

$$\mathbf{s}[n] = \mathbf{A}\mathbf{s}[n-1] + \mathbf{B}\mathbf{u}[n] \qquad n \geqslant 0$$

其中 $\mathbf{A}$、$\mathbf{B}$ 分别是已知的 $p \times p$ 矩阵和 $p \times r$ 矩阵。驱动噪声矢量 $\mathbf{u}[n]$ 具有 PDF $\mathbf{u}[n] \sim \mathcal{N}(\mathbf{0}, \mathbf{Q})$，且样本与样本之间是独立的，所以对于 $m \neq n$，$E(\mathbf{u}[m]\mathbf{u}^T[n]) = \mathbf{0}$（$\mathbf{u}[n]$ 是矢量 WGN），初始状态矢量 $\mathbf{s}[-1]$ 具有 PDF $\mathbf{s}[-1] \sim \mathcal{N}(\boldsymbol{\mu}_s, \mathbf{C}_s)$，它与 $\mathbf{u}[n]$ 独立。

$M \times 1$ 观测矢量用贝叶斯线性模型来表示，

$$\mathbf{x}[n] = \mathbf{H}[n]\mathbf{s}[n] + \mathbf{w}[n] \qquad n \geqslant 0$$

其中 $\mathbf{H}[n]$ 是已知 $M \times p$ 观测矢量(可能随时间变化), $\mathbf{w}[n]$ 是 $M \times 1$ 观测噪声矢量, PDF 为 $\mathbf{w}[n] \sim \mathcal{N}(\mathbf{0}, \mathbf{C}[n])$, 且样本与样本之间是独立的, 所以对于 $m \neq n$, $E(\mathbf{w}[m]\mathbf{w}^T[n]) = \mathbf{0}$(如果 $\mathbf{C}[n]$ 与 n 无关, 那么 $\mathbf{w}[n]$ 是矢量 WGN)。

$\mathbf{s}[n]$ 基于 $\{x[0], x[1], \ldots, x[n]\}$ 的 MMSE 估计量为

$$\hat{\mathbf{s}}[n|n] = E(\mathbf{s}[n]|\mathbf{x}[0], \mathbf{x}[1], \ldots, \mathbf{x}[n])$$

利用下列递推式顺序地计算:

预测:

$$\hat{\mathbf{s}}[n|n-1] = \mathbf{A}\hat{\mathbf{s}}[n-1|n-1] \tag{13.58}$$

最小预测 MSE 矩阵($p \times p$):

$$\mathbf{M}[n|n-1] = \mathbf{A}\mathbf{M}[n-1|n-1]\mathbf{A}^T + \mathbf{B}\mathbf{Q}\mathbf{B}^T \tag{13.59}$$

卡尔曼增益矩阵($p \times M$):

$$\mathbf{K}[n] = \mathbf{M}[n|n-1]\mathbf{H}^T[n]\left(\mathbf{C}[n] + \mathbf{H}[n]\mathbf{M}[n|n-1]\mathbf{H}^T[n]\right)^{-1} \tag{13.60}$$

修正:

$$\hat{\mathbf{s}}[n|n] = \hat{\mathbf{s}}[n|n-1] + \mathbf{K}[n](\mathbf{x}[n] - \mathbf{H}[n]\hat{\mathbf{s}}[n|n-1]) \tag{13.61}$$

最小 MSE 矩阵($p \times p$):

$$\mathbf{M}[n|n] = (\mathbf{I} - \mathbf{K}[n]\mathbf{H}[n])\mathbf{M}[n|n-1] \tag{13.62}$$

递推初始化为 $\hat{\mathbf{s}}[-1|-1] = \boldsymbol{\mu}_s$, $\mathbf{M}[-1|-1] = \mathbf{C}_s$。

除了矩阵求逆的需要, 所有标量状态 – 标量观测卡尔曼滤波器的讨论都可以应用到这里。为了求卡尔曼增益, 我们需要求 $M \times M$ 矩阵的逆。如果状态矢量的维数 p 小于观测矢量的维数 M, 那么可以得到卡尔曼滤波器的一种更为有效的实现方法, 这种称为信息形式的卡尔曼滤波器在[Anderson and Moore 1979]中进行了描述。

在结束线性卡尔曼滤波器的讨论之前, 要注意前面定理中总结的卡尔曼滤波器仍然不是最一般的滤波器, 然而它适合许多实际的应用问题。令矩阵 $\mathbf{A}$、$\mathbf{B}$ 和 $\mathbf{Q}$ 是时变的就可以加以扩展。幸运的是, 当我们用 $\mathbf{A}[n]$ 代替 $\mathbf{A}$、$\mathbf{B}[n]$ 代替 $\mathbf{B}$ 和 $\mathbf{Q}[n]$ 代替 $\mathbf{Q}$ 时, 导出的方程与前面的定理是相同的。另外, 将结果推广到有色观测噪声和具有确定输入(除驱动噪声外)的信号模型也是可能的。最后, 根据卡尔曼原理, 已经推导出来平滑方程。这些扩展在[Anderson and Moore 1979, Gelb 1974, Mendel 1987]中进行了描述。

13.7　扩展卡尔曼滤波器

在实际中, 我们经常遇到非线性的状态方程和观测方程, 那么前面的方法就不再有效。在13.8 节中讨论的一个简单的例子是飞行器的跟踪。对于这个问题, 观测或测量是距离估计 $\hat{R}[n]$ 和方位估计 $\hat{\beta}[n]$。如果飞行器的状态是直角坐标系中的位置 (r_x, r_y)(假定它在 xy 平面上运动), 那么无噪声的测量通过下式与未知参数建立联系,

$$
\begin{aligned}
R[n] &= \sqrt{r_x^2[n] + r_y^2[n]} \\
\beta[n] &= \arctan \frac{r_y[n]}{r_x[n]}
\end{aligned}
$$

然而，由于测量误差，我们得到的估计 $\hat{R}[n]$ 和 $\hat{\beta}[n]$ 假定是真实距离和方位加上测量误差。因此，对于我们的测量有

$$
\begin{aligned}
\hat{R}[n] &= R[n] + w_R[n] \\
\hat{\beta}[n] &= \beta[n] + w_\beta[n]
\end{aligned}
\tag{13.63}
$$

或

$$
\begin{aligned}
\hat{R}[n] &= \sqrt{r_x^2[n] + r_y^2[n]} + w_R[n] \\
\hat{\beta}[n] &= \arctan \frac{r_y[n]}{r_x[n]} + w_\beta[n]
\end{aligned}
$$

很显然，我们不能应用线性模型的形式表示，即不能表示为

$$
\mathbf{x}[n] = \mathbf{H}[n]\boldsymbol{\theta}[n] + \mathbf{w}[n]
$$

其中 $\boldsymbol{\theta}[n] = [r_x[n]\ r_y[n]]^T$。观测方程是非线性的。

如果我们假定飞行器以一个已知的固定速度在给定的方向上运动，并且我们选择极坐标距离和方位来描述状态，那么也会出现非线性的状态方程[注意这样一种选择重现了(13.63)式描述的测量线性方程]。那么，忽略驱动噪声，状态方程变成

$$
\begin{aligned}
r_x[n] &= v_x n\Delta + r_x[0] \\
r_y[n] &= v_y n\Delta + r_y[0]
\end{aligned}
\tag{13.64}
$$

其中 (v_x, v_y) 是已知速度，Δ 是样本之间的时间间隔，$(r_x[0], r_y[0])$ 是起始位置。这也可以使用另外一种形式表示为

$$
\begin{aligned}
r_x[n] &= r_x[n-1] + v_x\Delta \\
r_y[n] &= r_y[n-1] + v_y\Delta
\end{aligned}
$$

所以，距离变成

$$
\begin{aligned}
R[n] &= \sqrt{r_x^2[n-1] + r_y^2[n-1] + 2v_x\Delta r_x[n-1] + 2v_y\Delta r_y[n-1] + (v_x^2 + v_y^2)\Delta^2} \\
&= \sqrt{R^2[n-1] + 2R[n-1]\Delta(v_x\cos\beta[n-1] + v_y\sin\beta[n-1]) + (v_x^2 + v_y^2)\Delta^2}
\end{aligned}
$$

很显然，距离和方位都是非线性的。一般来说，我们可能遇到状态或观测方程是非线性的序贯状态估计。那么，取代我们的线性卡尔曼滤波器模型

$$
\begin{aligned}
\mathbf{s}[n] &= \mathbf{A}\mathbf{s}[n-1] + \mathbf{B}\mathbf{u}[n] \\
\mathbf{x}[n] &= \mathbf{H}[n]\mathbf{s}[n] + \mathbf{w}[n]
\end{aligned}
$$

我们有

$$
\mathbf{s}[n] = \mathbf{a}(\mathbf{s}[n-1]) + \mathbf{B}\mathbf{u}[n]
\tag{13.65}
$$

$$
\mathbf{x}[n] = \mathbf{h}(\mathbf{s}[n]) + \mathbf{w}[n]
\tag{13.66}
$$

其中 $\mathbf{a}$ 是 p 维函数，$\mathbf{h}$ 是 M 维函数，其他矩阵的维数与前面的相同。$\mathbf{a}(\mathbf{s}[n-1])$ 表示状态变化的真实的物理模型，而 $\mathbf{u}[n]$ 考虑了模型误差，这是一种无法预料的输入。同样，$\mathbf{h}(\mathbf{s}[n])$ 表示从状态变量到理想观测(无噪声)的变换。对于这种情况，MMSE 估计量是很难处理的，只有寄希望于对 $\mathbf{a}$ 和 $\mathbf{h}$ 的线性化来得到近似解，这与非线性 LS 非常类似，在非线性 LS 中数据与未知参数之间是非线性的。这种线性化的结果及随之(13.58)式 ~ (13.62)式的线性卡尔曼滤波器的应用导出了扩展卡尔曼滤波器，它不具有最佳的特性，它的性能取决于线性化的精度。这是一种动态线性化，事先无法确定它的性能。

下面继续进行推导，我们在 $\mathbf{s}[n-1]$ 的估计即 $\hat{\mathbf{s}}[n-1|n-1]$ 附近线性化 $\mathbf{a}(\mathbf{s}[n-1])$。同样，根据前面的数据对 $\mathbf{s}[n]$ 的估计，即在 $\hat{\mathbf{s}}[n|n-1]$ 附近线性化 $\mathbf{h}(\mathbf{s}[n])$，因为由(13.61)式我们需要线性化观测方程来确定 $\hat{\mathbf{s}}[n|n]$。因此，一阶泰勒级数展开得

$$\begin{aligned}
\mathbf{a}(\mathbf{s}[n-1]) &\approx \mathbf{a}(\hat{\mathbf{s}}[n-1|n-1]) \\
&\quad + \left.\frac{\partial \mathbf{a}}{\partial \mathbf{s}[n-1]}\right|_{\mathbf{s}[n-1]=\hat{\mathbf{s}}[n-1|n-1]} (\mathbf{s}[n-1]-\hat{\mathbf{s}}[n-1|n-1]) \\
\mathbf{h}(\mathbf{s}[n]) &\approx \mathbf{h}(\hat{\mathbf{s}}[n|n-1]) + \left.\frac{\partial \mathbf{h}}{\partial \mathbf{s}[n]}\right|_{\mathbf{s}[n]=\hat{\mathbf{s}}[n|n-1]} (\mathbf{s}[n]-\hat{\mathbf{s}}[n|n-1])
\end{aligned}$$

我们令雅可比矩阵表示为

$$\begin{aligned}
\mathbf{A}[n-1] &= \left.\frac{\partial \mathbf{a}}{\partial \mathbf{s}[n-1]}\right|_{\mathbf{s}[n-1]=\hat{\mathbf{s}}[n-1|n-1]} \\
\mathbf{H}[n] &= \left.\frac{\partial \mathbf{h}}{\partial \mathbf{s}[n]}\right|_{\mathbf{s}[n]=\hat{\mathbf{s}}[n|n-1]}
\end{aligned}$$

所以由 (13.65) 式和 (13.66) 式, 线性化的状态方程和观测方程变成

$$\begin{aligned}
\mathbf{s}[n] &= \mathbf{A}[n-1]\mathbf{s}[n-1] + \mathbf{B}\mathbf{u}[n] + (\mathbf{a}(\hat{\mathbf{s}}[n-1|n-1]) - \mathbf{A}[n-1]\hat{\mathbf{s}}[n-1|n-1]) \\
\mathbf{x}[n] &= \mathbf{H}[n]\mathbf{s}[n] + \mathbf{w}[n] + (\mathbf{h}(\hat{\mathbf{s}}[n|n-1]) - \mathbf{H}[n]\hat{\mathbf{s}}[n|n-1])
\end{aligned}$$

这些方程不同于标准方程的是 $\mathbf{A}$ 现在为时变的, 并且两个方程都有已知的项加到其中。附录 13B 证明了这种模型的卡尔曼滤波器, 即扩展卡尔曼滤波器为

预测：

$$\hat{\mathbf{s}}[n|n-1] = \mathbf{a}(\hat{\mathbf{s}}[n-1|n-1]) \tag{13.67}$$

最小预测 MSE 矩阵 ($p \times p$)：

$$\mathbf{M}[n|n-1] = \mathbf{A}[n-1]\mathbf{M}[n-1|n-1]\mathbf{A}^T[n-1] + \mathbf{B}\mathbf{Q}\mathbf{B}^T \tag{13.68}$$

卡尔曼增益矩阵 ($p \times M$)：

$$\mathbf{K}[n] = \mathbf{M}[n|n-1]\mathbf{H}^T[n]\left(\mathbf{C}[n] + \mathbf{H}[n]\mathbf{M}[n|n-1]\mathbf{H}^T[n]\right)^{-1} \tag{13.69}$$

修正：

$$\hat{\mathbf{s}}[n|n] = \hat{\mathbf{s}}[n|n-1] + \mathbf{K}[n](\mathbf{x}[n] - \mathbf{h}(\hat{\mathbf{s}}[n|n-1])) \tag{13.70}$$

最小 MSE 矩阵 ($p \times p$)

$$\mathbf{M}[n|n] = (\mathbf{I} - \mathbf{K}[n]\mathbf{H}[n])\mathbf{M}[n|n-1] \tag{13.71}$$

其中

$$\begin{aligned}
\mathbf{A}[n-1] &= \left.\frac{\partial \mathbf{a}}{\partial \mathbf{s}[n-1]}\right|_{\mathbf{s}[n-1]=\hat{\mathbf{s}}[n-1|n-1]} \\
\mathbf{H}[n] &= \left.\frac{\partial \mathbf{h}}{\partial \mathbf{s}[n]}\right|_{\mathbf{s}[n]=\hat{\mathbf{s}}[n|n-1]}
\end{aligned}$$

注意, 与线性卡尔曼滤波器相反的是增益和 MSE 矩阵必须在线计算, 因为它们通过 $\mathbf{A}[n-1]$ 和 $\mathbf{H}[n]$ 与状态估计有关。另外, 使用 MSE 矩阵这样的术语也不是很合适, 因为 MMSE 估计量并没有实现, 而只是对它的近似。在下一节我们将扩展卡尔曼滤波器应用到飞行器的跟踪中。

13.8　信号处理的例子

我们现在考虑线性和扩展卡尔曼滤波器的某些常用的信号处理应用。

例 13.3　时变信道估计

许多传输信道具有线性的特征, 但不是时不变的。它们有多个名字, 如衰落色散 (fading dispersive) 信道或衰落多径 (fading multipath) 信道。它们出现在通信问题中, 在那里对流层

将作为介质，或者在声呐里海洋将作为介质[Kennedy 1969]。在两种情况下，介质将作为一个线性滤波器，导致输入端的一个冲激在输出端出现一个连续的波形（色散或多径特性），如图 13.14(a)所示。这种效应是传播路径(即多径)连续的结果，每一个路径将延迟和衰减输入信号。然而，当输入为正弦信号时，在输出端将出现窄带信号，它的幅度被调制(衰落特性)，如图 13.14(b)所示，这种效应是由于介质的变化特性(例如，散射体的运动)。略想一下，读者就可以确定信道起着线性时变滤波器的作用。如果我们对信道的输出进行采样，那么可以证明一个好的模型是低通节拍延迟线模型，如图 13.15 所示[Van Trees 1971]，这个系统的输入 – 输出描述是

$$y[n] = \sum_{k=0}^{p-1} h_n[k]v[n-k] \tag{13.72}$$

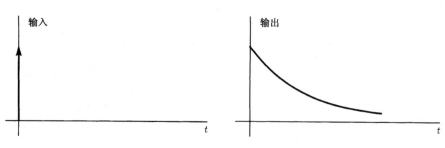

(a) 多径信道

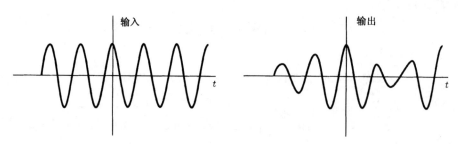

(b) 衰落信道

图 13.14　衰落和多径信道的输入 – 输出波形

这实际上不过是时变系数的 FIR 滤波器。为了设计有效的通信或声呐系统，了解这些系数的知识是必要的。因此，问题就变成了根据噪声污染的信道输出来估计 $h_n[k]$ 的问题，

$$x[n] = \sum_{k=0}^{p-1} h_n[k]v[n-k] + w[n] \tag{13.73}$$

其中 $w[n]$ 是观测噪声。在例 4.3 中讨论过类似的问题，只是在那里我们假定滤波器系数是时不变的，因此，线性模型可以用来估计确定性参数。要将那种方法推广到我们目前的问题是不大可能的，因为有太多的参数需要估计。为了理解其中的原因，我们令 $p=2$，假定 $v[n]=0(n<0)$，由(13.73)式，观测为

$$
\begin{aligned}
x[0] &= h_0[0]v[0] + h_0[1]v[-1] + w[0] = h_0[0]v[0] + w[0] \\
x[1] &= h_1[0]v[1] + h_1[1]v[0] + w[1] \\
x[2] &= h_2[0]v[2] + h_2[1]v[1] + w[2]
\end{aligned}
$$

等等

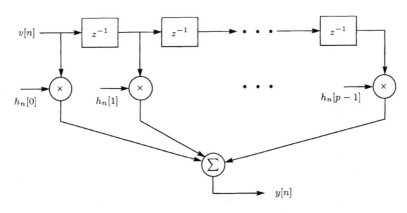

图 13.15　节拍延迟线模型

　　可以看出，对于 $n \geq 1$，对于每一个新的数据样本，我们有两个新的参数。即使没有污染噪声，我们也不能确定节拍延迟线加权数。解决这个问题的方法是要认识到加权从样本到样本之间是不会迅速变化的，如同在慢的衰落信道中那样。例如，在图 13.14(b) 中，这对应一个慢的幅度调制(由加权的时间变化引起的)。从统计意义上来说，我们可以把慢变化解释为相同节拍加权的样本之间高度的相关性。这样的观测自然让我们把节拍加权看成由高斯 – 马尔可夫模型描述的时变随机变量。这样的信号模型的使用允许我们在时间上使给定节拍加权的连续值之间固定相关，因此，我们假定状态矢量为

$$\mathbf{h}[n] = \mathbf{A}\mathbf{h}[n-1] + \mathbf{u}[n]$$

其中 $\mathbf{h}[n] = [h_n[0] h_n[1] \ldots h_n[p-1]]^T$，$\mathbf{A}$ 是已知 $p \times p$ 矩阵，$\mathbf{u}[n]$ 是矢量 WGN，协方差矩阵为 $\mathbf{Q}$。[读者应该注意，$\mathbf{h}[n]$ 不再像(13.49) 式那样称为观测矢量，而是信号 $\mathbf{s}[n]$]。为了简化建模，一个标准的假定就是不相关散射 [Van Trees 1971]。假定节拍加权之间是不相关的，由于联合高斯的假定，因此也是独立的。于是，我们可以令 $\mathbf{A}$、$\mathbf{Q}$ 和 $\mathbf{C}_h(\mathbf{h}[-1]$ 的协方差矩阵)是对角矩阵。那么，矢量高斯 – 马尔可夫模型变成了 p 个独立的标量模型。由(13.73) 式，测量模型是

$$x[n] = \underbrace{[\; v[n] \quad v[n-1] \quad \ldots \quad v[n-p+1] \;]}_{\mathbf{v}^T[n]} \mathbf{h}[n] + w[n]$$

其中假定 $w[n]$ 是具有方差 σ^2 的 WGN，$v[n]$ 序列是已知的(由于我们给信道提供输入)。我们现在利用矢量状态和标量观测的卡尔曼滤波器，为节拍延迟线加权形成递推的 MMSE 估计量。利用表示的明显的变化，由(13.50) 式 ~(13.54) 式我们有

$$\hat{\mathbf{h}}[n|n-1] = \mathbf{A}\hat{\mathbf{h}}[n-1|n-1]$$
$$\mathbf{M}[n|n-1] = \mathbf{A}\mathbf{M}[n-1|n-1]\mathbf{A}^T + \mathbf{Q}$$
$$\mathbf{K}[n] = \frac{\mathbf{M}[n|n-1]\mathbf{v}[n]}{\sigma^2 + \mathbf{v}^T[n]\mathbf{M}[n|n-1]\mathbf{v}[n]}$$
$$\hat{\mathbf{h}}[n|n] = \hat{\mathbf{h}}[n|n-1] + \mathbf{K}[n](x[n] - \mathbf{v}^T[n]\hat{\mathbf{h}}[n|n-1])$$
$$\mathbf{M}[n|n] = (\mathbf{I} - \mathbf{K}[n]\mathbf{v}^T[n])\mathbf{M}[n|n-1]$$

且用 $\hat{\mathbf{h}}[-1|-1] = \boldsymbol{\mu}_h$、$\mathbf{M}[-1|-1] = \mathbf{C}_h$ 进行初始化。例如，我们现在实现节拍延迟线(具有 $p=2$ 个加权)的卡尔曼滤波器估计量，我们假定状态模型中有

$$\mathbf{A} = \begin{bmatrix} 0.99 & 0 \\ 0 & 0.999 \end{bmatrix}$$

$$\mathbf{Q} = \begin{bmatrix} 0.0001 & 0 \\ 0 & 0.0001 \end{bmatrix}$$

一个特殊的现实显示在图 13.16 中，$h_n[0]$ 衰减到零，而 $h_n[1]$ 相当于常数。这是因为加权的均值在稳态时是零[参见(13.4)式]，$[\mathbf{A}]_{11}$ 的值越小，$h_n[0]$ 将衰减得更快。另外，我们注意到 $\mathbf{A}$ 的特征值刚好是对角元素，它们在幅度上小于 1。图 13.17(a) 显示了这样的一个节拍加权现实和输入信号。由(13.72)式确定的输出显示在图 13.17(b) 中。当加上方差为 $\sigma^2 = 0.1$ 的观测噪声时，我们有图 13.17(c) 所示的信道输出。然后，我们利用 $\hat{\mathbf{h}}[-1|-1] = \mathbf{0}$ 和 $\mathbf{M}[-1|-1] = 100\mathbf{I}$ 来应用卡尔曼滤波器，这样的选择反映了有关起始状态的知识较少。在理论推导上，卡尔曼滤波器的初始状态估计由 $\mathbf{s}[-1]$ 的均值给出。实际中这很少知道，所以我们通常选择具有大的起始 MSE 矩阵的任意起始状态估计，以避免卡尔曼滤波器偏离假定的状态。估计的节拍加权如图 13.18 所示。在起始的暂态过程后，卡尔曼滤波器锁定到真实的加权，并且紧紧地跟踪。卡尔曼滤波器的增益如图 13.19 所示。它们似乎达到了周期稳态，尽管这种行为与前面讨论的通常的稳态不同，因为 $\mathbf{v}[n]$ 随时间变化，所以，真实的稳态是永远也达不到的。另外，增益多次为零，例如对于 $0 \le n \le 4$，$[\mathbf{K}]_1 = K_1[n]$。这是因为在这些时间 $\mathbf{v}[n]$ 是零(因为是零输入)，这样观测中只包含噪声。卡尔曼滤波器通过强迫增益为零来忽略这些数据样本。最后，最小 MSE 显示在图 13.20 中，可以看出它是单调递减的，尽管对于卡尔曼滤波器通常并不是这样。

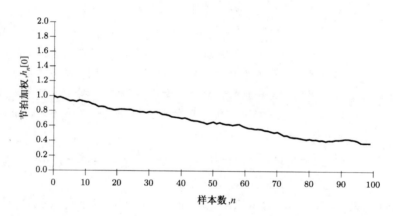

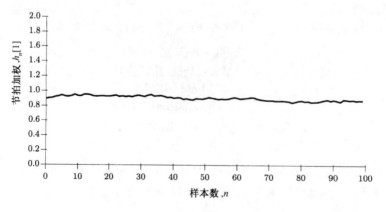

图 13.16　TDL 系数的一个现实

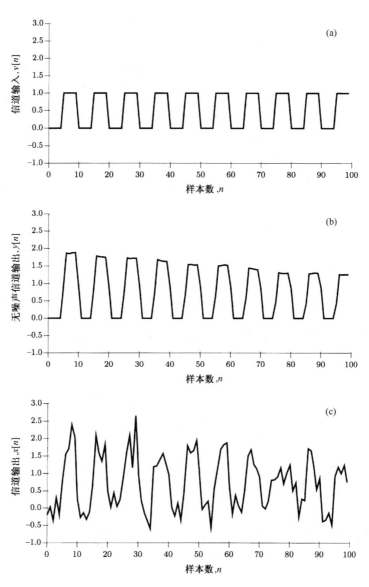

图 13.17　信道的输入 – 输出波形

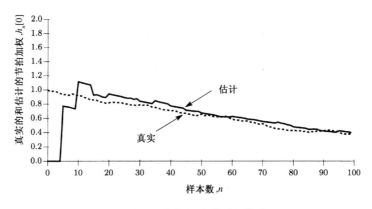

图 13.18　卡尔曼滤波器的估计

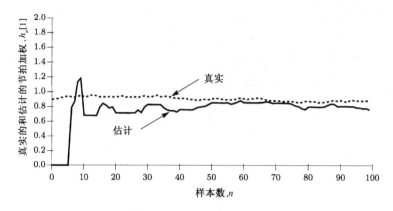

图 13.18(续)　卡尔曼滤波器的估计

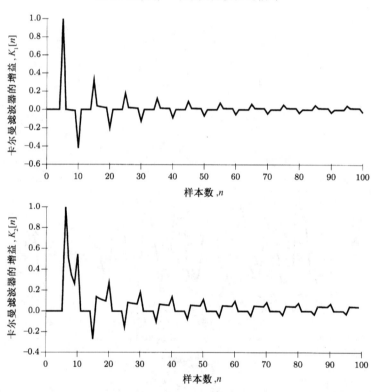

图 13.19　卡尔曼滤波器的增益

例 13.4　飞行器跟踪

在本例中，我们应用扩展卡尔曼滤波器来跟踪飞行器的位置和速度，飞行器按计划以给定的方向和速度运动。测量的是距离和方位。图 13.21 显示了这样的一条航迹。在得出的飞行器动力学模型中，我们假定恒定速度，只受到由风、轻微的速度修正等产生的扰动，这些情况在飞机上是可能出现的。我们把这些扰动看成一种噪声输入，所以在 n 时刻，在 x 和 y 方向的速度分量为

$$\begin{aligned} v_x[n] &= v_x[n-1] + u_x[n] \\ v_y[n] &= v_y[n-1] + u_y[n] \end{aligned} \tag{13.74}$$

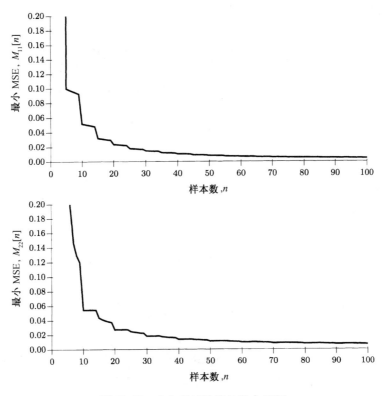

图 13.20 卡尔曼滤波器的最小 MSE

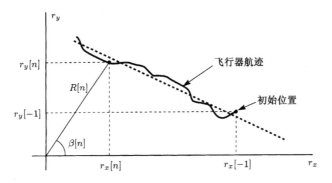

图 13.21 以常速运动的飞行器在给定方向上的典型航迹

如果没有噪声扰动 $u_x[n]$ 和 $u_y[n]$，速度将是恒定的，因此，飞行器可以看成图 13.21 中以虚线表示的直线运动。根据运动方程，在 n 时刻的位置为

$$
\begin{aligned}
r_x[n] &= r_x[n-1] + v_x[n-1]\Delta \\
r_y[n] &= r_y[n-1] + v_y[n-1]\Delta
\end{aligned}
\tag{13.75}
$$

其中 Δ 是样本之间的时间间隔。在这种运动方程的离散化模型中，飞行器将按前一时刻的速度运动，然后在下一时刻突然改变，这是对真实连续行为的一种近似。现在，我们选择的信号矢量是由位置和速度分量组成的，即

$$
\mathbf{s}[n] = \begin{bmatrix} r_x[n] \\ r_y[n] \\ v_x[n] \\ v_y[n] \end{bmatrix}
$$

由(13.74)式和(13.75)式可以看出，上式满足

$$
\underbrace{\begin{bmatrix} r_x[n] \\ r_y[n] \\ v_x[n] \\ v_y[n] \end{bmatrix}}_{\mathbf{s}[n]} = \underbrace{\begin{bmatrix} 1 & 0 & \Delta & 0 \\ 0 & 1 & 0 & \Delta \\ 0 & 0 & 1 & 0 \\ 0 & 0 & 0 & 1 \end{bmatrix}}_{\mathbf{A}} \underbrace{\begin{bmatrix} r_x[n-1] \\ r_y[n-1] \\ v_x[n-1] \\ v_y[n-1] \end{bmatrix}}_{\mathbf{s}[n-1]} + \underbrace{\begin{bmatrix} 0 \\ 0 \\ u_x[n] \\ u_y[n] \end{bmatrix}}_{\mathbf{u}[n]} \tag{13.76}
$$

测量是距离和方位

$$
\begin{aligned}
R[n] &= \sqrt{r_x^2[n] + r_y^2[n]} \\
\beta[n] &= \arctan \frac{r_y[n]}{r_x[n]}
\end{aligned}
$$

的噪声观测，即

$$
\begin{aligned}
\hat{R}[n] &= R[n] + w_R[n] \\
\hat{\beta}[n] &= \beta[n] + w_\beta[n]
\end{aligned} \tag{13.77}
$$

按照一般的形式，(13.77)式的观测方程是

$$
\mathbf{x}[n] = \mathbf{h}(\mathbf{s}[n]) + \mathbf{w}[n]
$$

其中 $\mathbf{h}$ 是函数

$$
\mathbf{h}(\mathbf{s}[n]) = \begin{bmatrix} \sqrt{r_x^2[n] + r_y^2[n]} \\ \\ \arctan \dfrac{r_y[n]}{r_x[n]} \end{bmatrix}
$$

　　遗憾的是，测量矢量与信号参数是非线性的。为了估计信号矢量，我们将应用扩展卡尔曼滤波器[参见(13.67)式~(13.71)式]。由于(13.76)式的状态方程是线性的，$\mathbf{A}[n]$ 刚好是(13.76)式给出的 $\mathbf{A}$，我们只需要确定

$$
\mathbf{H}[n] = \left. \frac{\partial \mathbf{h}}{\partial \mathbf{s}[n]} \right|_{\mathbf{s}[n]=\hat{\mathbf{s}}[n|n-1]}
$$

对观测方程求导，我们得到雅可比矩阵，

$$
\frac{\partial \mathbf{h}}{\partial \mathbf{s}[n]} = \begin{bmatrix} \dfrac{r_x[n]}{R[n]} & \dfrac{r_y[n]}{R[n]} & 0 & 0 \\ \\ \dfrac{-r_y[n]}{R^2[n]} & \dfrac{r_x[n]}{R^2[n]} & 0 & 0 \end{bmatrix}
$$

最后，我们需要指定驱动噪声和观测噪声的协方差。如果我们假定风、速度修正等在任何方向以同样的幅度出现，那么给 $u_x[n]$ 和 $u_y[n]$ 赋予相同的方差(都用 σ_u^2 表示)并且假定它们是独立的，这是合理的。那么，我们有

$$
\mathbf{Q} = \begin{bmatrix} 0 & 0 & 0 & 0 \\ 0 & 0 & 0 & 0 \\ 0 & 0 & \sigma_u^2 & 0 \\ 0 & 0 & 0 & \sigma_u^2 \end{bmatrix}
$$

　　由于 $u_x[n] = v_x[n] - v_x[n-1]$，要使用精确的 σ_u^2 取决于从样本到样本之间速度分量的变化，这刚好是加速度的 Δ 倍，并且可以从飞行物理学推导出来。在指定测量噪声的方差时，我们注意到由(13.77)式测量误差可以看成 $\hat{R}[n]$ 和 $\hat{\beta}[n]$ 的估计误差。我们通常假定估计误差 $w_R[n]$、$w_\beta[n]$ 是零均值的，那么 $w_R[n]$ 的方差比如说为 $E(w_R^2[n]) = E[(\hat{R}[n] - R[n])^2]$。方差有时候是可以推导出来的，但在大多数情况下则不是。一种可能性是假定 $E(w_R^2[n])$ 与 $R[n]$ 的 PDF 无关，所以 $E(w_R^2[n]) = E[(\hat{R}[n] - R[n])^2 | R[n]]$。我们也可以把 $R[n]$ 看成确定性参数，以至于 $w_R[n]$ 的方差刚好是经典估计量的方差。这样，如果 $\hat{R}[n]$ 是

MLE，那么假定长数据记录和高 SNR，则我们可以假定方差达到 CRLB。利用这种方法，我们可以像例 3.13 和例 3.15 所推导的那样，利用 CRLB 来设定距离和方位的方差。为了简单起见，我们通常假定估计误差是独立的，方差是时不变的(尽管这并不总是有效)。因此，我们有

$$\mathbf{C}[n] = \mathbf{C} = \begin{bmatrix} \sigma_R^2 & 0 \\ 0 & \sigma_\beta^2 \end{bmatrix}$$

总之，根据(13.67)式~(13.71)式，对这个问题的扩展卡尔曼滤波器方程为

$$
\begin{aligned}
\hat{\mathbf{s}}[n|n-1] &= \mathbf{A}\hat{\mathbf{s}}[n-1|n-1] \\
\mathbf{M}[n|n-1] &= \mathbf{A}\mathbf{M}[n-1|n-1]\mathbf{A}^T + \mathbf{Q} \\
\mathbf{K}[n] &= \mathbf{M}[n|n-1]\mathbf{H}^T[n]\left(\mathbf{C} + \mathbf{H}[n]\mathbf{M}[n|n-1]\mathbf{H}^T[n]\right)^{-1} \\
\hat{\mathbf{s}}[n|n] &= \hat{\mathbf{s}}[n|n-1] + \mathbf{K}[n](\mathbf{x}[n] - \mathbf{h}(\hat{\mathbf{s}}[n|n-1])) \\
\mathbf{M}[n|n] &= (\mathbf{I} - \mathbf{K}[n]\mathbf{H}[n])\mathbf{M}[n|n-1]
\end{aligned}
$$

其中

$$\mathbf{A} = \begin{bmatrix} 1 & 0 & \Delta & 0 \\ 0 & 1 & 0 & \Delta \\ 0 & 0 & 1 & 0 \\ 0 & 0 & 0 & 1 \end{bmatrix}$$

$$\mathbf{Q} = \begin{bmatrix} 0 & 0 & 0 & 0 \\ 0 & 0 & 0 & 0 \\ 0 & 0 & \sigma_u^2 & 0 \\ 0 & 0 & 0 & \sigma_u^2 \end{bmatrix}$$

$$\mathbf{x}[n] = \begin{bmatrix} \hat{R}[n] \\ \hat{\beta}[n] \end{bmatrix}$$

$$\mathbf{h}(\mathbf{s}[n]) = \begin{bmatrix} \sqrt{r_x^2[n] + r_y^2[n]} \\ \arctan\dfrac{r_y[n]}{r_x[n]} \end{bmatrix}$$

$$\mathbf{H}[n] = \begin{bmatrix} \dfrac{r_x[n]}{\sqrt{r_x^2[n] + r_y^2[n]}} & \dfrac{r_y[n]}{\sqrt{r_x^2[n] + r_y^2[n]}} & 0 & 0 \\ \dfrac{-r_y[n]}{r_x^2[n] + r_y^2[n]} & \dfrac{r_x[n]}{r_x^2[n] + r_y^2[n]} & 0 & 0 \end{bmatrix}\Bigg|_{\mathbf{s}[n]=\hat{\mathbf{s}}[n|n-1]}$$

$$\mathbf{C} = \begin{bmatrix} \sigma_R^2 & 0 \\ 0 & \sigma_\beta^2 \end{bmatrix}$$

起始条件是 $\hat{\mathbf{s}}[-1|-1] = \boldsymbol{\mu}_s$，$\mathbf{M}[-1|-1] = \mathbf{C}_s$。例如，考虑图 13.22 中虚线表示的理想直线航迹。坐标为

$$
\begin{aligned}
r_x[n] &= 10 - 0.2n \\
r_y[n] &= -5 + 0.2n
\end{aligned}
$$

$n = 0, 1, \ldots, 100$，其中我们为了方便起见假定 $\Delta = 1$。由(13.75)式，这条航迹假定 $v_x = -0.2$，$v_y = 0.2$。为了适合更多的现实飞行器的航迹，我们引入驱动或控制噪声，所以飞行器的状态由(13.76)式来描述，驱动噪声的方差为 $\sigma_u^2 = 0.0001$，起始状态为

$$\mathbf{s}[-1] = \begin{bmatrix} 10 \\ -5 \\ -0.2 \\ 0.2 \end{bmatrix} \tag{13.78}$$

与直线航迹的起始状态相同，飞行器的位置$[r_x[n] \, r_y[n]]^T$的一个现实用实线显示在图 13.22 中。(13.76)式的状态方程用来产生现实。注意，随着时间的增加，真实航迹逐渐地偏离直线。可以证明，$v_x[n]$ 和 $v_y[n]$ 的方差最终趋向无穷大（参见习题 13.22），使 $r_x[n]$ 和 $r_y[n]$ 很快就变得无界。这样，这种模型只对航迹的一部分是有效的，图 13.23 给出了真实的距离和方位。我们假定测量噪声的方差是 $\sigma_R^2 = 0.1$ 和 $\sigma_\beta^2 = 0.01$，其中 β 的单位是弧度。在图 13.24 中，我们比较了真实航迹与受噪声污染的航迹，受噪声污染的航迹由下式得到，

$$\hat{r}_x[n] = \hat{R}[n]\cos\hat{\beta}[n]$$
$$\hat{r}_y[n] = \hat{R}[n]\sin\hat{\beta}[n]$$

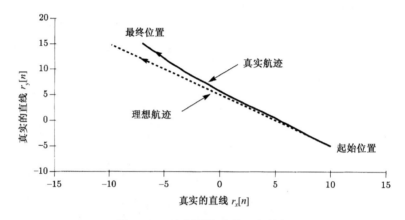

图 13.22　飞行器航迹的一个现实

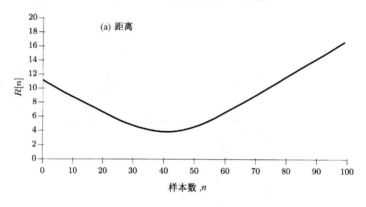

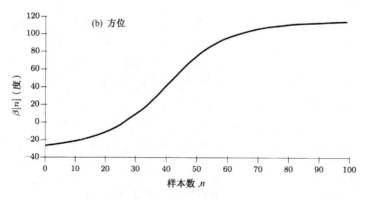

图 13.23　真实飞行器航迹的距离和方位

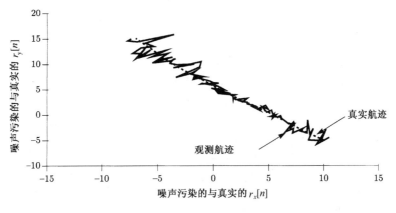

图 13.24　真实的和观测到的飞行器航迹

　　为了利用扩展卡尔曼滤波器，我们必须指定起始状态估计。在实际中，我们要有位置和速度的知识是不大可能的。这样，为了说明的缘故，我们选择起始状态要远离真实状态，即

$$\hat{\mathbf{s}}[-1|-1] = \begin{bmatrix} 5 \\ 5 \\ 0 \\ 0 \end{bmatrix}$$

　　这样不至于偏离扩展卡尔曼滤波器大的起始 MSE（即 $\mathbf{M}[-1|-1]=100\mathbf{I}$）的假定。扩展卡尔曼滤波器的结果用实线显示在图 13.25 中。起初由于位置估计较差，误差比较大，这也反映在图 13.26 的 MSE 曲线上（实际上这些只是根据我们的线性化得到的估计）。然而，在大约 20 个样本后，扩展卡尔曼滤波器靠近了航迹。另外，还会注意到最小 MSE 并不像前一个例子那样单调递减；相反，它在部分时间内是增加的。这可以通过将卡尔曼滤波器与第 12 章中的序贯 LMMSE 进行对照来解释。对于后者，尽管我们接收的数据越来越多，但是我们估计的是同样的参数。然而在这里，我们在收到新的数据样本的每个时刻，也在估计新的参数。由于驱动噪声输入的影响而增加的新参数的不确定性，有可能大到足以抵消观测新的数据样本所得到的知识，从而使得最小 MSE 增加（参见习题 13.23）。最后说明一点，在这个模拟中，由于起始状态估计较差，扩展卡尔曼滤波器的线性化误差还是可以容忍的，然而，一般情况下我们就没有这么幸运了。

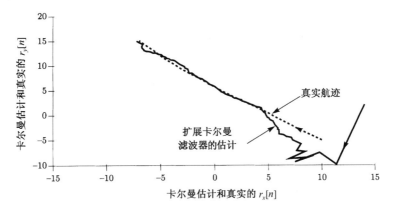

图 13.25　真实的和扩展卡尔曼滤波器的估计

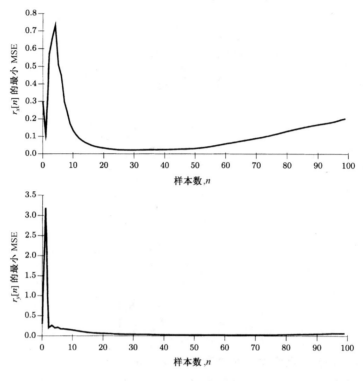

图 13.26　$r_x[n]$ 和 $r_y[n]$ 的"最小"MSE

参考文献

Anderson, B.D.O., J.B. Moore, *Optimal Filtering*, Prentice-Hall, Englewood Cliffs, N.J., 1979.

Chen, C.T., *Introduction to Linear System Theory*, Holt, Rinehart, and Winston, New York, 1970.

Gelb, A., *Applied Optimal Estimation*, M.I.T. Press, Cambridge, Mass., 1974.

Jazwinski, A.H., *Stochastic Processes and Filtering Theory*, Academic Press, New York, 1970.

Kennedy, R.S., *Fading Dispersive Communication Channels*, J. Wiley, New York, 1969.

Mendel, J.M., *Lessons in Digital Estimation Theory*, Prentice-Hall, Englewood Cliffs, N.J., 1987.

Van Trees, H.L., *Detection, Estimation, and Modulation Theory III*, J. Wiley, New York, 1971.

习题

13.1　如果对于任意的样本 $\{s[n_1], s[n_2], \ldots, s[n_k]\}$ 和对于任意的 k，随机矢量 $\mathbf{s} = [s[n_1] s[n_2] \ldots s[n_k]]^T$ 服从多维高斯 PDF，那么这个随机过程是高斯的。如果 $s[n]$ 由(13.2)式给出，证明它是一个高斯随机过程。

13.2　考虑一个标量高斯 – 马尔可夫过程，证明如果 $\mu_s = 0$ 和 $\sigma_s^2 = \sigma_u^2/(1-a^2)$，那么对于 $n \geq 0$，该过程将是 WSS，解释为什么会是这样。

13.3　如果 $a = 0.98$，$\sigma_u^2 = 0.1$，$\mu_s = 5$ 和 $\sigma_s^2 = 1$，画出标量高斯 – 马尔可夫过程的均值、方差和稳态时的协方差函数。稳态时的 PSD 是多少？

13.4　对于标量高斯 – 马尔可夫过程，推导协方差函数传播方程，即建立 $c_s[m,n]$ 与 $c_s[n,n]$ 的关系（$m \geq n$）。为此，首先证明，对于 $m \geq n$，

$$c_s[m,n] = a^{m-n}\mathrm{var}(s[n])$$

13.5　验证(13.17)式和(13.18)式的矢量高斯 – 马尔可夫过程的协方差矩阵传播方程。

13.6　证明如果 $\mathbf{A}$ 的特征值的幅度大于1，那么矢量高斯 – 马尔可夫过程的均值一般将随 n 增加。如果所有

特征值的幅度都小于1，那么稳态均值会发生什么情况？为了简化问题，假定 $\mathbf{A}$ 是对称的，所以它可以写成 $\mathbf{A} = \sum_{i=1}^{p} \lambda_i \mathbf{v}_i \mathbf{v}_i^T$，其中 $\mathbf{v}_i$ 是 $\mathbf{A}$ 的第 i 个特征矢量，λ_i 是对应的实特征值。

13.7　证明，当 $n \to \infty$ 时，如果 $\mathbf{A}$ 的所有特征值的幅度都小于1，那么

$$\mathbf{A}^n \mathbf{C}_s \mathbf{A}^{n^T} \to \mathbf{0}$$

提示：考察 $\mathbf{e}_i^T \mathbf{A}^n \mathbf{C}_s \mathbf{A}^{n^T} \mathbf{e}_j = \left[\mathbf{A}^n \mathbf{C}_s \mathbf{A}^{n^T} \right]_{ij}$，其中 $\mathbf{e}_i$ 是除第 i 个元素为1外全为零的矢量。

13.8　考虑递推差分方程（$q < p$）

$$r[n] = -\sum_{k=1}^{p} a[k] r[n-k] + u[n] + \sum_{k=1}^{q} b[k] u[n-k] \qquad n \geqslant 0$$

其中 $u[n]$ 是方差为 σ_u^2 的 WGN（在稳态的情况下是一个 ARMA 过程）。令状态矢量为

$$\mathbf{s}[n-1] = \begin{bmatrix} r[n-p] \\ r[n-p+1] \\ \vdots \\ r[n-1] \end{bmatrix}$$

其中 $\mathbf{s}[-1] \sim \mathcal{N}(\boldsymbol{\mu}_s, \mathbf{C}_s)$，它与 $u[n]$ 无关。另外，定义矢量驱动噪声序列为

$$\mathbf{u}[n] = \begin{bmatrix} u[n-q] \\ u[n-q+1] \\ \vdots \\ u[n] \end{bmatrix}$$

像（13.11）式那样重写过程。考察对 $\mathbf{u}[n]$ 的假定，解释为什么这不是矢量高斯－马尔可夫模型。

13.9　对于习题 13.8，证明对于 $n \geqslant 0$，过程可以用差分方程表示为

$$\begin{aligned} s[n] &= -\sum_{k=1}^{p} a[k] s[n-k] + u[n] \\ r[n] &= s[n] + \sum_{k=1}^{q} b[k] s[n-k] \end{aligned}$$

假定 $\mathbf{s}[-1] = [s[-p] \, s[-p+1] \ldots s[-1]]^T \sim \mathcal{N}(\boldsymbol{\mu}_s, \mathbf{C}_s)$，并且我们观测 $x[n] = r[n] + w[n]$，其中 $w[n]$ 是方差为 σ_n^2 的 WGN，且 $\mathbf{s}[-1]$、$u[n]$ 和 $w[n]$ 是相互独立的。试问如何建立矢量状态－标量观测卡尔曼滤波器。

13.10　假定我们观测 $x[n] = A + w[n]$（$n = 0,1,\ldots$），其中 A 是 PDF 服从 $\mathcal{N}(0, \sigma_A^2)$ 的随机变量的一个现实，$w[n]$ 是具有方差 σ^2 的 WGN。应用标量状态－标量观测的卡尔曼滤波器，根据 $\{x[0], x[1], \ldots, x[n]\}$ 求 A 的序贯估计量，即 $\hat{A}[n]$。精确地求解 $\hat{A}[n]$、卡尔曼滤波器的增益和最小 MSE。

13.11　在本题中，我们实现一个标量状态－标量观测卡尔曼滤波器［参见（13.38）式～（13.42）式］。考虑利用计算机求解，设 $a = 0.9$，$\sigma_u^2 = 1$，$\mu_s = 0$，$\sigma_s^2 = 1$，如果

a. $\sigma_n^2 = (0.9)^n$

b. $\sigma_n^2 = 1$

c. $\sigma_n^2 = (1.1)^n$

求卡尔曼滤波器的增益和最小 MSE，解释你的结果。应用蒙特卡洛计算机模拟产生信号和噪声的现实，应用卡尔曼滤波器来估计三种情况的信号，画出信号及卡尔曼滤波器估计。

13.12　对于标量状态－标量观测卡尔曼滤波器，假定对于所有的 n，$\sigma_n^2 = 0$，即我们直接观测 $s[n]$。求新息序列，它是白色序列吗？

13.13　在本题中我们证明，即使 $E(s[-1]) \neq 0$，标量状态－标量观测卡尔曼滤波器也得到同一组方程。为此，令 $s'[n] = s[n] - E(s[n])$ 和 $x'[n] = x[n] - E(x[n])$，所以方程（13.38）式～（13.42）式应用到

$s'[n]$。现在确定对应于 $s[n]$ 的方程，回想一下 $\theta + c$ 的MMSE估计量是 $\hat{\theta} + c$，其中 c 是常数，$\hat{\theta}$ 是 θ 的MMSE。

13.14 证明：对于标量状态 – 标量观测的卡尔曼滤波器，对于足够大的 n，即在稳态下，

$$M[n|n-1] > M[n-1|n-1]$$

为什么这是合理的？

13.15 证明：对于标量高斯 – 马尔可夫过程 $s[n]$，最佳 l 步预测器为

$$\hat{s}[n+l|n] = a^l \hat{s}[n|n]$$

其中 $\hat{s}[n|n]$ 和 $\hat{s}[n+l|n]$ 是根据 $\{x[0], x[1], \ldots, x[n]\}$ 求得的。

13.16 对于标量状态 – 标量观测卡尔曼滤波器，如果 $a = 0.8$，$\sigma_u^2 = 1$，$\sigma^2 = 1$，求稳态的传递函数，给出像递推差分方程那样的时域形式。

13.17 对于标量状态 – 标量观测卡尔曼滤波器，令 $a = 0.9$，$\sigma_u^2 = 1$，$\sigma^2 = 1$，通过运行滤波器直到收敛来求稳态增益和最小 MSE，即计算（13.39）式、（13.40）式和（13.42）式。将你的结果与 13.5 节的结果进行比较。

13.18 假定对于 $k = 0, 1, \ldots, n$，我们观测数据

$$x[k] = Ar^k + w[k]$$

其中 A 是具有 PDF $\mathcal{N}(\mu_A, \sigma_A^2)$ 的随机变量的一个现实，$0 < r < 1$，且 $w[k]$ 的元素是具有方差 σ^2 的 WGN 的样本。另外，假定 A 与 $w[k]$ 的元素无关，根据 $\{x[0], x[1], \ldots, x[n]\}$，求 A 的序贯 MMSE 估计量。

13.19 考虑矢量状态 – 矢量观测卡尔曼滤波器，$\mathbf{H}[n]$ 假定是可逆的。对于一个特定的无噪声的观测，即 $\mathbf{C}[n] = \mathbf{0}$，求 $\hat{s}[n|n]$ 并解释你的结果，如果 $\mathbf{C}[n] \to \infty$ 会发生什么？

13.20 证明：对于矢量高斯 – 马尔可夫过程 $s[n]$，最佳 l 步预测器为

$$\hat{\mathbf{s}}[n+l|n] = \mathbf{A}^l \hat{\mathbf{s}}[n|n]$$

其中 $\hat{s}[n|n]$ 和 $\hat{s}[n+l|n]$ 是根据 $\{\mathbf{x}[0], \mathbf{x}[1], \ldots, \mathbf{x}[n]\}$ 求得的。应用矢量状态 – 矢量观测卡尔曼滤波器。

13.21 在本题中，我们对于频率跟踪应用，建立扩展卡尔曼滤波器。特别是我们希望跟踪噪声中正弦信号的频率。假定频率遵循以下模型

$$f_0[n] = af_0[n-1] + u[n] \qquad n \geq 0$$

其中 $u[n]$ 是具有方差 σ_u^2 的 WGN，$f_0[-1]$ 的分布服从 $\mathcal{N}(\mu_{f_0}, \sigma_{f_0}^2)$，且与 $u[n]$ 无关。观测数据是

$$x[n] = \cos(2\pi f_0[n]) + w[n] \qquad n \geq 0$$

其中 $w[n]$ 是具有方差 σ^2 的 WGN，且与 $u[n]$ 和 $f_0[-1]$ 无关，写出对于本题的扩展卡尔曼滤波器方程。

13.22 对于例 13.4 中的飞行器位置模型，我们有

$$v_x[n] = v_x[n-1] + u_x[n]$$

其中 $u_x[n]$ 是方差为 σ_u^2 的 WGN，求 $v_x[n]$ 的方差，证明它随 n 增加。$v_x[n]$ 更合适的模型是什么？（有关建模问题的进一步讨论请参考 [Anderson and Moore 1979]）。

13.23 对于标量状态 – 标量观测卡尔曼滤波器，求联系 $M[n|n]$ 和 $M[n-1|n-1]$ 的表达式。现在令 $a = 0.9$，$\sigma_u^2 = 1$，$\sigma_n^2 = n+1$，如果 $M[-1|-1] = 1$，对于 $n \geq 0$，确定 $M[n|n]$。解释你的结果。

附录13A 矢量卡尔曼滤波器的推导

我们推导矢量状态－矢量观测卡尔曼滤波器，矢量状态－标量观测是其特殊情况。定理13.2包含了模型假定。在我们的推导中假定 $\boldsymbol{\mu}_s = \mathbf{0}$，因此所有随机变量都是零均值的。这样的假定可以应用矢量空间的观点。对于 $\boldsymbol{\mu}_s \neq \mathbf{0}$，能够证明导出相同的方程。其理由是在附录12A的结尾所做的注解的简单推广（参见习题13.13）。

我们将用到的MMSE估计量的性质是

1. 假定联合高斯统计特性（参见11.4节），如果 $\boldsymbol{\theta}$、$\mathbf{x}_1$、$\mathbf{x}_2$ 是零均值的，根据两个不相关数据样本 $\mathbf{x}_1$ 和 $\mathbf{x}_2$，$\boldsymbol{\theta}$ 的MMSE估计量是

$$\hat{\boldsymbol{\theta}} = E(\boldsymbol{\theta}|\mathbf{x}_1, \mathbf{x}_2) = E(\boldsymbol{\theta}|\mathbf{x}_1) + E(\boldsymbol{\theta}|\mathbf{x}_2)$$

2. 如果 $\boldsymbol{\theta} = \mathbf{A}_1\boldsymbol{\theta}_1 + \mathbf{A}_2\boldsymbol{\theta}_2$，那么如果

$$\begin{aligned}\hat{\boldsymbol{\theta}} &= E(\boldsymbol{\theta}|\mathbf{x}) = E(\mathbf{A}_1\boldsymbol{\theta}_1 + \mathbf{A}_2\boldsymbol{\theta}_2|\mathbf{x}) \\ &= \mathbf{A}_1 E(\boldsymbol{\theta}_1|\mathbf{x}) + \mathbf{A}_2 E(\boldsymbol{\theta}_2|\mathbf{x}) = \mathbf{A}_1\hat{\boldsymbol{\theta}}_1 + \mathbf{A}_2\hat{\boldsymbol{\theta}}_2\end{aligned}$$

我们就说MMSE估计量是线性的。

标量状态－标量观测的卡尔曼滤波器经过明显的调整，可推导出矢量情况的卡尔曼滤波器。我们假定 $\boldsymbol{\mu}_s = \mathbf{0}$，所有随机矢量的均值为零。$\mathbf{s}[n]$ 根据 $\{\mathbf{x}[0], \mathbf{x}[1], \ldots, \mathbf{x}[n]\}$ 的MMSE估计量是后验PDF的均值，

$$\hat{\mathbf{s}}[n|n] = E(\mathbf{s}[n]|\mathbf{x}[0], \mathbf{x}[1], \ldots, \mathbf{x}[n]) \tag{13A.1}$$

但是，$\mathbf{s}[n], \mathbf{x}[0], \ldots, \mathbf{x}[n]$ 是联合高斯的，因为由（13.13）式，$\mathbf{s}[n]$ 与 $\{\mathbf{s}[-1], \mathbf{u}[0], \ldots, \mathbf{u}[n]\}$ 线性相关，而 $\mathbf{x}[n]$ 与 $\mathbf{s}[n]$ 和 $\mathbf{w}[n]$ 线性相关。因此，估计量与随机矢量集 $S = \{\mathbf{s}[-1], \mathbf{u}[0], \ldots, \mathbf{u}[n], \mathbf{w}[0], \ldots, \mathbf{w}[n]\}$ 线性相关，随机矢量集中的元素是相互独立的。于是，在 S 中的矢量是联合高斯的，它的任何线性变换也产生联合高斯矢量。现在，由（10.24）式在零均值的情况下我们有

$$\hat{\mathbf{s}}[n|n] = \mathbf{C}_{\theta x}\mathbf{C}_{xx}^{-1}\mathbf{x} \tag{13A.2}$$

其中 $\boldsymbol{\theta} = \mathbf{s}[n]$ 且 $\mathbf{x} = [\mathbf{x}^T[0]\, \mathbf{x}^T[1]\, \ldots\, \mathbf{x}^T[n]]^T$，可以看出它是 $\mathbf{x}$ 的线性函数。为了确定时间的递推算法，我们采用矢量空间的方法。令

$$\mathbf{X}[n] = [\, \mathbf{x}^T[0] \quad \mathbf{x}^T[1] \quad \ldots \quad \mathbf{x}^T[n] \,]$$

以及令 $\tilde{\mathbf{x}}[n] = \mathbf{x}[n] - \hat{\mathbf{x}}[n|n-1]$ 为新息，即根据 $\mathbf{X}[n-1]$ 线性地估计 $\mathbf{x}[n]$ 的误差。现在，由于 $\mathbf{x}[n]$ 是从 $\mathbf{X}[n-1]$ 和 $\tilde{\mathbf{x}}[n]$ 中恢复出来的（参见13.4节的解释），所以我们可以用

$$\hat{\mathbf{s}}[n|n] = E(\mathbf{s}[n]|\mathbf{X}[n-1], \tilde{\mathbf{x}}[n])$$

取代（13A.1）式。由于 $\mathbf{X}[n-1]$ 与 $\tilde{\mathbf{x}}[n]$ 不相关，由性质1我们有

$$\hat{\mathbf{s}}[n|n] = E(\mathbf{s}[n]|\mathbf{X}[n-1]) + E(\mathbf{s}[n]|\tilde{\mathbf{x}}[n]) = \hat{\mathbf{s}}[n|n-1] + E(\mathbf{s}[n]|\tilde{\mathbf{x}}[n])$$

由于第二项为零，预测的样本由（13.12）式可以求出为

$$
\begin{aligned}
\hat{\mathbf{s}}[n|n-1] &= E(\mathbf{As}[n-1] + \mathbf{Bu}[n]|\mathbf{X}[n-1]) \\
&= \mathbf{A}\hat{\mathbf{s}}[n-1|n-1] + \mathbf{B}E(\mathbf{u}[n]|\mathbf{X}[n-1]) \\
&= \mathbf{A}\hat{\mathbf{s}}[n-1|n-1]
\end{aligned}
$$

为了理解上式，注意由于根据（13.13）式，$\mathbf{X}[n-1]$ 与矢量集 $\{\mathbf{s}[-1], \mathbf{u}[0], \ldots, \mathbf{u}[n-1],$ $\mathbf{w}[0], \mathbf{w}[1], \ldots, \mathbf{w}[n-1]\}$ 有关，而这个矢量集中的每一个元素与 $\mathbf{u}[n]$ 是无关的，因此

$$
E(\mathbf{u}[n]|\mathbf{X}[n-1]) = E(\mathbf{u}[n]) = \mathbf{0}
$$

现在我们有
$$
\hat{\mathbf{s}}[n|n] = \hat{\mathbf{s}}[n|n-1] + E(\mathbf{s}[n]|\tilde{\mathbf{x}}[n]) \tag{13A.3}
$$

其中
$$
\hat{\mathbf{s}}[n|n-1] = \mathbf{A}\hat{\mathbf{s}}[n-1|n-1] \tag{13A.4}
$$

为了确定 $E(\mathbf{s}[n]|\tilde{\mathbf{x}}[n])$，我们回想一下它正是 $\mathbf{s}[n]$ 基于 $\tilde{\mathbf{x}}[n]$ 的 MMSE 估计量。由于 $\mathbf{s}[n]$ 与 $\tilde{\mathbf{x}}[n]$ 是联合高斯的，由（10.24）式我们有

$$
E(\mathbf{s}[n]|\tilde{\mathbf{x}}[n]) = \mathbf{C}_{s\tilde{x}}\mathbf{C}_{\tilde{x}\tilde{x}}^{-1}\tilde{\mathbf{x}}[n]
$$

令 $\mathbf{K}[n] = \mathbf{C}_{s\tilde{x}}\mathbf{C}_{\tilde{x}\tilde{x}}^{-1}$ 为卡尔曼增益矩阵，这可以重写为

$$
E(\mathbf{s}[n]|\tilde{\mathbf{x}}[n]) = \mathbf{K}[n](\mathbf{x}[n] - \hat{\mathbf{x}}[n|n-1])
$$

而
$$
\mathbf{x}[n] = \mathbf{H}[n]\mathbf{s}[n] + \mathbf{w}[n]
$$

由于 $\mathbf{w}[n]$ 与 $\{\mathbf{x}[0], \mathbf{x}[1], \ldots, \mathbf{x}[n-1]\}$ 是无关的，$\hat{\mathbf{w}}[n|n-1] = \mathbf{0}$，所以由性质 2，

$$
\hat{\mathbf{x}}[n|n-1] = \mathbf{H}[n]\hat{\mathbf{s}}[n|n-1] + \hat{\mathbf{w}}[n|n-1] = \mathbf{H}[n]\hat{\mathbf{s}}[n|n-1] \tag{13A.5}
$$

这样，
$$
E(\mathbf{s}[n]|\tilde{\mathbf{x}}[n]) = \mathbf{K}[n](\mathbf{x}[n] - \mathbf{H}[n]\hat{\mathbf{s}}[n|n-1])
$$

由（13A.3）式我们有
$$
\hat{\mathbf{s}}[n|n] = \hat{\mathbf{s}}[n|n-1] + \mathbf{K}[n](\mathbf{x}[n] - \mathbf{H}[n]\hat{\mathbf{s}}[n|n-1]) \tag{13A.6}
$$

其中
$$
\hat{\mathbf{s}}[n|n-1] = \mathbf{A}\hat{\mathbf{s}}[n-1|n-1]
$$

增益矩阵 $\mathbf{K}[n]$ 为

$$
\mathbf{K}[n] = \mathbf{C}_{s\tilde{x}}\mathbf{C}_{\tilde{x}\tilde{x}}^{-1} = E(\mathbf{s}[n]\tilde{\mathbf{x}}^T[n])E(\tilde{\mathbf{x}}[n]\tilde{\mathbf{x}}^T[n])^{-1}
$$

为了计算它我们需要如下结论：

1. $$E\left[\mathbf{s}[n](\mathbf{x}[n] - \mathbf{H}[n]\hat{\mathbf{s}}[n|n-1])^T\right] = $$
$$E\left[(\mathbf{s}[n] - \hat{\mathbf{s}}[n|n-1])(\mathbf{x}[n] - \mathbf{H}[n]\hat{\mathbf{s}}[n|n-1])^T\right]$$

2. $$E\left[\mathbf{w}[n](\mathbf{s}[n] - \hat{\mathbf{s}}[n|n-1])^T\right] = \mathbf{0}$$

新息序列 $\tilde{\mathbf{x}}[n] = \mathbf{x}[n] - \hat{\mathbf{x}}[n|n-1] = \mathbf{x}[n] - \mathbf{H}[n]\hat{\mathbf{s}}[n|n-1]$ 与过去数据是不相关的。因而也是与 $\hat{\mathbf{s}}[n|n-1]$ 不相关的，这样可以得出第一个结论。第二个结论是由于假定 $\mathbf{s}[n] - \hat{\mathbf{s}}[n|n-1]$ 是 $\{\mathbf{s}[-1], \mathbf{u}[0], \ldots, \mathbf{u}[n], \mathbf{w}[0], \ldots, \mathbf{w}[n-1]\}$ 的线性组合，而 $\{\mathbf{s}[-1], \mathbf{u}[0], \ldots, \mathbf{u}[n],$ $\mathbf{w}[0], \ldots, \mathbf{w}[n-1]\}$ 与 $\mathbf{w}[n]$ 无关。我们利用结论 1、结论 2 和（13A.5）式，首先考察 $\mathbf{C}_{s\tilde{x}}$，

$$
\begin{aligned}
\mathbf{C}_{s\tilde{x}} &= E\left[\mathbf{s}[n](\mathbf{x}[n] - \hat{\mathbf{x}}[n|n-1])^T\right] \\
&= E\left[\mathbf{s}[n](\mathbf{x}[n] - \mathbf{H}[n]\hat{\mathbf{s}}[n|n-1])^T\right] \\
&= E\left[(\mathbf{s}[n] - \hat{\mathbf{s}}[n|n-1])(\mathbf{H}[n]\mathbf{s}[n] - \mathbf{H}[n]\hat{\mathbf{s}}[n|n-1] + \mathbf{w}[n])^T\right] \\
&= \mathbf{M}[n|n-1]\mathbf{H}^T[n]
\end{aligned}
$$

再次利用结论 2 和（13A.5）式，有

$$
\begin{aligned}
\mathbf{C}_{\tilde{x}\tilde{x}} &= E\left[(\mathbf{x}[n]-\hat{\mathbf{x}}[n|n-1])(\mathbf{x}[n]-\hat{\mathbf{x}}[n|n-1])^T\right] \\
&= E\left[(\mathbf{x}[n]-\mathbf{H}[n]\hat{\mathbf{s}}[n|n-1])(\mathbf{x}[n]-\mathbf{H}[n]\hat{\mathbf{s}}[n|n-1])^T\right] \\
&= E\left[(\mathbf{H}[n]\mathbf{s}[n]-\mathbf{H}[n]\hat{\mathbf{s}}[n|n-1]+\mathbf{w}[n])\right. \\
&\qquad\left. \cdot\ (\mathbf{H}[n]\mathbf{s}[n]-\mathbf{H}[n]\hat{\mathbf{s}}[n|n-1]+\mathbf{w}[n])^T\right] \\
&= \mathbf{H}[n]\mathbf{M}[n|n-1]\mathbf{H}^T[n]+\mathbf{C}[n]
\end{aligned}
$$

这样，卡尔曼增益矩阵为

$$
\mathbf{K}[n]=\mathbf{M}[n|n-1]\mathbf{H}^T[n](\mathbf{C}[n]+\mathbf{H}[n]\mathbf{M}[n|n-1]\mathbf{H}^T[n])^{-1}
$$

为了计算增益，我们要求 $M[n|n-1]$，利用(13A. 4)式，

$$
\begin{aligned}
\mathbf{M}[n|n-1] &= E\left[(\mathbf{s}[n]-\hat{\mathbf{s}}[n|n-1])(\mathbf{s}[n]-\hat{\mathbf{s}}[n|n-1])^T\right] \\
&= E\left[(\mathbf{A}\mathbf{s}[n-1]+\mathbf{B}\mathbf{u}[n]-\mathbf{A}\hat{\mathbf{s}}[n-1|n-1])\right. \\
&\qquad\left. \cdot\ (\mathbf{A}\mathbf{s}[n-1]+\mathbf{B}\mathbf{u}[n]-\mathbf{A}\hat{\mathbf{s}}[n-1|n-1])^T\right] \\
&= E\left[(\mathbf{A}(\mathbf{s}[n-1]-\hat{\mathbf{s}}[n-1|n-1])+\mathbf{B}\mathbf{u}[n])\right. \\
&\qquad\left. \cdot\ (\mathbf{A}(\mathbf{s}[n-1]-\hat{\mathbf{s}}[n-1\mid n-1])+\mathbf{B}\mathbf{u}[n])^T\right]
\end{aligned}
$$

应用结果

$$
E\left[(\mathbf{s}[n-1]-\hat{\mathbf{s}}[n-1|n-1])\mathbf{u}^T[n]\right]=\mathbf{0} \tag{13A. 7}
$$

我们有

$$
\mathbf{M}[n|n-1]=\mathbf{A}\mathbf{M}[n-1|n-1]\mathbf{A}^T+\mathbf{B}\mathbf{Q}\mathbf{B}^T
$$

(13A. 7)式成立是因为 $\mathbf{s}[n-1]-\hat{\mathbf{s}}[n-1|n-1]$ 与 $\{\mathbf{s}[-1],\mathbf{u}[0],\dots,\mathbf{u}[n-1],\mathbf{w}[0],\dots,$ $\mathbf{w}[n-1]\}$ 有关，而 $\{\mathbf{s}[-1],\mathbf{u}[0],\dots,\mathbf{u}[n-1],\mathbf{w}[0],\dots,\mathbf{w}[n-1]\}$ 与 $\mathbf{u}[n]$ 无关。最后，为了确定 $\mathbf{M}[n|n]$ 的递推公式，由(13A. 6)式我们有

$$
\begin{aligned}
\mathbf{M}[n|n] &= E\left[(\mathbf{s}[n]-\hat{\mathbf{s}}[n|n])(\mathbf{s}[n]-\hat{\mathbf{s}}[n|n])^T\right] \\
&= E\left[(\mathbf{s}[n]-\hat{\mathbf{s}}[n|n-1]-\mathbf{K}[n](\mathbf{x}[n]-\mathbf{H}[n]\hat{\mathbf{s}}[n|n-1]))\right. \\
&\qquad\left. \cdot\ (\mathbf{s}[n]-\hat{\mathbf{s}}[n|n-1]-\mathbf{K}[n](\mathbf{x}[n]-\mathbf{H}[n]\hat{\mathbf{s}}[n|n-1]))^T\right] \\
&= E\left[(\mathbf{s}[n]-\hat{\mathbf{s}}[n|n-1])(\mathbf{s}[n]-\hat{\mathbf{s}}[n|n-1])^T\right] \\
&\quad- E\left[(\mathbf{s}[n]-\hat{\mathbf{s}}[n|n-1])(\mathbf{x}[n]-\mathbf{H}[n]\hat{\mathbf{s}}[n|n-1])^T\right]\mathbf{K}^T[n] \\
&\quad- \mathbf{K}[n]E\left[(\mathbf{x}[n]-\mathbf{H}[n]\hat{\mathbf{s}}[n|n-1])(\mathbf{s}[n]-\hat{\mathbf{s}}[n|n-1])^T\right] \\
&\quad+ \mathbf{K}[n]E\left[(\mathbf{x}[n]-\mathbf{H}[n]\hat{\mathbf{s}}[n|n-1])(\mathbf{x}[n]-\mathbf{H}[n]\hat{\mathbf{s}}[n|n-1])^T\right]\mathbf{K}^T[n]
\end{aligned}
$$

第一项是 $\mathbf{M}[n|n-1]$，第二项数学期望利用结论 1 为 $\mathbf{C}_{s\tilde{x}}$，第三项数学期望是 $\mathbf{C}_{s\tilde{x}}^T$，最后一项数学期望是 $\mathbf{C}_{\tilde{x}\tilde{x}}$。从 $\mathbf{K}[n]$ 的推导我们有

$$
\mathbf{K}[n]=\mathbf{C}_{s\tilde{x}}\mathbf{C}_{\tilde{x}\tilde{x}}^{-1}
$$

其中

$$
\mathbf{C}_{s\tilde{x}}=\mathbf{M}[n|n-1]\mathbf{H}^T[n]
$$

因此，

$$
\begin{aligned}
\mathbf{M}[n|n] &= \mathbf{M}[n|n-1]-\mathbf{C}_{s\tilde{x}}\mathbf{K}^T[n]-\mathbf{K}[n]\mathbf{C}_{s\tilde{x}}^T+\mathbf{K}[n]\mathbf{C}_{\tilde{x}\tilde{x}}\mathbf{K}^T[n] \\
&= \mathbf{M}[n|n-1]-\mathbf{C}_{s\tilde{x}}\mathbf{K}^T[n]-\mathbf{K}[n]\mathbf{C}_{s\tilde{x}}^T+\mathbf{C}_{s\tilde{x}}\mathbf{C}_{\tilde{x}\tilde{x}}^{-1}\mathbf{C}_{s\tilde{x}}^T \\
&= \mathbf{M}[n|n-1]-\mathbf{K}[n]\mathbf{C}_{s\tilde{x}}^T \\
&= (\mathbf{I}-\mathbf{K}[n]\mathbf{H}[n])\mathbf{M}[n|n-1]
\end{aligned}
$$

这样我们就完成了推导。

附录13B　扩展卡尔曼滤波器的推导

为了推导扩展卡尔曼滤波器方程，我们首先需要确定含有已知确定性输入的修正状态模型方程，即

$$\mathbf{s}[n] = \mathbf{A}\mathbf{s}[n-1] + \mathbf{B}\mathbf{u}[n] + \mathbf{v}[n] \qquad n \geqslant 0 \tag{13B.1}$$

其中$\mathbf{v}[n]$是已知的。在输入中出现$\mathbf{v}[n]$将在输出中产生确定性的分量，所以$\mathbf{s}[n]$的均值将不再为零。我们假定$E(\mathbf{s}[-1]) = \mathbf{0}$，所以如果$\mathbf{v}[n] = \mathbf{0}$，那么$E(\mathbf{s}[n]) = \mathbf{0}$。因此，确定性分量的影响就是产生非零均值信号矢量，

$$\mathbf{s}[n] = \mathbf{s}'[n] + E(\mathbf{s}[n]) \tag{13B.2}$$

其中$\mathbf{s}'[n]$是当$\mathbf{v}[n] = \mathbf{0}$时$\mathbf{s}[n]$的值。那么，我们可以将零均值信号矢量$\mathbf{s}'[n] = \mathbf{s}[n] - E(\mathbf{s}[n])$的状态方程写成

$$\mathbf{s}'[n] = \mathbf{A}\mathbf{s}'[n-1] + \mathbf{B}\mathbf{u}[n]$$

注意，由(13B.1)式可以得出均值满足

$$E(\mathbf{s}[n]) = \mathbf{A}E(\mathbf{s}[n-1]) + \mathbf{v}[n] \tag{13B.3}$$

同样，观测方程是

$$\mathbf{x}[n] \;=\; \mathbf{H}[n]\mathbf{s}[n] + \mathbf{w}[n] \;=\; \mathbf{H}[n]\mathbf{s}'[n] + \mathbf{w}[n] + \mathbf{H}[n]E(\mathbf{s}[n])$$

或令

$$\mathbf{x}'[n] = \mathbf{x}[n] - \mathbf{H}[n]E(\mathbf{s}[n])$$

我们有通常的观测方程

$$\mathbf{x}'[n] = \mathbf{H}[n]\mathbf{s}'[n] + \mathbf{w}[n]$$

对$\mathbf{s}'[n]$的卡尔曼滤波器可以在(13.58)式~(13.62)式中用$\mathbf{x}'[n]$代替$\mathbf{x}[n]$求出，那么，$\mathbf{s}[n]$的MMSE估计量通过如下关系很容易求出，

$$\hat{\mathbf{s}}'[n|n-1] \;=\; \hat{\mathbf{s}}[n|n-1] - E(\mathbf{s}[n])$$
$$\hat{\mathbf{s}}'[n-1|n-1] \;=\; \hat{\mathbf{s}}[n-1|n-1] - E(\mathbf{s}[n-1])$$

在(13.58)式中应用上式，我们有预测方程

$$\hat{\mathbf{s}}'[n|n-1] = \mathbf{A}\hat{\mathbf{s}}'[n-1|n-1]$$

即

$$\hat{\mathbf{s}}[n|n-1] - E(\mathbf{s}[n]) = \mathbf{A}\left(\hat{\mathbf{s}}[n-1|n-1] - E(\mathbf{s}[n-1])\right)$$

由(13B.3)式，这可以简化为

$$\hat{\mathbf{s}}[n|n-1] = \mathbf{A}\hat{\mathbf{s}}[n-1|n-1] + \mathbf{v}[n]$$

对于修正计算，由(13.61)式我们有

$$\hat{\mathbf{s}}'[n|n] = \hat{\mathbf{s}}'[n|n-1] + \mathbf{K}[n](\mathbf{x}'[n] - \mathbf{H}[n]\hat{\mathbf{s}}'[n|n-1])$$

即

$$\hat{\mathbf{s}}[n|n] - E(\mathbf{s}[n])$$
$$= \hat{\mathbf{s}}[n|n-1] - E(\mathbf{s}[n]) + \mathbf{K}[n]\left[\mathbf{x}[n] - \mathbf{H}[n]E(\mathbf{s}[n]) - \mathbf{H}[n](\hat{\mathbf{s}}[n|n-1] - E(\mathbf{s}[n]))\right]$$

这可化简为常用的方程

$$\hat{\mathbf{s}}[n|n] = \hat{\mathbf{s}}[n|n-1] + \mathbf{K}[n](\mathbf{x}[n] - \mathbf{H}[n]\hat{\mathbf{s}}[n|n-1])$$

卡尔曼增益和 MSE 矩阵维持不变，因为 MMSE 估计量由于已知常数而没有引入附加的误差。因此，唯一的修正就是预测方程。

回到扩展卡尔曼滤波器，我们也有修正的观测方程

$$\mathbf{x}[n] = \mathbf{H}[n]\mathbf{s}[n] + \mathbf{w}[n] + \mathbf{z}[n]$$

其中 $\mathbf{z}[n]$ 是已知的，根据 $\mathbf{x}'[n] = \mathbf{x}[n] - \mathbf{z}[n]$，我们有通常的观测方程。因此，用 $\mathbf{A}[n]$ 代替 $\mathbf{A}$，我们的两个方程变成

$$\begin{aligned}
\hat{\mathbf{s}}[n|n-1] &= \mathbf{A}[n-1]\hat{\mathbf{s}}[n-1|n-1] + \mathbf{v}[n] \\
\hat{\mathbf{s}}[n|n] &= \hat{\mathbf{s}}[n|n-1] + \mathbf{K}[n](\mathbf{x}[n] - \mathbf{z}[n] - \mathbf{H}[n]\hat{\mathbf{s}}[n|n-1])
\end{aligned}$$

但是，

$$\begin{aligned}
\mathbf{v}[n] &= \mathbf{a}(\hat{\mathbf{s}}[n-1|n-1]) - \mathbf{A}[n-1]\hat{\mathbf{s}}[n-1|n-1] \\
\mathbf{z}[n] &= \mathbf{h}(\hat{\mathbf{s}}[n|n-1]) - \mathbf{H}[n]\hat{\mathbf{s}}[n|n-1]
\end{aligned}$$

所以最终有

$$\begin{aligned}
\hat{\mathbf{s}}[n|n-1] &= \mathbf{a}(\hat{\mathbf{s}}[n-1|n-1]) \\
\hat{\mathbf{s}}[n|n] &= \hat{\mathbf{s}}[n|n-1] + \mathbf{K}[n](\mathbf{x}[n] - \mathbf{h}(\hat{\mathbf{s}}[n|n-1]))
\end{aligned}$$

第 14 章　估计量总结

14.1　引言

对于一个特定的应用，选择好的估计量与许多考虑因素有关，最基本的考虑因素是选择一个好的数据模型，它的复杂性应该足以描述数据的基本特征，但是与此同时要简单得足以允许估计量是最佳的且易于实现。我们已经多次看到，我们不能确定最佳估计量的存在性，在经典估计中 MVU 估计量的寻找就是一个例子。在其他一些例子中，即使最佳估计量很容易求出，它也可能是不能实现的，在贝叶斯估计中的 MMSE 估计量就是这样一个例子。对于一个特定的问题，我们既不能保证求得一个最佳估计量，或者即使我们能够幸运地求得，也是不容易实现它的。因此，具有一些可供我们利用的最佳和易于实现的估计量的一些知识，以及理解在什么条件下我们可以应用它就变得十分关键。为此，我们总结这些方法、假设及对于线性数据模型得到的估计量。然后，我们说明为了选择一个好的估计量必须遵循的决策过程。另外，在我们的讨论中，我们将强调各种估计量之间的某些关系。

14.2　估计方法

我们首先总结一些经典的对 $p \times 1$ 未知参数矢量 $\boldsymbol{\theta}$（假定是确定的常数）的估计方法，然后总结贝叶斯方法，$\boldsymbol{\theta}$ 假定是随机矢量的一个现实。在经典方法中，数据信息总结在概率密度函数（PDF）$p(\mathbf{x}; \boldsymbol{\theta})$ 中，其中 PDF 是 $\boldsymbol{\theta}$ 的函数。与这个模型相对应的是贝叶斯方法，由于先验 PDF $p(\boldsymbol{\theta})$ 描述了有关 $\boldsymbol{\theta}$ 的知识而增加了数据的信息。数据信息总结在联合 PDF $p(\mathbf{x}, \boldsymbol{\theta})$ 中，或者等效地总结在条件 PDF $p(\mathbf{x}|\boldsymbol{\theta})$（数据信息）和先验 PDF $p(\boldsymbol{\theta})$ 中（先验信息）。

经典估计方法

1. Cramer-Rao 下限（CRLB）
a. 数据模型/假设
PDF $p(\mathbf{x}; \boldsymbol{\theta})$ 是已知的。
b. 估计量
如果 CRLB 等号条件

$$\frac{\partial \ln p(\mathbf{x}; \boldsymbol{\theta})}{\partial \boldsymbol{\theta}} = \mathbf{I}(\boldsymbol{\theta})(\mathbf{g}(\mathbf{x}) - \boldsymbol{\theta})$$

满足，那么估计量是

$$\hat{\boldsymbol{\theta}} = \mathbf{g}(\mathbf{x})$$

其中 $\mathbf{I}(\boldsymbol{\theta})$ 是只与 $\boldsymbol{\theta}$ 有关的 $p \times p$ 矩阵，$\mathbf{g}(\mathbf{x})$ 是数据 $\mathbf{x}$ 的 p 维函数。
c. 最佳/误差准则
$\hat{\boldsymbol{\theta}}$ 达到 CRLB，即任何无偏估计量（因此也说是有效估计量）的方差的下限，因此是最小方差无偏（MVU）估计量。在所有无偏估计量中，MVU 估计量每个分量的方差是最小的。
d. 性能
它是无偏的，即

$$E(\hat{\theta}_i) = \theta_i \qquad i = 1, 2, \ldots, p$$

具有最小方差

$$\mathrm{var}(\hat{\theta}_i) = \left[\mathbf{I}^{-1}(\boldsymbol{\theta})\right]_{ii} \qquad i = 1, 2, \ldots, p$$

其中

$$[\mathbf{I}(\boldsymbol{\theta})]_{ij} = E\left[\frac{\partial \ln p(\mathbf{x}; \boldsymbol{\theta})}{\partial \theta_i}\frac{\partial \ln p(\mathbf{x}; \boldsymbol{\theta})}{\partial \theta_j}\right]$$

e. *说明*

有效估计量可能不存在，因此这种方法可能失败。

f. *参考*

第 3 章。

2. Rao-Blackwell-Lehmann-Scheffe

a. *数据模型/假设*

PDF $p(\mathbf{x}; \boldsymbol{\theta})$ 是已知的。

b. *估计量*

　i. 通过将 PDF 因式分解为

$$p(\mathbf{x}; \boldsymbol{\theta}) = g(\mathbf{T}(\mathbf{x}), \boldsymbol{\theta})h(\mathbf{x})$$

　来求出一个充分统计量 $\mathbf{T}(\mathbf{x})$，其中 $\mathbf{T}(\mathbf{x})$ 是 $\mathbf{x}$ 的一个 p 维函数，g 只与 $\mathbf{T}$ 和 $\boldsymbol{\theta}$ 有关，h 只与 $\mathbf{x}$ 有关。

　ii. 如果 $E[\mathbf{T}(\mathbf{x})] = \boldsymbol{\theta}$，那么 $\hat{\boldsymbol{\theta}} = \mathbf{T}(\mathbf{x})$；如果不是，我们必须求一个 p 维函数 $\mathbf{g}$，以便 $E[\mathbf{g}(\mathbf{T})] = \boldsymbol{\theta}$，那么，$\hat{\boldsymbol{\theta}} = \mathbf{g}(\mathbf{T})$。

c. *最佳/误差准则*

$\hat{\boldsymbol{\theta}}$ 是 MVU 估计量。

d. *性能*

$\hat{\theta}_i (i = 1, 2, \ldots, p)$ 是无偏的。方差与 PDF 有关——没有一般的公式。

e. *说明*

另外，必须检查充分统计量的完备性，p 维的充分统计量可能不存在，因此这种方法可能失败。

f. *参考*

第 5 章。

3. 最佳线性无偏估计量(BLUE)

a. *数据模型/假设*

$$E(\mathbf{x}) = \mathbf{H}\boldsymbol{\theta}$$

其中 $\mathbf{H}$ 是 $N \times p (N > p)$ 的已知矩阵，$\mathbf{x}$ 的协方差矩阵 $\mathbf{C}$ 是已知的，等效地我们有

$$\mathbf{x} = \mathbf{H}\boldsymbol{\theta} + \mathbf{w}$$

其中 $E(\mathbf{w}) = \mathbf{0}$ 和 $\mathbf{C}_w = \mathbf{C}$。

b. *估计量*

$$\hat{\boldsymbol{\theta}} = (\mathbf{H}^T \mathbf{C}^{-1} \mathbf{H})^{-1} \mathbf{H}^T \mathbf{C}^{-1} \mathbf{x}$$

c. *最佳/误差准则*

$\hat{\theta}_i(i=1,2,\ldots,p)$ 在所有的线性（在 **x** 中）无偏估计量中具有最小方差。

d. 性能

$\hat{\theta}_i(i=1,2,\ldots,p)$ 是无偏的，方差为

$$\text{var}(\hat{\theta}_i) = [(\mathbf{H}^T\mathbf{C}^{-1}\mathbf{H})^{-1}]_{ii} \qquad i=1,2,\ldots,p$$

e. 说明

如果 **w** 是高斯随机矢量，所以 $\mathbf{w} \sim \mathcal{N}(\mathbf{0}, \mathbf{C})$，那么 $\hat{\boldsymbol{\theta}}$ 也是 MVU 估计量（对所有 **x** 的线性和非线性函数的估计量）。

f. 参考

第 6 章。

4. 最大似然估计量（MLE）

a. 数据模型/假设

PDF $p(\mathbf{x};\boldsymbol{\theta})$ 是已知的。

b. 估计量

$\hat{\boldsymbol{\theta}}$ 是使 $p(\mathbf{x};\boldsymbol{\theta})$ 达到最大的 $\boldsymbol{\theta}$ 值，其中 **x** 由观测数据样本代替。

c. 最佳/误差准则

一般来说没有最佳的估计量。然而，在 PDF 一定的条件下，对于大数据记录或当 $N\to\infty$ 时（渐近），MLE 是有效的。因而它是渐近 MVU 估计量。

d. 性能

对于有限的 N，性能与 PDF 有关，没有一般的公式可用。在一定条件下，估计量渐近服从如下分布，

$$\hat{\boldsymbol{\theta}} \overset{a}{\sim} \mathcal{N}(\boldsymbol{\theta}, I^{-1}(\boldsymbol{\theta}))$$

e. 说明

如果有效估计量存在，那么最大似然方法将得到有效估计量。

f. 参考

第 7 章。

5. 最小二乘估计量（LSE）

a. 数据模型/假设

$$x[n] = s[n;\boldsymbol{\theta}] + w[n] \qquad n=0,1,\ldots,N-1$$

其中信号 $s[n;\boldsymbol{\theta}]$ 与未知参数有关，模型等效为

$$\mathbf{x} = \mathbf{s}(\boldsymbol{\theta}) + \mathbf{w}$$

其中 **s** 是已知的 $\boldsymbol{\theta}$ 的 N 维函数，噪声或扰动 **w** 的均值为零。

b. 估计量

$\hat{\boldsymbol{\theta}}$ 是使下式最小的 $\boldsymbol{\theta}$ 值，

$$J(\boldsymbol{\theta}) = (\mathbf{x}-\mathbf{s}(\boldsymbol{\theta}))^T(\mathbf{x}-\mathbf{s}(\boldsymbol{\theta})) = \sum_{n=0}^{N-1}(x[n]-s[n;\boldsymbol{\theta}])^2$$

c. 最佳/误差准则

一般来说没有最佳的估计量。

d. 性能

性能与 **w** 的 PDF 有关，没有一般的公式可用。

e. 说明

使 LS 误差最小一般来说不能转换成使估计误差最小。另外，如果 **w** 是高斯随机矢量，$\mathbf{w} \sim \mathcal{N}(\mathbf{0}, \sigma^2\mathbf{I})$，那么 LSE 等价于 MLE。

f. 参考

第 8 章。

6. 矩方法

a. 数据模型/假设

存在 p 阶矩 $\mu_i = E(x^i[n])$（$i = 1, 2, \ldots, p$），p 阶矩以某种已知的方法与 $\boldsymbol{\theta}$ 有关。整个 PDF 并不需要是已知的。

b. 估计量

如果 $\boldsymbol{\mu} = \mathbf{h}(\boldsymbol{\theta})$，其中 **h** 是可逆的 $\boldsymbol{\theta}$ 的 p 维函数，$\boldsymbol{\mu} = [\mu_1\mu_2\ldots\mu_p]^T$，那么

$$\hat{\boldsymbol{\theta}} = \mathbf{h}^{-1}(\hat{\boldsymbol{\mu}})$$

其中

$$\hat{\boldsymbol{\mu}} = \begin{bmatrix} \frac{1}{N}\sum_{n=0}^{N-1} x[n] \\ \frac{1}{N}\sum_{n=0}^{N-1} x^2[n] \\ \vdots \\ \frac{1}{N}\sum_{n=0}^{N-1} x^p[n] \end{bmatrix}$$

c. 最佳/误差准则

一般来说没有最佳的估计量

d. 性能

对于有限的 N，性能与 **x** 的 PDF 有关。然而，对于大的数据记录（渐近），如果 $\hat{\theta}_i = g_i(\hat{\boldsymbol{\mu}})$，那么

$$\begin{aligned} E(\hat{\theta}_i) &= g_i(\boldsymbol{\mu}) \\ \text{var}(\hat{\theta}_i) &= \left.\frac{\partial g_i}{\partial\hat{\boldsymbol{\mu}}}\right|_{\hat{\boldsymbol{\mu}}=\boldsymbol{\mu}}^T \mathbf{C}_{\hat{\boldsymbol{\mu}}} \left.\frac{\partial g_i}{\partial\hat{\boldsymbol{\mu}}}\right|_{\hat{\boldsymbol{\mu}}=\boldsymbol{\mu}} \end{aligned}$$

其中 $i = 1, 2, \ldots, p$。

e. 说明

通常实现起来比较容易。

f. 参考

第 9 章。

贝叶斯估计方法

7. 最小均方误差（MMSE）估计量

a. 数据模型/假设

x 和 $\boldsymbol{\theta}$ 的联合 PDF 即 $p(\mathbf{x}, \boldsymbol{\theta})$ 是已知的，其中 $\boldsymbol{\theta}$ 为随机矢量。通常 $p(\mathbf{x}|\boldsymbol{\theta})$ 作为数据模型而被指定，$p(\boldsymbol{\theta})$ 是 $\boldsymbol{\theta}$ 的先验 PDF，所以 $p(\mathbf{x}, \boldsymbol{\theta}) = p(\mathbf{x}|\boldsymbol{\theta})p(\boldsymbol{\theta})$。

b. 估计量

$$\hat{\boldsymbol{\theta}} = E(\boldsymbol{\theta}|\mathbf{x})$$

其中数学期望是对后验 PDF

$$p(\boldsymbol{\theta}|\mathbf{x}) = \frac{p(\mathbf{x}|\boldsymbol{\theta})p(\boldsymbol{\theta})}{\int p(\mathbf{x}|\boldsymbol{\theta})p(\boldsymbol{\theta})\,d\boldsymbol{\theta}}$$

求取的，如果 $\mathbf{x}$ 和 $\boldsymbol{\theta}$ 是联合高斯的，那么

$$\hat{\boldsymbol{\theta}} = E(\boldsymbol{\theta}) + \mathbf{C}_{\theta x}\mathbf{C}_{xx}^{-1}(\mathbf{x} - E(\mathbf{x})) \tag{14.1}$$

c. 最佳/误差准则

$\hat{\theta}_i$ 使贝叶斯 MSE

$$\mathrm{Bmse}(\hat{\theta}_i) = E\left[(\theta_i - \hat{\theta}_i)^2\right] \qquad i = 1, 2, \ldots, p \tag{14.2}$$

最小，其中数学期望是对 $p(\mathbf{x}, \theta_i)$ 求的。

d. 性能

误差 $\epsilon_i = \theta_i - \hat{\theta}_i$ 具有零均值和方差

$$\mathrm{var}(\epsilon_i) = \mathrm{Bmse}(\hat{\theta}_i) = \int [\mathbf{C}_{\theta|x}]_{ii}\, p(\mathbf{x})\, d\mathbf{x} \tag{14.3}$$

其中 $\mathbf{C}_{\theta|x}$ 是在 $\mathbf{x}$ 条件下 $\boldsymbol{\theta}$ 的协方差矩阵，或者是后验 PDF $p(\boldsymbol{\theta}|\mathbf{x})$ 的协方差矩阵。如果 $\mathbf{x}$ 和 $\boldsymbol{\theta}$ 是联合高斯的，那么误差是高斯的，均值为零，方差为

$$\mathrm{var}(\epsilon_i) = \mathrm{Bmse}(\hat{\theta}_i) = \left[\mathbf{C}_{\theta\theta} - \mathbf{C}_{\theta x}\mathbf{C}_{xx}^{-1}\mathbf{C}_{x\theta}\right]_{ii}$$

e. 说明

在非高斯情况下，实现起来非常困难。

f. 参考

第 10 章、第 11 章。

8. 最大后验(MAP)估计量

a. 数据模型/假设

与 MMSE 估计量相同。

b. 估计量

$\hat{\boldsymbol{\theta}}$ 是使 $p(\boldsymbol{\theta}|\mathbf{x})$ 达到最大的 $\boldsymbol{\theta}$ 值，或者等效地使 $p(\mathbf{x}|\boldsymbol{\theta})p(\boldsymbol{\theta})$ 最大的 $\boldsymbol{\theta}$ 值。如果 $\mathbf{x}$ 和 $\boldsymbol{\theta}$ 是联合高斯的，那么 $\hat{\boldsymbol{\theta}}$ 由(14.1)式给出。

c. 最佳/误差准则

使"成功 – 失败"(hit-or-miss)代价函数最小。

d. 性能

性能与 PDF 有关，没有一般的公式可用，如果 $\mathbf{x}$ 和 $\boldsymbol{\theta}$ 是联合高斯的，那么该性能与MMSE 估计量的性能相同。

e. 说明

对于均值和模式(最大值的位置)相同的 PDF，MMSE 与 MAP 估计量是相同的，例如高斯 PDF。

f. 参考

第 11 章。

9. 线性最小均方误差(LMMSE)估计量

a. 数据模型/假设

联合 PDF $p(\mathbf{x}, \boldsymbol{\theta})$ 的前二阶矩是已知的，或者均值和协方差是已知的，

$$\begin{bmatrix} E(\boldsymbol{\theta}) \\ E(\mathbf{x}) \end{bmatrix} \qquad \begin{bmatrix} \mathbf{C}_{\theta\theta} & \mathbf{C}_{\theta x} \\ \mathbf{C}_{x\theta} & \mathbf{C}_{xx} \end{bmatrix}$$

b. *估计量*

$$\hat{\boldsymbol{\theta}} = E(\boldsymbol{\theta}) + \mathbf{C}_{\theta x}\mathbf{C}_{xx}^{-1}(\mathbf{x} - E(\mathbf{x}))$$

c. *最佳/误差准则*

$\hat{\theta}_i$ 在所有线性估计量中($\mathbf{x}$ 的线性函数)的贝叶斯 MSE[参见(14.2)式]最小。

d. *性能*

误差 $\epsilon_i = \theta_i - \hat{\theta}_i$ 具有零均值和方差

$$\mathrm{var}(\epsilon_i) = \mathrm{Bmse}(\hat{\theta}_i) = \left[\mathbf{C}_{\theta\theta} - \mathbf{C}_{\theta x}\mathbf{C}_{xx}^{-1}\mathbf{C}_{x\theta}\right]_{ii}$$

e. *说明*

如果 $\mathbf{x}$ 和 $\boldsymbol{\theta}$ 是联合高斯的，那么性能与 MMSE 估计量和 MAP 估计量相同。

f. *参考*

第 12 章。

读者可能观察到我们省略了卡尔曼滤波器的小结，这是因为它是 MMSE 估计量的特定实现，所以包含在相应的讨论中。

14.3　线性模型

当可以应用线性模型来描述数据时，不同的估计方法产生闭合形式的估计量。事实上，通过假定线性模型，我们能够确定最佳估计量及其经典的和贝叶斯方法的性能。我们首先考虑经典的方法，经典的一般线性模型假定数据由下式描述，

$$\mathbf{x} = \mathbf{H}\boldsymbol{\theta} + \mathbf{w}$$

其中 $\mathbf{x}$ 是 $N \times 1$ 观测矢量，$\mathbf{H}$ 是秩为 p 的已知 $N \times p$ 观测矩阵($N > p$)，$\boldsymbol{\theta}$ 是 $p \times 1$ 待估计参数矢量，$\mathbf{w}$ 是一个 $N \times 1$ 噪声矢量，PDF 为 $\mathcal{N}(\mathbf{0}, \mathbf{C})$。$\mathbf{x}$ 的 PDF 为

$$p(\mathbf{x};\boldsymbol{\theta}) = \frac{1}{(2\pi)^{\frac{N}{2}}\det^{\frac{1}{2}}(\mathbf{C})}\exp\left[-\frac{1}{2}(\mathbf{x} - \mathbf{H}\boldsymbol{\theta})^T\mathbf{C}^{-1}(\mathbf{x} - \mathbf{H}\boldsymbol{\theta})\right] \tag{14.4}$$

1. Cramer-Rao 下限

$$\frac{\partial \ln p(\mathbf{x};\boldsymbol{\theta})}{\partial \boldsymbol{\theta}} = (\mathbf{H}^T\mathbf{C}^{-1}\mathbf{H})(\hat{\boldsymbol{\theta}} - \boldsymbol{\theta})$$

其中

$$\hat{\boldsymbol{\theta}} = (\mathbf{H}^T\mathbf{C}^{-1}\mathbf{H})^{-1}\mathbf{H}^T\mathbf{C}^{-1}\mathbf{x} \tag{14.5}$$

所以 $\hat{\boldsymbol{\theta}}$ 是 MVU 估计量(也是有效的)，且具有由协方差对角元素给出的最小方差，

$$\mathbf{C}_{\hat{\boldsymbol{\theta}}} = \mathbf{I}^{-1}(\boldsymbol{\theta}) = (\mathbf{H}^T\mathbf{C}^{-1}\mathbf{H})^{-1}$$

2. Rao-Blackwell-Lehmann-Scheffe

PDF 的因式分解为

$$p(\mathbf{x};\boldsymbol{\theta}) = \underbrace{\frac{1}{(2\pi)^{\frac{N}{2}}\det^{\frac{1}{2}}(\mathbf{C})}\exp\left\{-\frac{1}{2}[(\boldsymbol{\theta} - \hat{\boldsymbol{\theta}})^T\mathbf{H}^T\mathbf{C}^{-1}\mathbf{H}(\boldsymbol{\theta} - \hat{\boldsymbol{\theta}})]\right\}}_{g(\mathbf{T}(\mathbf{x}),\boldsymbol{\theta})}$$

$$\cdot \underbrace{\exp\left\{-\frac{1}{2}[(\mathbf{x} - \mathbf{H}\hat{\boldsymbol{\theta}})^T\mathbf{C}^{-1}(\mathbf{x} - \mathbf{H}\hat{\boldsymbol{\theta}})]\right\}}_{h(\mathbf{x})}$$

其中

$$\hat{\boldsymbol{\theta}} = (\mathbf{H}^T\mathbf{C}^{-1}\mathbf{H})^{-1}\mathbf{H}^T\mathbf{C}^{-1}\mathbf{x}$$

充分统计量为 $\mathbf{T}(\mathbf{x}) = \hat{\boldsymbol{\theta}}$，可以证明它是无偏的和完备的。这样，$\hat{\boldsymbol{\theta}}$ 是 MVU 估计量。

3. 最佳线性无偏估计量

由于 $\hat{\boldsymbol{\theta}}$ 已经是 $\mathbf{x}$ 的线性函数，我们将有与前面两种情况相同的估计量。然而，如果 $\mathbf{w}$ 不是高斯的，$\hat{\boldsymbol{\theta}}$ 将仍然是 BLUE，但不是 MVU 估计量。注意对于 BLUE，一般线性模型是满足数据模型假定的。

4. 最大似然估计量

为了求 MLE，我们使 (14.4) 式给出的 $p(\mathbf{x};\boldsymbol{\theta})$ 最大，或者等价地使

$$(\mathbf{x} - \mathbf{H}\boldsymbol{\theta})^T \mathbf{C}^{-1} (\mathbf{x} - \mathbf{H}\boldsymbol{\theta})$$

最小，于是得出

$$\hat{\boldsymbol{\theta}} = (\mathbf{H}^T \mathbf{C}^{-1} \mathbf{H})^{-1} \mathbf{H}^T \mathbf{C}^{-1} \mathbf{x}$$

我们知道它是 MVU 估计量。这样，正如我们所希望的那样，由于有效估计量存在（满足 CRLB），那么最大似然估计方法就可以得到这个有效估计量。

5. 最小二乘估计量

把 $\mathbf{H}\boldsymbol{\theta}$ 看成信号矢量 $\mathbf{s}(\boldsymbol{\theta})$，我们必须使

$$J(\boldsymbol{\theta}) = (\mathbf{x} - \mathbf{s}(\boldsymbol{\theta}))^T (\mathbf{x} - \mathbf{s}(\boldsymbol{\theta})) = (\mathbf{x} - \mathbf{H}\boldsymbol{\theta})^T (\mathbf{x} - \mathbf{H}\boldsymbol{\theta})$$

最小，当 $\mathbf{C} = \sigma^2 \mathbf{I}$ 时，它与最大似然方法相同。LSE 是 $\hat{\boldsymbol{\theta}} = (\mathbf{H}^T \mathbf{H})^{-1} \mathbf{H}^T \mathbf{x}$，如果 $\mathbf{C} = \sigma^2 \mathbf{I}$，它也是 MVU 估计量。如果 $\mathbf{C} \neq \sigma^2 \mathbf{I}$，那么 $\hat{\boldsymbol{\theta}}$ 将不是 MVU 估计量。然而，如果我们使加权 LS 指标

$$J'(\boldsymbol{\theta}) = (\mathbf{x} - \mathbf{H}\boldsymbol{\theta})^T \mathbf{W} (\mathbf{x} - \mathbf{H}\boldsymbol{\theta})$$

最小，其中加权矩阵是 $\mathbf{C}^{-1}$，那么得到的估计量是 (14.5) 式的 MVU 估计量。最后，如果 $\mathbf{w}$ 不是高斯的，加权 LSE 仍将是由 (14.5) 式给出的 $\hat{\boldsymbol{\theta}}$，但是它可能只是 BLUE。

6. 矩方法

由于这个方法的最佳估计量已经知道，因此在这里省略。

这些结果总结在表 14.1 中。

表 14.1 经典一般线性模型的 $\hat{\boldsymbol{\theta}}$ 的性质

模型：$\mathbf{x} = \mathbf{H}\boldsymbol{\theta} + \mathbf{w}$

假设：$E(\mathbf{w}) = \mathbf{0}$

$\mathbf{C}_w = \mathbf{C}$

估计量：$\hat{\boldsymbol{\theta}} = (\mathbf{H}^T \mathbf{C}^{-1} \mathbf{H})^{-1} \mathbf{H}^T \mathbf{C}^{-1} \mathbf{x}$

性质	w ~ 高斯（线性模型）	w ~ 非高斯
有效估计量	*	
充分统计量	*	
MVU	*	
BLUE	*	*
MLE	*	
WLS（$\mathbf{W} = \mathbf{C}^{-1}$）	*	*

* 满足性质。

下面继续讨论贝叶斯线性模型，我们假定

$$\mathbf{x} = \mathbf{H}\boldsymbol{\theta} + \mathbf{w}$$

其中 $\mathbf{x}$ 是 $N \times 1$ 观测矢量，$\mathbf{H}$ 是已知的 $N \times p$ 观测矩阵（可能 $N \leqslant p$），$\boldsymbol{\theta}$ 是 $p \times 1$ 随机矢量，PDF 为 $\mathcal{N}(\boldsymbol{\mu}_\theta, \mathbf{C}_\theta)$，且 $\mathbf{w}$ 是 $N \times 1$ 与 $\boldsymbol{\theta}$ 无关的噪声矢量，PDF 为 $\mathcal{N}(\mathbf{0}, \mathbf{C}_w)$。$\mathbf{x}$ 的条件 PDF 为

$$p(\mathbf{x}|\boldsymbol{\theta}) = \frac{1}{(2\pi)^{\frac{N}{2}} \det^{\frac{1}{2}}(\mathbf{C}_w)} \exp\left[-\frac{1}{2}(\mathbf{x} - \mathbf{H}\boldsymbol{\theta})^T \mathbf{C}_w^{-1}(\mathbf{x} - \mathbf{H}\boldsymbol{\theta})\right]$$

$\boldsymbol{\theta}$ 的先验 PDF 是

$$p(\boldsymbol{\theta}) = \frac{1}{(2\pi)^{\frac{p}{2}} \det^{\frac{1}{2}}(\mathbf{C}_\theta)} \exp\left[-\frac{1}{2}(\boldsymbol{\theta} - \boldsymbol{\mu}_\theta)^T \mathbf{C}_\theta^{-1}(\boldsymbol{\theta} - \boldsymbol{\mu}_\theta)\right]$$

后验 PDF $p(\boldsymbol{\theta}|\mathbf{x})$ 也是高斯的，均值和协方差矩阵为

$$
\begin{aligned}
E(\boldsymbol{\theta}|\mathbf{x}) &= \boldsymbol{\mu}_\theta + \mathbf{C}_\theta \mathbf{H}^T (\mathbf{H} \mathbf{C}_\theta \mathbf{H}^T + \mathbf{C}_w)^{-1}(\mathbf{x} - \mathbf{H}\boldsymbol{\mu}_\theta) && (14.6) \\
&= \boldsymbol{\mu}_\theta + (\mathbf{C}_\theta^{-1} + \mathbf{H}^T \mathbf{C}_w^{-1} \mathbf{H})^{-1} \mathbf{H}^T \mathbf{C}_w^{-1}(\mathbf{x} - \mathbf{H}\boldsymbol{\mu}_\theta) && (14.7) \\
\mathbf{C}_{\theta|x} &= \mathbf{C}_\theta - \mathbf{C}_\theta \mathbf{H}^T (\mathbf{H} \mathbf{C}_\theta \mathbf{H}^T + \mathbf{C}_w)^{-1} \mathbf{H} \mathbf{C}_\theta && (14.8) \\
&= (\mathbf{C}_\theta^{-1} + \mathbf{H}^T \mathbf{C}_w^{-1} \mathbf{H})^{-1} && (14.9)
\end{aligned}
$$

7. 最小均方误差估计量

MMSE 估计量刚好是（14.6）式［或（14.7）式］给出的后验 PDF 的均值，由于 $\mathbf{C}_{\theta|x}$ 并不依赖于 $\mathbf{x}$［参见（14.8）式］，由（14.3）式，最小贝叶斯 MSE 或 $E((\theta_i - \hat{\theta}_i)^2)$ 为

$$\text{Bmse}(\hat{\theta}_i) = [\mathbf{C}_{\theta|x}]_{ii}$$

8. 最大后验概率估计量

由于高斯 PDF 的峰值的位置刚好等于均值，MAP 估计量与 MMSE 估计量相同。

9. 线性最小均方误差估计量

由于 MMSE 是 $\mathbf{x}$ 的线性函数，因此 LMMSE 估计量刚好由（14.6）式和（14.7）式给出。

因此，对于贝叶斯线性模型，MMSE 估计量、MAP 估计量和 LMMSE 估计量是相同的。最后说明一下，当没有先验信息时估计量的形式，可以通过令 $\mathbf{C}_\theta^{-1} \to \mathbf{0}$ 来表示。那么，由（14.7）式我们有

$$\hat{\boldsymbol{\theta}} = (\mathbf{H}^T \mathbf{C}_w^{-1} \mathbf{H})^{-1} \mathbf{H}^T \mathbf{C}_w^{-1} \mathbf{x}$$

它可以认为与经典一般线性模型的 MVU 估计量具有相同的形式。当然，估计量不能真正地进行比较，因为它们是在不同的数据模型假设下推导出来的（参见习题 11.7）。然而，断言没有先验信息的贝叶斯方法与经典方法的等效性也明显得到了认同，但是当用统计的观点进行考察时，这个断言是不正确的。

14.4 选择一个估计量

我们现在说明一下在选择一个估计量时的决策过程。在选择的时候，我们的目标是对于给定的数据模型找到最佳估计量。如果不可能找到最佳估计量，那么我们考虑准最佳估计的方法。考虑数据集

$$x[n] = A[n] + w[n] \qquad n = 0, 1, \ldots, N - 1$$

其中未知参数是 $\{A[0], A[1], \ldots, A[N-1]\}$，我们允许参数随时间改变，如同现实世界中的问题那样，大多数参数通常都有些不同程度的变化。数据可能具有经典的或贝叶斯线性模型，这取决于我们对 $A[n]$ 和 $w[n]$ 的假设。如果是这样的情况，最佳估计量如同前面的解释那样是很容易求出的。然而，即使估计量对假定的数据模型是最佳的，它的性能也可能是不合适的。因此，数据模型需要修正，我们现在讨论这个问题。当我们描述选择估计量的考虑时，我们将参考图 14.1 所示的流程图。当要估计的参数与数据点数一样多时，由于缺乏平均[参见图 14.1(a)]，我们可以预料估计性能是差的。利用像 $\boldsymbol{\theta} = [A[0]\ A[1]\ldots A[N-1]]^T$ 的 PDF 这样的先验知识，我们可以使用图 14.1(b) 描述的贝叶斯方法。根据 PDF $p(\mathbf{x}, \boldsymbol{\theta})$，理论上我们可以求出 MMSE 估计量。这里包含多重积分，在实际中是不可能求出来的。在无法求得 MMSE 估计量时，我们可以尝试使后验 PDF 最大来得到 MAP 估计量，可以采用解析的或数值的方法。作为最后的手段，如果 $\mathbf{x}$ 和 $\boldsymbol{\theta}$ 的前二阶联合矩可用，那么我们可以按照精确的形式来确定 LMMSE 估计量。即使维数不是问题，例如 $A[n] = A$，应用由先验 PDF 具体表达先验知识将在贝叶斯意义下改善估计的精度。也就是说，贝叶斯 MSE 将减少。如果没有可用的先验知识，我们被迫重新评价我们的数据模型，或者得到更多的数据。例如，我们可以假设 $A[n] = A$，甚至 $A[n] = A + Bn$，以减少问题的维数。由于模型不准确可能导致偏差，但是至少得到的估计量的可变性将减少。然后，我们可以采用经典的方法[参见图 14.1(c)]，如果 PDF 是已知的，我们首先计算 CRLB 的相等条件，如果满足，那么它是有效估计量，因而也就求出了 MVU 估计量。如果不满足，我们可以尝试求充分统计量，使它是无偏的，如果它是完备的，那么就可得到 MVU 估计量。如果这些方法都失败了，若似然函数能够解析地求得最大值，或者至少可以利用数值的方法求得，那么我们可以尝试最大似然方法。最后，如果能够求得矩，那么可以尝试利用矩方法。注意，对于矩方法的估计量，整个 PDF 不要求已知。如果 PDF 未知，但问题只是一个噪声中的信号问题，那么可以试试 BLUE 或者 LS 方法。如果信号是 $\boldsymbol{\theta}$ 的线性函数，噪声的前二阶矩已知，那么就可以求得 BLUE。否则，必须采用 LS 和可能的非线性 LS 估计量。

总而言之，对于信号处理问题，选择一个合适的估计量要从寻找易于实现的最佳估计量开始。如果这种寻找没有效果，那么就应该考察准最佳估计量。

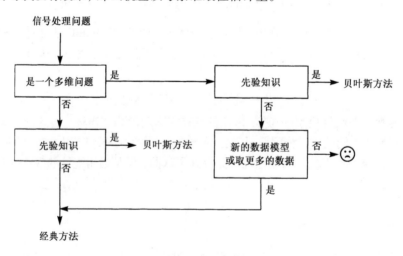

(a) 经典方法与贝叶斯方法

图 14.1　估计量选择的决策过程

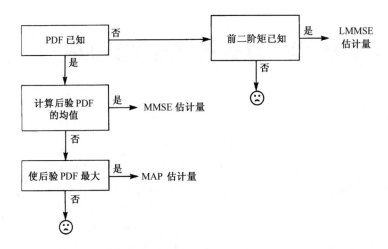

(b) 贝叶斯方法

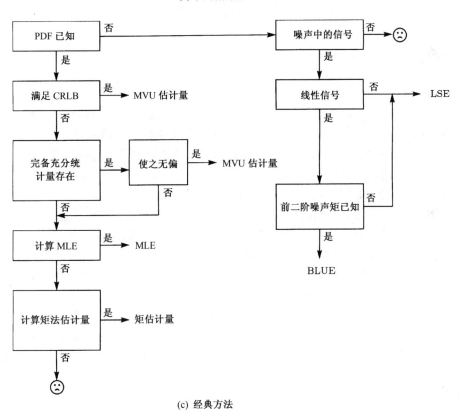

(c) 经典方法

图 14.1(续)　估计量选择的决策过程

第 15 章　复数据和复参数的扩展

15.1　引言

对于许多信号处理的应用，数据样本用复数表示更为方便，最典型的是由两个实时间序列构成的一个复时间序列。同样，使用一个复参数表示一个 2×1 维的实参数矢量也是十分有用的。我们会发现这种表示更加直接，数学上易于处理，并且容易利用数字计算机进行处理。类似地，一个实数据信号用复指数组成的复傅里叶级数表示，则要比用正弦和余弦组成的实傅里叶级数表示更为方便。此外，一旦采用复傅里叶级数表示，那么扩展到复数据是非常容易的，只要求放宽傅里叶系数的 Hermitian 对称性。在这一章里，我们要将以前的理论重新表示，以适应于复数据和复参数。在进行这些处理时我们并不展示任何新的原理，只是为了处理复数据和复参数的代数运算。

15.2　小结

15.3 节讨论了采用复参数的复数模型的需要。一个特别重要的模型是(15.2)式给出的实带通信号的复包络。接下来，在例 15.2 中举例说明了求一个函数的极小值的烦琐过程，极小化是针对复参数实部和虚部进行的，并证明了引入复导数大大简化了代数推导。15.4 节描述了复随机变量的定义及其性质。(15.16)式给出了复随机变量的重要的复高斯 PDF，对于一个复随机矢量，(15.22)式给出了其相应的 PDF。这些 PDF 假定复随机矢量的实协方差矩阵具有形如(15.19)式的特殊形式；或者等价地对于两个随机变量的情况，协方差满足(15.20)式。在这一小节中，我们同时总结了复高斯随机变量。如果一个复 WSS 随机过程具有满足(15.33)式的自相关和互相关，那么我们称其为复高斯 WSS 随机过程。例如，在例 15.5 描述的一个实的宽带高斯随机过程的复包络。在(15.40)式中，我们给出了实函数对复变量的复导数的正式定义。通过利用(15.44)式 ~ (15.46)式，联合复梯度可以应用于极小化 Hermitian 函数。如果要被极小化的 Hermitian 函数参数具有线性特性，那么它的解由(15.51)式给出。基于复高斯数据(带有实参数)的经典估计利用了(15.52)式的 CRLB，(15.53)式给出了等号成立的条件。然而，当 Fisher 信息矩阵具有特殊形式时，可以应用(15.54)式的等号条件，这涉及复 Fisher 信息矩阵。一个很重要的例子是例 15.9 中的复线性模型，(15.58)式是其有效估计，(15.59)式是其相应的协方差。我们在 15.8 节讨论了复贝叶斯线性模型的贝叶斯估计。(15.64)式或者(15.65)式给出了 MMSE 估计，(15.66)式或者(15.67)式则给出最小贝叶斯 MSE。对于大数据记录，复高斯 WSS 随机过程的近似 PDF 是(15.68)式，通过(15.69)式可以计算其近似 CRLB。这些形式在推导估计量时通常是易于使用的。

15.3　复数据和复参数

在信号处理中，复数据应用的大部分例子通常出现在雷达/声呐领域。在雷达和声呐中，我们感兴趣的是带通信号。如图 15.1(a)所示，如果连续时间实信号 $s(t)$ 的傅里叶变换 $S(F)$ 在频带 $(F_0 - B/2, F_0 + B/2)$ 上不为零，那么其基本信息包含在复包络 $\tilde{s}(t)$ 中，复包络的傅里叶变换 $\tilde{s}(F)$ 如图 15.1(b)所示。(当有必要避免混淆时，我们通常用" ~ "表示复数；否则，是实数还是

复数从讨论的内容中就可以明显看出来。)实带通信号与它的复包络傅里叶变换之间的关系为

$$S(F) = \tilde{S}(F - F_0) + \tilde{S}^*(-(F + F_0)) \tag{15.1}$$

为了得到 $S(F)$，我们将复包络谱移到 $F = F_0$，然后首先对 F "翻转" 后取复共轭，将其移到 $F = -F_0$。对(15.1)式做傅里叶反变换，得

$$s(t) = \tilde{s}(t) \exp(j2\pi F_0 t) + [\tilde{s}(t) \exp(j2\pi F_0 t)]^*$$

或者
$$s(t) = 2\mathrm{Re}\,[\tilde{s}(t) \exp(j2\pi F_0 t)] \tag{15.2}$$

另外，如果我们令 $\tilde{s}(t) = s_R(t) + js_I(t)$，其中 R 和 I 分别指复包络的实部和虚部，于是我们有

$$s(t) = 2s_R(t) \cos 2\pi F_0 t - 2s_I(t) \sin 2\pi F_0 t \tag{15.3}$$

这个式子也称为"窄带"表示，尽管它实际上是当 $F_0 > B/2$ 时有效。注意，由图 15.1(b) 可以很明显地看出，$s_R(t)$ 和 $s_I(t)$ 是带限于 $B/2$ Hz 内的带限信号。因此，带通信号可以用复包络完全描述。这样，在处理 $s(t)$ 或受噪声污染的信号中，我们只需要得到复包络。从实际的观点来看，作为低通信号的复包络，它的应用允许我们以低的采样率 B(复样本/秒)进行采样；而对实带通信号，要用高的采样率 $2(F_0 + B/2)$ 进行采样。这导出了图 15.2 所示的处理实带通信号时广泛采用的方法。目的就是要得到在数字计算机中的复包络的样本。从(15.3)式中我们注意到，由于其他信号的频谱集中在 $\pm 2F_0$ 附近，同相通道的低通滤波器的输出为

$$[2s_R(t) \cos^2 2\pi F_0 t - 2s_I(t) \sin 2\pi F_0 t \cos 2\pi F_0 t]_{\mathrm{LPF}}$$
$$= [s_R(t) + s_R(t) \cos 4\pi F_0 t - s_I(t) \sin 4\pi F_0 t]_{\mathrm{LPF}} = s_R(t)$$

"LPF"是指图 15.2 中的低通滤波器的输出。类似地，正交通道的低通滤波器的输出为 $s_I(t)$。因此，图 15.2 中处理器输出端的离散信号就是 $s_R(n\Delta) + js_I(n\Delta) = \tilde{s}(n\Delta)$。由此可以看出，在带通系统中，复数据自然而然地出现了。下面是一个重要的例子。

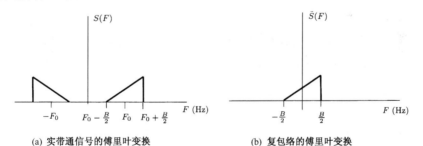

(a) 实带通信号的傅里叶变换   (b) 复包络的傅里叶变换

图 15.1 复包络的定义

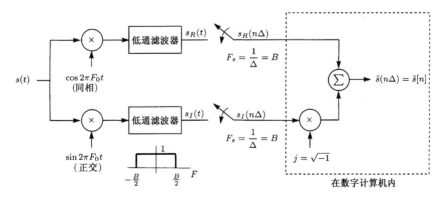

图 15.2 带通信号中离散复包络的提取

例 15.1　正弦信号的复包络

经常出现的带通信号是正弦信号，例如，

$$s(t) = \sum_{i=1}^{p} A_i \cos(2\pi F_i t + \phi_i)$$

其中对于所有的 i，$F_0 - B/2 \leqslant F_i \leqslant F_0 + B/2$。注意到信号可以写成以下形式，那么复包络就很容易得到，

$$
\begin{aligned}
s(t) &= \operatorname{Re}\left[\sum_{i=1}^{p} A_i \exp\left[j(2\pi F_i t + \phi_i)\right]\right] \\
&= 2\operatorname{Re}\left[\sum_{i=1}^{p} \frac{A_i}{2} \exp\left[j(2\pi(F_i - F_0)t + \phi_i)\right] \exp[j2\pi F_0 t]\right]
\end{aligned}
$$

所以，由(15.2)式得

$$\tilde{s}(t) = \sum_{i=1}^{p} \frac{A_i}{2} \exp(j\phi_i) \exp[j2\pi(F_i - F_0)t]$$

注意，复包络由频率为 $F_i - F_0$（可能为正，也可能为负）、复振幅为 $\dfrac{A_i}{2}\exp(j\phi_i)$ 的复正弦信号组成。如果按照奈奎斯特速率 $F_s = 1/\Delta = B$ 进行采样，我们得到的信号数据为

$$\tilde{s}(n\Delta) = \sum_{i=1}^{p} \frac{A_i}{2} \exp(j\phi_i) \exp[j2\pi(F_i - F_0)n\Delta]$$

另外，我们可以令 $\tilde{s}[n] = \tilde{s}(n\Delta)$，所以

$$\tilde{s}[n] = \sum_{i=1}^{p} \tilde{A}_i \exp(j2\pi f_i n)$$

其中 $\tilde{A}_i = \dfrac{A_i}{2}\exp(j\phi_i)$ 是复振幅，$f_i = (F_i - F_0)\Delta$ 是第 i 个离散正弦信号的频率。为了设计一个信号处理器，我们可以假设信号模型为

$$\tilde{x}[n] = \sum_{i=1}^{p} \tilde{A}_i \exp(j2\pi f_i n) + \tilde{w}[n]$$

其中，$\tilde{w}[n]$ 是一个复噪声序列。这是一个普遍应用的模型。

当用解析信号 $\tilde{s}_a(t)$ 来表示实低通信号时，也可能出现复信号。它可以按如下方式构成，

$$\tilde{s}_a(t) = s(t) + j\mathcal{H}[s(t)]$$

其中 $\mathcal{H}$ 表示希尔伯特变换[Papoulis 1965]。形成复信号的目的在于去除傅里叶变换中多余的频率成分。因此，如果 $S(F)$ 是带限为 B Hz 的信号时，$S_a(F)$ 在 $F < 0$ 时为零。所以，可以按照 B 复样本/秒的速率进行采样。例如，如果

$$s(t) = \sum_{i=1}^{p} A_i \cos(2\pi F_i t + \phi_i)$$

那么，可以证明

$$\tilde{s}_a(t) = \sum_{i=1}^{p} A_i \exp\left[j(2\pi F_i t + \phi_i)\right]$$

既然复数据的应用已被证明是带通信号处理的自然结果，那么复参数又会怎样呢？例 15.1 举例说明了这种可能性。假设需要估计 p 个正弦信号的幅度和相位，那么，可能的参数集是 $\{A_1, \phi_1,$

A_2，ϕ_2，$\ldots$，A_p，$\phi_p\}$，由 $2p$ 个实参数组成。但是，我们可以等效地估计复参数集 $\{A_1\exp(j\,\phi_1)$，$A_2\exp(j\,\phi_2)$，$\ldots$，$A_p\exp(j\,\phi_p)\}$，它是 p 维复参数集。两种参数的等价性通过如下变换是很明显的，

$$\tilde{A} = A\exp(j\phi)$$

反变换为

$$A = \sqrt{A_R^2 + A_I^2}$$
$$\phi = \arctan\frac{A_I}{A_R}$$

另一个使用复参数的典型例子是非对称 PSD 的谱模型。例如，一个复过程 $\tilde{x}[n]$ 的 PSD 的 AR 模型具有如下形式 [Kay 1988]：

$$P_{\tilde{x}\tilde{x}}(f) = \frac{\sigma_u^2}{|1 + a[1]\exp(-j2\pi f) + \cdots + a[p]\exp(-j2\pi fp)|^2}$$

如果其 PSD 关于 $f = 0$ 非对称，对应于复 ACF 和复随机过程 [Papoulis 1965]，那么 AR 滤波器参数 $\{a[1]$，$a[2]$，$\ldots$，$a[p]\}$ 将是复数。否则，对于实的 $a[k]$，我们有 $P_{\tilde{x}\tilde{x}}(-f) = P_{\tilde{x}\tilde{x}}(f)$。这表明为了满足所有的频谱，滤波参数必须为复数。

在处理复信号和复参数时，总能将其分解为实部和虚部，并且像对实数据矢量/或实参数矢量一样处理。但是这样做有一个明显的缺点，可以在下面的例子中看出。

例 15.2 幅度的最小二乘估计

假设我们希望使 LS 误差

$$J(\tilde{A}) = \sum_{n=0}^{N-1}|\tilde{x}[n] - \tilde{A}\tilde{s}[n]|^2$$

对于 $\tilde{A}$ 最小，其中 $\tilde{x}[n]$、$\tilde{A}$、$\tilde{s}[n]$ 均为复数。一个简单的方法就是将所有的复数分解为实部和虚部，

$$\begin{aligned}
J'(A_R, A_I) &= \sum_{n=0}^{N-1}|x_R[n] + jx_I[n] - (A_R + jA_I)(s_R[n] + js_I[n])|^2 \\
&= \sum_{n=0}^{N-1}(x_R[n] - A_Rs_R[n] + A_Is_I[n])^2 + (x_I[n] - A_Rs_I[n] - A_Is_R[n])^2
\end{aligned}$$

这是实变量 A_R 和 A_I 的标准二次型形式。因此，令 $\mathbf{x}_R = [x_R[0]\,x_R[1]\ldots x_R[N-1]]^T$，$\mathbf{x}_I = [x_I[0]\,x_I[1]\ldots x_I[N-1]]^T$，$\mathbf{s}_R = [s_R[0]\,s_R[1]\ldots s_R[N-1]]^T$，$\mathbf{s}_I = [s_I[0]\,s_I[1]\ldots s_I[N-1]]^T$，所以

$$\begin{aligned}
J'(A_R, A_I) &= (\mathbf{x}_R - A_R\mathbf{s}_R + A_I\mathbf{s}_I)^T(\mathbf{x}_R - A_R\mathbf{s}_R + A_I\mathbf{s}_I) \\
&\quad + (\mathbf{x}_I - A_R\mathbf{s}_I - A_I\mathbf{s}_R)^T(\mathbf{x}_I - A_R\mathbf{s}_I - A_I\mathbf{s}_R)
\end{aligned}$$

或者令 $\mathbf{s}_1 = [\mathbf{s}_R\ -\mathbf{s}_I]$，$\mathbf{s}_2 = [\mathbf{s}_I\ \mathbf{s}_R]$，$\mathbf{A} = [A_R\ A_I]^T$

$$\begin{aligned}
J'(\mathbf{A}) &= (\mathbf{x}_R - \mathbf{s}_1\mathbf{A})^T(\mathbf{x}_R - \mathbf{s}_1\mathbf{A}) + (\mathbf{x}_I - \mathbf{s}_2\mathbf{A})^T(\mathbf{x}_I - \mathbf{s}_2\mathbf{A}) \\
&= \mathbf{x}_R^T\mathbf{x}_R - \mathbf{x}_R^T\mathbf{s}_1\mathbf{A} - \mathbf{A}^T\mathbf{s}_1^T\mathbf{x}_R + \mathbf{A}^T\mathbf{s}_1^T\mathbf{s}_1\mathbf{A} \\
&\quad + \mathbf{x}_I^T\mathbf{x}_I - \mathbf{x}_I^T\mathbf{s}_2\mathbf{A} - \mathbf{A}^T\mathbf{s}_2^T\mathbf{x}_I + \mathbf{A}^T\mathbf{s}_2^T\mathbf{s}_2\mathbf{A}
\end{aligned}$$

求导，并由 (4.3) 式得到

$$\frac{\partial J'}{\partial \mathbf{A}} = -2\mathbf{s}_1^T\mathbf{x}_R + 2\mathbf{s}_1^T\mathbf{s}_1\mathbf{A} - 2\mathbf{s}_2^T\mathbf{x}_I + 2\mathbf{s}_2^T\mathbf{s}_2\mathbf{A}$$

令等式为零并且求解得

$$\hat{\mathbf{A}} = (\mathbf{s}_1^T \mathbf{s}_1 + \mathbf{s}_2^T \mathbf{s}_2)^{-1} (\mathbf{s}_1^T \mathbf{x}_R + \mathbf{s}_2^T \mathbf{x}_I)$$

$$= \left(\begin{bmatrix} \mathbf{s}_R^T \mathbf{s}_R & -\mathbf{s}_R^T \mathbf{s}_I \\ -\mathbf{s}_I^T \mathbf{s}_R & \mathbf{s}_I^T \mathbf{s}_I \end{bmatrix} + \begin{bmatrix} \mathbf{s}_I^T \mathbf{s}_I & \mathbf{s}_I^T \mathbf{s}_R \\ \mathbf{s}_R^T \mathbf{s}_I & \mathbf{s}_R^T \mathbf{s}_R \end{bmatrix} \right)^{-1}$$

$$\cdot \left(\begin{bmatrix} \mathbf{s}_R^T \mathbf{x}_R \\ -\mathbf{s}_I^T \mathbf{x}_R \end{bmatrix} + \begin{bmatrix} \mathbf{s}_I^T \mathbf{x}_I \\ \mathbf{s}_R^T \mathbf{x}_I \end{bmatrix} \right)$$

$$= \begin{bmatrix} \mathbf{s}_R^T \mathbf{s}_R + \mathbf{s}_I^T \mathbf{s}_I & 0 \\ 0 & \mathbf{s}_I^T \mathbf{s}_I + \mathbf{s}_R^T \mathbf{s}_R \end{bmatrix}^{-1} \begin{bmatrix} \mathbf{s}_R^T \mathbf{x}_R + \mathbf{s}_I^T \mathbf{x}_I \\ \mathbf{s}_R^T \mathbf{x}_I - \mathbf{s}_I^T \mathbf{x}_R \end{bmatrix}$$

$$= \begin{bmatrix} \dfrac{\mathbf{s}_R^T \mathbf{x}_R + \mathbf{s}_I^T \mathbf{x}_I}{\mathbf{s}_R^T \mathbf{s}_R + \mathbf{s}_I^T \mathbf{s}_I} \\[2mm] \dfrac{\mathbf{s}_R^T \mathbf{x}_I - \mathbf{s}_I^T \mathbf{x}_R}{\mathbf{s}_R^T \mathbf{s}_R + \mathbf{s}_I^T \mathbf{s}_I} \end{bmatrix}$$

即为最小化解。然而，如果将 $\hat{\mathbf{A}}$ 用复数形式写为 $\hat{A}_R + j\hat{A}_I = \widehat{\tilde{A}}$，则我们有

$$\widehat{\tilde{A}} = \frac{\mathbf{s}_R^T \mathbf{x}_R + \mathbf{s}_I^T \mathbf{x}_I + j\mathbf{s}_R^T \mathbf{x}_I - j\mathbf{s}_I^T \mathbf{x}_R}{\mathbf{s}_R^T \mathbf{s}_R + \mathbf{s}_I^T \mathbf{s}_I}$$

$$= \frac{(\mathbf{x}_R + j\mathbf{x}_I)^T (\mathbf{s}_R - j\mathbf{s}_I)}{\mathbf{s}_R^T \mathbf{s}_R + \mathbf{s}_I^T \mathbf{s}_I} = \frac{\displaystyle\sum_{n=0}^{N-1} \tilde{x}[n]\tilde{s}^*[n]}{\displaystyle\sum_{n=0}^{N-1} |\tilde{s}[n]|^2}$$

结果与实数情况类似。我们可以使用复变量来简化最小化过程。首先，定义一个复导数（进一步的讨论请参见 15.6 节）[Brandwood 1983]

$$\frac{\partial J}{\partial \tilde{A}} = \frac{1}{2}\left(\frac{\partial J}{\partial A_R} - j\frac{\partial J}{\partial A_I} \right)$$

注意

$$\frac{\partial J}{\partial \tilde{A}} = 0 \qquad \text{当且仅当} \qquad \frac{\partial J}{\partial \mathbf{A}} = \mathbf{0}$$

那么，我们必须像 15.6 节那样证明（参见 15.6 节中复函数的导数定义）

$$\frac{\partial \tilde{A}}{\partial \tilde{A}} = 1 \tag{15.4}$$

$$\frac{\partial \tilde{A}^*}{\partial \tilde{A}} = 0 \tag{15.5}$$

$$\frac{\partial \tilde{A}\tilde{A}^*}{\partial \tilde{A}} = \tilde{A}\frac{\partial \tilde{A}^*}{\partial \tilde{A}} + \frac{\partial \tilde{A}}{\partial \tilde{A}}\tilde{A}^* = \tilde{A}^* \tag{15.6}$$

现在，我们使用复导数使 J 最小，

$$\frac{\partial J}{\partial \tilde{A}} = \frac{\partial}{\partial \tilde{A}} \sum_{n=0}^{N-1} \left| \tilde{x}[n] - \tilde{A}\tilde{s}[n] \right|^2$$

$$= \sum_{n=0}^{N-1} \frac{\partial}{\partial \tilde{A}} \left(|\tilde{x}[n]|^2 - \tilde{x}[n]\tilde{A}^*\tilde{s}^*[n] - \tilde{A}\tilde{s}[n]\tilde{x}^*[n] + \tilde{A}\tilde{A}^*|\tilde{s}[n]|^2 \right)$$

$$= \sum_{n=0}^{N-1} \left(0 - 0 - \tilde{s}[n]\tilde{x}^*[n] + \tilde{A}^*|\tilde{s}[n]|^2 \right)$$

令等式为零，可以得到同样的结果。这样我们看到，使用某些容易证明的恒等式，可以使最小化的代数演算变得简单。

15.4　复随机变量和 PDF

正如我们已经看到的那样，遇到复信号模型是很自然的。为了明确表示复噪声模型，我们现在将许多实随机变量的标准定义和结论扩展到复随机变量情况。复随机变量 $\tilde{x}$ 被定义为 $\tilde{x} = u + jv$，其中 u、v 是 $\tilde{x}$ 的实部和虚部，它们是实随机变量。为了将复随机变量区分于实随机变量，我们使用代字符"~"表示复随机变量。为了定义复随机变量，我们假设实随机矢量 $[u \ v]^T$ 具有联合 PDF。$\tilde{x}$ 的均值定义为

$$E(\tilde{x}) = E(u) + jE(v) \tag{15.7}$$

其中数学期望是对边缘 PDF 或 $p(u)$ 和 $p(v)$ 求取的。二阶矩定义为

$$E(|\tilde{x}|^2) = E(u^2) + E(v^2) \tag{15.8}$$

方差定义为
$$\mathrm{var}(\tilde{x}) = E\left(|\tilde{x} - E(\tilde{x})|^2\right) \tag{15.9}$$

容易证明，方差可以简化为

$$\mathrm{var}(\tilde{x}) = E(|\tilde{x}|^2) - |E(\tilde{x})|^2 \tag{15.10}$$

如果有两个复随机变量 $\tilde{x}_1$ 和 $\tilde{x}_2$，以及一个实随机矢量 $[u_1 \ u_2 \ v_1 \ v_2]^T$ 的联合 PDF，我们可以定义互矩（cross-moment）为

$$\begin{aligned}
E(\tilde{x}_1^* \tilde{x}_2) &= E\left[(u_1 - jv_1)(u_2 + jv_2)\right] \\
&= [E(u_1 u_2) + E(v_1 v_2)] + j[E(u_1 v_2) - E(u_2 v_1)]
\end{aligned}$$

可以看出，这个定义包括了所有可能的实互矩。$\tilde{x}_1$ 和 $\tilde{x}_2$ 的协方差定义为

$$\mathrm{cov}(\tilde{x}_1, \tilde{x}_2) = E\left[(\tilde{x}_1 - E(\tilde{x}_1))^*(\tilde{x}_2 - E(\tilde{x}_2))\right] \tag{15.11}$$

可以化简为
$$\mathrm{cov}(\tilde{x}_1, \tilde{x}_2) = E(\tilde{x}_1^* \tilde{x}_2) - E^*(\tilde{x}_1) E(\tilde{x}_2) \tag{15.12}$$

刚好与实随机变量相同。如果 $\tilde{x}_1$ 与 $\tilde{x}_2$ 相互独立，也就是说 $[u_1 \ v_1]^T$ 和 $[u_2 \ v_2]^T$ 独立（参见习题 15.1），那么，$\mathrm{cov}(\tilde{x}_1, \tilde{x}_2) = 0$。注意，如果 $\tilde{x}_1 = \tilde{x}_2$，协方差就简化为方差。我们很容易将这些定义扩展到复随机矢量。例如，如果 $\tilde{\mathbf{x}} = [\tilde{x}_1 \tilde{x}_2 \ldots \tilde{x}_n]^T$，那么，$\tilde{\mathbf{x}}$ 的均值定义为

$$E(\tilde{\mathbf{x}}) = \begin{bmatrix} E(\tilde{x}_1) \\ E(\tilde{x}_2) \\ \vdots \\ E(\tilde{x}_n) \end{bmatrix}$$

$\tilde{\mathbf{x}}$ 的协方差定义为

$$\begin{aligned}
\mathbf{C}_{\tilde{x}} &= E[(\tilde{\mathbf{x}} - E(\tilde{\mathbf{x}}))(\tilde{\mathbf{x}} - E(\tilde{\mathbf{x}}))^H] \\
&= E\left\{ \begin{bmatrix} \tilde{x}_1 - E(\tilde{x}_1) \\ \tilde{x}_2 - E(\tilde{x}_2) \\ \vdots \\ \tilde{x}_n - E(\tilde{x}_n) \end{bmatrix} \begin{bmatrix} \tilde{x}_1^* - E^*(\tilde{x}_1) & \tilde{x}_2^* - E^*(\tilde{x}_2) & \ldots & \tilde{x}_n^* - E^*(\tilde{x}_n) \end{bmatrix} \right\} \\
&= \begin{bmatrix} \mathrm{var}(\tilde{x}_1) & \mathrm{cov}(\tilde{x}_1, \tilde{x}_2) & \ldots & \mathrm{cov}(\tilde{x}_1, \tilde{x}_n) \\ \mathrm{cov}(\tilde{x}_2, \tilde{x}_1) & \mathrm{var}(\tilde{x}_2) & \ldots & \mathrm{cov}(\tilde{x}_2, \tilde{x}_n) \\ \vdots & \vdots & \ddots & \vdots \\ \mathrm{cov}(\tilde{x}_n, \tilde{x}_1) & \mathrm{cov}(\tilde{x}_n, \tilde{x}_2) & \ldots & \mathrm{var}(\tilde{x}_n) \end{bmatrix}^*
\end{aligned} \tag{15.13}$$

其中 H 代表矩阵的共轭转置。注意，协方差矩阵是 Hermitian 矩阵或者对角线元素为实数，而非对角线元素互为复共轭，所以 $\mathbf{C}_{\tilde{x}}^H = \mathbf{C}_{\tilde{x}}$。另外，可以证明 $\mathbf{C}_{\tilde{x}}$ 为半正定矩阵（参见习题 15.2）。

我们经常需要计算随机矢量的线性变换的矩。例如，如果 $\tilde{\mathbf{y}} = \mathbf{A}\tilde{\mathbf{x}} + \mathbf{b}$，其中 $\tilde{\mathbf{x}}$ 为一个 $n \times 1$ 复随机矢量，$\mathbf{A}$ 为 $m \times n$ 复矩阵，$\mathbf{b}$ 为 $m \times 1$ 复矢量，则 $\tilde{\mathbf{y}}$ 为 $m \times 1$ 随机矢量，那么

$$
\begin{aligned}
E(\tilde{\mathbf{y}}) &= \mathbf{A}E(\tilde{\mathbf{x}}) + \mathbf{b} \\
\mathbf{C}_{\tilde{y}} &= \mathbf{A}\mathbf{C}_{\tilde{x}}\mathbf{A}^H
\end{aligned}
$$

第一个结果是考虑下式得出的，

$$
\tilde{y}_i = \sum_{j=1}^{n} [\mathbf{A}]_{ij}\tilde{x}_j + b_i
$$

所以

$$
E(\tilde{y}_i) = \sum_{j=1}^{n} [\mathbf{A}]_{ij}E(\tilde{x}_j) + b_i
$$

并用矩阵形式表示这个结果。利用第一个结论可得到第二个结论

$$
\mathbf{C}_{\tilde{y}} = E\left[(\tilde{\mathbf{y}} - E(\tilde{\mathbf{y}}))(\tilde{\mathbf{y}} - E(\tilde{\mathbf{y}}))^H\right] = E\left[\mathbf{A}(\tilde{\mathbf{x}} - E(\tilde{\mathbf{x}}))(\tilde{\mathbf{x}} - E(\tilde{\mathbf{x}}))^H\mathbf{A}^H\right]
$$

但是

$$
\begin{aligned}
[\mathbf{C}_{\tilde{y}}]_{ij} &= E\left\{\left[\mathbf{A}(\tilde{\mathbf{x}} - E(\tilde{\mathbf{x}}))(\tilde{\mathbf{x}} - E(\tilde{\mathbf{x}}))^H\mathbf{A}^H\right]_{ij}\right\} \\
&= E\left\{\sum_{k=1}^{n}\sum_{l=1}^{n}[\mathbf{A}]_{ik}[(\tilde{\mathbf{x}} - E(\tilde{\mathbf{x}}))(\tilde{\mathbf{x}} - E(\tilde{\mathbf{x}}))^H]_{kl}[\mathbf{A}^H]_{lj}\right\} \\
&= \sum_{k=1}^{n}\sum_{l=1}^{n}[\mathbf{A}]_{ik}[\mathbf{C}_{\tilde{x}}]_{kl}[\mathbf{A}^H]_{lj}
\end{aligned}
$$

将其表示为矩阵形式就得到期望的结果。确定正定 Hermitian 的前两阶矩的形式也是有益的，即

$$
Q = \tilde{\mathbf{x}}^H\mathbf{A}\tilde{\mathbf{x}}
$$

其中，$\tilde{\mathbf{x}}$ 为 $n \times 1$ 复随机矢量，$\mathbf{A}$ 为 $n \times n$ 正定 Hermitian（$\mathbf{A}^H = \mathbf{A}$）矩阵。我们注意到，由于

$$
Q^* = Q^H = (\tilde{\mathbf{x}}^H\mathbf{A}\tilde{\mathbf{x}})^H = \tilde{\mathbf{x}}^H\mathbf{A}^H\tilde{\mathbf{x}} = \tilde{\mathbf{x}}^H\mathbf{A}\tilde{\mathbf{x}} = Q
$$

所以 Q 是实的。同样，由于假定 $\mathbf{A}$ 是正定的，那么对于所有的 $\tilde{\mathbf{x}} \neq \mathbf{0}$，有 $Q > 0$。为了计算 Q 的矩，我们假设 $E(\tilde{\mathbf{x}}) = \mathbf{0}$。[若不满足，我们可以用 $\tilde{\mathbf{y}} = \tilde{\mathbf{x}} - E(\tilde{\mathbf{x}})$ 代替 $\tilde{\mathbf{x}}$ 来修正结果。]这样，由于 $\tilde{\mathbf{x}}^H\tilde{\mathbf{y}} = \text{tr}(\tilde{\mathbf{y}}\tilde{\mathbf{x}}^H)$，那么

$$
E(Q) = E(\tilde{\mathbf{x}}^H\mathbf{A}\tilde{\mathbf{x}}) = E(\text{tr}(\mathbf{A}\tilde{\mathbf{x}}\tilde{\mathbf{x}}^H))
$$

但是另一方面，

$$
E(Q) = \text{tr}[E(\mathbf{A}\tilde{\mathbf{x}}\tilde{\mathbf{x}}^H)] = \text{tr}[\mathbf{A}E(\tilde{\mathbf{x}}\tilde{\mathbf{x}}^H)] = \text{tr}(\mathbf{A}\mathbf{C}_{\tilde{x}}) \tag{15.14}
$$

为了求出二阶矩，我们需要计算

$$
E(Q^2) = E(\tilde{\mathbf{x}}^H\mathbf{A}\tilde{\mathbf{x}}\tilde{\mathbf{x}}^H\mathbf{A}\tilde{\mathbf{x}}) \tag{15.15}
$$

这就要求确定 $\tilde{\mathbf{x}}$（参见例 15.4）的四阶矩。回想一下对于实高斯 PDF，四阶矩为二阶矩的函数，由此可以简化计算。下面我们将要证明，对复随机变量我们可以定义一个复高斯 PDF，它具有实高斯 PDF 的许多相同的性质。这样，就能计算像（15.15）式那样复杂的表达式。此外，在考虑带通过程复包络的分布时也自然会用到复高斯 PDF。

我们从定义标量复随机变量 $\tilde{x}$ 的复高斯 PDF 开始讨论。由于 $\tilde{x} = u + jv$，任何完整的统计描述都会包括 u 和 v 的联合 PDF。复高斯 PDF 假定 u 与 v 是独立的。此外，假定其实部和虚部分别服从 $\mathcal{N}(\mu_u, \sigma^2/2)$ 和 $\mathcal{N}(\mu_v, \sigma^2/2)$。因此，实随机变量的联合 PDF 就变为

$$
\begin{aligned}
p(u,v) &= \frac{1}{\sqrt{2\pi\frac{\sigma^2}{2}}}\exp\left[-\frac{1}{2(\frac{\sigma^2}{2})}(u-\mu_u)^2\right]\cdot\frac{1}{\sqrt{2\pi\frac{\sigma^2}{2}}}\exp\left[-\frac{1}{2(\frac{\sigma^2}{2})}(v-\mu_v)^2\right] \\
&= \frac{1}{\pi\sigma^2}\exp\left[-\frac{1}{\sigma^2}\left((u-\mu_u)^2+(v-\mu_v)^2\right)\right]
\end{aligned}
$$

但是，令 $\tilde{\mu}=E(\tilde{x})=\mu_u+j\mu_v$，就能得到更简洁的形式

$$
p(\tilde{x})=\frac{1}{\pi\sigma^2}\exp\left[-\frac{1}{\sigma^2}|\tilde{x}-\tilde{\mu}|^2\right] \tag{15.16}
$$

由于联合 PDF 仅仅通过 $\tilde{x}$ 与 u 和 v 有关，正如符号所表示的那样，我们可以把 PDF 看成标量随机变量 $\tilde{x}$ 的 PDF。这称为标量复随机变量的复高斯 PDF，以 $\mathcal{CN}(\tilde{\mu},\sigma^2)$ 表示，注意与通常的实高斯 PDF 类似。我们希望 $p(\tilde{x})$ 具有许多与实高斯 PDF 相同的代数性质，而事实上也正是如此。为了扩展这些结果，接下来我们考虑复随机矢量 $\tilde{\mathbf{x}}=[\tilde{x}_1\tilde{x}_2\ldots\tilde{x}_n]^T$。假定 $\tilde{\mathbf{x}}$ 的每个分量都服从 $\mathcal{CN}(\tilde{\mu}_i,\sigma_i^2)$，且互相独立。由于分量独立意味着实随机矢量 $[u_1\,v_1]^T$，$[u_2\,v_2]^T$，...，$[u_n\,v_n]^T$ 是相互独立的。那么，多维复高斯 PDF 刚好就是边缘 PDF 的乘积，即

$$
p(\tilde{\mathbf{x}})=\prod_{i=1}^{n}p(\tilde{x}_i)
$$

上式根据独立实随机变量的 PDF 的一般性质就可以得出。由(15.16)式，上式可写成

$$
p(\tilde{\mathbf{x}})=\frac{1}{\pi^n\prod_{i=1}^{n}\sigma_i^2}\exp\left[-\sum_{i=1}^{n}\frac{1}{\sigma_i^2}|\tilde{x}_i-\tilde{\mu}_i|^2\right]
$$

但是注意到，对于独立复随机变量，协方差为零，我们有 $\tilde{\mathbf{x}}$ 的协方差矩阵

$$
\mathbf{C}_{\tilde{x}}=\mathrm{diag}(\sigma_1^2,\sigma_2^2,\ldots,\sigma_n^2)
$$

所以，PDF 变为

$$
p(\tilde{\mathbf{x}})=\frac{1}{\pi^n\det(\mathbf{C}_{\tilde{x}})}\exp\left[-(\tilde{\mathbf{x}}-\tilde{\boldsymbol{\mu}})^H\mathbf{C}_{\tilde{x}}^{-1}(\tilde{\mathbf{x}}-\tilde{\boldsymbol{\mu}})\right] \tag{15.17}
$$

这就是多维复高斯 PDF，记为 $\mathcal{CN}(\tilde{\boldsymbol{\mu}},\mathbf{C}_{\tilde{x}})$。再次注意到这与通常的实多维高斯 PDF 相类似。但 (15.17)式比我们在推导中假定的更具有一般性，对于复协方差矩阵不是对角矩阵也是有效的。为了定义一般复高斯 PDF，如同我们现在将要证明的，需要限定所考虑的实协方差矩阵的形式。回想到对于标量复高斯随机变量 $\tilde{x}=u+jv$，$[u\ v]^T$ 的实协方差矩阵为

$$
\begin{bmatrix}
\dfrac{\sigma_1^2}{2} & 0 \\
0 & \dfrac{\sigma_1^2}{2}
\end{bmatrix}
$$

对于 2×1 复随机矢量 $\tilde{\mathbf{x}}=[\tilde{x}_1\tilde{x}_2]^T=[u_1+jv_1\ u_2+jv_2]^T$，正如我们已经假定的那样，$\tilde{x}_1$ 与 $\tilde{x}_2$ 独立，$[u_1\,v_1\,u_2\,v_2]^T$ 的实协方差矩阵为

$$
\frac{1}{2}\begin{bmatrix}
\sigma_1^2 & 0 & 0 & 0 \\
0 & \sigma_1^2 & 0 & 0 \\
0 & 0 & \sigma_2^2 & 0 \\
0 & 0 & 0 & \sigma_2^2
\end{bmatrix}
$$

如果我们将实随机矢量重新整理为 $\mathbf{x}=[u_1\,u_2\,v_1\,v_2]^T$，则协方差矩阵变为

$$
\mathbf{C}_x=\frac{1}{2}\left[\begin{array}{cc|cc}
\sigma_1^2 & 0 & 0 & 0 \\
0 & \sigma_2^2 & 0 & 0 \\
\hline
0 & 0 & \sigma_1^2 & 0 \\
0 & 0 & 0 & \sigma_2^2
\end{array}\right] \tag{15.18}
$$

这是一个实 4×4 一般协方差矩阵的特殊情况，

$$\mathbf{C}_x = \frac{1}{2} \begin{bmatrix} \mathbf{A} & -\mathbf{B} \\ \mathbf{B} & \mathbf{A} \end{bmatrix} \tag{15.19}$$

其中，$\mathbf{A}$ 和 $\mathbf{B}$ 是 2×2 矩阵。$\mathbf{C}_x$ 的这种形式允许我们为相关复高斯随机变量定义一个复高斯 PDF。通过令 $\mathbf{u} = [u_1 \ u_2]^T$ 和 $\mathbf{v} = [v_1 \ v_2]^T$，我们看到 $\mathbf{C}_x$ 的子矩阵为

$$\frac{1}{2}\mathbf{A} = E[(\mathbf{u} - E(\mathbf{u}))(\mathbf{u} - E(\mathbf{u}))^T] = E[(\mathbf{v} - E(\mathbf{v}))(\mathbf{v} - E(\mathbf{v}))^T]$$

$$\frac{1}{2}\mathbf{B} = E[(\mathbf{v} - E(\mathbf{v}))(\mathbf{u} - E(\mathbf{u}))^T] = -E[(\mathbf{u} - E(\mathbf{u}))(\mathbf{v} - E(\mathbf{v}))^T]$$

因此，$\mathbf{A}$ 为对称的，$\mathbf{B}$ 为反对称的，即 $\mathbf{B}^T = -\mathbf{B}$。很明显，实协方差矩阵为

$$\mathbf{C}_x = \begin{bmatrix} \text{var}(u_1) & \text{cov}(u_1, u_2) & | & \text{cov}(u_1, v_1) & \text{cov}(u_1, v_2) \\ \text{cov}(u_2, u_1) & \text{var}(u_2) & | & \text{cov}(u_2, v_1) & \text{cov}(u_2, v_2) \\ --- & --- & | & --- & --- \\ \text{cov}(v_1, u_1) & \text{cov}(v_1, u_2) & | & \text{var}(v_1) & \text{cov}(v_1, v_2) \\ \text{cov}(v_2, u_1) & \text{cov}(v_2, u_2) & | & \text{cov}(v_2, v_1) & \text{var}(v_2) \end{bmatrix}$$

对于具有 (15.19) 式形式的 $\mathbf{C}_x$，我们要求[除了方差相等，即对于 $i = 1, 2$，$\text{var}(u_i) = \text{var}(v_i)$ 之外，像标量复高斯随机变量所假定的那样，实部与虚部间的协方差为零，即对于 $i = 1, 2$，$\text{cov}(u_i, v_i) = 0$]协方差满足

$$\begin{aligned} \text{cov}(u_1, u_2) &= \text{cov}(v_1, v_2) \\ \text{cov}(u_1, v_2) &= -\text{cov}(u_2, v_1) \end{aligned} \tag{15.20}$$

实部和虚部的协方差相等，$\tilde{x}_1$ 实部和 $\tilde{x}_2$ 虚部之间的协方差是 $\tilde{x}_2$ 实部和 $\tilde{x}_1$ 虚部之间的协方差的负数。利用 (15.19) 式这样的实协方差矩阵的形式，对于 $\tilde{\mathbf{x}} = [\tilde{x}_1 \tilde{x}_2 \dots \tilde{x}_n] = [u_1 + jv_1 \ u_2 + jv_2 \dots u_n + jv_n]^T$，如果 $\mathbf{A}$ 和 $\mathbf{B}$ 都为 $n \times n$ 维，我们可以证明（参见附录 15A）：

1. $\tilde{\mathbf{x}}$ 的复协方差矩阵是 $\mathbf{C}_{\tilde{x}} = \mathbf{A} + j\mathbf{B}$。例如，对于 $n = 2$，且 $\tilde{x}_1$、$\tilde{x}_2$ 相互独立，$\mathbf{C}_x$ 由 (15.18) 式给出，这样

$$\mathbf{C}_{\tilde{x}} = \mathbf{A} + j\mathbf{B} = \mathbf{A} = \begin{bmatrix} \sigma_1^2 & 0 \\ 0 & \sigma_2^2 \end{bmatrix}$$

2. 实的多维高斯 PDF 指数的二次型可以表示为

$$(\mathbf{x} - \boldsymbol{\mu})^T \mathbf{C}_x^{-1} (\mathbf{x} - \boldsymbol{\mu}) = 2(\tilde{\mathbf{x}} - \tilde{\boldsymbol{\mu}})^H \mathbf{C}_{\tilde{x}}^{-1} (\tilde{\mathbf{x}} - \tilde{\boldsymbol{\mu}})$$

其中 $\tilde{\boldsymbol{\mu}} = E(\tilde{\mathbf{x}}) = \boldsymbol{\mu}_u + j\boldsymbol{\mu}_v$。例如，对 $n = 2$，$\tilde{x}_1$、$\tilde{x}_2$ 相互独立，由 (15.18) 式与 (15.19) 式，我们有

$$\mathbf{C}_x = \begin{bmatrix} \dfrac{\mathbf{A}}{2} & 0 \\ 0 & \dfrac{\mathbf{A}}{2} \end{bmatrix}$$

由于 $\mathbf{C}_{\tilde{x}} = \mathbf{A}$，因此，

$$\begin{aligned} &(\mathbf{x} - \boldsymbol{\mu})^T \mathbf{C}_x^{-1} (\mathbf{x} - \boldsymbol{\mu}) \\ &= \begin{bmatrix} (\mathbf{u} - \boldsymbol{\mu}_u)^T & (\mathbf{v} - \boldsymbol{\mu}_v)^T \end{bmatrix} 2 \begin{bmatrix} \mathbf{A}^{-1} & 0 \\ 0 & \mathbf{A}^{-1} \end{bmatrix} \begin{bmatrix} \mathbf{u} - \boldsymbol{\mu}_u \\ \mathbf{v} - \boldsymbol{\mu}_v \end{bmatrix} \\ &= 2[(\mathbf{u} - \boldsymbol{\mu}_u)^T \mathbf{A}^{-1} (\mathbf{u} - \boldsymbol{\mu}_u)] + [(\mathbf{v} - \boldsymbol{\mu}_v)^T \mathbf{A}^{-1} (\mathbf{v} - \boldsymbol{\mu}_v)] \\ &= 2[(\mathbf{u} - \boldsymbol{\mu}_u) - j(\mathbf{v} - \boldsymbol{\mu}_v)]^T \mathbf{C}_{\tilde{x}}^{-1} [(\mathbf{u} - \boldsymbol{\mu}_u) + j(\mathbf{v} - \boldsymbol{\mu}_v)] \\ &= 2(\tilde{\mathbf{x}} - \tilde{\boldsymbol{\mu}})^H \mathbf{C}_{\tilde{x}}^{-1} (\tilde{\mathbf{x}} - \tilde{\boldsymbol{\mu}}) \end{aligned}$$

$\mathbf{A}$ 为实的。

3. $\mathbf{C}_x$ 的行列式为

$$\det(\mathbf{C}_x) = \frac{1}{2^{2n}}\det^2(\mathbf{C}_{\tilde{x}})$$

注意，由于 $\det(\mathbf{C}_{\tilde{x}})$ 是 Hermitian 且是正定的，那么 $\det(\mathbf{C}_{\tilde{x}})$ 为实的和正的。例如，对于 $n=2$，$\tilde{x}_1$、$\tilde{x}_2$ 相互独立，我们有 $\mathbf{C}_{\tilde{x}} = \mathbf{A}$；并且根据(15.18)式与(15.19)式，有

$$\mathbf{C}_x = \begin{bmatrix} \dfrac{\mathbf{A}}{2} & \mathbf{0} \\ \mathbf{0} & \dfrac{\mathbf{A}}{2} \end{bmatrix}$$

所以　　$\det(\mathbf{C}_x) = \det^2\left(\dfrac{\mathbf{A}}{2}\right) = \dfrac{1}{2^4}\det^2(\mathbf{A}) = \dfrac{1}{2^4}\det^2(\mathbf{C}_{\tilde{x}})$

利用这些结果，可以将 $\mathbf{x} = [\,u_1\ldots u_n\, v_1\ldots v_n\,]^T$ 的实多维高斯 PDF

$$p(\mathbf{x}) = \frac{1}{(2\pi)^{\frac{2n}{2}}\det^{\frac{1}{2}}(\mathbf{C}_x)}\exp\left[-\frac{1}{2}(\mathbf{x}-\boldsymbol{\mu})^T\mathbf{C}_x^{-1}(\mathbf{x}-\boldsymbol{\mu})\right]$$

重写为　　$p(\mathbf{x}) = p(\tilde{\mathbf{x}}) = \dfrac{1}{\pi^n\det(\mathbf{C}_{\tilde{x}})}\exp\left[-(\tilde{\mathbf{x}}-\tilde{\boldsymbol{\mu}})^H\mathbf{C}_{\tilde{x}}^{-1}(\tilde{\mathbf{x}}-\tilde{\boldsymbol{\mu}})\right]$

其中 $\tilde{\boldsymbol{\mu}}$ 为平均值，$\mathbf{C}_{\tilde{x}}$ 为 $\tilde{\mathbf{x}}$ 的协方差矩阵。鉴于实高斯 PDF 包含 $2n\times1$ 实矢量与 $2n\times2n$ 实矩阵，复高斯 PDF 也包含 $n\times1$ 复矢量与 $n\times n$ 复矩阵。我们下面将得出的结果概括为一个定理。

定理 15.1（多维复高斯 PDF）　若 $2n\times1$ 实随机矢量 $\mathbf{x}$ 可以分块为

$$\mathbf{x} = \begin{bmatrix} \mathbf{u} \\ \mathbf{v} \end{bmatrix} = \begin{bmatrix} n\times1 \\ n\times1 \end{bmatrix}$$

其中 $\mathbf{u}$、$\mathbf{v}$ 为实随机矢量，$\mathbf{x}$ 具有如下 PDF

$$\mathbf{x} \sim \mathcal{N}\left(\begin{bmatrix} \boldsymbol{\mu}_u \\ \boldsymbol{\mu}_v \end{bmatrix}, \begin{bmatrix} \mathbf{C}_{uu} & \mathbf{C}_{uv} \\ \mathbf{C}_{vu} & \mathbf{C}_{vv} \end{bmatrix}\right)$$

且有 $\mathbf{C}_{uu} = \mathbf{C}_{vv}$ 和 $\mathbf{C}_{uv} = -\mathbf{C}_{vu}$，即

$$\begin{aligned} \mathrm{cov}(u_i,u_j) &= \mathrm{cov}(v_i,v_j) \\ \mathrm{cov}(u_i,v_j) &= -\mathrm{cov}(v_i,u_j) \end{aligned} \tag{15.21}$$

那么，定义 $n\times1$ 复随机矢量 $\tilde{\mathbf{x}} = \mathbf{u}+j\mathbf{v}$，$\tilde{\mathbf{x}}$ 的多维复高斯 PDF 为

$$\tilde{\mathbf{x}} \sim \mathcal{CN}(\tilde{\boldsymbol{\mu}},\mathbf{C}_{\tilde{x}})$$

其中　　$$\begin{aligned} \tilde{\boldsymbol{\mu}} &= \boldsymbol{\mu}_u + j\boldsymbol{\mu}_v \\ \mathbf{C}_{\tilde{x}} &= 2(\mathbf{C}_{uu} + j\mathbf{C}_{vu}) \end{aligned}$$

或者更精确地表示为

$$p(\tilde{\mathbf{x}}) = \frac{1}{\pi^n\det(\mathbf{C}_{\tilde{x}})}\exp\left[-(\tilde{\mathbf{x}}-\tilde{\boldsymbol{\mu}})^H\mathbf{C}_{\tilde{x}}^{-1}(\tilde{\mathbf{x}}-\tilde{\boldsymbol{\mu}})\right] \tag{15.22}$$

重要的是，要认识到复高斯 PDF 实际上刚好是实高斯 PDF 不同的代数形式。本质上，我们所做的就是用复数或 $[\,u\ v\,]^T \rightarrow \tilde{x} = u+jv$ 替换 2×1 矢量。这将会简化以后的估计量的计算，但是不要期望有新的理论。允许我们使用这个技巧的更深一层的原因在于，矢量空间 M^2（所有 2×2 实矩阵构成的空间）与 C^1（所有复数构成的空间）存在同构。我们可以将矩阵从 M^2 空间的矩阵变换到 C^1 空间的复数，在 C^1 空间中进行计算，计算完以后再变换回 M^2 空间。例如，如果希望进行

矩阵相乘

$$\begin{bmatrix} a & -b \\ b & a \end{bmatrix} \begin{bmatrix} e & -f \\ f & e \end{bmatrix} = \begin{bmatrix} ae - bf & -af - be \\ af + be & ae - bf \end{bmatrix}$$

那么可以等价于乘以一个复数，

$$(a + jb)(e + jf) = (ae - bf) + j(af + be)$$

然后变换回到 M^2 空间。我们将在习题 15.5 中做更进一步的研究。

复高斯 PDF 有许多与实高斯 PDF 对应的性质。我们现在总结这些重要性质，并在附录 15B 中给出其证明。

1. 任何复高斯随机矢量的子矢量都是复高斯的，特别是边缘分布为复高斯的。
2. 若 $\tilde{\mathbf{x}} = [\tilde{x}_1 \tilde{x}_2 \dots \tilde{x}_n]^T$ 为复高斯的，$\{\tilde{x}_1, \tilde{x}_2, \dots, \tilde{x}_n\}$ 是不相关的，则它们也是独立的。
3. 若 $\{\tilde{x}_1, \tilde{x}_2, \dots, \tilde{x}_n\}$ 独立，且均为复高斯的，则 $\tilde{\mathbf{x}} = [\tilde{x}_1 \tilde{x}_2 \dots \tilde{x}_n]^T$ 为复高斯的。
4. 复高斯随机矢量的线性（实际上是仿射）变换仍为复高斯的。特别是，若 $\tilde{\mathbf{y}} = \mathbf{A}\tilde{\mathbf{x}} + \mathbf{b}$，其中 $\mathbf{A}$ 为 $m \times n$ 复矩阵$(m \leqslant n)$，且为满秩（所以 $\mathbf{C}_{\tilde{y}}$ 是可逆的），$\mathbf{b}$ 为 $m \times 1$ 复矢量，且如果 $\tilde{\mathbf{x}} \sim \mathcal{CN}(\tilde{\boldsymbol{\mu}}, \mathbf{C}_{\tilde{x}})$，则

$$\tilde{\mathbf{y}} \sim \mathcal{CN}(\mathbf{A}\tilde{\boldsymbol{\mu}} + \mathbf{b}, \mathbf{A}\mathbf{C}_{\tilde{x}}\mathbf{A}^H) \tag{15.23}$$

5. 独立复高斯随机变量的和也是复高斯的。
6. 若 $\tilde{\mathbf{x}} = [\tilde{x}_1 \tilde{x}_2 \tilde{x}_3 \tilde{x}_4]^T \sim \mathcal{CN}(\mathbf{0}, \mathbf{C}_{\tilde{x}})$，则

$$E(\tilde{x}_1^* \tilde{x}_2 \tilde{x}_3^* \tilde{x}_4) = E(\tilde{x}_1^* \tilde{x}_2)E(\tilde{x}_3^* \tilde{x}_4) + E(\tilde{x}_1^* \tilde{x}_4)E(\tilde{x}_2 \tilde{x}_3^*) \tag{15.24}$$

我们注意到一个有趣的现象，$E(\tilde{x}_1^* \tilde{x}_3^*) = E(\tilde{x}_2 \tilde{x}_4) = 0$（稍后我们会证明），所以这些结果类似于实高斯的情况，并且最后的乘积等于零。

7. 若 $[\tilde{\mathbf{x}}^T \tilde{\mathbf{y}}^T]^T$ 为复高斯随机矢量，其中 $\tilde{\mathbf{x}}$ 是 $k \times 1$ 的，$\tilde{\mathbf{y}}$ 是 $l \times 1$ 的，且

$$\begin{bmatrix} \tilde{\mathbf{x}} \\ \tilde{\mathbf{y}} \end{bmatrix} \sim \mathcal{CN} \left(\begin{bmatrix} E(\tilde{\mathbf{x}}) \\ E(\tilde{\mathbf{y}}) \end{bmatrix}, \begin{bmatrix} \mathbf{C}_{\tilde{x}\tilde{x}} & \mathbf{C}_{\tilde{x}\tilde{y}} \\ \mathbf{C}_{\tilde{y}\tilde{x}} & \mathbf{C}_{\tilde{y}\tilde{y}} \end{bmatrix} \right)$$

则条件 PDF $p(\tilde{\mathbf{y}} | \tilde{\mathbf{x}})$ 也是复高斯的，且有

$$E(\tilde{\mathbf{y}} | \tilde{\mathbf{x}}) = E(\tilde{\mathbf{y}}) + \mathbf{C}_{\tilde{y}\tilde{x}} \mathbf{C}_{\tilde{x}\tilde{x}}^{-1} (\tilde{\mathbf{x}} - E(\tilde{\mathbf{x}})) \tag{15.25}$$

$$\mathbf{C}_{\tilde{y}|\tilde{x}} = \mathbf{C}_{\tilde{y}\tilde{y}} - \mathbf{C}_{\tilde{y}\tilde{x}} \mathbf{C}_{\tilde{x}\tilde{x}}^{-1} \mathbf{C}_{\tilde{x}\tilde{y}} \tag{15.26}$$

这在形式上与实高斯的情况一致[参见(10.24)式和(10.25)式]。

这些性质看起来非常合理，读者也易于接受。只有性质 6 看起来有点奇怪，似乎暗示着对于零均值复高斯随机矢量，我们有 $E(\tilde{x}_1 \tilde{x}_2) = 0$。为了更好地理解这个假设，我们确定互矩

$$\begin{aligned} E(\tilde{x}_1 \tilde{x}_2) &= E[(u_1 + jv_1)(u_2 + jv_2)] \\ &= E(u_1 u_2) - E(v_1 v_2) + j[E(u_1 v_2) + E(v_1 u_2)] \\ &= \mathrm{cov}(u_1, u_2) - \mathrm{cov}(v_1, v_2) + j[\mathrm{cov}(u_1, v_2) + \mathrm{cov}(u_2, v_1)] \end{aligned}$$

由(15.20)式得它应为零。事实上，我们实际上定义了 $E(\tilde{x}_1 \tilde{x}_2) = 0$ 来达到形如(15.19)式的协方差矩阵（参见习题 15.9）。正是这个约束条件导致了假定的实协方差矩阵的特殊形式。我们现在通过一个重要的例子来说明上述的性质。

例 15.3　WGN 的离散傅里叶变换的 PDF

考虑实数据 $\{x[0], x[1], \ldots, x[N-1]\}$，它是 WGN 过程的样本，其均值为零，方差为 $\sigma^2/2$。对样本取离散傅里叶变换（DFT），得

$$X(f_k) = \sum_{n=0}^{N-1} x[n] \exp(-j2\pi f_k n)$$

其中 $f_k = k/N$，$k = 0, 1, \ldots, N-1$。我们考察在 $k = 1, 2, \ldots, N/2-1$ 时复 DFT 输出的 PDF，而忽略那些 $k = N/2+1, N/2+2, \ldots, N-1$ 时的情况。这是由于选择的那些值通过 $X(f_k) = X^*(f_{N-k})$ 而与忽略的那些值建立了联系。我们也忽略 $X(f_0)$ 和 $X(f_{N/2})$，原因在于它们为纯实数，且只存在于我们几乎不感兴趣的 DC 和奈奎斯特频率上。我们将证明其 PDF 为

$$\mathbf{X}(f) = \begin{bmatrix} X(f_1) \\ \vdots \\ X(f_{\frac{N}{2}-1}) \end{bmatrix} \sim \mathcal{CN}\left(\mathbf{0}, \frac{N\sigma^2}{2}\mathbf{I}\right) \tag{15.27}$$

为了验证此式，应先注意到由于实随机矢量

$$\begin{bmatrix} \mathrm{Re}(X(f_1)) & \cdots & \mathrm{Re}(X(f_{\frac{N}{2}-1})) & \mathrm{Im}(X(f_1)) & \cdots & \mathrm{Im}(X(f_{\frac{N}{2}-1})) \end{bmatrix}^T$$

为 $\mathbf{x}$ 的线性变换，所以它是一个实高斯随机矢量。这样，我们只需证明 $\mathbf{X}$ 的实协方差矩阵满足特殊形式。首先，我们证明 $X(f_k)$ 的实部和虚部互不相关。令 $X(f_k) = U(f_k) + jV(f_k)$，其中 U 和 V 均为实的。那么

$$U(f_k) = \sum_{n=0}^{N-1} x[n] \cos 2\pi f_k n$$

$$V(f_k) = -\sum_{n=0}^{N-1} x[n] \sin 2\pi f_k n$$

因此

$$E(U(f_k)) = \sum_{n=0}^{N-1} E(x[n]) \cos 2\pi f_k n = 0$$

类似地，$E(V(f_k)) = 0$。现在，由于附录 1 中 DFT 的关系，我们有

$$\begin{aligned} \mathrm{cov}(U(f_k), U(f_l)) &= E(U(f_k)U(f_l)) \\ &= E\left[\sum_{m=0}^{N-1}\sum_{n=0}^{N-1} x[m]x[n] \cos 2\pi f_k m \cos 2\pi f_l n\right] \\ &= \sum_{m=0}^{N-1}\sum_{n=0}^{N-1} \frac{\sigma^2}{2}\delta[m-n] \cos 2\pi f_k m \cos 2\pi f_l n \\ &= \frac{\sigma^2}{2}\sum_{n=0}^{N-1} \cos 2\pi f_k n \cos 2\pi f_l n \\ &= \frac{\sigma^2}{2}\sum_{n=0}^{N-1} \frac{1}{2}[\cos 2\pi(f_k+f_l)n + \cos 2\pi(f_k-f_l)n] \\ &= \frac{\sigma^2}{4}\sum_{n=0}^{N-1} \cos 2\pi(f_k-f_l)n \end{aligned}$$

若 $f_k \neq f_l$，由同样的 DFT 关系式有 $\mathrm{cov}(U(f_k), U(f_l)) = 0$。若 $f_k = f_l$，我们有 $\mathrm{cov}(U(f_k), U(f_k)) = N\sigma^2/4$。类似的计算可以证明

$$\text{cov}(V(f_k), V(f_l)) = \begin{cases} 0 & k \neq l \\ \frac{N\sigma^2}{4} & k = l \end{cases}$$

所以

$$\mathbf{C}_{UU} = \mathbf{C}_{VV} = \frac{N\sigma^2}{4}\mathbf{I}$$

为了验证 $\mathbf{C}_{UV} = -\mathbf{C}_{VU}$，我们可以证明它们均为零。由附录 1 中 DFT 的关系式可得

$$\begin{aligned} \text{cov}(U(f_k), V(f_l)) &= E(U(f_k)V(f_l)) \\ &= E\left(\sum_{m=0}^{N-1}\sum_{n=0}^{N-1} x[m]x[n]\cos 2\pi f_k m \sin 2\pi f_l n\right) \\ &= \frac{\sigma^2}{2}\sum_{n=0}^{N-1}\cos 2\pi f_k n \sin 2\pi f_l n = 0 \qquad \text{对于所有的 } k \text{ 和 } l \end{aligned}$$

类似地，对于所有的 k 和 l，$\text{cov}(V(f_k), U(f_l)) = 0$。因此，$\mathbf{C}_{UV} = -\mathbf{C}_{VU} = \mathbf{0}$。由定理 15.1，复协方差矩阵变为

$$\mathbf{C}_X = 2(\mathbf{C}_{UU} + j\mathbf{C}_{VU}) = \frac{N\sigma^2}{2}\mathbf{I}$$

于是提出的论断得到证明。我们观察到，DFT 系数是独立且同分布的。作为此结论的一个应用，我们用

$$\hat{\sigma^2} = \frac{1}{c}\sum_{k=1}^{\frac{N}{2}-1} |X(f_k)|^2$$

来估计 σ^2。在为检波器确定门限而进行的归一化中经常需要这样做 [Knight, Pridham, and Kay 1981]。为使估计量为无偏的，我们需要选择一个适当的 c 值。而

$$E(\hat{\sigma^2}) = \frac{1}{c}\sum_{k=1}^{\frac{N}{2}-1} E(|X(f_k)|^2)$$

由于 $X(f_k) \sim \mathcal{CN}(0, N\sigma^2/2)$，我们有

$$\text{var}(X(f_k)) = E(|X(f_k)|^2) = \frac{N\sigma^2}{2}$$

和

$$E(\hat{\sigma^2}) = \frac{1}{c}\sum_{k=1}^{\frac{N}{2}-1}\frac{N\sigma^2}{2} = \frac{\frac{N\sigma^2}{2}(\frac{N}{2}-1)}{c}$$

因此，c 应该选择为 $N(N/2-1)/2$。

例 15.4 Hermitian 型的方差

作为第二个应用，我们现在推导 Hermitian 型的方差，

$$Q = \tilde{\mathbf{x}}^H \mathbf{A}\tilde{\mathbf{x}}$$

其中，$\tilde{\mathbf{x}} \sim \mathcal{CN}(\mathbf{0}, \mathbf{C}_{\tilde{x}})$，$\mathbf{A}$ 为 Hermitian 矩阵。其均值已经由(15.14)式给出，为 $\text{tr}(\mathbf{A}\mathbf{C}_{\tilde{x}})$。我们首先确定二阶矩，

$$\begin{aligned} E(Q^2) &= E(\tilde{\mathbf{x}}^H \mathbf{A}\tilde{\mathbf{x}}\tilde{\mathbf{x}}^H \mathbf{A}\tilde{\mathbf{x}}) = E\left(\sum_{i=1}^{n}\sum_{j=1}^{n}\tilde{x}_i^*[\mathbf{A}]_{ij}\tilde{x}_j\sum_{k=1}^{n}\sum_{l=1}^{n}\tilde{x}_k^*[\mathbf{A}]_{kl}\tilde{x}_l\right) \\ &= \sum_{i=1}^{n}\sum_{j=1}^{n}\sum_{k=1}^{n}\sum_{l=1}^{n}[\mathbf{A}]_{ij}[\mathbf{A}]_{kl}E(\tilde{x}_i^*\tilde{x}_j\tilde{x}_k^*\tilde{x}_l) \end{aligned}$$

利用四阶矩的性质(15.24)式，我们有

$$
\begin{aligned}
E(\tilde{x}_i^*\tilde{x}_j\tilde{x}_k^*\tilde{x}_l) &= E(\tilde{x}_i^*\tilde{x}_j)E(\tilde{x}_k^*\tilde{x}_l) + E(\tilde{x}_i^*\tilde{x}_l)E(\tilde{x}_k^*\tilde{x}_j) \\
&= [\mathbf{C}_{\tilde{x}}^T]_{ij}[\mathbf{C}_{\tilde{x}}^T]_{kl} + [\mathbf{C}_{\tilde{x}}^T]_{il}[\mathbf{C}_{\tilde{x}}^T]_{kj}
\end{aligned}
$$

因此，

$$
\begin{aligned}
E(Q^2) &= \sum_{i=1}^n\sum_{j=1}^n\sum_{k=1}^n\sum_{l=1}^n[\mathbf{A}]_{ij}[\mathbf{C}_{\tilde{x}}^T]_{ij}[\mathbf{A}]_{kl}[\mathbf{C}_{\tilde{x}}^T]_{kl} \\
&\quad + \sum_{i=1}^n\sum_{j=1}^n\sum_{k=1}^n\sum_{l=1}^n[\mathbf{A}]_{ij}[\mathbf{A}]_{kl}[\mathbf{C}_{\tilde{x}}^T]_{il}[\mathbf{C}_{\tilde{x}}^T]_{kj} \\
&= \sum_{i=1}^n\sum_{j=1}^n[\mathbf{C}_{\tilde{x}}^T]_{ij}[\mathbf{A}]_{ij}\sum_{k=1}^n\sum_{l=1}^n[\mathbf{C}_{\tilde{x}}^T]_{kl}[\mathbf{A}]_{kl} \\
&\quad + \sum_{i=1}^n\sum_{k=1}^n\left(\sum_{j=1}^n[\mathbf{A}]_{ij}[\mathbf{C}_{\tilde{x}}^T]_{kj}\right)\left(\sum_{l=1}^n[\mathbf{A}]_{kl}[\mathbf{C}_{\tilde{x}}^T]_{il}\right) \quad (15.28)
\end{aligned}
$$

但是

$$
\mathrm{tr}(\mathbf{B}^T\mathbf{A}) = \mathrm{tr}\left(\begin{bmatrix} \mathbf{b}_1^T \\ \vdots \\ \mathbf{b}_n^T \end{bmatrix} \begin{bmatrix} \mathbf{a}_1 & \dots & \mathbf{a}_n \end{bmatrix}\right)
$$

其中，$\mathbf{a}_i$、$\mathbf{b}_i$ 分别为 $\mathbf{A}$ 和 $\mathbf{B}$ 的第 i 列。更明确地说这将变成

$$
\mathrm{tr}(\mathbf{B}^T\mathbf{A}) = \sum_{i=1}^n\mathbf{b}_i^T\mathbf{a}_i = \sum_{i=1}^n\sum_{j=1}^n[\mathbf{B}]_{ji}[\mathbf{A}]_{ji} = \sum_{i=1}^n\sum_{j=1}^n[\mathbf{B}]_{ij}[\mathbf{A}]_{ij}
$$

所以(15.28)式中的第一项刚好是 $\mathrm{tr}^2(\mathbf{C}_{\tilde{x}}\mathbf{A})$ 或者 $\mathrm{tr}^2(\mathbf{A}\mathbf{C}_{\tilde{x}})$，也就是其均值平方。令 $\mathbf{D} = \mathbf{A}\mathbf{C}_{\tilde{x}}$，则第二项为

$$
\sum_{i=1}^n\sum_{k=1}^n[\mathbf{D}]_{ik}[\mathbf{D}]_{ki} = \sum_{k=1}^n\sum_{i=1}^n[\mathbf{D}^T]_{ki}[\mathbf{D}]_{ki}
$$

即为

$$
\mathrm{tr}(\mathbf{D}\mathbf{D}) = \mathrm{tr}(\mathbf{A}\mathbf{C}_{\tilde{x}}\mathbf{A}\mathbf{C}_{\tilde{x}})
$$

所以最后对于 $\tilde{\mathbf{x}} \sim \mathcal{CN}(\mathbf{0}, \mathbf{C}_{\tilde{x}})$ 以及 $\mathbf{A}$ 为 Hermitian 型，我们有

$$
E(\tilde{\mathbf{x}}^H\mathbf{A}\tilde{\mathbf{x}}) = \mathrm{tr}(\mathbf{A}\mathbf{C}_{\tilde{x}}) \quad (15.29)
$$

$$
\mathrm{var}(\tilde{\mathbf{x}}^H\mathbf{A}\tilde{\mathbf{x}}) = \mathrm{tr}(\mathbf{A}\mathbf{C}_{\tilde{x}}\mathbf{A}\mathbf{C}_{\tilde{x}}) \quad (15.30)
$$

这个结果的应用在习题 15.10 中给出。

15.5　复 WSS 随机过程

我们现在将要讨论复随机过程 $\tilde{x}[n] = u[n] + jv[n]$ 的统计模型了。假定 $\tilde{x}[n]$ 为 WSS，像实随机过程那样，这意味着均值与 n 无关，$\tilde{x}[n]$ 和 $\tilde{x}[n+k]$ 的协方差只与延迟 k 有关。均值定义为

$$
E(\tilde{x}[n]) = E(u[n]) + jE(v[n])
$$

假定它对所有的 n 都为零。由于 $\tilde{x}[n]$ 为 WSS，我们可以将 ACF 定义为

$$
r_{\tilde{x}\tilde{x}}[k] = E(\tilde{x}^*[n]\tilde{x}[n+k]) \quad (15.31)
$$

和通常的情况一样，$r_{\tilde{x}\tilde{x}}[k]$ 的傅里叶变换是 PSD。对于样本任何子集(比如 $\{\tilde{x}[n_1], \tilde{x}[n_2], \dots, \tilde{x}[n_k]\}$)形成的随机矢量有多维复高斯 PDF，那么我们说 $\tilde{x}[n]$ 为 WSS 复高斯随机过程。ACF 概

括了它完整的统计描述，或者等价地由 PSD 概括（由于均值为零），ACF 同时也确定了协方差矩阵。由于实协方差矩阵被约束为具有(15.19)式的形式，这就转成了对 $r_{\tilde{x}\tilde{x}}[k]$ 的约束。为了解释这种约束，回想到我们要求对于所有的 $\mathbf{u} = [u[n_1] \ldots u[n_k]]^T$ 和 $\mathbf{v} = [v[n_1] \ldots v[n_k]]^T$，

$$
\begin{aligned}
\mathbf{C}_{uu} &= \mathbf{C}_{vv} \\
\mathbf{C}_{uv} &= -\mathbf{C}_{vu}
\end{aligned}
$$

这意味着对于所有的 i 和 j，

$$
\begin{aligned}
E(u[n_i]u[n_j]) &= E(v[n_i]v[n_j]) \\
E(u[n_i]v[n_j]) &= -E(v[n_i]u[n_j])
\end{aligned}
$$

由定义 $\tilde{x}[n]$ 的 ACF 的定义，它隐含着 $u[n]$ 和 $v[n]$ 均为 WSS，且为联合 WSS。如果我们定义互相关函数（CCF）为

$$
r_{uv}[k] = E(u[n]v[n+k]) \tag{15.32}
$$

那么，对于所有的 k，我们必定有

$$
\begin{aligned}
r_{uu}[k] &= r_{vv}[k] \\
r_{uv}[k] &= -r_{vu}[k]
\end{aligned} \tag{15.33}
$$

其中我们已经令 $k = n_j - n_i$。另外，我们要求

$$
\begin{aligned}
P_{uu}(f) &= P_{vv}(f) \\
P_{uv}(f) &= -P_{vu}(f)
\end{aligned} \tag{15.34}
$$

其中 $P_{uu}(f)$、$P_{vv}(f)$ 为自 PSD，$P_{uv}(f)$、$P_{vu}(f)$ 为互 PSD。由于互 PSD 互为复共轭，第二个条件等价于要求互 PSD 为纯虚部。那么，如果 $u[n]$、$v[n]$ 为零均值的联合实高斯随机过程，PSD 满足(15.34)式，则 $\tilde{x}[n]$ 将是复高斯随机过程。此外，$\tilde{x}[n]$ 的 PSD 可以与 $u[n]$ 和 $v[n]$ 的 PSD 联系起来，由(15.31)式和(15.33)式可得

$$
\begin{aligned}
r_{\tilde{x}\tilde{x}}[k] &= E[(u[n] - jv[n])(u[n+k] + jv[n+k])] \\
&= r_{uu}[k] + jr_{uv}[k] - jr_{vu}[k] + r_{vv}[k]
\end{aligned}
$$

但是，由(15.33)式，这可以简化为

$$
r_{\tilde{x}\tilde{x}}[k] = 2r_{uu}[k] + 2jr_{uv}[k] \tag{15.35}
$$

这样

$$
P_{\tilde{x}\tilde{x}}(f) = 2(P_{uu}(f) + jP_{uv}(f)) \tag{15.36}
$$

在此读者可能看出，一个过程和它的希尔伯特变换或者带通噪声过程的实部和虚部出现与(15.33)式和(15.34)式相同的关系。因此，WSS 高斯随机过程的复包络或者解析信号为复 WSS 高斯随机过程（参见习题 15.12）。由于这些结论是许多教材[Papoulis 1965]的基本内容，因此只对它进行简单的阐述。我们考虑一个用复包络表示的带通噪声过程。其中要证明的是，通过将同相和正交过程联系在一起来构成一个复包络过程，如果带通过程为实 WSS 高斯过程，那么复包络是复 WSS 高斯随机过程。

例 15.5　带通高斯噪声过程

考虑一个零均值、实的连续带通 WSS 高斯过程 $x(t)$，可以用复包络表示为（使用类似于 15.3 节中的变量，但是用 PSD 取代傅里叶变换）

$$
x(t) = 2\mathrm{Re}[\tilde{x}(t)\exp(j2\pi F_0 t)] \tag{15.37}
$$

其中，$\tilde{x}(t) = u(t) + jv(t)$，且

$$
\begin{aligned}
u(t) &= [x(t)\cos 2\pi F_0 t]_{\mathrm{LPF}} \\
v(t) &= [x(t)\sin 2\pi F_0 t]_{\mathrm{LPF}}
\end{aligned}
$$

那么，正如 15.3 节证明的那样，经过采样我们得到离散过程

$$\tilde{x}[n] = u[n] + jv[n]$$

其中，$u[n] = u(n\Delta)$，$v[n] = v(n\Delta)$，且 $\Delta = 1/B$。但是 $u(t)$、$v(t)$ 为联合高斯 WSS 过程，这是由于它们是通过 $x(t)$ 的线性变换得到的。因此，$u[n]$、$v[n]$ 也为联合高斯的。此外，由 (15.37) 式有

$$x(t) = 2u(t)\cos 2\pi F_0 t - 2v(t)\sin 2\pi F_0 t$$

所以，由于对所有的 t，$E(x(t)) = 0$，因而有 $E(u(t)) = E(v(t)) = 0$；或者对于所有的 n，有 $E(u[n]) = E(v[n]) = 0$。为了证明 $u[n]$、$v[n]$ 为联合 WSS，我们确定 ACF 和 CCF。$x(t)$ 的 ACF 为

$$
\begin{aligned}
r_{xx}(\tau) &= E[x(t)x(t+\tau)]\\
&= 4E\left[(u(t)\cos 2\pi F_0 t - v(t)\sin 2\pi F_0 t)\right.\\
&\quad \left.\cdot (u(t+\tau)\cos 2\pi F_0(t+\tau) - v(t+\tau)\sin 2\pi F_0(t+\tau))\right]\\
&= 4\left[(r_{uu}(\tau)\cos 2\pi F_0 t \cos 2\pi F_0(t+\tau) + r_{vv}(\tau)\sin 2\pi F_0 t \sin 2\pi F_0(t+\tau))\right.\\
&\quad \left.- (r_{uv}(\tau)\cos 2\pi F_0 t \sin 2\pi F_0(t+\tau) + r_{vu}(\tau)\sin 2\pi F_0 t \cos 2\pi F_0(t+\tau))\right]\\
&= 2\left[(r_{uu}(\tau) + r_{vv}(\tau))\cos 2\pi F_0 \tau + (r_{uu}(\tau) - r_{vv}(\tau))\cos 2\pi F_0(2t+\tau)\right.\\
&\quad \left.- (r_{uv}(\tau) - r_{vu}(\tau))\sin 2\pi F_0 \tau - (r_{uv}(\tau) + r_{vu}(\tau))\sin 2\pi F_0(2t+\tau)\right]
\end{aligned}
$$

由于它肯定与 t 无关[我们假定 $x(t)$ 为 WSS]，因此有

$$
\begin{aligned}
r_{uu}(\tau) &= r_{vv}(\tau)\\
r_{uv}(\tau) &= -r_{vu}(\tau)
\end{aligned}
\tag{15.38}
$$

那么
$$r_{xx}(\tau) = 4(r_{uu}(\tau)\cos 2\pi F_0 \tau + r_{vu}(\tau)\sin 2\pi F_0 \tau) \tag{15.39}$$

并且因为

$$r_{x_1 x_2}[k] = E(x_1[n]x_2[n+k]) = E(x_1(n\Delta)x_2(n\Delta + k\Delta)) = r_{x_1 x_2}(k\Delta)$$

所以我们最终有

$$
\begin{aligned}
r_{uu}[k] &= r_{vv}[k]\\
r_{uv}[k] &= -r_{vu}[k]
\end{aligned}
$$

这就是我们要求的。这样，$\tilde{x}[n]$ 是复高斯 WSS 随机过程。

例如，如果随机过程 $x(t)$ 是连续时间 WGN 通过一个带通滤波器的结果，PSD 在带宽为 B Hz 的频带内为 $N_0/2$，如图 15.3 所示，那么

$$r_{xx}(\tau) = N_0 B \frac{\sin \pi B \tau}{\pi B \tau}\cos 2\pi F_0 \tau$$

通过比较 (15.39) 式，有

$$
\begin{aligned}
r_{uu}(\tau) &= \frac{N_0 B}{4}\frac{\sin \pi B \tau}{\pi B \tau}\\
r_{vu}(\tau) &= 0
\end{aligned}
$$

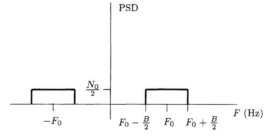

图 15.3　带通高斯白噪声

如果我们以奈奎斯特速率 $F_s = 1/\Delta = B$ 对复包络 $\tilde{x}(t) = u(t) + jv(t)$ 进行采样，那么有

$$r_{uu}(k\Delta) = \frac{N_0 B}{4}\frac{\sin \pi k}{\pi k} = \frac{N_0 B}{4}\delta[k]$$

因此，

$$r_{uu}[k] = \frac{N_0 B}{4}\delta[k]$$

$$r_{vu}[k] = 0$$

最终，$\tilde{x}[n]$ 为复高斯白噪声（CWGN），且[参见(15.35)式和(15.36)式]

$$r_{\tilde{x}\tilde{x}}[k] = \frac{N_0 B}{2}\delta[k]$$

$$P_{\tilde{x}\tilde{x}}(f) = \frac{N_0 B}{2}$$

注意，因为样本 $\tilde{x}[n]$ 为复高斯的且互不相关，因此它们也相互独立。概括来讲，对于 CWGN，我们有

$$\tilde{x}[n] \sim \mathcal{CN}(0,\sigma^2)$$

其中该过程的所有样本均相互独立。

在总结这一小节之前，我们必须指出实高斯随机过程并不是复高斯随机过程的特例。举一个反例，考虑二阶矩 $E(\tilde{x}[m]\tilde{x}[n])$，已知对于所有的 m 和 n，其值为零。如果 $\tilde{x}[n]$ 为实高斯随机过程，那么二阶矩不必为零。

15.6　导数、梯度和最佳化

为了确定像 LSE 或者 MLE 那样的估计量，必须最佳化一个复参数空间的函数。我们探讨了一个像例 15.2 中那样的问题。现在，我们扩展这种方法，从而可以用一种一般的方法来很容易地求得估计量。实标量函数 J 对复参数 θ 的复导数定义为

$$\frac{\partial J}{\partial \theta} = \frac{1}{2}\left(\frac{\partial J}{\partial \alpha} - j\frac{\partial J}{\partial \beta}\right) \tag{15.40}$$

其中 $\theta = \alpha + j\beta$，α 和 β 分别是 θ 的实部和虚部。在做此定义时，我们注意到，根据复数的性质，

$$\frac{\partial J}{\partial \theta} = 0 \quad 当且仅当 \quad \frac{\partial J}{\partial \alpha} = \frac{\partial J}{\partial \beta} = 0$$

因此，在对所有的 α 和 β 最佳化 J 时，我们等价于求出满足 $\partial J/\partial\theta = 0$ 的 θ。一个典型的实标量函数 J 是例 15.2 中的 LS 误差准则。读者应该注意到，复导数的其他定义也是可能的，例如 [Monzingo and Miller 1980]

$$\frac{\partial J}{\partial \theta} = \frac{\partial J}{\partial \alpha} + j\frac{\partial J}{\partial \beta}$$

这也能实现同样的目的。我们的选择导致了在实微积分中经常遇到的类似的求导公式，但遗憾的是，有时还会得出一些令人奇怪的公式，稍后我们就会看到[参见(15.46)式]。必须定义复导数的原因在于，复变量的实函数并不是解析函数。例如，如果 $J = |\theta|^2$，那么

$$J = \alpha^2 + \beta^2$$

利用标准的实微积分技术，由复导数的定义，得

$$\frac{\partial J}{\partial \theta} = \frac{1}{2}\left(\frac{\partial J}{\partial \alpha} - j\frac{\partial J}{\partial \beta}\right) = \frac{1}{2}(2\alpha - j2\beta) = \theta^*$$

但是我们都知道复函数（实际上是实函数）$|\theta|^2$ 并不是解析函数，所以不能求导。但是由我们的定义，求解 $\partial J/\partial\theta = 0$ 就可以找到实函数的平稳点，正如所期望的，得到 $\theta = 0$ 或者 $\alpha = \beta = 0$。注意，如果我们将 J 重写为 $\theta\theta^*$，在求偏导数时把 θ^* 看成一个常数也可以得到同样的结果。特别

是，把 J 看成两个独立的复变量 θ 和 θ^* 的函数，这样我们用 $J(\theta,\theta^*)$ 表示。很容易证明，对于这个例子，J 是在保持 θ^* 为常数时 θ 的解析函数；同样，J 也是在保持 θ 为常数时 θ^* 的解析函数。因此，应用链式法则，我们就有

$$\frac{\partial J(\theta,\theta^*)}{\partial\theta} = \frac{\partial\theta}{\partial\theta}\theta^* + \theta\frac{\partial\theta^*}{\partial\theta}$$

为了计算 $\partial\theta/\partial\theta$，我们使用 $\partial/\partial\theta$ 的同样定义，得

$$\frac{\partial\theta}{\partial\theta} = \frac{1}{2}\left(\frac{\partial}{\partial\alpha} - j\frac{\partial}{\partial\beta}\right)(\alpha + j\beta) = \frac{1}{2}\left(\frac{\partial\alpha}{\partial\alpha} + j\frac{\partial\beta}{\partial\alpha} - j\frac{\partial\alpha}{\partial\beta} + \frac{\partial\beta}{\partial\beta}\right)$$

$$= \frac{1}{2}(1 + j0 - j0 + 1)$$

最后有

$$\frac{\partial\theta}{\partial\theta} = 1 \qquad\qquad (15.41)$$

这与已知的解析函数导数结果是一致的。类似地，很容易证明（参见习题 15.13）

$$\frac{\partial\theta^*}{\partial\theta} = 0 \qquad\qquad (15.42)$$

它也是一致的。假定 θ 和 θ^* 为独立的复变量，最后有

$$\frac{\partial J(\theta,\theta^*)}{\partial\theta} = 1\cdot\theta^* + \theta\cdot 0 = \theta^*$$

这与前面的结果是一致的。总之，由(15.40)式给出的复导数的定义，$J(\theta,\theta^*)$ 的稳定点可以这样来求。我们把 $J(\theta,\theta^*)$ 看成两个独立复变量 θ 和 θ^* 的函数，然后对解析函数应用常规的导数法则，把 θ^* 看成常数，求 J 对 θ 的偏导数。令 $\partial J/\partial\theta = 0$，就可以得到稳定点。同样，我们可以考虑用 $\partial J/\partial\theta^*$ 来得到稳定点，这时 θ 就作为常数，所以

$$\frac{\partial J}{\partial\theta^*} = \frac{\partial J}{\partial(\alpha + j(-\beta))} = \frac{1}{2}\left(\frac{\partial J}{\partial\alpha} - j\frac{\partial J}{\partial(-\beta)}\right) = \frac{1}{2}\left(\frac{\partial J}{\partial\alpha} + j\frac{\partial J}{\partial\beta}\right) = \left(\frac{\partial J}{\partial\theta}\right)^* (15.43)$$

令 $\partial J/\partial\theta^* = 0$，可求出与 $\partial J/\partial\theta = 0$ 一样的解。

实函数 J 对复矢量参数 $\boldsymbol{\theta}$ 的复梯度定义为

$$\frac{\partial J}{\partial\boldsymbol{\theta}} = \begin{bmatrix} \dfrac{\partial J}{\partial\theta_1} \\ \dfrac{\partial J}{\partial\theta_2} \\ \vdots \\ \dfrac{\partial J}{\partial\theta_p} \end{bmatrix}$$

其中每一个元素均由(15.40)式定义。注意到，当且仅当每个元素都为零，或者对于 $i = 1, 2, \ldots, p$，$\partial J/\partial\theta_i = 0$，即当且仅当对于 $i = 1, 2, \ldots, p$，$\partial J/\partial\alpha_i = \partial J/\partial\beta_i = 0$ 时，复梯度为零。通过令复梯度为零并求解可找到 J 的稳定点。

大多数情况下，我们感兴趣的是对像 $\boldsymbol{\theta}^H\mathbf{b}$ 和 $\boldsymbol{\theta}^H\mathbf{A}\boldsymbol{\theta}$ 那样的线性和 Hermitian 形式求导（其中 $\mathbf{A}$ 为 Hermitian 矩阵）。我们现在推导这些函数的复梯度。首先，考虑 $l(\boldsymbol{\theta}) = \mathbf{b}^H\boldsymbol{\theta}$，其中我们注意到 l 为复的。那么，

$$l(\boldsymbol{\theta}) = \sum_{i=1}^{p} b_i^*\theta_i$$

像(15.41)式那样利用线性性质，我们有

$$\frac{\partial l}{\partial \theta_k} = b_k^* \frac{\partial \theta_k}{\partial \theta_k} = b_k^*$$

所以

$$\frac{\partial \mathbf{b}^H \boldsymbol{\theta}}{\partial \boldsymbol{\theta}} = \mathbf{b}^* \qquad (15.44)$$

我们留给读者证明（参见习题 15.14）

$$\frac{\partial \boldsymbol{\theta}^H \mathbf{b}}{\partial \boldsymbol{\theta}} = \mathbf{0} \qquad (15.45)$$

然后，考虑 Hermitian 形式 $J = \boldsymbol{\theta}^H \mathbf{A} \boldsymbol{\theta}$。由于 $\mathbf{A}^H = \mathbf{A}$，由 $J^H = \boldsymbol{\theta}^H \mathbf{A}^H \boldsymbol{\theta} = \boldsymbol{\theta}^H A \boldsymbol{\theta} = J$ 可得出 J 必为实的。现在

$$J = \sum_{i=1}^{p} \sum_{j=1}^{p} \theta_i^* [\mathbf{A}]_{ij} \theta_j$$

并利用（15.41）式和（15.42）式，

$$
\begin{aligned}
\frac{\partial J}{\partial \theta_k} &= \sum_{i=1}^{p} \sum_{j=1}^{p} \left(\theta_i^* [\mathbf{A}]_{ij} \frac{\partial \theta_j}{\partial \theta_k} + \frac{\partial \theta_i^*}{\partial \theta_k} [\mathbf{A}]_{ij} \theta_j \right) = \sum_{i=1}^{p} \sum_{j=1}^{p} \theta_i^* [\mathbf{A}]_{ij} \delta_{jk} \\
&= \sum_{i=1}^{p} \theta_i^* [\mathbf{A}]_{ik} = \sum_{i=1}^{p} [\mathbf{A}^T]_{ki} \theta_i^*
\end{aligned}
$$

因此

$$\frac{\partial J}{\partial \boldsymbol{\theta}} = \mathbf{A}^T \boldsymbol{\theta}^* = (\mathbf{A} \boldsymbol{\theta})^* \qquad (15.46)$$

就像前面间接提到的那样，这个结论显得有些奇怪，因为如果 $\boldsymbol{\theta}$ 为实的，那么我们应该有 $\partial J / \partial \boldsymbol{\theta} = 2 \mathbf{A} \boldsymbol{\theta}$ [参见（4.3）式]。这样实数的情况就不是特殊情况了。

为了确定 CRLB 或 MLE，我们需要对相应的复高斯 PDF 的似然函数求导，下列公式就非常有用。如果协方差矩阵 $\mathbf{C}_{\tilde{x}}$ 依赖于大量的实参数 $\{\xi_1, \xi_2, \ldots, \xi_p\}$，则将协方差矩阵记为 $\mathbf{C}_{\tilde{x}}(\boldsymbol{\xi})$，可以证明

$$\frac{\partial \ln \det(\mathbf{C}_{\tilde{x}}(\boldsymbol{\xi}))}{\partial \xi_i} = \mathrm{tr} \left(\mathbf{C}_{\tilde{x}}^{-1}(\boldsymbol{\xi}) \frac{\partial \mathbf{C}_{\tilde{x}}(\boldsymbol{\xi})}{\partial \xi_i} \right) \qquad (15.47)$$

$$\frac{\partial \tilde{\mathbf{x}}^H \mathbf{C}_{\tilde{x}}^{-1}(\boldsymbol{\xi}) \tilde{\mathbf{x}}}{\partial \xi_i} = -\tilde{\mathbf{x}}^H \mathbf{C}_{\tilde{x}}^{-1}(\boldsymbol{\xi}) \frac{\partial \mathbf{C}_{\tilde{x}}(\boldsymbol{\xi})}{\partial \xi_i} \mathbf{C}_{\tilde{x}}^{-1}(\boldsymbol{\xi}) \tilde{\mathbf{x}} \qquad (15.48)$$

这些在附录 3C 中针对实协方差矩阵进行了推导。推导很容易扩展到复协方差矩阵。在表 15.1 中总结了其定义及公式。我们现在举个例子来说明其应用。

表 15.1　有用的公式

定义	公式
θ：复标量参数（$\theta = \alpha + j\beta$）	$\dfrac{\partial \theta}{\partial \theta} = 1 \qquad \dfrac{\partial \theta^*}{\partial \theta} = 0$
J：θ 的实标量函数	
$\dfrac{\partial J}{\partial \theta} = \dfrac{1}{2} \left(\dfrac{\partial J}{\partial \alpha} - j \dfrac{\partial J}{\partial \beta} \right)$	$\dfrac{\partial \mathbf{b}^H \boldsymbol{\theta}}{\partial \boldsymbol{\theta}} = \mathbf{b}^* \qquad \dfrac{\partial \boldsymbol{\theta}^H \mathbf{b}}{\partial \boldsymbol{\theta}} = \mathbf{0}$
$\boldsymbol{\theta}$：复矢量参数	$\dfrac{\partial \boldsymbol{\theta}^H \mathbf{A} \boldsymbol{\theta}}{\partial \boldsymbol{\theta}} = (\mathbf{A} \boldsymbol{\theta})^*, \quad$ 其中 $\mathbf{A}^H = \mathbf{A}$
$\dfrac{\partial J}{\partial \boldsymbol{\theta}} = \begin{bmatrix} \dfrac{\partial J}{\partial \theta_1} \\ \vdots \\ \dfrac{\partial J}{\partial \theta_p} \end{bmatrix}$	$\dfrac{\partial \ln \det(\mathbf{C}_{\tilde{x}}(\boldsymbol{\xi}))}{\partial \xi_i} = \mathrm{tr} \left(\mathbf{C}_{\tilde{x}}^{-1}(\boldsymbol{\xi}) \dfrac{\partial \mathbf{C}_{\tilde{x}}(\boldsymbol{\xi})}{\partial \xi_i} \right), \quad \xi_i$ 为实的
	$\dfrac{\partial \tilde{\mathbf{x}}^H \mathbf{C}_{\tilde{x}}^{-1}(\boldsymbol{\xi}) \tilde{\mathbf{x}}}{\partial \xi_i} = -\tilde{\mathbf{x}}^H \mathbf{C}_{\tilde{x}}^{-1}(\boldsymbol{\xi}) \dfrac{\partial \mathbf{C}_{\tilde{x}}(\boldsymbol{\xi})}{\partial \xi_i} \mathbf{C}_{\tilde{x}}^{-1}(\boldsymbol{\xi}) \tilde{\mathbf{x}}$

例 15.6　Hermitian 函数的最小化

假设我们希望使 LS 误差

$$J = (\tilde{\mathbf{x}} - \mathbf{H}\boldsymbol{\theta})^H \mathbf{C}^{-1}(\tilde{\mathbf{x}} - \mathbf{H}\boldsymbol{\theta})$$

最小。其中，$\tilde{\mathbf{x}}$ 为 $N \times 1$ 复矢量；$\mathbf{H}$ 为 $N \times p$ 复矩阵，$N > p$，且为满秩；$\mathbf{C}$ 为 $N \times N$ 复协方差矩阵；$\boldsymbol{\theta}$ 为 $p \times 1$ 复矢量参数。我们首先注意到，由于 $J^H = J$（回想到 $\mathbf{C}^H = \mathbf{C}$），$J$ 为实函数。为了求出使 J 最小的 $\boldsymbol{\theta}$ 值，我们将函数展开，并利用我们的公式，

$$J = \tilde{\mathbf{x}}^H \mathbf{C}^{-1} \tilde{\mathbf{x}} - \tilde{\mathbf{x}}^H \mathbf{C}^{-1} \mathbf{H}\boldsymbol{\theta} - \boldsymbol{\theta}^H \mathbf{H}^H \mathbf{C}^{-1} \tilde{\mathbf{x}} + \boldsymbol{\theta}^H \mathbf{H}^H \mathbf{C}^{-1} \mathbf{H}\boldsymbol{\theta}$$

$$\begin{aligned}
\frac{\partial J}{\partial \boldsymbol{\theta}} &= 0 - (\mathbf{H}^H \mathbf{C}^{-1} \tilde{\mathbf{x}})^* - 0 + (\mathbf{H}^H \mathbf{C}^{-1} \mathbf{H}\boldsymbol{\theta})^* \\
&= -[\mathbf{H}^H \mathbf{C}^{-1}(\tilde{\mathbf{x}} - \mathbf{H}\boldsymbol{\theta})]^*
\end{aligned} \tag{15.49}$$

利用 (15.44) 式、(15.45) 式和 (15.46) 式，通过令复梯度为零就可以求得最小化解，由此得到 LS 解

$$\hat{\boldsymbol{\theta}} = (\mathbf{H}^H \mathbf{C}^{-1} \mathbf{H})^{-1} \mathbf{H}^H \mathbf{C}^{-1} \tilde{\mathbf{x}} \tag{15.50}$$

为了确认 $\hat{\boldsymbol{\theta}}$ 得到了全局最小值，读者应该验证

$$\begin{aligned}
J &= (\boldsymbol{\theta} - \hat{\boldsymbol{\theta}})^H \mathbf{H}^H \mathbf{C}^{-1} \mathbf{H}(\boldsymbol{\theta} - \hat{\boldsymbol{\theta}}) + (\tilde{\mathbf{x}} - \mathbf{H}\hat{\boldsymbol{\theta}})^H \mathbf{C}^{-1}(\tilde{\mathbf{x}} - \mathbf{H}\hat{\boldsymbol{\theta}}) \\
&\geqslant (\tilde{\mathbf{x}} - \mathbf{H}\hat{\boldsymbol{\theta}})^H \mathbf{C}^{-1}(\tilde{\mathbf{x}} - \mathbf{H}\hat{\boldsymbol{\theta}})
\end{aligned}$$

当且仅当 $\boldsymbol{\theta} = \hat{\boldsymbol{\theta}}$ 时等号成立。例如，利用 (15.50) 式，令 $\boldsymbol{\theta} = \tilde{A}$，$H = [\tilde{s}[0]\tilde{s}[1]\ldots\tilde{s}[N-1]]^T$ 及 $\mathbf{C} = \mathbf{I}$，例 15.2 中 LS 问题的解很容易得到。所以，由 (15.50) 式有

$$\widehat{\tilde{A}} = (\mathbf{H}^H \mathbf{H})^{-1} \mathbf{H}^H \tilde{\mathbf{x}} = \frac{\displaystyle\sum_{n=0}^{N-1} \tilde{x}[n]\tilde{s}^*[n]}{\displaystyle\sum_{n=0}^{N-1} |\tilde{s}[n]|^2}$$

最终的有用结果涉及在线性约束的条件下使 Hermitian 形式最小化的问题。考虑实函数

$$g(\mathbf{a}) = \mathbf{a}^H \mathbf{W} \mathbf{a}$$

其中，$\mathbf{a}$ 为 $n \times 1$ 复矢量，$\mathbf{W}$ 为 $n \times n$ 复正定（且为 Hermitian）矩阵。为了避免出现无意义解 $\mathbf{a} = \mathbf{0}$，我们假定 $\mathbf{a}$ 满足线性约束 $\mathbf{B}\mathbf{a} = \mathbf{b}$，其中 $\mathbf{B}$ 为 $r \times p$ 复矩阵，$r < p$，且为满秩，$\mathbf{b}$ 为 $r \times 1$ 复矢量。这种带约束的最小化问题的解需要使用拉格朗日乘因子。为了将实拉格朗日乘因子的使用扩展到复数情况，我们令 $\mathbf{B} = \mathbf{B}_R + j\mathbf{B}_I$，$\mathbf{a} = \mathbf{a}_R + j\mathbf{a}_I$，$\mathbf{b} = \mathbf{b}_R + j\mathbf{b}_I$，则约束方程 $\mathbf{B}\mathbf{a} = \mathbf{b}$ 等价于

$$(\mathbf{B}_R + j\mathbf{B}_I)(\mathbf{a}_R + j\mathbf{a}_I) = \mathbf{b}_R + j\mathbf{b}_I$$

或者

$$\begin{aligned}
\mathbf{B}_R \mathbf{a}_R - \mathbf{B}_I \mathbf{a}_I &= \mathbf{b}_R \\
\mathbf{B}_I \mathbf{a}_R + \mathbf{B}_R \mathbf{a}_I &= \mathbf{b}_I
\end{aligned}$$

由于有两组 r 个约束，我们可令拉格朗日目标函数为

$$\begin{aligned}
J(\mathbf{a}) &= \mathbf{a}^H \mathbf{W} \mathbf{a} + \boldsymbol{\lambda}_R^T (\mathbf{B}_R \mathbf{a}_R - \mathbf{B}_I \mathbf{a}_I - \mathbf{b}_R) \\
&\quad + \boldsymbol{\lambda}_I^T (\mathbf{B}_I \mathbf{a}_R + \mathbf{B}_R \mathbf{a}_I - \mathbf{b}_I) \\
&= \mathbf{a}^H \mathbf{W} \mathbf{a} + \boldsymbol{\lambda}_R^T \mathrm{Re}(\mathbf{B}\mathbf{a} - \mathbf{b}) + \boldsymbol{\lambda}_I^T \mathrm{Im}(\mathbf{B}\mathbf{a} - \mathbf{b})
\end{aligned}$$

其中，$\boldsymbol{\lambda}_R$、$\boldsymbol{\lambda}_I$ 均为 $r \times 1$ 拉格朗日乘因子矢量。而令 $\boldsymbol{\lambda} = \boldsymbol{\lambda}_R + j\boldsymbol{\lambda}_I$ 为 $r \times 1$ 复拉格朗日乘因子矢量，约束方程即可简化为

$$
\begin{aligned}
J(\mathbf{a}) &= \mathbf{a}^H\mathbf{W}\mathbf{a} + \mathrm{Re}\left[(\boldsymbol{\lambda}_R - j\boldsymbol{\lambda}_I)^T(\mathbf{Ba} - \mathbf{b})\right] \\
&= \mathbf{a}^H\mathbf{W}\mathbf{a} + \frac{1}{2}\boldsymbol{\lambda}^H(\mathbf{Ba} - \mathbf{b}) + \frac{1}{2}\boldsymbol{\lambda}^T(\mathbf{B}^*\mathbf{a}^* - \mathbf{b}^*)
\end{aligned}
$$

我们现在可以执行带约束的最小化。利用(15.44)式、(15.45)式和(15.46)式，我们有

$$
\frac{\partial J}{\partial \mathbf{a}} = (\mathbf{W}\mathbf{a})^* + \left(\frac{\mathbf{B}^H\boldsymbol{\lambda}}{2}\right)^*
$$

令它等于零，得

$$
\mathbf{a}_{\mathrm{opt}} = -\mathbf{W}^{-1}\mathbf{B}^H\frac{\boldsymbol{\lambda}}{2}
$$

利用约束条件 $\mathbf{Ba}_{\mathrm{opt}} = \mathbf{b}$，我们就有

$$
\mathbf{Ba}_{\mathrm{opt}} = -\mathbf{BW}^{-1}\mathbf{B}^H\frac{\boldsymbol{\lambda}}{2}
$$

由于 $\mathbf{B}$ 假定为满秩矩阵，$\mathbf{W}$ 为正定矩阵，则 $\mathbf{BW}^{-1}\mathbf{B}^H$ 是可逆，并且

$$
\frac{\boldsymbol{\lambda}}{2} = -(\mathbf{BW}^{-1}\mathbf{B}^H)^{-1}\mathbf{b}
$$

所以最后有

$$
\mathbf{a}_{\mathrm{opt}} = \mathbf{W}^{-1}\mathbf{B}^H(\mathbf{BW}^{-1}\mathbf{B}^H)^{-1}\mathbf{b} \tag{15.51}
$$

为了证明这确实是全局最小化解，我们只需验证恒等式

$$
\mathbf{a}^H\mathbf{W}\mathbf{a} = (\mathbf{a} - \mathbf{a}_{\mathrm{opt}})^H\mathbf{W}(\mathbf{a} - \mathbf{a}_{\mathrm{opt}}) + \mathbf{a}_{\mathrm{opt}}^H\mathbf{W}\mathbf{a}_{\mathrm{opt}} \geq \mathbf{a}_{\mathrm{opt}}^H\mathbf{W}\mathbf{a}_{\mathrm{opt}}
$$

当且仅当 $\mathbf{a} = \mathbf{a}_{\mathrm{opt}}$ 时等号成立。我们举例说明带约束的最小化问题。

例 15.7　复的有色随机过程的均值的 BLUE

假定我们观察到
$$
\tilde{x}[n] = \tilde{A} + \tilde{w}[n] \qquad n = 0, 1, \ldots, N-1
$$

其中 $\tilde{A}$ 为被估计的复参数，$\tilde{w}[n]$ 为零均值、协方差矩阵为 $\mathbf{C}$ 的复噪声。其 BLUE 为

$$
\widehat{A} = \mathbf{a}^H\tilde{\mathbf{x}}
$$

其中 $\widehat{A}$ 为无偏估计量，在所有线性估计量中具有最小方差。为了使其无偏，我们要求

$$
E(\widehat{A}) = \mathbf{a}^H E(\tilde{\mathbf{x}}) = \mathbf{a}^H\tilde{A}\mathbf{1} = \tilde{A}
$$

或者 $\mathbf{a}^H\mathbf{1} = 1$。这个约束条件也可写成 $\mathbf{1}^T\mathbf{a} = 1$，这可由以其实部与虚部替代 $\mathbf{a}$ 而得到验证。$\widehat{A}$ 的方差为

$$
\begin{aligned}
\mathrm{var}(\widehat{A}) &= E\left[|\widehat{A} - E(\widehat{A})|^2\right] = E\left[|\mathbf{a}^H\tilde{\mathbf{x}} - \mathbf{a}^H\tilde{A}\mathbf{1}|^2\right] \\
&= E\left[\mathbf{a}^H(\tilde{\mathbf{x}} - \tilde{A}\mathbf{1})(\tilde{\mathbf{x}} - \tilde{A}\mathbf{1})^H\mathbf{a}\right] = \mathbf{a}^H\mathbf{C}\mathbf{a}
\end{aligned}
$$

我们现在希望在线性约束条件下(在 $\mathbf{a}$ 上)使方差最小。令 $\mathbf{B} = \mathbf{1}^T$，$\mathbf{b} = 1$，以及 $\mathbf{W} = \mathbf{C}$，我们由(15.51)式得

$$
\mathbf{a}_{\mathrm{opt}} = \mathbf{C}^{-1}\mathbf{1}(\mathbf{1}^T\mathbf{C}^{-1}\mathbf{1})^{-1}\mathbf{1} = \frac{\mathbf{C}^{-1}\mathbf{1}}{\mathbf{1}^T\mathbf{C}^{-1}\mathbf{1}}
$$

那么，$\tilde{A}$ 的 BLUE 为

$$
\widehat{A} = \mathbf{a}_{\mathrm{opt}}^H\tilde{\mathbf{x}} = \frac{\mathbf{1}^T\mathbf{C}^{-1}\tilde{\mathbf{x}}}{\mathbf{1}^T\mathbf{C}^{-1}\mathbf{1}}
$$

在形式上与实数情况相同(参见例 6.2)。然而，其中有个细微的差别，就是 $\widehat{A}$ 使 $\mathrm{var}(\widehat{A})$ 最

小，或者说如果 $\widehat{\tilde{A}} = \hat{A}_R + j\,\hat{A}_I$，那么，

$$
\begin{aligned}
\mathrm{var}(\widehat{\tilde{A}}) &= E\left(|\widehat{\tilde{A}} - E(\widehat{\tilde{A}})|^2\right) \\
&= E\left(|(\hat{A}_R - E(\hat{A}_R)) + j(\hat{A}_I - E(\hat{A}_I))|^2\right) \\
&= \mathrm{var}(\hat{A}_R) + \mathrm{var}(\hat{A}_I)
\end{aligned}
$$

这实际上就是估计量每个分量的方差之和。

15.7　采用复数据的经典估计

我们将把讨论限定在具有复高斯 PDF 的复数据矢量上，即

$$
p(\tilde{\mathbf{x}};\boldsymbol{\theta}) = \frac{1}{\pi^N \det(\mathbf{C}_{\tilde{x}}(\boldsymbol{\theta}))} \exp\left[-(\tilde{\mathbf{x}} - \tilde{\boldsymbol{\mu}}(\boldsymbol{\theta}))^H \mathbf{C}_{\tilde{x}}^{-1}(\boldsymbol{\theta})(\tilde{\mathbf{x}} - \tilde{\boldsymbol{\mu}}(\boldsymbol{\theta}))\right]
$$

参数矢量 $\boldsymbol{\theta}$ 基于复数据 $\tilde{\mathbf{x}} = [\tilde{x}[0]\,\tilde{x}[1]\ldots\tilde{x}[N-1]]^T$ 进行估计，被估计量可能是实的和/或复的分量。在实数据/实参数估计理论中遇到的许多结论可以扩展到复情况。然而，完整的叙述需要一本书来讨论。因此，这里将只涉及我们认为最有用的结论。读者无疑希望自己可以扩展其余的实估计量，我们也鼓励这样做。

我们首先考虑 $\boldsymbol{\theta}$ 的 MVU 估计量。因为 $\boldsymbol{\theta}$ 可能有复的和实的分量，最普遍的方法假设 $\boldsymbol{\theta}$ 为实矢量。为了避免与 $\boldsymbol{\theta}$ 为纯复的情况混淆，我们将实参数的矢量记为 $\boldsymbol{\xi}$。例如，若我们希望估计正弦信号的复幅度 $\tilde{A}$ 和频率 f_0，我们令 $\boldsymbol{\xi} = [A_R\ A_I\ f_0]^T$。那么，MVU 估计量就有其通常的意义——为无偏估计量且具有最小方差，或者

$$
\begin{aligned}
E(\hat{\xi}_i) &= \xi_i & i = 1, 2, \ldots, p \\
\mathrm{var}(\hat{\xi}_i) &\ \text{为最小} & i = 1, 2, \ldots, p
\end{aligned}
$$

一个好的起点为 CRLB，它对复高斯 PDF 导出 Fisher 信息矩阵（参见附录 15C）

$$
[\mathbf{I}(\boldsymbol{\xi})]_{ij} = \mathrm{tr}\left[\mathbf{C}_{\tilde{x}}^{-1}(\boldsymbol{\xi})\frac{\partial \mathbf{C}_{\tilde{x}}(\boldsymbol{\xi})}{\partial \xi_i}\mathbf{C}_{\tilde{x}}^{-1}(\boldsymbol{\xi})\frac{\partial \mathbf{C}_{\tilde{x}}(\boldsymbol{\xi})}{\partial \xi_j}\right] + 2\mathrm{Re}\left[\frac{\partial \tilde{\boldsymbol{\mu}}^H(\boldsymbol{\xi})}{\partial \xi_i}\mathbf{C}_{\tilde{x}}^{-1}(\boldsymbol{\xi})\frac{\partial \tilde{\boldsymbol{\mu}}(\boldsymbol{\xi})}{\partial \xi_j}\right] \quad (15.52)
$$

其中 $i, j = 1, 2, \ldots, p$。其导数定义为常规的偏导数的（参见 3.9 节）矩阵或矢量，其中，我们对每一个复元素 $g = g_R + jg_I$ 求导为

$$
\frac{\partial g}{\partial \xi_i} = \frac{\partial g_R}{\partial \xi_i} + j\frac{\partial g_I}{\partial \xi_i}
$$

CRLB 的等号条件由（3.25）式可得

$$
\frac{\partial \ln p(\tilde{\mathbf{x}};\boldsymbol{\xi})}{\partial \boldsymbol{\xi}} = \mathbf{I}(\boldsymbol{\xi})(g(\tilde{\mathbf{x}}) - \boldsymbol{\xi}) \quad (15.53)
$$

其中，$\hat{\boldsymbol{\xi}} = g(\tilde{\mathbf{x}})$ 为 $\boldsymbol{\xi}$ 的有效估计量。注意 $p(\tilde{\mathbf{x}};\boldsymbol{\xi})$ 与 $p(\tilde{\mathbf{x}};\boldsymbol{\theta})$ 相同，因为前者为使用实参数的复高斯 PDF。下面的例子说明了基于复数据的实参数估计的 CRLB 的计算。当协方差矩阵依赖于未知实参数时，这种情况经常出现。

例 15.8　CWGN 中的随机正弦信号

假定

$$
\tilde{x}[n] = \tilde{A}\exp(j2\pi f_0 n) + \tilde{w}[n] \qquad n = 0, 1, \ldots, N-1
$$

其中，$\tilde{w}[n]$ 是方差为 σ^2 的 CWGN，$\tilde{A} \sim \mathcal{CN}(0, \sigma_A^2)$，$\tilde{A}$ 与 $\tilde{w}[n]$ 独立。用矩阵形式表示，我们有

$$\tilde{\mathbf{x}} = \tilde{A}\mathbf{e} + \tilde{\mathbf{w}}$$

其中，$\mathbf{e} = [\,1 \ \exp(j2\pi f_0)\ldots\exp(j2\pi f_0(N-1))\,]^T$。由于独立复高斯随机变量之和也是复高斯的（参见 15.4 节），我们有

$$\tilde{\mathbf{x}} \sim \mathcal{CN}(\mathbf{0}, \mathbf{C}_{\tilde{x}})$$

为了求协方差矩阵，由于 $\tilde{A}$ 与 $\tilde{\mathbf{w}}$ 独立，所以

$$
\begin{aligned}
\mathbf{C}_{\tilde{x}} &= E(\tilde{\mathbf{x}}\tilde{\mathbf{x}}^H) = E\left((\tilde{A}\mathbf{e} + \tilde{\mathbf{w}})(\tilde{A}\mathbf{e} + \tilde{\mathbf{w}})^H\right) \\
&= E(|\tilde{A}|^2)\mathbf{e}\mathbf{e}^H + \sigma^2\mathbf{I} = \sigma_A^2\mathbf{e}\mathbf{e}^H + \sigma^2\mathbf{I}
\end{aligned}
$$

我们现在考察在假定 f_0 和 σ^2 已知时复幅度的方差 σ_A^2 的估计问题。PDF 为

$$p(\tilde{\mathbf{x}}; \sigma_A^2) = \frac{1}{\pi^N \det(\mathbf{C}_{\tilde{x}}(\sigma_A^2))} \exp\left[-\tilde{\mathbf{x}}^H \mathbf{C}_{\tilde{x}}^{-1}(\sigma_A^2)\tilde{\mathbf{x}}\right]$$

为了确定是否达到 CRLB，我们计算

$$\frac{\partial \ln p(\tilde{\mathbf{x}}; \sigma_A^2)}{\partial \sigma_A^2} = -\frac{\partial \ln \det(\mathbf{C}_{\tilde{x}}(\sigma_A^2))}{\partial \sigma_A^2} - \frac{\partial \tilde{\mathbf{x}}^H \mathbf{C}_{\tilde{x}}^{-1}(\sigma_A^2)\tilde{\mathbf{x}}}{\partial \sigma_A^2}$$

利用（15.47）式和（15.48）式，

$$
\begin{aligned}
\frac{\partial \ln p(\tilde{\mathbf{x}}; \sigma_A^2)}{\partial \sigma_A^2} &= -\text{tr}\left(\mathbf{C}_{\tilde{x}}^{-1}(\sigma_A^2)\frac{\partial \mathbf{C}_{\tilde{x}}(\sigma_A^2)}{\partial \sigma_A^2}\right) + \tilde{\mathbf{x}}^H \mathbf{C}_{\tilde{x}}^{-1}(\sigma_A^2)\frac{\partial \mathbf{C}_{\tilde{x}}(\sigma_A^2)}{\partial \sigma_A^2}\mathbf{C}_{\tilde{x}}^{-1}(\sigma_A^2)\tilde{\mathbf{x}} \\
&= -\text{tr}\left(\mathbf{C}_{\tilde{x}}^{-1}(\sigma_A^2)\mathbf{e}\mathbf{e}^H\right) + \tilde{\mathbf{x}}^H \mathbf{C}_{\tilde{x}}^{-1}(\sigma_A^2)\mathbf{e}\mathbf{e}^H \mathbf{C}_{\tilde{x}}^{-1}(\sigma_A^2)\tilde{\mathbf{x}} \\
&= -\mathbf{e}^H \mathbf{C}_{\tilde{x}}^{-1}(\sigma_A^2)\mathbf{e} + |\mathbf{e}^H \mathbf{C}_{\tilde{x}}^{-1}(\sigma_A^2)\tilde{\mathbf{x}}|^2
\end{aligned}
$$

但是

$$\mathbf{C}_{\tilde{x}}^{-1}(\sigma_A^2) = \frac{1}{\sigma^2}\mathbf{I} - \frac{1}{\sigma^4}\frac{\sigma_A^2 \mathbf{e}\mathbf{e}^H}{1 + \frac{N\sigma_A^2}{\sigma^2}}$$

所以

$$\mathbf{C}_{\tilde{x}}^{-1}(\sigma_A^2)\mathbf{e} = \frac{1}{\sigma^2}\mathbf{e} - \frac{N\sigma_A^2}{\sigma^4 + N\sigma_A^2\sigma^2}\mathbf{e} = \frac{\mathbf{e}}{N\sigma_A^2 + \sigma^2}$$

因此

$$\frac{\partial \ln p(\tilde{\mathbf{x}}; \sigma_A^2)}{\partial \sigma_A^2} = -\frac{N}{N\sigma_A^2 + \sigma^2} + \frac{|\tilde{\mathbf{x}}^H \mathbf{e}|^2}{(N\sigma_A^2 + \sigma^2)^2} = \left(\frac{N}{N\sigma_A^2 + \sigma^2}\right)^2\left(\frac{|\tilde{\mathbf{x}}^H \mathbf{e}|^2}{N^2} - \frac{\sigma^2}{N} - \sigma_A^2\right)$$

估计量

$$\hat{\sigma}_A^2 = \frac{|\tilde{\mathbf{x}}^H \mathbf{e}|^2}{N^2} - \frac{\sigma^2}{N} = \frac{1}{N^2}\left|\sum_{n=0}^{N-1}\tilde{x}[n]\exp(-j2\pi f_0 n)\right|^2 - \frac{\sigma^2}{N}$$

是满足 CRLB 的，它是有效估计量并且具有最小方差，

$$\text{var}(\hat{\sigma}_A^2) = \left(\sigma_A^2 + \frac{\sigma^2}{N}\right)^2$$

注意方差并不随 N 递减至零，因此，$\hat{\sigma}_A^2$ 不是一致的。读者可以复习一下习题 3.14 的结论，并解释为什么是这种情况。

当被估计的参数为复参数时，我们有时要比将参数表示成实矢量参数并且利用（15.53）式更容易确定有效估计量是否存在。现在，我们考察一个特例。首先，考虑复参数 $\boldsymbol{\theta}$，其中 $\boldsymbol{\theta} = \boldsymbol{\alpha} + j\boldsymbol{\beta}$。然后，将实部与虚部连接为一个实参数矢量 $\boldsymbol{\xi} = [\,\boldsymbol{\alpha}^T \boldsymbol{\beta}^T\,]^T$。若关于 $\boldsymbol{\xi}$ 的 Fisher 信息矩阵具有以下形式：

$$\mathbf{I}(\boldsymbol{\xi}) = 2 \begin{bmatrix} \mathbf{E} & -\mathbf{F} \\ \mathbf{F} & \mathbf{E} \end{bmatrix}$$

那么 CRLB 的等号条件可以满足。由(15.53)式我们有

$$
\begin{aligned}
\frac{\partial \ln p(\tilde{\mathbf{x}}; \boldsymbol{\xi})}{\partial \boldsymbol{\xi}} &= \begin{bmatrix} \dfrac{\partial \ln p(\tilde{\mathbf{x}}; \boldsymbol{\xi})}{\partial \boldsymbol{\alpha}} \\[2mm] \dfrac{\partial \ln p(\tilde{\mathbf{x}}; \boldsymbol{\xi})}{\partial \boldsymbol{\beta}} \end{bmatrix} = 2 \begin{bmatrix} \mathbf{E} & -\mathbf{F} \\ \mathbf{F} & \mathbf{E} \end{bmatrix} \begin{bmatrix} \hat{\boldsymbol{\alpha}} - \boldsymbol{\alpha} \\ \hat{\boldsymbol{\beta}} - \boldsymbol{\beta} \end{bmatrix} \\[3mm]
&= 2 \begin{bmatrix} \mathbf{E}(\hat{\boldsymbol{\alpha}} - \boldsymbol{\alpha}) - \mathbf{F}(\hat{\boldsymbol{\beta}} - \boldsymbol{\beta}) \\ \mathbf{F}(\hat{\boldsymbol{\alpha}} - \boldsymbol{\alpha}) + \mathbf{E}(\hat{\boldsymbol{\beta}} - \boldsymbol{\beta}) \end{bmatrix}
\end{aligned}
$$

使用复梯度的定义

$$
\begin{aligned}
\frac{\partial \ln p(\tilde{\mathbf{x}}; \boldsymbol{\theta})}{\partial \boldsymbol{\theta}} &= \frac{1}{2}\left[\frac{\partial \ln p(\tilde{\mathbf{x}}; \boldsymbol{\theta})}{\partial \boldsymbol{\alpha}} - j\frac{\partial \ln p(\tilde{\mathbf{x}}; \boldsymbol{\theta})}{\partial \boldsymbol{\beta}}\right] \\[2mm]
&= (\mathbf{E} - j\mathbf{F})(\hat{\boldsymbol{\alpha}} - \boldsymbol{\alpha}) - j(\mathbf{E} - j\mathbf{F})(\hat{\boldsymbol{\beta}} - \boldsymbol{\beta}) \\[2mm]
&= (\mathbf{E} - j\mathbf{F})(\hat{\boldsymbol{\theta}} - \boldsymbol{\theta})^* = \mathbf{I}^*(\boldsymbol{\theta})(\hat{\boldsymbol{\theta}} - \boldsymbol{\theta})^*
\end{aligned}
$$

其中，我们定义复 Fisher 信息矩阵为 $\mathbf{I}(\boldsymbol{\theta}) = \mathbf{E} + j\mathbf{F}$。或者最后利用(15.43)式，该式可变为

$$\frac{\partial \ln p(\tilde{\mathbf{x}}; \boldsymbol{\theta})}{\partial \boldsymbol{\theta}^*} = \mathbf{I}(\boldsymbol{\theta})(\hat{\boldsymbol{\theta}} - \boldsymbol{\theta}) \tag{15.54}$$

后者的形式很易于计算，这将在下一个例子中证明。为了检验 Fisher 信息矩阵是否具有所希望的形式，我们可以将实 Fisher 信息矩阵分块为

$$\mathbf{I}(\boldsymbol{\xi}) = \begin{bmatrix} \mathbf{I}_{\alpha\alpha} & \mathbf{I}_{\alpha\beta} \\ \mathbf{I}_{\beta\alpha} & \mathbf{I}_{\beta\beta} \end{bmatrix}$$

注意到肯定有

$$E\left[\frac{\partial \ln p(\tilde{\mathbf{x}}; \boldsymbol{\theta})}{\partial \boldsymbol{\theta}^*} \frac{\partial \ln p(\tilde{\mathbf{x}}; \boldsymbol{\theta})}{\partial \boldsymbol{\theta}^*}^T\right] = \mathbf{0} \tag{15.55}$$

因为

$$
\begin{aligned}
\frac{1}{4}E\left[\left(\frac{\partial \ln p(\tilde{\mathbf{x}}; \boldsymbol{\theta})}{\partial \boldsymbol{\alpha}} + j\frac{\partial \ln p(\tilde{\mathbf{x}}; \boldsymbol{\theta})}{\partial \boldsymbol{\beta}}\right)\left(\frac{\partial \ln p(\tilde{\mathbf{x}}; \boldsymbol{\theta})}{\partial \boldsymbol{\alpha}} + j\frac{\partial \ln p(\tilde{\mathbf{x}}; \boldsymbol{\theta})}{\partial \boldsymbol{\beta}}\right)^T\right] &= \mathbf{0} \\[2mm]
\frac{1}{4}(\mathbf{I}_{\alpha\alpha} - \mathbf{I}_{\beta\beta}) + \frac{1}{4}j(\mathbf{I}_{\alpha\beta} + \mathbf{I}_{\beta\alpha}) &= \mathbf{0}
\end{aligned}
$$

这样

$$
\begin{aligned}
\mathbf{I}_{\alpha\alpha} &= \mathbf{I}_{\beta\beta} = 2\mathbf{E} \\
\mathbf{I}_{\beta\alpha} &= -\mathbf{I}_{\alpha\beta} = 2\mathbf{F}
\end{aligned}
$$

当(15.54)式为真时，$\mathbf{I}^{-1}(\boldsymbol{\theta})$ 为有效估计量 $\hat{\boldsymbol{\theta}}$ 的协方差矩阵。($\boldsymbol{\theta}$ 的有效估计量定义为 $\hat{\boldsymbol{\theta}} = \hat{\boldsymbol{\alpha}} + j\hat{\boldsymbol{\beta}}$，其中 $[\hat{\boldsymbol{\alpha}}^T \, \hat{\boldsymbol{\beta}}^T]^T$ 为 $[\boldsymbol{\alpha}^T \, \boldsymbol{\beta}^T]^T$ 的有效估计量。)为了验证这一点，由(15.54)式我们有

$$\hat{\boldsymbol{\theta}} - \boldsymbol{\theta} = \mathbf{I}^{-1}(\boldsymbol{\theta})\frac{\partial \ln p(\tilde{\mathbf{x}}; \boldsymbol{\theta})}{\partial \boldsymbol{\theta}^*}$$

这样，

$$\mathbf{C}_{\hat{\boldsymbol{\theta}}} = \mathbf{I}^{-1}(\boldsymbol{\theta})E\left[\frac{\partial \ln p(\tilde{\mathbf{x}}; \boldsymbol{\theta})}{\partial \boldsymbol{\theta}^*} \frac{\partial \ln p(\tilde{\mathbf{x}}; \boldsymbol{\theta})}{\partial \boldsymbol{\theta}^*}^H\right]\mathbf{I}^{-1}(\boldsymbol{\theta})$$

且

$$E\left[\frac{\partial \ln p(\tilde{\mathbf{x}};\boldsymbol{\theta})}{\partial \boldsymbol{\theta}^*}\frac{\partial \ln p(\tilde{\mathbf{x}};\boldsymbol{\theta})}{\partial \boldsymbol{\theta}^*}^H\right]$$

$$= \frac{1}{4}E\left[\left(\frac{\partial \ln p(\tilde{\mathbf{x}};\boldsymbol{\theta})}{\partial \boldsymbol{\alpha}} + j\frac{\partial \ln p(\tilde{\mathbf{x}};\boldsymbol{\theta})}{\partial \boldsymbol{\beta}}\right)\left(\frac{\partial \ln p(\tilde{\mathbf{x}};\boldsymbol{\theta})}{\partial \boldsymbol{\alpha}} - j\frac{\partial \ln p(\tilde{\mathbf{x}};\boldsymbol{\theta})}{\partial \boldsymbol{\beta}}\right)^T\right]$$

$$= \frac{1}{4}\left[\mathbf{I}_{\alpha\alpha} + \mathbf{I}_{\beta\beta} + j(\mathbf{I}_{\beta\alpha} - \mathbf{I}_{\alpha\beta})\right] = \frac{1}{4}(4\mathbf{E} + j4\mathbf{F}) = \mathbf{I}(\boldsymbol{\theta})$$

这样

$$\mathbf{C}_{\hat{\theta}} = \mathbf{I}^{-1}(\boldsymbol{\theta}) \tag{15.56}$$

此结论的一个重要应用就是复线性模型。

例 15.9 复经典线性模型

假定我们有经典线性模型的复扩展，即

$$\tilde{\mathbf{x}} = \mathbf{H}\boldsymbol{\theta} + \tilde{\mathbf{w}}$$

其中，$\mathbf{H}$ 为已知的 $N \times p$ 复矩阵，$N > p$，且为满秩；$\boldsymbol{\theta}$ 为待估计的 $p \times 1$ 复参数矢量；$\tilde{\mathbf{w}}$ 为 $N \times 1$ 的、PDF 为 $\tilde{\mathbf{w}} \sim \mathcal{CN}(\mathbf{0}, \mathbf{C})$ 的复随机矢量。则由复高斯 PDF 的性质，有

$$\tilde{\mathbf{x}} \sim \mathcal{CN}(\mathbf{H}\boldsymbol{\theta}, \mathbf{C})$$

所以 $\tilde{\boldsymbol{\mu}} = \mathbf{H}\boldsymbol{\theta}$，$\mathbf{C}(\boldsymbol{\theta}) = \mathbf{C}$（与 $\boldsymbol{\theta}$ 无关）。其 PDF 为

$$p(\tilde{\mathbf{x}};\boldsymbol{\theta}) = \frac{1}{\pi^N \det(\mathbf{C})}\exp\left[-(\tilde{\mathbf{x}} - \mathbf{H}\boldsymbol{\theta})^H\mathbf{C}^{-1}(\tilde{\mathbf{x}} - \mathbf{H}\boldsymbol{\theta})\right]$$

为了检验等号条件，我们有

$$\frac{\partial \ln p(\tilde{\mathbf{x}};\boldsymbol{\theta})}{\partial \boldsymbol{\theta}^*} = -\frac{\partial(\tilde{\mathbf{x}} - \mathbf{H}\boldsymbol{\theta})^H\mathbf{C}^{-1}(\tilde{\mathbf{x}} - \mathbf{H}\boldsymbol{\theta})}{\partial \boldsymbol{\theta}^*}$$

由 (15.49) 式变为 [回想一下 (15.43) 式]

$$\begin{aligned}\frac{\partial \ln p(\tilde{\mathbf{x}};\boldsymbol{\theta})}{\partial \boldsymbol{\theta}^*} &= \mathbf{H}^H\mathbf{C}^{-1}(\tilde{\mathbf{x}} - \mathbf{H}\boldsymbol{\theta}) \\ &= \mathbf{H}^H\mathbf{C}^{-1}\mathbf{H}\left[(\mathbf{H}^H\mathbf{C}^{-1}\mathbf{H})^{-1}\mathbf{H}^H\mathbf{C}^{-1}\tilde{\mathbf{x}} - \boldsymbol{\theta}\right]\end{aligned} \tag{15.57}$$

因此，等价条件满足，且

$$\hat{\boldsymbol{\theta}} = (\mathbf{H}^H\mathbf{C}^{-1}\mathbf{H})^{-1}\mathbf{H}^H\mathbf{C}^{-1}\tilde{\mathbf{x}} \tag{15.58}$$

为一个有效估计量，因而也是 $\boldsymbol{\theta}$ 的 MVU 估计量。另外，由 (15.54) 式、(15.56) 式和 (15.57) 式有

$$\mathbf{C}_{\hat{\theta}} = (\mathbf{H}^H\mathbf{C}^{-1}\mathbf{H})^{-1} \tag{15.59}$$

为其协方差矩阵。因为 $\mathbf{I}(\boldsymbol{\xi})$ 的特殊形式（参见附录 15A 的性质 4），实参数矢量 $\boldsymbol{\xi}$ 的协方差矩阵为

$$\mathbf{C}_{\hat{\xi}} = \mathbf{I}^{-1}(\boldsymbol{\xi}) = \left(2\begin{bmatrix}\mathbf{E} & -\mathbf{F} \\ \mathbf{F} & \mathbf{E}\end{bmatrix}\right)^{-1} = \frac{1}{2}\begin{bmatrix}\mathbf{A} & -\mathbf{B} \\ \mathbf{B} & \mathbf{A}\end{bmatrix}$$

但是，$(\mathbf{A} + j\mathbf{B})(\mathbf{E} + j\mathbf{F}) = \mathbf{I}$，所以

$$\mathbf{A} + j\mathbf{B} = (\mathbf{E} + j\mathbf{F})^{-1} = \mathbf{I}^{-1}(\boldsymbol{\theta}) = \mathbf{H}^H\mathbf{C}^{-1}\mathbf{H}$$

因而有

$$\mathbf{C}_{\hat{\xi}} = \frac{1}{2}\begin{bmatrix}\text{Re}\left[(\mathbf{H}^H\mathbf{C}^{-1}\mathbf{H})^{-1}\right] & -\text{Im}\left[(\mathbf{H}^H\mathbf{C}^{-1}\mathbf{H})^{-1}\right] \\ \text{Im}\left[(\mathbf{H}^H\mathbf{C}^{-1}\mathbf{H})^{-1}\right] & \text{Re}\left[(\mathbf{H}^H\mathbf{C}^{-1}\mathbf{H})^{-1}\right]\end{bmatrix}$$

为了检查实 Fisher 信息矩阵具有特殊形式，由 (15.55) 式和 (15.57) 式我们有

$$E\left[\frac{\partial \ln p(\tilde{\mathbf{x}}; \boldsymbol{\theta})}{\partial \boldsymbol{\theta}^*} \frac{\partial \ln p(\tilde{\mathbf{x}}; \boldsymbol{\theta})}{\partial \boldsymbol{\theta}^*}^T\right] = \mathbf{H}^H \mathbf{C}^{-1} E\left[(\tilde{\mathbf{x}} - \mathbf{H}\boldsymbol{\theta})(\tilde{\mathbf{x}} - \mathbf{H}\boldsymbol{\theta})^T\right] \mathbf{C}^{-1^T} \mathbf{H}^*$$

$$= \mathbf{H}^H \mathbf{C}^{-1} E(\tilde{\mathbf{w}}\tilde{\mathbf{w}}^T) \mathbf{C}^{-1^T} \mathbf{H}^*$$

但是，正如在 15.4 节所证明的那样，对于 $\tilde{\mathbf{w}} \sim \mathcal{CN}(\mathbf{0}, \mathbf{C})$，$E(\tilde{\mathbf{w}}\tilde{\mathbf{w}}^T) = \mathbf{0}$。因此，条件是满足的。另外，由(15.58)式给出的 $\hat{\boldsymbol{\theta}}$ 也是 MLE，通过令对数似然函数(15.57)式的梯度为零就可以得到验证。如果在加权 LSE 中 $\mathbf{W} = \mathbf{C}^{-1}$，则 $\hat{\boldsymbol{\theta}}$ 也是加权 LSE(参见例 15.6)。若 $\tilde{\mathbf{w}}$ 不是复高斯随机矢量，那么 $\hat{\boldsymbol{\theta}}$ 可以证明为此问题的 BLUE(参见习题 15.20)。

当 CRLB 不满足时，我们也可以采用 MLE。在实际中，对实数据或者复数据充分统计的应用似乎价值不大。因此，虽然我们应该尝试第 5 章的方法，但是实际上得不到实用的估计量。另外，MLE 作为"转动摇把"的方法通常更有应用价值。对于复高斯 PDF 的实参数的一般 MLE 方程可以采用闭合形式。对于复参数看起来并不会使这些方程简化。令

$$p(\tilde{\mathbf{x}}; \boldsymbol{\xi}) = \frac{1}{\pi^N \det(\mathbf{C}_{\tilde{x}}(\boldsymbol{\xi}))} \exp\left[-(\tilde{\mathbf{x}} - \tilde{\boldsymbol{\mu}}(\boldsymbol{\xi}))^H \mathbf{C}_{\tilde{x}}^{-1}(\boldsymbol{\xi})(\tilde{\mathbf{x}} - \tilde{\boldsymbol{\mu}}(\boldsymbol{\xi}))\right]$$

我们利用(15.47)式和(15.48)式求导。如附录 15C 所证明，可得出

$$\begin{aligned}
\frac{\partial \ln p(\tilde{\mathbf{x}}; \boldsymbol{\xi})}{\partial \xi_i} = &-\mathrm{tr}\left(\mathbf{C}_{\tilde{x}}^{-1}(\boldsymbol{\xi})\frac{\partial \mathbf{C}_{\tilde{x}}(\boldsymbol{\xi})}{\partial \xi_i}\right) \\
&+ (\tilde{\mathbf{x}} - \tilde{\boldsymbol{\mu}}(\boldsymbol{\xi}))^H \mathbf{C}_{\tilde{x}}^{-1}(\boldsymbol{\xi})\frac{\partial \mathbf{C}_{\tilde{x}}(\boldsymbol{\xi})}{\partial \xi_i}\mathbf{C}_{\tilde{x}}^{-1}(\boldsymbol{\xi})(\tilde{\mathbf{x}} - \tilde{\boldsymbol{\mu}}(\boldsymbol{\xi})) \\
&+ 2\,\mathrm{Re}\left[(\tilde{\mathbf{x}} - \tilde{\boldsymbol{\mu}}(\boldsymbol{\xi}))^H \mathbf{C}_{\tilde{x}}^{-1}(\boldsymbol{\xi})\frac{\partial \tilde{\boldsymbol{\mu}}(\boldsymbol{\xi})}{\partial \xi_i}\right]
\end{aligned}$$

$$(15.60)$$

令其为零时有时可用来求 MLE。下面是一个例子。

例 15.10　CWGN 中复正弦信号的相位

考虑数据

$$\tilde{x}[n] = A\exp\left[j(2\pi f_0 n + \phi)\right] + \tilde{w}[n] \qquad n = 0, 1, \ldots, N-1$$

其中，实幅度 A 和频率 f_0 已知，相位 ϕ 是待估计量，$\tilde{w}[n]$ 是方差为 σ^2 的 CWGN。那么 $\tilde{x}[n]$ 为复高斯过程(尽量由于均值不平稳，它并不是 WSS)，所以我们可以利用(15.60)式来求 ϕ 的 MLE。但是 $\mathbf{C}_{\tilde{x}} = \sigma^2 \mathbf{I}$ 并不依赖于 ϕ，且

$$\tilde{\boldsymbol{\mu}}(\phi) = \begin{bmatrix} A\exp[j\phi] \\ A\exp[j(2\pi f_0 + \phi)] \\ \vdots \\ A\exp[j(2\pi f_0(N-1) + \phi)] \end{bmatrix}$$

对其求导，我们有

$$\frac{\partial \tilde{\boldsymbol{\mu}}(\phi)}{\partial \phi} = \begin{bmatrix} jA\exp[j\phi] \\ jA\exp[j(2\pi f_0 + \phi)] \\ \vdots \\ jA\exp[j(2\pi f_0(N-1) + \phi)] \end{bmatrix}$$

并由(15.60)式，

$$\frac{\partial \ln p(\tilde{\mathbf{x}}; \phi)}{\partial \phi} = \frac{2}{\sigma^2}\,\mathrm{Re}\left[(\tilde{\mathbf{x}} - \tilde{\boldsymbol{\mu}}(\phi))^H \frac{\partial \tilde{\boldsymbol{\mu}}(\phi)}{\partial \phi}\right]$$

$$= \frac{2}{\sigma^2} \operatorname{Re} \left[\sum_{n=0}^{N-1} (\tilde{x}^*[n] - A \exp[-j(2\pi f_0 n + \phi)]) jA \exp[j(2\pi f_0 n + \phi)] \right]$$

$$= -\frac{2A}{\sigma^2} \operatorname{Im} \left[\sum_{n=0}^{N-1} \tilde{x}^*[n] \exp[j(2\pi f_0 n + \phi)] - NA \right]$$

$$= -\frac{2A}{\sigma^2} \operatorname{Im} \left[\exp(j\phi) \sum_{n=0}^{N-1} \tilde{x}^*[n] \exp(j2\pi f_0 n) - NA \right]$$

令等式为零，以及令

$$X(f_0) = \sum_{n=0}^{N-1} \tilde{x}[n] \exp(-j2\pi f_0 n)$$

表示数据的傅里叶变换，

$$\operatorname{Im} \left[\exp(j\phi) X^*(f_0) \right] = 0$$

$$\operatorname{Im} \left[(\cos \phi + j \sin \phi)(\operatorname{Re}(X(f_0)) - j\operatorname{Im}(X(f_0))) \right] = 0$$

或者

$$\sin \phi \operatorname{Re}(X(f_0)) = \cos \phi \operatorname{Im}(X(f_0))$$

则得出 MLE 为

$$\hat{\phi} = \arctan \left[\frac{\operatorname{Im}(X(f_0))}{\operatorname{Re}(X(f_0))} \right]$$

可以将其与例 7.6 的结果进行比较。

15.8　贝叶斯估计

通常的贝叶斯估计量、MMSE 和 MAP 估计量，都可以很自然地扩展到复数的情况。我们假定 $\boldsymbol{\theta}$ 为 $p \times 1$ 复随机矢量，如同我们在 15.4 节中所看到的那样，如果 $\tilde{\mathbf{x}}$、$\boldsymbol{\theta}$ 为联合复高斯的，则后验 PDF $p(\boldsymbol{\theta}|\tilde{\mathbf{x}})$ 也是复高斯的。"联合复高斯"就意味着如果 $\tilde{\mathbf{x}} = \mathbf{x}_R + j\mathbf{x}_I$ 且 $\tilde{\mathbf{y}} = \mathbf{y}_R + j\mathbf{y}_I$，则 $[\mathbf{x}_R^T \mathbf{y}_R^T \mathbf{x}_I^T \mathbf{y}_I^T]^T$ 具有多维实高斯 PDF；此外，如果 $\mathbf{u} = [\mathbf{x}_R^T \mathbf{y}_R^T]^T$ 且 $\mathbf{v} = [\mathbf{x}_I^T \mathbf{y}_I^T]^T$，那么 $[\mathbf{u}^T \mathbf{v}^T]^T$ 的实协方差矩阵具有定理 15.1 给出的特殊形式。后验 PDF 的均值和协方差为[参见(15.25)式和(15.26)式]

$$E(\boldsymbol{\theta}|\tilde{\mathbf{x}}) = E(\boldsymbol{\theta}) + \mathbf{C}_{\theta\tilde{x}} \mathbf{C}_{\tilde{x}\tilde{x}}^{-1} (\tilde{\mathbf{x}} - E(\tilde{\mathbf{x}})) \tag{15.61}$$

$$\mathbf{C}_{\theta|\tilde{x}} = \mathbf{C}_{\theta\theta} - \mathbf{C}_{\theta\tilde{x}} \mathbf{C}_{\tilde{x}\tilde{x}}^{-1} \mathbf{C}_{\tilde{x}\theta} \tag{15.62}$$

其中，协方差矩阵定义为

$$\begin{bmatrix} \mathbf{C}_{\theta\theta} & \mathbf{C}_{\theta\tilde{x}} \\ \mathbf{C}_{\tilde{x}\theta} & \mathbf{C}_{\tilde{x}\tilde{x}} \end{bmatrix} = \begin{bmatrix} E\left[(\boldsymbol{\theta} - E(\boldsymbol{\theta}))(\boldsymbol{\theta} - E(\boldsymbol{\theta}))^H\right] & E\left[(\boldsymbol{\theta} - E(\boldsymbol{\theta}))(\tilde{\mathbf{x}} - E(\tilde{\mathbf{x}}))^H\right] \\ E\left[(\tilde{\mathbf{x}} - E(\tilde{\mathbf{x}}))(\boldsymbol{\theta} - E(\boldsymbol{\theta}))^H\right] & E\left[(\tilde{\mathbf{x}} - E(\tilde{\mathbf{x}}))(\tilde{\mathbf{x}} - E(\tilde{\mathbf{x}}))^H\right] \end{bmatrix}$$

$$= \begin{bmatrix} p \times p & p \times N \\ N \times p & N \times N \end{bmatrix}$$

由于后验 PDF 的形式，其 MAP 和 MMSE 估计量是相同的。进一步可证明基于 $\tilde{\mathbf{x}}$ 的 MMSE 估计量刚好是 $E(\theta_i|\tilde{\mathbf{x}})$，它使贝叶斯 MSE

$$\operatorname{Bmse}(\hat{\theta}_i) = E\left[|\theta_i - \hat{\theta}_i|^2\right]$$

达到最小。其中，数学期望是对 $p(\tilde{\mathbf{x}}, \theta_i)$ 求取的。另外，如果 $\hat{\theta}_i = \hat{\alpha}_i + j\hat{\beta}_i$，那么 $\hat{\alpha}_i$ 使 $E[(\alpha_i - \hat{\alpha}_i)^2]$ 最小，$\hat{\beta}_i$ 使 $E[(\beta_i - \hat{\beta}_i)^2]$ 最小(参见习题 15.23)。

一个很重要的例子是复贝叶斯线性模型。它可以定义为

$$\tilde{\mathbf{x}} = \mathbf{H}\boldsymbol{\theta} + \tilde{\mathbf{w}} \tag{15.63}$$

其中，$\mathbf{H}$ 为 $N \times p$ 的复矩阵，且可能 $N \leqslant p$；$\boldsymbol{\theta}$ 为 $p \times 1$ 复随机矢量，$\boldsymbol{\theta} \sim \mathcal{CN}(\boldsymbol{\mu}_\theta, \mathbf{C}_{\theta\theta})$；$\tilde{\mathbf{w}}$ 是 $N \times 1$ 复

随机矢量，$\tilde{\mathbf{w}} \sim \mathcal{CN}(\mathbf{0}, \mathbf{C}_{\tilde{w}})$，且与 $\boldsymbol{\theta}$ 无关。$\boldsymbol{\theta}$ 的 MMSE 估计量由 $E(\boldsymbol{\theta}|\tilde{\mathbf{x}})$ 给出，所以我们只需要按照（15.61）式和（15.62）式求 PDF $p(\tilde{\mathbf{x}}, \boldsymbol{\theta})$ 前二阶矩。其均值为

$$E(\tilde{\mathbf{x}}) = \mathbf{H}E(\boldsymbol{\theta}) + E(\tilde{\mathbf{w}}) = \mathbf{H}\boldsymbol{\mu}_{\theta}$$

由于 $\boldsymbol{\theta}$ 和 $\tilde{\mathbf{w}}$ 是独立的，因而也是不相关的。这样，协方差为

$$\begin{aligned}
\mathbf{C}_{\tilde{x}\tilde{x}} &= E\left[(\mathbf{H}\boldsymbol{\theta} + \tilde{\mathbf{w}} - \mathbf{H}\boldsymbol{\mu}_{\theta})(\mathbf{H}\boldsymbol{\theta} + \tilde{\mathbf{w}} - \mathbf{H}\boldsymbol{\mu}_{\theta})^H\right] \\
&= \mathbf{H}E\left[(\boldsymbol{\theta} - \boldsymbol{\mu}_{\theta})(\boldsymbol{\theta} - \boldsymbol{\mu}_{\theta})^H\right]\mathbf{H}^H + E(\tilde{\mathbf{w}}\tilde{\mathbf{w}}^H) \\
&= \mathbf{H}\mathbf{C}_{\theta\theta}\mathbf{H}^H + \mathbf{C}_{\tilde{w}} \\
\mathbf{C}_{\theta\tilde{x}} &= E\left[(\boldsymbol{\theta} - \boldsymbol{\mu}_{\theta})(\mathbf{H}\boldsymbol{\theta} + \tilde{\mathbf{w}} - \mathbf{H}\boldsymbol{\mu}_{\theta})^H\right] \\
&= E\left[(\boldsymbol{\theta} - \boldsymbol{\mu}_{\theta})\left(\mathbf{H}(\boldsymbol{\theta} - \boldsymbol{\mu}_{\theta}) + \tilde{\mathbf{w}}\right)^H\right] \\
&= \mathbf{C}_{\theta\theta}\mathbf{H}^H
\end{aligned}$$

最后，我们应该验证 $\tilde{\mathbf{x}}$、$\boldsymbol{\theta}$ 为联合复高斯的。因为 $\boldsymbol{\theta}$、$\tilde{\mathbf{w}}$ 是独立的，所以它们也是联合复高斯的。由于线性变换

$$\begin{bmatrix} \tilde{\mathbf{x}} \\ \boldsymbol{\theta} \end{bmatrix} = \begin{bmatrix} \mathbf{H} & \mathbf{I} \\ \mathbf{I} & \mathbf{0} \end{bmatrix} \begin{bmatrix} \boldsymbol{\theta} \\ \tilde{\mathbf{w}} \end{bmatrix}$$

因此，$\tilde{\mathbf{x}}$、$\boldsymbol{\theta}$ 也是联合复高斯的。最后，由（15.61）式，对于复贝叶斯线性模型，其 MMSE 估计量为

$$\hat{\boldsymbol{\theta}} = \boldsymbol{\mu}_{\theta} + \mathbf{C}_{\theta\theta}\mathbf{H}^H\left(\mathbf{H}\mathbf{C}_{\theta\theta}\mathbf{H}^H + \mathbf{C}_{\tilde{w}}\right)^{-1}(\tilde{\mathbf{x}} - \mathbf{H}\boldsymbol{\mu}_{\theta}) \tag{15.64}$$

$$= \boldsymbol{\mu}_{\theta} + \left(\mathbf{C}_{\theta\theta}^{-1} + \mathbf{H}^H\mathbf{C}_{\tilde{w}}^{-1}\mathbf{H}\right)^{-1}\mathbf{H}^H\mathbf{C}_{\tilde{w}}^{-1}(\mathbf{x} - \mathbf{H}\boldsymbol{\mu}_{\theta}) \tag{15.65}$$

由（15.62）式，可以证明最小贝叶斯 MSE 为

$$\mathrm{Bmse}(\hat{\theta}_i) = \left[\mathbf{C}_{\theta\theta} - \mathbf{C}_{\theta\theta}\mathbf{H}^H\left(\mathbf{H}\mathbf{C}_{\theta\theta}\mathbf{H}^H + \mathbf{C}_{\tilde{w}}\right)^{-1}\mathbf{H}\mathbf{C}_{\theta\theta}\right]_{ii} \tag{15.66}$$

$$= \left[\left(\mathbf{C}_{\theta\theta}^{-1} + \mathbf{H}^H\mathbf{C}_{\tilde{w}}^{-1}\mathbf{H}\right)^{-1}\right]_{ii} \tag{15.67}$$

这正是 $\mathbf{C}_{\theta|\tilde{x}}$ 的第 $[i, i]$ 个元素。读者可能注意到结论与实数情况相同，只不过将转置替换为共轭转置（参见 11.6 节）。下面是一个例子。

例 15.11　CWGN 中的随机幅度信号

考虑数据集

$$\tilde{x}[n] = \tilde{A}\tilde{s}[n] + \tilde{w}[n] \qquad n = 0, 1, \ldots, N-1$$

其中 $\tilde{A} \sim \mathcal{CN}(0, \sigma_A^2)$，$\tilde{s}[n]$ 是已知信号，$\tilde{w}[n]$ 是方差为 σ^2 且独立于 $\tilde{A}$ 的 CWGN。这是一个慢起伏点目标的标准模型 [Van Trees 1971]。如果 $\tilde{s}[n] = \exp(j2\pi f_0 n)$，我们就有在例 15.8 中考察的情况，那里我们估计的是 σ_A^2。然而，现在假定希望估计 $\tilde{A}$ 的现实。那么，我们就有复贝叶斯线性模型，参数为

$$\begin{aligned}
\mathbf{H} &= \tilde{\mathbf{s}} = \begin{bmatrix} \tilde{s}[0] & \tilde{s}[1] & \ldots & \tilde{s}[N-1] \end{bmatrix}^T \\
\boldsymbol{\theta} &= \tilde{A} \\
\boldsymbol{\mu}_{\theta} &= 0 \\
\mathbf{C}_{\theta\theta} &= \sigma_A^2 \\
\mathbf{C}_{\tilde{w}} &= \sigma^2\mathbf{I}
\end{aligned}$$

因此，由（15.65）式

$$\widehat{A} \;=\; \left((\sigma_A^2)^{-1} + \tilde{\mathbf{s}}^H \frac{1}{\sigma^2}\mathbf{I}\tilde{\mathbf{s}}\right)^{-1} \tilde{\mathbf{s}}^H \frac{1}{\sigma^2}\mathbf{I}\tilde{\mathbf{x}} \;=\; \frac{\tilde{\mathbf{s}}^H \tilde{\mathbf{x}}}{\frac{\sigma^2}{\sigma_A^2} + \tilde{\mathbf{s}}^H \tilde{\mathbf{s}}}$$

由(15.67)式，其最小贝叶斯 MSE 为

$$\mathrm{Bmse}(\widehat{A}) = \left((\sigma_A^2)^{-1} + \frac{\tilde{\mathbf{s}}^H \tilde{\mathbf{s}}}{\sigma^2}\right)^{-1}$$

结果与实数的情况类似，事实上，如果 $\tilde{\mathbf{s}} = 1$（信号是 DC 电平），则

$$\widehat{A} \;=\; \frac{\sigma_A^2}{\sigma_A^2 + \frac{\sigma^2}{N}} \bar{\tilde{x}}$$

$$\mathrm{Bmse}(\widehat{A}) \;=\; \frac{\frac{\sigma^2}{N}\sigma_A^2}{\sigma_A^2 + \frac{\sigma^2}{N}}$$

其中 $\bar{\tilde{x}}$ 为 $\tilde{x}[n]$ 的样本均值。这在形式上与实数的情况相同 [参见(10.31)式]。

15.9 渐近复高斯 PDF

类似于实数的情况，若数据记录很大且数据为零均值复 WSS 高斯随机过程的一段，则其 PDF 可以简化。本质上，协方差矩阵变为一个自相关矩阵，若维数够大，就可以用 PSD 形式表示。我们现在要证明，对数 PDF 可近似变成

$$\ln p(\tilde{\mathbf{x}}; \boldsymbol{\xi}) = -N\ln\pi - N\int_{-\frac{1}{2}}^{\frac{1}{2}} \left[\ln P_{\tilde{x}\tilde{x}}(f) + \frac{I(f)}{P_{\tilde{x}\tilde{x}}(f)}\right] df \qquad (15.68)$$

其中 $I(f)$ 为周期图或者

$$I(f) = \frac{1}{N}\left|\sum_{n=0}^{N-1} \tilde{x}[n]\exp(-j2\pi fn)\right|^2$$

这个 PDF 的近似形式导出了渐近 CRLB，它是由 Fisher 信息矩阵的元素求出的，

$$[\mathbf{I}(\boldsymbol{\xi})]_{ij} = N\int_{-\frac{1}{2}}^{\frac{1}{2}} \frac{\partial \ln P_{\tilde{x}\tilde{x}}(f; \boldsymbol{\xi})}{\partial \xi_i} \frac{\partial \ln P_{\tilde{x}\tilde{x}}(f; \boldsymbol{\xi})}{\partial \xi_j} df \qquad (15.69)$$

其中，PDF 对未知实参数的依赖性得到了证明。这些表达式简化了许多 CRLB 和 MLE 的计算。为了推导(15.68)式，我们可以对复数据进行明显的修改来扩展附录 3D 中的推导。然而，根据复高斯 PDF 的性质，可以给出更简单也更直观的证明。通过这样处理，我们将能够说明复高斯随机过程傅里叶变换的某些有用性质。更严格的证明和应用(15.68)式的条件请参见 [Dzhaparidze 1986]。实际上，若数据记录长度 N 比相关时间（更多的讨论请参见附录 3D）大很多，那么渐近结果是成立的。

考虑复数据集 $\{\tilde{x}[0], \tilde{x}[1], \ldots, \tilde{x}[N-1]\}$，其中 $\tilde{x}[n]$ 为零均值复 WSS 高斯随机过程。PSD 为 $P_{\tilde{x}\tilde{x}}(f)$，且不用关于 $f = 0$ 对称。数据的离散傅里叶变换（DFT）为

$$X(f_k) = \sum_{n=0}^{N-1} \tilde{x}[n]\exp(-j2\pi f_k n)$$

其中，对于 $k = 0, 1, \ldots, N-1$，有 $f_k = k/N$。我们首先求 DFT 系数 $X(f_k)$ 的 PDF，然后变换回到 $\tilde{x}[n]$ 以得到 PDF $p(\tilde{\mathbf{x}}; \boldsymbol{\xi})$。DFT 用矩阵形式表示为

$$\mathbf{X} = \mathbf{E}\tilde{\mathbf{x}}$$

其中，$\mathbf{X} = [X(f_0) X(f_1) \ldots X(f_{N-1})]^T$，$[\mathbf{E}]_{kn} = \exp(-j2\pi f_k n)$。如果用 $\mathbf{U} = \mathbf{E}/\sqrt{N}$ 对 $\mathbf{E}$ 进行归一

化，则 $\mathbf{X} = \sqrt{N}\mathbf{U}\tilde{\mathbf{x}}$，我们注意 $\mathbf{U}$ 为酉矩阵，即 $\mathbf{U}^H = \mathbf{U}^{-1}$。接下来，由于 $\mathbf{X}$ 为 $\tilde{\mathbf{x}}$ 线性变换的结果，则 $\mathbf{X}$ 也为复高斯的且具有零均值和协方差矩阵 $N\mathbf{U}\mathbf{C}_{\tilde{x}}\mathbf{U}^H$。例如，如果 $\tilde{\mathbf{x}}$ 是 CWGN，所以 $\mathbf{C}_{\tilde{x}} = \sigma^2\mathbf{I}$，则 $\mathbf{X}$ 将具有 PDF

$$\mathbf{X} \sim \mathcal{CN}(\mathbf{0}, \mathbf{C}_X)$$

其中
$$\mathbf{C}_X = N\mathbf{U}\sigma^2\mathbf{I}\mathbf{U}^H = N\sigma^2\mathbf{I}$$

读者可能希望与例 15.3 中的结果做比较，以便确定协方差矩阵不同的原因。一般来说，为了求 DFT 系数的协方差矩阵，我们考虑 $\mathbf{C}_X$ 的第 $[k,l]$ 个元素或者 $E[X(f_k)X^*(f_l)]$。因为 DFT 为周期性的，且周期为 N，我们可以将它重写为（N 为偶数）

$$X(f_k) = \sum_{n=-\frac{N}{2}}^{\frac{N}{2}-1} \tilde{x}[n]\exp(-j2\pi f_k n)$$

那么，
$$E[X(f_k)X^*(f_l)] = \sum_{m=-\frac{N}{2}}^{\frac{N}{2}-1}\sum_{n=-\frac{N}{2}}^{\frac{N}{2}-1} E[\tilde{x}[m]\tilde{x}^*[n]]\exp[-j2\pi(f_k m - f_l n)]$$
$$= \sum_{m=-\frac{N}{2}}^{\frac{N}{2}-1}\sum_{n=-\frac{N}{2}}^{\frac{N}{2}-1} r_{\tilde{x}\tilde{x}}[m-n]\exp[-j2\pi(f_k m - f_l n)]$$

令 $i = m - n$，我们有

$$E[X(f_k)X^*(f_l)] = \sum_{m=-\frac{N}{2}}^{\frac{N}{2}-1}\left[\sum_{i=m-(\frac{N}{2}-1)}^{m+\frac{N}{2}} r_{\tilde{x}\tilde{x}}[i]\exp(-j2\pi f_l i)\right]\exp[-j2\pi(f_k - f_l)m]$$

但是，当 $N\to\infty$ 时，括号中的项趋向于 PSD，或者说对于大的 N，有

$$E[X(f_k)X^*(f_l)] \approx \sum_{m=-\frac{N}{2}}^{\frac{N}{2}-1}\exp[-j2\pi(f_k - f_l)m]P_{\tilde{x}\tilde{x}}(f_l)$$

由复指数的正交性，我们有
$$E[X(f_k)X^*(f_l)] \approx NP_{\tilde{x}\tilde{x}}(f_k)\delta_{kl}$$

因此，近似有
$$E[X(f_k)X^*(f_l)] = \begin{cases} NP_{\tilde{x}\tilde{x}}(f_k) & k = l \\ 0 & \text{其他} \end{cases} \tag{15.70}$$

DFT 系数近似为不相关的，且由于它们为联合复高斯的，因此也是渐近独立。总而言之，我们有
$$X(f_k) \overset{a}{\sim} \mathcal{CN}(0, NP_{\tilde{x}\tilde{x}}(f_k)) \qquad k = 0, 1, \ldots, N-1 \tag{15.71}$$

其中"a"表示渐近 PDF，$X(f_k)$ 为渐近独立。回想对于 CWGN，这些性质都是精确的，并不要求 $N\to\infty$。这是由于 $\tilde{\mathbf{x}}$ 的比例恒等矩阵以及 DFT 的酉变换。然而，一般来说，由于 $\mathbf{U}$ 的列或者等价于 $\mathbf{E}$ 的列只是近似为 $\mathbf{C}_{\tilde{x}}$ 的特征矢量，$\mathbf{C}_{\tilde{x}}$ 是 Hermitian Toeplitz 矩阵 [Grenander and Szego 1958]，所以 $\mathbf{C}_X$ 只是近似为对角矩阵。换句话说，$\mathbf{C}_X = \mathbf{U}(N\mathbf{C}_{\tilde{x}})\mathbf{U}^H$ 近似为 $N\mathbf{C}_{\tilde{x}}$ 的特征分解。我们现在可以写出 $\mathbf{X}$ 的渐近 PDF 为 $\mathbf{X} \sim \mathcal{CN}(\mathbf{0}, \mathbf{C}_X)$，其中由 (15.71) 式有 $\mathbf{C}_X = N\mathrm{diag}(P_{\tilde{x}\tilde{x}}(f_0), P_{\tilde{x}\tilde{x}}(f_1), \ldots, P_{\tilde{x}\tilde{x}}(f_{N-1}))$。为了将其 PDF 变换回 $\tilde{\mathbf{x}}$ 的 PDF，我们注意到 $\mathbf{X} = \mathbf{E}\tilde{\mathbf{x}}$，且由于 $\mathbf{U} = \mathbf{E}/\sqrt{N}$，所以，

$$\tilde{\mathbf{x}} = \mathbf{E}^{-1}\mathbf{X} = \frac{1}{\sqrt{N}}\mathbf{U}^{-1}\mathbf{X} = \frac{1}{\sqrt{N}}\mathbf{U}^H\mathbf{X}$$
$$= \frac{1}{N}\mathbf{E}^H\mathbf{X} \sim \mathcal{CN}(\mathbf{0}, \frac{1}{N^2}\mathbf{E}^H\mathbf{C}_X\mathbf{E})$$

由于 $\mathbf{E}^H\mathbf{E}/N = \mathbf{I}$ 且 $\mathbf{E}^{-1} = \mathbf{E}^H/N$，明确的表达式变为

$$
\begin{aligned}
\ln p(\tilde{\mathbf{x}}; \boldsymbol{\xi}) &= -N\ln\pi - \ln\det\left(\frac{1}{N^2}\mathbf{E}^H\mathbf{C}_X\mathbf{E}\right) - \tilde{\mathbf{x}}^H\left(\frac{1}{N^2}\mathbf{E}^H\mathbf{C}_X\mathbf{E}\right)^{-1}\tilde{\mathbf{x}} \\
&= -N\ln\pi - \ln\left[\det\left(\frac{1}{N}\mathbf{E}^H\mathbf{E}\right)\det\left(\frac{1}{N}\mathbf{C}_X\right)\right] - \tilde{\mathbf{x}}^H\mathbf{E}^H\mathbf{C}_X^{-1}\mathbf{E}\tilde{\mathbf{x}} \\
&= -N\ln\pi - \ln\det\left(\frac{1}{N}\mathbf{C}_X\right) - \mathbf{X}^H\mathbf{C}_X^{-1}\mathbf{X}
\end{aligned}
$$

因此

$$
\ln p(\tilde{\mathbf{x}}; \boldsymbol{\xi}) = -N\ln\pi - \ln\prod_{k=0}^{N-1}P_{\tilde{x}\tilde{x}}(f_k) - \sum_{k=0}^{N-1}\frac{|X(f_k)|^2}{NP_{\tilde{x}\tilde{x}}(f_k)}
$$

由于假定了大的 N，我们可以进一步将此式近似为

$$
\begin{aligned}
\ln p(\tilde{\mathbf{x}}; \boldsymbol{\xi}) &= -N\ln\pi - N\sum_{k=0}^{N-1}\left[\ln P_{\tilde{x}\tilde{x}}(f_k)\right]\frac{1}{N} - N\sum_{k=0}^{N-1}\frac{\frac{1}{N}|X(f_k)|^2}{P_{\tilde{x}\tilde{x}}(f_k)}\frac{1}{N} \\
&\approx -N\ln\pi - N\int_0^1\ln P_{\tilde{x}\tilde{x}}(f)\,df - N\int_0^1\frac{\frac{1}{N}|X(f)|^2}{P_{\tilde{x}\tilde{x}}(f)}\,df \\
&= -N\ln\pi - N\int_{-\frac{1}{2}}^{\frac{1}{2}}\left[\ln P_{\tilde{x}\tilde{x}}(f) + \frac{I(f)}{P_{\tilde{x}\tilde{x}}(f)}\right]df
\end{aligned}
$$

在最后一步，我们利用了 $I(f)$ 和 $P_{\tilde{x}\tilde{x}}(f)$ 是周期为 1 的周期函数这样的事实来变换积分限。为了求 Fisher 信息矩阵，我们只需计算 $\ln p(\tilde{\mathbf{x}}; \boldsymbol{\xi})$ 的二阶偏导数，注意到对于大的数据记录，

$$
E(I(f)) = E\left(\frac{1}{N}|X(f)|^2\right) = \frac{1}{N}\mathrm{var}(X(f)) \approx P_{\tilde{x}\tilde{x}}(f)
$$

下面是近似结果的实用例子。

例 15.12 周期谱估计

周期谱估计量定义为

$$
\hat{P}_{\tilde{x}\tilde{x}}(f_k) = I(f_k) = \frac{1}{N}\left|\sum_{n=0}^{N-1}\tilde{x}[n]\exp(-j2\pi f_k n)\right|^2 = \frac{1}{N}|X(f_k)|^2
$$

为了确定估计量的质量，我们利用 (15.71) 式的结果来计算其均值和方差。均值已被证明近似为 $P_{\tilde{x}\tilde{x}}(f_k)$，所以它是渐近无偏的。方差渐近为

$$
\mathrm{var}(\hat{P}_{\tilde{x}\tilde{x}}(f_k)) = E[\hat{P}_{\tilde{x}\tilde{x}}^2(f_k)] - E^2[\hat{P}_{\tilde{x}\tilde{x}}(f_k)] = E[\hat{P}_{\tilde{x}\tilde{x}}^2(f_k)] - P_{\tilde{x}\tilde{x}}^2(f_k)
$$

但是，利用联合复高斯随机变量四阶矩的性质，我们有

$$
\begin{aligned}
E[\hat{P}_{\tilde{x}\tilde{x}}^2(f_k)] &= \frac{1}{N^2}E\left[X(f_k)X^*(f_k)X(f_k)X^*(f_k)\right] \\
&= \frac{1}{N^2}E\left[X(f_k)X^*(f_k)\right]E\left[X(f_k)X^*(f_k)\right] \\
&\quad + \frac{1}{N^2}E\left[X(f_k)X^*(f_k)\right]E\left[X(f_k)X^*(f_k)\right] \\
&= \frac{2}{N^2}\mathrm{var}^2(X(f_k)) = 2P_{\tilde{x}\tilde{x}}^2(f_k)
\end{aligned}
$$

这样，我们近似有

$$
\mathrm{var}(\hat{P}_{\tilde{x}\tilde{x}}(f_k)) = P_{\tilde{x}\tilde{x}}^2(f_k)
$$

它不随 N 的增加而减少。遗憾的是，周期图不是一致的，图 15.4 给出了一个 $\sigma^2 = 1$ 的 CWGN 的例子。正如所见，周期图的平均值为 PSD 值 $P_{\tilde{x}\tilde{x}}(f) = \sigma^2 = 1$。然而，方差并不随数据记录的增加减

少。我们估计的 PSD 中的点数越大，谱估计的"粗糙"特性就越大。如前面所证明的，这些估计是独立的 [由于对于 $k \neq l$，$X(f_k)$ 独立于 $X(f_l)$]，导致 N 增加时估计的起伏更快。

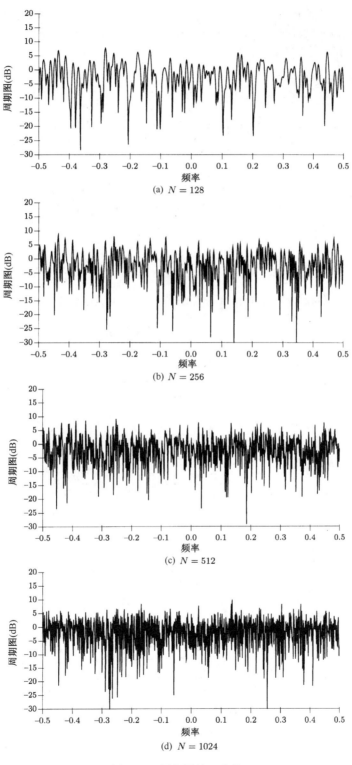

(a) $N = 128$

(b) $N = 256$

(c) $N = 512$

(d) $N = 1024$

图 15.4　周期图的一致性

15.10 信号处理的例子

我们现在应用某些前面导出的理论来确定基于复数据的估计量。首先我们回到例 3.14 和例 7.16 的正弦信号参数估计中，将复数据的应用与实数据相比较。接下来，我们证明如何由经典估计理论来导出自适应波束形成器。

例 15.13 正弦信号参数估计

考虑 CWGN 中复正弦信号的数据模型

$$\tilde{x}[n] = \tilde{A} \exp(j2\pi f_0 n) + \tilde{w}[n] \qquad n = 0, 1, \ldots, N-1$$

其中 $\tilde{A}$ 为复幅度，f_0 为频率，$\tilde{w}[n]$ 是方差为 σ^2 的 CWGN 过程。我们希望估计 $\tilde{A}$ 和 f_0。由于频率未知，线性模型不能应用，因此们应用 MLE。为确定 MLE 的渐近性能，我们同样计算 CRLB。回想第 7 章，在高 SNR 和大数据记录时，MLE 通常是有效的。我们注意到，一个参数 $\tilde{A}$ 是复的，另一个参数 f_0 是实的。求 CRLB 最简单的方法是，令 $\tilde{A} = A \exp(j\phi)$，对于实参数矢量 $\boldsymbol{\xi} = [A \; f_0 \; \phi]^T$ 求 CRLB。那么，由 (15.52) 式，我们有

$$[\mathbf{I}(\boldsymbol{\xi})]_{ij} = 2 \operatorname{Re}\left[\frac{\partial \tilde{\boldsymbol{\mu}}^H(\boldsymbol{\xi})}{\partial \xi_i} \frac{1}{\sigma^2} \mathbf{I} \frac{\partial \tilde{\boldsymbol{\mu}}(\boldsymbol{\xi})}{\partial \xi_j} \right] = \frac{2}{\sigma^2} \operatorname{Re}\left[\sum_{n=0}^{N-1} \frac{\partial \tilde{s}^*[n]}{\partial \xi_i} \frac{\partial \tilde{s}[n]}{\partial \xi_j} \right]$$

其中 $\tilde{s}[n] = \tilde{A} \exp(j2\pi f_0 n) = A \exp[j(2\pi f_0 n + \phi)]$。现在偏导数是

$$\frac{\partial \tilde{s}[n]}{\partial A} = \exp[j(2\pi f_0 n + \phi)]$$

$$\frac{\partial \tilde{s}[n]}{\partial f_0} = j2\pi n A \exp[j(2\pi f_0 n + \phi)]$$

$$\frac{\partial \tilde{s}[n]}{\partial \phi} = jA \exp[j(2\pi f_0 n + \phi)]$$

所以

$$\mathbf{I}(\boldsymbol{\xi}) = \frac{2}{\sigma^2} \begin{bmatrix} N & 0 & 0 \\ 0 & A^2 \sum_{n=0}^{N-1} (2\pi n)^2 & A^2 \sum_{n=0}^{N-1} 2\pi n \\ 0 & A^2 \sum_{n=0}^{N-1} 2\pi n & NA^2 \end{bmatrix}$$

求逆并利用 (3.22) 式，我们有

$$\operatorname{var}(\hat{A}) \geqslant \frac{\sigma^2}{2N}$$

$$\operatorname{var}(\hat{f}_0) \geqslant \frac{6\sigma^2}{(2\pi)^2 A^2 N(N^2-1)}$$

$$\operatorname{var}(\hat{\phi}) \geqslant \frac{\sigma^2(2N-1)}{A^2 N(N+1)}$$

利用 SNR，$\eta = A^2/\sigma^2$，此式简化为

$$\operatorname{var}(\hat{A}) \geqslant \frac{\sigma^2}{2N}$$

$$\operatorname{var}(\hat{f}_0) \geqslant \frac{6}{(2\pi)^2 \eta N(N^2-1)}$$

$$\operatorname{var}(\hat{\phi}) \geqslant \frac{2N-1}{\eta N(N+1)} \tag{15.72}$$

对于 $\hat{f}_0$ 和 $\hat{\phi}$, 复情况的限是实情况的二分之一, 对于 $\hat{A}$, 则是四分之一(然而应该提醒读者, 实际上由于数据模型不同, 我们的比较就像是比较"苹果和橘子")。为了求 MLE, 我们必须使

$$p(\tilde{\mathbf{x}}; \boldsymbol{\xi}) = \frac{1}{\pi^N \det(\sigma^2 \mathbf{I})} \exp\left[-\frac{1}{\sigma^2} \sum_{n=0}^{N-1} \left|\tilde{x}[n] - \tilde{A}\exp(j2\pi f_0 n)\right|^2\right]$$

最小, 或者等价于使

$$J(\tilde{A}, f_0) = \sum_{n=0}^{N-1} \left|\tilde{x}[n] - \tilde{A}\exp(j2\pi f_0 n)\right|^2$$

最小。最小化可以针对 A 和 ϕ 来做, 或者等价于对 $\tilde{A}$。由于当 f_0 固定时, 后一种方法是比较容易的, 它刚好是复线性 LS 问题。用矩阵形式表示, 我们有

$$J(\tilde{A}, f_0) = (\tilde{\mathbf{x}} - \mathbf{e}\tilde{A})^H (\tilde{\mathbf{x}} - \mathbf{e}\tilde{A})$$

其中 $\tilde{\mathbf{x}} = [\tilde{x}[0]\,\tilde{x}[1]\ldots\tilde{x}[N-1]]^T$, 且 $\mathbf{e} = [1\ \exp(j2\pi f_0)\ldots\exp(j2\pi f_0(N-1))]^T$。但是, 我们在(15.49)式中已经证明

$$\frac{\partial J}{\partial \tilde{A}} = -\left[\mathbf{e}^H(\tilde{\mathbf{x}} - \mathbf{e}\tilde{A})\right]^*$$

令其为零, 求解得

$$\widehat{\tilde{A}} = \frac{\mathbf{e}^H \tilde{\mathbf{x}}}{\mathbf{e}^H \mathbf{e}} = \frac{1}{N}\sum_{n=0}^{N-1} \tilde{x}[n]\exp(-j2\pi f_0 n)$$

代回到 J, 有

$$J(\widehat{\tilde{A}}, f_0) = \tilde{\mathbf{x}}^H(\tilde{\mathbf{x}} - \mathbf{e}\widehat{\tilde{A}}) = \tilde{\mathbf{x}}^H\tilde{\mathbf{x}} - \frac{\tilde{\mathbf{x}}^H \mathbf{e}\mathbf{e}^H\tilde{\mathbf{x}}}{\mathbf{e}^H\mathbf{e}} = \tilde{\mathbf{x}}^H\tilde{\mathbf{x}} - \frac{|\mathbf{e}^H\tilde{\mathbf{x}}|^2}{\mathbf{e}^H\mathbf{e}}$$

为了使 J 关于 f_0 最小, 我们需要使

$$\frac{|\mathbf{e}^H\tilde{\mathbf{x}}|^2}{\mathbf{e}^H\mathbf{e}} = \frac{1}{N}\left|\sum_{n=0}^{N-1}\tilde{x}[n]\exp(-j2\pi f_0 n)\right|^2$$

最大, 这即为周期图。A 和 ϕ 的 MLE 由下面的式子求出,

$$\hat{A} = |\widehat{\tilde{A}}| = \left|\frac{1}{N}\sum_{n=0}^{N-1}\tilde{x}[n]\exp(-j2\pi \hat{f}_0 n)\right| \tag{15.73}$$

$$\hat{\phi} = \arctan\frac{\mathrm{Im}(\widehat{\tilde{A}})}{\mathrm{Re}(\widehat{\tilde{A}})}$$

$$= \arctan\frac{\mathrm{Im}\left(\sum_{n=0}^{N-1}\tilde{x}[n]\exp(-j2\pi \hat{f}_0 n)\right)}{\mathrm{Re}\left(\sum_{n=0}^{N-1}\tilde{x}[n]\exp(-j2\pi \hat{f}_0 n)\right)} \tag{15.74}$$

注意 MLE 是精确的, 并不像在实的情况下要求的那样假定 N 很大。在这种实的情况下假设 N 很大, 以便 f_0 不在 0 或者 1/2 附近, 这可以解释为周期图不能分辨紧靠 $1/N$ 频率的复正弦信号。对于实正弦信号

$$s[n] = A\cos(2\pi f_0 n + \phi) = \frac{A}{2}\exp[j(2\pi f_0 n + \phi)] + \frac{A}{2}\exp[-j(2\pi f_0 n + \phi)]$$

若复正弦分量间的频率不同，或者 $|f_0 - (-f_0)| = 2f_0$ 并不远大于 $1/N$，那么周期图的峰值(甚至在没有噪声的时候)将偏移真实频率。例如，在图 15.5 中，分别对于 $A = 1$，$\phi = \pi/2$，$f_0 = 0.1$，0.05，0.025，$N = 20$，我们绘制了其周期图。这里不存在噪声。对于 $f_0 = 0.1$ 和 $f_0 = 0.05$，峰值的位置轻微地偏向 $f = 0$。然而，对于 $f = 0.025$，峰值的位置在 $f = 0$。对复正弦信号，由于只有一个复正弦分量，不能互相作用，因此这种问题并不产生。扩展到两个复正弦信号的情况请参见习题 15.21。

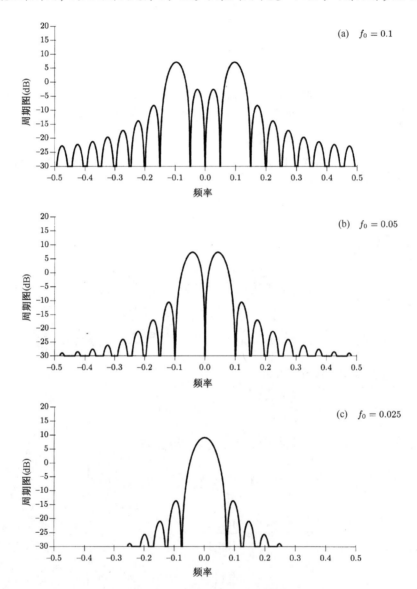

图 15.5　单一实正弦信号的周期图

例 15.14　自适应波束形成

我们继续考虑例 3.15 中的阵列处理问题，但是这里假定传感器的噪声是非白噪声。我们希望在设计波束形成器时考虑噪声的色度。波束形成器是发射信号的估计器，在许多情况下，非白噪声是有意干扰的结果。回想到对于发射的正弦信号 $A\cos(2\pi F_0 t + \phi)$，在一线阵上接收的信号为

$$s_n(t) = A\cos\left[2\pi f_s n + 2\pi F_0(t - t_0) + \phi\right] \qquad n = 0, 1, \ldots, M-1$$

其中，n 为传感器号，$f_s = F_0(d/c)\cos\beta$（d 为传感器间距，c 为传播速度，β 为到达角）是空间频率，t_0 为传播到第 0 个传感器的时间。如果我们选择处理接收数据中的解析信号，则令 $\phi' = -2\pi F_0 t_0 + \phi$（$\phi$ 和 t_0 一般为未知），对信号分量我们有

$$\tilde{s}_n(t) = A\exp(j\phi')\exp(j2\pi f_s n)\exp(j2\pi F_0 t) = \tilde{A}\exp(j2\pi f_s n)\exp(j2\pi F_0 t)$$

对于时间上的每一瞬间，我们在 M 个传感器上有信号矢量"快拍"（snapshot），

$$\tilde{\mathbf{s}}(t) = \begin{bmatrix} \tilde{s}_0(t) & \tilde{s}_1(t) & \dots & \tilde{s}_{M-1}(t) \end{bmatrix}^T = \tilde{A}\exp(j2\pi F_0 t)\mathbf{e}$$

其中 $\mathbf{e} = \begin{bmatrix} 1 & \exp(j2\pi f_s) \dots \exp[j(2\pi f_s(M-1))] \end{bmatrix}^T$。假定数据模型为

$$\tilde{\mathbf{x}}(t) = \tilde{A}\exp(j2\pi F_0 t)\mathbf{e} + \tilde{\mathbf{w}}(t)$$

其中 $\tilde{\mathbf{w}}(t)$ 为零均值、协方差矩阵为 $\mathbf{C}$ 的噪声矢量。假定均值和协方差不随时间 t 变化。我们希望设计一个波束形成器，将传感器的输出线性地组合为

$$\tilde{y}(t) = \sum_{n=0}^{M-1} a_n^* \tilde{x}_n(t) = \mathbf{a}^H \tilde{\mathbf{x}}(t)$$

从而使信号无失真通过，但输出的噪声达到最小。无失真意味着如果 $\tilde{\mathbf{x}}(t) = \tilde{\mathbf{s}}(t) = \tilde{A}\exp(j2\pi F_0 t)\mathbf{e}$，那么在波束形成器的输出中，我们应该有

$$\tilde{y}(t) = \tilde{A}\exp(j2\pi F_0 t)$$

这就要求

$$\mathbf{a}^H \tilde{\mathbf{s}}(t) = \tilde{A}\exp(j2\pi F_0 t)$$

或者

$$\mathbf{a}^H \mathbf{e} = 1$$

或者最终约束

$$\mathbf{e}^H \mathbf{a} = 1$$

波束形成器输出端的噪声方差为

$$E\left[|\mathbf{a}^H \tilde{\mathbf{w}}(t)|^2\right] = E\left[\mathbf{a}^H \tilde{\mathbf{w}}(t)\tilde{\mathbf{w}}^H(t)\mathbf{a}\right] = \mathbf{a}^H \mathbf{C}\mathbf{a}$$

这也是 $\tilde{y}(t)$ 的方差。因此，最佳波束形成器的加权由下面问题的解给出：在约束 $\mathbf{e}^H \mathbf{a} = 1$ 的条件下，使 $\mathbf{a}^H \mathbf{C}\mathbf{a}$ 最小。于是，有时这也称为最小方差无失真响应（MVDR）波束形成器[Owsley 1985]。读者将发现，我们早已结合 BLUE 解出此问题，事实上由（15.51）式，令 $\mathbf{W} = \mathbf{C}$，$\mathbf{B} = \mathbf{e}^H$，$\mathbf{b} = 1$，我们有最佳解为

$$\mathbf{a}_{\text{opt}} = \frac{\mathbf{C}^{-1}\mathbf{e}}{\mathbf{e}^H \mathbf{C}^{-1}\mathbf{e}}$$

波束形成器的输出端为

$$\tilde{y}(t) = \frac{\mathbf{e}^H \mathbf{C}^{-1}\tilde{\mathbf{x}}(t)}{\mathbf{e}^H \mathbf{C}^{-1}\mathbf{e}} \tag{15.75}$$

可以验证，$\tilde{y}(t)$ 刚好是 $\tilde{A}\exp(j2\pi F_0 t)$ 对给定 t 的 BLUE。在例 15.7 中，对 $F_0 = 0$ 因而也是对 $\mathbf{e} = 1$，我们也推导了这样的结果。"自适应波束形成器"的名称来自（15.75）式的实际实现，其中的噪声协方差矩阵通常未知，因此必须在信号出现之前进行估计，那么我们说波束形成器对噪声场的出现是自适应的。当然，在使用估计的协方差矩阵时，并没有与波束形成器相联系的最佳协方差矩阵。当估计协方差时如果信号出现，那么性能可能很差[Cox 1973]。注意，如果 $\mathbf{C} = \sigma^2 \mathbf{I}$，传感器的噪声是不相关的，且具有相等的方差（"空间白化"），则（15.75）式简化为

$$\tilde{y}(t) = \frac{1}{M} \sum_{n=0}^{M-1} \tilde{x}_n(t) \exp(-j2\pi f_s n)$$

波束形成器首先在不同的传感器中调整信号的相位，通过改变传播延迟，然后取平均，使它们在时间上进行校准。这就是所谓的常规波束形成器[Knight, Pridham, and Kay 1981]。

为了说明非白空间噪声场的影响，假定除白噪声外，还有一个具有相同时间频率但具有不同空间频率 f_i 或不同到达角的干扰平面波。则接收数据的模型为

$$\tilde{\mathbf{x}}(t) = \tilde{A} \exp(j2\pi F_0 t)\mathbf{e} + \tilde{B} \exp(j2\pi F_0 t)\mathbf{i} + \tilde{\mathbf{u}}(t) \tag{15.76}$$

其中 $\mathbf{i} = [\, 1 \ \exp(j2\pi f_i) \ldots \exp[j(2\pi f_i(M-1))]\,]^T$，且 $\tilde{\mathbf{u}}(t)$ 是空间白噪声过程或者 $\tilde{\mathbf{u}}(t)$，它对固定的 t 具有零均值和协方差矩阵 $\sigma^2\mathbf{I}$。如果我们把干扰 $\tilde{B}$ 的复幅度看成一个零均值、协方差为 P 且独立于 $\tilde{\mathbf{u}}(t)$ 的复随机变量，那么干扰加上噪声可以表示为

$$\tilde{\mathbf{w}}(t) = \tilde{B} \exp(j2\pi F_0 t)\mathbf{i} + \tilde{\mathbf{u}}(t)$$

其中，$E(\tilde{\mathbf{w}}(\mathbf{t})) = \mathbf{0}$，且

$$\mathbf{C} = E(\tilde{\mathbf{w}}(t)\tilde{\mathbf{w}}^H(t)) = P\mathbf{i}\mathbf{i}^H + \sigma^2\mathbf{I}$$

那么，利用 Woodbury 恒等式（参见附录 1）有

$$\mathbf{C}^{-1} = \frac{1}{\sigma^2}\left(\mathbf{I} - \frac{P}{MP+\sigma^2}\mathbf{i}\mathbf{i}^H\right)$$

这样

$$\mathbf{a}_{\text{opt}} = \frac{\mathbf{e} - \dfrac{P\mathbf{i}^H\mathbf{e}}{MP+\sigma^2}\mathbf{i}}{\mathbf{e}^H\mathbf{e} - \dfrac{P|\mathbf{e}^H\mathbf{i}|^2}{MP+\sigma^2}} = c_1\mathbf{e} - c_2\mathbf{i}$$

其中

$$c_1 = \frac{1}{M - \dfrac{P|\mathbf{e}^H\mathbf{i}|^2}{MP+\sigma^2}}$$

$$c_2 = \frac{P\mathbf{i}^H\mathbf{e}}{M(MP+\sigma^2) - P|\mathbf{e}^H\mathbf{i}|^2}$$

我们发现波束形成器试图减去干扰，减去量依赖于干噪比（P/σ^2）以及信号与干扰（$\mathbf{e}^H\mathbf{i}$）到达角之间的间距。注意，如果 $\mathbf{e}^H\mathbf{i} = 0$，由于 $\mathbf{a}_{\text{opt}} = \mathbf{e}/M$，我们有常规波束形成器。这是因为 $\mathbf{a}_{\text{opt}}^H\mathbf{i} = 0$，使得干扰等于零。例如，如果输入由（15.76）式给出，那么输出为

$$\begin{aligned}\tilde{y}(t) &= \mathbf{a}_{\text{opt}}^H\left[\tilde{A}\exp(j2\pi F_0 t)\mathbf{e} + \tilde{B}\exp(j2\pi F_0 t)\mathbf{i} + \tilde{\mathbf{u}}(t)\right] \\ &= \tilde{A}\exp(j2\pi F_0 t) + \tilde{B}\exp(j2\pi F_0 t)(c_1\mathbf{e}^H\mathbf{i} - Mc_2^*) + \mathbf{a}_{\text{opt}}^H\tilde{\mathbf{u}}(t)\end{aligned}$$

信号无失真通过，而输出端的干扰功率与输入端的干扰功率之比是

$$|c_1\mathbf{e}^H\mathbf{i} - Mc_2^*|^2 \tag{15.77}$$

例如，我们假定线阵是半波长间距，那么空间频率为

$$f_s = F_0\left(\frac{d}{c}\right)\cos\beta = F_0\left(\frac{\lambda/2}{F_0\lambda}\right)\cos\beta = \frac{1}{2}\cos\beta$$

这样，对于 $P=10$，$\sigma^2=1$，$M=10$，以及在 $\beta_s=90°$（所以 $f_s=0$）处的信号，我们在图 15.6 中画出了（15.77）式（用 dB 表示）与干扰到达角之间的关系曲线。注意当 $\beta_i=90°$ 或者当干扰

到达角与信号到达角相同时，响应为 1。然而，当到达角相差大约 $6°$ 时，响应快速下降到大约 -60 dB。回想自适应波束形成器为约束性无失真通过信号，则当 $\beta_i = \beta_s$ 时，干扰不能衰减。

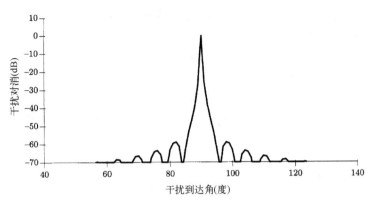

图 15.6　自适应波束形成器对干扰的响应

参考文献

Brandwood, D.H., "A Complex Gradient Operator and Its Application in Adaptive Array Theory," *IEE Proc.*, Vol. 130, pp. 11–16, Feb. 1983.

Cox, H., "Resolving Power and Sensitivity to Mismatch of Optimum Array Processors," *J. Acoust. Soc. Am.*, Vol. 54, pp. 771–785, 1973.

Dzhaparidze, K., *Parameter Estimation and Hypothesis Testing in Spectral Analysis and Stationary Time Series*, Springer-Verlag, New York, 1986.

Grenander, U., G. Szego, *Toeplitz Forms and Their Applications*, University of California Press, Berkeley, 1958.

Kay, S.M., *Modern Spectral Estimation: Theory and Application*, Prentice-Hall, Englewood Cliffs, N.J., 1988.

Knight, W.S., R.G. Pridham, S.M. Kay, "Digital Signal Processing for Sonar," *Proc. IEEE*, Vol. 69, pp. 1451–1506, Nov. 1981.

Miller, K.S., *Complex Stochastic Processes*, Addison-Wesley, Reading, Mass., 1974, available from University Microfilms International, Ann Arbor, Mich.

Monzingo, R.A., T.W. Miller, *Introduction to Adaptive Arrays*, J. Wiley, New York, 1980.

Owsley, N.L., "Sonar Array Processing," in *Array Signal Processing*, S. Haykin, ed., Prentice-Hall, Englewood Cliffs, N.J., 1985.

Papoulis, A., *Probability, Random Variables, and Stochastic Processes*, McGraw-Hill, New York, 1965.

Rao, C.R., *Linear Statistical Inference and Its Applications*, J. Wiley, New York, 1973.

Van Trees, H.L., *Detection, Estimation, and Modulation Theory*, Part III, J. Wiley, New York, 1971.

Williams, J.R., G.G. Ricker, "Signal Detectability of Optimum Fourier Receivers," *IEEE Trans. Audio Electroacoust.*, Vol. 20, pp. 264–270, Oct. 1972.

习题

15.1　两个复随机变量 $\tilde{x}_1 = u_1 + jv_1$ 和 $\tilde{x}_2 = u_2 + jv_2$，如果实随机矢量 $[u_1 \ v_1]^T$ 和 $[u_2 \ v_2]^T$ 是独立，则我们说这两个复随机变量独立。试证明若两个复随机变量独立，则它们的协方差为零。

15.2　证明 (15.13) 式中的复协方差矩阵为半正定的。且在什么条件下为正定的？

15.3　实随机矢量 $\mathbf{x} = [u_1 \ u_2 \ v_1 \ v_2]^T$ 具有 PDF $\mathbf{x} \sim \mathcal{N}(\mathbf{0}, \mathbf{C}_x)$，其中

$$\mathbf{C}_x = \begin{bmatrix} 2 & 1 & 0 & -1 \\ 1 & 2 & 1 & 0 \\ 0 & 1 & 2 & 1 \\ -1 & 0 & 1 & 2 \end{bmatrix}$$

我们能否定义复高斯随机矢量，如果可以，其协方差矩阵是什么？

15.4　对于习题 15.3 中的实协方差矩阵，直接验证：

a. $\mathbf{x}^T \mathbf{C}_x^{-1} \mathbf{x} = 2\tilde{\mathbf{x}}^H \mathbf{C}_{\tilde{x}}^{-1} \tilde{\mathbf{x}}$，其中 $\mathbf{x} = [\mathbf{u}^T \ \mathbf{v}^T]^T$ 和 $\tilde{\mathbf{x}} = \mathbf{u} + j\mathbf{v}$

b. $\det(\mathbf{C}_x) = \det^2(\mathbf{C}_{\tilde{x}})/16$

15.5　令 M^2 为具有如下形式的 2×2 的实矩阵组成的矢量空间，

$$\begin{bmatrix} a & -b \\ b & a \end{bmatrix}$$

且 C^1 表示标量复数的矢量空间，在矢量空间中采用通常的方法定义加法和乘法。那么，令 m_1、m_2 为 M^2 中的两个矢量，考虑运算

a. αm_1，其中 α 为实标量

b. $m_1 + m_2$

c. $m_1 m_2$

证明这些运算可以如下进行：

a. 利用如下变换将 m_1、m_2 变换到 C^1，

$$\begin{bmatrix} a & -b \\ b & a \end{bmatrix} \to a + jb$$

b. 在 C^1 中执行等价运算。

c. 利用如下的反变换将结果变换回 M^2，

$$e + jf \to \begin{bmatrix} e & -f \\ f & e \end{bmatrix}$$

因为在 M^2 中的运算等价于 C^1 中的运算，所以我们称 M^2 与 C^1 同构。

15.6　利用习题 15.5 中的概念，通过对复数进行操作来计算矩阵乘积 $\mathbf{A}^T \mathbf{A}$，其中

$$\mathbf{A} = \begin{bmatrix} a_1 & -b_1 \\ b_1 & a_1 \\ a_2 & -b_2 \\ b_2 & a_2 \\ a_3 & -b_3 \\ b_3 & a_3 \end{bmatrix}$$

15.7　本题中我们将证明一个复高斯 PDF 的所有三阶矩为零。这些三阶矩为 $E(\tilde{x}^3)$、$E(\tilde{x}^{*3})$、$E(\tilde{x}^* \tilde{x}^2)$、$E(\tilde{x}\tilde{x}^{*2})$。利用特征函数证明它们均为零（参见附录 15B），

$$\phi_{\tilde{x}}(\tilde{\omega}) = \exp\left(-\frac{1}{4}\sigma^2 |\tilde{\omega}|^2\right)$$

15.8　考虑零均值随机变量 $\tilde{x}$。如果我们假定 $E(\tilde{x}^2) = 0$，那么 $\tilde{x}$ 的实部与虚部的方差和协方差又会如何？

15.9　证明假定 $E\left[(\tilde{\mathbf{x}} - \tilde{\boldsymbol{\mu}})(\tilde{\mathbf{x}} - \tilde{\boldsymbol{\mu}})^T\right] = \mathbf{0}$，其中 $\tilde{\mathbf{x}} = \mathbf{u} + j\mathbf{v}$，这样的假定可以得出由（15.19）式给出的 $[\mathbf{u}^T \ \mathbf{v}^T]^T$ 的实协方差矩阵的特殊形式。

15.10　一个复高斯随机矢量 $\tilde{\mathbf{x}}$ 具有 PDF $\tilde{\mathbf{x}} \sim \mathcal{CN}(\mathbf{0}, \sigma^2 \mathbf{B})$，其中 $\mathbf{B}$ 为已知复协方差矩阵。希望利用估计量 $\hat{\sigma^2} = \tilde{\mathbf{x}}^H \mathbf{A} \tilde{\mathbf{x}}$ 来估计 σ^2，其中 $\mathbf{A}$ 为 Hermitian 矩阵。求解 $\mathbf{A}$ 使 $\hat{\sigma^2}$ 为无偏的且具有最小方差。若 $\mathbf{B} = \mathbf{I}$，$\hat{\sigma^2}$ 是什么？提示：利用（15.29）式和（15.30）式以及 $\text{tr}(\mathbf{D}^k) = \sum_{i=1}^{N} \lambda_i^k$，其中 λ_i 为 $N \times N$ 的矩阵 $\mathbf{D}$ 的特征值，k 为正整数。

15.11　如果 $\tilde{x}[n]$ 是方差为 σ^2 的 CWGN，求 $\sum_{n=0}^{N-1} |\tilde{x}[n]|^2$ 的均值和方差。提出一个对 σ^2 的估计量。在实

WGN 情况下，将其方差与 $\hat{\sigma^2} = (1/N) \sum_{n=0}^{N-1} x^2[n]$ 的方差做比较，并解释所得的结果。

15.12　本题中我们将证明随机解析信号为复高斯过程。首先考虑实的零均值 WSS 高斯随机过程 $u[n]$。假定 $u[n]$ 为希尔伯特变换器的输入，希尔伯特变换器为线性时不变系统，频率响应为

$$H(f) = \begin{cases} -j & 0 \leqslant f < \frac{1}{2} \\ j & -\frac{1}{2} \leqslant f < 0 \end{cases}$$

将其输出记为 $v[n]$。证明 $v[n]$ 也是实零均值 WSS 高斯过程。然后，证明 $\tilde{x}[n] = u[n] + jv[n]$，我们称之为解析信号，通过验证 $r_{uu}[k] = r_{vv}[k]$ 和 $r_{uv}[k] = -r_{vu}[k]$，证明它为复 WSS 高斯随机过程。$\tilde{x}[n]$ 的 PDF 是什么？

15.13　证明 $\partial\theta^*/\partial\theta = 0$。对于复导数，如果我们使用如下定义

$$\frac{\partial}{\partial\theta} = \frac{\partial}{\partial\alpha} + j\frac{\partial}{\partial\beta}$$

$\partial\theta/\partial\theta$ 和 $\partial\theta^*/\partial\theta$ 将会是什么？

15.14　证明

$$\frac{\partial\boldsymbol{\theta}^H\mathbf{b}}{\partial\boldsymbol{\theta}} = \mathbf{0}$$

其中 $\mathbf{b}$ 和 $\boldsymbol{\theta}$ 为复的。

15.15　对于一个任意的 $p \times p$ 的矩阵 $\mathbf{A}$（一定为 Hermitian 矩阵），确定 $\boldsymbol{\theta}^H\mathbf{A}\boldsymbol{\theta}$ 对复参数 $\boldsymbol{\theta}$ 的复梯度。注意在这种情况下，$\boldsymbol{\theta}^H\mathbf{A}\boldsymbol{\theta}$ 不必是实的。

15.16　如果我们观察复数据

$$\tilde{x}[n] = \tilde{A}\gamma^n + \tilde{w}[n] \qquad n = 0, 1, \ldots, N-1$$

其中 $\tilde{A}$ 为确定性复幅度，γ 为已知复常数，$\tilde{w}[n]$ 是方差为 σ^2 的 CWGN，求 $\tilde{A}$ 的 LSE 以及 MLE。同时求其均值和方差。解释当 $N \to \infty$ 时，如果 $|\gamma| < 1$、$|\gamma| = 1$ 和 $|\gamma| > 1$ 会发生什么情况。

15.17　我们对 $n = 0, 1, \ldots, N-1$，观察复数据 $\tilde{x}[n]$。已知 $\tilde{x}[n]$ 是不相关且具有相同方差 σ^2。其均值为 $E(\tilde{x}[n]) = A$，其中 A 为实的。求解 A 的 BLUE，将其与当 A 为复的情况时的 BLUE 进行比较（参见例 15.7），解释得出的结果。

15.18　如果我们观察复数据 $\tilde{x}[n] = \tilde{s}[n; \theta] + \tilde{w}[n]$，其中已知确定性信号具有实参数 θ，且 $\tilde{w}[n]$ 是方差为 σ^2 的 CWGN，求解 θ 的一般 CRLB。将结果与实数据的情况进行比较（参见 3.5 节），并解释它们之间的差异。

15.19　如果 $\tilde{x}[n]$ 是方差为 σ^2 的 CWGN，求 σ^2 基于 N 个复样本的 CRLB。下限可否达到？如果可以，有效估计量是什么？

15.20　本题中我们研究高斯 – 马尔可夫定理的复等价形式（参见第 6 章）。数据模型为

$$\tilde{\mathbf{x}} = \mathbf{H}\boldsymbol{\theta} + \tilde{\mathbf{w}}$$

其中，$\mathbf{H}$ 为已知的 $N \times p$ 的复矩阵，$N > p$ 且为满秩，$\boldsymbol{\theta}$ 为待估计的 $p \times 1$ 的复参数矢量，$\tilde{\mathbf{w}}$ 为 $N \times 1$ 的零均值、协方差矩阵为 $\mathbf{C}$ 的复噪声矢量。证明 $\boldsymbol{\theta}$ 的 BLUE 由（15.58）式给出。提示：令 $\hat{\tilde{\theta}}_i = \mathbf{a}_i^H\tilde{\mathbf{x}}$，利用（15.51）式。

15.21　本题中我们将扩展例 15.13 中的结果，研究 CWGN 中的两个复正弦信号频率的 MLE。数据模型为

$$\tilde{x}[n] = \tilde{A}_1 \exp(j2\pi f_1 n) + \tilde{A}_2 \exp(j2\pi f_2 n) + \tilde{w}[n] \qquad n = 0, 1, \ldots, N-1$$

其中，$\tilde{A}_1$、$\tilde{A}_2$ 为未知的确定性复幅度，f_1、f_2 为我们所感兴趣的未知频率，$\tilde{w}[n]$ 是方差为 σ^2 的 CWGN。我们希望对频率进行估计，但由于幅度也未知，因此也需要估计它们。证明为了求出频率的 MLE，我们必须使

$$J(f_1, f_2) = \tilde{\mathbf{x}}^H\mathbf{E}(\mathbf{E}^H\mathbf{E})^{-1}\mathbf{E}^H\tilde{\mathbf{x}}$$

最大，其中，$\mathbf{E} = [\mathbf{e}_1 \ \mathbf{e}_2]$，对于 $i = 1$ 和 2，$\mathbf{e}_i = [1 \ \exp(j2\pi f_i) \ldots \exp(j2\pi f_i(N-1))]^T$。为此，首先注意到，对于已知频率，数据模型对幅度而言是线性的，所以 PDF 很容易在 $\tilde{A}_1$、$\tilde{A}_2$ 上达到最大。最后，证明在约

束条件 $|f_1 - f_2| \gg 1/N$ 下，函数 J 分离为两个周期图的和。现在确定频率的 MLE。提示：证明当频率在空间上距离很远时，$\mathbf{E}^H\mathbf{E}$ 为渐近对角矩阵。

15.22 在雷达/声呐中经常使用的一种信号为线性调频（chirp）信号，它等价的离散时间信号形式为

$$\tilde{s}[n] = \tilde{A} \exp\left[j2\pi(f_0 n + \frac{1}{2}\alpha n^2)\right]$$

其中，参数 α 为实的。线性调频脉冲的瞬时频率可以定义为其连续采样的相位的差，即

$$f_i[n] = \left[f_0 n + \frac{1}{2}\alpha n^2\right] - \left[f_0(n-1) + \frac{1}{2}\alpha(n-1)^2\right] = (f_0 - \frac{1}{2}\alpha) + \alpha n$$

参数 α 称为频率扫描速率（frequency sweep rate）。假定我们观测到线性调频信号加上方差为 σ^2 的 CWGN，观察样本数为 N。证明要得到 f_0 和 α 的 MLE，应使下面的函数最大，

$$\left|\sum_{n=0}^{N-1} \tilde{x}[n] \exp\left[-j2\pi(f_0 n + \frac{1}{2}\alpha n^2)\right]\right|^2$$

假定 $\tilde{A}$ 为确定性未知常数。说明对于每个假定扫描速率，怎样利用 FFT 来有效计算此函数。

15.23 考虑复随机参数 $\theta = \alpha + j\beta$，根据复数据矢量 $\tilde{\mathbf{x}} = \mathbf{u} + j\mathbf{v}$ 对其进行估计。对每个实参数使用实贝叶斯 MMSE 估计量。因此，我们希望求出能使贝叶斯 MSE 最小的估计量，贝叶斯 MSE 为

$$\begin{aligned}
\mathrm{Bmse}(\hat{\alpha}) &= E\left[(\alpha - \hat{\alpha})^2\right] \\
\mathrm{Bmse}(\hat{\beta}) &= E\left[(\beta - \hat{\beta})^2\right]
\end{aligned}$$

其中，其数学期望分别是对 PDF $p(\mathbf{u}, \mathbf{v}, \alpha)$ 和 $p(\mathbf{u}, \mathbf{v}, \beta)$ 取的。证明

$$\hat{\theta} = \hat{\alpha} + j\hat{\beta} = E(\theta|\mathbf{u}, \mathbf{v}) = E(\theta|\tilde{\mathbf{x}})$$

是 MMSE 估计量。对用来完成 $E(\theta|\tilde{\mathbf{x}})$ 的期望运算的 PDF 加以评述。

15.24 假定 $\tilde{x}[n]$ 为零均值复高斯 WSS 随机过程，其 PSD 为 $P_{\tilde{x}\tilde{x}}(f) = P_0 Q(f)$，其中 P_0 为待估计的确定性实参数。函数 $Q(f)$ 满足

$$\int_{-\frac{1}{2}}^{\frac{1}{2}} Q(f)\,df = 1$$

则 P_0 为 $\tilde{x}[n]$ 的总功率。利用精确性结果以及渐近结果（参见 15.9 节），分别求出其 CRLB 及 P_0 的 MLE，并进行比较。

15.25 在本题中，我们将考察 CWGN 中检测复正弦信号的 DFT 的"处理增益"。假定我们观测到

$$\tilde{x}[n] = \tilde{A} \exp(j2\pi f_c n) + \tilde{w}[n] \qquad n = 0, 1, \ldots, N-1$$

其中 $\tilde{A}$ 为确定性复幅度，$\tilde{w}[n]$ 是方差为 σ^2 的 CWGN。如果我们取 $\tilde{x}[n]$ 的 DFT，且如果对某个整数 l 有 $f_c = l/N$，求 DFT 系数 $X(f_k)$ 的 PDF（$k = 0, 1, \ldots, N-1$）。注意

$$\sum_{n=0}^{N-1} \exp\left(j2\pi \frac{k}{N} n\right) = 0$$

其中 $k = 0, 1, \ldots, N-1$。那么，将输入端的 SNR，即

$$\mathrm{SNR(input)} = \frac{|E(\tilde{x}[n])|^2}{\sigma^2}$$

与正弦信号频率处 DFT 的输出 SNR，即

$$\mathrm{SNR(output)} = \frac{|E(X(f_c))|^2}{\mathrm{var}(X(f_c))}$$

进行比较。SNR 的改善称为处理增益[Williams and Ricker 1972]。若频率为未知的，应如何检测它的出现？

附录 15A 复协方差矩阵的性质的推导

我们假定 $2n \times 2n$ 的实协方差矩阵 $\mathbf{C}_x$ 具有 (15.19) 式的形式, 其中 $\mathbf{A}$ 为 $n \times n$ 的实对称矩阵, $\mathbf{B}$ 为 $n \times n$ 的实斜对称(skew-symmetric)矩阵, $\mathbf{C}_x$ 为正定的。我们定义复矩阵 $\mathbf{C}_{\tilde{x}} = \mathbf{A} + j\mathbf{B}$。那么

1. $\mathbf{C}_{\tilde{x}}$ 为 Hermitian 矩阵。
$$\mathbf{C}_{\tilde{x}}^H = (\mathbf{A} + j\mathbf{B})^H = \mathbf{A}^T - j\mathbf{B}^T = \mathbf{A} + j\mathbf{B} = \mathbf{C}_{\tilde{x}}$$

2. $\mathbf{C}_{\tilde{x}}$ 为正定矩阵。
   我们首先证明若 $\tilde{\mathbf{x}} = \mathbf{u} + j\mathbf{v}$, 那么
$$\tilde{\mathbf{x}}^H \mathbf{C}_{\tilde{x}} \tilde{\mathbf{x}} = 2\mathbf{x}^T \mathbf{C}_x \mathbf{x}$$
   其中 $\mathbf{x} = \begin{bmatrix} \mathbf{u}^T \mathbf{v}^T \end{bmatrix}^T$。
$$\begin{aligned} \tilde{\mathbf{x}}^H \mathbf{C}_{\tilde{x}} \tilde{\mathbf{x}} &= (\mathbf{u}^T - j\mathbf{v}^T)(\mathbf{A} + j\mathbf{B})(\mathbf{u} + j\mathbf{v}) \\ &= \mathbf{u}^T\mathbf{A}\mathbf{u} + j\mathbf{u}^T\mathbf{A}\mathbf{v} + j\mathbf{u}^T\mathbf{B}\mathbf{u} - \mathbf{u}^T\mathbf{B}\mathbf{v} \\ &\quad - j\mathbf{v}^T\mathbf{A}\mathbf{u} + \mathbf{v}^T\mathbf{A}\mathbf{v} + \mathbf{v}^T\mathbf{B}\mathbf{u} + j\mathbf{v}^T\mathbf{B}\mathbf{v} \end{aligned}$$
   由于 $\mathbf{B}$ 为斜对称矩阵, $\mathbf{u}^T\mathbf{B}\mathbf{u} = \mathbf{v}^T\mathbf{B}\mathbf{v} = 0$, 且 $\mathbf{A}$ 为对称矩阵, 我们有
$$\begin{aligned} \tilde{\mathbf{x}}^H \mathbf{C}_{\tilde{x}} \tilde{\mathbf{x}} &= \mathbf{u}^T\mathbf{A}\mathbf{u} - \mathbf{u}^T\mathbf{B}\mathbf{v} + \mathbf{v}^T\mathbf{B}\mathbf{u} + \mathbf{v}^T\mathbf{A}\mathbf{v} \\ &= \begin{bmatrix} \mathbf{u}^T & \mathbf{v}^T \end{bmatrix} \begin{bmatrix} \mathbf{A} & -\mathbf{B} \\ \mathbf{B} & \mathbf{A} \end{bmatrix} \begin{bmatrix} \mathbf{u} \\ \mathbf{v} \end{bmatrix} = 2\mathbf{x}^T \mathbf{C}_x \mathbf{x} \end{aligned}$$

   因此, 若 $\mathbf{C}_x$ 为正定的, 即对于所有的 $\mathbf{x} \neq \mathbf{0}$, $\mathbf{x}^T \mathbf{C}_x \mathbf{x} > 0$, 则由于当且仅当 $\tilde{\mathbf{x}} = \mathbf{0}$ 时 $\mathbf{x} = \mathbf{0}$, 所以对于所有的 $\tilde{\mathbf{x}} \neq \mathbf{0}$, $\tilde{\mathbf{x}}^H \mathbf{C}_{\tilde{x}} \tilde{\mathbf{x}} > 0$。

3. $\mathbf{C}_{\tilde{x}}$ 是 $\tilde{\mathbf{x}} = \mathbf{u} + j\mathbf{v}$ 的协方差矩阵。
   定义 $\mathbf{C}_{\tilde{x}} = \mathbf{A} + j\mathbf{B}$, 其中
$$\begin{aligned} \frac{1}{2}\mathbf{A} &= E[(\mathbf{u} - E(\mathbf{u}))(\mathbf{u} - E(\mathbf{u}))^T] = E[(\mathbf{v} - E(\mathbf{v}))(\mathbf{v} - E(\mathbf{v}))^T] \\ \frac{1}{2}\mathbf{B} &= E[(\mathbf{v} - E(\mathbf{v}))(\mathbf{u} - E(\mathbf{u}))^T] \end{aligned}$$
   而
$$\begin{aligned} \mathbf{C}_{\tilde{x}} &= E\left[(\tilde{\mathbf{x}} - E(\tilde{\mathbf{x}}))(\tilde{\mathbf{x}} - E(\tilde{\mathbf{x}}))^H\right] \\ &= E\left\{[(\mathbf{u} - E(\mathbf{u})) + j(\mathbf{v} - E(\mathbf{v}))][(\mathbf{u} - E(\mathbf{u})) - j(\mathbf{v} - E(\mathbf{v}))]^T\right\} \\ &= \frac{1}{2}\mathbf{A} - \frac{1}{2}j\mathbf{B}^T + \frac{1}{2}j\mathbf{B} + \frac{1}{2}\mathbf{A} = \mathbf{A} + j\mathbf{B} \end{aligned}$$

4. $\mathbf{C}_x$ 的逆矩阵具有特殊形式
$$\mathbf{C}_x^{-1} = 2 \begin{bmatrix} \mathbf{E} & -\mathbf{F} \\ \mathbf{F} & \mathbf{E} \end{bmatrix}$$

   所以复协方差矩阵的逆矩阵可以由实协方差矩阵的逆矩阵直接求出, 即为 $\mathbf{C}_x^{-1} = \mathbf{E} + j\mathbf{F}$。
   为了证明这一点, 我们利用分块矩阵公式(参见附录1), 得

$$\begin{aligned}
\mathbf{C}_x^{-1} &= 2\begin{bmatrix} \mathbf{A} & -\mathbf{B} \\ \mathbf{B} & \mathbf{A} \end{bmatrix}^{-1} \\
&= 2\begin{bmatrix} (\mathbf{A}+\mathbf{B}\mathbf{A}^{-1}\mathbf{B})^{-1} & (\mathbf{A}+\mathbf{B}\mathbf{A}^{-1}\mathbf{B})^{-1}\mathbf{B}\mathbf{A}^{-1} \\ -(\mathbf{A}+\mathbf{B}\mathbf{A}^{-1}\mathbf{B})^{-1}\mathbf{B}\mathbf{A}^{-1} & (\mathbf{A}+\mathbf{B}\mathbf{A}^{-1}\mathbf{B})^{-1} \end{bmatrix} = 2\begin{bmatrix} \mathbf{E} & -\mathbf{F} \\ \mathbf{F} & \mathbf{E} \end{bmatrix}
\end{aligned}$$

现在，为证明 $\mathbf{E}+j\mathbf{F}$ 是 $\mathbf{C}_{\tilde{x}}$ 的逆矩阵，

$$\begin{bmatrix} \mathbf{I} & \mathbf{0} \\ \mathbf{0} & \mathbf{I} \end{bmatrix} = \mathbf{C}_x\mathbf{C}_x^{-1} = \begin{bmatrix} \mathbf{A} & -\mathbf{B} \\ \mathbf{B} & \mathbf{A} \end{bmatrix}\begin{bmatrix} \mathbf{E} & -\mathbf{F} \\ \mathbf{F} & \mathbf{E} \end{bmatrix} = \begin{bmatrix} \mathbf{A}\mathbf{E}-\mathbf{B}\mathbf{F} & -\mathbf{A}\mathbf{F}-\mathbf{B}\mathbf{E} \\ \mathbf{B}\mathbf{E}+\mathbf{A}\mathbf{F} & -\mathbf{B}\mathbf{F}+\mathbf{A}\mathbf{E} \end{bmatrix}$$

这样

$$\begin{aligned}
\mathbf{A}\mathbf{E}-\mathbf{B}\mathbf{F} &= \mathbf{I} \\
\mathbf{B}\mathbf{E}+\mathbf{A}\mathbf{F} &= \mathbf{0}
\end{aligned}$$

利用这些关系式，我们有

$$\begin{aligned}
\mathbf{C}_{\tilde{x}}\mathbf{C}_{\tilde{x}}^{-1} &= (\mathbf{A}+j\mathbf{B})(\mathbf{E}+j\mathbf{F}) = \mathbf{A}\mathbf{E}-\mathbf{B}\mathbf{F}+j(\mathbf{B}\mathbf{E}+\mathbf{A}\mathbf{F}) = \mathbf{I} \\
\mathbf{C}_{\tilde{x}}^{-1}\mathbf{C}_{\tilde{x}} &= \left(\mathbf{C}_{\tilde{x}}^H \mathbf{C}_{\tilde{x}}^{-1H}\right)^H = \left(\mathbf{C}_{\tilde{x}}\mathbf{C}_{\tilde{x}}^{-1}\right)^H = \mathbf{I}^H = \mathbf{I}
\end{aligned}$$

5. $(\mathbf{x}-\boldsymbol{\mu})^T\mathbf{C}_x^{-1}(\mathbf{x}-\boldsymbol{\mu}) = 2(\tilde{\mathbf{x}}-\tilde{\boldsymbol{\mu}})^H\mathbf{C}_{\tilde{x}}^{-1}(\tilde{\mathbf{x}}-\tilde{\boldsymbol{\mu}})$。

令 $\mathbf{y}=\mathbf{x}-\boldsymbol{\mu}$，$\tilde{\mathbf{y}}=\tilde{\mathbf{x}}-\tilde{\boldsymbol{\mu}}$，所以我们希望证明

$$\mathbf{y}^T\mathbf{C}_x^{-1}\mathbf{y} = 2\tilde{\mathbf{y}}^H\mathbf{C}_{\tilde{x}}^{-1}\tilde{\mathbf{y}}$$

但是由性质 4 我们知道 $\mathbf{C}_x^{-1}$ 具有特殊形式，由性质 2 我们已经证明二次型与 Hermitian 型的等效性。考虑到以上两点，因为我们现在有协方差矩阵的逆，这个性质就可以得出。

6. $\det(\mathbf{C}_x) = \det^2(\mathbf{C}_{\tilde{x}})/(2^{2n})$。

我们首先注意 $\det(\mathbf{C}_{\tilde{x}})$ 为实的。这是因为 $\mathbf{C}_{\tilde{x}}$ 为 Hermitian 矩阵，它有实特征值，并且有关系式 $\det(\mathbf{C}_{\tilde{x}})=\prod_{i=1}^{n}\lambda_i$。另外，由于 $\mathbf{C}_{\tilde{x}}$ 是正定矩阵，我们有 $\lambda_i>0$。这样 $\det(\mathbf{C}_{\tilde{x}})>0$。行列式是实的和正的。现在由于

$$\mathbf{C}_x = \frac{1}{2}\begin{bmatrix} \mathbf{A} & -\mathbf{B} \\ \mathbf{B} & \mathbf{A} \end{bmatrix}$$

我们可以利用分块矩阵的行列式公式（参见附录 1），得到

$$\det(\mathbf{C}_x) = \left(\frac{1}{2}\right)^{2n}\det\left(\begin{bmatrix} \mathbf{A} & -\mathbf{B} \\ \mathbf{B} & \mathbf{A} \end{bmatrix}\right) = \left(\frac{1}{2}\right)^{2n}\det(\mathbf{A})\det(\mathbf{A}+\mathbf{B}\mathbf{A}^{-1}\mathbf{B})$$

而 $\mathbf{A}+\mathbf{B}\mathbf{A}^{-1}\mathbf{B} = (\mathbf{A}-j\mathbf{B})\mathbf{A}^{-1}(\mathbf{A}+j\mathbf{B})$，所以

$$\det(\mathbf{A}+\mathbf{B}\mathbf{A}^{-1}\mathbf{B}) = \frac{\det(\mathbf{A}-j\mathbf{B})\det(\mathbf{A}+j\mathbf{B})}{\det(\mathbf{A})} = \frac{\det(\mathbf{C}_{\tilde{x}}^*)\det(\mathbf{C}_{\tilde{x}})}{\det(\mathbf{A})}$$

由于 $\det(\mathbf{C}_{\tilde{x}}^*)=\det^*(\mathbf{C}_{\tilde{x}})=\det(\mathbf{C}_{\tilde{x}})$，我们最后有

$$\det(\mathbf{C}_x) = \frac{1}{2^{2n}}\det^2(\mathbf{C}_{\tilde{x}})$$

附录 15B　复高斯 PDF 性质的推导

1. 任何复高斯随机矢量的子集也是复高斯随机矢量。

   这个性质由即将证明的性质 4 证明。如果通过令 $\tilde{\mathbf{y}} = \mathbf{A}\tilde{\mathbf{x}}$，我们令 $\tilde{\mathbf{y}}$ 为 $\tilde{\mathbf{x}}$ 的元素的子集，其中 $\mathbf{A}$ 为适当的线性变换，则由性质 4，$\tilde{\mathbf{y}}$ 也为复高斯的。例如，若 $\tilde{\mathbf{x}} = [\tilde{x}_1 \tilde{x}_2]^T$ 为复高斯随机矢量，则有

$$\tilde{\mathbf{y}} = \tilde{x}_1 = \begin{bmatrix} 1 \\ 0 \end{bmatrix} \tilde{\mathbf{x}}$$

   也是复高斯的。

2. 若 $\tilde{x}_1$ 和 $\tilde{x}_2$ 为联合复高斯的且互不相关，那么它们也相互独立。

   通过将协方差矩阵

$$\mathbf{C}_{\tilde{x}} = \begin{bmatrix} \sigma_1^2 & 0 \\ 0 & \sigma_2^2 \end{bmatrix}$$

   插入到 (15.22) 式，很容易看出，PDF 因式分解为 $p(\tilde{\mathbf{x}}) = p(\tilde{x}_1)p(\tilde{x}_2)$。那么，我们注意到 $p(\tilde{x}_1)$ 与 $p(u_1, v_1)$ 等价，$p(\tilde{x}_2)$ 与 $p(u_2, v_2)$ 等价。因此，$[u_1 \ v_1]^T$ 与 $[u_2 \ v_2]^T$ 独立。当然，这个性质可以扩展到任意多个不相关的随机矢量的情况。

3. 若 $\tilde{x}_1$ 和 $\tilde{x}_2$ 均为复高斯的且相互独立，则 $\tilde{\mathbf{x}} = [\tilde{x}_1 \tilde{x}_2]^T$ 为复高斯的。

   此性质通过形成 $p(\tilde{x}_1)p(\tilde{x}_2)$ 而得出，注意其等价于 (15.22) 式中的 $p(\tilde{\mathbf{x}})$。此性质也可以扩展到任意多个不相关随机矢量的情况。

4. 复高斯随机矢量的线性变换也是复高斯的。

   我们首先确定特征函数。大家都知道对于实多维复高斯 PDF 即 $\mathbf{x} \sim \mathcal{N}(\boldsymbol{\mu}, \mathbf{C}_x)$，其特征函数为 [Rao 1973]

$$\phi_{\mathbf{x}}(\boldsymbol{\omega}) = E[\exp(j\boldsymbol{\omega}^T\mathbf{x})] = \exp\left[j\boldsymbol{\omega}^T\boldsymbol{\mu} - \frac{1}{2}\boldsymbol{\omega}^T\mathbf{C}_x\boldsymbol{\omega}\right]$$

   其中，$\boldsymbol{\omega} = [\omega_1 \ \omega_2 \ldots \omega_{2n}]^T$。如果 $\mathbf{x} = [\mathbf{u}^T\mathbf{v}^T]^T$，且 $\mathbf{C}_x$ 具有特殊形式，那么令 $\tilde{\mathbf{x}} = \mathbf{u} + j\mathbf{v}$，$\tilde{\boldsymbol{\mu}} = \boldsymbol{\mu}_u + j\boldsymbol{\mu}_v$，$\boldsymbol{\omega} = [\boldsymbol{\omega}_R^T \ \boldsymbol{\omega}_I^T]^T$，所以，$\tilde{\boldsymbol{\omega}} = \boldsymbol{\omega}_R + j\boldsymbol{\omega}_I$，由附录 15A，我们有

$$\boldsymbol{\omega}^T\boldsymbol{\mu} = \begin{bmatrix} \boldsymbol{\omega}_R^T & \boldsymbol{\omega}_I^T \end{bmatrix} \begin{bmatrix} \boldsymbol{\mu}_u \\ \boldsymbol{\mu}_v \end{bmatrix} = \boldsymbol{\omega}_R^T\boldsymbol{\mu}_u + \boldsymbol{\omega}_I^T\boldsymbol{\mu}_v = \mathrm{Re}(\tilde{\boldsymbol{\omega}}^H\tilde{\boldsymbol{\mu}})$$

   以及 $2\boldsymbol{\omega}^T\mathbf{C}_x\boldsymbol{\omega} = \tilde{\boldsymbol{\omega}}^H\mathbf{C}_{\tilde{x}}\tilde{\boldsymbol{\omega}}$。类似地，我们有 $\boldsymbol{\omega}^T\mathbf{x} = \mathrm{Re}(\tilde{\boldsymbol{\omega}}^H\tilde{\mathbf{x}})$。因此我们定义 $\tilde{\mathbf{x}}$ 的特征函数为

$$\phi_{\tilde{\mathbf{x}}}(\tilde{\boldsymbol{\omega}}) = E\left[\exp(j\,\mathrm{Re}(\tilde{\boldsymbol{\omega}}^H\tilde{\mathbf{x}}))\right] \tag{15B.1}$$

   且对于复高斯 PDF，这变成

$$\phi_{\tilde{\mathbf{x}}}(\tilde{\boldsymbol{\omega}}) = \exp\left[j\,\mathrm{Re}(\tilde{\boldsymbol{\omega}}^H\tilde{\boldsymbol{\mu}}) - \frac{1}{4}\tilde{\boldsymbol{\omega}}^H\mathbf{C}_{\tilde{x}}\tilde{\boldsymbol{\omega}}\right] \tag{15B.2}$$

   现在，如果 $\tilde{\mathbf{y}} = \mathbf{A}\tilde{\mathbf{x}} + \mathbf{b}$，我们有

$$
\begin{aligned}
\phi_{\tilde{\mathbf{y}}}(\tilde{\boldsymbol{\omega}}) &= E\left[\exp\left(j\operatorname{Re}(\tilde{\boldsymbol{\omega}}^H\tilde{\mathbf{y}})\right)\right] \\
&= E\left[\exp\left(j\operatorname{Re}(\tilde{\boldsymbol{\omega}}^H\mathbf{A}\tilde{\mathbf{x}}+\tilde{\boldsymbol{\omega}}^H\mathbf{b})\right)\right] \\
&= \exp\left[j\operatorname{Re}(\tilde{\boldsymbol{\omega}}^H\mathbf{b})\right]E\left[\exp\left[j\operatorname{Re}((\mathbf{A}^H\tilde{\boldsymbol{\omega}})^H\tilde{\mathbf{x}})\right]\right] \\
&= \exp\left[j\operatorname{Re}(\tilde{\boldsymbol{\omega}}^H\mathbf{b})\right]\phi_{\tilde{\mathbf{x}}}(\mathbf{A}^H\tilde{\boldsymbol{\omega}}) \\
&= \exp\left[j\operatorname{Re}(\tilde{\boldsymbol{\omega}}^H\mathbf{b})\right]\exp\left[j\operatorname{Re}(\tilde{\boldsymbol{\omega}}^H\mathbf{A}\tilde{\boldsymbol{\mu}})\right]\exp\left[-\frac{1}{4}\tilde{\boldsymbol{\omega}}^H\mathbf{A}\mathbf{C}_{\tilde{x}}\mathbf{A}^H\tilde{\boldsymbol{\omega}}\right] \\
&= \exp\left[j\operatorname{Re}(\tilde{\boldsymbol{\omega}}^H(\mathbf{A}\tilde{\boldsymbol{\mu}}+\mathbf{b}))-\frac{1}{4}\tilde{\boldsymbol{\omega}}^H\mathbf{A}\mathbf{C}_{\tilde{x}}\mathbf{A}^H\tilde{\boldsymbol{\omega}}\right]
\end{aligned}
$$

对于复高斯 PDF，通过把特征函数联系在一起，我们可以得出

$$
\tilde{\mathbf{y}} \sim \mathcal{CN}(\mathbf{A}\tilde{\boldsymbol{\mu}}+\mathbf{b},\,\mathbf{A}\mathbf{C}_{\tilde{x}}\mathbf{A}^H)
$$

5. 两个独立复高斯随机变量的和也是复高斯的。

利用特征函数，我们有

$$
\begin{aligned}
\phi_{\tilde{x}_1+\tilde{x}_2}(\tilde{\omega}) &= E\left[\exp(j\operatorname{Re}(\tilde{\omega}^*(\tilde{x}_1+\tilde{x}_2)))\right] \\
&= E\left[\exp(j\operatorname{Re}(\tilde{\omega}^*\tilde{x}_1))\exp(j\operatorname{Re}(\tilde{\omega}^*\tilde{x}_2))\right] \\
&= E\left[\exp(j\operatorname{Re}(\tilde{\omega}^*\tilde{x}_1))\right]E\left[\exp(j\operatorname{Re}(\tilde{\omega}^*\tilde{x}_2))\right] \\
&= \phi_{\tilde{x}_1}(\tilde{\omega})\phi_{\tilde{x}_2}(\tilde{\omega}) \\
&= \exp\left[j\operatorname{Re}(\tilde{\omega}^*\tilde{\mu}_1)-\frac{1}{4}|\tilde{\omega}|^2\sigma_1^2\right]\exp\left[j\operatorname{Re}(\tilde{\omega}^*\tilde{\mu}_2)-\frac{1}{4}|\tilde{\omega}|^2\sigma_2^2\right] \\
&= \exp\left[j\operatorname{Re}(\tilde{\omega}^*(\tilde{\mu}_1+\tilde{\mu}_2))-\frac{1}{4}|\tilde{\omega}|^2(\sigma_1^2+\sigma_2^2)\right]
\end{aligned}
$$

因此，我们有 $\tilde{x}_1+\tilde{x}_2 \sim \mathcal{CN}(\tilde{\mu}_1+\tilde{\mu}_2,\,\sigma_1^2+\sigma_2^2)$。当然，此性质可以扩展到任意多个独立的随机矢量的情况。

6. (15.24)式给出了复高斯随机矢量的四阶矩。

考虑 $\tilde{\mathbf{x}}=\left[\tilde{x}_1\tilde{x}_2\tilde{x}_3\tilde{x}_4\right]^T$ 的特征函数，其中 $\tilde{\mathbf{x}}$ 为零均值复高斯。那么

$$
\phi_{\tilde{\mathbf{x}}}(\tilde{\boldsymbol{\omega}}) = E\left[\exp(j\operatorname{Re}(\tilde{\boldsymbol{\omega}}^H\tilde{\mathbf{x}}))\right] = \exp\left[-\frac{1}{4}\tilde{\boldsymbol{\omega}}^H\mathbf{C}_{\tilde{x}}\tilde{\boldsymbol{\omega}}\right]
$$

我们首先证明

$$
\left.\frac{\partial^4\phi_{\tilde{\mathbf{x}}}(\tilde{\boldsymbol{\omega}})}{\partial\tilde{\omega}_1\partial\tilde{\omega}_2^*\partial\tilde{\omega}_3\partial\tilde{\omega}_4^*}\right|_{\tilde{\boldsymbol{\omega}}=0} = \frac{1}{2^4}E(\tilde{x}_1^*\tilde{x}_2\tilde{x}_3^*\tilde{x}_4) \tag{15B.3}
$$

对其求导，我们得到

$$
\begin{aligned}
\frac{\partial\phi_{\tilde{\mathbf{x}}}(\tilde{\boldsymbol{\omega}})}{\partial\tilde{\omega}_i} &= \frac{\partial}{\partial\tilde{\omega}_i}E\left\{\exp\left[\frac{j}{2}(\tilde{\boldsymbol{\omega}}^H\tilde{\mathbf{x}}+\tilde{\mathbf{x}}^H\tilde{\boldsymbol{\omega}})\right]\right\} = E\left\{\frac{\partial}{\partial\tilde{\omega}_i}\exp\left[\frac{j}{2}\left(\tilde{\boldsymbol{\omega}}^H\tilde{\mathbf{x}}+\tilde{\mathbf{x}}^H\tilde{\boldsymbol{\omega}}\right)\right]\right\} \\
&= E\left\{\frac{j}{2}\tilde{x}_i^*\exp\left[\frac{j}{2}\left(\tilde{\boldsymbol{\omega}}^H\tilde{\mathbf{x}}+\tilde{\mathbf{x}}^H\tilde{\boldsymbol{\omega}}\right)\right]\right\}
\end{aligned}
$$

上式中，利用(15.41)式和(15.42)式，有

$$
\begin{aligned}
\frac{\partial\tilde{\omega}_i}{\partial\tilde{\omega}_i} &= 1 \\
\frac{\partial\tilde{\omega}_i^*}{\partial\tilde{\omega}_i} &= 0
\end{aligned}
$$

类似地，由于

$$\frac{\partial \tilde{\omega}_i}{\partial \tilde{\omega}_i^*} = 0$$

$$\frac{\partial \tilde{\omega}_i^*}{\partial \tilde{\omega}_i^*} = 1$$

所以

$$\frac{\partial \phi_{\tilde{\mathbf{x}}}(\tilde{\boldsymbol{\omega}})}{\partial \tilde{\omega}_i^*} = E\left\{\frac{j}{2}\tilde{x}_i \exp\left[\frac{j}{2}\left(\tilde{\boldsymbol{\omega}}^H\tilde{\mathbf{x}} + \tilde{\mathbf{x}}^H\tilde{\boldsymbol{\omega}}\right)\right]\right\}$$

[类似于(15.41)式和(15.42)式的结果]，通过重复应用(15B.3)式得出。我们现在需要计算下式的四阶偏导数，

$$\phi_{\tilde{\mathbf{x}}}(\tilde{\boldsymbol{\omega}}) = \exp\left(-\frac{1}{4}\tilde{\boldsymbol{\omega}}^H\mathbf{C}_{\tilde{x}}\tilde{\boldsymbol{\omega}}\right) = \exp\left(-\frac{1}{4}\sum_{i=1}^{4}\sum_{j=1}^{4}\tilde{\omega}_i^*[\mathbf{C}_{\tilde{x}}]_{ij}\tilde{\omega}_j\right)$$

它是相当简单的，但是很烦琐。继续下去我们有

$$\frac{\partial \phi_{\tilde{\mathbf{x}}}(\tilde{\boldsymbol{\omega}})}{\partial \tilde{\omega}_1} = -\frac{1}{4}\sum_{i=1}^{4}\tilde{\omega}_i^*[\mathbf{C}_{\tilde{x}}]_{i1}\exp\left(-\frac{1}{4}\tilde{\boldsymbol{\omega}}^H\mathbf{C}_{\tilde{x}}\tilde{\boldsymbol{\omega}}\right)$$

$$\frac{\partial^2 \phi_{\tilde{\mathbf{x}}}(\tilde{\boldsymbol{\omega}})}{\partial \tilde{\omega}_1\partial \tilde{\omega}_2^*} = \left(-\frac{1}{4}\sum_{i=1}^{4}\tilde{\omega}_i^*[\mathbf{C}_{\tilde{x}}]_{i1}\right)\left(-\frac{1}{4}\sum_{j=1}^{4}[\mathbf{C}_{\tilde{x}}]_{2j}\tilde{\omega}_j\exp\left(-\frac{1}{4}\tilde{\boldsymbol{\omega}}^H\mathbf{C}_{\tilde{x}}\tilde{\boldsymbol{\omega}}\right)\right)$$
$$-\frac{1}{4}[\mathbf{C}_{\tilde{x}}]_{21}\exp\left(-\frac{1}{4}\tilde{\boldsymbol{\omega}}^H\mathbf{C}_{\tilde{x}}\tilde{\boldsymbol{\omega}}\right)$$

$$\frac{\partial^3 \phi_{\tilde{\mathbf{x}}}(\tilde{\boldsymbol{\omega}})}{\partial \tilde{\omega}_1\partial \tilde{\omega}_2^*\partial \tilde{\omega}_3} = \left(-\frac{1}{4}\sum_{i=1}^{4}\tilde{\omega}_i^*[\mathbf{C}_{\tilde{x}}]_{i1}\right)\left[\left(-\frac{1}{4}\sum_{j=1}^{4}[\mathbf{C}_{\tilde{x}}]_{2j}\tilde{\omega}_j\right)\left(-\frac{1}{4}\sum_{i=1}^{4}\tilde{\omega}_i^*[\mathbf{C}_{\tilde{x}}]_{i3}\right)\right.$$
$$\left.\cdot \exp\left(-\frac{1}{4}\tilde{\boldsymbol{\omega}}^H\mathbf{C}_{\tilde{x}}\tilde{\boldsymbol{\omega}}\right) - \frac{1}{4}[\mathbf{C}_{\tilde{x}}]_{23}\exp\left(-\frac{1}{4}\tilde{\boldsymbol{\omega}}^H\mathbf{C}_{\tilde{x}}\tilde{\boldsymbol{\omega}}\right)\right]$$
$$+\frac{1}{16}[\mathbf{C}_{\tilde{x}}]_{21}\sum_{i=1}^{4}\tilde{\omega}_i^*[\mathbf{C}_{\tilde{x}}]_{i3}\exp\left(-\frac{1}{4}\tilde{\boldsymbol{\omega}}^H\mathbf{C}_{\tilde{x}}\tilde{\boldsymbol{\omega}}\right)$$

$$= -\left(\frac{1}{64}\sum_{i=1}^{4}\tilde{\omega}_i^*[\mathbf{C}_{\tilde{x}}]_{i1}\sum_{j=1}^{4}[\mathbf{C}_{\tilde{x}}]_{2j}\tilde{\omega}_j\sum_{i=1}^{4}\tilde{\omega}_i^*[\mathbf{C}_{\tilde{x}}]_{i3}\right)\exp\left(-\frac{1}{4}\tilde{\boldsymbol{\omega}}^H\mathbf{C}_{\tilde{x}}\tilde{\boldsymbol{\omega}}\right)$$
$$+\frac{1}{16}\sum_{i=1}^{4}\tilde{\omega}_i^*[\mathbf{C}_{\tilde{x}}]_{i1}[\mathbf{C}_{\tilde{x}}]_{23}\exp\left(-\frac{1}{4}\tilde{\boldsymbol{\omega}}^H\mathbf{C}_{\tilde{x}}\tilde{\boldsymbol{\omega}}\right)$$
$$+\frac{1}{16}[\mathbf{C}_{\tilde{x}}]_{21}\sum_{i=1}^{4}\tilde{\omega}_i^*[\mathbf{C}_{\tilde{x}}]_{i3}\exp\left(-\frac{1}{4}\tilde{\boldsymbol{\omega}}^H\mathbf{C}_{\tilde{x}}\tilde{\boldsymbol{\omega}}\right)$$

在对 $\tilde{\omega}_4^*$ 求导且令 $\tilde{\boldsymbol{\omega}}=\mathbf{0}$ 之后，只有最后两项不为零。因此

$$\left.\frac{\partial^4 \phi_{\tilde{\mathbf{x}}}(\tilde{\boldsymbol{\omega}})}{\partial \tilde{\omega}_1\partial \tilde{\omega}_2^*\partial \tilde{\omega}_3\partial \tilde{\omega}_4^*}\right|_{\tilde{\boldsymbol{\omega}}=0} = \frac{1}{2^4}\left([\mathbf{C}_{\tilde{x}}]_{41}[\mathbf{C}_{\tilde{x}}]_{23} + [\mathbf{C}_{\tilde{x}}]_{21}[\mathbf{C}_{\tilde{x}}]_{43}\right)$$

即

$$E(\tilde{x}_1^*\tilde{x}_2\tilde{x}_3^*\tilde{x}_4) = E(\tilde{x}_4\tilde{x}_1^*)E(\tilde{x}_2\tilde{x}_3^*) + E(\tilde{x}_2\tilde{x}_1^*)E(\tilde{x}_4\tilde{x}_3^*)$$

7. 复高斯 PDF 的条件 PDF 也是复高斯的，其均值和方差由(15.61)式和(15.62)式给出。

验证条件 PDF 形式最容易的方法就是考虑复随机矢量 $\tilde{\mathbf{z}} = \tilde{\mathbf{y}} - \mathbf{C}_{\tilde{y}\tilde{x}}\mathbf{C}_{\tilde{x}\tilde{x}}^{-1}\tilde{\mathbf{x}}$。作为联合复随机

矢量的线性变换，$\tilde{\mathbf{z}}$ 的 PDF 为复高斯的，其均值为

$$E(\tilde{\mathbf{z}}) = E(\tilde{\mathbf{y}}) - \mathbf{C}_{\tilde{y}\tilde{x}}\mathbf{C}_{\tilde{x}\tilde{x}}^{-1}E(\tilde{\mathbf{x}})$$

其方差为

$$
\begin{aligned}
\mathbf{C}_{\tilde{z}\tilde{z}} &= E\left[(\tilde{\mathbf{y}} - E(\tilde{\mathbf{y}}) - \mathbf{C}_{\tilde{y}\tilde{x}}\mathbf{C}_{\tilde{x}\tilde{x}}^{-1}(\tilde{\mathbf{x}} - E(\tilde{\mathbf{x}}))) \cdot (\tilde{\mathbf{y}} - E(\tilde{\mathbf{y}}) - \mathbf{C}_{\tilde{y}\tilde{x}}\mathbf{C}_{\tilde{x}\tilde{x}}^{-1}(\tilde{\mathbf{x}} - E(\tilde{\mathbf{x}})))^H\right] \\
&= \mathbf{C}_{\tilde{y}\tilde{y}} - \mathbf{C}_{\tilde{y}\tilde{x}}\mathbf{C}_{\tilde{x}\tilde{x}}^{-1}\mathbf{C}_{\tilde{y}\tilde{x}}^H - \mathbf{C}_{\tilde{y}\tilde{x}}\mathbf{C}_{\tilde{x}\tilde{x}}^{-1}\mathbf{C}_{\tilde{x}\tilde{y}} + \mathbf{C}_{\tilde{y}\tilde{x}}\mathbf{C}_{\tilde{x}\tilde{x}}^{-1}\mathbf{C}_{\tilde{x}\tilde{x}}\mathbf{C}_{\tilde{x}\tilde{x}}^{-1}\mathbf{C}_{\tilde{y}\tilde{x}}^H \\
&= \mathbf{C}_{\tilde{y}\tilde{y}} - \mathbf{C}_{\tilde{y}\tilde{x}}\mathbf{C}_{\tilde{x}\tilde{x}}^{-1}\mathbf{C}_{\tilde{x}\tilde{y}}
\end{aligned}
$$

但是，在 $\tilde{\mathbf{x}}$ 条件下，我们有 $\tilde{\mathbf{y}} = \tilde{\mathbf{z}} + \mathbf{C}_{\tilde{y}\tilde{x}}\mathbf{C}_{\tilde{x}\tilde{x}}^{-1}\tilde{\mathbf{x}}$，其中 $\tilde{\mathbf{x}}$ 刚好是常数。那么，由于 $\tilde{\mathbf{z}}$ 是复高斯的，$\tilde{\mathbf{x}}$ 为常数，那么 $p(\tilde{\mathbf{y}}|\tilde{\mathbf{x}})$ 必为复高斯 PDF。均值和方差可求得为

$$
\begin{aligned}
E(\tilde{\mathbf{y}}|\tilde{\mathbf{x}}) &= E(\tilde{\mathbf{z}}) + \mathbf{C}_{\tilde{y}\tilde{x}}\mathbf{C}_{\tilde{x}\tilde{x}}^{-1}\tilde{\mathbf{x}} \\
&= E(\tilde{\mathbf{y}}) - \mathbf{C}_{\tilde{y}\tilde{x}}\mathbf{C}_{\tilde{x}\tilde{x}}^{-1}E(\tilde{\mathbf{x}}) + \mathbf{C}_{\tilde{y}\tilde{x}}\mathbf{C}_{\tilde{x}\tilde{x}}^{-1}\tilde{\mathbf{x}} \\
&= E(\tilde{\mathbf{y}}) + \mathbf{C}_{\tilde{y}\tilde{x}}\mathbf{C}_{\tilde{x}\tilde{x}}^{-1}(\tilde{\mathbf{x}} - E(\tilde{\mathbf{x}}))
\end{aligned}
$$

以及

$$
\begin{aligned}
\mathbf{C}_{\tilde{y}|\tilde{x}} &= \mathbf{C}_{\tilde{z}\tilde{z}} = \mathbf{C}_{\tilde{y}\tilde{y}} - \mathbf{C}_{\tilde{y}\tilde{x}}\mathbf{C}_{\tilde{x}\tilde{x}}^{-1}\mathbf{C}_{\tilde{x}\tilde{y}}
\end{aligned}
$$

附录 15C CRLB 和 MLE 公式的推导

我们首先利用 (15.47) 式证明 (15.60) 式,

$$
\begin{aligned}
\frac{\partial \ln p(\tilde{\mathbf{x}};\boldsymbol{\xi})}{\partial \xi_i} &= -\frac{\partial \ln \det(\mathbf{C}_{\tilde{x}}(\boldsymbol{\xi}))}{\partial \xi_i} - \frac{\partial (\tilde{\mathbf{x}} - \tilde{\boldsymbol{\mu}}(\boldsymbol{\xi}))^H \mathbf{C}_{\tilde{x}}^{-1}(\boldsymbol{\xi})(\tilde{\mathbf{x}} - \tilde{\boldsymbol{\mu}}(\boldsymbol{\xi}))}{\partial \xi_i} \\
&= -\operatorname{tr}\left(\mathbf{C}_{\tilde{x}}^{-1}(\boldsymbol{\xi})\frac{\partial \mathbf{C}_{\tilde{x}}(\boldsymbol{\xi})}{\partial \xi_i}\right) - (\tilde{\mathbf{x}} - \tilde{\boldsymbol{\mu}}(\boldsymbol{\xi}))^H \frac{\partial}{\partial \xi_i}\left[\mathbf{C}_{\tilde{x}}^{-1}(\boldsymbol{\xi})(\tilde{\mathbf{x}} - \tilde{\boldsymbol{\mu}}(\boldsymbol{\xi}))\right] \\
&\quad + \frac{\partial \tilde{\boldsymbol{\mu}}^H(\boldsymbol{\xi})}{\partial \xi_i}\mathbf{C}_{\tilde{x}}^{-1}(\boldsymbol{\xi})(\tilde{\mathbf{x}} - \tilde{\boldsymbol{\mu}}(\boldsymbol{\xi}))
\end{aligned}
$$

但是

$$
\begin{aligned}
\frac{\partial}{\partial \xi_i}\left[\mathbf{C}_{\tilde{x}}^{-1}(\boldsymbol{\xi})(\tilde{\mathbf{x}} - \tilde{\boldsymbol{\mu}}(\boldsymbol{\xi}))\right] &= -\mathbf{C}_{\tilde{x}}^{-1}(\boldsymbol{\xi})\frac{\partial \tilde{\boldsymbol{\mu}}(\boldsymbol{\xi})}{\partial \xi_i} + \frac{\partial \mathbf{C}_{\tilde{x}}^{-1}(\boldsymbol{\xi})}{\partial \xi_i}(\tilde{\mathbf{x}} - \tilde{\boldsymbol{\mu}}(\boldsymbol{\xi})) \\
&= -\mathbf{C}_{\tilde{x}}^{-1}(\boldsymbol{\xi})\frac{\partial \tilde{\boldsymbol{\mu}}(\boldsymbol{\xi})}{\partial \xi_i} - \mathbf{C}_{\tilde{x}}^{-1}(\boldsymbol{\xi})\frac{\partial \mathbf{C}_{\tilde{x}}(\boldsymbol{\xi})}{\partial \xi_i}\mathbf{C}_{\tilde{x}}^{-1}(\boldsymbol{\xi})(\tilde{\mathbf{x}} - \tilde{\boldsymbol{\mu}}(\boldsymbol{\xi}))
\end{aligned}
$$

最后一步由 $\mathbf{C}_{\tilde{x}}\mathbf{C}_{\tilde{x}}^{-1} = \mathbf{I}$ 得出,所以

$$
\frac{\partial \mathbf{C}_{\tilde{x}}}{\partial \xi_i}\mathbf{C}_{\tilde{x}}^{-1} + \mathbf{C}_{\tilde{x}}\frac{\partial \mathbf{C}_{\tilde{x}}^{-1}}{\partial \xi_i} = \mathbf{0}
$$

这样,

$$
\begin{aligned}
\frac{\partial \ln p(\tilde{\mathbf{x}};\boldsymbol{\xi})}{\partial \xi_i} &= -\operatorname{tr}\left(\mathbf{C}_{\tilde{x}}^{-1}(\boldsymbol{\xi})\frac{\partial \mathbf{C}_{\tilde{x}}(\boldsymbol{\xi})}{\partial \xi_i}\right) + (\tilde{\mathbf{x}} - \tilde{\boldsymbol{\mu}}(\boldsymbol{\xi}))^H \mathbf{C}_{\tilde{x}}^{-1}(\boldsymbol{\xi})\frac{\partial \mathbf{C}_{\tilde{x}}(\boldsymbol{\xi})}{\partial \xi_i}\mathbf{C}_{\tilde{x}}^{-1}(\boldsymbol{\xi})(\tilde{\mathbf{x}} - \tilde{\boldsymbol{\mu}}(\boldsymbol{\xi})) \\
&\quad + (\tilde{\mathbf{x}} - \tilde{\boldsymbol{\mu}}(\boldsymbol{\xi}))^H \mathbf{C}_{\tilde{x}}^{-1}(\boldsymbol{\xi})\frac{\partial \tilde{\boldsymbol{\mu}}(\boldsymbol{\xi})}{\partial \xi_i} + \frac{\partial \tilde{\boldsymbol{\mu}}^H(\boldsymbol{\xi})}{\partial \xi_i}\mathbf{C}_{\tilde{x}}^{-1}(\boldsymbol{\xi})(\tilde{\mathbf{x}} - \tilde{\boldsymbol{\mu}}(\boldsymbol{\xi}))
\end{aligned}
$$

由此得出 (15.60) 式。接下来,我们证明 (15.52) 式。为此,我们需要下面的引理。如果 $\tilde{\mathbf{x}} \sim \mathcal{CN}(\mathbf{0}, \mathbf{C})$,则对于 Hermitian 矩阵 $\mathbf{A}$ 和矩阵 $\mathbf{B}$ [Miller 1974],有

$$
E(\tilde{\mathbf{x}}^H \mathbf{A}\tilde{\mathbf{x}}\tilde{\mathbf{x}}^H \mathbf{B}\tilde{\mathbf{x}}) = \operatorname{tr}(\mathbf{AC})\operatorname{tr}(\mathbf{BC}) + \operatorname{tr}(\mathbf{ACBC})
$$

由 Fisher 信息矩阵的定义以及 (15.60) 式,有

$$
\begin{aligned}
[\mathbf{I}(\boldsymbol{\xi})]_{ij} &= E\left[\frac{\partial \ln p(\tilde{\mathbf{x}};\boldsymbol{\xi})}{\partial \xi_i}\frac{\partial \ln p(\tilde{\mathbf{x}};\boldsymbol{\xi})}{\partial \xi_j}\right] \\
&= E\Bigg\{\left[-\operatorname{tr}\left(\mathbf{C}_{\tilde{x}}^{-1}(\boldsymbol{\xi})\frac{\partial \mathbf{C}_{\tilde{x}}(\boldsymbol{\xi})}{\partial \xi_i}\right) + (\tilde{\mathbf{x}} - \tilde{\boldsymbol{\mu}}(\boldsymbol{\xi}))^H \mathbf{C}_{\tilde{x}}^{-1}(\boldsymbol{\xi})\frac{\partial \mathbf{C}_{\tilde{x}}(\boldsymbol{\xi})}{\partial \xi_i}\mathbf{C}_{\tilde{x}}^{-1}(\boldsymbol{\xi})(\tilde{\mathbf{x}} - \tilde{\boldsymbol{\mu}}(\boldsymbol{\xi}))\right. \\
&\quad \left.+ (\tilde{\mathbf{x}} - \tilde{\boldsymbol{\mu}}(\boldsymbol{\xi}))^H \mathbf{C}_{\tilde{x}}^{-1}(\boldsymbol{\xi})\frac{\partial \tilde{\boldsymbol{\mu}}(\boldsymbol{\xi})}{\partial \xi_i} + \frac{\partial \tilde{\boldsymbol{\mu}}^H(\boldsymbol{\xi})}{\partial \xi_i}\mathbf{C}_{\tilde{x}}^{-1}(\boldsymbol{\xi})(\tilde{\mathbf{x}} - \tilde{\boldsymbol{\mu}}(\boldsymbol{\xi}))\right] \\
&\quad \cdot \left[-\operatorname{tr}\left(\mathbf{C}_{\tilde{x}}^{-1}(\boldsymbol{\xi})\frac{\partial \mathbf{C}_{\tilde{x}}(\boldsymbol{\xi})}{\partial \xi_j}\right) + (\tilde{\mathbf{x}} - \tilde{\boldsymbol{\mu}}(\boldsymbol{\xi}))^H \mathbf{C}_{\tilde{x}}^{-1}(\boldsymbol{\xi})\frac{\partial \mathbf{C}_{\tilde{x}}(\boldsymbol{\xi})}{\partial \xi_j}\mathbf{C}_{\tilde{x}}^{-1}(\boldsymbol{\xi})(\tilde{\mathbf{x}} - \tilde{\boldsymbol{\mu}}(\boldsymbol{\xi}))\right. \\
&\quad \left.+ (\tilde{\mathbf{x}} - \tilde{\boldsymbol{\mu}}(\boldsymbol{\xi}))^H \mathbf{C}_{\tilde{x}}^{-1}(\boldsymbol{\xi})\frac{\partial \tilde{\boldsymbol{\mu}}(\boldsymbol{\xi})}{\partial \xi_j} + \frac{\partial \tilde{\boldsymbol{\mu}}^H(\boldsymbol{\xi})}{\partial \xi_j}\mathbf{C}_{\tilde{x}}^{-1}(\boldsymbol{\xi})(\tilde{\mathbf{x}} - \tilde{\boldsymbol{\mu}}(\boldsymbol{\xi}))\right]\Bigg\}
\end{aligned}
$$

我们注意 $\tilde{\mathbf{y}} = \tilde{\mathbf{x}} - \tilde{\boldsymbol{\mu}}$ 的所有一阶矩和三阶矩均为零。另外,$E(\tilde{\mathbf{y}}\tilde{\mathbf{y}}^T)$ 的所有二阶矩为零,因而 $E(\tilde{\mathbf{y}}^* \tilde{\mathbf{y}}^H) = [E(\tilde{\mathbf{y}}\tilde{\mathbf{y}}^T)]^*$ 为零(参见习题 15.7),所以其数学期望变为

$$
\begin{aligned}
= \ & \operatorname{tr}\left(\mathbf{C}_{\tilde{x}}^{-1}(\boldsymbol{\xi})\frac{\partial\mathbf{C}_{\tilde{x}}(\boldsymbol{\xi})}{\partial\xi_i}\right)\operatorname{tr}\left(\mathbf{C}_{\tilde{x}}^{-1}(\boldsymbol{\xi})\frac{\partial\mathbf{C}_{\tilde{x}}(\boldsymbol{\xi})}{\partial\xi_j}\right)\\
& -\operatorname{tr}\left(\mathbf{C}_{\tilde{x}}^{-1}(\boldsymbol{\xi})\frac{\partial\mathbf{C}_{\tilde{x}}(\boldsymbol{\xi})}{\partial\xi_i}\right)\operatorname{tr}\left(\mathbf{C}_{\tilde{x}}^{-1}(\boldsymbol{\xi})\frac{\partial\mathbf{C}_{\tilde{x}}(\boldsymbol{\xi})}{\partial\xi_j}\right)\\
& -\operatorname{tr}\left(\mathbf{C}_{\tilde{x}}^{-1}(\boldsymbol{\xi})\frac{\partial\mathbf{C}_{\tilde{x}}(\boldsymbol{\xi})}{\partial\xi_i}\right)\operatorname{tr}\left(\mathbf{C}_{\tilde{x}}^{-1}(\boldsymbol{\xi})\frac{\partial\mathbf{C}_{\tilde{x}}(\boldsymbol{\xi})}{\partial\xi_j}\right)\\
& +E\left[\tilde{\mathbf{y}}^H\mathbf{C}_{\tilde{x}}^{-1}(\boldsymbol{\xi})\frac{\partial\mathbf{C}_{\tilde{x}}(\boldsymbol{\xi})}{\partial\xi_i}\mathbf{C}_{\tilde{x}}^{-1}(\boldsymbol{\xi})\tilde{\mathbf{y}}\tilde{\mathbf{y}}^H\mathbf{C}_{\tilde{x}}^{-1}(\boldsymbol{\xi})\frac{\partial\mathbf{C}_{\tilde{x}}(\boldsymbol{\xi})}{\partial\xi_j}\mathbf{C}_{\tilde{x}}^{-1}(\boldsymbol{\xi})\tilde{\mathbf{y}}\right]\\
& +E\left[(\tilde{\mathbf{x}}-\tilde{\boldsymbol{\mu}}(\boldsymbol{\xi}))^H\mathbf{C}_{\tilde{x}}^{-1}(\boldsymbol{\xi})\frac{\partial\tilde{\boldsymbol{\mu}}(\boldsymbol{\xi})}{\partial\xi_i}\frac{\partial\tilde{\boldsymbol{\mu}}^H(\boldsymbol{\xi})}{\partial\xi_j}\mathbf{C}_{\tilde{x}}^{-1}(\boldsymbol{\xi})(\tilde{\mathbf{x}}-\tilde{\boldsymbol{\mu}}(\boldsymbol{\xi}))\right]\\
& +E\left[\frac{\partial\tilde{\boldsymbol{\mu}}^H(\boldsymbol{\xi})}{\partial\xi_i}\mathbf{C}_{\tilde{x}}^{-1}(\boldsymbol{\xi})(\tilde{\mathbf{x}}-\tilde{\boldsymbol{\mu}}(\boldsymbol{\xi}))(\tilde{\mathbf{x}}-\tilde{\boldsymbol{\mu}}(\boldsymbol{\xi}))^H\mathbf{C}_{\tilde{x}}^{-1}(\boldsymbol{\xi})\frac{\partial\tilde{\boldsymbol{\mu}}(\boldsymbol{\xi})}{\partial\xi_j}\right]
\end{aligned}
$$

其中我们利用

$$
\begin{aligned}
E\left[\tilde{\mathbf{y}}^H\mathbf{C}_{\tilde{x}}^{-1}(\boldsymbol{\xi})\frac{\partial\mathbf{C}_{\tilde{x}}(\boldsymbol{\xi})}{\partial\xi_i}\mathbf{C}_{\tilde{x}}^{-1}(\boldsymbol{\xi})\tilde{\mathbf{y}}\right] &= E\left[\operatorname{tr}\left(\mathbf{C}_{\tilde{x}}^{-1}(\boldsymbol{\xi})\frac{\partial\mathbf{C}_{\tilde{x}}(\boldsymbol{\xi})}{\partial\xi_i}\mathbf{C}_{\tilde{x}}^{-1}(\boldsymbol{\xi})\tilde{\mathbf{y}}\tilde{\mathbf{y}}^H\right)\right]\\
&= \operatorname{tr}\left(\mathbf{C}_{\tilde{x}}^{-1}(\boldsymbol{\xi})\frac{\partial\mathbf{C}_{\tilde{x}}(\boldsymbol{\xi})}{\partial\xi_i}\mathbf{C}_{\tilde{x}}^{-1}(\boldsymbol{\xi})E(\tilde{\mathbf{y}}\tilde{\mathbf{y}}^H)\right)\\
&= \operatorname{tr}\left(\mathbf{C}_{\tilde{x}}^{-1}(\boldsymbol{\xi})\frac{\partial\mathbf{C}_{\tilde{x}}(\boldsymbol{\xi})}{\partial\xi_i}\right)
\end{aligned}
$$

简化该式，我们有

$$
\begin{aligned}
[\mathbf{I}(\boldsymbol{\xi})]_{ij} =\ & -\operatorname{tr}\left(\mathbf{C}_{\tilde{x}}^{-1}(\boldsymbol{\xi})\frac{\partial\mathbf{C}_{\tilde{x}}(\boldsymbol{\xi})}{\partial\xi_i}\right)\operatorname{tr}\left(\mathbf{C}_{\tilde{x}}^{-1}(\boldsymbol{\xi})\frac{\partial\mathbf{C}_{\tilde{x}}(\boldsymbol{\xi})}{\partial\xi_j}\right)\\
& +E\left[\tilde{\mathbf{y}}^H\mathbf{A}\tilde{\mathbf{y}}\tilde{\mathbf{y}}^H\mathbf{B}\tilde{\mathbf{y}}\right]+\frac{\partial\tilde{\boldsymbol{\mu}}^H(\boldsymbol{\xi})}{\partial\xi_j}\mathbf{C}_{\tilde{x}}^{-1}(\boldsymbol{\xi})\mathbf{C}_{\tilde{x}}(\boldsymbol{\xi})\mathbf{C}_{\tilde{x}}^{-1}(\boldsymbol{\xi})\frac{\partial\tilde{\boldsymbol{\mu}}(\boldsymbol{\xi})}{\partial\xi_i}\\
& +\frac{\partial\tilde{\boldsymbol{\mu}}^H(\boldsymbol{\xi})}{\partial\xi_i}\mathbf{C}_{\tilde{x}}^{-1}(\boldsymbol{\xi})\mathbf{C}_{\tilde{x}}(\boldsymbol{\xi})\mathbf{C}_{\tilde{x}}^{-1}(\boldsymbol{\xi})\frac{\partial\tilde{\boldsymbol{\mu}}(\boldsymbol{\xi})}{\partial\xi_j}
\end{aligned}
$$

其中

$$
\begin{aligned}
\mathbf{A} &= \mathbf{C}_{\tilde{x}}^{-1}(\boldsymbol{\xi})\frac{\partial\mathbf{C}_{\tilde{x}}(\boldsymbol{\xi})}{\partial\xi_i}\mathbf{C}_{\tilde{x}}^{-1}(\boldsymbol{\xi})\\
\mathbf{B} &= \mathbf{C}_{\tilde{x}}^{-1}(\boldsymbol{\xi})\frac{\partial\mathbf{C}_{\tilde{x}}(\boldsymbol{\xi})}{\partial\xi_j}\mathbf{C}_{\tilde{x}}^{-1}(\boldsymbol{\xi})
\end{aligned}
$$

注意最后两项互为复共轭。现在利用引理，有

$$
\begin{aligned}
[\mathbf{I}(\boldsymbol{\xi})]_{ij} =\ & -\operatorname{tr}\left(\mathbf{C}_{\tilde{x}}^{-1}(\boldsymbol{\xi})\frac{\partial\mathbf{C}_{\tilde{x}}(\boldsymbol{\xi})}{\partial\xi_i}\right)\operatorname{tr}\left(\mathbf{C}_{\tilde{x}}^{-1}(\boldsymbol{\xi})\frac{\partial\mathbf{C}_{\tilde{x}}(\boldsymbol{\xi})}{\partial\xi_j}\right)\\
& +\operatorname{tr}\left(\mathbf{C}_{\tilde{x}}^{-1}(\boldsymbol{\xi})\frac{\partial\mathbf{C}_{\tilde{x}}(\boldsymbol{\xi})}{\partial\xi_i}\right)\operatorname{tr}\left(\mathbf{C}_{\tilde{x}}^{-1}(\boldsymbol{\xi})\frac{\partial\mathbf{C}_{\tilde{x}}(\boldsymbol{\xi})}{\partial\xi_j}\right)\\
& +\operatorname{tr}\left(\mathbf{C}_{\tilde{x}}^{-1}(\boldsymbol{\xi})\frac{\partial\mathbf{C}_{\tilde{x}}(\boldsymbol{\xi})}{\partial\xi_i}\mathbf{C}_{\tilde{x}}^{-1}(\boldsymbol{\xi})\frac{\partial\mathbf{C}_{\tilde{x}}(\boldsymbol{\xi})}{\partial\xi_j}\right)\\
& +2\operatorname{Re}\left[\frac{\partial\tilde{\boldsymbol{\mu}}^H(\boldsymbol{\xi})}{\partial\xi_i}\mathbf{C}_{\tilde{x}}^{-1}(\boldsymbol{\xi})\frac{\partial\tilde{\boldsymbol{\mu}}(\boldsymbol{\xi})}{\partial\xi_j}\right]\\
=\ & \operatorname{tr}\left[\mathbf{C}_{\tilde{x}}^{-1}(\boldsymbol{\xi})\frac{\partial\mathbf{C}_{\tilde{x}}(\boldsymbol{\xi})}{\partial\xi_i}\mathbf{C}_{\tilde{x}}^{-1}(\boldsymbol{\xi})\frac{\partial\mathbf{C}_{\tilde{x}}(\boldsymbol{\xi})}{\partial\xi_j}\right]+2\operatorname{Re}\left[\frac{\partial\tilde{\boldsymbol{\mu}}^H(\boldsymbol{\xi})}{\partial\xi_i}\mathbf{C}_{\tilde{x}}^{-1}(\boldsymbol{\xi})\frac{\partial\tilde{\boldsymbol{\mu}}(\boldsymbol{\xi})}{\partial\xi_j}\right]
\end{aligned}
$$

卷 II

统计信号处理基础——检测理论

第1章 引　　言

1.1　信号处理中的检测理论

现代检测理论是用于判决和信息提取的电子信号处理系统设计的基础,这些系统包括:

1. 雷达
2. 通信
3. 语音
4. 声呐
5. 图像处理
6. 生物医学
7. 控制
8. 地震学

它们都有一个相同的目标,就是要能够确定感兴趣的事件在什么时候发生,然后就是要确定该事件更多的信息。对于后者,信息提取是卷 I 的主题;而前者,即判决问题是本卷的主题,称为检测理论。其他相关的名称是假设检验和判决理论,为了说明检测理论在信号处理中的应用,我们简单描述一下这些系统中的前面三个。

在雷达系统中,我们感兴趣的是确定是否有飞机正在靠近[Skolnik 1980]。为了完成这一任务,我们发射一个电磁脉冲,如果这个脉冲被大的运动目标反射,那么就显示有飞机出现。如果一架飞机出现,那么接收波形将是由反射的脉冲(在某个时间之后)和周围的辐射以及接收机内的电子噪声组成的。如果飞机没有出现,那么就只有噪声。信号处理器的功能就是要确定接收到的波形中只有噪声(没有飞机)还是噪声中含有回波(飞机出现)。例如,图 1.1(a)描绘了一个雷达,图 1.1(b)画出了两种可能情形的接收波形。当回波出现的时候,我们看到接收到的波形有些不同,尽管差别不是很大。这是因为接收到的回波由于传播损耗而被衰减,以及由于多次反射的相互作用而产生了失真。当然,如果检测到飞机,那么我们感兴趣的是要确定飞机的方位、距离、速度等。因此检测是信号处理系统的第一个任务,而第二个任务就是信息的提取。估计理论提供了第二个任务的基础,在卷 I 中已经做了描述。对于雷达问题的最佳检测器是第 4 章中将要介绍的 Neyman-Pearson 检测器。然而,适合不确定信号的更一般的实际检测器将在第 7 章介绍。

第二个应用是数字通信系统的设计,例如图 1.2(a)所示的二元相移键控(BPSK)系统。BPSK 系统是用来传输发射"0"或者"1"的数字数据源的输出[Proakis 1989]。数据位首先受到调制,然后被发射;而在接收机先解调,然后被检测。调制器将"0"转换成波形 $s_0(t) = \cos 2\pi F_0 t$,将"1"转换成波形 $s_1(t) = \cos(2\pi F_0 t + \pi) = -\cos 2\pi F_0 t$,以允许调制的信号通过中心频率为 F_0 Hz 的带通信道(如微波链路)传输。正弦信号的相位反映了发射的是 0 还是 1。在这个问题中,检测器的功能像雷达问题一样对两种可能的假设做出判决。尽管在这里总是有一个信号出现,但问题是哪一个信号出现。典型的接收波形如图 1.2(b)所示。由于正弦波的载波被解调器去掉,因此在检测器的输入端剩下的是基带信号,即正的或负的脉冲信号。由于信道带宽有限以及加性的信道噪声的影响,这个信号通常会有所失真。在第 4 章将给出这个问题的解决办法。

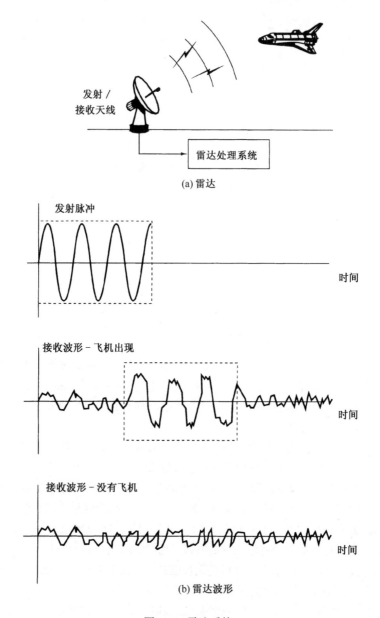

(a) 雷达

(b) 雷达波形

图 1.1　雷达系统

　　另一个应用是语音识别，我们希望在一组可能的单词中确定说的是哪一个单词[Rabiner and Juang 1993]。一个简单的例子就是在数字"0"，"1"，...，"9"中进行识别。为了使用数字计算机来识别说出的数字，我们需要将说出的数字与某些保存的数字进行配对。例如，说出数字 0 的波形和 1 的波形如图 1.3 所示。它们由同一个发音者重复了 3 次。注意，同一个字的每一次发音波形有些轻微的变化，我们可以把这种变化看成噪声，尽管实际上是语音的自然变化。给定一个发音，我们需要确定它是 0 还是 1。更一般的情况，则是我们需要在 10 个可能的数字中确定是哪一个数字。这个问题是雷达和数字通信问题的推广，而雷达和数字通信问题是在两个可能的选择中做出抉择。这个问题的解将在第 4 章中给出。

　　在所有这些系统中，我们遇到了根据连续波形做出判决的问题。现代信号处理系统使用数字计算机对一个连续的波形进行采样，并存储采样值。这样就等效成一个根据离散时间波形或数据集做出判决的问题。从数学上讲，有 N 点可用的数据集 $\{x[0],x[1],\ldots,x[N-1]\}$，为了做出判决，我们首先形成一个数据函数 $T(x[0],x[1],\ldots,x[N-1])$，根据它的值来做出判决。确定函数 T，把它映射成一个判决，即检测理论中的中心问题。尽管电子工程师在一个时期是根据模拟信号和模拟电路来设计系统的，但未来的趋势是根据离散时间信号和数字电路进行设计。随着这样一种转变，检测问题也演变成了根据一组时间序列的观测来进行判决的问题，这组时间序列正好是一个离散时间过程。因此，我们的问题现在也就演变成了根据数据进行判决的问题，这是统计假设检验的中心内容。目前建立起来的这些理论和技术基础可参考[Kendall and Stuart 1976~1979]。

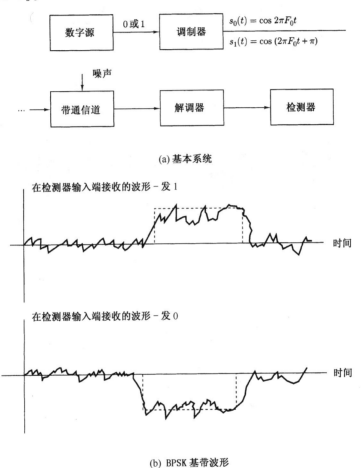

(a) 基本系统

在检测器输入端接收的波形 - 发 1

时间

在检测器输入端接收的波形 - 发 0

时间

(b) BPSK 基带波形

图 1.2 二元相移键控(BPSK)系统

我们继续介绍前面列出的应用领域，以结束我们有关应用领域的讨论。

4. 声呐——检测敌方潜艇的出现[Knight,Pridham, and Kay 1981, Burdic 1984]。

5. 图像处理——使用红外检测飞机的出现[Chan, Langan, and Staver 1990]。

6. 生物医学——检测心脏的心律失常的出现[Gustafson et al. 1978]。

7. 控制——检测被控系统突然变化的情况[Willsky and Jones 1976]。

8. 地震学——地下油田的检测[Justice 1985]。

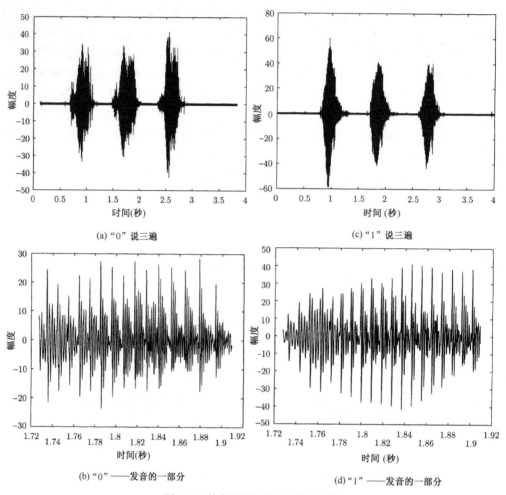

(a) "0" 说三遍　　　　　　　　　　　(c) "1" 说三遍

(b) "0"——发音的一部分　　　　　　　(d) "1"——发音的一部分

图 1.3　数字"0"和"1"的语音波形

最后，大量的源于数据分析的应用，如物理现象、经济、医学检验等也将在书中提及[Ives 1981，Taylor 1986，Ellenberg et al. 1992]。

1.2　检测问题

最简单的检测问题是在含有噪声的情况下确定信号存在还是只有噪声。这个问题的一个例子就是根据雷达回波对飞机目标进行的检测。由于我们是根据两种可能的假设来做出判决，即确定信号与噪声同时出现还是只有噪声出现，因此我们称其为二元假设检验问题。我们的目标是在做出判决时尽可能有效地利用接收数据，并且希望这种判决在大多数情况下是正确的。在通信问题中，我们遇到了二元假设检验问题的更一般的形式，我们感兴趣的是确定两种可能信号中的哪一个被发射。在这种情况下，两种假设是由噪声中含有相位为 0° 的正弦信号和噪声中含有相位为 180° 的正弦信号组成。

对两个以上的假设做出判决也是经常遇到的情况。例如，在语音处理中，我们的目标是要在 10 个可能的数字中确定说出的是哪一个数字，这样的问题称为多元假设检验问题。因为实际上，我们是在试图确定语音的模式，或者是对说出的数字在可能的数字集中分类，所以也称其为模式识别或分类问题[Fukunaga 1990]。

　　所以这些问题都具有一个特征,那就是根据观测数据集需要在两个或多个可能的假设中做出判决。由于噪声固有的随机特性,如语音模式和噪声,因此必须采用统计的方法。下一节我们建立检测问题的模型,以便允许我们应用统计假设检验的理论[Lehmann 1959]。

1.3　检测问题的数学描述

　　作为入门介绍,我们考虑一个在方差为 σ^2 的高斯白噪声 $w[n]$ 中,幅度为 $A=1$ 的 DC 电平检测问题。为了简化讨论,假设在做出判决时只有一个观测数据可以利用。因此,我们希望在两个假设 $x[0]=w[0]$(只有噪声)和 $x[0]=1+w[0]$(噪声中的信号)中做出判决。由于假定噪声的均值为零,因此如果

$$x[0] > \frac{1}{2} \tag{1.1}$$

我们可以判信号存在;而如果

$$x[0] < \frac{1}{2} \tag{1.2}$$

则只存在噪声。如果只存在噪声,则 $E(x[0])=0$;如果噪声中存在信号,则 $E(x[0])=1$(而 $x[0]=1/2$ 时,由于该事件发生的概率为零,因此判决可以是任意的,以后我们将省略这种情况)。很显然,当存在信号时且 $w[0] < -1/2$,或者当只有噪声且 $w[0] > 1/2$,则我们会做出错误的判决(参见习题 1.1)。因此,我们不能期望在所有的时刻都能做出正确的判决,但有希望保证在大多数情况下判决是正确的。通过考虑大量重复的实验所发生的情况,就可以很好地理解这一点。这就是说,对 100 个 $w[0]$ 的现实,当信号存在与不存在时分别观测 $x[0]$。那么,对于 $\sigma^2=0.05$,某些典型的结果如图 1.4(a)所示。"o"表示没有信号时 $x[0]$ 的结果,"x"表示有信号时 $x[0]$ 的结果。显然,根据(1.1)式、(1.2)式,我们做出错误判决的次数是十分稀少的。但是,如果 $\sigma^2=0.5$,正如图 1.4(b)所指示的那样,那么我们做出错误判决的机会将显著增加。当然,这是由于随着 σ^2 的增加,$w[0]$ 现实的扩散增加。噪声的概率密度函数(PDF)为

$$p(w[0]) = \frac{1}{\sqrt{2\pi\sigma^2}} \exp\left(-\frac{1}{2\sigma^2} w^2[0]\right) \tag{1.3}$$

　　图 1.4 画出的数据对应的直方图如图 1.5 所示。虚线表示只有噪声,实线表示噪声中含有信号。任何检测器的性能将取决于在每种不同的假设下,$x[0]$ 的 PDF 有多大的差异。对于同一个例子,图 1.6 画出了(1.3)式给出的对应于 $\sigma^2=0.05$ 和 $\sigma^2=0.5$ 的 PDF。当只有噪声时,概率密度函数为

$$p(x[0]) = \begin{cases} \frac{1}{\sqrt{0.1\pi}} \exp\left(-10x^2[0]\right) & \sigma^2 = 0.05 \\ \frac{1}{\sqrt{\pi}} \exp\left(-x^2[0]\right) & \sigma^2 = 0.5 \end{cases}$$

当噪声中含有信号时,

$$p(x[0]) = \begin{cases} \frac{1}{\sqrt{0.1\pi}} \exp\left(-10(x[0]-1)^2\right) & \sigma^2 = 0.05 \\ \frac{1}{\sqrt{\pi}} \exp\left(-(x[0]-1)^2\right) & \sigma^2 = 0.5 \end{cases}$$

　　今后我们会看到,检测器的性能随着 PDF 距离的增加或随 A^2/σ^2(信噪比,SNR)的增加而有所改善。这个例子说明了一个基本结论,就是检测性能取决于两种假设的辨识,或者等效于两种 PDF 的辨识(参见习题 1.2 和习题 1.3)。

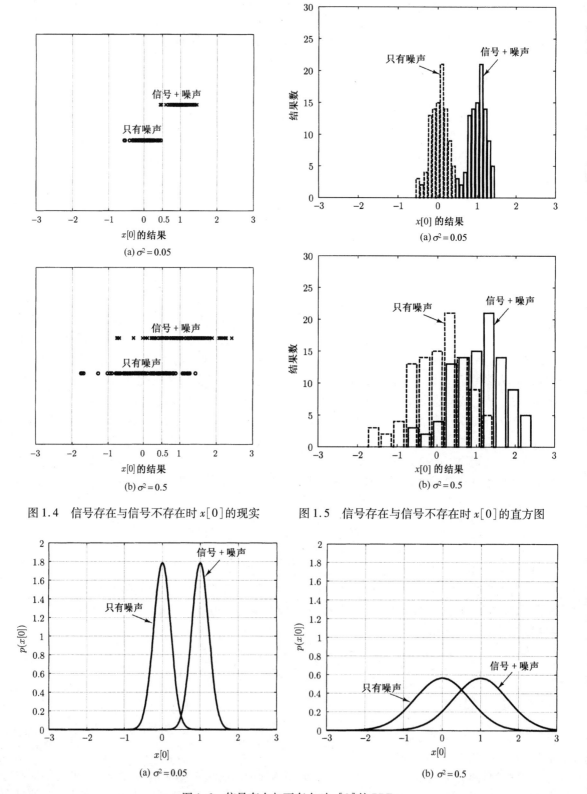

图 1.4　信号存在与信号不存在时 $x[0]$ 的现实

图 1.5　信号存在与信号不存在时 $x[0]$ 的直方图

图 1.6　信号存在与不存在时 $x[0]$ 的 PDF

更为一般地，我们把以上检测问题看成在两种假设 $\mathcal{H}_0$ 和 $\mathcal{H}_1$ 中进行选择，其中 $\mathcal{H}_0$ 表示只有噪声，$\mathcal{H}_1$ 表示存在信号。这样可以表示为

$$\begin{aligned} \mathcal{H}_0 &: x[0] = w[0] \\ \mathcal{H}_1 &: x[0] = 1 + w[0] \end{aligned} \tag{1.4}$$

对应于不同的假设，PDF 分别用 $p(x[0]; \mathcal{H}_0)$ 和 $p(x[0]; \mathcal{H}_1)$ 表示，对于这个例子是

$$\begin{aligned} p(x[0]; \mathcal{H}_0) &= \frac{1}{\sqrt{2\pi\sigma^2}} \exp\left(-\frac{1}{2\sigma^2} x^2[0]\right) \\ p(x[0]; \mathcal{H}_1) &= \frac{1}{\sqrt{2\pi\sigma^2}} \exp\left(-\frac{1}{2\sigma^2} (x[0]-1)^2\right) \end{aligned} \tag{1.5}$$

注意，在假设 $\mathcal{H}_0$ 和 $\mathcal{H}_1$ 之间进行判决时，我们必然要问到 $x[0]$ 是根据 PDF $p(x[0]; \mathcal{H}_0)$ 产生的还是根据 PDF $p(x[0]; \mathcal{H}_1)$ 产生的。另外，如果我们考虑一族 PDF

$$p(x[0]; A) = \frac{1}{\sqrt{2\pi\sigma^2}} \exp\left(-\frac{1}{2\sigma^2} (x[0]-A)^2\right) \tag{1.6}$$

其中 A 为参数，那么当 $A=0$ 时，我们得到 $p(x[0]; \mathcal{H}_0)$；当 $A=1$ 时，我们得到 $p(x[0]; \mathcal{H}_1)$。因此，我们可以把检测问题看成参数检验问题。给定一个观测 $x[0]$，它的 PDF 由(1.6)式给出，我们希望检验 $A=0$ 还是 $A=1$，或者用符号表示为

$$\begin{aligned} \mathcal{H}_0 &: A = 0 \\ \mathcal{H}_1 &: A = 1 \end{aligned} \tag{1.7}$$

这称为 PDF 的参数检验，这一观点在以后将会有用。

有时候对 $\mathcal{H}_0$ 和 $\mathcal{H}_1$ 发生的可能性指定一个先验概率是十分方便的。例如，在启闭键控(OOK)数字通信系统中，我们把没有发射脉冲看成发射"0"，而把发射一个幅度为 $A=1$ 的脉冲看成发射"1"，因而对应的假设检验由(1.7)式给出。在实际的 OOK 系统中，我们将要发射一个平稳的数据位流。由于数据位 0 和 1 由信源(长时间运行)等可能地产生，因此我们希望 $\mathcal{H}_0$ 有一半的时间为真，而 $\mathcal{H}_1$ 在另一半时间为真。我们把假设看成一个概率为 1/2 的随机事件也是合乎情理的。这样，PDF 表示为 $p(x[0]|\mathcal{H}_0)$ 和 $p(x[0]|\mathcal{H}_1)$，与条件 PDF 的表示一致。那么，对于这个例子，我们有

$$\begin{aligned} p(x[0]|\mathcal{H}_0) &= \frac{1}{\sqrt{2\pi\sigma^2}} \exp\left(-\frac{1}{2\sigma^2} x^2[0]\right) \\ p(x[0]|\mathcal{H}_1) &= \frac{1}{\sqrt{2\pi\sigma^2}} \exp\left(-\frac{1}{2\sigma^2} (x[0]-1)^2\right) \end{aligned}$$

将上式与(1.5)式进行比较(同时参见习题1.4)，这种区别类似于参数估计中的经典方法与贝叶斯方法的区别(参见本书卷 I)。

1.4 检测问题的内容体系

检测问题的介绍将遵循从简单到复杂的原则，难易的程度与信号与噪声的特征知识有关，这些特征知识通过 PDF 体现出来。理想的情况是精确已知 PDF，这将在第 4 章和第 5 章中讨论。这样，至少理论上可以得到最佳检测器。当 PDF 不完全已知的时候，好的检测器(但可能不是最佳的)的确定将会相当困难，这种情况将在第 7 章至第 9 章中讨论。在设计检测器时，另一个需要考虑的问题是在数学上要容易处理。从理论和实际的观点考虑，高斯 PDF 是特别方便的，因此常常都做出高斯的假定。然而在第 10 章，高斯 PDF 则由一般的非高斯 PDF 所代替。表 1.1 给出了检测问题的总结及其在本卷什么位置讨论。在确定一个检测器时，随着难度的增加，我们看到由于信号与噪声的特征知识的减少，检测性能也在下降。

表 1.1 检测问题的内容体系及其讨论所在的章节

噪声 ↓信号	高斯 已知 PDF	高斯 未知 PDF	非高斯 已知 PDF	非高斯 未知 PDF
确定性 已知	4	9	10	*
确定性 未知	7	9	10	*
随机 已知 PDF	5	9	*	*
随机 未知 PDF	8	*	*	*

* 不讨论（超出了本书范围）

1.5 渐近的作用

在实际中，我们感兴趣的是在信号很弱或信噪比很小时检测信号。如果不是这样，即信号不是掩埋在噪声中的，那么我们也就没必要使用检测理论。这与估计问题形成了对照，在估计问题中，我们通常希望得到精确的估计，而要得到精确的估计，则要求我们控制 SNR 高到足以满足精度的要求。显然，在估计问题中，渐近性或高 SNR 的假定有时是很有用的。然而在检测问题中，我们一般遇到低 SNR 的信号，以至于我们成功与否取决于数据的长度。举例来说，假定我们要检测前述例子的 DC 电平，但是我们采用多次测量。对于我们的数据，在 $\mathcal{H}_0$ 条件下是由 $x[n] = w[n]$（ $n = 0, 1, \ldots, N-1$）组成的；在 $\mathcal{H}_1$ 条件下是由 $x[n] = A + w[n]$（ $n = 0, 1, \ldots, N-1$）组成的；或者更为正式的，我们有如下的检测问题：

$$\mathcal{H}_0 : x[n] = w[n] \qquad n = 0, 1, \ldots, N-1$$
$$\mathcal{H}_1 : x[n] = A + w[n] \quad n = 0, 1, \ldots, N-1$$

其中 $w[n]$ 是方差为 σ^2 的 WGN。一个合理的方法是对样本取平均，得到的值与门限 γ 进行比较，如果

$$T = \frac{1}{N} \sum_{n=0}^{N-1} x[n] > \gamma$$

则判 $\mathcal{H}_1$ 成立。［我们注意到(1.1)式刚好是 $N = 1$ 和 $\gamma = 1/2$ 的一种特殊情况。］直观地理解，我们希望随着 N 的增加，检测性能也应该提高。为了说明这种直观理解，图 1.7 画出了 $\sigma^2 = 0.5$ 及 $N = 1$ 和 $N = 10$ 时 T 的直方图。实验重复了 100 次，以至于产生了 T 的 100 个结果。如我们期望的那样，可以看出，直方图之间的重叠随着 N 的增加而减少。为了定量地表示这一点，我们采用一种度量方法，它随均值差或 $E(T; \mathcal{H}_1) - E(T; \mathcal{H}_0)$ 增加，并且随每个 PDF 方差的减少而增加。注意，当 $\mathrm{var}(T; \mathcal{H}_0) = \mathrm{var}(T; \mathcal{H}_1)$（参见习题 1.6）时，我们有一种称为偏移系数的度量方法

$$d^2 = \frac{(E(T; \mathcal{H}_1) - E(T; \mathcal{H}_0))^2}{\mathrm{var}(T; \mathcal{H}_0)}$$

可以证明，检测性能随 d^2 的增加而增加（参见第 4 章）。对于当前的问题，很容易证明（参见习题 1.6）

$$E(T; \mathcal{H}_0) = 0$$
$$E(T; \mathcal{H}_1) = A$$
$$\mathrm{var}(T; \mathcal{H}_0) = \sigma^2/N$$

所以

$$d^2 = \frac{A^2}{\sigma^2/N} = \frac{NA^2}{\sigma^2} \tag{1.8}$$

因此，正如直观理解的那样，检测性能随 SNR A^2/σ^2 的增加或数据长度的增加而改善。对于弱信号，即 A^2/σ^2 较小时，如果要得到好的性能，则要求 N 很大。由于 T 的方差为 σ^2/N（由于噪声），通过求平均可以减少噪声的影响。通过检测理论的渐近分析（$N\to\infty$），证明结果是相当合理的和有效的。它允许我们更加容易地推导检测器并分析它们的性能。例如，如果 $w[n]$ 是独立同分布的非高斯噪声，那么 T 就不具有高斯 PDF。但是当 $N\to\infty$ 时，根据中心极限定理，它可以用高斯分布近似。为了确定检测性能，我们只需要得到 T 的前两阶矩。

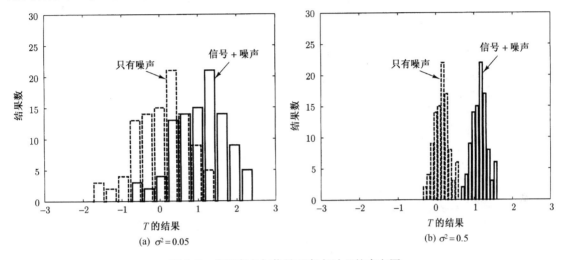

图 1.7　信号存在与信号不存在时 T 的直方图

1.6　对读者的一些说明

我们介绍检测理论的原则，是为了给读者确定最佳检测器或者好的检测器提供必需的主要思想。我们得到的结论在实际中肯定是有用的，其中省略了某些重要的理论说明。后者在许多有关统计理论的书籍中可以找到，这些参考文献是从更为理论性的观点撰写的[Cox and Hinkley 1974，Lehmann 1959，Kendall and Stuart 1976 ~ 1979，Rao 1973]。读者还可以参阅其他类似于本书的关于检测理论的著作[Van Trees 1968 ~ 1971，Helstrom 1995，McDonough and Whalen 1995]。为了得到好的检测器，在第 11 章我们提供了"路图"（road map），并且对各种方法及其性质进行了总结。希望读者先阅读这一章以得到一个概述。

我们也试图通过许多例子来加深概念的理解，尽可能少地使用数学化的解释，许多烦琐的代数推导和证明将在附录中给出。前面介绍的噪声中的 DC 电平问题将作为一个标准的例子，几乎在所有检测方法的介绍中都将引入。这样做是希望读者在建立前面的概念时能够形成他自己的观点。

所有常用符号的数学表示总结在附录 2 中。连续时间波形和离散时间波形或序列通过表示符号进行区分，$x(t)$ 表示连续时间，而 $x[n]$ 表示离散时间。但是，在绘制 $x[n]$ 的示图时，所用的时间是连续的，为了容易观察，点之间用直线连接。所有的矢量和矩阵用粗体字表示，所有的矢量都是列矢量。所有其他符号都在书中给出了定义。

参考文献

Burdic, W.S., *Underwater Acoustic System Analysis*, Prentice-Hall, Englewood Cliffs, N.J., 1984.

Chan, D.S.K, D.A. Langan, S.A. Staver, "Spatial Processing Techniques for the Detection of Small Targets in IR Clutter," *SPIE, Signal and Data Processing of Small Targets*, Vol. 1305, pp. 53–62, 1990.

Cox, D.R., D.V. Hinkley, *Theoretical Statistics*, Chapman and Hall, New York, 1974.

Ellenberg, S.S., D.M. Finklestein, D.A. Schoenfeld, "Statistical Issues Arising in AIDS Clinical Trials," *J. Am. Statist. Asssoc.*, Vol. 87, pp. 562–569, 1992.

Fukunaga, K., *Introduction to Statistical Pattern Recognition*, 2nd ed., Academic Press, New York, 1990.

Gustafson, D.E., A.S. Willsky, J.Y. Wang, M.C. Lancaster, J.H. Triebwasser, "ECG/VCG Rhythm Diagnosis Using Statistical Signal Analysis. Part II: Identification of Transient Rhythms," *IEEE Trans. Biomed. Eng.*, Vol. BME-25, pp. 353–361, 1978.

Helstrom, C.W., *Elements of Signal Detection and Estimation*, Prentice-Hall, Englewood Cliffs, N.J., 1995.

Ives, R.B., "The Applications of Advanced Pattern Recognition Techniques for the Discrimination Between Earthquakes and Nuclear Detonations," *Pattern Recognition*, Vol. 14, pp. 155–161, 1981.

Justice, J.H. ,"Array Processing in Exploration Seismology," in *Array Signal Processing*, S. Haykin, Ed., Prentice-Hall, Englewood Cliffs, N.J., 1985.

Kay, S.M., *Fundamentals of Statistical Signal Processing: Estimation Theory*, Prentice-Hall, Englewood Cliffs, N.J., 1993.

Kendall, Sir M., A. Stuart, *The Advanced Theory of Statistics*, Vols. 1–3, Macmillan, New York, 1976–1979.

Knight, W.S., R.G. Pridham, S.M. Kay, "Digital Signal Processing for Sonar," *Proc. IEEE*, Vol. 69, pp. 1451–1506, Nov. 1981.

Lehmann, E.L., *Testing Statistical Hypotheses*, J. Wiley, New York, 1959.

McDonough, R.N., A.T. Whalen,*Detection of Signals in Noise*, 2nd Ed., Academic Press, 1995.

Proakis, J.G., *Digital Communications*, 2nd Ed., McGraw-Hill, New York, 1989.

Rabiner, L., B-H Juang, *Fundamentals of Speech Recognition*, Prentice-Hall, Englewood Cliffs, N.J., 1993.

Rao, C.R., *Linear Statistical Inference and its Applications*, J. Wiley, New York, 1973.

Skolnik, M.I., *Introduction to Radar Systems*, McGraw-Hill, New York, 1980.

Taylor, S., *Modeling Financial Time Series*, J. Wiley, New York, 1986.

Van Trees, H.L., *Detection, Estimation, and Modulation Theory*, Vols. I–III, J. Wiley, New York, 1968–1971.

Willsky, A.S., H.L. Jones, "A Generalized Likelihood Ratio Approach to Detection and Estimation of Jumps in Linear Systems," *IEEE Trans. Automat. Contr.*, Vol. AC-21, pp. 108–112, 1976.

习题

1.1 考虑检测问题

$$\mathcal{H}_0 : x[0] = w[0]$$
$$\mathcal{H}_1 : x[0] = 1 + w[0]$$

其中 $w[0]$ 是零均值、方差为 σ^2 的高斯随机变量，如果检测器在 $x[0] > 1/2$ 判 $\mathcal{H}_1$ 成立，求 $\mathcal{H}_0$ 为真时做出错误判决的概率。也就是要确定当 $\mathcal{H}_0$ 为真时判为 $\mathcal{H}_1$ 的概率，即求 $P_0 = \Pr\{x[0] > 1/2; \mathcal{H}_0\}$。如果要使这个概率为 10^{-3}，σ^2 应为多少？

1.2 考虑检测问题

$$\mathcal{H}_0 : x[0] = w[0]$$
$$\mathcal{H}_1 : x[0] = 1 + w[0]$$

其中 $w[0]$ 是在区间 $[-a, a]$（$a > 0$）上均匀分布的随机变量。如果 $x[0] > 1/2$，检测器判 $\mathcal{H}_1$ 成立。随着 a 的增加，讨论检测器的性能。

1.3 考察数据 $x[0]$，其中 $x[0]$ 是均值为 A、方差为 $\sigma^2 = 1$ 的高斯随机变量。我们希望检验 $A = A_0$ 还是 $A = -A_0$（其中 $A_0 > 0$）。提出一个检验，并讨论检验性能随 A_0 变化的函数关系。

1.4 在习题 1.1 中，现在假定 $\mathcal{H}_0$ 为真的概率是 1/2。如果 $x[0] > 1/2$ 判 $\mathcal{H}_1$ 成立，求总的错误概率，

$$P_e = \Pr\{x[0] > 1/2|\mathcal{H}_0\}\Pr\{\mathcal{H}_0\} + \Pr\{x[0] < 1/2|\mathcal{H}_1\}\Pr\{\mathcal{H}_1\}$$

画出 P_e 与 σ^2 的关系图，并解释你的结果。

1.5 在习题 1.1 中，现在假定我们有两个样本。我们的判决是根据这两个样本进行，如果

$$T = \frac{1}{2}(x[0] + x[1]) > \frac{1}{2}$$

则判信号存在。确定导致判信号存在的 $x[0]$ 和 $x[1]$ 的所有值，在平面上画出这些值。另外，在假定 $\mathcal{H}_0$ 为真和 $\mathcal{H}_1$ 为真时，画出点 $[E(x[0]), E(x[1])]^T$，并解释结果。

1.6 通过确定 T 的均值和方差来验证(1.8)式。

1.7 为了在 SNR = -20 dB 时得到合适的检测性能，如果偏移系数 $d^2 = 100$，利用(1.8)式确定要求的样本数。

第 2 章　重要 PDF 的总结

2.1　引言

检测器性能的评估取决于解析地或者数值地确定数据样本函数的概率密度函数。当不能实现这些处理时，我们必须借助蒙特卡洛计算机模拟技术。熟悉常用的概率密度函数和它们的性质，对于成功地进行性能评估是必需的。本章我们将要提供一些书中要求的必要的背景资料。由于篇幅的限制，我们的讨论只是一种粗略的介绍，更为详细的介绍不仅可以参考每一章指定的参考文献，也可以参考 [Abramowitz and Stegun 1970, Kendall and Stuart 1976 ~ 1979, Johnson, Kotz, and Balakrishnan 1995]。

2.2　基本概率密度函数及其性质

2.2.1　高斯(正态)

对于标量型的随机变量 x，高斯概率密度函数(PDF)(也称为正态 PDF)定义为

$$p(x) = \frac{1}{\sqrt{2\pi\sigma^2}} \exp\left[-\frac{1}{2\sigma^2}(x-\mu)^2\right] \qquad -\infty < x < \infty \qquad (2.1)$$

其中 μ 是 x 的均值，σ^2 是 x 的方差，用 $\mathcal{N}(\mu,\sigma^2)$ 表示，我们说 $x \sim \mathcal{N}(\mu,\sigma^2)$，其中" ~ "表示"服从……分布"。如果 $\mu = 0$，则它的矩为

$$E(x^n) = \begin{cases} 1 \cdot 3 \cdot 5 \cdots (n-1)\sigma^n & n \text{ 为偶数} \\ 0 & n \text{ 为奇数} \end{cases} \qquad (2.2)$$

否则，我们使用

$$E[(x+\mu)^n] = \sum_{k=0}^{n} \binom{n}{k} E(x^k)\mu^{n-k}$$

其中 $E(x^k)$ 由 (2.2) 式给出。当 $\mu = 0$、$\sigma^2 = 1$ 时，这种 PDF 称为标准正态 PDF，它的累积分布函数(CDF)定义为

$$\Phi(x) = \int_{-\infty}^{x} \frac{1}{\sqrt{2\pi}} \exp\left(-\frac{1}{2}t^2\right) dt$$

一种更为方便的描述定义为 $Q(x) = 1 - \Phi(x)$，称为右尾概率，它是超过某个给定值的概率，其中

$$Q(x) = \int_{x}^{\infty} \frac{1}{\sqrt{2\pi}} \exp\left(-\frac{1}{2}t^2\right) dt \qquad (2.3)$$

函数 $Q(x)$ 也称为互补累积分布函数，它得不到闭合形式的解。图 2.1 给出了线性的和对数刻度的值。为了计算，附录 2C 列出了 MATLAB 程序 Q. m。一种有时很有用的近似是(参见习题 2.2)

$$Q(x) \approx \frac{1}{\sqrt{2\pi}x} \exp\left(-\frac{1}{2}x^2\right) \qquad (2.4)$$

图 2.2 同时给出了 $Q(x)$ 的近似值与精确值。从图中可以看出，当 $x > 4$ 时，近似是相当精确的。有时候，确定一个随机变量是否具有近似的高斯 PDF 是十分重要的，考察它的右尾概率可以判断它

是否近似服从高斯分布。在正态概率纸上画出 $Q(x)$，则 $Q(x)$ 就变成了图 2.3 所示的一条直线。附录 2B 给出了正态概率纸的构造方法，同时还给出了在正态概率纸上画右尾概率的 MATLAB 程序 plotprob. m。作为一个例子，图 2.4 给出了非高斯 PDF（这是一种混合高斯 PDF）

$$p(x) = \frac{1}{2} \frac{1}{\sqrt{2\pi}} \exp\left(-\frac{1}{2}x^2\right) + \frac{1}{2} \frac{1}{\sqrt{2\pi \cdot 2}} \exp\left(-\frac{1}{2 \cdot 2}x^2\right)$$

的右尾概率画在正态概率纸上的图示。很容易证明，右尾概率的函数形式为 $Q(x)/2 + Q(x/\sqrt{2})/2$，为了比较，图上用虚线表示 $Q(x)$。

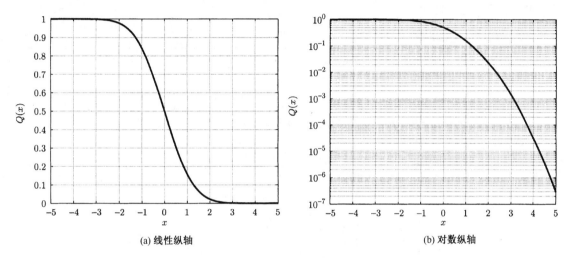

(a) 线性纵轴　　　　　　　　　　　　　　(b) 对数纵轴

图 2.1　标准正态 PDF 的右尾概率

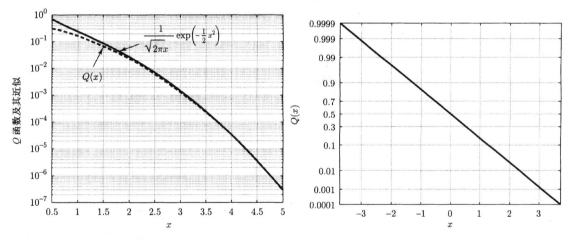

图 2.2　对 Q 函数的近似　　　　　　图 2.3　在正态概率纸上画出的 Q 函数

　　如果已知概率由 $P = Q(\gamma)$ 给出，那么对于给定的 P 可以确定 γ，用符号表示，我们有 $\gamma = Q^{-1}(P)$，其中 Q^{-1} 是逆函数。由于 $Q(x)$ 是严格单调递减函数，因此其逆函数必定存在。附录 2C 列出计算 Q^{-1} 的 MATLAB 程序 Qinv. m，通过这个程序可以用数值的方法计算 γ。

　　$n \times 1$ 随机矢量 $\mathbf{x}$ 的多维高斯 PDF 定义为

$$p(\mathbf{x}) = \frac{1}{(2\pi)^{\frac{n}{2}} \det^{\frac{1}{2}}(\mathbf{C})} \exp\left[-\frac{1}{2}(\mathbf{x} - \boldsymbol{\mu})^T \mathbf{C}^{-1}(\mathbf{x} - \boldsymbol{\mu})\right] \tag{2.5}$$

其中 $\boldsymbol{\mu}$ 是均值矢量，$\mathbf{C}$ 是协方差矩阵，通常表示为 $\mathcal{N}(\boldsymbol{\mu},\mathbf{C})$。假定 $\mathbf{C}$ 是正定的，因此 $\mathbf{C}^{-1}$ 存在。均值矢量定义为

$$[\boldsymbol{\mu}]_i = E(x_i) \qquad i = 1, 2, \ldots, n$$

协方差矩阵定义为

$$[\mathbf{C}]_{ij} = E[(x_i - E(x_i))(x_j - E(x_j))]$$
$$i = 1, 2, \ldots, n;\ j = 1, 2, \ldots, n$$

或者采用更为紧凑的形式

$$\mathbf{C} = E[(\mathbf{x} - E(\mathbf{x}))(\mathbf{x} - E(\mathbf{x}))^T]$$

如果 $\boldsymbol{\mu} = \mathbf{0}$，那么所有奇数阶联合矩都等于零，而偶数阶矩可以由二阶矩组合而成。特别是 $\boldsymbol{\mu} = 0$ 时，可以得到一个有用的结果，

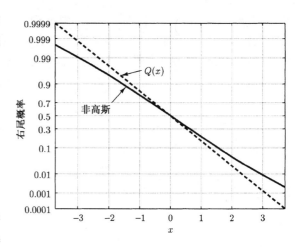

图 2.4　在正态概率纸上画出的非高斯 PDF 的右尾概率

$$E(x_i x_j x_k x_l) = E(x_i x_j)E(x_k x_l) + E(x_i x_k)E(x_j x_l) + E(x_i x_l)E(x_j x_k) \tag{2.6}$$

2.2.2　chi 平方（中心化）

自由度为 ν 的 chi 平方 PDF 定义为

$$p(x) = \begin{cases} \dfrac{1}{2^{\frac{\nu}{2}}\Gamma(\frac{\nu}{2})} x^{\frac{\nu}{2}-1}\exp(-\frac{1}{2}x) & x > 0 \\ 0 & x < 0 \end{cases} \tag{2.7}$$

并用 χ_ν^2 表示。自由度 ν 假定是整数，且 $\nu \geq 1$。函数 $\Gamma(u)$ 是伽马函数，它定义为

$$\Gamma(u) = \int_0^\infty t^{u-1}\exp(-t)dt$$

对于任意的 u，有 $\Gamma(u) = (u-1)\Gamma(u-1)$，$\Gamma\left(\dfrac{1}{2}\right) = \sqrt{\pi}$，对于整数 n，$\Gamma(n) = (n-1)!$ 可以计算出来。图 2.5 给出了 PDF 的某些例子。PDF 随 ν 的增大而变成了高斯 PDF。注意，对于 $\nu = 1$，当 $x = 0$ 时，PDF 为无穷大。

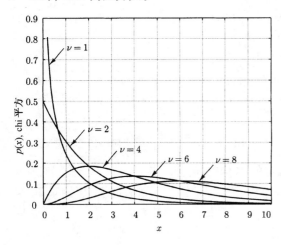

图 2.5　chi 平方随机变量的 PDF

chi 平方 PDF 源于 x 的 PDF，其中如果 $x_i \sim \mathcal{N}(0,1)$，则 $x = \sum_{i=1}^{\nu} x_i^2$，且 x_i 是独立同分布的（IID）。也就是说 x_i 是相互独立的，且具有相同的 PDF（同分布），均值和方差分别为

$$E(x) = \nu \tag{2.8}$$
$$\mathrm{var}(x) = 2\nu \tag{2.9}$$

当 $\nu = 2$ 时出现一种特别有趣的情况，那就是

$$p(x) = \begin{cases} \frac{1}{2}\exp(-\frac{1}{2}x) & x > 0 \\ 0 & x < 0 \end{cases}$$

我们称为指数 PDF（参见图 2.5）。

χ_ν^2 变量的右尾概率定义为

$$Q_{\chi_\nu^2}(x) = \int_x^\infty p(t)dt \qquad x > 0$$

可以证明 [Abramowitz and Stegun 1970] 对于偶数 ν,

$$Q_{\chi_\nu^2}(x) = \exp\left(-\tfrac{1}{2}x\right) \sum_{k=0}^{\frac{\nu}{2}-1} \frac{(\frac{x}{2})^k}{k!} \qquad \nu \geqslant 2 \tag{2.10}$$

而对于奇数 ν, $\quad Q_{\chi_\nu^2}(x) = \begin{cases} 2Q(\sqrt{x}) & \nu = 1 \\ 2Q(\sqrt{x}) + \dfrac{\exp(-\frac{1}{2}x)}{\sqrt{\pi}} \displaystyle\sum_{k=1}^{\frac{\nu-1}{2}} \dfrac{(k-1)!(2x)^{k-\frac{1}{2}}}{(2k-1)!} & \nu \geqslant 3 \end{cases} \tag{2.11}$

附录 2D 列出了 MATLAB 程序 Qchipr2.m, 通过这个程序可以使用数值计算的方法求出 $Q_{\chi_\nu^2}(x)$。

2.2.3 chi 平方(非中心化)

一般 χ_ν^2 PDF 源于非零均值的 IID 高斯随机变量的平方之和, 特别是如果 $x = \sum_{i=1}^{\nu} x_i^2$, 其中 x_i 是独立的, 且 $x_i \sim \mathcal{N}(\mu_i, 1)$, 那么 x 就是具有 ν 个自由度的非中心 chi 平方分布, 非中心参量为 $\lambda = \sum_{i=1}^{\nu} \mu_i^2$。这个 PDF 是相当复杂的, 必须使用积分或无穷级数表示。利用积分则表示为

$$p(x) = \begin{cases} \frac{1}{2}\left(\frac{x}{\lambda}\right)^{\frac{\nu-2}{4}} \exp\left[-\frac{1}{2}(x+\lambda)\right] I_{\frac{\nu}{2}-1}(\sqrt{\lambda x}) & x > 0 \\ 0 & x < 0 \end{cases} \tag{2.12}$$

其中 $I_r(u)$ 是 r 阶第一类修正贝塞尔(Bessel)函数, 定义为

$$I_r(u) = \frac{(\frac{1}{2}u)^r}{\sqrt{\pi}\,\Gamma(r+\frac{1}{2})} \int_0^\pi \exp(u\cos\theta)\sin^{2r}\theta\,d\theta \tag{2.13}$$

$I_r(u)$ 可用级数表示为 $\qquad I_r(u) = \sum_{k=0}^{\infty} \frac{(\frac{1}{2}u)^{2k+r}}{k!\,\Gamma(r+k+1)} \tag{2.14}$

图 2.6 给出了 PDF 的某些例子。我们注意到, 随着 ν 变大, PDF 变成高斯的。如果使用(2.14)式的级数表示, PDF 也可用无穷级数的形式表示为

$$p(x) = \frac{x^{\frac{\nu}{2}-1}\exp[-\frac{1}{2}(x+\lambda)]}{2^{\frac{\nu}{2}}} \sum_{k=0}^{\infty} \frac{\left(\frac{\lambda x}{4}\right)^k}{k!\,\Gamma(\frac{\nu}{2}+k)} \tag{2.15}$$

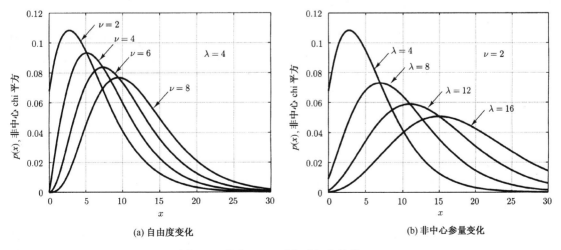

(a) 自由度变化 (b) 非中心参量变化

图 2.6 非中心 chi 平方随机变量的 PDF

注意，当 $\lambda=0$ 时，非中心 chi 平方 PDF 化简成 chi 平方 PDF。自由度为 ν、非中心参量为 λ 的非中心 chi 平方 PDF 用 $\chi_{\nu}^{\prime 2}(\lambda)$ 表示。

均值和方差分别为

$$
\begin{aligned}
E(x) &= \nu+\lambda \\
\text{var}(x) &= 2\nu+4\lambda
\end{aligned}
\tag{2.16}
$$

我们将右尾概率表示为 $\qquad Q_{\chi_{\nu}^{\prime 2}(\lambda)}(x)=\int_x^{\infty}p(t)dt \qquad x>0$

它的值可以利用 MATLAB 程序 Qchipr2.m 进行计算，附录 2D 给出了程序清单。

2.2.4 F(中心化)

F PDF 源于两个独立 χ^2 随机变量。更确切地说，如果

$$
x=\frac{x_1/\nu_1}{x_2/\nu_2}
$$

其中 $x_1\sim\chi_{\nu_1}^2$，$x_2\sim\chi_{\nu_2}^2$，x_1 和 x_2 是相互独立的，那么，x 具有 F PDF，由下式给出，

$$
p(x)=\begin{cases}
\dfrac{\left(\dfrac{\nu_1}{\nu_2}\right)^{\frac{\nu_1}{2}}}{B\left(\dfrac{\nu_1}{2},\dfrac{\nu_2}{2}\right)}\dfrac{x^{\frac{\nu_1}{2}-1}}{\left(1+\dfrac{\nu_1}{\nu_2}x\right)^{\frac{\nu_1+\nu_2}{2}}} & x>0 \\
0 & x<0
\end{cases}
\tag{2.17}
$$

其中 $B(u,v)$ 是 Beta 函数，它与伽马函数的关系为

$$
B(u,v)=\frac{\Gamma(u)\Gamma(v)}{\Gamma(u+v)}
$$

F PDF 用 F_{ν_1,ν_2} 表示，ν_1 表示分子的自由度，ν_2 表示分母的自由度。图 2.7 给出 PDF 的一些例子。右尾概率用 $Q_{F_{\nu_1,\nu_2}}(x)$ 表示，必须采用数值计算 [Abramowitz and Stegun 1970]。均值和方差分别为

$$
E(x)=\frac{\nu_2}{\nu_2-2} \qquad \nu_2>2
$$

$$
\text{var}(x)=\frac{2\nu_2^2(\nu_1+\nu_2-2)}{\nu_1(\nu_2-2)^2(\nu_2-4)} \qquad \nu_2>4 \quad (2.18)
$$

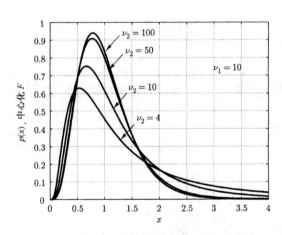

图 2.7 F 随机变量的 PDF

注意，由于 $x_2/\nu_2\to1$，所以当 $\nu_2\to\infty$ 时，$x\to x_1/\nu_1\sim\chi_{\nu_1}^2/\nu_1$（参见习题 2.3）。

2.2.5 F(非中心化)

非中心化 F PDF 是根据一个非中心化 χ^2 随机变量与一个中心化 χ^2 随机变量的比值而得来的。更确切地说，如果

$$
x=\frac{x_1/\nu_1}{x_2/\nu_2}
$$

其中 $x_1\sim\chi_{\nu_1}^{\prime 2}(\lambda)$ 和 $x_2\sim\chi_{\nu_2}^2$，且 x_1、x_2 是独立的，那么 x 具有非中心化 F PDF。用 $F_{\nu_1,\nu_2}^{\prime}(\lambda)$ 表示

分子的自由度为 ν_1、分母的自由度为 ν_2、非中心参量为 λ 的非中心化 F PDF，用无穷级数形式表示的 PDF 为

$$p(x) = \exp\left(-\frac{\lambda}{2}\right) \sum_{k=0}^{\infty} \frac{(\frac{\lambda}{2})^k}{k!} \frac{\left(\frac{\nu_1}{\nu_2}\right)^{\frac{1}{2}\nu_1 + k}}{B\left(\frac{\nu_1 + 2k}{2}, \frac{\nu_2}{2}\right)} \cdot x^{\frac{\nu_1}{2} + k - 1} \left(1 + \frac{\nu_1}{\nu_2}x\right)^{-\frac{1}{2}(\nu_1 + \nu_2) - k} \tag{2.19}$$

在 [Johnson and Kotz 1995] 中可以找到一些 PDF 的例子。当 λ 为零时，非中心化 F PDF 化简为中心化 F PDF [在 (2.19) 式中令 $k = 0$]。它的均值和方差分别为

$$E(x) = \frac{\nu_2(\nu_1 + \lambda)}{\nu_1(\nu_2 - 2)} \qquad\qquad \nu_2 > 2$$

$$\text{var}(x) = 2\left(\frac{\nu_2}{\nu_1}\right)^2 \frac{(\nu_1 + \lambda)^2 + (\nu_1 + 2\lambda)(\nu_2 - 2)}{(\nu_2 - 2)^2(\nu_2 - 4)} \qquad \nu_2 > 4 \tag{2.20}$$

右尾概率用 $Q_{F'_{\nu_1, \nu_2}(\lambda)}(x)$ 表示，要求采用数值方法进行计算 [Patnaik 1949]。另外也应注意到，随着 $\nu_2 \to \infty$，$F'_{\nu_1, \nu_2}(\lambda) \to \chi'^2_{\nu_1}(\lambda)$（参见习题 2.3）。

2.2.6　瑞利

瑞利 PDF 是由 $x = \sqrt{x_1^2 + x_2^2}$ 得到的，其中 $x_1 \sim \mathcal{N}(0, \sigma^2)$、$x_2 \sim \mathcal{N}(0, \sigma^2)$，且 x_1、x_2 相互独立，它的 PDF 是

$$p(x) = \begin{cases} \dfrac{x}{\sigma^2} \exp\left(-\dfrac{1}{2\sigma^2}x^2\right) & x > 0 \\ 0 & x < 0 \end{cases} \tag{2.21}$$

图 2.8 画出了 $\sigma^2 = 1$ 时的 PDF。它的均值和方差分别为

$$E(x) = \sqrt{\frac{\pi\sigma^2}{2}}$$

$$\text{var}(x) = \left(2 - \frac{\pi}{2}\right)\sigma^2 \tag{2.22}$$

右尾概率根据下式很容易求出，

$$\int_x^{\infty} p(t)dt = \exp\left(-\frac{x^2}{2\sigma^2}\right) \tag{2.23}$$

如果 x 是瑞利随机变量，那么 $x = \sqrt{\sigma^2 y}$，其中 $y \sim \chi_2^2$，所以瑞利 PDF 与 χ_2^2 联系起来。于是，它们的右尾概率存在如下关系：

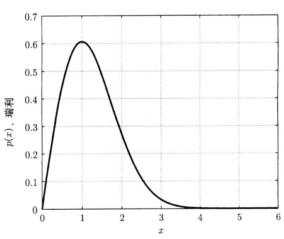

图 2.8　瑞利随机变量的 PDF（$\sigma^2 = 1$）

$$\Pr\{x > \sqrt{\gamma'}\} = \Pr\left\{x/\sqrt{\sigma^2} > \sqrt{\gamma'/\sigma^2}\right\} = \Pr\left\{\sqrt{y} > \sqrt{\gamma'/\sigma^2}\right\}$$

$$= \Pr\{y > \gamma'/\sigma^2\} = Q_{\chi_2^2}\left(\frac{\gamma'}{\sigma^2}\right)$$

或者
$$\Pr\{x > \gamma\} = Q_{\chi_2^2}\left(\frac{\gamma^2}{\sigma^2}\right)$$

由于 $Q_{\chi_2^2}(x) = \exp(-x/2)$，于是得到 (2.23) 式。

2.2.7 莱斯

莱斯（Rician）PDF 是由 $x = \sqrt{x_1^2 + x_2^2}$ 的 PDF 得到的，其中 $x_1 \sim \mathcal{N}(\mu_1, \sigma^2)$，$x_2 \sim \mathcal{N}(\mu_2, \sigma^2)$，且 x_1、x_2 相互独立，它的 PDF 是（参见习题 7.19）

$$p(x) = \begin{cases} \dfrac{x}{\sigma^2} \exp\left[-\dfrac{1}{2\sigma^2}(x^2 + \alpha^2)\right] I_0\left(\dfrac{\alpha x}{\sigma^2}\right) & x > 0 \\ 0 & x < 0 \end{cases} \tag{2.24}$$

其中 $\alpha^2 = \mu_1^2 + \mu_2^2$，$I_0(u)$ 由（2.13）式当 $r = 0$ 时给出，或者

$$I_0(u) = \frac{1}{\pi}\int_0^\pi \exp(u\cos\theta)d\theta = \int_0^{2\pi} \exp(u\cos\theta)\frac{d\theta}{2\pi} \tag{2.25}$$

图 2.9 给出了当 $\sigma^2 = 1$ 时的一些例子。当 $\alpha^2 = 0$ 时，它化简成瑞利 PDF。它的矩可以用合流超几何（confluent hypergeometric）函数表示，可参考［Rice 1948, McDonough and Whalen 1995］。可以证明，右尾概率与非中心 χ^2 随机变量存在一定的关系，必须采用数值方法进行计算（参见习题 7.20）。为此，我们继续做如下推导：

$$\Pr\{x > \sqrt{\gamma'}\} = \Pr\left\{\sqrt{\frac{x_1^2 + x_2^2}{\sigma^2}} > \sqrt{\frac{\gamma'}{\sigma^2}}\right\}$$

$$= \Pr\left\{\frac{x_1^2 + x_2^2}{\sigma^2} > \frac{\gamma'}{\sigma^2}\right\} = Q_{\chi_2'^2(\lambda)}\left(\frac{\gamma'}{\sigma^2}\right)$$

或者

$$\Pr\{x > \gamma\} = Q_{\chi_2'^2(\lambda)}\left(\frac{\gamma^2}{\sigma^2}\right) \tag{2.26}$$

其中 $\lambda = (\mu_1^2 + \mu_2^2)/\sigma^2$。于是，我们可以采用附录 2D 列出的 MATLAB 程序 Qchipr2.m 来计算莱斯随机变量的右尾概率。

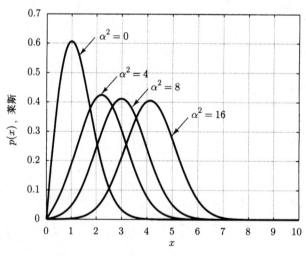

图 2.9　莱斯随机变量的 PDF（$\sigma^2 = 1$）

2.3　高斯随机变量的二次型

经常出现要求 $y = \mathbf{x}^T \mathbf{A}\mathbf{x}$ 的 PDF 的问题，其中 $\mathbf{A}$ 是对称的 $n \times n$ 矩阵，$\mathbf{x}$ 是 $n \times 1$ 高斯随机矢量，$\mathbf{x} \sim \mathcal{N}(\boldsymbol{\mu}, \mathbf{C})$。一般来说这是很困难的事情，但也有许多在今后有用的特殊情况，这些情况如下：

1. 如果 $\mathbf{A} = \mathbf{C}^{-1}$，$\boldsymbol{\mu} = 0$，那么　　　　　　$\mathbf{x}^T\mathbf{C}^{-1}\mathbf{x} \sim \chi_n^2$　　　　　　　　(2.27)

2. 如果 $\mathbf{A} = \mathbf{C}^{-1}$ 且 $\boldsymbol{\mu} \neq \mathbf{0}$，那么　　　$\mathbf{x}^T\mathbf{C}^{-1}\mathbf{x} \sim \chi_n'^2(\lambda)$　　　　　(2.28)

　　其中 $\lambda = \boldsymbol{\mu}^T\mathbf{C}^{-1}\boldsymbol{\mu}$。

3. 如果 $\mathbf{A}$ 是等幂的（或 $\mathbf{A}^2 = \mathbf{A}$），并且秩为 r，$\mathbf{C} = \mathbf{I}$，$\boldsymbol{\mu} = 0$，那么

$$\mathbf{x}^T\mathbf{A}\mathbf{x} \sim \chi_r^2 \qquad\qquad (2.29)$$

这些结果的证明在习题 2.4 ~ 习题 2.6 中进行了概述，其他结果请参考 [Graybill 1983]。

2.4　渐近高斯 PDF

　　多维高斯 PDF 的定义如（2.5）式。一般来说，它要求计算协方差矩阵 $\mathbf{C}$ 的行列式和逆矩阵。这一节，我们根据协方差矩阵的渐近特征分析，描述一种对协方差矩阵行列式和逆矩阵的近似（对于大数据记录）。当 $\mathbf{x}$ 是源于一个零均值广义平稳（WSS）的高斯随机过程的数据矢量时，这种近似是有效的。特别是我们假定 $\mathbf{x} = [x[0]\ x[1]\ \ldots\ x[N-1]]^T$，其中 $x[n]$ 是零均值 WSS 高斯随机过程，那么协方差矩阵变为

$$\begin{aligned}[\mathbf{C}]_{ij} &= E(x[i]x[j]) \\ &= r_{xx}[i-j]\end{aligned}$$

例如，如果 $N = 4$，我们有

$$\begin{aligned}\mathbf{C} &= \begin{bmatrix} r_{xx}[0] & r_{xx}[-1] & r_{xx}[-2] & r_{xx}[-3] \\ r_{xx}[1] & r_{xx}[0] & r_{xx}[-1] & r_{xx}[-2] \\ r_{xx}[2] & r_{xx}[1] & r_{xx}[0] & r_{xx}[-1] \\ r_{xx}[3] & r_{xx}[2] & r_{xx}[1] & r_{xx}[0] \end{bmatrix} \\ &= \begin{bmatrix} r_{xx}[0] & r_{xx}[1] & r_{xx}[2] & r_{xx}[3] \\ r_{xx}[1] & r_{xx}[0] & r_{xx}[1] & r_{xx}[2] \\ r_{xx}[2] & r_{xx}[1] & r_{xx}[0] & r_{xx}[1] \\ r_{xx}[3] & r_{xx}[2] & r_{xx}[1] & r_{xx}[0] \end{bmatrix} = \mathbf{R}\end{aligned}$$

由于 $r_{xx}[-k] = r_{xx}[k]$，协方差矩阵就化简为用 $\mathbf{R}$ 表示的自相关矩阵，可以看出，这时协方差矩阵是对称 Toeplitz 矩阵（参见附录 1），当 $N \to \infty$ 时，特征值 λ_i 和特征矢量 $\mathbf{v}_i$ 很容易求出。令 $P_{xx}(f)$ 表示 $x[n]$ 的功率谱密度（PSD），那么当 $N \to \infty$ 时，对于 $i = 0, 1, \ldots, N-1$ 和 $f_i = i/N$，我们有

$$\begin{aligned}\lambda_i &= P_{xx}(f_i) \\ \mathbf{v}_i &= \frac{1}{\sqrt{N}}\begin{bmatrix} 1 & \exp(j2\pi f_i) & \exp(j4\pi f_i) & \ldots & \exp(j2\pi(N-1)f_i) \end{bmatrix}^T\end{aligned} \qquad (2.30)$$

特征值是 PSD 在频率间隔 $[0,1]$ 上的等间隔采样，而特征矢量是离散傅里叶变换（DFT）矢量。（精确特征值的确定例子请参见习题 2.8。）如果数据长度比 $x[n]$ 的相关时间大很多，则这种近似是好的。相关时间定义为自相关函数（ACF）的有效长度。或者令 M 等于这个长度，则我们要求对于 $k > M$，$r_{xx}[k] \approx 0$（参见习题 2.9），这些结论的推导可以在 [Gray 1972, Fuller 1976, Brockwell and Davis 1987] 中找到。我们下面给出一种直观的证明。考虑一个随机过程，它的自相关函数满足 $r_{xx}[k] = 0 (|k| \geq 2)$，这样的过程称为一阶滑动平均过程（参见附录 1），那么 $\mathbf{R}$ 的特征矢量 $\mathbf{v} = [v_0 v_1 \ldots v_{N-1}]^T$ 必须满足

$$\begin{bmatrix} r_{xx}[0] & r_{xx}[-1] & 0 & 0 & \ldots & 0 \\ r_{xx}[1] & r_{xx}[0] & r_{xx}[-1] & 0 & \ldots & 0 \\ \vdots & \vdots & \vdots & \vdots & & \vdots \\ 0 & \ldots & 0 & r_{xx}[1] & r_{xx}[0] & r_{xx}[-1] \\ 0 & 0 & \ldots & 0 & r_{xx}[1] & r_{xx}[0] \end{bmatrix} \begin{bmatrix} v_0 \\ v_1 \\ \vdots \\ v_{N-1} \end{bmatrix} = \lambda \begin{bmatrix} v_0 \\ v_1 \\ \vdots \\ v_{N-1} \end{bmatrix}$$

或者

$$
\begin{aligned}
r_{xx}[0]v_0 + r_{xx}[-1]v_1 &= \lambda v_0 \\
r_{xx}[1]v_0 + r_{xx}[0]v_1 + r_{xx}[-1]v_2 &= \lambda v_1 \\
&\vdots \\
r_{xx}[1]v_{N-3} + r_{xx}[0]v_{N-2} + r_{xx}[-1]v_{N-1} &= \lambda v_{N-2} \\
r_{xx}[1]v_{N-2} + r_{xx}[0]v_{N-1} &= \lambda v_{N-1}
\end{aligned}
$$

忽略第一个和最后一个方程，我们有

$$
r_{xx}[1]v_{n-1} + r_{xx}[0]v_n + r_{xx}[-1]v_{n+1} = \lambda v_n \qquad n = 1, 2, \ldots, N-2 \tag{2.31}
$$

对于 $1 \leqslant n \leqslant N-2$，令 $v_n = \exp(j2\pi f n)$，由于

$$
\begin{aligned}
r_{xx}[1]\exp(-j2\pi f)\exp(j2\pi f n) + r_{xx}[0]\exp(j2\pi f n) \\
+ r_{xx}[-1]\exp(j2\pi f)\exp(j2\pi f n) = \lambda \exp(j2\pi f n)
\end{aligned}
$$

其中

$$
\begin{aligned}
\lambda &= r_{xx}[1]\exp(-j2\pi f) + r_{xx}[0] + r_{xx}[-1]\exp(j2\pi f) \\
&= \sum_{k=-\infty}^{\infty} r_{xx}[k]\exp(-j2\pi f k) = P_{xx}(f)
\end{aligned}
$$

因此，(2.31)式的齐次差分方程成立。

除 $n = 0$ 和 $n = N-1$ 的方程外，可以看出，特征矢量为 $[1 \ \exp(j2\pi f) \ldots \exp(j2\pi f(N-1))]^T$。如果我们选择 $f_i = i/N (i = 0, 1, \ldots, N-1)$，那么可以产生 N 个特征矢量，

$$
\mathbf{v}_i = \frac{1}{\sqrt{N}} \begin{bmatrix} 1 & \exp(j2\pi f_i) & \exp(j4\pi f_i) & \ldots & \exp(j2\pi(N-1)f_i) \end{bmatrix}^T
$$

正如要求的那样，它们是正交的（参见习题2.10），对应的特征值是 $\lambda_i = P_{xx}(f_i)$。很清楚，当 $N \to \infty$ 时，第一个和最后一个方程有差错这样一个事实是无关紧要的。（要得到精确的特征值请参见习题2.8。）另外，我们注意到，即使 $\mathbf{R}$ 是实矩阵，特征矢量选择的也是复的。尽管复数表示非常简单，我们也可以根据实的正弦和余弦来表示特征矢量（参见习题2.11）。由于 $\mathbf{v}_{N-i} = \mathbf{v}_i^*$ 和 $P_{xx}(f_{N-i}) = P_{xx}(f_i)$，复特征分解

$$
\mathbf{R} = \sum_{i=0}^{N-1} \lambda_i \mathbf{v}_i \mathbf{v}_i^H \tag{2.32}
$$

实际上将产生一个实矩阵，其中 H 表示复共轭转置。这个分解的简单推导请参见习题2.12。

利用(2.30)式的近似，我们现在可以很简单地计算 $\mathbf{R}$ 的行列式和逆矩阵。我们可以得出（参见习题2.13）

$$
\det(\mathbf{R}) = \prod_{i=0}^{N-1} \lambda_i = \prod_{i=0}^{N-1} P_{xx}(f_i) \tag{2.33}
$$

$$
\mathbf{R}^{-1} = \sum_{i=0}^{N-1} \frac{1}{\lambda_i} \mathbf{v}_i \mathbf{v}_i^H = \sum_{i=0}^{N-1} \frac{1}{P_{xx}(f_i)} \mathbf{v}_i \mathbf{v}_i^H \tag{2.34}
$$

这些表达式在近似检测器时是有用的。另外，在 $x[n]$ 是零均值和 WSS 时，它们可以用来确定高斯 PDF 的渐近形式。在(2.5)式中，如果 $\mathbf{x} = [x[0] x[1] \ldots x[N-1]]^T$，$\boldsymbol{\mu} = \mathbf{0}$，我们有

$$
\ln p(\mathbf{x}) = -\frac{N}{2}\ln 2\pi - \frac{1}{2}\ln \det(\mathbf{R}) - \frac{1}{2}\mathbf{x}^T \mathbf{R}^{-1}\mathbf{x}
$$

利用(2.33)式和(2.34)式，我们有

$$\ln p(\mathbf{x}) = -\frac{N}{2}\ln 2\pi - \frac{1}{2}\ln \prod_{i=0}^{N-1} P_{xx}(f_i) - \frac{1}{2}\mathbf{x}^T \sum_{i=0}^{N-1} \frac{1}{P_{xx}(f_i)} \mathbf{v}_i \mathbf{v}_i^H \mathbf{x}$$

$$= -\frac{N}{2}\ln 2\pi - \frac{1}{2}\sum_{i=0}^{N-1} \ln P_{xx}(f_i) - \frac{1}{2}\sum_{i=0}^{N-1} \frac{1}{P_{xx}(f_i)} |\mathbf{v}_i^H \mathbf{x}|^2$$

但是

$$|\mathbf{v}_i^H \mathbf{x}|^2 = \frac{1}{N}\left|\sum_{n=0}^{N-1} x[n]\exp(-j2\pi f_i n)\right|^2 = I(f_i)$$

其中 $I(f)$ 称为周期图(参考[Kay 1988]和本书卷 I 的第 61 页)，因此，

$$\ln p(\mathbf{x}) = -\frac{N}{2}\ln 2\pi - \frac{1}{2}\sum_{i=0}^{N-1} \left(\ln P_{xx}(f_i) + \frac{I(f_i)}{P_{xx}(f_i)}\right) \tag{2.35}$$

一个等价的形式是　$\ln p(\mathbf{x}) = -\frac{N}{2}\ln 2\pi - \frac{N}{2}\sum_{i=0}^{N-1} \left(\ln P_{xx}(f_i) + \frac{I(f_i)}{P_{xx}(f_i)}\right)\frac{1}{N}$

当 $N \to \infty$ 时，上式变为

$$\ln p(\mathbf{x}) = -\frac{N}{2}\ln 2\pi - \frac{N}{2}\int_{-\frac{1}{2}}^{\frac{1}{2}} \left(\ln P_{xx}(f) + \frac{I(f)}{P_{xx}(f)}\right) df \tag{2.36}$$

本书卷 I 的附录 3D 中采用另外一种方法推导了这个等式。对于复数据情况下的特征分析，读者也可以参考本书卷 I 的 15.9 节。

2.5　蒙特卡洛性能评估

当不能通过解析的方法或者闭合形式的数值计算方法来确定随机变量超过某一给定值的概率时，我们就必须借助蒙特卡洛计算机模拟。估计器性能评估的类似方法在本书卷 I 的第 146 页 ~ 第 147 页中进行了描述。在检测问题中，我们希望计算一个随机变量或一个统计量 T 超过某个门限 γ 的概率，即 $\Pr\{T > \gamma\}$。例如，如果我们观察到数据集 $\{x[0], x[1], \ldots, x[N-1]\}$，其中 $x[n] \sim \mathcal{N}(0, \sigma^2)$，且 $x[n]$ 是独立同分布的，我们希望计算

$$\Pr\left\{\frac{1}{N}\sum_{n=0}^{N-1} x[n] > \gamma\right\}$$

对于这个简单的例子，很容易证明

$$T = \frac{1}{N}\sum_{n=0}^{N-1} x[n] \sim \mathcal{N}(0, \sigma^2/N)$$

因此

$$\Pr\{T > \gamma\} = Q\left(\frac{\gamma}{\sqrt{\sigma^2/N}}\right) \tag{2.37}$$

然而，假定我们既不能使用解析的方法，也不能使用数值计算的方法计算概率，那么我们就可以按如下的方法使用计算机模拟来确定 $\Pr\{T > \gamma\}$。

数据产生：

1. 产生 N 个独立的 $\mathcal{N}(0, \sigma^2)$ 随机变量。在 MATLAB 中，使用下列语句

```
x = sqrt(var) * randn(N,1)
```

产生随机变量 $x[n]$ 的现实组成的 $N \times 1$ 列矢量，其中 var 是方差 σ^2。

2. 对随机变量的现实计算 $T = (1/N) \sum_{n=0}^{N-1} x[n]$。

3. 重复过程 M 次，以便产生 T 的 M 个现实，或者 $\{T_1, T_2, \ldots, T_M\}$。

概率计算：

1. 对 T_i 超过 γ 的次数计数，称为 M_γ。

2. 用 $\hat{P} = M_\gamma/M$ 来估计概率 $\Pr\{T > \gamma\}$。

注意，这个概率实际上是一个估计概率，因而用了一个符号"^"。M 的选择（也就是现实数）将影响结果，以至于 M_γ 应该逐步增大，直到计算的概率出现收敛。如果真实概率较小，那么 M_γ 可能相当大。例如，如果 $\Pr\{T > \gamma\} = 10^{-6}$，那么 $M = 10^6$ 个现实中将只有一次超过门限，在这种情况下，M_γ 必须远大于 10^6 才能保证精确地估计概率。在附录 2A 中已证明，如果希望对于 $100(1-\alpha)\%$ 的置信水平，相对误差的绝对值为

$$\epsilon = \frac{|\hat{P} - P|}{P}$$

那么，我们选择的 M 应该满足

$$M \geq \frac{[Q^{-1}(\alpha/2)]^2 (1-P)}{\epsilon^2 P} \tag{2.38}$$

其中 P 是被估计的概率。为了使用蒙特卡洛现实 $\{T_1, T_2, \ldots, T_M\}$ 来确定 $\Pr\{T > \gamma\}$，对现实数提出一定的要求是合理的，现实 $\{T_1, T_2, \ldots, T_M\}$ 是从独立的随机变量中得到的。随机变量 T_i 一般不必是高斯的，只要是独立同分布的（IID）。例如，如果我们希望确定 $\Pr\{T > 1\}$，这个概率 P 为 0.16，要求对于 95% 的置信水平，相对误差的绝对值为 $\epsilon = 0.01(1\%)$，那么

$$M \geq \frac{[Q^{-1}(0.025)]^2 (1 - 0.16)}{(0.01)^2 0.16} \approx 2 \times 10^5$$

当这种方法不可行时，可以采用重要采样（importance sampling）来减少计算量[Mitchell 1981]。

以 (2.37) 式的计算作为一个蒙特卡洛方法的一个例子，令 $N = 10$，$\sigma^2 = 10$，附录 2E 列出了计算 $\Pr\{T > \gamma\}$ 的 MATLAB 程序 montecarlo.m。在图 2.10 中，我们不仅画出了结果对 γ 的图示，还画出了根据 (2.37) 式计算 $Q(\gamma)$ 的右尾概率。在图 2.10(a) 和图 2.10(b) 中，现实数分别选取 $M = 1\,000$ 和 $M = 10\,000$。由 (2.37) 式给出的真实的右尾概率用虚线表示，而蒙特卡洛模拟结果用实线表示。对于 $M = 1\,000$ 的轻微偏差是由统计误差引起的，而 $M = 10\,000$ 时的一致性要好得多。

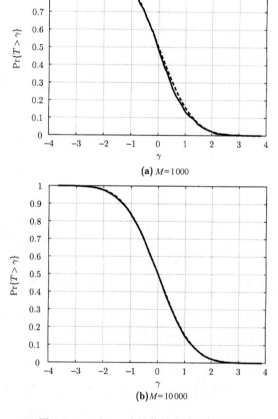

(a) $M = 1000$

(b) $M = 10\,000$

图 2.10　$\Pr\{T > \gamma\}$ 的蒙特卡洛计算机模拟

参考文献

Abramowitz, M., I.A. Stegun, *Handbook of Mathematical Functions*, Dover Pub., New York, 1970.

Brockwell, P.J., R.A. Davis, *Time Series: Theory and Methods*, Springer-Verlag, New York, 1987.

Fuller, W.A., *Introduction to Statistical Time Series*, J. Wiley, New York, 1976.

Gray, R.M. "On the Asymptotic Eigenvalue Distribution of Toeplitz Matrices," *IEEE Trans. Inform. Theory*, Vol. IT-18, pp. 725–730, Nov. 1972.

Graybill, F.A., *Matrices with Applications in Statistics*, Wadsworth, California, 1983.

Johnson, N.L., S. Kotz, N. Balakrishnan, *Continuous Univariate Distributions*, Vols. 1,2, J. Wiley, New York, 1995.

Kay, S.M., *Modern Spectral Estimation: Theory and Application*, Prentice-Hall, Englewood Cliffs, N.J., 1988.

Kendall, Sir M., A. Stuart, *The Advanced Theory of Statistics*, Vols. 1–3, Macmillan, New York, 1976–1979.

McDonough, R.N., A.T. Whalen, *Detection of Signals in Noise*, Academic Press, New York, 1995.

Mitchell, R.L., "Importance Sampling Applied to Simulation of False Alarm Statistics," *IEEE Trans. Aerosp. Elect. Syst.*, Vol. AES-17, pp. 15–24, Jan. 1981.

Mitchell, R.L., J.F. Walker, "Recursive Methods for Computing Detection Probabilities," *IEEE Trans. Aerosp. Elect. Syst.*, Vol. AES-7, pp. 671–676, July 1971.

Patnaik, P.B., "The Non-central χ^2- and F- distributions and their applications," *Biometrika*, Vol. 36, pp. 202–232, 1949.

Rice, S.O., "Statistical Properties of a Sinewave Plus Random Noise," *Bell System Tech. Jour.*, Jan. 1948.

习题

2.1　证明如果 $T \sim \mathcal{N}(\mu, \sigma^2)$，那么 $\qquad \Pr\{T > \gamma\} = Q\left(\dfrac{\gamma - \mu}{\sigma}\right)$

2.2　推导 (2.4) 式，注意 $\qquad Q(x) = \displaystyle\int_x^\infty \frac{1}{\sqrt{2\pi} t} t \exp\left(-\frac{1}{2} t^2\right) dt$

且使用分步积分。另外，解释为什么随着 x 的增加，近似得到了改善。

2.3　证明，当 $\nu_2 \to \infty$ 时，F_{ν_1, ν_2} 随机变量变成 $\chi^2_{\nu_1} / \nu_1$ 随机变量。

2.4　令 $\mathbf{C}^{-1} = \mathbf{D}^T \mathbf{D}$，证明 (2.27) 式，其中 $\mathbf{D}$ 是白化滤波器矩阵 (参见 [卷 I，第 4 章])。

2.5　使用与习题 2.4 同样的方法来证明 (2.28) 式。

2.6　如果 $\mathbf{A}$ 是秩为 r 的等幂矩阵，它是一个具有正交特征矢量的对称矩阵，且 r 个特征值等于 1，其他特征值等于零，证明 (2.29) 式。

2.7　在本题中证明：如果 $\mathbf{R}$ 是对应于非白 PSD $P_{xx}(f)$ 的 $N \times N$ 自相关矩阵，那么 $\mathbf{R}$ 的特征值满足

$$P_{xx}(f)_{\text{MIN}} < \lambda < P_{xx}(f)_{\text{MAX}}$$

其中 $P_{xx}(f)_{\text{MIN}}$ 和 $P_{xx}(f)_{\text{MAX}}$ 分别是 $x[n]$ 的 PSD 的最小值和最大值。为此需要注意

$$\lambda_{\text{MAX}} = \max_{\mathbf{u}} \frac{\mathbf{u}^T \mathbf{R} \mathbf{u}}{\mathbf{u}^T \mathbf{u}}$$

其中 $\mathbf{u} = [u[0] u[1] \ldots u[N-1]]^T$，且证明

$$\mathbf{u}^T \mathbf{R} \mathbf{u} = \int_{-\frac{1}{2}}^{\frac{1}{2}} |U(f)|^2 P_{xx}(f) df$$

$$\mathbf{u}^T \mathbf{u} = \int_{-\frac{1}{2}}^{\frac{1}{2}} |U(f)|^2 df$$

其中 $U(f) = \sum_{n=0}^{N-1} u[n]\exp(-j2\pi fn)$，那么，可以得出结论

$$\lambda \leqslant \lambda_{\text{MAX}} < P_{xx}(f)_{\text{MAX}}$$

类似地，利用

$$\lambda_{\text{MIN}} = \min_{\mathbf{u}} \frac{\mathbf{u}^T \mathbf{R} \mathbf{u}}{\mathbf{u}^T \mathbf{u}}$$

证明 $\lambda > P_{xx}(f)_{\text{MIN}}$。

2.8 在本题中，我们为自相关矩阵推导精确的特征值，自相关矩阵的元素为

$$[\mathbf{R}]_{mn} = r_{xx}[m-n]$$

其中

$$r_{xx}[k] = \begin{cases} \sigma^2(1+b^2[1]) & k=0 \\ \sigma^2 b[1] & k=1 \\ 0 & k \geqslant 2 \end{cases}$$

这是一阶的滑动平均过程（参考[Kay 1988]），很容易证明，它的 PSD 为

$$P_{xx}(f) = r_{xx}[0] + 2r_{xx}[1]\cos 2\pi f$$

求解特征值的特征方程为 $(\mathbf{R} - \lambda\mathbf{I})\mathbf{v} = \mathbf{0}$，其中 $\mathbf{v}$ 是特征矢量。等价于对 $r_{xx}[1] \neq 0$（由于假定 $P_{xx}(f)$ 是非白色的），我们需要求解

$$\left(\frac{\mathbf{R} - \lambda\mathbf{I}}{r_{xx}[1]}\right)\mathbf{v} = \mathbf{0}$$

令 $c = (r_{xx}[0] - \lambda)/r_{xx}[1]$，我们必须求 $\mathbf{A}\mathbf{v} = \mathbf{0}$ 的解，其中

$$\mathbf{A} = \frac{\mathbf{R} - \lambda\mathbf{I}}{r_{xx}[1]} = \begin{bmatrix} c & 1 & 0 & 0 & \dots & 0 \\ 1 & c & 1 & 0 & \dots & 0 \\ \vdots & \vdots & \vdots & \vdots & & \vdots \\ 0 & 0 & \dots & 1 & c & 1 \\ 0 & 0 & 0 & \dots & 1 & c \end{bmatrix}$$

利用习题 2.7 的结果证明，对于 $r_{xx}[1] > 0$，

$$-2 < \frac{r_{xx}[0] - P_{xx}(f)_{\text{MAX}}}{r_{xx}[1]} < c < \frac{r_{xx}[0] - P_{xx}(f)_{\text{MIN}}}{r_{xx}[1]} < 2$$

类似地，对于 $r_{xx}[1] < 0$，我们有 $-2 < c < 2$。将要求解的方程 $\mathbf{A}\mathbf{v} = \mathbf{0}$ 导出了齐次方程集

$$\begin{aligned} v_1 + cv_0 &= 0 \\ v_n + cv_{n-1} + v_{n-2} &= 0 \qquad n = 2, 3, \dots, N-1 \\ v_{N-2} + cv_{N-1} &= 0 \end{aligned}$$

其中 $\mathbf{v} = [v_0 v_1 \dots v_{N-1}]^T$，由于 $|c| < 2$，对于 $n = 2, 3, \dots, N-1$ 的齐次方程的解由 z^n 给出，其中 $z = \exp(\pm j\theta)$，$c = -2\cos\theta$。因此，对于任意的复数 A 和某个 θ，其解为 $v_n = A\exp(j\theta n) + A^*\exp(-j\theta n)$。下一步证明，为了第一个和最后一个方程成立[注意，$\cos\theta$ 是周期的，周期为 $2(N+1)$]，θ 必须满足

$$\theta = \frac{2\pi m}{2(N+1)} \qquad m = 0, 1, \dots, 2N+1$$

对于不同的特征值，因而也是正交的特征矢量，以及满足约束条件 $|c| < 2$，我们选择

$$m = \begin{cases} 1, 3, 5, \dots, N, N+3, N+5, \dots, 2N & N \text{ 为奇数} \\ 1, 3, 5, \dots, N, N+2, N+4, \dots, 2N & N \text{ 为偶数} \end{cases}$$

最后，证明特征值由

$$r_{xx}[0] + 2r_{xx}[1]\cos\left[\frac{2\pi m}{2(N+1)}\right]$$

给出，注意，对大的 N，$\lambda_i \approx P_{xx}(f_i)$。

2.9 我们把 $|r_{xx}[M]|/r_{xx}[0]$ 相当小（比如 0.001）的 M 值定义为 WSS 随机过程的相关时间。对于相关函数为 $r_{xx}[k] = 0.9^{|k|}$ 的 WSS 随机过程，计算相关时间。其次，考虑一个过程 $x[n] = A$，其中 $A \sim \mathcal{N}(0, \sigma_A^2)$。证明这个过程是广义平稳的，这个过程的相关时间是多少？这个过程具有 (2.30) 式的渐近特征分解吗？

2.10 归一化的指数矢量由下式给出，

$$\mathbf{v}_i = \frac{1}{\sqrt{N}}[\,1 \ \exp(j2\pi f_i) \ \dots \ \exp(j2\pi f_i(N-1))\,]^T$$

其中 $i=0,1,\ldots,N-1$，$f_i=i/N$，证明它们是正交的，即

$$\mathbf{v}_m^H\mathbf{v}_n = \left\{ \begin{array}{ll} 1 & m=n \\ 0 & m\neq n \end{array} \right.$$

2.11 在本题中，我们得到自相关矩阵 $\mathbf{R}$ 在 $N\to\infty$ 时的一组实特征矢量集。为了简化结果，我们假定 N 是偶数，利用 (2.30) 式，我们首先将渐近特征矢量表示为 $\mathbf{v}_i=(\mathbf{c}_i+j\mathbf{s}_i)/\sqrt{N}$，其中

$$\mathbf{c}_i = [\ 1\ \cos(2\pi f_i)\ \ldots\ \cos[2\pi f_i(N-1)]\ ]^T$$

$$\mathbf{s}_i = [\ 0\ \sin(2\pi f_i)\ \ldots\ \sin[2\pi f_i(N-1)]\ ]^T$$

和 $f_i=i/N$。注意到 $\mathbf{s}_0=\mathbf{s}_{N/2}=\mathbf{0}$ 和 $\mathbf{c}_{N-i}=\mathbf{c}_i$，$\mathbf{s}_{N-i}=-\mathbf{s}_i$，证明

$$\mathbf{R} = \sum_{i=0}^{N-1} P_{xx}(f_i)\mathbf{v}_i\mathbf{v}_i^H$$

$$= P_{xx}(f_0)\frac{\mathbf{c}_0\mathbf{c}_0^T}{N} + \sum_{i=1}^{\frac{N}{2}-1} P_{xx}(f_i)\frac{\mathbf{c}_i\mathbf{c}_i^T+\mathbf{s}_i\mathbf{s}_i^T}{N/2} + P_{xx}(f_{N/2})\frac{\mathbf{c}_{N/2}\mathbf{c}_{N/2}^T}{N}$$

其次，利用习题 2.10 的结果，证明矢量集

$$\left\{ \frac{\mathbf{c}_0}{\sqrt{N}}, \frac{\mathbf{c}_1}{\sqrt{N/2}}, \frac{\mathbf{s}_1}{\sqrt{N/2}}, \ldots, \frac{\mathbf{c}_{N/2-1}}{\sqrt{N/2}}, \frac{\mathbf{s}_{N/2-1}}{\sqrt{N/2}}, \frac{\mathbf{c}_{N/2}}{\sqrt{N}} \right\}$$

是正交的，因而是实的特征矢量。最后确定对应的特征值。

2.12 在本题中，我们考察自相关矩阵渐近特征分解的一种简单的直观推导。首先证明

$$[\mathbf{R}]_{mn}=r_{xx}[m-n] \approx \frac{1}{N}\sum_{i=0}^{N-1} P_{xx}(f_i)\exp[j2\pi f_i(m-n)]$$

对大的 N 是渐近成立的，其中 $f_i=i/N$。然后证明，这等价于

$$[\mathbf{R}]_{mn} = \sum_{i=0}^{N-1} P_{xx}(f_i)[\mathbf{v}_i]_m[\mathbf{v}_i]_n^*$$

其中

$$\mathbf{v}_i = \frac{1}{\sqrt{N}}[\ 1\ \exp(j2\pi f_i)\ \ldots\ \exp(j2\pi f_i(N-1))\ ]^T$$

并且注意到 $\mathbf{v}_i$ 是正交的（参见习题 2.10）。最后推导 (2.32) 式，并且求出特征值和特征矢量。

2.13 证明，如果 $\mathbf{R}$ 具有 (2.32) 式的特征分解，那么

$$\det(\mathbf{R}) = \prod_{i=0}^{N-1}\lambda_i$$

$$\mathbf{R}^{-1} = \sum_{i=0}^{N-1}\frac{1}{\lambda_i}\mathbf{v}_i\mathbf{v}_i^H$$

2.14 修改附录 2E 的 MATLAB 程序 montecarlo.m，如果 $x[n]\sim\mathcal{N}(0,5)$，$N=50$，且样本是独立同分布的，求 $\Pr\{(1/N)\sum_{n=0}^{N-1}x^2[n]>5\}$，将你的结果与理论概率进行比较。提示：利用中心极限定理。

2.15 通过蒙特卡洛计算机模拟来确定检测概率 P_D，已知 $P_D\geqslant0.8$。对于 95% 的置信度，相对误差的绝对值不大于 0.01，蒙特卡洛模拟的实验次数应该为多少？

附录 2A 要求的蒙特卡洛实验次数

我们用 $\hat{P} = M_\gamma / M$ 来估计 $P = \Pr\{T > \gamma\}$，其中 M 是实验（或现实）的总次数，M_γ 是 $T > \gamma$ 的实验次数。我们首先确定 $\hat{P}$ 的 PDF，定义随机变量 ξ_i，如下所示：

$$\xi_i = \begin{cases} 1, & T_i > \gamma \\ 0, & T_i < \gamma \end{cases}$$

其中 T_i 是第 i 次实验的结果。随机变量 ξ_i 是贝努利随机变量，成功（$\xi_i = 1$）的概率为 P。这样，$E(\xi_i) = P$，且 P 的估计是样本均值，即

$$\hat{P} = \frac{1}{M} \sum_{i=1}^{M} \xi_i$$

由于 ξ_i 是独立同分布的，我们根据中心极限定理可以认为，对于大的 M，$\hat{P}$ 是近似高斯的，它的均值为

$$E(\hat{P}) = \frac{1}{M} \sum_{i=1}^{M} E(\xi_i) = \frac{1}{M} \sum_{i=1}^{M} 1 \cdot \Pr\{T_i > \gamma\} = P$$

它的方差为

$$\operatorname{var}(\hat{P}) = \operatorname{var}\left(\frac{1}{M} \sum_{i=1}^{M} \xi_i\right) = \frac{\operatorname{var}(\xi_i)}{M}$$

由于 ξ_i 是独立同分布的，因而也是不相关的，具有相同的方差，但是

$$\begin{aligned} \operatorname{var}(\xi_i) &= E(\xi_i^2) - E^2(\xi_i) = 1^2 \cdot \Pr\{T_i > \gamma\} - (1 \cdot \Pr\{T_i > \gamma\})^2 \\ &= P - P^2 = P(1 - P) \end{aligned}$$

这样

$$\operatorname{var}(\hat{P}) = \frac{P(1 - P)}{M}$$

最后我们有

$$\hat{P} \overset{a}{\sim} \mathcal{N}\left(P, \frac{P(1 - P)}{M}\right)$$

那么相对误差 $e = (\hat{P} - P)/P$ 的 PDF 为

$$e = \frac{\hat{P} - P}{P} \overset{a}{\sim} \mathcal{N}\left(0, \frac{1 - P}{MP}\right)$$

为了保证对于 $100(1 - \alpha)\%$ 的置信度，相对误差的绝对值不大于 ϵ，我们要求

$$\Pr\{|e| > \epsilon\} \leqslant \alpha$$

或者

$$2\Pr\{e > \epsilon\} \leqslant \alpha$$

于是

$$2Q\left(\frac{\epsilon}{\sqrt{\frac{1 - P}{MP}}}\right) \leqslant \alpha$$

求解可得 M 应满足

$$M \geqslant \frac{[Q^{-1}(\alpha/2)]^2(1 - P)}{\epsilon^2 P}$$

附录 2B　正态概率纸

为了构造正态概率纸，使 $Q(x)$ 以一条直线形式出现，我们首先选择垂直轴的范围。一般选择间隔 $[0.0001, 0.9999]$，纵轴用 $\{y_1, y_2, \ldots, y_L\}$ 标记，其中 $y_1 = 0.0001$，$y_L = 0.9999$，且 L 选择奇数，$y_i = 1 - y_{L+1-i}$，所以 $y_{(L+1)/2} = 0.5$。对于 MATLAB 程序，$L = 11$，有

$$\mathbf{y} = [0.0001\ 0.001\ 0.01\ 0.1\ 0.3\ 0.5\ 0.7\ 0.9\ 0.99\ 0.999\ 0.9999]^T$$

横轴选择的范围为间隔 $[-Q^{-1}(y_1), Q^{-1}(y_1)]$，如图 2.11 所示。为了使 $y = Q(x)$ 以一条直线形式出现，我们必须将 y 的值扭曲为 $Y_i = mQ^{-1}(y_i) + 1/2$，从图 2.11 可以求出斜率 m 为

$$m = \frac{2y_1 - 1}{2Q^{-1}(y_1)}$$

为了画出点 (x_i, y_i)，我们将它转换为 $(x_i, Y_i) = (x_i, mQ^{-1}(y_i) + 1/2)$，为了得到真实的 y 值（扭曲前），我们在 $Y_i = mQ^{-1}(y_i) + 1/2$ 做一个标记，但仍将它们记为 y_i。下面列出的 MATLAB 程序 plotprob.m 在正态概率纸上画出了右尾概率。如果有要求，也可以画出高斯右尾概率 $Q(x)$ 以用于比较。

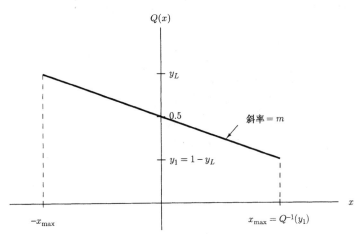

图 2.11　正态概率纸的构造

```
function plotprob(x,Qx,xlab,ylab,nor)
% This program plots a set of right-tail probabilities
% (complementary cumulative distribution function) on normal
% probability paper.
%
% Input Parameters:
%
%   x    - Real column vector of x values for desired
%          right-tail probabilities
%   Qx   - Real column vector of corresponding
%          right-tail probabilities
%   xlab - Label for x axis (enclose in single quotes)
%   ylab - Label for y axis (enclose in single quotes)
%   nor  - Set equal to 1 for Gaussian right-tail probabilit
%          to be plotted for comparison, and 0 otherwise
```

```
%
%  Verification Test Case:
%
%  The inputs x=[-5:0.01:5]';Qx=0.5*Q(x)+0.5*Q(x/sqrt(2));
%  xlab='x'; ylab='Right-tail Probability';nor=1;
%  should produce Figure 2.4.
%
%  Set up y-axis values.
   y=[0.0001 0.001 0.01 0.1 0.3 0.5 0.7 0.9 0.99 0.999 0.9999]';
%  Set up x-axis limits.
   xmax=Qinv(min(y));
%  Warp y values for plotting.
   m=(2*min(y)-1)/(2*xmax);
   Y=m*Qinv(Qx)+0.5;
%  Check to see if Q(x) (Gaussian right-tail probability)
%  is to be plotted.
   if nor==1
     xnor=[-xmax:0.01:xmax]';
     ynor=m*xnor+0.5;
     plot(x,Y,'-',xnor,ynor,'--')
   else
     plot(x,Y)
   end
   xlabel(xlab)
   ylabel(ylab)
   axis([-xmax xmax min(y) max(y)]);
%  Determine y tick mark locations by warping.
   Ytick=m*Qinv(y)+0.5;
%  Set up y axis labels.
   t=['0.0001';' 0.001';'  0.01';'   0.1';'   0.3';'   0.5';...
      '   0.7';'   0.9';'  0.99';' 0.999';'0.9999'];
   set(gca,'Ytick',Ytick)
   set(gca,'Yticklabels',t)
   grid
```

附录 2C 计算高斯右尾概率及其逆的 MATLAB 程序

Q. m

```
function y=Q(x)
% This program computes the right-tail probability
% (complementary cumulative distribution function) for
% a N(0,1) random variable.
%
% Input Parameters:
%
%   x - Real column vector of x values
%
% Output Parameters:
%
%   y - Real column vector of right-tail probabilities
%
% Verification Test Case:
%
% The input x=[0 1 2]'; should produce y=[0.5 0.1587 0.0228]'.
%
  y=0.5*erfc(x/sqrt(2));
```

Qinv. m

```
function y=Qinv(x)
% This program computes the inverse Q function or the value
% which is exceeded by a N(0,1) random variable with a
% probability of x.
%
% Input Parameters:
%
%   x - Real column vector of right-tail probabilities
%       (in interval [0,1])
%
% Output Parameters:
%
%   y - Real column vector of values of random variable
%
% Verification Test Case:
%
% The input x=[0.5 0.1587 0.0228]'; should produce
% y=[0 0.9998 1.9991]'.
%
  y=sqrt(2)*erfinv(1-2*x);
```

附录 2D 计算中心化和非中心化 χ^2 的右尾概率

本附录列出的 MATLAB 程序用于计算随机变量 $\chi'^2_\nu(\lambda)$ 的右尾概率。为了得到中心化随机变量 χ^2 或者 χ^2_ν 的结果，令 $\lambda = 0$。该算法是根据 [Mitchell and Walker 1971] 中描述的类似算法。

由 (2.15) 式，我们有

$$p(x) = \sum_{k=0}^{\infty} \frac{\exp(-\lambda/2)(\lambda/2)^k}{k!} \frac{x^{\nu/2+k-1}\exp(-\frac{1}{2}x)}{2^{\nu/2+k}\Gamma(\nu/2+k)}$$

右尾概率是

$$Q_{\chi'^2_\nu(\lambda)}(x) = \int_x^{\infty} p(t)dt = \sum_{k=0}^{\infty} \frac{\exp(-\lambda/2)(\lambda/2)^k}{k!} \int_x^{\infty} \frac{t^{\nu/2+k-1}\exp(-\frac{1}{2}t)}{2^{\nu/2+k}\Gamma(\nu/2+k)}dt$$

积分正好是 $Q_{\chi^2_{\nu+2k}}(x)$，即中心化 $\chi^2_{\nu+2k}$ 随机变量的右尾概率，由 (2.10) 式和 (2.11) 式给出，因此

$$Q_{\chi'^2_\nu(\lambda)}(x) = \sum_{k=0}^{\infty} \frac{\exp(-\lambda/2)(\lambda/2)^k}{k!} Q_{\chi^2_{\nu+2k}}(x) \tag{2D.1}$$

根据 ν 的值是偶数还是奇数，我们考虑两种情况。首先假定 ν 是偶数，那么 $\nu+2k$ 也是偶数，应用 (2.10) 式，令 $m = \nu + 2k$，我们有

$$Q_{\chi^2_m}(x) = \exp(-x/2) \sum_{l=0}^{\frac{m}{2}-1} \frac{(x/2)^l}{l!} \qquad m \geqslant 2$$

为了建立这个式子的递推式，我们考察下式，

$$Q_{\chi^2_m}(x) = \exp(-x/2) \sum_{l=0}^{\frac{m-2}{2}-1} \frac{(x/2)^l}{l!} + \exp(-x/2)\frac{(x/2)^{\frac{m}{2}-1}}{(\frac{m}{2}-1)!}$$

$$= Q_{\chi^2_{m-2}}(x) + g(x,m)$$

又

$$g(x,m) = \frac{x/2}{\frac{m}{2}-1} \frac{\exp(-x/2)(x/2)^{\frac{m-2}{2}-1}}{\left(\frac{m-2}{2}-1\right)!}$$

所以

$$g(x,m) = g(x,m-2)\frac{x}{m-2}$$

递推的初始条件为

$$Q_{\chi^2_2}(x) = g(x,2) = \exp(-x/2)$$

对于 ν 是奇数，$m = \nu + 2k$ 将是奇数，应用到 (2.11) 式，这样

$$Q_{\chi^2_m}(x) = \begin{cases} 2Q(\sqrt{x}) & m = 1 \\ 2Q(\sqrt{x}) + \underbrace{\frac{\exp(-\frac{1}{2}x)}{\sqrt{\pi}} \sum_{l=1}^{\frac{m-1}{2}} \frac{(l-1)!(2x)^{l-\frac{1}{2}}}{(2l-1)!}}_{Q'_{\chi^2_m}(x)} & m \geqslant 3 \end{cases}$$

假定 $\nu \geqslant 3$，那么 $m = \nu + 2k \geqslant 3$，由 (2D.1) 式，我们有

$$Q_{\chi_\nu^2(\lambda)}(x) = \sum_{k=0}^{\infty} \frac{\exp(-\lambda/2)(\lambda/2)^k}{k!}\left[2Q(\sqrt{x}) + Q'_{\chi_{\nu+2k}^2}(x)\right]$$

$$= 2Q(\sqrt{x}) + \sum_{k=0}^{\infty} \frac{\exp(-\lambda/2)(\lambda/2)^k}{k!}Q'_{\chi_{\nu+2k}^2}(x)$$

由于

$$\sum_{k=0}^{\infty} \frac{(\lambda/2)^k}{k!} = \exp(\lambda/2)$$

为了推导 $Q'_{\chi_m^2}(x)$ 的递推式, 假定 m 是奇数,

$$Q'_{\chi_m^2}(x) = \frac{\exp(-x/2)}{\sqrt{\pi}}\sum_{l=1}^{\frac{m-1}{2}}\frac{(l-1)!}{(2l-1)!}(2x)^{l-\frac{1}{2}}$$

$$= \frac{\exp(-x/2)}{\sqrt{\pi}}\sum_{l=1}^{\frac{m-2-1}{2}}\frac{(l-1)!}{(2l-1)!}(2x)^{l-\frac{1}{2}} + \frac{\exp(-x/2)}{\sqrt{\pi}}\frac{\left(\frac{m-1}{2}-1\right)!}{\left[2\left(\frac{m-1}{2}\right)-1\right]!}(2x)^{\frac{m-1}{2}-\frac{1}{2}}$$

$$= Q'_{\chi_{m-2}^2}(x) + g(x,m)$$

又

$$g(x,m) = \frac{\exp(-x/2)}{\sqrt{\pi}}\frac{\left(\frac{m-3}{2}\right)!}{(m-2)!}(2x)^{\frac{m-2}{2}}$$

$$= 2x\frac{\left(\frac{m-3}{2}\right)}{(m-2)(m-3)}\cdot\frac{\exp(-x/2)}{\sqrt{\pi}}\frac{\left(\frac{m-5}{2}\right)!}{(m-4)!}(2x)^{\frac{m-4}{2}}$$

$$= g(x,m-2)\frac{x}{m-2}$$

其中递推的初始条件为　　　　　$Q'_{\chi_3^2}(x) = g(x,3) = \sqrt{\frac{2x}{\pi}}\exp(-x/2)$

如果 $\nu = 1$, 那么对于 $k = 0$, 我们有 $m = \nu + 2k = 1$。在这种情况下,

$$Q_{\chi_m^2}(x) = 2Q(\sqrt{x})$$

所以　　　　　　　　　　　　　　$Q'_{\chi_1^2}(x) = 0$

　　为了确定求和要求多少项, 我们首先选择 $M+1$ 项, 使得截断误差小于 ϵ。为了求出 M, 由 (2D.1)式, 我们有

$$\epsilon = \sum_{k=M+1}^{\infty}\frac{\exp(-\lambda/2)(\lambda/2)^k}{k!}Q_{\chi_{\nu+2k}^2}(x)$$

但是 $Q_{\chi_{\nu+2k}^2}(x) < 1$, 所以

$$\epsilon < \sum_{k=M+1}^{\infty}\frac{\exp(-\lambda/2)(\lambda/2)^k}{k!}$$

$$= \exp(-\lambda/2)\sum_{k=0}^{\infty}\frac{(\lambda/2)^k}{k!} - \sum_{k=1}^{M}\frac{\exp(-\lambda/2)(\lambda/2)^k}{k!}$$

$$= 1 - \exp(-\lambda/2)\sum_{k=0}^{M}\frac{(\lambda/2)^k}{k!}$$

为了保证误差小于 M，对于给定的 ϵ 和 λ，我们要求

$$\sum_{k=0}^{M} \frac{(\lambda/2)^k}{k!} > \exp(-\lambda/2)(1-\epsilon) \tag{2D.2}$$

从 $(2D.2)$ 式可以求得 M 值。

Qchipr2. m

```
function P=Qchipr2(nu,lambda,x,epsilon)
%
% This program computes the right-tail probability
% of a central or noncentral chi-squared PDF.
%
% Input Parameters:
%
%   nu      = Degrees of freedom (1,2,3,etc.)
%   lambda  = Noncentrality parameter (must be positive),
%             set = 0 for central chi-squared PDF
%   x       = Real scalar value of random variable
%   epsilon = maximum allowable error (should be a small
%             number such as 1e-5) due to truncation of the
%             infinite sum
%
% Output Parameters:
%
%   P       = right-tail probability or the probability that
%             the random variable exceeds the given value
%             (1 - CDF)
%
% Verification Test Case:
%
%   The inputs nu=1, lambda=2, x=0.5, epsilon=0.0001
%   should produce P=0.7772.
%   The inputs nu=5, lambda=6, x=10, epsilon=0.0001
%   should produce P=0.5063.
%   The inputs nu=8, lambda=10, x=15, epsilon=0.0001
%   should produce P=0.6161.
%
% Determine how many terms in sum to be used (find M).
t=exp(lambda/2)*(1-epsilon);
sum=1;
M=0;
while sum < t
  M=M+1;
  sum=sum+((lambda/2)^M)/prod(1:M);
end
% Use different algorithms for nu even or odd.
if (nu/2-floor(nu/2)) == 0  % nu is even.
% Compute k=0 term of sum.
% Compute Qchi2_nu(x).
% Start recursion with Qchi2_2(x).
    Q2=exp(-x/2); g=Q2;
    for m=4:2:nu  % If nu=2, loop will be omitted.
      g=g*x/(m-2);
      Q2=Q2+g;
    end
% Finish computation of k=0 term.
    P=exp(-lambda/2)*Q2;
% Compute remaining terms of sum.
    for k=1:M
      m=nu+2*k;
      g=g*x/(m-2); Q2=Q2+g;
```

```
            arg=(exp(-lambda/2)*(lambda/2)^k)/prod(1:k);
            P=P+arg*Q2;
        end
    else   % nu is odd.
%  Compute k=0 term of sum.
        P=2*Q(sqrt(x));
%  Start recursion with Qchi2p_3(x).
        Q2p=sqrt(2*x/pi)*exp(-x/2); g=Q2p;
        if nu >1
            for m=5:2:nu  %  If nu=3, loop will be omitted.
                g=g*x/(m-2);
                Q2p=Q2p+g;
            end
            P=P+exp(-lambda/2)*Q2p;

%  Compute remaining terms of sum.
            for k=1:M
                m=nu+2*k;
                g=g*x/(m-2); Q2p=Q2p+g;

                arg=(exp(-lambda/2)*(lambda/2)^k)/prod(1:k);
                P=P+arg*Q2p;
            end
        else
%  If nu=1, the k=0 term is just Qchi2_1(x)=2Q(sqrt(x)).
%  Add the k=0 and k=1 terms.
            P=P+exp(-lambda/2)*(lambda/2)*Q2p;
%  Compute remaining terms.
            for k=2:M
                m=nu+2*k;
                g=g*x/(m-2); Q2p=Q2p+g;
                arg=(exp(-lambda/2)*(lambda/2)^k)/prod(1:k);
                P=P+arg*Q2p;
            end
        end
    end
```

附录 2E 蒙特卡洛计算机模拟的 MATLAB 程序

montecarlo. m

```
%   This program is a Monte Carlo computer simulation that was
%   used to generate Figure 2.10a.
%
%   Set seed of random number generator to initial value.
    randn('seed',0);
%   Set up values of variance, data record length, and number
%   of realizations.
    var=10;
    N=10;
    M=1000;
%   Dimension array of realizations.
    T=zeros(M,1);
%   Compute realizations of the sample mean.
    for i=1:M
      x=sqrt(var)*randn(N,1);
      T(i)=mean(x);
    end
%   Set number of values of gamma.
    ngam=100;
%   Set up gamma array.
    gammamin=min(T);
    gammamax=max(T);
    gamdel=(gammamax-gammamin)/ngam;
    gamma=[gammamin:gamdel:gammamax]';
%   Dimension P (the Monte Carlo estimate) and Ptrue
%   (the theoretical or true probability).
    P=zeros(length(gamma),1);Ptrue=P;
%   Determine for each gamma how many realizations exceeded
%   gamma (Mgam) and use this to estimate the probability.
    for i=1:length(gamma)
      clear Mgam;
      Mgam=find(T>gamma(i));
      P(i)=length(Mgam)/M;
    end
%   Compute the true probability.
    Ptrue=Q(gamma/(sqrt(var/N)));
    plot(gamma,P,'-',gamma,Ptrue,'--')
    xlabel('gamma')
    ylabel('P(T>gamma)')
    grid
```

第3章 统计判决理论 I

3.1 引言

本章我们为噪声中信号检测的设计奠定统计的基础。这些方法是源于假设检验的理论,特别是对应每一种假设的 PDF 完全已知时,我们称其为简单假设。而更为复杂的则是 PDF 具有未知参数,对此我们将在第6章讨论。简单假设检验的基本方法是基于 Neyman-Pearson 定理的经典方法,以及基于使贝叶斯风险最小的贝叶斯方法。这些方法很多都类似于估计理论中的经典方法和贝叶斯方法,具体方法的使用依赖于我们能利用多少每种假设出现的概率的先验知识。合适的方法的选择取决于手头要解决的问题。声呐和雷达系统通常采用 Neyman-Pearson(NP)准则,而通信和模式识别系统则采用贝叶斯风险。

3.2 小结

给定虚警概率,使检测概率最大的检测器是由 Neyman-Pearson 定理得到的似然比检验,如(3.3)式所示,门限由虚警概率的约束条件得到。对于均值偏移的高斯 – 高斯假设检验问题,检测性能如(3.10)式所示,它与(3.9)式的偏移系数呈现单调变化的关系。检测器的性能也可以用 3.4 节讨论的接收机的工作特性来总结。在某些检测问题中,某些数据子集由于对判决而言是不相干的而将其放弃,这将在 3.5 节中讨论,不相干数据的条件如(3.11)式所示。为了使如(3.12)式给出的错误判决概率最小,我们应该采用(3.13)式的检测器,其中的门限现在则由假设的先验概率确定。当两个假设的先验概率相等时,检测器变成了(3.14)式的最大似然检测器。更为一般的是,使错误概率最小的最佳判决规则是(3.16)式给出的最大后验概率检测器。正如 3.7 节由(3.18)式给出的检测器那样,最小错误概率准则是贝叶斯风险的推广。对于多元假设检验,(3.21)式给出了使贝叶斯风险最小的判决规则。对于多假设检验,本章专门研究了由最小错误概率准则导出(3.22)式的最大后验概率检测器以及(3.24)式的最大似然检测器。

3.3 Neyman-Pearson 定理

在讨论信号检测的 Neyman-Pearson(NP)方法中,我们将集中讨论一个假设检验的简单例子。假定我们观察一个随机变量的一个现实,它的 PDF 是 $\mathcal{N}(0,1)$ 或 $\mathcal{N}(1,1)$,$\mathcal{N}(\mu,\sigma^2)$ 表示均值为 μ、方差为 σ^2 的高斯 PDF。因此,我们必须根据单个观测 $x[0]$ 来确定 $\mu=0$ 还是 $\mu=1$。μ 的每个可能值可以看成一个假设,这样我们的问题就变成了在两种假设中做出选择。可以总结如下:

$$\begin{aligned} \mathcal{H}_0 &: \mu = 0 \\ \mathcal{H}_1 &: \mu = 1 \end{aligned} \tag{3.1}$$

其中 $\mathcal{H}_0$ 称为零假设,$\mathcal{H}_1$ 称为备选假设。由于我们必须从两个假设中进行选择,因此这个问题称为二元假设检验。两种假设下的 PDF 如图 3.1 所示,由于均值上的差异,使得在 $\mathcal{H}_1$ 条件下的 PDF 偏向右边。根据单个样本,很难确定是哪个 PDF 产生的。然而,如果 $x[0]>1/2$,一个合理的方法就是判 $\mathcal{H}_1$ 成立。这是因为如果 $x[0]>1/2$,那么观测到的样本更有可能是由 $\mathcal{H}_1$ 为真产生的。或者如果 $x[0]>1/2$,从图 3.1 我们有 $p(x[0];\mathcal{H}_1)>p(x[0];\mathcal{H}_0)$,那么我们的检测器

就是将观测数据与 1/2 进行比较，后者称
为门限。注意，利用这种方法可能会有两
种类型的错误。如果 $\mathcal{H}_0$ 为真时我们判
$\mathcal{H}_1$ 成立，则称为第一类错误；另一方面，
如果 $\mathcal{H}_1$ 为真时我们判 $\mathcal{H}_0$ 成立，则称为
第二类错误。图 3.2 显示了两种类型的错
误。$P(\mathcal{H}_i;\mathcal{H}_j)$ 表示 $\mathcal{H}_j$ 为真时判 $\mathcal{H}_i$ 成
立的概率。例如，$P(\mathcal{H}_1;\mathcal{H}_0) = \Pr\{x[0]$
$>1/2;\mathcal{H}_0\}$，如图中的黑影部分所示。这

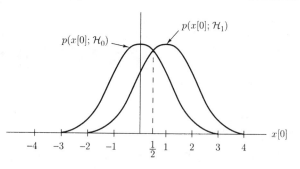

图 3.1　假设检验问题的 PDF

两类错误在某种程度上是不可避免的，但相互可以折中。为此，我们只需要改变门限，如图 3.3
所示。很清楚，第一类错误概率[$P(\mathcal{H}_1;\mathcal{H}_0)$]的减少是以增加第二类错误概率[$P(\mathcal{H}_0;\mathcal{H}_1)$]
为代价的。两类错误概率同时减少是不可能的，在最佳检测器的设计中，典型的方法将固定一个
错误概率而使另一个错误概率最小。我们选择 $P(\mathcal{H}_1;\mathcal{H}_0)$ 为固定值，用 α 表示。如果我们把
(3.1)式的问题看成试图区分两种假设

$$\mathcal{H}_0 : x[0] = w[0]$$
$$\mathcal{H}_1 : x[0] = s[0] + w[0]$$

其中 $s[0]=1$，$w[0] \sim \mathcal{N}(0,1)$，那么就成为信号检测问题。$\mathcal{H}_0$ 为真时判 $\mathcal{H}_1$ 成立可看成虚警，
因此 $P(\mathcal{H}_1;\mathcal{H}_0)$ 就称为虚警概率，用 P_{FA} 表示。通常这是一个很小的值，例如 10^{-8}，适用于可能
产生巨大影响的情况。例如，如果错误地认为敌人的飞机出现，我们可能会发起一次攻击。为了
设计最佳检测器，我们要设法使另一个错误概率 $P(\mathcal{H}_0;\mathcal{H}_1)$ 最小，或者等价于使
$1 - P(\mathcal{H}_0;\mathcal{H}_1)$ 最大，后者正好是 $P(\mathcal{H}_1;\mathcal{H}_1)$，在信号检测问题中称为检测概率，用 P_D 表示。
这种方法在假设检验或信号检测中称为 Neyman-Pearson(NP)方法。总体来说就是，给定约束条
件 $P_{FA} = P(\mathcal{H}_1;\mathcal{H}_0) = \alpha$，我们希望使 $P_D = P(\mathcal{H}_1;\mathcal{H}_1)$ 最大。

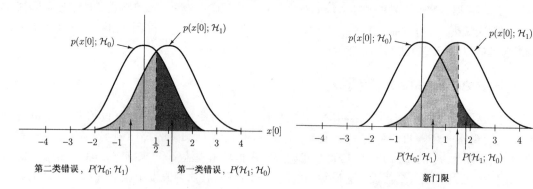

图 3.2　可能的假设检验错误和它们的概率　　图 3.3　通过调整门限来折中考虑两类错误概率

回到前一个例子，由于

$$
\begin{aligned}
P_{FA} &= P(\mathcal{H}_1;\mathcal{H}_0) = \Pr\{x[0] > \gamma;\mathcal{H}_0\} \\
&= \int_{\gamma}^{\infty} \frac{1}{\sqrt{2\pi}} \exp\left(-\frac{1}{2}t^2\right) dt = Q(\gamma)
\end{aligned}
$$

我们可以通过约束 P_{FA} 来选择门限 γ。例如，如果 $P_{FA} = 10^{-3}$，我们有 $\gamma = 3$。因此，如果 $x[0] > 3$，
我们判 $\mathcal{H}_1$ 成立。进一步说，采用这种选择，我们有

$$P_D = P(\mathcal{H}_1; \mathcal{H}_1) = \mathrm{Pr}\{x[0] > \gamma; \mathcal{H}_1\}$$

$$= \int_\gamma^\infty \frac{1}{\sqrt{2\pi}} \exp\left[-\frac{1}{2}(t-1)^2\right] dt = Q(\gamma - 1) = Q(2) = 0.023$$

在本例中问题出现了，$P_D = 0.023$ 是否是该问题的最大 P_D。我们选择检测器在 $x[0] > \gamma$ 时判 $\mathcal{H}_1$ 成立仅仅只是一种猜测，是否有更好的方法呢？

在回答这个问题前，我们先描述一下一般情况检测器的工作过程。检测器的目的是根据观测数据集合 $\{x[0], x[1], \ldots, x[N-1]\}$ 判 $\mathcal{H}_0$ 或 $\mathcal{H}_1$，这是一个从每个可能的数值集到判决的映射。前一个例子的判决域（decision region）如图 3.4 所示，检测器可以认为是从数值到判决的映射。特别是，令 R_1 为 R^N 中的一个数值集合，则 R_1 是映射到判 $\mathcal{H}_1$ 的数值集，即

$$R_1 = \{\mathbf{x}: \text{判 } \mathcal{H}_1 \text{ 或拒绝 } \mathcal{H}_0\}$$

这个域在统计学中称为判定域（critical region），而在 R^N 中映射到判决 $\mathcal{H}_0$ 的点集是 R_1 的补集，即 $R_0 = \{\mathbf{x}: \text{判 } \mathcal{H}_0 \text{ 或拒绝 } \mathcal{H}_1\}$。很显然，由于 R_0 和 R_1 是对数据空间的一个划分，因此，$R_0 \cup R_1 = R^N$。对于前一个例子，判定域为 $x[0] > 3$，那么 P_{FA} 的约束条件就变成

$$P_{FA} = \int_{R_1} p(\mathbf{x}; \mathcal{H}_0) d\mathbf{x} = \alpha \quad (3.2)$$

在统计学中，α 称为显著性水平或者检验的尺度，存在许多满足（3.2）式的 R_1 集（参见习题 3.2），我们的目的是要选择使

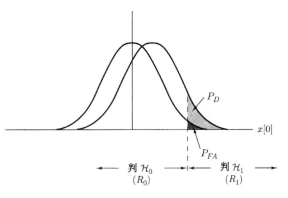

图 3.4 判决域和概率

$$P_D = \int_{R_1} p(\mathbf{x}; \mathcal{H}_1) d\mathbf{x}$$

最大的 R_1 集。在统计学中，P_D 称为检验的势（power of the test）。获得最大势的判定域称为最佳判定域。表 3.1 总结了统计术语与等价的工程术语对照表。

表 3.1 二元假设检验的统计术语对照表

统 计 术 语	工 程 术 语
检验统计量（$T(\mathbf{x})$）和门限（γ）	检测器
零假设（$\mathcal{H}_0$）	只有噪声假设
备选假设（$\mathcal{H}_1$）	信号 + 噪声假设
判定域	信号存在判决域
第一类错误（当 $\mathcal{H}_0$ 为真时判 $\mathcal{H}_1$ 成立）	虚警（FA）
第二类错误（当 $\mathcal{H}_1$ 为真时判 $\mathcal{H}_0$ 成立）	漏警（M）
显著性水平或检验的尺度（α）	虚警概率（P_{FA}）
第二类错误概率（β）	漏警概率（P_M）
检验的势（$1 - \beta$）	检测概率（P_D）

Neyman-Pearson 定理告诉我们，假如给定 $p(\mathbf{x}; \mathcal{H}_0)$、$p(\mathbf{x}; \mathcal{H}_1)$ 和 α，应如何选择 R_1。

定理 3.1（Neyman-Pearson） 对于一个给定的 $P_{FA} = \alpha$，使 P_D 最大的判决为

$$L(\mathbf{x}) = \frac{p(\mathbf{x}; \mathcal{H}_1)}{p(\mathbf{x}; \mathcal{H}_0)} > \gamma \qquad\qquad (3.3)$$

其中门限 γ 由

$$P_{FA} = \int_{\{\mathbf{x}:L(\mathbf{x})>\gamma\}} p(\mathbf{x}; \mathcal{H}_0)d\mathbf{x} = \alpha$$

求出。证明在附录 3A 中给出。函数 $L(\mathbf{x})$ 称为似然比，它描述了对于每一个 $\mathbf{x}$ 值，$\mathcal{H}_1$ 的可能性与 $\mathcal{H}_0$ 的可能性的比值。(3.3)式称为似然比检验(likelihood ratio test, LRT)。下面给出一些例子来说明 NP 检验。

例 3.1　入门例子(继续)

对于(3.1)式描述的假设检验，我们很容易求得 NP 检验。假定我们要求虚警概率为 $P_{FA} = 10^{-3}$，那么根据(3.3)式，如果

$$\frac{p(\mathbf{x}; \mathcal{H}_1)}{p(\mathbf{x}; \mathcal{H}_0)} = \frac{\frac{1}{\sqrt{2\pi}} \exp\left[-\frac{1}{2}(x[0]-1)^2\right]}{\frac{1}{\sqrt{2\pi}} \exp\left[-\frac{1}{2}x^2[0]\right]} > \gamma$$

或者

$$\exp\left[-\frac{1}{2}(x^2[0] - 2x[0] + 1 - x^2[0])\right] > \gamma$$

或最终

$$\exp\left(x[0] - \frac{1}{2}\right) > \gamma \qquad\qquad (3.4)$$

我们应该判 $\mathcal{H}_1$。这时，根据虚警概率约束条件，

$$P_{FA} = \Pr\left\{\exp\left(x[0] - \frac{1}{2}\right) > \gamma; \mathcal{H}_0\right\} = 10^{-3}$$

我们可以确定 γ，这需要我们去求 $\exp(x[0] - 1/2)$ 的 PDF。更为简便的方法是注意到如果我们在(3.4)式两边取对数，不等号是不变的。这是因为对数是单调递增函数(参见习题 3.3)。另外，由于 $\gamma > 0$，我们可以令 $\gamma = \exp(\beta)$，如果

$$\exp\left(x[0] - \frac{1}{2}\right) > \exp(\beta)$$

或

$$x[0] > \beta + \frac{1}{2} = \ln\gamma + \frac{1}{2}$$

我们判 $\mathcal{H}_1$。令 $\gamma' = \ln\gamma + 1/2$，如果 $x[0] > \gamma'$，我们判 $\mathcal{H}_1$。利用 P_{FA} 的约束条件，

$$P_{FA} = \Pr\{x[0] > \gamma'; \mathcal{H}_0\} = 10^{-3}$$
$$\int_{\gamma'}^{\infty} \frac{1}{\sqrt{2\pi}} \exp\left(-\frac{1}{2}t^2\right) dt = 10^{-3}$$

我们可以解出 γ' (或等价于解出 γ)，所以 $\gamma' = 3$。NP 检验就是如果 $x[0] > 3$，则判 $\mathcal{H}_1$。这样，前一个例子的检测器确实是 NP 意义下的使检测概率 P_D 最大的最佳检测器。正如前面所求得的那样，如下所示可得

$$P_D = \Pr\{x[0] > 3; \mathcal{H}_1\} = \int_3^{\infty} \frac{1}{\sqrt{2\pi}} \exp\left[-\frac{1}{2}(t-1)^2\right] Dt = 0.023$$

注意，检测性能是很差的。尽管我们能满足虚警的约束条件，但我们只能在很少的一部分时间内检测到信号。为了改善检测性能，我们可以采用折中的方式增加 P_{FA}。例如，如果 $P_{FA} = 0.5$，那么门限可以从下式得到，

$$0.5 = \int_{\gamma'}^{\infty} \frac{1}{\sqrt{2\pi}} \exp\left(-\frac{1}{2}t^2\right) dt$$

由此可得 $\gamma' = 0$，那么

$$
\begin{aligned}
P_D &= \int_{\gamma'}^{\infty} \frac{1}{\sqrt{2\pi}} \exp\left[-\frac{1}{2}(t-1)^2\right] dt = \int_{0}^{\infty} \frac{1}{\sqrt{2\pi}} \exp\left[-\frac{1}{2}(t-1)^2\right] dt \\
&= Q\left(\frac{0-1}{1}\right) = Q(-1) = 1 - Q(1) = 0.84
\end{aligned}
$$

[回想到如果 $x \sim \mathcal{N}(\mu, \sigma^2)$，对门限为 γ' 的右尾概率是 $Q((\gamma' - \mu)/\sigma)$，请参见第 2 章。]通过改变门限，我们就可以在 P_{FA} 和 P_D 之间进行折中，这一点将在下一节进一步讨论。

例 3.2　WGN 中的 DC 电平

现在考虑一个更为一般的信号检测问题

$$
\begin{aligned}
\mathcal{H}_0 &: x[n] = w[n] & n = 0, 1, \dots, N-1 \\
\mathcal{H}_1 &: x[n] = A + w[n] & n = 0, 1, \dots, N-1
\end{aligned}
$$

其中信号是 $s[n] = A\,(A > 0)$，$w[n]$ 是方差为 σ^2 的 WGN。前一个例子刚好是当 $A = 1$、$N = 1$ 和 $\sigma^2 = 1$ 时的特殊情况。而且注意到，目前的问题实际上是多维高斯 PDF 均值的检验。这是因为在 $\mathcal{H}_0$ 条件下，$\mathbf{x} \sim \mathcal{N}(\mathbf{0}, \sigma^2 \mathbf{I})$，而在 $\mathcal{H}_1$ 条件下，$\mathbf{x} \sim \mathcal{N}(A\mathbf{1}, \sigma^2 \mathbf{I})$，其中 $\mathbf{1}$ 是全"1"矢量。因此，等价地我们有

$$
\begin{aligned}
\mathcal{H}_0 &: \boldsymbol{\mu} = \mathbf{0} \\
\mathcal{H}_1 &: \boldsymbol{\mu} = A\mathbf{1}
\end{aligned}
$$

我们常常用 PDF 的参数检验来描述信号检测问题。现在的 NP 检测器就是当

$$\frac{\frac{1}{(2\pi\sigma^2)^{\frac{N}{2}}} \exp\left[-\frac{1}{2\sigma^2} \sum_{n=0}^{N-1} (x[n] - A)^2\right]}{\frac{1}{(2\pi\sigma^2)^{\frac{N}{2}}} \exp\left[-\frac{1}{2\sigma^2} \sum_{n=0}^{N-1} x^2[n]\right]} > \gamma$$

时判 $\mathcal{H}_1$。两边同时取对数，得

$$-\frac{1}{2\sigma^2}\left(-2A \sum_{n=0}^{N-1} x[n] + NA^2\right) > \ln\gamma$$

经化简，得

$$\frac{A}{\sigma^2} \sum_{n=0}^{N-1} x[n] > \ln\gamma + \frac{NA^2}{2\sigma^2}$$

由于 $A > 0$，因此我们最后有

$$\frac{1}{N} \sum_{n=0}^{N-1} x[n] > \frac{\sigma^2}{NA} \ln\gamma + \frac{A}{2} = \gamma' \tag{3.5}$$

NP 检测器将样本均值 $\bar{x} = (1/N) \sum_{n=0}^{N-1} x[n]$ 与门限 γ' 进行比较。直观地理解这是合理的，因为 $\bar{x}$ 可以看成对 A 的估计。如果估计的值大且为正，那么有可能是存在信号。在我们判信号存在之前，估计的值究竟应该有多大，取决于我们对只由噪声引起的大的估计值的关心程度。为了避免这种可能性，我们必须调整 γ' 来控制 P_{FA}，利用大的门限值来减少 P_{FA}（同时也减少 P_D）。

为了确定检测性能，我们首先注意到在每种假设下，检验统计量 $T(\mathbf{x}) =$

$(1/N) \sum_{n=0}^{N-1} x[n]$ 是高斯的，均值和方差是

$$E(T(\mathbf{x}); \mathcal{H}_0) = E\left(\frac{1}{N}\sum_{n=0}^{N-1} w[n]\right) = \frac{1}{N}\sum_{n=0}^{N-1} E(w[n]) = 0$$

类似地，$E(T(\mathbf{x}); \mathcal{H}_1) = A$，且

$$\mathrm{var}(T(\mathbf{x}); \mathcal{H}_0) = \mathrm{var}\left(\frac{1}{N}\sum_{n=0}^{N-1} w[n]\right) = \frac{1}{N^2}\sum_{n=0}^{N-1} \mathrm{var}(w[n]) = \frac{\sigma^2}{N}$$

类似地，我们已经注意到噪声样本是不相关的，$\mathrm{var}(T(\mathbf{x}); \mathcal{H}_1) = \sigma^2/N$，这样

$$T(\mathbf{x}) \sim \begin{cases} \mathcal{N}(0, \frac{\sigma^2}{N}), & \text{在 } \mathcal{H}_0 \text{ 条件下} \\ \mathcal{N}(A, \frac{\sigma^2}{N}), & \text{在 } \mathcal{H}_1 \text{ 条件下} \end{cases}$$

那么，我们有

$$P_{FA} = \mathrm{Pr}\{T(\mathbf{x}) > \gamma'; \mathcal{H}_0\} = Q\left(\frac{\gamma'}{\sqrt{\sigma^2/N}}\right) \tag{3.6}$$

和

$$P_D = \mathrm{Pr}\{T(\mathbf{x}) > \gamma'; \mathcal{H}_1\} = Q\left(\frac{\gamma' - A}{\sqrt{\sigma^2/N}}\right) \tag{3.7}$$

我们注意到，由于 $1 - Q$ 是累积分布函数（CDF），并且是单调递增函数，因此 Q 函数是单调递减函数，这样我们就可以将 P_D 与 P_{FA} 直接联系起来。Q 存在逆函数，用 Q^{-1} 表示，那么，从(3.6)式可以求得门限为

$$\gamma' = \sqrt{\frac{\sigma^2}{N}} Q^{-1}(P_{FA})$$

和

$$P_D = Q\left(\frac{\sqrt{\sigma^2/N} Q^{-1}(P_{FA}) - A}{\sqrt{\sigma^2/N}}\right) = Q\left(Q^{-1}(P_{FA}) - \sqrt{\frac{NA^2}{\sigma^2}}\right) \tag{3.8}$$

从上式中可以看出，对于给定的 P_{FA}，检测性能随 NA^2/σ^2 单调递增，NA^2/σ^2 称为信号能量噪声比（signal energy-to-noise ratio，ENR）。在习题 3.5 中，ENR 采用了另外一种定义。图 3.5 中给出了对不同 P_{FA} 的检测性能。有时候将检测性能显示在正态概率纸上是很方便的（参见第 2 章）。如图 3.6 所示，检测性能与 $\sqrt{\mathrm{ENR}}$ 之间画出来是直线。其优点在于容易根据给定的 P_D 读出要求的 ENR，特别是 P_D 接近于 1 时。缺点是横坐标不是像工程中习惯使用的 dB。通常我们将使用前一种方法。

在前面的例子中给出了一种特别有用的假设检验问题，称为均值偏移高斯-高斯（mean-shifted Gauss-Gauss）问题。我们考察检验统计量 T 的值，如果 $T > \gamma'$，则判 $\mathcal{H}_1$，否则判 $\mathcal{H}_0$。假定 T 的 PDF 为

$$T \sim \begin{cases} \mathcal{N}(\mu_0, \sigma^2) & \text{在 } \mathcal{H}_0 \text{ 条件下} \\ \mathcal{N}(\mu_1, \sigma^2) & \text{在 } \mathcal{H}_1 \text{ 条件下} \end{cases}$$

其中 $\mu_1 > \mu_0$。两个假设的差别是 T 的均值有个偏移，我们希望在这两种假设中做出判决。在前面的例子中，$T = \bar{x}$，对于此类检测器，检测性能完全由偏移系数（deflection coefficient）d^2 确定。偏移系数定义为

$$d^2 = \frac{(E(T; \mathcal{H}_1) - E(T; \mathcal{H}_0))^2}{\mathrm{var}(T; \mathcal{H}_0)} = \frac{(\mu_1 - \mu_0)^2}{\sigma^2} \tag{3.9}$$

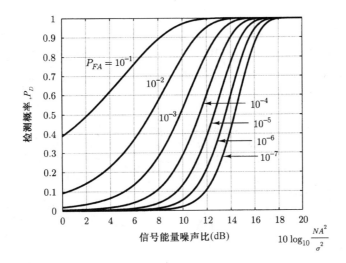

图 3.5　WGN 中 DC 电平的检测性能

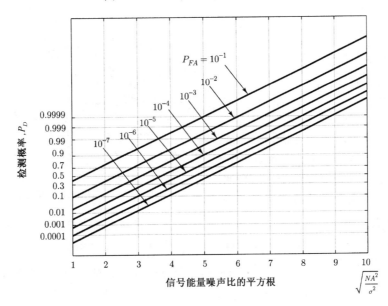

图 3.6　WGN 中 DC 电平的检测性能（正态概率纸）

当 $\mu_0 = 0$ 时，$d^2 = \mu_1^2 / \sigma^2$ 可以解释为信噪比（SNR）。为了验证检测性能与 d^2 的关系，我们有

$$P_{FA} = \Pr\{T > \gamma'; \mathcal{H}_0\} = Q\left(\frac{\gamma' - \mu_0}{\sigma}\right)$$

$$P_D = \Pr\{T > \gamma'; \mathcal{H}_1\} = Q\left(\frac{\gamma' - \mu_1}{\sigma}\right)$$

$$= Q\left(\frac{\mu_0 + \sigma Q^{-1}(P_{FA}) - \mu_1}{\sigma}\right) = Q\left(Q^{-1}(P_{FA}) - \left(\frac{\mu_1 - \mu_0}{\sigma}\right)\right)$$

利用（3.9）式，由于 $\mu_1 > \mu_0$，我们有

$$P_D = Q\left(Q^{-1}(P_{FA}) - \sqrt{d^2}\right) \tag{3.10}$$

因此检测性能随偏移系数单调变化。我们采用另外一个例子来结束本节。

例 3.3 方差的变化

本例说明的是可以采用高斯统计量的方差变化来区分两种假设。我们观察 $x[n]$（$n=0,1,\ldots,$ $N-1$），其中 $x[n]$ 是独立同分布的（IID），即 $x[n]$ 的一维 PDF 是相同的。假定在 $\mathcal{H}_0$ 条件下 $x[n] \sim \mathcal{N}(0, \sigma_0^2)$，和 $\mathcal{H}_1$ 条件下 $x[n] \sim \mathcal{N}(0, \sigma_1^2)$，其中 $\sigma_1^2 > \sigma_0^2$。那么 NP 检验为，如果

$$\frac{\frac{1}{(2\pi\sigma_1^2)^{\frac{N}{2}}} \exp\left(-\frac{1}{2\sigma_1^2}\sum_{n=0}^{N-1} x^2[n]\right)}{\frac{1}{(2\pi\sigma_0^2)^{\frac{N}{2}}} \exp\left(-\frac{1}{2\sigma_0^2}\sum_{n=0}^{N-1} x^2[n]\right)} > \gamma$$

则判 $\mathcal{H}_1$。两边取对数，得

$$-\frac{1}{2}\left(\frac{1}{\sigma_1^2} - \frac{1}{\sigma_0^2}\right)\sum_{n=0}^{N-1} x^2[n] > \ln\gamma + \frac{N}{2}\ln\frac{\sigma_1^2}{\sigma_0^2}$$

由于 $\sigma_1^2 > \sigma_0^2$，我们有

$$\frac{1}{N}\sum_{n=0}^{N-1} x^2[n] > \gamma'$$

其中

$$\gamma' = \frac{\frac{2}{N}\ln\gamma + \ln\frac{\sigma_1^2}{\sigma_0^2}}{\frac{1}{\sigma_0^2} - \frac{1}{\sigma_1^2}}$$

检验统计量刚好是方差的估计。如果观测样本的功率足够大，我们判 $\mathcal{H}_1$，特别是如果 $N=1$，那么检测器为：如果 $x^2[0] > \gamma'$，或者等效地有 $|x[0]| >$

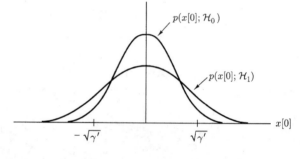

图 3.7　方差变化的假设检验的判决域

$\sqrt{\gamma'}$，则判 $\mathcal{H}_1$。图 3.7 画出了判决域，这看起来似乎是合理的。习题 3.9 考察了 $N=2$ 时检测器的性能。更一般的性能我们将在第 5 章讨论能量检测器时做进一步的分析。

我们注意到，对于 WGN 中 DC 电平的检测以及方差变化这两个例子，两种假设的 PDF 具有不同的参数，我们通过估计这些参数，并且把估计值与门限进行比较来区分两种假设。这不只是一种巧合，而是由于存在充分统计量（见本书卷 I 的第 5 章）。特别是假定我们考察 $\mathbf{x} = [x[0]\,x[1]\,\ldots\,x[N-1]]^T$，它的 PDF 具有参数 θ，用 $p(\mathbf{x};\theta)$ 表示。（在 WGN 中 DC 电平检测的例子里，$\theta=A$。）我们希望检验 θ 的值，即

$$\mathcal{H}_0 : \theta = \theta_0$$
$$\mathcal{H}_1 : \theta = \theta_1$$

如果 θ 的充分统计量存在，那么由 Neyman-Fisher 分解定理（见本书卷 I 的第 5 章），PDF 可以表示为

$$p(\mathbf{x};\theta) = g(T(\mathbf{x}),\theta)h(\mathbf{x})$$

其中 $T(\mathbf{x})$ 是 θ 的充分统计量，NP 检验

$$\frac{p(\mathbf{x};\theta_1)}{p(\mathbf{x};\theta_0)} > \gamma$$

那么就变成

$$\frac{g(T(\mathbf{x}),\theta_1)}{g(T(\mathbf{x}),\theta_0)} > \gamma$$

很显然，检验将只通过 $T(\mathbf{x})$ 依赖于数据。在 WGN 中的 DC 电平检测问题里，可以证明（参见习题 3.10）充分统计量为 $T(\mathbf{x}) = (1/N) \sum_{n=0}^{N-1} x[n]$；而在方差变化的例子中，充分统计量为 $T(\mathbf{x}) = (1/N) \sum_{n=0}^{N-1} x^2[n]$。从本质上讲，充分统计量包含了在数据中做出判决所需的关于 θ 的所有信息（参见习题 3.11）。此外，如果 $T(\mathbf{x})$ 是 θ 的无偏估计量，那么检测器将基于对未知参数的估计。遗憾的是，充分统计量并不总是存在的，最后的例子说明了这一点。

例 3.4　非高斯噪声中 DC 电平的检测

假定在 $\mathcal{H}_0$ 条件下，我们观测到 N 个独立同分布样本 $x[n] = w[n]$，$n = 0, 1, \ldots, N-1$，噪声的 PDF 为 $p(w[n])$；而在 $\mathcal{H}_1$ 条件下，我们观测到 $x[n] = A + w[n]$，$n = 0, 1, \ldots, N-1$。这样，在 $\mathcal{H}_0$ 条件下，我们有

$$p(\mathbf{x}; \mathcal{H}_0) = \prod_{n=0}^{N-1} p(x[n])$$

而在 $\mathcal{H}_1$ 条件下，我们有

$$p(\mathbf{x}; \mathcal{H}_1) = \prod_{n=0}^{N-1} p(x[n] - A)$$

如果

$$\frac{\displaystyle\prod_{n=0}^{N-1} p(x[n] - A)}{\displaystyle\prod_{n=0}^{N-1} p(x[n])} > \gamma$$

NP 检测器判 $\mathcal{H}_1$。如果噪声的 PDF 为混合高斯的，

$$p(w[n]) = \frac{1}{2}\frac{1}{\sqrt{2\pi}}\exp\left(-\frac{1}{2}w^2[n]\right) + \frac{1}{2}\frac{1}{\sqrt{4\pi}}\exp\left(-\frac{1}{4}w^2[n]\right)$$

那么，检测器变成

$$\frac{\displaystyle\prod_{n=0}^{N-1} \frac{1}{2}\frac{1}{\sqrt{2\pi}}\exp\left(-\frac{1}{2}(x[n]-A)^2\right) + \frac{1}{2}\frac{1}{\sqrt{4\pi}}\exp\left(-\frac{1}{4}(x[n]-A)^2\right)}{\displaystyle\prod_{n=0}^{N-1} \frac{1}{2}\frac{1}{\sqrt{2\pi}}\exp\left(-\frac{1}{2}x^2[n]\right) + \frac{1}{2}\frac{1}{\sqrt{4\pi}}\exp\left(-\frac{1}{4}x^2[n]\right)} > \gamma$$

由于缺乏 A 的充分统计量，所以不可能做进一步的简化，我们将在第 10 章中探讨非高斯检测问题。

3.4　接收机工作特性

总结 NP 检测器检测性能的另一种方法是画出 P_D 与 P_{FA} 的关系曲线。例如，在 WGN 中的 DC 电平检测问题里，由 (3.6) 式、(3.7) 式和 (3.8) 式，可得

$$P_{FA} = Q\left(\frac{\gamma'}{\sqrt{\sigma^2/N}}\right)$$

$$P_D = Q\left(\frac{\gamma' - A}{\sqrt{\sigma^2/N}}\right)$$

和

$$P_D = Q\left(Q^{-1}(P_{FA}) - \sqrt{d^2}\right)$$

其中 $d^2 = NA^2/\sigma^2$。图 3.8 给出了 $d^2 = 1$ 的检测性能曲线。曲线上的每一点对应于给定门限的 (P_{FA}, P_D) 值。通过调整 γ'，曲线上的任何点都可以得到。γ' 增加，P_{FA} 减小，但 P_D 也同样减小，反之亦然。此类性能称为接收机的工作特性(receiver operating characteristic，ROC)。ROC 总是在 45°线(图 3.8 中的虚线)之上。这是因为 45°线的 ROC 曲线由抛硬币进行判决的检测器就可以得到，其中忽略了所有数据。考虑一个检测器，如果抛硬币出现正面，则判 $\mathcal{H}_1$ 成立，出现反面则判 $\mathcal{H}_0$ 成立，其中 $\Pr\{\text{出现正面}\} = p$。那么，

$$P_{FA} = \Pr\{\text{出现正面}; \mathcal{H}_0\}$$
$$P_D = \Pr\{\text{出现正面}; \mathcal{H}_1\}$$

但是，得到一个正面的概率并不依赖于哪个假设为真，所以 $P_{FA} = P_D = p$。那么，检测器在 ROC 上产生点 (p, p)。为了产生 45°线上的其他点，我们只需要使用不同的 p 来做抛硬币实验。

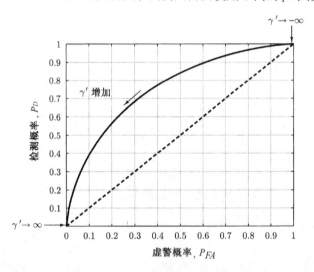

图 3.8　WGN 中 DC 电平检测器的接收机工作特性($d^2 = 1$)

随着偏移系数的增加，可以产生一族 ROC，如图 3.9 所示。当 $d^2 \to \infty$ 时，将得到理想的 ROC 曲线，即对任何 P_{FA}，$P_D = 1$(参见习题 3.12)。当 $d^2 \to 0$，达到 45°线的下界。习题 3.13 讨论了 ROC 的其他性质。

3.5　无关数据

在许多信号检测问题中，需要判断哪些数据与检测问题有关，哪些数据可以放弃。例如，对 WGN 中的 DC 电平检测问题，假定我们观测到某些附加的数据，或参考噪声样本 $w_R[n]$，$n = 0, 1, \ldots, N-1$。这可能是第二个传感器的输出，这个传感器具有隔离 DC 信号的能力。

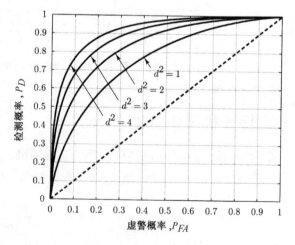

图 3.9　WGN 中 DC 电平检测的一族接收机工作特性

因此，观测数据是 $\{x[0], x[1], \ldots, x[N-1], w_R[0], w_R[1], \ldots, w_R[N-1]\}$，或者用矢量形式表示为 $[\mathbf{x}^T \mathbf{w}_R^T]^T$。初看时 $\mathbf{w}_R$ 好像与检测问题无关，但这是一个草率的结

论。例如，如果在 $\mathcal{H}_0$ 条件下，$x[n] = w[n]$，在 $\mathcal{H}_1$ 条件下，$x[n] = A + w[n]$ $(A > 0)$，以及在两种假设下 $w_R[n] = w[n]$，那么参考噪声样本 $w_R[n]$ 可以用来对消污染的噪声 $w[n]$。特别是，如果

$$T = x[0] - w_R[0] > \frac{A}{2}$$

则检测器判 $\mathcal{H}_1$，那么检测器将产生理想的检测。在 $\mathcal{H}_0$ 条件下 $T = 0$，而在 $\mathcal{H}_1$ 条件下 $T = A$。当然，这是一种理想统计的极端情况。另一种极端是，如果在两种假设下，$\mathbf{w}_R$ 与 $\mathbf{x}$ 无关，那么 $\mathbf{w}_R$ 与检测问题无关。这种条件的一个例子将会在下面的问题中遇到。我们观测到 $\{x[0], x[1], \ldots, x[N-1], x[N], \ldots, x[2N-1]\}$ 或者 $\mathbf{x} = [\mathbf{x}_1^T \mathbf{x}_2^T]^T$，其中 $\mathbf{x}_1$ 表示前 N 个样本，$\mathbf{x}_2$ 表示剩下的样本，考虑如下问题，

$$\mathcal{H}_0 : x[n] = w[n] \qquad n = 0, 1, \ldots, 2N-1$$

$$\mathcal{H}_1 : x[n] = \begin{cases} A + w[n] & n = 0, 1, \ldots, N-1 \\ w[n] & n = N, N+1, \ldots, 2N-1 \end{cases}$$

其中 $w[n]$ 是方差为 σ^2 的高斯白噪声。在信号间隔 $[0, N-1]$ 之外的噪声样本与间隔内的数据样本是独立的，因而可以放弃。这也可以通过考察 NP 检验而得到证明，如果

$$\frac{p(\mathbf{x}_1, \mathbf{x}_2; \mathcal{H}_1)}{p(\mathbf{x}_1, \mathbf{x}_2; \mathcal{H}_0)} > \gamma$$

则判 $\mathcal{H}_1$，即

$$\frac{\displaystyle\prod_{n=0}^{N-1} \frac{1}{\sqrt{2\pi\sigma^2}} \exp\left[-\frac{1}{2\sigma^2}(x[n] - A)^2\right] \prod_{n=N}^{2N-1} \frac{1}{\sqrt{2\pi\sigma^2}} \exp\left[-\frac{1}{2\sigma^2}x^2[n]\right]}{\displaystyle\prod_{n=0}^{N-1} \frac{1}{\sqrt{2\pi\sigma^2}} \exp\left[-\frac{1}{2\sigma^2}x[n]^2\right] \prod_{n=N}^{2N-1} \frac{1}{\sqrt{2\pi\sigma^2}} \exp\left[-\frac{1}{2\sigma^2}x^2[n]\right]} > \gamma$$

或者最终为

$$\frac{p(\mathbf{x}_1; \mathcal{H}_1)}{p(\mathbf{x}_1; \mathcal{H}_0)} > \gamma$$

所以 $\mathbf{x}_2$ 与检测问题无关。这样在实际中，对 WGN 中的信号检测问题，我们可以限定观测间隔为信号间隔。然而，如果噪声是相关的，那么为了得到更好的性能，在检测器中，我们应该包括信号间隔之外的噪声样本。

利用 NP 定理，前面的讨论可以推广，似然比为

$$L(\mathbf{x}_1, \mathbf{x}_2) = \frac{p(\mathbf{x}_1, \mathbf{x}_2; \mathcal{H}_1)}{p(\mathbf{x}_1, \mathbf{x}_2; \mathcal{H}_0)} = \frac{p(\mathbf{x}_2 | \mathbf{x}_1; \mathcal{H}_1) p(\mathbf{x}_1; \mathcal{H}_1)}{p(\mathbf{x}_2 | \mathbf{x}_1; \mathcal{H}_0) p(\mathbf{x}_1; \mathcal{H}_0)}$$

很显然，如果 $\qquad\qquad p(\mathbf{x}_2 | \mathbf{x}_1; \mathcal{H}_1) = p(\mathbf{x}_2 | \mathbf{x}_1; \mathcal{H}_0)$ $\qquad\qquad$ (3.11)

那么 $L(\mathbf{x}_1, \mathbf{x}_2) = L(\mathbf{x}_1)$，$\mathbf{x}_2$ 与检测问题无关。有一种特殊的情况，当 $\mathbf{x}_1$ 和 $\mathbf{x}_2$ 在两种假设下是独立的，而且 $\mathbf{x}_2$ 的 PDF 与假设无关。由于 $p(\mathbf{x}_2; \mathcal{H}_1) = p(\mathbf{x}_2; \mathcal{H}_0)$，那么 (3.11) 式成立。带有附加噪声样本的 WGN 中 DC 电平的检测问题就是一个例子，请参见习题 3.14 和习题 3.15。

3.6　最小错误概率

在某些检测问题中，对每个假设指定概率是合理的，这样，我们描述了假设可能的先验信息。例如，在数字通信中，发送 "0" 和 "1" 是等可能的，那么，给假设 $\mathcal{H}_0$（发送 "0"）和假设 $\mathcal{H}_1$（发送 "1"）指定相等的概率是合理的，即 $P(\mathcal{H}_0) = P(\mathcal{H}_1) = 1/2$，其中 $P(\mathcal{H}_0)$、$P(\mathcal{H}_1)$ 分别是两种假设的先验概率。而在其他一些应用中，如雷达和声呐，指定先验概率则是不可能的。如果

要检测敌方的潜艇，那么潜艇出现的可能性通常是不确定的。这种指定先验概率的方法称为假设检验的贝叶斯方法。它完全类似于估计理论中的贝叶斯原理，估计理论的贝叶斯方法是假定先验 PDF，PDF 的某些参数可能是未知的。

我们定义错误概率 P_e 为

$$
\begin{aligned}
P_e &= \Pr\{\text{判 } \mathcal{H}_0, \mathcal{H}_1 \text{ 为真}\} + \Pr\{\text{判 } \mathcal{H}_1, \mathcal{H}_0 \text{ 为真}\} \\
&= P(\mathcal{H}_0|\mathcal{H}_1)P(\mathcal{H}_1) + P(\mathcal{H}_1|\mathcal{H}_0)P(\mathcal{H}_0)
\end{aligned}
\tag{3.12}
$$

其中 $P(\mathcal{H}_i|\mathcal{H}_j)$ 是当 $\mathcal{H}_j$ 为真时判 $\mathcal{H}_i$ 成立的条件概率，注意 NP 方法中的 $P(\mathcal{H}_i;\mathcal{H}_j)$ 与贝叶斯方法中的 $P(\mathcal{H}_i|\mathcal{H}_j)$ 的细微差别。前者是当 $\mathcal{H}_j$ 为真时判 $\mathcal{H}_i$ 的概率，而对 $\mathcal{H}_i$ 为真的可能性没有做任何假定。后者假定观察到概率实验的结果为 $\mathcal{H}_j$，是在这一个结果条件下判 $\mathcal{H}_i$ 的概率。使用 P_e 准则，两种错误经过适当的加权以产生总的错误的量度。我们的目的就是要设计检测器，使 P_e 最小。

最小 P_e 检测器的推导将作为贝叶斯检测器的一种特例在附录 3B 中给出，在那里证明了如果

$$
\frac{p(\mathbf{x}|\mathcal{H}_1)}{p(\mathbf{x}|\mathcal{H}_0)} > \frac{P(\mathcal{H}_0)}{P(\mathcal{H}_1)} = \gamma
\tag{3.13}
$$

我们应该判 $\mathcal{H}_1$。与 NP 检验类似，我们也是将似然比与门限进行比较，然而在这里门限是由先验概率确定的。如果像通常的情况那样先验概率相等，那么若

$$
p(\mathbf{x}|\mathcal{H}_1) > p(\mathbf{x}|\mathcal{H}_0)
\tag{3.14}
$$

我们判 $\mathcal{H}_1$，等价于选择具有更大的条件似然的假设，或者使 $p(\mathbf{x}|\mathcal{H}_i)$ 最大的假设，其中 $i=0,1$，这称为最大似然（maximum likelihood，ML）检测器（实际上，我们应该称其为最大条件似然，这里我们采用习惯的称法）。下面给出一个例子。

例 3.5　WGN 中的 DC 电平检测问题——最小 P_e 准则

我们有如下检测问题：

$$
\begin{aligned}
\mathcal{H}_0 &: x[n] = w[n] & n = 0, 1, \ldots, N-1 \\
\mathcal{H}_1 &: x[n] = A + w[n] & n = 0, 1, \ldots, N-1
\end{aligned}
$$

其中 $A>0$，$w[n]$ 是方差为 σ^2 的高斯白噪声。如果这是一个数字通信问题，其中发射 $s_0[n]=0$ 或 $s_1[n]=A$［称为启闭键控（OOK）通信系统］，那么假定 $P(\mathcal{H}_0)=P(\mathcal{H}_1)=1/2$ 是合理的。使 P_e 最小的接收机由 (3.13) 式给出，其中 $\gamma=1$，因此如果

$$
\frac{\frac{1}{(2\pi\sigma^2)^{\frac{N}{2}}} \exp\left[-\frac{1}{2\sigma^2}\sum_{n=0}^{N-1}(x[n]-A)^2\right]}{\frac{1}{(2\pi\sigma^2)^{\frac{N}{2}}} \exp\left[-\frac{1}{2\sigma^2}\sum_{n=0}^{N-1}x^2[n]\right]} > 1
$$

则判 $\mathcal{H}_1$。取对数，得

$$
-\frac{1}{2\sigma^2}\left(-2A\sum_{n=0}^{N-1}x[n] + NA^2\right) > 0
$$

或者，如果 $\bar{x} > A/2$，则判 $\mathcal{H}_1$。除门限不同外（当然性能也有所不同），检测器的形式与 NP 准则是相同的。为了确定 P_e，我们使用 (3.12) 式，并且注意到

$$
\bar{x} \sim \begin{cases} \mathcal{N}(0, \frac{\sigma^2}{N}) & \mathcal{H}_0 \text{ 条件下} \\ \mathcal{N}(A, \frac{\sigma^2}{N}) & \mathcal{H}_1 \text{ 条件下} \end{cases}
$$

这样，

$$
\begin{aligned}
P_e &= \frac{1}{2}\left[P(\mathcal{H}_0|\mathcal{H}_1) + P(\mathcal{H}_1|\mathcal{H}_0)\right] = \frac{1}{2}\left[\Pr\{\bar{x} < A/2|\mathcal{H}_1\} + \Pr\{\bar{x} > A/2|\mathcal{H}_0\}\right]\\
&= \frac{1}{2}\left[\left(1 - Q\left(\frac{A/2 - A}{\sqrt{\sigma^2/N}}\right)\right) + Q\left(\frac{A/2}{\sqrt{\sigma^2/N}}\right)\right]
\end{aligned}
$$

由于 $Q(-x) = 1 - Q(x)$，我们最终有

$$
P_e = Q\left(\sqrt{\frac{NA^2}{4\sigma^2}}\right) \tag{3.15}
$$

错误概率随 NA^2/σ^2（当然也就是随偏移系数）的增加而单调递减。

由 (3.13) 式可以直接得到最小 P_e 检测器的另一种形式。如果

$$
p(\mathbf{x}|\mathcal{H}_1)P(\mathcal{H}_1) > p(\mathbf{x}|\mathcal{H}_0)P(\mathcal{H}_0)
$$

则判 $\mathcal{H}_1$。但是，根据贝叶斯公式，

$$
P(\mathcal{H}_i|\mathbf{x}) = \frac{p(\mathbf{x}|\mathcal{H}_i)P(\mathcal{H}_i)}{p(\mathbf{x})}
$$

其中分母 $p(\mathbf{x})$ 与真实假设无关。事实上，$p(\mathbf{x})$ 正好是一个归一化因子，可写为

$$
p(\mathbf{x}) = p(\mathbf{x}|\mathcal{H}_0)P(\mathcal{H}_0) + p(\mathbf{x}|\mathcal{H}_1)P(\mathcal{H}_1)
$$

由此可得，如果

$$
P(\mathcal{H}_1|\mathbf{x}) > P(\mathcal{H}_0|\mathbf{x}) \tag{3.16}
$$

我们判 $\mathcal{H}_1$，或者选择使后验概率密度最大的假设成立。这种对任何先验概率使 P_e 最小的检测器称为最大后验概率（maximum a posteriori probability，MAP）检测器。当然，当先验概率相等时，MAP 检测器化简为 ML 检测器。对于不同的先验概率，WGN 中 DC 电平检测的判决域如图 3.10 所示（参见习题 3.16），其中 $N=1$，$A=1$，$\sigma^2 = 1$。

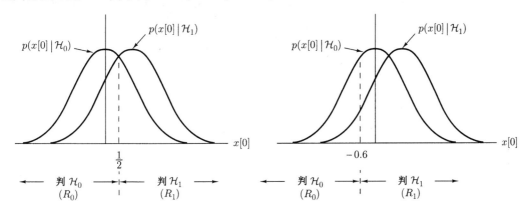

(a) $P(\mathcal{H}_0) = P(\mathcal{H}_1) = 1/2$ 的 MAP 检测器　　　(b) $P(\mathcal{H}_0) = 1/4 = P(\mathcal{H}_1) = 3/4$ 的 MAP 检测器

图 3.10　先验概率对判决域的影响

3.7　贝叶斯风险

最小 P_e 准则的推广就是给每一个错误类型分配代价，假定我们希望设计一个系统来自动地检查机器的部件。检查的结果如果确实合格，那么就在产品中使用这个部件，否则就放弃这个部

件。我们可以建立如下假设检验，

$$\mathcal{H}_0 : 放弃该部件$$
$$\mathcal{H}_1 : 该部件可以使用$$

并且给错误分配代价。令 C_{ij} 是 $\mathcal{H}_j$ 为真时判 $\mathcal{H}_i$ 的代价。例如，我们可能要求 $C_{10} > C_{01}$，如果我们判部件是合格的，但实际上证明是不合格的，那么整个产品可能是不合格的，我们就要承担大的代价（C_{10}）。然而，如果部件是合格的，而我们判为不合格，那么我们只需要承担部件的那一部分较少的代价（C_{01}）。一旦对代价进行了分配，那么判决规则就是使平均代价或者贝叶斯风险 $\mathcal{R}$ 最小，$\mathcal{R}$ 定义为

$$\mathcal{R} = E(C) = \sum_{i=0}^{1} \sum_{j=0}^{1} C_{ij} P(\mathcal{H}_i | \mathcal{H}_j) P(\mathcal{H}_j) \tag{3.17}$$

通常，如果我们没有判错，那么我们不需要分配代价，所以 $C_{00} = C_{11} = 0$。然而，为了方便起见，我们将要采用一般的形式。另外，我们注意到，当 $C_{00} = C_{11} = 0$，$C_{01} = C_{10} = 1$ 时，$\mathcal{R} = P_e$。

假定 $C_{10} > C_{00}$、$C_{01} > C_{11}$ 是合理的，这时，使贝叶斯风险最小的检测器在

$$\frac{p(\mathbf{x}|\mathcal{H}_1)}{p(\mathbf{x}|\mathcal{H}_0)} > \frac{(C_{10} - C_{00}) P(\mathcal{H}_0)}{(C_{01} - C_{11}) P(\mathcal{H}_1)} = \gamma \tag{3.18}$$

时判 $\mathcal{H}_1$ 成立，相关证明请参见附录 3B。我们再次看到，这是条件似然比与门限进行比较。

3.8　多元假设检验

现在我们考虑区分 M 个假设的情形，其中 $M > 2$。这种问题在通信中经常出现，通信中经常要检测 M 个信号中的哪一个信号出现。而且，在模式识别中也广泛利用了区分不同模式的结果。另外，对于信号检测，这种问题也称为分类或辨识。尽管 NP 准则在多元假设检验中也是可以采用的，但实际上很少使用这种准则。如果想要进一步了解详细情况，感兴趣的读者可以参考 [Lehmann 1959]。更常用的是采用最小错误概率准则或者它的推广即贝叶斯风险，我们现在讨论后者。

假定我们现在希望在 M 个可能假设 $\{\mathcal{H}_0, \mathcal{H}_1, \ldots, \mathcal{H}_{M-1}\}$ 中进行判决，当 $\mathcal{H}_j$ 为真时判 $\mathcal{H}_i$ 的代价用 C_{ij} 表示，平均代价或贝叶斯风险为

$$\mathcal{R} = \sum_{i=0}^{M-1} \sum_{j=0}^{M-1} C_{ij} P(\mathcal{H}_i | \mathcal{H}_j) P(\mathcal{H}_j) \tag{3.19}$$

特别是，当

$$C_{ij} = \begin{cases} 0 & i = j \\ 1 & i \neq j \end{cases} \tag{3.20}$$

时，我们有 $\mathcal{R} = P_e$。附录 3C 推导了使 $\mathcal{R}$ 最小的判决规则，其中证明了在如下 M 项中，我们应该选择使下式最小的假设，

$$C_i(\mathbf{x}) = \sum_{j=0}^{M-1} C_{ij} P(\mathcal{H}_j | \mathbf{x}) \tag{3.21}$$

其中 $i = 0, 1, \ldots, M-1$。为了确定使 P_e 最小的判决规则，我们使用 (3.20) 式，那么

$$C_i(\mathbf{x}) = \sum_{\substack{j=0 \\ j \neq i}}^{M-1} P(\mathcal{H}_j | \mathbf{x}) = \sum_{j=0}^{M-1} P(\mathcal{H}_j | \mathbf{x}) - P(\mathcal{H}_i | \mathbf{x})$$

由于第一项与 i 无关，使 $P(\mathcal{H}_i | \mathbf{x})$ 最大可以使 $C_i(\mathbf{x})$ 最小。这样，使 P_e 最小的判决规则是，如果

$$P(\mathcal{H}_k | \mathbf{x}) > P(\mathcal{H}_i | \mathbf{x}) \qquad i \neq k \tag{3.22}$$

则判 $\mathcal{H}_k$。

正如二元假设检验使后验概率最大那样，这是 M 元假设检验使后验概率最大的判决规则。

然而，如果先验概率相等，那么

$$P(\mathcal{H}_i|\mathbf{x}) = \frac{p(\mathbf{x}|\mathcal{H}_i)P(\mathcal{H}_i)}{p(\mathbf{x})} = \frac{p(\mathbf{x}|\mathcal{H}_i)\frac{1}{M}}{p(\mathbf{x})} \qquad (3.23)$$

要使 $P(\mathcal{H}_i|\mathbf{x})$ 最大，我们只需要使 $p(\mathbf{x}|\mathcal{H}_i)$ 最大。因此，对于先验概率相等的情况，如果

$$p(\mathbf{x}|\mathcal{H}_k) > p(\mathbf{x}|\mathcal{H}_i) \qquad i \neq k \qquad (3.24)$$

则判 $\mathcal{H}_k$，这称为 M 元的最大似然（ML）判决准则。

最后，考察一下（3.23）式，我们看到由于 $p(\mathbf{x})$ 与 i 无关，使 $P(\mathcal{H}_i|\mathbf{x})$ 最大等价于使 $p(\mathbf{x}|\mathcal{H}_i)P(\mathcal{H}_i)$ 最大。那么 MAP 规则等价于使

$$\ln p(\mathbf{x}|\mathcal{H}_i) + \ln P(\mathcal{H}_i)$$

最大。下面给出一个例子。

例 3.6 WGN 中的多 DC 电平

假定我们有三个假设

$$\begin{aligned}
\mathcal{H}_0 &: x[n] = -A + w[n] & n = 0,1,\ldots,N-1 \\
\mathcal{H}_1 &: x[n] = w[n] & n = 0,1,\ldots,N-1 \\
\mathcal{H}_2 &: x[n] = A + w[n] & n = 0,1,\ldots,N-1
\end{aligned}$$

其中 $A > 0$，$w[n]$ 是方差为 σ^2 的高斯白噪声。进一步假定先验概率相等，即 $P(\mathcal{H}_0) = P(\mathcal{H}_1) = P(\mathcal{H}_2) = 1/3$，那么可以运用最大似然规则。首先考虑 $N=1$ 的情况，PDF 如图 3.11 所示。根据对称性，从（3.24）式可以清楚地看出，为使 P_e 最小，如果 $x[0] < -A/2$，我们应该判 $\mathcal{H}_0$ 成立；如果 $-A/2 < x[0] < A/2$，则判 $\mathcal{H}_1$ 成立；如果 $x[0] > A/2$，则判 $\mathcal{H}_2$ 成立。对于多个样本（$N > 1$），我们不画多维 PDF，因而也不考察 PDF 产生最大值的区域。取而代之的是，我们需要推导检验统计量。条件 PDF 为

$$p(\mathbf{x}|\mathcal{H}_i) = \frac{1}{(2\pi\sigma^2)^{\frac{N}{2}}} \exp\left[-\frac{1}{2\sigma^2} \sum_{n=0}^{N-1} (x[n] - A_i)^2\right]$$

其中 $A_0 = -A$，$A_1 = 0$，$A_2 = A$。使 $p(\mathbf{x}|\mathcal{H}_i)$ 最大等价于使

$$D_i^2 = \sum_{n=0}^{N-1} (x[n] - A_i)^2$$

最小。对上式做微小的处理，D_i^2 可以表示为

$$\begin{aligned}
D_i^2 &= \sum_{n=0}^{N-1} (x[n] - \bar{x} + \bar{x} - A_i)^2 \\
&= \sum_{n=0}^{N-1} (x[n] - \bar{x})^2 + 2(\bar{x} - A_i) \sum_{n=0}^{N-1} (x[n] - \bar{x}) + N(\bar{x} - A_i)^2 \\
&= \sum_{n=0}^{N-1} (x[n] - \bar{x})^2 + N(\bar{x} - A_i)^2
\end{aligned}$$

很明显，为了使 D_i^2 最小，我们应该选择使 A_i 最靠近 $\bar{x}$ 的假设 $\mathcal{H}_i$。因此，我们的判决为

$$\begin{aligned}
&\mathcal{H}_0, \ \bar{x} < -A/2 \\
&\mathcal{H}_1, \ -A/2 < \bar{x} < A/2 \\
&\mathcal{H}_2, \ \bar{x} > A/2
\end{aligned}$$

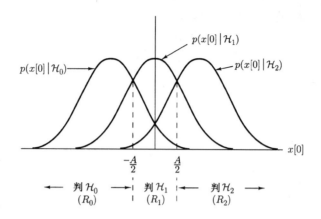

图 3.11 WGN 中的多 DC 电平检测的判决域($N=1$)

这个检测器是第 4 章讨论的最小距离接收机的特殊情况。这也是 M 元脉冲幅度调制（PAM）的通信信号系统在 $M=3$ 时的一个例子。充分统计量的使用可以大大简化我们的问题，可以参见习题 3.19。

下一步我们确定最小的 P_e。注意，在二元假设检验中只有两种类型的错误，而在这里有 6 种类型的错误。一般而言，有 $M^2-M=M(M-1)$ 种错误。因此，确定 $1-P_e=P_c$ 将更为简单，其中 P_c 为正确判决的概率。这样，

$$
\begin{aligned}
P_c &= \sum_{i=0}^{2} P(\mathcal{H}_i|\mathcal{H}_i)P(\mathcal{H}_i) \\
&= \frac{1}{3}\sum_{i=0}^{2} P(\mathcal{H}_i|\mathcal{H}_i) \\
&= \frac{1}{3}\left[\Pr\{\bar{x}<-A/2|\mathcal{H}_0\}+\Pr\{-A/2<\bar{x}<A/2|\mathcal{H}_1\}+\Pr\{\bar{x}>A/2|\mathcal{H}_2\}\right]
\end{aligned}
$$

由于 $\bar{x}\sim\mathcal{N}(A_i,\ \sigma^2/N)$（$\mathcal{H}_i$ 条件下），我们有

$$
\begin{aligned}
P_c &= \frac{1}{3}\left[1-Q\left(\frac{-\frac{A}{2}+A}{\sqrt{\sigma^2/N}}\right)+Q\left(\frac{-\frac{A}{2}}{\sqrt{\sigma^2/N}}\right)-Q\left(\frac{\frac{A}{2}}{\sqrt{\sigma^2/N}}\right)+Q\left(\frac{\frac{A}{2}-A}{\sqrt{\sigma^2/N}}\right)\right] \\
&= 1-\frac{4}{3}Q\left(\sqrt{\frac{NA^2}{4\sigma^2}}\right)
\end{aligned}
$$

所以，
$$
P_e=\frac{4}{3}Q\left(\sqrt{\frac{NA^2}{4\sigma^2}}\right) \tag{3.25}
$$

注意，P_e 比二元假设检验时的值增加了［参见(3.15)式］，这是因为检测器必须在更多的假设中进行判决。习题 3.20 讨论了一般的 M 元问题。

参考文献

Kendall, Sir M., A. Stuart, *The Advanced Theory of Statistics*, Vol. 2, Macmillan, New York, 1979.

Lehmann, E.L., *Testing Statistical Hypotheses*, J. Wiley, New York, 1959.

习题

3.1　根据观测样本 $x[0] \sim \mathcal{N}(\mu, 1)$，为了区分两种假设 $\mathcal{H}_0$：$\mu = 0$ 与 $\mathcal{H}_1$：$\mu = 1$，确定 NP 检验。然后求第一类错误概率（P_{FA}）和第二类错误概率（$P_M = 1 - P_D$，其中 P_M 为漏警概率），最后画出 P_M 对 P_{FA} 的曲线。

3.2　对 3.3 节的入门例子，求满足 $P_{FA} = 10^{-3}$ 的判定域。

3.3　证明，如果 $g(x)$ 是 x 的单调递增函数，那么当且仅当 $g(L(\mathbf{x})) > g(\gamma)$ 时，$L(\mathbf{x}) > \gamma$。所谓单调递增，意味着当且仅当 $x_2 > x_1$ 时，函数 $g(x)$ 满足 $g(x_2) > g(x_1)$。

3.4　对于 WGN 中 DC 电平的检测问题，假定我们希望有 $P_{FA} = 10^{-4}$、$P_D = 0.99$，如果 SNR 是 $10\log_{10} A^2/\sigma^2 = -30$ dB，求需要的样本数 N。

3.5　对于 WGN 中 DC 电平的检测问题，考虑一个检测器，如果 $\bar{x} > \gamma'$，判 $\mathcal{H}_1$ 成立。由于 $\bar{x}$ 是 A 的估计量，即 $\hat{A} = \bar{x}$，估计精度的度量是 $E^2(\hat{A})/\mathrm{var}(\hat{A})$。建立这个量与信号 ENR 之间的关系。

3.6　修改例 3.2，现在 $A < 0$。确定 NP 检测器，证明它的性能与 $A > 0$ 相同。提示：$Q^{-1}(x) = -Q^{-1}(1-x)$。

3.7　我们观测到独立同分布样本 $x[n]$，$n = 0, 1, \ldots, N-1$，$x[n]$ 服从瑞利 PDF

$$p(x[n]) = \frac{x[n]}{\sigma^2} \exp\left(-\frac{1}{2}\frac{x^2[n]}{\sigma^2}\right)$$

推导下列假设检验问题的 NP 检验。

$$\mathcal{H}_0 : \sigma^2 = \sigma_0^2$$
$$\mathcal{H}_1 : \sigma^2 = \sigma_1^2 > \sigma_0^2$$

3.8　从两种可能的 PDF

$$\mathcal{H}_0 : p(x[0]) = \tfrac{1}{2}\exp\left(-|x[0]|\right)$$
$$\mathcal{H}_1 : p(x[0]) = \tfrac{1}{\sqrt{2\pi}}\exp\left(-\tfrac{1}{2}x^2[0]\right)$$

观测到单个样本 $x[0]$，为了区分两种假设，求 NP 检验，画出判决域。提示：你需要求解二次型不等式。

3.9　对例 3.3，令 $N = 2$，证明检测性能可总结为

$$P_D = (P_{FA})^{\frac{\sigma_0^2}{\sigma_1^2}}$$

注意，P_D 随 σ_1^2/σ_0^2 单调递增。

3.10　对例 3.2 讨论的 WGN 中 DC 电平的检测问题，证明 $\bar{x}$ 是 A 的充分统计量。使用恒等式

$$\sum_{n=0}^{N-1}(x[n] - A)^2 = \sum_{n=0}^{N-1} x^2[n] - 2AN\bar{x} + NA^2$$

进行有效的因式分解。

3.11　指数类的 PDF 定义为　　$p(x; \theta) = \exp\left[A(\theta)B(x) + C(x) + D(\theta)\right]$

其中 θ 是参数。证明参数为 μ 的高斯 PDF，即

$$p(x; \mu) = \frac{1}{\sqrt{2\pi\sigma^2}}\exp\left[-\frac{1}{2\sigma^2}(x - \mu)^2\right]$$

是这类 PDF 的特殊情况。其次，对于指数型 PDF，根据观测数据 $x[n]$（$n = 0, 1, \ldots, N-1$），证明 θ 的充分统计量为 $T(\mathbf{x}) = \sum_{n=0}^{N-1} B(x[n])$。利用这个结果，求高斯 PDF 中 μ 的充分统计量。读者也可以参考 [本书卷 I，习题 5.14，习题 5.15]。

3.12　通过选择 c，对下列问题设计一个理想的检测器，

$$\mathcal{H}_0 : x[0] \sim \mathcal{U}[-c, c]$$
$$\mathcal{H}_1 : x[0] \sim \mathcal{U}[1-c, 1+c]$$

其中 $c > 0$，$\mathcal{U}[a, b]$ 表示在 $[a, b]$ 间隔上均匀分布的 PDF。理想的检测器有 $P_{FA} = 0$，$P_D = 1$。

3.13　证明：ROC 是 $[0, 1]$ 区间上的凹函数。凹函数是满足下列关系的函数，对于 $0 \leqslant \alpha \leqslant 1$，以及任意的两点 x_1、x_2，

$$\alpha g(x_1) + (1-\alpha)g(x_2) \leqslant g(\alpha x_1 + (1-\alpha)x_2)$$

为了证明以上结论，考虑 ROC 上的两点 $(p_1, P_D(p_1))$ 和 $(p_2, P_D(p_2))$，求一个随机检验的 P_D。随机检验首先以 $\Pr\{\text{正面}\} = \alpha$ 抛硬币，如果结果是正面，我们使用性能为 $(p_1, P_D(p_1))$ 的检测器；否则，我们使用性能为 $(p_2, P_D(p_2))$ 的检测器。如果被选择的检测器判 $\mathcal{H}_1$，则我们判 $\mathcal{H}_1$ 成立。提示：对于给定的 P_{FA}，随机检测器的性能肯定小于或等于 NP 检测器的性能。

3.14 考虑假设检验问题

$$\mathbf{x} \sim \begin{cases} \mathcal{N}\left(\begin{bmatrix} 0 \\ 1 \end{bmatrix}, \begin{bmatrix} 1 & \rho \\ \rho & 1 \end{bmatrix} \right) & \text{在 } \mathcal{H}_0 \text{ 条件下} \\[2mm] \mathcal{N}\left(\begin{bmatrix} 1 \\ 1 \end{bmatrix}, \begin{bmatrix} 1 & \rho \\ \rho & 1 \end{bmatrix} \right) & \text{在 } \mathcal{H}_1 \text{ 条件下} \end{cases}$$

其中 $\mathbf{x} = [x[0]\, x[1]]^T$ 为观测到的数据，求 NP 检验统计量（不要计算门限），解释当 $\rho = 0$ 时会发生什么情况。

3.15 考虑一个方差为 σ^2 的高斯白噪声中信号 $s[n]$ 的检测问题，观测数据为 $x[n]$，$n = 0, 1, \ldots, 2N-1$。信号为在 $\mathcal{H}_0$ 条件下，

$$s[n] = \begin{cases} A & n = 0, 1, \ldots, N-1 \\ 0 & n = N, N+1, \ldots, 2N-1 \end{cases}$$

在 $\mathcal{H}_1$ 条件下，
$$s[n] = \begin{cases} A & n = 0, 1, \ldots, N-1 \\ 2A & n = N, N+1, \ldots, 2N-1 \end{cases}$$

假定 $A > 0$，求 NP 检测器及其检测性能。解释检测器的工作过程。

3.16 在例 3.5 中，如果先验概率 $P(\mathcal{H}_1)$ 是任意的，对于 $N = 1$、$A = 1$ 和 $\sigma^2 = 1$，分别对先验概率 $P(\mathcal{H}_0) = P(\mathcal{H}_1) = 1/2$ 和 $P(\mathcal{H}_0) = 1/4$、$P(\mathcal{H}_1) = 3/4$ 求检测器，包括检测门限，并解释你的结果。

3.17 假定我们希望根据 $\mathbf{x} = [x[0]\,x[1]]^T$ 区分两种不同的假设 $\mathcal{H}_0$：$\mathbf{x} \sim \mathcal{N}(\mathbf{0}, \sigma^2\mathbf{I})$ 和 $\mathcal{H}_1$：$\mathbf{x} \sim \mathcal{N}(\boldsymbol{\mu}, \sigma^2\mathbf{I})$。如果 $P(\mathcal{H}_0) = P(\mathcal{H}_1)$，求使 P_e 最小的判决域。提示：证明判决域的边界是一条直线，这条直线是从 $\mathbf{0}$ 到 $\boldsymbol{\mu}$ 线段的垂直等分线。

3.18 求如下二元假设问题当 $P(\mathcal{H}_0) = 1/2$ 和 $P(\mathcal{H}_0) = 3/4$ 时的 MAP 判决准则，

$$\begin{aligned} \mathcal{H}_0 &: x[0] \sim \mathcal{N}(0, 1) \\ \mathcal{H}_1 &: x[0] \sim \mathcal{N}(0, 2) \end{aligned}$$

显示每种情况的判决域并进行解释。

3.19 对于本章的简单假设检验问题，可以证明基于充分统计量的 NP 检验与基于原始数据的 NP 检验是等价的 [Kendall and Stuart 1979]。在本题中，我们要证明这一结果是如何简化检测器的推导。考虑例 3.6 以及回忆一下习题 3.10 的结果，DC 电平的充分统计量刚好是样本均值 $\bar{x}$。根据样本均值的观测值求 ML 检测器。

3.20 一般的 M 元 PAM 通信系统发射 M 个 DC 电平中的一个。令电平是 $\{0, \pm A, \pm 2A, \ldots, \pm(M-1)A/2\}$，$M$ 为奇数，接收到的数据为 $x[n]$，$n = 0, 1, \ldots, N-1$，$x[n]$ 是 WGN（方差为 σ^2）中的一个 DC 电平。使用习题 3.19 的充分统计量的概念求 ML 检测器。然后证明当先验概率相等时，最小错误概率 P_e 为

$$P_e = \frac{2M-2}{M} Q\left(\sqrt{\frac{NA^2}{4\sigma^2}} \right)$$

3.21 设几种假设的 PDF 为

$$\begin{aligned} p(x[0]|\mathcal{H}_0) &= \frac{1}{2}\exp\left(-|x[0]+1|\right) \\ p(x[0]|\mathcal{H}_1) &= \frac{1}{2}\exp\left(-|x[0]|\right) \\ p(x[0]|\mathcal{H}_2) &= \frac{1}{2}\exp\left(-|x[0]-1|\right) \end{aligned}$$

假定先验概率相等，设计最小 P_e 检测器，并求最小 P_e。

附录 3A　Neyman-Pearson 定理

对于给定的虚警概率 P_{FA}，为了使 P_D 最大，我们采用拉格朗日乘因子。构造目标函数

$$F = P_D + \lambda(P_{FA} - \alpha) = \int_{R_1} p(\mathbf{x}; \mathcal{H}_1) d\mathbf{x} + \lambda \left(\int_{R_1} p(\mathbf{x}; \mathcal{H}_0) d\mathbf{x} - \alpha \right)$$

$$= \int_{R_1} \left(p(\mathbf{x}; \mathcal{H}_1) + \lambda p(\mathbf{x}; \mathcal{H}_0) \right) d\mathbf{x} - \lambda \alpha$$

为了使 F 最大，我们应该使积分为正的 $\mathbf{x}$ 值归到 R_1 中，即如果

$$p(\mathbf{x}; \mathcal{H}_1) + \lambda p(\mathbf{x}; \mathcal{H}_0) > 0 \tag{3A.1}$$

那么 $\mathbf{x}$ 应该归到 R_1 中。当 $p(\mathbf{x}; \mathcal{H}_1) + \lambda P(\mathbf{x}; \mathcal{H}_0) = 0$，$\mathbf{x}$ 可以归到 R_0 中，也可以归到 R_1 中。由于这一事件出现的概率为零（假定 PDF 是连续的），我们可以不必考虑这种情况。因此，(3A.1) 式中的 " > " 符号和随后的结果可以用 " ⩾ " 取代。在以下的推导中我们仍采用 " > " 符号。这样，如果

$$\frac{p(\mathbf{x}; \mathcal{H}_1)}{p(\mathbf{x}; \mathcal{H}_0)} > -\lambda$$

我们判 $\mathcal{H}_1$。

拉格朗日乘因子根据约束条件求出，它必须满足 $\lambda < 0$；否则，如果似然比 $p(\mathbf{x}; \mathcal{H}_1)/p(\mathbf{x}; \mathcal{H}_0)$ 超过一个负值，我们判 $\mathcal{H}_1$。由于似然比总是非负的，因此不管什么假设，我们都判 $\mathcal{H}_1$，这样导致 $P_{FA} = 1$。我们令 $\gamma = -\lambda$，这样最终变成了如果

$$\frac{p(\mathbf{x}; \mathcal{H}_1)}{p(\mathbf{x}; \mathcal{H}_0)} > \gamma$$

则判 $\mathcal{H}_1$，其中门限 $\gamma > 0$ 由 $P_{FA} = \alpha$ 求得。

附录 3B 最小贝叶斯风险检测器——二元假设

我们要使(3.17)式的 $\mathcal{R}$ 最小。注意，如果 $C_{00} = C_{11} = 0$，$C_{01} = C_{10} = 1$，那么 $\mathcal{R} = P_e$，所以，我们的推导也可应用到使 P_e 最小的问题。现在，

$$\mathcal{R} = \sum_{i=0}^{1} \sum_{j=0}^{1} C_{ij} P(\mathcal{H}_i | \mathcal{H}_j) P(\mathcal{H}_j)$$

令 $R_1 = \{\mathbf{x}: \text{判 } \mathcal{H}_1\}$ 为判定域，R_0 表示它的补集(判 $\mathcal{H}_0$)，那么

$$\begin{aligned}
\mathcal{R} = & \ C_{00} P(\mathcal{H}_0) \int_{R_0} p(\mathbf{x}|\mathcal{H}_0) d\mathbf{x} + C_{01} P(\mathcal{H}_1) \int_{R_0} p(\mathbf{x}|\mathcal{H}_1) d\mathbf{x} \\
& + C_{10} P(\mathcal{H}_0) \int_{R_1} p(\mathbf{x}|\mathcal{H}_0) d\mathbf{x} + C_{11} P(\mathcal{H}_1) \int_{R_1} p(\mathbf{x}|\mathcal{H}_1) d\mathbf{x}
\end{aligned}$$

由于 R_1 和 R_0 划分整个空间，因此，

$$\int_{R_0} p(\mathbf{x}|\mathcal{H}_i) d\mathbf{x} = 1 - \int_{R_1} p(\mathbf{x}|\mathcal{H}_i) d\mathbf{x}$$

我们有

$$\begin{aligned}
\mathcal{R} = & \ C_{01} P(\mathcal{H}_1) + C_{00} P(\mathcal{H}_0) + \int_{R_1} [(C_{10} P(\mathcal{H}_0) - C_{00} P(\mathcal{H}_0)) p(\mathbf{x}|\mathcal{H}_0) \\
& + (C_{11} P(\mathcal{H}_1) - C_{01} P(\mathcal{H}_1)) p(\mathbf{x}|\mathcal{H}_1)] d\mathbf{x}
\end{aligned}$$

如果积分为负的，则 $\mathbf{x}$ 应包含在 R_1 中，或者如果

$$(C_{10} - C_{00}) P(\mathcal{H}_0) p(\mathbf{x}|\mathcal{H}_0) < (C_{01} - C_{11}) P(\mathcal{H}_1) p(\mathbf{x}|\mathcal{H}_1)$$

我们判 $\mathcal{H}_1$。假定 $C_{10} > C_{00}$，$C_{01} > C_{11}$，我们最终有

$$\frac{p(\mathbf{x}|\mathcal{H}_1)}{p(\mathbf{x}|\mathcal{H}_0)} > \frac{(C_{10} - C_{00}) P(\mathcal{H}_0)}{(C_{01} - C_{11}) P(\mathcal{H}_1)} = \gamma$$

附录 3C　最小贝叶斯风险检测器——多元假设

我们采用与附录 3B 稍微不同的方法。由 (3.19) 式，

$$\mathcal{R} = \sum_{i=0}^{M-1} \sum_{j=0}^{M-1} C_{ij} P(\mathcal{H}_i | \mathcal{H}_j) P(\mathcal{H}_j)$$

令 $R_i = \{\mathbf{x}; \text{判 } \mathcal{H}_i\}$，其中 $R_i (i=0,1,\ldots,M-1)$ 是观测空间的划分，所以

$$\begin{aligned}
\mathcal{R} &= \sum_{i=0}^{M-1} \sum_{j=0}^{M-1} C_{ij} \int_{R_i} p(\mathbf{x} | \mathcal{H}_j) P(\mathcal{H}_j) d\mathbf{x} \\
&= \sum_{i=0}^{M-1} \int_{R_i} \sum_{j=0}^{M-1} C_{ij} p(\mathbf{x} | \mathcal{H}_j) P(\mathcal{H}_j) d\mathbf{x} \\
&= \sum_{i=0}^{M-1} \int_{R_i} \sum_{j=0}^{M-1} C_{ij} P(\mathcal{H}_j | \mathbf{x}) p(\mathbf{x}) d\mathbf{x}
\end{aligned}$$

令 $C_i(\mathbf{x}) = \sum_{j=0}^{M-1} C_{ij} P(\mathcal{H}_j | \mathbf{x})$ 是观测到 $\mathbf{x}$ 时判 $\mathcal{H}_i$ 的平均代价，那么

$$\mathcal{R} = \sum_{i=0}^{M-1} \int_{R_i} C_i(\mathbf{x}) p(\mathbf{x}) d\mathbf{x}$$

现在，每一个 $\mathbf{x}$ 必须赋给且只能赋给 R_i 划分中的一个。例如，如果我们将 $\mathbf{x}$ 赋给 R_1，那么对 $\mathcal{R}$ 的贡献为 $C_1(\mathbf{x}) p(\mathbf{x}) d\mathbf{x}$。然而，如果我们将 $\mathbf{x}$ 赋给 R_2，其代价的贡献为 $C_2(\mathbf{x}) p(\mathbf{x}) d\mathbf{x}$。一般来说，如果

$$C_i(\mathbf{x}) = \sum_{j=0}^{M-1} C_{ij} P(\mathcal{H}_j | \mathbf{x})$$

当 $i = k$ 时是最小的，那么我们应该将 $\mathbf{x}$ 赋给 R_k。因此，当

$$\sum_{j=0}^{M-1} C_{ij} P(\mathcal{H}_j | \mathbf{x})$$

是最小时，我们应该判 $\mathcal{H}_i$。

第4章 确定性信号

4.1 引言

本章描述的是高斯噪声中已知信号的检测问题。也许这是遇到的最简单的情况，因为导出的假设检验是简单假设中最简单的。正如第3章讨论的那样，最佳检验是众所周知的。如果限定虚警概率恒定，使检测概率最大，那么应采用 Neyman-Pearson(NP)准则；而使平均代价最小时，则应该使用贝叶斯风险准则。此外，由于高斯噪声的假定，导出的检验统计量是数据的线性函数，因此检测器的性能很容易确定。根据这种假定得到的检测器称为匹配滤波器，在设计者可以控制信号、已知信号的假定是合理的一些应用领域得到了广泛的使用。突出的例子是相干通信系统。

4.2 小结

在 WGN 中已知信号的 Neyman-Pearson 检测器是由(4.3)式给出的仿形-相关器(replica-correlator)。(4.5)式给出了匹配滤波器的实现，(4.14)式总结了检测的性能。当高斯噪声不是白噪声时，(4.16)式给出了 Neyman-Pearson 检测器，它的检测性能由(4.18)式给出。对于二元通信问题，最佳接收机是由(4.20)式给出的最小距离接收机，它的误差概率由(4.25)式确定。在 M 元通信问题中，最佳接收机也是如(4.26)式总结的那样的最小距离接收机，对于正交信号，它的错误概率由(4.28)式给出。4.6 节描述了一般经典线性模型，对于已知模型参数的情况，Neyman-Pearson 检测器由(4.29)式给出，并且已经证明它是色噪声中已知信号的检测器的特殊情况。在 4.7 节中，我们将理论应用到通信中的多正交信号的情况，其中说明了信道容量的概念，同时也应用于图像的模式识别。

4.3 匹配滤波器

4.3.1 检测器的建立

我们通过考虑一个高斯白噪声(WGN)中已知确定性信号的检测问题来开始我们对最佳检测方法的讨论。这里采用 Neyman-Pearson(NP)准则，但是正如第3章所讨论的那样，导出的检验统计量与采用贝叶斯风险准则得到的检验统计量相同，只有门限和检测性能不同。检测问题就是要区分如下两种假设，

$$\begin{array}{ll} \mathcal{H}_0 : x[n] = w[n] & n = 0, 1, \ldots, N-1 \\ \mathcal{H}_1 : x[n] = s[n] + w[n] & n = 0, 1, \ldots, N-1 \end{array} \tag{4.1}$$

其中信号 $s[n]$ 假定是已知的，$w[n]$ 是方差为 σ^2 的 WGN，WGN 定义为零均值的高斯噪声过程，自相关函数(autocorrelation function，ACF)为

$$\begin{aligned} r_{ww}[k] &= E(w[n]w[n+k]) \\ &= \sigma^2 \delta[k] \end{aligned}$$

其中 $\delta[k]$ 是离散 δ 函数(如果 $k=0$，$\delta[k]=1$；对于 $k \neq 0$，$\delta[k]=0$)，这样一种模型能够从连续时间推导出来，读者可以参考本书卷 I 的第 39 页。

如果似然比超过门限，即

$$L(\mathbf{x}) = \frac{p(\mathbf{x}; \mathcal{H}_1)}{p(\mathbf{x}; \mathcal{H}_0)} > \gamma \qquad (4.2)$$

则 NP 检测器判 $\mathcal{H}_1$。其中 $\mathbf{x} = [\,x[0]\,[1]\cdots x[N-1]\,]^T$。由于

$$p(\mathbf{x}; \mathcal{H}_1) = \frac{1}{(2\pi\sigma^2)^{\frac{N}{2}}} \exp\left[-\frac{1}{2\sigma^2} \sum_{n=0}^{N-1} (x[n] - s[n])^2\right]$$

$$p(\mathbf{x}; \mathcal{H}_0) = \frac{1}{(2\pi\sigma^2)^{\frac{N}{2}}} \exp\left[-\frac{1}{2\sigma^2} \sum_{n=0}^{N-1} x^2[n]\right]$$

我们有

$$L(\mathbf{x}) = \exp\left[-\frac{1}{2\sigma^2}\left(\sum_{n=0}^{N-1} (x[n]-s[n])^2 - \sum_{n=0}^{N-1} x^2[n]\right)\right] > \gamma$$

两边取对数（一种单调递增变换）不会改变不等式（参见 3.3 节），所以

$$l(\mathbf{x}) = \ln L(\mathbf{x}) = -\frac{1}{2\sigma^2}\left(\sum_{n=0}^{N-1} (x[n]-s[n])^2 - \sum_{n=0}^{N-1} x^2[n]\right) > \ln\gamma$$

如果

$$\frac{1}{\sigma^2} \sum_{n=0}^{N-1} x[n]s[n] - \frac{1}{2\sigma^2} \sum_{n=0}^{N-1} s^2[n] > \ln\gamma$$

我们判 $\mathcal{H}_1$。由于 $s[n]$ 是已知的（这样也意味着不是数据的函数），我们可以将能量项合并到门限中，得到

$$T(\mathbf{x}) = \sum_{n=0}^{N-1} x[n]s[n] > \sigma^2 \ln\gamma + \frac{1}{2} \sum_{n=0}^{N-1} s^2[n]$$

我们称不等式的右边为新门限 γ'，如果

$$T(\mathbf{x}) = \sum_{n=0}^{N-1} x[n]s[n] > \gamma' \qquad (4.3)$$

我们判 $\mathcal{H}_1$。这就是 NP 检测器，它由一个检验统计量 $T(\mathbf{x})$（数据的函数）和门限 γ' 组成。对于给定的 α，门限 γ' 的选择应该满足 $P_{FA} = \alpha$。下面，我们确定某些简单例子的检验统计量。

例 4.1　WGN 中的 DC 电平

对于某个已知电平 A，假定 $s[n] = A$，其中 $A > 0$。那么，根据（4.3）式，$T(\mathbf{x}) = A\sum_{n=0}^{N-1} x[n]$，等效的检测器为 $T(\mathbf{x})$ 除以 NA，如果

$$T'(\mathbf{x}) = \frac{1}{NA} T(\mathbf{x}) = \frac{1}{N} \sum_{n=0}^{N-1} x[n] = \bar{x} > \gamma''$$

等效的检测器判 $\mathcal{H}_1$ 成立，其中 $\gamma'' = \gamma'/NA$。这正是第 3 章讨论的样本均值检测器，它的性能在那里也进行了讨论。注意，如果 $A < 0$，不等号要反过来，如果 $\bar{x} < \gamma''$，我们判 $\mathcal{H}_1$。

例 4.2　WGN 中的衰减指数信号

令 $s[n] = r^n$，$0 < r < 1$，由（4.3）式，检验统计量为

$$T(\mathbf{x}) = \sum_{n=0}^{N-1} x[n]r^n$$

可以看出，对早一点的样本要比对后来的样本的加权重，这是因为信号随 n 的增加是衰减的，而噪声的功率保持恒定。对第 n 个样本的信噪比（SNR）是 $s^2[n]/\sigma^2 = r^{2n}/\sigma^2$，它随 n 的增加而降低。检测性能如 4.3.2 节描述的那样很容易确定。

一般而言，(4.3)式的检验统计量根据信号的值对数据样本进行加权。大的信号样本采用较大的加权，甚至负的信号样本也是使用同样的方法进行加权，因为通过 $x[n]$ 乘以 $s[n]$ 后，负的样本对和式产生正的贡献。由于我们是把接收到的数据和信号的仿形品进行相关运算，因此我们们称(4.3)式的检测器为相关器或仿形-相关器，检测器如图 4.1(a) 所示。检验统计量的另一种解释把相关过程与有限冲激响应滤波器（FIR）对数据的影响联系起来。特别是，如果 $x[n]$ 是冲激响应为 $h[n]$ 的 FIR 滤波器的输入，其中 $h[n]$ 当 $n=0,1,\ldots,N-1$ 是非零的，那么在 $n(n\geqslant0)$ 时刻的输出是

$$y[n] = \sum_{k=0}^{n} h[n-k]x[k] \tag{4.4}$$

（由于我们假定 $x[n]$ 只在间隔 $[0,N-1]$ 上是非零的，因此 $n<0$ 时的输出是零。）如果我们令冲激响应为信号的镜像，即

$$h[n] = s[N-1-n] \qquad n=0,1,\ldots,N-1 \tag{4.5}$$

那么

$$y[n] = \sum_{k=0}^{n} s[N-1-(n-k)]x[k]$$

现在，滤波器在 $n=N-1$ 时刻的输出为

$$y[N-1] = \sum_{k=0}^{N-1} s[k]x[k]$$

改变求和变量后就将与仿形-相关器相同。图 4.1(b) 给出了 NP 检测器的实现，称为匹配滤波器的实现。滤波器的冲激响应是与信号相匹配的。图 4.2 给出了某些例子，将信号 $s[n]$ 相对 $n=0$ 做反转再向右移 $N-1$ 个样本，就得到匹配滤波器的冲激响应。

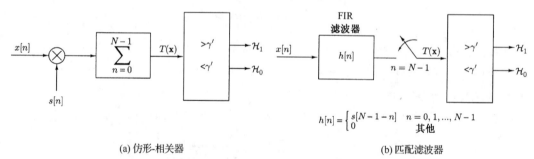

(a) 仿形-相关器   (b) 匹配滤波器

图 4.1　高斯白噪声中确定性信号的 Neyman-Pearson 检测器

尽管检验统计量是通过对匹配滤波器的输出在 $n=N-1$ 时刻进行采样而得到的，但是看一下匹配滤波器的整个输出是很有启发的。对于图 4.2(b) 所示的 DC 电平信号，信号输出是通过图 4.3 所示的卷积和给出的。注意到信号的输出在采样时刻达到最大，这在一般情况下都是正确的（参见习题 4.2）。当存在噪声时，最大值可能受到扰动，但是很显然将在 $n=N-1$ 时刻得到最佳的检测性能。然而，如果信号不是在 $n=0$ 开始，而我们又假定是在 $n=0$ 开始的，并且采用相应的匹配滤波器，那么就可能得到差的检测性能。习题 4.3 就给出了这样的一个例子。因此，对于具有未知到达时间的信号，我们就不能使用前面这种形式的匹配滤波器。在第 7 章我们将会看到如何针对这种情况进行修正。

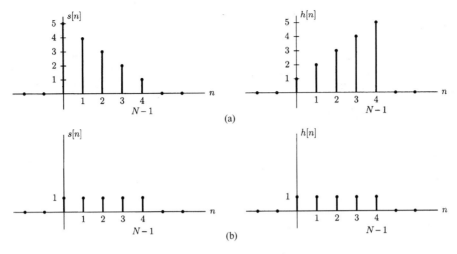

图 4.2 匹配滤波器冲激响应的例子($N=5$)

我们也可以从频域来观察匹配滤波器，由(4.4)式，我们有

$$y[n] = \int_{-\frac{1}{2}}^{\frac{1}{2}} H(f)X(f)\exp(j2\pi fn)df \qquad (4.6)$$

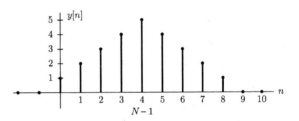

图 4.3 DC 电平输入时匹配滤波器的输出信号($N=5$)

其中 $H(f)$ 和 $X(f)$ 分别是 $h[n]$ 和 $x[n]$ 的离散傅里叶变换。但是由(4.5)式，$H(f) = \mathcal{F}\{s[N-1-n]\}$，其中 $\mathcal{F}$ 表示离散时间傅里叶变换。可以证明其离散傅里叶变换为

$$H(f) = S^*(f)\exp[-j2\pi f(N-1)] \qquad (4.7)$$

所以(4.6)式变成

$$y[n] = \int_{-\frac{1}{2}}^{\frac{1}{2}} S^*(f)X(f)\exp[j2\pi f(n-(N-1))]df \qquad (4.8)$$

对输出在 $n = N-1$ 时刻进行采样，得

$$y[N-1] = \int_{-\frac{1}{2}}^{\frac{1}{2}} S^*(f)X(f)df \qquad (4.9)$$

利用 Parseval 定理，也可以从相关器的实现来得到。从(4.7)式注意到，匹配滤波器更强调有更多信号功率的带宽。而且，由(4.9)式[或等价于由(4.3)式]，当没有噪声时，或者 $X(f) = S(f)$ 时，匹配滤波器的输出正好是信号的能量。

匹配滤波器的另一个性质是它使 FIR 滤波器的输出 SNR 达到最大。也就是说，我们考虑图 4.1(b)形式的所有检测器，但 $h[n]$ 在区间$[0,N-1]$上任意，而在区间之外为零。如果我们定义输出 SNR 为

$$\eta = \frac{E^2(y[N-1];\mathcal{H}_1)}{\mathrm{var}(y[N-1];\mathcal{H}_1)} = \frac{\left(\sum_{k=0}^{N-1} h[N-1-k]s[k]\right)^2}{E\left[\left(\sum_{k=0}^{N-1} h[N-1-k]w[k]\right)^2\right]} \qquad (4.10)$$

那么(4.5)式的匹配滤波器使(4.10)式最大。为了证明这一点，令 $\mathbf{s} = [s[0]\,s[1]\ldots s[N-1]]^T$、$\mathbf{h} = [h[N-1]\,h[N-2]\ldots h[0]]^T$ 和 $\mathbf{w} = [w[0]\,w[1]\ldots w[N-1]]^T$，那么

$$\eta = \frac{\left(\mathbf{h}^T\mathbf{s}\right)^2}{E\left[(\mathbf{h}^T\mathbf{w})^2\right]} = \frac{\left(\mathbf{h}^T\mathbf{s}\right)^2}{\mathbf{h}^T E(\mathbf{w}\mathbf{w}^T)\mathbf{h}} = \frac{\left(\mathbf{h}^T\mathbf{s}\right)^2}{\mathbf{h}^T\sigma^2\mathbf{I}\mathbf{h}} = \frac{1}{\sigma^2}\frac{\left(\mathbf{h}^T\mathbf{s}\right)^2}{\mathbf{h}^T\mathbf{h}}$$

利用 Cauchy-Schwarz 不等式（参见附录 1），

$$(\mathbf{h}^T\mathbf{s})^2 \leqslant (\mathbf{h}^T\mathbf{h})(\mathbf{s}^T\mathbf{s})$$

当且仅当 $\mathbf{h} = c\mathbf{s}$ 时等号成立，其中 c 为常数。因此，

$$\eta \leqslant \frac{1}{\sigma^2}\mathbf{s}^T\mathbf{s}$$

当且仅当 $\mathbf{h} = c\mathbf{s}$ 时等号成立。当（令 $c = 1$）

$$h[N-1-n] = s[n] \qquad n = 0,1,\ldots,N-1$$

时，或者等价于当 $\qquad h[n] = s[N-1-n] \qquad n = 0,1,\ldots,N-1$

时（这正是匹配滤波器），可以达到最大的输出信噪比。注意，最大信噪比是 $\eta_{\max} = \mathbf{s}^T\mathbf{s}/\sigma^2 = \mathcal{E}/\sigma^2$，其中 $\mathcal{E}$ 是信号的能量。我们可能希望匹配滤波检测器的性能随 $\eta_{\max}$ 单调递增，这一点在下一节可以看到。对 WGN 中已知的确定性信号的检测问题，利用 NP 准则和最大 SNR 准则都可以导出匹配滤波器。由于我们知道 NP 准则可以得到最佳检测器，因此在这些模型假定的情况下，利用最大信噪比准则也可以得到最佳检测器。然而，对于非高斯噪声情况，匹配滤波器不是 NP 意义下最佳的，但仍然可以说使线性 FIR 滤波器的输出信噪比最大[实际上在更为一般的情况下，匹配滤波器使任何线性 FIR 滤波器输出的信噪比最大，甚至对线性无限冲激响应的滤波器也是这样（参见习题 4.4）]。这是因为非高斯噪声情况下，NP 检测器不是线性的，然而对于中等程度高斯噪声 PDF 的偏离，匹配滤波器仍然有好的性能，在第 10 章将做进一步的讨论。

4.3.2 匹配滤波器的性能

现在我们确定检测性能，特别是对于给定的 P_{FA}，我们将推导 P_D，利用仿形－相关器形式，如果

$$T(\mathbf{x}) = \sum_{n=0}^{N-1} x[n]s[n] > \gamma'$$

我们判 $\mathcal{H}_1$。在两种假设的情况下，$x[n]$ 是高斯的，由于 $T(\mathbf{x})$ 是高斯随机变量的线性组合，因此 $T(\mathbf{x})$ 也是高斯的。令 $E(T;\mathcal{H}_i)$ 和 $\mathrm{var}(T;\mathcal{H}_i)$ 分别表示在 $\mathcal{H}_i$ 条件下 $T(\mathbf{x})$ 的期望值和方差。那么

$$E(T;\mathcal{H}_0) = E\left(\sum_{n=0}^{N-1} w[n]s[n]\right) = 0$$

$$E(T;\mathcal{H}_1) = E\left(\sum_{n=0}^{N-1}(s[n]+w[n])s[n]\right) = \mathcal{E}$$

$$\mathrm{var}(T;\mathcal{H}_0) = \mathrm{var}\left(\sum_{n=0}^{N-1} w[n]s[n]\right) = \sum_{n=0}^{N-1}\mathrm{var}(w[n])s^2[n]$$

$$= \sigma^2\sum_{n=0}^{N-1} s^2[n] = \sigma^2\mathcal{E}$$

其中我们利用了 $w[n]$ 是不相关的事实。类似地，$\operatorname{var}(T; \mathcal{H}_1) = \sigma^2 \mathcal{E}$，这样

$$
T \sim \begin{cases} \mathcal{N}(0, \sigma^2 \mathcal{E}) & \text{在 } \mathcal{H}_0 \text{ 条件下} \\ \mathcal{N}(\mathcal{E}, \sigma^2 \mathcal{E}) & \text{在 } \mathcal{H}_1 \text{ 条件下} \end{cases}
$$

如图 4.4 所示。注意，比例统计量（统计量乘以一个系数）$T' = T / \sqrt{\sigma^2 \mathcal{E}}$ 的 PDF 为

$$
T' \sim \begin{cases} \mathcal{N}(0, 1) & \text{在 } \mathcal{H}_0 \text{ 条件下} \\ \mathcal{N}(\sqrt{\mathcal{E}/\sigma^2}, 1) & \text{在 } \mathcal{H}_1 \text{ 条件下} \end{cases} \tag{4.11}
$$

很显然，由于随着 $\sqrt{\mathcal{E}/\sigma^2}$ 的增加，PDF 的形状相同，但是分得更开，因此检测性能也肯定随 $\mathcal{E}/\sigma^2$ 增加，或随 $\mathcal{E}/\sigma^2$ 增加。为了证明这一点，从（4.11）式有

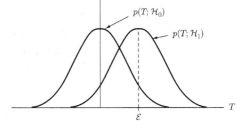

$$
\begin{aligned} P_{FA} &= \Pr\{T > \gamma'; \mathcal{H}_0\} = Q\left(\frac{\gamma'}{\sqrt{\sigma^2 \mathcal{E}}}\right) \end{aligned}
$$

$$\tag{4.12}$$

$$
\begin{aligned} P_D &= \Pr\{T > \gamma'; \mathcal{H}_1\} = Q\left(\frac{\gamma' - \mathcal{E}}{\sqrt{\sigma^2 \mathcal{E}}}\right) \end{aligned}
$$

图 4.4　匹配滤波器检验统计量的 PDF

$$\tag{4.13}$$

其中

$$
Q(x) = \int_x^\infty \frac{1}{\sqrt{2\pi}} \exp\left(-\frac{1}{2} t^2\right) dt = 1 - \Phi(x)
$$

$\Phi(x)$ 是 $\mathcal{N}(0, 1)$ 随机变量的 CDF。现在，由于 CDF 是单调递增函数，那么 $Q(x)$ 是单调递减的，因此存在逆函数 $Q^{-1}(\cdot)$。[$Q(\cdot)$ 和 $Q^{-1}(\cdot)$ 的计算请参见第 2 章]。这样，我们就可以将（4.12）式写成

$$
\gamma' = \sqrt{\sigma^2 \mathcal{E}} Q^{-1}(P_{FA})
$$

代入（4.13）式，得

$$
P_D = Q\left(\frac{\sqrt{\sigma^2 \mathcal{E}} Q^{-1}(P_{FA})}{\sqrt{\sigma^2 \mathcal{E}}} - \sqrt{\frac{\mathcal{E}}{\sigma^2}}\right) = Q\left(Q^{-1}(P_{FA}) - \sqrt{\frac{\mathcal{E}}{\sigma^2}}\right) \tag{4.14}
$$

正如声称的那样，随着 $\eta = \mathcal{E}/\sigma^2$ 的增加，$Q(\cdot)$ 的值减少，P_D 增加。检测性能总结在图 4.5 中。关键参数是匹配滤波器输出端的 SNR，它是信号能量噪声比（ENR）或 $\mathcal{E}/\sigma^2$。这些检测曲线与图 3.5 的曲线相同。唯一的差别是对于 WGN 中 DC 电平的检测问题，信号能量为 NA^2，所以 $\eta = NA^2/\sigma^2$。从这些曲线可以很清楚地看出，为了改善检测性能，我们总是应该增加 P_{FA} 或者增加 ENR，通过增加信号能量，或是增加信号电平（A）或者在 DC 电平信号情况下增加信号的持续时间（N），都可以使 ENR 增加。信号的形状并不影响检测性能，例如，图 4.6 中的两个信号产生相同的检测性能，因为它们的能量相等。很快我们就会看到，在色噪声情况下，信号的形状将是一种非常重要的设计考虑因素。

　　信号检测中匹配滤波器的使用导出了处理增益的概念。处理增益可以看成根据检验统计量进行判决的优势，检验统计量是数据的最佳组合，而直接根据数据进行判决则不是最佳组合。处理增益定义为最佳检验统计量（即处理过的数据）的信噪比除以单个样本数据（没处理过的数据）的信噪比。例如，考虑 WGN 中的 DC 电平检测问题，如果我们试图根据单个样本检测信号，那么性能将如（4.14）式所示，其中

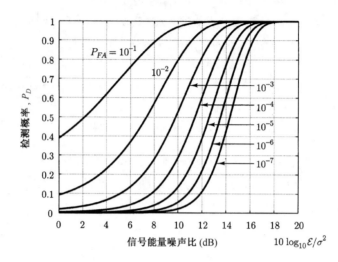

图 4.5　匹配滤波器的检测性能

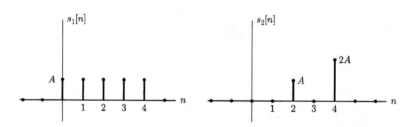

图 4.6　产生相同检测性能的信号

$$\eta_{\text{in}} = \frac{\mathcal{E}}{\sigma^2} = \frac{A^2}{\sigma^2}$$

通过使用匹配滤波器来处理 N 个样本，那么性能将得到改善，

$$\eta_{\text{out}} = \frac{\mathcal{E}}{\sigma^2} = \frac{NA^2}{\sigma^2}$$

信噪比的改善或 $\eta_{\text{out}}/\eta_{\text{in}}$ 称为处理增益（PG），

$$\text{PG} = 10\log_{10}\frac{\eta_{\text{out}}}{\eta_{\text{in}}} = 10\log_{10}N \qquad \text{dB}$$

例如，根据图 4.5，对于给定的 $P_{FA} = 10^{-3}$，要得到 $P_D = 0.5$ 的性能，那么要求的 ENR 大约为 10 dB。如果我们要求 $P_D = 0.95$，ENR 必须增加 4 dB，如果我们将 N 增加 2.5 倍就可以达到，那么处理增益 PG 也将增加 4 dB。处理增益的考虑在声呐/雷达系统设计中很重要，进一步的讨论请参见习题 4.9。

匹配滤波器检验统计量具有均值偏移高斯－高斯问题[$\mathcal{N}(\mu_1, \sigma^2)$ 与 $\mathcal{N}(\mu_2, \sigma^2)$]的 PDF。这样，正如第 3 章所描述的那样，偏移系数决定了检测性能。回忆一下这个系数的定义

$$d^2 = \frac{(E(T;\mathcal{H}_1) - E(T;\mathcal{H}_0))^2}{\text{var}(T;\mathcal{H}_0)} \tag{4.15}$$

从 (4.11) 式可得 $d^2 = \mathcal{E}/\sigma^2$，即正好是匹配滤波器输出端的 SNR。那么，由 (4.14) 式给出的性能随 d^2 单调递增就不会感到奇怪了。应该强调的是，只有均值偏移的高斯-高斯问题的检测性能才由偏移系数唯一确定，但是这也常常用于其他一些检测问题的检测性能计算的近似。

4.4　广义匹配滤波器

匹配滤波器是高斯白噪声中已知信号的最佳检测器。然而在许多情况下，将噪声看成相关噪声则更为准确。我们现在假定 $\mathbf{w} \sim \mathcal{N}(\mathbf{0}, \mathbf{C})$，其中 $\mathbf{C}$ 是协方差矩阵。如果噪声是广义平稳（WSS）的，那么 $\mathbf{C}$ 是对称 Toeplitz 矩阵的特殊形式（参见附录 1），这是因为对于零均值的 WSS 随机过程，有

$$[\mathbf{C}]_{mn} = \mathrm{cov}(w[m], w[n]) = E(w[m]w[n]) = r_{ww}[m-n]$$

因此，$\mathbf{C}$ 的对角线上的元素是相等的。对于非平稳噪声，$\mathbf{C}$ 是任意的协方差矩阵。

对于高斯白噪声，我们假定接收的数据样本是在信号间隔 $[0, N-1]$ 上观测到的。（假定在间隔 $[0, N-1]$ 之外信号为零。）在这个间隔之外的数据是无关的，因为这个间隔之外的噪声与间隔之内的噪声彼此是独立的，所以可以放弃。因而，在高斯白噪声情况下，假定观测间隔为 $[0, N-1]$ 不会有检测性能的损失（参见习题 4.4）。然而，信号加相关噪声时的情况就不一样，把采样间隔之外的数据放入检测器中有可能使性能得到改善。习题 4.5 讨论了一些设计的检测性能可以得到改善的例子。读者可以参考习题 4.14，其中描述的最佳检测器观测间隔是无限的。在下面的讨论中，我们假定观测数据样本为 $\mathbf{x} = [x[0]\, x[1] \dots x[N-1]]^T$。实际上，由于噪声样本的非平稳性，大的数据间隔是很少采用的。但读者应该牢记的是，在某些情况下，检测性能的改善是可能的。

为了确定 NP 检测器，我们再次确定似然比检验（LRT），

$$p(\mathbf{x}; \mathcal{H}_1) = \frac{1}{(2\pi)^{\frac{N}{2}} \det^{\frac{1}{2}}(\mathbf{C})} \exp\left[-\frac{1}{2}(\mathbf{x}-\mathbf{s})^T \mathbf{C}^{-1}(\mathbf{x}-\mathbf{s})\right]$$

$$p(\mathbf{x}; \mathcal{H}_0) = \frac{1}{(2\pi)^{\frac{N}{2}} \det^{\frac{1}{2}}(\mathbf{C})} \exp\left[-\frac{1}{2}\mathbf{x}^T \mathbf{C}^{-1}\mathbf{x}\right]$$

其中我们注意到，在 $\mathcal{H}_0$ 条件下，$\mathbf{x} \sim \mathcal{N}(\mathbf{0}, \mathbf{C})$；在 $\mathcal{H}_1$ 条件下，$\mathbf{x} \sim \mathcal{N}(\mathbf{s}, \mathbf{C})$。在 WGN 情况下，$\mathbf{C} = \sigma^2 \mathbf{I}$，PDF 可以化简为 4.3.1 节中的形式。如果

$$l(\mathbf{x}) = \ln \frac{p(\mathbf{x}; \mathcal{H}_1)}{p(\mathbf{x}; \mathcal{H}_0)} > \ln \gamma$$

我们判 $\mathcal{H}_1$。而

$$
\begin{aligned}
l(\mathbf{x}) &= -\frac{1}{2}\left[(\mathbf{x}-\mathbf{s})^T \mathbf{C}^{-1}(\mathbf{x}-\mathbf{s}) - \mathbf{x}^T \mathbf{C}^{-1}\mathbf{x}\right] \\
&= -\frac{1}{2}\left[\mathbf{x}^T \mathbf{C}^{-1}\mathbf{x} - 2\mathbf{x}^T \mathbf{C}^{-1}\mathbf{s} + \mathbf{s}^T \mathbf{C}^{-1}\mathbf{s} - \mathbf{x}^T \mathbf{C}^{-1}\mathbf{x}\right] = \mathbf{x}^T \mathbf{C}^{-1}\mathbf{s} - \frac{1}{2}\mathbf{s}^T \mathbf{C}^{-1}\mathbf{s}
\end{aligned}
$$

或者我们把与数据无关的项放入门限中，如果

$$T(\mathbf{x}) = \mathbf{x}^T \mathbf{C}^{-1}\mathbf{s} > \gamma' \tag{4.16}$$

我们判 $\mathcal{H}_1$。注意，对于 WGN，$\mathbf{C} = \sigma^2 \mathbf{I}$，检测器化简为

$$\frac{\mathbf{x}^T \mathbf{s}}{\sigma^2} > \gamma'$$

或者正如前面的那样，

$$\mathbf{x}^T \mathbf{s} = \sum_{n=0}^{N-1} x[n]s[n] > \gamma''$$

(4.16) 式的检测器称为广义仿形 - 相关器或广义匹配滤波器，可以将其看成仿形 - 相关器，其中仿形信号是修改的信号 $\mathbf{s}' = \mathbf{C}^{-1}\mathbf{s}$。那么，

$$T(\mathbf{x}) = \mathbf{x}^T \mathbf{C}^{-1} \mathbf{s} = \mathbf{x}^T \mathbf{s}'$$

所以，我们与修改的信号相关。下面给出一个例子。

例 4.3　不等方差的不相关噪声

如果 $w[n] \sim \mathcal{N}(0, \sigma_n^2)$，且 $w[n]$ 是不相关的，那么 $\mathbf{C} = \mathrm{diag}(\sigma_0^2, \sigma_1^2, \ldots, \sigma_{N-1}^2)$，且 $\mathbf{C}^{-1} = \mathrm{diag}(1/\sigma_0^2, 1/\sigma_1^2, \ldots, 1/\sigma_{N-1}^2)$。因此，根据 (4.16) 式，如果

$$T(\mathbf{x}) = \sum_{n=0}^{N-1} \frac{x[n]s[n]}{\sigma_n^2} > \gamma'$$

我们判 $\mathcal{H}_1$。从上式可以看出，如果数据样本具有小的方差，那么我们的加权就重，使得对和式的贡献就大。另外，在 $\mathcal{H}_1$ 条件下，我们有

$$T(\mathbf{x}) = \sum_{n=0}^{N-1} \frac{w[n]+s[n]}{\sigma_n} \frac{s[n]}{\sigma_n} = \sum_{n=0}^{N-1} \left(w'[n] + \frac{s[n]}{\sigma_n} \right) \frac{s[n]}{\sigma_n}$$

由于 $\mathbf{C}_{w'} = \mathbf{I}$，所以其中的噪声样本被均衡了，或者说是被预白化了。那么，广义的匹配滤波器首先要预白化噪声样本数据。这样，如果信号出现，那么信号会失真为 $s'[n] = s[n]/\sigma_n$。白化后检测器与失真后的信号相关，广义匹配滤波器可以表示为

$$T(\mathbf{x}') = \sum_{n=0}^{N-1} x'[n]s'[n]$$

其中 $x'[n] = x[n]/\sigma_n$，可以将其看成预白化器，其后接着是相关器或匹配于失真信号 $s'[n]$ 的匹配滤波器。

在更一般的情况中，对任何正定的矩阵 $\mathbf{C}$，可以证明 $\mathbf{C}^{-1}$ 是存在的且是正定的，所以它可以分解为 $\mathbf{C}^{-1} = \mathbf{D}^T\mathbf{D}$，其中 $\mathbf{D}$ 是非奇异的 $N \times N$ 矩阵。对于前一个例子，$\mathbf{D} = \mathrm{diag}(1/\sigma_0, 1/\sigma_1, \ldots, 1/\sigma_{N-1})$，这样，检验统计量变为

$$T(\mathbf{x}) = \mathbf{x}^T \mathbf{C}^{-1}\mathbf{s} = \mathbf{x}^T\mathbf{D}^T\mathbf{D}\mathbf{s} = \mathbf{x}'^T\mathbf{s}'$$

其中 $\mathbf{x}' = \mathbf{D}\mathbf{x}$，$\mathbf{s}' = \mathbf{D}\mathbf{s}$。预白化形式的广义匹配滤波器如图 4.7 所示，为了证明线性变换 $\mathbf{D}$（称为预白化矩阵）确实产生 WGN，令 $\mathbf{w}' = \mathbf{D}\mathbf{w}$，那么

$$\begin{aligned} \mathbf{C}_{w'} &= E(\mathbf{w}'\mathbf{w}'^T) = E(\mathbf{D}\mathbf{w}\mathbf{w}^T\mathbf{D}^T) = \mathbf{D}E(\mathbf{w}\mathbf{w}^T)\mathbf{D}^T = \mathbf{D}\mathbf{C}\mathbf{D}^T \\ &= \mathbf{D}(\mathbf{D}^T\mathbf{D})^{-1}\mathbf{D}^T = \mathbf{I} \end{aligned}$$

另外，正如习题 4.11 所描述的那样，广义匹配滤波器也可以采用预白化方法推导。

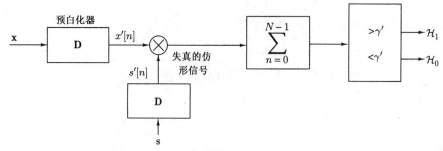

图 4.7　预白化器加仿形 - 相关器（匹配滤波器）的广义匹配滤波器

如果数据记录长度 N 很大，而噪声是 WSS，那么习题 4.12 证明了广义匹配滤波器可以近似，检验统计量变为

$$T(\mathbf{x}) = \int_{-\frac{1}{2}}^{\frac{1}{2}} \frac{X(f)S^*(f)}{P_{ww}(f)} df \qquad (4.17)$$

其中 $P_{ww}(f)$ 是噪声的 PSD，$\mathbf{C}^{-1}$ 的白化效果由检验统计量中的频率加权 $1/P_{ww}(f)$ 所取代。很显然，重要的频带是噪声 PSD 小或 SNR 大的频带[参见(4.19)式]。

4.4.1　广义匹配滤波器的性能

如果

$$T(\mathbf{x}) = \mathbf{x}^T \mathbf{C}^{-1} \mathbf{s} > \gamma'$$

广义匹配滤波器判 $\mathcal{H}_1$。在两种假设下检验统计量是高斯的，是 $\mathbf{x}$ 的线性变换，我们求出它的矩，

$$
\begin{aligned}
E(T;\mathcal{H}_0) &= E(\mathbf{w}^T \mathbf{C}^{-1} \mathbf{s}) = \mathbf{0} \\
E(T;\mathcal{H}_1) &= E\left[(\mathbf{s}+\mathbf{w})^T \mathbf{C}^{-1} \mathbf{s}\right] = \mathbf{s}^T \mathbf{C}^{-1} \mathbf{s} \\
\mathrm{var}(T;\mathcal{H}_0) &= E\left[(\mathbf{w}^T \mathbf{C}^{-1} \mathbf{s})^2\right] = E(\mathbf{s}^T \mathbf{C}^{-1} \mathbf{w} \mathbf{w}^T \mathbf{C}^{-1} \mathbf{s}) \\
&= \mathbf{s}^T \mathbf{C}^{-1} E(\mathbf{w}\mathbf{w}^T) \mathbf{C}^{-1} \mathbf{s} = \mathbf{s}^T \mathbf{C}^{-1} \mathbf{s}
\end{aligned}
$$

其中我们利用了 $\mathbf{C}^{-1^T} = \mathbf{C}^{T^{-1}} = \mathbf{C}^{-1}$。而且

$$
\mathrm{var}(T;\mathcal{H}_1) = E\left[\left(\mathbf{x}^T \mathbf{C}^{-1} \mathbf{s} - E(\mathbf{x}^T \mathbf{C}^{-1} \mathbf{s})\right)^2\right]
$$

$$
= E\left[\left((\mathbf{x}-E(\mathbf{x}))^T \mathbf{C}^{-1} \mathbf{s}\right)^2\right] = E\left[(\mathbf{w}^T \mathbf{C}^{-1} \mathbf{s})^2\right] = \mathrm{var}(T;\mathcal{H}_0)
$$

如同白噪声情况那样，我们很容易求出 P_{FA} 和 P_D。从第 3 章可知，

$$P_D = Q\left(Q^{-1}(P_{FA}) - \sqrt{d^2}\right)$$

其中 d^2 是(4.15)式的偏移系数，很容易证明偏移系数为 $d^2 = \mathbf{s}^T \mathbf{C}^{-1} \mathbf{s}$，所以最终有

$$P_D = Q\left(Q^{-1}(P_{FA}) - \sqrt{\mathbf{s}^T \mathbf{C}^{-1} \mathbf{s}}\right) \qquad (4.18)$$

当 $\mathbf{C} = \sigma^2 \mathbf{I}$ 时，我们有(4.14)式。注意，检测概率是随 $\mathbf{s}^T \mathbf{C}^{-1} \mathbf{s}$ 而不是随 $\mathcal{E}/\sigma^2$ 单调递增的。在 WGN 情况下，信号形状是不重要的，只与信号的能量有关。然而现在，应该设计信号使 $\mathbf{s}^T \mathbf{C}^{-1} \mathbf{s}$ 最大，即使 P_D 最大，下面给出一个例子。

例 4.4　不等方差的不相关噪声的信号设计

我们继续例 4.3，由于 $\mathbf{C}^{-1} = \mathrm{diag}(1/\sigma_0^2, 1/\sigma_1^2, \ldots, 1/\sigma_{N-1}^2)$，我们有

$$\mathbf{s}^T \mathbf{C}^{-1} \mathbf{s} = \sum_{n=0}^{N-1} \frac{s^2[n]}{\sigma_n^2}$$

如果我们试图通过选择 $s[n]$ 而使上式达到最大，则应该令 $s[n] \to \infty$。很显然，实际的约束是必要。我们对信号能量加以约束，或者令 $\sum_{n=0}^{N-1} s^2[n] = \mathcal{E}$。使用拉格朗日乘因子，使下式最大，

$$F = \sum_{n=0}^{N-1} \frac{s^2[n]}{\sigma_n^2} + \lambda \left(\mathcal{E} - \sum_{n=0}^{N-1} s^2[n]\right)$$

求偏导数，得

$$\frac{\partial F}{\partial s[k]} = \frac{2s[k]}{\sigma_k^2} - 2\lambda s[k] = 2s[k]\left(\frac{1}{\sigma_k^2} - \lambda\right)$$

$$= 0 \qquad k = 0, 1, \ldots, N-1$$

由于 λ 是常数，至多有一个 k，使得有 $1/\sigma_k^2 - \lambda = 0$（假定所有的 σ_n^2 是不同的）。假定对 $k=j$ 满足这个条件，那么，对剩下的样本或对 $k \neq j$，则 $s[k] = 0$。为了求出 j，我们注意到，在这些条件下，

$$\mathbf{s}^T\mathbf{C}^{-1}\mathbf{s} = \frac{s^2[j]}{\sigma_j^2} = \frac{\mathcal{E}}{\sigma_j^2}$$

我们选择 j，使 σ_j^2 最小。也就是说，我们选择 j 是为了在样本中集中信号的能量（具有最小的噪声方差）。这样也使偏移系数最大。

我们现在考虑任意的噪声协方差矩阵，从而将这些结果推广。约束固定的信号能量 $\mathbf{s}^T\mathbf{s} = \mathcal{E}$，使 $\mathbf{s}^T\mathbf{C}^{-1}\mathbf{s}$ 最大来选择最佳信号。利用拉格朗日乘因子，使下式最大，

$$F = \mathbf{s}^T\mathbf{C}^{-1}\mathbf{s} + \lambda(\mathcal{E} - \mathbf{s}^T\mathbf{s})$$

使用恒等式（参见附录 1），

$$\frac{\partial \mathbf{b}^T\mathbf{x}}{\partial \mathbf{x}} = \mathbf{b}$$

$$\frac{\partial \mathbf{x}^T\mathbf{A}\mathbf{x}}{\partial \mathbf{x}} = 2\mathbf{A}\mathbf{x}$$

$\mathbf{A}$ 为对称矩阵，我们有

$$\frac{\partial F}{\partial \mathbf{s}} = 2\mathbf{C}^{-1}\mathbf{s} - 2\lambda\mathbf{s} = \mathbf{0}$$

或者

$$\mathbf{C}^{-1}\mathbf{s} = \lambda\mathbf{s}$$

因而 $\mathbf{s}$ 是 $\mathbf{C}^{-1}$ 的特征矢量，应该选择使 $\mathbf{s}^T\mathbf{C}^{-1}\mathbf{s}$ 最大的特征矢量，而

$$\mathbf{s}^T\mathbf{C}^{-1}\mathbf{s} = \mathbf{s}^T\lambda\mathbf{s} = \lambda\mathcal{E}$$

这样，我们应该选择使特征值 λ 最大所对应的特征矢量。（正定协方差矩阵的特征值是实的和正的。）另外，由于 $\mathbf{C}^{-1}\mathbf{s} = \lambda\mathbf{s}$ 意味着 $\mathbf{C}\mathbf{s} = (1/\lambda)\mathbf{s}$，因此我们应该选择信号为最小特征值所对应的特征矢量。如果 $\mathbf{C}$ 的特征值不同，那么这样的选择将产生唯一的最佳信号。这样，如果 $\mathbf{v}_{\min}$ 是对应最小特征值的特征矢量，那么我们应该选择 $\mathbf{s} = \sqrt{\mathcal{E}}\mathbf{v}_{\min}$。由于假定特征矢量具有单位长度，因此乘以一个能量约束的系数，下面给出一个例子。

例 4.5　相关噪声的信号设计

假定

$$\mathbf{C} = \begin{bmatrix} 1 & \rho \\ \rho & 1 \end{bmatrix}$$

其中 ρ 是相关系数，$|\rho| \leq 1$。解特征方程 $(1-\lambda)^2 - \rho^2 = 0$，我们求得 $\lambda_1 = 1+\rho$ 和 $\lambda_2 = 1-\rho$。特征矢量 $\mathbf{v}_i$ 很容易从 $(\mathbf{C} - \lambda_i\mathbf{I})\mathbf{v} = \mathbf{0}$ 中或者从

$$\begin{bmatrix} 1-\lambda_i & \rho \\ \rho & 1-\lambda_i \end{bmatrix} \begin{bmatrix} [\mathbf{v}]_1 \\ [\mathbf{v}]_2 \end{bmatrix} = \begin{bmatrix} 0 \\ 0 \end{bmatrix}$$

中求出。可以证明，

$$\mathbf{v}_1 = \begin{bmatrix} \frac{1}{\sqrt{2}} \\ \frac{1}{\sqrt{2}} \end{bmatrix}$$

$$\mathbf{v}_2 = \begin{bmatrix} \frac{1}{\sqrt{2}} \\ -\frac{1}{\sqrt{2}} \end{bmatrix}$$

假定 $\rho > 0$，那么两个噪声样本是正的相关，λ_2 是最小特征值，因此最佳信号为

$$\mathbf{s} = \sqrt{\mathcal{E}}\mathbf{v}_2 = \sqrt{\frac{\mathcal{E}}{2}} \begin{bmatrix} 1 \\ -1 \end{bmatrix}$$

那么，检验统计量变为

$$T(\mathbf{x}) = \mathbf{x}^T \mathbf{C}^{-1}\mathbf{s} = \mathbf{x}^T \mathbf{C}^{-1}\sqrt{\mathcal{E}}\mathbf{v}_2 = \sqrt{\mathcal{E}}\mathbf{x}^T \frac{1}{\lambda_2}\mathbf{v}_2 = \frac{\sqrt{\frac{\mathcal{E}}{2}}}{1-\rho}(x[0] - x[1])$$

通过两个数据样本相减，我们可以有效地对消噪声（由于是正相关）。然而，由于 $s[1] = -s[0]$，信号的贡献不会抵消。这个例子的偏移系数将变成

$$d^2 = \mathbf{s}^T \mathbf{C}^{-1}\mathbf{s} = \mathcal{E}\mathbf{v}_2^T \mathbf{C}^{-1}\mathbf{v}_2 = \mathcal{E}\mathbf{v}_2^T \frac{1}{\lambda_2}\mathbf{v}_2 = \frac{\mathcal{E}}{\lambda_2} = \frac{\mathcal{E}}{1-\rho}$$

当 $\rho \to 1$ 时，由于噪声被完全抵消，所以 $d^2 \to \infty$。

最后，考虑大数据记录和 WSS 的情况。可以证明，(4.17)式检验统计量的检测性能由(4.18)式给出，而 $d^2 = \mathbf{s}^T \mathbf{C}^{-1}\mathbf{s}$ 用

$$d^2 = \int_{-\frac{1}{2}}^{\frac{1}{2}} \frac{|S(f)|^2}{P_{ww}(f)} df \tag{4.19}$$

代替。从偏移系数可以得出，如果要使检测性能达到最大，则应该将信号的能量集中在噪声的 PSD 最小的频带内，请参见习题 4.13。

4.5　多个信号

4.5.1　二元信号

我们已经讨论了噪声中已知信号的检测问题。声呐/雷达系统广泛地应用匹配滤波器，然而在通信系统中，问题稍微有所不同。我们通常是发射 M 个信号中的一个，而在接收机中，不是信号出现与否，而是出现的是哪个信号。这是一个分类的问题（尽管我们仍然把它称为检测问题）。下面进行讨论。

我们从二元检测器开始，后面再把结果进行推广。从数学上讲，我们有如下假设检验问题

$$\mathcal{H}_0 : x[n] = s_0[n] + w[n] \quad n = 0, 1, \ldots, N-1$$
$$\mathcal{H}_1 : x[n] = s_1[n] + w[n] \quad n = 0, 1, \ldots, N-1$$

其中 $s_0[n]$、$s_1[n]$ 是已知的确定性信号，$w[n]$ 是方差为 σ^2 的 WGN。由于我们考虑的是通信问题，两种类型的错误不希望发生的程度是相同的，因此选择最小错误概率准则。如果

$$\frac{p(\mathbf{x}|\mathcal{H}_1)}{p(\mathbf{x}|\mathcal{H}_0)} > \gamma = \frac{P(\mathcal{H}_0)}{P(\mathcal{H}_1)} = 1$$

我们判 $\mathcal{H}_1$（参见第 3 章）。其中我们假定发射 $s_0[n]$ 和 $s_1[n]$ 的先验概率是相同的。我们选择具有最大条件似然函数的假设，即选择 $p(\mathbf{x}|\mathcal{H}_i)$ 最大的假设。正如前面所讨论的那样，这就是 ML 准则。由于

$$p(\mathbf{x}|\mathcal{H}_i) = \frac{1}{(2\pi\sigma^2)^{\frac{N}{2}}} \exp\left[-\frac{1}{2\sigma^2}\sum_{n=0}^{N-1}(x[n]-s_i[n])^2\right]$$

我们判使

$$D_i^2 = \sum_{n=0}^{N-1}(x[n]-s_i[n])^2 \tag{4.20}$$

最小的假设 $\mathcal{H}_i$ 成立。我们称其为最小距离接收机。如果我们把数据和信号样本看成 R^N 空间中的矢量，那么

$$D_i^2 = (\mathbf{x}-\mathbf{s}_i)^T(\mathbf{x}-\mathbf{s}_i) = \|\mathbf{x}-\mathbf{s}_i\|^2$$

其中 $\|\boldsymbol{\xi}\|^2 = \sum_{i=0}^{N-1}\xi_i^2$ 是 R^N 中的平方欧几里得范数。因此，我们选择信号矢量最靠近 $\mathbf{x}$ 的假设。

例 4.6　最小距离接收机

为了便于说明，我们考虑 $N=2$ 的情况。对于所有 $\mathbf{x}=[x[0]\,x[1]]^T$ 的值，我们希望确定发射的是 s_0 还是 s_1。图 4.8(a) 给出了典型的情况，图中画出了 s_0、s_1 以及 $\mathbf{x}$ 的值。如果 $\|\mathbf{x}-\mathbf{s}_0\|$ 小于 $\|\mathbf{x}-\mathbf{s}_1\|$，那么将 $\mathbf{x}$ 分配给 $\mathcal{H}_0$，否则分配给 $\mathcal{H}_1$。在图 4.8(a) 中，很显然 $\mathbf{x}$ 应分配给 $\mathcal{H}_0$。更一般的情况是，最小距离接收机将平面划分成两个区域，这两个区域连接两个信号矢量的中垂线来划分，如图 4.8(b) 所示。这条线称为判决边界，右边判 $\mathcal{H}_0$，左边判 $\mathcal{H}_1$。因此，我们有了一种简单的从接收数据样本到判决的映射。在高维情况中（$N>2$），判决边界仍然是连接两个信号矢量 $\mathbf{s}_0$ 和 $\mathbf{s}_1$ 的中垂线。在习题 4.18 中，我们总结了一般情况的证明。

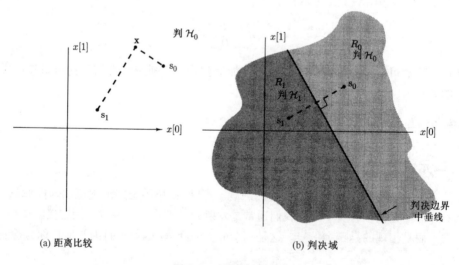

(a) 距离比较　　　　　　(b) 判决域

图 4.8　判决域的例子

最小距离接收机也可以用更为熟悉的形式表示。由于

$$D_i^2 = \sum_{n=0}^{N-1}x^2[n] - 2\sum_{n=0}^{N-1}x[n]s_i[n] + \sum_{n=0}^{N-1}s_i^2[n]$$

我们判使

$$T_i(\mathbf{x}) = \sum_{n=0}^{N-1}x[n]s_i[n] - \frac{1}{2}\sum_{n=0}^{N-1}s_i^2[n] = \sum_{n=0}^{N-1}x[n]s_i[n] - \frac{1}{2}\mathcal{E}_i \tag{4.21}$$

最大的假设 $\mathcal{H}_i$ 成立。($\sum_{n=0}^{N-1}x^2[n]$ 的值对 $i=0$ 或 $i=1$ 是相同的。)图 4.9 画出了该接收机,可以看出,对于每个信号都包含了一个仿形 – 相关器。由于信号的能量可能不同(回想一下相关器的输出是信号的能量),作为补偿,加一项偏差项是必要的。

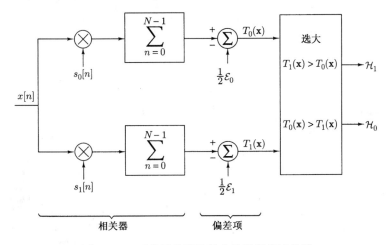

图 4.9   二元信号检测的最小错误概率接收机

4.5.2   二元信号的性能

现在我们确定(4.21)式 ML 接收机的 P_e,同时我们将对信号设计问题进行分析。正如从图 4.8 中所看到的那样,最佳性能出现在 $\mathbf{s}_0$ 和 $\mathbf{s}_1$ 分得最远的时候。当然在实际中,我们必须对信号的选择加以能量有限的约束。现在,错误概率 P_e 为

$$P_e = P(\mathcal{H}_1|\mathcal{H}_0)P(\mathcal{H}_0) + P(\mathcal{H}_0|\mathcal{H}_1)P(\mathcal{H}_1)$$

其中 $P(\mathcal{H}_i|\mathcal{H}_j)$ 是给定 $\mathcal{H}_j$ 为真时判 $\mathcal{H}_i$ 的条件概率。假定先验概率相等,则

$$
\begin{aligned}
P_e &= \frac{1}{2}\left[P(\mathcal{H}_1|\mathcal{H}_0) + P(\mathcal{H}_0|\mathcal{H}_1)\right] \\
&= \frac{1}{2}\left[\Pr\{T_1(\mathbf{x}) > T_0(\mathbf{x})|\mathcal{H}_0\} + \Pr\{T_0(\mathbf{x}) > T_1(\mathbf{x})|\mathcal{H}_1\}\right] \qquad (4.22)\\
&= \frac{1}{2}\left[\Pr\{T_1(\mathbf{x}) - T_0(\mathbf{x}) > 0|\mathcal{H}_0\} + \Pr\{T_0(\mathbf{x}) - T_1(\mathbf{x}) > 0|\mathcal{H}_1\}\right]
\end{aligned}
$$

令 $T(\mathbf{x}) = T_1(\mathbf{x}) - T_0(\mathbf{x})$,那么,由(4.21)式,得

$$T(\mathbf{x}) = \sum_{n=0}^{N-1} x[n](s_1[n] - s_0[n]) - \frac{1}{2}(\mathcal{E}_1 - \mathcal{E}_0)$$

在每种假设下,它是高斯随机变量,矩为

$$
\begin{aligned}
E(T|\mathcal{H}_0) &= \sum_{n=0}^{N-1} s_0[n](s_1[n] - s_0[n]) - \frac{1}{2}(\mathcal{E}_1 - \mathcal{E}_0) \\
&= \sum_{n=0}^{N-1} s_0[n]s_1[n] - \frac{1}{2}\sum_{n=0}^{N-1} s_0^2[n] - \frac{1}{2}\sum_{n=0}^{N-1} s_1^2[n] \\
&= -\frac{1}{2}\sum_{n=0}^{N-1}(s_1[n] - s_0[n])^2 = -\frac{1}{2}\|\mathbf{s}_1 - \mathbf{s}_0\|^2
\end{aligned}
$$

类似地,

$$E(T|\mathcal{H}_1) = \frac{1}{2}||\mathbf{s}_1 - \mathbf{s}_0||^2 = -E(T|\mathcal{H}_0)$$

又

$$
\begin{aligned}
\mathrm{var}(T|\mathcal{H}_0) &= \mathrm{var}\left(\sum_{n=0}^{N-1} x[n](s_1[n] - s_0[n])\Bigg|\mathcal{H}_0\right) = \sum_{n=0}^{N-1} \mathrm{var}(x[n])(s_1[n] - s_0[n])^2 \\
&= \sigma^2 ||\mathbf{s}_1 - \mathbf{s}_0||^2
\end{aligned}
$$

类似地，
$$\mathrm{var}(T|\mathcal{H}_1) = \sigma^2 ||\mathbf{s}_1 - \mathbf{s}_0||^2 = \mathrm{var}(T|\mathcal{H}_0)$$

两种假设下 T 的条件 PDF 如图 4.10 所示，很显然，由于固有的接收对称性，错误是相同的。由(4.22)式，

$$P_e = \mathrm{Pr}\{T(\mathbf{x}) > 0|\mathcal{H}_0\}$$

在 $\mathcal{H}_0$ 条件下，$T \sim \mathcal{N}\left(-\frac{1}{2}||\mathbf{s}_1 - \mathbf{s}_0||^2, \sigma^2||\mathbf{s}_1 - \mathbf{s}_0||^2\right)$，

所以

$$P_e = Q\left(\frac{\frac{1}{2}||\mathbf{s}_1 - \mathbf{s}_0||^2}{\sqrt{\sigma^2||\mathbf{s}_1 - \mathbf{s}_0||^2}}\right)$$

或最终有
$$P_e = Q\left(\frac{1}{2}\sqrt{\frac{||\mathbf{s}_1 - \mathbf{s}_0||^2}{\sigma^2}}\right) \tag{4.23}$$

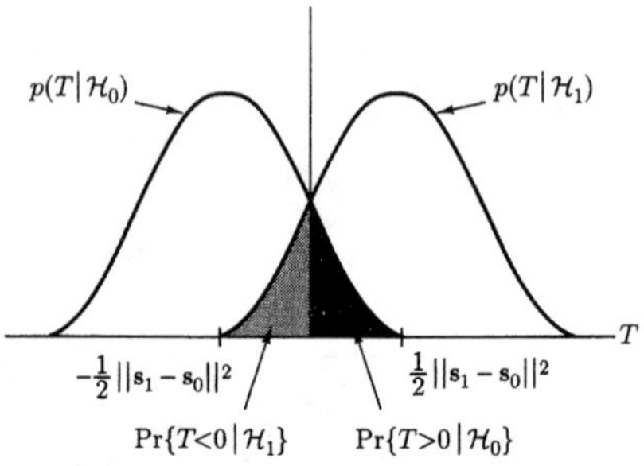

图 4.10　二元信号检测的错误

正如前面所说的那样，P_e 随着 $||\mathbf{s}_1 - \mathbf{s}_0||^2$ 的增加而减少。然而，为使 P_e 最小而选择信号的时候，我们必须约束信号的能量。因为平均功率通常都是有限的(由于发射装置物理上的限制)，并且信号持续时间也有限制(由于需要以一定的速率发射码元)。因此，我们将信号的平均能量或 $\bar{\mathcal{E}} = \frac{1}{2}(\mathcal{E}_0 + \mathcal{E}_1)$ 加以约束，假定先验概率相等，那么

$$||\mathbf{s}_1 - \mathbf{s}_0||^2 = \mathbf{s}_1^T\mathbf{s}_1 - 2\mathbf{s}_1^T\mathbf{s}_0 + \mathbf{s}_0^T\mathbf{s}_0 = 2\bar{\mathcal{E}} - 2\mathbf{s}_1^T\mathbf{s}_0 = 2\bar{\mathcal{E}}(1 - \rho_s)$$

其中 ρ_s 定义为
$$\rho_s = \frac{\mathbf{s}_1^T\mathbf{s}_0}{\frac{1}{2}(\mathbf{s}_1^T\mathbf{s}_1 + \mathbf{s}_0^T\mathbf{s}_0)} \tag{4.24}$$

注意，由于 $|\rho_s| \leqslant 1$，因此 ρ_s 可以解释为信号相关系数(参见习题 4.20)。例如，如果 $\mathbf{s}_1^T\mathbf{s}_0 = 0$ 或者信号矢量相互正交，那么 $\rho_s = 0$。因此，二元通信系统的性能由下式给出，

$$P_e = Q\left(\sqrt{\frac{\bar{\mathcal{E}}(1 - \rho_s)}{2\sigma^2}}\right) \tag{4.25}$$

为了在约束平均能量的条件下使 P_e 最小，我们选择的信号应保证 $\rho_s = -1$。下面给出一些例子。

例 4.7　相移键控

在相移键控(PSK)系统中(由于我们通常假定信号是完全已知的，所以也称为相干 PSK)，我们以两个相位中的一个发射一个正弦信号，即

$$
\begin{aligned}
s_0[n] &= A\cos 2\pi f_0 n \\
s_1[n] &= A\cos(2\pi f_0 n + \pi) = -A\cos 2\pi f_0 n
\end{aligned}
$$

其中 $n = 0, 1, \ldots, N-1$，所以 $\mathbf{s}_1 = -\mathbf{s}_0$，图 4.11 给出了 $N = 2$ 时，$f_0 = 0.25$ 的信号。很容易

证明 $\rho_s = -1$，所以 P_e 达到最小。我们称这些信号是反相的(antipodal)。注意，每个信号有相同的能量 $\mathcal{E} \approx NA^2/2$，所以 $\bar{\mathcal{E}} = \mathcal{E}$。由(4.25)式，我们有 $P_e = Q\left(\sqrt{\mathcal{E}/\sigma^2}\right)$，图 4.12 画出了 P_e 与 $\mathrm{ENR}(\mathcal{E}/\sigma^2)$ 的图示。对于典型的 10^{-8} 的错误概率，我们要求 15 dB 的平均 ENR。

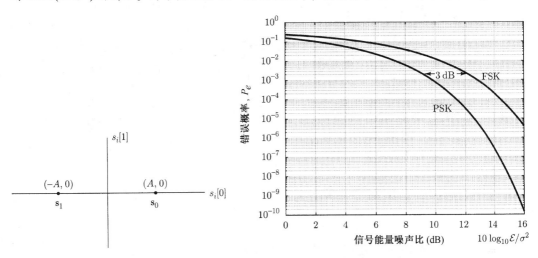

图 4.11 相干 PSK($f_0 = 0.25$)   图 4.12 典型的二元信号设计的性能

例 4.8 频移键控

在频移键控(FSK)(或相干 FSK)系统中，我们发射一个正弦信号，信号的频率是两个频率中的一个，即

$$s_0[n] = A\cos 2\pi f_0 n$$
$$s_1[n] = A\cos 2\pi f_1 n$$

其中 $n = 0, 1, \ldots, N-1$。信号的相关取决于频率间隔，对于 $|f_1 - f_0| \gg 1/(2N)$，信号近似是正交的(参见习题 4.21)，而且进一步可以证明近似有相同的信号能量 $\mathcal{E} \approx NA^2/2$，这样从 (4.25)式，我们有 $P_e = Q\left(\sqrt{\mathcal{E}/(2\sigma^2)}\right)$，性能显示在图 4.12 中。比较 PSK 和 FSK，我们可以看到，对于同样的错误概率，FSK 系统的平均能量必须是 PSK 系统的两倍。频率的其他选择将产生稍微更好的性能(参见习题 4.22)。

4.5.3 *M* 元信号

如果我们现在以相等的先验概率选择发射 M 个信号 $\{s_0[n], s_1[n], \ldots, s_{M-1}[n]\}$ 中的一个，那么与前面一样，我们应该选择使 $p(\mathbf{x}|\mathcal{H}_i)$ 最大的假设成立。最佳接收机也是最小距离接收机，这样如果

$$T_k(\mathbf{x}) = \sum_{n=0}^{N-1} x[n]s_k[n] - \frac{1}{2}\mathcal{E}_k \tag{4.26}$$

是 $\{T_0(\mathbf{x}), T_1(\mathbf{x}), \ldots, T_{M-1}(\mathbf{x})\}$ 中最大的统计量，则我们应该选择 $\mathcal{H}_k$。最佳接收机如图 4.13 所示。

一般来说，要确定错误概率是很困难的，这是因为如果 $M-1$ 个统计量中的任何一个超过与真实假设有关的那一个，就会发生一个错误。另外，其他 $M-1$ 个统计量中最大的一个超过真实的那一个就会发生错误。求许多统计量中最大的一个的 PDF 是一个序值检验问题[Kendall and Stuart 1979]。对于不是独立的随机变量，在数学上这将是一个不易处理的问题。另一方面，对于相互独立的随机变量，我们可以很容易地求出 PDF。在当前的问题中，如果信号是正交的，那么统计量是

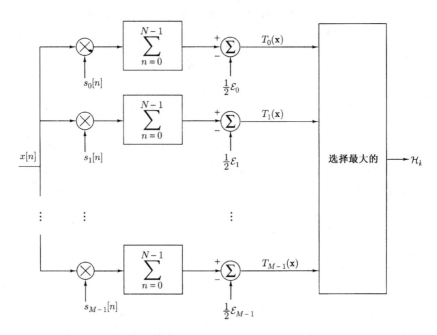

图 4.13 M 元信号检测的最小错误接收机

不相关的，这是因为在任何假设的条件下，统计量是联合高斯随机变量，在正交的假定下它们也是不相关的，因而也是独立的。为了证明这一点，由(4.26)式，在任何假设 $\mathcal{H}_l$ 条件下，我们有

$$\text{cov}(T_i, T_j|\mathcal{H}_l) = E\left(\sum_{m=0}^{N-1} w[m]s_i[m] \sum_{n=0}^{N-1} w[n]s_j[n]\right)$$

$$= \sum_{m=0}^{N-1}\sum_{n=0}^{N-1} E(w[m]w[n])s_i[m]s_j[n] = \sigma^2 \sum_{n=0}^{N-1} s_i[n]s_j[n] = 0 \qquad , i \neq j$$

其中最后一步是根据信号正交的假定得出的。为了使问题简化，假定信号能量相等，即 $\mathcal{E}_i = \mathcal{E}$。我们注意到，如果 $\mathcal{H}_i$ 是真实的假设，但 T_i 不是最大的，那么就会出现错误。因此

$$P_e = \sum_{i=0}^{M-1} \Pr\left\{T_i < \max(T_0, \ldots, T_{i-1}, T_{i+1}, \ldots, T_{M-1})|\mathcal{H}_i\right\} P(\mathcal{H}_i)$$

根据对称性，以上和式中的所有条件错误概率都是相同的（对 $M=2$ 的情况请参见图 4.10），因此

$$P_e = \Pr\left\{T_0 < \max(T_1, T_2, \ldots, T_{M-1})|\mathcal{H}_0\right\}$$

而在 $\mathcal{H}_0$ 条件下，$T_i(\mathbf{x}) = \sum_{n=0}^{N-1} x[n]s_i[n] - \dfrac{1}{2}\mathcal{E} \sim \begin{cases} \mathcal{N}(\frac{1}{2}\mathcal{E}, \sigma^2\mathcal{E}) & , i = 0 \\ \mathcal{N}(-\frac{1}{2}\mathcal{E}, \sigma^2\mathcal{E}) & , i \neq 0 \end{cases}$ \hfill (4.27)

这是很容易证明的。这样，

$$\begin{aligned} P_e &= 1 - \Pr\left\{T_0 > \max(T_1, T_2, \ldots, T_{M-1})|\mathcal{H}_0\right\} \\ &= 1 - \Pr\{T_1 < T_0, T_2 < T_0, \ldots, T_{M-1} < T_0|\mathcal{H}_0\} \\ &= 1 - \int_{-\infty}^{\infty} \Pr\{T_1 < t, T_2 < t, \ldots, T_{M-1} < t|T_0 = t, \mathcal{H}_0\} p_{T_0}(t)dt \\ &= 1 - \int_{-\infty}^{\infty} \prod_{i=1}^{M-1} \Pr\{T_i < t|\mathcal{H}_0\} p_{T_0}(t)dt \end{aligned}$$

其中最后一步是根据 T_i 是相互独立的这一事实得出的。由(4.27)式，我们有

$$P_e = 1 - \int_{-\infty}^{\infty} \Phi^{M-1}\left(\frac{t+\frac{1}{2}\mathcal{E}}{\sqrt{\sigma^2\mathcal{E}}}\right) \frac{1}{\sqrt{2\pi\sigma^2\mathcal{E}}} \exp\left[-\frac{1}{2\sigma^2\mathcal{E}}\left(t-\frac{1}{2}\mathcal{E}\right)^2\right] dt$$

其中 $\Phi(\cdot)$ 是 $\mathcal{N}(0,1)$ 随机变量的 CDF。令 $u = \left(t+\frac{1}{2}\mathcal{E}\right)/\sqrt{\sigma^2\,\mathcal{E}}$，最终错误概率可以表示为

$$P_e = 1 - \int_{-\infty}^{\infty} \Phi^{M-1}(u) \frac{1}{\sqrt{2\pi}} \exp\left[-\frac{1}{2}\left(u-\sqrt{\frac{\mathcal{E}}{\sigma^2}}\right)^2\right] du \tag{4.28}$$

可以看出它与 $\mathrm{ENR}(\mathcal{E}/\sigma^2)$ 有关。对不同的 M 值，这个曲线画在图 4.14 中。注意，随着 M 的增加，错误概率也将增加，这是因为接收机必须区分更多的信号，而信号之间的间隔并没有增加。为了理解这一点，我们首先必须认识到对于 M 个正交信号，要求 $N \geqslant M$，例如，对于 $N = M = 2$ 和 $N = M = 3$，信号空间显示于图 4.15 中。对于 $M = 2$ 和 $M = 3$，信号之间的距离是相同的，因为信号的能量并不随 N 的增加而增加。在图 4.15 中，每个信号的能量为 $\mathcal{E} = 1$，随着 M 的增加，我们必须从更大的信号集中进行选择，因此 P_e 肯定随 M 的增加而增加。当我们在 4.7 节更为详细地考虑通信问题的时候再回到这个例子。

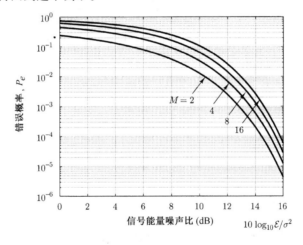

图 4.14 M 元正交信号通信系统的性能

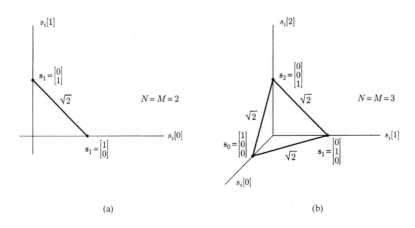

(a)   (b)

图 4.15 错误概率随正交信号数的增加而增加

4.6   线性模型

在本书卷 I 的第 4 章中引入了线性模型，由于数学上的简单性以及现实问题的广泛应用性，因此它是一个常用的模型。为了使叙述简单，典型的一般线性模型假定数据矢量可以写为

$$\mathbf{x} = \mathbf{H}\boldsymbol{\theta} + \mathbf{w}$$

其中 $\mathbf{x}$ 是接收数据样本的一个 $N \times 1$ 矢量，即 $\mathbf{x} = [\, x[0]\, x[1]\ldots x[N-1]\,]^T$，$\mathbf{H}$ 是已知的 $N \times p\,(N > p)$ 满秩矩阵，称为观测矩阵，$\boldsymbol{\theta}$ 是 $p \times 1$ 参数矢量，它可能是已知的或未知的，$\mathbf{w}$ 是 $N \times 1$ 随机矢量，$\mathbf{w} = [\, w[0]\, w[1]\ldots w[N-1]\,]^T$，它的 PDF 为 $\mathbf{w} \sim \mathcal{N}(\mathbf{0}, \mathbf{C})$。对于目前我们讨论的问题，假定 $\boldsymbol{\theta}$ 在 $\mathcal{H}_1$ 条件下是已知的，它的值用 $\boldsymbol{\theta}_1$ 表示。我们可以把 $\mathbf{s} = \mathbf{H}\boldsymbol{\theta}_1$ 看成已知的确定性信号。在 $\mathcal{H}_0$ 条件下 $\boldsymbol{\theta} = \mathbf{0}$，也就是信号不存在。在后面我们将讨论 $\boldsymbol{\theta}$ 为未知的检测问题（参见第 7 章）。在本书卷 I 给出了许多这种类型建模的例子。一个简单的例子就是 WGN 中 DC 电平的问题，这是线性模型当

$$\begin{aligned}
\mathbf{H} &= [1\,1\ldots 1]^T \\
\boldsymbol{\theta}_1 &= A \\
\mathbf{C} &= \sigma^2 \mathbf{I}
\end{aligned}$$

时的一种特殊情况。

在将线性模型应用到检测问题中时，我们必须判决 $\mathbf{s} = \mathbf{H}\boldsymbol{\theta}_1$ 是否存在，因此我们有

$$\begin{aligned}
\mathcal{H}_0 &: \mathbf{x} = \mathbf{w} \\
\mathcal{H}_1 &: \mathbf{x} = \mathbf{H}\boldsymbol{\theta}_1 + \mathbf{w}
\end{aligned}$$

在 (4.16) 式中令 $\mathbf{s} = \mathbf{H}\boldsymbol{\theta}_1$，就可以立即得出 NP 检测器，如果

$$T(\mathbf{x}) = \mathbf{x}^T \mathbf{C}^{-1} \mathbf{s} = \mathbf{x}^T \mathbf{C}^{-1} \mathbf{H}\boldsymbol{\theta}_1 > \gamma' \tag{4.29}$$

我们判 $\mathcal{H}_1$ 成立。在 (4.18) 式中适当地替换 $\mathbf{s}$ 就可以得到检测器的性能。下面给出一个描述性的例子。

例 4.9   正弦信号检测

假定我们希望在 WGN 中检测正弦信号 $s[n] = A\cos(2\pi f_0 n + \phi)$。重写 $s[n]$ 为 $s[n] = A\cos\phi\cos 2\pi f_0 n - A\sin\phi\sin 2\pi f_0 n$，令 $a = A\cos\phi$ 和 $b = -A\sin\phi$，那么我们有如下检测问题

$$\begin{aligned}
\mathcal{H}_0 &: x[n] = w[n] & n &= 0, 1, \ldots, N-1 \\
\mathcal{H}_1 &: x[n] = a\cos 2\pi f_0 n + b\sin 2\pi f_0 n + w[n] & n &= 0, 1, \ldots, N-1
\end{aligned}$$

$w[n]$ 是方差为 σ^2 的 WGN。在 $\mathcal{H}_1$ 条件下，我们有如下参数的线性模型：

$$\mathbf{H} = \begin{bmatrix} 1 & 0 \\ \cos 2\pi f_0 & \sin 2\pi f_0 \\ \vdots & \vdots \\ \cos[2\pi f_0(N-1)] & \sin[2\pi f_0(N-1)] \end{bmatrix}$$

$$\boldsymbol{\theta}_1 = \begin{bmatrix} a \\ b \end{bmatrix}$$

$$\mathbf{C} = \sigma^2 \mathbf{I}$$

注意，对于 $0 < f_0 < 1/2$，由于 $\mathbf{H}$ 的列是线性无关的，因此它是满秩矩阵（参见习题 4.26），由 (4.29) 式，NP 的检验统计量为

$$T(\mathbf{x}) = \frac{1}{\sigma^2} \mathbf{x}^T \mathbf{H}\boldsymbol{\theta}_1$$

或者乘一个系数，我们有

$$T'(\mathbf{x}) = \frac{2}{N}\mathbf{x}^T\mathbf{H}\boldsymbol{\theta}_1 = \left(\frac{2}{N}\mathbf{H}^T\mathbf{x}\right)^T \boldsymbol{\theta}_1$$

而

$$\frac{2}{N}\mathbf{H}^T\mathbf{x} = \begin{bmatrix} \frac{2}{N}\sum_{n=0}^{N-1} x[n]\cos 2\pi f_0 n \\ \frac{2}{N}\sum_{n=0}^{N-1} x[n]\sin 2\pi f_0 n \end{bmatrix}$$

可以看成 $[\,a\ b\,]^T$ 的估计器（参见习题 4.27 和本书卷 I 的第 65 页 ~ 第 67 页），令估计器为 $\hat{\boldsymbol{\theta}}$ $= [\,\hat{a}\ \hat{b}\,]^T$，我们有

$$T'(\mathbf{x}) = \hat{a}a + \hat{b}b$$

这正是在 $\mathcal{H}_1$ 条件下真实的 $\boldsymbol{\theta}(\boldsymbol{\theta}_1 = [\,a\ b\,]^T)$ 与估计 $\hat{\boldsymbol{\theta}}$ 的相关值。很显然，如果 $\mathcal{H}_0$ 为真，那么 $\hat{a} \approx E(\hat{a}) \approx 0$ 和 $\hat{b} \approx E(\hat{b}) \approx 0$，所以 $T'(\mathbf{x}) \approx 0$。然而，如果 $\mathcal{H}_1$ 为真，那么 $\hat{a} \approx E(\hat{a}) \approx a$ 和 $\hat{b} \approx E(\hat{b}) \approx b$，所以 $T'(\mathbf{x}) \approx a^2 + b^2$。[如果对于 $k = 1, 2, \ldots, N/2 - 1$，$f_0 = k/N$，那么 $E(\hat{a}) = a$ 且 $E(\hat{b}) = b$]，后者与信号的功率成正比。总之，对于线性模型，我们把 $\hat{\boldsymbol{\theta}}$ 参数估计（数据）与 $\mathcal{H}_1$ 条件（信号）下真实的 $\boldsymbol{\theta}$ 进行相关。

为了推广这些结论，我们回忆一下对一般线性模型的 $\boldsymbol{\theta}$ 的最小方差无偏估计（MVU）（参见本书卷 I 的第 72 页）。

$$\hat{\boldsymbol{\theta}} = (\mathbf{H}^T\mathbf{C}^{-1}\mathbf{H})^{-1}\mathbf{H}^T\mathbf{C}^{-1}\mathbf{x}$$

那么，利用（4.29）式，我们有

$$\begin{aligned} T(\mathbf{x}) &= \mathbf{x}^T\mathbf{C}^{-1}\mathbf{H}\boldsymbol{\theta}_1 = \left[(\mathbf{H}^T\mathbf{C}^{-1}\mathbf{H})(\mathbf{H}^T\mathbf{C}^{-1}\mathbf{H})^{-1}\mathbf{H}^T\mathbf{C}^{-1}\mathbf{x}\right]^T \boldsymbol{\theta}_1 \\ &= \left[(\mathbf{H}^T\mathbf{C}^{-1}\mathbf{H})\hat{\boldsymbol{\theta}}\right]^T \boldsymbol{\theta}_1 = \hat{\boldsymbol{\theta}}^T(\mathbf{H}^T\mathbf{C}^{-1}\mathbf{H})\boldsymbol{\theta}_1 \end{aligned}$$

再回想一下 MVU 估计量 $\hat{\boldsymbol{\theta}}$ 的协方差矩阵是 $\mathbf{C}_{\hat{\theta}} = (\mathbf{H}^T\mathbf{C}^{-1}\mathbf{H})^{-1}$。因而，如果

$$T(\mathbf{x}) = \hat{\boldsymbol{\theta}}^T\mathbf{C}_{\hat{\theta}}^{-1}\boldsymbol{\theta}_1 > \gamma' \tag{4.30}$$

我们判 $\mathcal{H}_1$ 成立。对照一下（4.16）式，我们现在观察到，如果进行这样的对应，

$$\begin{aligned} \mathbf{x} &\rightarrow \hat{\boldsymbol{\theta}} \\ \mathbf{C} &\rightarrow \mathbf{C}_{\hat{\theta}} \\ \mathbf{s} &\rightarrow \boldsymbol{\theta}_1 \end{aligned}$$

那么检验统计量与在方差为 $\mathbf{C}$ 的相关噪声中已知信号 $\mathbf{s}$ 的检验统计量是相同的。这不仅仅是巧合，而是根据线性模型的特性这一本质上的相同点。在附录 4A 我们进一步探讨这个问题。另外，信号检测问题等价于

$$\begin{aligned} \mathcal{H}_0&: \ \boldsymbol{\theta} = \boldsymbol{\theta}_0 = 0 \\ \mathcal{H}_1&: \ \boldsymbol{\theta} = \boldsymbol{\theta}_1 \end{aligned}$$

其中 $\mathbf{s} = \mathbf{H}\boldsymbol{\theta}_1$，这正好是 PDF 的参数检验。

最后，从（4.18）式，很容易求得检测性能为

$$P_D = Q\left(Q^{-1}(P_{FA}) - \sqrt{\boldsymbol{\theta}_1^T\mathbf{C}_{\hat{\theta}}^{-1}\boldsymbol{\theta}_1}\right) \tag{4.31}$$

4.7　信号处理的例子

我们现在把前面的某些结果应用到通信问题和模式识别的一般问题中。

例 4.10　通信中的信道容量

在本例中，我们探讨分组编码(block coding)的使用，以说明几乎无错误数字通信是可能的。基本结论是信道容量的概念，信道容量是无错误通信的最大速率(单位是 b/s)。考虑一个要发射的二元数字流，每隔 T 秒出现一位，二元通信系统每隔 T 秒发射两个可能信号中的一个。例如，相干 PSK 格式为 "0" 则发射 $s_0(t) = A\cos 2\pi F_0 t$，为 "1" 则发射 $s_1(t) = -A\cos 2\pi F_0 t$ [这里我们使用大写字母 F 表示连续时间频率或赫兹(Hz)频率]。如果存储 L 位，让我们看看会发生什么，存储的 L 位表示 2^L 个不同信息中的一个，那么就将发射 2^L 个信号中的一个。例如，如果 $L = 2$，我们存储 2 位，那么发射 4 个信号 $s_i(t) = A\cos 2\pi F_i t$ ($i = 0, 1, 2, 3$)，如 FSK 模式中一样。接收机必须判断接收到的是 $M = 2^L$ 中的哪一个。由于我们在传输前要等待累计 L 位，因此发射的信号是 LT 秒长。例如，我们假定在 M 元 FSK 通信系统中信号是正交的。在这样的系统中，信号在频率上至少要分开 $1/LT$ Hz 才能满足正交的假定，这要求大约 $2^L/LT$ Hz 的带宽。

我们已经推导了 M 个等能量正交信号的错误概率，如(4.28)式所示。这里应该强调的是，P_e 指的是在检测 M 信号中哪一个被发射的错误或等价于 2^L 个位序列中哪一个被编码的错误。这样，P_e 是由 L 位组成的消息的错误概率，而不是位错误概率，其中消息由 L 位组成。现在，发射的连续信号的能量将是二元系统能量的 L 倍。这样，如果有效的发射机功率是 P 瓦特，那么发射的连续信号的能量是 LPT。在离散时间域可近似得到

$$\mathcal{E} = \sum_{n=0}^{N-1} s^2(n\Delta) \approx \frac{LPT}{\Delta}$$

其中 $1/\Delta$ 是采样速率。那么，消息错误概率从(4.28)式可以得到，

$$P_e = 1 - \int_{-\infty}^{\infty} \Phi^{M-1}(u) \frac{1}{\sqrt{2\pi}} \exp\left[-\frac{1}{2}\left(u - \sqrt{\frac{LPT}{\Delta\sigma^2}}\right)^2\right] du \qquad (4.32)$$

我们画出每位的 P_e 对 ENR 的图，或每一位的 P_e 对 $\mathcal{E}/(\sigma^2 L) = PT/(\Delta\sigma^2)$ 的图。在图 4.16 中我们看到，当 L 增加时，只要每位 ENR 超过门限，P_e 就减少。事实上，当 $L \to \infty$ 时，如果在门限之上，则 $P_e \to 0$；而如果在门限之下，则 $P_e \to 1$，可以证明(参见习题 4.29)门限为

$$\frac{PT}{\Delta\sigma^2} = 2\ln 2 \qquad (4.33)$$

因此，我们要求　　　　　　　　　　$$\frac{PT}{\Delta\sigma^2} > 2\ln 2$$

为了使错误概率为零，令 $R = 1/T$ 为传输率(b/s)，我们必须保证传输率满足

$$R < \frac{P}{2\sigma^2 \Delta \ln 2} \qquad \text{b/s}$$

传输率的上限称为信道容量，用 C_∞ 表示，可以看出它是与 SNR 有关的。SNR 是 $P/(\sigma^2\Delta)$，其中我们注意到频带假定为 $[-1/(2\Delta), 1/(2\Delta)]$ Hz。事实上，

$$C_\infty = \frac{P}{2\sigma^2 \Delta \ln 2}$$

是带限信道的香农(Shannon)信道容量公式的特殊情况[Cover and Thomas 1991]。如果 B 表示低通带宽(Hz),连续时间噪声 PSD 为

$$P_{ww}(F) = \begin{cases} \frac{N_0}{2} & |F| < B \\ 0 & |F| > B \end{cases}$$

那么,信道容量为　$C = B\log_2(1 + \text{SNR}) = B\log_2\left(1 + \frac{P}{N_0 B}\right)$

当 $L \to \infty$ 时,由于像 FSK 这样的正交信号传输系统要求 $B = 2^L/LT$ Hz 的带宽,所以我们有 $B \to \infty$。由 L 的 Hospital 准则,当 $B \to \infty$ 时,我们有

$$C_\infty = \lim_{B \to \infty} B\log_2\left(1 + \frac{P}{N_0 B}\right) = \lim_{B \to \infty} \frac{\log_2\left(1 + \frac{P}{N_0 B}\right)}{1/B} = \frac{P}{N_0 \ln 2}$$

由于噪声 PSD 是 $N_0/2$,带宽是 $B = 1/(2\Delta)$,总的噪声功率是 $\sigma^2 = N_0 B = N_0/(2\Delta)$,因此

$$C_\infty = \frac{P}{2\sigma^2 \Delta \ln 2}$$

在 C_∞ 中下标 ∞ 表示无限带宽信道的信道容量。

直观地看,因为对于 L 时隙的信号能量为 LPT,当 L 增加时,我们就可以增加每个信号能量。然而当 L 增加时,接收机也必须区分更多的信号。对于足够高的 SNR,增加 L 所引起的 ENR 的改善程度,要大于由于大量的信号而引起的检测性能的降低程度。

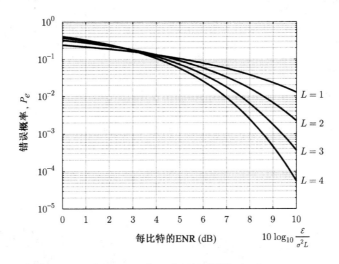

图 4.16　分组编码的错误概率

例 4.11　模式识别(分类)

在模式识别中,我们要在一类模式中确定哪一个模式出现[Fukunaga 1990]。例如,在计算机视觉的应用中,在记录的图像中确定目标的位置是很重要的。如果目标有与背景不同的灰度,那么通过区分两种不同的灰度就可以识别目标。一般来说,我们可能希望区分 M 种不同的灰度。在典型的图像中,灰度不会落在 M 个不同的类中,而只是平均而言是不同的。这样,测量到的像素值可以看成随机矢量,因为它们取决于光线、记录设备的取向、许多其他不可控制的因素以及图像自身固有的变化因素。因此,我们选择把像素值看成一个随机矢量 $\mathbf{x}$,其中 $\mathbf{x} \sim \mathcal{N}(\boldsymbol{\mu}_i, \sigma^2 \mathbf{I})$。这个模型在图像的一个区域其灰度本来就是常数的情况中是有效的。实际上,如果区域足够小,这种局部平稳的假定是近似满足的,根据它们的均值可

区分不同的类。我们称测量到的像素值为特征矢量，因为正是这个信息允许我们区分不同的类。我们假定测量像素值的 σ^2 变化对所有的类是相同的。对于判决过程使用贝叶斯模型，对 M 类的每一个都指定先验概率 $P(\mathcal{H}_i)$，那么我们就能够设计最佳分类器。我们只需要使用 MAP 判决准则（参见第 3 章），如果

$$P(\mathcal{H}_k|\mathbf{x}) > P(\mathcal{H}_i|\mathbf{x}) \qquad i = 0, 1, \ldots, k-1, k+1, \ldots, M-1$$

我们将 $\mathbf{x}$ 赋给类 k。这种方法将使错误概率最小，如果先验概率是相等的（每个灰度是等可能的），那么 MAP 准则就变成了 ML 准则（参见第 3 章），如果 $p(\mathbf{x}|\mathcal{H}_k)$ 是最大的，我们就将 $\mathbf{x}$ 赋给类 k。正如 4.5.1 节中已经指出的那样，对于 $M=2$ 的情况，这将产生最小距离接收机。更一般的情况是，对于 M 个类我们得到类似的结果，如果

$$D_k^2 = \|\mathbf{x} - \boldsymbol{\mu}_k\|^2$$

在所有的 $D_i^2(i=0,1,\ldots,M-1)$ 中是最小的，我们就将 $\mathbf{x}$ 赋给 $\mathcal{H}_k$。

例如，我们考虑图 4.17 的合成图像，它是由 4 个灰度的 50×50 像素阵构成的一幅图像。其中的灰度是 1（黑）、2（深灰色）、3（浅灰色）和 4（白）。噪声污染的图像如图 4.18 所示，它是通过对每个像素加上方差为 $\sigma^2 = 0.5$ 的 WGN 而得到的。我们希望把图像中的每个像素分类成 4 个灰级中的一个，为此，一个合理的方法就是根据观测到的像素与邻近的像素来对每一个像素进行分类。假定在一个小的窗口上，灰度没有变化（局部平稳），令 $x[m,n]$ 表示在位置 $[m,n]$ 上观测到的像素值（观测到的像素图如图 4.18 所示）。那么，例如对于 3×3 窗口，我们根据下列数据样本进行判决，

$$\mathbf{x}[m,n] = \begin{bmatrix} x[m-1,n+1] & x[m,n+1] & x[m+1,n+1] \\ x[m-1,n] & x[m,n] & x[m+1,n] \\ x[m-1,n-1] & x[m,n-1] & x[m+1,n-1] \end{bmatrix}$$

为了对像素 $[m,n]$ 进行分类，我们必须计算

$$D_i^2[m,n] = \|\mathbf{x}[m,n] - \mu_i \mathbf{1}\mathbf{1}^T\|_F^2 \qquad i = 0, 1, 2, 3$$

其中 $\mu_i = i+1$, $\mathbf{1} = [111]^T$, $\|\cdot\|_F$ 表示矩阵的 Frobenius 范数。后者定义为，对于 $N \times N$ 的矩阵 $\mathbf{A}([i,j]$ 的元素是 $a[i,j]$），有

$$\|\mathbf{A}\|_F^2 = \sum_{i=1}^{N} \sum_{j=1}^{N} a^2[i,j]$$

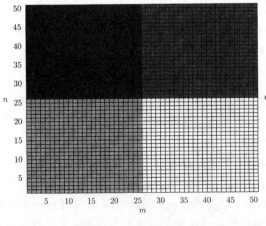

图 4.17　合成图像

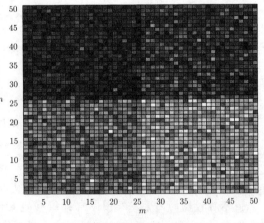

图 4.18　噪声污染的图像

下一步, 如果 $D_k^2[m,n]$ 是最小的, 我们将 $\mathbf{x}[m,n]$ 赋给类 k, 图 4.19 显示了使用 3×3 窗口的结果。由于噪声, 因此在块内含有噪声。沿着边缘的误差(块之间的边界)是由于窗内平均灰度的变化。回想一下, 我们已经假定在窗口内的所有像素具有相同的平均灰度 μ_i, 而在块的边界这是不满足的。而且, 一个像素的黑色边框是我们将图像边缘任意分类成黑色的判决结果。这是因为对于这些像素, 所有邻近的像素都是无效的。如果我们把窗口的尺寸增加到 5×5, 那么正如图 4.20 所看到的那样噪声误差会减少。然而, 由于块之间的边界是 2~3 个像素, 因此边缘误差增加了。显然, 为了得到较好的"噪声平滑", 窗口应该大一点; 但是, 为了提取好的边缘, 窗口应该小一点。在实际中, 应该在两个矛盾的要求中进行折中。

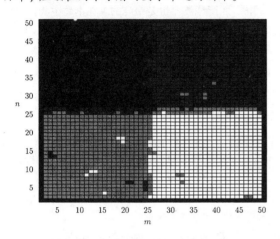

图 4.19　使用 3×3 窗口分类的图像　　　　图 4.20　使用 5×5 窗口分类的图像

参考文献

Cover, T.A., J.A. Thomas, *Elements of Information Theory*, J. Wiley, New York, 1991.

Fukunaga, K., *Introduction to Statistical Pattern Recognition*, 2nd ed., Academic Press, New York, 1990.

Kendall, Sir M., A. Stuart, *The Advanced Theory of Statistics*, Vol. 2, Macmillan, New York, 1979.

习题

4.1　如果 $s[n] = (-1)^n$, $n = 0, 1, 2, 3$, 对于其他的 n, $s[n] = 0$, 求匹配滤波器的冲激响应和所有时刻匹配滤波器信号的输出。

4.2　利用 (4.8) 式证明在 $n = N-1$ 时刻, 对输出进行采样时匹配滤波器的信号输出达到最大。

4.3　考虑一个 WGN 中信号 $s[n] = A\cos 2\pi f_0 n (0 < f_0 < 1/2)$ 的检测问题, 其中 $n = 0, 1, \ldots, N-1$, 求 $n = N-1$ 时刻匹配滤波器的信号输出。下面假定信号被延迟了 $n_0 (n_0 > 0)$ 个采样时刻, 以至于我们收到的信号为 $s[n - n_0]$。应用原信号的同一个匹配滤波器, 求在 $n = N-1$ 时刻的输出信号与 n_0 的函数关系。你可以假定 N 足够大, 使得对正弦波在几个周期上取平均时其平均值为零。

4.4　假定我们希望检测一个在方差为 σ^2 的 WGN 中的已知信号, 该信号只有在 $n = 0, 1, \ldots, N-1$ 时非零。现在, 我们允许观测间隔是无限的, 或者我们观测 $x[n]$, 其中 $-\infty < n < \infty$。令 $h[n]$ 为线性时不变 (LSI) 滤波器的冲激响应, 那么, 对输入 $x[n]$ 的输出 $y[n]$ 由下式给出,

$$y[n] = \sum_{k=-\infty}^{\infty} h[n-k]x[k]$$

如果在 $n = N-1$ 时刻对滤波器的输出进行采样, 输出的 SNR 可以定义为

$$\eta = \frac{\left(\sum\limits_{k=-\infty}^{\infty} h[N-1-k]s[k]\right)^2}{E\left[\left(\sum\limits_{k=-\infty}^{\infty} h[N-1-k]w[k]\right)^2\right]}$$

证明当 $h[n]$ 为匹配滤波器或者当 $h[n]=s[N-1-n]$（$n=0,1,\ldots,N-1$），且对于其他 n，$h[n]=0$，那么 η 达到最大。这样，使用信号间隔以外的噪声样本，如果噪声样本是不相关的，那么检测性能并不能得到改善。提示：假定当 k 不在间隔 $[0,N-1]$ 之内时，$s[k]=0$。

4.5　在习题 4.4 中已经证明了即使对于无限的观测间隔，匹配滤波器也是最佳的。在本题中我们将要证明当噪声是相关的时候，这一结论并不成立。重复习题 4.4，但是现在假定噪声样本 $\{w[0]$，$w[1],\ldots,w[N-1]\}$ 是 WGN。在 $[0,N-1]$ 区间之外，噪声是周期的，这样 $w[n]=w[n+N]$，如果 LSI 滤波器为

$$h[n]=\begin{cases} 1 & n=0,1,\ldots,N-1 \\ -1 & n=N,N+1,\ldots,2N-1 \\ 0 & \text{其他} \end{cases}$$

且输出在 $n=N-1$ 时刻进行采样，求输出 SNR η（使用习题 4.4 的表达式），并解释你的结果。

4.6　希望检测方差为 σ^2 的 WGN 中已知信号 $s[n]=Ar^n$，$n=0,1,\ldots,N-1$，求 NP 检测器并确定它的检测性能。解释一下对于 $0<r<1$、$r=1$ 和 $r>1$，当 $N\to\infty$ 时会发生什么情况？

4.7　在方差为 $\sigma^2=1$ 的 WGN 中接收到雷达信号 $s[n]=A\cos 2\pi f_0 n$，其中 $n=0,1,\ldots,N-1$，设计一个维持 $P_{FA}=10^{-8}$ 的检测器，如果 $f_0=0.25$，$N=25$，求检测概率与 A 的关系曲线。

4.8　为了在 WGN 中得到最佳检测性能，我们希望设计一个最佳信号。提出两个竞争的信号，它们是

$$\begin{array}{ll} s_1[n]=A & n=0,1,\ldots,N-1 \\ s_2[n]=A(-1)^n & n=0,1,\ldots,N-1 \end{array}$$

哪个信号将得到更好的性能？

4.9　考虑一个方差为 σ^2 的 WGN 中已知信号 $s[n]=A\cos 2\pi f_0 n$ 的检测问题，其中 $n=0,1,\ldots,N-1$。定义输入 SNR 为信号样本的平均功率与噪声功率之比，可近似表示为 $\eta_{\text{in}}=(A^2/2)/\sigma^2$。求匹配滤波器输出的 SNR 以及处理增益 PG。然后确定匹配滤波器的频率响应，画出幅度特性随 N 增加的变化曲线。解释为什么匹配滤波器改善了正弦信号的检测能力。假定 $0<f_0<1/2$ 且 N 很大。提示：需要导出如下关系：

$$\sum_{n=0}^{N-1}\exp(j\alpha n)=\exp\left[j(N-1)\alpha/2\right]\frac{\sin\frac{N\alpha}{2}}{\sin\frac{\alpha}{2}}$$

4.10　对于协方差矩阵

$$\mathbf{C}=\begin{bmatrix} 1 & \rho \\ \rho & 1 \end{bmatrix}$$

求矩阵预白化器 $\mathbf{D}$。提示：参见例 4.5，并且使用特征分析分解 $\mathbf{V}^T\mathbf{C}\mathbf{V}=\mathbf{\Lambda}$，其中 $\mathbf{V}=[\mathbf{v}_1\ \mathbf{v}_2]$，$\mathbf{\Lambda}=\text{diag}(\lambda_1,\lambda_2)$，另外回想一下 $\mathbf{V}^T=\mathbf{V}^{-1}$。

4.11　考虑噪声 $\mathbf{w}$ 中确定性信号 $\mathbf{s}$ 的检测问题，其中 $\mathbf{w}\sim\mathcal{N}(\mathbf{0},\mathbf{C})$。如果 $\mathbf{C}^{-1}=\mathbf{D}^T\mathbf{D}$，其中 $\mathbf{D}$ 是可逆的，那么我们可以等效地根据变换的数据矢量 $\mathbf{y}=\mathbf{D}\mathbf{x}$ 来构造检测器。根据 $\mathbf{y}$ 来计算 LRT，求 NP 检测器。

4.12　从第 2 章我们知道，对于 PSD 为 $P_{ww}(f)$ 的 WSS 随机过程，当 $N\to\infty$ 时，它的 $N\times N$ 对称 Toeplitz 协方差矩阵 $\mathbf{C}$ 的特征值趋向于

$$\lambda_i=P_{ww}\left(\frac{i}{N}\right)\qquad i=0,1,\ldots,N-1$$

对应的特征矢量趋向于

$$\mathbf{v}_i = \frac{1}{\sqrt{N}} \begin{bmatrix} 1 & \exp(j2\pi\frac{i}{N}) & \exp(j2\pi\frac{2i}{N}) & \ldots & \exp(j2\pi\frac{(N-1)i}{N}) \end{bmatrix}^T$$

其中 $i = 0, 1, \ldots, N-1$。使用特征值和特征矢量的标准性质证明：对于大的 N，

$$\mathbf{x}^T \mathbf{C}^{-1} \mathbf{s} \approx \int_{-\frac{1}{2}}^{\frac{1}{2}} \frac{X(f)S^*(f)}{P_{ww}(f)} df$$

其中 $S(f) = \sum_{n=0}^{N-1} s[n]\exp(-j2\pi fn)$，$X(f) = \sum_{n=0}^{N-1} x[n]\exp(-j2\pi fn)$。

4.13 像习题 4.12 那样，利用 C 的特征值和特征矢量的相同渐近性质证明：对于大的 N，

$$d^2 = \mathbf{s}^T \mathbf{C}^{-1} \mathbf{s} \approx \int_{-\frac{1}{2}}^{\frac{1}{2}} \frac{|S(f)|^2}{P_{ww}(f)} df$$

4.14 在本题中，我们要根据无限观测间隔，确定有色 WSS 高斯噪声中检测已知信号的最佳线性滤波器。我们使用信号间隔之外的所有噪声样本，那么检测问题就变成

$$\mathcal{H}_0 : x[n] = w[n] \qquad -\infty < n < \infty$$
$$\mathcal{H}_1 : x[n] = \begin{cases} s[n] + w[n] & 0 \leqslant n \leqslant N-1 \\ w[n] & \text{其他} \end{cases}$$

其中 $w[n]$ 是 PSD 为 $P_{ww}(f)$ 的高斯噪声，LSI 滤波器在 $n = N-1$ 时刻的输出 SNR 为

$$\eta = \frac{\left(\sum_{k=-\infty}^{\infty} h[k]s[N-1-k] \right)^2}{E\left[\left(\sum_{k=-\infty}^{\infty} h[k]w[N-1-k] \right)^2 \right]}$$

注意，由于滤波器是在无限观测时间间隔 $-\infty < n < \infty$ 上处理数据，因此它一般是非因果的。证明：η 可以在频域上表示为

$$\eta = \frac{\left(\int_{-\frac{1}{2}}^{\frac{1}{2}} H(f)S(f)\exp[j2\pi f(N-1)]df \right)^2}{\int_{-\frac{1}{2}}^{\frac{1}{2}} |H(f)|^2 P_{ww}(f)df}$$

下一步使用 Cauchy-Schwarz 不等式（参见附录 1）或

$$\left| \int_{-\frac{1}{2}}^{\frac{1}{2}} g(f)h(f)df \right|^2 \leqslant \int_{-\frac{1}{2}}^{\frac{1}{2}} |g(f)|^2 df \int_{-\frac{1}{2}}^{\frac{1}{2}} |h(f)|^2 df$$

当且仅当 $g(f) = ch^*(f)$ 时等号成立，其中 c 为复常数，证明，当

$$H(f) = \frac{S^*(f)\exp[-j2\pi f(N-1)]}{P_{ww}(f)}$$

时，η 达到最大。

4.15 对于相关高斯噪声中已知信号的检测问题，其中信号 $s[n] = A$，$n = 0, 1, \ldots, N-1$，$A > 0$，求 NP 检测器。$N \times 1$ 噪声矢量 $\mathbf{w} \sim \mathcal{N}(\mathbf{0}, \mathbf{C})$，其中 $\mathbf{C} = \sigma^2 \mathrm{diag}(1, r, \ldots, r^{N-1})$ 且 $r > 0$。当 $N \to \infty$ 时会发生什么情况？

4.16 在习题 4.8 中，如果用 ACF 为 $r_{ww}[k] = P + \sigma^2\delta[k]$ 的高斯色噪声代替 WGN，其中 $P > 0$，因此协方差矩阵为

$$\mathbf{C} = \sigma^2 \mathbf{I} + P\mathbf{1}\mathbf{1}^T$$

求最佳信号，为此确定偏移系数 $d^2 = \mathbf{s}^T \mathbf{C}^{-1} \mathbf{s}$。根据噪声的 PSD 解释你的结果。

4.17 在 WSS 高斯自回归噪声中检测已知信号，噪声的 PSD 为

$$P_{ww}(f) = \frac{\sigma^2}{|1 + a\exp(-j2\pi f)|^2}$$

求(4.17)式的渐近 NP 检测器，证明它可以近似写为

$$T(\mathbf{x}) = \frac{1}{\sigma^2} \sum_{n=1}^{N-1} (x[n] + ax[n-1])(s[n] + as[n-1])$$

其中假定观测到的数据为 $x[n]$，$n = 0, 1, \ldots, N-1$。根据预白化和匹配滤波（相关）来直观地解释统计运算。提示：注意噪声被系统函数为 $\mathcal{A}(z) = 1 + az^{-1}$ 的 LSI 滤波器白化。

4.18 对于二元通信的最小距离接收机，证明：在 R^N 中的判决边界是 $\mathbf{s}_0$ 和 $\mathbf{s}_1$ 连线的中垂线。通过求出满足 $\| \mathbf{x} - \mathbf{s}_0 \| = \| \mathbf{x} - \mathbf{s}_1 \|$ 的点集就可以进行证明。

4.19 一个 $N = 2$ 的二元通信系统使用信号 $\mathbf{s}_0 = [1 \ -1]^T$ 和 $\mathbf{s}_1 = [1 \ 1]^T$，接收信号叠加上方差为 $\sigma^2 = 1$ 的 WGN。在 R^2 中画出使错误概率最小的判决域。并不假定 $P(\mathcal{H}_0) = P(\mathcal{H}_1)$，解释你的结果。

4.20 证明：(4.24)式定义的信号相关系数满足 $|\rho_s| \leqslant 1$。

4.21 证明：如果 $|f_1 - f_0| \gg 1/(2N)$ 和 $0 < f_0 < 1/2$、$0 < f_1 < 1/2$，那么信号 $s_0[n] = A\cos 2\pi f_0 n$，$s_1[n] = A\cos 2\pi f_1 n, n = 0, 1, \ldots, N-1$ 是近似正交的。提示：可以假定大的 N 值，并且可以利用如下结果：

$$\begin{aligned}
\frac{1}{N}\sum_{n=0}^{N-1}\cos\alpha n &= \frac{1}{N}\mathrm{Re}\left(\sum_{n=0}^{N-1}\exp(j\alpha n)\right) \\
&= \frac{1}{N}\mathrm{Re}\left(\exp\left[j(N-1)\alpha/2\right]\frac{\sin\frac{N\alpha}{2}}{\sin\frac{\alpha}{2}}\right) \\
&\approx \frac{\sin N\alpha}{2N\sin\frac{\alpha}{2}}
\end{aligned}$$

4.22 对于相干 FSK 系统，假定大的 N 值，求使错误概率最小的频率差。提示：首先利用习题 4.21 的提示证明

$$\rho_s \approx \frac{\sin 2\pi(f_1 - f_0)N}{2N\sin\pi(f_1 - f_0)}$$

4.23 一个启闭键控（OOK）通信系统使用信号 $s_0[n] = 0$ 和 $s_1[n] = A\cos 2\pi f_1 n$，其中 $n = 0, 1, \ldots, N-1$。如果信号叠加上方差为 σ^2 的 WGN，求最小错误概率检测器的性能。在峰值功率相等或相同 A 的条件下，比较 OOK 系统与 PSK 系统以及 FSK 系统的性能。假定大的 N。

4.24 在脉冲幅度调制（PAM）通信系统中，我们发射 M 个电平的一个，即

$$s_i[n] = A_i \qquad n = 0, 1, \ldots, N-1$$

其中 $i = 0, 1, \ldots, M-1$。如果要使 P_e 最小，每个信号是被等可能地发射，求方差为 σ^2 的 WGN 中已知信号的最佳接收机。如果 $M = 2$，求最小的 P_e，如果平均信号能量恒定，A_0 和 A_1 应该如何选择？

4.25 证明(4.28)式当 $M = 2$ 时可化简为

$$P_e = Q\left(\sqrt{\frac{\mathcal{E}}{2\sigma^2}}\right)$$

[也就是当 $\rho_s = 0$ 和 $\bar{\mathcal{E}} = \mathcal{E}$ 时的(4.25)式]。提示：对二重积分做变量变换，令 $v = u - \sqrt{\mathcal{E}/\sigma^2}$，以及

$$\begin{bmatrix} t' \\ v' \end{bmatrix} = \begin{bmatrix} 1/\sqrt{2} & -1/\sqrt{2} \\ 1/\sqrt{2} & 1/\sqrt{2} \end{bmatrix} \begin{bmatrix} t \\ v \end{bmatrix}$$

后一个变换相当于坐标系旋转 45°。

4.26 证明例 4.9 的矩阵 $\mathbf{H}$ 是满秩的。

4.27 证明：在例 4.9 中，$[\hat{a} \ \hat{b}]^T$ 是 $[a \ b]^T$ 的估计量，由 $\mathcal{H}_1$ 为真时估计量的均值来确定。假定大的 N 值。

4.28 假定我们希望在方差为 σ^2 的 WGN 中检测一条直线

$$s[n] = A + Bn \qquad n = 0, 1, \ldots, N-1$$

其中 A、B 是已知的。证明数据可以用线性模型表示。下一步确定 NP 检测器及其检测性能。

4.29　证明当 $L \to \infty$ 时，无错误通信的每位 ENR 的门限由(4.33)式给出。为此，首先把(4.32)式写成

$$P_e = 1 - \int_{-\infty}^{\infty} \Phi^{M-1}\left(v + \sqrt{\frac{PT \ln M}{\Delta \sigma^2 \ln 2}}\right) \frac{1}{\sqrt{2\pi}} \exp\left(-\frac{1}{2}v^2\right) dv$$

然后证明，
$$\lim_{M \to \infty} \ln \Phi^{M-1}\left(v + \sqrt{\frac{PT \ln M}{\Delta \sigma^2 \ln 2}}\right) = \begin{cases} -\infty & \frac{PT}{\Delta \sigma^2} < 2 \ln 2 \\ 0 & \frac{PT}{\Delta \sigma^2} > 2 \ln 2 \end{cases}$$

因此，如果 $PT/(\Delta \sigma^2) < 2\ln 2$，则 $P_e \to 1$；如果 $PT/(\Delta \sigma^2) > 2\ln 2$，则 $P_e \to 0$。提示：把 M 看成连续变量，应用 L 的 Hospital 准则。

4.30　证明(4A.1)式给出的矩阵 $\mathbf{B}$ 的秩为 $N-1$。为此省略最后一列得到 $(N-1) \times (N-1)$ 的矩阵 $\mathbf{B}' = \mathbf{I}_{N-1} - (1/N)\mathbf{1}_{N-1}\mathbf{1}_{N-1}^T$，然后证明 $\det(\mathbf{B}') \neq 0$。提示：利用恒等式

$$\det(\mathbf{I}_K + \mathbf{A}_{KL}\mathbf{B}_{LK}) = \det(\mathbf{I}_L + \mathbf{B}_{LK}\mathbf{A}_{KL})$$

其中矩阵的维数显式表示出来。

4.31　对于典型的一般线性模型，证明 $\hat{\boldsymbol{\theta}} = (\mathbf{H}^T\mathbf{C}^{-1}\mathbf{H})^{-1}\mathbf{H}^T\mathbf{C}^{-1}\mathbf{x}$ 是 $\boldsymbol{\theta}$ 的充分统计量。在证明下列恒等式

$$(\mathbf{x} - \mathbf{H}\boldsymbol{\theta})^T\mathbf{C}^{-1}(\mathbf{x} - \mathbf{H}\boldsymbol{\theta}) = (\mathbf{x} - \mathbf{H}\hat{\boldsymbol{\theta}})^T\mathbf{C}^{-1}(\mathbf{x} - \mathbf{H}\hat{\boldsymbol{\theta}}) + (\boldsymbol{\theta} - \hat{\boldsymbol{\theta}})^T\mathbf{H}^T\mathbf{C}^{-1}\mathbf{H}(\boldsymbol{\theta} - \hat{\boldsymbol{\theta}})$$

之后，就可以应用 Neyman-Fisher 因子分解定理(参见本书卷 I 的第 85 页 ~ 第 86 页)。

附录 4A　线性模型的简化形式

考虑一般线性模型 $\mathbf{x} = \mathbf{H}\boldsymbol{\theta} + \mathbf{w}$。基于变换数据 $\mathbf{y} = \mathbf{A}\mathbf{x}$ 的任何检测器，其检测性能不会改变，其中 $\mathbf{A}$ 是可逆的 $N \times N$ 的矩阵。我们令 $\mathbf{A}$ 是分块矩阵

$$\mathbf{A} = \left[\begin{array}{c} (\mathbf{H}^T\mathbf{C}^{-1}\mathbf{H})^{-1}\mathbf{H}^T\mathbf{C}^{-1} \\ \mathbf{B} \end{array} \right] = \left[\begin{array}{c} p \times N \\ (N-p) \times N \end{array} \right]$$

其中 $\mathbf{BH} = \mathbf{0}$。$\mathbf{B}$ 的行正交于 $\mathbf{H}$ 的列，由于 $\mathbf{H}$ 存在有 p 个线性无关的列，$\mathbf{B}$ 的行张成 $(N-p)$ 维补空间。显然，$\mathbf{B}$ 不是唯一的。例如，对于 WGN 中的 DC 电平检测问题，我们有 $\mathbf{H} = \mathbf{1}$，$\mathbf{C} = \sigma^2 \mathbf{I}$，且 $\mathbf{BH} = \mathbf{0}$ 意味着 $\mathbf{B}$ 的每一行元素之和为零。一种可能性是 $(N-1) \times N$ 矩阵

$$\mathbf{B} = \left[\begin{array}{ccccc} \frac{N-1}{N} & -\frac{1}{N} & -\frac{1}{N} & \cdots & -\frac{1}{N} \\ -\frac{1}{N} & \frac{N-1}{N} & -\frac{1}{N} & \cdots & -\frac{1}{N} \\ \vdots & \vdots & \vdots & & \vdots \\ -\frac{1}{N} & \cdots & -\frac{1}{N} & \frac{N-1}{N} & -\frac{1}{N} \end{array} \right] \tag{4A.1}$$

是从 $\mathbf{I}_N - \frac{1}{N}\mathbf{1}_N\mathbf{1}_N^T$ 的前 $(N-1)$ 行形成的子矩阵。($\mathbf{I}$ 和 $\mathbf{1}$ 的下标表明了它们的维数。) 可以证明 $\mathbf{B}$ 的行是线性无关的 (参见习题 4.30)。现在，我们有

$$\mathbf{y} = \mathbf{A}\mathbf{x} = \left[\begin{array}{c} (\mathbf{H}^T\mathbf{C}^{-1}\mathbf{H})^{-1}\mathbf{H}^T\mathbf{C}^{-1} \\ \mathbf{B} \end{array} \right] (\mathbf{H}\boldsymbol{\theta} + \mathbf{w}) = \left[\begin{array}{c} (\mathbf{H}^T\mathbf{C}^{-1}\mathbf{H})^{-1}\mathbf{H}^T\mathbf{C}^{-1}(\mathbf{H}\boldsymbol{\theta} + \mathbf{w}) \\ \mathbf{B}(\mathbf{H}\boldsymbol{\theta} + \mathbf{w}) \end{array} \right]$$

$$= \left[\begin{array}{c} \boldsymbol{\theta} + (\mathbf{H}^T\mathbf{C}^{-1}\mathbf{H})^{-1}\mathbf{H}^T\mathbf{C}^{-1}\mathbf{w} \\ \mathbf{B}\mathbf{w} \end{array} \right] = \left[\begin{array}{c} \mathbf{y}_1 \\ \mathbf{y}_2 \end{array} \right]$$

我们看到，信号的信息 ($\boldsymbol{\theta} = \mathbf{0}$ 还是 $\boldsymbol{\theta} = \boldsymbol{\theta}_1$) 包含在 $\mathbf{y}$ 的前 p 个元素里，剩下的元素与信号无关。另外，两个随机矢量 $\mathbf{y}_1$ 和 $\mathbf{y}_2$ 是独立的，因为它们是联合高斯分布的，且

$$E\left[(\mathbf{y}_1 - \boldsymbol{\theta})\mathbf{y}_2^T\right] = (\mathbf{H}^T\mathbf{C}^{-1}\mathbf{H})^{-1}\mathbf{H}^T\mathbf{C}^{-1}E(\mathbf{w}\mathbf{w}^T)\mathbf{B}^T$$

$$= (\mathbf{H}^T\mathbf{C}^{-1}\mathbf{H})^{-1}\mathbf{H}^T\mathbf{B}^T = (\mathbf{H}^T\mathbf{C}^{-1}\mathbf{H})^{-1}(\mathbf{B}\mathbf{H})^T = \mathbf{0}$$

因为 $\mathbf{BH} = \mathbf{0}$。因此，我们在任何与 $\boldsymbol{\theta}$ 有关的假设检验问题中放弃 $\mathbf{y}_2$。由于 $\mathbf{y}_1 = (\mathbf{H}^T\mathbf{C}^{-1}\mathbf{H})^{-1}\mathbf{H}^T\mathbf{C}^{-1}\mathbf{x}$ 的协方差矩阵是 $(\mathbf{H}^T\mathbf{C}^{-1}\mathbf{H})^{-1}$，我们有

$$\mathbf{y}_1 \sim \mathcal{N}(\boldsymbol{\theta}, (\mathbf{H}^T\mathbf{C}^{-1}\mathbf{H})^{-1})$$

另外，我们注意到 $\mathbf{y}_1$ 是 $\boldsymbol{\theta}$ 的 MVU 估计量，且 $\mathbf{C}_{\hat{\theta}} = (\mathbf{H}^T\mathbf{C}^{-1}\mathbf{H})^{-1}$。如果信号存在，$\boldsymbol{\theta} = \boldsymbol{\theta}_1$；否则，$\boldsymbol{\theta} = \mathbf{0}$。那么，我们的假设检验问题就简化为检验高斯随机矢量的均值是否为零。特别是，我们有

$$\mathcal{H}_0 : \hat{\boldsymbol{\theta}} \sim \mathcal{N}(\mathbf{0}, (\mathbf{H}^T\mathbf{C}^{-1}\mathbf{H})^{-1})$$
$$\mathcal{H}_1 : \hat{\boldsymbol{\theta}} \sim \mathcal{N}(\boldsymbol{\theta}_1, (\mathbf{H}^T\mathbf{C}^{-1}\mathbf{H})^{-1})$$

这是一个协方差矩阵为 $(\mathbf{H}^T\mathbf{C}^{-1}\mathbf{H})^{-1}$ 的相关高斯噪声中已知信号的检测问题。NP 检测器由 (4.16) 式给出。经过合适的替换，如果

$$T(\mathbf{x}) = \hat{\boldsymbol{\theta}}^T\mathbf{C}_{\hat{\theta}}^{-1}\boldsymbol{\theta}_1 > \gamma'$$

我们判 $\mathcal{H}_1$ 成立，上式与 (4.30) 式是一致的。总而言之，对于线性模型 $\boldsymbol{\theta}$ 参数的假设检验问题，我们可以用 p 个数据样本 $\hat{\boldsymbol{\theta}} = (\mathbf{H}^T\mathbf{C}^{-1}\mathbf{H})^{-1}\mathbf{H}^T\mathbf{C}^{-1}\mathbf{x}$ 取代 N 个数据样本 $\mathbf{x}$，并且利用 $\hat{\boldsymbol{\theta}}$ 或 $\hat{\boldsymbol{\theta}} \sim \mathcal{N}(\boldsymbol{\theta}, (\mathbf{H}^T\mathbf{C}^{-1}\mathbf{H})^{-1})$ 的 PDF。从本质上讲，$\hat{\boldsymbol{\theta}}$ 是 $\boldsymbol{\theta}$ 的充分统计量 (参见习题 4.31)，所以没有损失信息量。任何基于 $\hat{\boldsymbol{\theta}}$ 的判决问题都不会使性能变差 [Kendall and Stuart 1979]。

第5章 随机信号

5.1 引言

在前一章,我们能够通过检测检验统计量均值的变化来检测噪声中出现的信号。这是因为假定信号是确定的,因此它的出现改变了接收数据的均值。在某些情况下,把信号看成一个随机过程则更加合适。以语音为例,给定的声音波形与说话者的个性、说话的内容、说话者的健康状况等都有关系。因此,假定信号是已知的是不符合实际的。一个更好的方法就是假定信号是一个随机过程,它的协方差结构是已知的。本章我们将要考察从随机信号模型导出的最佳检测器。

5.2 小结

对于 WGN 中的零均值白高斯信号的 NP 检测器,则是(5.1)式给出的能量检测器。它的性能总结在(5.2)式和(5.3)式中。将信号推广到允许任意的协方差矩阵,就导出了(5.5)式和(5.6)式的估计器 – 相关器。信号协方差矩阵的特征分解将检测器化简为(5.9)式的标准形式。检测性能可以由(5.10)式和(5.11)式确定。当信号能用贝叶斯线性模型建模的时候,估计器 – 相关器就变成了(5.18)式。一个重要的特殊情况就是瑞利衰落正弦信号。NP 检测器是一种由(5.20)式给出的周期图统计量。(5.23)式非常简洁地给出了它的检测性能。(5.24)式给出了FSK 通过瑞利衰落信道通信的最佳接收机。(5.25)式表明由于衰落的影响使得错误概率有大的恶化。如果被检测的信号可以看成零均值 WSS 高斯随机过程,那么对于大数据记录的估计器 – 相关器,则可以由(5.27)式来近似。对高斯信号最一般的检测器允许非零信号均值,(5.30)式给出了这样假定导出的一般高斯问题的 NP 检测器。最后,在 5.7 节中描述了对宽带信号的衰落信道建模的一个例子。模型是带有随机加权的节拍延迟线。对于伪随机噪声输入信号,NP 检测器变成了(5.35)式的非相干的多路组合器。

5.3 估计器 – 相关器

我们假定信号是方差已知的零均值高斯随机过程。噪声假定是已知方差为 σ^2 的 WGN,与信号是相互独立的。后面,我们将把结果推广到信号为非零均值和任意协方差矩阵噪声的情况。下面是这类信号模型的简单检测器的一个例子。

例 5.1 能量检测器

我们把信号看成零均值的白色 WSS 高斯随机过程,方差为 σ_s^2,或者说 $s[n]$ 是 WGN(尽管称为"噪声"实际上是误称)。我们假定噪声是方差为 σ^2 的 WGN,它与信号是独立的。检测器问题就是要区分下面两种不同的假设

$$\mathcal{H}_0 : x[n] = w[n] \qquad\qquad n = 0, 1, \ldots, N-1$$
$$\mathcal{H}_1 : x[n] = s[n] + w[n] \quad n = 0, 1, \ldots, N-1$$

如果似然比超过门限,或者
$$L(\mathbf{x}) = \frac{p(\mathbf{x}; \mathcal{H}_1)}{p(\mathbf{x}; \mathcal{H}_0)} > \gamma$$

NP 检测器判 $\mathcal{H}_1$。然而根据我们的模型假定,在 $\mathcal{H}_0$ 条件下,$\mathbf{x} \sim \mathcal{N}(\mathbf{0}, \sigma^2\mathbf{I})$;这样,在 $\mathcal{H}_1$ 条件下,$\mathbf{x} \sim \mathcal{N}(\mathbf{0}, (\sigma_s^2 + \sigma^2)\mathbf{I})$,于是我们有

$$L(\mathbf{x}) = \frac{\dfrac{1}{[2\pi(\sigma_s^2 + \sigma^2)]^{\frac{N}{2}}} \exp\left[-\dfrac{1}{2(\sigma_s^2 + \sigma^2)} \displaystyle\sum_{n=0}^{N-1} x^2[n]\right]}{\dfrac{1}{(2\pi\sigma^2)^{\frac{N}{2}}} \exp\left[-\dfrac{1}{2\sigma^2} \displaystyle\sum_{n=0}^{N-1} x^2[n]\right]}$$

所以，对数似然比（LLR）变为

$$
\begin{aligned}
l(\mathbf{x}) &= \frac{N}{2} \ln\left(\frac{\sigma^2}{\sigma_s^2 + \sigma^2}\right) - \frac{1}{2}\left(\frac{1}{\sigma_s^2 + \sigma^2} - \frac{1}{\sigma^2}\right) \sum_{n=0}^{N-1} x^2[n] \\
&= \frac{N}{2} \ln\left(\frac{\sigma^2}{\sigma_s^2 + \sigma^2}\right) + \frac{1}{2} \frac{\sigma_s^2}{\sigma^2(\sigma_s^2 + \sigma^2)} \sum_{n=0}^{N-1} x^2[n]
\end{aligned}
$$

因此，如果

$$T(\mathbf{x}) = \sum_{n=0}^{N-1} x^2[n] > \gamma' \tag{5.1}$$

则判 $\mathcal{H}_1$ 成立。NP 检测器计算接收数据中的能量，并且把它和门限进行比较，因而也称为能量检测器。直观地理解，如果信号出现，那么接收数据的能量将会增加。事实上，等效的检验统计量 $T'(\mathbf{x}) = (1/N) \sum_{n=0}^{N-1} x^2[n]$ 可以看成方差的估计器。将它与门限进行比较，就可以认为在 $\mathcal{H}_0$ 条件下方差为 σ^2；而在 $\mathcal{H}_1$ 条件下，方差增加到 $\sigma_s^2 + \sigma^2$。

我们注意到（参见第 2 章）

$$\frac{T(\mathbf{x})}{\sigma^2} \sim \chi_N^2 \qquad \text{在 } \mathcal{H}_0 \text{ 条件下}$$

$$\frac{T(\mathbf{x})}{\sigma_s^2 + \sigma^2} \sim \chi_N^2 \qquad \text{在 } \mathcal{H}_1 \text{ 条件下}$$

由此可以确定检测性能，统计量是 N 个 IID 高斯随机变量平方和。为了求 P_{FA} 和 P_D，我们回忆一下 χ_ν^2 随机变量的右尾概率，或者（参见第 2 章）

$$Q_{\chi_\nu^2}(x) = \int_x^\infty p(t)dt$$

是

$$Q_{\chi_\nu^2}(x) = \begin{cases} 2Q(\sqrt{x}) & \nu = 1 \\[2mm] 2Q(\sqrt{x}) + \dfrac{\exp(-\frac{1}{2}x)}{\sqrt{\pi}} \displaystyle\sum_{k=1}^{\frac{\nu-1}{2}} \frac{(k-1)!(2x)^{k-\frac{1}{2}}}{(2k-1)!} & \nu > 1 \text{ 且 } \nu \text{ 为奇数} \\[4mm] \exp(-\frac{1}{2}x) \displaystyle\sum_{k=0}^{\frac{\nu}{2}-1} \frac{(\frac{x}{2})^k}{k!} & \nu \text{ 为偶数} \end{cases}$$

因此，根据（5.1）式，

$$P_{FA} = \Pr\{T(\mathbf{x}) > \gamma'; \mathcal{H}_0\} = \Pr\left\{\frac{T(\mathbf{x})}{\sigma^2} > \frac{\gamma'}{\sigma^2}; \mathcal{H}_0\right\} = Q_{\chi_N^2}\left(\frac{\gamma'}{\sigma^2}\right) \tag{5.2}$$

和

$$P_D = \Pr\{T(\mathbf{x}) > \gamma'; \mathcal{H}_1\} = Q_{\chi_N^2}\left(\frac{\gamma'}{\sigma_s^2 + \sigma^2}\right) \tag{5.3}$$

应该注意的是，正如在习题 5.1 中所解释的那样，门限可以从（5.2）式求出。另外，检测性能随 SNR 单调递增，SNR 定义为 σ_s^2/σ^2。为了看到这一点，假定对于给定的 P_{FA}，（5.2）式的自变量为 $\gamma'/\sigma^2 = \gamma''$。那么，根据（5.3）式，有

$$P_D \;=\; Q_{\chi_N^2}\left(\frac{\gamma'/\sigma^2}{\sigma_s^2/\sigma^2+1}\right) \;=\; Q_{\chi_N^2}\left(\frac{\gamma''}{\sigma_s^2/\sigma^2+1}\right)$$

随着 σ_s^2/σ^2 的增加，$Q_{\chi_N^2}$ 函数的自变量减少，这样 P_D 增加。图 5.1 给出了 $N=25$ 时能量检测器的性能(习题 5.2 给出了它的近似表达式)。

现在，我们把能量检测器推广到具有任意协方差矩阵的信号。为此，我们假定 $s[n]$ 是零均值、方差阵为 $\mathbf{C}_s$ 的高斯随机过程。和以前一样，$w[n]$ 是方差为 σ^2 的 WGN，因此

$$\mathbf{x} \sim \begin{cases} \mathcal{N}(\mathbf{0},\sigma^2\mathbf{I}) & \text{在 } \mathcal{H}_0 \text{ 条件下} \\ \mathcal{N}(\mathbf{0},\mathbf{C}_s+\sigma^2\mathbf{I}) & \text{在 } \mathcal{H}_1 \text{ 条件下} \end{cases}$$

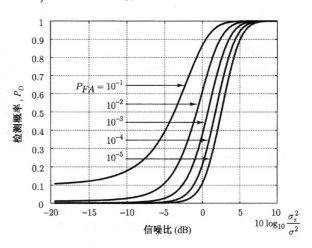

图 5.1　能量检测器的性能($N=25$)

如果

$$L(\mathbf{x}) = \frac{\dfrac{1}{(2\pi)^{\frac{N}{2}}\det^{\frac{1}{2}}(\mathbf{C}_s+\sigma^2\mathbf{I})}\exp\left[-\dfrac{1}{2}\mathbf{x}^T(\mathbf{C}_s+\sigma^2\mathbf{I})^{-1}\mathbf{x}\right]}{\dfrac{1}{(2\pi\sigma^2)^{\frac{N}{2}}}\exp\left(-\dfrac{1}{2\sigma^2}\mathbf{x}^T\mathbf{x}\right)} > \gamma$$

NP 检测器判 $\mathcal{H}_1$。取对数并且只取与数据有关的项，得

$$-\frac{1}{2}\mathbf{x}^T\left[(\mathbf{C}_s+\sigma^2\mathbf{I})^{-1}-\frac{1}{\sigma^2}\mathbf{I}\right]\mathbf{x} > \gamma'$$

或者

$$T(\mathbf{x}) = \sigma^2\mathbf{x}^T\left[\frac{1}{\sigma^2}\mathbf{I}-(\mathbf{C}_s+\sigma^2\mathbf{I})^{-1}\right]\mathbf{x} > 2\gamma'\sigma^2$$

利用矩阵求逆引理(参见附录 1)，

$$(\mathbf{A}+\mathbf{B}\mathbf{C}\mathbf{D})^{-1} = \mathbf{A}^{-1}-\mathbf{A}^{-1}\mathbf{B}(\mathbf{D}\mathbf{A}^{-1}\mathbf{B}+\mathbf{C}^{-1})^{-1}\mathbf{D}\mathbf{A}^{-1}$$

令 $\mathbf{A}=\sigma^2\mathbf{I}$，$\mathbf{B}=\mathbf{D}=\mathbf{I}$，$\mathbf{C}=\mathbf{C}_s$，我们有

$$(\sigma^2\mathbf{I}+\mathbf{C}_s)^{-1} = \frac{1}{\sigma^2}\mathbf{I}-\frac{1}{\sigma^4}\left(\frac{1}{\sigma^2}\mathbf{I}+\mathbf{C}_s^{-1}\right)^{-1} \tag{5.4}$$

所以

$$T(\mathbf{x}) = \mathbf{x}^T\left[\frac{1}{\sigma^2}\left(\frac{1}{\sigma^2}\mathbf{I}+\mathbf{C}_s^{-1}\right)^{-1}\right]\mathbf{x}$$

现在令 $\hat{\mathbf{s}}=(1/\sigma^2)\left((1/\sigma^2)\mathbf{I}+\mathbf{C}_s^{-1}\right)^{-1}\mathbf{x}$，这也可以写为

$$\begin{aligned} \hat{\mathbf{s}} &= \frac{1}{\sigma^2}\left(\frac{1}{\sigma^2}\mathbf{I}+\mathbf{C}_s^{-1}\right)^{-1}\mathbf{x} = \frac{1}{\sigma^2}\left[\frac{1}{\sigma^2}(\mathbf{C}_s+\sigma^2\mathbf{I})\mathbf{C}_s^{-1}\right]^{-1}\mathbf{x} \\ &= \mathbf{C}_s(\mathbf{C}_s+\sigma^2\mathbf{I})^{-1}\mathbf{x} \end{aligned}$$

因此，如果

$$T(\mathbf{x}) = \mathbf{x}^T\hat{\mathbf{s}} > \gamma'' \tag{5.5}$$

或者
$$T(\mathbf{x}) = \sum_{n=0}^{N-1} x[n]\hat{s}[n]$$

我们判 $\mathcal{H}_1$，其中
$$\hat{\mathbf{s}} = \mathbf{C}_s(\mathbf{C}_s + \sigma^2\mathbf{I})^{-1}\mathbf{x} \tag{5.6}$$

NP 检测器将接收到的数据与信号的估计 $\hat{s}[n]$ 进行相关运算，因此它也称为估计器 - 相关器。注意，检验统计量是接收数据的二次型形式，因此不是高斯随机变量。（回想一下，能量检测器是 χ_N^2 随机变量乘以一个因子。）实际上，$\hat{\mathbf{s}}$ 是信号的维纳滤波器估计器。应该强调的是，尽管 $s[n]$ 是一个随机过程，但将 $\hat{\mathbf{s}}$ 解释为信号给定现实的估计。为了看出 $\hat{\mathbf{s}}$ 是维纳滤波器估计器，回想一下（参见本书卷 I 的第 268 页）如果 $\boldsymbol{\theta}$ 是一个要根据数据矢量 $\mathbf{x}$ 来估计它的现实的未知随机矢量，且 $\boldsymbol{\theta}$ 和 $\mathbf{x}$ 是联合高斯的，均值为零，那么最小均方误差（MMSE）估计器是

$$\hat{\boldsymbol{\theta}} = \mathbf{C}_{\theta x}\mathbf{C}_{xx}^{-1}\mathbf{x} \tag{5.7}$$

其中 $\mathbf{C}_{\theta x} = E(\boldsymbol{\theta}\mathbf{x}^T)$ 和 $\mathbf{C}_{xx} = E(\mathbf{x}\mathbf{x}^T)$。注意，由于联合高斯的假定，MMSE 估计器是线性的，因而我们有 $\boldsymbol{\theta} = \mathbf{s}$ 和 $\mathbf{x} = \mathbf{s} + \mathbf{w}$，$\mathbf{s}$ 和 $\mathbf{w}$ 是不相关的。根据（5.7）式，信号现实的 MMSE 估计为

$$\hat{\mathbf{s}} = E\left[\mathbf{s}(\mathbf{s}+\mathbf{w})^T\right]\left(E\left[(\mathbf{s}+\mathbf{w})(\mathbf{s}+\mathbf{w})^T\right]\right)^{-1}\mathbf{x} = \mathbf{C}_s(\mathbf{C}_s + \sigma^2\mathbf{I})^{-1}\mathbf{x}$$

这与（5.6）式是相同的。（对于维纳滤波器的另一种推导请参见习题 5.5。）估计器 - 相关器如图 5.2 所示，并注意与图 4.1(a) 的仿形 - 相关器进行比较。下面给出一些例子。

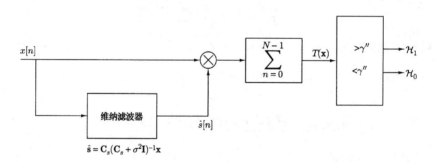

图 5.2 高斯白噪声中用于高斯随机信号检测的估计器 - 相关器

例 5.2 能量检测器（继续）

如果信号是白色的，那么 $\mathbf{C}_s = \sigma_s^2\mathbf{I}$，信号估计器为

$$\hat{\mathbf{s}} = \sigma_s^2\mathbf{I}(\sigma_s^2\mathbf{I} + \sigma^2\mathbf{I})^{-1}\mathbf{x} = \frac{\sigma_s^2}{\sigma_s^2 + \sigma^2}\mathbf{x}$$

或
$$\hat{s}[n] = \frac{\sigma_s^2}{\sigma_s^2 + \sigma^2}x[n]$$

这是一个零记忆滤波器，它用一个固定的比例因子 $\sigma_s^2/(\sigma_s^2 + \sigma^2)$ 对接收的数据进行加权。如果 $\sigma_s^2 \gg \sigma^2$，加权近似等于 1；而对于 $\sigma_s^2 \ll \sigma^2$，加权近似等于零（参见本书卷 I 的第 277 页）。在这种情况下，将已知的比例因子合并到门限中就可以简化检测器。这样，如果

$$\sum_{n=0}^{N-1} x[n]\hat{s}[n] = \frac{\sigma_s^2}{\sigma_s^2 + \sigma^2}\sum_{n=0}^{N-1} x^2[n] > \gamma''$$

或
$$\sum_{n=0}^{N-1} x^2[n] > \frac{\gamma''(\sigma_s^2 + \sigma^2)}{\sigma_s^2}$$

我们判 $\mathcal{H}_1$ 成立,与前面的结果是一致的。

例5.3 相关信号

现在假定 $N = 2$,且
$$\mathbf{C}_s = \sigma_s^2 \begin{bmatrix} 1 & \rho \\ \rho & 1 \end{bmatrix}$$

其中 ρ 是 $s[0]$ 与 $s[1]$ 之间的相关系数。由(5.5)式和(5.6)式,检验统计量是
$$T(\mathbf{x}) = \mathbf{x}^T \mathbf{C}_s (\mathbf{C}_s + \sigma^2 \mathbf{I})^{-1} \mathbf{x}$$

令 $\mathbf{y} = \mathbf{V}^T \mathbf{x}$,根据它而不是根据 $\mathbf{x}$ 来表示检验统计量是有优势的,其中
$$\mathbf{V} = \begin{bmatrix} \frac{1}{\sqrt{2}} & \frac{1}{\sqrt{2}} \\ \frac{1}{\sqrt{2}} & -\frac{1}{\sqrt{2}} \end{bmatrix}$$

那么,由于 $\mathbf{V}^T = \mathbf{V}^{-1}$($\mathbf{V}$ 是正交矩阵),我们有
$$\begin{aligned} T(\mathbf{x}) &= \mathbf{x}^T \mathbf{V} \mathbf{V}^T \mathbf{C}_s \mathbf{V} \mathbf{V}^{-1} (\mathbf{C}_s + \sigma^2 \mathbf{I})^{-1} \mathbf{V} \mathbf{V}^T \mathbf{x} \\ &= (\mathbf{V}^T \mathbf{x})^T (\mathbf{V}^T \mathbf{C}_s \mathbf{V}) \left[\mathbf{V}^{-1} (\mathbf{C}_s + \sigma^2 \mathbf{I}) \mathbf{V} \right]^{-1} \mathbf{V}^T \mathbf{x} \\ &= (\mathbf{V}^T \mathbf{x})^T (\mathbf{V}^T \mathbf{C}_s \mathbf{V}) \left(\mathbf{V}^T \mathbf{C}_s \mathbf{V} + \sigma^2 \mathbf{I} \right)^{-1} \mathbf{V}^T \mathbf{x} \end{aligned}$$

现在 $\mathbf{V}^T \mathbf{C}_s \mathbf{V} = \mathbf{\Lambda}_s$,其中 $\mathbf{\Lambda}_s$ 是对角矩阵,
$$\mathbf{\Lambda}_s = \sigma_s^2 \begin{bmatrix} 1 + \rho & 0 \\ 0 & 1 - \rho \end{bmatrix}$$

这是很容易证明的。检验统计量变成
$$T(\mathbf{x}) = \mathbf{y}^T \mathbf{\Lambda}_s (\mathbf{\Lambda}_s + \sigma^2 \mathbf{I})^{-1} \mathbf{y} = \mathbf{y}^T \mathbf{A} \mathbf{y} \tag{5.8}$$

其中 $\mathbf{A}$ 是对角矩阵,
$$\mathbf{A} = \begin{bmatrix} \dfrac{\sigma_s^2 (1 + \rho)}{\sigma_s^2 (1 + \rho) + \sigma^2} & 0 \\ 0 & \dfrac{\sigma_s^2 (1 - \rho)}{\sigma_s^2 (1 - \rho) + \sigma^2} \end{bmatrix}$$

这样,我们有
$$T(\mathbf{x}) = \frac{\sigma_s^2 (1 + \rho)}{\sigma_s^2 (1 + \rho) + \sigma^2} y^2[0] + \frac{\sigma_s^2 (1 - \rho)}{\sigma_s^2 (1 - \rho) + \sigma^2} y^2[1]$$

首先将数据从 $\mathbf{x}$ 线性地变换到 $\mathbf{y}$,之后应用加权能量检测器。注意,如果 $\rho = 0$,即信号是白色的,由于 $\mathbf{y}^T \mathbf{y} = \mathbf{y}^T \mathbf{V} \mathbf{V}^T \mathbf{y} = \mathbf{x}^T \mathbf{x}$,我们正好有
$$T(\mathbf{x}) = \frac{\sigma_s^2}{\sigma_s^2 + \sigma^2} (y^2[0] + y^2[1]) = \frac{\sigma_s^2}{\sigma_s^2 + \sigma^2} (x^2[0] + x^2[1])$$

与例 5.2 类似。有趣的是我们注意到线性变换的效果是对 $\mathbf{x}$ 去相关。为了理解这一点,在 $\mathcal{H}_1$ 条件下我们有
$$\begin{aligned} \mathbf{C}_y &= E(\mathbf{y} \mathbf{y}^T) = E(\mathbf{V}^T \mathbf{x} \mathbf{x}^T \mathbf{V}) = \mathbf{V}^T \mathbf{C}_x \mathbf{V} = \mathbf{V}^T (\mathbf{C}_s + \sigma^2 \mathbf{I}) \mathbf{V} \\ &= \mathbf{V}^T \mathbf{C}_s \mathbf{V} + \sigma^2 \mathbf{I} = \mathbf{\Lambda}_s + \sigma^2 \mathbf{I} \end{aligned}$$

它是一个对角矩阵。类似地，在 $\mathcal{H}_0$ 条件下我们有 $\mathbf{C}_y = \sigma^2 \mathbf{I}$。因此 $\mathbf{y}$ 是由不相关的随机变量组成的，尽管它们有不同的方差。由于方差不等，能量检测器对 $y[n]$ 平方的加权也是不同的。

前面的例子已经引入了估计器－相关器的标准形式，细心的读者将会认识到去相关矩阵 $\mathbf{V}$ 正好是 $\mathbf{C}_s$ 的模态矩阵（modal matrix）（参见例4.5和附录1）。它的列是 $\mathbf{C}_s$ 的特征矢量（由于 $\mathbf{C}_s$ 是对称的，因此 $\mathbf{V}^T = \mathbf{V}^{-1}$）。另外，$\mathbf{\Lambda}_s$ 的对角元素是 $\mathbf{C}_s$ 对应的特征矢量。由于加上一个与单位矩阵成比例的矩阵到 $\mathbf{C}_s$ 中并不改变特征矢量，而只是给每个特征值加上 σ^2，因此模态矩阵也去相关 $\mathbf{C}_x = \mathbf{C}_s + \sigma^2 \mathbf{I}$。更为一般的是，令 $N \times N$ 协方差矩阵 $\mathbf{C}_s$ 的特征分解为

$$\mathbf{V}^T \mathbf{C}_s \mathbf{V} = \mathbf{\Lambda}_s$$

其中 $\mathbf{V} = [\, \mathbf{v}_0 \; \mathbf{v}_1 \ldots \mathbf{v}_{N-1} \,]$，$\mathbf{v}_i$ 是 $\mathbf{C}_s$ 的第 i 个特征矢量；$\mathbf{\Lambda}_s = \mathrm{diag}(\lambda_{s_0}, \lambda_{s_1}, \ldots, \lambda_{s_{N-1}})$，$\lambda_{s_i}$ 是对应的第 i 个特征值。（由于 $\mathbf{C}_s$ 是对称的，λ_{s_n} 是实的，以及因为 $\mathbf{C}_s$ 是半正定的，因此 $\lambda_{s_n} \geq 0$。）那么，根据(5.5)式、(5.6)式和(5.8)式，NP 检测器变成

$$\begin{aligned} T(\mathbf{x}) &= \mathbf{x}^T \mathbf{C}_s (\mathbf{C}_s + \sigma^2 \mathbf{I})^{-1} \mathbf{x} = \mathbf{y}^T \mathbf{\Lambda}_s (\mathbf{\Lambda}_s + \sigma^2 \mathbf{I})^{-1} \mathbf{y} \\ &= \sum_{n=0}^{N-1} \frac{\lambda_{s_n}}{\lambda_{s_n} + \sigma^2} y^2[n] \end{aligned} \tag{5.9}$$

这是检测器的一种标准形式，如图5.3所示。加权系数 $\lambda_{s_n}/(\lambda_{s_n} + \sigma^2)$ 实际上是变换空间中维纳滤波器的加权（参见习题5.8）。例如，如果 $\lambda_{s_0} \gg \sigma^2$，那么 $\mathbf{x}$ 沿着 $\mathbf{v}_0$ 方向的信号分量大于噪声沿着 $\mathbf{v}_0$ 方向的分量，因此 $y[0]$ 的贡献就是对 $T(\mathbf{x})$ 更重的加权。考虑前一个例子，如果 $\rho \approx 1$ 且 $\sigma_s^2 \gg \sigma^2$，那么

$$\frac{\lambda_{s_0}}{\lambda_{s_0} + \sigma^2} = \frac{\sigma_s^2(1+\rho)}{\sigma_s^2(1+\rho) + \sigma^2} \approx 1$$

$$\frac{\lambda_{s_1}}{\lambda_{s_1} + \sigma^2} = \frac{\sigma_s^2(1-\rho)}{\sigma_s^2(1-\rho) + \sigma^2} \approx 0$$

这样 $y[0]$ 保留，而放弃 $y[1]$。而当 $\mathbf{x}$ 沿着 $\mathbf{v}_0 = [1/\sqrt{2} \; 1/\sqrt{2}]^T$ 方向的分量保留时，沿着 $\mathbf{v}_1 = [1/\sqrt{2} \; -1/\sqrt{2}]^T$ 方向的分量就将放弃。图5.4给出了这种行为的解释，对于 $\rho \approx 1$，图上表明信号的 PDF 集中于直线 $\xi_1 = \xi_0$。沿着这条直线的 $\mathbf{x}$ 分量有可能远大于当信号出现时沿着正交线 $\xi_1 = -\xi_0$ 的分量。对于没有信号的情况，就不存在优先考虑的方向。另外，对 $y[0]$ 分量的信噪比大于对 $y[1]$ 分量的信噪比。由于在 $\mathcal{H}_1$ 条件下 $\mathbf{C}_y = \mathbf{\Lambda}_s + \sigma^2 \mathbf{I}$，$y[0]$ 分量和 $y[1]$ 分量的信噪比分别为

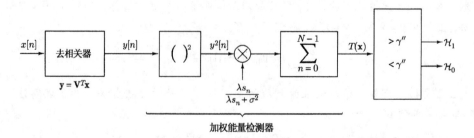

图5.3　在高斯噪声中高斯随机信号检测的标准形式

$$\eta_0^2 = \frac{E(y_s^2[0])}{E(y_w^2[0])} = \frac{\lambda_{s_0}}{\sigma^2} = \frac{\sigma_s^2(1+\rho)}{\sigma^2} \approx \frac{2\sigma_s^2}{\sigma^2} \gg 1$$

$$\eta_1^2 = \frac{E(y_s^2[1])}{E(y_w^2[1])} = \frac{\lambda_{s_1}}{\sigma^2} = \frac{\sigma_s^2(1-\rho)}{\sigma^2} \approx 0$$

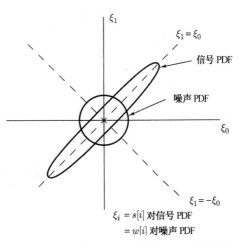

这说明了能量检测器样本的加权。对于非白噪声情况，习题 5.11 讨论了标准的检测器。

估计器-相关器的检测性能难以解析地确定。这是因为由(5.9)式给出的检验统计量 $T(\mathbf{x})$ 是独立 χ_1^2 随机变量的加权和。因此，我们不能像能量检测器那样得到成比例的 χ_N^2 的 PDF。对于能量检测器，由于 $s[n]$ 是白高斯过程，我们有 $\mathbf{C}_s = \sigma_s^2 \mathbf{I}$，$\lambda_{s_n} = \sigma_s^2$（$n = 0,1,\ldots,N-1$）。这样，$T(\mathbf{x}) = (\sigma_s^2/(\sigma_s^2 + \sigma^2)) \sum_{n=0}^{N-1} y^2[n]$。在附录 5A 中证明了对于(5.9)式的检测器，或等价的(5.5)式、(5.6)式，

图 5.4　对只有信号和只有噪声的 PDF 的等值线

$$P_{FA} = \int_{\gamma''}^{\infty} \int_{-\infty}^{\infty} \prod_{n=0}^{N-1} \frac{1}{\sqrt{1 - 2j\alpha_n \omega}} \exp(-j\omega t) \frac{d\omega}{2\pi} dt \tag{5.10}$$

$$P_D = \int_{\gamma''}^{\infty} \int_{-\infty}^{\infty} \prod_{n=0}^{N-1} \frac{1}{\sqrt{1 - 2j\lambda_{s_n}\omega}} \exp(-j\omega t) \frac{d\omega}{2\pi} dt \tag{5.11}$$

其中

$$\alpha_n = \frac{\lambda_{s_n} \sigma^2}{\lambda_{s_n} + \sigma^2}$$

可以看出里面的积分是傅里叶反变换(尽管使用了 $-j$)，并且是 $T(\mathbf{x})$ 的 PDF。一般情况下需要数值计算，下面给出一个能够求得闭合形式解的例子(参见例 5.5)。

例 5.4　信号协方差矩阵的成对特征值

假定 N 是偶数，所以 $N = 2M$，

$$\mathbf{C}_s = \begin{bmatrix} \mathbf{C}_1 & \mathbf{0} \\ \mathbf{0} & \mathbf{C}_1 \end{bmatrix} = \begin{bmatrix} M \times M & M \times M \\ M \times M & M \times M \end{bmatrix}$$

由于 $\mathbf{C}_s$ 具有块对角形式，信号 $\mathbf{s}$ 分解成两个独立的子矢量或 $\mathbf{s} = [\mathbf{s}_1^T \mathbf{s}_2^T]^T$，每个 $M \times 1$ 的子矢量有协方差 $\mathbf{C}_1$。我们可以把信号矢量看成由两个独立的、长度为 M 的信号的现实组成。这种情况出现在信号矢量按时间连续地得到，或者是由两个传感器的输出得到的，如阵列处理的情形那样(参见第 13 章)。协方差矩阵可以通过模态矩阵对角化为

$$\mathbf{V} = \begin{bmatrix} \mathbf{V}_1 & \mathbf{0} \\ \mathbf{0} & \mathbf{V}_1 \end{bmatrix}$$

其中 $\mathbf{V}_1^T \mathbf{C}_1 \mathbf{V}_1 = \mathbf{\Lambda}_1$。矩阵 $\mathbf{V}_1$ 是模态矩阵，$\mathbf{\Lambda}_1$ 是 $\mathbf{C}_1$ 对应的对角特征值矩阵，那么

$$\mathbf{V}^T \mathbf{C}_s \mathbf{V} = \begin{bmatrix} \mathbf{\Lambda}_1 & \mathbf{0} \\ \mathbf{0} & \mathbf{\Lambda}_1 \end{bmatrix}$$

$\mathbf{C}_s$ 的特征值是成对出现的。令 $\lambda_{s_0}, \lambda_{s_1}, \ldots, \lambda_{s_{M-1}}$ 是 $\mathbf{C}_1$ 的特征值，假定它们不同，从 (5.10)式可得

$$\int_{-\infty}^{\infty} \prod_{n=0}^{N-1} \frac{1}{\sqrt{1-2j\alpha_n\omega}} \exp(-j\omega t) \frac{d\omega}{2\pi} = \int_{-\infty}^{\infty} \prod_{n=0}^{M-1} \frac{1}{1-2j\alpha_n\omega} \exp(-j\omega t) \frac{d\omega}{2\pi}$$

$$= \mathcal{F}_{-t}^{-1} \left\{ \prod_{n=0}^{M-1} \frac{1}{1-2j\alpha_n\omega} \right\} \tag{5.12}$$

其中 $\mathcal{F}_{-t}^{-1}$ 表示在 $-t$ 计算的傅里叶反变换。利用部分因式分解(回想一下由于假定 $\mathbf{C}_1$ 没有重复的信号特征值，因此 α_n 也是不同的)，

$$\prod_{n=0}^{M-1} \frac{1}{1-2j\alpha_n\omega} = \sum_{n=0}^{M-1} \frac{A_n}{1-2j\alpha_n\omega}$$

其中

$$A_n = \prod_{\substack{i=0 \\ i\neq n}}^{M-1} \frac{1}{1-\frac{\alpha_i}{\alpha_n}}$$

很容易证明

$$\mathcal{F}_{-t}^{-1} \left\{ \frac{1}{1-2j\alpha\omega} \right\} = \begin{cases} \frac{1}{2\alpha} \exp(-\frac{t}{2\alpha}) & t > 0 \\ 0 & t < 0 \end{cases} \tag{5.13}$$

所以，(5.12)式变成

$$\mathcal{F}_{-t}^{-1} \left\{ \prod_{n=0}^{M-1} \frac{1}{1-2j\alpha_n\omega} \right\} = \begin{cases} \sum_{n=0}^{M-1} \frac{A_n}{2\alpha_n} \exp\left(-\frac{t}{2\alpha_n}\right) & t > 0 \\ 0 & t < 0 \end{cases}$$

和

$$P_{FA} = \int_{\gamma''}^{\infty} \sum_{n=0}^{M-1} \frac{A_n}{2\alpha_n} \exp\left(-\frac{t}{2\alpha_n}\right) dt$$

最后，我们有

$$P_{FA} = \sum_{n=0}^{M-1} A_n \exp\left(-\frac{\gamma''}{2\alpha_n}\right) \tag{5.14}$$

其中

$$A_n = \prod_{\substack{i=0 \\ i\neq n}}^{M-1} \frac{1}{1-\frac{\alpha_i}{\alpha_n}}$$

$$\alpha_n = \frac{\lambda_{s_n}\sigma^2}{\lambda_{s_n}+\sigma^2}$$

类似地，

$$P_D = \sum_{n=0}^{M-1} B_n \exp\left(-\frac{\gamma''}{2\lambda_{s_n}}\right) \tag{5.15}$$

其中

$$B_n = \prod_{\substack{i=0 \\ i\neq n}}^{M-1} \frac{1}{1-\frac{\lambda_{s_i}}{\lambda_{s_n}}}$$

注意，对于复高斯 PDF，如果实部和虚部随机矢量假定是独立的(参见本书卷 I 的第 349 页)，那么 $\mathbf{C}_s$ 的选择形式是精确的。因此，在复数据情况下，对于任意的协方差矩阵，估计器-相关器的检测性能可以简单地从(5.14)式和(5.15)式求出(参见习题 13.8)。

估计器-相关器可以推广到观测噪声 $w[n]$ 是有色高斯的情形。如果噪声的协方差矩阵是 $\mathbf{C}_w$，那么可以证明 NP 检测器为(参见习题 5.10)

$$T(\mathbf{x}) = \mathbf{x}^T \mathbf{C}_w^{-1} \hat{\mathbf{s}} \tag{5.16}$$

其中

$$\hat{\mathbf{s}} = \mathbf{C}_s (\mathbf{C}_s + \mathbf{C}_w)^{-1} \mathbf{x} \tag{5.17}$$

它是由噪声($\mathbf{C}_w^{-1}$ 项)的预白化器和经过修正的维纳滤波器或等价的 $\mathbf{s}$ 的 MMSE 估计器组成的。在习题 5.11 中描述了检测器的标准形式。

5.4　线性模型

在第 4 章讨论了确定性信号的线性模型,例如,在 WGN 中的 DC 电平检测问题,在 $\mathcal{H}_0$ 条件下有 $x[n] = w[n]$,在 $\mathcal{H}_1$ 条件下有 $x[n] = A + w[n]$,或者

$$\mathbf{x} = \begin{cases} \mathbf{w} & \text{在 } \mathcal{H}_0 \text{ 条件下} \\ A\mathbf{1} + \mathbf{w} & \text{在 } \mathcal{H}_1 \text{ 条件下} \end{cases}$$

其中 A 是确定性的常数。在某些情况下,把 A 看成一个随机变量的一个现实可能更精确。例如,在图像中检测目标的边沿时,我们可能并不确切地知道边沿像素值的变化。然而,我们也许有 A 可能取值的某些先验知识。如果把 A 看成随机变量,$A \sim \mathcal{N}(0, \sigma_A^2)$,且 A 与 $w[n]$ 独立,那么我们有本书卷 I 的第 11 章描述的贝叶斯线性模型。概要地总结一下模型,我们假定

$$\mathbf{x} = \mathbf{H}\boldsymbol{\theta} + \mathbf{w}$$

其中 $\mathbf{x} = [x[0]\, x[1] \ldots x[N-1]]^T$,$\mathbf{H}$ 是已知的 $N \times p$ 观测矩阵,$\boldsymbol{\theta}$ 是 $p \times 1$ 随机矢量,$\boldsymbol{\theta} \sim \mathcal{N}(\mathbf{0}, \mathbf{C}_\theta)$;$\mathbf{w}$ 是 $N \times 1$ 噪声矢量,$\mathbf{w} \sim \mathcal{N}(\mathbf{0}, \sigma^2 \mathbf{I})$,且与 $\boldsymbol{\theta}$ 独立。(实际上,我们前面描述的贝叶斯线性模型在令 $E(\boldsymbol{\theta}) \neq \mathbf{0}$ 且 $\mathbf{C}_w$ 为任意时具有更一般的形式,这里的定义适合更常见的信号检测问题。)

检测问题变成

$$\begin{aligned} \mathcal{H}_0 &: \mathbf{x} = \mathbf{w} \\ \mathcal{H}_1 &: \mathbf{x} = \mathbf{H}\boldsymbol{\theta} + \mathbf{w} \end{aligned}$$

为了求 NP 检测器,我们可以应用前面的结果。我们注意到 $\mathbf{s} = \mathbf{H}\boldsymbol{\theta} \sim \mathcal{N}(\mathbf{0}, \mathbf{H}\mathbf{C}_\theta \mathbf{H}^T)$,这样,如果

$$T(\mathbf{x}) = \mathbf{x}^T \mathbf{C}_s (\mathbf{C}_s + \sigma^2 \mathbf{I})^{-1} \mathbf{x} > \gamma''$$

估计器–相关器判 $\mathcal{H}_1$ [参见(5.5)式和(5.6)式];或者替换 $\mathbf{C}_s$,如果

$$T(\mathbf{x}) = \mathbf{x}^T \mathbf{H}\mathbf{C}_\theta \mathbf{H}^T (\mathbf{H}\mathbf{C}_\theta \mathbf{H}^T + \sigma^2 \mathbf{I})^{-1} \mathbf{x} > \gamma'' \tag{5.18}$$

我们判 $\mathcal{H}_1$。也可以证明它可化简为 $T(\mathbf{x}) = \mathbf{x}^T \hat{\mathbf{s}} = \mathbf{x}^T \mathbf{H}\hat{\boldsymbol{\theta}}$,其中 $\hat{\boldsymbol{\theta}}$ 是 $\boldsymbol{\theta}$ 的 MMSE 估计器(参见习题 5.15),这一结果的一个很重要的应用是瑞利衰落正弦信号。

例 5.5　瑞利衰落正弦信号

这个例子在本书卷 I 的例 11.1 中从估计的观点进行了描述,读者可以查阅。在瑞利衰落模型中我们假定,当存在信号时,观测到

$$x[n] = A\cos(2\pi f_0 n + \phi) + w[n] \qquad n = 0, 1, \ldots, N-1$$

其中 $0 < f_0 < 1/2$,$w[n]$ 是方差为 σ^2 的 WGN。关键的假定涉及幅度和相位的模型,在时变多路径信号环境下,发射的正弦信号在接收机端以窄带随机过程出现,如图 5.5 所示。这是因为信号是沿着不同的路径到达接收机的。网的效应将引起相长干涉或相消干涉,导致不可预测的幅度和相位。在声呐问题中遇到的水下信道或者通信系统可能工作的对流层散射信道就是典型的例子。此外,由于移动发射机和/或移动接收机、或者信道的非平稳特性,信道的传播特征将随时间变化。这引起了接收的正弦信号的幅度和相位随时间变化,如图 5.5

所示。如果观测时间间隔 T 较短，那么，正如图 5.5 所显示的那样，我们可以把接收信号看成纯正弦信号，而其幅度和相位是未知的。假定它们是相互独立的随机变量则是合理的。然而，我们不是指定 A 和 ϕ 的 PDF，取而代之的是将信号更为方便地表示为

$$s[n] = A\cos(2\pi f_0 n + \phi) = a\cos 2\pi f_0 n + b\sin 2\pi f_0 n$$

其中 $a = A\cos\phi, b = -A\sin\phi$，并为 $[a\ b]^T$ 指定 PDF。注意，信号模型与参数 a、b 是线性的，从数学上的简单性考虑以及借助于中心极限定理（由于许多的多路径到达信号的叠加性），我们假定

$$\boldsymbol{\theta} = \begin{bmatrix} a \\ b \end{bmatrix} \sim \mathcal{N}(\mathbf{0}, \sigma_s^2 \mathbf{I})$$

$\boldsymbol{\theta}$ 与 $w[n]$ 独立，由于

$$E(s[n]) = E(a)\cos 2\pi f_0 n + E(b)\sin 2\pi f_0 n = 0$$

和

$$E(s[n]s[n+k])$$

$$= E[(a\cos 2\pi f_0 n + b\sin 2\pi f_0 n)(a\cos 2\pi f_0(n+k) + b\sin 2\pi f_0(n+k))]$$

$$= E(a^2\cos 2\pi f_0 n\cos 2\pi f_0(n+k)) + E(b^2\sin 2\pi f_0 n\sin 2\pi f_0(n+k))$$

$$= \sigma_s^2(\cos 2\pi f_0 n\cos 2\pi f_0(n+k) + \sin 2\pi f_0 n\sin 2\pi f_0(n+k)) \quad = \quad \sigma_s^2\cos 2\pi f_0 k$$

因此我们可得出 $s[n]$ 是 WSS 高斯随机过程，$s[n]$ 的 ACF 为 $r_{ss}[k] = \sigma_s^2\cos 2\pi f_0 k$。此外，可以证明 $A = \sqrt{a^2 + b^2}$ 的 PDF 是瑞利的，或者

$$p(A) = \begin{cases} \dfrac{A}{\sigma_s^2}\exp\left(-\dfrac{A^2}{2\sigma_s^2}\right) & A > 0 \\ 0 & A < 0 \end{cases}$$

而 $\phi = \arctan(-b/a)$ 的 PDF 是 $\mathcal{U}[0, 2\pi]$，A 和 ϕ 是相互独立的[Papoulis 1965]。术语"瑞利衰落"是参照幅度 PDF。

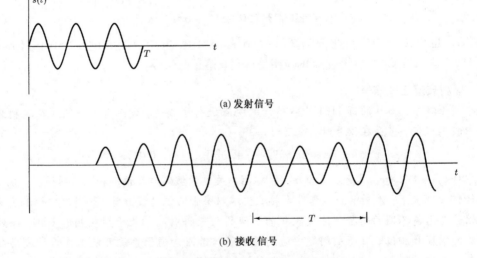

(a) 发射信号

(b) 接收信号

图 5.5 多路径信道的典型输入和输出信号

利用这些假定, 我们现在有贝叶斯线性模型 $\mathbf{x} = \mathbf{H\theta} + \mathbf{w}$, 其中

$$
\mathbf{H} = \begin{bmatrix}
1 & 0 \\
\cos 2\pi f_0 & \sin 2\pi f_0 \\
\vdots & \vdots \\
\cos 2\pi f_0 (N-1) & \sin 2\pi f_0 (N-1)
\end{bmatrix}
$$

$\boldsymbol{\theta} \sim \mathcal{N}(\mathbf{0}, \sigma_s^2 \mathbf{I})$, $\mathbf{w} \sim \mathcal{N}(\mathbf{0}, \sigma^2 \mathbf{I})$, $\boldsymbol{\theta}$ 与 $\mathbf{w}$ 统计独立。NP 检测器很容易从 (5.18) 式求出, 即

$$
T(\mathbf{x}) = \mathbf{x}^T \mathbf{H} \mathbf{C}_\theta \mathbf{H}^T (\mathbf{H} \mathbf{C}_\theta \mathbf{H}^T + \sigma^2 \mathbf{I})^{-1} \mathbf{x} = \sigma_s^2 \mathbf{x}^T \mathbf{H} \mathbf{H}^T (\sigma_s^2 \mathbf{H} \mathbf{H}^T + \sigma^2 \mathbf{I})^{-1} \mathbf{x}
$$

根据矩阵求逆引理 (参见附录 1),

$$
(\mathbf{A} + \mathbf{BCD})^{-1} = \mathbf{A}^{-1} - \mathbf{A}^{-1} \mathbf{B} (\mathbf{D} \mathbf{A}^{-1} \mathbf{B} + \mathbf{C}^{-1})^{-1} \mathbf{D} \mathbf{A}^{-1}
$$

令 $\mathbf{A} = \sigma^2 \mathbf{I}$, $\mathbf{B} = \sigma_s^2 \mathbf{H}$, $\mathbf{C} = \mathbf{I}$, $\mathbf{D} = \mathbf{H}^T$, 我们有

$$
T(\mathbf{x}) = \sigma_s^2 \mathbf{x}^T \mathbf{H} \mathbf{H}^T \left[\frac{1}{\sigma^2} \mathbf{I} - \frac{1}{\sigma^4} \sigma_s^2 \mathbf{H} \left(\frac{\sigma_s^2 \mathbf{H}^T \mathbf{H}}{\sigma^2} + \mathbf{I} \right)^{-1} \mathbf{H}^T \right] \mathbf{x}
$$

而

$$
\mathbf{H}^T \mathbf{H} = \begin{bmatrix}
\displaystyle\sum_{n=0}^{N-1} \cos^2 2\pi f_0 n & \displaystyle\sum_{n=0}^{N-1} \cos 2\pi f_0 n \sin 2\pi f_0 n \\
\displaystyle\sum_{n=0}^{N-1} \cos 2\pi f_0 n \sin 2\pi f_0 n & \displaystyle\sum_{n=0}^{N-1} \sin^2 2\pi f_0 n
\end{bmatrix}
$$

如果我们假定 N 很大, 且 $0 < f_0 < 1/2$, 那么我们有

$$
\sum_{n=0}^{N-1} \cos^2 2\pi f_0 n = \sum_{n=0}^{N-1} \left(\frac{1}{2} + \frac{1}{2} \cos 4\pi f_0 n \right) \approx \frac{N}{2}
$$

$$
\sum_{n=0}^{N-1} \cos 2\pi f_0 n \sin 2\pi f_0 n = \frac{1}{2} \sum_{n=0}^{N-1} \sin 4\pi f_0 n \approx 0
$$

$$
\sum_{n=0}^{N-1} \sin^2 2\pi f_0 n = \sum_{n=0}^{N-1} \left(\frac{1}{2} - \frac{1}{2} \cos 4\pi f_0 n \right) \approx \frac{N}{2}
$$

所以 $\mathbf{H}^T \mathbf{H} \approx (N/2) \mathbf{I}$, 这样

$$
T(\mathbf{x}) = \sigma_s^2 \mathbf{x}^T \mathbf{H} \mathbf{H}^T \left(\frac{1}{\sigma^2} \mathbf{I} - \frac{\sigma_s^2}{\sigma^4} \mathbf{H} \frac{1}{\frac{N\sigma_s^2}{2\sigma^2} + 1} \mathbf{I} \mathbf{H}^T \right) \mathbf{x}
$$

$$
= \frac{\sigma_s^2}{\sigma^2} \mathbf{x}^T \mathbf{H} \mathbf{H}^T \mathbf{x} - \frac{\frac{N\sigma_s^4}{2\sigma^4}}{\frac{N\sigma_s^2}{2\sigma^2} + 1} \mathbf{x}^T \mathbf{H} \mathbf{H}^T \mathbf{x} = \frac{c}{N} \mathbf{x}^T \mathbf{H} \mathbf{H}^T \mathbf{x}
$$

其中 $c = N \sigma_s^2 / (N \sigma_s^2 / 2 + \sigma^2) > 0$。把正的常数合并到门限中, 可得

$$
T'(\mathbf{x}) = \frac{1}{N} \mathbf{x}^T \mathbf{H} \mathbf{H}^T \mathbf{x} = \frac{1}{N} \left\| \mathbf{H}^T \mathbf{x} \right\|^2
$$

其中 $\| \cdot \|$ 表示欧几里得范数, 因而

$$
T'(\mathbf{x}) = \frac{1}{N} \left\| \begin{bmatrix} \displaystyle\sum_{n=0}^{N-1} x[n] \cos 2\pi f_0 n \\ \displaystyle\sum_{n=0}^{N-1} x[n] \sin 2\pi f_0 n \end{bmatrix} \right\|^2
$$

或者
$$T'(\mathbf{x}) = \frac{1}{N}\left[\left(\sum_{n=0}^{N-1}x[n]\cos 2\pi f_0 n\right)^2 + \left(\sum_{n=0}^{N-1}x[n]\sin 2\pi f_0 n\right)^2\right] \tag{5.19}$$

$$= \frac{1}{N}\left|\sum_{n=0}^{N-1}x[n]\exp(-j2\pi f_0 n)\right|^2 \tag{5.20}$$

如果 $T'(\mathbf{x}) > \gamma''/c = \gamma'''$，我们判 $\mathcal{H}_1$ 成立，检测器如图5.6所示。在由(5.19)式给出的第一种实现方案中，我们将数据与余弦(同相)和正弦信号(正交)进行相关。由于相位是随机的，如果存在信号，那么其中的一个输出或两个输出(I 或 Q)的幅度较大。由于相关器输出的符号可能是正的或负的，因此我们把 I 和 Q 的输出平方后求和。(参见习题5.17，该题证明了如果 φ 有不正确的知识，那么会导致匹配滤波器的性能下降。)这种类型的检测器称为正交匹配滤波器或者非相干匹配滤波器。第二种实现方案是周期图检测器。计算 $x[n]$ 的傅里叶变换，接着是幅度平方运算，再乘以 $1/N$，然后与门限进行比较。通常傅里叶变换利用快速傅里叶变换(FFT)实现，这也说明了 FFT 在雷达和声呐系统中有着广泛的应用。周期图检测器也可以解释为 PSD 估计器[Kay 1988]。这样，当信号出现时，在已知频率 f_0 处有一个大的峰值。对于未知信号频率，也可以采用类似的检测器(参见第7章)。

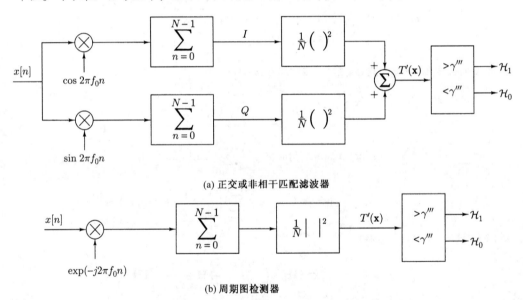

(a) 正交或非相干匹配滤波器

(b) 周期图检测器

图5.6　瑞利衰落正弦信号在高斯白噪声中的等效检测器

正交匹配滤波器的性能是我们前面结果的直接应用。(在习题5.18中我们证明了根据第一原则如何得到同样的结果。)使用(5.10)式和(5.11)式的关键是计算傅里叶反变换。在例5.4中，我们证明了特征值是以不同的对出现的，这是一种特别简单的情况。对于信号的协方差，我们有

$$\mathbf{C}_s = \mathbf{H}\mathbf{C}_\theta\mathbf{H}^T = \mathbf{H}\sigma_s^2\mathbf{I}\mathbf{H}^T = \sigma_s^2\mathbf{H}\mathbf{H}^T = \sigma_s^2\begin{bmatrix}\mathbf{h}_0 & \mathbf{h}_1\end{bmatrix}\begin{bmatrix}\mathbf{h}_0^T\\\mathbf{h}_1^T\end{bmatrix}$$

$$= \frac{N\sigma_s^2}{2}\frac{\mathbf{h}_0}{\sqrt{N/2}}\frac{\mathbf{h}_0^T}{\sqrt{N/2}} + \frac{N\sigma_s^2}{2}\frac{\mathbf{h}_1}{\sqrt{N/2}}\frac{\mathbf{h}_1^T}{\sqrt{N/2}}$$

令 $\lambda_{s_0} = \lambda_{s_1} = N\sigma_s^2/2$, $\mathbf{v}_0 = \mathbf{h}_0/\sqrt{N/2}$ 和 $\mathbf{v}_1 = \mathbf{h}_1/\sqrt{N/2}$, 我们看到

$$\mathbf{C}_s = \lambda_{s_0}\mathbf{v}_0\mathbf{v}_0^T + \lambda_{s_1}\mathbf{v}_1\mathbf{v}_1^T$$

其中对于大的 N, $\mathbf{v}_0^T\mathbf{v}_1 = (2/N)\sum_{n=0}^{N-1}\cos2\pi f_0 n\sin2\pi f_0 n \approx 0$。这样 $\mathbf{v}_0$、$\mathbf{v}_1$ 近似为 $\mathbf{C}_s$ 对应于特征值 λ_{s_0}、λ_{s_1} 的特征矢量。由于 $\mathbf{C}_s$ 的秩为 2,所以剩下的 $N-2$ 个特征值是零。很容易验证,在 (5.10) 式中利用 $\lambda_{s_0} = \lambda_{s_1} = N\sigma_s^2/2, \lambda_{s_2} = \cdots\lambda_{s_{N-1}} = 0$,并且注意到 (5.13) 式,可得

$$P_{FA} = \mathrm{Pr}\{T'(\mathbf{x}) > \gamma'''; \mathcal{H}_0\} = \mathrm{Pr}\{T(\mathbf{x}) > \gamma''; \mathcal{H}_0\} = \exp\left(-\frac{\gamma''}{2\alpha_0}\right)$$

其中,

$$\alpha_0 = \frac{\lambda_{s_0}\sigma^2}{\lambda_{s_0} + \sigma^2} = \frac{N\sigma_s^2\sigma^2/2}{N\sigma_s^2/2 + \sigma^2} = c\sigma^2/2$$

由于 $\gamma'' = c\gamma'''$,那么可简化为

$$P_{FA} = \exp\left(-\frac{\gamma'''}{\sigma^2}\right) \tag{5.21}$$

另外,从 (5.11) 式和 (5.13) 式,

$$P_D = \exp\left(-\frac{\gamma''}{2\lambda_{s_0}}\right) = \exp\left(-\frac{\gamma''}{N\sigma_s^2}\right)$$

由此可得

$$P_D = \exp\left(-\frac{\gamma'''}{N\sigma_s^2/2 + \sigma^2}\right) \tag{5.22}$$

为了把 P_D 与 P_{FA} 联系起来,令 $\bar{\eta} = NE(A^2/2)/\sigma^2 = N\sigma_s^2/\sigma^2$ 为平均 ENR。注意期望的信号能量是 $\bar{\mathcal{E}} = NE(A^2/2)$。门限很容易求得为

$$\gamma''' = \sigma^2\ln\frac{1}{P_{FA}}$$

代入 (5.22) 式,可得

$$P_D = P_{FA}^{\frac{1}{1+\bar{\eta}/2}} \tag{5.23}$$

随 $\bar{\eta} = \bar{\mathcal{E}}/\sigma^2$ 的增加,检测概率增加得很慢,如图 5.7 所示。这是因为正弦信号幅度有瑞利 PDF,对于不同 σ_s^2 值的 PDF 如图 5.8 所示。甚至随着 σ_s^2 的增加,正弦信号幅度小的概率仍然很高。这使得平均检测概率不会随着 σ_s^2 的增加而迅速增加。

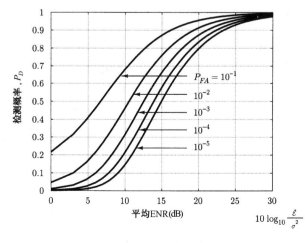

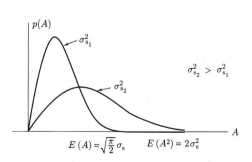

图 5.7 瑞利衰落正弦信号的检测性能　　　　　　　图 5.8 瑞利幅度的 PDF

例 5.6　多路径信道的非相干 FSK

另一个很重要的例子是多路径信道的例子，特别是我们现在考虑的是信号 $s_0[n] = \cos 2\pi f_0 n$ 或 $s_1[n] = \cos 2\pi f_1 n$ 通过瑞利衰落信道后的检测问题。假定 $0 < f_0 < 1/2, 0 < f_1 < 1/2$，$N$ 很大，因此在信道的输出端，我们有如下检测问题：

$$\mathcal{H}_0 : x[n] = A_0 \cos(2\pi f_0 n + \phi_0) + w[n] \quad n = 0, 1, \ldots, N-1$$
$$\mathcal{H}_1 : x[n] = A_1 \cos(2\pi f_1 n + \phi_1) + w[n] \quad n = 0, 1, \ldots, N-1$$

其中 $w[n]$ 是方差为 σ^2 的 WGN，我们假定正弦信号的幅度和相位为瑞利衰落模型。此外，$[A_0 \phi_0]^T$ 的 PDF 与 $[A_1 \phi_1]^T$ 的 PDF 是相同的。我们希望设计接收机使错误概率 P_e 最小。对于每个信号传输的先验概率相等的情况，如果

$$\frac{p(\mathbf{x}|\mathcal{H}_1)}{p(\mathbf{x}|\mathcal{H}_0)} > 1$$

或者

$$\frac{\dfrac{1}{(2\pi)^{\frac{N}{2}} \det^{\frac{1}{2}}(\mathbf{C}_{s_1} + \sigma^2 \mathbf{I})} \exp\left[-\dfrac{1}{2}\mathbf{x}^T(\mathbf{C}_{s_1} + \sigma^2 \mathbf{I})^{-1}\mathbf{x}\right]}{\dfrac{1}{(2\pi)^{\frac{N}{2}} \det^{\frac{1}{2}}(\mathbf{C}_{s_0} + \sigma^2 \mathbf{I})} \exp\left[-\dfrac{1}{2}\mathbf{x}^T(\mathbf{C}_{s_0} + \sigma^2 \mathbf{I})^{-1}\mathbf{x}\right]} > 1$$

则判 $\mathcal{H}_1$。令 $\mathbf{H}_i$ 是 $N \times 2$ 的基于频率 f_i（参见例 5.5）的线性模型的观测矩阵，我们有 $\mathbf{C}_{s_i} = \mathbf{H}_i \mathbf{C}_\theta \mathbf{H}_i^T = \sigma_s^2 \mathbf{H}_i \mathbf{H}_i^T$。令 $\mathbf{I}_2$ 是 2×2 单位矩阵，那么对于大的 N，我们可得出

$$\begin{aligned}\det(\mathbf{C}_{s_i} + \sigma^2 \mathbf{I}) &= \det(\sigma_s^2 \mathbf{H}_i \mathbf{H}_i^T + \sigma^2 \mathbf{I}) = \det(\sigma_s^2 \mathbf{H}_i^T \mathbf{H}_i + \sigma^2 \mathbf{I}_2) \\ &\approx \det(\sigma_s^2 \frac{N}{2} \mathbf{I}_2 + \sigma^2 \mathbf{I}_2)\end{aligned}$$

它与信号的频率无关。我们利用了习题 4.30 的恒等式，$\mathbf{H}_i$ 的列近似正交，因而我们有

$$\frac{\exp\left[-\frac{1}{2}\mathbf{x}^T(\mathbf{C}_{s_1} + \sigma^2 \mathbf{I})^{-1}\mathbf{x}\right]}{\exp\left[-\frac{1}{2}\mathbf{x}^T(\mathbf{C}_{s_0} + \sigma^2 \mathbf{I})^{-1}\mathbf{x}\right]} > 1$$

利用 (5.4) 式得

$$\frac{1}{\sigma^2}\mathbf{x}^T\mathbf{x} - \frac{1}{\sigma^4}\mathbf{x}^T\left(\frac{1}{\sigma^2}\mathbf{I} + \mathbf{C}_{s_1}^{-1}\right)^{-1}\mathbf{x} < \frac{1}{\sigma^2}\mathbf{x}^T\mathbf{x} - \frac{1}{\sigma^4}\mathbf{x}^T\left(\frac{1}{\sigma^2}\mathbf{I} + \mathbf{C}_{s_0}^{-1}\right)^{-1}\mathbf{x}$$

或

$$\mathbf{x}^T\hat{\mathbf{s}}_1 > \mathbf{x}^T\hat{\mathbf{s}}_0$$

在 (5.6) 式中用 $\mathbf{C}_{s_0}$ 和 $\mathbf{C}_{s_1}$ 代替 $\mathbf{C}_s$ 就可以分别得到 $\hat{\mathbf{s}}_0$ 和 $\hat{\mathbf{s}}_1$。而从例 5.5 中，$T(\mathbf{x}) = \mathbf{x}^T\hat{\mathbf{s}}_0 = cI(f_0)$，其中 $I(f_0)$ 是由 (5.20) 式给出的周期图，对于其他信号也是类似的。这样，如果

$$I(f_1) > I(f_0) \tag{5.24}$$

我们判 $\mathcal{H}_1$。接收机如图 5.9 所示。为了确定 P_e，我们假定选择频率使得 $I(f_1)$ 在 f_0 不受信号的影响，反之亦然。这意味着 $s_0[n]$ 的傅里叶变换在 $f = f_1$ 处有一个可以忽略的分量。如果频率分得比较开，或者 $|f_1 - f_0| \gg 1/N$，这一假定是满足的。那么，在信号传输的先验概率相等的情况下，

$$P_e = \frac{1}{2}(P(\mathcal{H}_1|\mathcal{H}_0) + P(\mathcal{H}_0|\mathcal{H}_1))$$

其中 $P(\mathcal{H}_i | \mathcal{H}_j)$ 是 $\mathcal{H}_j$ 为真时判 $\mathcal{H}_i$ 的条件概率。另外，由对称性我们有 $P(\mathcal{H}_0|\mathcal{H}_1) = P(\mathcal{H}_1 | \mathcal{H}_0)$，所以

$$
\begin{aligned}
P_e &= P(\mathcal{H}_0|\mathcal{H}_1) = \Pr\{I(f_0) > I(f_1)|\mathcal{H}_1\} \\
&= \int_0^\infty \Pr\{I(f_1) < t|I(f_0) = t, \mathcal{H}_1\} p_{I(f_0)}(t|\mathcal{H}_1) dt
\end{aligned}
$$

其中 $p_{I(f_0)}(t|\mathcal{H}_1)$ 是 $\mathcal{H}_1$ 已经发生的条件下 $I(f_0)$ 的 PDF。但是，对于频率分得很开的情况，统计量 $I(f_0)$ 和 $I(f_1)$ 近似是独立的。这是因为在 $\mathcal{H}_1$ 条件下，没有信号对 $I(f_0)$ 有贡献，对于大的频率间隔，白噪声输入的傅里叶变换的噪声输出是独立的（参见习题 5.19），那么，

$$
P_e = \int_0^\infty \Pr\{I(f_1) < t|\mathcal{H}_1\} p_{I(f_0)}(t|\mathcal{H}_1) dt
$$

但是我们可以利用例 5.5 的结果使问题简化。特别是注意到，由 (5.22) 式，

$$
\Pr\{I(f_1) < t|\mathcal{H}_1\} = 1 - P_D
$$

其中
$$
P_D = \exp\left(-\frac{t}{N\sigma_s^2/2 + \sigma^2}\right)
$$

另外，因为在 $\mathcal{H}_1$ 条件下 $I(f_0)$ 只与噪声有关 [信号 $A_1\cos(2\pi f_1 n + \phi_1)$ 对 $f = f_0$ 的周期图没有贡献]，根据 (5.21) 式，我们有

$$
\begin{aligned}
p_{I(f_0)}(t|\mathcal{H}_1) &= \frac{d}{dt}\Pr\{I(f_0) < t| \text{只有噪声}\} = \frac{d}{dt}(1 - P_{FA}) \\
&= \frac{d}{dt}\left[1 - \exp(-t/\sigma^2)\right] = \frac{1}{\sigma^2}\exp(-t/\sigma^2)
\end{aligned}
$$

所以

$$
P_e = \int_0^\infty \left[1 - \exp\left(-\frac{t}{N\sigma_s^2/2 + \sigma^2}\right)\right]\frac{1}{\sigma^2}\exp(-t/\sigma^2) dt = \frac{1}{2 + \frac{\bar{\eta}}{2}} \tag{5.25}
$$

其中 $\bar{\eta} = \bar{\mathcal{E}}/\sigma^2 = NE(A_i^2/2)/\sigma^2$。在图 5.10 中将多路径信道的非相干 FSK 接收机的性能与具有理想信道的相干 FSK 接收机的性能进行了比较。后者的性能由下式给出（参见例 4.8），

$$
P_e = Q\left(\sqrt{\frac{\mathcal{E}}{2\sigma^2}}\right)
$$

其中 $\mathcal{E}$ 是确定性正弦信号的能量。回想一下接收的信号是 $A\cos 2\pi f_0 n$ 和 $A\cos 2\pi f_1 n$，它们的能量近似是相等的，且能量为 $\mathcal{E} \approx NA^2/2$。如图 5.10 所示，$P_e$ 随着平均 ENR 的增加减少得非常慢。在许多通信系统中，这种高的错误概率是不能接受的。为了减少错误概率，必须依赖 5.7 节讨论的多种技术。

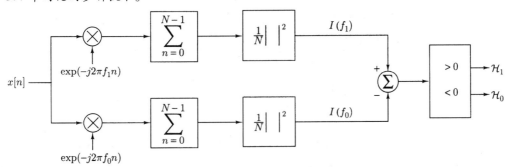

图 5.9　瑞利衰落信道的非相干 FSK

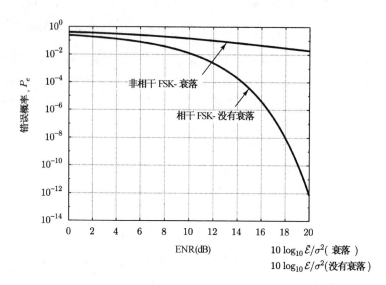

图 5.10　完美信道的最佳接收机与瑞利衰落信道的性能比较

5.5　大数据记录的估计器 – 相关器

对于 WGN 中 WSS 高斯随机信号的检测，对于大的 N，估计器 – 相关器可以用一个基于 $s[n]$ 的 PSD 的检测器来近似。为了估计信号，像 (5.6) 式所要求的矩阵求逆可以得到缓解。当 $N \to \infty$ 时，为了求出渐近形式，我们可以引用 $N \times N$ Toeplitz 矩阵的性质。这样，根据 PSD 值导出了一种特征分解，进一步的讨论请参见习题 5.20。我们现在要介绍的另一种方法是从使用 PDF 的渐近形式开始，在本书卷 I 的附录 3D 中证明了如果 $x[n]$ 是 PSD 为 $P_{xx}(f)$ 的零均值 WSS 高斯随机过程，那么对于大的数据记录，对数 PDF 可以近似为

$$\ln p(\mathbf{x}) \approx -\frac{N}{2}\ln 2\pi - \frac{N}{2}\int_{-\frac{1}{2}}^{\frac{1}{2}}\ln P_{xx}(f)df - \frac{N}{2}\int_{-\frac{1}{2}}^{\frac{1}{2}}\frac{I(f)}{P_{xx}(f)}df \tag{5.26}$$

其中

$$I(f) = \frac{1}{N}\left|\sum_{n=0}^{N-1}x[n]\exp(-j2\pi fn)\right|^2$$

是周期图，如果

$$l(\mathbf{x}) = \ln p(\mathbf{x};\mathcal{H}_1) - \ln p(\mathbf{x};\mathcal{H}_0) > \gamma'$$

NP 检测器判 $\mathcal{H}_1$。但是在 $\mathcal{H}_0$ 条件下，$x[n] = w[n]$，$P_{xx}(f) = \sigma^2$，而在 $\mathcal{H}_1$ 条件下，$x[n] = s[n] + w[n]$ 以及 $P_{xx}(f) = P_{ss}(f) + \sigma^2$，所以

$$
\begin{aligned}
l(\mathbf{x}) &= -\frac{N}{2}\int_{-\frac{1}{2}}^{\frac{1}{2}}\ln(P_{ss}(f)+\sigma^2)df - \frac{N}{2}\int_{-\frac{1}{2}}^{\frac{1}{2}}\frac{I(f)}{P_{ss}(f)+\sigma^2}df \\
&\quad + \frac{N}{2}\int_{-\frac{1}{2}}^{\frac{1}{2}}\ln\sigma^2 df + \frac{N}{2}\int_{-\frac{1}{2}}^{\frac{1}{2}}\frac{I(f)}{\sigma^2}df \\
&= -\frac{N}{2}\int_{-\frac{1}{2}}^{\frac{1}{2}}\ln\left(\frac{P_{ss}(f)}{\sigma^2}+1\right)df + \frac{N}{2}\int_{-\frac{1}{2}}^{\frac{1}{2}}I(f)\left(\frac{1}{\sigma^2}-\frac{1}{P_{ss}(f)+\sigma^2}\right)df \\
&= -\frac{N}{2}\int_{-\frac{1}{2}}^{\frac{1}{2}}\ln\left(\frac{P_{ss}(f)}{\sigma^2}+1\right)df + \frac{N}{2}\int_{-\frac{1}{2}}^{\frac{1}{2}}I(f)\frac{P_{ss}(f)}{(P_{ss}(f)+\sigma^2)\sigma^2}df
\end{aligned}
$$

将与数据无关的项合并到门限中，如果

$$T(\mathbf{x}) = N \int_{-\frac{1}{2}}^{\frac{1}{2}} \frac{P_{ss}(f)}{P_{ss}(f) + \sigma^2} I(f) df > \gamma'' \tag{5.27}$$

则判 $\mathcal{H}_1$。为了对检测器做出解释，我们观察到

$$H(f) = \frac{P_{ss}(f)}{P_{ss}(f) + \sigma^2} \tag{5.28}$$

是无限长度的非因果滤波器的维纳滤波器的频率响应 $H(f)$（参见本书卷 I 的第 279 页），它是频率的实函数，因此

$$
\begin{aligned}
T(\mathbf{x}) &= \int_{-\frac{1}{2}}^{\frac{1}{2}} H(f) X(f) X^*(f) df = \int_{-\frac{1}{2}}^{\frac{1}{2}} X(f) (H(f) X(f))^* df \\
&= \int_{-\frac{1}{2}}^{\frac{1}{2}} X(f) \hat{S}^*(f) df
\end{aligned} \tag{5.29}
$$

其中 $\hat{S}(f) = H(f) X(f)$ 是信号傅里叶变换的估计量。[对于已知的确定性信号的检验统计量，参见 (4.17) 式，其中 $P_{ww}(f) = \sigma^2$。] 另外，根据 Parseval 定理，我们有如下近似，

$$T(\mathbf{x}) = \sum_{n=0}^{N-1} x[n] \hat{s}[n]$$

其中 $\hat{s}[n] = \mathcal{F}^{-1}\{H(f) X(f)\}$。对于大的数据记录情况，我们将数据通过维纳滤波器来估计信号。然后，我们将信号的估计与数据在频域进行相关。

5.6　一般高斯检测

第 4 章我们考虑了在 WGN 中确定性信号的检测问题，本章我们将要讨论在 WGN 中随机信号的检测问题。最一般的信号假定是允许信号由确定性分量和随机性分量组成，那么可以将信号看成这样的一个随机过程，它的确定性部分对应非零均值，随机性部分对应于具有给定信号协方差矩阵的零均值随机过程。另外，为了更具有一般性，假定噪声协方差是任意的。这些假定导出了一般高斯检测问题。它可以描述为

$$
\begin{aligned}
\mathcal{H}_0 &: \mathbf{x} = \mathbf{w} \\
\mathcal{H}_1 &: \mathbf{x} = \mathbf{s} + \mathbf{w}
\end{aligned}
$$

其中 $\mathbf{w} \sim \mathcal{N}(\mathbf{0}, \mathbf{C}_w)$，$\mathbf{s} \sim \mathcal{N}(\boldsymbol{\mu}_s, \mathbf{C}_s)$，$\mathbf{s}$ 和 $\mathbf{w}$ 是独立的。因此，根据均值和协方差的不同，可以从噪声中将信号识别出来。如果

$$\frac{p(\mathbf{x}; \mathcal{H}_1)}{p(\mathbf{x}; \mathcal{H}_0)} > \gamma$$

或　
$$\frac{\dfrac{1}{(2\pi)^{\frac{N}{2}} \det^{\frac{1}{2}}(\mathbf{C}_s + \mathbf{C}_w)} \exp\left[-\dfrac{1}{2}(\mathbf{x} - \boldsymbol{\mu}_s)^T (\mathbf{C}_s + \mathbf{C}_w)^{-1}(\mathbf{x} - \boldsymbol{\mu}_s)\right]}{\dfrac{1}{(2\pi)^{\frac{N}{2}} \det^{\frac{1}{2}}(\mathbf{C}_w)} \exp\left[-\dfrac{1}{2}\mathbf{x}^T \mathbf{C}_w^{-1} \mathbf{x}\right]} > \gamma$$

则 NP 检测器判 $\mathcal{H}_1$。取对数并且只留下与数据有关的项，乘以一个比例因子后得到如下检验统计量：

$$
\begin{aligned}
T(\mathbf{x}) &= \mathbf{x}^T \mathbf{C}_w^{-1} \mathbf{x} - (\mathbf{x} - \boldsymbol{\mu}_s)^T (\mathbf{C}_s + \mathbf{C}_w)^{-1} (\mathbf{x} - \boldsymbol{\mu}_s) \\
&= \mathbf{x}^T \mathbf{C}_w^{-1} \mathbf{x} - \mathbf{x}^T (\mathbf{C}_s + \mathbf{C}_w)^{-1} \mathbf{x} + 2\mathbf{x}^T (\mathbf{C}_s + \mathbf{C}_w)^{-1} \boldsymbol{\mu}_s - \boldsymbol{\mu}_s^T (\mathbf{C}_s + \mathbf{C}_w)^{-1} \boldsymbol{\mu}_s
\end{aligned}
$$

根据矩阵求逆引理 $\qquad \mathbf{C}_w^{-1} - (\mathbf{C}_s + \mathbf{C}_w)^{-1} = \mathbf{C}_w^{-1}\mathbf{C}_s(\mathbf{C}_s + \mathbf{C}_w)^{-1}$

所以忽略与数据无关的项并乘以比例因子后，我们有

$$T'(\mathbf{x}) = \mathbf{x}^T(\mathbf{C}_s + \mathbf{C}_w)^{-1}\boldsymbol{\mu}_s + \frac{1}{2}\mathbf{x}^T\mathbf{C}_w^{-1}\mathbf{C}_s(\mathbf{C}_s + \mathbf{C}_w)^{-1}\mathbf{x} \qquad (5.30)$$

检验统计量由 $\mathbf{x}$ 的二次型和线性项组成。作为特殊情况，我们有

1. $\mathbf{C}_s = \mathbf{0}$ 或 $\mathbf{s} = \boldsymbol{\mu}_s$ 的确定性信号。那么

$$T'(\mathbf{x}) = \mathbf{x}^T\mathbf{C}_w^{-1}\boldsymbol{\mu}_s$$

　　这就是预白化器和匹配滤波器。

2. $\boldsymbol{\mu}_s = \mathbf{0}$ 或者 $\mathbf{s} \sim \mathcal{N}(\mathbf{0}, \mathbf{C}_s)$ 的随机信号。那么

$$T'(\mathbf{x}) = \frac{1}{2}\mathbf{x}^T\mathbf{C}_w^{-1}\mathbf{C}_s(\mathbf{C}_s + \mathbf{C}_w)^{-1}\mathbf{x} = \frac{1}{2}\mathbf{x}^T\mathbf{C}_w^{-1}\hat{\mathbf{s}}$$

其中 $\hat{\mathbf{s}} = \mathbf{C}_s(\mathbf{C}_s + \mathbf{C}_w)^{-1}\mathbf{x}$ 是 $\mathbf{s}$ 的 MMSE 估计器。这是预白化器后接一个估计器 – 相关器。下面看一个例子。

例 5.7　WGN 中的确定性/随机性信号

假定我们观测到在 $\mathcal{H}_0$ 条件下 $x[n] = w[n]$，在 $\mathcal{H}_1$ 条件下 $x[n] = s[n] + w[n]$，其中 $w[n]$ 是 WGN，$s[n] \sim \mathcal{N}(A, \sigma_s^2)$ 且是 IID，$s[n]$ 与 $w[n]$ 相互独立。这样，$s[n]$ 可以看成确定性 DC 电平（由于 A）与方差为 σ_s^2 的白高斯过程之和。根据 (5.30) 式，令 $\mathbf{C}_w = \sigma^2\mathbf{I}$，$\boldsymbol{\mu}_s = A\mathbf{1}$ 和 $\mathbf{C}_s = \sigma_s^2\mathbf{I}$，我们可以得出 NP 检测器为

$$\begin{aligned}T'(\mathbf{x}) &= \mathbf{x}^T(\sigma_s^2\mathbf{I} + \sigma^2\mathbf{I})^{-1}A\mathbf{1} + \frac{1}{2}\mathbf{x}^T\frac{1}{\sigma^2}\mathbf{I}\sigma_s^2\mathbf{I}(\sigma_s^2\mathbf{I} + \sigma^2\mathbf{I})^{-1}\mathbf{x}\\ &= \frac{NA}{\sigma_s^2 + \sigma^2}\bar{x} + \frac{1}{2}\frac{\sigma_s^2/\sigma^2}{\sigma_s^2 + \sigma^2}\sum_{n=0}^{N-1}x^2[n]\end{aligned}$$

上式是平均器与能量检测器之和，平均器试图根据均值 $\bar{x}$ 来识别，而能量检测器试图根据方差 $(1/N)\sum_{n=0}^{N-1}x^2[n]$ 来识别。

一般高斯问题的一个特殊情况是一般贝叶斯线性模型，其中令 $\mathbf{s} = \mathbf{H}\boldsymbol{\theta}$，$\mathbf{H}$ 是 $N \times p$ 矩阵，$\boldsymbol{\theta}$ 是 $p \times 1$ 随机矢量，$\boldsymbol{\theta} \sim \mathcal{N}(\boldsymbol{\mu}_\theta, \mathbf{C}_\theta)$ 且与 $\mathbf{w}$ 独立。那么，从 (5.30) 式，令 $\boldsymbol{\mu}_s = \mathbf{H}\boldsymbol{\mu}_\theta$ 和 $\mathbf{C}_s = \mathbf{H}\mathbf{C}_\theta\mathbf{H}^T$ 时，我们有

$$T'(\mathbf{x}) = \mathbf{x}^T(\mathbf{H}\mathbf{C}_\theta\mathbf{H}^T + \mathbf{C}_w)^{-1}\mathbf{H}\boldsymbol{\mu}_\theta + \frac{1}{2}\mathbf{x}^T\mathbf{C}_w^{-1}\mathbf{H}\mathbf{C}_\theta\mathbf{H}^T(\mathbf{H}\mathbf{C}_\theta\mathbf{H}^T + \mathbf{C}_w)^{-1}\mathbf{x}$$

5.7　信号处理的例子

5.7.1　节拍延迟线信道模型

现在，我们将前面的结果应用到通过多路径信道的信号检测中，这是无线通信中遇到的典型问题 [Pahlavan and Levesque 1994]。对照瑞利衰落正弦信号的例子（参见例 5.5），现在我们把问题推广到允许发射任意信号的情况。而且，我们使用一种精确的模型，这个模型是节拍延迟线（tapped delay line，TDL）或者如图 5.11 所示的 FIR 滤波器。为了得到检测器的直观形式，我们假定发射的信号是伪随机噪声（PRN）序列。读者应该注意到，由于宽的谱内容引起信号频率独立

地衰减，这类信号对于在多路径环境中的通信是很有用的，可以将其看成频率分集的方法 [Proakis 1989]。现在，信道的输入–输出描述为

$$s[n] = \sum_{k=0}^{p-1} h[k]u[n-k] \qquad (5.31)$$

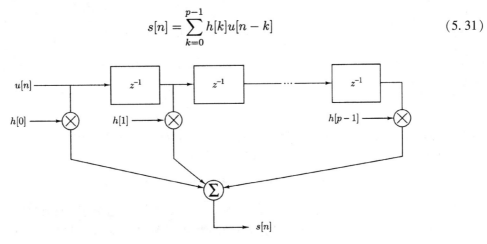

图 5.11　节拍延迟线信道模型

如图 5.11 所示，TDL 加权 $h[k]$ 通常是未知的，当信道特性变化时，TDL 加权 $h[k]$ 随时间变化。如果我们假定加权随时间变化缓慢，那么在信号间隔上，我们可以假定它们为常数。在有些情况下，这种假定是没有根据的，所以我们必须使用线性时变滤波器。读者可以参考本书卷 I 的例 13.3，在这个例子中讨论了时变加权估计器；或者参考本书卷 I 的例 4.3，在这个例子中描述了一种非随机的 TDL 信道模型。尽管节拍加权是未知的，但它们的平均功率有时根据物理散射的考虑是可以确定的。记住，我们假定加权是零均值且 $\mathrm{var}(h[k]) = \sigma_k^2$ 的随机变量。而且假定散射是不相关的，所以对于 $i \ne j$，$\mathrm{cov}(h[i], h[j]) = 0$。这样的模型称为不相关散射模型，而信道模型称为随机线性时不变信道模型。最后，为了完成我们的统计描述，假定节拍加权是高斯随机变量，所以

$$\mathbf{h} = \begin{bmatrix} h[0] \\ h[1] \\ \vdots \\ h[p-1] \end{bmatrix} \sim \mathcal{N}(\mathbf{0}, \mathbf{C}_h) \qquad (5.32)$$

其中 $\mathbf{C}_h = \mathrm{diag}(\sigma_0^2, \sigma_1^2, \ldots, \sigma_{p-1}^2)$，在声呐系统中，节拍加权的平均功率称为距离散射函数[Van Trees 1971]，而在通信中称为多路径延迟轮廓图[Proakis 1989]。发射信号 $u[n]$ 假定是已知的，注意随机信道的影响使得接收信号 $s[n]$ 也是随机的。在信道输出端的信号叠加上方差为 σ^2 的 WGN，所以

$$x[n] = s[n] + w[n] = \sum_{k=0}^{p-1} h[k]u[n-k] + w[n]$$

此时注意到有趣的现象，如果发射信号为正弦信号，那么接收信号也是正弦的，尽管幅度和相位是的随机的。导出的模型将在例 5.5 中讨论(也可以参见习题 5.24)。如果输入信号在 $[0, K-1]$ 上是非零的，那么输出信号在 $[0, K+p-2]$ 上是非零的。选择 $N = K+p-1$，我们有通常的检测问题

$$\begin{aligned} \mathcal{H}_0 &: x[n] = w[n] & n &= 0, 1, \ldots, N-1 \\ \mathcal{H}_1 &: x[n] = s[n] + w[n] & n &= 0, 1, \ldots, N-1 \end{aligned}$$

而且由于选择的信道模型是线性的，我们有贝叶斯线性模型或者 $\mathbf{x} = \mathbf{H}\boldsymbol{\theta} + \mathbf{w}$。举例来说，根据 (5.31) 式，对于 $n = 0, 1, \ldots, 4$，我们有 $N \times p = (K+p-1) \times p = 5 \times 4$ 矩阵 $\mathbf{H}$，即

$$\mathbf{H} = \begin{bmatrix} u[0] & 0 & 0 & 0 \\ u[1] & u[0] & 0 & 0 \\ 0 & u[1] & u[0] & 0 \\ 0 & 0 & u[1] & u[0] \\ 0 & 0 & 0 & u[1] \end{bmatrix}$$

或者对于 $i = 0, 1, \ldots, N-1$，$j = 0, 1, \ldots, p-1$，$[\mathbf{H}]_{ij} = u[i-j]$，以及 $p \times 1 = 4 \times 1$ TDL 加权矢量为

$$\boldsymbol{\theta} = [\ h[0]\ \ h[1]\ \ h[2]\ \ h[3]\ ]^T$$

另外，根据 (5.32) 式，$\boldsymbol{\theta} = \mathbf{h} \sim \mathcal{N}(\mathbf{0}, \mathbf{C}_h)$，我们假定 $\boldsymbol{\theta}$ 与 $\mathbf{w}$ 是独立的。总之，我们可以应用 5.4 节的贝叶斯线性模型，因此，如果 [参见 (5.18) 式]

$$T(\mathbf{x}) = \mathbf{x}^T \mathbf{H} \mathbf{C}_h \mathbf{H}^T (\mathbf{H} \mathbf{C}_h \mathbf{H}^T + \sigma^2 \mathbf{I})^{-1} \mathbf{x} > \gamma'' \tag{5.33}$$

则 NP 检测器判 $\mathcal{H}_1$。为了说明这一点，考虑利用 PRN 发射信号，这个序列具有这样的性质，就是它的时间自相关函数近似 (对于大的 N) 为一个冲激信号 [MacWilliams and Sloane 1976] 或者

$$r_{uu}[k] = \frac{1}{K} \sum_{n=0}^{K-1-|k|} u[n]u[n+|k|] \approx \sigma_u^2 \delta[k]$$

其中 $\sigma_u^2 = (1/K) \sum_{n=0}^{K-1} u^2[n] = \mathcal{E}/K$。于是，由于 $\mathbf{H}$ 的列是错列形式，因此它们近似是正交的，因而

$$\mathbf{H}^T \mathbf{H} \approx \mathcal{E} \mathbf{I} \tag{5.34}$$

根据矩阵求逆引理，这允许我们简化 (5.33) 式。令 $\mathbf{A} = \sigma^2 \mathbf{I}$，$\mathbf{B} = \mathbf{H}$，$\mathbf{C} = \mathbf{C}_h$，以及 $\mathbf{D} = \mathbf{H}^T$，我们有

$$(\sigma^2 \mathbf{I} + \mathbf{H} \mathbf{C}_h \mathbf{H}^T)^{-1} = \frac{1}{\sigma^2} \mathbf{I} - \frac{1}{\sigma^4} \mathbf{H} \left(\frac{\mathbf{H}^T \mathbf{H}}{\sigma^2} + \mathbf{C}_h^{-1} \right)^{-1} \mathbf{H}^T$$

所以

$$\begin{aligned} T(\mathbf{x}) &= \mathbf{x}^T \mathbf{H} \mathbf{C}_h \mathbf{H}^T \left[\frac{1}{\sigma^2} \mathbf{I} - \frac{1}{\sigma^4} \mathbf{H} \left(\frac{\mathbf{H}^T \mathbf{H}}{\sigma^2} + \mathbf{C}_h^{-1} \right)^{-1} \mathbf{H}^T \right] \mathbf{x} \\ &= \mathbf{x}^T \mathbf{H} \underbrace{\left[\frac{\mathbf{C}_h}{\sigma^2} - \frac{\mathcal{E}}{\sigma^4} \mathbf{C}_h \left(\frac{\mathcal{E}}{\sigma^2} \mathbf{I} + \mathbf{C}_h^{-1} \right)^{-1} \right]}_{\mathbf{E}} \mathbf{H}^T \mathbf{x} \end{aligned}$$

其中我们利用了 (5.34) 式，但是 $\mathbf{E}$ 是对角矩阵，对于 $i = 0, 1, \ldots, p-1$，第 $[i, i]$ 个元素为

$$[\mathbf{E}]_{ii} = \frac{1}{\mathcal{E} + \frac{\sigma^2}{\sigma_i^2}}$$

而且

$$\mathbf{H}^T \mathbf{x} = \begin{bmatrix} \sum_{n=0}^{K-1} x[n]u[n] \\ \sum_{n=1}^{K} x[n]u[n-1] \\ \vdots \\ \sum_{n=p-1}^{K+p-2} x[n]u[n-(p-1)] \end{bmatrix}$$

可以看成数据 $x[n]$ 与输入信号 $u[n]$ 的每个延迟值的相关。令

$$z[k] = \sum_{n=k}^{K-1+k} x[n]u[n-k]$$

我们最终有

$$T(\mathbf{x}) = \sum_{k=0}^{p-1} \frac{1}{\mathcal{E} + \frac{\sigma^2}{\sigma_k^2}} z^2[k]$$

或者如果

$$T(\mathbf{x}) = \sum_{k=0}^{p-1} \frac{\mathcal{E}\sigma_k^2}{\mathcal{E}\sigma_k^2 + \sigma^2} \left(\frac{z[k]}{\sqrt{\mathcal{E}}} \right)^2 > \gamma'' \tag{5.35}$$

我们判 $\mathcal{H}_1$，整个检测器结果如图 5.12 所示。它可以看成一个最佳非相干多路径组合器。对于强的路径，或者 $\mathcal{E}\sigma_k^2 >> \sigma^2$，我们给平方相关器输出更重的加权。加权系数实际上是维纳滤波器的加权，这是根据下式得出的，

$$
\begin{aligned}
z[k] &= \sum_{n=k}^{K-1+k} (s[n] + w[n])u[n-k] &= \sum_{n=k}^{K-1+k} \left(\sum_{l=0}^{p-1} h[l]u[n-l] + w[n] \right) u[n-k] \\
&= \sum_{l=0}^{p-1} h[l] \sum_{n=k}^{K-1+k} u[n-l]u[n-k] + \sum_{n=k}^{K-1+k} w[n]u[n-k] \\
&\approx \mathcal{E}h[k] + \sum_{n=k}^{K-1+k} w[n]u[n-k]
\end{aligned}
$$

由于 $\mathbf{H}$ 的列近似正交，于是

$$\frac{z[k]}{\sqrt{\mathcal{E}}} = \sqrt{\mathcal{E}}h[k] + \frac{1}{\sqrt{\mathcal{E}}} \sum_{n=k}^{K-1+k} w[n]u[n-k] \tag{5.36}$$

且

$$\text{var}(\sqrt{\mathcal{E}}h[k]) = \mathcal{E}\sigma_k^2$$

$$\text{var}\left(\frac{1}{\sqrt{\mathcal{E}}} \sum_{n=k}^{K-1+k} w[n]u[n-k] \right) = \frac{1}{\mathcal{E}}\sigma^2 \sum_{n=k}^{K-1+k} u^2[n-k] = \sigma^2$$

根据这些结果，$\mathcal{E}\sigma_k^2/(\mathcal{E}\sigma_k^2 + \sigma^2)$ 可以解释为第 k 次延迟的维纳滤波器加权。

注意到 $T(\mathbf{x})$ 是 (5.9) 式的标准形式并且利用例 5.4 的结果，我们就可以得到检测性能。这里假定 σ_k^2 出现在不同的对中。举个简单的例子，令 $p=4$，$\sigma_0^2 = \sigma_3^2 = 1/6$，$\sigma_1^2 = \sigma_2^2 = 1/3$，这种延迟散射函数如图 5.13 所示。注意，平均接收信号能量为 $\bar{\mathcal{E}} = E\left(\sum_{n=0}^{N-1} s^2[n] \right)$，这可以计算如下：

$$
\begin{aligned}
\bar{\mathcal{E}} &= E(\mathbf{s}^T\mathbf{s}) = \text{tr}[E(\mathbf{s}\mathbf{s}^T)] = \text{tr}[E(\mathbf{H}\mathbf{h}\mathbf{h}^T\mathbf{H})] = \text{tr}(\mathbf{H}\mathbf{C}_h\mathbf{H}^T) \\
&= \text{tr}(\mathbf{C}_h\mathbf{H}^T\mathbf{H}) \approx \mathcal{E}\sum_{k=0}^{p-1} \sigma_k^2
\end{aligned}
$$

其中我们利用了 (5.31) 式、(5.32) 式和 (5.34) 式。对于本例给定的节拍加权方差，我们有 $\bar{\mathcal{E}} = \mathcal{E}$。根据 (5.36) 式很容易证明：如果我们令 $y[k] = z[k]/\sqrt{\mathcal{E}}$，那么在 $\mathcal{H}_0$ 条件下，$\mathbf{y} \sim \mathcal{N}(\mathbf{0}, \sigma^2\mathbf{I})$；而在 $\mathcal{H}_1$ 条件下，$\mathbf{y} \sim \mathcal{N}(\mathbf{0}, \mathcal{E}\mathbf{C}_h + \sigma^2\mathbf{I})$。因此，在附录 5A 的推导中应用 $\mathbf{C}_s = \mathcal{E}\mathbf{C}_h$。这样，对于 $M=2$，有 $\lambda_{s_0} = \mathcal{E}\sigma_0^2$ 和 $\lambda_{s_1} = \mathcal{E}\sigma_1^2$，利用 (5.14) 式和 (5.15) 式，可得

$$P_{FA} = A_0 \exp\left(-\frac{\gamma''}{2\alpha_0} \right) + A_1 \exp\left(-\frac{\gamma''}{2\alpha_1} \right)$$

其中

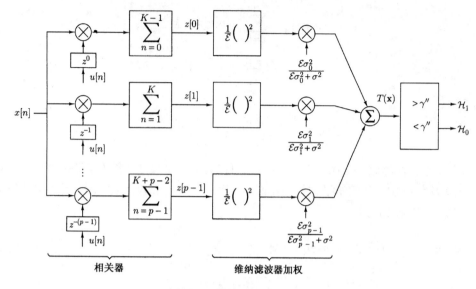

图 5.12   随机 TDL 信道具有伪随机输入信号的最佳多路径组合器

$$\alpha_0 = \frac{\mathcal{E}\sigma_0^2\sigma^2}{\mathcal{E}\sigma_0^2 + \sigma^2}$$

$$\alpha_1 = \frac{\mathcal{E}\sigma_1^2\sigma^2}{\mathcal{E}\sigma_1^2 + \sigma^2}$$

$$A_0 = \frac{1}{1 - \frac{\alpha_1}{\alpha_0}}$$

$$A_1 = \frac{1}{1 - \frac{\alpha_0}{\alpha_1}} = 1 - A_0$$

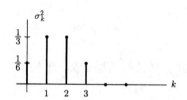

图 5.13   延迟散射函数或多路径图

可化简为

$$P_{FA} = -\frac{\frac{\mathcal{E}}{\sigma^2} + 3}{3}\exp\left[-\frac{\gamma''\left(\frac{\mathcal{E}}{\sigma^2} + 6\right)}{2\mathcal{E}}\right] + \frac{\frac{\mathcal{E}}{\sigma^2} + 6}{3}\exp\left[-\frac{\gamma''\left(\frac{\mathcal{E}}{\sigma^2} + 3\right)}{2\mathcal{E}}\right]$$

或者令 $\gamma''' = \gamma''/\mathcal{E}$，并且注意到 $\bar{\mathcal{E}} = \mathcal{E}$，

$$P_{FA} = -\frac{\frac{\bar{\mathcal{E}}}{\sigma^2} + 3}{3}\exp\left[-\frac{\gamma'''\left(\frac{\bar{\mathcal{E}}}{\sigma^2} + 6\right)}{2}\right] + \frac{\frac{\bar{\mathcal{E}}}{\sigma^2} + 6}{3}\exp\left[-\frac{\gamma'''\left(\frac{\bar{\mathcal{E}}}{\sigma^2} + 3\right)}{2}\right] \qquad (5.37)$$

另外，

$$P_D = B_0 \exp\left(-\frac{\gamma''}{2\mathcal{E}\sigma_0^2}\right) + B_1 \exp\left(-\frac{\gamma''}{2\mathcal{E}\sigma_1^2}\right)$$

其中

$$B_0 = \frac{1}{1 - \frac{\sigma^2}{\sigma_0^2}}$$

$$B_1 = \frac{1}{1 - \frac{\sigma_0^2}{\sigma_1^2}} = 1 - B_0$$

这可以简化为

$$P_D = -\exp(-3\gamma''') + 2\exp(-3\gamma'''/2) \qquad (5.38)$$

TDL 信道的性能类似于瑞利衰落信道（参见图 5.7），在低的平均 ENR 时性能有轻微的降低，而在高的平均 ENR 时性能有明显的改善。例如，在图 5.14 中，对于 $P_{FA} = 10^{-5}$，我们画出两个信道的 P_D，对于每个 $\bar{\mathcal{E}}/\sigma^2$，为了从 (5.37) 式求出门限，我们采用固定点迭代（类似于习题 5.1）。可以看到，对于某个样本平均 ENR，检测性能有很大的改善。例如，对于 $P_D = 0.95$，对于 PRN 序列我们要求的平均 ENR 要小 4.3 dB。这种差别是由宽带信号的频率分集或等效的是由可分辨的多路径非相干平均的结果。

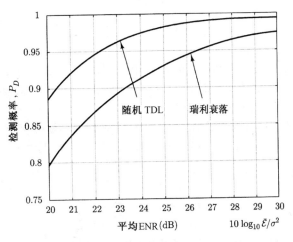

图 5.14 发射的 PRN 信号通过随机 TDL 信道的检测性能

参考文献

Johnson, N.L., S. Kotz, N. Balakrishnan, *Continuous Univariate Distributions*, Vol. 1, J. Wiley, New York, 1995.

Kay, S.M., *Modern Spectral Estimation: Theory and Application*, Prentice-Hall, Englewood Cliffs, N.J., 1988.

MacWilliams, F.J., N.J. Sloane, "Pseudo-Random Sequences and Arrays," *Proc. IEEE*, Vol. 64, pp. 1715–1729, Dec. 1976.

Pahlavan, K, A.H. Levesque, "Wireless Data Communications," *Proc. IEEE*, Vol. 82, pp. 1398–1430, Sept. 1994.

Papoulis, A., *Probability, Random Variables, and Stochastic Processes*, McGraw-Hill, New York, 1965.

Proakis, J.G., *Digital Communications, 2nd Ed.*, McGraw-Hill, New York, 1989.

Van Trees, H.L., *Detection, Estimation, and Modulation Theory*, Vol. III, J. Wiley, New York, 1971.

习题

5.1 为了求出能量检测器的门限，我们使用 (5.2) 式。对于 N 为偶数的情况（对于 N 为奇数，我们可使用类似的方法），

$$P_{FA} = \exp\left(-\frac{\gamma'}{2\sigma^2}\right)\left[1 + \sum_{r=1}^{\frac{N}{2}-1} \frac{\left(\frac{\gamma'}{2\sigma^2}\right)^r}{r!}\right]$$

令 $\gamma'' = \gamma'/2\sigma^2$，经整理我们有 $\gamma'' = -\ln P_{FA} + \ln\left[1 + \sum_{r=1}^{\frac{N}{2}-1} \frac{(\gamma'')^r}{r!}\right]$

为了求出 γ''，我们可以使用定点迭代，

$$\gamma''_{k+1} = -\ln P_{FA} + \ln\left[1 + \sum_{r=1}^{\frac{N}{2}-1} \frac{(\gamma''_k)^r}{r!}\right]$$

对于 $P_{FA} = 10^{-3}$ 和 $N = 6$，用 $\gamma''_0 = 1$ 通过迭代求出门限 γ'。

5.2 χ^2_N 随机变量可以看成 N 个 $\mathcal{N}(0,1)$ 独立随机变量平方之和，所以，根据中心极限定理，对于大的 N，它可以用高斯随机变量来近似。首先，对于大的 N 求出 $Q_{\chi^2_N}(x)$ 的近似，然后根据这个近似来证明能量检测器的性能由下式给出，

$$P_D \approx Q\left(\frac{Q^{-1}(P_{FA}) - \sqrt{\frac{N}{2}}\frac{\sigma_s^2}{\sigma^2}}{\frac{\sigma_s^2}{\sigma^2} + 1}\right)$$

5.3 对于方差为 σ^2 的 WGN 中的随机信号 $s[n]$ 的检测问题，求 NP 检测器，其中信号的均值为零，协方差矩阵为 $\mathbf{C}_s = \mathrm{diag}(\sigma_{s_0}^2, \sigma_{s_1}^2, \ldots, \sigma_{s_{N-1}}^2)$。假定观测到的数据样本是 $x[n]$，$n=0,1,\ldots,N-1$，并不要求精确地计算门限。

5.4 我们希望检测在方差为 σ^2 的 WGN 中的随机 DC 电平。在 $\mathcal{H}_0$ 条件下，$x[n]=w[n]$，在 $\mathcal{H}_1$ 条件下，$x[n]=A+w[n]$，$n=0,1,\ldots,N-1$，其中 $A \sim \mathcal{N}(0, \sigma_A^2)$。首先证明信号的 MMSE 估计器为

$$\hat{\mathbf{s}} = \hat{A}\mathbf{1} = \frac{\sigma_A^2}{\sigma_A^2 + \frac{\sigma^2}{N}}\bar{x}\mathbf{1}$$

然后求 NP 检测器。其中 $\bar{x}$ 是样本均值，$\mathbf{1}$ 是 $N \times 1$ 全 1 矢量，并不要求精确地计算门限。提示：使用附录 1 给出的 Woodbury 恒等式。

5.5 在本题中，我们证明线性 MMSE 估计器或维纳滤波器由 $\hat{\mathbf{s}} = \mathbf{C}_s(\mathbf{C}_s + \sigma^2\mathbf{I})^{-1}\mathbf{x}$ 给出。如果 $\mathbf{s}$ 和 $\mathbf{w}$ 是联合高斯的，那么 MMSE 估计器恰好就是线性的，因此正如我们所断言的那样，$\hat{\mathbf{s}}$ 也是 MMSE 估计器。为此令 $\hat{\mathbf{s}} = \mathbf{W}\mathbf{x}$，其中 $\mathbf{W}$ 是 $N \times N$ 矩阵。选择 $\mathbf{W}$ 使得对于任意的 $N \times 1$ 矢量 $\boldsymbol{\alpha}$，

$$J = E\left[(\boldsymbol{\alpha}^T(\mathbf{s} - \hat{\mathbf{s}}))^2\right]$$

达到最小。通过使这个函数最小，我们将使 $\hat{\mathbf{s}}$ 的每一个分量的 MSE 最小，这是因为如果 $\boldsymbol{\alpha} = [1\,0\,0\ldots0]^T$，则 $J = E[(s[0] - \hat{s}[0])^2]$。为了达到最小，我们使用变分法。令 $\mathbf{W} = \mathbf{W}_{\mathrm{opt}} + \epsilon\delta\mathbf{W}$，其中 $\mathbf{W}_{\mathrm{opt}}$ 是 $\mathbf{W}$ 的最佳值，且 $\delta\mathbf{W}$ 是任意的 $N \times N$ 变分矩阵。那么，由于 $\mathbf{W}$ 的最佳值使 J 最小，我们必须有

$$\left.\frac{\partial J}{\partial \epsilon}\right|_{\epsilon=0} = 0$$

证明这会产生如下结果 $\quad \boldsymbol{\alpha}^T E[(\mathbf{s} - \mathbf{W}_{\mathrm{opt}}\mathbf{x})\mathbf{x}^T]\delta\mathbf{W}^T\boldsymbol{\alpha} = 0$

接着我们注意到，$\boldsymbol{\alpha}$ 是任意的，正如 $\delta\mathbf{W}$ 是任意的那样。因此必须满足 $E[(\mathbf{s} - \mathbf{W}_{\mathrm{opt}}\mathbf{x})\mathbf{x}^T] = \mathbf{0}$，由于只要 $\boldsymbol{\alpha}$ 和 $\delta\mathbf{W}$ 选择得合适，我们就可以生成矩阵的任何元素。例如，如果 $\boldsymbol{\alpha} = [1\,0\,0\ldots0]^T$，$\delta\mathbf{W}^T\boldsymbol{\alpha} = [0\,1\,0\,0\ldots0]^T$，我们有 $E[(\mathbf{s} - \mathbf{W}_{\mathrm{opt}}\mathbf{x})\mathbf{x}^T]$ 的 $[1,2]$ 元素。最后，推导维纳滤波器。

5.6 我们希望检测方差为 σ^2 的 WGN 中 $N \times 1$ 的高斯随机信号 $\mathbf{s}$，$\mathbf{s}$ 的均值为零，协方差矩阵为 $\mathbf{C}_s = (\sigma_s^2/2)(\mathbf{1}\mathbf{1}^T + \mathbf{1}^-\mathbf{1}^{-T})$。定义矢量 $\mathbf{1} = [1\,1\,1\ldots1]^T$ 和 $\mathbf{1}^- = [1\,(-1)\,1\ldots(-1)]^T$（后者假定 N 是偶数）。如果 $N=10$，对于 $P_{FA} = 10^{-2}$，画出 P_D 与 σ_s^2/σ^2 的曲线。提示：$\mathbf{C}_s$ 的非零特征值的特征矢量为 $\mathbf{1}/\sqrt{N}$ 和 $\mathbf{1}^-/\sqrt{N}$，并且使用(5.10)式和(5.11)式。

5.7 在例 5.3 中，如果 $\rho \to 1$，求检测统计量。解释为什么 $y[1]$ 被放弃。提示：证明当 $\rho \to 1$ 时，$s[1] \to s[0]$。

5.8 令 $\mathbf{W} = \mathbf{C}_s(\mathbf{C}_s + \sigma^2\mathbf{I})^{-1}$ 是维纳滤波器矩阵。证明滤波器对输入矢量 $\mathbf{x}$ 的影响首先等价于将 $\mathbf{x}$ 变换到 $\mathbf{y} = \mathbf{V}^T\mathbf{x}$，$\mathbf{y}$ 的每一个分量用 $\lambda_{s_n}/(\lambda_{s_n} + \sigma^2)$ 滤波形成 $\mathbf{y}'$，然后用 $\mathbf{x}' = \mathbf{V}\mathbf{y}'$ 变换回原始空间。信号的协方差矩阵有模态矩阵 $\mathbf{V}$ 和特征值 λ_{s_n}。

5.9 对于(5.9)式的标准检测器，假定 $N=4$，信号协方差矩阵有特征值 $\{2,2,1,1\}$。如果 $\sigma^2 = 1$，求 P_{FA} 和 P_D。

5.10 如果在 $\mathcal{H}_0$ 条件下，我们有 $\mathbf{x} = \mathbf{w}$，且 $\mathbf{w} \sim \mathcal{N}(\mathbf{0}, \mathbf{C}_w)$；在 $\mathcal{H}_1$ 条件下，我们有 $\mathbf{x} = \mathbf{s} + \mathbf{w}$，$\mathbf{s} \sim \mathcal{N}(\mathbf{0}, \mathbf{C}_s)$，$\mathbf{w}$ 的 PDF 相同。证明 NP 检测器由(5.16)式和(5.17)式给出。假定信号与噪声随机矢量是彼此独立的。

5.11 对于(5.16)式和(5.17)式的检测器的标准形式，或者

$$T(\mathbf{x}) = \mathbf{x}^T\mathbf{C}_w^{-1}\mathbf{C}_s(\mathbf{C}_s + \mathbf{C}_w)^{-1}\mathbf{x}$$

可以用线性代数的一些结果推导出来。为此我们需要通过一个线性变换来对角化两个对称矩阵。在本题中我们要说明这是如何进行处理的。首先定义 $\mathbf{C}_w$ 的特征值平方根阵为 $\sqrt{\boldsymbol{\Lambda}_w} = \mathrm{diag}$

$(\sqrt{\lambda_{w_0}} , \sqrt{\lambda_{w_1}} , \ldots , \sqrt{\lambda_{w_{N-1}}})$，令 $\mathbf{V}_w$ 表示模态矩阵。证明如果 $\mathbf{A}^T\mathbf{C}_w\mathbf{A} = \mathbf{I}$，则 $\mathbf{A} = \mathbf{V}_w \sqrt{\mathbf{\Lambda}_w}^{-1}$。

其次令 $\mathbf{B} = \mathbf{A}^T\mathbf{C}_s\mathbf{A}$ 的模态矩阵是 $\mathbf{V}_B$，特征值矩阵是 $\mathbf{\Lambda}_B$。注意，$\mathbf{B}$ 是对称的，所以 $\mathbf{V}_B$ 是正交矩阵。

然后证明 $T(\mathbf{x}) = \mathbf{x}^T\mathbf{AB}(\mathbf{B}+\mathbf{I})^{-1}\mathbf{A}^T\mathbf{x}$，所以通过令 $\mathbf{y} = \mathbf{V}_B^T\mathbf{A}^T\mathbf{x} = \mathbf{V}_B^T \sqrt{\mathbf{\Lambda}_w}^{-1}\mathbf{V}_w^T\mathbf{x}$，我们有

$$T(\mathbf{y}) = \mathbf{y}^T\mathbf{\Lambda}_B(\mathbf{\Lambda}_B + \mathbf{I})^{-1}\mathbf{y}$$

因此，对于相关噪声情况，我们有检验统计量，并且

$$T(\mathbf{y}) = \sum_{n=0}^{N-1} \frac{\lambda_{B_n}}{\lambda_{B_n} + 1} y^2[n]$$

称为标准形式。注意，由于 $\mathbf{D}^T\mathbf{C}_s\mathbf{D} = \mathbf{\Lambda}_B$ 和 $\mathbf{D}^T\mathbf{C}_w\mathbf{D} = \mathbf{I}$，所以矩阵 $\mathbf{D} = \mathbf{AV}_B = \mathbf{V}_w \sqrt{\mathbf{\Lambda}_w}^{-1}\mathbf{V}_B$ 同时对角化 $\mathbf{C}_s$ 和 $\mathbf{C}_w$。

5.12　我们希望在方差为 σ^2 的 WGN 中检测信号 $s[n] = Ar^n$，$n = 0, 1, \ldots, N-1$，其中 $0 < r < 1$，$A \sim \mathcal{N}(0, \sigma_A^2)$。$A$ 和 $w(n)$ 是相互独立的，求 NP 检验统计量。提示：使用附录 1 的 Woodbury 恒等式。

5.13　秩为 1 的信号是一个随机信号，它的均值为零，协方差矩阵的秩为 1。这样的协方差矩阵可以写为 $\mathbf{C}_s = \mathbf{u}\mathbf{u}^T$，其中 $\mathbf{u}$ 是 $N \times 1$ 矢量。证明信号 $s[n] = Ah[n]$ $(n = 0, 1, \ldots, N-1)$ 是秩为 1 的信号，其中 $h[n]$ 是确定性序列，A 是随机变量，$E(A) = 0$，并且 $\mathrm{var}(A) = \sigma_A^2$ 是秩为 1 的信号。

5.14　证明：对于方差为 σ^2 的 WGN 中秩为 1 的高斯信号（在习题 5.13 中定义为协方差矩阵是 $\mathbf{C}_s = \sigma_A^2\mathbf{h}\mathbf{h}^T$ 的高斯随机过程），NP 检测器可以写为

$$T'(\mathbf{x}) = \left(\sum_{n=0}^{N-1} x[n]h[n] \right)^2$$

并且计算 P_{FA} 和 P_D。提示：检验统计量在 $\mathcal{H}_0$ 和 $\mathcal{H}_1$ 的条件下是与 χ_1^2 成比例的随机变量。

5.15　证明在 (5.18) 式中 $\hat{\boldsymbol{\theta}} = \mathbf{C}_\theta\mathbf{H}^T(\mathbf{H}\mathbf{C}_\theta\mathbf{H}^T + \sigma^2\mathbf{I})^{-1}\mathbf{x}$ 是由 (5.7) 式得到的 $\boldsymbol{\theta}$ 的 MMSE 估计器。

5.16　对于例 5.5 的瑞利衰落正弦信号，求 $\hat{s}[n]$。可以假定大的 N。提示：注意 $T(\mathbf{x}) = \mathbf{x}^T\hat{\mathbf{s}}$，其中 $\hat{\mathbf{s}} = [\hat{s}[0]\hat{s}[1], \ldots, \hat{s}[N-1]]^T$。

5.17　考虑一个方差为 σ^2 的 WGN 中检测信号 $s[n] = A\cos(2\pi f_0 n + \phi)$ 的问题。假定 A 是已知的，但 ϕ 是未知的。采用匹配滤波器

$$T(\mathbf{x}) = \sum_{n=0}^{N-1} x[n]A\cos 2\pi f_0 n$$

其中不正确地假定 $\phi = 0$。求作为 ϕ 的函数的偏移系数并进行讨论，可以假定大的 N。

5.18　对于例 5.5 的瑞利衰落正弦信号，通过推导 (5.20) 式的 PDF，求 P_{FA} 和 P_D。应该首先证明，对于大的 N，

$$I = \sum_{n=0}^{N-1} x[n]\cos 2\pi f_0 n \sim \begin{cases} \mathcal{N}(0, \dfrac{N\sigma^2}{2}) & \text{在 } \mathcal{H}_0 \text{ 条件下} \\ \mathcal{N}(0, \dfrac{N\sigma^2}{2} + \dfrac{N^2\sigma_s^2}{4}) & \text{在 } \mathcal{H}_1 \text{ 条件下} \end{cases}$$

$$Q = \sum_{n=0}^{N-1} x[n]\sin 2\pi f_0 n \sim \begin{cases} \mathcal{N}(0, \dfrac{N\sigma^2}{2}) & \text{在 } \mathcal{H}_0 \text{ 条件下} \\ \mathcal{N}(0, \dfrac{N\sigma^2}{2} + \dfrac{N^2\sigma_s^2}{4}) & \text{在 } \mathcal{H}_1 \text{ 条件下} \end{cases}$$

且在两种假设下，I 和 Q 是不相关的，因而也是独立的（由于它们是联合正态的）。

5.19　在本题中我们要证明白噪声的数据段的傅里叶变换，在频率间隔较大时是不相关的。为此令

$$W_c(f) = \sum_{n=0}^{N-1} w[n]\cos 2\pi fn$$

$$W_s(f) = -\sum_{n=0}^{N-1} w[n]\sin 2\pi fn$$

且 $\mathbf{W}(f) = [W_c(f)W_s(f)]^T$，证明如果 $|f_1 - f_0| \gg 1/N$，则 $E(\mathbf{W}(f_0)\mathbf{W}^T(f_1)) \approx \mathbf{0}$。然后令 $W(f) = \sum_{n=0}^{N-1} w[n]\exp(-j2\pi fn) = W_c(f) + jW_s(f)$，证明 $E(W^*(f_0)W(f_1)) \approx 0$。注意，如果噪声是高斯的，

那么傅里叶变换的输出近似是独立的。提示：利用习题 4.21 的提示。

5.20 考虑 (5.9) 式标准形式的估计器 - 相关器。对于大的 N，$\mathbf{C}_s$ 是对称 Toeplitz 矩阵，它的特征分解是（参见第 2 章）

$$\lambda_{s_i} = P_{ss}(f_i)$$

$$\mathbf{v}_i = \frac{1}{\sqrt{N}} \begin{bmatrix} 1 & \exp(j2\pi f_i) \dots \exp(j2\pi f_i(N-1)) \end{bmatrix}^T$$

其中 $i = 0, 1, \dots, N-1$，$f_i = i/N$。利用它证明 (5.5) 式能够用 (5.27) 式近似。为了简单起见，假定 N 是偶数，尽管结果对任意的 N 都是成立的。提示：注意 $P_{ss}(f_{N-i}) = P_{ss}(f_i)$，另外 $\mathbf{v}_{N-i} = \mathbf{v}_i^*$，所以 $(\mathbf{v}_i^T \mathbf{x})^2 + (\mathbf{v}_{N-i}^T \mathbf{x})^2 = 2 |\mathbf{v}_i^T \mathbf{x}|^2$。

5.21 如果对于所有的 f，$P_{ss}(f) \ll \sigma^2$，讨论由 (5.27) 给出的检测器。而且证明在这样的假定下，

$$T(\mathbf{x}) = \frac{N}{\sigma^2} \sum_{k=-(N-1)}^{N-1} r_{ss}[k] \hat{r}_{xx}[k]$$

其中 $r_{ss}[k] = \mathcal{F}^{-1}\{P_{ss}(f)\}$ 是 $s[n]$ 的 ACF，且

$$\hat{r}_{xx}[k] = \frac{1}{N} \sum_{n=0}^{N-1-|k|} x[n]x[n+|k|]$$

提示：首先证明

$$\int_{-\frac{1}{2}}^{\frac{1}{2}} I(f) \exp(j2\pi fk) df = \begin{cases} \hat{r}_{xx}[k] & |k| \leqslant N-1 \\ 0 & |k| \geqslant N \end{cases}$$

5.22 (5.27) 式定义了渐近 NP 检测器，如果信号有如下 PSD，

$$P_{ss}(f) = \begin{cases} P_0 & 0 \leqslant f \leqslant \frac{1}{4} \\ 0 & \frac{1}{4} < f \leqslant \frac{1}{2} \end{cases}$$

求检验统计量，并且解释检测器的运算。

5.23 求一般高斯检测问题的 NP 检测器，其中 $\mathbf{C}_w$ 是噪声的协方差矩阵，对于 $\eta > 0$，$\mathbf{C}_s = \eta \mathbf{C}_w$，它是信号的协方差矩阵。信号与噪声的均值都等于零。然后求 P_{FA} 和 P_D。最后，对于 $N = 2$，求 P_D 与 P_{FA} 的关系。提示：注意如果 $\mathbf{x} \sim \mathcal{N}(\mathbf{0}, \mathbf{C})$，那么 $\mathbf{x}^T \mathbf{C}^{-1} \mathbf{x} \sim \chi_N^2$，其中 $\mathbf{x}$ 是 $N \times 1$ 维的[参见 (2.27) 式]。

5.24 在 5.7 节的信号处理例子中，如果对于 $n \geqslant 0$，$u[n] = \cos 2\pi f_0 n$，那么对于 $n \geqslant p-1$，在信道输出端的信号是

$$A\cos(2\pi f_0 n + \phi) = a\cos 2\pi f_0 n + b\sin 2\pi f_0 n$$

其中

$$a = \sum_{k=0}^{p-1} h[k] \cos 2\pi f_0 k$$

$$b = \sum_{k=0}^{p-1} h[k] \sin 2\pi f_0 k$$

并且，对于大的 p，证明

$$a \sim \mathcal{N}\left(0, \frac{1}{2} \sum_{k=0}^{p-1} \sigma_k^2\right)$$

$$b \sim \mathcal{N}\left(0, \frac{1}{2} \sum_{k=0}^{p-1} \sigma_k^2\right)$$

且 a 和 b 是不相关的，因而也是独立的（由于它们是联合高斯的）。提示：对于第二部分，假定 σ_k^2 序列或者 $\{\sigma_0^2, \sigma_1^2, \dots, \sigma_{p-1}^2\}$ 的傅里叶变换在 $f = 2f_0$ 处很小。

附录5A 估计器-相关器的检测性能

在这个附录中，我们推导估计器-相关器的检测性能。估计器-相关器就是如果

$$T(\mathbf{x}) = \mathbf{x}^T \mathbf{C}_s (\mathbf{C}_s + \sigma^2 \mathbf{I})^{-1} \mathbf{x} > \gamma''$$

则判 $\mathcal{H}_1$。其中我们假定在 $\mathcal{H}_0$ 条件下，$\mathbf{x} \sim \mathcal{N}(\mathbf{0}, \sigma^2 \mathbf{I})$；在 $\mathcal{H}_1$ 条件下，$\mathbf{x} \sim \mathcal{N}(\mathbf{0}, \mathbf{C}_s + \sigma^2 \mathbf{I})$。正如前面证明的那样[参见(5.9)式]，

$$T(\mathbf{x}) = \sum_{n=0}^{N-1} \frac{\lambda_{s_n}}{\lambda_{s_n} + \sigma^2} y^2[n]$$

其中 $\mathbf{y} = \mathbf{V}^T \mathbf{x}$，$\mathbf{V}$ 是 $\mathbf{C}_s$ 的模态矩阵，λ_{s_n} 是 $\mathbf{C}_s$ 的第 n 个特征值。现在，在每一种假设下，$\mathbf{y}$ 是高斯随机矢量，它是 $\mathbf{x}$ 的线性变换，由于在每一种假设下 $E(\mathbf{y}) = \mathbf{0}$，

$$\mathbf{C}_y = E(\mathbf{yy}^T) = E(\mathbf{V}^T \mathbf{xx}^T \mathbf{V}) = \mathbf{V}^T \mathbf{C}_x \mathbf{V}$$

变成

$$\mathbf{C}_y = \begin{cases} \sigma^2 \mathbf{I} & \text{在}\mathcal{H}_0\text{条件下} \\ \mathbf{\Lambda}_s + \sigma^2 \mathbf{I} & \text{在}\mathcal{H}_1\text{条件下} \end{cases}$$

这样

$$\mathbf{y} \sim \begin{cases} \mathcal{N}(\mathbf{0}, \sigma^2 \mathbf{I}) & \text{在}\mathcal{H}_0\text{条件下} \\ \mathcal{N}(\mathbf{0}, \mathbf{\Lambda}_s + \sigma^2 \mathbf{I}) & \text{在}\mathcal{H}_1\text{条件下} \end{cases}$$

首先考虑虚警概率，

$$\begin{aligned} P_{FA} &= \Pr\{T(\mathbf{x}) > \gamma''; \mathcal{H}_0\} \\ &= \Pr\left\{ \sum_{n=0}^{N-1} \frac{\lambda_{s_n}}{\lambda_{s_n} + \sigma^2} y^2[n] > \gamma''; \mathcal{H}_0 \right\} \\ &= \Pr\left\{ \sum_{n=0}^{N-1} \frac{\lambda_{s_n} \sigma^2}{\lambda_{s_n} + \sigma^2} z^2[n] > \gamma''; \mathcal{H}_0 \right\} \end{aligned}$$

其中 $z[n] = y[n]/\sigma$，我们要求 $T(\mathbf{x}) = \sum_{n=0}^{N-1} \alpha_n z^2[n]$ 的 CDF，其中 $z[n]$ 是 IID $\mathcal{N}(0,1)$ 的随机变量。我们可以利用特征函数来推导。如果特征函数定义为

$$\phi_x(\omega) = E[\exp(j\omega x)]$$

那么，利用 $z[n]$ 的独立性，我们有

$$\begin{aligned} \phi_T(\omega) &= E[\exp(j\omega T)] = E\left[\exp\left(j\omega \sum_{n=0}^{N-1} \alpha_n z^2[n]\right)\right] \\ &= \prod_{n=0}^{N-1} E\left[\exp(j\omega \alpha_n z^2[n])\right] = \prod_{n=0}^{N-1} \phi_{z^2}(\alpha_n \omega) \end{aligned}$$

T 的 PDF 由特征函数的逆得到，或者

$$p_T(t) = \begin{cases} \int_{-\infty}^{\infty} \phi_T(\omega) \exp(-j\omega t) \dfrac{d\omega}{2\pi} & t \geqslant 0 \\ 0 & t < 0 \end{cases}$$

由于 $T \geqslant 0$，因此对于 $t < 0$，$p_T(t) = 0$。现在 $z^2[n] \sim \chi_1^2$，可以证明特征函数为[Johnson and Kotz 1995]

$$\phi_{\chi_1^2}(\omega) = \frac{1}{\sqrt{1-2j\omega}}$$

这样，
$$\phi_T(\omega) = \prod_{n=0}^{N-1} \frac{1}{\sqrt{1-2j\alpha_n\omega}}$$

其中
$$\alpha_n = \frac{\lambda_{s_n}\sigma^2}{\lambda_{s_n}+\sigma^2}$$

所以
$$P_{FA} = \int_{\gamma''}^{\infty} \int_{-\infty}^{\infty} \prod_{n=0}^{N-1} \frac{1}{\sqrt{1-2j\alpha_n\omega}} \exp(-j\omega t) \frac{d\omega}{2\pi} dt$$

类似地，我们可以证明
$$P_D = \int_{\gamma''}^{\infty} \int_{-\infty}^{\infty} \prod_{n=0}^{N-1} \frac{1}{\sqrt{1-2j\lambda_{s_n}\omega}} \exp(-j\omega t) \frac{d\omega}{2\pi} dt$$

第6章 统计判决理论 II

6.1 引言

前面，我们假定在 $\mathcal{H}_0$ 和 $\mathcal{H}_1$ 的条件下 PDF 是完全已知的，这时可允许设计最佳接收机。现在，我们转到 PDF 不完全已知的情况，这是更为接近实际的问题。例如，由于信号通过介质有一定的传播时间，从目标返回的雷达回波将被延迟，因此它的到达时间通常是未知的。通信接收机对发射信号的频率也可能不完全已知，这样在每一种情况下，PDF 的信号部分将是未知的，因为它们的参数是未知的。类似地，噪声特性也可能不是预先已知的，可以将噪声看成高斯白噪声，但方差可能是未知的。在声呐中正是这样一种情况，它的功率与环境条件有关，而环境条件预先又是无法预知的。因此，当 PDF 有未知参数时，最佳检测器的设计在实际中是非常重要的。本章我们将介绍对此类假设检验问题的常用方法，后面几章（第7章~第9章）将这些理论应用到比较广泛的实际问题的检测器设计上。本章以及第7章~第9章的内容与估计理论密切相关，希望读者去复习一下本书卷 I 中的有关章节。

6.2 小结

例 6.1 说明了一致最大势检验的存在性，一致最大势检验对于未知参数的所有值产生最大的检测概率，它只有在单边检验时才存在。当一致最大势检验不存在时，我们可以使用(6.10)式的贝叶斯方法，贝叶斯方法要求对未知参数指定先验 PDF，也可以采用(6.12)式的广义似然比检验。贝叶斯方法要求多重积分，而广义似然比检验要求计算 MLE。广义似然比检验具有(6.23)式和(6.24)式给出的渐近 PDF(当 $N \to \infty$ 时)。渐近等价于广义似然比检验的其他检验有 Wald 检验和 Rao 检验，在实际中可以很容易地计算它们。对于无多余参数的 Wald 检验由(6.30)式给出，Rao 检验由(6.31)式给出，后者并不要求计算 MLE。当存在多余参数时，Wald 检验和 Rao 检验分别由(6.34)式和(6.35)式给出。这种情况下的 Rao 检验只要求在 $\mathcal{H}_0$ 条件下的 MLE，在 $\mathcal{H}_1$ 条件下并不要求。Wald 和 Rao 的渐近统计特性与广义似然比检验的渐近统计特性相同。对于单边标量参数检验，局部最大势检验由(6.36)式给出，(6.37)式给出了它的渐近性能。检测器对于弱信号产生最大的 P_D，对于具有未知参数的多假设检验，广义最大似然检验由(6.40)式给出。在一定的条件下，它化简成(6.41)式的最小描述长度。这些准则对于出现在模型数据拟合中的嵌套假设特别有用。

6.2.1 复合假设检验小结

现在，将复合假设检验问题的方法及它们的渐近性能小结如下。

一般检验

数据 $\mathbf{x}$ 在 $\mathcal{H}_0$ 条件下具有 PDF $p(\mathbf{x}; \boldsymbol{\theta}_0, \mathcal{H}_0)$ 或 $p(\mathbf{x} \mid \boldsymbol{\theta}_0; \mathcal{H}_0)$，在 $\mathcal{H}_1$ 条件下具有 PDF $p(\mathbf{x}; \boldsymbol{\theta}_1, \mathcal{H}_1)$ 或者 $p(\mathbf{x} \mid \boldsymbol{\theta}_1; \mathcal{H}_1)$，PDF 的形式以及未知参数矢量 $\boldsymbol{\theta}_0$ 和 $\boldsymbol{\theta}_1$ 的维数在每种假设下可能不同。

1. 广义似然比检验(GLRT)
a. 检验统计量

如果

$$L_G(\mathbf{x}) = \frac{p(\mathbf{x}; \hat{\boldsymbol{\theta}}_1, \mathcal{H}_1)}{p(\mathbf{x}; \hat{\boldsymbol{\theta}}_0, \mathcal{H}_0)} > \gamma$$

则判 $\mathcal{H}_1$，其中 $\hat{\boldsymbol{\theta}}_i$ 是 $\boldsymbol{\theta}_i$ 的 MLE［使 $p(\mathbf{x}; \boldsymbol{\theta}_i, \mathcal{H}_i)$ 最大］。

b. 渐近性能

没有一般结果。

2. 贝叶斯方法

a. 检验统计量

如果

$$\frac{p(\mathbf{x}; \mathcal{H}_1)}{p(\mathbf{x}; \mathcal{H}_0)} = \frac{\int p(\mathbf{x}|\boldsymbol{\theta}_1; \mathcal{H}_1)p(\boldsymbol{\theta}_1)d\boldsymbol{\theta}_1}{\int p(\mathbf{x}|\boldsymbol{\theta}_0; \mathcal{H}_0)p(\boldsymbol{\theta}_0)d\boldsymbol{\theta}_0} > \gamma$$

则判 $\mathcal{H}_1$，其中 $p(\mathbf{x}; \mathcal{H}_i)$ 是无条件数据 PDF，$p(\mathbf{x}|\boldsymbol{\theta}_i; \mathcal{H}_i)$ 是条件数据 PDF，$p(\boldsymbol{\theta}_i)$ 是先验 PDF。

b. 渐近性能

没有一般结果。

参数检验（双边矢量参数）

无多余参数

在 $\mathcal{H}_0$ 和 $\mathcal{H}_1$ 条件下除未知参数矢量的值不同外 PDF 是相同的，PDF 用 $p(\mathbf{x}; \boldsymbol{\theta})$ 表示。假设检验是

$$\begin{aligned} \mathcal{H}_0 &: \boldsymbol{\theta} = \boldsymbol{\theta}_0 \\ \mathcal{H}_1 &: \boldsymbol{\theta} \neq \boldsymbol{\theta}_0 \end{aligned}$$

其中 $\boldsymbol{\theta}$ 是 $r \times 1$ 维的。

1. 广义似然比检验

a. 检验统计量

如果

$$L_G(\mathbf{x}) = \frac{p(\mathbf{x}; \hat{\boldsymbol{\theta}}_1)}{p(\mathbf{x}; \boldsymbol{\theta}_0)} > \gamma$$

则判 $\mathcal{H}_1$。其中 $\hat{\boldsymbol{\theta}}_1$ 是 $\mathcal{H}_1$ 条件下的 MLE［使 $p(\mathbf{x}; \boldsymbol{\theta})$ 最大］。

b. 渐近性能

$$2\ln L_G(\mathbf{x}) \overset{a}{\sim} \begin{cases} \chi_r^2 & \text{在 } \mathcal{H}_0 \text{ 条件下} \\ \chi_r'^2(\lambda) & \text{在 } \mathcal{H}_1 \text{ 条件下} \end{cases}$$

其中

$$\lambda = (\boldsymbol{\theta}_1 - \boldsymbol{\theta}_0)^T \mathbf{I}(\boldsymbol{\theta}_0)(\boldsymbol{\theta}_1 - \boldsymbol{\theta}_0)$$

$\mathbf{I}(\theta)$ 表示 Fisher 信息矩阵，$\boldsymbol{\theta}_1$ 是在 $\mathcal{H}_1$ 条件下的真值。

2. Wald 检验

a. 检验统计量

如果

$$T_{\mathrm{W}}(\mathbf{x}) = (\hat{\boldsymbol{\theta}}_1 - \boldsymbol{\theta}_0)^T \mathbf{I}(\hat{\boldsymbol{\theta}}_1)(\hat{\boldsymbol{\theta}}_1 - \boldsymbol{\theta}_0) > \gamma$$

则判 $\mathcal{H}_1$。

b. 渐近性能

与 GLRT 相同。

3. Rao 检验

a. 检验统计量

如果

$$T_{\mathrm{R}}(\mathbf{x}) = \left.\frac{\partial \ln p(\mathbf{x}; \boldsymbol{\theta})}{\partial \boldsymbol{\theta}}\right|_{\boldsymbol{\theta} = \boldsymbol{\theta}_0}^{T} \mathbf{I}^{-1}(\boldsymbol{\theta}_0) \left.\frac{\partial \ln p(\mathbf{x}; \boldsymbol{\theta})}{\partial \boldsymbol{\theta}}\right|_{\boldsymbol{\theta} = \boldsymbol{\theta}_0} > \gamma$$

则判 $\mathcal{H}_1$。

b. 渐近性能

与 GLRT 相同。

多余参数

在 $\mathcal{H}_0$ 和 $\mathcal{H}_1$ 条件下, 除未知参数矢量的值不同外 PDF 是相同的。参数矢量是 $\boldsymbol{\theta} = \left[\boldsymbol{\theta}_r^T\ \boldsymbol{\theta}_s^T \right]^T$, 其中 $\boldsymbol{\theta}_r$ 是 $r \times 1$ 维的, $\boldsymbol{\theta}_s$(多余参数矢量)是 $s \times 1$ 维的, PDF 用 $p(\mathbf{x}; \boldsymbol{\theta}_r, \boldsymbol{\theta}_s)$ 表示。假设检验是

$$\mathcal{H}_0 : \boldsymbol{\theta} = \boldsymbol{\theta}_{r_0}, \boldsymbol{\theta}_s$$
$$\mathcal{H}_1 : \boldsymbol{\theta} \neq \boldsymbol{\theta}_{r_0}, \boldsymbol{\theta}_s$$

1. 广义似然比检验

a. 检验统计量

如果

$$L_G(\mathbf{x}) = \frac{p(\mathbf{x}; \hat{\boldsymbol{\theta}}_{r_1}, \hat{\boldsymbol{\theta}}_{s_1})}{p(\mathbf{x}; \boldsymbol{\theta}_{r_0}, \hat{\boldsymbol{\theta}}_{s_0})} > \gamma$$

则判 $\mathcal{H}_1$, 其中 $\hat{\boldsymbol{\theta}}_{r_1}$ 和 $\hat{\boldsymbol{\theta}}_{s_1}$ 是 $\mathcal{H}_1$ 条件下的 MLE[无约束 MLE, 在 $\boldsymbol{\theta}_r$ 和 $\boldsymbol{\theta}_s$ 上使 $p(\mathbf{x}; \boldsymbol{\theta}_r, \boldsymbol{\theta}_s)$ 最大而求得], $\boldsymbol{\theta}_{s_0}$ 是 $\mathcal{H}_0$ 条件下的 MLE[无约束 MLE, 在 $\boldsymbol{\theta}_s$ 上使 $p(\mathbf{x}; \boldsymbol{\theta}_{r_0}, \boldsymbol{\theta}_s)$ 最大而求得]。

b. 渐近性能

$$2 \ln L_G(\mathbf{x}) \overset{a}{\sim} \begin{cases} \chi_r^2 & \text{在 } \mathcal{H}_0 \text{ 条件下} \\ \chi_r'^2(\lambda) & \text{在 } \mathcal{H}_1 \text{ 条件下} \end{cases}$$

其中

$$\begin{aligned} \lambda = (\boldsymbol{\theta}_{r_1} - \boldsymbol{\theta}_{r_0})^T &\left[\mathbf{I}_{\theta_r\theta_r}(\boldsymbol{\theta}_{r_0}, \boldsymbol{\theta}_s) \right.\\ &\left. - \mathbf{I}_{\theta_r\theta_s}(\boldsymbol{\theta}_{r_0}, \boldsymbol{\theta}_s)\mathbf{I}_{\theta_s\theta_s}^{-1}(\boldsymbol{\theta}_{r_0}, \boldsymbol{\theta}_s)\mathbf{I}_{\theta_s\theta_r}(\boldsymbol{\theta}_{r_0}, \boldsymbol{\theta}_s) \right] (\boldsymbol{\theta}_{r_1} - \boldsymbol{\theta}_{r_0}) \end{aligned}$$

$\boldsymbol{\theta}_{r_1}$ 是 $\mathcal{H}_1$ 条件下的真实值, $\boldsymbol{\theta}_s$ 是真实值, 在每种假设下是相同的。Fisher 信息矩阵被分块为

$$\mathbf{I}(\boldsymbol{\theta}) = \mathbf{I}(\boldsymbol{\theta}_r, \boldsymbol{\theta}_s) = \begin{bmatrix} \mathbf{I}_{\theta_r\theta_r}(\boldsymbol{\theta}_r, \boldsymbol{\theta}_s) & \mathbf{I}_{\theta_r\theta_s}(\boldsymbol{\theta}_r, \boldsymbol{\theta}_s) \\ \mathbf{I}_{\theta_s\theta_r}(\boldsymbol{\theta}_r, \boldsymbol{\theta}_s) & \mathbf{I}_{\theta_s\theta_s}(\boldsymbol{\theta}_r, \boldsymbol{\theta}_s) \end{bmatrix} = \begin{bmatrix} r \times r & r \times s \\ s \times r & s \times s \end{bmatrix}$$

2. Wald 检验

a. 检验统计量

如果

$$T_{\mathrm{W}}(\mathbf{x}) = (\hat{\boldsymbol{\theta}}_{r_1} - \boldsymbol{\theta}_{r_0})^T \left(\left[\mathbf{I}^{-1}(\hat{\boldsymbol{\theta}}_1) \right]_{\theta_r\theta_r} \right)^{-1} (\hat{\boldsymbol{\theta}}_{r_1} - \boldsymbol{\theta}_{r_0}) > \gamma$$

则判 $\mathcal{H}_1$, 其中 $\hat{\boldsymbol{\theta}}_1 = \left[\hat{\boldsymbol{\theta}}_{r_1}^T\ \hat{\boldsymbol{\theta}}_{s_1}^T \right]^T$ 是 $\mathcal{H}_1$ 条件下的 MLE, 且

$$\left[\mathbf{I}^{-1}(\boldsymbol{\theta}) \right]_{\theta_r\theta_r} = \left(\mathbf{I}_{\theta_r\theta_r}(\boldsymbol{\theta}) - \mathbf{I}_{\theta_r\theta_s}(\boldsymbol{\theta})\mathbf{I}_{\theta_s\theta_s}^{-1}(\boldsymbol{\theta})\mathbf{I}_{\theta_s\theta_r}(\boldsymbol{\theta}) \right)^{-1}$$

b. 渐近性能

与 GLRT 相同。

3. Rao 检验

a. 检验统计量

如果
$$T_{\mathrm{R}}(\mathbf{x}) = \frac{\partial \ln p(\mathbf{x};\boldsymbol{\theta})}{\partial \theta_r}\bigg|^T_{\boldsymbol{\theta}=\tilde{\boldsymbol{\theta}}} \left[\mathbf{I}^{-1}(\tilde{\boldsymbol{\theta}})\right]_{\theta_r \theta_r} \frac{\partial \ln p(\mathbf{x};\boldsymbol{\theta})}{\partial \theta_r}\bigg|_{\boldsymbol{\theta}=\tilde{\boldsymbol{\theta}}} > \gamma$$

则判 $\mathcal{H}_1$，其中 $\tilde{\boldsymbol{\theta}} = [\boldsymbol{\theta}_{r_0}^T \ \hat{\boldsymbol{\theta}}_{s_0}^T]^T$ 是 $\mathcal{H}_0$ 条件下 $\boldsymbol{\theta}$ 的 MLE[无约束 MLE，在 $\boldsymbol{\theta}_s$ 上使 $p(\mathbf{x};\boldsymbol{\theta}_{r_0},\boldsymbol{\theta}_s)$ 最大而求得]，而 $[\mathbf{I}^{-1}(\boldsymbol{\theta})]_{\theta,\theta,}$ 在前面两个检验统计量的描述中已经定义过。

b. 渐近性能

与 GLRT 相同。

参数检验（单边标量参数）

无多余参数

这个检验用于在 $\mathcal{H}_0$ 和 $\mathcal{H}_1$ 条件下 PDF 相同但标量型参数值不同的单边假设检验。PDF 用 $p(\mathbf{x};\theta)$ 表示，假设检验是

$$\begin{aligned}\mathcal{H}_0 &: \theta = \theta_0 \\ \mathcal{H}_1 &: \theta > \theta_0\end{aligned}$$

1. 局部最大势检验

a. 检验统计量

如果
$$T_{\mathrm{LMP}}(\mathbf{x}) = \frac{\dfrac{\partial \ln p(\mathbf{x};\theta)}{\partial \theta}\bigg|_{\theta=\theta_0}}{\sqrt{I(\theta_0)}} > \gamma$$

则判 $\mathcal{H}_1$，其中 $I(\theta)$ 是 Fisher 信息。

b. 渐近性能

$$T_{\mathrm{LMP}}(\mathbf{x}) \overset{a}{\sim} \begin{cases} \mathcal{N}(0,1) & \text{在}\mathcal{H}_0\text{条件下} \\ \mathcal{N}(\sqrt{I(\theta_0)}(\theta_1 - \theta_0), 1) & \text{在}\mathcal{H}_1\text{条件下} \end{cases}$$

其中 θ_1 是在 $\mathcal{H}_1$ 条件下的值。

6.3 复合假设检验

我们感兴趣的一般假设检验问题是复合假设检验问题。与在两种假设下的条件 PDF 完全已知相反，复合假设检验必须适应未知参数。在 $\mathcal{H}_0$ 或 $\mathcal{H}_1$ 条件下的 PDF 或者在两种假设下的 PDF 可能没有完全指定，我们通过在 PDF 中包含未知参数来表达这种不确定性。例如，如果我们希望在 WGN 中检测具有未知幅度 A 的 DC 电平，那么在 $\mathcal{H}_1$ 条件下的 PDF 是

$$p(\mathbf{x};A,\mathcal{H}_1) = \frac{1}{(2\pi\sigma^2)^{\frac{N}{2}}} \exp\left[-\frac{1}{2\sigma^2}\sum_{n=0}^{N-1}(x[n]-A)^2\right] \tag{6.1}$$

由于幅度 A 是未知的，PDF 没有完全给定。我们将通过在 PDF 的描述中包含未知参数 A 来强调这一点。在 $\mathcal{H}_1$ 条件下的 PDF 稍微有点不同，它们属于一族 PDF，A 的每一个值对应一个 PDF，可以说 PDF 是以 A 为参数的。第一步就好像 A 是已知的那样来设计 NP 检验。如果可能，应该控制检验，使得检验量与 A 无关。由于这是 NP 检验，因此导出的检验将是最佳的，下面给出一个例子。

例6.1 WGN 中具有未知幅度（$A>0$）的 DC 电平

考虑一个 WGN 中的 DC 电平检测问题

$$\begin{aligned}\mathcal{H}_0 &: x[n] = w[n] & n=0,1,\ldots,N-1 \\ \mathcal{H}_1 &: x[n] = A + w[n] & n=0,1,\ldots,N-1\end{aligned} \tag{6.2}$$

其中 A 的值是未知的，尽管我们预先知道 $A>0$，$w[n]$ 是方差为 σ^2 的 WGN，如果

$$\frac{p(\mathbf{x}; A, \mathcal{H}_1)}{p(\mathbf{x}; \mathcal{H}_0)} = \frac{\dfrac{1}{(2\pi\sigma^2)^{\frac{N}{2}}} \exp\left[-\dfrac{1}{2\sigma^2} \sum_{n=0}^{N-1} (x[n] - A)^2\right]}{\dfrac{1}{(2\pi\sigma^2)^{\frac{N}{2}}} \exp\left[-\dfrac{1}{2\sigma^2} \sum_{n=0}^{N-1} x^2[n]\right]} > \gamma$$

那么 NP 检测器判 $\mathcal{H}_1$。取对数我们有

$$-\frac{1}{2\sigma^2}\left(-2A\sum_{n=0}^{N-1} x[n] + NA^2\right) > \ln\gamma$$

或

$$A\sum_{n=0}^{N-1} x[n] > \sigma^2 \ln\gamma + \frac{NA^2}{2}$$

由于已知 $A > 0$，我们有

$$\sum_{n=0}^{N-1} x[n] > \frac{\sigma^2}{A} \ln\gamma + \frac{NA}{2}$$

最后，乘以 $1/N$ 可得检验统计量为

$$T(\mathbf{x}) = \frac{1}{N}\sum_{n=0}^{N-1} x[n] > \frac{\sigma^2}{NA} \ln\gamma + \frac{A}{2} = \gamma' \tag{6.3}$$

问题的关键是如果没有 A 的精确的值，我们是否能够实现这个检测器。很显然，数据样本均值的检验统计量与 A 无关，但似乎门限 γ' 与 A 有关。我们将要说明这种相关性是一种假象。回想一下第 3 章，在 $\mathcal{H}_0$ 条件下 $T(\mathbf{x}) = \bar{x} \sim \mathcal{N}(0, \sigma^2/N)$。因此

$$P_{FA} = \Pr\{T(\mathbf{x}) > \gamma'; \mathcal{H}_0\} = Q\left(\frac{\gamma'}{\sqrt{\sigma^2/N}}\right)$$

所以

$$\gamma' = \sqrt{\frac{\sigma^2}{N}} Q^{-1}(P_{FA})$$

与 A 无关。由于在 $\mathcal{H}_0$ 条件下 $T(\mathbf{x})$ 的 PDF 与 A 无关，根据给定的虚警，可以计算出门限值，它是与 A 无关的。另外，检验统计量实际上是 NP 检测器（参见例 3.2），它是在给定 P_{FA} 时产生最大 P_D 的最佳检测器。然而，注意到 P_D 将与 A 的值有关，更为具体的是

$$P_D = \Pr\{T(\mathbf{x}) > \gamma'; \mathcal{H}_1\}$$

而在 $\mathcal{H}_1$ 条件下，$T(\mathbf{x}) = \bar{x} \sim \mathcal{N}(A, \sigma^2/N)$，所以

$$P_D = Q\left(\frac{\gamma' - A}{\sqrt{\sigma^2/N}}\right) = Q\left(Q^{-1}(P_{FA}) - \sqrt{\frac{NA^2}{\sigma^2}}\right)$$

正如所预料的，P_D 随 A 的增加而增加，如图 6.1 所示。我们可能会说，在所有可能的具有给定 P_{FA} 的检测器里，如果

$$\frac{1}{N}\sum_{n=0}^{N-1} x[n] > \sqrt{\frac{\sigma^2}{N}} Q^{-1}(P_{FA}) \tag{6.4}$$

则判 $\mathcal{H}_1$ 的那个检测器，对于任意的 A，只要 $A > 0$，都有最高的 P_D。当检验统计量存在的时候，此类检验统计量称为一致最大势（UMP）检验，任何其他检验的检测性能都要比 UMP 检验差，如图 6.2 所示。遗憾的是，UMP 很少存在。例如，如果 A 可以取任何值，即 $-\infty < A < \infty$，那么对于 A 为正和 A 为负，我们将得到不同的检验。如果 $A > 0$，我们有(6.4)式，但是如果 $A < 0$，那么若

$$\frac{1}{N} \sum_{n=0}^{N-1} x[n] < -\sqrt{\frac{\sigma^2}{N}} Q^{-1}(P_{FA}) \tag{6.5}$$

我们应该判 $\mathcal{H}_1$（参见习题 6.1），由于 A 的值是未知的，NP 方法并不会导出唯一的检验。

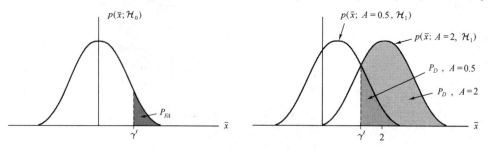

图 6.1　基于未知参数 A 的检验概率

（6.2）式的假设检验问题可以重写为参数检验问题

$$\begin{aligned} \mathcal{H}_0 &: A = 0 \\ \mathcal{H}_1 &: A > 0 \end{aligned}$$

这样的检验称为单边检验，与此相反的是，对于

$$\begin{aligned} \mathcal{H}_0 &: A = 0 \\ \mathcal{H}_1 &: A \neq 0 \end{aligned} \tag{6.6}$$

的检验称为双边检验。对于存在 UMP 的参数检验必定是单边检验［Kendall and Stuart 1979］。这样，双边检验永远也不会产生 UMP 检验，但单边检验是可能的，请参见习题 6.2 和习题 6.3。

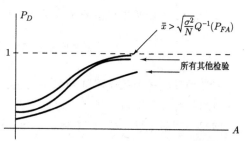

图 6.2　UMP 检验的性能与其他具有相同 P_{FA} 的检测器性能的比较

当 UMP 检验不存在时，我们只有实现准最佳检验。将准最佳检验的性能与 NP 检验的性能进行比较是有趣的，尽管后者是不可能实现的（由于我们并不知道未知参数的值），但它的性能可以作为上界。如果我们的准最佳检测器有接近 NP 检测器的性能，那么就不必去考察其他准最佳检测器。这种情形类似于估计方差的 Cramer-Rao 下限的使用，Cramer-Rao 下限可以作为准最佳估计器性能的比较工具（参见本书卷 I 的第 3 章）。假定未知参数完全已知时设计的 NP 检测器称为透视检测器（clairvoyant detector），它的性能将作为上限。现在我们继续例 6.1 的讨论。

例 6.2　WGN 中具有未知幅度的 DC 电平

当 A 可以为正的值和负的值时，如果

$$\begin{aligned} \frac{1}{N} \sum_{n=0}^{N-1} x[n] = \bar{x} > \gamma'_+ \qquad & A > 0 \\ \frac{1}{N} \sum_{n=0}^{N-1} x[n] = \bar{x} < \gamma'_- \qquad & A < 0 \end{aligned}$$

透视检测器判 $\mathcal{H}_1$。很显然，由于检测器是由两个不同的 NP 检验组成的，因此它是不可实现的，它的选择取决于未知参数 A。该检测器提供了性能的上限，可以求解如下。在 $\mathcal{H}_0$ 条件下，注意到 $\bar{x} \sim \mathcal{N}(0, \sigma^2/N)$，那么对于 $A > 0$，我们有

$$P_{FA} = \Pr\{\bar{x} > \gamma'_+; \mathcal{H}_0\} = Q\left(\frac{\gamma'_+}{\sqrt{\sigma^2/N}}\right) \tag{6.7}$$

而对于 $A<0$，

$$P_{FA} = 1 - Q\left(\frac{\gamma'_-}{\sqrt{\sigma^2/N}}\right) = Q\left(\frac{-\gamma'_-}{\sqrt{\sigma^2/N}}\right)$$

对于恒定的 P_{FA}，我们应该选择 $\gamma'_- = -\gamma'_+$。其次，在 $\mathcal{H}_1$ 条件下，$\bar{x} \sim \mathcal{N}(A, \sigma^2/N)$，所以根据 (6.7) 式，对于 $A>0$，

$$P_D = Q\left(\frac{\gamma'_+ - A}{\sqrt{\sigma^2/N}}\right) = Q\left(Q^{-1}(P_{FA}) - \sqrt{\frac{NA^2}{\sigma^2}}\right)$$

而对于 $A<0$，

$$P_D = 1 - Q\left(\frac{\gamma'_- - A}{\sqrt{\sigma^2/N}}\right) = Q\left(\frac{-\gamma'_- + A}{\sqrt{\sigma^2/N}}\right)$$

$$= Q\left(Q^{-1}(P_{FA}) + \frac{A}{\sqrt{\sigma^2/N}}\right) = Q\left(Q^{-1}(P_{FA}) - \sqrt{\frac{NA^2}{\sigma^2}}\right)$$

与 $A>0$ 时是相同的。$N=10$、$\sigma^2=1$、$P_{FA}=0.1$ 的性能曲线显示于图 6.3 中，虚线曲线表示的是采用对于 $A>0$ 的 NP 检验但实际 A 为负时的性能，对于 $A<0$ 时也是类似的。在这种情况下，$P_D < P_{FA}$，不出所料，这是相当差的性能。

作为使用透视检测器上限的一个例子，我们考虑一个检测器，如果

$$\left|\frac{1}{N}\sum_{n=0}^{N-1}x[n]\right| > \gamma'' \tag{6.8}$$

则判 $\mathcal{H}_1$，假定 A 是未知的，且 $-\infty < A < \infty$。为了显示信号的出现，选择的样本均值较大地偏离零。很容易证明（参见习题 6.5）

$$P_D = Q\left(Q^{-1}\left(\frac{P_{FA}}{2}\right) - \sqrt{\frac{NA^2}{\sigma^2}}\right) + Q\left(Q^{-1}\left(\frac{P_{FA}}{2}\right) + \sqrt{\frac{NA^2}{\sigma^2}}\right) \tag{6.9}$$

对于 $N=10$，$\sigma^2=1$，$P_{FA}=0.1$，该图与透视 NP 检测器上限（如图 6.3 所示）一起画在图 6.4 中。我们观察到提出的检测器性能靠近上限。那么这种检测器似乎很好地兼顾了对 A 的符号变化的鲁棒性。事实上，提出的检测器正是复合假设检验的更一般的方法，即广义似然比检验，下一节将予以描述（参见例 6.4）。

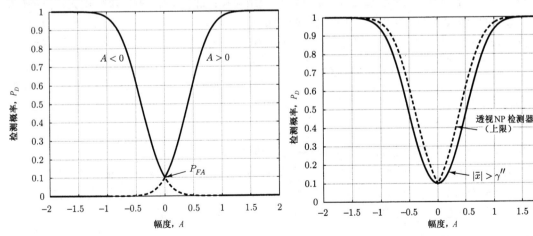

图 6.3　透视 NP 检测器的检测性能　　　　图 6.4　透视 NP 检测器和可实现
　　　　　　　　　　　　　　　　　　　　　　　　检测器的检测性能比较

6.4　复合假设检验方法

对于复合假设检验有两种主要的方法。第一种方法是把未知参数看成随机变量的一个现实，并给它指定一个先验的 PDF。第二种方法是估计未知参数以便用在似然比检验中。我们把第一种方法称为贝叶斯方法，把第二种方法称为广义似然比检验（GLRT）。贝叶斯方法利用了在本书卷 I 的第 10 章中描述的原理，在那里则是应用到参数估计中，它要求未知参数的先验知识，而 GLRT 则不需要。在实际中，GLRT 由于实现起来容易且严格的假定较少，因此其应用也更为广泛。而贝叶斯方法则要求多重积分，闭合形式的解通常是不可能的。由于这些原因，在随后的章节里我们重点强调 GLRT。

一般的问题就是当 PDF 依赖于一组未知参数时，在 $\mathcal{H}_0$ 和 $\mathcal{H}_1$ 之间做出判决。这些参数在每一种假设下可能相同，也可能不相同。在 $\mathcal{H}_0$ 条件下，我们假定矢量参数 $\boldsymbol{\theta}_0$ 是未知的；而在 $\mathcal{H}_1$ 条件下，矢量参数 $\boldsymbol{\theta}_1$ 是未知的。我们首先讨论贝叶斯方法。

6.4.1　贝叶斯方法

贝叶斯方法给 $\boldsymbol{\theta}_0$ 和 $\boldsymbol{\theta}_1$ 指定 PDF，为此把未知参数看成矢量随机变量的一个现实。如果先验 PDF 分别用 $p(\boldsymbol{\theta}_0)$ 和 $p(\boldsymbol{\theta}_1)$ 表示，则数据的 PDF 为

$$
\begin{aligned}
p(\mathbf{x};\mathcal{H}_0) &= \int p(\mathbf{x}|\boldsymbol{\theta}_0;\mathcal{H}_0)p(\boldsymbol{\theta}_0)d\boldsymbol{\theta}_0 \\
p(\mathbf{x};\mathcal{H}_1) &= \int p(\mathbf{x}|\boldsymbol{\theta}_1;\mathcal{H}_1)p(\boldsymbol{\theta}_1)d\boldsymbol{\theta}_1
\end{aligned}
$$

其中 $p(\mathbf{x}|\boldsymbol{\theta}_i;\mathcal{H}_i)$ 是假定 $\mathcal{H}_i$ 为真、在 $\boldsymbol{\theta}_i$ 的条件下 $\mathbf{x}$ 的条件 PDF。非条件 PDF $p(\mathbf{x};\mathcal{H}_0)$ 和 $p(\mathbf{x};\mathcal{H}_1)$ 是完全指定的，不再依赖于未知参数。利用贝叶斯方法，如果

$$
\frac{p(\mathbf{x};\mathcal{H}_1)}{p(\mathbf{x};\mathcal{H}_0)} = \frac{\int p(\mathbf{x}|\boldsymbol{\theta}_1;\mathcal{H}_1)p(\boldsymbol{\theta}_1)d\boldsymbol{\theta}_1}{\int p(\mathbf{x}|\boldsymbol{\theta}_0;\mathcal{H}_0)p(\boldsymbol{\theta}_0)d\boldsymbol{\theta}_0} > \gamma \tag{6.10}
$$

则最佳 NP 检测器判 $\mathcal{H}_1$。要求的积分是多重积分，维数等于未知参数维数。先验 PDF 的选择是很难证明的，如果确实有某些先验知识，那么应该利用起来；如果没有，就应该使用无信息的（参见本书卷 I 的第 230 页）先验 PDF。无信息先验 PDF 是一种尽可能平的先验 PDF。例如，如果要检测具有未知相位 ϕ 的正弦信号，我们就没有理由关注 ϕ 的某些值，那么 $\phi \sim \mathcal{U}[0,2\pi]$ 与缺乏先验知识是一致的（参见习题 7.22）。均匀分布的 PDF 不失为一种好的选择，尽管积分证明是很难的。然而，如果参数在无穷区间取值，对于 DC 电平是 $-\infty < A < \infty$，那么就不能指定均匀分布的 PDF。通常选择高斯 PDF，即 $A \sim \mathcal{N}(0,\sigma_A^2)$，并且令 $\sigma_A^2 \to \infty$ 来反映我们对先验信息的缺乏。下面，我们说明这种方法。

例6.3　WGN 中具有未知幅度的 DC 电平——贝叶斯方法

假定对于 WGN 中的 DC 电平问题，A 是未知的，它在 $-\infty < A < \infty$ 上取值。我们指定先验 PDF $A \sim \mathcal{N}(0,\sigma_A^2)$，其中 A 与 $w[n]$ 是独立的。注意，当 $\sigma_A^2 \to \infty$ 时，PDF 变成了先验无信息的（参见本书卷 I 的习题 10.17）。在 $\mathcal{H}_1$ 条件下，条件 PDF 假定是

$$
p(\mathbf{x}|A;\mathcal{H}_1) = \frac{1}{(2\pi\sigma^2)^{\frac{N}{2}}} \exp\left[-\frac{1}{2\sigma^2}\sum_{n=0}^{N-1}(x[n]-A)^2\right]
$$

在 $\mathcal{H}_0$ 条件下，PDF 是完全已知的。因而，根据（6.10）式，$\boldsymbol{\theta}_1 = A$，如果

$$\frac{p(\mathbf{x};\mathcal{H}_1)}{p(\mathbf{x};\mathcal{H}_0)} = \frac{\int_{-\infty}^{\infty} p(\mathbf{x}|A;\mathcal{H}_1)p(A)dA}{p(\mathbf{x};\mathcal{H}_0)} > \gamma$$

则 NP 检测器判 $\mathcal{H}_1$。而

$$
\begin{aligned}
p(\mathbf{x};\mathcal{H}_1) &= \int_{-\infty}^{\infty} p(\mathbf{x}|A;\mathcal{H}_1)p(A)dA \\
&= \int_{-\infty}^{\infty} \frac{1}{(2\pi\sigma^2)^{\frac{N}{2}}} \exp\left[-\frac{1}{2\sigma^2}\sum_{n=0}^{N-1}(x[n]-A)^2\right] \cdot \frac{1}{\sqrt{2\pi\sigma_A^2}} \exp\left(-\frac{1}{2\sigma_A^2}A^2\right)dA
\end{aligned}
$$

令

$$Q(A) = \frac{1}{\sigma^2}\sum_{n=0}^{N-1}(x[n]-A)^2 + \frac{A^2}{\sigma_A^2}$$

当用 A 的平方表示的时候，我们有

$$
\begin{aligned}
Q(A) &= \frac{1}{\sigma^2}\sum_{n=0}^{N-1}x^2[n] - \frac{2N}{\sigma^2}\bar{x}A + \frac{N}{\sigma^2}A^2 + \frac{A^2}{\sigma_A^2} \\
&= \underbrace{\left(\frac{N}{\sigma^2} + \frac{1}{\sigma_A^2}\right)}_{1/\sigma_{A|x}^2}A^2 - \frac{2N}{\sigma^2}\bar{x}A + \frac{1}{\sigma^2}\sum_{n=0}^{N-1}x^2[n] \\
&= \frac{A^2}{\sigma_{A|x}^2} - \frac{2N\sigma_{A|x}^2\bar{x}A}{\sigma^2\sigma_{A|x}^2} + \frac{1}{\sigma^2}\sum_{n=0}^{N-1}x^2[n] \\
&= \frac{1}{\sigma_{A|x}^2}\left(A - \frac{N\bar{x}\sigma_{A|x}^2}{\sigma^2}\right)^2 - \frac{N^2\bar{x}^2}{\sigma^4}\sigma_{A|x}^2 + \frac{1}{\sigma^2}\sum_{n=0}^{N-1}x^2[n]
\end{aligned}
$$

所以

$$
\begin{aligned}
\frac{p(\mathbf{x};\mathcal{H}_1)}{p(\mathbf{x};\mathcal{H}_0)} &= \frac{\dfrac{1}{(2\pi\sigma^2)^{\frac{N}{2}}}\dfrac{1}{\sqrt{2\pi\sigma_A^2}}\displaystyle\int_{-\infty}^{\infty}\exp\left[-\frac{1}{2}Q(A)\right]dA}{\dfrac{1}{(2\pi\sigma^2)^{\frac{N}{2}}}\exp\left(-\dfrac{1}{2\sigma^2}\displaystyle\sum_{n=0}^{N-1}x^2[n]\right)} \\
&= \frac{1}{\sqrt{2\pi\sigma_A^2}}\sqrt{2\pi\sigma_{A|x}^2}\exp\left(\frac{N^2\bar{x}^2\sigma_{A|x}^2}{2\sigma^4}\right) > \gamma
\end{aligned}
$$

两边取对数，只保留与数据有关的项。如果

$$(\bar{x})^2 > \gamma'$$

或者

$$|\bar{x}| > \sqrt{\gamma'} \tag{6.11}$$

我们判 $\mathcal{H}_1$。这类似于前一节提出的检测器。为了设置门限，我们不需要 σ_A^2 的知识。然而，如果我们假定 $A \sim \mathcal{N}(\mu_A, \sigma_A^2)$，那么为了实现贝叶斯检测器，我们需要知道 μ_A 和 σ_A^2（参见 7.4.2 节）。(6.11) 式的检测器性能将在习题 6.7 中推导。

6.4.2　广义似然比检验

GLRT 用最大似然估计 (MLE) 取代了未知参数。尽管 GLRT 不是最佳的，但实际上它的性能

很好。（近似地说，可以证明在所有这些不变的检验中[Lehmann 1959]，GLRT 是 UMP。）一般来说，如果

$$L_G(\mathbf{x}) = \frac{p(\mathbf{x}; \hat{\boldsymbol{\theta}}_1, \mathcal{H}_1)}{p(\mathbf{x}; \hat{\boldsymbol{\theta}}_0, \mathcal{H}_0)} > \gamma \tag{6.12}$$

则 GLRT 判 $\mathcal{H}_1$。其中 $\hat{\boldsymbol{\theta}}_1$ 是假定 $\mathcal{H}_1$ 为真时 $\boldsymbol{\theta}_1$ 的 MLE[使 $p(\mathbf{x}; \boldsymbol{\theta}_1, \mathcal{H}_1)$ 最大]，$\hat{\boldsymbol{\theta}}_0$ 是假定 $\mathcal{H}_0$ 为真时 $\boldsymbol{\theta}_0$ 的 MLE[使 $p(\mathbf{x}; \boldsymbol{\theta}_0, \mathcal{H}_0)$ 最大]。由于这种方法在求 $L_G(\mathbf{x})$ 的第一步时就是求 MLE，因此也提供了有关未知参数的信息。我们现在继续讨论 WGN 中 DC 电平的检测问题。

例 6.4 WGN 中具有未知幅度的 DC 电平——GLRT

在这种情况下，我们有 $\boldsymbol{\theta}_1 = A$，在 $\mathcal{H}_0$ 条件下，不存在未知参数。假设检验变成

$$\mathcal{H}_0: A = 0$$
$$\mathcal{H}_1: A \neq 0$$

这样，如果

$$L_G(\mathbf{x}) = \frac{p(\mathbf{x}; \hat{A}, \mathcal{H}_1)}{p(\mathbf{x}; \mathcal{H}_0)} > \gamma$$

GLRT 判 $\mathcal{H}_1$，通过使

$$p(\mathbf{x}; A, \mathcal{H}_1) = \frac{1}{(2\pi\sigma^2)^{\frac{N}{2}}} \exp\left[-\frac{1}{2\sigma^2} \sum_{n=0}^{N-1} (x[n] - A)^2\right]$$

最大，可以求得 A 的 MLE，在本书卷 I 的第 115 页中已经求得 $\hat{A} = \bar{x}$，这样

$$L_G(\mathbf{x}) = \frac{\dfrac{1}{(2\pi\sigma^2)^{\frac{N}{2}}} \exp\left[-\dfrac{1}{2\sigma^2} \sum_{n=0}^{N-1} (x[n] - \bar{x})^2\right]}{\dfrac{1}{(2\pi\sigma^2)^{\frac{N}{2}}} \exp\left(-\dfrac{1}{2\sigma^2} \sum_{n=0}^{N-1} x^2[n]\right)}$$

取对数我们有

$$\begin{aligned}
\ln L_G(\mathbf{x}) &= -\frac{1}{2\sigma^2}\left(\sum_{n=0}^{N-1} x^2[n] - 2\bar{x}\sum_{n=0}^{N-1} x[n] + N\bar{x}^2 - \sum_{n=0}^{N-1} x^2[n]\right) \\
&= -\frac{1}{2\sigma^2}(-2N\bar{x}^2 + N\bar{x}^2) = \frac{N\bar{x}^2}{2\sigma^2}
\end{aligned}$$

或者如果

$$|\bar{x}| > \gamma' \tag{6.13}$$

我们判 $\mathcal{H}_1$。性能已经由 (6.9) 式给出，当与透视检测器进行比较时，图 6.4 表明检测性能只有轻微的损失。

GLRT 也可以用另一种形式表示，这种表示有时会更方便。由于 $\hat{\boldsymbol{\theta}}_i$ 是在 $\mathcal{H}_i$ 条件下的 MLE，它使 $p(\mathbf{x}; \boldsymbol{\theta}_i, \mathcal{H}_i)$ 最大，或者

$$p(\mathbf{x}; \hat{\boldsymbol{\theta}}_i, \mathcal{H}_i) = \max_{\boldsymbol{\theta}_i} p(\mathbf{x}; \boldsymbol{\theta}_i, \mathcal{H}_i)$$

因此，(6.12) 式可以写成

$$L_G(\mathbf{x}) = \frac{\max\limits_{\boldsymbol{\theta}_1} p(\mathbf{x}; \boldsymbol{\theta}_1, \mathcal{H}_1)}{\max\limits_{\boldsymbol{\theta}_0} p(\mathbf{x}; \boldsymbol{\theta}_0, \mathcal{H}_0)} \tag{6.14}$$

对于 $\mathcal{H}_0$ 条件下 PDF 完全已知的这种特殊情况，

$$L_G(\mathbf{x}) = \frac{\max\limits_{\boldsymbol{\theta}_1} p(\mathbf{x}; \boldsymbol{\theta}_1, \mathcal{H}_1)}{p(\mathbf{x}; \mathcal{H}_0)} = \max\limits_{\boldsymbol{\theta}_1} \frac{p(\mathbf{x}; \boldsymbol{\theta}_1, \mathcal{H}_1)}{p(\mathbf{x}; \mathcal{H}_0)}$$

或者在 $\boldsymbol{\theta}_1$ 上使似然比最大，即

$$L_G(\mathbf{x}) = \max\limits_{\boldsymbol{\theta}_1} L(\mathbf{x}; \boldsymbol{\theta}_1) \tag{6.15}$$

参见习题 6.14。现在，我们用一个稍微复杂的例子来说明 GLRT 方法。

例 6.5　WGN 中具有未知幅度和方差的 DC 电平——GLRT

考虑一个检测问题

$$\begin{aligned} \mathcal{H}_0 &: x[n] = w[n] & n = 0, 1, \ldots, N-1 \\ \mathcal{H}_1 &: x[n] = A + w[n] & n = 0, 1, \ldots, N-1 \end{aligned}$$

其中 A 是未知的，$-\infty < A < \infty$，$w[n]$ 是 WGN，其方差 σ^2 是未知的。UMP 检验是不存在的，因为等效的参数检验为

$$\begin{aligned} \mathcal{H}_0 &: A = 0, \sigma^2 > 0 \\ \mathcal{H}_1 &: A \neq 0, \sigma^2 > 0 \end{aligned} \tag{6.16}$$

它是双边检验。在本例中，假设检验包含多余参数 σ^2。尽管我们不直接涉及 σ^2，但它影响 $\mathcal{H}_0$ 和 $\mathcal{H}_1$ 条件下的 PDF。(6.13) 式的检测器由于门限与 $\mathcal{H}_0$ 条件下的 PDF 有关、同样也与 σ^2 有关而无法实现。方差可以取任何值，$0 < \sigma^2 < \infty$，如果

$$L_G(\mathbf{x}) = \frac{p(\mathbf{x}; \hat{A}, \hat{\sigma_1^2}, \mathcal{H}_1)}{p(\mathbf{x}; \hat{\sigma_0^2}, \mathcal{H}_0)} > \gamma$$

GLRT 判 $\mathcal{H}_1$，其中 $[\hat{A}\,\hat{\sigma_1^2}]^T$ 是在 $\mathcal{H}_1$ 条件下矢量参数 $\boldsymbol{\theta}_1 = [A\,\sigma^2]^T$ 的 MLE，而 $\hat{\sigma_0^2}$ 是在 $\mathcal{H}_0$ 条件下参数 $\boldsymbol{\theta}_0 = \sigma^2$ 的 MLE。注意，在两种假设下我们需要估计方差。为了求 $\hat{A}$ 和 $\hat{\sigma_1^2}$，我们必须使

$$p(\mathbf{x}; A, \sigma^2, \mathcal{H}_1) = \frac{1}{(2\pi\sigma^2)^{\frac{N}{2}}} \exp\left[-\frac{1}{2\sigma^2} \sum_{n=0}^{N-1} (x[n] - A)^2\right]$$

达到最大。我们证明了 (参见本书卷 I 的第 129 页 ~ 第 130 页)

$$\begin{aligned} \hat{A} &= \bar{x} \\ \hat{\sigma_1^2} &= \frac{1}{N} \sum_{n=0}^{N-1} (x[n] - \bar{x})^2 \end{aligned}$$

所以

$$p(\mathbf{x}; \hat{A}, \hat{\sigma_1^2}, \mathcal{H}_1) = \frac{1}{(2\pi\hat{\sigma_1^2})^{\frac{N}{2}}} \exp\left(-\frac{N}{2}\right)$$

为了求 $\hat{\sigma_0^2}$，我们必须使

$$p(\mathbf{x}; \sigma^2, \mathcal{H}_0) = \frac{1}{(2\pi\sigma^2)^{\frac{N}{2}}} \exp\left(-\frac{1}{2\sigma^2} \sum_{n=0}^{N-1} x^2[n]\right)$$

最大。很容易证明，

$$\hat{\sigma_0^2} = \frac{1}{N} \sum_{n=0}^{N-1} x^2[n]$$

所以

$$p(\mathbf{x}; \hat{\sigma_0^2}, \mathcal{H}_0) = \frac{1}{(2\pi\hat{\sigma_0^2})^{\frac{N}{2}}} \exp\left(-\frac{N}{2}\right)$$

这样，我们有

$$L_G(\mathbf{x}) = \left(\frac{\hat{\sigma_0^2}}{\hat{\sigma_1^2}}\right)^{\frac{N}{2}}$$

或等价于

$$2\ln L_G(\mathbf{x}) = N\ln\frac{\hat{\sigma_0^2}}{\hat{\sigma_1^2}} \tag{6.17}$$

从本质上讲，如果对信号数据拟合 $\hat{A} = \bar{x}$ 产生的误差 $\hat{\sigma_1^2} = (1/N)\sum_{n=0}^{N-1}(x[n] - \hat{A})^2$ 比无信号的数据拟合产生的误差 $\hat{\sigma_0^2} = (1/N)\sum_{n=0}^{N-1}x^2[n]$ 要小，则 GLRT 应该判 $\mathcal{H}_1$。更为直观的形式求得如下，因为

$$
\begin{aligned}
\hat{\sigma_1^2} &= \frac{1}{N}\sum_{n=0}^{N-1}(x[n]-\bar{x})^2 = \frac{1}{N}\sum_{n=0}^{N-1}(x^2[n] - 2x[n]\bar{x} + \bar{x}^2) \\
&= \frac{1}{N}\sum_{n=0}^{N-1}x^2[n] - \bar{x}^2 = \hat{\sigma_0^2} - \bar{x}^2
\end{aligned}
\tag{6.18}
$$

在(6.17)式中使用这一结果，我们有

$$2\ln L_G(\mathbf{x}) = N\ln\left(\frac{\hat{\sigma_1^2} + \bar{x}^2}{\hat{\sigma_1^2}}\right) = N\ln\left(1 + \frac{\bar{x}^2}{\hat{\sigma_1^2}}\right) \tag{6.19}$$

由于 $\ln(1+x)$ 是随 x 单调递增的，等效的检验统计量为

$$T(\mathbf{x}) = \frac{\bar{x}^2}{\hat{\sigma_1^2}} \tag{6.20}$$

与已知 σ^2 的情况进行比较，我们观察到 GLRT 是用 $\hat{\sigma_1^2}$ 归一化的统计量，而且门限也可以确定。由于在 $\mathcal{H}_0$ 条件下 $T(\mathbf{x})$ 的 PDF 与 σ^2 无关(参见例9.2)，因此门限与真实的 σ^2 值无关。如果我们令 $w[n] = \sigma u[n]$，就很容易证明这一点，其中 $u[n]$ 是方差为 1 的 WGN。那么，由(6.20)式，$x[n] = w[n]$(在 $\mathcal{H}_0$ 条件下)，我们有

$$T(\mathbf{x}) = \frac{\left(\frac{1}{N}\sum_{n=0}^{N-1}w[n]\right)^2}{\frac{1}{N}\sum_{n=0}^{N-1}(w[n]-\bar{w})^2} = \frac{\left(\frac{1}{N}\sum_{n=0}^{N-1}\sigma u[n]\right)^2}{\frac{1}{N}\sum_{n=0}^{N-1}(\sigma u[n]-\sigma\bar{u})^2} = \frac{\left(\frac{1}{N}\sum_{n=0}^{N-1}u[n]\right)^2}{\frac{1}{N}\sum_{n=0}^{N-1}(u[n]-\bar{u})^2}$$

它的 PDF 并不依赖于 σ^2。类似地，由(6.19)式给出的 $2\ln L_G(\mathbf{x})$ 在 $\mathcal{H}_0$ 条件下的 PDF 与 σ^2 无关。(6.19)式的 GLRT 检测性能要比 σ^2 已知时的检测性能稍稍差一点。令人惊讶的是，如果 N 足够大，性能的衰减是相当小的。在下一节我们将探讨大数据记录的性能。

6.5　大数据记录时 GLRT 的性能

对于大数据记录或者渐近($N\to\infty$)的情况下，GLRT 的检测性能很容易求出来。这允许我们设置门限以及确定检测概率，渐近表达式成立的条件是

1. 当数据记录大、信号是弱的时(参见 1.5 节);
2. MLE 达到它的 PDF(参见本书卷 I 的第 130 页)。

当复合假设检验问题能够重写为 PDF 的参数检验问题时,定理是有效的,附录 6A ~ 附录 6C 给出了简要证明。

考虑一个 PDF $p(\mathbf{x};\boldsymbol{\theta})$,其中 $\boldsymbol{\theta}$ 是 $p \times 1$ 的未知参数矢量,$\boldsymbol{\theta}$ 可划分为

$$\boldsymbol{\theta} = \begin{bmatrix} \boldsymbol{\theta}_r \\ \boldsymbol{\theta}_s \end{bmatrix} = \begin{bmatrix} r \times 1 \\ s \times 1 \end{bmatrix}$$

其中 $p = r + s$。我们希望检验是 $\boldsymbol{\theta}_r = \boldsymbol{\theta}_{r_0}$ 还是与此相反的 $\boldsymbol{\theta}_r \neq \boldsymbol{\theta}_{r_0}$。参数矢量 $\boldsymbol{\theta}_s$ 是多余参数集,多余参数集是未知的,但在每一种假设下是相同的。因此,参数检验是

$$\begin{aligned} \mathcal{H}_0 &: \boldsymbol{\theta}_r = \boldsymbol{\theta}_{r_0}, \boldsymbol{\theta}_s \\ \mathcal{H}_1 &: \boldsymbol{\theta}_r \neq \boldsymbol{\theta}_{r_0}, \boldsymbol{\theta}_s \end{aligned} \tag{6.21}$$

对本问题的 GLRT,如果
$$L_G(\mathbf{x}) = \frac{p(\mathbf{x}; \hat{\boldsymbol{\theta}}_{r_1}, \hat{\boldsymbol{\theta}}_{s_1}, \mathcal{H}_1)}{p(\mathbf{x}; \boldsymbol{\theta}_{r_0}, \hat{\boldsymbol{\theta}}_{s_0}, \mathcal{H}_0)} > \gamma \tag{6.22}$$

则判 $\mathcal{H}_1$,其中 $\hat{\boldsymbol{\theta}}_1 = [\hat{\boldsymbol{\theta}}_{r_1}^T \hat{\boldsymbol{\theta}}_{s_1}^T]^T$ 是在 $\mathcal{H}_1$ 条件下 $\boldsymbol{\theta}$ 的 MLE,称为无约束(unrestricted) MLE,而 $\hat{\boldsymbol{\theta}}_{s_0}$ 是在 $\mathcal{H}_0$ 条件下或 $\boldsymbol{\theta}_r = \boldsymbol{\theta}_{r_0}$ 的条件下 $\boldsymbol{\theta}_s$ 的 MLE,称为有约束(restricted) MLE。那么,当 $N \to \infty$ 时,修正的 GLRT 检验 $2\ln L_G(\mathbf{x})$ 有 PDF

$$2\ln L_G(\mathbf{x}) \overset{a}{\sim} \begin{cases} \chi_r^2 & \text{在 } \mathcal{H}_0 \text{ 条件下} \\ \chi_r'^2(\lambda) & \text{在 } \mathcal{H}_1 \text{ 条件下} \end{cases} \tag{6.23}$$

其中"a"表示渐近 PDF,χ_r^2 表示 r 个自由度的 chi 平方 PDF,$\chi_r'^2(\lambda)$ 表示 r 个自由度的非中心 chi 平方 PDF,非中心参量为 λ(参见第 2 章),即

$$\begin{aligned} \lambda = (\boldsymbol{\theta}_{r_1} - \boldsymbol{\theta}_{r_0})^T \Big[&\mathbf{I}_{\theta_r \theta_r}(\boldsymbol{\theta}_{r_0}, \boldsymbol{\theta}_s) \\ &- \mathbf{I}_{\theta_r \theta_s}(\boldsymbol{\theta}_{r_0}, \boldsymbol{\theta}_s) \mathbf{I}_{\theta_s \theta_s}^{-1}(\boldsymbol{\theta}_{r_0}, \boldsymbol{\theta}_s) \mathbf{I}_{\theta_s \theta_r}(\boldsymbol{\theta}_{r_0}, \boldsymbol{\theta}_s) \Big](\boldsymbol{\theta}_{r_1} - \boldsymbol{\theta}_{r_0}) \end{aligned} \tag{6.24}$$

其中 $\boldsymbol{\theta}_{r_1}$ 是 $\mathcal{H}_1$ 条件下 $\boldsymbol{\theta}_r$ 的真实值,$\boldsymbol{\theta}_s$ 是参数的真实值(在 $\mathcal{H}_0$ 和 $\mathcal{H}_1$ 条件下是相同的)。(6.24)式的矩阵是 Fisher 信息矩阵 $\mathbf{I}(\boldsymbol{\theta})$ 的划分(参见本书卷 I 的第 29 页),它们由下式定义,

$$\mathbf{I}(\boldsymbol{\theta}) = \mathbf{I}(\boldsymbol{\theta}_r, \boldsymbol{\theta}_s) = \begin{bmatrix} \mathbf{I}_{\theta_r \theta_r}(\boldsymbol{\theta}_r, \boldsymbol{\theta}_s) & \mathbf{I}_{\theta_r \theta_s}(\boldsymbol{\theta}_r, \boldsymbol{\theta}_s) \\ \mathbf{I}_{\theta_s \theta_r}(\boldsymbol{\theta}_r, \boldsymbol{\theta}_s) & \mathbf{I}_{\theta_s \theta_s}(\boldsymbol{\theta}_r, \boldsymbol{\theta}_s) \end{bmatrix} = \begin{bmatrix} r \times r & r \times s \\ s \times r & s \times s \end{bmatrix} \tag{6.25}$$

由于在 $\mathcal{H}_0$ 条件下渐近 PDF 并不依赖于任何未知参数,为了维持一个恒定的 P_{FA},可以求出要求的门限,这种类型的检测器称为恒虚警率(constant false alarm rate, CFAR)检测器。总体来说,CFAR 性质只对大数据记录成立。对于无多余参数,$\boldsymbol{\theta}$ 是 $r \times 1$ 维的。假设检验变成

$$\begin{aligned} \mathcal{H}_0 &: \boldsymbol{\theta} = \boldsymbol{\theta}_0 \\ \mathcal{H}_1 &: \boldsymbol{\theta} \neq \boldsymbol{\theta}_0 \end{aligned} \tag{6.26}$$

渐近 PDF 由(6.23)式给出,而

$$\lambda = (\boldsymbol{\theta}_1 - \boldsymbol{\theta}_0)^T \mathbf{I}(\boldsymbol{\theta}_0)(\boldsymbol{\theta}_1 - \boldsymbol{\theta}_0) \tag{6.27}$$

其中 $\boldsymbol{\theta}_1$ 是在 $\mathcal{H}_1$ 条件下 $\boldsymbol{\theta}$ 的真实值。注意当多余参数出现时,非中心参量减少,因而 P_D 减少。通过将无多余参数的 λ[即(6.27)式]与有多余参数的 λ[即(6.24)式]进行比较就可以看到这一点,这是检测器中必须估计额外的参数所付出的代价。现在,我们用一些例子来说明渐近性能。

例 6.6 WGN 中具有未知幅度的 DC 电平

我们参考例 6.4，那里我们看到，对于未知幅度（无多余参数），我们有 $\boldsymbol{\theta} = A$ 和 $\boldsymbol{\theta}_0 = 0$，所以 $r = 1$。由 (6.23) 式和 (6.27) 式可以得到修正 GLRT 统计量的渐近 PDF（参见例 6.4），

$$2 \ln L_G(\mathbf{x}) = \frac{N \bar{x}^2}{\sigma^2} \overset{a}{\sim} \begin{cases} \chi_1^2 & \text{在 } \mathcal{H}_0 \text{ 条件下} \\ \chi_1'^2(\lambda) & \text{在 } \mathcal{H}_1 \text{ 条件下} \end{cases}$$

其中 $\lambda = A^2 I(0)$，而 $I(A) = N/\sigma^2$（参见本书卷 I 的第 22 页 ~ 第 23 页），所以

$$\lambda = \frac{N A^2}{\sigma^2}$$

对于这样一种特殊情况，由于

$$\bar{x} \sim \begin{cases} \mathcal{N}(0, \frac{\sigma^2}{N}) & \text{在 } \mathcal{H}_0 \text{ 条件下} \\ \mathcal{N}(A, \frac{\sigma^2}{N}) & \text{在 } \mathcal{H}_1 \text{ 条件下} \end{cases}$$

所以对于有限数据记录渐近 PDF 是精确成立的，因此，

$$\frac{\bar{x}}{\sigma/\sqrt{N}} \sim \begin{cases} \mathcal{N}(0, 1) & \text{在 } \mathcal{H}_0 \text{ 条件下} \\ \mathcal{N}(\frac{\sqrt{N}A}{\sigma}, 1) & \text{在 } \mathcal{H}_1 \text{ 条件下} \end{cases}$$

平方统计量在 $\mathcal{H}_0$ 条件下产生 χ_1^2 随机变量，在 $\mathcal{H}_1$ 条件下产生 $\chi_1'^2(\lambda)$ 随机变量。这个例子的结果不仅仅是一种巧合，可以证明，对于经典线性模型，本例是一个特殊情况，渐近统计特性对于有限数据记录是精确的（参见习题 6.15 ~ 习题 6.17）。

例 6.7 WGN 中具有未知幅度与方差的 DC 电平

我们参考例 6.5，从 (6.16) 式可以看出，$\boldsymbol{\theta} = \begin{bmatrix} A & \sigma^2 \end{bmatrix}^T$，所以 $\boldsymbol{\theta}_r = A$，$\boldsymbol{\theta}_{r_0} = 0$，$\boldsymbol{\theta}_s = \sigma^2$；另外 $p = 2$，$r = s = 1$。这样根据 (6.23) 式和 (6.24) 式，渐近 PDF 是

$$2 \ln L_G(\mathbf{x}) = N \ln \left(1 + \frac{\bar{x}^2}{\hat{\sigma_1^2}} \right) \sim \begin{cases} \chi_1^2 & \text{在 } \mathcal{H}_0 \text{ 条件下} \\ \chi_1'^2(\lambda) & \text{在 } \mathcal{H}_1 \text{ 条件下} \end{cases} \tag{6.28}$$

其中

$$\lambda = A^2 \left[I_{AA}(0, \sigma^2) - I_{A\sigma^2}(0, \sigma^2) I_{\sigma^2\sigma^2}^{-1}(0, \sigma^2) I_{\sigma^2 A}(0, \sigma^2) \right]$$

但是，根据（参见本书卷 I 的第 30 页）

$$\mathbf{I}(\boldsymbol{\theta}) = \begin{bmatrix} \dfrac{N}{\sigma^2} & 0 \\ 0 & \dfrac{N}{2\sigma^4} \end{bmatrix}$$

于是，$I_{AA}(0, \sigma^2) = N/\sigma^2$，$I_{A\sigma^2}(0, \sigma^2) = I_{\sigma^2 A}(0, \sigma^2) = 0$，且

$$\lambda = \frac{N A^2}{\sigma^2}$$

和前面的结果一样，然而在例 6.6 中，PDF 是精确的，现在只在大数据记录时才是有效的。有趣的是，我们注意到，对于大的 N，GLRT 性能是相同的，无论 σ^2 是否已知（参见例 6.6）。这是因为 Fisher 信息矩阵的对角性质，我们将在第 9 章进一步探讨这一结果。为了弄清楚对于有限数据记录，大数据记录的近似性能是怎样的，我们将 (6.28) 式给出的 GLRT 的接收机工作特性（ROC）与蒙特卡洛计算机模拟得到的 ROC 进行比较。通过观察一个自由度为 1 和非中心参量为 λ 的非中心 chi 平方随机变量 y，y 是随机变量 x 的平方，$x \sim \mathcal{N}(\sqrt{\lambda}, 1)$，我们就可以求出基于渐近 PDF 的 ROC。这样，在 $\mathcal{H}_0$ 条件下，

$$P_{FA} = \Pr\{y > \gamma'; \mathcal{H}_0\} = \Pr\{x > \sqrt{\gamma'}; \mathcal{H}_0\} + \Pr\{x < -\sqrt{\gamma'}; \mathcal{H}_0\} = 2Q(\sqrt{\gamma'})$$

类似地,可以证明,$\qquad P_D = Q(\sqrt{\gamma'} - \sqrt{\lambda}) + Q(\sqrt{\gamma'} + \sqrt{\lambda})$

或者最后有
$$P_D = Q\left(Q^{-1}\left(\frac{P_{FA}}{2}\right) - \sqrt{\lambda}\right) + Q\left(Q^{-1}\left(\frac{P_{FA}}{2}\right) + \sqrt{\lambda}\right) \qquad (6.29)$$

其中 $\lambda = NA^2/\sigma^2$。为了将(6.29)式的渐近性能与通过计算机蒙特卡洛模拟得到的真实性能进行比较,我们选择 $\lambda = 5, \sigma^2 = 1$。那么,对于 $N = 10$,我们选择 $A = \sqrt{\lambda\sigma^2/N} = \sqrt{5/10}$;对于 $N = 30$,我们选择 $A = \sqrt{\lambda\sigma^2/N} = \sqrt{5/30}$,所以由(6.29)式给出的 P_D 是相同的。当 N 增加时,这允许我们进行直接的比较。图 6.5(a)给出了 $N = 10$ 的结果,图 6.5(b)给出了 $N = 30$ 的结果。虚线是理论的渐近 ROC[由(6.29)式给出],实线是计算机产生的结果。可以看出理论渐近性能较好地概括了 $N = 30$ 个样本的数据记录的实际性能。

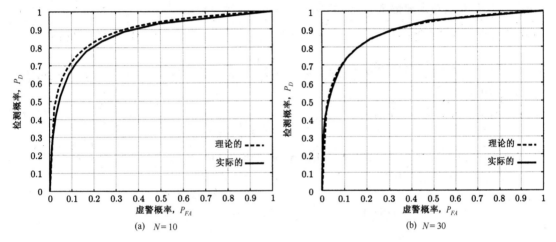

图 6.5　GLRT 理论渐近性能与实际性能的比较

6.6　等效大数据记录检验

有两个其他的检验具有与 GLRT 相同的渐近($N \to \infty$)检测性能,然而对于有限数据记录不能保证其性能是相同的。它们主要的优点是这些渐近统计量可以很容易地计算。Rao 检验正是这样的,因为它不必确定 $\mathcal{H}_1$ 条件下的 MLE,只需要计算 $\mathcal{H}_0$ 条件下的 MLE。附录 6A、附录 6B 概括了这些统计量的推导,下面对这些结论进行小结。

首先考虑没有多余参数的情况,我们希望检验
$$\begin{aligned}\mathcal{H}_0 &: \boldsymbol{\theta} = \boldsymbol{\theta}_0 \\ \mathcal{H}_1 &: \boldsymbol{\theta} \neq \boldsymbol{\theta}_0\end{aligned}$$

其中 $\boldsymbol{\theta}$ 是 $r \times 1$ 的参数矢量,如果
$$T_W(\mathbf{x}) = (\hat{\boldsymbol{\theta}}_1 - \boldsymbol{\theta}_0)^T \mathbf{I}(\hat{\boldsymbol{\theta}}_1)(\hat{\boldsymbol{\theta}}_1 - \boldsymbol{\theta}_0) > \gamma \qquad (6.30)$$

Wald 检验判 $\mathcal{H}_1$。其中 $\hat{\boldsymbol{\theta}}_1$ 是 $\mathcal{H}_1$ 条件下 $\boldsymbol{\theta}$ 的 MLE,或者等效于 $\boldsymbol{\theta}$ 在参数空间无约束的 MLE。注意,$T_W(\mathbf{x})$ 的计算可能要比 GLRT 简单,广义似然比为
$$L_G(\mathbf{x}) = \frac{p(\mathbf{x}; \hat{\boldsymbol{\theta}}_1, \mathcal{H}_1)}{p(\mathbf{x}; \boldsymbol{\theta}_0, \mathcal{H}_0)}$$

要求计算 PDF，如果

$$T_{\mathrm{R}}(\mathbf{x}) = \left.\frac{\partial \ln p(\mathbf{x}; \boldsymbol{\theta})}{\partial \boldsymbol{\theta}}\right|_{\boldsymbol{\theta}=\boldsymbol{\theta}_0}^T \mathbf{I}^{-1}(\boldsymbol{\theta}_0) \left.\frac{\partial \ln p(\mathbf{x}; \boldsymbol{\theta})}{\partial \boldsymbol{\theta}}\right|_{\boldsymbol{\theta}=\boldsymbol{\theta}_0} > \gamma \qquad (6.31)$$

则 Rao 检验判 $\mathcal{H}_1$。在(6.31)式中，由于假定在 $\mathcal{H}_0$ 和 $\mathcal{H}_1$ 条件下 PDF 只有 $\boldsymbol{\theta}$ 的取值不同，因此在 PDF 的表达式中我们省略了 $\mathcal{H}_i$。另外，当 PDF 以 $\boldsymbol{\theta}$ 为参数时就不必这样做，对于这种检验，在 $\mathcal{H}_1$ 条件下不需求 MLE。为了在 $\mathcal{H}_1$ 条件下计算 $\boldsymbol{\theta}$ 的 MLE，当

$$\frac{\partial \ln p(\mathbf{x}; \boldsymbol{\theta})}{\partial \boldsymbol{\theta}} = \mathbf{0}$$

不容易求解时上述优点是很明显的。在三种检验中，Rao 检验计算是最简单的。我们用一个例子来说明这些检验。

例6.8　WGN 中具有未知幅度的 DC 电平——Wald 和 Rao 检验

从例 6.4 我们有检验

$$\begin{aligned} \mathcal{H}_0 &: A = 0 \\ \mathcal{H}_1 &: A \neq 0 \end{aligned}$$

所以 $\boldsymbol{\theta} = A$，$\boldsymbol{\theta}_0 = 0$。通过令 $\hat{\boldsymbol{\theta}}_1 = \hat{A} = \bar{x}$ 和 $\mathbf{I}(\hat{\boldsymbol{\theta}}_1) = I(\hat{A}) = N/\sigma^2$，可以求得 Wald 检验。那么，由(6.30)式如果

$$T_{\mathrm{W}}(\mathbf{x}) = \frac{N\bar{x}^2}{\sigma^2} > \gamma$$

Wald 检验判 $\mathcal{H}_1$，上式与 GLRT 或 $2\ln L_G(\mathbf{x})$ 是相同的。Rao 检验要求我们求对数似然比的导数而不是 A 的 MLE。由于

$$p(\mathbf{x}; A) = \frac{1}{(2\pi\sigma^2)^{\frac{N}{2}}} \exp\left[-\frac{1}{2\sigma^2} \sum_{n=0}^{N-1} (x[n] - A)^2\right]$$

我们有

$$\frac{\partial \ln p(\mathbf{x}; A)}{\partial A} = \frac{1}{\sigma^2} \sum_{n=0}^{N-1} (x[n] - A)$$

和

$$\left.\frac{\partial \ln p(\mathbf{x}; A)}{\partial A}\right|_{A=0} = \frac{N\bar{x}}{\sigma^2}$$

另外，$\mathbf{I}(\boldsymbol{\theta}_0) = I(A=0) = N/\sigma^2$。这样，由(6.31)式，

$$T_{\mathrm{R}}(\mathbf{x}) = \left(\frac{N\bar{x}}{\sigma^2}\right)^2 \frac{\sigma^2}{N} = \frac{N\bar{x}^2}{\sigma^2} > \gamma$$

也是与 GLRT 相同的。事实上，这个例子是线性模型的特殊情况，对于线性模型的所有三种检验统计量都是相同的(参见习题 6.15)。通常，这三种检验将产生不同的统计量。备选检验的优势在于对非线性信号模型[Seber and Wild 1989]和/或对非高斯噪声的假设检验问题。后一种情况将在下一个例子中讨论。

例6.9　非高斯噪声中的 DC 电平——Rao 检验

我们希望在独立同分布的非高斯噪声中检测未知 DC 电平，或者

$$\begin{aligned} \mathcal{H}_0 &: x[n] = w[n] & n = 0, 1, \ldots, N-1 \\ \mathcal{H}_1 &: x[n] = A + w[n] & n = 0, 1, \ldots, N-1 \end{aligned}$$

其中 A 是未知的，$-\infty < A < \infty$，$\{w[0], w[1], \ldots, w[N-1]\}$ 是 IID，具有非高斯 PDF

$$p(w[n]) = \frac{1}{a\sigma\Gamma(\frac{5}{4})2^{\frac{5}{4}}} \exp\left[-\frac{1}{2}\left(\frac{w[n]}{a\sigma}\right)^4\right] \qquad -\infty < w[n] < \infty$$

常数 a 是
$$a = \left(\frac{\Gamma(\frac{1}{4})}{\sqrt{2}\Gamma(\frac{3}{4})}\right)^{\frac{1}{2}} = 1.4464$$

这个 PDF 称为广义高斯的或者指数类 PDF[Box and Tiao 1973]。它的均值是零, 方差为 σ^2, 假定方差是已知的。图 6.6 给出了 $\sigma^2 = 1$ 的 PDF 以及 $\mathcal{N}(0,1)$ PDF。检测问题等价于 PDF

$$p(\mathbf{x}; A) = c^N \prod_{n=0}^{N-1} \exp\left[-\frac{1}{2}\left(\frac{x[n]-A}{a\sigma}\right)^4\right] = c^N \exp\left[-\frac{1}{2}\sum_{n=0}^{N-1}\left(\frac{x[n]-A}{a\sigma}\right)^4\right] \quad (6.32)$$

的参数检验问题, 其中
$$c = \frac{1}{a\sigma\Gamma(\frac{5}{4})2^{\frac{5}{4}}}$$

又
$$\mathcal{H}_0 : A = 0$$
$$\mathcal{H}_1 : A \neq 0$$

现在, 由于噪声的非高斯特性, MLE 不容易求得, 为此, 我们必须使

$$J(A) = \sum_{n=0}^{N-1}(x[n]-A)^4$$

最小, 这会导出三次方程的求解问题, 求得方程的根使 $J(A)$ 最小。如果

$$L_G(\mathbf{x}) = \frac{p(\mathbf{x}; \hat{A})}{p(\mathbf{x}; 0)} > \gamma$$

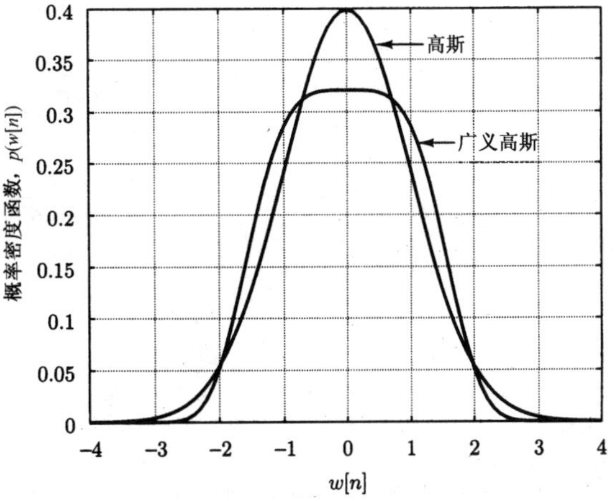

图 6.6　广义高斯 PDF 与高斯 PDF 的比较

GLRT 判 $\mathcal{H}_1$, 或者

$$L_G(\mathbf{x}) = \frac{\exp\left[-\frac{1}{2}\sum_{n=0}^{N-1}\left(\frac{x[n]-\hat{A}}{a\sigma}\right)^4\right]}{\exp\left[-\frac{1}{2}\sum_{n=0}^{N-1}\left(\frac{x[n]}{a\sigma}\right)^4\right]}$$

取对数得
$$2\ln L_G(\mathbf{x}) = \sum_{n=0}^{N-1}\left(\frac{x[n]}{a\sigma}\right)^4 - \sum_{n=0}^{N-1}\left(\frac{x[n]-\hat{A}}{a\sigma}\right)^4 > 2\ln\gamma$$

或者如果
$$\max_A\left[\sum_{n=0}^{N-1}x^4[n] - \sum_{n=0}^{N-1}(x[n]-A)^4\right] > 2a^4\sigma^4\ln\gamma = \gamma'$$

我们判 $\mathcal{H}_1$, 这要求关于 A 的最大值。另一方面, Rao 检验不存在, 由(6.31)式, 利用 $\boldsymbol{\theta} = A$ 和 $\boldsymbol{\theta}_0 = 0$, 我们有

$$T_R(\mathbf{x}) = \frac{\left(\left.\dfrac{\partial\ln p(\mathbf{x}; A)}{\partial A}\right|_{A=0}\right)^2}{I(A=0)}$$

但是，由(6.32)式，

$$\frac{\partial \ln p(\mathbf{x}; A)}{\partial A} = -2 \sum_{n=0}^{N-1} \left(\frac{x[n] - A}{a\sigma} \right)^3 \left(-\frac{1}{a\sigma} \right) = \frac{2}{a\sigma} \sum_{n=0}^{N-1} \left(\frac{x[n] - A}{a\sigma} \right)^3 \tag{6.33}$$

和

$$\left. \frac{\partial \ln p(\mathbf{x}; A)}{\partial A} \right|_{A=0} = \frac{2}{a^4 \sigma^4} \sum_{n=0}^{N-1} x^3[n]$$

另外(参见本书卷 I 的第 23 页)，

$$I(A) = -E\left[\frac{\partial^2 \ln p(\mathbf{x}; A)}{\partial A^2} \right]$$

所以由(6.33)式，

$$I(A) = -E\left[\frac{6}{a\sigma} \sum_{n=0}^{N-1} \left(\frac{x[n] - A}{a\sigma} \right)^2 \left(-\frac{1}{a\sigma} \right) \right]$$

$$= \frac{6}{a^4 \sigma^4} E\left[\sum_{n=0}^{N-1} (x[n] - A)^2 \right] = \frac{6N}{a^4 \sigma^2}$$

与 A 无关。因此，

$$T_{\mathrm{R}}(\mathbf{x}) = \frac{\left(\dfrac{2}{a^4 \sigma^4} \displaystyle\sum_{n=0}^{N-1} x^3[n] \right)^2}{\dfrac{6N}{a^4 \sigma^2}} = \frac{\frac{2}{3} N}{a^4 \sigma^6} \left(\frac{1}{N} \sum_{n=0}^{N-1} x^3[n] \right)^2$$

注意，统计量为三阶矩的平方乘以一个比例因子。由于 PDF 是对称的，在 $\mathcal{H}_0$ 条件下，$E(x^3[n] = 0)$；而在 $\mathcal{H}_1$ 条件下，它是非零的。

最后，注意到 Rao 检验的渐近 PDF 与 GLRT 的相同，根据(6.23)式和(6.27)式，有

$$T_{\mathrm{R}}(\mathbf{x}) \overset{a}{\sim} \begin{cases} \chi_1^2 & \text{在 } \mathcal{H}_0 \text{ 条件下} \\ \chi_1'^2(\lambda) & \text{在 } \mathcal{H}_1 \text{ 条件下} \end{cases}$$

其中 $\lambda = A^2 I(A = 0) = 6NA^2/(a^4 \sigma^2)$。相对于相同方差的高斯噪声(参见例 6.6)，由于 $6/a^4 > 1$，因而非中心参量大，检测性能将更好。这是因为对于 $A = 0$，可以证明当噪声是高斯的时候，$I(A)$ 将达到最小(参见习题 6.20)。

下面，我们给出当出现多余参数时的 Rao 检验和 Wald 检验。考虑(6.21)式的参数检验问题，那么正如在附录 6B 中证明的那样，Wald 检验是

$$T_{\mathrm{W}}(\mathbf{x}) = (\hat{\boldsymbol{\theta}}_{r_1} - \boldsymbol{\theta}_{r_0})^T \left(\left[\mathbf{I}^{-1}(\hat{\boldsymbol{\theta}}_1) \right]_{\theta_r \theta_r} \right)^{-1} (\hat{\boldsymbol{\theta}}_{r_1} - \boldsymbol{\theta}_{r_0}) \tag{6.34}$$

其中 $\hat{\boldsymbol{\theta}}_1 = [\hat{\boldsymbol{\theta}}_{r_1}^T\ \hat{\boldsymbol{\theta}}_{s_1}^T]^T$ 是在 $\mathcal{H}_1$ 条件下 $\boldsymbol{\theta}$ 的 MLE[无约束的 MLE 或者在 $\boldsymbol{\theta}_r$、$\boldsymbol{\theta}_s$ 上使 $p(\mathbf{x}; \boldsymbol{\theta}) = p(\mathbf{x}; \boldsymbol{\theta}_r, \boldsymbol{\theta}_s)$ 达到最大]，并且 $[\mathbf{I}^{-1}(\boldsymbol{\theta})]_{\theta_r \theta_r}$ 是 $\mathbf{I}^{-1}(\boldsymbol{\theta})$ 的 $r \times r$ 的左上分块矩阵，特别是

$$\left[\mathbf{I}^{-1}(\boldsymbol{\theta}) \right]_{\theta_r \theta_r} = \left(\mathbf{I}_{\theta_r \theta_r}(\boldsymbol{\theta}) - \mathbf{I}_{\theta_r \theta_s}(\boldsymbol{\theta}) \mathbf{I}_{\theta_s \theta_s}^{-1}(\boldsymbol{\theta}) \mathbf{I}_{\theta_s \theta_r}(\boldsymbol{\theta}) \right)^{-1}$$

其中矩阵定义在(6.25)式中。Rao 检验是

$$T_{\mathrm{R}}(\mathbf{x}) = \left. \frac{\partial \ln p(\mathbf{x}; \boldsymbol{\theta})}{\partial \boldsymbol{\theta}_r} \right|_{\boldsymbol{\theta} = \tilde{\boldsymbol{\theta}}}^T \left[\mathbf{I}^{-1}(\tilde{\boldsymbol{\theta}}) \right]_{\theta_r \theta_r} \left. \frac{\partial \ln p(\mathbf{x}; \boldsymbol{\theta})}{\partial \boldsymbol{\theta}_r} \right|_{\boldsymbol{\theta} = \tilde{\boldsymbol{\theta}}} \tag{6.35}$$

其中 $\tilde{\boldsymbol{\theta}} = [\boldsymbol{\theta}_{r_0}^T \ \hat{\boldsymbol{\theta}}_{s_0}^T]^T$ 是在 $\mathcal{H}_0$ 条件下 $\boldsymbol{\theta}$ 的 MLE[约束的 MLE 或者在 $\boldsymbol{\theta}_s$ 上使 $p(\mathbf{x};\boldsymbol{\theta}_{r_0},\boldsymbol{\theta}_s)$ 达到最大]。每个统计量具有像 GLRT 或 $2\ln L_G(\mathbf{x})$ 一样的渐近 PDF。很显然，Rao 检验由于只要求计算在 $\mathcal{H}_0$ 条件下的 MLE，因此计算起来是最简单的。我们用一个例子来说明这一点。

例 6.10　WGN 中具有未知幅度和方差的 DC 电平——Rao 检验

参考例 6.5，我们有如下参数检验

$$\mathcal{H}_0 : A = 0, \quad \sigma^2 > 0$$
$$\mathcal{H}_1 : A \neq 0, \quad \sigma^2 > 0$$

所以 $\boldsymbol{\theta} = [A \ \sigma^2]^T$，$\boldsymbol{\theta}_r = A$，$\boldsymbol{\theta}_s = \sigma^2$。此外，在 $\mathcal{H}_0$ 条件下，$A = 0$，所以 $\tilde{\boldsymbol{\theta}} = [0 \ \hat{\sigma_0^2}]^T$，其中 $\hat{\sigma_0^2}$ 是在 $\mathcal{H}_0$ 或者 $A = 0$ 条件下 σ^2 的 MLE。由 (6.35) 式，Rao 检验是

$$T_{\mathrm{R}}(\mathbf{x}) = \frac{\partial \ln p(\mathbf{x};A,\sigma^2)}{\partial A}\bigg|_{A=0,\sigma^2=\hat{\sigma_0^2}}^2 \left[\mathbf{I}^{-1}(\tilde{\boldsymbol{\theta}})\right]_{AA}$$

从例 6.5，我们有 $\hat{\sigma_0^2} = (1/N)\sum_{n=0}^{N-1} x^2[n]$。现在，

$$p(\mathbf{x};A,\sigma^2) = \frac{1}{(2\pi\sigma^2)^{\frac{N}{2}}} \exp\left[-\frac{1}{2\sigma^2}\sum_{n=0}^{N-1}(x[n]-A)^2\right]$$

和

$$\frac{\partial \ln p(\mathbf{x};A,\sigma^2)}{\partial A} = \frac{1}{\sigma^2}\sum_{n=0}^{N-1}(x[n]-A)$$

计算在 $A = 0$ 和 $\sigma^2 = \hat{\sigma_0^2}$ 时的值，上式变成

$$\frac{\partial \ln p(\mathbf{x};A,\sigma^2)}{\partial A}\bigg|_{A=0,\sigma^2=\hat{\sigma_0^2}} = \frac{N\bar{x}}{\hat{\sigma_0^2}}$$

另外，

$$\left[\mathbf{I}^{-1}(\tilde{\boldsymbol{\theta}})\right]_{AA} = \left(I_{AA}(\tilde{\boldsymbol{\theta}}) - I_{A\sigma^2}(\tilde{\boldsymbol{\theta}})I_{\sigma^2\sigma^2}^{-1}(\tilde{\boldsymbol{\theta}})I_{\sigma^2 A}(\tilde{\boldsymbol{\theta}})\right)^{-1}$$

利用

$$\mathbf{I}(\boldsymbol{\theta}) = \begin{bmatrix} \dfrac{N}{\sigma^2} & 0 \\ 0 & \dfrac{N}{2\sigma^4} \end{bmatrix}$$

是很容易计算的，由于 $I_{A\sigma^2}(\boldsymbol{\theta}) = 0$，我们有

$$\left[\mathbf{I}^{-1}(\tilde{\boldsymbol{\theta}})\right]_{AA} = I_{AA}^{-1}(\tilde{\boldsymbol{\theta}}) = \frac{\hat{\sigma_0^2}}{N}$$

这样，

$$T_{\mathrm{R}}(\mathbf{x}) = \left(\frac{N\bar{x}}{\hat{\sigma_0^2}}\right)^2 \frac{\hat{\sigma_0^2}}{N} = \frac{N\bar{x}^2}{\hat{\sigma_0^2}}$$

对于本例，很容易证明 GLRT 与 Rao 检验统计量是渐近相同的。回想一下 (6.19) 式和 (6.18) 式的 GLRT 统计量，

$$2\ln L_G(\mathbf{x}) = N\ln\left(1 + \frac{\bar{x}^2}{\hat{\sigma_1^2}}\right) = N\ln\frac{1}{1 - \dfrac{\bar{x}^2}{\hat{\sigma_0^2}}}$$

如果 $\bar{x}^2/\hat{\sigma_0^2} \ll 1$，由于对于 $x \ll 1$，$\ln(1/(1-x)) \approx x$，因此这些统计量是相同的。但是对于大

的 N，在 $\mathcal{H}_0$ 条件下，$\bar{x}$ 趋向于 0，而在 $\mathcal{H}_1$ 下趋向于 A，其中假定 A 很小。然而对于有限数据记录，统计量稍微有点不同。当然，Rao 检验很容易确定，缺点是它的性能可能不如 GLRT 在有限数据记录时的性能。例如，对于产生图 6.5(a) 所使用的条件，我们求 Rao 检验的实际性能，取 $\lambda=5, \sigma^2=1, N=10, A=\sqrt{\lambda\sigma^2/N}$，我们将结果显示在图 6.7 中。理论渐近性能用虚线表示，GLRT 性能用虚线表示，Rao 检验用实线表示。甚至对于像 $N=10$ 那样短的样本，Rao 检验也得到与 GLRT 相同的性能，至少本例是这样的。

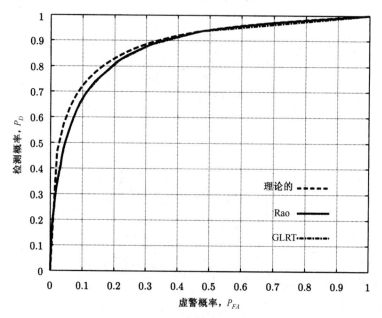

图 6.7　渐近等效检验的性能与理论性能的比较

6.7　局部最大势检测器

我们已经注意到，UMP 只有在参数检验是单边的时候才存在，即使单边检验得不到 UMP 检验，也可以求得渐近的 UMP 检验。假定被检验的参数是一个标量，且没有多余参数，这样的检验称为局部最大势（locally most powerful，LMP）检验。为了说明它的实现，考虑一个没有多余参数的单边参数检验的例子，

$$\mathcal{H}_0 : \theta = \theta_0$$
$$\mathcal{H}_1 : \theta > \theta_0$$

在 $\mathcal{H}_0$ 和 $\mathcal{H}_1$ 条件下的 PDF 以 θ 为参数，表示为 $p(\mathbf{x};\theta)$。如果我们希望检验靠近 θ_0 的 θ 值，那么 LMP 检验存在。在信号检测中，这要求规定 θ 是信号的幅度，且假定它的值较小（$\theta=A$ 和 $\theta_0=0$）。LMP 检验约束 P_{FA}，对于所有接近 θ_0 的 θ 值（$\theta>\theta_0$）使 P_D 最大。然而对于偏离 θ_0 较大的 θ 值，不能保证是最佳的，因此应该试用 GLRT。

为了推导 LMP 检验，我们首先考虑 NP 检验，或者如果

$$\frac{p(\mathbf{x};\theta)}{p(\mathbf{x};\theta_0)} > \gamma$$

我们判 $\mathcal{H}_1$。取对数得　　　　　　　$\ln p(\mathbf{x};\theta) - \ln p(\mathbf{x};\theta_0) > \ln\gamma$

假定 $\theta-\theta_0$ 小，我们使用 $\ln p(\mathbf{x};\theta)$ 在 $\theta=\theta_0$ 处的一阶泰勒级数展开，

$$\ln p(\mathbf{x}; \theta) = \ln p(\mathbf{x}; \theta_0) + \left. \frac{\partial \ln p(\mathbf{x}; \theta)}{\partial \theta} \right|_{\theta = \theta_0} (\theta - \theta_0)$$

所以，如果

$$\left. \frac{\partial \ln p(\mathbf{x}; \theta)}{\partial \theta} \right|_{\theta = \theta_0} (\theta - \theta_0) > \ln \gamma$$

我们判 $\mathcal{H}_1$，或者由于 $\theta > \theta_0$，如果

$$\left. \frac{\partial \ln p(\mathbf{x}; \theta)}{\partial \theta} \right|_{\theta = \theta_0} > \frac{\ln \gamma}{\theta - \theta_0} = \gamma'$$

我们判 $\mathcal{H}_1$。乘以因子的统计量

$$T_{\mathrm{LMP}}(\mathbf{x}) = \frac{\left. \dfrac{\partial \ln p(\mathbf{x}; \theta)}{\partial \theta} \right|_{\theta = \theta_0}}{\sqrt{I(\theta_0)}} \tag{6.36}$$

是 LMP 检验。使 P_D 最大是根据在弱信号条件下与 NP 检验的等效性得出的。另外，在附录 6E 中证明在 $\theta = \theta_0$ 处 P_D 的斜率最大。对于大数据记录，在附录 6D 中证明了

$$T_{\mathrm{LMP}}(\mathbf{x}) \overset{a}{\sim} \begin{cases} \mathcal{N}(0, 1) & \text{在 } \mathcal{H}_0 \text{ 条件下} \\ \mathcal{N}(\sqrt{I(\theta_0)}(\theta_1 - \theta_0), 1) & \text{在 } \mathcal{H}_1 \text{ 条件下} \end{cases} \tag{6.37}$$

其中 θ_1 是 $\mathcal{H}_1$ 条件下 θ 的真实值，$I(\theta_0)$ 是在 θ_0 计算的 Fisher 信息。注意

$$T_{\mathrm{LMP}}(\mathbf{x}) = \left. \frac{\partial \ln p(\mathbf{x}; \theta)}{\partial \theta} \right|_{\theta = \theta_0} \sqrt{I^{-1}(\theta_0)}$$

可以看成没有多余参数的标量单边 Rao 检验 [参见 (6.31) 式]。通常的 Rao 检验是双边检验，需要平方运算。最后，从 (6.37) 式我们可以看出 LMP 检验具有通常的均值偏移高斯 – 高斯检测器的检测性能（参见第 3 章），它的偏移系数为

$$d^2 = (\theta_1 - \theta_0)^2 I(\theta_0)$$

下面给出一个例子，也可以参见例 8.6。

例 6.11　相关检验

假定我们观测一个 IID 高斯矢量 $\{\mathbf{x}[0], \mathbf{x}[1], \ldots, \mathbf{x}[N-1]\}$，其中每一个 $\mathbf{x}[n]$ 是 2×1 维的。PDF 是 $\mathbf{x}[n] \sim \mathcal{N}(\mathbf{0}, \mathbf{C})$，其中

$$\mathbf{C} = \sigma^2 \begin{bmatrix} 1 & \rho \\ \rho & 1 \end{bmatrix}$$

或者 $\mathbf{x}[n]$ 是二维高斯变量。假定 σ^2 是已知的，我们要考察 $\rho = 0$ 还是 $\rho > 0$。假设检验是

$$\begin{aligned} \mathcal{H}_0 &: \rho = 0 \\ \mathcal{H}_1 &: \rho > 0 \end{aligned}$$

GLRT 要求求出 ρ 的 MLE。在本书卷 I 的习题 9.3 中表明需要求解三次方程，而且即使我们实现了 GLRT，由于参数检验的单边特性，渐近 PDF 也不能由 (6.23) 式给出（参见习题 6.23）。门限的选择变得很困难，因此我们转向 LMP 检验，假定 ρ 在 $\mathcal{H}_1$ 下是正的，且靠近零，这样我们有

$$p(\mathbf{x}; \rho) = \prod_{n=0}^{N-1} \frac{1}{2\pi \det^{\frac{1}{2}}(\mathbf{C})} \exp\left(-\frac{1}{2} \mathbf{x}^T[n] \mathbf{C}^{-1} \mathbf{x}[n] \right)$$

由于

$$\det(\mathbf{C}) = \sigma^4(1-\rho^2)$$

$$\mathbf{C}^{-1} = \frac{1}{\sigma^2(1-\rho^2)}\begin{bmatrix} 1 & -\rho \\ -\rho & 1 \end{bmatrix}$$

我们有
$$\ln p(\mathbf{x};\rho) = -N\ln 2\pi - \frac{N}{2}\ln\sigma^4(1-\rho^2) - \frac{1}{2\sigma^2}\sum_{n=0}^{N-1}\mathbf{x}^T[n]\mathbf{C}_0^{-1}\mathbf{x}[n]$$

其中
$$\mathbf{C}_0^{-1} = \begin{bmatrix} \dfrac{1}{1-\rho^2} & \dfrac{-\rho}{1-\rho^2} \\ \dfrac{-\rho}{1-\rho^2} & \dfrac{1}{1-\rho^2} \end{bmatrix}$$

求导得
$$\frac{\partial\ln p(\mathbf{x};\rho)}{\partial\rho} = \frac{N\rho}{1-\rho^2} - \frac{1}{2\sigma^2}\sum_{n=0}^{N-1}\mathbf{x}^T[n]\frac{\partial\mathbf{C}_0^{-1}}{\partial\rho}\mathbf{x}[n]$$

其中
$$\frac{\partial\mathbf{C}_0^{-1}}{\partial\rho} = \begin{bmatrix} \dfrac{2\rho}{(1-\rho^2)^2} & -\dfrac{1+\rho^2}{(1-\rho^2)^2} \\ -\dfrac{1+\rho^2}{(1-\rho^2)^2} & \dfrac{2\rho}{(1-\rho^2)^2} \end{bmatrix}$$

所以
$$\left.\frac{\partial\ln p(\mathbf{x};\rho)}{\partial\rho}\right|_{\rho=0} = -\frac{1}{2\sigma^2}\sum_{n=0}^{N-1}\mathbf{x}^T[n]\begin{bmatrix} 0 & -1 \\ -1 & 0 \end{bmatrix}\mathbf{x}[n]$$

令 $\mathbf{x}[n] = [x_1[n]\ x_2[n]]^T$，我们有

$$\left.\frac{\partial\ln p(\mathbf{x};\rho)}{\partial\rho}\right|_{\rho=0} = \frac{\displaystyle\sum_{n=0}^{N-1}x_1[n]x_2[n]}{\sigma^2}$$

可以证明（参见本书卷 I 的习题 3.15），

$$I(\rho) = \frac{N(1+\rho^2)}{(1-\rho^2)^2}$$

所以 $I(0) = N$，最后，根据 (6.36) 式，如果

$$T_{\text{LMP}}(\mathbf{x}) = \sqrt{N}\hat{\rho} > \gamma' \tag{6.38}$$

我们判 $\mathcal{H}_1$，其中
$$\hat{\rho} = \frac{\dfrac{1}{N}\displaystyle\sum_{n=0}^{N-1}x_1[n]x_2[n]}{\sigma^2}$$

是 ρ 的估计（尽管不是 MLE 估计）。渐近检测性能很容易从 (6.37) 式求得为

$$T_{\text{LMP}}(\mathbf{x}) \overset{a}{\sim} \begin{cases} \mathcal{N}(0,1) & \text{在 } \mathcal{H}_0 \text{ 条件下} \\ \mathcal{N}(\sqrt{N}\rho,1) & \text{在 } \mathcal{H}_1 \text{ 条件下} \end{cases}$$

注意偏移系数为 $d^2 = N\rho^2$。

6.8   多元假设检验

多元复合假设检验问题要比前面的二元复合假设情况复杂得多。我们不再应用在第 3 章中讨论的最佳贝叶斯方法，在那里我们看到对于一组等可能的假设，为了使错误概率 P_e 最小，应该

实现最大似然准则，这种准则选择使 $p(\mathbf{x}|\mathcal{H}_i)$ 最大的假设。假定可以给假设指定一个先验概率，当参数 $\boldsymbol{\theta}_i$ 的 PDF 未知时，这种方法就无法实现。我们把这种情况下的 PDF 表示为 $p(\mathbf{x};\boldsymbol{\theta}_i|\mathcal{H}_i)$。很清楚，由于我们缺乏 $\boldsymbol{\theta}_i$ 的知识，PDF 就无法计算，解决这一问题的方法是采用贝叶斯方法。我们把 $\boldsymbol{\theta}_i$ 看成随机矢量的现实，并且给它指定一个先验 PDF $p(\boldsymbol{\theta}_i)$。在贝叶斯方法的范例中，我们将在未知参数结果已知的条件下的数据 PDF 表示为 $p(\mathbf{x}|\boldsymbol{\theta}_i,\mathcal{H}_i)$。那么，无条件的数据 PDF 可求得为

$$p(\mathbf{x}|\mathcal{H}_i) = \int p(\mathbf{x}|\boldsymbol{\theta}_i,\mathcal{H}_i)p(\boldsymbol{\theta}_i)d\boldsymbol{\theta}_i$$

这样允许我们实现最大似然准则。由于积分比较困难，且需要先验知识，因此这种方法在实际中用得不多。然而它的近似则应用得比较广泛，这里我们进行简短的讨论。在讨论之前，有一个问题，那就是 GLRT 原理是否能够扩展到多元假设检验问题。遗憾的是，这似乎是不可能的，下面将给予说明。

我们考虑一个信号检测问题，将信号看成 WGN 中的 DC 电平或者一条直线，假设检验是

$$\mathcal{H}_0 : x[n] = w[n]$$
$$\mathcal{H}_1 : x[n] = A + w[n]$$
$$\mathcal{H}_2 : x[n] = A + Bn + w[n]$$

$n = 0, 1, \ldots, N-1$，其中 A、B、σ^2 是未知的非随机参数。$\mathcal{H}_2$ 条件下的 PDF 为

$$p(\mathbf{x};A,B,\sigma^2|\mathcal{H}_2) = \frac{1}{(2\pi\sigma^2)^{\frac{N}{2}}} \exp\left[-\frac{1}{2\sigma^2}\sum_{n=0}^{N-1}(x[n]-A-Bn)^2\right]$$

而在 $\mathcal{H}_1$ 和 $\mathcal{H}_0$ 条件下的 PDF 分别为 $p(\mathbf{x};A,B=0,\sigma^2|\mathcal{H}_2)$ 和 $p(\mathbf{x};A=0,B=0,\sigma^2|\mathcal{H}_2)$。在 $\mathcal{H}_1$ 和 $\mathcal{H}_0$ 条件下 PDF 的未知参数是在 $\mathcal{H}_2$ 条件下 PDF 的未知参数的一个子集。特别是，我们可以写为

$$\boldsymbol{\theta}_0 = \sigma^2$$

$$\boldsymbol{\theta}_1 = \begin{bmatrix} \sigma^2 \\ A \end{bmatrix} = \begin{bmatrix} \boldsymbol{\theta}_0 \\ A \end{bmatrix}$$

$$\boldsymbol{\theta}_2 = \begin{bmatrix} \sigma^2 \\ A \\ B \end{bmatrix} = \begin{bmatrix} \boldsymbol{\theta}_1 \\ B \end{bmatrix}$$

这样，参数空间是嵌套的。作为最大似然准则的合理扩展，当存在未知参数时，如果对于 $i = k (i = 0,1,2)$，

$$\max_{\boldsymbol{\theta}_i} p(\mathbf{x};\boldsymbol{\theta}_i|\mathcal{H}_i) \tag{6.39}$$

是最大的，我们可以判 $\mathcal{H}_k$ 成立。这种方法类似于 GLRT，但是由于参数空间是嵌套的，$p(\mathbf{x};\hat{\boldsymbol{\theta}}_2|\mathcal{H}_2)$ 总是最大的，因此总是选择 $\mathcal{H}_2$。这是因为 $\hat{\boldsymbol{\theta}}_2$ 是通过在所有三个参数上使 $p(\mathbf{x};A,B,\sigma^2|\mathcal{H}_2)$ 最大而得到的，而 $\hat{\boldsymbol{\theta}}_1$、$\hat{\boldsymbol{\theta}}_0$ 是约束的 MLE。事实上，我们有

$$\hat{\sigma_0^2} = \frac{1}{N}\sum_{n=0}^{N-1} x^2[n]$$

所以

$$p(\mathbf{x};\hat{\sigma_0^2}|\mathcal{H}_0) = \frac{1}{(2\pi\hat{\sigma_0^2})^{\frac{N}{2}}}\exp\left(-\frac{N}{2}\right)$$

类似地，

$$\hat{\sigma_1^2} = \frac{1}{N} \sum_{n=0}^{N-1} (x[n] - \hat{A}_1)^2$$

$$\hat{\sigma_2^2} = \frac{1}{N} \sum_{n=0}^{N-1} (x[n] - \hat{A}_2 - \hat{B}_2 n)^2$$

其中 $\hat{A}_1$ 是通过使 $p(\mathbf{x}; A, B = 0, \sigma^2 | \mathcal{H}_2) = p(\mathbf{x}; A, \sigma^2 | \mathcal{H}_1)$ 最大而求得的，而 $\hat{A}_2$、$\hat{B}_2$ 是通过使 $p(\mathbf{x}; A, B, \sigma^2 | \mathcal{H}_2)$ 最大而求得的，那么我们有

$$p(\mathbf{x}; \hat{A}_1, \hat{\sigma_1^2} | \mathcal{H}_1) = \frac{1}{(2\pi \hat{\sigma_1^2})^{\frac{N}{2}}} \exp \left(-\frac{N}{2} \right)$$

$$p(\mathbf{x}; \hat{A}_2, \hat{B}_2, \hat{\sigma_2^2} | \mathcal{H}_2) = \frac{1}{(2\pi \hat{\sigma_2^2})^{\frac{N}{2}}} \exp \left(-\frac{N}{2} \right)$$

根据 (6.39) 式，为了使 PDF 最大，我们选择具有最小 $\hat{\sigma_i^2}$ 的那个 PDF，但是 $\hat{\sigma_i^2}$ 刚好是最小二乘误差，或者

$$\hat{\sigma_0^2} = \frac{1}{N} \sum_{n=0}^{N-1} x^2[n]$$

$$\hat{\sigma_1^2} = \min_A \frac{1}{N} \sum_{n=0}^{N-1} (x[n] - A)^2$$

$$\hat{\sigma_2^2} = \min_{A,B} \frac{1}{N} \sum_{n=0}^{N-1} (x[n] - A - Bn)^2$$

中最小的一个，这样 $\hat{\sigma_2^2}$ 总是最小的一个，因而 $p(\mathbf{x}; \hat{A}_2, \hat{B}_2, \hat{\sigma_2^2})$ 总是最大的，读者可以重新复习一下（参见本书卷 I 的 8.6 节）。也就是说，当我们给模型增加更多的参数时，模型误差肯定减少。为了补偿这种趋势，当模型（或信号）拟合数据时（通过最小二乘拟合），我们可能会判 $\mathcal{H}_k$，但是它可能就像具有最少参量数那样简单。这样的准则就是如果

$$\xi_i = \ln p(\mathbf{x}; \hat{\boldsymbol{\theta}}_i | \mathcal{H}_i) - \frac{1}{2} \ln \det \left(\mathbf{I}(\hat{\boldsymbol{\theta}}_i) \right) \tag{6.40}$$

当 $i = k$ 最大时判 $\mathcal{H}_k$。第二项是罚函数项，随着 i 的增加它变得越来越负。这一项试图抵消 $\hat{\sigma_i^2}$ 的减小，因此也就使 $p(\mathbf{x}; \hat{\boldsymbol{\theta}}_i | \mathcal{H}_i)$ 增加。这里假定了假设是等可能的，或者 $P(\mathcal{H}_i) = 1/M$。这种准则也称为广义的 ML 准则，在附录 6F 中进行了推导，我们通过求解前一个问题来说明它。

例 6.12　WGN 中的 DC 电平或直线检测问题——未知参数

A、B 的 MLE 在本书卷 I 的例 8.6 中已经进行了推导。然而为了简化计算，我们把观测间隔变为 $n = -M, \ldots, 0, \ldots, M$，这样就使得 $\mathbf{H}^T \mathbf{H}$ 成为对角矩阵，很容易求逆。那么，通过本书卷 I 的例 8.6 的类似方法，我们有

$$\hat{A}_1 = \bar{x}$$

$$\hat{A}_2 = \bar{x}$$

$$\hat{B}_2 = \frac{\displaystyle\sum_{n=-M}^{M} n x[n]}{\displaystyle\sum_{n=-M}^{M} n^2}$$

Fisher 信息矩阵很容易证明是（参见本书卷 I 的例 3.7）

$$
\mathbf{I}(\boldsymbol{\theta}_2) = \begin{bmatrix} \dfrac{N}{2\sigma^4} & 0 & 0 \\[2mm] 0 & \dfrac{N}{\sigma^2} & 0 \\[2mm] 0 & 0 & \dfrac{1}{\sigma^2}\displaystyle\sum_{n=-M}^{M} n^2 \end{bmatrix}
$$

$$
\mathbf{I}(\boldsymbol{\theta}_1) = \begin{bmatrix} \dfrac{N}{2\sigma^4} & 0 \\[2mm] 0 & \dfrac{N}{\sigma^2} \end{bmatrix}
$$

$$
\mathbf{I}(\boldsymbol{\theta}_0) = \dfrac{N}{2\sigma^4}
$$

其中 $N = 2M+1$，且 $\sum_{n=-M}^{M} n^2 = N(N^2-1)/12 \approx N^3/12$。因此，根据（6.40）式，

$$
\begin{aligned}
\xi_i &= \ln\left[\frac{1}{(2\pi\hat{\sigma}_i^2)^{\frac{N}{2}}}\exp\left(-\frac{N}{2}\right)\right] - \frac{1}{2}\ln\det(\mathbf{I}(\hat{\boldsymbol{\theta}}_i)) \\
&= -\frac{N}{2}\ln 2\pi - \frac{N}{2}\ln\hat{\sigma}_i^2 - \frac{N}{2} - \frac{1}{2}\ln\det(\mathbf{I}(\hat{\boldsymbol{\theta}}_i))
\end{aligned}
$$

忽略常数项，再乘以 -1，我们有

$$
\xi_i' = \frac{N}{2}\ln\hat{\sigma}_i^2 + \frac{1}{2}\ln\det(\mathbf{I}(\hat{\boldsymbol{\theta}}_i))
$$

我们现在需要使 ξ'_i 在 i 上最大，而

$$
\begin{aligned}
\xi_0' &= \frac{N}{2}\ln\hat{\sigma}_0^2 + \frac{1}{2}\ln N - \frac{1}{2}\ln 2\hat{\sigma}_0^4 \\
\xi_1' &= \frac{N}{2}\ln\hat{\sigma}_1^2 + \ln N - \frac{1}{2}\ln 2\hat{\sigma}_1^6 \\
\xi_2' &= \frac{N}{2}\ln\hat{\sigma}_2^2 + \frac{5}{2}\ln N - \frac{1}{2}\ln 12 - \frac{1}{2}\ln 2\hat{\sigma}_2^8
\end{aligned}
$$

忽略与 N 无关的项，因为当 $N\to\infty$ 时它们的贡献很小，于是我们有

$$
\begin{aligned}
\xi_0'' &= \frac{N}{2}\ln\hat{\sigma}_0^2 + \frac{1}{2}\ln N \\
\xi_1'' &= \frac{N}{2}\ln\hat{\sigma}_1^2 + \ln N \\
\xi_2'' &= \frac{N}{2}\ln\hat{\sigma}_2^2 + \frac{5}{2}\ln N
\end{aligned}
$$

注意，罚函数项随着参数数目的增加而增加，而拟合项则减少。所选的模型是在这两种相互

矛盾的要求中进行选择的。欠拟合将导致参数的较大的偏差[抬高了 $E(\hat{\sigma}_i^2)$]，而过拟合则由于多余参数的估计而增加了方差。这种准则可以证明当 $N\to\infty$ 时是一致的，正确的假设将被选择[Bozdogan 1987]，然而对于有限数据记录则不是最佳的。

根据信息论编码考虑，对（6.40）式提出了一种近似方法，称为最小描述长度（minimum description length，MDL），它是选择使

$$
\mathrm{MDL}(i) = -\ln p(\mathbf{x};\hat{\boldsymbol{\theta}}_i|\mathcal{H}_i) + \frac{n_i}{2}\ln N \tag{6.41}
$$

最小的一种假设[Rissanen 1978]，其中n_i是估计参量数，或等价于$\boldsymbol{\theta}_i$的维数，为了证明它近似为广义似然准则，我们首先注意到，由(6.40)式，

$$-\xi_i = -\ln p(\mathbf{x}; \hat{\boldsymbol{\theta}}_i | \mathcal{H}_i) + \frac{1}{2} \ln \det(\mathbf{I}(\hat{\boldsymbol{\theta}}_i))$$

作为对行列式项的近似，对于某个常数c，我们令$\det(\mathbf{I}(\hat{\boldsymbol{\theta}}_i)) = cN^{i+1}$。在前一个例子中，我们有$\det(\mathbf{I}(\hat{\boldsymbol{\theta}}_0)) = N/(2\hat{\sigma}_0^4)$，$\det(\mathbf{I}(\hat{\boldsymbol{\theta}}_1)) = N^2/(2\hat{\sigma}_1^6)$，以及$\det(\mathbf{I}(\hat{\boldsymbol{\theta}}_2)) \approx N^5/(24\hat{\sigma}_2^8)$。很清楚，这种近似是合理的，它的精度取决于 Fisher 信息矩阵，那么我们有

$$-\xi_i = -\ln p(\mathbf{x}; \hat{\boldsymbol{\theta}}_i | \mathcal{H}_i) + \frac{1}{2} \ln c + \frac{i+1}{2} \ln N$$

由于$n_i = i + 1$是未知参数数目，在去掉常数项后正好是 MDL。

参考文献

Box, G.E.P., G.C. Tiao, *Bayesian Inference in Statistical Analysis*, Addison-Wesley, Reading, Mass., 1973.

Bozdogan, H., "Model Selection and Akaike's Information Criterion (AIC): The General Theory and Analytical Extensions," *Psychometrika*, Vol. 512, pp. 345–370, 1987.

Chernoff, H., "On the Distribution of the Likelihood Ratio," *Ann. Math. Statist.*, Vol. 25, pp. 573–578, 1954.

Kendall, Sir M., A. Stuart, *The Advanced Theory of Statistics*, Vol. 2, Macmillan, New York, 1979.

Lehmann, E.L., *Testing Statistical Hypotheses*, J. Wiley, New York, 1959.

Rissanen, J., "Modeling by Shortest Data Description," *Automatica*, Vol. 14, pp. 465–471, 1978.

Seber, G.A.F., C.J. Wild, *Nonlinear Regression*, J. Wiley, New York, 1989.

Zacks, S., *Parametric Statistical Inference*, Pergamon, New York, 1981.

习题

6.1　对于 A 为未知的，且 $A < 0$，推导由(6.5)式给出的 WGN 中 DC 电平的 NP 检验。

6.2　我们从指数 PDF 观测到两个样本 $x[n]$ $(n = 0, 1)$，

$$p(x[n]) = \begin{cases} \lambda \exp(-\lambda x[n]) & x[n] > 0 \\ 0 & x[n] < 0 \end{cases}$$

其中 λ 是未知的，且 $\lambda > 0$，样本假定是独立同分布的(IID)。对于假设检验问题

$$\mathcal{H}_0 : \lambda = \lambda_0$$
$$\mathcal{H}_1 : \lambda > \lambda_0$$

确定 UMP 是否存在，如果存在，求 $T(\mathbf{x})$ 以及 P_{FA} 与门限的函数关系。

6.3　重复习题6.2，但是现在考虑双边检验

$$\mathcal{H}_0 : \lambda = \lambda_0$$
$$\mathcal{H}_1 : \lambda \neq \lambda_0$$

6.4　在例6.1中，我们假定 $A > 0$，并利用(6.3)式作为我们的检验。如果实际上 $A < 0$，求 P_D 与 A 的函数关系。

6.5　推导由(6.9)式给出的检测概率。

6.6　我们希望根据样本 $x[n]$ $(n = 0, 1, \ldots, N-1)$，检测在具有方差为 σ^2 的 WGN 中的 DC 电平 A。DC 电平 A 的幅度是已知的。但是噪声的方差 σ^2 是未知的。使用贝叶斯方法，假定先验 PDF 为

$$p(\sigma^2) = \begin{cases} \dfrac{\lambda \exp(-\lambda/\sigma^2)}{\sigma^4} & \sigma^2 > 0 \\ 0 & \sigma^2 < 0 \end{cases}$$

其中 $\lambda > 0$，对于固定的 P_{FA}，求使 P_D 最大的检测器，不要计算门限。解释当 $\lambda \to 0$ 时会发生什么情况。提示：将会用到伽马积分

$$\int_0^\infty x^{b-1} \exp(-ax)dx = a^{-b}\Gamma(b)$$

6.7　对 (6.11) 式的检测器，求 P_D 和 P_{FA}，当 $\sigma_A^2 \to \infty$ 时会发生什么情况？

6.8　我们希望在方差为 σ^2 的 WGN 中检测衰减指数信号 $s[n] = Ar^n$，其中 A 是未知的，r 是已知的 $(0 < r < 1)$。根据数据 $x[n]$，$n = 0, 1, \ldots, N-1$，证明如果 $\hat{A}^2 > \gamma'$，GLRT 判 $\mathcal{H}_1$，其中 $\hat{A}$ 是 A 的 MLE。

6.9　对于习题 6.8，我们现在假定噪声方差也是未知的，求 $2\ln L_G(\mathbf{x})$ 以及它的渐近 PDF。可以证明 Fisher 信息矩阵为

$$\mathbf{I}(\boldsymbol{\theta}) = \begin{bmatrix} \sum_{n=0}^{N-1}\dfrac{r^{2n}}{\sigma^2} & 0 \\ 0 & \dfrac{N}{2\sigma^4} \end{bmatrix}$$

提示：参见例 6.5 和例 6.7。

6.10　我们观测 IID 样本 $x[n]$，其中 $n = 0, 1, \ldots, N-1$，它只由具有未知方差的噪声组成，我们希望确定噪声是否是高斯的。我们把非高斯噪声看成拉普拉斯的噪声，所以我们有如下假设检验问题

$$\begin{aligned} \mathcal{H}_0 &: p(x[n]; \mathcal{H}_0) = \frac{1}{\sqrt{2\pi\sigma^2}}\exp\left(-\frac{1}{2\sigma^2}x^2[n]\right) & n = 0, 1, \ldots, N-1 \\ \mathcal{H}_1 &: p(x[n]; \mathcal{H}_1) = \frac{1}{\sqrt{2\sigma^2}}\exp\left(-\sqrt{\frac{2}{\sigma^2}}|x[n]|\right) & n = 0, 1, \ldots, N-1 \end{aligned}$$

其中 σ^2 是未知方差。求 GLRT 检验统计量 $L_G(\mathbf{x})$。提示：在 $\mathcal{H}_1$ 条件下，σ^2 的 MLE 是 $\hat{\sigma_1^2} = \left[(\sqrt{2}/N)\sum_{n=0}^{N-1}|x[n]|\right]^2$。

6.11　考虑参数检验问题

$$\begin{aligned} \mathcal{H}_0 &: \theta = \theta_0 \\ \mathcal{H}_1 &: \theta \neq \theta_0 \end{aligned}$$

我们观测 IID 样本 $x[n]$，其中 $n = 0, 1, \ldots, N-1$，如果 PDF 能够分解为

$$p(\mathbf{x}; \theta) = g(T(\mathbf{x}), \theta)h(\mathbf{x})$$

那么 $T(\mathbf{x})$ 是 θ 的充分统计量（参见本书卷 I 的第 76 页）。假定 $T(\mathbf{x})$ 是 θ 的充分统计量，求本题的 GLRT 统计量，证明它只是充分统计量的函数。提示：回想一下对于所有的 $\mathbf{x}$，$h(\mathbf{x}) \geq 0$。

6.12　将习题 6.11 的结果应用到例 6.4 中，首先通过因子分解证明 $T(\mathbf{x}) = \sum_{n=0}^{N-1}x[n]$，然后求 GLRT 统计量。

6.13　考虑 WGN 中 DC 电平的检测问题，其中 A 是已知的。且 $A > 0$，而 σ^2 是未知的。证明如果

$$\frac{\bar{x}}{\sqrt{\sigma^2}} > \frac{1}{\sqrt{N}}Q^{-1}(P_{FA})$$

则透视检测器判 $\mathcal{H}_1$，然后在检测器中使用估计器

$$\hat{\sigma_0^2} = (1/N)\sum_{n=0}^{N-1}x^2[n]$$

取代假定的 σ^2 值。这种方法称为即估即用（estimate and plug）检测器。门限是正确的吗？

6.14　我们希望在具有已知方差的 IID 拉普拉斯（参见习题 6.10 定义的噪声 PDF）噪声中检测 DC 电平。如果幅度 A 是未知的，利用 (6.15) 式求 GLRT，不要执行最大化。

6.15　经典线性模型定义为 $\mathbf{x} = \mathbf{H}\boldsymbol{\theta} + \mathbf{w}$，其中 $\mathbf{H}$ 是已知的 $N \times p$ 矩阵，$\boldsymbol{\theta}$ 是未知的 $p \times 1$ 参数矢量，$\mathbf{w}$ 是随机噪声矢量，PDF 为 $\mathbf{w} \sim \mathcal{N}(\mathbf{0}, \sigma^2\mathbf{I})$（参见本书卷 I 的第 4 章），$\sigma^2$ 是已知的，证明，如果

$$2\ln L_G(\mathbf{x}) = T_W(\mathbf{x}) = T_R(\mathbf{x}) = \frac{\hat{\boldsymbol{\theta}}_1^T\mathbf{H}^T\mathbf{H}\hat{\boldsymbol{\theta}}_1}{\sigma^2} > \gamma$$

参数检验

$$\mathcal{H}_0 : \boldsymbol{\theta} = \mathbf{0}$$
$$\mathcal{H}_1 : \boldsymbol{\theta} \neq \mathbf{0}$$

的 GLRT 检验、Rao 检验和 Wald 检验判 $\mathcal{H}_1$。估计量 $\hat{\boldsymbol{\theta}}_1 = (\mathbf{H}^T\mathbf{H})^{-1}\mathbf{H}^T\mathbf{x}$ 是 $\mathcal{H}_1$ 条件下 $\boldsymbol{\theta}$ 的 MLE，或者等价于无约束的 MLE，而 $\mathbf{I}(\boldsymbol{\theta}) = \mathbf{H}^T\mathbf{H}/\sigma^2$ 是 Fisher 信息矩阵。提示：关于 Rao 检验，对于一个对称 $\mathbf{A}$ 矩阵，通过使用 $\partial \mathbf{b}^T\boldsymbol{\theta}/\partial\boldsymbol{\theta} = \mathbf{b}$ 和 $\partial\boldsymbol{\theta}^T\mathbf{A}\boldsymbol{\theta}/\partial\boldsymbol{\theta} = 2\mathbf{A}\boldsymbol{\theta}$ 来证明

$$\frac{\partial \ln p(\mathbf{x};\boldsymbol{\theta})}{\partial\boldsymbol{\theta}} = \mathbf{I}(\boldsymbol{\theta})(\hat{\boldsymbol{\theta}}_1 - \boldsymbol{\theta})$$

6.16 将习题 6.15 的结果应用到具有已知方差的 WGN 中未知幅度 DC 电平的检测问题。将 GLRT 与例 6.4 中得到统计量进行比较。

6.17 对于习题 6.15 描述的经典线性模型，证明精确的 PDF（对于有限数据记录）为

$$T(\mathbf{x}) = 2\ln L_G(\mathbf{x}) \sim \begin{cases} \chi_p^2 & \text{在 } \mathcal{H}_0 \text{ 条件下} \\ \chi_p'^2(\lambda) & \text{在 } \mathcal{H}_1 \text{ 条件下} \end{cases}$$

其中

$$\lambda = \frac{\boldsymbol{\theta}_1^T\mathbf{H}^T\mathbf{H}\boldsymbol{\theta}_1}{\sigma^2}$$

$\boldsymbol{\theta}_1$ 是 $\mathcal{H}_1$ 条件下 $\boldsymbol{\theta}$ 的真实值。提示：利用以下结果，如果 $\mathbf{x}$ 是 $p\times1$ 随机矢量，$\mathbf{x} \sim \mathcal{N}(\boldsymbol{\mu}, \mathbf{C})$，那么 $\mathbf{x}^T\mathbf{C}^{-1}\mathbf{x} \sim \chi_p'^2(\lambda)$，其中 $\lambda = \boldsymbol{\mu}^T\mathbf{C}^{-1}\boldsymbol{\mu}$（参见 2.3 节）。

6.18 对于例 6.7 讨论的问题，采用蒙特卡洛模拟验证图 6.5(a) 的结果。为此令 $N = 10, A = 1/\sqrt{2}$，以及 $\sigma^2 = 1$。

6.19 我们希望检测在具有已知方差为 σ^2 的 WGN 中的正弦信号 $s[n] = a\cos2\pi f_0 n + b\sin2\pi f_0 n$，$n = 0, 1, \ldots, N-1$，频率是 $f_0 = k/N$，$k \in \{1, 2, \ldots, N/2 - 1\}$。如果 a 和 b 是未知的，确定 GLRT 检验、Rao 检验和 Wald 检验。另外，确定检测性能并解释非中心参量。提示：注意数据可以整理成线性模型的形式，所以可以应用习题 6.15 和习题 6.17 的结果，另外，$\mathbf{H}$ 的列是正交的。

6.20 根据在具有 PDF $p(w[n])$ 的噪声中未知幅度的 DC 电平的单个样本值，DC 电平幅度的 Fisher 信息可以证明为

$$i(A) = \int_{-\infty}^{\infty} \frac{\left(\frac{dp(u)}{du}\right)^2}{p(u)}du$$

（参见本书卷 I 的习题 3.2）。对于 N 个 IID 样本，Fisher 信息将乘以 N。证明在所有均值为零、方差为 1 的 PDF 中，高斯 PDF 的 $i(A)$ 是最小的。为此使用 Cauchy-Schwarz 不等式

$$\left(\int_{-\infty}^{\infty} \frac{d\ln p(u)}{du}up(u)du\right)^2 \leqslant \int_{-\infty}^{\infty}\left(\frac{d\ln p(u)}{du}\right)^2 p(u)du \int_{-\infty}^{\infty}u^2 p(u)du$$

当且仅当

$$\frac{d\ln p(u)}{du} = cu$$

时等号成立，其中 c 为常数。

6.21 对于如下的参数检验问题

$$\mathcal{H}_0 : \sigma^2 = \sigma_0^2$$
$$\mathcal{H}_1 : \sigma^2 > \sigma_0^2$$

其中观测到的 IID 样本 $x[n] \sim \mathcal{N}(0, \sigma^2)$，$n = 0, 1, \ldots, N-1$，求 LMP。UMP 检验存在吗？

6.22 在例 6.11 中假定我们希望检验 $\rho = 0$ 还是 $\rho \neq 0$，求 Rao 检验及其渐近性能。

6.23 对于 WGN 中具有未知幅度 A（且 $A > 0$）的 DC 电平检测问题，噪声的方差 σ^2 是已知的（和例 6.1 相同），GLRT 推导如下，首先证明 MLE 为

$$\hat{A} = \max(0, \bar{x})$$

然后求 GLRT 检验统计量，证明

$$2\ln L_G(\mathbf{x}) = 2\ln\frac{p(\mathbf{x};\hat{A},\mathcal{H}_1)}{p(\mathbf{x};\mathcal{H}_0)} = \frac{N}{\sigma^2}(2\hat{A}\bar{x}-\hat{A}^2)$$

$$= \begin{cases} \dfrac{N}{\sigma^2}\bar{x}^2 & \bar{x}>0 \\ 0 & \bar{x}\leqslant 0 \end{cases}$$

接着证明，在 $\mathcal{H}_0$ 条件下 $y=2\ln L_G(\mathbf{x})$ 的 PDF 为

$$p(y) = \frac{1}{2}\delta(y) + \frac{1}{2}p_{\chi_1^2}(y)$$

其中 $\delta(y)$ 是冲激函数，$p_{\chi_1^2}$ 是 χ_1^2 随机变量的 PDF[Chernoff 1954]。这个例子用来说明渐近 GLRT 统计量只能应用到被检验的参数是它的参数域的一个内点的时候。

6.24 对于习题 6.15 描述的线性模型，假定我们在多个具有不同维数的线性模型之间进行判决，其中第 i 个模型的特征是具有 $N\times i$ 观测矩阵。模型出现的先验概率是相等的，未知参数矢量 $\boldsymbol{\theta}_i$ 是 $i\times 1$ 维的，且模型是嵌套的。也就是说，我们要判断模型是 1×1 维、2×1 维或者 3×1 维的。我们令 $\boldsymbol{\theta}_i$ 的 MLE 用 $\hat{\boldsymbol{\theta}}_i$ 表示。另外，令 $N\times i$ 观测矩阵用 $\mathbf{H}_i$ 表示，在 (6.40) 式中，通过利用

$$\hat{\boldsymbol{\theta}}_i = (\mathbf{H}_i^T\mathbf{H}_i)^{-1}\mathbf{H}_i^T\mathbf{x}$$

$$\mathbf{I}(\boldsymbol{\theta}_i) = \frac{\mathbf{H}_i^T\mathbf{H}_i}{\sigma^2}$$

的结果，采用广义 ML 准则对假设做出判决。应该能够证明

$$\xi_i = -\frac{N}{2}\ln 2\pi\sigma^2 + \frac{i}{2}\ln\sigma^2 - \frac{1}{2}\ln\det(\mathbf{H}_i^T\mathbf{H}_i) - \frac{1}{2\sigma^2}\mathbf{x}^T(\mathbf{I}-\mathbf{H}_i(\mathbf{H}_i^T\mathbf{H}_i)^{-1}\mathbf{H}_i^T)\mathbf{x}$$

如果 $\mathbf{H}_i$ 的列是正交的，即 $\mathbf{H}_i^T\mathbf{H}_i = (N/2)\mathbf{I}_i$，证明我们应该选择使

$$\xi_i' = \sum_{k=1}^{i}\frac{[\hat{\boldsymbol{\theta}}_i]_k^2}{2\sigma^2/N} - i\ln\frac{N}{2\sigma^2}$$

最大的 i。解释这个结果的意义。对于傅里叶分析的应用，请参见本书卷 I 的例 4.2。

附录6A 渐近等效检验——无多余参数

我们首先考虑无多余参数的复合假设检验问题。如果 $\boldsymbol{\theta}$ 是 $r \times 1$ 的未知参数矢量，我们希望检验

$$\mathcal{H}_0 : \boldsymbol{\theta} = \boldsymbol{\theta}_0$$
$$\mathcal{H}_1 : \boldsymbol{\theta} \neq \boldsymbol{\theta}_0$$

其中在 $\mathcal{H}_1$ 条件下，$\boldsymbol{\theta}$ 的取值可能靠近 $\boldsymbol{\theta}_0$。（实际上我们假定在 $\mathcal{H}_1$ 条件下，对于常数 $c > 0$，$\| \boldsymbol{\theta} - \boldsymbol{\theta}_0 \| = c/\sqrt{N}$。）如果 $p(\mathbf{x};\boldsymbol{\theta})$ 是 PDF，它以 $\boldsymbol{\theta}$ 为参数，那么如果

$$L_G(\mathbf{x}) = \frac{p(\mathbf{x};\hat{\boldsymbol{\theta}}_1)}{p(\mathbf{x};\boldsymbol{\theta}_0)} > \gamma$$

GLRT 判 $\mathcal{H}_1$，其中 $\hat{\boldsymbol{\theta}}_1$ 是 $\mathcal{H}_1$ 条件下 $\boldsymbol{\theta}$ 的 MLE。注意，在求 $\hat{\boldsymbol{\theta}}_1$ 时，我们不必强求约束 $\boldsymbol{\theta} \neq \boldsymbol{\theta}_0$，而可能在整个参数空间上使 $p(\mathbf{x};\boldsymbol{\theta})$ 达到最大。这是因为 MLE 为特定值的概率为零，因此，$\hat{\boldsymbol{\theta}}_1$ 是无约束的 MLE，用 $\hat{\boldsymbol{\theta}}$ 表示。假定我们获得了 MLE 的渐近 PDF，我们已知 $\hat{\boldsymbol{\theta}}$ 达到了 Cramer-Rao 下限，也就是说，它满足（参见本书卷 I 的第 30 页）

$$\frac{\partial \ln p(\mathbf{x};\boldsymbol{\theta})}{\partial \boldsymbol{\theta}} = \mathbf{I}(\boldsymbol{\theta})(\hat{\boldsymbol{\theta}} - \boldsymbol{\theta}) \tag{6A.1}$$

其中 $\boldsymbol{\theta}$ 是真值，矩阵 $\mathbf{I}(\boldsymbol{\theta})$ 是 Fisher 信息矩阵（参见本书卷 I 的第 29 页）。由于 MLE 是一致估计，当 $N \to \infty$ 时，$\hat{\boldsymbol{\theta}} \to \boldsymbol{\theta}$，我们可以利用一阶泰勒级数展开，

$$[\mathbf{I}(\boldsymbol{\theta})]_{ij} = \left[\mathbf{I}(\hat{\boldsymbol{\theta}}) \right]_{ij} + \frac{\partial [\mathbf{I}(\boldsymbol{\theta})]_{ij}}{\partial \boldsymbol{\theta}} \Bigg|_{\boldsymbol{\theta} = \hat{\boldsymbol{\theta}}}^T (\boldsymbol{\theta} - \hat{\boldsymbol{\theta}})$$

所以，由 (6A.1) 式，

$$\frac{\partial \ln p(\mathbf{x};\boldsymbol{\theta})}{\partial \theta_i} = \sum_{j=1}^{r} [\mathbf{I}(\boldsymbol{\theta})]_{ij} (\hat{\theta}_j - \theta_j)$$

$$= \sum_{j=1}^{r} [\mathbf{I}(\hat{\boldsymbol{\theta}})]_{ij} (\hat{\theta}_j - \theta_j) + \sum_{j=1}^{r} \frac{\partial [\mathbf{I}(\boldsymbol{\theta})]_{ij}}{\partial \boldsymbol{\theta}} \Bigg|_{\boldsymbol{\theta} = \hat{\boldsymbol{\theta}}}^T (\boldsymbol{\theta} - \hat{\boldsymbol{\theta}}) (\hat{\theta}_j - \theta_j)$$

但是最后一项是高阶项，当 $N \to \infty$ 时可以忽略，于是我们有

$$\frac{\partial \ln p(\mathbf{x};\boldsymbol{\theta})}{\partial \boldsymbol{\theta}} = \mathbf{I}(\hat{\boldsymbol{\theta}})(\hat{\boldsymbol{\theta}} - \boldsymbol{\theta})$$

对 $\boldsymbol{\theta}$ 积分，得
$$\ln p(\mathbf{x};\boldsymbol{\theta}) = -\frac{1}{2}(\hat{\boldsymbol{\theta}} - \boldsymbol{\theta})^T \mathbf{I}(\hat{\boldsymbol{\theta}})(\hat{\boldsymbol{\theta}} - \boldsymbol{\theta}) + c(\hat{\boldsymbol{\theta}})$$

或者，由于积分常数肯定是 $c(\hat{\boldsymbol{\theta}}) = \ln p(x;\hat{\boldsymbol{\theta}})$，那么

$$p(\mathbf{x};\boldsymbol{\theta}) = p(\mathbf{x};\hat{\boldsymbol{\theta}}) \exp \left[-\frac{1}{2}(\hat{\boldsymbol{\theta}} - \boldsymbol{\theta})^T \mathbf{I}(\hat{\boldsymbol{\theta}})(\hat{\boldsymbol{\theta}} - \boldsymbol{\theta}) \right] \tag{6A.2}$$

这是 PDF 的渐近形式。GLRT 变成

$$L_G(\mathbf{x}) = \frac{p(\mathbf{x};\hat{\boldsymbol{\theta}}_1)}{p(\mathbf{x};\boldsymbol{\theta}_0)} = \frac{\max\limits_{\boldsymbol{\theta}} p(\mathbf{x};\boldsymbol{\theta})}{p(\mathbf{x};\boldsymbol{\theta}_0)}$$

而从(6A.2)式，由于 $\mathbf{I}(\hat{\boldsymbol{\theta}})$ 假定为正定的，$p(\mathbf{x};\boldsymbol{\theta})$ 在 $\boldsymbol{\theta}$ 上当 $\boldsymbol{\theta}=\hat{\boldsymbol{\theta}}$ 时达到最大。回想到 $\hat{\boldsymbol{\theta}}=\hat{\boldsymbol{\theta}}_1$，我们有

$$L_G(\mathbf{x}) = \frac{p(\mathbf{x};\hat{\boldsymbol{\theta}}_1)}{p(\mathbf{x};\hat{\boldsymbol{\theta}}_1)\exp\left[-\frac{1}{2}(\hat{\boldsymbol{\theta}}_1-\boldsymbol{\theta}_0)^T\mathbf{I}(\hat{\boldsymbol{\theta}}_1)(\hat{\boldsymbol{\theta}}_1-\boldsymbol{\theta}_0)\right]}$$

或者
$$2\ln L_G(\mathbf{x}) = (\hat{\boldsymbol{\theta}}_1-\boldsymbol{\theta}_0)^T\mathbf{I}(\hat{\boldsymbol{\theta}}_1)(\hat{\boldsymbol{\theta}}_1-\boldsymbol{\theta}_0) \tag{6A.3}$$

这个检验统计量是 Wald 检验，用 $T_W(\mathbf{x})$ 表示，它渐近等效为 $2\ln L_G(\mathbf{x})$。为了推导 Rao 检验，我们使用(6A.1)式且 $\hat{\boldsymbol{\theta}}=\hat{\boldsymbol{\theta}}_1$，那么

$$\hat{\boldsymbol{\theta}}_1 - \boldsymbol{\theta} = \mathbf{I}^{-1}(\boldsymbol{\theta})\frac{\partial\ln p(\mathbf{x};\boldsymbol{\theta})}{\partial\boldsymbol{\theta}}$$

另外，假定 $\boldsymbol{\theta}$ 的真值接近 $\boldsymbol{\theta}_0$，那么

$$\hat{\boldsymbol{\theta}}_1 - \boldsymbol{\theta}_0 = \mathbf{I}^{-1}(\boldsymbol{\theta}_0)\left.\frac{\partial\ln p(\mathbf{x};\boldsymbol{\theta})}{\partial\boldsymbol{\theta}}\right|_{\boldsymbol{\theta}=\boldsymbol{\theta}_0}$$

将其代入(6A.3)式，得

$$2\ln L_G(\mathbf{x}) = \left.\frac{\partial\ln p(\mathbf{x};\boldsymbol{\theta})}{\partial\boldsymbol{\theta}}\right|_{\boldsymbol{\theta}=\boldsymbol{\theta}_0}^T \mathbf{I}^{-1}(\boldsymbol{\theta}_0)\mathbf{I}(\hat{\boldsymbol{\theta}}_1)\mathbf{I}^{-1}(\boldsymbol{\theta}_0)\left.\frac{\partial\ln p(\mathbf{x};\boldsymbol{\theta})}{\partial\boldsymbol{\theta}}\right|_{\boldsymbol{\theta}=\boldsymbol{\theta}_0}$$

又当 $N\to\infty$ 时，$\hat{\boldsymbol{\theta}}_1$ 趋向于 $\boldsymbol{\theta}$ 的真值，这个真值在 $\mathcal{H}_0$ 条件下是 $\boldsymbol{\theta}_0$，在 $\mathcal{H}_1$ 条件下接近 $\boldsymbol{\theta}_0$。这样

$$\mathbf{I}^{-1}(\boldsymbol{\theta}_0)\mathbf{I}(\hat{\boldsymbol{\theta}}_1)\mathbf{I}^{-1}(\boldsymbol{\theta}_0) \to \mathbf{I}^{-1}(\boldsymbol{\theta}_0)$$

以及
$$2\ln L_G(\mathbf{x}) = \left.\frac{\partial\ln p(\mathbf{x};\boldsymbol{\theta})}{\partial\boldsymbol{\theta}}\right|_{\boldsymbol{\theta}=\boldsymbol{\theta}_0}^T \mathbf{I}^{-1}(\boldsymbol{\theta}_0)\left.\frac{\partial\ln p(\mathbf{x};\boldsymbol{\theta})}{\partial\boldsymbol{\theta}}\right|_{\boldsymbol{\theta}=\boldsymbol{\theta}_0}$$

这就是我们用 $T_R(\mathbf{x})$ 表示的 Rao 检验统计量。

附录6B 渐近等效检验——多余参数

现在考虑 $p \times 1$ 参数矢量 $\boldsymbol{\theta} = [\boldsymbol{\theta}_r^T\, \boldsymbol{\theta}_s^T]^T$ 的复合假设检验问题，其中 $\boldsymbol{\theta}_r$ 是 $r \times 1$ 维的，$\boldsymbol{\theta}_s$ 是 $s \times 1$ 维的，$p = r + s$。PDF 以 $\boldsymbol{\theta}$ 为参数，可表示为 $p(\mathbf{x};\boldsymbol{\theta}) = p(\mathbf{x};\boldsymbol{\theta}_r,\boldsymbol{\theta}_s)$。我们希望检验

$$\begin{aligned} \mathcal{H}_0 &: \boldsymbol{\theta}_r = \boldsymbol{\theta}_{r_0}, \boldsymbol{\theta}_s \\ \mathcal{H}_1 &: \boldsymbol{\theta}_r \neq \boldsymbol{\theta}_{r_0}, \boldsymbol{\theta}_s \end{aligned}$$

其中 $\boldsymbol{\theta}_s$ 是多余参数矢量，如果

$$\frac{p(\mathbf{x};\hat{\boldsymbol{\theta}}_{r_1},\hat{\boldsymbol{\theta}}_{s_1})}{p(\mathbf{x};\boldsymbol{\theta}_{r_0},\hat{\boldsymbol{\theta}}_{s_0})} > \gamma$$

GLRT 判 $\mathcal{H}_1$，其中 $\hat{\boldsymbol{\theta}}_{r_1}$、$\hat{\boldsymbol{\theta}}_{s_1}$ 是在 $\mathcal{H}_1$ 条件下 $\boldsymbol{\theta}_r$ 和 $\boldsymbol{\theta}_s$ 的 MLE，它等价于无约束 MLE $\hat{\boldsymbol{\theta}}$，$\hat{\boldsymbol{\theta}}_{s_0}$ 是 $\mathcal{H}_0$ 条件下 $\boldsymbol{\theta}_s$ 的 MLE，或者当约束 $\boldsymbol{\theta}_r = \boldsymbol{\theta}_{r_0}$ 时 $\boldsymbol{\theta}_s$ 的 MLE。利用(6A.2)式，即

$$p(\mathbf{x};\boldsymbol{\theta}) = p(\mathbf{x};\hat{\boldsymbol{\theta}}) \exp\left[-\frac{1}{2}(\hat{\boldsymbol{\theta}} - \boldsymbol{\theta})^T \mathbf{I}(\hat{\boldsymbol{\theta}})(\hat{\boldsymbol{\theta}} - \boldsymbol{\theta})\right]$$

所以我们有

$$\begin{aligned} p(\mathbf{x};\hat{\boldsymbol{\theta}}_{r_1},\hat{\boldsymbol{\theta}}_{s_1}) &= \max_{\boldsymbol{\theta}_r,\boldsymbol{\theta}_s} p(\mathbf{x};\boldsymbol{\theta}_r,\boldsymbol{\theta}_s) = \max_{\boldsymbol{\theta}} p(\mathbf{x};\boldsymbol{\theta}) \\ &= p(\mathbf{x};\hat{\boldsymbol{\theta}}) \end{aligned}$$

因为当对 $\boldsymbol{\theta}$ 不存在约束时，由于 $\boldsymbol{\theta} = \hat{\boldsymbol{\theta}}$ 而使 $p(\mathbf{x};\boldsymbol{\theta})$ 最大。也就是说，在 $\mathcal{H}_1$ 条件下 $\boldsymbol{\theta}_r$、$\boldsymbol{\theta}_s$ 的 MLE 刚好是 $\hat{\boldsymbol{\theta}}$，所以 $\hat{\boldsymbol{\theta}}_1 = [\hat{\boldsymbol{\theta}}_{r_1}^T\, \hat{\boldsymbol{\theta}}_{s_1}^T]^T = \hat{\boldsymbol{\theta}}$。然而在 $\mathcal{H}_0$ 条件下，我们必须在 $\boldsymbol{\theta}_s$ 上使 $p(\mathbf{x};\boldsymbol{\theta}_{r_0},\boldsymbol{\theta}_s)$ 最大，由此产生约束的 $\hat{\boldsymbol{\theta}}_{s_0}$。为此，我们需要在 $\boldsymbol{\theta}_s$ 上使

$$J(\boldsymbol{\theta}_s) = (\hat{\boldsymbol{\theta}} - \boldsymbol{\theta})^T \mathbf{I}(\hat{\boldsymbol{\theta}})(\hat{\boldsymbol{\theta}} - \boldsymbol{\theta})$$

最小，其中 $\boldsymbol{\theta} = [\boldsymbol{\theta}_{r_0}^T\, \boldsymbol{\theta}_s^T]^T$。我们将 Fisher 信息矩阵划分为

$$\mathbf{I}(\hat{\boldsymbol{\theta}}) = \begin{bmatrix} \mathbf{I}_{\theta_r\theta_r}(\hat{\boldsymbol{\theta}}) & \mathbf{I}_{\theta_r\theta_s}(\hat{\boldsymbol{\theta}}) \\ \mathbf{I}_{\theta_s\theta_r}(\hat{\boldsymbol{\theta}}) & \mathbf{I}_{\theta_s\theta_s}(\hat{\boldsymbol{\theta}}) \end{bmatrix} \tag{6B.1}$$

所以

$$\begin{aligned} J(\boldsymbol{\theta}_s) &= (\hat{\boldsymbol{\theta}}_{r_1} - \boldsymbol{\theta}_{r_0})^T \mathbf{I}_{\theta_r\theta_r}(\hat{\boldsymbol{\theta}})(\hat{\boldsymbol{\theta}}_{r_1} - \boldsymbol{\theta}_{r_0}) + (\hat{\boldsymbol{\theta}}_{r_1} - \boldsymbol{\theta}_{r_0})^T \mathbf{I}_{\theta_r\theta_s}(\hat{\boldsymbol{\theta}})(\hat{\boldsymbol{\theta}}_{s_1} - \boldsymbol{\theta}_s) \\ &\quad + (\hat{\boldsymbol{\theta}}_{s_1} - \boldsymbol{\theta}_s)^T \mathbf{I}_{\theta_s\theta_r}(\hat{\boldsymbol{\theta}})(\hat{\boldsymbol{\theta}}_{r_1} - \boldsymbol{\theta}_{r_0}) + (\hat{\boldsymbol{\theta}}_{s_1} - \boldsymbol{\theta}_s)^T \mathbf{I}_{\theta_s\theta_s}(\hat{\boldsymbol{\theta}})(\hat{\boldsymbol{\theta}}_{s_1} - \boldsymbol{\theta}_s) \end{aligned}$$

求关于 $\boldsymbol{\theta}_s$ 的梯度，得

$$\begin{aligned} \frac{\partial J(\boldsymbol{\theta}_s)}{\partial \boldsymbol{\theta}_s} &= -\mathbf{I}_{\theta_r\theta_s}^T(\hat{\boldsymbol{\theta}})(\hat{\boldsymbol{\theta}}_{r_1} - \boldsymbol{\theta}_{r_0}) - \mathbf{I}_{\theta_s\theta_r}(\hat{\boldsymbol{\theta}})(\hat{\boldsymbol{\theta}}_{r_1} - \boldsymbol{\theta}_{r_0}) - 2\mathbf{I}_{\theta_s\theta_s}(\hat{\boldsymbol{\theta}})(\hat{\boldsymbol{\theta}}_{s_1} - \boldsymbol{\theta}_s) \\ &= -2\mathbf{I}_{\theta_s\theta_r}(\hat{\boldsymbol{\theta}})(\hat{\boldsymbol{\theta}}_{r_1} - \boldsymbol{\theta}_{r_0}) - 2\mathbf{I}_{\theta_s\theta_s}(\hat{\boldsymbol{\theta}})(\hat{\boldsymbol{\theta}}_{s_1} - \boldsymbol{\theta}_s) \end{aligned}$$

令这个等式为零，求解得 $\boldsymbol{\theta}_s = \hat{\boldsymbol{\theta}}_{s_0}$，其中

$$\hat{\boldsymbol{\theta}}_{s_0} = \hat{\boldsymbol{\theta}}_{s_1} + \mathbf{I}_{\theta_s\theta_s}^{-1}(\hat{\boldsymbol{\theta}})\mathbf{I}_{\theta_s\theta_r}(\hat{\boldsymbol{\theta}})(\hat{\boldsymbol{\theta}}_{r_1} - \boldsymbol{\theta}_{r_0}) \tag{6B.2}$$

代入 $J(\boldsymbol{\theta}_s)$，得

$$
\begin{aligned}
J(\hat{\boldsymbol{\theta}}_{s_0}) & = (\hat{\boldsymbol{\theta}}_{r_1} - \boldsymbol{\theta}_{r_0})^T \mathbf{I}_{\theta_r\theta_r}(\hat{\boldsymbol{\theta}})(\hat{\boldsymbol{\theta}}_{r_1} - \boldsymbol{\theta}_{r_0}) \\
& \quad - 2(\hat{\boldsymbol{\theta}}_{r_1} - \boldsymbol{\theta}_{r_0})^T \mathbf{I}_{\theta_r\theta_s}(\hat{\boldsymbol{\theta}}) \mathbf{I}_{\theta_s\theta_s}^{-1}(\hat{\boldsymbol{\theta}}) \mathbf{I}_{\theta_s\theta_r}(\hat{\boldsymbol{\theta}})(\hat{\boldsymbol{\theta}}_{r_1} - \boldsymbol{\theta}_{r_0}) \\
& \quad + (\hat{\boldsymbol{\theta}}_{r_1} - \boldsymbol{\theta}_{r_0})^T \mathbf{I}_{\theta_s\theta_r}^T(\hat{\boldsymbol{\theta}}) \mathbf{I}_{\theta_s\theta_s}^{-1}(\hat{\boldsymbol{\theta}}) \mathbf{I}_{\theta_s\theta_s}(\hat{\boldsymbol{\theta}}) \mathbf{I}_{\theta_s\theta_s}^{-1}(\hat{\boldsymbol{\theta}}) \mathbf{I}_{\theta_s\theta_r}(\hat{\boldsymbol{\theta}})(\hat{\boldsymbol{\theta}}_{r_1} - \boldsymbol{\theta}_{r_0}) \\
& = (\hat{\boldsymbol{\theta}}_{r_1} - \boldsymbol{\theta}_{r_0})^T \left[\mathbf{I}_{\theta_r\theta_r}(\hat{\boldsymbol{\theta}}) - \mathbf{I}_{\theta_r\theta_s}(\hat{\boldsymbol{\theta}}) \mathbf{I}_{\theta_s\theta_s}^{-1}(\hat{\boldsymbol{\theta}}) \mathbf{I}_{\theta_s\theta_r}(\hat{\boldsymbol{\theta}}) \right] (\hat{\boldsymbol{\theta}}_{r_1} - \boldsymbol{\theta}_{r_0})
\end{aligned}
\tag{6B.3}
$$

因此

$$
p(\mathbf{x}; \boldsymbol{\theta}_{r_0}, \hat{\boldsymbol{\theta}}_{s_0}) = p(\mathbf{x}; \hat{\boldsymbol{\theta}}_1) \exp\left[-\frac{1}{2} J(\hat{\boldsymbol{\theta}}_{s_0}) \right]
$$

GLRT 为

$$
L_G(\mathbf{x}) = \frac{p(\mathbf{x}; \hat{\boldsymbol{\theta}}_{r_1}, \hat{\boldsymbol{\theta}}_{s_1})}{p(\mathbf{x}; \boldsymbol{\theta}_{r_0}, \hat{\boldsymbol{\theta}}_{s_0})} = \frac{p(\mathbf{x}; \hat{\boldsymbol{\theta}}_1)}{p(\mathbf{x}; \hat{\boldsymbol{\theta}}_1) \exp\left[-\frac{1}{2} J(\hat{\boldsymbol{\theta}}_{s_0}) \right]}
$$

或者

$$
2 \ln L_G(\mathbf{x}) = J(\hat{\boldsymbol{\theta}}_{s_0})
$$

根据 (6B.3) 式,上式为

$$
2 \ln L_G(\mathbf{x}) = (\hat{\boldsymbol{\theta}}_{r_1} - \boldsymbol{\theta}_{r_0})^T \left(\left[\mathbf{I}^{-1}(\hat{\boldsymbol{\theta}}_1) \right]_{\theta_r\theta_r} \right)^{-1} (\hat{\boldsymbol{\theta}}_{r_1} - \boldsymbol{\theta}_{r_0})
\tag{6B.4}
$$

其中 $\left[\mathbf{I}^{-1}(\hat{\boldsymbol{\theta}}_1) \right]_{\theta,\theta}$ 是 $\mathbf{I}^{-1}(\hat{\boldsymbol{\theta}}_1)$ 的 $r \times r$ 左上分块矩阵。这由分块矩阵求逆公式得到,分块矩阵的求逆公式为,如果

$$
\mathbf{A} = \begin{bmatrix} \mathbf{A}_{11} & \mathbf{A}_{12} \\ \mathbf{A}_{21} & \mathbf{A}_{22} \end{bmatrix} = \begin{bmatrix} r \times r & r \times s \\ s \times r & s \times s \end{bmatrix}
$$

那么

$$
\mathbf{A}^{-1} = \begin{bmatrix} (\mathbf{A}_{11} - \mathbf{A}_{12}\mathbf{A}_{22}^{-1}\mathbf{A}_{21})^{-1} & -(\mathbf{A}_{11} - \mathbf{A}_{12}\mathbf{A}_{22}^{-1}\mathbf{A}_{21})^{-1}\mathbf{A}_{12}\mathbf{A}_{22}^{-1} \\ -(\mathbf{A}_{22} - \mathbf{A}_{21}\mathbf{A}_{11}^{-1}\mathbf{A}_{12})^{-1}\mathbf{A}_{21}\mathbf{A}_{11}^{-1} & (\mathbf{A}_{22} - \mathbf{A}_{21}\mathbf{A}_{11}^{-1}\mathbf{A}_{12})^{-1} \end{bmatrix}
$$

这是 Wald 检验统计量或者 $T_{\mathrm{w}}(\mathbf{x})$。为了推导 Rao 检验,我们使用 (6A.1) 式,它的分块矩阵形式是

$$
\begin{bmatrix} \dfrac{\partial \ln p(\mathbf{x}; \boldsymbol{\theta})}{\partial \boldsymbol{\theta}_r} \\ \dfrac{\partial \ln p(\mathbf{x}; \boldsymbol{\theta})}{\partial \boldsymbol{\theta}_s} \end{bmatrix} = \begin{bmatrix} \mathbf{I}_{\theta_r\theta_r}(\boldsymbol{\theta}) & \mathbf{I}_{\theta_r\theta_s}(\boldsymbol{\theta}) \\ \mathbf{I}_{\theta_s\theta_r}(\boldsymbol{\theta}) & \mathbf{I}_{\theta_s\theta_s}(\boldsymbol{\theta}) \end{bmatrix} \begin{bmatrix} \hat{\boldsymbol{\theta}}_r - \boldsymbol{\theta}_r \\ \hat{\boldsymbol{\theta}}_s - \boldsymbol{\theta}_s \end{bmatrix}
$$

其中,$\hat{\boldsymbol{\theta}}_r$ 和 $\hat{\boldsymbol{\theta}}_s$ 是无约束 MLE,而 $\boldsymbol{\theta}_r$ 和 $\boldsymbol{\theta}_s$ 是真值,上分块为

$$
\frac{\partial \ln p(\mathbf{x}; \boldsymbol{\theta})}{\partial \boldsymbol{\theta}_r} = \mathbf{I}_{\theta_r\theta_r}(\boldsymbol{\theta})(\hat{\boldsymbol{\theta}}_r - \boldsymbol{\theta}_r) + \mathbf{I}_{\theta_r\theta_s}(\boldsymbol{\theta})(\hat{\boldsymbol{\theta}}_s - \boldsymbol{\theta}_s)
$$

在

$$
\boldsymbol{\theta} = \begin{bmatrix} \boldsymbol{\theta}_r \\ \boldsymbol{\theta}_s \end{bmatrix} = \begin{bmatrix} \boldsymbol{\theta}_{r_0} \\ \hat{\boldsymbol{\theta}}_{s_0} \end{bmatrix} = \tilde{\boldsymbol{\theta}}
$$

处,也就是靠近 $\boldsymbol{\theta}$ 的真值处计算上式,注意到 $\hat{\boldsymbol{\theta}}_r = \hat{\boldsymbol{\theta}}_{r_1}$,$\hat{\boldsymbol{\theta}}_s = \hat{\boldsymbol{\theta}}_{s_1}$,我们有

$$
\frac{\partial \ln p(\mathbf{x}; \boldsymbol{\theta})}{\partial \boldsymbol{\theta}_r} \bigg|_{\boldsymbol{\theta} = \tilde{\boldsymbol{\theta}}} = \mathbf{I}_{\theta_r\theta_r}(\tilde{\boldsymbol{\theta}})(\hat{\boldsymbol{\theta}}_{r_1} - \boldsymbol{\theta}_{r_0}) + \mathbf{I}_{\theta_r\theta_s}(\tilde{\boldsymbol{\theta}})(\hat{\boldsymbol{\theta}}_{s_1} - \hat{\boldsymbol{\theta}}_{s_0})
$$

而由 (6B.2) 式,

$$
\hat{\boldsymbol{\theta}}_{s_1} - \hat{\boldsymbol{\theta}}_{s_0} = -\mathbf{I}_{\theta_s\theta_s}^{-1}(\hat{\boldsymbol{\theta}}) \mathbf{I}_{\theta_s\theta_r}(\hat{\boldsymbol{\theta}})(\hat{\boldsymbol{\theta}}_{r_1} - \boldsymbol{\theta}_{r_0})
$$

所以，
$$\left.\frac{\partial \ln p(\mathbf{x}; \boldsymbol{\theta})}{\partial \boldsymbol{\theta}_r}\right|_{\boldsymbol{\theta}=\tilde{\boldsymbol{\theta}}} = \left[\mathbf{I}_{\theta_r \theta_r}(\tilde{\boldsymbol{\theta}}) - \mathbf{I}_{\theta_r \theta_s}(\tilde{\boldsymbol{\theta}})\mathbf{I}_{\theta_s \theta_s}^{-1}(\hat{\boldsymbol{\theta}})\mathbf{I}_{\theta_s \theta_r}(\hat{\boldsymbol{\theta}})\right](\hat{\boldsymbol{\theta}}_{r_1} - \boldsymbol{\theta}_{r_0}) \tag{6B.5}$$

在 $\tilde{\boldsymbol{\theta}}$ 或 $\hat{\boldsymbol{\theta}}$ 处计算的 $\mathbf{I}(\boldsymbol{\theta})$ 的差当 $N \to \infty$ 时可以忽略，所以由 (6B.4) 式，

$$2\ln L_G(\mathbf{x}) = (\hat{\boldsymbol{\theta}}_{r_1} - \boldsymbol{\theta}_{r_0})^T \left(\left[\mathbf{I}^{-1}(\tilde{\boldsymbol{\theta}})\right]_{\theta_r \theta_r}\right)^{-1}(\hat{\boldsymbol{\theta}}_{r_1} - \boldsymbol{\theta}_{r_0}) \tag{6B.6}$$

由 (6B.5) 式，

$$\begin{aligned}
\left.\frac{\partial \ln p(\mathbf{x}; \boldsymbol{\theta})}{\partial \boldsymbol{\theta}_r}\right|_{\boldsymbol{\theta}=\tilde{\boldsymbol{\theta}}} &= \left[\mathbf{I}_{\theta_r \theta_r}(\tilde{\boldsymbol{\theta}}) - \mathbf{I}_{\theta_r \theta_s}(\tilde{\boldsymbol{\theta}})\mathbf{I}_{\theta_s \theta_s}^{-1}(\tilde{\boldsymbol{\theta}})\mathbf{I}_{\theta_s \theta_r}(\tilde{\boldsymbol{\theta}})\right](\hat{\boldsymbol{\theta}}_{r_1} - \boldsymbol{\theta}_{r_0}) \\
&= \left(\left[\mathbf{I}^{-1}(\tilde{\boldsymbol{\theta}})\right]_{\theta_r \theta_r}\right)^{-1}(\hat{\boldsymbol{\theta}}_{r_1} - \boldsymbol{\theta}_{r_0})
\end{aligned}$$

或者
$$\hat{\boldsymbol{\theta}}_{r_1} - \boldsymbol{\theta}_{r_0} = \left[\mathbf{I}^{-1}(\tilde{\boldsymbol{\theta}})\right]_{\theta_r \theta_r} \left.\frac{\partial \ln p(\mathbf{x}; \boldsymbol{\theta})}{\partial \boldsymbol{\theta}_r}\right|_{\boldsymbol{\theta}=\tilde{\boldsymbol{\theta}}}$$

这样，由 (6B.6) 式，

$$2\ln L_G(\mathbf{x}) = \left.\frac{\partial \ln p(\mathbf{x}; \boldsymbol{\theta})}{\partial \boldsymbol{\theta}_r}\right|_{\boldsymbol{\theta}=\tilde{\boldsymbol{\theta}}}^T \left[\mathbf{I}^{-1}(\tilde{\boldsymbol{\theta}})\right]_{\theta_r \theta_r} \left.\frac{\partial \ln p(\mathbf{x}; \boldsymbol{\theta})}{\partial \boldsymbol{\theta}_r}\right|_{\boldsymbol{\theta}=\tilde{\boldsymbol{\theta}}}$$

上式是 Rao 检验统计量 $T_{\mathrm{R}}(\mathbf{x})$。

附录6C GLRT 的渐近 PDF

我们首先考虑无多余参数的情况，所以 $\boldsymbol{\theta}$ 是 $r \times 1$ 维的。在计算 $2\ln L_G(\mathbf{x})$ 的渐近 PDF 的时候，我们利用渐近等效 Wald 检验统计量开始［参见(6A.3)式］计算，

$$2\ln L_G(\mathbf{x}) = (\hat{\boldsymbol{\theta}}_1 - \boldsymbol{\theta}_0)^T \mathbf{I}(\hat{\boldsymbol{\theta}}_1)(\hat{\boldsymbol{\theta}}_1 - \boldsymbol{\theta}_0)$$

由于 $\hat{\boldsymbol{\theta}}_1$ 是 $\boldsymbol{\theta}$ 的无约束 MLE 或 $\hat{\boldsymbol{\theta}}$，当 $N \to \infty$ 时，我们有

$$\hat{\boldsymbol{\theta}}_1 \sim \begin{cases} \mathcal{N}(\boldsymbol{\theta}_0, \mathbf{I}^{-1}(\boldsymbol{\theta}_0)) & \text{在 } \mathcal{H}_0 \text{ 条件下} \\ \mathcal{N}(\boldsymbol{\theta}_1, \mathbf{I}^{-1}(\boldsymbol{\theta}_1)) & \text{在 } \mathcal{H}_1 \text{ 条件下} \end{cases}$$

而当 $N \to \infty$ 时，
$$\mathbf{I}(\hat{\boldsymbol{\theta}}_1)(\hat{\boldsymbol{\theta}}_1 - \boldsymbol{\theta}_0) = \mathbf{I}(\boldsymbol{\theta}_0)(\hat{\boldsymbol{\theta}}_1 - \boldsymbol{\theta}_0) = \mathbf{I}(\boldsymbol{\theta}_1)(\hat{\boldsymbol{\theta}}_1 - \boldsymbol{\theta}_0) \qquad (6C.1)$$

所以，在 $\mathcal{H}_0$ 条件下，当 $N \to \infty$ 时，

$$2\ln L_G(\mathbf{x}) = (\hat{\boldsymbol{\theta}}_1 - \boldsymbol{\theta}_0)^T \mathbf{I}(\boldsymbol{\theta}_0)(\hat{\boldsymbol{\theta}}_1 - \boldsymbol{\theta}_0) \sim \chi_r^2$$

在 $\mathcal{H}_1$ 条件下，
$$2\ln L_G(\mathbf{x}) = (\hat{\boldsymbol{\theta}}_1 - \boldsymbol{\theta}_0)^T \mathbf{I}(\boldsymbol{\theta}_1)(\hat{\boldsymbol{\theta}}_1 - \boldsymbol{\theta}_0) \sim \chi_r'^2(\lambda)$$

其中
$$\lambda = (\boldsymbol{\theta}_1 - \boldsymbol{\theta}_0)^T \mathbf{I}(\boldsymbol{\theta}_1)(\boldsymbol{\theta}_1 - \boldsymbol{\theta}_0)$$

或者等效地，当 $N \to \infty$ 时，
$$\lambda = (\boldsymbol{\theta}_1 - \boldsymbol{\theta}_0)^T \mathbf{I}(\boldsymbol{\theta}_0)(\boldsymbol{\theta}_1 - \boldsymbol{\theta}_0)$$

我们已经使用了这样的结果：如果 $\mathbf{x} \sim \mathcal{N}(\boldsymbol{\mu}, \mathbf{C})$，那么 $\mathbf{x}^T \mathbf{C}^{-1} \mathbf{x} \sim \chi_r'^2(\lambda)$，其中，$\lambda = \boldsymbol{\mu}^T \mathbf{C}^{-1} \boldsymbol{\mu}$（参见 2.3 节）。其次，对于多余参数的情况，由(6B.4)式，我们有

$$2\ln L_G(\mathbf{x}) = (\hat{\boldsymbol{\theta}}_{r_1} - \boldsymbol{\theta}_{r_0})^T \left(\left[\mathbf{I}^{-1}(\hat{\boldsymbol{\theta}}_1) \right]_{\theta_r \theta_r} \right)^{-1} (\hat{\boldsymbol{\theta}}_{r_1} - \boldsymbol{\theta}_{r_0})$$

其中 $\hat{\boldsymbol{\theta}}_1 = [\hat{\boldsymbol{\theta}}_{r_1}^T \ \hat{\boldsymbol{\theta}}_{s_1}^T]^T$，由于 $\hat{\boldsymbol{\theta}}_{r_1}$ 是 $\boldsymbol{\theta}_r$ 的无约束 MLE，当 $N \to \infty$ 时，我们有

$$\hat{\boldsymbol{\theta}}_{r_1} \sim \begin{cases} \mathcal{N}(\boldsymbol{\theta}_{r_0}, [\mathbf{I}^{-1}(\boldsymbol{\theta}_0)]_{\theta_r \theta_r}) & \text{在 } \mathcal{H}_0 \text{ 条件下} \\ \mathcal{N}(\boldsymbol{\theta}_{r_1}, [\mathbf{I}^{-1}(\boldsymbol{\theta}_1)]_{\theta_r \theta_r}) & \text{在 } \mathcal{H}_1 \text{ 条件下} \end{cases} \qquad (6C.2)$$

其中 $\boldsymbol{\theta}_0 = [\boldsymbol{\theta}_{r_0}^T \ \boldsymbol{\theta}_s^T]^T$，$\boldsymbol{\theta}_1 = [\boldsymbol{\theta}_{r_1}^T \ \boldsymbol{\theta}_s^T]^T$。但是，像在(6C.1)式中那样使用相同的变量，在 $\mathcal{H}_0$ 条件下我们有

$$2\ln L_G(\mathbf{x}) \sim \chi_r^2$$

在 $\mathcal{H}_1$ 条件下，
$$2\ln L_G(\mathbf{x}) \sim \chi_r'^2(\lambda)$$

其中
$$\lambda = (\boldsymbol{\theta}_{r_1} - \boldsymbol{\theta}_{r_0})^T \left(\left[\mathbf{I}^{-1}(\boldsymbol{\theta}_{r_1}, \boldsymbol{\theta}_s) \right]_{\theta_r \theta_r} \right)^{-1} (\boldsymbol{\theta}_{r_1} - \boldsymbol{\theta}_{r_0})$$

当 $N \to \infty$ 时等价于
$$\lambda = (\boldsymbol{\theta}_{r_1} - \boldsymbol{\theta}_{r_0})^T \left(\left[\mathbf{I}^{-1}(\boldsymbol{\theta}_{r_0}, \boldsymbol{\theta}_s) \right]_{\theta_r \theta_r} \right)^{-1} (\boldsymbol{\theta}_{r_1} - \boldsymbol{\theta}_{r_0})$$

附录 6D LMP 检验的渐近检测性能

LMP 检验统计量定义为
$$T_{\mathrm{LMP}}(\mathbf{x}) = \frac{\left.\dfrac{\partial \ln p(\mathbf{x};\theta)}{\partial \theta}\right|_{\theta=\theta_0}}{\sqrt{I(\theta_0)}}$$

在 $\mathcal{H}_0$ 条件下, 对于 $\theta=\theta_0$[回想一下正则条件(参见本书卷 I 的第 50 页)],
$$E\left(\left.\frac{\partial \ln p(\mathbf{x};\theta)}{\partial \theta}\right|_{\theta=\theta_0}\right) = 0$$

以及(参见本书卷 I 的第 50 页)
$$E\left[\left(\left.\frac{\partial \ln p(\mathbf{x};\theta)}{\partial \theta}\right|_{\theta=\theta_0}\right)^2\right] = I(\theta_0)$$

这正是 Fisher 信息的定义。另外, 如果 $x[n]$ 是 IID 的, 所以
$$\ln p(\mathbf{x};\theta) = \sum_{n=0}^{N-1} \ln p(x[n];\theta)$$

那么
$$T_{\mathrm{LMP}}(\mathbf{x}) = \frac{1}{\sqrt{I(\theta_0)}} \sum_{n=0}^{N-1} \left.\frac{\partial \ln p(x[n];\theta)}{\partial \theta}\right|_{\theta=\theta_0}$$

根据中心极限定理变成了高斯的。因此, 在 $\mathcal{H}_0$ 条件下,
$$T_{\mathrm{LMP}}(\mathbf{x}) \sim \mathcal{N}(0,1)$$

在 $\mathcal{H}_1$ 条件下, 以及对于 θ_0 靠近 θ_1 的值, 一阶泰勒级数展开得
$$\left.\frac{\partial \ln p(\mathbf{x};\theta)}{\partial \theta}\right|_{\theta=\theta_0} = \left.\frac{\partial \ln p(\mathbf{x};\theta)}{\partial \theta}\right|_{\theta=\theta_1} + \left.\frac{\partial^2 \ln p(\mathbf{x};\theta)}{\partial \theta^2}\right|_{\theta=\theta_1}(\theta_0-\theta_1)$$

所以, 由于正则条件, 当 $N\to\infty$ 时,
$$\begin{aligned}
E\left(\left.\frac{\partial \ln p(\mathbf{x};\theta)}{\partial \theta}\right|_{\theta=\theta_0}\right) &= 0 + E\left(\left.\frac{\partial^2 \ln p(\mathbf{x};\theta)}{\partial \theta^2}\right|_{\theta=\theta_1}\right)(\theta_0-\theta_1) \\
&= -I(\theta_1)(\theta_0-\theta_1) \\
&\to I(\theta_0)(\theta_1-\theta_0)
\end{aligned}$$

另外, 在 $\mathcal{H}_1$ 条件下,
$$\mathrm{var}\left(\left.\frac{\partial \ln p(\mathbf{x};\theta)}{\partial \theta}\right|_{\theta=\theta_0}\right)$$

$$\begin{aligned}
&= E\left\{\left[\left.\frac{\partial \ln p(\mathbf{x};\theta)}{\partial \theta}\right|_{\theta=\theta_0} - E\left(\left.\frac{\partial \ln p(\mathbf{x};\theta)}{\partial \theta}\right|_{\theta=\theta_0}\right)\right]^2\right\} \\
&= E\left\{\left[\left.\frac{\partial \ln p(\mathbf{x};\theta)}{\partial \theta}\right|_{\theta=\theta_1} + \left(\left.\frac{\partial^2 \ln p(\mathbf{x};\theta)}{\partial \theta^2}\right|_{\theta=\theta_1} + I(\theta_1)\right)(\theta_0-\theta_1)\right]^2\right\}
\end{aligned}$$

忽略 $(\theta_0 - \theta_1)$ 项和 $(\theta_0 - \theta_1)^2$，我们有

$$\mathrm{var}\left(\left.\frac{\partial \ln p(\mathbf{x};\theta)}{\partial \theta}\right|_{\theta=\theta_0}\right) = E\left[\left(\left.\frac{\partial \ln p(\mathbf{x};\theta)}{\partial \theta}\right|_{\theta=\theta_1}\right)^2\right] = I(\theta_1)$$

或者等价于，当 $N \to \infty$ 时，

$$\mathrm{var}\left(\left.\frac{\partial \ln p(\mathbf{x};\theta)}{\partial \theta}\right|_{\theta=\theta_0}\right) = I(\theta_0)$$

这样，

$$\left.\frac{\partial \ln p(\mathbf{x};\theta)}{\partial \theta}\right|_{\theta=\theta_0} \sim \mathcal{N}(I(\theta_0)(\theta_1 - \theta_0), I(\theta_0))$$

在 IID 假定下，正如前面应用中心极限定理那样，在 $\mathcal{H}_1$ 条件下，

$$T_{\mathrm{LMP}}(\mathbf{x}) \sim \mathcal{N}(\sqrt{I(\theta_0)}(\theta_1 - \theta_0), 1)$$

附录 6E 局部最优势检验的另一种推导

假定在 R^N 域中，我们选择 $\mathcal{H}_1$ 的域用 R_1 表示，那么

$$P_{FA} = \int_{R_1} p(\mathbf{x}; \mathcal{H}_0) d\mathbf{x}$$

$$P_D = \int_{R_1} p(\mathbf{x}; \mathcal{H}_1) d\mathbf{x}$$

但是 PDF 是 θ 的参数，所以我们把 $p(\mathbf{x}; \mathcal{H}_0)$ 写成 $p(\mathbf{x}; \theta_0)$，$p(\mathbf{x}; \mathcal{H}_1)$ 写成 $p(\mathbf{x}; \theta)$，这样

$$P_{FA} = \int_{R_1} p(\mathbf{x}; \theta_0) d\mathbf{x}$$

$$P_D(\theta) = \int_{R_1} p(\mathbf{x}; \theta) d\mathbf{x}$$

检测概率精确地表明与 θ 有关。对于 $\theta > \theta_0$ 以及 $\theta - \theta_0$ 较小时，我们可以把 $P_D(\theta)$ 在 $\theta = \theta_0$ 处用一阶泰勒级数展开，于是，

$$P_D(\theta) = P_D(\theta_0) + \left.\frac{dP_D(\theta)}{d\theta}\right|_{\theta=\theta_0} = P_{FA} + \left.\frac{dP_D(\theta)}{d\theta}\right|_{\theta=\theta_0}$$

由于 P_{FA} 是固定的，只有 $P_D(\theta)$ 的导数与 R_1 有关，对于任意的 θ，我们通过使 $P_D(\theta)$ 在 $\theta = \theta_0$ 处的斜率最大而使 $P_D(\theta)$ 达到最大。现在

$$\frac{dP_D(\theta)}{d\theta} = \frac{d}{d\theta} \int_{R_1} p(\mathbf{x}; \theta) d\mathbf{x} = \int_{R_1} \frac{dp(\mathbf{x}; \theta)}{d\theta} d\mathbf{x} = \int_{R_1} \frac{d\ln p(\mathbf{x}; \theta)}{d\theta} p(\mathbf{x}; \theta) d\mathbf{x}$$

为了在约束 P_{FA} 为常数的条件下使斜率达到最大，我们使用拉格朗日乘因子，得到

$$F = \left.\frac{dP_D(\theta)}{d\theta}\right|_{\theta=\theta_0} + \lambda(P_{FA} - \alpha)$$

而

$$F = \int_{R_1} \left[\left.\frac{d\ln p(\mathbf{x}; \theta)}{d\theta}\right|_{\theta=\theta_0} p(\mathbf{x}; \theta_0) + \lambda p(\mathbf{x}; \theta_0) \right] d\mathbf{x} - \lambda\alpha$$

$$= \int_{R_1} \left(\left.\frac{d\ln p(\mathbf{x}; \theta)}{d\theta}\right|_{\theta=\theta_0} + \lambda \right) p(\mathbf{x}; \theta_0) d\mathbf{x} - \lambda\alpha$$

为了使 F 最大，如果

$$\left.\frac{d\ln p(\mathbf{x}; \theta)}{d\theta}\right|_{\theta=\theta_0} + \lambda > 0$$

或者

$$\left.\frac{d\ln p(\mathbf{x}; \theta)}{d\theta}\right|_{\theta=\theta_0} > -\lambda = \gamma$$

我们应该在 R_1 中包含 $\mathbf{x}$，请参见附录 3A。

附录 6F　广义 ML 准则的推导

对于附录 6A 所描述的大的数据记录[参见(6A.2)式]，

$$p(\mathbf{x};\boldsymbol{\theta}_i) = p(\mathbf{x};\hat{\boldsymbol{\theta}}_i)\exp\left[-\frac{1}{2}(\boldsymbol{\theta}_i - \hat{\boldsymbol{\theta}}_i)^T\mathbf{I}(\hat{\boldsymbol{\theta}}_i)(\boldsymbol{\theta}_i - \hat{\boldsymbol{\theta}}_i)\right] \tag{6F.1}$$

其中 $\hat{\boldsymbol{\theta}}_i$ 是 $\boldsymbol{\theta}_i$ 的无约束 MLE，$\boldsymbol{\theta}_i$ 是 $n_i \times 1$ 的。如果现在应用贝叶斯原理，把 $\boldsymbol{\theta}_i$ 是看成一个随机变量(以及选择的一个假设)，那么条件数据 PDF 变成

$$p(\mathbf{x}|\boldsymbol{\theta}_i,\mathcal{H}_i) = p(\mathbf{x}|\hat{\boldsymbol{\theta}}_i,\mathcal{H}_i)\exp\left[-\frac{1}{2}(\boldsymbol{\theta}_i - \hat{\boldsymbol{\theta}}_i)^T\mathbf{I}(\hat{\boldsymbol{\theta}}_i)(\boldsymbol{\theta}_i - \hat{\boldsymbol{\theta}}_i)\right] \tag{6F.2}$$

注意，由于 PDF 在每种假设下不同，我们必须在 PDF 中加上 $\mathcal{H}_i$ 的描述符。给未知参数矢量指定一个先验 PDF $p(\boldsymbol{\theta}_i)$，我们有

$$p(\mathbf{x}|\mathcal{H}_i) = \int p(\mathbf{x}|\boldsymbol{\theta}_i,\mathcal{H}_i)p(\boldsymbol{\theta}_i)d\boldsymbol{\theta}_i \tag{6F.3}$$

为了不让我们的结果由于先验 PDF 的引入而产生偏差，我们选择宽的先验 PDF，或者 $p(\mathbf{x}|\boldsymbol{\theta}_i,\mathcal{H}_i)$ 的值是平坦的先验 PDF。这样的先验 PDF 就是高斯 PDF，

$$p(\boldsymbol{\theta}_i) = \frac{1}{(2\pi)^{\frac{n_i}{2}}\det^{\frac{1}{2}}(\mathbf{C}_{\theta_i})}\exp\left[-\frac{1}{2}(\boldsymbol{\theta}_i - \hat{\boldsymbol{\theta}}_i)^T\mathbf{C}_{\theta_i}^{-1}(\boldsymbol{\theta}_i - \hat{\boldsymbol{\theta}}_i)\right] \tag{6F.4}$$

它的中心在 $\hat{\boldsymbol{\theta}}_i$，如果我们选择 $\mathbf{C}_{\theta_i} \gg \mathbf{I}^{-1}(\hat{\boldsymbol{\theta}}_i)$，它要比 $p(\mathbf{x}|\boldsymbol{\theta}_i,\mathcal{H}_i)$ 宽一些。为了避免把更多的信息从一个先验 PDF 传递给另一个(由于 $\boldsymbol{\theta}_i$ 的维数与 i 有关)，我们选择 $\mathbf{C}_{\theta_i}$ 来确保信息对所有的 i 都是相同的。其基本原理就是先验 PDF 中的信息可以用负熵来定量表示[Zacks 1981]，

$$E(\ln p(\boldsymbol{\theta}_i)) = \int p(\boldsymbol{\theta}_i)\ln p(\boldsymbol{\theta}_i)d\boldsymbol{\theta}_i$$

对于高斯先验 PDF，

$$\begin{aligned}
E(\ln p(\boldsymbol{\theta}_i)) &= -\frac{n_i}{2}\ln 2\pi - \frac{1}{2}\ln\det(\mathbf{C}_{\theta_i}) - \frac{1}{2}E\left[(\boldsymbol{\theta}_i - \hat{\boldsymbol{\theta}}_i)^T\mathbf{C}_{\theta_i}^{-1}(\boldsymbol{\theta}_i - \hat{\boldsymbol{\theta}}_i)\right]\\
&= -\frac{n_i}{2}\ln 2\pi - \frac{1}{2}\ln\det(\mathbf{C}_{\theta_i}) - \frac{1}{2}n_i\\
&= -\frac{n_i}{2}\ln 2\pi e - \frac{1}{2}\ln\det(\mathbf{C}_{\theta_i}) = c
\end{aligned} \tag{6F.5}$$

其中 c 为常数。我们使用了这样的结果：如果 $\mathbf{x}$ 是 $n_i \times 1$ 的，且 $\mathbf{x} \sim \mathcal{N}(\boldsymbol{\mu},\mathbf{C})$，那么

$$\begin{aligned}
E[(\mathbf{x} - \boldsymbol{\mu})^T\mathbf{C}^{-1}(\mathbf{x} - \boldsymbol{\mu})] &= E[\text{tr}((\mathbf{x} - \boldsymbol{\mu})^T\mathbf{C}^{-1}(\mathbf{x} - \boldsymbol{\mu}))]\\
&= E[\text{tr}((\mathbf{x} - \boldsymbol{\mu})(\mathbf{x} - \boldsymbol{\mu})^T\mathbf{C}^{-1})]\\
&= \text{tr}[E((\mathbf{x} - \boldsymbol{\mu})(\mathbf{x} - \boldsymbol{\mu})^T)\mathbf{C}^{-1}]\\
&= \text{tr}(\mathbf{I}) = n_i
\end{aligned}$$

因此，我们应该选择 $\mathbf{C}_{\theta_i}$ 来满足(6F.5)式的约束。将(6F.2)式和(6F.4)式代入(6F.3)式中，得

$$p(\mathbf{x}|\mathcal{H}_i) = \frac{p(\mathbf{x}|\hat{\boldsymbol{\theta}}_i, \mathcal{H}_i)}{(2\pi)^{\frac{n_i}{2}} \det^{\frac{1}{2}}(\mathbf{C}_{\theta_i})} \int \exp\left[-\frac{1}{2}(\boldsymbol{\theta}_i - \hat{\boldsymbol{\theta}}_i)^T \left(\mathbf{I}(\hat{\boldsymbol{\theta}}_i) + \mathbf{C}_{\theta_i}^{-1}\right)(\boldsymbol{\theta}_i - \hat{\boldsymbol{\theta}}_i)\right] d\boldsymbol{\theta}_i$$

$$= \frac{p(\mathbf{x}|\hat{\boldsymbol{\theta}}_i, \mathcal{H}_i)(2\pi)^{\frac{n_i}{2}} \det^{\frac{1}{2}}\left[\left(\mathbf{I}(\hat{\boldsymbol{\theta}}_i) + \mathbf{C}_{\theta_i}^{-1}\right)^{-1}\right]}{(2\pi)^{\frac{n_i}{2}} \det^{\frac{1}{2}}(\mathbf{C}_{\theta_i})}$$

$$= \frac{p(\mathbf{x}|\hat{\boldsymbol{\theta}}_i, \mathcal{H}_i)}{\det^{\frac{1}{2}}\left[\mathbf{C}_{\theta_i}\left(\mathbf{I}(\hat{\boldsymbol{\theta}}_i) + \mathbf{C}_{\theta_i}^{-1}\right)\right]}$$

$$\approx \frac{p(\mathbf{x}|\hat{\boldsymbol{\theta}}_i, \mathcal{H}_i)}{\det^{\frac{1}{2}}(\mathbf{C}_{\theta_i}) \det^{\frac{1}{2}}\left(\mathbf{I}(\hat{\boldsymbol{\theta}}_i)\right)}$$

取对数，得

$$\ln p(\mathbf{x}|\mathcal{H}_i) = \ln p(\mathbf{x}|\hat{\boldsymbol{\theta}}_i, \mathcal{H}_i) - \frac{1}{2}\ln \det(\mathbf{I}(\hat{\boldsymbol{\theta}}_i)) - \frac{1}{2}\ln \det(\mathbf{C}_{\theta_i})$$

由(6F.5)式，上式变成

$$\ln p(\mathbf{x}|\mathcal{H}_i) = \ln p(\mathbf{x}|\hat{\boldsymbol{\theta}}_i, \mathcal{H}_i) - \frac{1}{2}\ln \det(\mathbf{I}(\hat{\boldsymbol{\theta}}_i)) + c + \frac{n_i}{2}\ln 2\pi e$$

忽略常数 c，$(n_i/2)\ln 2\pi e$ 随着 N 的增大相对于其他项也很小，因此也可以忽略。于是我们有

$$\xi_i = \ln p(\mathbf{x}|\mathcal{H}_i) = \ln p(\mathbf{x}|\hat{\boldsymbol{\theta}}_i, \mathcal{H}_i) - \frac{1}{2}\ln \det(\mathbf{I}(\hat{\boldsymbol{\theta}}_i))$$

尽管广义 ML 准则是对 $\boldsymbol{\theta}_i$ 在贝叶斯假定下推导的，但它在经典的情况下也是可以应用的，所以

$$\xi_i = \ln p(\mathbf{x}; \hat{\boldsymbol{\theta}}_i | \mathcal{H}_i) - \frac{1}{2}\ln \det(\mathbf{I}(\hat{\boldsymbol{\theta}}_i))$$

其中 $\hat{\boldsymbol{\theta}}_i$ 是 MLE，或者是使 $p(\mathbf{x}; \boldsymbol{\theta}_i | \mathcal{H}_i)$ 最大的值。

第7章 具有未知参数的确定性信号

7.1 引言

在实际中，最为重要的是不完全已知信号的检测，信号知识的缺乏可能是由于不确定辐射效应（如同移动无线电），或者由于决定着股票市场趋势的信号产生机制未知。为了能够设计有效的检测器，要求第6章所描述的复合假设检验的高级理论。在本章和随后的一章，我们将把复合假设理论应用到许多实际关注的检测问题中。本章考察具有未知参数的确定性信号的检测问题，而在下一章则探讨具有未知参数的随机信号的检测问题。

7.2 小结

与最佳匹配滤波器比较而言，信号知识的缺乏导致检测性能的下降，在7.3节描述的能量检测器就是这种影响的一个例证。7.4节讨论了具有未知幅度信号的检测器，它的 GLRT 由(7.14)式给出，它的性能由(7.16)式给出。贝叶斯检测器的检验统计量由(7.18)式给出，它要求先验的高斯PDF。在7.5节，未知到达时间信号的检测导出了(7.21)式或等效的(7.22)式的 GLRT。在7.6节讨论了正弦信号检测这一重要情况，对于未知幅度和相位，GLRT 简化为在已知频率处周期图的计算或(7.25)式，检测性能由(7.28)式给出。如果频率也是未知的，那么 GLRT 选择周期图的峰值或(7.30)式，它的性能由(7.31)式给出。最后，对于未知到达时间，GLRT 也是选择谱图的峰值，由(7.33)式给出，并在7.8节分析了它的性能。在7.7节讨论了经典线性模型，定理7.1总结了一般的结果。GLRT 的简单闭合形式由(7.35)式给出，检测性能也可以用闭合形式给出。这个定理在许多实际的检测问题中都有应用。7.8节描述了某些信号处理的例子，对于主动声呐或雷达，通常的窄带检测器性能的计算由(7.38)式给出。另外，(7.39)式给出了出现正弦干扰时检测的 GLRT。

7.3 信号建模和检测性能

对于含有不确定因素的确定性信号，我们将要使用的一般模型是那些除少数参数外完全已知的模型形式。例如，如果 $s[n]=A\cos(2\pi f_0 n + \phi)$，那么我们不知道参数集 $\{A, f_0, \phi\}$ 的值，或者这些参数的某个子集的值。对于这种复合假设检验问题，设计检测器的两个基本的方法在第6章已经描述。如果将未知参数看成确定性的，那么可以采用广义似然比检验（GLRT）；而如果将未知参数看成随机变量的现实，那么就可以采用贝叶斯方法。两种方法应用的基本原理是不同的，所以直接的比较也是不可能的。

在典型的未知确定性信号参数中，最佳检测器即一致最大势（UMP）检验（对于未知参数的所有值以及给定的 P_{FA} 产生最高的 P_D 的检验）通常是不存在的。然而，GLRT（准最佳）检测器通常能得到好的性能。对于大数据记录，可以证明在不变检测器类中是 UMP[Lehmann 1959]，正如第6章所讨论的那样，它的性能与透视检测器相比，采用 GLRT 引起的检测损失是有限的。透视检测器在实现 NP 检测器时假定了未知参数是完全已知的。因此这种不可实现的但是最佳的 NP 检测器的性能将是任何可实现检测器性能的上限。通常，GLRT 损失是相当小的，第6章给出了在 WGN 中具有未知 DC 电平的一个例子。

如果采用贝叶斯方法，那么导出的检测器可以说成是在 NP 意义下最佳的。从效果上来看，未知参数的麻烦通过积分而消除了，留下了一个简单二元假设检验问题，那么后者应用 NP 定理就很容易求解。当然，困难在于要指定先验 PDF 以及执行积分运算。另外，如果未知参数注定是确定性的，或者它们是随机的，但是先验 PDF 与假定的不同，那么导出的检测器就不能声称是最佳的。

在本章我们需要使用两个信号模型，我们选择一个与当前问题最接近并且易于处理的模型。从实际的观点来看，GLRT 通常是易于实现的，因为它只要求最大值而不是积分。将数值求最大值作为最后的一种手段通常是比较简单的。

在讨论特定的检测器之前，我们学习一下信号信息的重要性是有益的。如果在具有方差为 σ^2 的 WGN 中检测一个完全已知的信号，那么匹配滤波器是最佳的，它的检测性能由(4.14)式给出，即

$$P_D = Q\left(Q^{-1}(P_{FA}) - \sqrt{d^2}\right) \tag{7.1}$$

其中 $d^2 = \mathcal{E}/\sigma^2$ 是偏移系数，$\mathcal{E}$ 是信号能量。当出现未知信号参数的时候，可以预料任何检测器的性能都会变差。很显然，(7.1)式提供了一种检测性能的上限(由于它是透视检测器)。通过将匹配滤波器与假定对信号一无所知的检测器进行比较，可以说明信号的重要性，考虑一个检测问题

$$\mathcal{H}_0 : x[n] = w[n] \qquad n = 0, 1, \dots, N-1$$
$$\mathcal{H}_1 : x[n] = s[n] + w[n] \quad n = 0, 1, \dots, N-1$$

其中 $s[n]$ 是确定性的且完全未知，$w[n]$ 是具有方差为 σ^2 的 WGN，如果

$$\frac{p(\mathbf{x}; \hat{s}[0], \dots, \hat{s}[N-1], \mathcal{H}_1)}{p(\mathbf{x}; \mathcal{H}_0)} > \gamma \tag{7.2}$$

则 GLRT 判 $\mathcal{H}_1$，其中 $\hat{s}[n]$ $(n = 0, 1, \dots, N-1)$ 是 $\mathcal{H}_1$ 条件下的 MLE(参见习题 7.6 的贝叶斯估计方法)。为了计算 MLE，我们使似然函数

$$p(\mathbf{x}; s[0], \dots, s[N-1], \mathcal{H}_1) = \frac{1}{(2\pi\sigma^2)^{\frac{N}{2}}} \exp\left[-\frac{1}{2\sigma^2} \sum_{n=0}^{N-1} (x[n] - s[n])^2\right]$$

在信号样本上最大。显然，MLE 是 $\hat{s}[n] = x[n]$。这样，由(7.2)式，

$$\frac{\dfrac{1}{(2\pi\sigma^2)^{\frac{N}{2}}}}{\dfrac{1}{(2\pi\sigma^2)^{\frac{N}{2}}} \exp\left(-\dfrac{1}{2\sigma^2} \sum_{n=0}^{N-1} x^2[n]\right)} > \gamma$$

取对数，得

$$\frac{1}{2\sigma^2} \sum_{n=0}^{N-1} x^2[n] > \ln \gamma$$

或者如果

$$\sum_{n=0}^{N-1} x^2[n] > \gamma' \tag{7.3}$$

我们判 $\mathcal{H}_1$，这正好是能量检测器。而能量检测器是通过把信号看成白高斯随机过程而得出的 (参见例 5.1)。正如例 5.1 一样，如果

$$T(\mathbf{x}) = \sum_{n=0}^{N-1} x^2[n] = \sum_{n=0}^{N-1} x[n]\hat{s}[n] > \gamma' \tag{7.4}$$

我们判 $\mathcal{H}_1$，其中 $\hat{s}[n] = x[n]$，检测器具有估计器－相关器的形式。由于不同的模型假定，检测性能与例 5.1 有所不同(参见习题 7.7)。在附录 7A 中证明了对于大数据记录，能量检测器(ED)的检测性能或(7.4)式的检测性能由(7.1)式给出，但是，偏移系数为

$$d_{\text{ED}}^2 = \frac{\left(\frac{\mathcal{E}}{\sigma^2}\right)^2}{2N} \tag{7.5}$$

大的 N 意味着 $\mathcal{E}/\sigma^2 \ll N$ 或者 $(\mathcal{E}/N)/\sigma^2 \ll 1$，其中后者可以看成输入信噪比。回忆一下，匹配滤波器（MF）（透视检测器）的性能也由（7.1）式给出，但是，

$$d_{\text{MF}}^2 = \frac{\mathcal{E}}{\sigma^2} \tag{7.6}$$

通过比较偏移系数，性能的损耗可以定量地表示，由于 P_D 是随 d^2 单调递增的，因此其性能损耗为

$$10\log_{10}\frac{d_{\text{MF}}^2}{d_{\text{ED}}^2} = 10\log_{10}\frac{2N}{\frac{\mathcal{E}}{\sigma^2}}\quad \text{dB}$$

例如，对于 WGN 中的 DC 电平，或者 $s[n]=A$，其损耗为

$$10\log_{10}\frac{2\sigma^2}{A^2} = 3 - 10\log_{10}\frac{A^2}{\sigma^2}\quad \text{dB} \tag{7.7}$$

由于 $\mathcal{E}=NA^2$，如果 $\mathcal{E}/\sigma^2 = NA^2/\sigma^2 \ll N$ 或者输入 SNR 满足 $A^2/\sigma^2 \ll 1$，上式就是有效的，随着 N 变大，匹配滤波器和能量检测器之间的损耗就会增加。这是根据（7.7）式得出的，因为随着 N 的增加，对于相同的 (P_{FA}, P_D) 工作点，输入信噪比减少。从本质上讲，匹配滤波器相干地组合数据（$T_{\text{MF}}(\mathbf{x}) = \sum_{n=0}^{N-1} x[n]$），而能量检测器非相干地组合数据（$T_{\text{ED}}(\mathbf{x}) = \sum_{n=0}^{N-1} x^2[n]$）。相干组合迅速地减少了噪声（参见习题 7.8）。

　　为了说明这种影响，我们能够确定对于给定的 d^2（因而也是给定的检测性能）所需的输入信噪比。很容易证明，在 WGN 中的 DC 电平，对于给定的偏移系数 d^2（因而也是给定的检测概率 P_D），要求的输入 SNR 或者 $\eta = A^2/\sigma^2$ 根据（7.5）式和（7.6）式则为

$$10\log_{10}\eta_{\text{MF}} = 10\log_{10}d^2 - 10\log_{10}N \quad \text{dB}$$

$$10\log_{10}\eta_{\text{ED}} = 5\log_{10}d^2 + 1.5 - 5\log_{10}N \quad \text{dB}$$

图 7.1 显示了一个例子。例如，对于 $N=1000$，其损耗是 11.5 dB。注意，要求的输入 SNR 匹配滤波器减少了 $10\log_{10}N$，而能量检测器只减少了 $5\log_{10}N$，这种损耗由于能量检测器采用非相干平均所致。我们可以这样解释这些结果，匹配滤波器的处理增益是 $10\log_{10}N$，而能量检测器的处理增益是 $5\log_{10}N$。因此，这也是由于缺乏信号的知识而要付出的代价。对于部分已知的信号，也就是只有几个未知参数的信号，那么我们可以期待得到介于匹

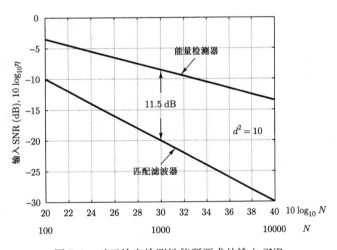

图 7.1　对于给定检测性能所要求的输入 SNR

配滤波器和能量检测器之间的检测性能。在下一节，我们将要讨论常见的具有未知参数信号的检测问题。

7.4　未知幅度

　　现在，我们考虑在 WGN 中除幅度外已知的确定性信号检测问题，特别是

$$\begin{aligned}
\mathcal{H}_0 &: x[n]=w[n] & n&=0,1,\ldots,N-1\\
\mathcal{H}_1 &: x[n]=As[n]+w[n] & n&=0,1,\ldots,N-1
\end{aligned}$$

其中 $s[n]$ 是已知的，幅度 A 是未知的，$w[n]$ 是具有方差为 σ^2 的 WGN。这个问题正是第 6 章描

述的当 $s[n] = 1$（WGN 中未知幅度的 DC 电平）时的相同形式。第 6 章已经证明，如果 A 的符号是已知的，那么 UMP 是存在的。如果 A 的符号未知，那么 UMP 检验不存在，我们必须使用 GLRT 或者贝叶斯方法。为了确定 UMP 检验是否存在，我们假定 A 是已知的，然后构造 NP 检验。如果在 A 未知的情况下能够求出检验统计量或者它的门限，那么这个检验就是 UMP。如果

$$\frac{p(\mathbf{x}; \mathcal{H}_1)}{p(\mathbf{x}; \mathcal{H}_0)} > \gamma$$

或者

$$\frac{\frac{1}{(2\pi\sigma^2)^{\frac{N}{2}}} \exp\left[-\frac{1}{2\sigma^2}\sum_{n=0}^{N-1}(x[n] - As[n])^2\right]}{\frac{1}{(2\pi\sigma^2)^{\frac{N}{2}}} \exp\left[-\frac{1}{2\sigma^2}\sum_{n=0}^{N-1}x^2[n]\right]} > \gamma$$

LRT 判 $\mathcal{H}_1$。取对数并经化简后得

$$-\frac{1}{2\sigma^2}\sum_{n=0}^{N-1}\left(-2As[n]x[n] + A^2s^2[n]\right) > \ln\gamma \tag{7.8}$$

或者

$$A\sum_{n=0}^{N-1}x[n]s[n] > \sigma^2\ln\gamma + \frac{A^2}{2}\sum_{n=0}^{N-1}s^2[n] = \gamma'$$

当 $A > 0$ 时，如果

$$\sum_{n=0}^{N-1}x[n]s[n] > \frac{\gamma'}{A} = \gamma'' \tag{7.9}$$

那么 NP 检验判 $\mathcal{H}_1$；而当 $A < 0$ 时，如果

$$\sum_{n=0}^{N-1}x[n]s[n] < \frac{\gamma'}{A} = \gamma'' \tag{7.10}$$

我们判 $\mathcal{H}_1$。在两种情况下，检验是 UMP，可以化简为通常的相关器结构。然而，如果 A 的符号是未知的，我们不能构造唯一的检验。例如，如果我们假定 $A > 0$ 并利用 (7.9) 式，若实际的 A 为负，那么就会得到很差的结果。这是因为对于 $A < 0$，

$$E(T(\mathbf{x})) = E\left(\sum_{n=0}^{N-1}x[n]s[n]\right) = A\sum_{n=0}^{N-1}s^2[n] < 0$$

注意，当 UMP 检验存在时，检验统计量和门限并不依赖于 A 的值，检测器的性能将依赖于 A 的幅度。对于 $A > 0$ 或者 $A < 0$，很容易证明 UMP 检验的性能为（参见习题 7.10）

$$P_D = Q\left(Q^{-1}(P_{FA}) - \sqrt{d^2}\right)$$

其中

$$d^2 = \frac{A^2\sum_{n=0}^{N-1}s^2[n]}{\sigma^2} = \frac{\mathcal{E}}{\sigma^2}$$

当幅度的符号未知时，我们必须采用下一节描述的 GLRT 或贝叶斯方法。

7.4.1 GLRT

如果

$$\frac{p(\mathbf{x}; \hat{A}, \mathcal{H}_1)}{p(\mathbf{x}; \mathcal{H}_0)} > \gamma$$

GLRT 判 $\mathcal{H}_1$，其中 $\hat{A}$ 是 $\mathcal{H}_1$ 条件下 A 的 MLE，后者能够证明是（参见习题 7.11）

$$\hat{A} = \frac{\sum\limits_{n=0}^{N-1} x[n]s[n]}{\sum\limits_{n=0}^{N-1} s^2[n]} \tag{7.11}$$

所以由(7.8)式，

$$-\frac{1}{2\sigma^2} \sum_{n=0}^{N-1} \left(-2\hat{A}s[n]x[n] + \hat{A}^2 s^2[n]\right) > \ln\gamma$$

并且利用(7.11)式，我们有

$$-\frac{1}{2\sigma^2} \left(-2\hat{A}\hat{A} \sum_{n=0}^{N-1} s^2[n] + \hat{A}^2 \sum_{n=0}^{N-1} s^2[n]\right) > \ln\gamma$$

最后，如果

$$\hat{A}^2 > \frac{2\sigma^2 \ln\gamma}{\sum\limits_{n=0}^{N-1} s^2[n]} \tag{7.12}$$

或者等价于如果

$$|\hat{A}| > \sqrt{\frac{2\sigma^2 \ln\gamma}{\sum\limits_{n=0}^{N-1} s^2[n]}}$$

我们判 $\mathcal{H}_1$。对于只有噪声的时候，我们期待 $\hat{A} \approx 0$ [由于 $E(\hat{A}) = 0$]，并且当信号出现的时候，$|\hat{A}|$ 应该偏离零点。因此，基于幅度大小的估计的检测器也是可行的。另外，由(7.12)式，我们有

$$T(\mathbf{x}) = \left(\sum_{n=0}^{N-1} x[n]s[n]\right)^2 > 2\sigma^2 \ln\gamma \sum_{n=0}^{N-1} s^2[n] = \gamma' \tag{7.13}$$

或者

$$\left|\sum_{n=0}^{N-1} x[n]s[n]\right| > \sqrt{2\sigma^2 \ln\gamma \sum_{n=0}^{N-1} s^2[n]} = \sqrt{\gamma'} \tag{7.14}$$

检测器刚好是相关器，取绝对值是由于 A 的符号未知的缘故。(7.13)式的检测器则如图 7.2 所示。

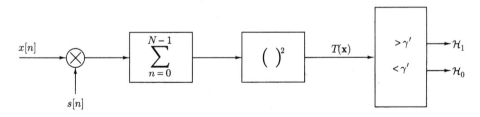

图 7.2 对于未知幅度信号的 GLRT

　　幅度知识的缺乏将使检测性能降低，但从相关器的性能来看只有轻微的下降。为了说明检测性能，我们首先注意到[参见(4.11)式的推导]，

$$u(\mathbf{x}) = \sum_{n=0}^{N-1} x[n]s[n] \sim \begin{cases} \mathcal{N}\left(0, \sigma^2 \sum\limits_{n=0}^{N-1} s^2[n]\right) & \text{在 } \mathcal{H}_0 \text{ 条件下} \\ \mathcal{N}\left(A \sum\limits_{n=0}^{N-1} s^2[n], \sigma^2 \sum\limits_{n=0}^{N-1} s^2[n]\right) & \text{在 } \mathcal{H}_1 \text{ 条件下} \end{cases}$$

这样

$$
\begin{aligned}
P_{FA} &= \Pr\left\{|u(\mathbf{x})| > \sqrt{\gamma'}; \mathcal{H}_0\right\} \\
&= \Pr\left\{u(\mathbf{x}) > \sqrt{\gamma'}; \mathcal{H}_0\right\} + \Pr\left\{u(\mathbf{x}) < -\sqrt{\gamma'}; \mathcal{H}_0\right\} \\
&= Q\left(\frac{\sqrt{\gamma'}}{\sqrt{\sigma^2 \sum_{n=0}^{N-1} s^2[n]}}\right) + 1 - Q\left(\frac{-\sqrt{\gamma'}}{\sqrt{\sigma^2 \sum_{n=0}^{N-1} s^2[n]}}\right) \\
&= 2Q\left(\frac{\sqrt{\gamma'}}{\sqrt{\sigma^2 \sum_{n=0}^{N-1} s^2[n]}}\right)
\end{aligned} \tag{7.15}
$$

类似地

$$
\begin{aligned}
P_D &= \Pr\left\{|u(\mathbf{x})| > \gamma'; \mathcal{H}_1\right\} \\
&= Q\left(\frac{\sqrt{\gamma'} - A\sum_{n=0}^{N-1} s^2[n]}{\sqrt{\sigma^2 \sum_{n=0}^{N-1} s^2[n]}}\right) + 1 - Q\left(\frac{-\sqrt{\gamma'} - A\sum_{n=0}^{N-1} s^2[n]}{\sqrt{\sigma^2 \sum_{n=0}^{N-1} s^2[n]}}\right) \\
&= Q\left(\frac{\sqrt{\gamma'} - A\sum_{n=0}^{N-1} s^2[n]}{\sqrt{\sigma^2 \sum_{n=0}^{N-1} s^2[n]}}\right) + Q\left(\frac{\sqrt{\gamma'} + A\sum_{n=0}^{N-1} s^2[n]}{\sqrt{\sigma^2 \sum_{n=0}^{N-1} s^2[n]}}\right)
\end{aligned}
$$

而由(7.15)式，我们有
$$
\frac{\sqrt{\gamma'}}{\sqrt{\sigma^2 \sum_{n=0}^{N-1} s^2[n]}} = Q^{-1}\left(\frac{P_{FA}}{2}\right)
$$

所以
$$
P_D = Q\left(Q^{-1}(P_{FA}/2) - \sqrt{\frac{\mathcal{E}}{\sigma^2}}\right) + Q\left(Q^{-1}(P_{FA}/2) + \sqrt{\frac{\mathcal{E}}{\sigma^2}}\right)
$$

或者最后有
$$
P_D = Q\left(Q^{-1}(P_{FA}/2) - \sqrt{d^2}\right) + Q\left(Q^{-1}(P_{FA}/2) + \sqrt{d^2}\right) \tag{7.16}
$$

其中 $d^2 = \left(A^2 \sum_{n=0}^{N-1} s^2[n]\right)/\sigma^2 = \mathcal{E}/\sigma^2$ 是偏移系数。这个性能与已知 A 的情况的性能画于图 7.3 中。对于低的 P_{FA}，在 ENR 上大约有 0.5 dB 的衰减。通过使用 7.7 节描述的经典线性模型理论，也可以很简单地得出这些结果。

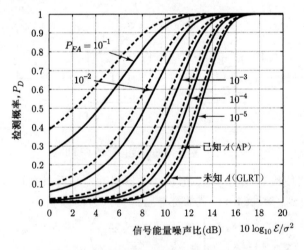

图 7.3　GLRT 和透视检测器的检测性能

7.4.2　贝叶斯方法

现在，我们假定 A 是具有 PDF $\mathcal{N}(\mu_A, \sigma_A^2)$ 的随机变量，且 A 是与 $w[n]$ 是独立的。利用这些假定，在 $\mathcal{H}_1$ 下我们有

$$\mathbf{x} = \mathbf{s}A + \mathbf{w}$$

其中 $\mathbf{s} = [s[0]\,s[1]\ldots s[N-1]]^T$。这正是当 $\mathbf{H} = \mathbf{s}$、$\boldsymbol{\theta} = A$ 时的贝叶斯线性模型（参见本书卷 I 的第 226 页 ～ 第 227 页）。根据 5.6 节的结果［参见（5.30）式］，很容易证明，如果

$$T'(\mathbf{x}) = \mathbf{x}^T \left(\mathbf{H}\mathbf{C}_\theta \mathbf{H}^T + \mathbf{C}_w \right)^{-1} \mathbf{H}\boldsymbol{\mu}_\theta + \frac{1}{2}\mathbf{x}^T\mathbf{C}_w^{-1}\mathbf{H}\mathbf{C}_\theta\mathbf{H}^T \left(\mathbf{H}\mathbf{C}_\theta\mathbf{H}^T + \mathbf{C}_w \right)^{-1}\mathbf{x} > \gamma' \tag{7.17}$$

NP 检测器判 $\mathcal{H}_1$，这里我们有 $\mathbf{H} = \mathbf{s}, \boldsymbol{\theta} = A$ 且 $\boldsymbol{\mu}_\theta = \mu_A$，$\mathbf{C}_\theta = \sigma_A^2$，$\mathbf{C}_w = \sigma^2\mathbf{I}$，所以

$$
\begin{aligned}
T'(\mathbf{x}) &= \mathbf{x}^T \left(\sigma_A^2 \mathbf{s}\mathbf{s}^T + \sigma^2\mathbf{I} \right)^{-1} \mathbf{s}\mu_A + \frac{1}{2\sigma^2}\mathbf{x}^T \sigma_A^2 \mathbf{s}\mathbf{s}^T \left(\sigma_A^2\mathbf{s}\mathbf{s}^T + \sigma^2\mathbf{I} \right)^{-1}\mathbf{x} \\
&= \mathbf{x}^T \left(\sigma_A^2 \mathbf{s}\mathbf{s}^T + \sigma^2\mathbf{I} \right)^{-1} \mathbf{s}\mu_A + \frac{\sigma_A^2}{2\sigma^2}\mathbf{x}^T \mathbf{s}\mathbf{x}^T \left(\sigma_A^2\mathbf{s}\mathbf{s}^T + \sigma^2\mathbf{I} \right)^{-1}\mathbf{s}
\end{aligned}
$$

利用 Woodbury 恒等式（参见附录 1）

$$
\begin{aligned}
\left(\sigma_A^2 \mathbf{s}\mathbf{s}^T + \sigma^2\mathbf{I} \right)^{-1}\mathbf{s} &= \left(\frac{1}{\sigma^2}\mathbf{I} - \frac{\sigma_A^2}{\sigma^4}\frac{\mathbf{s}\mathbf{s}^T}{1 + \frac{\sigma_A^2\mathbf{s}^T\mathbf{s}}{\sigma^2}} \right)\mathbf{s} \\
&= \frac{1}{\sigma^2}\left(\mathbf{s} - \frac{\sigma_A^2\mathbf{s}^T\mathbf{s}\mathbf{s}}{\sigma^2 + \sigma_A^2\mathbf{s}^T\mathbf{s}} \right) = \frac{1}{\sigma^2 + \sigma_A^2\mathbf{s}^T\mathbf{s}}\mathbf{s}
\end{aligned}
$$

这样，我们有 NP 检验统计量

$$T'(\mathbf{x}) = \frac{\mu_A}{\sigma^2 + \sigma_A^2\mathbf{s}^T\mathbf{s}}\mathbf{x}^T\mathbf{s} + \frac{\sigma_A^2}{2\sigma^2(\sigma^2 + \sigma_A^2\mathbf{s}^T\mathbf{s})}(\mathbf{x}^T\mathbf{s})^2 \tag{7.18}$$

它是相关器（$\mathbf{x}^T\mathbf{s}$）和平方相关器的组合（参见习题 5.14）。注意，如果 $\sigma_A^2 = 0$，那么我们有 $T'(\mathbf{x}) = \frac{1}{\sigma^2}\mathbf{x}^T\mu_A\mathbf{s}$，它是已知幅度的情况（$\mu_A = A$）。另外，如果 $\sigma_A^2 \to \infty$，我们有 $T'(\mathbf{x}) = \frac{1}{2\sigma^2\mathbf{s}^T\mathbf{s}}(\mathbf{x}^T\mathbf{s})^2$，这是没有先验幅度信息的贝叶斯检测器。为了实现贝叶斯检测器，我们要求 μ_A 和 σ_A^2 的知识。当这些信息可用时，导出的检测器是 NP 意义下最佳的（对于给定的 P_{FA}，P_D 最高），不同于 GLRT 是准最佳的。在习题 7.12 中，我们确定当 $\mu_A = 0$ 的检测性能。

7.5　未知到达时间

在许多情况下，我们希望检测信号的到达时间或者等效的它的延迟是未知的信号。雷达系统就是这样一个例子，一次检测指示一个目标飞行器，它的双程延迟时间用来估计距离（参见本书卷 I 的第 39 页 ～ 第 41 页），因此，GLRT 可以作为一个检测器或估计器。我们现在考虑一个检测问题，

$$
\begin{aligned}
\mathcal{H}_0 &: x[n] = w[n] & n = 0, 1, \ldots, N-1 \\
\mathcal{H}_1 &: x[n] = s[n - n_0] + w[n] & n = 0, 1, \ldots, N-1
\end{aligned}
$$

其中 $s[n]$ 是一个已知的确定性信号，它在间隔 $[0, M-1]$ 上是非零的，n_0 是未知延迟，$w[n]$ 是具有方差 σ^2 的 WGN。很清楚，观测间隔 $[0, N-1]$ 应该包括所有可能延迟的信号，如果

$$\frac{p(\mathbf{x};\hat{n}_0,\mathcal{H}_1)}{p(\mathbf{x};\mathcal{H}_0)} > \gamma$$

GLRT 应该判 $\mathcal{H}_1$，其中 $\hat{n}_0$ 是 n_0 的 MLE。已经证明（参见本书卷 I 的第 136 页~第 137 页），$\hat{n}_0$ 是通过对所有可能的 n_0 使

$$\sum_{n=n_0}^{n_0+M-1} x[n]s[n-n_0] \tag{7.19}$$

最大而求得。因此，我们将数据与可能的延迟信号相关，选择使（7.19）式的相关最大的 n_0 作为 $\hat{n}_0$。为了计算 GLRT，注意到

$$
\begin{aligned}
p(\mathbf{x};n_0,\mathcal{H}_1) &= \prod_{n=0}^{n_0-1} \frac{1}{\sqrt{2\pi\sigma^2}} \exp\left[-\frac{1}{2\sigma^2}x^2[n]\right] \\
&\quad \cdot \prod_{n=n_0}^{n_0+M-1} \frac{1}{\sqrt{2\pi\sigma^2}} \exp\left[-\frac{1}{2\sigma^2}(x[n]-s[n-n_0])^2\right] \\
&\quad \cdot \prod_{n=n_0+M}^{N-1} \frac{1}{\sqrt{2\pi\sigma^2}} \exp\left[-\frac{1}{2\sigma^2}x^2[n]\right] \\
&= \prod_{n=0}^{N-1} \frac{1}{\sqrt{2\pi\sigma^2}} \exp\left[-\frac{1}{2\sigma^2}x^2[n]\right] \\
&\quad \cdot \prod_{n=n_0}^{n_0+M-1} \exp\left[-\frac{1}{2\sigma^2}(-2x[n]s[n-n_0]+s^2[n-n_0])\right]
\end{aligned}
$$

其中 $0 \leqslant n_0 \leqslant N-M$，这样，我们有

$$\frac{p(\mathbf{x};\hat{n}_0,\mathcal{H}_1)}{p(\mathbf{x};\mathcal{H}_0)} = \prod_{n=\hat{n}_0}^{\hat{n}_0+M-1} \exp\left[-\frac{1}{2\sigma^2}(-2x[n]s[n-\hat{n}_0]+s^2[n-\hat{n}_0])\right]$$

取对数，如果

$$-\frac{1}{2\sigma^2}\sum_{n=\hat{n}_0}^{\hat{n}_0+M-1}\left(-2x[n]s[n-\hat{n}_0]+s^2[n-\hat{n}_0]\right) > \ln\gamma$$

我们判 $\mathcal{H}_1$，而

$$\sum_{n=\hat{n}_0}^{\hat{n}_0+M-1} s^2[n-\hat{n}_0] = \sum_{n=0}^{M-1} s^2[n] = \mathcal{E}$$

所以，如果

$$T(\mathbf{x}) = \sum_{n=\hat{n}_0}^{\hat{n}_0+M-1} x[n]s[n-\hat{n}_0] > \frac{\mathcal{E}}{2} + \sigma^2\ln\gamma = \gamma' \tag{7.20}$$

我们判 $\mathcal{H}_1$。也就是说，用 $x[n]$ 与 $s[n-n_0]$ 的相关以及当 $n_0=\hat{n}_0$ 时得到的最大值与门限 γ' 进行比较来实现 GLRT。如果超过门限，便判信号存在，它的延迟估计为 $\hat{n}_0$，否则判只有噪声。注意，检验统计量也可以写为

$$T(\mathbf{x}) = \max_{n_0\in[0,N-M]} \sum_{n=n_0}^{n_0+M-1} x[n]s[n-n_0] \tag{7.21}$$

图 7.4 给出了它的实现框图。

GLRT 的检测性能的确定是很困难的，根据（7.21）式，我们需要计算 $N-M+1$ 个相关高斯随机变量的最大值的 PDF。出现相关是因为有相同的噪声样本 n_0 进入和式，对此我们并不做进一步深究，但是读者可以参考例 7.5（进一步的讨论也可以参见习题 7.13）。

图 7.4 具有未知到达时间信号的 GLRT

在延迟必须要小于采样区间的情况下，(7.21)式的使用是不方便的。在这种情况下，检验统计量可以在频域实现(参见习题 7.14)，

$$T(\mathbf{x}) = \max_{n_0 \in [0, N-M]} \int_{-\frac{1}{2}}^{\frac{1}{2}} X(f) \left[S(f) \exp(-j2\pi f n_0)\right]^* df \tag{7.22}$$

其中 $X(f) = \sum_{n=0}^{N-1} x[n] \exp(-j2\pi fn)$ 和 $S(f) = \sum_{n=0}^{M-1} s[n] \exp(-j2\pi fn)$ 分别是 $x[n]$ 和 $s[n]$ 的傅里叶变换，现在可以用于非整数延迟的情况。

也可以讨论未知到达时间和未知幅度的情况，在习题 7.15 中证明了如果

$$\max_{n_0 \in [0, N-M]} \left| \sum_{n=n_0}^{n_0+M-1} x[n] s[n-n_0] \right| > \gamma' \tag{7.23}$$

我们判 $\mathcal{H}_1$。

7.6 正弦信号检测

在 WGN 中的正弦信号检测是许多领域中的常见问题。由于其应用的广泛性，因此我们对检测器的结构和性能做详细的讨论。其结果形成了许多实际领域如雷达、声呐和通信系统的理论基础。一般的检测器是

$$\mathcal{H}_0 : x[n] = \quad w[n] \qquad\qquad\qquad n = 0, 1, \ldots, N-1$$

$$\mathcal{H}_1 : x[n] = \begin{cases} w[n] & n = 0, 1, \ldots, n_0-1, n_0+M, \ldots, N-1 \\ A\cos(2\pi f_0 n + \phi) + w[n] & n = n_0, n_0+1, \ldots, n_0+M-1 \end{cases}$$

其中 $w[n]$ 是具有已知方差 σ^2 的 WGN，参数集 $\{A, f_0, \phi\}$ 的任意子集是未知的。正弦信号假定在区间 $[n_0, n_0+M-1]$ 是非零的，M 表示信号的长度，n_0 表示延迟时间。在开始时我们假定 n_0 是已知的，且 $n_0 = 0$。那么，观测区间正好是信号区间或者 $[0, N-1] = [0, M-1]$，在后面我们将允许未知时延。现在，我们考虑

$$\mathcal{H}_0 : x[n] = w[n] \qquad\qquad n = 0, 1, \ldots, N-1$$
$$\mathcal{H}_1 : x[n] = A\cos(2\pi f_0 n + \phi) + w[n] \quad n = 0, 1, \ldots, N-1$$

其中未知参数是确定性的。回想一下在例 5.5 中，我们假定 A 和 ϕ 是未知的，但是可以看成随机变量的现实，这种贝叶斯方法导出了瑞利衰落正弦模型，并且检测器是正交匹配滤波器。对于下列情况我们将使用 GLRT：

1. A 未知；

2. A、ϕ 未知；

3. A、ϕ、f_0 未知；

4. A、ϕ、f_0、n_0 未知。

7.6.1 幅度未知

我们有信号 $As[n]$，其中 $s[n] = \cos(2\pi f_0 n + \phi)$，$s[n]$ 是已知的。这是 7.4 节中研究的精确的情况。一般幅度的符号是未知的，这样，由 (7.13) 式，如果

$$\left(\sum_{n=0}^{N-1} x[n] \cos(2\pi f_0 n + \phi) \right)^2 > \gamma' \tag{7.24}$$

我们判 $\mathcal{H}_1$，检测器的性能由 (7.16) 式给出。根据 (7.11) 式，当 f_0 不在 0 或者 1/2 时，幅度的 MLE 是

$$\hat{A} = \frac{\sum_{n=0}^{N-1} x[n] \cos(2\pi f_0 n + \phi)}{\sum_{n=0}^{N-1} \cos^2(2\pi f_0 n + \phi)} \approx \frac{2}{N} \sum_{n=0}^{N-1} x[n] \cos(2\pi f_0 n + \phi)$$

检测器如图 7.5(a) 所示，图 7.6(a) 给出了它的性能。这里，我们有 $\mathcal{E}/\sigma^2 \approx NA^2/(2\sigma^2)$。

7.6.2 幅度和相位未知

当 A 和 ϕ 是未知的，我们必须假定 $A > 0$；否则，A 和 ϕ 的两个集将产生相同的信号。这样，参数将无法辨认。读者应该考虑如果 $A = 1$、$\phi = 0$ 和 $A = -1$、$\phi = \pi$ 会出现什么情况，如果

$$\frac{p(\mathbf{x}; \hat{A}, \hat{\phi}, \mathcal{H}_1)}{p(\mathbf{x}; \mathcal{H}_0)} > \gamma$$

GLRT 判 $\mathcal{H}_1$，其中 $\hat{A}$ 和 $\hat{\phi}$ 是 MLE，f_0 不在 0 或者 1/2/附近。因此，如果

$$L_G(\mathbf{x}) = \frac{\dfrac{1}{(2\pi\sigma^2)^{\frac{N}{2}}} \exp\left[-\dfrac{1}{2\sigma^2} \sum_{n=0}^{N-1} \left(x[n] - \hat{A} \cos(2\pi f_0 n + \hat{\phi}) \right)^2 \right]}{\dfrac{1}{(2\pi\sigma^2)^{\frac{N}{2}}} \exp\left[-\dfrac{1}{2\sigma^2} \sum_{n=0}^{N-1} x^2[n] \right]} > \gamma$$

我们判 $\mathcal{H}_1$，对于大的 N，可以证明（参见本书卷 I 的第 137 页 ~ 第 139 页）MLE 可以近似为

$$\hat{A} = \sqrt{\hat{\alpha}_1^2 + \hat{\alpha}_2^2}$$

$$\hat{\phi} = \arctan\left(\frac{-\hat{\alpha}_2}{\hat{\alpha}_1} \right)$$

其中

$$\hat{\alpha}_1 = \frac{2}{N} \sum_{n=0}^{N-1} x[n] \cos 2\pi f_0 n$$

$$\hat{\alpha}_2 = \frac{2}{N} \sum_{n=0}^{N-1} x[n] \sin 2\pi f_0 n$$

在推导 MLE 时使用了参数变换 $\alpha_1 = A\cos\phi$，$\alpha_2 = -A\sin\phi$，现在，

$$\ln L_G(\mathbf{x}) = -\frac{1}{2\sigma^2} \left[\sum_{n=0}^{N-1} -2x[n] \hat{A} \cos(2\pi f_0 n + \hat{\phi}) + \sum_{n=0}^{N-1} \hat{A}^2 \cos^2(2\pi f_0 n + \hat{\phi}) \right]$$

使用参数变换，我们有 $\hat{\alpha}_1 = \hat{A}\cos\hat{\phi}$，$\hat{\alpha}_2 = -\hat{A}\sin\hat{\phi}$，所以

$$\sum_{n=0}^{N-1} x[n]\hat{A}\cos(2\pi f_0 n + \hat{\phi})$$

$$= \sum_{n=0}^{N-1} x[n]\cos(2\pi f_0 n)\hat{A}\cos\hat{\phi} - \sum_{n=0}^{N-1} x[n]\sin(2\pi f_0 n)\hat{A}\sin\hat{\phi} = \frac{N}{2}(\hat{\alpha}_1^2 + \hat{\alpha}_2^2)$$

另外，利用
$$\sum_{n=0}^{N-1}\cos^2(2\pi f_0 n + \hat{\phi}) \approx \frac{N}{2}$$

于是

$$\ln L_G(\mathbf{x}) = -\frac{1}{2\sigma^2}\left[-2\frac{N}{2}(\hat{\alpha}_1^2 + \hat{\alpha}_2^2) + \frac{N}{2}\hat{A}^2\right] = -\frac{1}{2\sigma^2}\left[-\frac{N}{2}(\hat{\alpha}_1^2 + \hat{\alpha}_2^2)\right]$$

$$= \frac{N}{4\sigma^2}(\hat{\alpha}_1^2 + \hat{\alpha}_2^2)$$

(a) 未知幅度

(b) 未知幅度和相位

(c) 未知幅度、相位和频率

(d) 未知幅度、相位、频率和到达时间

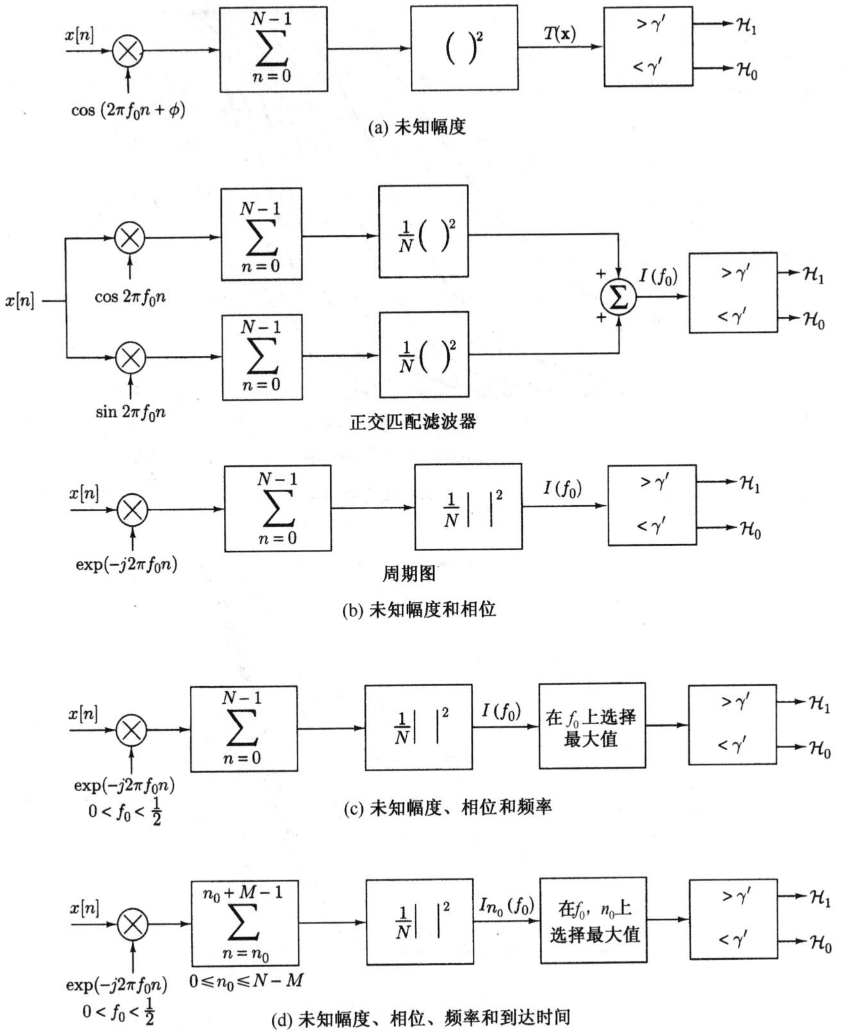

图 7.5　检测正弦信号的 GLRT

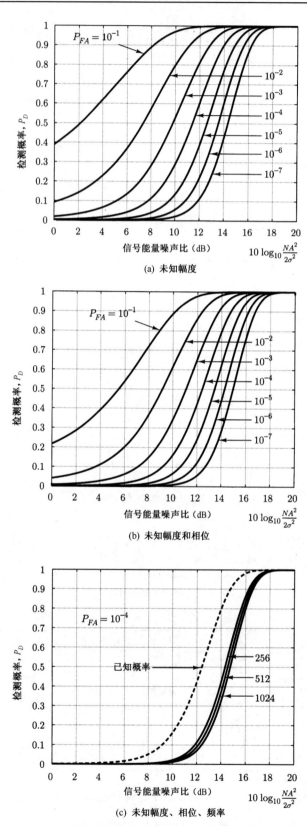

(a) 未知幅度

(b) 未知幅度和相位

(c) 未知幅度、相位、频率

图 7.6 WGN 中正弦信号检测的 GLRT 检测性能

或者如果

$$\frac{N}{4\sigma^2}(\hat{\alpha}_1^2 + \hat{\alpha}_2^2) > \ln\gamma$$

我们判 $\mathcal{H}_1$。而

$$\hat{\alpha}_1^2 + \hat{\alpha}_2^2 = \left(\frac{2}{N}\right)^2\left[\left(\sum_{n=0}^{N-1} x[n]\cos 2\pi f_0 n\right)^2 + \left(\sum_{n=0}^{N-1} x[n]\sin 2\pi f_0 n\right)^2\right]$$

$$= \frac{4}{N}\frac{1}{N}\left|\sum_{n=0}^{N-1} x[n]\exp(-j2\pi f_0 n)\right|^2 = \frac{4}{N}I(f_0)$$

其中 $I(f_0)$ 是在 $f = f_0$ 处计算的周期图 [Kay 1988]。最后，如果

$$I(f_0) > \sigma^2\ln\gamma = \gamma' \tag{7.25}$$

我们判 $\mathcal{H}_1$。检测器的形式和瑞利衰落模型的形式相同，当然检测性能是不同的，这种检测器也称为非相干或正交匹配滤波器。图 7.5(b) 给出了两个等效的形式。

由于这是经典线性模型的特殊情况，因此检测性能很容易从定理 7.1 求出，这种方法留给读者作为一个练习（参见习题 7.17）。"第一原则"方法首先将周期图重写为

$$I(f_0) = \xi_1^2 + \xi_2^2$$

其中

$$\xi_1 = \frac{1}{\sqrt{N}}\sum_{n=0}^{N-1} x[n]\cos 2\pi f_0 n$$

$$\xi_2 = \frac{1}{\sqrt{N}}\sum_{n=0}^{N-1} x[n]\sin 2\pi f_0 n$$

那么，由于 ξ_1、ξ_2 是 $\mathbf{x}$ 的线性变换，它们是联合高斯的。正如在习题 7.18 所概述的那样，当 f_0 不在 0 或者 1/2 附近时，可以证明如果 $\boldsymbol{\xi} = [\xi_1\ \xi_2]^T$，那么

$$\boldsymbol{\xi} \sim \mathcal{N}\left(\mathbf{0}, \frac{\sigma^2}{2}\mathbf{I}\right) \qquad \text{在 } \mathcal{H}_0 \text{ 条件下}$$

$$\boldsymbol{\xi} \sim \mathcal{N}\left(\begin{bmatrix}\frac{\sqrt{N}}{2}A\cos\phi \\ -\frac{\sqrt{N}}{2}A\sin\phi\end{bmatrix}, \frac{\sigma^2}{2}\mathbf{I}\right) \qquad \text{在 } \mathcal{H}_1 \text{ 条件下}$$

由于在两种不同的假设下，随机变量是独立的，PDF 在 $\mathcal{H}_0$ 条件下是中心化的 χ^2，在 $\mathcal{H}_1$ 条件下是非中心化的 χ^2，特别是考虑归一化的周期图 $I(f_0)/(\sigma^2/2)$，后者在 $\mathcal{H}_0$ 条件下服从 χ_2^2 PDF，在 $\mathcal{H}_1$ 条件下服从 $\chi_2'^2(\lambda)$ PDF，其中

$$\lambda = \left(\frac{\sqrt{N}\frac{A}{2}\cos\phi}{\sigma/\sqrt{2}}\right)^2 + \left(\frac{-\sqrt{N}\frac{A}{2}\sin\phi}{\sigma/\sqrt{2}}\right)^2 = \frac{NA^2}{2\sigma^2}$$

是非中心参量。于是

$$P_{FA} = \Pr\{I(f_0) > \gamma'; \mathcal{H}_0\} = \Pr\left\{\frac{I(f_0)}{\sigma^2/2} > \frac{\gamma'}{\sigma^2/2}; \mathcal{H}_0\right\}$$

$$= Q_{\chi_2^2}\left(\frac{2\gamma'}{\sigma^2}\right) = \exp\left(-\frac{\gamma'}{\sigma^2}\right) \tag{7.26}$$

另外，

$$P_D = \Pr\{I(f_0) > \gamma'; \mathcal{H}_1\} = \Pr\left\{\frac{I(f_0)}{\sigma^2/2} > \frac{\gamma'}{\sigma^2/2}; \mathcal{H}_1\right\}$$

$$= Q_{\chi_2'^2(\lambda)}\left(\frac{2\gamma'}{\sigma^2}\right) \tag{7.27}$$

总而言之，利用(7.26)式，检测性能可以写为

$$P_D = Q_{\chi_2'^2(\lambda)}\left(2\ln\frac{1}{P_{FA}}\right) \qquad (7.28)$$

其中 $\lambda = NA^2/(2\sigma^2)$。使用卷 II 的附录 2D 的 MATLAB 程序 Qchipr2.m，某些检测曲线画于图 7.6(b) 中。不出所料，与前面的未知幅度情况相比较，检测性能有轻微的衰减，然而比较图 7.6(b) 和图 7.6(a) 可以看出，对于小的 P_{FA}，这种衰减小于 1 dB。也可以参见习题 7.20，在该题中 P_D 用莱斯(Rician) PDF 表示，并导出了 Marcum Q 函数。

在结束我们的讨论之前，应该注意到，使用贝叶斯方法检测未知幅度和相位信号是可能的，为此通常为相位选择不含信息的或均匀的 PDF。那么，正如在习题 7.22 所描述的那样，得到 NP 检测器是可能的。NP 检测器在规定的假设下是最佳的。检验统计量也是在 $f = f_0$ 处计算的周期图。

7.6.3 幅度、相位和频率未知

当频率也是未知的时候，如果

$$\frac{p(\mathbf{x}; \hat{A}, \hat{\phi}, \hat{f_0}, \mathcal{H}_1)}{p(\mathbf{x}; \mathcal{H}_0)} > \gamma$$

或

$$\frac{\max\limits_{f_0} p(\mathbf{x}; \hat{A}, \hat{\phi}, f_0, \mathcal{H}_1)}{p(\mathbf{x}; \mathcal{H}_0)} > \gamma$$

GLRT 判 $\mathcal{H}_1$。由于在 $\mathcal{H}_0$ 条件下的 PDF 并不依赖于 f_0，而且是非负的，我们有

$$\max\limits_{f_0} \frac{p(\mathbf{x}; \hat{A}, \hat{\phi}, f_0, \mathcal{H}_1)}{p(\mathbf{x}; \mathcal{H}_0)} > \gamma$$

另外，因为对数是单调函数，因此我们有等效的检验

$$\ln\max\limits_{f_0} \frac{p(\mathbf{x}; \hat{A}, \hat{\phi}, f_0, \mathcal{H}_1)}{p(\mathbf{x}; \mathcal{H}_0)} > \ln\gamma$$

又由于单调性(见习题 7.21)，

$$\max\limits_{f_0}\ln \frac{p(\mathbf{x}; \hat{A}, \hat{\phi}, f_0, \mathcal{H}_1)}{p(\mathbf{x}; \mathcal{H}_0)} > \ln\gamma$$

而由(7.25)式，

$$\ln \frac{p(\mathbf{x}; \hat{A}, \hat{\phi}, f_0, \mathcal{H}_1)}{p(\mathbf{x}; \mathcal{H}_0)} = \frac{I(f_0)}{\sigma^2} \qquad (7.29)$$

所以最终如果

$$\max\limits_{f_0} I(f_0) > \sigma^2\ln\gamma = \gamma' \qquad (7.30)$$

那么我们判 $\mathcal{H}_1$ 成立。如果周期图的峰值超过门限，则检测器判存在正弦信号，如果是这样，则峰值所处的频率是频率的 MLE。这就解释了为什么周期图或者它的快速傅里叶变换(FFT)实现几乎是所有窄带检测系统的基本组成部分。检测器如图 7.5(c)所示，它的检测性能可以利用类似于前面幅度和相位未知的情况求得。唯一的差别是 P_{FA} 随搜索的频率数的增加而增加[参见(7.37)式]。假定 N 点 FFT 用来计算 $I(f)$，那么最大值在频率 $f_k = k/N$ $(k = 1, 2, \ldots, N/2 - 1)$ 上求得，我们有

$$P_D = Q_{\chi_2'^2\left(\frac{NA^2}{2\sigma^2}\right)}\left(2\ln\frac{N/2 - 1}{P_{FA}}\right) \qquad (7.31)$$

检测曲线请参见图 7.6(c)。

7.6.4　幅度、相位、频率和到达时间未知

利用前面的类似方法，如果

$$\frac{p(\mathbf{x}; \hat{A}, \hat{\phi}, \hat{f}_0, \hat{n}_0, \mathcal{H}_1)}{p(\mathbf{x}; \mathcal{H}_0)} > \gamma$$

GLRT 判 $\mathcal{H}_1$，A、ϕ、f_0 的 MLE 与已知到达时间 n_0 的情况相同，除了数据区间修改为与信号区间 $[n_0, n_0 + M - 1]$ 一致。因此，对于已知的 n_0，

$$\hat{A} = \sqrt{\hat{\alpha}_1^2 + \hat{\alpha}_2^2}$$

$$\hat{\phi} = \arctan\left(\frac{-\hat{\alpha}_2}{\hat{\alpha}_1}\right)$$

其中

$$\hat{\alpha}_1 = \frac{2}{M} \sum_{n=n_0}^{n_0+M-1} x[n] \cos[2\pi \hat{f}_0 (n - n_0)]$$

$$\hat{\alpha}_2 = \frac{2}{M} \sum_{n=n_0}^{n_0+M-1} x[n] \sin[2\pi \hat{f}_0 (n - n_0)]$$

$\hat{f}_0$ 是周期图达到最大值时的频率，像前面的情况一样，代入 (7.29) 式我们有

$$\ln \frac{p(\mathbf{x}; \hat{A}, \hat{\phi}, \hat{f}_0, n_0, \mathcal{H}_1)}{p(\mathbf{x}; \mathcal{H}_0)} = \frac{I_{n_0}(\hat{f}_0)}{\sigma^2} \tag{7.32}$$

其中

$$I_{n_0}(\hat{f}_0) = \frac{1}{M} \left| \sum_{n=n_0}^{n_0+M-1} x[n] \exp(-j 2\pi \hat{f}_0 n) \right|^2$$

最后，为了求 n_0 的 MLE，我们需要在 n_0 上使 $p(\mathbf{x}; \hat{A}, \hat{\phi}, \hat{f}_0, n_0, \mathcal{H}_1)$ 最大，或者刚好与 (7.32) 式等价。因此，如果

$$\max_{n_0} \frac{I_{n_0}(\hat{f}_0)}{\sigma^2} > \ln \gamma$$

或者

$$\max_{n_0, f_0} \frac{I_{n_0}(f_0)}{\sigma^2} > \ln \gamma$$

我们判 $\mathcal{H}_1$。或者最终如果

$$\max_{n_0, f_0} I_{n_0}(f_0) > \gamma' \tag{7.33}$$

我们判 $\mathcal{H}_1$。其中

$$I_{n_0}(f_0) = \frac{1}{M} \left| \sum_{n=n_0}^{n_0+M-1} x[n] \exp(-j 2\pi f_0 n) \right|^2$$

$I_{n_0}(f_0)$ 称为短时周期图或谱图。这样，GLRT 对所有延迟计算周期图，然后将最大值与门限进行比较。如果超过门限，延迟和频率的 MLE 就是最大值的位置。这种检测器是主动式声呐和雷达的标准形式，它的性能在 7.8 节有更为详细的描述。图 7.7 给出了谱图的一个例子，其中的参数为 $A = 1$，$f_0 = 0.25$，$\phi = 0$，$M = 128$，$n_0 = 128$，$N = 512$，以及 $\sigma^2 = 0.5$。信噪比是 $A^2/2\sigma^2 = 1$ 或 0 dB。图 7.7(a) 显示了在 $\mathcal{H}_1$ 条件下 $x[n]$ 的一个现实，信号在区间 $[n_0, n_0 + M - 1] = [128, 255]$ 上出现，尽管由于低 SNR 而不能清楚地看到。图 7.7(b) 给出了数据的谱图。最大值很清楚地显示出信号的存在，并且在正确的频率和时延上出现。图 7.7(c) 给出了谱图的灰度表示。另外说明一下，由于谱峰的形状，频率估计 $\hat{f}_0 = 0.25$ 要比时延估计 $\hat{n}_0 = 141$ 精确。可以证明这一结论在一般情况下是对的，并且可以用 CRLB 预测。有关 CRLB 的讨论以及与信号模糊函数的关系请参考 [Van Trees 1971]。

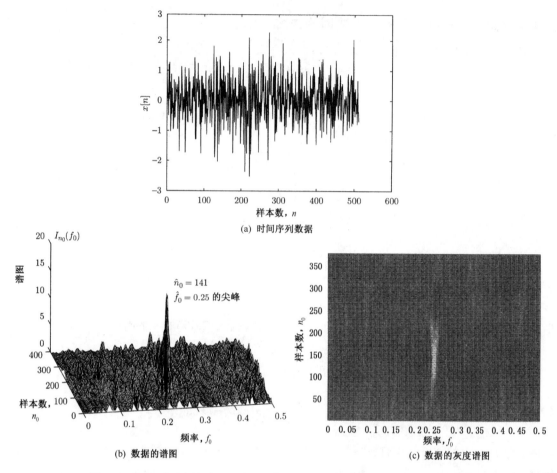

(a) 时间序列数据

(b) 数据的谱图

(c) 数据的灰度谱图

图 7.7　WGN 中未知幅度、相位、频率和到达时间的正弦信号的 GLRT 检测

7.7　经典线性模型

　　应用经典的或贝叶斯线性模型，许多检测问题都能很容易地解决。在使用第 5 章已经讨论过的贝叶斯线性模型的时候，我们可以有效地把具有未知信号参数的检测问题化简为一般高斯问题的特殊情况（参见 5.6 节）。NP 检测器可以立即得出，然而对于经典线性模型（假定参数是确定性的），UMP 是不存在的。这样，GLRT 就是标准的方法。7.4.1 节已经给出了一个例子，在这个例子中，在 $\mathcal{H}_1$ 条件下，

$$x[n] = As[n] + w[n] \qquad n = 0, 1, \ldots, N-1$$

或

$$\mathbf{x} = \mathbf{H}\boldsymbol{\theta} + \mathbf{w}$$

其中 $\mathbf{H} = [s[0]\ s[1] \ldots s[N-1]]^T$，$\boldsymbol{\theta} = A$，$\mathbf{w} \sim \mathcal{N}(\mathbf{0}, \sigma^2\mathbf{I})$，我们现在把结果推广到一般的检测问题的 GLRT 求取，特别是在 $\mathcal{H}_1$ 条件下，我们假定（参见本书卷 I 的第 4 章）

$$\mathbf{x} = \mathbf{H}\boldsymbol{\theta} + \mathbf{w}$$

其中 $\mathbf{H}$ 是已知的 $N \times p$ 矩阵，$\boldsymbol{\theta}$ 是 $p \times 1$ 参数矢量（未知参数的一个子集），$\mathbf{w}$ 是 $N \times 1$ 随机噪声矢量，PDF 为 $\mathcal{N}(\mathbf{0}, \sigma^2\mathbf{I})$，$\sigma^2$ 已知。我们希望检验 $\boldsymbol{\theta}$ 是否满足线性方程 $\mathbf{A}\boldsymbol{\theta} = \mathbf{b}$，其中 $\mathbf{A}$ 是已知的 $r \times p (r \leqslant p)$ 矩阵，$\mathbf{b}$ 是已知的 $r \times 1$ 矢量。线性方程假定是一致的，即至少有一个解，假设检验问题是

$$\begin{aligned}
\mathcal{H}_0 &: \mathbf{A}\boldsymbol{\theta} = \mathbf{b} \\
\mathcal{H}_1 &: \mathbf{A}\boldsymbol{\theta} \neq \mathbf{b}
\end{aligned} \qquad\qquad (7.34)$$

为了说明这个模型, 我们考虑下面的例子。

例 7.1　WGN 中的未知幅度信号

在 7.4 节中, 我们考虑了在 WGN 中具有未知幅度正弦信号的检测问题, 我们假定在 $\mathcal{H}_1$ 条件下, $x[n] = As[n] + w[n]$, A 未知; 而在 $\mathcal{H}_0$ 条件下, $x[n] = w[n]$。我们可以把检测问题描述成线性模型的一种特殊情况, 为此注意到

$$\begin{aligned}
\mathcal{H}_0 &: x[n] = w[n] & n = 0, 1, \ldots, N-1 \\
\mathcal{H}_1 &: x[n] = As[n] + w[n] & n = 0, 1, \ldots, N-1
\end{aligned}$$

可以等效地写成

$$\begin{aligned}
\mathcal{H}_0 &: x[n] = As[n] + w[n], \ A = 0 & n = 0, 1, \ldots, N-1 \\
\mathcal{H}_1 &: x[n] = As[n] + w[n], \ A \neq 0 & n = 0, 1, \ldots, N-1
\end{aligned}$$

或者用矢量形式, 我们有 $\mathbf{x} = \mathbf{H}\boldsymbol{\theta} + \mathbf{w}$, $\mathbf{H} = [s[0] \ s[1] \ldots s[N-1]]^T$, $\boldsymbol{\theta} = A$, 且

$$\begin{aligned}
\mathcal{H}_0 &: \boldsymbol{\theta} = 0 \\
\mathcal{H}_1 &: \boldsymbol{\theta} \neq 0
\end{aligned}$$

这是 (7.34) 式当 $\mathbf{A} = \mathbf{I}$ 和 $\mathbf{b} = \mathbf{0}$ 的形式。

例 7.2　WGN 中具有未知幅度和相位的正弦信号

和 7.6.2 节一样, 我们假定在 $\mathcal{H}_1$ 条件下 $x[n] = A\cos(2\pi f_0 n + \phi) + w[n]$, 在 $\mathcal{H}_0$ 条件下 $x[n] = w[n]$。于是, 在 $\mathcal{H}_1$ 条件下我们可以写成

$$\begin{aligned}
x[n] &= A\cos\phi\cos 2\pi f_0 n - A\sin\phi\sin 2\pi f_0 n + w[n] \\
&= \alpha_1 \cos 2\pi f_0 n + \alpha_2 \sin 2\pi f_0 n + w[n]
\end{aligned}$$

很显然, 由于 $\alpha_1 = \alpha_2 = 0$, 当且仅当 $A = \sqrt{\alpha_1^2 + \alpha_2^2}$ 时 $A = 0$。这样, 我们有检测问题

$$\begin{aligned}
\mathcal{H}_0 &: x[n] = A\cos(2\pi f_0 n + \phi) + w[n], \ A = 0 \\
\mathcal{H}_1 &: x[n] = A\cos(2\pi f_0 n + \phi) + w[n], \ A \neq 0
\end{aligned}$$

上式的检测问题等效为

$$\begin{aligned}
\mathcal{H}_0 &: x[n] = \alpha_1 \cos 2\pi f_0 n + \alpha_2 \sin 2\pi f_0 n + w[n], \ \alpha_1 = \alpha_2 = 0 \\
\mathcal{H}_1 &: x[n] = \alpha_1 \cos 2\pi f_0 n + \alpha_2 \sin 2\pi f_0 n + w[n], \ \alpha_1^2 + \alpha_2^2 \neq 0
\end{aligned}$$

根据线性模型, 我们有 $\mathbf{x} = \mathbf{H}\boldsymbol{\theta} + \mathbf{w}$, 其中

$$\mathbf{H} = \begin{bmatrix} 1 & 0 \\ \cos 2\pi f_0 & \sin 2\pi f_0 \\ \vdots & \vdots \\ \cos 2\pi f_0(N-1) & \sin 2\pi f_0(N-1) \end{bmatrix}$$

$$\boldsymbol{\theta} = \begin{bmatrix} \alpha_1 \\ \alpha_2 \end{bmatrix}$$

那么, 假设检验问题是

$$\begin{aligned}
\mathcal{H}_0 &: \boldsymbol{\theta} = 0 \\
\mathcal{H}_1 &: \boldsymbol{\theta} \neq 0
\end{aligned}$$

注意, 在 $\mathcal{H}_1$ 条件下, 我们允许 $\boldsymbol{\theta}$ 或者等效的 A 和 ϕ 可以在 $0 < A < \infty$ 和 $0 \leqslant \phi \leqslant 2\pi$ 范围内取任何值。这是在 $\mathcal{H}_1$ 条件下参数未知的含义。

读者也可以参考第 12 章关于线性模型在检测参数变化中的应用。

对经典线性模型的 GLRT 用一个定理总结如下，证明将放到附录 7B 中。

定理 7.1（经典线性模型的 GLRT） 假定数据具有形式 $\mathbf{x} = \mathbf{H}\boldsymbol{\theta} + \mathbf{w}$，其中 $\mathbf{H}$ 是 $N \times p\,(N > p)$ 且秩为 p 的观测矩阵，$\boldsymbol{\theta}$ 是 $p \times 1$ 参数矢量，$\mathbf{w}$ 是 $N \times 1$ 噪声矢量，PDF 为 $\mathcal{N}(\mathbf{0}, \sigma^2\mathbf{I})$，对于假设检验问题

$$\begin{aligned}\mathcal{H}_0 &: \mathbf{A}\boldsymbol{\theta} = \mathbf{b} \\ \mathcal{H}_1 &: \mathbf{A}\boldsymbol{\theta} \neq \mathbf{b}\end{aligned}$$

其中 $\mathbf{A}$ 是 $r \times p\,(r \leqslant p)$ 且秩为 r 的矩阵，$\mathbf{b}$ 是 $r \times 1$ 矢量，$\mathbf{A}\boldsymbol{\theta} = \mathbf{b}$ 是线性方程的一致集合，如果

$$T(\mathbf{x}) = 2\ln L_G(\mathbf{x}) = \frac{(\mathbf{A}\hat{\boldsymbol{\theta}}_1 - \mathbf{b})^T \left[\mathbf{A}(\mathbf{H}^T\mathbf{H})^{-1}\mathbf{A}^T\right]^{-1} (\mathbf{A}\hat{\boldsymbol{\theta}}_1 - \mathbf{b})}{\sigma^2} > \gamma' \qquad (7.35)$$

GLRT 判 $\mathcal{H}_1$，其中

$$\hat{\boldsymbol{\theta}}_1 = (\mathbf{H}^T\mathbf{H})^{-1}\mathbf{H}^T\mathbf{x}$$

是在 $\mathcal{H}_1$ 条件下 $\boldsymbol{\theta}$ 的 MLE。精确的检测性能为

$$\begin{aligned}P_{FA} &= Q_{\chi_r^2}(\gamma') \\ P_D &= Q_{\chi_r'^2(\lambda)}(\gamma')\end{aligned}$$

其中非中心参量为

$$\lambda = \frac{(\mathbf{A}\boldsymbol{\theta}_1 - \mathbf{b})^T \left[\mathbf{A}(\mathbf{H}^T\mathbf{H})^{-1}\mathbf{A}^T\right]^{-1} (\mathbf{A}\boldsymbol{\theta}_1 - \mathbf{b})}{\sigma^2}$$

这个定理对 σ^2 未知的扩展将在第 9 章给出，有趣的是我们观测到，对于经典线性模型的渐近 GLRT 的性能（参见第 6 章），与由定理给出的有限数据记录精确地相同。下面给出这一重要定理的一个应用例子。

例 7.3　WGN 中的未知幅度信号（继续）

参考例 7.1，我们有经典线性模型，其中

$$\begin{aligned}\mathbf{H} &= \begin{bmatrix} s[0] & s[1] & \dots & s[N-1] \end{bmatrix}^T \\ \boldsymbol{\theta} &= A\end{aligned}$$

假设检验为

$$\begin{aligned}\mathcal{H}_0 &: A = 0 \\ \mathcal{H}_1 &: A \neq 0\end{aligned}$$

所以 $r = p = 1$，$\mathbf{A} = 1$ 且 $\mathbf{b} = 0$。应用定理，我们有

$$T(\mathbf{x}) = \frac{\hat{\theta}_1 (\mathbf{H}^T\mathbf{H}) \hat{\theta}_1}{\sigma^2} = \frac{\mathbf{H}^T\mathbf{H}\hat{\theta}_1^2}{\sigma^2}$$

其中

$$\hat{\theta}_1 = \hat{A} = (\mathbf{H}^T\mathbf{H})^{-1}\mathbf{H}^T\mathbf{x} = \frac{\displaystyle\sum_{n=0}^{N-1} x[n]s[n]}{\displaystyle\sum_{n=0}^{N-1} s^2[n]}$$

如果

$$T(\mathbf{x}) = \frac{\left(\displaystyle\sum_{n=0}^{N-1} x[n]s[n]\right)^2}{\sigma^2 \displaystyle\sum_{n=0}^{N-1} s^2[n]} > \gamma'$$

我们判 $\mathcal{H}_1$。当 γ' 等于 $2\ln\gamma$ 时上式与 (7.13) 式等价。检测性能是

$$P_{FA} = Q_{\chi_1^2}(\gamma')$$
$$P_D = Q_{\chi_1'^2(\lambda)}(\gamma')$$

其中

$$\lambda = \frac{\theta_1^2(\mathbf{H}^T\mathbf{H})}{\sigma^2} = \frac{A^2\sum_{n=0}^{N-1}s^2[n]}{\sigma^2} = \frac{\mathcal{E}}{\sigma^2}$$

但是, 自由度为 1 的非中心 χ^2 随机变量与单位方差高斯随机变量的平方是相同的, 即

$$\chi_1'^2(\lambda) = z^2$$

其中 $z \sim \mathcal{N}(\sqrt{\lambda}, 1)$, 于是, 我们有

$$P_D = \Pr\left\{\chi_1'^2(\lambda) > \gamma'\right\} = \Pr\left\{z^2 > \gamma'\right\} = \Pr\left\{z > \sqrt{\gamma'}\right\} + \Pr\left\{z < -\sqrt{\gamma'}\right\}$$
$$= Q\left(\sqrt{\gamma'} - \sqrt{\lambda}\right) + 1 - Q\left(-\sqrt{\gamma'} - \sqrt{\lambda}\right) = Q\left(\sqrt{\gamma'} - \sqrt{\lambda}\right) + Q\left(\sqrt{\gamma'} + \sqrt{\lambda}\right)$$

令 $\lambda = 0$, 那么可得出 $P_{FA} = 2Q(\sqrt{\gamma'})$, 所以 $\sqrt{\gamma'} = Q^{-1}(P_{FA}/2)$ 且

$$P_D = Q\left(Q^{-1}\left(\frac{P_{FA}}{2}\right) - \sqrt{\frac{\mathcal{E}}{\sigma^2}}\right) + Q\left(Q^{-1}\left(\frac{P_{FA}}{2}\right) + \sqrt{\frac{\mathcal{E}}{\sigma^2}}\right)$$

上式与 (7.16) 式是一致。

例 7.4　对 DC 偏移的补偿

在本例中, 我们说明了多余参数是如何很容易地适应线性模型的。我们对这些参数也许没有兴趣, 但是由于它们是未知的, 因此必须估计它们。那么, 假设检验问题就是检验未知参数的子集。我们现在将前一个例子修改为在两种假设下包括 DC 偏移量的情况, 这种情况发生的原因是由于在放大器中的偏压或者在数据中所固有的偏移值, 比如图像处理中每一个像素值是非负的, 并且在财务数据中也是非负的。那么, 考虑的检测问题是

$$\mathcal{H}_0 : x[n] = \mu + w[n] \qquad n = 0, 1, \ldots, N-1$$
$$\mathcal{H}_1 : x[n] = As[n] + \mu + w[n] \quad n = 0, 1, \ldots, N-1$$

其中 $s[n]$ 是已知的, 但是幅度 A 是未知的, μ 也是未知的 DC 偏移量 (多余参数), $w[n]$ 是具有方差为 σ^2 的 WGN。那么, 我们有经典线性模型

$$\mathbf{x} = \underbrace{\begin{bmatrix} s[0] & 1 \\ s[1] & 1 \\ \vdots & \vdots \\ s[N-1] & 1 \end{bmatrix}}_{\mathbf{H}} \underbrace{\begin{bmatrix} A \\ \mu \end{bmatrix}}_{\boldsymbol{\theta}} + \mathbf{w}$$

检测问题是

$$\mathcal{H}_0 : A = 0$$
$$\mathcal{H}_1 : A \neq 0$$

或等价地有

$$\mathcal{H}_0 : \mathbf{A}\boldsymbol{\theta} = 0$$
$$\mathcal{H}_1 : \mathbf{A}\boldsymbol{\theta} \neq 0$$

其中 $\mathbf{A} = [1\ 0]$。这样, 经典线性模型就可以应用, GLRT 由 (7.35) 式可得

$$T(\mathbf{x}) = \frac{\hat{\boldsymbol{\theta}}_1^T \mathbf{A}^T \left[\mathbf{A}(\mathbf{H}^T\mathbf{H})^{-1}\mathbf{A}^T\right]^{-1} \mathbf{A}\hat{\boldsymbol{\theta}}_1}{\sigma^2}$$

而 $\mathbf{A}(\mathbf{H}^T\mathbf{H})^{-1}\mathbf{A}^T$ 是一个标量，所以

$$T(\mathbf{x}) = \frac{\hat{\boldsymbol{\theta}}_1^T \mathbf{A}^T \mathbf{A} \hat{\boldsymbol{\theta}}_1}{\sigma^2 \mathbf{A}(\mathbf{H}^T\mathbf{H})^{-1}\mathbf{A}^T}$$

且 $\hat{\boldsymbol{\theta}}_1^T \mathbf{A}^T \mathbf{A} \hat{\boldsymbol{\theta}}_1 = [\hat{\boldsymbol{\theta}}_1]_1^2$。$\boldsymbol{\theta}_1$ 的 MLE 是 $\hat{\boldsymbol{\theta}}_1 = (\mathbf{H}^T\mathbf{H})^{-1}\mathbf{H}^T\mathbf{x}$，它利用

$$\mathbf{H}^T\mathbf{H} = \begin{bmatrix} \displaystyle\sum_{n=0}^{N-1} s^2[n] & \displaystyle\sum_{n=0}^{N-1} s[n] \\ \displaystyle\sum_{n=0}^{N-1} s[n] & N \end{bmatrix}$$

$$(\mathbf{H}^T\mathbf{H})^{-1} = \frac{\begin{bmatrix} N & -\displaystyle\sum_{n=0}^{N-1} s[n] \\ -\displaystyle\sum_{n=0}^{N-1} s[n] & \displaystyle\sum_{n=0}^{N-1} s^2[n] \end{bmatrix}}{N \displaystyle\sum_{n=0}^{N-1} s^2[n] - \left(\displaystyle\sum_{n=0}^{N-1} s[n] \right)^2}$$

$$\mathbf{H}^T\mathbf{x} = \begin{bmatrix} \displaystyle\sum_{n=0}^{N-1} x[n]s[n] \\ \displaystyle\sum_{n=0}^{N-1} x[n] \end{bmatrix}$$

很容易求得。于是我们有

$$[\hat{\boldsymbol{\theta}}_1]_1^2 = \left[\frac{N \displaystyle\sum_{n=0}^{N-1} x[n]s[n] - \displaystyle\sum_{n=0}^{N-1} s[n] \displaystyle\sum_{n=0}^{N-1} x[n]}{N \displaystyle\sum_{n=0}^{N-1} s^2[n] - \left(\displaystyle\sum_{n=0}^{N-1} s[n] \right)^2} \right]^2$$

$$\mathbf{A}(\mathbf{H}^T\mathbf{H})^{-1}\mathbf{A}^T = \left[(\mathbf{H}^T\mathbf{H})^{-1} \right]_{11} = \frac{N}{N \displaystyle\sum_{n=0}^{N-1} s^2[n] - \left(\displaystyle\sum_{n=0}^{N-1} s[n] \right)^2}$$

那么，检验统计量变成

$$T(\mathbf{x}) = \frac{\left(N \displaystyle\sum_{n=0}^{N-1} x[n]s[n] - \displaystyle\sum_{n=0}^{N-1} s[n] \displaystyle\sum_{n=0}^{N-1} x[n] \right)^2}{N\sigma^2 \left(N \displaystyle\sum_{n=0}^{N-1} s^2[n] - \left(\displaystyle\sum_{n=0}^{N-1} s[n] \right)^2 \right)} = \frac{\left(\displaystyle\sum_{n=0}^{N-1} x[n]s[n] - \bar{x} \displaystyle\sum_{n=0}^{N-1} s[n] \right)^2}{\sigma^2 \left(\displaystyle\sum_{n=0}^{N-1} s^2[n] - \frac{1}{N} \left(\displaystyle\sum_{n=0}^{N-1} s[n] \right)^2 \right)}$$

$$= \frac{\left(\displaystyle\sum_{n=0}^{N-1} (x[n] - \bar{x})s[n] \right)^2}{\sigma^2 \left(\displaystyle\sum_{n=0}^{N-1} s^2[n] - \frac{1}{N} \left(\displaystyle\sum_{n=0}^{N-1} s[n] \right)^2 \right)}$$

如果
$$\left(\sum_{n=0}^{N-1} (x[n] - \bar{x}) s[n] \right)^2 > \gamma'$$

则我们判 $\mathcal{H}_1$。我们在相关前减去数据的样本均值然后平方，可以得到直观的结果。对于正弦干扰抑制，在下一节可以得到类似的结果。

在许多情况下，我们希望检验在 $\mathcal{H}_0$ 条件下 $\boldsymbol{\theta} = 0$ 与在 $\mathcal{H}_1$ 条件下 $\boldsymbol{\theta} \neq 0$，这是例 7.3 中的情况，相当于检验信号 $\mathbf{s} = \mathbf{H}\boldsymbol{\theta}$ 是否为零。这样，利用 $\mathbf{A} = \mathbf{I}$ 和 $\mathbf{b} = 0$，GLRT 化简为

$$T(\mathbf{x}) = \frac{\hat{\boldsymbol{\theta}}_1^T \mathbf{H}^T \mathbf{H} \hat{\boldsymbol{\theta}}_1}{\sigma^2} = \frac{\hat{\mathbf{s}}^T \hat{\mathbf{s}}}{\sigma^2}$$

其中 $\hat{\mathbf{s}} = \mathbf{H}\hat{\boldsymbol{\theta}}_1$ 是在 $\mathcal{H}_1$ 条件下信号的 MLE。我们将估计信号的能量与门限进行比较，另外，由于 $\mathbf{C}_{\hat{\boldsymbol{\theta}}_1} = \sigma^2 (\mathbf{H}^T \mathbf{H})^{-1}$，我们可以将检验统计量解释为

$$T(\mathbf{x}) = \hat{\boldsymbol{\theta}}_1^T \mathbf{C}_{\hat{\boldsymbol{\theta}}_1}^{-1} \hat{\boldsymbol{\theta}}_1$$

这类似于已知信号的情况，除了 $\boldsymbol{\theta}_1$ 由它的 MLE 代替（参见 4.6 节）。另一种解释是估计器－相关器（参见习题 7.24），多余参数的情况在习题 7.25 中描述。

7.8 信号处理的例子

例 7.5 主动声呐/雷达检测

在 7.6.4 节中，我们证明，对于在 WGN 中具有未知幅度、相位、频率和到达时间的正弦信号的检测，如果

$$\max_{n_0, f_0} \frac{1}{M} \left| \sum_{n=n_0}^{n_0+M-1} x[n] \exp(-j2\pi f_0 n) \right|^2 > \gamma'$$

则 GLRT 判 $\mathcal{H}_1$。从本质上讲，我们取谱图的峰值，然后将其与门限进行比较。在本例中，我们继续确定这种常用检测器的检测性能 [Knight, Pridham, and Kay 1981]。

在实际中，FFT 用来计算不同频率的傅里叶变换，因此，如果信号的长度用 N 表示（与利用通常的 FFT 表示相一致），对于 N 为偶数，如果

$$\max_{n_0, k \in \{1, 2, \dots, N/2-1\}} \frac{1}{N} \left| \sum_{n=n_0}^{n_0+N-1} x[n] \exp\left(-j2\pi \frac{k}{N} n \right) \right|^2 > \gamma'$$

我们判 $\mathcal{H}_1$。由于假定 $0 < f_0 < 1/2$，我们省略 $k = 0$ 和 $k = N/2$ 频率样本。很显然，如果 f_0 不在 $1/N$ 的倍数处，性能就可能存在某些损失 [称为粗糙损失（scalloping loss）] [Harris 1978]。类似地，在计算谱图时，我们通常并不计算所有整数 n_0 的值，取而代之的是利用不重叠的块来减少计算，如果信号不是完全位于处理块内，那么也会出现一些损失。由于块是相互独立的，使用不重叠的块可以使我们很容易地分析检测性能。回想一下噪声是 WGN，且块与块之间是相互独立的，对于 50% 重叠这种更为常见的情况，我们的结果将是一种合理的近似。为了分析的目的，我们假定信号确实是包含在一个块内，且频率是 $1/N$ 的整数倍，那么，正弦频率可以说是位于 FFT 单元中央。在这些假定下，检测问题为

$$\mathcal{H}_0 : x_i[n] = w_i[n] \qquad \begin{array}{l} n = 0, 1, \ldots, N - 1 \\ i = 0, 1, \ldots, I - 1 \end{array}$$

$$\mathcal{H}_1 : x_i[n] = \begin{cases} w_i[n] & \begin{array}{l} n = 0, 1, \ldots, N - 1 \\ i = 0, 1, \ldots, i_0 - 1 \end{array} \\[2ex] A\cos(2\pi f_0 n + \phi) + w_i[n] & \begin{array}{l} n = 0, 1, \ldots, N - 1 \\ i = i_0 \end{array} \\[2ex] w_i[n] & \begin{array}{l} n = 0, 1, \ldots, N - 1 \\ i = i_0 + 1, i_0 + 2, \ldots, I - 1 \end{array} \end{cases}$$

其中 $x_i[n]$ 表示 N 个数据点的第 i 块，$f_0 = k_0/N$，$k_0 \in \{1, 2, \ldots, N/2 - 1\}$，$w_i[n]$ 是 WGN 过程，且对于 $i \neq j$ 是相互独立的。块数是 I，所以整个数据记录长度是 NI 个点，GLRT 可以写为

$$T(\mathbf{x}) = \max_{\substack{0 \leqslant i \leqslant I-1 \\ 1 \leqslant k \leqslant N/2-1}} \frac{1}{N} \left| \sum_{n=0}^{N-1} x_i[n] \exp\left(-j2\pi \frac{k}{N} n \right) \right|^2 > \gamma'$$

或者
$$T(\mathbf{x}) = \max_{\substack{0 \leqslant i \leqslant I-1 \\ 1 \leqslant k \leqslant N/2-1}} \frac{1}{N} |X_i[k]|^2 > \gamma'$$

其中，$X_i[k]$ 是第 i 个数据块的第 k 个 DFT 系数。注意，由于到目标的距离取决于延迟时间，i 指第 i 个距离单元，而 f_0 与多普勒（Doppler）频移有关，所以 k 是第 k 个多普勒单元。那么，谱图称为距离 – 多普勒图。整个处理器如图 7.8 所示。

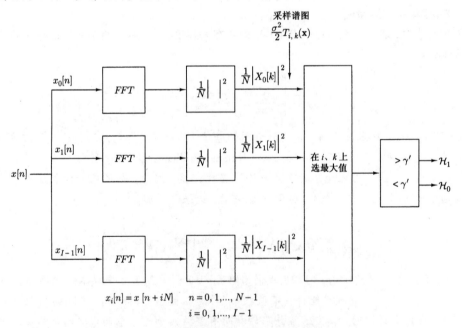

图 7.8　典型的主动声呐/雷达检测器

我们首先确定 P_{FA}。在 $\mathcal{H}_0$ 条件下，

$$\sum_{n=0}^{N-1} x_i[n] \exp\left(-j2\pi \frac{k}{N} \right) = \sum_{n=0}^{N-1} x_i[n] \cos\left(j2\pi \frac{k}{N} n \right) - j \sum_{n=0}^{N-1} x_i[n] \sin\left(j2\pi \frac{k}{N} n \right)$$

$$= U_i\left(\frac{k}{N} \right) + j V_i\left(\frac{k}{N} \right)$$

然而已经证明，对于给定的 i，随机变量 $U_i(k/N)$、$V_i(k/N)$（$k = 1, 2, \ldots, N/2 - 1$）是独立的和高斯的（参见本书卷 I 的例 15.3）。另外，由于不重叠块的假定，U_i 与 V_i 在块与块之间是独立的。这样，随机变量集合 $\{U_i(k/N), V_i(k/N)\}$（$i = 0, 1, \ldots, I-1$；$k = 1, 2, \ldots, N/2 - 1$）都是相互独立的和高斯的，而且它们是独立同分布的，每一个具有零均值和方差 $N\sigma^2/2$（参见本书卷 I 的第 348 页 ~ 第 352 页）。因此，对于所有的 i 和 k，

$$T_{i,k}(\mathbf{x}) = \frac{\left| \sum_{n=0}^{N-1} x_i[n] \exp\left(-j2\pi\frac{k}{N}n\right) \right|^2}{\frac{N\sigma^2}{2}} = \left(\frac{U_i\left(\frac{k}{N}\right)}{\sqrt{N\sigma^2/2}}\right)^2 + \left(\frac{V_i\left(\frac{k}{N}\right)}{\sqrt{N\sigma^2/2}}\right)^2 \sim \chi_2^2$$

$T_{i,k}(\mathbf{x})$ 是相互独立的。由于所有的 $T_{i,k}(\mathbf{x})$ 是独立的，所以虚警概率如下：

$$\begin{aligned} P_{FA} &= \Pr\left\{\max_{i,k} \frac{\sigma^2}{2} T_{i,k}(\mathbf{x}) > \gamma'; \mathcal{H}_0\right\} = \Pr\left\{\max_{i,k} T_{i,k}(\mathbf{x}) > \frac{2\gamma'}{\sigma^2}; \mathcal{H}_0\right\} \\ &= 1 - \Pr\left\{\max_{i,k} T_{i,k}(\mathbf{x}) < \frac{2\gamma'}{\sigma^2}; \mathcal{H}_0\right\} = 1 - \Pr\left\{\bigcap_{i,k} T_{i,k}(\mathbf{x}) < \frac{2\gamma'}{\sigma^2}; \mathcal{H}_0\right\} \\ &= 1 - \prod_{i,k} \Pr\left\{T_{i,k}(\mathbf{x}) < \frac{2\gamma'}{\sigma^2}; \mathcal{H}_0\right\} \end{aligned}$$

但是　　$$\Pr\left\{T_{i,k}(\mathbf{x}) < \frac{2\gamma'}{\sigma^2}; \mathcal{H}_0\right\} = \int_0^{\frac{2\gamma'}{\sigma^2}} \frac{1}{2}\exp(-u/2)du = 1 - \exp(-\gamma'/\sigma^2)$$

因此　　　　　　　$$P_{FA} = 1 - \prod_{i,k}\left(1 - \exp(-\gamma'/\sigma^2)\right)$$

或者最终我们有　　　　　$$P_{FA} = 1 - \left(1 - \exp(-\gamma'/\sigma^2)\right)^L \tag{7.36}$$

其中 $L = I(N/2 - 1)$ 是考察的多普勒数和距离单元数。注意，对于小的 P_{FA}，我们必定有 $\exp(-\gamma'/\sigma^2) \ll 1$，因此当 $x \ll 1$ 时，使用 $(1-x)^L \approx 1 - Lx$，那么

$$\begin{aligned} P_{FA} &\approx 1 - \left(1 - L\exp(-\gamma'/\sigma^2)\right) \\ &= L\exp(-\gamma'/\sigma^2) = LP_{FA}(\text{bin}) \end{aligned} \tag{7.37}$$

其中 P_{FA}（单元）是我们考察一个单元时的虚警概率。因此，P_{FA} 近似为随考察单元数线性增加。

为了求检测概率，我们首先定义一次检测为在正确的距离 – 多普勒单元出现过门限，这个单元对应于信号实际的延迟和频率。因此，P_D 定义为当信号出现的时候，谱图最大值出现在正确单元内的概率，即在 $i = i_0$ 和 $k = k_0$ 处出现谱图的最大值的概率。利用这个定义，我们有

$$P_D = \Pr\left\{\frac{\sigma^2}{2} T_{i_0,k_0}(\mathbf{x}) > \gamma'; \mathcal{H}_1\right\} = \Pr\left\{T_{i_0,k_0}(\mathbf{x}) > \frac{2\gamma'}{\sigma^2}; \mathcal{H}_1\right\}$$

我们需要确定在 $\mathcal{H}_1$ 条件下 $T_{i_0,k_0}(\mathbf{x})$ 的 PDF。但是，对于给定延迟 i_0 和多普勒单元 k_0，这正好是对未知幅度和相位的正弦信号的周期图统计。对于这种情况，我们已经计算了 P_D，由 (7.27) 式给出，即

$$P_D = Q_{\chi_2'^2(\lambda)}\left(\frac{2\gamma'}{\sigma^2}\right)$$

其中 $\lambda = NA^2/(2\sigma^2)$。利用(7.37)式，我们最终有

$$P_D = Q_{\chi_2'^2\left(\frac{NA^2}{2\sigma^2}\right)}\left(2\ln\frac{L}{P_{FA}}\right) \tag{7.38}$$

例如，对于主动声呐，假定我们希望在输入信噪比（或 $A^2/2\sigma^2$）低到 -10 dB 时得到 $P_{FA} = 10^{-4}$，$P_D = 0.5$。实际上，输入信噪比将随着目标与接收机距离的增加而减小。因此，最小信噪比对应最大的预期目标距离。对于短的距离，信噪比增加将产生高的 P_D。假定最大检测距离是 5000 码。由于在海里声速大约是 5000 英尺/秒[①]，最大的双程传播延迟是 6 秒。对于 2000 样本/秒的采样率（适合于 1000 Hz 的低通带宽），数据记录长度是 $NI = 6 \times (2000) = 12\,000$ 个样本。我们希望确定得到给定检测性能所要求的正弦发射脉冲信号的长度。因此，在(7.38)式中，用 $L = I(N/2 - 1) \approx NI/2 = 6000$ 和 $(A^2/2)/\sigma^2 = 0.1$ 代入，我们有

$$P_D = Q_{\chi_2'^2(0.1N)}\left(2\ln\frac{6\,000}{10^{-4}}\right)$$

P_D 与 N 的关系绘于图 7.9 中，对于 $350/2\,000 = 175$ 毫秒的脉冲长度，要求的信号长度大约是 $N = 350$。

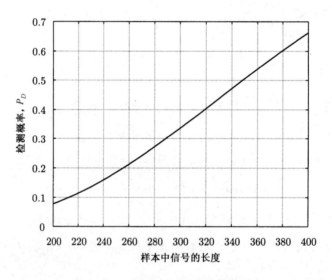

图 7.9 对于设计例子要求的信号长度

例 7.6 干扰中信号的检测

在某些军事应用中，我们希望在出现干扰时检测信号。典型的干扰是窄带正弦干扰，因此，检测问题变成

$$\begin{aligned}
\mathcal{H}_0 &: x[n] = B\cos(2\pi f_i n + \phi) + w[n] & n = 0, 1, \ldots, N-1 \\
\mathcal{H}_1 &: x[n] = As[n] + B\cos(2\pi f_i n + \phi) + w[n] & n = 0, 1, \ldots, N-1
\end{aligned}$$

其中，$w[n]$ 是方差为 σ^2 的 WGN，我们假定信号 $s[n]$ 除它的幅度 A 外是已知的。干扰的幅

---

① 1 码 = 3 英尺 = 0.9144 米。

度和相位是未知的，但干扰的频率 f_i 是已知的。那么，使用 7.6.2 节中的另外一种表示 $B\cos(2\pi f_i n + \phi) = \alpha_1 \cos 2\pi f_i n + \alpha_2 \sin 2\pi f_i n$，我们有线性模型

$$
\mathbf{x} = \underbrace{\left[\begin{array}{ccc}
s[0] & 1 & 0 \\
s[1] & \cos 2\pi f_i & \sin 2\pi f_i \\
\vdots & \vdots & \vdots \\
s[N-1] & \cos[2\pi f_i(N-1)] & \sin[2\pi f_i(N-1)]
\end{array}\right]}_{\mathbf{H}}
\underbrace{\left[\begin{array}{c}
A \\
\alpha_1 \\
\alpha_2
\end{array}\right]}_{\boldsymbol{\theta}} + \mathbf{w}
$$

现在检测问题重写如下：
$$
\begin{aligned}
\mathcal{H}_0 &: A = 0 \\
\mathcal{H}_1 &: A \neq 0
\end{aligned}
$$

或
$$
\begin{aligned}
\mathcal{H}_0 &: \mathbf{A}\boldsymbol{\theta} = \mathbf{0} \\
\mathcal{H}_1 &: \mathbf{A}\boldsymbol{\theta} \neq \mathbf{0}
\end{aligned}
$$

其中 $\mathbf{A} = [\,1\ 0\ 0\,]$，GLRT 由 (7.35) 式立即得出，

$$
T(\mathbf{x}) = \frac{\hat{\boldsymbol{\theta}}_1^T \mathbf{A}^T \left[\mathbf{A}(\mathbf{H}^T\mathbf{H})^{-1}\mathbf{A}^T\right]^{-1} \mathbf{A}\hat{\boldsymbol{\theta}}_1}{\sigma^2} > \gamma'
$$

其中 $\hat{\boldsymbol{\theta}}_1 = (\mathbf{H}^T\mathbf{H})^{-1}\mathbf{H}^T\mathbf{x}$。但是，当 f_i 不在 0 或 1/2 时，

$$
\mathbf{H}^T\mathbf{H} \approx \left[\begin{array}{ccc}
\displaystyle\sum_{n=0}^{N-1} s^2[n] & \displaystyle\sum_{n=0}^{N-1} s[n]\cos 2\pi f_i n & \displaystyle\sum_{n=0}^{N-1} s[n]\sin 2\pi f_i n \\
\displaystyle\sum_{n=0}^{N-1} s[n]\cos 2\pi f_i n & \dfrac{N}{2} & 0 \\
\displaystyle\sum_{n=0}^{N-1} s[n]\sin 2\pi f_i n & 0 & \dfrac{N}{2}
\end{array}\right]
$$

令 $S_c = \sum_{n=0}^{N-1} s[n]\cos 2\pi f_i n$ 和 $S_s = \sum_{n=0}^{N-1} s[n]\sin 2\pi f_i n$，

$$
(\mathbf{H}^T\mathbf{H})^{-1} = \frac{\left[\begin{array}{ccc}
-\dfrac{N}{2} & S_c & S_s \\
S_c & -\displaystyle\sum_{n=0}^{N-1} s^2[n] + \dfrac{2}{N}S_s^2 & -\dfrac{2}{N}S_s S_c \\
S_s & -\dfrac{2}{N}S_s S_c & -\displaystyle\sum_{n=0}^{N-1} s^2[n] + \dfrac{2}{N}S_c^2
\end{array}\right]}{S_s^2 + S_c^2 - \dfrac{N}{2}\displaystyle\sum_{n=0}^{N-1} s^2[n]}
$$

所以
$$
\mathbf{A}(\mathbf{H}^T\mathbf{H})^{-1} = \frac{\left[\begin{array}{ccc} -\dfrac{N}{2} & S_c & S_s \end{array}\right]}{S_s^2 + S_c^2 - \dfrac{N}{2}\displaystyle\sum_{n=0}^{N-1} s^2[n]}
$$

$$
\mathbf{H}^T\mathbf{x} = \left[\begin{array}{c}
\displaystyle\sum_{n=0}^{N-1} x[n]s[n] \\
\displaystyle\sum_{n=0}^{N-1} x[n]\cos 2\pi f_i n \\
\displaystyle\sum_{n=0}^{N-1} x[n]\sin 2\pi f_i n
\end{array}\right]
$$

由此可得出

$$\mathbf{A}\hat{\boldsymbol{\theta}}_1 = \mathbf{A}(\mathbf{H}^T\mathbf{H})^{-1}\mathbf{H}^T\mathbf{x} =$$

$$\frac{-\dfrac{N}{2}\displaystyle\sum_{n=0}^{N-1}x[n]s[n] + S_c\left(\displaystyle\sum_{n=0}^{N-1}x[n]\cos 2\pi f_i n\right) + S_s\left(\displaystyle\sum_{n=0}^{N-1}x[n]\sin 2\pi f_i n\right)}{S_s^2 + S_c^2 - \dfrac{N}{2}\displaystyle\sum_{n=0}^{N-1}s^2[n]}$$

另外，

$$\mathbf{A}(\mathbf{H}^T\mathbf{H})^{-1}\mathbf{A}^T = \frac{-\dfrac{N}{2}}{S_s^2 + S_c^2 - \dfrac{N}{2}\displaystyle\sum_{n=0}^{N-1}s^2[n]}$$

现在，我们定义在 $f = f_i$ 计算的傅里叶变换，

$$S(f_i) = \sum_{n=0}^{N-1}s[n]\exp(-j2\pi f_i n) = S_c - jS_s$$

$$X(f_i) = \sum_{n=0}^{N-1}x[n]\exp(-j2\pi f_i n)$$

那么

$$\mathbf{A}\hat{\boldsymbol{\theta}}_1 = \frac{\displaystyle\sum_{n=0}^{N-1}x[n]s[n] - \dfrac{2}{N}\mathrm{Re}(X(f_i)S^*(f_i))}{-\dfrac{2}{N}|S(f_i)|^2 + \displaystyle\sum_{n=0}^{N-1}s^2[n]}$$

以及

$$\mathbf{A}(\mathbf{H}^T\mathbf{H})^{-1}\mathbf{A}^T = \frac{-\dfrac{N}{2}}{|S(f_i)|^2 - \dfrac{N}{2}\displaystyle\sum_{n=0}^{N-1}s^2[n]}$$

于是我们有

$$T(\mathbf{x}) = \frac{\left[\displaystyle\sum_{n=0}^{N-1}x[n]s[n] - \dfrac{2}{N}\mathrm{Re}(X(f_i)S^*(f_i))\right]^2}{\sigma^2\left[\displaystyle\sum_{n=0}^{N-1}s^2[n] - \dfrac{2}{N}|S(f_i)|^2\right]}$$

根据 DFT 系数表示，可以提供一种检验统计量的更为直观的理解。首先假定 $f_i = l/N$，即干扰频率位于第 l 个 DFT 单元中心。那么，由于 [Oppenheim and Schafer 1975]

$$\sum_{n=0}^{N-1}x[n]s[n] = \frac{1}{N}\sum_{k=0}^{N-1}X[k]S^*[k]$$

其中 $X[k]$、$S[k]$ 是 DFT 系数，我们有

$$T(\mathbf{x}) = \frac{\left[\dfrac{1}{N}\displaystyle\sum_{n=0}^{N-1}X[k]S^*[k] - \dfrac{1}{N}X[l]S^*[l] - \dfrac{1}{N}X[N-l]S^*[N-l]\right]^2}{\sigma^2\left[\dfrac{1}{N}\displaystyle\sum_{k=0}^{N-1}|S[k]|^2 - \dfrac{1}{N}|S[l]|^2 - \dfrac{1}{N}|S[N-l]|^2\right]}$$

由于 $X[N-l] = X^*[l]$ 和 $S[N-l] = S^*[l]$，最后我们的结果为

$$T(\mathbf{x}) = \frac{\left(\dfrac{1}{N}\displaystyle\sum_{\substack{k=0\\k\neq l,N-l}}^{N-1} X[k]S^*[k]\right)^2}{\sigma^2 \dfrac{1}{N}\displaystyle\sum_{\substack{k=0\\k\neq l,N-l}}^{N-1} |S[k]|^2} > \gamma' \tag{7.39}$$

或者如果

$$\left(\dfrac{1}{N}\displaystyle\sum_{\substack{k=0\\k\neq l,N-l}}^{N-1} X[k]S^*[k]\right)^2 > \dfrac{\sigma^2}{N}\gamma' \displaystyle\sum_{\substack{k=0\\k\neq l,N-l}}^{N-1} |S[k]|^2 = \gamma'' \tag{7.40}$$

我们判 $\mathcal{H}_1$，如图 7.10 所示。为了解释我们的结果，回忆一下对未知幅度信号的 GLRT，由(7.13)式，

$$T(\mathbf{x}) = \frac{\left(\displaystyle\sum_{n=0}^{N-1} x[n]s[n]\right)^2}{\sigma^2 \displaystyle\sum_{n=0}^{N-1} s^2[n]} > 2\ln\gamma$$

上式也可以写成

$$T(\mathbf{x}) = \frac{\left(\dfrac{1}{N}\displaystyle\sum_{k=0}^{N-1} X[k]S^*[k]\right)^2}{\sigma^2 \dfrac{1}{N}\displaystyle\sum_{k=0}^{N-1} |S[k]|^2} > 2\ln\gamma$$

存在正弦干扰时，除了使含有干扰的 DFT 单元作废，此时的 GLRT 与未知幅度情况的 GLRT 在实现上是相同的。另外，由于 DFT 正弦的正交性，在剩余的单元中干扰是不会出现的(参见习题 7.26)。在实际中，由于泄漏的原因，利用数据加窗来减少到邻近单元的泄漏[Kay 1988]。

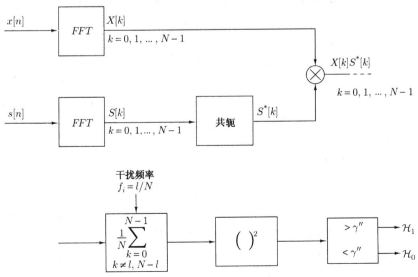

图 7.10 在正弦干扰中未知幅度信号检测的 GLRT

参考文献

Harris, F.J., "On the Use of Windows for Harmonic Analysis with the Discrete Fourier Transform," *Proc. IEEE*, Vol. 66, pp. 51–83, Jan. 1978.

Kay, S.M., *Modern Spectral Estimation: Theory and Application*, Prentice-Hall, Englewood Cliffs, N.J., 1988.

Knight, W.S., R.G. Pridham, S.M. Kay, "Digital Signal Processing for Sonar," *Proc. IEEE*, Vol. 69, pp. 1451–1506, Nov. 1981.

Lehmann, E.L., *Testing Statistical Hypotheses*, J. Wiley, New York, 1959.

Oppenheim, A.V., R.W. Schafer, *Digital Signal Processing*, Prentice-Hall, Englewood Cliffs, N.J., 1975.

Van Trees, H.L., *Detection, Estimation, and Modulation Theory*, Vol. 3, McGraw-Hill, New York, 1971.

习题

7.1　考虑检测问题

$$\begin{aligned}\mathcal{H}_0 &: x[n] = w[n] & n = 0,1,\ldots,N-1 \\ \mathcal{H}_1 &: x[n] = A + w[n] & n = 0,1,\ldots,N-1\end{aligned}$$

其中 $w[n]$ 是方差为 σ^2 的 WGN, DC 电平为 $A=1$ 或者 $A=-1$, 可以将其看成未知的确定性常数。UMP 存在吗？如果不存在, 求 GLRT 统计量。提示: 你应该能够证明 $\hat{A} = \mathrm{sgn}(\bar{x})$, 其中当 $x>0$ 时, $\mathrm{sgn}(x)=1$, $x<0$ 时, $\mathrm{sgn}(x)=-1$。

7.2　对于习题 7.1 描述的检测问题, 使用贝叶斯方法。假定 A 是随机变量, 取 1 和 -1 的概率相等, 且与 $w[n]$ 独立。推导最佳 NP 检验统计量。提示: 不等式 $\exp(u) + \exp(-u) > \gamma$ 等价于 $|u| > \gamma'$。

7.3　考虑检测问题

$$\begin{aligned}\mathcal{H}_0 &: x[n] = w[n] & n = 0,1,\ldots,N-1 \\ \mathcal{H}_1 &: x[n] = r^n + w[n] & n = 0,1,\ldots,N-1\end{aligned}$$

其中 $0 < r < 1$, 但却是未知的, $w[n]$ 是方差为 σ^2 的 WGN, 求 GLRT 统计量。提示: r 的 MLE 不能求出闭合形式的解（参见本书卷 I 的第 126 页）。

7.4　对于习题 7.1 描述的检测问题, 假定 A 是未知的确定性常数, 满足 $-A_0 \leqslant A \leqslant A_0$。$A$ 的 MLE 可以证明为

$$\hat{A} = \begin{cases} -A_0 & , \bar{x} < -A_0 \\ \bar{x} & , -A_0 \leqslant \bar{x} \leqslant A_0 \\ A_0 & , \bar{x} > A_0 \end{cases}$$

求 GLRT 统计量, 当 $A_0 \to \infty$ 时会发生什么情况？

7.5　对于习题 7.1 描述的检测问题, 现在假定 A 是一个随机变量, $A \sim \mathcal{U}[-A_0, A_0]$, 且与 $w[n]$ 统计独立, 求最佳 NP 检验统计量。当 $A_0 \to \infty$ 时会发生什么情况？提示: 计算 $p(\mathbf{x}; \mathcal{H}_1)$ 的积分只能在 $A_0 \to \infty$ 时求得闭合解。

7.6　考虑检测问题

$$\begin{aligned}\mathcal{H}_0 &: x[n] = w[n] & n = 0,1,\ldots,N-1 \\ \mathcal{H}_1 &: x[n] = s[n] + w[n] & n = 0,1,\ldots,N-1\end{aligned}$$

其中 $w[n]$ 是方差为 σ^2 的 WGN。对于一个完全未知的确定性信号 $s[n]$, 我们使用贝叶斯方法, 假定先验 PDF 近似为均匀分布的, 如果 σ_s^2 很大, 那么通过假定 $\mathbf{s} \sim \mathcal{N}(\mathbf{0}, \sigma_s^2 \mathbf{I})$ 就可以得到近似均匀的 PDF 假定。另外, 假定 $s[n]$ 与 $w[n]$ 相互独立, 求 NP 检验统计量, 并且解释结果。提示: 参见例 5.1。

7.7　对于检测问题

$$\begin{aligned}\mathcal{H}_0 &: x[n] = w[0] \\ \mathcal{H}_1 &: x[n] = A + w[0]\end{aligned}$$

其中 $w[0] \sim \mathcal{N}(0, \sigma^2)$，假定 A 是确定性的，并且是未知的，采用 GLRT 证明：如果 $|x[0]| > \gamma'$，我们判 $\mathcal{H}_1$ 成立。然后假定 A 是一个随机变量，$A \sim \mathcal{N}(0, \sigma_A^2)$，与 $w[0]$ 统计独立，证明 NP 检测器是相同的(具有相同的门限)。最后，如果对于 GLRT 的 P_D 用 $P_D(A)$ 表示，NP 的检测概率用 P_D 表示，解释为什么 NP 检测器的 P_D 为

$$P_D = \int_{-\infty}^{\infty} P_D(A) \frac{1}{\sqrt{2\pi\sigma_A^2}} \exp\left(-\frac{1}{2\sigma_A^2} A^2\right) dA$$

7.8　对于 WGN 中的 DC 电平，或者 $x[n] = A + w[n]$，$n = 0, 1, \ldots, N-1$，考虑下列平均器，

$$T_1(\mathbf{x}) = \left(\frac{1}{N} \sum_{n=0}^{N-1} x[n]\right)^2 \qquad 相干$$

$$T_2(\mathbf{x}) = \frac{1}{N} \sum_{n=0}^{N-1} x^2[n] \qquad 非相干$$

每一个都试图通过尽可能地减少噪声的影响来确定 A^2，即信号的功率。证明相干平均器通过计算均方误差要更精确，均方误差定义为

$$\mathrm{mse} = E\left[\left(T(\mathbf{x}) - A^2\right)^2\right]$$

提示：下列结果将是有用的，　$\mathrm{mse} = \mathrm{var}(T(\mathbf{x})) + \left[E(T(\mathbf{x})) - A^2\right]^2$

(参见本书卷 I 的第 15 页)。如果 $\xi \sim \mathcal{N}(\mu, \sigma^2)$，那么 $\mathrm{var}(\xi^2) = 4\mu^2\sigma^2 + 2\sigma^4$。

7.9　对于 WGN 中的 DC 电平，$N = 100$，对于匹配滤波器(η_{MF})和能量检测器(η_{ED})，为了达到 $P_{FA} = 10^{-4}$，$P_D = 0.99$，计算要求的 SNR。能量检测器有多少分贝的损失？

7.10　对于检测问题　　$\begin{aligned} \mathcal{H}_0 &: x[n] = w[n] & n = 0, 1, \ldots, N-1 \\ \mathcal{H}_1 &: x[n] = As[n] + w[n] & n = 0, 1, \ldots, N-1 \end{aligned}$

其中 $s[n]$ 是已知的，A 是未知的且 $A > 0$，$w[n]$ 是具有方差 σ^2 的 WGN，证明 UMP 检验存在，求检测性能。

7.11　如果我们观测数据 $x[n] = As[n] + w[n]$，$n = 0, 1, \ldots, N-1$，其中 $s[n]$ 是已知的，$w[n]$ 是具有方差为 σ^2 的 WGN，证明 A 的 MLE 由(7.11)式给出。

7.12　在由(7.18)式给出的检验统计量中，假定 $\mu_A = 0$，为了求检测性能，首先注意到

$$\begin{aligned} P_D &= \mathrm{Pr}\{T'(\mathbf{x}) > \gamma'; \mathcal{H}_1\} \\ &= \mathrm{Pr}\{|\mathbf{x}^T\mathbf{s}| > \gamma''; \mathcal{H}_1\} \end{aligned}$$

$\mathbf{x}^T\mathbf{s}$ 是高斯随机变量。确定 P_D，然后用类似的方法确定 P_{FA}。

7.13　定义随机变量 $z = \max(x, y)$，其中 $[x\ y]^T \sim \mathcal{N}(\mathbf{0}, \mathbf{C})$。如果 $\mathbf{C} = \mathbf{I}$，求 z 的 CDF 和 PDF。如果 $\mathbf{C}$ 是任意的协方差矩阵，会出现什么情况？

7.14　证明：利用 Parseval 定理，(7.21)式可以写成(7.22)式。

7.15　假定 n_0 是已知的，且 $n_0 = 0$，通过扩展(7.14)式的结果来证明(7.23)式。

7.16　考虑检测问题

$$\begin{aligned} \mathcal{H}_0 &: x[n] = w[n] & n = 0, 1, \ldots, N-1 \\ \mathcal{H}_1 &: x[n] = As[n; \boldsymbol{\theta}] + w[n] & n = 0, 1, \ldots, N-1 \end{aligned}$$

其中 A 是未知的，信号 $s[n; \boldsymbol{\theta}]$ 与 $p \times 1$ 的未知参数矢量有关，$w[n]$ 是方差为 σ^2 的 WGN。如果 $\sum_{n=0}^{N-1} s^2[n; \boldsymbol{\theta}]$ 与 $\boldsymbol{\theta}$ 无关，求 GLRT 统计量。作为后者的一个例子，对于大的 N 以及 $0 < f_0 < 1/2$，令 $s[n; f_0] = A\cos 2\pi f_0 n$。

7.17　对于 7.6.2 节讨论的 WGN 中未知幅度和相位的正弦信号，使用定理 7.1 求 $I(f_0)$ 的检测性能。假定 $\mathbf{H}^T\mathbf{H} \approx (N/2)\mathbf{I}$。结果由(7.28)式给出。

7.18 对于随机变量，

$$\xi_1 = \frac{1}{\sqrt{N}} \sum_{n=0}^{N-1} x[n] \cos 2\pi f_0 n$$

$$\xi_2 = \frac{1}{\sqrt{N}} \sum_{n=0}^{N-1} x[n] \sin 2\pi f_0 n$$

求均值、方差和协方差。数据是 $x[n] = A\cos(2\pi f_0 n + \phi) + w[n]$，其中 $w[n]$ 是方差为 σ^2 的 WGN。假定 f_0 不在 0 或者 1/2 附近，所以任何"倍频"项都可以近似为零。

7.19 定义随机变量 $z = \sqrt{x^2 + y^2}$，其中 $x \sim \mathcal{N}(\mu_x, \sigma^2)$，$y \sim \mathcal{N}(\mu_y, \sigma^2)$，$x$ 与 y 是独立的。证明 z 的 PDF 是莱斯 PDF，由下式给出，

$$p(z) = \begin{cases} \frac{z}{\sigma^2} \exp\left[-\frac{1}{2\sigma^2}(z^2 + \alpha^2)\right] I_0\left(\frac{\alpha z}{\sigma^2}\right) & z > 0 \\ 0 & z < 0 \end{cases}$$

其中 $\alpha^2 = \mu_x^2 + \mu_y^2$，$I_0(x)$ 是零阶修正贝塞尔函数，这个函数定义为

$$I_0(x) = \int_0^{2\pi} \exp(x\cos\theta) \frac{d\theta}{2\pi}$$

如果 $\mu_x = \mu_y = 0$，会导出什么样的 PDF？提示：变换 (x, y) 到极坐标 (r, θ)，使用恒等式

$$\mu_x \cos\theta + \mu_y \sin\theta = \sqrt{\mu_x^2 + \mu_y^2} \cos(\theta - \psi)$$

其中 $\psi = \arctan(\mu_y/\mu_x)$，然后通过联合 PDF 对 θ 积分，求 $r = z$ 的 PDF。

7.20 在本题中，我们利用 Marcum Q 函数来表示 (7.27) 式，Q 函数是 $\sigma^2 = 1$ 的莱斯 PDF 的右尾概率（参见习题 7.19），Marcum Q 函数定义为

$$Q_M(\alpha, \gamma) = \int_\gamma^\infty z \exp\left[-\frac{1}{2}(z^2 + \alpha^2)\right] I_0(\alpha z)\, dz$$

为此，由 (7.27) 式注意到

$$P_D = \Pr\left\{\chi_2'^2(\lambda) > \gamma''\right\} = \Pr\left\{\sqrt{\chi_2'^2(\lambda)} > \sqrt{\gamma''}\right\}$$

其中 $\gamma'' = 2\gamma'/\sigma^2$。然后回想一下，如果 $x \sim \mathcal{N}(\mu_x, 1)$，$y \sim \mathcal{N}(\mu_y, 1)$，且 x 和 y 相互独立，那么 $x^2 + y^2 \sim \chi_2'^2(\lambda)$，其中 $\lambda = \mu_x^2 + \mu_y^2$。再利用习题 7.19 的结果，求 $\sqrt{\chi_2'^2(\lambda)}$ 的 PDF，应该能够证明

$$P_D = Q_M\left(\sqrt{\frac{NA^2}{2\sigma^2}}, \sqrt{\frac{2\gamma'}{\sigma^2}}\right)$$

7.21 证明对于 WGN 中具有未知参数矢量 $\boldsymbol{\theta}$ 的信号通常的 GLRT 定义，即如果

$$\frac{p(\mathbf{x}; \hat{\boldsymbol{\theta}}, \mathcal{H}_1)}{p(\mathbf{x}; \mathcal{H}_0)} > \gamma$$

GLRT 判 $\mathcal{H}_1$，上式判决表达式等价于

$$\max_{\boldsymbol{\theta}} \ln L(\mathbf{x}; \boldsymbol{\theta}) > \ln \gamma$$

其中

$$L(\mathbf{x}; \boldsymbol{\theta}) = \frac{p(\mathbf{x}; \boldsymbol{\theta}, \mathcal{H}_1)}{p(\mathbf{x}; \mathcal{H}_0)}$$

是似然比（LR）。

7.22 在本题中，对于 WGN 中随机相位正弦信号，我们推导 NP 检测器。检测问题定义为

$$\begin{aligned} \mathcal{H}_0 &: x[n] = w[n] & n = 0, 1, \ldots, N-1 \\ \mathcal{H}_1 &: x[n] = A\cos(2\pi f_0 n + \phi) + w[n] & n = 0, 1, \ldots, N-1 \end{aligned}$$

其中 A 是未知的但是确定性的幅度 $(A > 0)$，f_0 是已知的，ϕ 是未知的且可以看成均匀分布的随机

变量，或者 $\phi \sim \mathcal{U}[0, 2\pi]$，$w[n]$ 是方差为 σ^2 的 WGN，且与 σ^2 独立。导出的检测器是关于未知参数 A 的 UMP。推导的步骤如下，首先证明 LR 为

$$L(\mathbf{x}) =$$

$$\int_0^{2\pi} \exp\left[-\frac{1}{2\sigma^2} \left(\sum_{n=0}^{N-1} -2Ax[n]\cos(2\pi f_0 n + \phi) + \sum_{n=0}^{N-1} A^2 \cos^2(2\pi f_0 n + \phi) \right) \right] \frac{d\phi}{2\pi}$$

其次利用"倍频"近似得

$$L(\mathbf{x}) = \exp\left(-\frac{NA^2}{4\sigma^2} \right) \int_0^{2\pi} \exp\left[\frac{A}{\sigma^2} \sum_{n=0}^{N-1} x[n]\cos(2\pi f_0 n + \phi) \right] \frac{d\phi}{2\pi}$$

然后令 $\beta_1 = \sum_{n=0}^{N-1} x[n] \cos 2\pi f_0 n$，$\beta_2 = -\sum_{n=0}^{N-1} x[n] \sin 2\pi f_0 n$，证明

$$\sum_{n=0}^{N-1} x[n]\cos(2\pi f_0 n + \phi) = \beta_1 \cos\phi + \beta_2 \sin\phi = \sqrt{\beta_1^2 + \beta_2^2} \cos(\phi - \psi)$$

其中 $\psi = \arctan(\beta_2 / \beta_1)$，所以

$$L(\mathbf{x}) = \exp\left(-\frac{NA^2}{4\sigma^2} \right) \int_0^{2\pi} \exp\left[\sqrt{\frac{NA^2}{\sigma^4} I(f_0)} \cos(\phi - \psi) \right] \frac{d\phi}{2\pi}$$

$$= \exp\left(-\frac{NA^2}{4\sigma^2} \right) I_0\left(\sqrt{\frac{NA^2}{\sigma^4} I(f_0)} \right)$$

函数 $I_0(x)$ 在习题 7.19 中定义。最后，注意到被积函数是 ϕ 的周期函数。证明 $I_0(x)$ 是随 x 单调递增的，所以 $L(\mathbf{x}) > \gamma$ 等价于 $I(f_0) > \gamma'$。正如前面所说的那样，检验统计量并不依赖于 A 和门限，只依赖于在 $\mathcal{H}_0$ 条件下 $I(f_0)$ 的 PDF，这也是与 A 无关的。

7.23 我们希望检测股票市场数据的趋势，为此我们假定数据可以看成

$$x[n] = A + Bn + w[n] \qquad n = 0, 1, \ldots, N-1$$

其中 $w[n]$ 是方差为 σ^2 的 WGN，平均股票价格 A 是未知的，但是我们对此没有兴趣。更为重要的是，我们希望检验 $B = 0$ 还是 $B \neq 0$，也就是是否有趋势存在。求这个问题的 GLRT。如果 $w[n] = 0$，$T(\mathbf{x})$ 是什么？提示：使用定理 7.1。

7.24 对于经典线性模型，我们希望检验 $\boldsymbol{\theta} = \mathbf{0}$ 还是 $\boldsymbol{\theta} \neq \mathbf{0}$，证明 GLRT 为

$$T(\mathbf{x}) = \frac{\mathbf{x}^T \hat{\mathbf{s}}}{\sigma^2} > \gamma'$$

其中 $\hat{\mathbf{s}} = \mathbf{H}\hat{\boldsymbol{\theta}}_1$。

7.25 在经典线性模型中，我们令 $\boldsymbol{\theta} = [\boldsymbol{\theta}_r^T \ \boldsymbol{\theta}_s^T]^T$，其中 $\boldsymbol{\theta}_r$ 是 $r \times 1$ 矢量，$\boldsymbol{\theta}_s$ 是 $s \times 1$ 矢量。证明对检验 $\boldsymbol{\theta}_r = \mathbf{0}$ 还是 $\boldsymbol{\theta}_r \neq \mathbf{0}$ 的 GLRT 为（$\boldsymbol{\theta}_s$ 是多余参数）

$$T(\mathbf{x}) = \hat{\boldsymbol{\theta}}_r^T \mathbf{C}_{\hat{\boldsymbol{\theta}}_r}^{-1} \hat{\boldsymbol{\theta}}_r > \gamma'$$

其中

$$\hat{\boldsymbol{\theta}}_1 = \begin{bmatrix} \hat{\boldsymbol{\theta}}_r \\ \hat{\boldsymbol{\theta}}_s \end{bmatrix} = (\mathbf{H}^T \mathbf{H})^{-1} \mathbf{H}^T \mathbf{x}$$

并且利用定理 7.1，有

$$\mathbf{C}_{\hat{\boldsymbol{\theta}}_r} = \sigma^2 \left[(\mathbf{H}^T \mathbf{H})^{-1} \right]_{rr}$$

注意 $\mathbf{C}_{\hat{\boldsymbol{\theta}}_r}$ 是 $\hat{\boldsymbol{\theta}}_r$ 的协方差矩阵[由于 $\mathbf{C}_{\hat{\boldsymbol{\theta}}} = \sigma^2 (\mathbf{H}^T \mathbf{H})^{-1}$（参见本书卷 I 的第 64 页）]，它是通过下列矩阵分块得到的，

$$(\mathbf{H}^T \mathbf{H})^{-1} = \begin{bmatrix} [(\mathbf{H}^T \mathbf{H})^{-1}]_{rr} & [(\mathbf{H}^T \mathbf{H})^{-1}]_{rs} \\ [(\mathbf{H}^T \mathbf{H})^{-1}]_{sr} & [(\mathbf{H}^T \mathbf{H})^{-1}]_{ss} \end{bmatrix} = \begin{bmatrix} r \times r & r \times s \\ s \times r & s \times s \end{bmatrix}$$

最后，证明

$$\lambda = \frac{\boldsymbol{\theta}_r^T \left([(\mathbf{H}^T\mathbf{H})^{-1}]_{rr} \right)^{-1} \boldsymbol{\theta}_r}{\sigma^2}$$

7.26 对于正弦干扰 $i[n] = B\cos(2\pi f_i n + \phi)$，其中 $f_i = l/N$，证明

$$I[k] = 0 \quad \text{对于所有的 } k \neq l, N - l$$

其中 $I[k]$ 是干扰的 N 点 DFT。因此，干扰没有泄漏到其他 DFT 单元。提示：使用恒等式

$$\sum_{n=0}^{N-1} \exp\left(j2\pi \frac{k}{N} n \right) = 0 \quad \text{对于 } k \neq rN$$

其中 r 是整数[Oppenheim and Schafer 1975]。

附录7A 能量检测器的渐近性能

如果
$$T(\mathbf{x}) = \sum_{n=0}^{N-1} x^2[n] > \gamma'$$

能量检测器判 $\mathcal{H}_1$，其中在 $\mathcal{H}_0$ 条件下 $x[n] = w[n]$，在 $\mathcal{H}_1$ 条件下 $x[n] = s[n] + w[n]$，$w[n]$ 是 WGN。对于大的 N，$T(\mathbf{x})$ 可能用高斯随机变量近似，因为它是 N 个独立随机变量之和，尽管这些随机变量分布不同（除非 $s[n] = A$）。这样，为了确定检测性能，我们只需要求前二阶矩。为此注意到（参见第 2 章）

$$T'(\mathbf{x}) = \frac{T(\mathbf{x})}{\sigma^2} = \begin{cases} \chi_N^2 & \text{在 } \mathcal{H}_0 \text{ 条件下} \\ \chi_N'^2(\lambda) & \text{在 } \mathcal{H}_1 \text{ 条件下} \end{cases}$$

其中 $\lambda = \sum_{n=0}^{N-1} s^2[n]/\sigma^2 = \mathcal{E}/\sigma^2$，这是因为在 $\mathcal{H}_1$ 条件下，

$$T'(\mathbf{x}) = \sum_{n=0}^{N-1} \left(\frac{s[n] + w[n]}{\sigma}\right)^2$$

因此，$x[n]/\sigma$ 的均值是 $s[n]/\sigma$。利用 chi 平方随机变量的性质，我们有

$$\begin{aligned}
E(T'(\mathbf{x}); \mathcal{H}_0) &= N \\
E(T'(\mathbf{x}); \mathcal{H}_1) &= \lambda + N \\
\text{var}(T'(\mathbf{x}); \mathcal{H}_0) &= 2N \\
\text{var}(T'(\mathbf{x}); \mathcal{H}_1) &= 4\lambda + 2N
\end{aligned}$$

现在
$$\begin{aligned}
P_{FA} &= Q\left(\frac{\gamma'/\sigma^2 - N}{\sqrt{2N}}\right) \\
P_D &= Q\left(\frac{\gamma'/\sigma^2 - \lambda - N}{\sqrt{4\lambda + 2N}}\right)
\end{aligned}$$

所以
$$P_D = Q\left(\frac{\sqrt{2N}Q^{-1}(P_{FA}) - \lambda}{\sqrt{4\lambda + 2N}}\right) = Q\left(\frac{Q^{-1}(P_{FA}) - \sqrt{\frac{N}{2}}\frac{\lambda}{N}}{\sqrt{1 + 2\frac{\lambda}{N}}}\right)$$

如果 $\lambda/N \ll 1$，那么，将 Q 的自变量 $g(x)$ 在 $x = \lambda/N = 0$ 附近用一阶泰勒级数展开，我们有

$$g(x) = \frac{Q^{-1}(P_{FA}) - \sqrt{\frac{N}{2}}x}{\sqrt{1 + 2x}} \approx Q^{-1}(P_{FA}) - \left(\sqrt{\frac{N}{2}} + Q^{-1}(P_{FA})\right)x \approx Q^{-1}(P_{FA}) - \sqrt{\frac{N}{2}}x$$

最后一项近似对大的 N 是有效的。最后，我们有

$$P_D \approx Q\left(Q^{-1}(P_{FA}) - \sqrt{\frac{N}{2}}\frac{\lambda}{N}\right) = Q\left(Q^{-1}(P_{FA}) - \sqrt{\frac{\lambda^2}{2N}}\right)$$

读者可以看出上式是均值偏移高斯-高斯问题 NP 检测器的性能，其偏移系数为

$$d^2 = \frac{\lambda^2}{2N}$$

或者由于 $\lambda = \mathcal{E}/\sigma^2$，我们有
$$d^2 = \frac{(\mathcal{E}/\sigma^2)^2}{2N}$$

附录7B 经典线性模型 GLRT 的推导

如果

$$L_G(\mathbf{x}) = \frac{p(\mathbf{x};\hat{\boldsymbol{\theta}}_1)}{p(\mathbf{x};\hat{\boldsymbol{\theta}}_0)} > \gamma$$

GLRT 判 $\mathcal{H}_1$，其中

$$p(\mathbf{x};\boldsymbol{\theta}) = \frac{1}{(2\pi\sigma^2)^{\frac{N}{2}}} \exp\left[-\frac{1}{2\sigma^2}(\mathbf{x} - \mathbf{H}\boldsymbol{\theta})^T(\mathbf{x} - \mathbf{H}\boldsymbol{\theta})\right]$$

$\hat{\boldsymbol{\theta}}_i$ 是在 $\mathcal{H}_i$ 条件下 $\boldsymbol{\theta}$ 的 MLE。在 $\mathcal{H}_1$ 条件下，除了必须排除满足 $\mathbf{A}\boldsymbol{\theta} = \mathbf{b}$ 的那些 $\boldsymbol{\theta}$ 值，我们对 $\boldsymbol{\theta}$ 没有任何约束。然而，$\boldsymbol{\theta}$ 的无约束 MLE 或者 $\hat{\boldsymbol{\theta}}$（其中我们允许 $\boldsymbol{\theta}$ 取 R^p 空间上的任何值）满足 $\mathbf{A}\hat{\boldsymbol{\theta}} = \mathbf{b}$ 的概率为零。对于未知幅度信号的情况，读者可以考虑 $\hat{A} = \sum_{n=0}^{N-1} x[n]s[n] / \sum_{n=0}^{N-1} s^2[n]$ 满足 $\hat{A} = 0$ 的概率。因此，$\hat{\boldsymbol{\theta}}_1$ 等价于无约束 MLE $\hat{\boldsymbol{\theta}}$，对于经典线性模型，它是

$$\hat{\boldsymbol{\theta}}_1 = \hat{\boldsymbol{\theta}} = (\mathbf{H}^T\mathbf{H})^{-1}\mathbf{H}^T\mathbf{x}$$

为了求 $\hat{\boldsymbol{\theta}}_0$，我们必须求约束的 MLE，或者满足 $\mathbf{A}\boldsymbol{\theta} = \mathbf{b}$ 的 $\boldsymbol{\theta}$ 的 MLE。这等价于约束的 LS 估计量 [由于 $\mathbf{w} \sim \mathcal{N}(\mathbf{0}, \sigma^2\mathbf{I})$]，可以证明它为（参见本书卷 I 的第 176 页 ~ 第 179 页）

$$\hat{\boldsymbol{\theta}}_0 = \hat{\boldsymbol{\theta}}_1 - \underbrace{(\mathbf{H}^T\mathbf{H})^{-1}\mathbf{A}^T\left[\mathbf{A}(\mathbf{H}^T\mathbf{H})^{-1}\mathbf{A}^T\right]^{-1}(\mathbf{A}\hat{\boldsymbol{\theta}}_1 - \mathbf{b})}_{\mathbf{d}}$$

注意，要求 $\mathbf{A}\hat{\boldsymbol{\theta}}_0 = \mathbf{b}$，这样，

$$\ln L_G(\mathbf{x})$$

$$= -\frac{1}{2\sigma^2}\left[(\mathbf{x} - \mathbf{H}\hat{\boldsymbol{\theta}}_1)^T(\mathbf{x} - \mathbf{H}\hat{\boldsymbol{\theta}}_1) - (\mathbf{x} - \mathbf{H}\hat{\boldsymbol{\theta}}_0)^T(\mathbf{x} - \mathbf{H}\hat{\boldsymbol{\theta}}_0)\right]$$

$$= -\frac{1}{2\sigma^2}\left[(\mathbf{x} - \mathbf{H}\hat{\boldsymbol{\theta}}_1)^T(\mathbf{x} - \mathbf{H}\hat{\boldsymbol{\theta}}_1) - [(\mathbf{x} - \mathbf{H}\hat{\boldsymbol{\theta}}_1) + \mathbf{H}\mathbf{d}]^T[(\mathbf{x} - \mathbf{H}\hat{\boldsymbol{\theta}}_1) + \mathbf{H}\mathbf{d}]\right]$$

$$= -\frac{1}{2\sigma^2}\left[-(\mathbf{x} - \mathbf{H}\hat{\boldsymbol{\theta}}_1)^T\mathbf{H}\mathbf{d} - \mathbf{d}^T\mathbf{H}^T(\mathbf{x} - \mathbf{H}\hat{\boldsymbol{\theta}}_1) - \mathbf{d}^T\mathbf{H}^T\mathbf{H}\mathbf{d}\right]$$

而 $(\mathbf{x} - \mathbf{H}\hat{\boldsymbol{\theta}}_1)^T\mathbf{H} = \mathbf{0}$，所以

$$\ln L_G(\mathbf{x}) = \frac{1}{2\sigma^2}\mathbf{d}^T\mathbf{H}^T\mathbf{H}\mathbf{d}$$

$$= \frac{1}{2\sigma^2}(\mathbf{A}\hat{\boldsymbol{\theta}}_1 - \mathbf{b})^T\left[\mathbf{A}(\mathbf{H}^T\mathbf{H})^{-1}\mathbf{A}^T\right]^{-1}\mathbf{A}(\mathbf{H}^T\mathbf{H})^{-1}\mathbf{H}^T\mathbf{H}$$

$$\cdot (\mathbf{H}^T\mathbf{H})^{-1}\mathbf{A}^T\left[\mathbf{A}(\mathbf{H}^T\mathbf{H})^{-1}\mathbf{A}^T\right]^{-1}(\mathbf{A}\hat{\boldsymbol{\theta}}_1 - \mathbf{b})$$

$$= \frac{(\mathbf{A}\hat{\boldsymbol{\theta}}_1 - \mathbf{b})^T\left[\mathbf{A}(\mathbf{H}^T\mathbf{H})^{-1}\mathbf{A}^T\right]^{-1}(\mathbf{A}\hat{\boldsymbol{\theta}}_1 - \mathbf{b})}{2\sigma^2}$$

或者

$$2\ln L_G(\mathbf{x}) = \frac{(\mathbf{A}\hat{\boldsymbol{\theta}}_1 - \mathbf{b})^T\left[\mathbf{A}(\mathbf{H}^T\mathbf{H})^{-1}\mathbf{A}^T\right]^{-1}(\mathbf{A}\hat{\boldsymbol{\theta}}_1 - \mathbf{b})}{\sigma^2}$$

正好是(7.35)式。为了确定检测性能，我们首先注意到（参见本书卷 I 的第 65 页）

$$\hat{\boldsymbol{\theta}}_1 \sim \mathcal{N}(\boldsymbol{\theta}, \sigma^2 (\mathbf{H}^T \mathbf{H})^{-1})$$

所以

$$\begin{aligned}
\mathbf{A}\hat{\boldsymbol{\theta}}_1 - \mathbf{b} \quad & \sim \quad \mathcal{N}(\mathbf{A}\boldsymbol{\theta} - \mathbf{b}, \sigma^2 \mathbf{A}(\mathbf{H}^T \mathbf{H})^{-1} \mathbf{A}^T) \\
& \sim \quad \begin{cases} \mathcal{N}(\mathbf{0}, \sigma^2 \mathbf{A}(\mathbf{H}^T \mathbf{H})^{-1} \mathbf{A}^T) & \text{在 } \mathcal{H}_0 \text{ 条件下} \\ \mathcal{N}(\mathbf{A}\boldsymbol{\theta}_1 - \mathbf{b}, \sigma^2 \mathbf{A}(\mathbf{H}^T \mathbf{H})^{-1} \mathbf{A}^T) & \text{在 } \mathcal{H}_1 \text{ 条件下} \end{cases}
\end{aligned}$$

已经证明(参见第 2 章),如果 $\mathbf{x} \sim \mathcal{N}(\boldsymbol{\mu}, \mathbf{C})$,其中 $\mathbf{x}$ 是 $r \times 1$ 维的,那么

$$\mathbf{x}^T \mathbf{C}^{-1} \mathbf{x} \sim \chi_r'^2(\lambda)$$

其中 $\lambda = \boldsymbol{\mu}^T \mathbf{C}^{-1} \boldsymbol{\mu}$,或者

$$\mathbf{x}^T \mathbf{C}^{-1} \mathbf{x} \sim \begin{cases} \chi_r^2 & \boldsymbol{\mu} = \mathbf{0} \\ \chi_r'^2(\boldsymbol{\mu}^T \mathbf{C}^{-1} \boldsymbol{\mu}) & \boldsymbol{\mu} \neq \mathbf{0} \end{cases}$$

于是,在 $\mathcal{H}_0$ 条件下,我们令 $\mathbf{x} = \mathbf{A}\hat{\boldsymbol{\theta}}_1 - \mathbf{b}, \boldsymbol{\mu} = \mathbf{0}$;在 $\mathcal{H}_1$ 条件下,令 $\boldsymbol{\mu} = \mathbf{A}\boldsymbol{\theta}_1 - \mathbf{b}$,且 $\mathbf{C} = \sigma^2 \mathbf{A}(\mathbf{H}^T \mathbf{H})^{-1} \mathbf{A}^T$,

$$2 \ln L_G(\mathbf{x}) \sim \begin{cases} \chi_r^2 & \text{在 } \mathcal{H}_0 \text{ 条件下} \\ \chi_r'^2(\lambda) & \text{在 } \mathcal{H}_1 \text{ 条件下} \end{cases}$$

其中

$$\lambda = \frac{(\mathbf{A}\boldsymbol{\theta}_1 - \mathbf{b})^T \left[\mathbf{A}(\mathbf{H}^T \mathbf{H})^{-1} \mathbf{A}^T \right]^{-1} (\mathbf{A}\boldsymbol{\theta}_1 - \mathbf{b})}{\sigma^2}$$

因此

$$\begin{aligned}
P_{FA} &= Q_{\chi_r^2}(\gamma') \\
P_D &= Q_{\chi_r'^2(\lambda)}(\gamma')
\end{aligned}$$

这样就完成了定理 7.1 的证明。

第 8 章 未知参数的随机信号

8.1 引言

本章我们讨论在高斯白噪声环境下未知参数高斯随机信号的检测问题。尽管我们将讨论限制在白噪声，但是色噪声问题是一个简单的扩展。假定噪声协方差矩阵是已知的，我们只需要预白化数据，就可以将色噪声问题化简为白噪声中高斯随机信号的检测问题。由于通常我们都假定信号是零均值的，不完全已知的正是信号协方差矩阵。正如我们将要看到的那样，在确定 GLRT 所需要的 MLE 时存在数学上的困难。我们将举例说明这一点，然后继续分析某些数学上容易处理的实际关注的情况。对于 WSS 随机信号，大数据记录对 PDF 的近似的使用，已证明将简化 GLRT 实现的复杂性。最后，局部最大势检测器将应用到未知功率的弱信号检测中。

8.2 小结

首先，我们试图为除比例因子外协方差矩阵已知的信号确定 GLRT。通过使 (8.5) 式最小可以求得 MLE，遗憾的是 (8.5) 式不能求得闭合形式的解。对于白信号这一特殊情况，MLE 由 (8.7) 式给出，GLRT 由 (8.9) 式给出。另外一种感兴趣的情况是秩为 1 的信号协方差矩阵，它的 MLE 由 (8.12) 式给出，GLRT 由 (8.13) 式给出。一般而言，GLRT 统计量由 (8.14) 式给出。对于大数据记录和 WSS 信号，可以做某些近似来简化 MLE 的计算，将使其最小化的函数是 (8.16) 式。在 8.4 节给出了对于具有未知功率信号和未知中心频率信号的某些例子，如果信号能够假定是弱信号 (这是通常感兴趣的情况)，那么局部最大势检验可以利用。(8.25) 式给出了具有未知功率信号的检测器。最后，8.6 节讨论了具有未知 PSD 的周期随机信号的检测，推导了 (8.31) 式的梳齿滤波器检测器，并给出了它的性能。当信号的周期是未知的时，要求对 GLRT 做些修改，并且证明了这将缓解 GLRT 的不一致性。

8.3 信号协方差不完全已知

一般而言，对于此类问题，贝叶斯方法由于要求积分运算而使得数学上难以处理。另一方面，GLRT 更容易进行解析处理。作为最后的手段，对于 GLRT 所要求的 MLE 可以采用数值的方法求得，因此，我们将主要集中在 GLRT 方法。一般的问题就是要在 WGN 中检测高斯随机信号，或者

$$\begin{aligned} \mathcal{H}_0 &: x[n] = w[n] & n = 0, 1, \ldots, N-1 \\ \mathcal{H}_1 &: x[n] = s[n] + w[n] & n = 0, 1, \ldots, N-1 \end{aligned} \tag{8.1}$$

其中 $s[n]$ 是零均值以及协方差矩阵为 $\mathbf{C}_s$ 的高斯随机信号，$w[n]$ 是方差为 σ^2 的 WGN，信号协方差与某些未知的参数有关。例如，我们可能并不知道信号的功率，如果 $s[n]$ 是 WSS 的，那么这等价于我们不知道 $r_{ss}[0] = E(s^2[n])$。对于 $N = 2$，信号协方差为

$$\mathbf{C}_s = \begin{bmatrix} r_{ss}[0] & r_{ss}[1] \\ r_{ss}[1] & r_{ss}[0] \end{bmatrix} = r_{ss}[0] \begin{bmatrix} 1 & \rho \\ \rho & 1 \end{bmatrix} \tag{8.2}$$

其中 $\rho = r_{ss}[1]/r_{ss}[0]$ 是相关系数，并且假定是已知的。因此，在 $\mathcal{H}_1$ 条件下的 PDF 为

$$p(\mathbf{x}; r_{ss}[0], \mathcal{H}_1) = \frac{1}{2\pi \det^{\frac{1}{2}}(\mathbf{C}_s + \sigma^2 \mathbf{I})} \exp\left[-\frac{1}{2}\mathbf{x}^T(\mathbf{C}_s + \sigma^2 \mathbf{I})^{-1}\mathbf{x}\right]$$

为了实现 GLRT，我们必须使 $p(\mathbf{x}; r_{ss}[0], \mathcal{H}_1)$ 在 $r_{ss}[0]$ 上最大，以求得 MLE（参见习题 8.1）。由于需要解析地计算协方差矩阵的行列式和逆，这可能是很困难的。一般来说，当信号的协方差矩阵依赖于某些未知参数时，任务要更为艰巨，下面我们将举例说明。

例 8.1 未知信号功率

考虑 (8.1) 式的检测问题，其中高斯随机信号是零均值的，方差为 $\mathbf{C}_s = P_0\mathbf{C}$，$P_0$ 是未知的，而 $\mathbf{C}$ 是已知的。前一个例子是 $P_0 = r_{ss}[0]$ 时的特殊情况，且

$$\mathbf{C} = \begin{bmatrix} 1 & \rho \\ \rho & 1 \end{bmatrix}$$

因此，我们已知信号协方差矩阵（差一个比例因子）。在 $\mathcal{H}_1$ 条件下的 PDF 为

$$p(\mathbf{x}; P_0, \mathcal{H}_1) = \frac{1}{(2\pi)^{\frac{N}{2}} \det^{\frac{1}{2}}(P_0\mathbf{C} + \sigma^2 \mathbf{I})} \exp\left[-\frac{1}{2}\mathbf{x}^T(P_0\mathbf{C} + \sigma^2 \mathbf{I})^{-1}\mathbf{x}\right] \quad (8.3)$$

为了实现 GLRT，要求我们确定 P_0 的 MLE。如果 $P_0\mathbf{C} + \sigma^2\mathbf{I}$ 是对角矩阵，那么协方差矩阵的行列式和逆都很容易求得。计算的方法是利用特征分解，或者 $\mathbf{V}^T\mathbf{C}\mathbf{V} = \mathbf{\Lambda}$，其中 $\mathbf{V} = [\mathbf{v}_1\mathbf{v}_2 \ldots \mathbf{v}_N]$ 是 $\mathbf{C}$ 的模态矩阵，$\mathbf{v}_i$ 是第 i 个特征矢量，$\mathbf{\Lambda} = \mathrm{diag}(\lambda_1, \lambda_2, \ldots, \lambda_N)$，$\lambda_i$ 对应 $\mathbf{C}$ 的第 i 个特征值。由于 $\mathbf{C}$ 是对称的和正定的，我们有 $\mathbf{V}^T = \mathbf{V}^{-1}$（$\mathbf{V}$ 是正交矩阵），λ_i 是实数，且 $\lambda_i > 0$。因此，$\mathbf{C} = \mathbf{V}\mathbf{\Lambda}\mathbf{V}^{-1}$ 且

$$\begin{aligned} \det(P_0\mathbf{C} + \sigma^2\mathbf{I}) &= \det(P_0\mathbf{V}\mathbf{\Lambda}\mathbf{V}^{-1} + \sigma^2\mathbf{I}) = \det[\mathbf{V}(P_0\mathbf{\Lambda} + \sigma^2\mathbf{I})\mathbf{V}^{-1}] \\ &= \det(P_0\mathbf{\Lambda} + \sigma^2\mathbf{I}) = \prod_{i=1}^{N}(P_0\lambda_i + \sigma^2) \end{aligned}$$

另外，我们有

$$\begin{aligned} (P_0\mathbf{C} + \sigma^2\mathbf{I})^{-1} &= (P_0\mathbf{V}\mathbf{\Lambda}\mathbf{V}^{-1} + \sigma^2\mathbf{I})^{-1} = [\mathbf{V}(P_0\mathbf{\Lambda} + \sigma^2\mathbf{I})\mathbf{V}^{-1}]^{-1} \\ &= \mathbf{V}(P_0\mathbf{\Lambda} + \sigma^2\mathbf{I})^{-1}\mathbf{V}^T \end{aligned}$$

这样，根据 (8.3) 式，

$$\ln p(\mathbf{x}; P_0, \mathcal{H}_1)$$

$$\begin{aligned} &= -\frac{N}{2}\ln 2\pi - \frac{1}{2}\sum_{i=1}^{N}\ln(P_0\lambda_i + \sigma^2) - \frac{1}{2}\mathbf{x}^T\mathbf{V}(P_0\mathbf{\Lambda} + \sigma^2\mathbf{I})^{-1}\mathbf{V}^T\mathbf{x} \\ &= -\frac{N}{2}\ln 2\pi - \frac{1}{2}\sum_{i=1}^{N}\ln(P_0\lambda_i + \sigma^2) - \frac{1}{2}\sum_{i=1}^{N}\frac{(\mathbf{v}_i^T\mathbf{x})^2}{P_0\lambda_i + \sigma^2} \end{aligned} \quad (8.4)$$

由于

$$\mathbf{V}^T\mathbf{x} = \begin{bmatrix} \mathbf{v}_1^T\mathbf{x} \\ \mathbf{v}_2^T\mathbf{x} \\ \vdots \\ \mathbf{v}_N^T\mathbf{x} \end{bmatrix}$$

且 $P_0\mathbf{\Lambda} + \sigma^2\mathbf{I}$ 是对角矩阵。为了求 P_0 的 MLE，我们必须使

$$J(P_0) = \sum_{i=1}^{N} \left[\ln(P_0 \lambda_i + \sigma^2) + \frac{(\mathbf{v}_i^T \mathbf{x})^2}{P_0 \lambda_i + \sigma^2} \right] \tag{8.5}$$

最小。J 对 P_0 微分导出一个非线性方程，这个方程的一般解是未知的。然而对于某些特殊情况，我们能够求出 $\hat{P}_0$，下面的例子描述了如何求解。

例 8.2 未知信号功率（白信号）

如果所有的 λ_i 是相等的，我们说 $\lambda_i = \lambda$，那么

$$J(P_0) = N \ln(P_0 \lambda + \sigma^2) + \frac{1}{P_0 \lambda + \sigma^2} \sum_{i=1}^{N} (\mathbf{v}_i^T \mathbf{x})^2$$

但是

$$\sum_{i=1}^{N} (\mathbf{v}_i^T \mathbf{x})^2 = \sum_{i=1}^{N} \mathbf{x}^T \mathbf{v}_i \mathbf{v}_i^T \mathbf{x} = \mathbf{x}^T \sum_{i=1}^{N} \mathbf{v}_i \mathbf{v}_i^T \mathbf{x} = \mathbf{x}^T \mathbf{V} \mathbf{V}^T \mathbf{x} = \mathbf{x}^T \mathbf{x}$$

所以

$$J(P_0) = N \ln(P_0 \lambda + \sigma^2) + \frac{\mathbf{x}^T \mathbf{x}}{P_0 \lambda + \sigma^2} \tag{8.6}$$

这种情况对应于 $\mathbf{C} = \mathbf{V} \mathbf{\Lambda} \mathbf{V}^{-1} = \lambda \mathbf{I}$，或者随机信号是白色的。现在，我们求微分，得

$$\frac{N\lambda}{P_0 \lambda + \sigma^2} - \frac{\lambda \mathbf{x}^T \mathbf{x}}{(P_0 \lambda + \sigma^2)^2} = 0$$

或者只要 $\hat{P}_0 > 0$，那么

$$\hat{P}_0 = \frac{\frac{1}{N} \sum_{n=0}^{N-1} x^2[n] - \sigma^2}{\lambda}$$

然而，如果 $\hat{P}_0 \leq 0$，那么 MLE 是 $\hat{P}_0 = 0$（参见习题 8.2），这与参数的约束是一致的。因此，MLE 是

$$\hat{P}_0 = \max \left(0, \left(\frac{1}{N} \sum_{n=0}^{N-1} x^2[n] - \sigma^2 \right) \Big/ \lambda \right) \tag{8.7}$$

由于 $E\left((1/N) \sum_{n=0}^{N-1} x^2[n] \right) = P_0 \lambda + \sigma^2$，因此所以这是合理的，我们令

$$\hat{P}_0^+ = \frac{\frac{1}{N} \sum_{n=0}^{N-1} x^2[n] - \sigma^2}{\lambda}$$

其中上标"$+$"表示如果 $\hat{P}_0^+$ 是正的，那么它是 MLE。如果

$$\ln L_G(\mathbf{x}) = \ln \frac{p(\mathbf{x}; \hat{P}_0, \mathcal{H}_1)}{p(\mathbf{x}; \mathcal{H}_0)} > \ln \gamma$$

那么 GLRT 判 $\mathcal{H}_1$。根据 (8.4) 式和 (8.5) 式，上式变成

$$\ln L_G(\mathbf{x}) = -\frac{1}{2} J(\hat{P}_0) + \frac{N}{2} \ln \sigma^2 + \frac{1}{2\sigma^2} \sum_{n=0}^{N-1} x^2[n] \tag{8.8}$$

使用 (8.6) 式，这时

$$
\begin{aligned}
\ln L_G(\mathbf{x}) &= -\frac{N}{2}\ln(\hat{P}_0\lambda+\sigma^2) - \frac{1}{2}\frac{\sum_{n=0}^{N-1}x^2[n]}{\hat{P}_0\lambda+\sigma^2} + \frac{N}{2}\ln\sigma^2 + \frac{1}{2\sigma^2}\sum_{n=0}^{N-1}x^2[n] \\
&= -\frac{N}{2}\ln\left(\frac{\hat{P}_0\lambda}{\sigma^2}+1\right) + \frac{N}{2}\left[\left(\frac{1}{N}\sum_{n=0}^{N-1}x^2[n]\Big/\sigma^2\right)\left(1-\frac{\sigma^2}{\hat{P}_0\lambda+\sigma^2}\right)\right] \\
&= -\frac{N}{2}\ln\left(\frac{\hat{P}_0\lambda}{\sigma^2}+1\right) + \frac{N}{2}\left[\frac{\hat{P}_0^{+}\lambda+\sigma^2}{\sigma^2}\frac{\hat{P}_0\lambda}{\hat{P}_0\lambda+\sigma^2}\right] \\
&= \frac{N}{2}\left[\left(\frac{\hat{P}_0^{+}\lambda+\sigma^2}{\hat{P}_0\lambda+\sigma^2}\frac{\hat{P}_0\lambda}{\sigma^2}+1\right) - \ln\left(\frac{\hat{P}_0\lambda}{\sigma^2}+1\right)-1\right]
\end{aligned}
$$

现在，如果 $\hat{P}_0=0$，$\ln L_G(\mathbf{x})=0$，由于 $\ln\gamma>0$（参见习题8.3），我们选择 $\mathcal{H}_0$，这与我们的直观判断是一致的。另一方面，如果 $\hat{P}_0>0$，那么 $\hat{P}_0=\hat{P}_0^{+}$，

$$
\ln L_G(\mathbf{x}) = \frac{N}{2}\left[\left(\frac{\hat{P}_0\lambda}{\sigma^2}+1\right)-\ln\left(\frac{\hat{P}_0\lambda}{\sigma^2}+1\right)-1\right]
$$

但是，由于 $dg/dx=1-1/x>0$，当 $x>1$ 时，函数 $g(x)=x-\ln x-1$ 是 x 的单调递增函数。图8.1给出了这个函数在 $x>1$ 时的图形。这样，对于 $x>1$，它的逆 g^{-1} 是存在的，令 $x=\dfrac{\hat{P}_0\lambda}{\sigma^2}+1>1$（由于 $\hat{P}_0>0$），如果

$$
\frac{N}{2}g\left(\frac{\hat{P}_0\lambda}{\sigma^2}+1\right)>\ln\gamma
$$

或者

$$
\hat{P}_0 > \frac{\sigma^2}{\lambda}\left[g^{-1}\left(\frac{2}{N}\ln\gamma\right)-1\right]=\gamma'
$$

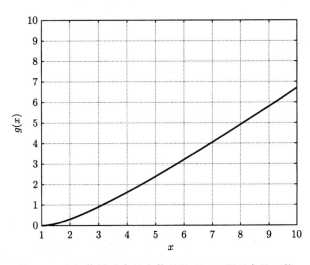

图 8.1　未知信号功率的白信号的 GLRT 所要求的函数

我们判 $\mathcal{H}_1$。但是，由于 $(2/N)\ln\gamma>0$，因此 $\gamma'>0$，这样 $g^{-1}((2/N)\ln\gamma)>1$。因此，如果 $\hat{P}_0>\gamma'$，我们判 $\mathcal{H}_1$，其中 $\gamma'>0$，且 $\hat{P}_0>0$ 是最初的假定。然而，$\hat{P}_0>0$ 的假定包含在条件 $\hat{P}_0>\gamma'$ 中。最后，由于如果 $\hat{P}_0>0$ 我们判 $\mathcal{H}_1$，因此根据(8.7)式，可以得出，如果

$$\sum_{n=0}^{N-1} x^2[n] > \gamma'' \tag{8.9}$$

我们判 $\mathcal{H}_1$。在这个例子中，有趣的是我们注意到渐近 GLRT 统计特性并不保持一致［Chernoff 1954］。例如，在 $\mathcal{H}_0$ 条件下，由(8.7)式给出的 P_0 的 MLE 的统计特性是一个随机变量的统计特性，这个随机变量在一半时间是零，在另一半时间则是高斯的(参见习题 8.4)。与此相反的是，MLE 的统计特性通常是高斯的。这种类型的结果是单边参数检验问题 $\mathcal{H}_0$：$P_0 = 0$ 与 $\mathcal{H}_1$：$P_0 > 0$ 的结果(参见习题 6.23)。

例8.3 未知信号功率(低秩协方差矩阵)

当信号的协方差矩阵是在习题 5.13 和习题 5.14 讨论过的低秩矩阵时，那么就会出现一种有趣的特殊情况。例如，如果 $\lambda_1 \neq 0$，$\lambda_i = 0$，$i = 2, 3, \ldots, N$，那么 $\mathbf{C}_s = P_0 \mathbf{V} \mathbf{\Lambda} \mathbf{V}^T$ 化简为

$$\mathbf{C}_s = P_0 \lambda_1 \mathbf{v}_1 \mathbf{v}_1^T$$

它是秩为 1 的矩阵。这种情况出现在随机 DC 电平问题(参见本书卷 I 的第 36 页)中，在那里 $s[n] = A$，其中 $A \sim \mathcal{N}(0, \sigma_A^2)$。在这种情况下，$\mathbf{C}_s = \sigma_A^2 \mathbf{1} \mathbf{1}^T$，所以 $\mathbf{v}_1 = \mathbf{1}/\sqrt{N}$ 和 $\lambda_1 = N\sigma_A^2$，剩余的特征值是零。另外，正如在习题 8.5 和习题 8.6 中证明的那样，正弦信号可以看成低秩的协方差矩阵。对于秩为 1 的协方差矩阵，P_0 的 MLE 由(8.5)式通过使

$$J(P_0) = \ln(P_0\lambda_1 + \sigma^2) + \frac{(\mathbf{v}_1^T\mathbf{x})^2}{P_0\lambda_1 + \sigma^2} + (N-1)\ln\sigma^2 + \frac{1}{\sigma^2}\sum_{i=2}^{N}(\mathbf{v}_i^T\mathbf{x})^2 \tag{8.10}$$

最小而求得。求导并令等式为零，只要 $\hat{P}_0 > 0$，我们有

$$\hat{P}_0 = \frac{(\mathbf{v}_1^T\mathbf{x})^2 - \sigma^2}{\lambda_1} \tag{8.11}$$

因此，MLE 为

$$\hat{P}_0 = \max\left(0, \frac{(\mathbf{v}_1^T\mathbf{x})^2 - \sigma^2}{\lambda_1}\right) \tag{8.12}$$

正如前面那样，我们令

$$\hat{P}_0^+ = \frac{(\mathbf{v}_1^T\mathbf{x})^2 - \sigma^2}{\lambda_1}$$

GLRT 变成

$$L_G(\mathbf{x}) = \frac{\dfrac{1}{(2\pi)^{\frac{N}{2}}\det^{\frac{1}{2}}(\hat{P}_0\mathbf{C} + \sigma^2\mathbf{I})}\exp\left[-\frac{1}{2}\mathbf{x}^T(\hat{P}_0\mathbf{C} + \sigma^2\mathbf{I})^{-1}\mathbf{x}\right]}{\dfrac{1}{(2\pi\sigma^2)^{\frac{N}{2}}}\exp\left(-\frac{1}{2\sigma^2}\mathbf{x}^T\mathbf{x}\right)}$$

取对数，利用(8.10)式，我们有

$$
\begin{aligned}
\ln L_G(\mathbf{x}) &= -\frac{1}{2}J(\hat{P}_0) + \frac{N}{2}\ln\sigma^2 + \frac{1}{2\sigma^2}\mathbf{x}^T\mathbf{x} \\
&= -\frac{1}{2}\ln(\hat{P}_0\lambda_1 + \sigma^2) - \frac{1}{2}\frac{(\mathbf{v}_1^T\mathbf{x})^2}{\hat{P}_0\lambda_1 + \sigma^2} - \frac{N-1}{2}\ln\sigma^2 - \frac{1}{2\sigma^2}\sum_{i=2}^{N}(\mathbf{v}_i^T\mathbf{x})^2 \\
&\quad + \frac{N}{2}\ln\sigma^2 + \frac{1}{2\sigma^2}\mathbf{x}^T\mathbf{x} \\
&= -\frac{1}{2}\ln\left(\frac{\hat{P}_0\lambda_1}{\sigma^2} + 1\right) - \frac{1}{2}\frac{\hat{P}_0^+\lambda_1 + \sigma^2}{\hat{P}_0\lambda_1 + \sigma^2} + \frac{1}{2\sigma^2}\left(\mathbf{x}^T\mathbf{x} - \sum_{i=2}^{N}\mathbf{x}^T\mathbf{v}_i\mathbf{v}_i^T\mathbf{x}\right)
\end{aligned}
$$

但是 $\mathbf{V}\mathbf{V}^T = \sum_{i=1}^{N} \mathbf{v}_i \mathbf{v}_i^T = \mathbf{I}$，所以 $\mathbf{I} - \sum_{i=2}^{N} \mathbf{v}_i \mathbf{v}_i^T = \mathbf{v}_1 \mathbf{v}_1^T$。利用这一结果，我们有

$$
\begin{aligned}
\ln L_G(\mathbf{x}) &= -\frac{1}{2}\ln\left(\frac{\hat{P}_0 \lambda_1}{\sigma^2} + 1\right) - \frac{1}{2}\frac{\hat{P}_0^+ \lambda_1 + \sigma^2}{\hat{P}_0 \lambda_1 + \sigma^2} + \frac{1}{2\sigma^2}(\mathbf{v}_1^T \mathbf{x})^2 \\
&= -\frac{1}{2}\ln\left(\frac{\hat{P}_0 \lambda_1}{\sigma^2} + 1\right) - \frac{1}{2}\frac{\hat{P}_0^+ \lambda_1 + \sigma^2}{\hat{P}_0 \lambda_1 + \sigma^2} + \frac{1}{2}\frac{\hat{P}_0^+ \lambda_1 + \sigma^2}{\sigma^2} \\
&= \frac{1}{2}\left[(\hat{P}_0^+ \lambda_1 + \sigma^2)\left(\frac{1}{\sigma^2} - \frac{1}{\hat{P}_0 \lambda_1 + \sigma^2}\right) - \ln\left(\frac{\hat{P}_0 \lambda_1}{\sigma^2} + 1\right)\right] \\
&= \frac{1}{2}\left[\left(\frac{\hat{P}_0^+ \lambda_1 + \sigma^2}{\hat{P}_0 \lambda_1 + \sigma^2}\frac{\hat{P}_0 \lambda_1}{\sigma^2} + 1\right) - \ln\left(\frac{\hat{P}_0 \lambda_1}{\sigma^2} + 1\right) - 1\right]
\end{aligned}
$$

和前面的讨论一样，如果 $\hat{P}_0 > \gamma'$，我们判 $\mathcal{H}_1$ 或等价地如果 $\hat{P}_0^+ > \gamma'$，或者如果

$$
T(\mathbf{x}) = (\mathbf{v}_1^T \mathbf{x})^2 > \gamma'' \tag{8.13}
$$

那么我们判 $\mathcal{H}_1$。例如，对于 WGN 中随机 DC 电平问题，我们有 $\mathbf{v}_1 = 1/\sqrt{N}$，所以 $T(\mathbf{x}) = N\bar{x}^2$，或者最终如果

$$
\bar{x}^2 > \frac{\gamma''}{N}
$$

我们判 $\mathcal{H}_1$。注意，如果 P_0 是已知的，我们可以得到相同的检测器（参见习题 5.14）。这样，在本例中 GLRT 是 UMP。习题 8.8 要求读者确定这种检测器的性能。

在 8.6 节描述了将低秩协方差矩阵扩展到周期信号，在这些例子中一般都遇到了解析表示比较困难的情况，通常都要求数值计算 MLE。通过利用下一节讨论的似然函数的渐近形式，我们可以简化要求的计算量。

在继续我们的讨论之前，总结一下这里讨论的对一般问题的 GLRT 是值得的。如果信号协方差矩阵为 $\mathbf{C}_s(\boldsymbol{\theta})$，其中 $\boldsymbol{\theta}$ 是未知参量矢量，如果

$$
\begin{aligned}
L_G(\mathbf{x}) &= \frac{p(\mathbf{x}; \hat{\boldsymbol{\theta}}, \mathcal{H}_1)}{p(\mathbf{x}; \mathcal{H}_0)} \\
&= \frac{\dfrac{1}{(2\pi)^{\frac{N}{2}} \det^{\frac{1}{2}}(\mathbf{C}_s(\hat{\boldsymbol{\theta}}) + \sigma^2 \mathbf{I})} \exp\left[-\dfrac{1}{2}\mathbf{x}^T(\mathbf{C}_s(\hat{\boldsymbol{\theta}}) + \sigma^2 \mathbf{I})^{-1}\mathbf{x}\right]}{\dfrac{1}{(2\pi\sigma^2)^{\frac{N}{2}}} \exp\left(-\dfrac{1}{2\sigma^2}\mathbf{x}^T \mathbf{x}\right)} > \gamma
\end{aligned}
$$

GLRT 判 $\mathcal{H}_1$，或者取对数乘以 2，

$$
2\ln L_G(\mathbf{x}) = -\ln \det(\mathbf{C}_s(\hat{\boldsymbol{\theta}}) + \sigma^2 \mathbf{I}) + N\ln\sigma^2 - \mathbf{x}^T(\mathbf{C}_s(\hat{\boldsymbol{\theta}}) + \sigma^2 \mathbf{I})^{-1}\mathbf{x} + \frac{\mathbf{x}^T \mathbf{x}}{\sigma^2}
$$

利用 (5.4) 式，和 5.3 节一样我们有

$$
\begin{aligned}
\frac{\mathbf{x}^T \mathbf{x}}{\sigma^2} - \mathbf{x}^T(\mathbf{C}_s(\hat{\boldsymbol{\theta}}) + \sigma^2 \mathbf{I})^{-1}\mathbf{x} &= \frac{\mathbf{x}^T \mathbf{x}}{\sigma^2} - \mathbf{x}^T\left[\frac{1}{\sigma^2}\mathbf{I} - \frac{1}{\sigma^4}\left(\frac{1}{\sigma^2}\mathbf{I} + \mathbf{C}_s^{-1}(\hat{\boldsymbol{\theta}})\right)^{-1}\right]\mathbf{x} \\
&= \frac{1}{\sigma^4}\mathbf{x}^T\left(\frac{1}{\sigma^2}\mathbf{I} + \mathbf{C}_s^{-1}(\hat{\boldsymbol{\theta}})\right)^{-1}\mathbf{x} \\
&= \frac{1}{\sigma^2}\mathbf{x}^T \mathbf{C}_s(\hat{\boldsymbol{\theta}})(\mathbf{C}_s(\hat{\boldsymbol{\theta}}) + \sigma^2 \mathbf{I})^{-1}\mathbf{x}
\end{aligned}
$$

因此，
$$2\ln L_G(\mathbf{x}) = \frac{1}{\sigma^2}\mathbf{x}^T\mathbf{C}_s(\hat{\boldsymbol{\theta}})(\mathbf{C}_s(\hat{\boldsymbol{\theta}})+\sigma^2\mathbf{I})^{-1}\mathbf{x} - \ln\det\left(\frac{\mathbf{C}_s(\hat{\boldsymbol{\theta}})}{\sigma^2}+\mathbf{I}\right) \tag{8.14}$$

其中 $\hat{\boldsymbol{\theta}}$ 是 $\boldsymbol{\theta}$ 的 MLE。

8.4 大数据记录的近似

如果信号随机过程是 WSS 的，那么对于大数据记录可以证明对数似然比为（参见 5.5 节）

$$l(\mathbf{x}) = \ln\frac{p(\mathbf{x};\mathcal{H}_1)}{p(\mathbf{x};\mathcal{H}_0)} = -\frac{N}{2}\int_{-\frac{1}{2}}^{\frac{1}{2}}\left[\ln\left(\frac{P_{ss}(f)}{\sigma^2}+1\right) - \frac{P_{ss}(f)}{P_{ss}(f)+\sigma^2}\frac{I(f)}{\sigma^2}\right]df \tag{8.15}$$

其中 $P_{ss}(f)$ 是 $s[n]$ 的 PSD，$I(f)$ 是周期图。由于假定只有信号的 PSD 含有未知参数，MLE 可以通过使 $l(\mathbf{x})$ 最大而求得。注意，$p(\mathbf{x};\mathcal{H}_0)$ 并不依赖于信号的参数，因此，通过使

$$J(\boldsymbol{\theta}) = \int_{-\frac{1}{2}}^{\frac{1}{2}}\left[\ln\left(\frac{P_{ss}(f;\boldsymbol{\theta})}{\sigma^2}+1\right) - \frac{P_{ss}(f;\boldsymbol{\theta})}{P_{ss}(f;\boldsymbol{\theta})+\sigma^2}\frac{I(f)}{\sigma^2}\right]df \tag{8.16}$$

最小可以求得 MLE，其中我们表示了 $P_{ss}(f)$ 对 $\boldsymbol{\theta}$ 的依赖性。一旦求得 MLE，那么如果

$$\ln L_G(\mathbf{x}) = \ln\frac{p(\mathbf{x};\hat{\boldsymbol{\theta}},\mathcal{H}_1)}{p(\mathbf{x};\mathcal{H}_0)} = -\frac{N}{2}J(\hat{\boldsymbol{\theta}}) > \ln\gamma$$

或者
$$-J(\hat{\boldsymbol{\theta}}) > \gamma' \tag{8.17}$$

GLRT 判 $\mathcal{H}_1$。在 (8.16) 式中被积函数的对数项与 $\boldsymbol{\theta}$ 无关的这种特殊情况下，如果

$$T(\mathbf{x}) = \int_{-\frac{1}{2}}^{\frac{1}{2}}H(f;\hat{\boldsymbol{\theta}})I(f)df > \gamma'' \tag{8.18}$$

GLRT 判 $\mathcal{H}_1$，或者由于 $\hat{\boldsymbol{\theta}}$ 是通过使 $-J(\boldsymbol{\theta})$ 最大而求得，因此如果

$$\max_{\boldsymbol{\theta}}\int_{-\frac{1}{2}}^{\frac{1}{2}}H(f;\boldsymbol{\theta})I(f)df > \gamma'' \tag{8.19}$$

GLRT 判 $\mathcal{H}_1$，其中 $H(f;\boldsymbol{\theta})$ 是维纳滤波器，或者

$$H(f;\boldsymbol{\theta}) = \frac{P_{ss}(f;\boldsymbol{\theta})}{P_{ss}(f;\boldsymbol{\theta})+\sigma^2}$$

注意，如果使 $J(\boldsymbol{\theta})$ 最小需要采用数值的方法，那么这可以通过使用 FFT 来近似积分进行数值计算，不需要矩阵求逆和行列式的计算。下面给出一些例子。

例 8.4 未知信号功率

这是例 8.1 的大数据记录的情况，这里我们假定 $P_{ss}(f;P_0)=P_0Q(f)$，其中 $\int_{-\frac{1}{2}}^{\frac{1}{2}}Q(f)df=1$，所以 P_0 是 $s[n]$ 的总功率。对于 CRLB，读者也可以参考本书卷 I 的习题 3.16。根据 (8.16) 式，MLE 可以通过使下式最小而求得，

$$J(P_0) = \int_{-\frac{1}{2}}^{\frac{1}{2}}\left[\ln\left(\frac{P_0Q(f)}{\sigma^2}+1\right) - \frac{P_0Q(f)}{P_0Q(f)+\sigma^2}\frac{I(f)}{\sigma^2}\right]df \tag{8.20}$$

求导得
$$\frac{dJ(P_0)}{dP_0} = \int_{-\frac{1}{2}}^{\frac{1}{2}}\left[\frac{Q(f)}{P_0Q(f)+\sigma^2} - \frac{Q(f)}{(P_0Q(f)+\sigma^2)^2}I(f)\right]df$$

令上式为零，得

$$\int_{-\frac{1}{2}}^{\frac{1}{2}} \frac{Q(f)(P_0 Q(f) + \sigma^2) - Q(f)I(f)}{(P_0 Q(f) + \sigma^2)^2} df = 0 \tag{8.21}$$

遗憾的是，由上式无法求出 P_0。如果我们假定低 SNR 或者 $P_0 Q(f) \ll \sigma^2$，通过近似我们有

$$\int_{-\frac{1}{2}}^{\frac{1}{2}} \frac{Q(f)(P_0 Q(f) + \sigma^2) - Q(f)I(f)}{\sigma^4} df \approx 0$$

假定 $\hat{P}_0 > 0$，我们可以得到

$$\hat{P}_0 \approx \frac{\int_{-\frac{1}{2}}^{\frac{1}{2}} Q(f)(I(f) - \sigma^2) df}{\int_{-\frac{1}{2}}^{\frac{1}{2}} Q^2(f) df} \tag{8.22}$$

正如前面的讨论一样，如果 $\hat{P}_0 \leqslant 0$，那么我们设定 $\hat{P}_0 = 0$。由 (8.17) 式和 (8.20) 式，GLRT 变成，如果

$$T(\mathbf{x}) = \int_{-\frac{1}{2}}^{\frac{1}{2}} \left[-\ln \left(\frac{\hat{P}_0 Q(f)}{\sigma^2} + 1 \right) + \frac{\hat{P}_0 Q(f)}{\hat{P}_0 Q(f) + \sigma^2} \frac{I(f)}{\sigma^2} \right] df > \gamma' \tag{8.23}$$

则判 $\mathcal{H}_1$，其中 $\hat{P}_0$ 是 (8.21) 式的解，或者在低 SNR 情况下得到的 (8.22) 式的近似表达式。在两种情况下，如果 $\hat{P}_0 \leqslant 0$，我们设定 $\hat{P}_0$ 等于零，因此由 (8.23) 式，$T(\mathbf{x}) = 0$，我们判 $\mathcal{H}_0$。

例 8.5　未知中心频率

这个例子我们在本书卷 I 的例 3.12 中确定 CRLB 时讨论过，我们假定

$$P_{ss}(f; f_c) = Q(f - f_c) + Q(-f - f_c)$$

其中 $Q(f)$ 是低通 PSD，当 $f < -f_1$ 或者 $f > f_2$ 时 PSD 为零。中心频率为 f_c。我们进一步假定，对于所有可能的中心频率，$f \geqslant 0$ 的 PSD 由 $Q(f - f_c)$ 给出，它整个都位于间隔 $[0, 1/2]$ 内，于是

$$\begin{aligned}
\int_{-\frac{1}{2}}^{\frac{1}{2}} \ln \left(\frac{P_{ss}(f; f_c)}{\sigma^2} + 1 \right) df &= 2 \int_0^{\frac{1}{2}} \ln \left(\frac{P_{ss}(f; f_c)}{\sigma^2} + 1 \right) df \\
&= 2 \int_0^{\frac{1}{2}} \ln \left(\frac{Q(f - f_c)}{\sigma^2} + 1 \right) df
\end{aligned}$$

与 f_c 无关。因此，在计算 MLE 时可以从 (8.16) 式中删除。由 (8.19) 式，GLRT 变成如果

$$T(\mathbf{x}) = \max_{f_c} \int_{-\frac{1}{2}}^{\frac{1}{2}} \frac{P_{ss}(f; f_c)}{P_{ss}(f; f_c) + \sigma^2} I(f) df = 2 \max_{f_c} \int_0^{\frac{1}{2}} \frac{Q(f - f_c)}{Q(f - f_c) + \sigma^2} I(f) df$$

则判 $\mathcal{H}_1$，并且可以采用网格搜索法实现。对于低 SNR，或者 $Q(f - f_c) \ll \sigma^2$，上式可化简为

$$T(\mathbf{x}) \approx \frac{2}{\sigma^2} \max_{f_c} \int_0^{\frac{1}{2}} Q(f - f_c) I(f) df$$

它是估计的 PSD 即周期图 $I(f)$ 与信号的 PSD $Q(f - f_c)$ 的谱相关，$Q(f - f_c)$ 移向所有可能的中心频率。根据本书卷 I 的例 3.12 的结果，我们期待在 $Q(f)$ 为窄带的情况下有更好的检测性能。

进一步讨论的例子可以在 [Levin 1965] 和习题 8.10 中找到。

8.5   弱信号检测

在例8.1中讨论的检测问题可以作为如下的参数检验问题：

$$\mathcal{H}_0 : P_0 = 0$$
$$\mathcal{H}_1 : P_0 > 0$$

这是我们在第6章学习的单边假设检验问题。如果假定信号是弱信号，或者 P_0 很小，那么检测问题简化为 P_0 对零点的微小偏离量的检测问题。在这种情况下，可以使用局部最大势检验（LMP），去掉归一化因子 $\sqrt{I(P_0)}$ [参见(6.36)式]，如果

$$T(\mathbf{x}) = \left.\frac{\partial \ln p(\mathbf{x}; P_0, \mathcal{H}_1)}{\partial P_0}\right|_{P_0=0} > \gamma \tag{8.24}$$

检测器判 $\mathcal{H}_1$。这个检测器的优点是只需要计算一个偏导数，因此并不要求计算 MLE。下面，我们确定 LMP 检测器。

例8.6   对未知功率信号的局部最大势检测器

在 $\mathcal{H}_1$ 条件下的对数 PDF 由(8.3)式给出，

$$\ln p(\mathbf{x}; P_0, \mathcal{H}_1) = -\frac{N}{2}\ln 2\pi - \frac{1}{2}\ln \det(P_0\mathbf{C} + \sigma^2\mathbf{I}) - \frac{1}{2}\mathbf{x}^T(P_0\mathbf{C} + \sigma^2\mathbf{I})^{-1}\mathbf{x}$$

为了计算导数，我们使用下面的公式（参见本书卷 I 的第 55 页）：

$$\frac{\partial \ln \det \mathbf{C}(\theta)}{\partial \theta} = \mathrm{tr}\left(\mathbf{C}^{-1}(\theta)\frac{\partial \mathbf{C}(\theta)}{\partial \theta}\right)$$

$$\frac{\partial \mathbf{C}^{-1}(\theta)}{\partial \theta} = -\mathbf{C}^{-1}(\theta)\frac{\partial \mathbf{C}(\theta)}{\partial \theta}\mathbf{C}^{-1}(\theta)$$

其中 $N \times N$ 协方差矩阵 $\mathbf{C}(\theta)$ 假定与参数 θ 有关。$\partial \mathbf{C}(\theta)/\partial\theta$ 和 $\partial\mathbf{C}^{-1}(\theta)/\partial\theta$ 表示 $[i,j]$ 元素分别为 $\partial[\mathbf{C}(\theta)]_{ij}/\partial\theta$ 和 $\partial[\mathbf{C}^{-1}(\theta)]_{ij}/\partial\theta$ 的 $N\times N$ 矩阵。令 $\mathbf{C}(P_0) = P_0\mathbf{C} + \sigma^2\mathbf{I}$，那么我们有

$$\frac{\partial \ln p(\mathbf{x}; P_0, \mathcal{H}_1)}{\partial P_0} = -\frac{1}{2}\mathrm{tr}\left(\mathbf{C}^{-1}(P_0)\frac{\partial\mathbf{C}(P_0)}{\partial P_0}\right) + \frac{1}{2}\mathbf{x}^T\mathbf{C}^{-1}(P_0)\frac{\partial\mathbf{C}(P_0)}{\partial P_0}\mathbf{C}^{-1}(P_0)\mathbf{x}$$

而 $\partial\mathbf{C}(P_0)/\partial P_0 = \mathbf{C}$，所以

$$\frac{\partial \ln p(\mathbf{x}; P_0, \mathcal{H}_1)}{\partial P_0} = -\frac{1}{2}\mathrm{tr}\left((P_0\mathbf{C} + \sigma^2\mathbf{I})^{-1}\mathbf{C}\right) + \frac{1}{2}\mathbf{x}^T(P_0\mathbf{C} + \sigma^2\mathbf{I})^{-1}\mathbf{C}(P_0\mathbf{C} + \sigma^2\mathbf{I})^{-1}\mathbf{x}$$

计算在 $P_0=0$ 的导数，得

$$T(\mathbf{x}) = -\frac{1}{2\sigma^2}\mathrm{tr}(\mathbf{C}) + \frac{1}{2}\frac{\mathbf{x}^T\mathbf{C}\mathbf{x}}{\sigma^4}$$

所以如果

$$\mathbf{x}^T\mathbf{C}\mathbf{x} > 2\sigma^4\left(\gamma + \frac{1}{2\sigma^2}\mathrm{tr}(\mathbf{C})\right) = \gamma' \tag{8.25}$$

我们判 $\mathcal{H}_1$。对于检测性能，请参见习题8.12。例如，如果 $\mathbf{C}$ 是低秩协方差矩阵 $\mathbf{C} = \lambda_1\mathbf{v}_1\mathbf{v}_1^T$，那么，如果

$$\mathbf{x}^T\lambda_1\mathbf{v}_1\mathbf{v}_1^T\mathbf{x} > \gamma'$$

或者

$$(\mathbf{v}_1^T\mathbf{x})^2 > \frac{\gamma'}{\lambda_1} = \gamma''$$

我们判 $\mathcal{H}_1$，这与例8.3的结果一致。这样，对于本例 GLRT 也是 LMP 检测器。

8.6　信号处理的例子

在本节，我们将把在例 8.3 中讨论的低秩信号协方差矩阵的检测问题，扩展到未知 PSD 的 WSS 高斯周期信号的检测问题，这个问题出现在许多应用领域中。在语音处理中，语音近似为周期信号 [Rabiner and Schafer 1978]。类似地，许多军用车辆的机械装置也会辐射周期性的信号 [Urick 1975]。我们首先假定周期是已知的，然后简单地描述如果未知时对检测器的修正。

例 8.7　周期随机信号的检测

我们感兴趣的信号是具有 PSD 为 $P_{ss}(f)$ 的 WSS 高斯随机过程，并且具有已知周期为 M 的周期信号。因此，ACF $r_{ss}[k]$ 也是具有周期 M 的周期函数，或者对所有 k，$r_{ss}[k+M]=r_{ss}[k]$。由于 ACF 是 PSD 的傅里叶反变换，我们有

$$r_{ss}[k] = \int_{-\frac{1}{2}}^{\frac{1}{2}} P_{ss}(f)\exp(j2\pi fk)df \tag{8.26}$$

由于周期性，可以得到

$$r_{ss}[k+M] = \int_{-\frac{1}{2}}^{\frac{1}{2}} P_{ss}(f)\exp[j2\pi f(M+k)] = r_{ss}[k]$$

上式只有当 $\exp(j2\pi fM)=1$ 时才成立。在 $[0,1/2]$ 间隔上，对于频率 $f=0,\,1/M,\,2/M,\ldots,\,M/2$（$M$ 为偶数）这是满足的。这样，对于所有其他的频率，PSD 必须为零。PSD 是在这些频率上的一组函数，或者

$$P_{ss}(f) = P_0\delta(f) + \sum_{i=1}^{\frac{M}{2}-1}\frac{P_i}{2}\delta\left(f-\frac{i}{M}\right) + P_{M/2}\delta(f-1/2) \qquad 0\leqslant f\leqslant\frac{1}{2}$$

其中在 $f=f_i$ 处的总功率是 P_i。在 $f=0$ 处的频率分量是 DC 分量，在 $1/M$ 处的频率分量称为基频，其他分量称为谐波。由于我们通常假定 $s[n]$ 是零均值，我们令 $P_0=0$；另外，为了排除在奈奎斯特频率（$f=1/2$）处的功率，我们令 $P_{M/2}=0$。因此，

$$P_{ss}(f) = \sum_{i=1}^{\frac{M}{2}-1}\frac{P_i}{2}\delta\left(f-\frac{i}{M}\right) \qquad 0\leqslant f\leqslant\frac{1}{2}$$

最后，由于 $P_{ss}(-f)=P_{ss}(f)$，我们有

$$P_{ss}(f) = \sum_{i=-\left(\frac{M}{2}-1\right)}^{\frac{M}{2}-1}\frac{P_i}{2}\delta\left(f-\frac{i}{M}\right) \qquad -\frac{1}{2}\leqslant f\leqslant\frac{1}{2}$$

其中 $P_{-i}=P_i$，$P_0=0$。注意，信号在 f_i（正的和负的频率的贡献）的总功率是 P_i，由 (8.26) 式，对应的 ACF 为

$$r_{ss}[k] = \sum_{i=-L}^{L}\frac{P_i}{2}\exp\left(j2\pi\frac{i}{M}k\right) \tag{8.27}$$

或者等价地为
$$r_{ss}[k] = \sum_{i=1}^{L} P_i\cos\left(2\pi\frac{i}{M}k\right)$$

其中，$L=M/2-1$，如果信号可以看成频率为 $f_i=i/M$ 的正弦信号之和，或者

$$s[n] = \sum_{i=1}^{L} A_i \cos(2\pi f_i n + \phi_i)$$

其中每个 A_i 是瑞利随机变量，$E(A_i^2/2) = P_i$，$\phi_i \sim \mathcal{U}[0, 2\pi]$，并且所有随机变量都是独立的（参见习题 8.13），那么对应的相关函数也具有这样的模型。这样，周期随机信号是例 5.5 描述的瑞利衰落模型的推广。

为了简化推导，我们假定数据记录长度是周期的整数倍，或 $N = KM$（K 为正整数）。由于这一假定一般并不成立，因此得到的结果是一种近似。然而，对于合适大小的数据记录，这个近似是相当精确的，那么问题就是要检测周期 M 已知而功率 P_i 未知的信号 $s[n]$。附录 8A 推导了在 $\mathcal{H}_1$ 条件下的对数 PDF 为

$$\ln p(\mathbf{x}; \mathbf{P}, \mathcal{H}_1) = -\frac{N}{2} \ln 2\pi\sigma^2 - \frac{1}{2} \frac{\mathbf{x}^T \mathbf{x}}{\sigma^2} - \sum_{i=1}^{L} \left[\ln\left(\frac{NP_i/2}{\sigma^2} + 1 \right) - \frac{NP_i/2}{NP_i/2 + \sigma^2} \frac{I(f_i)}{\sigma^2} \right]$$

其中 $f_i = i/M$，$\mathbf{P} = [P_1\ P_2 \ldots P_L]^T$ 是未知参数，对数似然比变成

$$l(\mathbf{x}) = \ln \frac{p(\mathbf{x}; \mathbf{P}, \mathcal{H}_1)}{p(\mathbf{x}; \mathcal{H}_0)} = -\sum_{i=1}^{L} \left[\ln\left(\frac{NP_i/2}{\sigma^2} + 1 \right) - \frac{NP_i/2}{NP_i/2 + \sigma^2} \frac{I(f_i)}{\sigma^2} \right] \quad (8.28)$$

我们注意到这与（8.15）式是类似的。在（8.28）式中用 MLE 代替 P_i 就可以得到 GLRT。通过使

$$J(P_k) = \ln\left(\frac{NP_k/2}{\sigma^2} + 1 \right) - \frac{NP_k/2}{NP_k/2 + \sigma^2} \frac{I(f_k)}{\sigma^2}$$

最小就可以分离 $\hat{P}_k$，很容易证明（参见习题 8.14）

$$\hat{P}_k = \max\left(0, \frac{2}{N}(I(f_k) - \sigma^2) \right) \quad (8.29)$$

注意，$I(f_k) - \sigma^2$ 是信号 PSD 的估计，$1/N$ 因子是带宽。结果则是在 $f = f_k$ 和 $f = -f_k$ 处信号功率之和的估计（回想一下，在 $f = f_k$ 的功率是 $P_k/2$，在 $f = -f_k$ 的功率也是 $P_k/2$）。$\hat{P}_k$ 为零的项对 $l(\mathbf{x})$ 没有贡献。由（8.28）式和（8.29）式，对数 GLRT 变成

$$\begin{aligned}
\ln \frac{p(\mathbf{x}; \hat{\mathbf{P}}, \mathcal{H}_1)}{p(\mathbf{x}; \mathcal{H}_0)} &= \sum_{\substack{i=1 \\ \hat{P}_i > 0}}^{L} \left[\frac{N\hat{P}_i}{2\sigma^2} - \ln\left(\frac{N\hat{P}_i}{2\sigma^2} + 1 \right) \right] \\
&= \sum_{\substack{i=1 \\ \hat{P}_i > 0}}^{L} \left[\left(\frac{I(f_i) - \sigma^2}{\sigma^2} \right) - \ln\left(\frac{I(f_i) - \sigma^2}{\sigma^2} + 1 \right) \right] \quad (8.30) \\
&= \sum_{\substack{i=1 \\ I(f_i)/\sigma^2 > 1}}^{L} \left(\frac{I(f_i)}{\sigma^2} - \ln \frac{I(f_i)}{\sigma^2} - 1 \right)
\end{aligned}$$

或者如果

$$\sum_{i=1}^{L} g\left(\frac{I(f_i)}{\sigma^2} \right) > \gamma'$$

我们判 $\mathcal{H}_1$，其中，$g(x) = \max(0, x - \ln x - 1)$。注意，当 $I(f_i)/\sigma^2 > 1$、$g(I(f_i)/\sigma^2) > 0$ 时如图 8.1 所示。检测器如图 8.2 所示。在实际中，通常省去非线性，得

$$\sum_{i=1}^{L} I(f_i) > \gamma'' \quad (8.31)$$

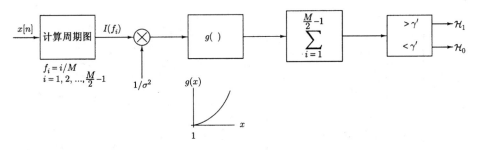

图 8.2　WGN 中周期高斯随机过程的检测的 GLRT

这个检验统计量从本质上讲就是对每个信号频率的功率求和，然后与门限进行比较。直观理解，这一运算可以看成(5.27)式的极限形式，在(5.27)式中，在信号频率处 $P_{ss}(f) \to \infty$，否则 $P_{ss}(f) = 0$。因此，维纳滤波器只让在信号频率处的能量通过，在所有其他频率处为零，以滤除噪声功率。这种类型的检测器由一个滤波器后跟一个频域的能量检测器组成(参见习题 8.16)，由于这个滤波器通带的中心位于信号频率处，因此称为梳齿滤波器(频率像梳齿一样等间隔)。为了理解这一点，我们重写周期图为

$$I(f_i) = \frac{1}{N}\left|\sum_{k=0}^{N-1} x[k]\exp(-j2\pi f_i k)\right|^2 = \frac{\left|\sum_{k=0}^{N-1} x[k]h_i[n-k]\right|^2\Big|_{n=0}}{\frac{1}{N}}$$

其中，

$$h_i[n] = \begin{cases} \frac{1}{N}\exp(j2\pi f_i n) & n = -(N-1), -(N-2), \ldots, 0 \\ 0 & \text{其他} \end{cases}$$

这个运算可以看成 $x[n]$ 与具有冲激响应为 $h_i[n]$ 的复滤波器的 FIR 滤波，之后进行平方和采样以便得到功率估计，最后除以 $1/N$ 即滤波器的带宽来得到估计的 PSD。很容易证明，第 i 个周期图滤波器的频率响应的幅度为

$$|H_i(f)| = \left|\frac{\sin[N\pi(f-f_i)]}{N\sin[\pi(f-f_i)]}\right|$$

因此，第 i 个滤波器是中心频率为 $f = f_i$ 的带通滤波器，带宽大约为 $1/N$ [Kay 1988]，如图 8.3 所示。

(8.31)式检测器的另一种解释就是把它看成估计器 - 相关器以及平均器后跟一个能量检测器。我们现在把检验统计量变换成这两种等价的形式。对(8.31)式乘以 2，由于 $I(-f_i) = I(f_i)$，我们有

$$T(\mathbf{x}) = 2\sum_{i=1}^{\frac{M}{2}-1} I(f_i) = \sum_{\substack{i=-(\frac{M}{2}-1)\\ i\neq 0}}^{\frac{M}{2}-1} I(f_i)$$

但是可以证明

$$I'(f_i) = \frac{1}{N}\left|\sum_{n=0}^{N-1}(x[n]-\bar{x})\exp(-j2\pi f_i n)\right|^2 = \begin{cases} I(f_i) & i = 1, 2, \ldots, \frac{M}{2}-1 \\ 0 & i = 0 \end{cases}$$

(8.32)

其中 $\bar{x} = (1/N)\sum_{n=0}^{N-1} x[n]$ (参见习题 8.15)。于是，我们可以写成

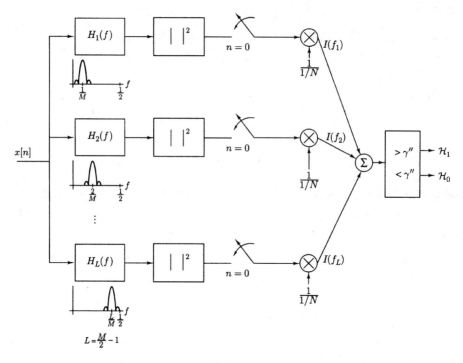

图 8.3　WGN 中周期高斯随机信号的梳齿滤波器检测器

$$T(\mathbf{x}) = \sum_{i=-(\frac{M}{2}-1)}^{\frac{M}{2}-1} I'(f_i)$$

其中 $I'(f_i)$ 是均值补偿数据 $y[n] = x[n] - \bar{x}$ 的周期图。由于 $I'(f_i)$ 的周期性，我们有 $I'(f_i) = I'(f_{i+M})$ 且假定 $I'(f_{M/2})$ 为零，我们得到

$$\begin{aligned}
T(\mathbf{x}) &= \sum_{i=0}^{M-1} I'(f_i) = \sum_{i=0}^{M-1} \frac{1}{N} \left| \sum_{n=0}^{N-1} y[n] \exp(-j2\pi f_i n) \right|^2 \\
&= \sum_{i=0}^{M-1} \frac{1}{N} \sum_{m=0}^{N-1} \sum_{n=0}^{N-1} y[m] y[n] \exp[j2\pi f_i (m-n)] \\
&= \frac{1}{N} \sum_{m=0}^{N-1} \sum_{n=0}^{N-1} y[m] y[n] \sum_{i=0}^{M-1} \exp[j2\pi f_i (m-n)]
\end{aligned}$$

可以证明，由于 $f_i = i/M$，

$$\sum_{i=0}^{M-1} \exp(j2\pi f_i k) = \begin{cases} M & k = 0, \pm M, \pm 2M, \ldots \\ 0 & \text{其他} \end{cases}$$

于是，当 $m - n = rM$ 或者 $m = n + rM$ 时，其中 r 为整数，对 m 和 n 求和时贡献非零项。显然

$$T(\mathbf{x}) = \frac{M}{N} \sum_{n=0}^{N-1} \sum_{r=-\infty}^{\infty} y[n] y[n+rM] = \sum_{n=0}^{N-1} y[n] \frac{1}{K} \sum_{r=-\infty}^{\infty} y[n+rM]$$

其中，我们定义当 $n < 0$ 和 $n > N-1$ 时，$y[n] = 0$，而

$$\hat{s}[n] = \frac{1}{K} \sum_{r=-\infty}^{\infty} y[n+rM]$$

其中 $n = 0, 1, \ldots, N-1$，它是 $s[n]$ 的第 n 个样本的估计，这个估计是通过对 $y[n]$ 在所有的有效周期上求平均而得到的。例如，如果 $n = 0$，那么我们有 $\hat{s}[0] = (1/K) \sum_{r=0}^{K-1} y[rM]$。另外注意，$\hat{s}[n]$ 是周期的，周期为 M。因此，

$$T(\mathbf{x}) = \sum_{n=0}^{N-1} y[n]\hat{s}[n] \tag{8.33}$$

上式可以看成估计器 – 相关器，它的实现如图 8.4 所示。

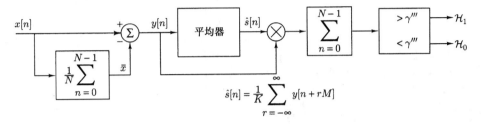

图 8.4　WGN 中周期高斯随机信号检测器的估计器 – 相关器

平均器 – 能量检测器的实现源于 $\hat{s}[n]$ 的周期性，由 (8.33) 式，我们有

$$
\begin{aligned}
T(\mathbf{x}) &= \sum_{r=0}^{K-1} \sum_{n=0}^{M-1} y[n+rM]\hat{s}[n+rM] = \sum_{r=0}^{K-1} \sum_{n=0}^{M-1} y[n+rM]\hat{s}[n] \\
&= K \sum_{n=0}^{M-1} \hat{s}[n] \frac{1}{K} \sum_{r=0}^{K-1} y[n+rM] = K \sum_{n=0}^{M-1} \hat{s}^2[n]
\end{aligned}
$$

其中
$$\hat{s}[n] = \frac{1}{K} \sum_{r=0}^{K-1} y[n+rM] \qquad n = 0, 1, \ldots, M-1 \tag{8.34}$$

这里我们在一个周期上通过平均来估计信号，之后接一个能量检测器（参见习题 8.16），如图 8.5 所示。

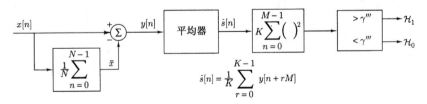

图 8.5　WGN 中周期高斯随机信号的平均器 – 能量检测器

举例来说，考虑一个 WSS 高斯随机信号，它是由四个谐波信号组成的，它们的幅度服从瑞利分布，相位服从均匀分布，并且都是相互独立的。图 8.6(a) 画出了这样的周期信号的一个现实，实际的现实由下式给出，

$$
\begin{aligned}
s[n] = {} & \cos(2\pi f_0 n) + \frac{1}{\sqrt{2}} \cos(2\pi(2f_0)n + \pi/3) \\
& + \frac{1}{2} \cos(2\pi(3f_0)n + \pi/7) + \frac{1}{2} \cos(2\pi(4f_0)n + \pi/9)
\end{aligned}
$$

其中，$n = 0, 1, \ldots, N-1 = 129$，基频是 $f_0 = 1/10$，所以周期是 $M = 10$。信号过程有 $K = 13$ 个周

期，信号的周期图如图 8.6(b)所示。不出所料，在频率 $kf_0 = 0.1k(k = 1, 2, 3, 4)$ 处有峰值。对信号加上 $\sigma^2 = 1$ 的 WGN 可以得到数据 $x[n]$，如图 8.7(a)所示，对应的周期图显示在图 8.7(b)中。由(8.34)式给出的信号平均器用来在起始周期($[0, M-1] = [0, 9]$)上估计信号。然后在剩余的 12 个周期上复制这个估计以产生出信号的估计，如图 8.8 所示。实线表示估计信号，而虚线表示真实信号。在本例中由于 SNR 相当高，因此信号很容易估计，当然也就很容易检测。

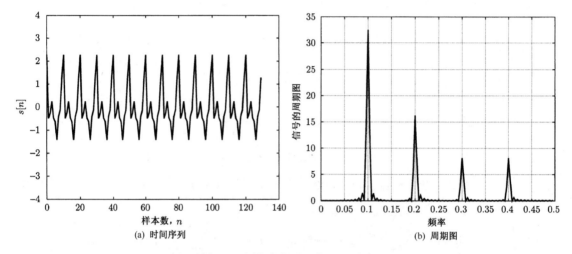

(a) 时间序列   (b) 周期图

图 8.6 周期高斯随机信号的现实

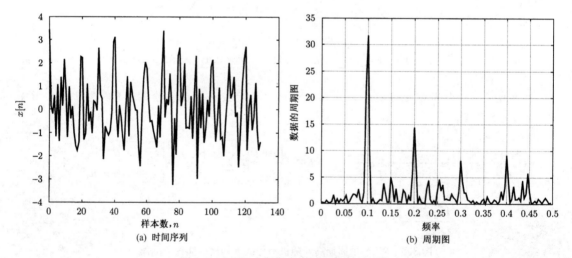

(a) 时间序列   (b) 周期图

图 8.7 WGN 中周期高斯随机信号的现实

如果周期 M 是未知的，这种情况在实际中是相当有用的。假定对于不同的周期我们能够实现(8.31)式或者 $T(\mathbf{x}) = \sum_{i=1}^{L} I(f_i)$ 的检验统计量，然后选择最大值作为我们的检验统计量。为此，对于不同的 M 值，需要计算

$$T(\mathbf{x}) = \sum_{i=1}^{\frac{M}{2}-1} I\left(\frac{i}{M}\right) \tag{8.35}$$

在本例中，检验统计量与 M 的关系如图 8.9 所示。可以看出，统计量在正确值 $M = 10$ 有一个局部最大值，但是最大值出现在 $M = 40$，即真实值的倍数。这是因为(8.35)式的检验统计

量对在频率 $1/M$，$2/M$，$\ldots$，$M/2 - 1$ 的功率求和，当 M 增加的时候，统计量在 M 倍数处总是要更大，这也说明对于本例 MLE 不是一致估计。随着 M 的增加，我们要估计更多的参数（回想一下 P_i），因此也就不存在求平均。为了克服这种情况，我们可以使用一个比例因子来修正 GLRT，使得 MLE 是一致的。根据第 6 章描述的最小描述长度的概念，如果[参见(6.41)式]

$$\max_M \left[\ln \frac{p(\mathbf{x};\hat{\mathbf{P}},\mathcal{H}_1)}{p(\mathbf{x};\mathcal{H}_0)} - \frac{M-1}{2} \ln N \right] > \gamma$$

我们应该判 $\mathcal{H}_1$。注意，被估计的参数

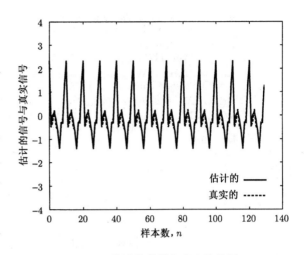

图 8.8　估计的信号与真实的信号

个数是 $M/2 - 1$，所以附加的项形成了一个罚值因子，随着 M 的增加，罚值也增加。利用 (8.30) 式的 GLRT，如果

$$T'(\mathbf{x}) = \max_M \left[\sum_{\substack{i=1 \\ I(i/M)/\sigma^2 > 1}}^{\frac{M}{2}-1} \left(\frac{I(\frac{i}{M})}{\sigma^2} - \ln \frac{I(\frac{i}{M})}{\sigma^2} - 1 \right) - \frac{\frac{M}{2}-1}{2} \ln N \right] > \gamma$$

我们判 $\mathcal{H}_1$。在图 8.10 中画出了括号中的项与 M 的关系，正如我们希望的那样，罚值项的影响就是使 MLE 成为一致估计。现在，最大值出现在正确的周期上。对于这一问题的进一步讨论，读者可以参阅[Wise, Caprio, and Parks, 1976]和[Eddy 1980]。

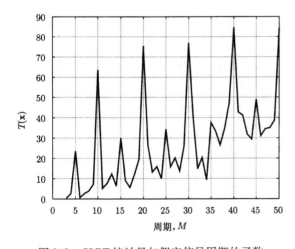

图 8.9　GLRT 统计量与假定信号周期的函数

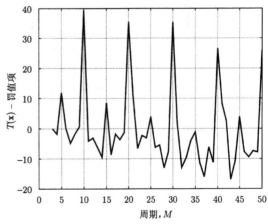

图 8.10　修正 GLRT 统计量与假定信号周期的函数

参考文献

Chernoff, H., "On the Distribution of the Likelihood Ratio," *Ann. Math. Statist.*, Vol. 25, pp. 573–578, 1954.

Eddy, T.W., "Maximum Likelihood Detection and Estimation for Harmonic Sets," *J. Acoust. Soc. Am.*, Vol. 68, pp. 149–155, 1980.

Kay, S.M., *Modern Spectral Estimation: Theory and Application*, Prentice-Hall, Englewood Cliffs, N.J., 1988.

Levin, M.J., "Power Spectrum Parameter Estimation," *IEEE Trans. Inform. Theory*, Vol. IT-11, pp. 100-107, 1965.

Rabiner, L.R., R.W. Schafer, *Digital Processing of Speech Signals*, Prentice-Hall, Englewood Cliffs, N.J., 1978.

Urick, R.J., *Principles of Underwater Sound*, McGraw-Hill, New York, 1975.

Wise, J.D., J.R. Caprio, T.W.Parks, "Maximum Likelihood Pitch Estimation," *IEEE Trans. Acoust., Speech, Signal Process.*, Vol. ASSP-24, pp.418–423, 1976.

习题

8.1 如果在方差为 σ^2 的 WGN 中，随机高斯信号 $s[n]$ 具有(8.2)式给出的信号协方差矩阵，求产生 $r_{ss}[0]$ 的 MLE 的最小化方程。

8.2 证明：对于 $P_0 > P_0^+$，由(8.6)式给出的 $J(P_0)$ 是单调递增的；而对于 $P_0 < P_0^+$，它是单调递减的。然后，对于 $0 \leqslant P_0 < \infty$，讨论由(8.7)式给出的 $J(P_0)$ 的最小值。

8.3 参考例8.2考虑的问题，如果

$$\frac{p(\mathbf{x}; \hat{P}_0, \mathcal{H}_1)}{p(\mathbf{x}; \mathcal{H}_0)} > \gamma$$

GLRT 判 $\mathcal{H}_1$。讨论为了避免 $P_{FA} = 1$，我们为什么必须有 $\gamma > 1$。为此，注意到 $p(\mathbf{x}; \mathcal{H}_0) = p(\mathbf{x}; P_0 = 0, \mathcal{H}_1)$。

8.4 考虑例8.2中由(8.7)式给出的 P_0 的最大似然估计。首先证明在 $\mathcal{H}_0$ 条件下，对于大数据记录，$\hat{P}_0^+ \sim \mathcal{N}(0, 2\sigma^4/(N\lambda^2))$。然后求在 $\mathcal{H}_0$ 条件下 MLE $\hat{P}_0$ 的渐近 PDF。提示：利用中心极限定理求 $(1/N) \sum_{n=0}^{N-1} x^2[n]$ 的渐近 PDF。

8.5 由例5.5，瑞利衰落正弦信号的 ACF 是 $r_{ss}[k] = \sigma_s^2 \cos 2\pi f_0 k$。如果 $0 < f < 1/2$，证明 3×3 信号协方差矩阵的秩为 2。为此要证明

$$\det [r_{ss}[0]] \neq 0$$

$$\det \begin{bmatrix} r_{ss}[0] & r_{ss}[1] \\ r_{ss}[1] & r_{ss}[0] \end{bmatrix} \neq 0$$

而

$$\det \mathbf{C}_s = \det \begin{bmatrix} r_{ss}[0] & r_{ss}[1] & r_{ss}[2] \\ r_{ss}[1] & r_{ss}[0] & r_{ss}[1] \\ r_{ss}[2] & r_{ss}[1] & r_{ss}[0] \end{bmatrix} = 0$$

这可以推广到证明 $N \times N$ 矩阵 $\mathbf{C}_s$ 的秩为 2，参见习题8.6。

8.6 对于例5.5的瑞利衰落正弦信号模型，$N \times N$ 协方差矩阵为

$$[\mathbf{C}_s]_{mn} = \sigma_s^2 \cos[2\pi f_0(m - n)]$$

假定 $0 < f_0 < 1/2$，证明

$$\mathbf{C}_s = \sigma_s^2 \mathbf{cc}^T + \sigma_s^2 \mathbf{ss}^T$$

其中

$$\mathbf{c} = [1 \cos 2\pi f_0 \ldots \cos[2\pi f_0(N-1)]]^T$$
$$\mathbf{s} = [0 \sin 2\pi f_0 \ldots \sin[2\pi f_0(N-1)]]^T$$

现在，如果 $f_0 = k/N$，$k = 1, 2, \ldots, N/2 - 1$，证明 $\mathbf{c}^T\mathbf{s} = 0$，因此，$\mathbf{v}_1 = \mathbf{c}/(\sqrt{N/2})$，$\mathbf{v}_2 = \mathbf{s}/(\sqrt{N/2})$。另外，求特征值。提示：利用

$$\sum_{n=0}^{N-1} \sin \alpha n = \mathrm{Im}\left(\sum_{n=0}^{N-1} \exp(j\alpha n)\right) = \mathrm{Im}\left(\exp[j(N-1)\alpha/2]\frac{\sin N\frac{\alpha}{2}}{\sin \frac{\alpha}{2}}\right)$$

8.7 考虑(8.1)式的检测问题，如果 $s[n] = Ar^n$，$n = 0, 1, \ldots, N-1$，其中 $A \sim \mathcal{N}(0, \sigma_A^2)$ 且 σ_A^2 是未知的，求 GLRT 统计量。提示：应用例8.3的结果。

8.8 对于例8.3，对 WGN 中随机 DC 电平的 GLRT，如果 $\bar{x}^2 > \gamma''/N$ 则判 $\mathcal{H}_1$。确定该检测器的 P_{FA} 和 P_D。

8.9 考虑(8.1)式的检测问题，假定信号 $s[n]$ 是 WSS，相关函数为 $r_{ss}[k] = P_0 \cos 2\pi f_0 k$，其中 P_0 是未知的，

$f_0 = k/N (k = 1, 2, \ldots, N/2 - 1)$。按如下方法求 GLRT 统计量，首先注意根据习题 8.6，

$$\mathbf{C}_s = P_0 \mathbf{c}\mathbf{c}^T + P_0 \mathbf{s}\mathbf{s}^T$$

所以 $\mathbf{C} = \mathbf{c}\mathbf{c}^T + \mathbf{s}\mathbf{s}^T$，这样 $\mathbf{v}_1 = \mathbf{c}/\sqrt{N/2}$，$\mathbf{v}_2 = \mathbf{s}/\sqrt{N/2}$，$\lambda_1 = \lambda_2 = N/2$。然后证明

$$\hat{P}_0 = \max\left(0, \frac{2}{N}(I(f_0) - \sigma^2)\right)$$

正如例 8.3 那样，可以证明如果 $\hat{P}_0 > \gamma'$，GLRT 判 $\mathcal{H}_1$。这导出了 GLRT，即如果 $I(f_0) > \gamma''$，则判 $\mathcal{H}_1$。

8.10 采用 8.4 节的大数据记录近似，如果 $s[n]$ 是具有低通 PSD 的 WSS，其 PSD 为

$$P_{ss}(f; \delta) = P((1 + \delta)f)$$

求 GLRT 统计量。其中 $-\delta_0 < \delta < \delta_0$，$\delta_0 \ll 1$，$\delta$ 是未知的。PSD $P(f)$ 是已知的，并且假定只在频率范围 $|f| \leqslant f_1$ 内是非零的，此外，$(1 + \delta_0)f_1 < 1/2$。这种类型的信号是从一个运动平台发射信号产生多普勒效应的模型。因子 δ 称为扩展因子，导致发射信号压缩 $(\delta < 0)$ 或展宽 $(\delta > 0)$。提示：应用 (8.19) 式，假定 $\delta_0 \ll 1$。

8.11 利用 8.4 节的大数据记录近似，如果 $s[n]$ 是 WSS，功率谱密度为

$$P_{ss}(f; P_0) = \begin{cases} 2P_0 & 0 \leqslant f \leqslant \frac{1}{4} \\ 0 & \frac{1}{4} < f \leqslant \frac{1}{2} \end{cases}$$

P_0 是未知的，求 GLRT，解释你的结果。提示：注意对于 $x > 1$，$g(x) = x - \ln x - 1$ 是单调递增的。

8.12 对于大的 N，通过引用中心极限定理，求 (8.25) 式的 LMP 检测器的 P_{FA} 和 P_D。为此假定 $\mathbf{x}^T \mathbf{C}\mathbf{x}$ 是高斯的。提示：对于 $\mathbf{x} \sim \mathcal{N}(\mathbf{0}, \mathbf{C}_x)$（参见本书卷 I 的第 57 页）使用公式

$$E(\mathbf{x}^T \mathbf{A}\mathbf{x}) = \text{tr}(\mathbf{A}\mathbf{C}_x)$$
$$\text{var}(\mathbf{x}^T \mathbf{A}\mathbf{x}) = 2\text{tr}\left[(\mathbf{A}\mathbf{C}_x)^2\right]$$

8.13 如果 $s[n] = \sum_{i=1}^{L} A_i \cos(2\pi f_i n + \phi_i)$，其中每个 A_i 是瑞利随机变量，$E(A_i^2/2) = P_i$，每个 $\phi_i \sim \mathcal{U}[0, 2\pi]$，并且所有随机变量都是独立的，证明 $r_{ss}[k] = \sum_{i=1}^{L} P_i \cos 2\pi f_i k$。

8.14 利用习题 8.2 的结果验证 (8.29) 式。

8.15 注意到 $N = KM$ 以及

$$\sum_{l=0}^{N-1} \exp\left(-j 2\pi \frac{i}{M} l\right) = \begin{cases} KM & i = 0 \\ 0 & i = 1, 2, \ldots, \frac{M}{2} - 1 \end{cases}$$

验证 (8.32) 式。提示：使用 $N = KM$ 的恒等式

$$\sum_{n=0}^{N-1} a_n = \sum_{m=0}^{K-1} \sum_{r=0}^{M-1} a_{r+mM}$$

8.16 在本题中，我们证明平均器等价于梳齿滤波器。每隔 M 个样本取 K 个样本求平均的 FIR 平均器的冲激响应为

$$h[n] = \frac{1}{K} \sum_{r=0}^{K-1} \delta[n - rM]$$

证明如果 $N = KM$，这个滤波器对输入 $y[n]$ 在 $n = N - 1$ 时刻的输出为

$$z[N - 1] = \frac{1}{K} \sum_{r=0}^{K-1} y[(M-1) + rM] = \hat{s}[M - 1]$$

其中对于 $n < 0$，$y[n] = 0$。利用类似的方法也可以证明

$$z[N - 1 - k] = \frac{1}{K} \sum_{r=0}^{K-1} y[(M - 1 - k) + rM] = \hat{s}[M - 1 - k]$$

其中 $k = 0, 1, \ldots, M - 1$。求这个滤波器的频率响应，利用习题 8.6 的提示画出它的幅度。你认为它为什么称为梳齿滤波器？

附录 8A 周期高斯随机过程 PDF 的推导

由(8.27)式，$N \times N$ 信号协方差矩阵的 $[m, n]$ 元素可以写为

$$[\mathbf{C}_s]_{mn} = r_{ss}[m-n] = \sum_{\substack{i=-L \\ i \neq 0}}^{L} \frac{P_i}{2} \exp\left(j2\pi\frac{i}{M}m\right) \exp\left(-j2\pi\frac{i}{M}n\right)$$

$$= \sum_{\substack{i=-L \\ i \neq 0}}^{L} \frac{P_i}{2} [\mathbf{e}_i \mathbf{e}_i^H]_{mn}$$

其中 $\mathbf{e}_i = [\, 1 \ \exp[j(2\pi/M)i] \ldots \exp[j(2\pi/M)i(N-1)]\,]^T$，$H$ 表示复共轭转置，所以

$$\mathbf{C}_s = \sum_{\substack{i=-L \\ i \neq 0}}^{L} \frac{P_i}{2} \mathbf{e}_i \mathbf{e}_i^H \tag{8A.1}$$

矢量 $\mathbf{e}_i$ 是相互正交的，因此它们是具有非零特征值的 $\mathbf{C}_s$ 的特征矢量（相差一个比例因子 $1/\sqrt{N}$）。这是一个很关键的假设，使我们很容易地求出 PDF。为了证明这是真的，对于 r、$s = \pm 1$，$\pm 2, \ldots, \pm M/2 - 1 = \pm L$，由于 $N = KM$，考虑

$$\mathbf{e}_r^H \mathbf{e}_s = \sum_{n=0}^{N-1} \exp\left[j\frac{2\pi}{M}(s-r)n\right] = \sum_{m=0}^{K-1}\sum_{l=0}^{M-1} \exp\left[j\frac{2\pi}{M}(s-r)(l+mM)\right]$$

而

$$\mathbf{e}_r^H \mathbf{e}_s = \sum_{m=0}^{K-1}\sum_{l=0}^{M-1} \exp\left[j\frac{2\pi}{M}(s-r)l\right] = K\sum_{l=0}^{M-1} \exp\left[j\frac{2\pi}{M}(s-r)l\right]$$

$$= \begin{cases} KM & r = s \\ 0 & r \neq s \end{cases}$$

这是由 DFT 正弦信号的正交性（参见附录1）得出的。因此，如果我们定义

$$\mathbf{E} = [\, \mathbf{e}_{-L} \ \mathbf{e}_{-L+1} \ \cdots \ \mathbf{e}_{-1} \ \mathbf{e}_1 \ \cdots \ \mathbf{e}_L \,] \qquad N \times 2L$$

$$\mathbf{D} = \operatorname{diag}\left(\frac{P_{-L}}{2}, \frac{P_{-L+1}}{2}, \ldots, \frac{P_{-1}}{2}, \frac{P_1}{2}, \ldots, \frac{P_L}{2}\right) \quad 2L \times 2L$$

那么，由(8A.1)式，

$$\mathbf{C}_s = \mathbf{E}\mathbf{D}\mathbf{E}^H$$

由于 $\mathbf{E}$ 的列的正交性，$\mathbf{E}^H\mathbf{E} = N\mathbf{I}$。$x[n]$ 的协方差矩阵为

$$\mathbf{C}_x = \mathbf{C}_s + \sigma^2\mathbf{I} = \mathbf{E}\mathbf{D}\mathbf{E}^H + \sigma^2\mathbf{I}$$

利用矩阵求逆引理，我们有

$$\mathbf{C}_x^{-1} = (\sigma^2\mathbf{I} + \mathbf{E}\mathbf{D}\mathbf{E}^H)^{-1} = \frac{1}{\sigma^2}\mathbf{I} - \frac{1}{\sigma^4}\mathbf{E}\left(\mathbf{E}^H\frac{1}{\sigma^2}\mathbf{E} + \mathbf{D}^{-1}\right)^{-1}\mathbf{E}^H$$

$$= \frac{1}{\sigma^2}\mathbf{I} - \frac{1}{\sigma^4}\mathbf{E}\left(\frac{N}{\sigma^2}\mathbf{I} + \mathbf{D}^{-1}\right)^{-1}\mathbf{E}^H = \frac{1}{\sigma^2}\mathbf{I} - \frac{1}{\sigma^4}\sum_{\substack{i=-L \\ i \neq 0}}^{L} \frac{\mathbf{e}_i \mathbf{e}_i^H}{\frac{N}{\sigma^2} + \frac{1}{P_i/2}}$$

$$= \frac{1}{\sigma^2}\left(\mathbf{I} - \sum_{\substack{i=-L \\ i \neq 0}}^{L} \frac{P_i/2}{NP_i/2 + \sigma^2}\mathbf{e}_i \mathbf{e}_i^H\right)$$

下一步我们求行列式，

$$\det(\mathbf{C}_x) = \det(\sigma^2\mathbf{I} + \mathbf{EDE}^H) = \sigma^{2N}\det(\mathbf{I} + \frac{1}{\sigma^2}\mathbf{EDE}^H)$$

使用恒等式

$$\det(\mathbf{I}_K + \mathbf{A}_{KL}\mathbf{B}_{LK}) = \det(\mathbf{I}_L + \mathbf{B}_{LK}\mathbf{A}_{LK})$$

其中 K、L 表示矩阵的维数，我们有

$$\det(\mathbf{C}_x) = \sigma^{2N}\det\left(\mathbf{I} + \frac{1}{\sigma^2}\mathbf{E}^H\mathbf{ED}\right) = \sigma^{2N}\det\left(\mathbf{I} + \frac{N}{\sigma^2}\mathbf{D}\right)$$

$$= \sigma^{2N}\prod_{\substack{i=-L \\ i\neq 0}}^{L}\left(1 + \frac{NP_i/2}{\sigma^2}\right)$$

逆和行列式也可以应用习题 2.13 的公式求得。利用这些结果，在 $\mathcal{H}_1$ 条件下的对数 PDF 为

$$\ln p(\mathbf{x};\mathbf{P},\mathcal{H}_1) = -\frac{N}{2}\ln 2\pi - \frac{1}{2}\ln\det(\mathbf{C}_x) - \frac{1}{2}\mathbf{x}^T\mathbf{C}_x^{-1}\mathbf{x}$$

$$= -\frac{N}{2}\ln 2\pi - \frac{1}{2}\ln\sigma^{2N} - \frac{1}{2}\sum_{\substack{i=-L \\ i\neq 0}}^{L}\ln\left(\frac{NP_i/2}{\sigma^2} + 1\right)$$

$$-\frac{1}{2}\frac{\mathbf{x}^T\mathbf{x}}{\sigma^2} + \frac{1}{2\sigma^2}\sum_{\substack{i=-L \\ i\neq 0}}^{L}\frac{P_i/2}{NP_i/2 + \sigma^2}|\mathbf{e}_i^H\mathbf{x}|^2$$

$$= -\frac{N}{2}\ln(2\pi\sigma^2) - \frac{1}{2}\frac{\mathbf{x}^T\mathbf{x}}{\sigma^2}$$

$$-\frac{1}{2}\sum_{\substack{i=-L \\ i\neq 0}}^{L}\left[\ln\left(\frac{NP_i/2}{\sigma^2} + 1\right) - \frac{P_i/2}{NP_i/2 + \sigma^2}\frac{|\mathbf{e}_i^H\mathbf{x}|^2}{\sigma^2}\right]$$

或最终有

$$\ln p(\mathbf{x};\mathbf{P},\mathcal{H}_1) = -\frac{N}{2}\ln(2\pi\sigma^2) - \frac{1}{2}\frac{\mathbf{x}^T\mathbf{x}}{\sigma^2}$$

$$-\frac{1}{2}\sum_{\substack{i=-L \\ i\neq 0}}^{L}\left[\ln\left(\frac{NP_i/2}{\sigma^2} + 1\right) - \frac{NP_i/2}{NP_i/2 + \sigma^2}\frac{I(f_i)}{\sigma^2}\right]$$

$$= -\frac{N}{2}\ln(2\pi\sigma^2) - \frac{1}{2}\frac{\mathbf{x}^T\mathbf{x}}{\sigma^2} - \sum_{i=1}^{L}\left[\ln\left(\frac{NP_i/2}{\sigma^2} + 1\right) - \frac{NP_i/2}{NP_i/2 + \sigma^2}\frac{I(f_i)}{\sigma^2}\right]$$

其中

$$I(f_i) = \frac{1}{N}\left|\sum_{n=0}^{N-1}x[n]\exp(-j2\pi f_i n)\right|^2$$

第 9 章　未知噪声参数

9.1　引言

在高斯噪声中检测信号时,如果噪声的 PDF 除少数几个参数外是已知的,那么这样的检测问题在实际中是相当令人感兴趣的。噪声的统计特性完全先验已知是很少的。一般来说,如果噪声是 WGN,功率可能是未知的;或者如果噪声是有色的,PSD 可能不完全已知。当信号也是不确定的时候,问题则要进一步复杂。在两种情况下,导出的假设检验在 $\mathcal{H}_0$ 和 $\mathcal{H}_1$ 两种条件下含有未知参数(由于噪声参数),这称为双复合假设检验问题。在本章中,我们将讨论许多应用到该问题的检测器及它们的性能。

9.2　小结

首先讨论具有未知方差的 WGN 的情况。在 9.3 节定义了恒虚警检测器,在 9.4.1 节中推导了已知确定性信号的 GLRT,并且这种 GLRT 不具有恒虚警率性质。对于具有已知 PDF 的随机信号,正如 9.4.2 节所证明的那样,GLRT 是很难实现的。对于利用线性模型描述的具有未知参数的确定性信号,定理 9.1 给出了 GLRT 及其他的精确性能。9.5 节讨论了具有未知功率谱参数的有色 WSS 高斯噪声。当把噪声看成一阶自回归过程时,它的 ACF 和 PSD 分别由(9.18)式和(9.19)式给出。对于自回归噪声中的已知信号,(9.22)式给出了 GLRT 检测器,它不是恒虚警率检测器。然而,在具有未知协方差矩阵的零均值高斯噪声中,由线性模型描述的信号的 Rao 检验统计量由(9.36)式给出。在定理 9.2 中给出了它的渐近性能,并且得到了恒虚警率检测器。另外,渐近性能与噪声参数已知的情况一样好。最后,在 9.6 节,在自回归噪声中线性 FM 信号的检测得到了(9.40)式的 Rao 检验,渐近性能由(9.39)式和(9.41)式给出。这种检测器已被证明要优于匹配滤波器。

9.3　一般考虑

在设计检测器中,当噪声 PDF 不是完全已知时,我们将遇到在只有信号参数未知时没有遇到的新问题。基本的考虑就是要能够约束 P_{FA}(这也是 NP 检测器的基础)。回想一下,根据要求的 $P_{FA} = \alpha$ 求得的门限 γ',即

$$P_{FA} = \Pr\{T(\mathbf{x}) > \gamma'; \mathcal{H}_0\} = \int_{\gamma'}^{\infty} p(T; \mathcal{H}_0)dT$$

其中 $p(T; \mathcal{H}_0)$ 是检验统计量在 $\mathcal{H}_0$ 条件下的 PDF。然而,如果 $T(\mathbf{x})$ 的 PDF 不是完全已知的,那么我们就无法确定门限 γ'。例如,对于在 WGN 中已知 $DC(A > 0)$ 电平的检测(参见例 3.2),如果

$$T(\mathbf{x}) = \frac{1}{N}\sum_{n=0}^{N-1} x[n] > \frac{\sigma^2}{NA}\ln\gamma + \frac{A}{2} = \gamma' \tag{9.1}$$

我们判 $\mathcal{H}_1$。在 $\mathcal{H}_0$ 条件下,我们有 $T(\mathbf{x}) \sim \mathcal{N}(0, \sigma^2/N)$,所以

$$P_{FA} = Q\left(\frac{\gamma'}{\sqrt{\sigma^2/N}}\right) \tag{9.2}$$

这样，$\gamma' = \sqrt{\sigma^2/N} Q^{-1}(P_{FA})$。很显然，门限将与 WGN 的方差 σ^2 有关。如果噪声方差未知，那么门限就不能确定，一种可能的方法是在假定 $\mathcal{H}_0$ 为真的条件下估计 σ^2，然后令 $\hat{\gamma'} = \sqrt{\hat{\sigma^2}/N} Q^{-1}(P_{FA})$。这种方法有时也称为即估即用（estimate and plug）检测器。它的不足之处是估计器

$$\hat{\sigma^2} = \frac{1}{N} \sum_{n=0}^{N-1} x^2[n]$$

当信号出现时是有偏的。在 $\mathcal{H}_1$ 条件下，$E(\hat{\sigma^2}) = \sigma^2 + A^2$，它使门限抬高，因而也减少了 P_D。另外，在（9.2）式中估计门限的使用将使真实的 P_{FA} 不同于计算的 P_{FA}。为了避免信号引入偏差的影响，我们可以使用附加的或参考数据样本，这些数据样本已知只由噪声组成，并且与信号无关，这些噪声数据形成估计

$$\hat{\sigma^2} = \frac{1}{N} \sum_{n=0}^{N-1} w_R^2[n]$$

其中 $w_R[n]$ 是参考噪声信号。参考噪声样本假定是方差为 σ^2 的 WGN 的样本。那么，我们可以利用

$$T(\mathbf{x}, \mathbf{w}_R) = \frac{\dfrac{1}{N} \sum\limits_{n=0}^{N-1} x[n]}{\sqrt{\hat{\sigma^2}/N}}$$

可以证明，这个检验统计量在 $\mathcal{H}_0$ 条件下并不依赖于实际的方差 σ^2，因此可以建立门限。事实上，正如习题 9.1 所证明的那样，$T(\mathbf{x}, \mathbf{w}_R)$ 具有学生（Student）PDF。分子 $\sqrt{\hat{\sigma^2}/N}$ 有时称为归一化因子，它产生的检测器通过选择合适的门限能够约束 P_{FA}，这是因为在 $\mathcal{H}_0$ 条件下统计量的 PDF 并不依赖 σ^2（参见习题 9.3）。因此与噪声功率无关，选择门限得到的检测器具有恒定的虚警概率。这样的检测器称为恒虚警率（CFAR）检测器，然而并不知道它是否是使 P_D 最大的最佳检验统计量。

　　回到标准的假设检验问题，即在 WGN 中已知 DC 电平的问题，

$$\begin{aligned} \mathcal{H}_0 &: x[n] = w[n] & n = 0, 1, \ldots, N-1 \\ \mathcal{H}_1 &: x[n] = A + w[n] & n = 0, 1, \ldots, N-1 \end{aligned} \tag{9.3}$$

其中 A 是已知的，$w[n]$ 是具有未知方差 σ^2 的 WGN。在 $\mathcal{H}_0$ 和 $\mathcal{H}_1$ 条件下的 PDF 分别用 $p(\mathbf{x}; \sigma^2, \mathcal{H}_0)$ 和 $p(\mathbf{x}; \sigma^2, \mathcal{H}_1)$ 表示。这是一个没有最佳解的复合假设检验问题。如果我们把 σ^2 看作随机变量，并且给它指定先验 PDF，那么得到的贝叶斯检测器可以说是最佳的（参见 6.4.1 节）。否则，GLRT 通常可以得到好的结果。在本例中我们阐述一下 GLRT 方法，在习题 6.6 中讨论了贝叶斯方法。我们将应用 Rao 检验（参见 6.6 节），这种检验具有不要求信号参数的 MLE 的优点，这些信号参数也是未知的。

例 9.1　具有未知方差的 WGN 中 DC 电平的 GLRT

　　考察（9.3）式中 A 为已知（$A > 0$）的检测问题，如果

$$\frac{p(\mathbf{x}; \hat{\sigma_1^2}, \mathcal{H}_1)}{p(\mathbf{x}; \hat{\sigma_0^2}, \mathcal{H}_0)} > \gamma$$

GLRT 判 $\mathcal{H}_1$，其中 $\hat{\sigma_i^2}$ 是 $\mathcal{H}_i$ 条件下 σ^2 的 MLE。注意，与即估即用检测器不同，GLRT 是在两

种假设下估计 σ^2；而且由于这一点，导出的检测器一般来说不同于即估即用检测器。可以证明，MLE 为(参见本书卷 I 的第 124 页)。

$$\hat{\sigma_0^2} = \frac{1}{N} \sum_{n=0}^{N-1} x^2[n]$$

$$\hat{\sigma_1^2} = \frac{1}{N} \sum_{n=0}^{N-1} (x[n] - A)^2$$

所以

$$L_G(\mathbf{x}) = \frac{p(\mathbf{x}; \hat{\sigma_1^2}, \mathcal{H}_1)}{p(\mathbf{x}; \hat{\sigma_0^2}, \mathcal{H}_0)} = \frac{\frac{1}{(2\pi\hat{\sigma_1^2})^{\frac{N}{2}}} \exp\left[-\frac{1}{2\hat{\sigma_1^2}} \sum_{n=0}^{N-1} (x[n] - A)^2\right]}{\frac{1}{(2\pi\hat{\sigma_0^2})^{\frac{N}{2}}} \exp\left[-\frac{1}{2\hat{\sigma_0^2}} \sum_{n=0}^{N-1} x^2[n]\right]}$$

$$= \frac{\frac{1}{(2\pi\hat{\sigma_1^2})^{\frac{N}{2}}} \exp\left(-\frac{N}{2}\right)}{\frac{1}{(2\pi\hat{\sigma_0^2})^{\frac{N}{2}}} \exp\left(-\frac{N}{2}\right)} = \left(\frac{\hat{\sigma_0^2}}{\hat{\sigma_1^2}}\right)^{\frac{N}{2}}$$

因此，如果

$$\frac{\hat{\sigma_0^2}}{\hat{\sigma_1^2}} > \gamma^{\frac{2}{N}}$$

我们判 $\mathcal{H}_1$。更为直观的等效检验统计量为

$$T(\mathbf{x}) = \frac{1}{2A}\left(\frac{\hat{\sigma_0^2}}{\hat{\sigma_1^2}} - 1\right) = \frac{\bar{x} - A/2}{\frac{1}{N} \sum_{n=0}^{N-1} (x[n] - A)^2} \tag{9.4}$$

其中，我们利用了 $\hat{\sigma_1^2} = \hat{\sigma_0^2} - 2A\bar{x} + A^2$。注意，GLRT 自动引入了归一化因子(尽管它只在 $\mathcal{H}_1$ 条件下正确)。可以证明(参见习题 9.5)，对于弱信号，或者 $A \to 0$ 以及 $N \to \infty$，

$$T(\mathbf{x}) \overset{a}{\sim} \begin{cases} \mathcal{N}\left(-\frac{A}{2\sigma^2}, \frac{1}{N\sigma^2}\right) & \text{在 } \mathcal{H}_0 \text{ 条件下} \\ \mathcal{N}\left(\frac{A}{2\sigma^2}, \frac{1}{N\sigma^2}\right) & \text{在 } \mathcal{H}_1 \text{ 条件下} \end{cases} \tag{9.5}$$

遗憾的是，在 $\mathcal{H}_0$ 条件下，$T(\mathbf{x})$ 的 PDF 与 σ^2 有关，因此不能建立门限。这个例子说明，在双复合假设检验问题中，GLRT 并不是 CFAR 检测器，甚至也不是渐近的 CFAR 检测器。[注意，在本例中，对于 GLRT 的渐近 PDF 成立所需要的条件是相悖的(参见习题 9.6)，在 $\mathcal{H}_0$ 条件下，PDF 并不依赖于 σ^2。]

更常见的检测问题是除了 σ^2 是未知的，DC 电平 A 也是未知的。在这种情况下，GLRT 是渐近的 CFAR 检测器。事实上，我们已经在例 6.5 中讨论了这个问题，在那里我们看到 GLRT 统计量是

$$T(\mathbf{x}) = 2\ln L_G(\mathbf{x}) = N\ln\left(1 + \frac{\bar{x}^2}{\hat{\sigma_1^2}}\right)$$

其中 $\hat{\sigma_1^2} = (1/N) \sum_{n=0}^{N-1} (x[n] - \bar{x})^2$。在 $\mathcal{H}_0$ 条件下，$2\ln L_G(\mathbf{x})$ 的渐近 PDF 已经证明是与 σ^2 无关的。另外，在例 6.7 中已经证明

$$T(\mathbf{x}) \overset{a}{\sim} \begin{cases} \chi_1^2 & \text{在 } \mathcal{H}_0 \text{ 条件下} \\ \chi_1'^2(\lambda) & \text{在 } \mathcal{H}_1 \text{ 条件下} \end{cases}$$

这验证了 CFAR 特性，其中 $\lambda = NA^2/\sigma^2$。（对这个问题渐近等效的 Rao 检验在例 6.10 中进行了研究。）总之，如果检测问题可以重写成 6.5 节中的参数检验问题，或者

$$\begin{aligned} \mathcal{H}_0 &: \boldsymbol{\theta}_r = \boldsymbol{\theta}_{r_0}, \boldsymbol{\theta}_s \\ \mathcal{H}_1 &: \boldsymbol{\theta}_r \neq \boldsymbol{\theta}_{r_0}, \boldsymbol{\theta}_s \end{aligned}$$

其中 $\boldsymbol{\theta}_r$ 是 $r \times 1(r \geqslant 1)$ 维的，$\boldsymbol{\theta}_s$ 是 $s \times 1(s \geqslant 0)$ 维的多余参数矢量，那么 GLRT 是渐近 CFAR 检测器，在 $\mathcal{H}_0$ 条件下 $2\ln L_G(\mathbf{x}) \overset{a}{\sim} \chi_r^2$。

有一点值得提及的是，对于双复合假设检验问题，GLRT 并不是通过使 LRT 最大而得到的［对照(6.15)式］。这是因为当存在未知参数时，在两种假设 $\mathcal{H}_0$ 和 $\mathcal{H}_1$ 下，PDF 必须最大。

在下面几节中，我们将研究在具有未知参数的高斯噪声中信号的检测问题，这些问题总结在图 9.1 中。不完全已知噪声 PDF 的结果是根据第 7 章和第 8 章得出的。在 9.4 节，我们考察了 WGN；而在 9.5 节，我们将讨论扩展到有色 WSS 高斯噪声。

高斯噪声							
白色				相关			
确定性信号		随机信号		确定性信号		随机信号	
已知形式	未知参数	已知 PDF	具有未知参数的 PDF	已知形式	未知参数	已知 PDF	具有未知参数的 PDF

图 9.1　存在未知参数的情况下检测问题的体系结构

9.4　高斯白噪声

如果噪声是高斯白噪声（WGN），那么唯一可能未知的参数是噪声方差 σ^2。这样，在 $\mathcal{H}_0$ 条件下，我们仅需要估计 σ^2。我们已经看到 MLE 为

$$\hat{\sigma_0^2} = \frac{1}{N} \sum_{n=0}^{N-1} x^2[n]$$

这样

$$p(\mathbf{x}; \hat{\sigma_0^2}, \mathcal{H}_0) = \frac{1}{(2\pi\hat{\sigma_0^2})^{\frac{N}{2}}} \exp\left(-\frac{N}{2}\right)$$

然而在 $\mathcal{H}_1$ 条件下，σ^2 的 MLE 与信号的假设有关。下面，我们对图 9.1 中描述的可能信号确定 GLRT。

9.4.1　已知确定性信号

检测问题是

$$\begin{aligned} \mathcal{H}_0 &: x[n] = w[n] & n = 0, 1, \ldots, N-1 \\ \mathcal{H}_1 &: x[n] = s[n] + w[n] & n = 0, 1, \ldots, N-1 \end{aligned}$$

其中 $s[n]$ 是已知的确定性信号，在这种情况下，不存在未知信号参数，所以如果

$$L_G(\mathbf{x}) = \frac{p(\mathbf{x}; \hat{\sigma_1^2}, \mathcal{H}_1)}{p(\mathbf{x}; \hat{\sigma_0^2}, \mathcal{H}_0)} > \gamma$$

GLRT 判 $\mathcal{H}_1$，其中$\hat{\sigma_i^2}$是在 $\mathcal{H}_i$ 条件下 σ^2 的 MLE。在 $\mathcal{H}_0$ 条件下已经求得 MLE，我们只需要求$\hat{\sigma_1^2}$，而这很容易证明是

$$\hat{\sigma_1^2} = \frac{1}{N} \sum_{n=0}^{N-1} (x[n] - s[n])^2$$

所以使用类似的方法，对例 9.1 我们求得

$$L_G(\mathbf{x}) = \left(\frac{\hat{\sigma_0^2}}{\hat{\sigma_1^2}}\right)^{\frac{N}{2}}$$

这推广了例 9.1 中 $s[n] = A$ 的情况。另外，如果我们考虑等效的检验统计量

$$
\begin{aligned}
T(\mathbf{x}) &= \frac{N}{2}\left(L_G(\mathbf{x})^{\frac{2}{N}} - 1\right) \\
&= \frac{N}{2} \frac{\hat{\sigma_0^2} - \hat{\sigma_1^2}}{\hat{\sigma_1^2}}
\end{aligned}
$$

我们有
$$T(\mathbf{x}) = \frac{\displaystyle\sum_{n=0}^{N-1} x^2[n] - \sum_{n=0}^{N-1}(x[n]-s[n])^2}{2\hat{\sigma_1^2}} = \frac{\displaystyle\sum_{n=0}^{N-1} x[n]s[n] - \frac{1}{2}\sum_{n=0}^{N-1} s^2[n]}{\hat{\sigma_1^2}}$$

当 σ^2 是已知的时候，在 4.3.1 节中已经证明，NP 检验是

$$\frac{\displaystyle\sum_{n=0}^{N-1} x[n]s[n] - \frac{1}{2}\sum_{n=0}^{N-1} s^2[n]}{\sigma^2} > \ln\gamma$$

唯一的差别是归一化因子。它能够进一步证明（与习题 9.5 类似的方法），当 $N \to \infty$ 时，

$$T(\mathbf{x}) \overset{a}{\sim} \begin{cases} \mathcal{N}\left(-\frac{\mathcal{E}}{2\sigma^2}, \frac{\mathcal{E}}{\sigma^2}\right) & \text{在 } \mathcal{H}_0 \text{ 条件下} \\ \mathcal{N}\left(\frac{\mathcal{E}}{2\sigma^2}, \frac{\mathcal{E}}{\sigma^2}\right) & \text{在 } \mathcal{H}_1 \text{ 条件下} \end{cases}$$

其中$\mathcal{E} = \sum_{n=0}^{N-1} s^2[n]$是信号能量，因此检测器不是 CFAR。弥补的方法就是像习题 9.9 那样考虑统计量

$$T'(\mathbf{x}) = \frac{\displaystyle\sum_{n=0}^{N-1} x[n]s[n]}{\sqrt{\hat{\sigma_0^2}}}$$

9.4.2　具有已知 PDF 的随机信号

我们现在假定 $s[n]$ 是具有已知 PDF 的高斯随机过程，那么检测问题就变成

$$\begin{aligned} \mathcal{H}_0 &: x[n] = w[n] & n = 0, 1, \ldots, N-1 \\ \mathcal{H}_1 &: x[n] = s[n] + w[n] & n = 0, 1, \ldots, N-1 \end{aligned}$$

其中 $s[n]$ 是高斯随机过程，均值为零，方差 $\mathbf{C}_s$ 已知。像以往一样噪声是具有未知方差 σ^2 的 WGN。在 $\mathcal{H}_1$ 条件下，PDF 为

$$p(\mathbf{x}; \sigma^2, \mathcal{H}_1) = \frac{1}{(2\pi)^{\frac{N}{2}} \det^{\frac{1}{2}}(\mathbf{C}_s + \sigma^2\mathbf{I})} \exp\left[-\frac{1}{2}\mathbf{x}^T(\mathbf{C}_s + \sigma^2\mathbf{I})^{-1}\mathbf{x}\right]$$

为了实现 GLRT，我们必须求得在 $\mathcal{H}_1$ 条件下 σ^2 的 MLE。为此，我们根据协方差矩阵的分解，使用 PDF 等效的表达式（参见例 8.1），可以得出

$$\ln p(\mathbf{x}; \sigma^2, \mathcal{H}_1) = -\frac{N}{2}\ln 2\pi - \frac{1}{2}\sum_{i=1}^{N}\left[\ln(\lambda_{s_i} + \sigma^2) + \frac{(\mathbf{v}_i^T\mathbf{x})^2}{\lambda_{s_i} + \sigma^2}\right] \tag{9.6}$$

其中 $\mathbf{C}_s$ 具有特征矢量 $\{\mathbf{v}_1, \mathbf{v}_2, \dots, \mathbf{v}_N\}$ 和对应的特征值 $\{\lambda_{s_1}, \lambda_{s_2}, \dots, \lambda_{s_N}\}$。$\sigma^2$ 的 MLE 是通过使

$$J(\sigma^2) = \sum_{i=1}^{N}\left[\ln(\lambda_{s_i} + \sigma^2) + \frac{(\mathbf{v}_i^T\mathbf{x})^2}{\lambda_{s_i} + \sigma^2}\right] \tag{9.7}$$

最小而求得的。求导并令等式为零，得

$$\sum_{i=1}^{N}\frac{\lambda_{s_i} + \sigma^2 - (\mathbf{v}_i^T\mathbf{x})^2}{(\lambda_{s_i} + \sigma^2)^2} = 0 \tag{9.8}$$

遗憾的是，这不能使用解析的方法求解。一个特殊情况是当信号是弱信号或者对于所有的 i，$\lambda_{s_i} \ll \sigma^2$，那么 (9.8) 式可近似为

$$\sum_{i=1}^{N}\left(\lambda_{s_i} + \sigma^2 - (\mathbf{v}_i^T\mathbf{x})^2\right) = 0$$

求解得

$$\hat{\sigma_1^2} = \frac{1}{N}\sum_{i=1}^{N}\left[(\mathbf{v}_i^T\mathbf{x})^2 - \lambda_{s_i}\right]$$

上式等效于（参见习题 9.10）

$$\hat{\sigma_1^2} = \frac{1}{N}\sum_{n=0}^{N-1}x^2[n] - \frac{1}{N}\mathrm{tr}(\mathbf{C}_s) \tag{9.9}$$

当然，由于 σ^2 必须非负，因此 MLE 变成

$$\hat{\sigma_1^2} = \max\left(0, \frac{1}{N}\sum_{n=0}^{N-1}x^2[n] - \frac{1}{N}\mathrm{tr}(\mathbf{C}_s)\right) \tag{9.10}$$

（我们也正是使 PDF 在 $0 < \sigma^2 < \infty$ 上达到最大。）由 (9.6) 式，GLRT 为

$$\begin{aligned}
2\ln L_G(\mathbf{x}) &= 2\ln p(\mathbf{x}; \hat{\sigma_1^2}, \mathcal{H}_1) - 2\ln p(\mathbf{x}; \hat{\sigma_0^2}, \mathcal{H}_0) \\
&= -N\ln 2\pi - \sum_{i=1}^{N}\left[\ln(\lambda_{s_i} + \hat{\sigma_1^2}) + \frac{(\mathbf{v}_i^T\mathbf{x})^2}{\lambda_{s_i} + \hat{\sigma_1^2}}\right] \\
&\quad + N\ln 2\pi + N\ln\hat{\sigma_0^2} + N \\
&= \sum_{i=1}^{N}\left[\ln\frac{\hat{\sigma_0^2}}{\lambda_{s_i} + \hat{\sigma_1^2}} - \frac{(\mathbf{v}_i^T\mathbf{x})^2}{\lambda_{s_i} + \hat{\sigma_1^2}} + 1\right]
\end{aligned}$$

或者最终如果

$$T(\mathbf{x}) = \sum_{i=1}^{N}\left[\ln\frac{\hat{\sigma_0^2}}{\lambda_{s_i} + \hat{\sigma_1^2}} - \frac{(\mathbf{v}_i^T\mathbf{x})^2}{\lambda_{s_i} + \hat{\sigma_1^2}} + 1\right] > \gamma' \tag{9.11}$$

我们判 $\mathcal{H}_1$。其中 $\hat{\sigma_0^2} = (1/N)\sum_{n=0}^{N-1}x^2[n]$，$\hat{\sigma_1^2}$ 由 (9.8) 式的解给出。渐近 PDF 不能由 6.5 节的标准形式给出。

9.4.3　具有未知参数的确定性信号

如果信号符合线性模型，当 σ^2 是未知的时候，很大一类的检测问题都能很容易地解决。回想一下 7.7 节，经典线性模型假定 $\mathbf{x} = \mathbf{H}\boldsymbol{\theta} + \mathbf{w}$，其中 $\mathbf{x}$ 是 $N \times 1$ 数据矢量，$\mathbf{H}$ 是 $N \times p$ 已知观测矩

阵，$\boldsymbol{\theta}$ 是 $p \times 1$ 未知信号参数矢量，$\mathbf{w}$ 是随机高斯矢量，$\mathbf{w} \sim \mathcal{N}(\mathbf{0}, \sigma^2 \mathbf{I})$。与 7.7 节讨论的线性模型不同，我们现在假定 σ^2 也是未知的，因此未知参数矢量是 $[\boldsymbol{\theta}^T \, \sigma^2]^T$。注意，$\boldsymbol{\theta}$ 只用来表示未知信号参数，这与表示整个未知信号和噪声参数矢量不同，这样表示是为了适应通常的线性模型表示。幸运的是，$\boldsymbol{\theta}$ 的含义从内容上来看是很清楚的。我们给出了定理 7.1 到适合未知噪声方差的扩展，推导请参见附录 9A。

定理 9.1（经典线性模型的 GLRT—— σ^2 未知）

假定数据具有 $\mathbf{x} = \mathbf{H}\boldsymbol{\theta} + \mathbf{w}$ 的形式，其中 $\mathbf{H}$ 是已知的秩为 p 的 $N \times p (N > p)$ 观测矩阵，$\boldsymbol{\theta}$ 是 $p \times 1$ 参数矢量，$\mathbf{w}$ 是 $N \times 1$ 噪声矢量，PDF 为 $\mathcal{N}(\mathbf{0}, \sigma^2 \mathbf{I})$。假设检验问题的 GLRT 为

$$
\begin{aligned}
\mathcal{H}_0 &: \mathbf{A}\boldsymbol{\theta} = \mathbf{b}, \sigma^2 > 0 \\
\mathcal{H}_1 &: \mathbf{A}\boldsymbol{\theta} \neq \mathbf{b}, \sigma^2 > 0
\end{aligned}
\tag{9.12}
$$

其中矩阵 $\mathbf{A}$ 是秩为 r 的 $r \times p$ 矩阵$(r \leqslant p)$，$\mathbf{b}$ 是一个 $r \times 1$ 矢量，$\mathbf{A}\boldsymbol{\theta} = \mathbf{b}$ 是线性方程组的一致集，如果

$$
T(\mathbf{x}) = \frac{N-p}{r} \left(L_G(\mathbf{x})^{\frac{2}{N}} - 1 \right)
\tag{9.13}
$$

$$
= \frac{N-p}{r} \frac{(\mathbf{A}\hat{\boldsymbol{\theta}}_1 - \mathbf{b})^T [\mathbf{A}(\mathbf{H}^T\mathbf{H})^{-1}\mathbf{A}^T]^{-1}(\mathbf{A}\hat{\boldsymbol{\theta}}_1 - \mathbf{b})}{\mathbf{x}^T(\mathbf{I} - \mathbf{H}(\mathbf{H}^T\mathbf{H})^{-1}\mathbf{H}^T)\mathbf{x}} > \gamma'
\tag{9.14}
$$

GLRT 判 $\mathcal{H}_1$，其中 $\hat{\boldsymbol{\theta}}_1 = (\mathbf{H}^T\mathbf{H})^{-1}\mathbf{H}^T\mathbf{x}$ 是在 $\mathcal{H}_1$ 条件下 $\boldsymbol{\theta}$ 的 MLE 或无约束的 MLE。精确的检测性能（对有限数据记录成立）由

$$
\begin{aligned}
P_{FA} &= Q_{F_{r,N-p}}(\gamma') \\
P_D &= Q_{F'_{r,N-p}(\lambda)}(\gamma')
\end{aligned}
\tag{9.15}
$$

给出，其中 $F_{r,N-p}$ 表示 F 分布，具有 r 个分子自由度和 $N-p$ 个分母自由度，$F'_{r,N-p}(\lambda)$ 表示非中心 F 分布，具有 r 个分子自由度和 $N-p$ 分母自由度，非中心参量为 λ。非中心参量由下式给出，

$$
\lambda = \frac{(\mathbf{A}\boldsymbol{\theta}_1 - \mathbf{b})^T [\mathbf{A}(\mathbf{H}^T\mathbf{H})^{-1}\mathbf{A}^T]^{-1}(\mathbf{A}\boldsymbol{\theta}_1 - \mathbf{b})}{\sigma^2}
$$

其中 $\boldsymbol{\theta}_1$ 是 $\mathcal{H}_1$ 条件下 $\boldsymbol{\theta}$ 的真值。

参见第 2 章关于 F 分布的讨论，由于 P_{FA} 不依赖于 σ^2，因此检验得到的是 CFAR 检测器。注意，检验统计量几乎与当 σ^2 已知时相同（参见定理 7.1），基本的差别（除一个比例因子外）是分母 σ^2 由它的无偏估计量

$$
\hat{\sigma}_1^2 = \frac{1}{N-p} \mathbf{x}^T(\mathbf{I} - \mathbf{H}(\mathbf{H}^T\mathbf{H})^{-1}\mathbf{H}^T)\mathbf{x}
$$

所取代。另外，由(9.15)式给出的 PDF 对于有限数据记录是精确成立的。不出所料，当 $N \to \infty$ 时，对于 GLRT 的 PDF 通常收敛到 chi 平方分布（参见习题 9.14）。下面，我们通过一些例子来说明这一重要定理的使用。

例 9.2 WGN 中具有未知幅度和方差的 DC 电平

我们已经在例 6.5 和例 6.7 中研究了这个问题，这里我们应用定理 9.1 来得到等效的检验统计量以及精确的 PDF。在例 6.7 中，只给出了渐近检测性能$(N \to \infty)$，这是因为我们利用了 GLRT 的渐近性质。因此，我们有如下检测问题

$$
\begin{aligned}
\mathcal{H}_0 &: x[n] = w[n] & n = 0, 1, \ldots, N-1 \\
\mathcal{H}_1 &: x[n] = A + w[n] & n = 0, 1, \ldots, N-1
\end{aligned}
$$

其中 A 是未知 DC 电平，$-\infty < A < \infty$，$w[n]$ 是具有未知方差 σ^2 的 WGN。根据经典线性模型，我们有 $\mathbf{x} = \mathbf{H}\boldsymbol{\theta} + \mathbf{w}$，其中 $\mathbf{H} = [1\ 1\ \ldots\ 1]^T$，$\boldsymbol{\theta} = A$。用参数检验表示的假设检验为

$$\begin{aligned} \mathcal{H}_0: A = 0, \quad \sigma^2 > 0 \\ \mathcal{H}_1: A \neq 0, \quad \sigma^2 > 0 \end{aligned}$$

根据(9.12)式的经典线性模型参数检验，这等价于 $\mathbf{A} = 1$，$\boldsymbol{\theta} = A$，$\mathbf{b} = 0$，所以 $r = p = 1$。因此，检验由 (9.14) 式给出，现在 $\mathbf{H}^T\mathbf{H} = N$，$\mathbf{H}^T\mathbf{x} = N\bar{x}$，所以，$\hat{\boldsymbol{\theta}}_1 = \bar{x}$，$\mathbf{A}\hat{\boldsymbol{\theta}}_1 - \mathbf{b} = \bar{x}$，$[\mathbf{A}(\mathbf{H}^T\mathbf{H})^{-1}\mathbf{A}^T]^{-1} = N$。由$(9.14)$式，我们有

$$T(\mathbf{x}) = (N-1)\frac{N\bar{x}^2}{\mathbf{x}^T\mathbf{x} - N\bar{x}^2} = (N-1)\frac{\bar{x}^2}{\dfrac{1}{N}\displaystyle\sum_{n=0}^{N-1}(x[n]-\bar{x})^2} = (N-1)\frac{\bar{x}^2}{\hat{\sigma}_1^2}$$

与(6.19)式是一致的，这是因为对于 $p = r = 1$，利用(9.13)式，

$$L_G(\mathbf{x}) = \left(\frac{T(\mathbf{x})}{N-1} + 1\right)^{\frac{N}{2}} = \left(\frac{\bar{x}^2}{\hat{\sigma}_1^2} + 1\right)^{\frac{N}{2}}$$

或者

$$2\ln L_G(\mathbf{x}) = N\ln\left(1 + \frac{\bar{x}^2}{\hat{\sigma}_1^2}\right)$$

由(9.15)式，检测性能为

$$\begin{aligned} P_{FA} &= Q_{F_{1,N-1}}(\gamma') \\ P_D &= Q_{F'_{1,N-1}(\lambda)}(\gamma') \end{aligned}$$

其中 $\lambda = NA^2/\sigma^2$。在习题 9.14 中证明当 $N \to \infty$，我们得到通常的 GLRT 统计量。

例 9.3 在具有未知方差的 WGN 中具有未知线性信号参数的检测问题

我们现在把前面的例子扩展到信号是 $\mathbf{s} = \mathbf{H}\boldsymbol{\theta}$ 的情况，我们希望检验 $\mathbf{s} = \mathbf{0}$ 还是 $\mathbf{s} \neq \mathbf{0}$。由于假定 $\mathbf{H}$ 是满秩的，等效的问题就是要检验 $\boldsymbol{\theta} = \mathbf{0}$ 还是 $\boldsymbol{\theta} \neq \mathbf{0}$。利用定理 9.1，且 $\mathbf{A} = \mathbf{I}$，$\mathbf{b} = \mathbf{0}$，$r = p$，如果

$$T(\mathbf{x}) = \frac{N-p}{p}\frac{\hat{\boldsymbol{\theta}}_1^T\mathbf{H}^T\mathbf{H}\hat{\boldsymbol{\theta}}_1}{\mathbf{x}^T(\mathbf{I} - \mathbf{H}(\mathbf{H}^T\mathbf{H})^{-1}\mathbf{H}^T)\mathbf{x}} > \gamma'$$

我们判 $\mathcal{H}_1$，其中 $\hat{\boldsymbol{\theta}}_1 = (\mathbf{H}^T\mathbf{H})^{-1}\mathbf{H}^T\mathbf{x}$ 是在 $\mathcal{H}_1$ 条件下 $\boldsymbol{\theta}$ 的 MLE。检验统计量的其他形式请参见 7.7 节。$T(\mathbf{x})$ 的一个有趣的解释是

$$\begin{aligned} T(\mathbf{x}) &= \frac{N-p}{p}\frac{[(\mathbf{H}^T\mathbf{H})^{-1}\mathbf{H}^T\mathbf{x}]^T\mathbf{H}^T\mathbf{H}[(\mathbf{H}^T\mathbf{H})^{-1}\mathbf{H}^T\mathbf{x}]}{\mathbf{x}^T(\mathbf{I} - \mathbf{H}(\mathbf{H}^T\mathbf{H})^{-1}\mathbf{H}^T)\mathbf{x}} \\ &= \frac{N-p}{p}\frac{\mathbf{x}^T\mathbf{H}(\mathbf{H}^T\mathbf{H})^{-1}\mathbf{H}^T\mathbf{x}}{\mathbf{x}^T(\mathbf{I} - \mathbf{H}(\mathbf{H}^T\mathbf{H})^{-1}\mathbf{H}^T)\mathbf{x}} = \frac{N-p}{p}\frac{\mathbf{x}^T\mathbf{P}_H\mathbf{x}}{\mathbf{x}^T\mathbf{P}_H^\perp\mathbf{x}} \\ &= \frac{N-p}{p}\frac{\|\mathbf{P}_H\mathbf{x}\|^2}{\|\mathbf{P}_H^\perp\mathbf{x}\|^2} \end{aligned} \tag{9.16}$$

其中 $\mathbf{P}_H = \mathbf{H}(\mathbf{H}^T\mathbf{H})^{-1}\mathbf{H}^T$ 是将一个矢量投影到矩阵 $\mathbf{H}$ 的列的正交投影矩阵，$\mathbf{P}_H^\perp = \mathbf{I} - \mathbf{P}_H$ 是将一个矢量投影到垂直于由 $\mathbf{H}$ 的列张成的空间的正交投影矩阵(参见本书卷 I 的第 166 页)。另外，$\|\boldsymbol{\xi}\|$ 表示矢量 $\boldsymbol{\xi}$ 的欧几里得范数。如果我们把由 $\mathbf{H}$ 的列张成的子空间看成"信号子空间"，垂直的空间看成"噪声子空间"，那么检验统计量是 SNR 的估计，如图 9.2 所示。正如图中所示的那样，我们把 $\mathbf{x}$ 分解成两个正交分量 $\mathbf{P}_H\mathbf{x}$ 和 $\mathbf{P}_H^\perp\mathbf{x}$，计算这两个矢量的平方长

度之比。对于某些附加的解释，读者可以参阅［Scharf and Friedlander 1994］。最后注意，由于

$$E\left[(\mathbf{P}_H\mathbf{w})(\mathbf{P}_H^\perp\mathbf{w})^T\right] \;=\; \mathbf{P}_H\sigma^2\mathbf{I}\mathbf{P}_H^\perp \;=\; \sigma^2\mathbf{P}_H\mathbf{P}_H^\perp = \mathbf{0}$$

$\mathbf{P}_H\mathbf{x}$ 和 $\mathbf{P}_H^\perp\mathbf{x}$ 是相互独立的高斯随机矢量。$\mathbf{P}_H$ 的秩为 p，$\mathbf{P}_H^\perp$ 的秩为 $N-p$（参见本书卷 I 的习题 8.12），得到 $F_{p,\,N-p}$ 分布（参见第 2 章）。

对于未知信号（不必是线性的）参数问题，由于在 $\mathcal{H}_0$ 条件下需要求 MLE，因此 Rao 检验也是有用的。这在先前的例 6.8 给予了说明。然而，这在下面的例子给出了警示性的说明。

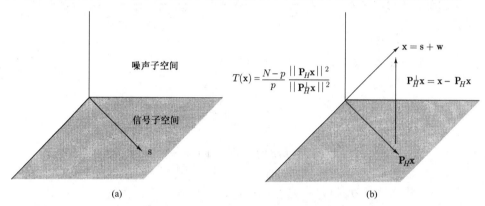

图 9.2　对于线性模型的检测器矢量空间的解释

例 9.4　在具有未知方差的 WGN 中具有未知参数信号的检测

假定信号是 $As[n;\alpha]$，其中 $-\infty < A < \infty$ 是未知的，α 是未知信号参数。信号 $A\cos 2\pi f_0 n$ 就是一个例子，其中 $\alpha = f_0$。未知参数矢量是 $\boldsymbol{\theta} = [A\; f_0\; \sigma^2]^T$，所以按第 6 章的表示方法，$\boldsymbol{\theta}_r = A$，$\boldsymbol{\theta}_{r_0} = 0$，$\boldsymbol{\theta}_s = [f_0\; \sigma^2]^T$。由（6.35）式，Rao 检验为

$$T_R(\mathbf{x}) = \left.\frac{\partial \ln p(\mathbf{x};\boldsymbol{\theta})}{\partial \boldsymbol{\theta}_r}\right|^T_{\boldsymbol{\theta}=\tilde{\boldsymbol{\theta}}} \left[\mathbf{I}^{-1}(\tilde{\boldsymbol{\theta}})\right]_{\theta_r\theta_r} \left.\frac{\partial \ln p(\mathbf{x};\boldsymbol{\theta})}{\partial \boldsymbol{\theta}_r}\right|_{\boldsymbol{\theta}=\tilde{\boldsymbol{\theta}}}$$

其中 $\tilde{\boldsymbol{\theta}} = [\boldsymbol{\theta}_{r_0}^T\; \tilde{\boldsymbol{\theta}}_{s_0}^T]^T = [0\; \hat{f}_0\; \hat{\sigma}_0^2]^T$，$\hat{f}_0$ 是在 $\mathcal{H}_0$ 条件下 f_0 的 MLE。但是在 $\mathcal{H}_0$ 条件下，由于 $A=0$ 没有信号，因此不能期望能够估计出 $\hat{f}_0$。这也说明了对于 $A=0$，它自身是一个奇异的 Fisher 信息矩阵。例如，利用类似于本书卷 I 的第 41 页～第 42 页的方法，我们能够证明（参见习题 9.16），当 $A\to 0$ 时，

$$\mathbf{I}(\boldsymbol{\theta}) \;\approx\; \begin{bmatrix} \frac{N}{2\sigma^2} & 0 & 0 \\ 0 & \frac{2A^2\pi^2}{\sigma^2}\sum_{n=0}^{N-1}n^2 & 0 \\ 0 & 0 & \frac{N}{2\sigma^4} \end{bmatrix} \;\to\; \begin{bmatrix} \frac{N}{2\sigma^2} & 0 & 0 \\ 0 & 0 & 0 \\ 0 & 0 & \frac{N}{2\sigma^4} \end{bmatrix}$$

很显然，$\mathbf{I}^{-1}(\tilde{\boldsymbol{\theta}})$ 不存在。当然，GLRT 总是可以用的，但是要求出在 $\mathcal{H}_1$ 条件下 $[A\, f_0 \sigma^2]^T$ 的 MLE。因此，Rao 检验限定为针对除幅度外其他都已知的信号，但本例利用定理 9.1 很容易求解。这样，正如在 9.5 节中证明的那样，对于在具有未知噪声参数的相关高斯噪声中的线性信号模型，Rao 检验是非常有用的。

9.4.4　具有未知 PDF 参数的随机信号

一般而言，对于该问题的 GLRT 是很难解析地确定的，在 9.4.2 节中，对于已知信号 PDF 和

未知噪声方差，我们就遇到了这种情况。当加上未知信号参数时，难度只会增加。由于它的应用有限，对这种情况我们不做进一步的探讨。

9.5　有色 WSS 高斯噪声

当噪声是具有未知参数的相关噪声时，在 $\mathcal{H}_1$ 条件下，信号和噪声未知参数的 MLE 可能很难得到，因此，我们把讨论限制在可能存在解的确定性信号的情况。在探讨具有未知参数的相关高斯噪声中的具有未知参数的确定性信号之前，应该提及的是如果噪声协方差是已知的，那么在第 7 章和第 8 章描述的检测器可以直接应用。这是因为，对于已知噪声协方差矩阵 $\mathbf{C}_w$，我们可以预白化数据，将 $\mathbf{C}_w^{-1}$ 分解为 $\mathbf{D}^T\mathbf{D}$，其中 $\mathbf{D}$ 是 $N \times N$ 可逆矩阵，我们得出 $\mathbf{x}' = \mathbf{D}\mathbf{x}$。那么，$\mathbf{x}' = \mathbf{D}\mathbf{s} + \mathbf{D}\mathbf{w} = \mathbf{D}\mathbf{x} + \mathbf{w}'$，其中 $\mathbf{C}_{w'} = E(\mathbf{w}'\mathbf{w}'^T) = \mathbf{I}$（参见本书卷 I 的第 70 页 ~ 第 71 页），那么检测问题就化简为在具有已知方差 $\sigma^2 = 1$ 的 WGN 中检测信号 $\mathbf{D}\mathbf{s}$ 的问题，信号 $\mathbf{D}\mathbf{s}$ 可能包含有未知参数。

在实际中，我们常常假定噪声为 WSS。关于有色 WSS 高斯噪声的一个简单模型是一阶自回归（AR）模型[Kay 1988, Chapter 5]，它定义为单极点递归滤波器在 WGN $u[n]$ 的激励下的输出 $w[n]$，即

$$w[n] = -a[1]w[n-1] + u[n] \tag{9.17}$$

其中 AR 滤波器参数 $a[1]$ 满足 $|a[1]| < 1$（滤波器稳定的条件），$u[n]$ 是方差为 σ_u^2 的 WGN。如果 $a[1] = 0$，那么我们有通常的 WGN 模型，且 $\sigma^2 = \sigma_u^2$。滤波器的作用就是使噪声变成有色噪声，产生非平的 PSD，可以证明它的 ACF 为（参见习题 9.17）

$$r_{ww}[k] = \frac{\sigma_u^2}{1 - a^2[1]}(-a[1])^{|k|} \tag{9.18}$$

当 $|a[1]| \to 1$ 时，噪声变成强相关的。也可以证明 PSD 为（参见习题 9.17）

$$P_{ww}(f) = \frac{\sigma_u^2}{|1 + a[1]\exp(-j2\pi f)|^2} \qquad |f| \le \frac{1}{2} \tag{9.19}$$

图 9.3 给出了一些例子。因此，$a[1]$ 和 σ_u^2 分别控制着过程的带宽和总的功率。在[Kay 1988, Chapter 5]给出了到带通过程的扩展。我们将考虑 $a[1]$ 和 σ_u^2 是未知的情况，并且考虑确定性信号。

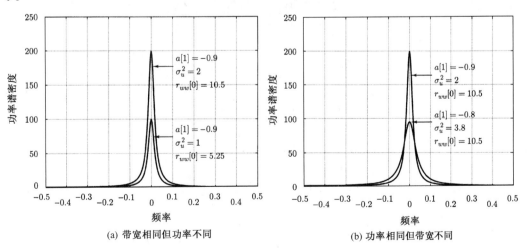

(a) 带宽相同但功率不同　　　　　　　　　　　(b) 功率相同但带宽不同

图 9.3　AR 过程的功率谱密度

9.5.1 已知的确定性信号

对噪声使用 AR 模型，我们现在确定当 $a[1]$ 和 σ_u^2 是未知的、信号是已知的确定性信号 $s[n]$ 时的 GLRT。我们首先要求噪声样本的 PDF，要得到一个精确的表达式是很困难的，因此，我们使用大数据记录近似，这在本书卷 I 的例 7.18 已经推导为

$$\ln p(\mathbf{w}; a[1], \sigma_u^2) = -\frac{N}{2}\ln 2\pi - \frac{N}{2}\ln \sigma_u^2 - \frac{N}{2\sigma_u^2}\int_{-\frac{1}{2}}^{\frac{1}{2}}|A(f)|^2 I_w(f)df$$

其中 $A(f) = 1 + a[1]\exp(-j2\pi f)$，并且 $I_w(f) = (1/N)|\sum_{n=0}^{N-1}w[n]\exp(-j2\pi fn)|^2$ 是周期图。如果我们注意到 $\int_{-\frac{1}{2}}^{\frac{1}{2}}\ln|A(f)|^2 df = 0$ [Kay 1988]，那么这也可以根据(2.36)式推导出来。可以证明(参见本书卷 I 的第 139 页 ~ 第 141 页)，根据这种近似，$a[1]$、σ_u^2 的 MLE 为

$$\hat{a}[1] = -\frac{\hat{r}_{ww}[1]}{\hat{r}_{ww}[0]} \tag{9.20}$$

$$\hat{\sigma_u^2} = \hat{r}_{ww}[0] + \hat{a}[1]\hat{r}_{ww}[1]$$

$$= \int_{-\frac{1}{2}}^{\frac{1}{2}}|\hat{A}(f)|^2 I_w(f)df \tag{9.21}$$

其中对于 $k \geqslant 0$，

$$\hat{r}_{ww}[k] = \frac{1}{N}\sum_{n=0}^{N-1-k}w[n]w[n+k]$$

它是 ACF 的估计，且

$$\hat{A}(f) = 1 + \hat{a}[1]\exp(-j2\pi f)$$

这样，我们有

$$\ln p(\mathbf{w}; \hat{a}[1], \hat{\sigma_u^2}) = -\frac{N}{2}\ln 2\pi - \frac{N}{2}\ln\hat{\sigma_u^2} - \frac{N}{2}$$

上式等价于 $p(\mathbf{x}; \hat{a}_0[1], \hat{\sigma_{u_0}^2}, \mathcal{H}_0)$，其中 $\hat{a}_0[1]$、$\hat{\sigma_{u_0}^2}$，是 $\mathcal{H}_0$ 条件下 $a[1]$、σ_u^2 的 MLE。当信号出现时，对 PDF 唯一要做的修改是用 $x[n] - s[n]$ 代替 $x[n]$，GLRT 变成

$$2\ln\frac{p(\mathbf{x}; \hat{a}_1[1], \hat{\sigma_{u_1}^2}, \mathcal{H}_1)}{p(\mathbf{x}; \hat{a}_0[1], \hat{\sigma_{u_0}^2}, \mathcal{H}_0)} = N\ln\frac{\hat{\sigma_{u_0}^2}}{\hat{\sigma_{u_1}^2}} \tag{9.22}$$

其中

$$\hat{\sigma_{u_0}^2} = \int_{-\frac{1}{2}}^{\frac{1}{2}}|\hat{A}_0(f)|^2 I_x(f)df$$

$$\hat{\sigma_{u_1}^2} = \int_{-\frac{1}{2}}^{\frac{1}{2}}|\hat{A}_1(f)|^2 I_{x-s}(f)df \tag{9.23}$$

且

$$\hat{a}_0[1] = -\frac{\hat{r}_{xx}[1]}{\hat{r}_{xx}[0]}$$

$$\hat{a}_1[1] = -\frac{\hat{r}_{x-s,x-s}[1]}{\hat{r}_{x-s,x-s}[0]} \tag{9.24}$$

注意

$$\int_{-\frac{1}{2}}^{\frac{1}{2}}|A(f)|^2 I(f)df = \frac{1}{N}\int_{-\frac{1}{2}}^{\frac{1}{2}}|A(f)X(f)|^2 df$$

其中 $X(f) = \sum_{n=0}^{N-1}x[n]\exp(-j2\pi fn)$ 是 $x[n]$ 的傅里叶变换，对于大数据记录 N 我们有如下近似(参见习题 9.18)

$$\hat{\sigma_{u_0}^2} = \frac{1}{N} \sum_{n=1}^{N-1} (x[n] + \hat{a}_0[1]x[n-1])^2$$

$$\hat{\sigma_{u_1}^2} = \frac{1}{N} \sum_{n=1}^{N-1} [(x[n] - s[n]) + \hat{a}_1[1](x[n-1] - s[n-1])]^2$$

(9.25)

整个检测器如图 9.4 所示。检测器的直观解释如下，假定信号出现，$\hat{a}_1[1]$ 将是比 $\hat{a}_0[1]$ 更好的估计，因为后者是根据数据 $s[n] + w[n]$ 得到的。另外，滤波器 $\hat{A}_0(f)$ 的输出是由噪声以及信号得到的，将使 σ_u^2 的估计升高，总的效果就是产生大的检验统计量的值或判决信号存在。对于只有噪声时的情况也可以进行类似的讨论。我们注意到，对 $x[n] + a[1]x[n-1]$ 的滤波将预白化噪声，这是因为如果 $x[n] = s[n] + w[n]$，那么 $x[n] + a[1]x[n-1] = (w[n] + a[1]w[n-1]) + (s[n] + a[1]s[n-1]) = u[n] + (s[n] + a[1]s[n-1])$。这种检测器的性能在 [Kay 1983] 中已经进行了推导，但与通常的渐近 GLRT 统计并不相符。

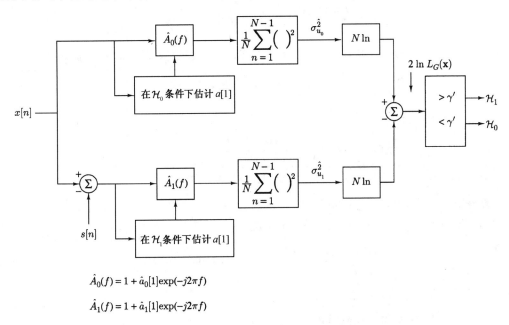

$\hat{A}_0(f) = 1 + \hat{a}_0[1]\exp(-j2\pi f)$

$\hat{A}_1(f) = 1 + \hat{a}_1[1]\exp(-j2\pi f)$

图 9.4　在具有未知参数的有色自回归噪声中关于已知的确定性信号的 GLRT

9.5.2　具有未知参数的确定性信号

当信号也具有未知参数的时候，即使对于简单的 AR 噪声模型，GLRT 也是很难确定的。对于只具有未知幅度的 DC 电平、正弦信号等，要求的近似 MLE 是可以处理的，详细内容可参考 [Kay and Nagesha 1994]。然而，对于一般的具有未知幅度的信号，这样做是很难的。另一种方法就是 Rao 检验，这是因为它只要求 $\mathcal{H}_0$ 条件下的 MLE，等价于只要求噪声或 AR 参数的 MLE，在 (9.20) 式和 (9.21) 式用 $x[n]$ 代替 $w[n]$ 就可以确定。

因此，对如下检测问题：

$$\begin{aligned} &\mathcal{H}_0 : x[n] = w[n] & n = 0, 1, \ldots, N-1 \\ &\mathcal{H}_1 : x[n] = As[n] + w[n] & n = 0, 1, \ldots, N-1 \end{aligned}$$

应用 Rao 检验，其中 A 是未知幅度，$s[n]$ 是已知的确定性信号，$w[n]$ 是高斯一阶 AR 过程，具有未知参数 $a[1]$ 和 σ_u^2。等效的参数检验问题是

$$\mathcal{H}_0 : A = 0, |a[1]| < 1, \sigma_u^2 > 0$$
$$\mathcal{H}_1 : A \neq 0, |a[1]| < 1, \sigma_u^2 > 0$$

由于对 $a[1] = 0$，有色噪声变成了 WGN，所以这一问题是例 6.10 的推广。为了应用 6.6 节的 Rao 检验，我们注意到

$$\boldsymbol{\theta} = \begin{bmatrix} \boldsymbol{\theta}_r \\ \boldsymbol{\theta}_s \end{bmatrix}$$

其中

$$\boldsymbol{\theta}_r = A$$

$$\boldsymbol{\theta}_s = \boldsymbol{\theta}_w = \begin{bmatrix} a[1] \\ \sigma_u^2 \end{bmatrix}$$

且 $\boldsymbol{\theta}_{r_0} = 0$。实际上，$a[1]$、$\sigma_u^2$ 是多余参数，Rao 检验为

$$T_R(\mathbf{x}) = \frac{\partial \ln p(\mathbf{x}; \boldsymbol{\theta})}{\partial \boldsymbol{\theta}_r}\bigg|_{\boldsymbol{\theta}=\tilde{\boldsymbol{\theta}}}^T [\mathbf{I}^{-1}(\tilde{\boldsymbol{\theta}})]_{\theta_r \theta_r} \frac{\partial \ln p(\mathbf{x}; \boldsymbol{\theta})}{\partial \boldsymbol{\theta}_r}\bigg|_{\boldsymbol{\theta}=\tilde{\boldsymbol{\theta}}}$$

其中 $\tilde{\boldsymbol{\theta}} = [\boldsymbol{\theta}_{r_0}^T \ \hat{\boldsymbol{\theta}}_{s_0}^T]^T = [0 \ \hat{\boldsymbol{\theta}}_{w_0}^T]^T$ 是在 $\mathcal{H}_0$ 条件下 $\boldsymbol{\theta}$ 的 MLE，或者是当 $A=0$ 时 σ_u^2 的 MLE。另外，

$$[\mathbf{I}^{-1}(\boldsymbol{\theta})]_{\theta_r \theta_r} = \left(\mathbf{I}_{\theta_r \theta_r}(\boldsymbol{\theta}) - \mathbf{I}_{\theta_r \theta_s}(\boldsymbol{\theta}) \mathbf{I}_{\theta_s \theta_s}^{-1}(\boldsymbol{\theta}) \mathbf{I}_{\theta_s \theta_r}(\boldsymbol{\theta}) \right)^{-1}$$

由于 $\boldsymbol{\theta}_r = A$ 是标量，Rao 检验化简为

$$T_R(\mathbf{x}) = \frac{\left(\dfrac{\partial \ln p(\mathbf{x}; \boldsymbol{\theta})}{\partial \boldsymbol{\theta}_r}\bigg|_{\boldsymbol{\theta}=\tilde{\boldsymbol{\theta}}} \right)^2}{\mathbf{I}_{\theta_r \theta_r}(\tilde{\boldsymbol{\theta}}) - \mathbf{I}_{\theta_r \theta_s}(\tilde{\boldsymbol{\theta}}) \mathbf{I}_{\theta_s \theta_s}^{-1}(\tilde{\boldsymbol{\theta}}) \mathbf{I}_{\theta_s \theta_r}(\tilde{\boldsymbol{\theta}})} \tag{9.26}$$

为了计算分子，我们利用本书卷 I 的 (3C.5) 式，对于 $\mathbf{x} \sim \mathcal{N}(\boldsymbol{\mu}(\boldsymbol{\theta}), \mathbf{C}(\boldsymbol{\theta}))$，它是有效的。对于目前的问题，$\boldsymbol{\mu}$ 只依赖于 $\boldsymbol{\theta}_r = \theta_r = A$，$\mathbf{C}$ 只依赖于 $\boldsymbol{\theta}_s = \boldsymbol{\theta}_w = [a[1] \ \sigma_u^2]^T$，由此得出

$$\frac{\partial \ln p(\mathbf{x}; \boldsymbol{\theta})}{\partial \boldsymbol{\theta}_r} = \frac{\partial \boldsymbol{\mu}(\theta_r)^T}{\partial \boldsymbol{\theta}_r} \mathbf{C}^{-1}(\boldsymbol{\theta}_s)(\mathbf{x} - \boldsymbol{\mu}(\theta_r)) \tag{9.27}$$

因此，我们有

$$\frac{\partial \ln p(\mathbf{x}; \boldsymbol{\theta})}{\partial A} = \frac{\partial A \mathbf{s}^T}{\partial A} \mathbf{C}^{-1}(\boldsymbol{\theta}_w)(\mathbf{x} - A\mathbf{s}) = \mathbf{s}^T \mathbf{C}^{-1}(\boldsymbol{\theta}_w)(\mathbf{x} - A\mathbf{s})$$

其中 $\mathbf{s} = [s[0] s[1] \dots s[N-1]]^T$，因此

$$\frac{\partial \ln p(\mathbf{x}; \boldsymbol{\theta})}{\partial A}\bigg|_{\boldsymbol{\theta}=\tilde{\boldsymbol{\theta}}} = \mathbf{s}^T \mathbf{C}^{-1}(\hat{\boldsymbol{\theta}}_{w_0})\mathbf{x} \tag{9.28}$$

其中 $\mathbf{C}(\hat{\boldsymbol{\theta}}_{w_0})$ 是 $\mathbf{w}$ 的协方差矩阵，$a[1]$、σ_u^2 用 $\mathcal{H}_0$ 条件下它们的 MLE 代替。另外，由本书卷 I 的 (3.31) 式，

$$[\mathbf{I}(\boldsymbol{\theta})]_{ij} = \left[\frac{\partial \boldsymbol{\mu}(\boldsymbol{\theta})}{\partial \theta_i} \right]^T \mathbf{C}^{-1}(\boldsymbol{\theta}) \left[\frac{\partial \boldsymbol{\mu}(\boldsymbol{\theta})}{\partial \theta_j} \right] + \frac{1}{2} \text{tr} \left[\mathbf{C}^{-1}(\boldsymbol{\theta}) \frac{\partial \mathbf{C}(\boldsymbol{\theta})}{\partial \theta_i} \mathbf{C}^{-1}(\boldsymbol{\theta}) \frac{\partial \mathbf{C}(\boldsymbol{\theta})}{\partial \theta_j} \right] \tag{9.29}$$

对于我们当前的问题，$\boldsymbol{\theta} = [\boldsymbol{\theta}_r^T \ \boldsymbol{\theta}_s^T]^T$，其中 $\boldsymbol{\theta}_r = A$ 是信号参数，$\boldsymbol{\theta}_s = [a[1] \ \sigma_u^2]^T$ 是噪声参数（无关参数），信号参数只包含在 $\boldsymbol{\mu}(\boldsymbol{\theta})$ 中，而噪声参数只包含在 $\mathbf{C}(\boldsymbol{\theta})$ 中，或者我们有 $\boldsymbol{\mu}(\theta_r)$ 和 $\mathbf{C}(\boldsymbol{\theta}_s)$。于是，由 (9.29) 式我们看到 $\mathbf{I}_{\theta_r \theta_s}(\boldsymbol{\theta}) = \mathbf{0}$，这样 Fisher 信息矩阵是块对角矩阵（参见习题 9.20），由 (9.29) 式我们有

$$\mathbf{I}_{\theta_r\theta_r}(\boldsymbol{\theta}) = I_{AA}(\boldsymbol{\theta}) = \frac{\partial\boldsymbol{\mu}(A)^T}{\partial A}\mathbf{C}^{-1}(\boldsymbol{\theta}_w)\frac{\partial\boldsymbol{\mu}(A)}{\partial A} = \mathbf{s}^T\mathbf{C}^{-1}(\boldsymbol{\theta}_w)\mathbf{s}$$

由于 $\boldsymbol{\mu}(A) = A\mathbf{s}$，以及 $\qquad\qquad I_{AA}(\tilde{\boldsymbol{\theta}}) = \mathbf{s}^T\mathbf{C}^{-1}(\hat{\boldsymbol{\theta}}_{w_0})\mathbf{s}$ (9.30)

在(9.26)式中利用(9.28)式和(9.30)式，得

$$T_R(\mathbf{x}) = \frac{(\mathbf{s}^T\mathbf{C}^{-1}(\hat{\boldsymbol{\theta}}_{w_0})\mathbf{x})^2}{\mathbf{s}^T\mathbf{C}^{-1}(\hat{\boldsymbol{\theta}}_{w_0})\mathbf{s}} \tag{9.31}$$

上式可以看成归一化的非相干广义匹配滤波器。这一检测器可以证明等效于大数据记录的检测器(参见习题9.21)，

$$T_R(\mathbf{x}) = \frac{\left(\sum_{n=1}^{N-1}(s[n]+\hat{a}_0[1]s[n-1])(x[n]+\hat{a}_0[1]x[n-1])\right)^2}{\hat{\sigma}_{u_0}^2\sum_{n=1}^{N-1}(s[n]+\hat{a}_0[1]s[n-1])^2} \tag{9.32}$$

其中 $\hat{a}_0[1]$ 和 $\hat{\sigma}_{u_0}^2$ 分别由(9.24)式和(9.25)式给出，如图9.5所示。渐近性能由(6.23)式和(6.24)式令 $r = 1$ 给出，

$$T_R(\mathbf{x}) \overset{a}{\sim} \begin{cases} \chi_1^2 & \text{在}\mathcal{H}_0\text{条件下} \\ \chi_1'^2(\lambda) & \text{在}\mathcal{H}_1\text{条件下} \end{cases} \tag{9.33}$$

其中 $\qquad\qquad \lambda = A^2 I_{AA}(A=0,a[1],\sigma_u^2) = A^2\mathbf{s}^T\mathbf{C}^{-1}(\boldsymbol{\theta}_w)\mathbf{s}$

A 是 $\mathcal{H}_1$ 条件下幅度的真实值，$\boldsymbol{\theta}_w$ 是噪声参数的真实值。有趣的是，注意到如果噪声参数是已知的，只有 A 是未知的，那么很容易证明(参见习题9.22)，Rao检验统计量为

$$T_R(\mathbf{x}) = \frac{(\mathbf{s}^T\mathbf{C}^{-1}(\boldsymbol{\theta}_w)\mathbf{x})^2}{\mathbf{s}^T\mathbf{C}^{-1}(\boldsymbol{\theta}_w)\mathbf{s}} \tag{9.34}$$

并且渐近性能由(9.33)式给出。对于这两个问题，$r = 1$，所以在 $\mathcal{H}_0$ 和 $\mathcal{H}_1$ 条件下的PDF分别是 χ_1^2 和 $\chi_1'^2(\lambda)$，唯一的差别是在非中心参量上。当噪声参数未知时，由于

$$\lambda = (\boldsymbol{\theta}_{r_1}-\boldsymbol{\theta}_{r_0})^T\Big[\mathbf{I}_{\theta_r\theta_r}(\boldsymbol{\theta}_{r_0},\boldsymbol{\theta}_s)$$
$$- \mathbf{I}_{\theta_r\theta_s}(\boldsymbol{\theta}_{r_0},\boldsymbol{\theta}_s)\mathbf{I}_{\theta_s\theta_s}^{-1}(\boldsymbol{\theta}_{r_0},\boldsymbol{\theta}_s)\mathbf{I}_{\theta_s\theta_r}(\boldsymbol{\theta}_{r_0},\boldsymbol{\theta}_s)\Big](\boldsymbol{\theta}_{r_1}-\boldsymbol{\theta}_{r_0}) \tag{9.35}$$

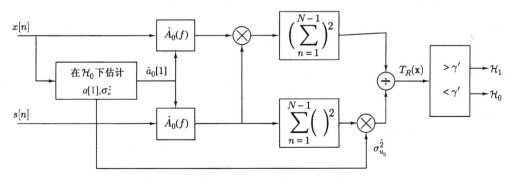

$$\hat{A}_0(f) = 1 + \hat{a}_0[1]\exp(-j2\pi f)$$

图9.5 在具有未知参数的有色自回归噪声中具有未知幅度的确定性信号的 Rao 检验

因此 λ 通常是减少的。但是，对于本例，因为 $\mathbf{I}_{\theta_r\theta_r}(\boldsymbol{\theta}) = \mathbf{0}$，所以非中心参量并不减少。另外，Fisher 信息矩阵的块对角性质告诉我们，当包含未知参数时能够估计信号的幅度（当然只有当 $N \to \infty$ 时采用 MLE），精度与 $\mathbf{C}$ 已知时相同。实际上，$T_R(\mathbf{x})$ 是信号幅度估计的函数（参见习题 9.23），当噪声参数出现时，它的渐近性能是不变的。同样，具有相同渐近性能的 GLRT 也具有这一特性。我们在下一定理中推广这些结果，证明请参见附录 9B。

定理 9.2（对具有未知参数的一般线性模型的 Rao 检验）

假定数据具有 $\mathbf{x} = \mathbf{H}\boldsymbol{\theta} + \mathbf{w}$ 的形式，其中 $\mathbf{H}$ 是一个已知的 $N \times p(N > p)$ 的秩为 p 的观测矩阵，$\boldsymbol{\theta}$ 是 $p \times 1$ 参数矢量，$\mathbf{w}$ 是 $N \times 1$ 噪声矢量，具有 PDF $\mathbf{w} \sim \mathcal{N}(\mathbf{0}, \mathbf{C}(\boldsymbol{\theta}_w))$，$\boldsymbol{\theta}_w$ 是未知的 $q \times 1$ 噪声矢量。对于如下假设检验问题

$$\mathcal{H}_0 : \boldsymbol{\theta} = \mathbf{0}, \boldsymbol{\theta}_w$$
$$\mathcal{H}_1 : \boldsymbol{\theta} \neq \mathbf{0}, \boldsymbol{\theta}_w$$

如果
$$T_R(\mathbf{x}) = \mathbf{x}^T \mathbf{C}^{-1}(\hat{\boldsymbol{\theta}}_{w_0})\mathbf{H}(\mathbf{H}^T\mathbf{C}^{-1}(\hat{\boldsymbol{\theta}}_{w_0})\mathbf{H})^{-1}\mathbf{H}^T\mathbf{C}^{-1}(\hat{\boldsymbol{\theta}}_{w_0})\mathbf{x} > \gamma' \tag{9.36}$$

Rao 检验判 $\mathcal{H}_1$。其中 $\hat{\boldsymbol{\theta}}_{w_0}$ 是 $\boldsymbol{\theta}_w$ 在 $\mathcal{H}_0$ 条件下的 MLE，或者使

$$p(\mathbf{x}; \boldsymbol{\theta}_w, \mathcal{H}_0) = \frac{1}{(2\pi)^{\frac{N}{2}} \det^{\frac{1}{2}}(\mathbf{C}(\boldsymbol{\theta}_w))} \exp\left[-\frac{1}{2}\mathbf{x}^T\mathbf{C}^{-1}(\boldsymbol{\theta}_w)\mathbf{x}\right]$$

最大得到的值。渐近性能是（当 $N \to \infty$ 时）

$$P_{FA} = Q_{\chi_p^2}(\gamma')$$
$$P_D = Q_{\chi_p'^2(\lambda)}(\gamma')$$

其中
$$\lambda = \boldsymbol{\theta}_1^T \mathbf{H}^T \mathbf{C}^{-1}(\boldsymbol{\theta}_w)\mathbf{H}\boldsymbol{\theta}_1$$

$\boldsymbol{\theta}_1$ 是在 $\mathcal{H}_1$ 条件下 $\boldsymbol{\theta}$ 的真实值。无论 $\boldsymbol{\theta}_w$ 是已知的还是未知的，渐近性能都是相同的。如果 $\boldsymbol{\theta}_w$ 是已知的，那么 Rao 检验变成

$$T_R(\mathbf{x}) = \mathbf{x}^T \mathbf{C}^{-1}(\boldsymbol{\theta}_w)\mathbf{H}(\mathbf{H}^T\mathbf{C}^{-1}(\boldsymbol{\theta}_w)\mathbf{H})^{-1}\mathbf{H}^T\mathbf{C}^{-1}(\boldsymbol{\theta}_w)\mathbf{x} > \gamma'$$

9.6 信号处理的例子

我们现在给出一个应用例子，这个例子将定理 9.2 应用到宽带信号检测器的设计中。在主动声呐或雷达中，当多个目标靠在一起时，回波在时间上堆积在一起，为此需要发射一个具有良好的时间分辨率的宽带信号。回想一下，信号的带宽越宽，相关时间越短[Van Trees 1971]。因此，为了获得高分辨率[Rihaczek 1985]，我们发射一个宽带信号，如线性 FM 信号，或者

$$p(t) = \cos[2\pi(F_0 t + \frac{1}{2}kt^2)] \qquad 0 \leqslant t \leqslant T$$

瞬态频率是 $F_i(t) = F_0 + kt$，其中 F_0 是起始频率（单位 Hz），k 是扫描速率（单位 Hz/s），带宽大约为 kT Hz[Glisson, Black, and Sage 1970]。这时候在检测器的设计中，噪声颜色分布将是很重要的，因为频域噪声背景在整个信号带宽里不是平的（正如窄带系统那样）。因此，考虑了噪声颜色分布的检测器的性能将会更好。为了设计检测器，我们现在假定如下离散时间检测器问题：

$$\mathcal{H}_0 : x[n] = w[n] \qquad\qquad n = 0, 1, \ldots, N-1$$
$$\mathcal{H}_1 : x[n] = A\cos[2\pi(f_0 n + \frac{1}{2}mn^2) + \phi] + w[n] \quad n = 0, 1, \ldots, N-1$$

其中幅度 A 和相位 ϕ 是未知的，起始频率 f_0 和扫描速率 m 是已知的，假定噪声可以看成 p_{AR} 阶的 AR 过程，或者[Kay 1988, Chapter 5]

$$x[n] = -\sum_{k=1}^{p_{AR}} a[k]x[n-k] + u[n]$$

其中 $\{a[1], a[2], \ldots, a[p_{AR}], \sigma_u^2\}$ 是未知的 AR 参数, 这种更一般的 AR 模型允许我们在较大的范围内模拟 PSD。由于需要在 $\mathcal{H}_1$ 条件下计算 MLE, GLRT 很难实现, 因此我们采用在定理 9.2 描述的 Rao 检验。我们首先证明接收信号具有线性模型的形式, 这是因为

$$A\cos[2\pi(f_0n + \tfrac{1}{2}mn^2) + \phi]$$
$$= A\cos\phi\cos[2\pi(f_0n + \tfrac{1}{2}mn^2)] - A\sin\phi\sin[2\pi(f_0n + \tfrac{1}{2}mn^2)]$$
$$= \alpha_1\cos[2\pi(f_0n + \tfrac{1}{2}mn^2)] + \alpha_2\sin[2\pi(f_0n + \tfrac{1}{2}mn^2)]$$

其中 $\alpha_1 = A\cos\phi, \alpha_2 = -A\sin\phi$。这样, 我们有 $\mathbf{x} = \mathbf{H}\boldsymbol{\theta} + \mathbf{w}$, 其中 $\boldsymbol{\theta} = [\alpha_1 \ \alpha_2]^T$, 且

$$\mathbf{H} = \begin{bmatrix} 1 & 0 \\ \cos[2\pi(f_0 + \tfrac{1}{2}m)] & \sin[2\pi(f_0 + \tfrac{1}{2}m)] \\ \vdots & \vdots \\ \cos[2\pi(f_0(N-1) + \tfrac{1}{2}m(N-1)^2)] & \sin[2\pi(f_0(N-1) + \tfrac{1}{2}m(N-1)^2)] \end{bmatrix} \tag{9.37}$$

令 $\mathbf{a} = [a[1] \, a[2] \ldots a[p_{AR}]]^T$, 我们有参数检验

$$\mathcal{H}_0 : \boldsymbol{\theta} = \mathbf{0}, \mathbf{a}, \sigma_u^2 > 0$$
$$\mathcal{H}_1 : \boldsymbol{\theta} \neq \mathbf{0}, \mathbf{a}, \sigma_u^2 > 0$$

上式刚好是定理 9.2 中假定 $p = 2$ 和 $\boldsymbol{\theta}_w = [\mathbf{a}^T \ \sigma_u^2]^T$ 时的形式, 那么从定理可以得出 Rao 检验为

$$T_R(\mathbf{x}) = \mathbf{x}^T\mathbf{C}^{-1}(\hat{\boldsymbol{\theta}}_{w_0})\mathbf{H}(\mathbf{H}^T\mathbf{C}^{-1}(\hat{\boldsymbol{\theta}}_{w_0})\mathbf{H})^{-1}\mathbf{H}^T\mathbf{C}^{-1}(\hat{\boldsymbol{\theta}}_{w_0})\mathbf{x} \tag{9.38}$$

其中 $\mathbf{C}(\hat{\boldsymbol{\theta}}_{w_0})$ 是 $\mathbf{C}(\mathbf{w}$ 的协方差矩阵$)$, 它的 AR 参数由 $\mathcal{H}_0$ 条件下的 MLE(即 $\hat{\boldsymbol{\theta}}_{w_0}$) 所取代。AR 参数估计量由本书卷 I 的例 7.18 中的 Yule-Walker 方程给出。另外, 由定理 9.2, 渐近 PDF 为

$$T_R(\mathbf{x}) \overset{a}{\sim} \begin{cases} \chi_2^2 & \text{在 } \mathcal{H}_0 \text{ 条件下} \\ \chi_2'^2(\lambda) & \text{在 } \mathcal{H}_1 \text{ 条件下} \end{cases} \tag{9.39}$$

其中 $\lambda = \boldsymbol{\theta}_1^T\mathbf{H}^T\mathbf{C}^{-1}(\boldsymbol{\theta}_w)\mathbf{H}\boldsymbol{\theta}_1$。在噪声参数未知的时候, 除了我们在 $\mathbf{C}$ 中使用了已知参数, Rao 检验产生相同的统计量。另外, 渐近 PDF 也是相同的。我们也可以将检验统计量写成

$$T_R(\mathbf{x}) = \mathbf{x}^T\mathbf{C}^{-1}(\hat{\boldsymbol{\theta}}_{w_0})\mathbf{H}\hat{\boldsymbol{\theta}} = \mathbf{x}^T\mathbf{C}^{-1}(\hat{\boldsymbol{\theta}}_{w_0})\hat{\mathbf{s}}$$

其中 $\hat{\boldsymbol{\theta}} = (\mathbf{H}^T\mathbf{C}^{-1}(\hat{\boldsymbol{\theta}}_{w_0})\mathbf{H})^{-1}\mathbf{H}^T\mathbf{C}^{-1}(\hat{\boldsymbol{\theta}}_{w_0})\mathbf{x}$ 是 $\boldsymbol{\theta}$ 的伪 MLE, 其中用估计取代 $\mathbf{C}(\boldsymbol{\theta}_w)$。我们看到 $T_R(\mathbf{x})$ 具有预白化器后接一个估计器 – 相关器的形式。

在实际中, 由于 $\mathbf{C}(\hat{\boldsymbol{\theta}}_{w_0})$ 是 $N \times N$ 矩阵, 可能很难求逆。对于大的 N, 在附录 9C 中推导的近似证明了 (9.38) 式的统计量可以化简为

$$T_R(\mathbf{x}) = \frac{\left| \sum_{n=p_{AR}}^{N-1} \left(\sum_{k=0}^{p_{AR}} \hat{a}_0[k]x[n-k] \right) \left(\sum_{l=0}^{p_{AR}} \hat{a}_0[l]\tilde{s}[n-l] \right) \right|^2}{\hat{\sigma}_{u_0}^2 \sum_{n=p_{AR}}^{N-1} \left(\sum_{l=0}^{p_{AR}} \hat{a}_0[l]s[n-l] \right)^2} \tag{9.40}$$

其中
$$\tilde{s}[n] = \exp[j2\pi(f_0n + \tfrac{1}{2}mn^2)]$$
$$s[n] = \cos[2\pi(f_0n + \tfrac{1}{2}mn^2)]$$

$\{\hat{a}_0[1], \hat{a}_0[2], \ldots, \hat{a}_0[p_{AR}], \sigma^2_{u_0}\}$通过求解 Yule-Walker 方程而得到（在 $\mathcal{H}_0$ 条件下近似的 MLE），且 $\hat{a}_0[0]=1$，近似利用了这样的事实，即协方差矩阵是 Toeplitz 矩阵，$\mathbf{H}$ 的列互为希尔伯特变换，因此对于大的数据记录是正交的。通过利用 AR 过程的协方差矩阵的逆的特殊形式[Kay 1988]，我们可以得到同样的结果。如图 9.6 所示，检测器由预白化器（使用估计的 AR 参数）后跟一个相关器和一个平方器，并最终经过一个归一化处理器等组成。在附录 9C 中也证明了非中心参量可以化简为

$$\lambda = \frac{A^2}{\sigma^2_u} \sum_{n=p_{AR}}^{N-1} \left(\sum_{k=0}^{p_{AR}} a[k]s[n-k] \right)^2 \tag{9.41}$$

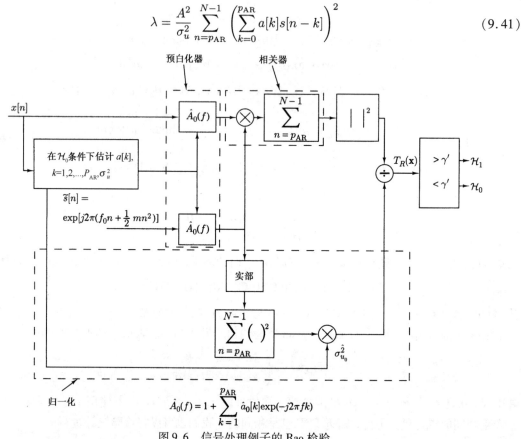

图 9.6 信号处理例子的 Rao 检验

现在，我们用一个例子来说明检测性能。我们选择这样一个信号，它的参数是 $A = 0.5$，$f_0 = 0.05$，$m = 0.0015$，$\phi = 0$，$N = 100$。如图 9.7（a）所示，信号的频率从 $f_0 = 0.05$ 扫到 $f_0 + mN = 0.2$。噪声是 $p_{AR} = 1$ 的 AR 过程，它的参数是 $a[1] = -0.95$ 和 $\sigma^2_u = 1$，所以 $w[n] = 0.95w[n-1] + u[n]$，它的 PSD 如图 9.7（b）所示。然后，我们在图 9.7（c）中画出噪声的 PSD（虚线表示）与信号的功率谱（傅里叶变换的平方幅度）。从图中可以看出，信号频率内容的大部分确实在扫描频率范围 $[0.05, 0.2]$ 中。另外，在这个频带内，噪声功率变化非常迅速。因此，不考虑噪声颜色的标准匹配滤波器的性能要比 Rao 检测器的差。为了首先验证 Rao 检验的渐近性能，我们画出了（9.40）式的 Rao 检验的蒙特卡洛模拟结果，以及由（9.39）式和（9.41）式得到的渐近性能。例如，我们根据（9.40）式有

$$T_R(\mathbf{x}) = \frac{\left| \sum_{n=1}^{N-1} (x[n] + \hat{a}_0[1]x[n-1])(\tilde{s}[n] + \hat{a}_0[1]\tilde{s}[n-1]) \right|^2}{\sigma^2_{u_0} \sum_{n=1}^{N-1} (s[n] + \hat{a}_0[1]s[n-1])^2}$$

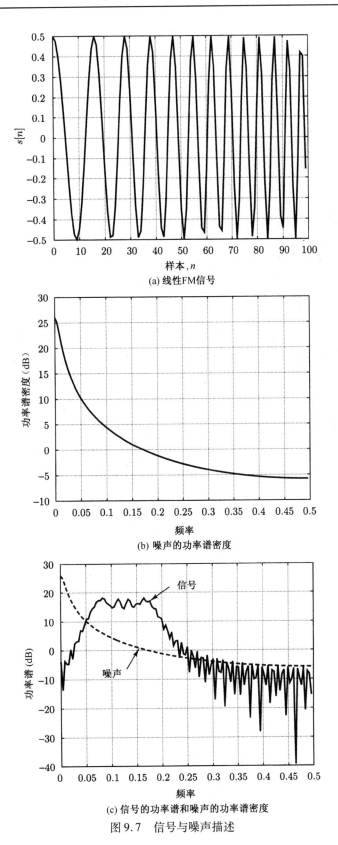

(a) 线性FM信号

(b) 噪声的功率谱密度

(c) 信号的功率谱和噪声的功率谱密度

图 9.7   信号与噪声描述

其中
$$\hat{a}_0[1] = -\frac{\hat{r}_{xx}[1]}{\hat{r}_{xx}[0]}$$

$$\sigma_{u_0}^2 = \hat{r}_{xx}[0] + \hat{a}_0[1]\hat{r}_{xx}[1]$$

以及对于 $k = 0$ 和 1，
$$\hat{r}_{xx}[k] = \frac{1}{N}\sum_{k=0}^{N-1-k} x[n]x[n+k]$$

渐近性能由(9.39)式给出，通过(9.41)式，其中

$$\lambda = \frac{A^2}{\sigma_u^2}\sum_{n=1}^{N-1}\left(s[n] + a[1]s[n-1]\right)^2$$

在图9.8中，我们画出了理论的渐近接收机工作特性(用虚线表示)与 $T_R(\mathbf{x})$ 通过蒙特卡洛方法得到的结果。注意，即使是对于 $N = 100$ 的短数据记录，两者也是相当一致的。最后，我们考察一个非相干匹配滤波器的检测性能来作为比较的基础，即

$$T(\mathbf{x}) = \left|\sum_{n=0}^{N-1} x[n]\tilde{s}[n]\right|^2$$

其中假定噪声是 WGN(参见7.6.2节中对正弦信号的类似结果)。图9.9给出了蒙特卡洛模拟的结果，不出所料，匹配滤波器的性能(虚线表示)要差。事实上，在实际中匹配滤波器的性能比图9.9画出的可能更差。这是因为由于 CFAR 性质的缺乏，要求某些特定的归一化处理来控制恒虚警概率，因而也使 P_D 减少，而 Rao 检验并没有这样的缺陷。

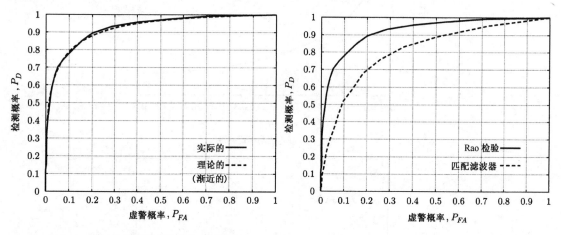

图9.8　Rao 检验的接收机的工作特性　　　　图9.9　接收机工作特性的比较

参考文献

Bickel, P.J., K.A. Doksum, *Mathematical Statistics*, Holden-Day, San Francisco, 1977.

Glisson, T.H., C.I. Black, A.P. Sage, "On Sonar Signal Analysis," *IEEE Trans. Aero. Elect. Syst,*, Vol. AES-6, pp. 37–50, Jan. 1970.

Kay, S., "Asymptotically Optimal Detection in Unknown Colored Noise via Autoregressive Modeling," *IEEE Trans. Acoust., Speech, Signal Processing*, Vol. ASSP-31, pp. 927–939, Aug. 1983.

Kay, S., V. Nagesha, "Maximum Likelihood Estimation of Signals in Autoregressive Noise," *IEEE Trans. Acoust., Speech, Signal Processing*, Vol. ASSP-41, pp. 88–101, Jan. 1994.

Kay, S.M., *Modern Spectral Estimation: Theory and Application*, Prentice-Hall, Englewood Cliffs, N.J., 1988.

Kendall, Sir M., A. Stuart, *The Advanced Theory of Statistics*, Vol. 1, Macmillan, New York, 1976.

Rihaczek, A.W., *Principles of High-Resolution Radar*, Peninsula Pub., Los Altos, Calif., 1985.

Scharf, L.L., B. Friedlander, "Matched Subspace Detectors," *IEEE Trans. Signal Processing*, Vol. 42, pp. 2146–2157, Aug. 1994.

Van Trees, H.L., *Detection, Estimation, and Modulation*, Part III, J. Wiley, New York, 1971.

习题

9.1　具有 ν 个自由度的学生 t(用 t_ν 表示)PDF 定义为

$$p(t) = \frac{\Gamma(\frac{\nu+1}{2})}{\sqrt{\nu\pi}\Gamma(\frac{\nu}{2})} \frac{1}{\left(1 + \frac{t^2}{\nu}\right)^{\frac{\nu+1}{2}}} \quad -\infty < t < \infty$$

可以证明它是由变换的随机变量 $t = x/(\sqrt{y/\nu})$ 得到的 PDF[Kendall and Stuart 1976]，其中 $x \sim \mathcal{N}(0, 1)$，$y \sim \chi_\nu^2$，x 和 y 是独立的。证明：如果 $x[n]$ 是方差为 σ^2 的 WGN，$w_R[n]$ 是方差为 σ^2 的 WGN，且与 $w[n]$ 独立，那么

$$T(\mathbf{x}, \mathbf{w}_R) = \frac{\sqrt{N}\bar{x}}{\sqrt{\frac{1}{N}\sum_{n=0}^{N-1} w_R^2[n]}} \sim t_N$$

因此，$T(\mathbf{x}, \mathbf{w}_R)$ 的使用可以产生 CFAR 统计量。

9.2　对于在方差为 σ^2 的 WGN 中已知 DC 电平 A 的检测问题，我们考虑统计量

$$T_1(\mathbf{x}) = \frac{\sqrt{N}\bar{x}}{\sqrt{\sigma^2}}$$

其中 σ^2 是已知的，以及

$$T_2(\mathbf{x}, \mathbf{w}_R) = \frac{\sqrt{N}\bar{x}}{\sqrt{\frac{1}{N}\sum_{n=0}^{N-1} w_R^2[n]}}$$

其中 σ^2 是未知的。在 $\mathcal{H}_0$ 条件下我们有 $T_1(\mathbf{x}) \sim \mathcal{N}(0, 1)$，$T_2(\mathbf{x}, \mathbf{w}_R) \sim t_N$(参见习题9.1)。画出两个检验统计量的 PDF，并且对 $N = 5$ 和 $N = 50$ 进行比较。讨论你的结果。

9.3　对于任意的 $a > 0$，如果 $T(a\mathbf{x}) = T(\mathbf{x})$，我们称统计量 $T(\mathbf{x})$ 为比例不变的。如果 $\mathbf{x} = [x[0]\,x[1]\ldots x[N-1]]^T$，其中 $x[n]$ 是方差为 σ^2 的 WGN，证明如果 $T(\mathbf{x})$ 为比例不变的，那么 $P_{FA} = Pr\{T(\mathbf{x}) > \gamma'; \mathcal{H}_0\}$ 与 σ^2 无关。也可以证明如果要求 P_{FA} 不依赖于 σ^2 的，那么比例不变性是必要的。

9.4　我们希望根据 N 个数据样本来检测具有未知方差 σ^2 的 WGN 中的未知 DC 电平 A，已经知道 DC 电平取值为 ± 1。推导 GLRT，并确定它是否是 CFAR 检测器。提示：对于 A 的 MLE 请参见习题 7.1。

9.5　对于(9.4)式的检验统计量，我们使用一阶泰勒级数展开来确定渐近 PDF，假定 A 很小(弱信号假定)。为此，首先在 $A = 0$ 处展开 $T(\mathbf{x})$(看成 A 的函数)，应该能够证明

$$T(\mathbf{x}) \approx T'(\mathbf{x}) = \frac{\bar{x} - \frac{A}{2}}{\frac{1}{N}\sum_{n=0}^{N-1} x^2[n]}$$

其中由于 $A\bar{x}^2 \approx A^3 \ll A$，我们忽略项 $A\bar{x}^2$，那么在 $\mathcal{H}_1$ 条件下用 $T(\mathbf{x})$，在 $\mathcal{H}_0$ 条件下用 $T'(\mathbf{x})$，因此在每

种情况下分母收敛到 σ^2。最后，对于大数据记录验证(9.5)式的 PDF。提示：由Slutsky定理[Bickel and Doksum 1977]，在确定 PDF 之前，$T(\mathbf{x})$ 和 $T'(\mathbf{x})$ 的分母用 σ^2 代替。

9.6　我们已经指出 GLRT 的渐近 PDF 适用于如下假设检验问题(参见6.5 节)

$$\mathcal{H}_0 : A = 0, \sigma^2 > 0$$
$$\mathcal{H}_1 : A \neq 0, \sigma^2 > 0$$

但不适合于以下的假设检验问题[参见(9.5)式]

$$\mathcal{H}_0 : A = 0, \sigma^2 > 0$$
$$\mathcal{H}_1 : A = A_0, \sigma^2 > 0$$

在每种假设检验问题中，从本质上讲就是检验矢量参数$[A \sigma^2]^T$ 是否位于整个参数空间 $\Omega = \{(A, \sigma^2) : -\infty < A < \infty, \sigma^2 > 0\}$ 的某一特定的子空间。对以上每一个问题就是要确定对应 $\mathcal{H}_0$ 和 $\mathcal{H}_1$ 的子空间。推测 GLRT 渐近 PDF 有效的条件。

9.7　求 WGN 中的具有交替符号信号检测的 GLRT，即求如下检测问题的 GLRT，

$$\mathcal{H}_0 : x[n] = w[n] \qquad\qquad n = 0, 1, \ldots, N-1$$
$$\mathcal{H}_1 : x[n] = A(-1)^n + w[n] \quad n = 0, 1, \ldots, N-1$$

其中 A 是未知的，$w[n]$ 是具有未知方差 σ^2 的 WGN，同时确定渐近性能。信号能量噪声比或 NA^2/σ^2 有什么意义？提示：Fisher 信息矩阵是

$$\mathbf{I}(A, \sigma^2) = \begin{bmatrix} N/\sigma^2 & 0 \\ 0 & 2N/\sigma^4 \end{bmatrix}$$

9.8　重复习题9.7，但是求 Rao 检验，并确定它的渐近性能。

9.9　证明

$$T(\mathbf{x}) = \frac{\displaystyle\sum_{n=0}^{N-1} x[n]s[n]}{\sqrt{\dfrac{1}{N}\displaystyle\sum_{n=0}^{N-1} x^2[n]}}$$

的 PDF 并不依赖于 σ^2，其中 $x[n]$ 是具有方差 σ^2 的 WGN。提示：参见习题9.3。

9.10　验证(9.9)式中给出的结果。

9.11　对于 WGN 中具有未知幅度的确定性信号检测问题，求 GLRT 及其精确的检测性能，即求如下检测问题的 GLRT，

$$\mathcal{H}_0 : x[n] = w[n] \qquad\quad n = 0, 1, \ldots, N-1$$
$$\mathcal{H}_1 : x[n] = As[n] + w[n] \quad n = 0, 1, \ldots, N-1$$

其中 A 是未知的，$s[n]$ 是已知的，$\sum_{n=0}^{N-1} s^2[n] = 1$，$w[n]$ 是具有未知方差 σ^2 的 WGN。

9.12　对于 WGN 中正弦信号的检测问题，即

$$\mathcal{H}_0 : x[n] = w[n] \qquad\qquad\qquad n = 0, 1, \ldots, N-1$$
$$\mathcal{H}_1 : x[n] = A\cos(2\pi f_0 n + \phi) + w[n] \quad n = 0, 1, \ldots, N-1$$

求 GLRT 及它的精确的性能，其中 A 和 ϕ 是未知的，$A > 0$ 且 $0 \leq \phi \leq 2\pi$，$w[n]$ 是具有未知方差 σ^2 的 WGN。假定 $f_0 = k/N$，k 为 $1 \leq k \leq N/2 - 1$(N 为偶数)上的整数，解释你的结果。

9.13　对于如下检测问题：

$$\mathcal{H}_0 : x[n] = w[n] \qquad\qquad n = 0, 1, \ldots, N-1$$
$$\mathcal{H}_1 : x[n] = \begin{cases} A + w[n] & n = 0, 1, \ldots, N/2-1 \\ B + w[n] & n = N/2, N/2+1, \ldots, N-1 \end{cases}$$

其中 N 为偶数，A、B 是未知的，$w[n]$ 是具有未知方差 σ^2 的 WGN，求 GLRT 及其精确的性能。将你的结果与例9.2 的具有未知方差 σ^2 的 WGN 中未知 DC 电平的情况进行比较。

9.14 $F_{r,N-p}$ 随机变量等效于

$$\frac{\chi_r^2/r}{\chi_{N-p}^2/(N-p)}$$

其中随机变量 χ_r^2 和 χ_{N-p}^2 是独立的。证明：当 $N\to\infty$ 时，$\chi_{N-p}^2/(N-p)\to 1$，因此 $F_{r,N-p}\to\chi_r^2/r$。提示：回想一下，χ_ν^2 是 ν 个 IID $\mathcal{N}(0,1)$ 随机变量的平方和。

9.15 在例 9.3 中，如果 $\mathbf{H}=\mathbf{1}$（即信号是 DC 电平），解释检验统计量

$$T(\mathbf{x}) = \frac{N-p}{p}\frac{||\mathbf{P}_H\mathbf{x}||^2}{||\mathbf{P}_H^\perp\mathbf{x}||^2}$$

9.16 在例 9.4 中，验证 $\mathbf{I}(\boldsymbol{\theta})$。假定 $0<f_0<1/2$，对于大数据记录长度做如下近似，

$$\frac{1}{N}\sum_{n=0}^{N-1}\sin 4\pi f_0 n \;\approx\; 0$$

$$\frac{1}{N}\sum_{n=0}^{N-1} n\sin 4\pi f_0 n \;\approx\; 0$$

9.17 验证 (9.18) 式和 (9.19) 式分别给出的一阶 AR 过程的 ACF 和 PSD，为此首先证明冲激响应应为 $h[n]$ 的因果线性时不变系统，如果输入是方差为 σ_u^2 的白噪声 $u[n]$，那么系统的输出 $w[n]$ 的 ACF 为

$$r_{ww}[k] = \sigma_u^2 \sum_{n=0}^{\infty} h[n]h[n+|k|]$$

9.18 证明：对于大数据记录 N，

$$\int_{-\frac{1}{2}}^{\frac{1}{2}} |A(f)X(f)|^2 df \approx \sum_{n=1}^{N-1}(x[n]+a[1]x[n-1])^2$$

其中 $A(f)=1+a[1]\exp(-j2\pi f)$ 和 $X(f)=\sum_{n=0}^{N-1}x[n]\exp(-j2\pi fn)$。

9.19 考虑一个方差为 σ^2 的 WGN 中未知 DC 电平 A 的检测问题。根据 N 个数据样本，确定当 σ^2 已知和 σ^2 未知时 GLRT 的渐近性能，解释你的结果。提示：参见习题 9.7 的 Fisher 信息矩阵。

9.20 令 $\mathbf{x} \sim \mathcal{N}(\boldsymbol{\mu}(\boldsymbol{\alpha}_s), \mathbf{C}(\boldsymbol{\alpha}_w))$，其中 $\mathbf{x}$ 是 $N\times 1$ 随机矢量，所以均值只依赖于 $\boldsymbol{\alpha}_s$（信号参数），协方差矩阵只依赖于 $\boldsymbol{\alpha}_w$（噪声参数）。证明 Fisher 分块信息矩阵

$$\mathbf{I}(\boldsymbol{\theta}) = \mathbf{I}(\boldsymbol{\alpha}_s, \boldsymbol{\alpha}_w) = \begin{bmatrix} \mathbf{I}_{\alpha_s\alpha_s} & \mathbf{I}_{\alpha_s\alpha_w} \\ \mathbf{I}_{\alpha_w\alpha_s} & \mathbf{I}_{\alpha_w\alpha_w} \end{bmatrix}$$

的子矩阵为

$$[\mathbf{I}_{\alpha_s\alpha_s}]_{ij} = \left[\frac{\partial\boldsymbol{\mu}(\boldsymbol{\alpha}_s)}{\partial\alpha_{s_i}}\right]^T \mathbf{C}^{-1}(\boldsymbol{\alpha}_w)\left[\frac{\partial\boldsymbol{\mu}(\boldsymbol{\alpha}_s)}{\partial\alpha_{s_j}}\right]$$

$$\mathbf{I}_{\alpha_s\alpha_w} = \mathbf{I}_{\alpha_w\alpha_s} = \mathbf{0}$$

$$[\mathbf{I}_{\alpha_w\alpha_w}]_{ij} = \frac{1}{2}\text{tr}\left[\mathbf{C}^{-1}(\boldsymbol{\alpha}_w)\frac{\partial\mathbf{C}(\boldsymbol{\alpha}_w)}{\partial\alpha_{w_i}}\mathbf{C}^{-1}(\boldsymbol{\alpha}_w)\frac{\partial\mathbf{C}(\boldsymbol{\alpha}_w)}{\partial\alpha_{w_j}}\right]$$

利用本书卷 I 的 (3.31) 式给出的结果，其中 $\boldsymbol{\theta}=[\boldsymbol{\alpha}_s^T\,\boldsymbol{\alpha}_w^T]^T$。习题 9.19 给出了这个结果的一个例子。

9.21 一阶 AR 过程有 $N\times N$ 逆协方差矩阵 [Kay 1988]

$$\mathbf{C}^{-1} = \frac{1}{\sigma_u^2}\begin{bmatrix} 1 & a[1] & 0 & 0 & \dots & 0 \\ a[1] & 1+a^2[1] & a[1] & 0 & \dots & 0 \\ \vdots & \vdots & \vdots & \vdots & & \vdots \\ 0 & 0 & \dots & a[1] & 1+a^2[1] & a[1] \\ 0 & 0 & \dots & 0 & a[1] & 1 \end{bmatrix}$$

利用它证明由 (9.31) 式给出的 $T_R(\mathbf{x})$ 近似等于 (9.32) 式。提示：首先证明

$$\mathbf{C}^{-1} \approx \frac{1}{\sigma_u^2}\mathbf{A}^T\mathbf{A}$$

其中 $\mathbf{A}$ 是 $N\times N$ 矩阵，

$$\mathbf{A} = \begin{bmatrix} 1 & 0 & 0 & 0 & \dots & 0 \\ a[1] & 1 & 0 & 0 & \dots & 0 \\ 0 & a[1] & 1 & 0 & \dots & 0 \\ \vdots & \vdots & \vdots & \vdots & \vdots & \vdots \\ 0 & 0 & \dots & 0 & a[1] & 1 \end{bmatrix}$$

9.22 对于检测问题

$$\begin{aligned} \mathcal{H}_0 &: x[n] = w[n] & n = 0, 1, \dots, N-1 \\ \mathcal{H}_1 &: x[n] = As[n] + w[n] & n = 0, 1, \dots, N-1 \end{aligned}$$

其中 A 是未知的，求 Rao 检验，$w[n]$ 是具有已知协方差矩阵 $\mathbf{C}(\boldsymbol{\theta}_w)$ 的零均值高斯噪声。

9.23 证明由(9.34)式(噪声协方差是已知的)给出的 $T_R(\mathbf{x})$ 等价于

$$T_R(\mathbf{x}) = \frac{\hat{A}^2}{\mathrm{var}(\hat{A})}$$

其中 $\hat{A}$ 是 A 的 MVU 估计量。回想一下，对于经典的一般线性模型，MVU 估计器量为 $\hat{\boldsymbol{\theta}} = (\mathbf{H}^T \mathbf{C}^{-1} \mathbf{H})^{-1} \mathbf{H}^T \mathbf{C}^{-1} \mathbf{x}$，它协方差矩阵是 $\mathbf{C}_{\hat{\boldsymbol{\theta}}} = (\mathbf{H}^T \mathbf{C}^{-1} \mathbf{H})^{-1}$。

9.24 求在协方差矩阵为 $\mathbf{C}(P_0) = P_0 \mathbf{Q}$ 的高斯噪声中未知 DC 电平 A 的 Rao 检验。其中 $P_0 > 0$ 是未知的，$\mathbf{Q}$ 是已知的正定矩阵。假定观测到 $\{x[0], x[1], \dots, x[N-1]\}$。

附录9A 推导对于 σ^2 未知的经典线性模型的 GLRT

对于 σ^2 已知的情况读者可以参考附录7B，如果

$$L_G(\mathbf{x}) = \frac{p(\mathbf{x}; \hat{\boldsymbol{\theta}}_1, \hat{\sigma_1^2})}{p(\mathbf{x}; \hat{\boldsymbol{\theta}}_0, \hat{\sigma_0^2})} > \gamma$$

GLRT 判 $\mathcal{H}_1$，其中 $p(\mathbf{x}; \boldsymbol{\theta}, \sigma^2) = \dfrac{1}{(2\pi\sigma^2)^{\frac{N}{2}}} \exp\left[-\dfrac{1}{2\sigma^2}(\mathbf{x} - \mathbf{H}\boldsymbol{\theta})^T(\mathbf{x} - \mathbf{H}\boldsymbol{\theta})\right]$，$\hat{\boldsymbol{\theta}}_i$、$\hat{\sigma_i^2}$ 是在 $\mathcal{H}_i$ 条件下

$\boldsymbol{\theta}$、σ^2 的 MLE。在 $\mathcal{H}_1$ 条件下，除了必须排除满足 $\mathbf{A}\boldsymbol{\theta} = \mathbf{b}$ 的 $\boldsymbol{\theta}$ 值，我们对 $\boldsymbol{\theta}$ 没有任何约束。然而，$\boldsymbol{\theta}$ 的无约束 MLE 或者 $\hat{\boldsymbol{\theta}}$（其中我们允许 $\boldsymbol{\theta}$ 取 R^p 空间上的任何值）满足 $\mathbf{A}\hat{\boldsymbol{\theta}} = \mathbf{b}$ 的概率为零。对于未知幅度信号的情况，读者可以考虑 $\hat{A} = \sum_{n=0}^{N-1} x[n]s[n] / \sum_{n=0}^{N-1} s^2[n]$ 满足 $\hat{A} = 0$ 的概率。因此，$\hat{\boldsymbol{\theta}}_1$ 等价于无约束 MLE $\hat{\boldsymbol{\theta}}$，对于经典线性模型，它为

$$\hat{\boldsymbol{\theta}}_1 = \hat{\boldsymbol{\theta}} = (\mathbf{H}^T\mathbf{H})^{-1}\mathbf{H}^T\mathbf{x}$$

σ^2 在 $\mathcal{H}_1$ 条件下的 MLE 是通过使 $p(\mathbf{x}; \hat{\boldsymbol{\theta}}_1, \sigma^2)$ 关于 σ^2 最大而求得的。由此证明可得到（参见本书卷 I 的第 125 页~第 126 页）

$$\hat{\sigma_1^2} = \frac{1}{N}(\mathbf{x} - \mathbf{H}\hat{\boldsymbol{\theta}}_1)^T(\mathbf{x} - \mathbf{H}\hat{\boldsymbol{\theta}}_1)$$

因此

$$p(\mathbf{x}; \hat{\boldsymbol{\theta}}_1, \hat{\sigma_1^2}) = \frac{1}{(2\pi\hat{\sigma_1^2})^{\frac{N}{2}}} \exp\left(-\frac{N}{2}\right)$$

为了求 $\hat{\boldsymbol{\theta}}_0$，我们必须求约束的 MLE 或者对于满足 $\mathbf{A}\boldsymbol{\theta} = \mathbf{b}$ 的 $\boldsymbol{\theta}$ 的 MLE。这等价于带约束的最小二乘估计量 [由于 $\mathbf{w} \sim \mathcal{N}(\mathbf{0}, \sigma^2\mathbf{I})$]，可以证明为（参见本书卷 I 的第 176 页~第 177 页）

$$\hat{\boldsymbol{\theta}}_0 = \hat{\boldsymbol{\theta}}_1 - (\mathbf{H}^T\mathbf{H})^{-1}\mathbf{A}^T\left[\mathbf{A}(\mathbf{H}^T\mathbf{H})^{-1}\mathbf{A}^T\right]^{-1}(\mathbf{A}\hat{\boldsymbol{\theta}}_1 - \mathbf{b})$$

另外，很容易证明

$$\hat{\sigma_0^2} = \frac{1}{N}(\mathbf{x} - \mathbf{H}\hat{\boldsymbol{\theta}}_0)^T(\mathbf{x} - \mathbf{H}\hat{\boldsymbol{\theta}}_0)$$

所以

$$p(\mathbf{x}; \hat{\boldsymbol{\theta}}_0, \hat{\sigma_0^2}) = \frac{1}{(2\pi\hat{\sigma_0^2})^{\frac{N}{2}}} \exp\left(-\frac{N}{2}\right)$$

这样，GLRT 为

$$L_G(\mathbf{x}) = \left(\frac{\hat{\sigma_0^2}}{\hat{\sigma_1^2}}\right)^{\frac{N}{2}}$$

如果我们令 $T'(\mathbf{x}) = L_G(\mathbf{x})^{2/N} - 1$，它是 $L_G(\mathbf{x})$ 的单调函数，那么

$$T'(\mathbf{x}) = \frac{\hat{\sigma_0^2} - \hat{\sigma_1^2}}{\hat{\sigma_1^2}} = \frac{(\mathbf{x} - \mathbf{H}\hat{\boldsymbol{\theta}}_0)^T(\mathbf{x} - \mathbf{H}\hat{\boldsymbol{\theta}}_0) - (\mathbf{x} - \mathbf{H}\hat{\boldsymbol{\theta}}_1)^T(\mathbf{x} - \mathbf{H}\hat{\boldsymbol{\theta}}_1)}{(\mathbf{x} - \mathbf{H}\hat{\boldsymbol{\theta}}_1)^T(\mathbf{x} - \mathbf{H}\hat{\boldsymbol{\theta}}_1)}$$

但是，正如在附录7B 中所证明的那样，分子可以化简为

$$(\mathbf{A}\hat{\boldsymbol{\theta}}_1 - \mathbf{b})^T[\mathbf{A}(\mathbf{H}^T\mathbf{H})^{-1}\mathbf{A}^T]^{-1}(\mathbf{A}\hat{\boldsymbol{\theta}}_1 - \mathbf{b})$$

分母可以化简为

$$
\begin{aligned}
(\mathbf{x} - \mathbf{H}\hat{\boldsymbol{\theta}}_1)^T(\mathbf{x} - \mathbf{H}\hat{\boldsymbol{\theta}}_1) &= (\mathbf{x} - \mathbf{H}(\mathbf{H}^T\mathbf{H})^{-1}\mathbf{H}^T\mathbf{x})^T(\mathbf{x} - \mathbf{H}(\mathbf{H}^T\mathbf{H})^{-1}\mathbf{H}^T\mathbf{x}) \\
&= \mathbf{x}^T(\mathbf{I} - \mathbf{H}(\mathbf{H}^T\mathbf{H})^{-1}\mathbf{H}^T)^T(\mathbf{I} - \mathbf{H}(\mathbf{H}^T\mathbf{H})^{-1}\mathbf{H}^T)\mathbf{x} \\
&= \mathbf{x}^T(\mathbf{I} - \mathbf{H}(\mathbf{H}^T\mathbf{H})^{-1}\mathbf{H}^T)\mathbf{x}
\end{aligned}
$$

所以

$$
T'(\mathbf{x}) = \frac{(\mathbf{A}\hat{\boldsymbol{\theta}}_1 - \mathbf{b})^T[\mathbf{A}(\mathbf{H}^T\mathbf{H})^{-1}\mathbf{A}^T]^{-1}(\mathbf{A}\hat{\boldsymbol{\theta}}_1 - \mathbf{b})}{\mathbf{x}^T(\mathbf{I} - \mathbf{H}(\mathbf{H}^T\mathbf{H})^{-1}\mathbf{H}^T)\mathbf{x}}
$$

为了确定检测性能，我们考虑等价的统计量

$$
T'(\mathbf{x}) = \frac{(\mathbf{A}\hat{\boldsymbol{\theta}}_1 - \mathbf{b})^T[\mathbf{A}(\mathbf{H}^T\mathbf{H})^{-1}\mathbf{A}^T]^{-1}(\mathbf{A}\hat{\boldsymbol{\theta}}_1 - \mathbf{b})/\sigma^2}{\mathbf{x}^T(\mathbf{I} - \mathbf{H}(\mathbf{H}^T\mathbf{H})^{-1}\mathbf{H}^T)\mathbf{x}/\sigma^2} = \frac{N(\mathbf{x})}{D(\mathbf{x})}
$$

证明分子 $N(\mathbf{x})$ 的 PDF 为

$$
N(\mathbf{x}) \sim \begin{cases} \chi_r^2 & \text{在 } \mathcal{H}_0 \text{ 条件下} \\ \chi_r'^2(\lambda) & \text{在 } \mathcal{H}_1 \text{ 条件下} \end{cases} \tag{9A.1}
$$

其中

$$
\lambda = \frac{(\mathbf{A}\boldsymbol{\theta}_1 - \mathbf{b})^T[\mathbf{A}(\mathbf{H}^T\mathbf{H})^{-1}\mathbf{A}^T]^{-1}(\mathbf{A}\boldsymbol{\theta}_1 - \mathbf{b})}{\sigma^2}
$$

分母 $D(\mathbf{x})$ 的 PDF 为

$$
D(\mathbf{x}) \sim \begin{cases} \chi_{N-p}^2 & \text{在 } \mathcal{H}_0 \text{ 条件下} \\ \chi_{N-p}^2 & \text{在 } \mathcal{H}_1 \text{ 条件下} \end{cases}
$$

并且 $N(\mathbf{x})$ 和 $D(\mathbf{x})$ 是独立的。因此，利用对应的自由度，对分子和分母做归一化，得

$$
T(\mathbf{x}) = \frac{N(\mathbf{x})/r}{D(\mathbf{x})/(N-p)} \sim \begin{cases} F_{r,N-p} & \text{在 } \mathcal{H}_0 \text{ 条件下} \\ F'_{r,N-p}(\lambda) & \text{在 } \mathcal{H}_1 \text{ 条件下} \end{cases}
$$

从定理 7.1 可得出（9A.1）式。为了求 $D(\mathbf{x})$ 的 PDF，我们注意到 $D(\mathbf{x})$ 是 $\mathbf{x}$ 的二次型，即 $D(\mathbf{x}) = \mathbf{x}^T\mathbf{B}\mathbf{x}$，其中 $\mathbf{B}$ 是矩阵 $\mathbf{B} = (\mathbf{I} - \mathbf{H}(\mathbf{H}^T\mathbf{H})^{-1}\mathbf{H}^T)/\sigma^2 = \mathbf{P}_H^\perp/\sigma^2$，矩阵 $\mathbf{P}_H^\perp$ 是正交投影矩阵（参见本书卷 I 的第 162 页），可以证明（参见本书卷 I 的习题 8.12）投影矩阵是等幂的，并且秩为 $N-p$。另外，由于 $\mathbf{P}_H^\perp\mathbf{H} = \mathbf{0}$，在 $\mathcal{H}_i$ 条件下我们有

$$
\begin{aligned}
D(\mathbf{x}) &= \frac{1}{\sigma^2}(\mathbf{H}\boldsymbol{\theta}_i + \mathbf{w})^T\mathbf{P}_H^\perp(\mathbf{H}\boldsymbol{\theta}_i + \mathbf{w}) \\
&= \frac{1}{\sigma^2}\mathbf{w}^T\mathbf{P}_H^\perp\mathbf{w} \\
&= \left(\frac{\mathbf{w}}{\sigma}\right)^T\mathbf{P}_H^\perp\left(\frac{\mathbf{w}}{\sigma}\right)
\end{aligned}
$$

其中 $\mathbf{w}/\sigma \sim \mathcal{N}(\mathbf{0}, \mathbf{I})$。由（2.29）式得

$$
D(\mathbf{x}) \sim \begin{cases} \chi_{N-p}^2 & \text{在 } \mathcal{H}_0 \text{ 条件下} \\ \chi_{N-p}^2 & \text{在 } \mathcal{H}_1 \text{ 条件下} \end{cases}
$$

最后，为了证明在每种假设下 $D(\mathbf{x})$ 和 $N(\mathbf{x})$ 是独立的，我们首先注意到 $N(\mathbf{x})$ 只是 $\hat{\boldsymbol{\theta}}_1$ 的函数。这样剩下的问题就是要证明 $\hat{\boldsymbol{\theta}}_1$ 与 $D(\mathbf{x})$ 独立，为此我们借助定理证明，对于 $\mathbf{x}^T\mathbf{B}\mathbf{x}$，当且仅当 $\mathbf{B}\mathbf{d} = \mathbf{0}$ 时二次型 $\mathbf{x}^T\mathbf{B}\mathbf{x}$ 和线性型 $\mathbf{d}^T\mathbf{x}$ 是独立的 [Kendall and Stuart 1976]，其中 $\mathbf{d}$ 是列矢量。为了应用定理，我们令 $z = \boldsymbol{\alpha}^T\hat{\boldsymbol{\theta}}_1$，其中 $\boldsymbol{\alpha}$ 是任意的 $p \times 1$ 矢量，所以 z 是 $\mathbf{x}$ 的线性型。那么，$z = \boldsymbol{\alpha}^T\hat{\boldsymbol{\theta}}_1 = \boldsymbol{\alpha}^T(\mathbf{H}^T\mathbf{H})^{-1}\mathbf{H}^T\mathbf{x}$，其中 $\mathbf{d} = \mathbf{H}(\mathbf{H}^T\mathbf{H})^{-1}\boldsymbol{\alpha}$。但是，由于 $\mathbf{P}_H^\perp\mathbf{H} = \mathbf{0}$，因此 $\mathbf{B}\mathbf{d} = \mathbf{P}_H^\perp\mathbf{H}(\mathbf{H}^T\mathbf{H})^{-1}\boldsymbol{\alpha} = \mathbf{0}$。这就证明了对于所有的 $\boldsymbol{\alpha}$，$\boldsymbol{\alpha}^T\hat{\boldsymbol{\theta}}_1$ 与 $D(\mathbf{x})$ 是独立的。最后，借助特征函数也可以证明 $\hat{\boldsymbol{\theta}}_1$ 与 $D(\mathbf{x})$ 是独立的，因而 $N(\mathbf{x})$ 与 $D(\mathbf{x})$ 也是独立的。

附录9B 对具有未知噪声参数的一般线性模型的Rao检验

假定一般线性模型 $\mathbf{x} = \mathbf{H}\boldsymbol{\theta} + \mathbf{w}$，其中 $\mathbf{H}$ 是已知的 $N \times p$ 矩阵，$\boldsymbol{\theta}$ 是 $p \times 1$ 未知参数矢量，$\mathbf{w} \sim \mathcal{N}(\mathbf{0}, \mathbf{C}(\boldsymbol{\theta}_w))$。假定协方差矩阵 $\mathbf{C}$ 依赖于 $q \times 1$ 未知参数矢量 $\boldsymbol{\theta}_w$，假设检验为

$$\mathcal{H}_0 : \boldsymbol{\theta} = \mathbf{0}, \boldsymbol{\theta}_w$$
$$\mathcal{H}_1 : \boldsymbol{\theta} \neq \mathbf{0}, \boldsymbol{\theta}_w$$

由第6章可以得到Rao检验和渐近性能。为了避免 $\boldsymbol{\theta}$ 定义上的混淆，我们用矢量 $\boldsymbol{\xi}$ 取代第6章使用的 $\boldsymbol{\theta}$ 来表示整个未知参数矢量，其中 $\boldsymbol{\xi} = [\boldsymbol{\theta}_r^T \ \boldsymbol{\theta}_s^T]^T$。然后，我们令 $\boldsymbol{\theta}_r = \boldsymbol{\theta}$，$\boldsymbol{\theta}_s = \boldsymbol{\theta}_w$，所以

$$T_R(\mathbf{x}) = \left. \frac{\partial \ln p(\mathbf{x}; \boldsymbol{\theta}, \boldsymbol{\theta}_w)}{\partial \boldsymbol{\theta}} \right|_{\boldsymbol{\theta}=\mathbf{0}, \boldsymbol{\theta}_w=\hat{\boldsymbol{\theta}}_{w_0}}^T [\mathbf{I}^{-1}(\tilde{\boldsymbol{\xi}})]_{\theta\theta} \left. \frac{\partial \ln p(\mathbf{x}; \boldsymbol{\theta}, \boldsymbol{\theta}_w)}{\partial \boldsymbol{\theta}} \right|_{\boldsymbol{\theta}=\mathbf{0}, \boldsymbol{\theta}_w=\hat{\boldsymbol{\theta}}_{w_0}}$$

其中 $\hat{\boldsymbol{\theta}}_{w_0}$ 是在 $\mathcal{H}_0$ 条件下 $\boldsymbol{\theta}_w$ 的MLE，

$$T_R(\mathbf{x}) \overset{a}{\sim} \begin{cases} \chi_p^2 & \text{在} \mathcal{H}_0 \text{条件下} \\ \chi_p'^2(\lambda) & \text{在} \mathcal{H}_1 \text{条件下} \end{cases}$$

其中 $\lambda = \boldsymbol{\theta}_1^T \mathbf{I}_{\theta\theta}(\mathbf{0}, \boldsymbol{\theta}_w) \boldsymbol{\theta}_1$［参见(6.24)式］，非中心参量利用了Fisher信息矩阵的块对角性。对于一般线性模型可以证明（利用类似于本书卷I的第62页~第63页的方法）

$$\frac{\partial \ln p(\mathbf{x}; \boldsymbol{\theta}, \boldsymbol{\theta}_w)}{\partial \boldsymbol{\theta}} = \mathbf{H}^T \mathbf{C}^{-1}(\boldsymbol{\theta}_w) \mathbf{H}(\hat{\boldsymbol{\theta}} - \boldsymbol{\theta})$$

其中 $\hat{\boldsymbol{\theta}} = (\mathbf{H}^T \mathbf{C}^{-1}(\boldsymbol{\theta}_w) \mathbf{H})^{-1} \mathbf{H}^T \mathbf{C}^{-1}(\boldsymbol{\theta}_w) \mathbf{x}$，所以

$$\left. \frac{\partial \ln p(\mathbf{x}; \boldsymbol{\theta}, \boldsymbol{\theta}_w)}{\partial \boldsymbol{\theta}} \right|_{\boldsymbol{\theta}=\mathbf{0}, \boldsymbol{\theta}_w=\hat{\boldsymbol{\theta}}_{w_0}} = \mathbf{H}^T \mathbf{C}^{-1}(\hat{\boldsymbol{\theta}}_{w_0}) \mathbf{H}\hat{\boldsymbol{\theta}}$$

另外，由于Fisher信息矩阵具有块对角性，因此我们有

$$[\mathbf{I}^{-1}(\tilde{\boldsymbol{\xi}})]_{\theta\theta} = \mathbf{I}_{\theta\theta}^{-1}(\tilde{\boldsymbol{\xi}}) = (\mathbf{H}^T \mathbf{C}^{-1}(\hat{\boldsymbol{\theta}}_{w_0}) \mathbf{H})^{-1}$$

这样可以得到

$$\begin{aligned} T_R(\mathbf{x}) &= \hat{\boldsymbol{\theta}}^T \mathbf{H}^T \mathbf{C}^{-1}(\hat{\boldsymbol{\theta}}_{w_0}) \mathbf{H}(\mathbf{H}^T \mathbf{C}^{-1}(\hat{\boldsymbol{\theta}}_{w_0}) \mathbf{H})^{-1} \mathbf{H}^T \mathbf{C}^{-1}(\hat{\boldsymbol{\theta}}_{w_0}) \mathbf{H}\hat{\boldsymbol{\theta}} \\ &= \hat{\boldsymbol{\theta}}^T \mathbf{H}^T \mathbf{C}^{-1}(\hat{\boldsymbol{\theta}}_{w_0}) \mathbf{H}\hat{\boldsymbol{\theta}} \\ &= \mathbf{x}^T \mathbf{C}^{-1}(\hat{\boldsymbol{\theta}}_{w_0}) \mathbf{H}(\mathbf{H}^T \mathbf{C}^{-1}(\hat{\boldsymbol{\theta}}_{w_0}) \mathbf{H})^{-1} \mathbf{H}^T \mathbf{C}^{-1}(\hat{\boldsymbol{\theta}}_{w_0}) \mathbf{H} \\ &\quad \cdot (\mathbf{H}^T \mathbf{C}^{-1}(\hat{\boldsymbol{\theta}}_{w_0}) \mathbf{H})^{-1} \mathbf{H}^T \mathbf{C}^{-1}(\hat{\boldsymbol{\theta}}_{w_0}) \mathbf{x} \\ &= \mathbf{x}^T \mathbf{C}^{-1}(\hat{\boldsymbol{\theta}}_{w_0}) \mathbf{H}(\mathbf{H}^T \mathbf{C}^{-1}(\hat{\boldsymbol{\theta}}_{w_0}) \mathbf{H})^{-1} \mathbf{H}^T \mathbf{C}^{-1}(\hat{\boldsymbol{\theta}}_{w_0}) \mathbf{x} \end{aligned}$$

以及

$$\lambda = \boldsymbol{\theta}_1^T \mathbf{H}^T \mathbf{C}^{-1}(\boldsymbol{\theta}_w) \mathbf{H}\boldsymbol{\theta}_1$$

当 $\boldsymbol{\theta}_w$ 是已知的时候，那么对于多余参数使用Rao检验，除了 $\boldsymbol{\theta}_w$ 的真实值用它的MLE代替，我们可以得到相同的检验统计量。另外，渐近性能也是相同的。

附录9C 信号处理的例子的渐近等效 Rao 检验

由于 **C** 是 WSS 随机过程的协方差矩阵，当 $N \to \infty$ 时，由第2章我们有

$$\mathbf{C}^{-1} = \sum_{k=0}^{N-1} \frac{1}{P_{ww}(f_k)} \mathbf{v}_k \mathbf{v}_k^H$$

其中 $P_{ww}(f_k)$ 是 $w[n]$ 在 $f = f_k = k/N$ 处的 PSD，$\mathbf{v}_k = (1/\sqrt{N})\left[1 \ \exp(j2\pi f_k) \ldots \exp[j2\pi f_k(N-1)]\right]^T$，因此，令 $\mathbf{H} = [\mathbf{h}_1 \ \mathbf{h}_2]$，其中 $\mathbf{h}_i$ 是 **H** 的第 i 列，

$$
\begin{aligned}
\mathbf{H}^T \mathbf{C}^{-1} \mathbf{H} &= [\mathbf{h}_1 \ \mathbf{h}_2]^T \sum_{k=0}^{N-1} \frac{1}{P_{ww}(f_k)} \mathbf{v}_k \mathbf{v}_k^H [\mathbf{h}_1 \ \mathbf{h}_2] \\
&= \begin{bmatrix} \mathbf{h}_1^T \\ \mathbf{h}_2^T \end{bmatrix} \sum_{k=0}^{N-1} \frac{1}{P_{ww}(f_k)} \mathbf{v}_k [\mathbf{v}_k^H \mathbf{h}_1 \ \ \mathbf{v}_k^H \mathbf{h}_2] \\
&= \sum_{k=0}^{N-1} \frac{1}{P_{ww}(f_k)} \begin{bmatrix} \mathbf{h}_1^T \mathbf{v}_k \\ \mathbf{h}_2^T \mathbf{v}_k \end{bmatrix} [\mathbf{v}_k^H \mathbf{h}_1 \ \ \mathbf{v}_k^H \mathbf{h}_2] \\
&= \sum_{k=0}^{N-1} \frac{1}{P_{ww}(f_k)} \begin{bmatrix} \mathbf{h}_1^T \mathbf{v}_k \mathbf{v}_k^H \mathbf{h}_1 & \mathbf{h}_1^T \mathbf{v}_k \mathbf{v}_k^H \mathbf{h}_2 \\ \mathbf{h}_2^T \mathbf{v}_k \mathbf{v}_k^H \mathbf{h}_1 & \mathbf{h}_2^T \mathbf{v}_k \mathbf{v}_k^H \mathbf{h}_2 \end{bmatrix}
\end{aligned}
$$

但是，当 $N \to \infty$ 时，

$$
\begin{aligned}
\sum_{k=0}^{N-1} \frac{1}{P_{ww}(f_k)} \mathbf{h}_i^T \mathbf{v}_k \mathbf{v}_k^H \mathbf{h}_j &= \frac{1}{N} \sum_{k=0}^{N-1} \frac{H_i^*(f_k) H_j(f_k)}{P_{ww}(f_k)} \to \int_0^1 \frac{H_i^*(f) H_j(f)}{P_{ww}(f)} df \\
&= \int_{-\frac{1}{2}}^{\frac{1}{2}} \frac{H_i^*(f) H_j(f)}{P_{ww}(f)} df = \begin{cases} \int_{-\frac{1}{2}}^{\frac{1}{2}} \frac{|H_i(f)|^2}{P_{ww}(f)} df & i = j \\ 0 & i \neq j \end{cases}
\end{aligned}
$$

其中 $H_i(f)$ 是 $\mathbf{h}_i$ 中元素的傅里叶变换，或者准确地说是 $H_i(f) = \sum_{n=0}^{N-1} [\mathbf{h}_i]_n \exp(-j2\pi fn)$。最后一个结果是根据这样的事实得出的，即对于大的 N，$\mathbf{h}_1$ 和 $\mathbf{h}_2$ 互为希尔伯特变换，所以 $H_2(f) = -j \operatorname{sgn}(f) H_1(f)$。由于 $|H_1(f)|^2/P_{ww}(f)$ 是 f 的偶函数，而 $\operatorname{sgn}(f)$ 是 f 的奇函数，因此

$$\int_{-\frac{1}{2}}^{\frac{1}{2}} \frac{H_1^*(f) H_2(f)}{P_{ww}(f)} df = \int_{-\frac{1}{2}}^{\frac{1}{2}} \frac{-j \operatorname{sgn}(f) |H_1(f)|^2}{P_{ww}(f)} df = 0$$

另外注意到 $|H_1(f)|^2 = |H_2(f)|^2 = |S(f)|^2$，其中 $S(f) = \mathcal{F}\{\cos[2\pi(f_0 n + \frac{1}{2} m^2)]\}$。那么当 $N \to \infty$ 时，我们有

$$(\mathbf{H}^T \mathbf{C}^{-1} \mathbf{H})^{-1} = \frac{1}{\beta} \mathbf{I} \tag{9C.1}$$

其中

$$\beta = \int_{-\frac{1}{2}}^{\frac{1}{2}} \frac{|S(f)|^2}{P_{ww}(f)} df$$

因此我们有

$$
\begin{aligned}
T_R(\mathbf{x}) &= \mathbf{x}^T \mathbf{C}^{-1}(\hat{\boldsymbol{\theta}}_{w_0}) \mathbf{H} (\mathbf{H}^T \mathbf{C}^{-1}(\hat{\boldsymbol{\theta}}_{w_0}) \mathbf{H})^{-1} \mathbf{H}^T \mathbf{C}^{-1}(\hat{\boldsymbol{\theta}}_{w_0}) \mathbf{x} \\
&= \frac{1}{\hat{\beta}} \mathbf{x}^T \mathbf{C}^{-1}(\hat{\boldsymbol{\theta}}_{w_0}) \mathbf{H} \mathbf{H}^T \mathbf{C}^{-1}(\hat{\boldsymbol{\theta}}_{w_0}) \mathbf{x} \\
&= \frac{1}{\hat{\beta}} \|\mathbf{H}^T \mathbf{C}^{-1}(\hat{\boldsymbol{\theta}}_{w_0}) \mathbf{x}\|^2 = \frac{1}{\hat{\beta}} [(\mathbf{h}_1^T \mathbf{C}^{-1}(\hat{\boldsymbol{\theta}}_{w_0}) \mathbf{x})^2 + (\mathbf{h}_2^T \mathbf{C}^{-1}(\hat{\boldsymbol{\theta}}_{w_0}) \mathbf{x})^2] \\
&= \frac{1}{\hat{\beta}} |(\mathbf{h}_1 + j\mathbf{h}_2)^T \mathbf{C}^{-1}(\hat{\boldsymbol{\theta}}_{w_0}) \mathbf{x}|^2 = \frac{1}{\hat{\beta}} |\tilde{\mathbf{h}}^T \mathbf{C}^{-1}(\hat{\boldsymbol{\theta}}_{w_0}) \mathbf{x}|^2
\end{aligned}
$$

其中 $\tilde{\mathbf{h}} = \mathbf{h}_1 + j\mathbf{h}_2$，$\hat{\beta}$ 是由 β 得到的，且 β 的 $P_{ww}(f)$ 中使用了 $\hat{\boldsymbol{\theta}}_{w_0}$。而

$$
\begin{aligned}
\tilde{\mathbf{h}}^T \mathbf{C}^{-1}(\hat{\boldsymbol{\theta}}_{w_0}) \mathbf{x} &= \tilde{\mathbf{h}}^T \sum_{k=0}^{N-1} \frac{1}{\hat{P}_{ww}(f_k)} \mathbf{v}_k \mathbf{v}_k^H \mathbf{x} = \sum_{k=0}^{N-1} \frac{1}{\hat{P}_{ww}(f_k)} \tilde{\mathbf{h}}^T \mathbf{v}_k \mathbf{v}_k^H \mathbf{x} \\
&\to \int_{-\frac{1}{2}}^{\frac{1}{2}} \frac{X(f) \tilde{S}^*(f)}{\hat{P}_{ww}(f)} df
\end{aligned}
$$

其中 $\tilde{S}(f) = \mathcal{F}\{\exp[j2\pi(f_0 n + \frac{1}{2} mn^2)]\}$。最后，对于在 WSS 随机噪声中线性 FM 信号的检测问题，我们有近似的 Rao 检验统计量

$$
T_R(\mathbf{x}) = \frac{\left| \displaystyle\int_{-\frac{1}{2}}^{\frac{1}{2}} \frac{X(f) \tilde{S}^*(f)}{\hat{P}_{ww}(f)} df \right|^2}{\displaystyle\int_{-\frac{1}{2}}^{\frac{1}{2}} \frac{|S(f)|^2}{\hat{P}_{ww}(f)} df}
$$

特别是对于 AR 模型，我们有

$$
P_{ww}(f) = \frac{\sigma_u^2}{|A(f)|^2}
$$

所以，代入以后得

$$
T_R(\mathbf{x}) = \frac{\left| \displaystyle\int_{-\frac{1}{2}}^{\frac{1}{2}} \frac{\hat{A}_0(f) X(f) (\hat{A}_0(f) \tilde{S}(f))^*}{\sigma_{u_0}^2} df \right|^2}{\displaystyle\int_{-\frac{1}{2}}^{\frac{1}{2}} \frac{|\hat{A}_0(f) S(f)|^2}{\sigma_{u_0}^2} df}
$$

根据 Parseval 定理，上式可近似为

$$
T_R(\mathbf{x}) = \frac{\left| \displaystyle\sum_{n=p_{\mathrm{AR}}}^{N-1} \left(\sum_{k=0}^{p_{\mathrm{AR}}} \hat{a}_0[k] x[n-k] \right) \left(\sum_{l=0}^{p_{\mathrm{AR}}} \hat{a}_0[l] \tilde{s}[n-l] \right) \right|^2}{\sigma_{u_0}^2 \displaystyle\sum_{n=p_{\mathrm{AR}}}^{N-1} \left(\sum_{l=0}^{p_{\mathrm{AR}}} \hat{a}_0[l] s[n-l] \right)^2}
$$

另外，根据 (9C.1) 式，由于 $\boldsymbol{\theta}_1^T \boldsymbol{\theta}_1 = \alpha_1^2 + \alpha_2^2 = A^2$，那么非中心参量 $\lambda = (\mathbf{H}\boldsymbol{\theta}_1)^T \mathbf{C}^{-1}(\boldsymbol{\theta}_w)(\mathbf{H}\boldsymbol{\theta}_1)$ 为

$$
\lambda = \beta \boldsymbol{\theta}_1^T \boldsymbol{\theta}_1 = A^2 \int_{-\frac{1}{2}}^{\frac{1}{2}} \frac{|S(f)|^2 |A(f)|^2}{\sigma_u^2} df
$$

由 Parseval 定理，对于大的 N 我们有

$$
\lambda = \frac{A^2}{\sigma_u^2} \sum_{n=p_{\mathrm{AR}}}^{N-1} \left(\sum_{k=0}^{p_{\mathrm{AR}}} a[k] s[n-k] \right)^2
$$

第 10 章 非高斯噪声

10.1 引言

从简化数学分析的角度考虑，经常会做出高斯噪声的假设，根据中心极限定理，可以说明这是合理的假设。在许多感兴趣的实际问题中这种假设是恰当的，而且得到的检测器容易实现。然而，对于某些并不经常发生的、但是具有强放射性的事件，则噪声并不具有高斯性。这些事件，有时称之为"噪声尖峰"，例如由雷暴引起的超低频电磁噪声或冰山崩塌引起的声音噪声。在这种情况下，对噪声尖峰建立比高斯模型更精确的模型是非常重要的，否则会造成检测性能降低。在本章中，我们研究非高斯噪声环境下确定性信号的检测。由于这是一个正在研究的领域，我们仅限于讨论一些关键的概念。感兴趣的读者可以参考[Middleton 1984，Kassam 1988，Poor 1988，Kay and Sengupta 1991]。

10.2 小结

一般非高斯 PDF 由(10.4)式给出，高斯型 PDF 是它的一个特例。对于 IID 非高斯噪声中的已知确定性信号，NP 检测器由(10.7)式给出，或者对于对称形由(10.8)式给出，两种情形的渐近性能均由(10.11)式确定。弱信号的检测器或局部最佳检测器由(10.10)式给出。对于幅度未知的确定性信号，Rao 检验统计量为(10.19)式，其渐近性能由(10.17)式给出。由线性模型描述的具有未知参数确定性信号的 Rao 检验由定理 10.1 给出[参见(10.25)式~(10.27)式]，并应用到 10.6 节 IID 非高斯噪声的未知幅度及相位的正弦信号检测中。对于一般高斯 PDF，Rao 检验为(10.28)式及(10.29)式，其渐近性能由(10.31)式及(10.32)式给出。

10.3 非高斯噪声的性质

最简单的非高斯噪声类型，即样本值 $w[n]$ 为 IID 且其一阶 PDF 不为高斯形式。我们已经遇到几类非高斯分布的 PDF，如拉普拉斯 PDF 为

$$p(w[n]) = \frac{1}{\sqrt{2\sigma^2}} \exp\left(-\sqrt{\frac{2}{\sigma^2}}|w[n]|\right) \quad -\infty < w[n] < \infty \quad (10.1)$$

其中 σ^2 为噪声方差或功率。具有相同方差的高斯 PDF 为

$$p(w[n]) = \frac{1}{\sqrt{2\pi\sigma^2}} \exp\left(-\frac{1}{2\sigma^2}w^2[n]\right) \quad (10.2)$$

由于两种 PDF 均为零均值，因此其一阶矩、二阶矩是相同的。在图 10.1 中画出了两种 PDF，其中图 10.1(a)的纵轴为线性刻度，而图 10.1(b)的纵轴为对数刻度。从图中可见两者的主要区别是拉普拉斯 PDF 带有明显的拖尾现象。由于拉普拉斯分布 $\Pr\{|w[n]|>\gamma\}$ 较大，因此其取大幅度值的样本要比高斯 PDF 的多(参见习题 10.1)。为了说明这一点，在图 10.2 中我们针对每一种 PDF 画出了 IID 噪声样本的时间序列现实。非高斯时间序列由于 PDF 有很大的拖尾而产生"尖峰"或"野值"。因此，任何检测器都需要考虑这些野值，以便使虚警不要过多。我们将看到性能良好的非高斯噪声检测器通常采用非线性器件或限幅器来减少噪声尖峰。

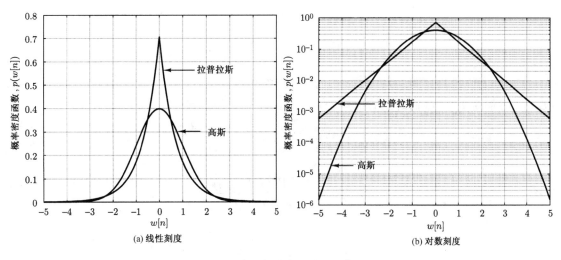

(a) 线性刻度　　　　　　　　　　　　　　(b) 对数刻度

图 10.1　高斯与非高斯 PDF($\sigma^2 = 1$)

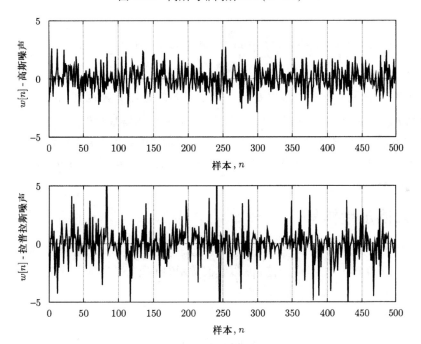

图 10.2　高斯和非高斯噪声的现实($\sigma^2 = 1$)

零均值 PDF 的非高斯性程度通常由相对于高斯 PDF 的峰态(kurtosis)表示。峰态定义为

$$\gamma_2 = \frac{E(w^4[n])}{E^2(w^2[n])} - 3 \tag{10.3}$$

对于给定的噪声功率,强拖尾的 PDF 其 $E(w^4[n])$ 值较大,因而也有较大的峰态。对于高斯 PDF,由于 $E(w^4[n]) = 3\sigma^4$,因此 $\gamma_2 = 0$;而对于非高斯 PDF,γ_2 偏离零。对于拉普拉斯 PDF 的例子,可以证明 $E(w^4[n]) = 6\sigma^4$,因此 $\gamma_2 = 3$(参见习题 10.2)。当 $E(w^4[n]) < 3E^2(w^2[n])$ 时,或者四阶矩小于高斯的四阶矩时,峰态也可能为负值。此类 PDF 的拖尾下降速度比高斯型的要快。举例来说,若 $w[n] \sim \mathcal{U}[-\sqrt{3\sigma^2}, \sqrt{3\sigma^2}]$,其方差为 σ^2,四阶矩为

$$E(w^4[n]) = \int_{-\sqrt{3\sigma^2}}^{\sqrt{3\sigma^2}} w^4[n]\frac{1}{2\sqrt{3\sigma^2}}dw[n] = \frac{9\sigma^4}{5}$$

因此 $\gamma_2 = -1.2$。

高斯分布、拉普拉斯分布及均匀分布 PDF 称为广义高斯型或指数型分布 [Box and Tiao 1973]。在例 6.9 中，我们研究了此类噪声中未知 DC 电平的检测。广义高斯 PDF 为

$$p(w) = \frac{c_1(\beta)}{\sqrt{\sigma^2}}\exp\left(-c_2(\beta)\left|\frac{w}{\sqrt{\sigma^2}}\right|^{\frac{2}{1+\beta}}\right) \tag{10.4}$$

其中

$$c_1(\beta) = \frac{\Gamma^{\frac{1}{2}}(\frac{3}{2}(1+\beta))}{(1+\beta)\Gamma^{\frac{3}{2}}(\frac{1}{2}(1+\beta))}$$

$$c_2(\beta) = \left[\frac{\Gamma(\frac{3}{2}(1+\beta))}{\Gamma(\frac{1}{2}(1+\beta))}\right]^{\frac{1}{1+\beta}}$$

$\beta > -1$ 且 $\Gamma(x)$ 为伽马函数，即

$$\Gamma(x) = \int_0^\infty u^{x-1}\exp(-u)du$$

当 $\beta = 0$ 时，广义高斯 PDF 为高斯型；当 $\beta = 1$ 时，为拉普拉斯型；当 $\beta \to -1$ 时，趋向于均匀分布（参见习题 10.3）。在例 6.9 中，选取 $\beta = -1/2$，PDF 的拖尾下降速度比高斯型的要快，即为 (10.4) 式中的 $\exp[-c_2(\beta)|w/\sqrt{\sigma^2}|^4]$。可以发现，Rao 检测器是基于三阶矩的。

另一类常用的非高斯型 PDF 是混合型 PDF。高斯混合 PDF 在本书卷 I 的第 203 页~第 205 页中已进行了研究，同时在习题 10.7 中做了进一步说明。其他 PDF 类型在 [Johnson and Kotz 1994]、[Ord 1972] 中有所描述。

10.4 已知确定性信号

下面讨论具有已知 PDF 的 IID 非高斯噪声中已知信号的检测。这是第 4 章中的 WGN 情况（IID 且为一维高斯型 PDF）的推广。首先，以我们常用的 DC 电平为例进行检测。

例 10.1 IID 非高斯噪声中的 DC 电平

考虑检测问题

$$\mathcal{H}_0: x[n] = w[n] \qquad n = 0,1,\ldots,N-1$$
$$\mathcal{H}_1: x[n] = A + w[n] \quad n = 0,1,\ldots,N-1$$

其中 A 已知且 $A > 0$，$w[n]$ 为已知 PDF $p(w[n])$ 的 IID 噪声样本。当似然比超过门限时，NP 检测器判 $\mathcal{H}_1$，即如果

$$L(\mathbf{x}) = \frac{p(\mathbf{x};\mathcal{H}_1)}{p(\mathbf{x};\mathcal{H}_0)} > \gamma$$

则判 $\mathcal{H}_1$。根据 IID 的假定，我们有

$$L(\mathbf{x}) = \frac{\prod\limits_{n=0}^{N-1}p(x[n];\mathcal{H}_1)}{\prod\limits_{n=0}^{N-1}p(x[n];\mathcal{H}_0)} = \frac{\prod\limits_{n=0}^{N-1}p(x[n]-A)}{\prod\limits_{n=0}^{N-1}p(x[n])}$$

如果
$$\ln L(\mathbf{x}) = \sum_{n=0}^{N-1} \ln \frac{p(x[n]-A)}{p(x[n])} > \ln \gamma = \gamma'$$

我们判 $\mathcal{H}_1$。若令 $g(x) = \ln\left[p(x-A)/p(x)\right]$，则如果

$$\sum_{n=0}^{N-1} g(x[n]) > \gamma' \tag{10.5}$$

则判 $\mathcal{H}_1$。对于 WGN 问题，其中 $p(w[n])$ 由(10.2)式给出，

$$g(x) = \ln\left(\frac{\frac{1}{\sqrt{2\pi\sigma^2}}\exp\left[-\frac{1}{2\sigma^2}(x-A)^2\right]}{\frac{1}{\sqrt{2\pi\sigma^2}}\exp\left[-\frac{1}{2\sigma^2}x^2\right]}\right) = \frac{Ax}{\sigma^2} - \frac{A^2}{2\sigma^2} \tag{10.6}$$

可见 $g(x)$ 与 x 呈线性关系，于是得出统计均值统计量 $\bar{x}$[将(10.6)式代入(10.5)式]。否则，$g(x)$ 为非线性函数。举例来说，对于拉普拉斯 PDF，从(10.1)式可得

$$g(x) = \ln\left(\frac{\frac{1}{\sqrt{2\sigma^2}}\exp\left(-\sqrt{\frac{2}{\sigma^2}}|x-A|\right)}{\frac{1}{\sqrt{2\sigma^2}}\exp\left(-\sqrt{\frac{2}{\sigma^2}}|x|\right)}\right) = \sqrt{\frac{2}{\sigma^2}}(|x| - |x-A|)$$

如图 10.3(a) 所示。令 $y[n] = x[n] - A/2$ 可以得到更为直观的描述，这时在 $\mathcal{H}_0$ 条件下，$E(y[n]) = -A/2$，在 $\mathcal{H}_1$ 条件下，$E(y[n]) = A/2$，即对称数据。那么，从(10.5)式可得，如果

$$\sum_{n=0}^{N-1} g(y[n] + A/2) > \gamma'$$

或者
$$\sum_{n=0}^{N-1} h(y[n]) > \gamma'$$

则判 $\mathcal{H}_1$，其中
$$h(y) = g(y + A/2) = \ln\frac{p(y-\frac{A}{2})}{p(y+\frac{A}{2})}$$

那么，对于拉普拉斯 PDF 会出现图 10.3(b) 所示的非线性。整个检测器结构如图 10.4 所示。非线性函数 $h(y)$ 对于大的样本值起限幅作用。这是 NP 检测器减少噪声野值影响的一种方法。没有限幅器，检测概率 P_D 可能明显下降。

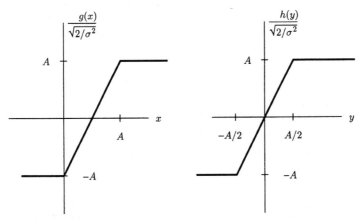

(a) 应用到原始数据的形式　　　　　(b) 应用到 $y[n] = x[n] - A/2$ 的对称形式

图 10.3　拉普拉斯 PDF 的非线性

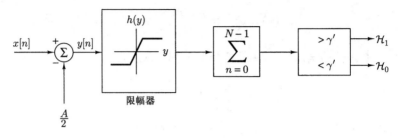

图 10.4　在 IID 拉普拉斯噪声中 DC 电平的 NP 检测器

在 IID 非高斯噪声（PDF 为 $p(w[n])$ 中，对于已知确定性信号 $s[n]$ 的检测，更一般的方法是，如果

$$\sum_{n=0}^{N-1} g_n(x[n]) > \gamma' \tag{10.7}$$

则判 $\mathcal{H}_1$。其中
$$g_n(x) = \ln \frac{p(x - As[n])}{p(x)}$$

非线性与所应用的样本有关。通过定义 $y[n] = x[n] - As[n]/2$，如果

$$\sum_{n=0}^{N-1} h_n(y[n]) > \gamma' \tag{10.8}$$

则判 $\mathcal{H}_1$，其中
$$h_n(y) = \ln \frac{p\left(y - \frac{As[n]}{2}\right)}{p\left(y + \frac{As[n]}{2}\right)} \tag{10.9}$$

为对称限幅器。图 10.5 为检测器结构示意图。注意，如果 $p(w)$ 为偶函数（关于 $w = 0$ 对称），则 $h_n(y)$ 为奇函数（关于 $y = 0$ 反对称）。这是从（10.9）式通过证明 $h_n(-y) = -h_n(y)$ 得出的结论。

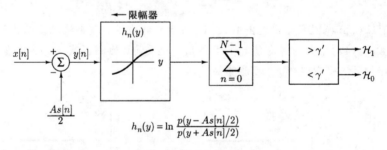

$$h_n(y) = \ln \frac{p(y - As[n]/2)}{p(y + As[n]/2)}$$

图 10.5　在 IID 非高斯噪声中已知确定性信号的 NP 检测器

确定（10.8）式检测器的 P_{FA} 和 P_D 由于其非线性而变得困难。因此，我们将借助于渐近分析，在这个过程中，我们还将得到等效渐近检测器。考虑已知信号 $As[n]$，其中 $A > 0$，分析在 $A \to 0$ 时或信号非常弱时的 NP 检测器。利用（10.7）式，我们把 $g_n(x)$ 看成 A 的函数，在 $A = 0$ 处将其展开为一阶泰勒级数，这样则有

$$g_n(x) = \ln \frac{p(x - As[n])}{p(x)} \approx 0 + \left. \frac{\frac{dp(w)}{dw}}{p(w)} \right|_{w = x - As[n], A = 0} (-s[n])A = -\frac{\frac{dp(x)}{dx}}{p(x)} s[n]A$$

由(10.7)式, 如果

$$\sum_{n=0}^{N-1} g_n(x[n]) \approx \sum_{n=0}^{N-1} -\frac{\dfrac{dp(x[n])}{dx[n]}}{p(x[n])} s[n] A > \gamma'$$

则判 $\mathcal{H}_1$, 由于 $A>0$, 因此 $\mathcal{H}_1$ 的判决表达式也可以写成

$$T(\mathbf{x}) = \sum_{n=0}^{N-1} -\frac{\dfrac{dp(x[n])}{dx[n]}}{p(x[n])} s[n] > \gamma'' \tag{10.10}$$

上式也是当 A 未知但 $A>0$(相差一个比例因子)时的 LMP 检测器, 因为 $A>0$ 时为单边假设检验(参见习题 10.5)。因此, 可以认为检测器是渐近最佳的[Kassam 1988], 因此称为局部最佳(LO)检测器。弱信号 NP 检测器或 LO 检测器的结构如图 10.6 所示, 非线性部分 $g(x) = -(dp(x)/dx)/p(x)$ 后接有仿形-相关器。假设 $p(x)$ 为偶函数, 则 $g(x)$ 为奇函数(参见习题 10.6)。注意到对于高斯噪声(由于样本为 IID, 实际为高斯白噪声)有

$$\begin{aligned}
g(x) &= -\frac{\dfrac{dp(x)}{dx}}{p(x)} = -\frac{d\ln p(x)}{dx} \\
&= -\frac{d}{dx} \ln\left[\frac{1}{\sqrt{2\pi\sigma^2}} \exp\left(-\frac{1}{2\sigma^2}x^2\right)\right] = \frac{1}{\sigma^2}x
\end{aligned}$$

因此

$$T(\mathbf{x}) = \frac{1}{\sigma^2} \sum_{n=0}^{N-1} x[n]s[n]$$

为数据的线性函数, 而且正是我们所预料的仿形 – 相关器。$T(\mathbf{x})$ 的渐近 PDF 在附录 10A 中证明为

$$T(\mathbf{x}) \overset{a}{\sim} \begin{cases} \mathcal{N}\left(0, i(A)\displaystyle\sum_{n=0}^{N-1} s^2[n]\right) & 在 \mathcal{H}_0 条件下 \\[4mm] \mathcal{N}\left(Ai(A)\displaystyle\sum_{n=0}^{N-1} s^2[n], i(A)\displaystyle\sum_{n=0}^{N-1} s^2[n]\right) & 在 \mathcal{H}_1 条件下 \end{cases} \tag{10.11}$$

其中

$$i(A) = \int_{-\infty}^{\infty} \frac{\left(\dfrac{dp(w)}{dw}\right)^2}{p(w)} dw \tag{10.12}$$

是在 PDF 为 $p(w)$ 的非高斯噪声中 DC 电平 A 基于单个样本的估计量的 Fisher 信息。为了验证这一点, 令 $x[0] = A + w[0]$, 其中 $w[0]$ 的 PDF 为 $p(w[0])$。那么, $x[0]$ 的 PDF 为 $p(x[0] - A;A)$。A 的 Fisher 信息为

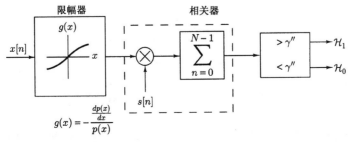

图 10.6　已知确定性弱信号($A>0$)的 NP 检测器

$$i(A) = E\left[\left(\frac{\partial \ln p(x[0] - A; A)}{\partial A}\right)^2\right] = E\left[\left(\frac{\frac{dp(w)}{dw}}{p(w)}\bigg|_{w=x[0]-A}(-1)\right)^2\right]$$

$$= \int_{-\infty}^{\infty} \frac{\left(\frac{dp(w)}{dw}\right)^2}{p^2(w)}\Bigg|_{w=x[0]-A} p(x[0] - A; A)dx[0]$$

$$= \int_{-\infty}^{\infty} \frac{\left(\frac{dp(w)}{dw}\right)^2}{p^2(w)}p(w)dw = \int_{-\infty}^{\infty} \frac{\left(\frac{dp(w)}{dw}\right)^2}{p(w)}dw$$

$i(A)$ 的数值大小被视为 PDF 的固有精度。从 (10.11) 式可以看出，检验统计量的渐近性能具有均值平移高斯－高斯问题的 NP 检测器性能（参见 3.3 节）。因此，从 (3.10) 式我们有

$$P_D = Q\left(Q^{-1}(P_{FA}) - \sqrt{d^2}\right) \tag{10.13}$$

其中 d^2 为偏移系数，从 (10.11) 式有

$$d^2 = \frac{(E(T; \mathcal{H}_1) - E(T; \mathcal{H}_0))^2}{\text{var}(T; \mathcal{H}_0)} = A^2 i(A) \sum_{n=0}^{N-1} s^2[n] \tag{10.14}$$

检测器的偏移系数与习题 10.10 定义的检验统计量效率是有关系的。对于两种检测器在大数据记录的比较，我们可以采用偏移系数之比。这个测度也称为渐近相对效率，在习题 10.11 中进行了定义。可以看出，噪声 PDF 对渐近检测性能的影响只是通过 $i(A)$ 体现。有趣的是，产生最小 $i(A)$ 的 PDF，即检测性能性能最差的 PDF 是高斯 PDF（参见习题 6.20），下面给出一个例子。

例 10.2　拉普拉斯噪声中的弱信号检测

我们假定噪声为例 10.1 那样的 IID 拉普拉斯噪声。信号为已知 DC 电平 ($A > 0$)。在 (10.10) 式中当 $s[n] = 1$ 时，弱信号 NP 检测器为：如果

$$T(\mathbf{x}) = \sum_{n=0}^{N-1} -\frac{\frac{dp(x[n])}{dx[n]}}{p(x[n])} > \gamma''$$

则判 $\mathcal{H}_1$。但是根据 (10.1) 式，

$$g(x) = -\frac{\frac{dp(x)}{dx}}{p(x)} = -\frac{d\ln p(x)}{dx} = \sqrt{\frac{2}{\sigma^2}}\frac{d|x|}{dx}$$

由于 $d|x|/dx = \text{sgn}(x)$，因此我们有

$$T(\mathbf{x}) = \sqrt{\frac{2}{\sigma^2}} \sum_{n=0}^{N-1} \text{sgn}(x[n])$$

弱信号检测器仅仅是将数据样本符号相加。根据下式，

$$\frac{g(x)}{\sqrt{\frac{2}{\sigma^2}}} = \begin{cases} 1 & x > 0 \\ -1 & x < 0 \end{cases}$$

非线性为无限限幅器。由 (10.13) 式和 (10.14) 式得到渐近检测性能。可以证明，$i(A) = 2/\sigma^2$（参见本书卷 I 的第 47 页），因此偏移系数为

$$d^2 = \frac{2NA^2}{\sigma^2}$$

如果我们与例 3.2 中推导的高斯型性能（为精确的有限数据记录性能）相比较，可以发现拉普拉斯型的偏移系数大一倍。因此，拉普拉斯型噪声对应的渐近性能要好于高斯型噪声。正如我们前面断言的，最差性能发生在高斯型噪声情况下。

10.5　未知参数确定性信号

我们限制讨论范围为具有未知信号参数的确定性信号检测。这些方法同样适用于随机信号，只是实现起来难度增大。当噪声参数也是未知的时，实现难度也将会增加［Kassam 1988］。对于在未知噪声参数的相关非高斯噪声中确定性信号的检测问题，建议感兴趣的读者参考［Kay and Sengupta 1991］。

我们研究的问题是在 IID 非高斯噪声中检测未知幅度参数的确定性已知信号，即

$$\begin{aligned} &\mathcal{H}_0 : x[n] = w[n] && n = 0,1,\ldots,N-1 \\ &\mathcal{H}_1 : x[n] = As[n] + w[n] && n = 0,1,\ldots,N-1 \end{aligned}$$

其中 A 未知，$s[n]$ 已知，$w[n]$ 是已知 PDF 为 $p(w[n])$ 的 IID 非高斯噪声。根据对 A 了解的多少，会出现不同的情况。若已知 $A > 0$，则检验为单边假设检验，即可以采用当 $A \to 0$ 时 (10.10) 式的最佳 NP 检测器。同样，也能够应用 (6.36) 式的 LMP 检测器，它是渐近最佳的（对大数据记录和弱信号）。反之，若 A 可以取得任意值，则可以采用广义似然比检验或渐近等价的 Rao 检验。采用 Rao 检验的优点是在实现时不需要 A 的 MLE。这一点是相当重要的，因为在非高斯问题中 MLE 难以获得。下面，说明当 A 未知且取值范围为 $-\infty < A < \infty$ 的 GLRT 和 Rao 检验。读者也可以参考例 6.9 中 $s[n] = 1$（信号为 DC 电平）且 $p(w[n])$ 为广义高斯型的一种时的特殊情况。如果

$$L_G(\mathbf{x}) = \frac{p(\mathbf{x}; \hat{A}, \mathcal{H}_1)}{p(\mathbf{x}; \mathcal{H}_0)} > \gamma$$

GRLT 判 $\mathcal{H}_1$，其中 $\hat{A}$ 为 $\mathcal{H}_1$ 条件下 A 的 MLE。又

$$p(\mathbf{x}; A, \mathcal{H}_1) = \prod_{n=0}^{N-1} p(x[n] - As[n]) \tag{10.15}$$

$$p(\mathbf{x}; \mathcal{H}_0) = \prod_{n=0}^{N-1} p(x[n])$$

由于 $\mathcal{H}_0$ 条件下 PDF 与 A 无关，因此

$$2\ln L_G(\mathbf{x}) = 2\sum_{n=0}^{N-1} \ln \frac{p(x[n] - \hat{A}s[n])}{p(x[n])} = 2\max_A \sum_{n=0}^{N-1} \ln \frac{p(x[n] - As[n])}{p(x[n])} \tag{10.16}$$

这是到目前为止我们能够推导的表达式。渐近检测性能在 (6.23) 式和 (6.27) 式中给出，即检测性能当 $\boldsymbol{\theta} = A$、$r = 1$ 时为

$$2\ln L_G(\mathbf{x}) \overset{a}{\sim} \begin{cases} \chi_1^2 & \text{在 } \mathcal{H}_0 \text{ 条件下} \\ \chi_1'^2(\lambda) & \text{在 } \mathcal{H}_1 \text{ 条件下} \end{cases} \tag{10.17}$$

其中 $\lambda = A^2 I(A=0)$，$I(A)$ 为 Fisher 信息。由于不需要 $\hat{A}$，Rao 检验（对于无多余参数而言）可能更容易实现。根据 (6.31) 式，$\mathcal{H}_1$ 的判决式为

$$T_R(\mathbf{x}) = \frac{\left(\left.\dfrac{\partial \ln p(\mathbf{x}; A, \mathcal{H}_1)}{\partial A}\right|_{A=0}\right)^2}{I(A=0)}$$

又由(10.15)式，有

$$
\begin{aligned}
\frac{\partial \ln p(\mathbf{x}; A, \mathcal{H}_1)}{\partial A} &= \frac{\partial}{\partial A} \sum_{n=0}^{N-1} \ln p(x[n] - As[n]) \\
&= \sum_{n=0}^{N-1} \left.\frac{\dfrac{dp(w)}{dw}}{p(w)}\right|_{w=x[n]-As[n]} (-s[n])
\end{aligned}
\tag{10.18}
$$

上式在 $A=0$ 处计算，得到的 Rao 检验统计量为

$$T_R(\mathbf{x}) = \frac{\left(\displaystyle\sum_{n=0}^{N-1} -\frac{\dfrac{dp(x[n])}{dx[n]}}{p(x[n])} s[n]\right)^2}{I(A=0)}
\tag{10.19}$$

Rao 检验统计量除了平方运算(由于能取正值或负值)和分母归一化(确保 CFAR 检测器的要求)，类似于(10.10)式的 LO 检测器。下面推导归一化因子 $I(A=0)$，由(10.18)式，我们有

$$
\begin{aligned}
I(A) &= -E\left[\frac{\partial^2 \ln p(\mathbf{x}; A, \mathcal{H}_1)}{\partial A^2}\right] \\
&= -E\left[\frac{\partial}{\partial A} \sum_{n=0}^{N-1} \left.\frac{\dfrac{dp(w)}{dw}}{p(w)}\right|_{w=x[n]-As[n]} (-s[n])\right] \\
&= \sum_{n=0}^{N-1} E\left[\left.\frac{\partial}{\partial A} \frac{\dfrac{dp(w)}{dw}}{p(w)}\right|_{w=x[n]-As[n]}\right] s[n]
\end{aligned}
\tag{10.20}
$$

又 $\qquad \left.\dfrac{\partial}{\partial A} \dfrac{\dfrac{dp(w)}{dw}}{p(w)}\right|_{w=x[n]-As[n]} = \left.\frac{\dfrac{d^2 p(w)}{dw^2}(-s[n])}{p(w)} - \frac{\left(\dfrac{dp(w)}{dw}\right)^2 (-s[n])}{p^2(w)}\right|_{w=x[n]-As[n]}$

第一项的数学期望为零，因为

$$
\begin{aligned}
E\left[\left.\frac{\dfrac{d^2 p(w)}{dw^2}}{p(w)}\right|_{w=x[n]-As[n]}\right] &= \int_{-\infty}^{\infty} \left.\frac{\dfrac{d^2 p(w)}{dw^2}}{p(w)}\right|_{w=x[n]-As[n]} p(x[n] - As[n]) dx[n] \\
&= \int_{-\infty}^{\infty} \frac{\dfrac{d^2 p(w)}{dw^2}}{p(w)} p(w) dw = \int_{-\infty}^{\infty} \frac{d^2 p(w)}{dw^2} dw \\
&= \left.\frac{dp(w)}{dw}\right|_{-\infty}^{\infty}
\end{aligned}
$$

我们假定为零，典型的 PDF 均满足此性质。因此有

$$
E\left[\left.\frac{\partial}{\partial A}\ \frac{\dfrac{dp(w)}{dw}}{p(w)}\right|_{w=x[n]-As[n]}\right]
$$

$$
=\ s[n]\int_{-\infty}^{\infty}\left.\frac{\left(\dfrac{dp(w)}{dw}\right)^{2}}{p^{2}(w)}\right|_{w=x[n]-As[n]}\ p(x[n]-As[n])dx[n]
$$

$$
=\ s[n]\int_{-\infty}^{\infty}\frac{\left(\dfrac{dp(w)}{dw}\right)^{2}}{p(w)}dw\ =\ s[n]i(A)
$$

最后，由 (10.20) 式有
$$
I(A=0)=I(A)=i(A)\sum_{n=0}^{N-1}s^{2}[n] \tag{10.21}
$$

因此，如果

$$
T_{R}(\mathbf{x})=\frac{\left(\displaystyle\sum_{n=0}^{N-1}-\frac{\dfrac{dp(x[n])}{dx[n]}}{p(x[n])}s[n]\right)^{2}}{i(A)\displaystyle\sum_{n=0}^{N-1}s^{2}[n]}>\gamma' \tag{10.22}
$$

我们判 $\mathcal{H}_1$。渐近检测性能与 GLRT 一样，由 (10.17) 式给出。由 (10.21) 式，非中心参量 $\lambda=A^2 i(A)\sum_{n=0}^{N-1}s^2[n]$。下面给出一些例子。

例 10.3　IID 拉普拉斯噪声中 DC 电平的 GLRT——A 未知

我们假定 $s[n]=1$（信号为 DC 电平），N 个 IID 噪声样本的一阶 PDF 由 (10.1) 式给出。那么，为了实现 GLRT，我们要求出 A 的 MLE，即我们要求使

$$
p(\mathbf{x};A,\mathcal{H}_1)=\left(\frac{1}{2\sigma^2}\right)^{\frac{N}{2}}\exp\left(-\sqrt{\frac{2}{\sigma^2}}\sum_{n=0}^{N-1}|x[n]-A|\right)
$$

最大的 A，或者使下式最小，　　$J(A)=\displaystyle\sum_{n=0}^{N-1}|x[n]-A|$

为此，我们假定 N 为偶数以便简化推导。首先，我们注意到 $J(A)$ 除在点 $\{x[0],x[1],\dots,x[N-1]\}$ 外均是可微的。此外，我们有

$$
\frac{dJ(A)}{dA}=-\sum_{n=0}^{N-1}\operatorname{sgn}(x[n]-A)
$$

回想一下，若 $A<x[n]$，则 $\operatorname{sgn}(x[n]-A)=1$；而如果 $A>x[n]$，则 $\operatorname{sgn}(x[n]-A)=-1$。如果 A 选为数据样本的中位数，则有 $dJ/dA=0$。用 x_{med} 表示样本数据的中位数，则一半样本有 $\operatorname{sgn}(x[n]-A)=-1$，而另一半样本有 $\operatorname{sgn}(x[n]-A)=1$。注意，中位数不是唯一的。例如，

如果 $x[n] = 1, 2, 4, 10$，那么中位数可以取 2 到 4 之间的任意值。$J(A)$ 最小化曲线如图 10.7 所示。读者可以验证如果 $2 < A < 4$，那么 $J(A)$ 达到最小，$J(A)$ 的最小值是 $J(A) = 11$。由于 $J(A)$ 是凸函数，因此从最小化中排除的数据点是合理的。于是，求得的可能的局部最小值实际上就是全局最小值。A 的最大似然估计为 $\hat{A} = x_{\text{med}}$，如果

$$
\begin{aligned}
2 \ln L_G(\mathbf{x}) &= 2 \ln \frac{p(\mathbf{x}; x_{\text{med}}, \mathcal{H}_1)}{p(\mathbf{x}; \mathcal{H}_0)} \\
&= -2 \sqrt{\frac{2}{\sigma^2}} \sum_{n=0}^{N-1} (|x[n] - x_{\text{med}}| - |x[n]|) > 2 \ln \gamma
\end{aligned}
$$

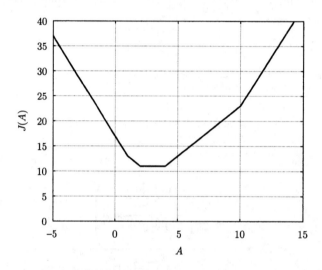

图 10.7　为了在拉普拉斯噪声中求 A 的 MLE，使函数最小的一个例子

GLRT 判 $\mathcal{H}_1$。我们将数据样本排序为 $\{x_0, x_1, \ldots, x_{N-1}\}$，其中 x_0 为样本 $x[n]$ 中的最小值，而 x_{N-1} 为样本 $x[n]$ 中的最大值，这样可以稍微简化检验统计量。那么，对于偶数 N，中位数选为 $N/2 - 1$ 和 $N/2$ 之间样本的中点，即

$$
x_{\text{med}} = \frac{x_{\frac{N}{2}-1} + x_{\frac{N}{2}}}{2}
$$

注意数列之和与排列顺序无关，因而 GLRT 统计量简化为

$$
\begin{aligned}
2 \ln L_G(\mathbf{x}) &= \sqrt{\frac{8}{\sigma^2}} \sum_{n=0}^{N-1} [|x_n| - |x_n - \tfrac{1}{2}(x_{\frac{N}{2}-1} + x_{\frac{N}{2}})|] \\
&= \sqrt{\frac{8}{\sigma^2}} \sum_{n=0}^{\frac{N}{2}-1} [|x_n| + (x_n - \tfrac{1}{2}(x_{\frac{N}{2}-1} + x_{\frac{N}{2}}))] \\
&\quad + \sqrt{\frac{8}{\sigma^2}} \sum_{n=\frac{N}{2}}^{N-1} [|x_n| - (x_n - \tfrac{1}{2}(x_{\frac{N}{2}-1} + x_{\frac{N}{2}}))] \\
&= \sqrt{\frac{8}{\sigma^2}} \sum_{n=0}^{\frac{N}{2}-1} (|x_n| + x_n) + \sqrt{\frac{8}{\sigma^2}} \sum_{n=\frac{N}{2}}^{N-1} (|x_n| - x_n)
\end{aligned}
$$

若 $x_{\text{med}} > 0$，样本 $\{x_{N/2}, x_{N/2+1}, \dots, x_{N-1}\}$ 都为正值，因此，第二部分和式为零，仅第一部分和式中的正值是有效的。与此类似，若 $x_{\text{med}} < 0$，则仅有第二部分中的负值是有效的。总之有

$$
2\ln L_G(\mathbf{x}) = \begin{cases} \sqrt{\dfrac{32}{\sigma^2}} \displaystyle\sum_{\{n:0 < x_n < x_{\text{med}}\}} x_n & x_{\text{med}} > 0 \\[3mm] -\sqrt{\dfrac{32}{\sigma^2}} \displaystyle\sum_{\{n:x_{\text{med}} < x_n < 0\}} x_n & x_{\text{med}} < 0 \end{cases}
$$

检测器将位于零到中位数之间的样本幅值相加（相差一比例因子）。若中位数为正值，则将 0 到 x_{med} 的样本幅值相加而忽略超过 x_{med} 的样本，即任何野值都是不重要的。实际上，任何幅值超过中位数的样本可以任意增加其大小而不会影响和式。另一方面，对于高斯噪声，我们是对所有样本求和。

由（10.17）式给出的渐近检测性能为

$$
2\ln L_G(\mathbf{x}) \overset{a}{\sim} \begin{cases} \chi_1^2 & \text{在 } \mathcal{H}_0 \text{ 条件下} \\ \chi_1'^2(\lambda) & \text{在 } \mathcal{H}_1 \text{ 条件下} \end{cases} \tag{10.23}
$$

其中利用（10.21）式和 $i(A) = 2/\sigma^2$，非中心化参数是 $\lambda = A^2 I(A = 0) = A^2 i(A) \sum_{n=0}^{N-1} s^2[n] = 2NA^2/\sigma^2$。

例 10.4　IID 拉普拉斯噪声中 DC 电平的 Rao 检验——A 未知

继续前面的问题，我们确定 Rao 检验。由（10.22）式及 $s[n] = 1$ 和 $i(A) = 2/\sigma^2$，如果

$$
T_R(\mathbf{x}) = \frac{\left(\displaystyle\sum_{n=0}^{N-1} -\dfrac{\dfrac{dp(x[n])}{dx[n]}}{p(x[n])} \right)^2}{2N/\sigma^2} > \gamma'
$$

我们判 $\mathcal{H}_1$。又由（10.1）式，我们有

$$
-\frac{\dfrac{dp(x[n])}{dx[n]}}{p(x[n])} = -\frac{d\ln p(x[n])}{dx[n]} = \sqrt{\frac{2}{\sigma^2}} \frac{d|x[n]|}{dx[n]} = \sqrt{\frac{2}{\sigma^2}} \operatorname{sgn}(x[n])
$$

上式中 $x[n] = 0$ 这一点除外，因为在这一点导数不存在。而 $x[n] = 0$ 概率为零，因此我们可以忽略它。于是我们有

$$
T_R(\mathbf{x}) = \frac{\left(\displaystyle\sum_{n=0}^{N-1} \sqrt{\dfrac{2}{\sigma^2}} \operatorname{sgn}(x[n]) \right)^2}{\dfrac{2N}{\sigma^2}} = N\left(\frac{1}{N} \sum_{n=0}^{N-1} \operatorname{sgn}(x[n]) \right)^2 \tag{10.24}
$$

相差一比例因子的 Rao 检测器对样本的符号取平均，然后再平方（因为 A 能取正值或负值）。渐近检测性能与 GLRT 的相同［参见（10.23）式］。然而与 GLRT 不同的是，Rao 检测器只是对样本的符号求和而不是对样本本身求和。这种方法也避免了野值的影响。

在结束本节的讨论之前，我们描述一个关于线性模型形式的信号检测的一般定理。在许多实际应用中这是很有用的。读者应该注意到，此定理是 WGN 的定理 7.1 的推广。

定理 10.1　IID 非高斯噪声中线性模型信号的 Rao 检验

假定数据形式为 $\mathbf{x} = \mathbf{H}\boldsymbol{\theta} + \mathbf{w}$，其中 $\mathbf{H}$ 是秩为 p 的 $N \times p (N > p)$ 观测矩阵，$\boldsymbol{\theta}$ 为 $p \times 1$ 参数矢量，

w 是 $N \times 1$ 噪声矢量，它的元素是服从 PDF $p(w[n])$ 的 IID 随机变量。对于如下假设检验问题：

$$\mathcal{H}_0 : \boldsymbol{\theta} = \mathbf{0}$$
$$\mathcal{H}_1 : \boldsymbol{\theta} \neq \mathbf{0}$$

如果
$$T_R(\mathbf{x}) = \frac{\mathbf{y}^T \mathbf{H} (\mathbf{H}^T \mathbf{H})^{-1} \mathbf{H}^T \mathbf{y}}{i(A)} > \gamma' \tag{10.25}$$

Rao 检验判 $\mathcal{H}_1$。其中 $\mathbf{y} = [y[0] \, y[1] \ldots y[N-1]]^T$，$y[n] = g(x[n])$，并且

$$g(w) = -\frac{\dfrac{dp(w)}{dw}}{p(w)} \tag{10.26}$$

和
$$i(A) = \int_{-\infty}^{\infty} \frac{\left(\dfrac{dp(w)}{dw}\right)^2}{p(w)} dw$$

渐近（当 $N \to \infty$ 时）检测性能由下式给出：

$$\begin{aligned} P_{FA} &= Q_{\chi_p^2}(\gamma') \\ P_D &= Q_{\chi_p'^2(\lambda)}(\gamma') \end{aligned} \tag{10.27}$$

其中，对于 $\mathcal{H}_1$ 条件下 $\boldsymbol{\theta}$ 的真值 $\boldsymbol{\theta}_1$，

$$\lambda = i(A) \boldsymbol{\theta}_1^T \mathbf{H}^T \mathbf{H} \boldsymbol{\theta}_1$$

定理的证明在附录 10B 中给出。对于幅度未知的已知信号是线性模型的特例，它的 Rao 检验已经由（10.22）式给出。在下一节给出此定理的一个应用例子。

10.6 信号处理的例子

我们现在将定理 10.1 应用到 IID 非高斯噪声中未知幅度和相位的正弦信号的检测中。检测问题为

$$\begin{aligned} \mathcal{H}_0 : x[n] &= w[n] & n = 0, 1, \ldots, N-1 \\ \mathcal{H}_1 : x[n] &= A \cos(2\pi f_0 n + \phi) + w[n] & n = 0, 1, \ldots, N-1 \end{aligned}$$

其中 A、ϕ 未知（为了与 7.6.2 节所讨论的具有比较性，假定 $A > 0$，$0 \leq \phi \leq 2\pi$），f_0 已知且 $0 < f_0 < 1/2$，$w[n]$ 是 IID 噪声样本，它的 PDF 为（10.4）式给出的广义高斯 PDF。注意，对于 $\beta = 0$，我们有方差为 σ^2 的 WGN（正是 7.6.2 节所讨论的情况）。假定噪声 PDF 已知。与例 7.2 一样，我们首先将数据重写为线性模型形式 $\mathbf{x} = \mathbf{H}\boldsymbol{\theta} + \mathbf{w}$，其中

$$\mathbf{H} = \begin{bmatrix} 1 & 0 \\ \cos 2\pi f_0 & \sin 2\pi f_0 \\ \vdots & \vdots \\ \cos[2\pi f_0 (N-1)] & \sin[2\pi f_0 (N-1)] \end{bmatrix}$$

$$\boldsymbol{\theta} = \begin{bmatrix} \alpha_1 \\ \alpha_2 \end{bmatrix}$$

$\alpha_1 = A\cos\phi$，$\alpha_2 = -A\sin\phi$。由于 $0 < f_0 < 1/2$，有 $\mathbf{H}^T \mathbf{H} \approx (N/2)\mathbf{I}$（参见本书卷 I 的第 138 页），因此由（10.25）式，得

$$
\begin{aligned}
T_R(\mathbf{x}) &= \frac{\frac{2}{N}\mathbf{y}^T\mathbf{H}\mathbf{H}^T\mathbf{y}}{i(A)} \\
&= \frac{2}{Ni(A)}\left[\left(\sum_{n=0}^{N-1}y[n]\cos 2\pi f_0 n\right)^2 + \left(\sum_{n=0}^{N-1}y[n]\sin 2\pi f_0 n\right)^2\right] \\
&= \frac{2}{Ni(A)}\left|\sum_{n=0}^{N-1}y[n]\exp(-j2\pi f_0 n)\right|^2 = \frac{2}{i(A)}I_y(f_0)
\end{aligned}
\tag{10.28}
$$

其中 $I_y(f_0)$ 为 $y[n]$ 在 $f=f_0$ 处计算的周期图。为了求 $y[n]$，应用 (10.26) 式、(10.4) 式，得

$$
g(w) = -\frac{\dfrac{dp(w)}{dw}}{p(w)} = -\frac{d\ln p(w)}{dw} = c_2(\beta)\frac{d}{dw}\left|\frac{w}{\sqrt{\sigma^2}}\right|^{\frac{2}{1+\beta}}
$$

又

$$
\frac{d|w|^{\frac{2}{1+\beta}}}{dw} =
\begin{cases}
\dfrac{d}{dw}w^{\frac{2}{1+\beta}} & w>0 \\[2mm]
\dfrac{d}{dw}(-w)^{\frac{2}{1+\beta}} & w<0
\end{cases}
=
\begin{cases}
\dfrac{2}{1+\beta}w^{\frac{1-\beta}{1+\beta}} & w>0 \\[2mm]
-\dfrac{2}{1+\beta}(-w)^{\frac{1-\beta}{1+\beta}} & w<0
\end{cases}
$$

$$
= \frac{2}{1+\beta}|w|^{\frac{1-\beta}{1+\beta}}\operatorname{sgn}(w)
$$

所以

$$
g(w) = \frac{2c_2(\beta)}{(1+\beta)(\sigma^2)^{\frac{1}{1+\beta}}}|w|^{\frac{1-\beta}{1+\beta}}\operatorname{sgn}(w)
$$

最后

$$
y[n] = \frac{2\left[\dfrac{\Gamma(\frac{3}{2}(1+\beta))}{\sigma^2\Gamma(\frac{1}{2}(1+\beta))}\right]^{\frac{1}{1+\beta}}}{1+\beta}|x[n]|^{\frac{1-\beta}{1+\beta}}\operatorname{sgn}(x[n])
\tag{10.29}
$$

归一化非线性函数为

$$
h(x) = |x|^{\frac{1-\beta}{1+\beta}}\operatorname{sgn}(x)
$$

图 10.8 中给出了非线性函数在不同 β 值下的曲线。最后，我们要求解 $i(A)$，经过某种处理（参见习题 10.14），可以证明

$$
i(A) = \frac{4/\sigma^2}{(1+\beta)^2}\frac{\Gamma(\frac{3}{2}(1+\beta))\Gamma(\frac{3}{2}-\frac{1}{2}\beta)}{\Gamma^2(\frac{1}{2}(1+\beta))}
\tag{10.30}
$$

检测器结构如图 10.9 所示。性能为 [参见 (10.27) 式]

$$
\begin{aligned}
P_{FA} &= Q_{\chi_2^2}(\gamma') = \exp(-\gamma'/2) \\
P_D &= Q_{\chi_2'^2(\lambda)}(\gamma')
\end{aligned}
\tag{10.31}
$$

其中非中心参量为

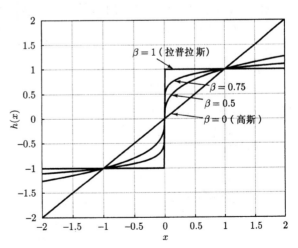

图 10.8　关于广义高斯噪声的限幅器

$$
\begin{aligned}
\lambda &= i(A)\|\mathbf{H}\boldsymbol{\theta}_1\|^2 \\
&\approx i(A)\left(\sum_{n=0}^{N-1}\alpha_1^2\cos^2 2\pi f_0 n + \sum_{n=0}^{N-1}\alpha_2^2\sin^2 2\pi f_0 n\right) \qquad (10.32) \\
&\approx i(A)\frac{N}{2}(\alpha_1^2+\alpha_2^2) = \frac{NA^2 i(A)}{2}
\end{aligned}
$$

确定非高斯噪声的影响是我们感兴趣的。我们看到 PDF 仅通过 $i(A)$ 对检测性能产生影响。另外，回想一下 P_D 随 λ 单调递增，即随 $i(A)$ 单调递增。对于高斯噪声，$\beta=0$，从（10.30）式有 $i(A)=1/\sigma^2$。因此，对于高斯噪声，$\lambda=NA^2/(2\sigma^2)$。对于非高斯噪声，$\lambda=NA^2 i(A)/2$，其中 $i(A)$ 由（10.30）式给出。在性能方面，非高斯噪声引起的增益（dB）为

$$
10\log_{10}\sigma^2 i(A) = 10\log_{10}\left[\frac{4}{(1+\beta)^2}\frac{\Gamma(\frac{3}{2}(1+\beta))\Gamma(\frac{3}{2}-\frac{1}{2}\beta)}{\Gamma^2(\frac{1}{2}(1+\beta))}\right] \qquad \text{dB}
$$

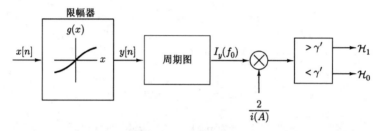

图 10.9　在 IID 广义高斯噪声中正弦信号（A、ϕ 未知）的 Rao 检测器

图 10.10 画出当 $-1<\beta<3$ 时的增益曲线。不出所料，最小值对应 $\beta=0$，即高斯噪声。另外，可以看到性能的改善是相当大的，特别是对于在实际中遇到的具有典型强拖尾的 PDF（$\beta>0$）。此结论可以从两种角度加以解释。首先，在非高斯噪声中检测信号要比在具有相同方差的高斯噪声中检测信号容易。本质上的原因是由于强拖尾现象，非高斯噪声的 PDF 在 $w=0$ 处显得更窄，如图 10.1 所示的拉普拉斯 PDF。因此，很容易检测到由信号引起的均值的微小偏移。但更重要的解释是，在非高斯噪声环境中，Rao 检测器与针对高斯噪声设计的检测器相比，其性能有很大

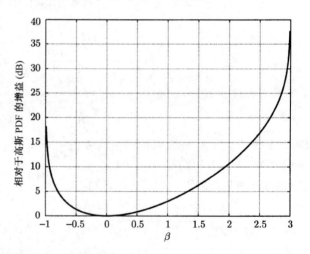

图 10.10　非高斯 PDF 的检测器对线性检测器的渐近增益

的改善。图 10.10 定量地说明了性能的改善，图中显示的是 Rao 检测器相对于非相干线性检测器的增益，后者的判决式为

$$
\frac{I_x(f_0)}{\sigma^2/2} > \gamma'
$$

这个结果在习题 10.15 中将做进一步的讨论。

最后，若频率未知，这也是实际中经常遇到的情况，一个合适的方法是，如果

$$\max_{f_0} T_R(\mathbf{x}) > \gamma''$$

或

$$\max_{f_0} \frac{2}{i(A)} I_y(f_0) > \gamma''$$

则判 $\mathcal{H}_1$。这是因为，对于未知频率 GLRT，如果

$$2\ln \frac{p(\mathbf{x};\hat{A},\hat{\phi},\hat{f}_0,\mathcal{H}_1)}{p(\mathbf{x};\mathcal{H}_0)} > 2\ln\gamma$$

或等价为如果

$$2\ln \max_{f_0} \frac{p(\mathbf{x};\hat{A},\hat{\phi},f_0,\mathcal{H}_1)}{p(\mathbf{x};\mathcal{H}_0)} > 2\ln\gamma$$

则判 $\mathcal{H}_1$。或者根据对数函数的单调特性，如果

$$\max_{f_0} \underbrace{2\ln \frac{p(\mathbf{x};\hat{A},\hat{\phi},f_0,\mathcal{H}_1)}{p(\mathbf{x};\mathcal{H}_0)}}_{T(\mathbf{x})} > 2\ln\gamma$$

则判 $\mathcal{H}_1$（参见习题 7.21）。但是 $T(\mathbf{x})$ 是已知频率情况的 GLRT 统计量，因此它是渐近等效于 Rao 统计量。因此，如果

$$\max_{f_0} T_R(\mathbf{x}) > \gamma''$$

则判 $\mathcal{H}_1$。然而要注意，由（10.31）式给出的渐近性能在这种情况下并不适用。由例 9.4 给出的提示性说明解释了为什么 Rao 检验不能直接应用于未知频率的情况。

参考文献

Box, G.E.P., G.C. Tiao, *Bayesian Inference in Statistical Analysis*, Addison-Wesley, Reading, MA, 1973.

Huber, P.J., *Robust Statistics*, J. Wiley, New York, 1981.

Johnson, N.L., S. Kotz, N. Balakrishnan, *Continuous Univariate Distributions*, Vols. 1,2,, J. Wiley, New York, 1994.

Kassam, S.A, H.V. Poor, "Robust Techniques for Signal Processing: A Survey," *Proc. IEEE*, Vol. 73, pp. 433-481, March 1985.

Kassam, S.A., *Signal Detection in Non-Gaussian Noise*, Springer-Verlag, New York, 1988.

Kay, S., D. Sengupta, "Recent Advances in Non-Gaussian Autoregressive Processes," in *Advances in Spectrum Analysis and Array Processing*, Vol. I, Prentice-Hall, Englewood Cliffs, N.J., 1991.

Middleton D., "Threshold Detection in non-Gaussian Interference Environments," *IEEE Trans. Electromagnet. Compat.*, Vol. EC-26, pp. 19–28, 1984.

Ord, J.K., *Families of Frequency Distributions*, Griffin's Stat. Monographs and Courses, London, 1972.

Poor, H.V., *An Introduction to Signal Detection and Estimation*, Springer-Verlag, New York, 1988.

习题

10.1 对于高斯 PDF[参见(10.2)式]和拉普拉斯 PDF[参见(10.1)式]，分别确定随机变量 $w[n]$ 超过 $3\sqrt{\sigma^2}$ 的概率，PDF"拖尾"是如何描述高电平事件的？

10.2 证明拉普拉斯型 PDF 的四阶矩函数为 $E(w^4[n])=6\sigma^4$。提示：对于整数 k 及 $a>0$，有 $\int_0^\infty x^k\exp(-ax)dx = k!/a^{k+1}$。

10.3 画出 $\beta=-0.5$，-0.75，-0.99 及 $\sigma^2=1$ 时的广义高斯 PDF。当 $\beta\to-1$ 时，PDF 收敛到何值？

10.4 考虑检测问题

$$\mathcal{H}_0 : x[n] = w[n] \qquad n = 0, 1, \ldots, N-1$$
$$\mathcal{H}_1 : x[n] = A + w[n] \qquad n = 0, 1, \ldots, N-1$$

其中 A 已知，$w[n]$ 为 IID 样本，满足 Cauchy 分布，

$$p(w) = \frac{1}{\pi(1 + w^2)} \qquad -\infty < w < \infty$$

确定 NP 检验统计量，并画出非线性函数 $g(x) = \ln(p(x-A)/p(x))(A=1)$ 的图形。

10.5 对于检测问题

$$\mathcal{H}_0 : x[n] = w[n] \qquad n = 0, 1, \ldots, N-1$$
$$\mathcal{H}_1 : x[n] = As[n] + w[n] \qquad n = 0, 1, \ldots, N-1$$

其中 A 已知且 $A > 0$，$s[n]$ 已知，$w[n]$ 是 PDF 为 $p(w[n])$ 的 IID 非高斯噪声。证明 LMP 检测器与 (10.10) 式等价（相差一比例因子）。

10.6 证明：若噪声 PDF $p(w)$ 是偶函数，即 $p(-w) = p(w)$，则 $g(w) = -(dp(w)/dw)/p(w)$ 为奇函数，即 $g(-w) = -g(w)$。

10.7 一高斯混合 PDF 为

$$p(w) = \frac{1}{2} \frac{1}{\sqrt{2\pi}} \exp\left(-\frac{1}{2}w^2\right) + \frac{1}{2} \frac{1}{\sqrt{2\pi\sigma^2}} \exp\left(-\frac{1}{2\sigma^2}w^2\right)$$

随机变量的分布在一半时间内为 $\mathcal{N}(0, 1)$，另一半时间为 $\mathcal{N}(0, \sigma^2)$。画出 PDF 和当 $\sigma^2 = 1$、$\sigma^2 = 100$ 时的非线性函数 $g(w) = -(dp(w)/dw)/p(w)$，并解释你的结论。

10.8 对于习题 10.4 的检测问题，确定 $A > 0$ 时弱信号的 NP 检验统计量，并描述检测器的运算过程。

10.9 考虑检测问题

$$\mathcal{H}_0 : x[n] = w[n] \qquad n = 0, 1, \ldots, N-1$$
$$\mathcal{H}_1 : x[n] = A + w[n] \qquad n = 0, 1, \ldots, N-1$$

其中 A 已知且 $A > 0$，$w[n]$ 是 PDF 为 $p(w[n])$ 的 IID 样本。$w[n]$ 的均值为零，方差为 σ^2。采用样本均值或线性检测器，即 $\mathcal{H}_1$ 判决式为

$$T(\mathbf{x}) = \frac{1}{N} \sum_{n=0}^{N-1} x[n] > \gamma'$$

应用中心极限定理求解 P_{FA} 及 P_D。讨论此检测器的鲁棒性，或在均值、方差不变时，$p(w[n])$ 的变化对性能的影响。若 $w[n]$ 的 PDF 为由 (10.1) 式给出的拉普拉斯型，则此检测器相对于例 10.2 中的弱信号 NP 检测器的损失是多少？进一步的鲁棒性讨论请参考 [Huber 1981，Kassam and Poor 1985]。

10.10 在本题中，我们描述检验统计量 $T(\mathbf{x})$（即检测器）的效率。对于单边参数检验问题

$$\mathcal{H}_0 : \theta = 0$$
$$\mathcal{H}_1 : \theta > 0$$

$\mathcal{H}_1$ 的判决式为 $T(\mathbf{x}) > \gamma'$。检验统计量 T 的效率为（即度量在大数据记录、假设 $\theta = 0$ 及 $\theta > 0$ 之间对弱信号的辨别能力）

$$\xi(T) = \lim_{N \to \infty} \lim_{\theta \to 0} \frac{\left(\frac{dE(T;\theta)}{d\theta}\right)^2}{N \mathrm{var}(T;\theta)}$$

其中 $E(T;\theta)$ 及 $\mathrm{var}(T;\theta)$ 为 T 的均值和方差，对于由 (10.10) 式给出的检验统计量，令 $\theta = A$ 及 $s[n] = 1$，求其效率，然后应用 (10.11) 式，分析与偏移系数之间的关系。

10.11 在本题中，我们讨论渐近相对效率，用来比较对于习题 10.10 所描述的参数检验问题，两种不同的检验统计量的辨别能力。它的定义是为了获得给定的 P_{FA} 及 P_D，所要求的数据样本在数据记录长度趋近无穷时的比值。特别是检验统计量 T_2 相对于检验统计量 T_1 的渐近相对效率（ARE）为

$$\mathrm{ARE}_{2,1} = \lim_{N \to \infty} \frac{N_1}{N_2}$$

其中 $N_1 < N_2$，因此 $0 < \text{ARE}_{2,1} < 1$。考虑检测问题

$$\begin{aligned} \mathcal{H}_0 &: x[n] = w[n] & n = 0, 1, \ldots, N-1 \\ \mathcal{H}_1 &: x[n] = A + w[n] & n = 0, 1, \ldots, N-1 \end{aligned}$$

其中 A 已知且 $A > 0$，$w[n]$ 是 PDF 为 $p(w[n])$ 的 IID 样本。$w[n]$ 的均值为零，方差为 σ^2。LO 检测器由 (10.10) 式给出。我们令该统计量为 $T_1(\mathbf{x})$，与 (10.11) 式给出的样本均值检验统计量(也就是线性检测器)的性能进行比较，也就是计算 ARE。样本均值检验统计量 $\mathcal{H}_1$ 的判决式为

$$T_2(\mathbf{x}) = \frac{1}{N} \sum_{n=0}^{N-1} x[n] > \gamma'$$

假定对大的 N，样本均值统计量 $T_2(\mathbf{x})$ 为高斯型，同时证明 ARE 与效率的关系为 $\text{ARE}_{2,1} = \xi(T_2) / \xi(T_1)$。

10.12 验证在 $\mathcal{H}_0$ 条件下，(10.24) 式的检验统计量的渐近 PDF 为 (10.17) 式。应用中心极限定理，并且假定 $w[n]$ 为拉普拉斯噪声时计算检验统计量的均值及方差。

10.13 若 $w[n]$ 是方差为 σ^2 的高斯白噪声，计算由 (10.25) 式给出的 Rao 检验统计量。应当与在 $\mathbf{A} = \mathbf{I}$ 及 $\mathbf{b} = \mathbf{0}$ 时定理 10.1 的广义似然比检验结论一致，解释这是为什么？

10.14 验证广义高斯 PDF 的固有精度为 (10.30) 式。提示：当 $\nu > 0$ 及 $a > 0$ 时

$$\int_0^\infty x^\nu \exp(-ax)dx = \frac{\Gamma(\nu+1)}{a^{\nu+1}}$$

10.15 对于 10.6 节的信号处理例子，考虑如下检测器，如果

$$\frac{I_x(f_0)}{\sigma^2/2} > \gamma'$$

则判 $\mathcal{H}_1$，其中

$$I_x(f_0) = \frac{1}{N} \left| \sum_{n=0}^{N-1} x[n] \exp(-j2\pi f_0 n) \right|^2$$

为数据 $x[n]$ 的周期图。此检测器在 7.6.2 节中已求出，它是 WGN 情形的广义似然比检验。然而在本题中，噪声样本为 IID，非高斯 PDF 为 $p(w)$，噪声均值为零，方差为 σ^2，应用中心极限定理，证明当 $N \rightarrow \infty$ 时，

$$\frac{I_x(f_0)}{\sigma^2/2} \overset{a}{\sim} \begin{cases} \chi_2^2 & \text{在 } \mathcal{H}_0 \text{ 条件下} \\ \chi_2'^2(\lambda) & \text{在 } \mathcal{H}_1 \text{ 条件下} \end{cases}$$

其中 $\lambda = NA^2/2\sigma^2$。然后证明，对于大数据记录，相对于 (10.28) 式检测器的性能损失为 $10 \log_{10} \sigma^2 i(A)$ dB。提示：参见 7.6.2 节。

附录 10A NP 检测器对微弱信号的渐近性能

由(10.10)式，我们有
$$T(\mathbf{x}) = \sum_{n=0}^{N-1} -\frac{d\ln p(x[n])}{dx[n]} s[n]$$

由于 $x[n]$ 为 IID，因此随机变量 $-d\ln p(x[n])/dx[n]\,(n=0,1,\ldots,N-1)$ 亦为 IID。应用中心极限定理，可得 $T(\mathbf{x})$ 为渐近高斯随机变量。我们仅需求其均值及方差。在 $\mathcal{H}_0$ 条件下有

$$
\begin{aligned}
E\left(-\frac{d\ln p(x[n])}{dx[n]}\right) &= -\int_{-\infty}^{\infty} \frac{d\ln p(x)}{dx} p(x) dx \\
&= -\int_{-\infty}^{\infty} \frac{dp(x)}{dx} dx = -p(x)\big|_{-\infty}^{\infty} = 0
\end{aligned}
$$

由于 PDF $p(x)$ 对于大的 x 必须趋近于 0，因此 $E(T(\mathbf{x})；\mathcal{H}_0)=0$。在 $\mathcal{H}_0$ 条件下方差为

$$\text{var}(T(\mathbf{x});\mathcal{H}_0) = \sum_{n=0}^{N-1} s^2[n]\text{var}\left(\frac{d\ln p(x[n])}{dx[n]}\right)$$

由于均值为零，所以我们有

$$
\begin{aligned}
\text{var}\left(\frac{d\ln p(x[n])}{dx[n]}\right) &= \int_{-\infty}^{\infty} \left(\frac{d\ln p(x)}{dx}\right)^2 p(x) dx \\
&= \int_{-\infty}^{\infty} \frac{\left(\dfrac{dp(x)}{dx}\right)^2}{p(x)} dx = i(A)
\end{aligned}
$$

因此
$$\text{var}(T(\mathbf{x});\mathcal{H}_0) = i(A)\sum_{n=0}^{N-1} s^2[n]$$

在 $\mathcal{H}_1$ 条件下有

$$E\left(-\frac{d\ln p(x[n])}{dx[n]}\right) = -\int_{-\infty}^{\infty} \frac{d\ln p(x)}{dx} p(x-As[n]) dx$$

对于小的 A，我们可以在 $A=0$ 处使用一阶泰勒级数展开，

$$p(x-As[n]) \approx p(x) - \frac{dp(x)}{dx} s[n]A$$

应用上式我们得

$$
\begin{aligned}
E\left(-\frac{d\ln p(x[n])}{dx[n]}\right) &= -\int_{-\infty}^{\infty} \frac{d\ln p(x)}{dx} p(x) dx + \int_{-\infty}^{\infty} \frac{d\ln p(x)}{dx}\frac{dp(x)}{dx} s[n]A dx \\
&= \int_{-\infty}^{\infty} \frac{dp(x)}{dx} dx + As[n]\int_{-\infty}^{\infty} \frac{\left(\dfrac{dp(x)}{dx}\right)^2}{p(x)} dx = As[n]i(A)
\end{aligned}
$$

所以
$$E(T(\mathbf{x});\mathcal{H}_1) = Ai(A)\sum_{n=0}^{N-1} s^2[n]$$

在 $\mathcal{H}_1$ 条件下方差可以按下面的方法求出。注意到随机变量 $d\ln p(x[n])/dx[n]$ 的独立性，有

$$\mathrm{var}(T(\mathbf{x}); \mathcal{H}_1) = \sum_{n=0}^{N-1} s^2[n] \mathrm{var}\left(\frac{d\ln p(x)}{dx}\right)$$

现在，对于小的 A 有

$$
\begin{aligned}
E\left[\left(\frac{d\ln p(x)}{dx}\right)^2\right] &= \int_{-\infty}^{\infty} \left(\frac{d\ln p(x)}{dx}\right)^2 p(x - As[n]) dx \\
&\approx \int_{-\infty}^{\infty} \left(\frac{d\ln p(x)}{dx}\right)^2 \left(p(x) - \frac{dp(x)}{dx} s[n]A\right) dx \\
&\approx \int_{-\infty}^{\infty} \left(\frac{d\ln p(x)}{dx}\right)^2 p(x) dx = i(A)
\end{aligned}
$$

利用这些结果，我们得

$$
\begin{aligned}
\mathrm{var}\left[\left(\frac{d\ln p(x[n])}{dx[n]}\right)^2\right] &= i(A) - A^2 s^2[n] i^2(A) \\
&\approx i(A)
\end{aligned}
$$

因此有

$$\mathrm{var}(T(\mathbf{x}); \mathcal{H}_1) \approx i(A) \sum_{n=0}^{N-1} s^2[n] = \mathrm{var}(T(\mathbf{x}); \mathcal{H}_0)$$

和

$$
T(\mathbf{x}) \stackrel{a}{\sim}
\begin{cases}
\mathcal{N}\left(0, i(A) \sum_{n=0}^{N-1} s^2[n]\right) & \text{在 } \mathcal{H}_0 \text{ 条件下} \\
\mathcal{N}\left(Ai(A) \sum_{n=0}^{N-1} s^2[n], i(A) \sum_{n=0}^{N-1} s^2[n]\right) & \text{在 } \mathcal{H}_1 \text{ 条件下}
\end{cases}
$$

附录 10B IID 非高斯噪声中线性模型信号的 Rao 检验

本附录推导定理 10.1。由 (6.31) 式(无多余参数),在 $\boldsymbol{\theta}_0 = \mathbf{0}$ 时 Rao 检验为

$$T_R(\mathbf{x}) = \left.\frac{\partial \ln p(\mathbf{x};\boldsymbol{\theta})}{\partial \boldsymbol{\theta}}\right|_{\boldsymbol{\theta}=\mathbf{0}}^T \mathbf{I}^{-1}(\boldsymbol{\theta}=\mathbf{0}) \left.\frac{\partial \ln p(\mathbf{x};\boldsymbol{\theta})}{\partial \boldsymbol{\theta}}\right|_{\boldsymbol{\theta}=\mathbf{0}}$$

PDF 为

$$p(\mathbf{x};\boldsymbol{\theta}) = \prod_{n=0}^{N-1} p(x[n]-s[n])$$

其中 $s[n] = [\mathbf{s}]_n$,并注意到 $w[n]$ 为 IID 且 PDF 为 $p(w[n])$。对于线性模型 $\mathbf{s} = \mathbf{H}\boldsymbol{\theta}$,$s[n] = \sum_{i=1}^p h_{ni}\theta_i$,其中 $h_{ni} = [\mathbf{H}]_{ni}$。因此

$$\frac{\partial \ln p(\mathbf{x};\boldsymbol{\theta})}{\partial \theta_k} = \frac{\partial}{\partial \theta_k} \sum_{n=0}^{N-1} \ln p(x[n]-s[n]) = \sum_{n=0}^{N-1} \left.\frac{\frac{dp(w)}{dw}}{p(w)}\right|_{w=x[n]-s[n]} (-h_{nk}) \quad (10\text{B}.1)$$

在 $\boldsymbol{\theta}=\mathbf{0}$ 时,即 $s[n]=0$,计算上式,得

$$\left.\frac{\partial \ln p(\mathbf{x};\boldsymbol{\theta})}{\partial \theta_k}\right|_{\boldsymbol{\theta}=\mathbf{0}} = \sum_{n=0}^{N-1} g(x[n]) h_{nk}$$

其中

$$g(w) = -\frac{\frac{dp(w)}{dw}}{p(w)}$$

令 $\mathbf{y} = [g(x[0]) g(x[1]) \ldots g(x[N-1])]^T$,则

$$\left.\frac{\partial \ln p(\mathbf{x};\boldsymbol{\theta})}{\partial \boldsymbol{\theta}}\right|_{\boldsymbol{\theta}=\mathbf{0}} = \begin{bmatrix} \mathbf{h}_1^T \mathbf{y} \\ \mathbf{h}_2^T \mathbf{y} \\ \vdots \\ \mathbf{h}_p^T \mathbf{y} \end{bmatrix}$$

其中 $\mathbf{h}_i$ 为 $\mathbf{H}$ 的第 i 列,因此有

$$\left.\frac{\partial \ln p(\mathbf{x};\boldsymbol{\theta})}{\partial \boldsymbol{\theta}}\right|_{\boldsymbol{\theta}=\mathbf{0}} = \mathbf{H}^T \mathbf{y} \qquad (10\text{B}.2)$$

从 (10B.1) 式可得

$$\begin{aligned}
[\mathbf{I}(\boldsymbol{\theta})]_{kl} &= E\left[\frac{\partial \ln p(\mathbf{x};\boldsymbol{\theta})}{\partial \theta_k} \frac{\partial \ln p(\mathbf{x};\boldsymbol{\theta})}{\partial \theta_l}\right] \\
&= E\left[\sum_{m=0}^{N-1} g(x[m]-s[m]) h_{mk} \sum_{n=0}^{N-1} g(x[n]-s[n]) h_{nl}\right] \\
&= \sum_{m=0}^{N-1} \sum_{n=0}^{N-1} E[g(x[m]-s[m]) g(x[n]-s[n])] h_{mk} h_{nl}
\end{aligned}$$

由于各 $x[n]$ 是相互独立的,对于 $m \neq n$,有

$$E\left[g(x[m] - s[m])g(x[n] - s[n])\right] = E\left[g(x[m] - s[m])\right] E\left[g(x[n] - s[n])\right]$$

以及

$$
\begin{aligned}
E\left[g(x[n] - s[n])\right] &= -\int_{-\infty}^{\infty} \left.\frac{\dfrac{dp(w)}{dw}}{p(w)}\right|_{w=x[n]-s[n]} p(x[n] - s[n])dx[n] \\
&= \int_{-\infty}^{\infty} \frac{dp(x[n] - s[n])}{d(x[n] - s[n])}dx[n] = \int_{-\infty}^{\infty} \frac{dp(w)}{dw}dw \\
&= p(w)|_{-\infty}^{\infty} = 0
\end{aligned}
$$

由于 PDF $p(w)$ 对于大的 w 必须趋近于 0，只有当 $m = n$ 时才对和式有贡献，因此

$$[\mathbf{I}(\boldsymbol{\theta})]_{kl} = \sum_{n=0}^{N-1} h_{nk}h_{nl}E\left[\left(g(x[n] - s[n])\right)^2\right]$$

又

$$
\begin{aligned}
E\left[\left(g(x[n] - s[n])\right)^2\right] &= \int_{-\infty}^{\infty} \left.\left(\frac{\dfrac{dp(w)}{dw}}{p(w)}\right)^2\right|_{w=x[n]-s[n]} p(x[n] - s[n])dx[n] \\
&= \int_{-\infty}^{\infty} \left.\frac{\left(\dfrac{dp(w)}{dw}\right)^2}{p(w)}\right|_{w=x[n]-s[n]} dx[n] \\
&= \int_{-\infty}^{\infty} \frac{\left(\dfrac{dp(w)}{dw}\right)^2}{p(w)}dw = i(A)
\end{aligned}
$$

因此 $\left[\mathbf{I}(\boldsymbol{\theta})\right]_{kl} = i(A)\sum_{n=0}^{N-1}h_{nk}h_{nl}$，或

$$\mathbf{I}(\boldsymbol{\theta} = \mathbf{0}) = \mathbf{I}(\boldsymbol{\theta}) = i(A)\mathbf{H}^T\mathbf{H}$$

最后，应用(10B.2)式可得

$$T_R(\mathbf{x}) = (\mathbf{H}^T\mathbf{y})^T(i(A)\mathbf{H}^T\mathbf{H})^{-1}\mathbf{H}^T\mathbf{y} = \frac{\mathbf{y}^T\mathbf{H}(\mathbf{H}^T\mathbf{H})^{-1}\mathbf{H}^T\mathbf{y}}{i(A)}$$

渐近检测性能与无多余参数的 GLRT 相同，从 6.5 节可以得出更通用的结论。特别是

$$T_R(\mathbf{x}) \overset{a}{\sim} \begin{cases} \chi_p^2 & \text{在 } \mathcal{H}_0 \text{ 条件下} \\ \chi_p'^2(\lambda) & \text{在 } \mathcal{H}_1 \text{ 条件下} \end{cases}$$

由(6.27)式，非中心参量由下式给出：

$$\lambda = \boldsymbol{\theta}_1^T\mathbf{I}(\boldsymbol{\theta} = \mathbf{0})\boldsymbol{\theta}_1 = i(A)\boldsymbol{\theta}_1^T\mathbf{H}^T\mathbf{H}\boldsymbol{\theta}_1$$

第 11 章　检测器总结

11.1　引言

对于一个特定的应用领域，要选择一个好的检测器取决于许多因素，首先关心的是最佳准则的选择以及描述数据的统计特性。最佳准则通常取决于问题的目标，但是可以由一些实际因素加以修正。类似地，数据模型要描述实际的数据特征是相当复杂的；与此同时，如果只考虑检测器是最佳以及易于实现，那么却又是十分简单的。对于实际的问题，我们既不能保证求出最佳检测器，即使碰巧能够这样处理，也不能保证能够实现这样的检测器。因此，掌握各种检测方法的一些知识以及应用条件是十分关键的。所以，我们现在总结这些方法和假设条件，并且对于线性模型，我们得到检测器的显式表达式。然后，我们将说明为了选择一个好的检测器必须经历的判决过程。最后，对本书没有讨论的其他检测方法进行一个简单的描述。

11.2　检测方法

简单二元假设检验
（无未知参数）

我们希望根据观测 $\mathbf{x} = [x[0]\,x[1]\dots x[N-1]]^T$，在假设 $\mathcal{H}_0$ 和 $\mathcal{H}_1$ 之间进行判决。

1. Neyman-Pearson(NP)准则

a. 数据模型/假设

　　PDF $p(\mathbf{x};\mathcal{H}_0)$、$p(\mathbf{x};\mathcal{H}_1)$ 假定是已知的。

b. 检测器

　　如果
$$L(\mathbf{x}) = \frac{p(\mathbf{x};\mathcal{H}_1)}{p(\mathbf{x};\mathcal{H}_0)} > \gamma$$

　　则判 $\mathcal{H}_1$，其中门限 γ 由约束条件求出，约束条件是虚警概率 P_{FA} 应该满足
$$P_{FA} = \Pr\{L(\mathbf{x}) > \gamma;\mathcal{H}_0\} = \alpha$$

c. 最佳准则

　　对于给定的 $P_{FA} = \alpha$，使检测概率 $P_D = \Pr\{L(\mathbf{x}) > \gamma;\ \mathcal{H}_1\}$ 最大。

d. 性能

　　没有一般的结果。

e. 说明

　　检验统计量 $L(\mathbf{x})$ 称为似然比，检测器称为似然比检验(LRT)。

f. 参考

　　第 3 章。

2. 最小错误概率

a. 数据模型/假设

　　把假设看成已知先验概率 $P(\mathcal{H}_0)$、$P(\mathcal{H}_1)$ 的随机事件。另外，条件 PDF $p(\mathbf{x}\mid\mathcal{H}_0)$、$p(\mathbf{x}\mid\mathcal{H}_1)$ 假定是已知的。

b. 检测器

如果
$$L(\mathbf{x}) = \frac{p(\mathbf{x}|\mathcal{H}_1)}{p(\mathbf{x}|\mathcal{H}_0)} > \frac{P(\mathcal{H}_0)}{P(\mathcal{H}_1)} = \gamma$$

或等价于如果
$$P(\mathcal{H}_1|\mathbf{x}) > P(\mathcal{H}_0|\mathbf{x}) \tag{11.1}$$

则判 $\mathcal{H}_1$。

c. 最佳准则

使错误概率最小，或者使
$$P_e = \Pr\{L(\mathbf{x}) > \gamma|\mathcal{H}_0\}P(\mathcal{H}_0) + \Pr\{L(\mathbf{x}) < \gamma|\mathcal{H}_1\}P(\mathcal{H}_1)$$

最小。

d. 性能

没有一般的结果。

e. 说明

(11.1)式的判决准则称为最大后验概率(MAP)准则。如果 $P(\mathcal{H}_0) = P(\mathcal{H}_1) = 1/2$，那么它可以化简为这样的判决：如果 $p(\mathbf{x}|\mathcal{H}_1) > p(\mathbf{x}|\mathcal{H}_0)$，则判 $\mathcal{H}_1$。这样的判决称为条件最大似然(ML)准则。

f. 参考

第 3 章。

3. 贝叶斯风险

a. 数据模型/假设

假设看成已知先验概率 $P(\mathcal{H}_0)$、$P(\mathcal{H}_1)$ 的随机事件。条件 PDF $p(\mathbf{x}|\mathcal{H}_0)$、$p(\mathbf{x}|\mathcal{H}_1)$ 假定是已知的。最后，给每一个错误赋予一定的代价，其中 C_{ij} 是当 $\mathcal{H}_j$ 为真时判 $\mathcal{H}_i$ 的代价。

b. 检测器

如果
$$\frac{p(\mathbf{x}|\mathcal{H}_1)}{p(\mathbf{x}|\mathcal{H}_0)} > \frac{(C_{10} - C_{00})}{(C_{01} - C_{11})}\frac{P(\mathcal{H}_0)}{P(\mathcal{H}_1)} = \gamma$$

则判 $\mathcal{H}_1$，其中 $C_{10} > C_{00}$，$C_{01} > C_{11}$。

c. 最佳准则

使贝叶斯风险或期望的平均代价
$$\mathcal{R} = E(C) = \sum_{i=0}^{1}\sum_{j=0}^{1} C_{ij}P(\mathcal{H}_i|\mathcal{H}_j)P(\mathcal{H}_j)$$

最小，其中 $P(\mathcal{H}_i|\mathcal{H}_j)$ 是 $\mathcal{H}_j$ 为真时判 $\mathcal{H}_i$ 的概率。

d. 性能

没有一般的结果。

e. 说明

如果 $C_{00} = C_{11} = 0$，$C_{10} = C_{01} = 1$，那么 $\mathcal{R} = P_e$，判决准则就化简为(11.1)式的 MAP 准则。

f. 参考

第 3 章。

简单多元假设检验
（无未知参数）

我们希望在假设 $\mathcal{H}_0$，$\mathcal{H}_1$，..., $\mathcal{H}_{M-1}$ 之间进行判决。

4. 最小错误概率

a. 数据模型/假设

把假设看成已知先验概率 $P(\mathcal{H}_0)$, $P(\mathcal{H}_1)$,..., $P(\mathcal{H}_{M-1})$ 的随机事件。另外，条件概率密度函数 $p(\mathbf{x}|\mathcal{H}_0)$, $p(\mathbf{x}|\mathcal{H}_1)$,..., $p(\mathbf{x}|\mathcal{H}_{M-1})$ 假定是已知的。

b. 检测器

判使 $P(\mathcal{H}_i|\mathbf{x})$ 最大的假设成立，或者如果

$$P(\mathcal{H}_k|\mathbf{x}) > P(\mathcal{H}_i|\mathbf{x}) \qquad i \neq k \tag{11.2}$$

或等价于如果

$$\ln p(\mathbf{x}|\mathcal{H}_k) + \ln P(\mathcal{H}_k)$$

最大，则判 $\mathcal{H}_k$。

c. 最佳准则

使错误概率最小，或者使

$$P_e = \sum_{i=0}^{M-1} \sum_{j=0}^{M-1} P(\mathcal{H}_i|\mathcal{H}_j) P(\mathcal{H}_j)$$

最小。

d. 性能

没有一般的结果。

e. 说明

(11.2)式的判决准则称为 MAP 准则。如果先验概率相等，或者 $P(\mathcal{H}_i) = 1/M$，那么准则可以化简为，如果

$$p(\mathbf{x}|\mathcal{H}_k) > p(\mathbf{x}|\mathcal{H}_i) \qquad i \neq k \tag{11.3}$$

则判 $\mathcal{H}_k$，称为条件 ML 准则。

f. 参考

第3章。

5. 贝叶斯风险

a. 数据模型/假设

把假设看成已知先验概率 $P(\mathcal{H}_0)$, $P(\mathcal{H}_1)$,..., $P(\mathcal{H}_{M-1})$ 的随机事件，条件 PDF $p(\mathbf{x}|\mathcal{H}_0)$, $p(\mathbf{x}|\mathcal{H}_1)$,..., $p(\mathbf{x}|\mathcal{H}_{M-1})$ 假定是已知的。最后，给每一个错误赋予一定的代价，其中 C_{ij} 是当 $\mathcal{H}_j$ 为真时判 $\mathcal{H}_i$ 的代价。

b. 检测器

如果

$$C_k(\mathbf{x}) > C_i(\mathbf{x}) \qquad i \neq k$$

则判 $\mathcal{H}_k$，其中

$$C_i(\mathbf{x}) = \sum_{j=0}^{M-1} C_{ij} P(\mathcal{H}_j|\mathbf{x})$$

c. 最佳准则

使贝叶斯风险或期望的平均代价

$$\mathcal{R} = E(C) = \sum_{i=0}^{M-1} \sum_{j=0}^{M-1} C_{ij} P(\mathcal{H}_i|\mathcal{H}_j) P(\mathcal{H}_j)$$

最小。

d. 性能

没有一般的结果。

e. 说明

如果 $C_{ii} = 0(i = 0, 1, \ldots, M-1)$ 并且 $C_{ij} = 1(i \neq j)$，那么 $\mathcal{R} = P_e$，判决准则就化简为 (11.2)式的 MAP 准则。

f. 参考

第 3 章。

复合二元假设检验
（存在未知参数）

6. 广义似然比检验(GLRT)

a. 数据模型/假设

在 $\mathcal{H}_0$ 和 $\mathcal{H}_1$ 条件下的 PDF 含有未知参数，分别用 $\boldsymbol{\theta}_0$ 和 $\boldsymbol{\theta}_1$ 表示。PDF 用 $p(\mathbf{x}; \boldsymbol{\theta}_0, \mathcal{H}_0)$ 和 $p(\mathbf{x}; \boldsymbol{\theta}_1, \mathcal{H}_1)$ 给出，并且除 $\boldsymbol{\theta}_0$ 和 $\boldsymbol{\theta}_1$ 外假定是已知的。

b. 检测器

如果
$$L_G(\mathbf{x}) = \frac{p(\mathbf{x}; \hat{\boldsymbol{\theta}}_1, \mathcal{H}_1)}{p(\mathbf{x}; \hat{\boldsymbol{\theta}}_0, \mathcal{H}_0)} > \gamma$$

则判 $\mathcal{H}_1$，其中 $\hat{\boldsymbol{\theta}}_i$ 是最大似然估计(MLE)，或者 $\hat{\boldsymbol{\theta}}_i$ 是使 $p(\mathbf{x}; \boldsymbol{\theta}_i, \mathcal{H}_i)$ 最大的值。

c. 最佳准则

无。

d. 性能

没有一般的结果。

e. 说明

一个等效的形式是如果
$$L_G(\mathbf{x}) = \frac{\max_{\boldsymbol{\theta}_1} p(\mathbf{x}; \boldsymbol{\theta}_1, \mathcal{H}_1)}{\max_{\boldsymbol{\theta}_0} p(\mathbf{x}; \boldsymbol{\theta}_0, \mathcal{H}_0)} > \gamma$$

则判 $\mathcal{H}_1$，$L_G(\mathbf{x})$ 称为广义似然比。

f. 参考

第 6 章。

7. 贝叶斯

a. 数据模型/假设

将未知参数矢量 $\boldsymbol{\theta}_0$ 和 $\boldsymbol{\theta}_1$ 看成具有已知先验 PDF $p(\boldsymbol{\theta}_0)$ 和 $p(\boldsymbol{\theta}_1)$ 的随机矢量。条件 PDF $p(\mathbf{x}|\boldsymbol{\theta}_0; \mathcal{H}_0)$ 和 $p(\mathbf{x}|\boldsymbol{\theta}_1; \mathcal{H}_1)$ 假定是已知的。

b. 检测器

如果
$$L(\mathbf{x}) = \frac{p(\mathbf{x}; \mathcal{H}_1)}{p(\mathbf{x}; \mathcal{H}_0)} = \frac{\int p(\mathbf{x}|\boldsymbol{\theta}_1; \mathcal{H}_1)p(\boldsymbol{\theta}_1)d\boldsymbol{\theta}_1}{\int p(\mathbf{x}|\boldsymbol{\theta}_0; \mathcal{H}_1)p(\boldsymbol{\theta}_0)d\boldsymbol{\theta}_0} > \gamma$$

则判 $\mathcal{H}_1$。

c. 最佳准则

由于未知参数通过积分而消除，因此最佳准则与 NP 准则相同(第 1 项)。

d. 性能

没有一般的结果。

e. 说明

γ 的确定请参见 NP 准则。积分可能难以求出，这依赖于先验 PDF 的选择。

f. 参考

第 6 章。

复合二元假设检验
（存在未知参数，但没有多余参数）

在 $\mathcal{H}_0$ 和 $\mathcal{H}_1$ 条件下的 PDF 除未知参数矢量 $\boldsymbol{\theta}$ 的值不同外是相同的，PDF 用 $p(\mathbf{x};\boldsymbol{\theta})$ 表示，其中 $\boldsymbol{\theta}$ 是 $r \times 1$ 维的。假设（或参数）检验是

$$\mathcal{H}_0 : \boldsymbol{\theta} = \boldsymbol{\theta}_0$$
$$\mathcal{H}_1 : \boldsymbol{\theta} \neq \boldsymbol{\theta}_0$$

8. 广义似然比（GLRT）

a. 数据模型/假设

PDF $p(\mathbf{x};\boldsymbol{\theta})$ 除在 $\mathcal{H}_1$ 条件下的 $\boldsymbol{\theta}$ 外假定是已知的。

b. 检测器

如果
$$L_G(\mathbf{x}) = \frac{p(\mathbf{x};\hat{\boldsymbol{\theta}}_1)}{p(\mathbf{x};\boldsymbol{\theta}_0)} > \gamma$$

则判 $\mathcal{H}_1$，其中 $\hat{\boldsymbol{\theta}}_1$ 是在 $\mathcal{H}_1$ 条件下 $\boldsymbol{\theta}$ 的 MLE[使 $p(\mathbf{x};\boldsymbol{\theta})$ 最大]。

c. 最佳准则

无。

d. 性能

渐近统计特性（$N \to \infty$）由下式给出，

$$2\ln L_G(\mathbf{x}) \overset{a}{\sim} \begin{cases} \chi_r^2 & \text{在 } \mathcal{H}_0 \text{ 条件下} \\ \chi_r'^2(\lambda) & \text{在 } \mathcal{H}_1 \text{ 条件下} \end{cases}$$

其中
$$\lambda = (\boldsymbol{\theta}_1 - \boldsymbol{\theta}_0)^T \mathbf{I}(\boldsymbol{\theta}_0)(\boldsymbol{\theta}_1 - \boldsymbol{\theta}_0)$$

$\mathbf{I}(\boldsymbol{\theta})$ 表示 $r \times r$ Fisher 信息矩阵，$\boldsymbol{\theta}_1$ 是在 $\mathcal{H}_1$ 条件下的真实值。

e. 说明

要求 $\mathcal{H}_1$ 条件下的 MLE。

f. 参考

第 6 章。

9. Wald 检验

a. 数据模型/假设

与 GLRT 相同（参见 8a 项）。

b. 检测器

如果
$$T_W(\mathbf{x}) = (\hat{\boldsymbol{\theta}}_1 - \boldsymbol{\theta}_0)^T \mathbf{I}(\hat{\boldsymbol{\theta}}_1)(\hat{\boldsymbol{\theta}}_1 - \boldsymbol{\theta}_0) > \gamma$$

则判 $\mathcal{H}_1$。

c. 最佳准则

无。

d. 性能

与 GLRT 相同（参见 8d 项）。

e. 说明

要求 $\mathcal{H}_1$ 条件下的 MLE。

f. 参考

第 6 章。

10. Rao 检验

a. 数据模型/假设

与 GLRT 相同(参见 8a 项)。

b. 检测器

如果
$$T_{\mathrm{R}}(\mathbf{x}) = \frac{\partial \ln p(\mathbf{x};\boldsymbol{\theta})}{\partial \boldsymbol{\theta}}\bigg|_{\boldsymbol{\theta}=\boldsymbol{\theta}_0}^{T} \mathbf{I}^{-1}(\boldsymbol{\theta}_0) \frac{\partial \ln p(\mathbf{x};\boldsymbol{\theta})}{\partial \boldsymbol{\theta}}\bigg|_{\boldsymbol{\theta}=\boldsymbol{\theta}_0} > \gamma$$

则判 $\mathcal{H}_1$。

c. 最佳准则

无。

d. 性能

与 GLRT 相同(参见 8d 项)。

e. 说明

不要求 MLE。

f. 参考

第 6 章。

复合二元参数检验
(存在未知参数和多余参数)

在 $\mathcal{H}_0$ 和 $\mathcal{H}_1$ 条件下的 PDF 除未知参数矢量 $\boldsymbol{\theta}$ 的值不同外是相同的。参数矢量为 $\boldsymbol{\theta} = [\boldsymbol{\theta}_r^T \ \boldsymbol{\theta}_s^T]^T$,其中 $\boldsymbol{\theta}_r$ 是 $r \times 1$ 维的,$\boldsymbol{\theta}_s$(多余参数矢量)是 $s \times 1$ 维的,PDF 用 $p(\mathbf{x};\boldsymbol{\theta}_r, \boldsymbol{\theta}_s)$ 表示。假设检验是

$$\mathcal{H}_0 : \boldsymbol{\theta} = \boldsymbol{\theta}_{r_0}, \boldsymbol{\theta}_s$$
$$\mathcal{H}_1 : \boldsymbol{\theta} \neq \boldsymbol{\theta}_{r_0}, \boldsymbol{\theta}_s$$

多余参数矢量 $\boldsymbol{\theta}_s$ 在 $\mathcal{H}_0$ 和 $\mathcal{H}_1$ 条件下是未知的。

11. 广义似然比(GLRT)

a. 数据模型/假设

假定 PDF $p(\mathbf{x};\boldsymbol{\theta}_r, \boldsymbol{\theta}_s)$ 除在 $\mathcal{H}_0$ 条件下的 $\boldsymbol{\theta}_s$ 以及 $\mathcal{H}_1$ 条件下的 $\boldsymbol{\theta}_r$ 和 $\boldsymbol{\theta}_s$ 外是已知的。

b. 检测器

如果
$$L_G(\mathbf{x}) = \frac{p(\mathbf{x};\hat{\boldsymbol{\theta}}_{r_1}, \hat{\boldsymbol{\theta}}_{s_1})}{p(\mathbf{x};\boldsymbol{\theta}_{r_0}, \hat{\boldsymbol{\theta}}_{s_0})} > \gamma$$

则判 $\mathcal{H}_1$,其中 $\hat{\boldsymbol{\theta}}_{r_1}$、$\hat{\boldsymbol{\theta}}_{s_1}$ 是在 $\mathcal{H}_1$ 条件下的 MLE[或者无约束 MLE,它是在 $\boldsymbol{\theta}_r$、$\boldsymbol{\theta}_s$ 上使 $p(\mathbf{x};\boldsymbol{\theta}_r, \boldsymbol{\theta}_s)$ 最大而求得的],而 $\boldsymbol{\theta}_{s_0}$ 是在 $\mathcal{H}_0$ 条件下的 MLE[或者为带约束的 MLE,它是在 $\boldsymbol{\theta}_s$ 上使 $p(\mathbf{x};\boldsymbol{\theta}_{r_0}, \boldsymbol{\theta}_s)$ 最大而求得的]。

c. 最佳准则

无。

d. 性能

渐近统计特性($N \to \infty$)由下式给出,

$$2\ln L_G(\mathbf{x}) \overset{a}{\sim} \begin{cases} \chi_r^2 & \text{在} \mathcal{H}_0 \text{条件下} \\ \chi_r'^2(\lambda) & \text{在} \mathcal{H}_1 \text{条件下} \end{cases}$$

其中

$$
\begin{aligned}
\lambda = {} & (\boldsymbol{\theta}_{r_1} - \boldsymbol{\theta}_{r_0})^T \Big[\mathbf{I}_{\theta_r\theta_r}(\boldsymbol{\theta}_{r_0}, \boldsymbol{\theta}_s) \\
& - \mathbf{I}_{\theta_r\theta_s}(\boldsymbol{\theta}_{r_0}, \boldsymbol{\theta}_s)\mathbf{I}_{\theta_s\theta_s}^{-1}(\boldsymbol{\theta}_{r_0}, \boldsymbol{\theta}_s)\mathbf{I}_{\theta_s\theta_r}(\boldsymbol{\theta}_{r_0}, \boldsymbol{\theta}_s) \Big] (\boldsymbol{\theta}_{r_1} - \boldsymbol{\theta}_{r_0})
\end{aligned}
$$

$\boldsymbol{\theta}_{r_1}$ 是在 $\mathcal{H}_1$ 条件下 $\boldsymbol{\theta}_r$ 的真实值，$\boldsymbol{\theta}_s$ 是真实值，它在两种假设下是相同的。Fisher 信息矩阵可以分块为

$$
\mathbf{I}(\boldsymbol{\theta}) = \mathbf{I}(\boldsymbol{\theta}_r, \boldsymbol{\theta}_s) = \begin{bmatrix} \mathbf{I}_{\theta_r\theta_r}(\boldsymbol{\theta}_r, \boldsymbol{\theta}_s) & \mathbf{I}_{\theta_r\theta_s}(\boldsymbol{\theta}_r, \boldsymbol{\theta}_s) \\ \mathbf{I}_{\theta_s\theta_r}(\boldsymbol{\theta}_r, \boldsymbol{\theta}_s) & \mathbf{I}_{\theta_s\theta_s}(\boldsymbol{\theta}_r, \boldsymbol{\theta}_s) \end{bmatrix} = \begin{bmatrix} r \times r & r \times s \\ s \times r & s \times s \end{bmatrix}
$$

e. 说明

　　要求 $\mathcal{H}_0$ 和 $\mathcal{H}_1$ 条件下的 MLE。

f. 参考

　　第 6 章。

12. Wald 检验

a. 数据模型/假设

　　与 GLRT 相同（参见 11a 项）。

b. 检测器

　　如果
$$
T_{\mathrm{W}}(\mathbf{x}) = (\hat{\boldsymbol{\theta}}_{r_1} - \boldsymbol{\theta}_{r_0})^T \left(\big[\mathbf{I}^{-1}(\hat{\boldsymbol{\theta}}_1) \big]_{\theta_r\theta_r} \right)^{-1} (\hat{\boldsymbol{\theta}}_{r_1} - \boldsymbol{\theta}_{r_0}) > \gamma
$$

则判 $\mathcal{H}_1$。其中 $\hat{\boldsymbol{\theta}}_1 = \big[\hat{\boldsymbol{\theta}}_{r_1}^T\ \hat{\boldsymbol{\theta}}_{s_1}^T \big]^T$ 是 $\mathcal{H}_1$ 条件下的 MLE，且

$$
\big[\mathbf{I}^{-1}(\boldsymbol{\theta}) \big]_{\theta_r\theta_r} = \big(\mathbf{I}_{\theta_r\theta_r}(\boldsymbol{\theta}) - \mathbf{I}_{\theta_r\theta_s}(\boldsymbol{\theta})\mathbf{I}_{\theta_s\theta_s}^{-1}(\boldsymbol{\theta})\mathbf{I}_{\theta_s\theta_r}(\boldsymbol{\theta}) \big)^{-1}
$$

c. 最佳准则

　　无。

d. 性能

　　与 GLRT 相同（参见 11d 项）。

e. 说明

　　要求 $\mathcal{H}_1$ 条件下的 MLE。

f. 参考

　　第 6 章。

13. Rao 检验

a. 数据模型/假设

　　与 GLRT 相同（参见 11a 项）。

b. 检测器

　　如果
$$
T_{\mathrm{R}}(\mathbf{x}) = \left.\frac{\partial \ln p(\mathbf{x};\boldsymbol{\theta})}{\partial \boldsymbol{\theta}_r}\right|_{\boldsymbol{\theta}=\tilde{\boldsymbol{\theta}}}^T \big[\mathbf{I}^{-1}(\tilde{\boldsymbol{\theta}}) \big]_{\theta_r\theta_r} \left.\frac{\partial \ln p(\mathbf{x};\boldsymbol{\theta})}{\partial \boldsymbol{\theta}_r}\right|_{\boldsymbol{\theta}=\tilde{\boldsymbol{\theta}}} > \gamma
$$

则判 $\mathcal{H}_1$。其中 $\tilde{\boldsymbol{\theta}} = \big[\boldsymbol{\theta}_{r_0}^T\ \hat{\boldsymbol{\theta}}_{s_0}^T \big]^T$ 是 $\mathcal{H}_0$ 条件下 $\boldsymbol{\theta}$ 的 MLE［带约束的 MLE，它是在 $\boldsymbol{\theta}_s$ 上使 $p(\mathbf{x};\boldsymbol{\theta}_{r_0}, \boldsymbol{\theta}_s)$ 最大而求得的］。

c. 最佳准则

　　无。

d. 性能

与 GLRT 相同(参见 11d 项)。

e. 说明

只要求 $\mathcal{H}_0$ 条件下的 MLE。

f. 参考

第 6 章。

复合二元单边参数检验
(存在标量未知参数,没有多余参数)

这个检验用于单边假设检验,它的 PDF 在 $\mathcal{H}_0$ 和 $\mathcal{H}_1$ 条件下是相同的,但是存在不同的标量参数, PDF 用 $p(\mathbf{x};\theta)$ 表示。假设检验为

$$\mathcal{H}_0 : \theta = \theta_0$$
$$\mathcal{H}_1 : \theta > \theta_0$$

14. 局部最大势(LMP)检验

a. 数据模型／假设

假定 PDF $p(\mathbf{x};\theta)$ 除在 $\mathcal{H}_1$ 条件下的 θ 值外是已知的。

b. 检测器

如果

$$T_{\mathrm{LMP}}(\mathbf{x}) = \frac{\left.\dfrac{\partial \ln p(\mathbf{x};\theta)}{\partial \theta}\right|_{\theta=\theta_0}}{\sqrt{I(\theta_0)}} > \gamma$$

则判 $\mathcal{H}_1$。其中 $I(\theta)$ 是 Fisher 信息,门限 γ 由 $Q^{-1}(P_{FA})$ 给出(当 $N \to \infty$ 时)。

c. 最佳准则

如果 $\theta_1 - \theta_0$ 是小的正数,其中 θ_1 是 $\mathcal{H}_1$ 条件下 θ 的值,那么对于给定的 P_{FA} 使检测概率 P_D 最大。

d. 性能

渐近统计特性(当 $N \to \infty$ 时)由下式给出,

$$T_{\mathrm{LMP}}(\mathbf{x}) \overset{a}{\sim} \begin{cases} \mathcal{N}(0,1) & \text{在 } \mathcal{H}_0 \text{ 条件下} \\ \mathcal{N}(\sqrt{I(\theta_0)}(\theta_1 - \theta_0),1) & \text{在 } \mathcal{H}_1 \text{ 条件下} \end{cases}$$

其中 θ_1 是 $\mathcal{H}_1$ 条件下 θ 的值。

e. 说明

可以看成对标量 $\boldsymbol{\theta}$ 的 Rao 检验的单边等效形式(参见 10b 项)。

f. 参考

第 6 章。

复合多元假设检验

我们希望在假设 $\mathcal{H}_0 , \mathcal{H}_1 , \ldots , \mathcal{H}_{M-1}$ 之间进行判决。

15. 广义最大似然准则

a. 数据模型／假设

数据的 PDF $p(\mathbf{x};\boldsymbol{\theta}_i | \mathcal{H}_i)$ 除参数矢量 $\boldsymbol{\theta}_i$ 外是已知的,参数矢量的维数可能随假设变化。

b. 检测器

如果

$$\xi_i = \ln p(\mathbf{x};\hat{\boldsymbol{\theta}}_i | \mathcal{H}_i) - \frac{1}{2}\ln\det\left(\mathbf{I}(\hat{\boldsymbol{\theta}}_i)\right)$$

对于 $i = k$ 是最大的,那么广义 ML 准则判 $\mathcal{H}_k$。其中 $\hat{\boldsymbol{\theta}}_i$ 是假定 $\mathcal{H}_i$ 为真时 $\boldsymbol{\theta}$ 的 MLE

$[$ 使 $p(\mathbf{x}; \boldsymbol{\theta} | \mathcal{H}_i)$ 最大$]$，并且 $\mathbf{I}(\boldsymbol{\theta})$ 是假定 $\mathcal{H}_i$ 为真时的 Fisher 信息矩阵。

c. 最佳准则

无。

d. 性能

没有一般的结果。

e. 说明

这种方法是贝叶斯和经典方法的混合。ξ_i 的第一项是估计的数据似然函数，而第二项是估计未知参数的罚因子。它扩展了(11.3)式的 ML 准则。

f. 参考

第 6 章。

11.3　线性模型

当线性模型可以用来描述 $\mathcal{H}_1$ 条件下的数据时，可以得到显式检测器和它们的性能。线性模型可能是经典的，也可能是贝叶斯的，我们分开进行描述。然后，我们将总结一种扩展的形式，称为非高斯线性模型。

经典线性模型

对于经典的线性模型，在 $\mathcal{H}_1$ 条件下的数据由下式给出，

$$\mathbf{x} = \mathbf{H}\boldsymbol{\theta} + \mathbf{w}$$

其中 $\mathbf{x}$ 是 $N \times 1$ 观测矢量，$\mathbf{H}$ 是已知的 $N \times p$ 观测矩阵，$N > p$，它的秩为 p，$\boldsymbol{\theta}$ 是 $p \times 1$ 矢量或参数（可能已知，也可能未知），$\mathbf{w}$ 是 $N \times 1$ 噪声矢量，PDF 为 $\mathcal{N}(\mathbf{0}, \mathbf{C})$，$\mathbf{x}$ 的 PDF 是

$$p(\mathbf{x}; \boldsymbol{\theta}) = \frac{1}{(2\pi)^{N/2} \det^{\frac{1}{2}}(\mathbf{C})} \exp\left[-\frac{1}{2}(\mathbf{x} - \mathbf{H}\boldsymbol{\theta})^T \mathbf{C}^{-1}(\mathbf{x} - \mathbf{H}\boldsymbol{\theta})\right]$$

16. 已知确定性信号

a. 假设检验
$$\mathcal{H}_0 : \mathbf{x} = \mathbf{w}$$
$$\mathcal{H}_1 : \mathbf{x} = \mathbf{H}\boldsymbol{\theta}_1 + \mathbf{w}$$

或者
$$\mathcal{H}_0 : \boldsymbol{\theta} = \mathbf{0}$$
$$\mathcal{H}_1 : \boldsymbol{\theta} = \boldsymbol{\theta}_1$$

其中 $\boldsymbol{\theta}_1$ 是 $\mathcal{H}_1$ 条件下 $\boldsymbol{\theta}$ 的已知值。

b. 检测器

如果
$$T(\mathbf{x}) = \mathbf{x}^T \mathbf{C}^{-1} \mathbf{s} > \gamma'$$

则判 $\mathcal{H}_1$，其中 $\mathbf{s} = \mathbf{H}\boldsymbol{\theta}_1$，$\gamma' = \sqrt{\mathbf{s}^T \mathbf{C}^{-1} \mathbf{s}} Q^{-1}(P_{FA})$。

c. 最佳准则

给定 P_{FA} 使 P_D 最大(NP 准则)。

d. 性能
$$P_D = Q(Q^{-1}(P_{FA}) - \sqrt{\mathbf{s}^T \mathbf{C}^{-1} \mathbf{s}})$$

e. 说明

这是广义匹配滤波器的一种特殊情况，或者是广义的仿形 - 相关器，参见例 4.9。

f. 参考

4.6 节。

17. 具有未知参数的确定性信号

a. 假设检验

$$\mathcal{H}_0 : \mathbf{x} = \mathbf{w}$$
$$\mathcal{H}_1 : \mathbf{x} = \mathbf{H}\boldsymbol{\theta} + \mathbf{w}$$

或者

$$\mathcal{H}_0 : \boldsymbol{\theta} = \mathbf{0}$$
$$\mathcal{H}_1 : \boldsymbol{\theta} \neq \mathbf{0}$$

其中 $\boldsymbol{\theta}$ 在 $\mathcal{H}_1$ 条件下是未知的，$\mathbf{C} = \sigma^2 \mathbf{I}$。

b. 检测器

如果

$$T(\mathbf{x}) = \frac{\mathbf{x}^T \mathbf{H}\hat{\boldsymbol{\theta}}_1}{\sigma^2} = \frac{\mathbf{x}^T \hat{\mathbf{s}}}{\sigma^2} > \gamma'$$

则判 $\mathcal{H}_1$，其中 $\hat{\boldsymbol{\theta}}_1 = (\mathbf{H}^T \mathbf{H})^{-1} \mathbf{H}^T \mathbf{x}$ 是在 $\mathcal{H}_1$ 条件下 $\boldsymbol{\theta}$ 的 MLE，$\hat{\mathbf{s}} = \mathbf{H}\hat{\boldsymbol{\theta}}_1$ 是信号的 MLE，$\gamma' = Q_{\chi_p^2}^{-1}(P_{FA})$。

c. 最佳准则

由于这是 GLRT 检测器，没有最佳准则。

d. 性能

$$P_{FA} = Q_{\chi_p^2}(\gamma')$$
$$P_D = Q_{\chi_p'^2(\lambda)}(\gamma')$$

其中

$$\lambda = \frac{\boldsymbol{\theta}_1^T \mathbf{H}^T \mathbf{H}\boldsymbol{\theta}_1}{\sigma^2} = \frac{\mathbf{s}^T \mathbf{s}}{\sigma^2}$$

$\boldsymbol{\theta}_1$ 是 $\mathcal{H}_1$ 条件下 $\boldsymbol{\theta}$ 的真实值。

e. 说明

这是定理 7.1 在 $\mathbf{A} = \mathbf{I}$、$\mathbf{b} = \mathbf{0}$、$r = p$ 时的一种特殊情况，它可以扩展到任何 $\mathbf{C}$ 已知的情况。检验统计量具有估计器－相关器的形式，参见例 7.3。

f. 参考

7.7 节。

18. 具有未知参数的确定性信号和未知噪声方差

a. 假设检验

$$\mathcal{H}_0 : \mathbf{x} = \mathbf{w}$$
$$\mathcal{H}_1 : \mathbf{x} = \mathbf{H}\boldsymbol{\theta} + \mathbf{w}$$

或者

$$\mathcal{H}_0 : \boldsymbol{\theta} = \mathbf{0}, \sigma^2 > 0$$
$$\mathcal{H}_1 : \boldsymbol{\theta} \neq \mathbf{0}, \sigma^2 > 0$$

其中 $\boldsymbol{\theta}$ 在 $\mathcal{H}_1$ 条件下是未知的，$\mathbf{C} = \sigma^2 \mathbf{I}$，在 $\mathcal{H}_0$ 和 $\mathcal{H}_1$ 条件下噪声的方差 σ^2 是未知的。

b. 检测器

如果

$$T(\mathbf{x}) = \frac{1}{p} \frac{\mathbf{x}^T \mathbf{H}\hat{\boldsymbol{\theta}}_1}{\hat{\sigma}_1^2} = \frac{1}{p} \frac{\mathbf{x}^T \hat{\mathbf{s}}}{\hat{\sigma}_1^2} > \gamma'$$

则判 $\mathcal{H}_1$，其 $\hat{\boldsymbol{\theta}}_1 = (\mathbf{H}^T \mathbf{H})^{-1} \mathbf{H}^T \mathbf{x}$ 是在 $\mathcal{H}_1$ 条件下 $\boldsymbol{\theta}$ 的 MLE，$\hat{\mathbf{s}} = \mathbf{H}\hat{\boldsymbol{\theta}}_1$ 是信号的 MLE，$\hat{\sigma}_1^2 = (\mathbf{x}^T \mathbf{x} - \mathbf{x}^T \mathbf{H}\hat{\boldsymbol{\theta}}_1)/(N - p)$ 是 $\mathcal{H}_1$ 条件下 σ^2 的最小方差无偏（MVU）估计量。门限由 $\gamma' = Q_{F_{p,N-p}}^{-1}(P_{FA})$ 给出。

c. 最佳准则

由于这是 GLRT 检测器，没有最佳准则。

d. 性能

$$P_{FA} = Q_{F_{p,N-p}}(\gamma')$$
$$P_D = Q_{F'_{p,N-p}(\lambda)}(\gamma')$$

其中
$$\lambda = \frac{\boldsymbol{\theta}_1^T \mathbf{H}^T \mathbf{H} \boldsymbol{\theta}_1}{\sigma^2} = \frac{\mathbf{s}^T \mathbf{s}}{\sigma^2}$$

$\boldsymbol{\theta}_1$ 是 $\mathcal{H}_1$ 条件下 $\boldsymbol{\theta}$ 的真实值。

e. 说明

这是定理 9.1 在 $\mathbf{A} = \mathbf{I}$、$\mathbf{b} = \mathbf{0}$ 和 $r = p$ 时的一种特殊情况，它可以扩展到 $\mathbf{C} = \sigma^2 \mathbf{V}$ 的情况，其中 $\mathbf{V}$ 是已知的，σ^2 是未知的。检验统计量具有归一化的估计器 – 相关器的形式，参见例 9.2。

f. 参考

9.4.3 节。

一般线性模型 – 未知噪声参数

对于一般的线性模型，在 $\mathcal{H}_1$ 条件下的数据由下式给出，

$$\mathbf{x} = \mathbf{H}\boldsymbol{\theta} + \mathbf{w}$$

其中 $\mathbf{x}$ 是 $N \times 1$ 观测矢量，$\mathbf{H}$ 是已知的 $N \times p$ 观测矩阵，$N > p$，它的秩为 p，$\boldsymbol{\theta}$ 是 $p \times 1$ 未知参数矢量，$\mathbf{w}$ 是 $N \times 1$ 噪声矢量，PDF 为 $\mathcal{N}(\mathbf{0}, \mathbf{C}(\boldsymbol{\theta}_w))$，$\boldsymbol{\theta}_w$ 是 $q \times 1$ 未知噪声参数矢量，$\mathbf{x}$ 的 PDF 是

$$p(\mathbf{x}; \boldsymbol{\theta}, \boldsymbol{\theta}_w) = \frac{1}{(2\pi)^{N/2} \det^{\frac{1}{2}}(\mathbf{C}(\boldsymbol{\theta}_w))} \exp\left[-\frac{1}{2}(\mathbf{x} - \mathbf{H}\boldsymbol{\theta})^T \mathbf{C}^{-1}(\boldsymbol{\theta}_w)(\mathbf{x} - \mathbf{H}\boldsymbol{\theta})\right]$$

19. Rao 检验

a. 假设检验
$$\mathcal{H}_0 : \mathbf{x} = \mathbf{w}$$
$$\mathcal{H}_1 : \mathbf{x} = \mathbf{H}\boldsymbol{\theta} + \mathbf{w}$$

或者
$$\mathcal{H}_0 : \boldsymbol{\theta} = \mathbf{0}, \boldsymbol{\theta}_w$$
$$\mathcal{H}_1 : \boldsymbol{\theta} \neq \mathbf{0}, \boldsymbol{\theta}_w$$

b. 检测器

如果
$$T_R(\mathbf{x}) = \mathbf{x}^T \mathbf{C}^{-1}(\hat{\boldsymbol{\theta}}_{w_0}) \mathbf{H}\hat{\boldsymbol{\theta}}_1 = \mathbf{x}^T \mathbf{C}^{-1}(\hat{\boldsymbol{\theta}}_{w_0})\hat{\mathbf{s}} > \gamma'$$

Rao 检测器判 $\mathcal{H}_1$，其中

$$\hat{\boldsymbol{\theta}}_1 = (\mathbf{H}^T \mathbf{C}^{-1}(\hat{\boldsymbol{\theta}}_{w_0})\mathbf{H})^{-1} \mathbf{H}^T \mathbf{C}^{-1}(\hat{\boldsymbol{\theta}}_{w_0})\mathbf{x}$$

是 $\mathcal{H}_1$ 条件下 $\boldsymbol{\theta}$ 的估计量，$\hat{\boldsymbol{\theta}}_{w_0}$ 是 $\mathcal{H}_0$ 条件下 $\boldsymbol{\theta}_w$ 的 MLE，$\hat{\mathbf{s}} = \mathbf{H}\hat{\boldsymbol{\theta}}_1$ 是信号的估计量。门限由 $\gamma' = Q_{\chi_p^2}^{-1}(P_{FA})$ 给出（当 $N \to \infty$ 时）。

c. 最佳准则

无。

d. 性能

渐近性能（当 $N \to \infty$ 时）为

$$P_{FA} = Q_{\chi_p^2}(\gamma')$$
$$P_D = Q_{\chi_p'^2(\lambda)}(\gamma')$$

其中
$$\lambda = \boldsymbol{\theta}_1^T \mathbf{H}^T \mathbf{C}^{-1}(\boldsymbol{\theta}_w)\mathbf{H}\boldsymbol{\theta}_1$$

$\boldsymbol{\theta}_1$ 是 $\mathcal{H}_1$ 条件下 $\boldsymbol{\theta}$ 的真实值，$\boldsymbol{\theta}_w$ 是真实值，我们假定它在每种假设下是相同的。

e. 说明

　　检验统计量具有广义的估计器 – 相关器的形式，参见 9.6 节。

f. 参考

　　9.5 节。

贝叶斯线性模型

对于贝叶斯线性模型，在 $\mathcal{H}_1$ 条件下的数据由下式给出，

$$\mathbf{x} = \mathbf{H}\boldsymbol{\theta} + \mathbf{w}$$

其中 $\mathbf{x}$ 是 $N \times 1$ 观测矢量，$\mathbf{H}$ 是已知的 $N \times p$ 观测矩阵，$N > p$，$\boldsymbol{\theta}$ 是 $p \times 1$ 随机矢量，$\boldsymbol{\theta} \sim \mathcal{N}(\mathbf{0}, \mathbf{C}_\theta)$，$\mathbf{w}$ 是 $N \times 1$ 噪声矢量，PDF 为 $\mathcal{N}(\mathbf{0}, \sigma^2\mathbf{I})$，且与 $\boldsymbol{\theta}$ 独立。$\mathbf{x}$ 的 PDF 是

$$p(\mathbf{x}) = \frac{1}{(2\pi)^{N/2}\det^{\frac{1}{2}}(\mathbf{C}_\theta + \sigma^2\mathbf{I})} \exp\left[-\frac{1}{2}\mathbf{x}^T(\mathbf{C}_\theta + \sigma^2\mathbf{I})^{-1}\mathbf{x}\right]$$

20. Neyman-Pearson（NP）

a. 假设检验

$$\mathcal{H}_0 : \mathbf{x} = \mathbf{w}$$
$$\mathcal{H}_1 : \mathbf{x} = \mathbf{H}\boldsymbol{\theta} + \mathbf{w}$$

b. 检测器

　　如果

$$T(\mathbf{x}) = \mathbf{x}^T\hat{\mathbf{s}} > \gamma'$$

　　判 $\mathcal{H}_1$，其中

$$\hat{\mathbf{s}} = \mathbf{H}\mathbf{C}_\theta\mathbf{H}^T(\mathbf{H}\mathbf{C}_\theta\mathbf{H}^T + \sigma^2\mathbf{I})^{-1}\mathbf{x}$$

　　是 $\mathbf{s} = \mathbf{H}\boldsymbol{\theta}$ 的最小均方误差（MMSE）估计量。

c. 最佳准则

　　给定 P_{FA} 使 P_D 最大（NP 准则）。

d. 性能

　　参见 5.3 节。

e. 说明

　　可以扩展到一般的已知噪声协方差矩阵 $\mathbf{C}$ 的情况，参见例 5.5。

f. 参考

　　5.4 节。

非高斯线性模型

对于非高斯线性模型，在 $\mathcal{H}_1$ 条件下的数据由下式给出，

$$\mathbf{x} = \mathbf{H}\boldsymbol{\theta} + \mathbf{w}$$

其中 $\mathbf{x}$ 是 $N \times 1$ 观测矢量，$\mathbf{H}$ 是已知的 $N \times p$ 观测矩阵，$N > p$，秩为 p，$\boldsymbol{\theta}$ 是 $p \times 1$ 未知参数矢量，$\mathbf{w}$ 是具有 IID 分量的 $N \times 1$ 噪声矢量，$w[n]$ 的 PDF 为 $p(w)$，并且假定是已知的。

21. Rao 检验

a. 假设检验

$$\mathcal{H}_0 : \mathbf{x} = \mathbf{w}$$
$$\mathcal{H}_1 : \mathbf{x} = \mathbf{H}\boldsymbol{\theta} + \mathbf{w}$$

　　或者

$$\mathcal{H}_0 : \boldsymbol{\theta} = \mathbf{0}$$
$$\mathcal{H}_1 : \boldsymbol{\theta} \neq \mathbf{0}$$

　　其中 $\boldsymbol{\theta}$ 在 $\mathcal{H}_1$ 条件下是未知的。

b. 检测器

如果

$$T_R(\mathbf{x}) = \frac{\mathbf{y}^T \mathbf{H}(\mathbf{H}^T \mathbf{H})^{-1} \mathbf{H}^T \mathbf{y}}{i(A)} > \gamma'$$

Rao 检验判 $\mathcal{H}_1$，其中 $\mathbf{y} = [y[0]\,y[1]\ldots y[N-1]]^T$，$y[n] = g(x[n])$，

$$g(w) = -\frac{d\ln p(w)}{dw}$$

$$i(A) = \int_{-\infty}^{\infty} \frac{\left(\frac{dp(w)}{dw}\right)^2}{p(w)} dw$$

门限由 $\gamma' = Q_{\chi_p^2}^{-1}(P_{FA})$ 确定（当 $N \to \infty$ 时）。

c. 最佳准则

无。

d. 性能

渐近性能（当 $N \to \infty$ 时）为

$$P_{FA} = Q_{\chi_p^2}(\gamma')$$

$$P_D = Q_{\chi_p'^2(\lambda)}(\gamma')$$

其中

$$\lambda = i(A)\boldsymbol{\theta}_1^T \mathbf{H}^T \mathbf{H}\boldsymbol{\theta}_1$$

$\boldsymbol{\theta}_1$ 是 $\mathcal{H}_1$ 条件下 $\boldsymbol{\theta}$ 的真实值。

e. 说明

参见 10.6 节。

f. 参考

10.5 节。

11.4 选择一个检测器

我们现在讨论一下在选择一个检测器时要考虑的一些问题，尽管并没有包括所有的情况，但是说明了一般的决策过程。首先考虑二元假设检验问题，或者是对信号存在（$\mathcal{H}_1$ 为真）或只有噪声（$\mathcal{H}_0$ 为真）进行判决，图 11.1 给出了决策流程图。如果假设的先验概率 $P(\mathcal{H}_0)$ 和 $P(\mathcal{H}_1)$ 可用，那么我们可以选择贝叶斯方法，否则采用 NP 准则，即对于给定的虚警概率 P_{FA} 使检测概率 P_D 最大，如图 11.2 所示。然后我们考察一下判决的代价因子 $C_{ij}(i=0,1;j=0,1)$ 是否已知，如果它们都是未知的，那么我们就不能继续讨论下去。如果代价因子是已知的（任意给定一些值），那么可以实现第 3 项描述的贝叶斯风险准则。为此我们假定条件数据 PDF $p(\mathbf{x}|\mathcal{H}_0)$ 和 $p(\mathbf{x}|\mathcal{H}_1)$ 的一些知识。如果这些都未知，也可以通过对未知参数指定先验 PDF 来采用贝叶斯风险检验。然后，未知参数通过积分而消除。如果不是这样，就不能采用贝叶斯方法。当对于正确判决不要付出代价（$C_{00} = C_{11} = 0$）以及不正确判决的代价相等（$C_{10} = C_{01} = 1$）时，那么得到如第 2 项描述的最大后验概率（MAP）准则。如果假设的先验概率相等，那么会得到第 2 项描述的条件最大似然（ML）准则。在所有情况下，条件数据 PDF 必须已知，或者对未知参数必须指定先验 PDF，否则就不能采用贝叶斯方法，必须采用 NP 准则。注意，贝叶斯风险检验和 MAP/ML 准则在分别使贝叶斯和错误概率最小这个意义上来说是最佳的。

其次，我们描述一下图 11.2 的 NP 方法。当它可以实现的时候，该方法对于给定的 P_{FA}，使 P_D 最大。我们首先考察一下数据 PDF $p(\mathbf{x};\mathcal{H}_0)$ 和 $p(\mathbf{x};\mathcal{H}_1)$ 是否已知，如果它们不是已知的，那么我们就可以尝试一下给未知参数指定先验 PDF。如果这样做不可能，那么我们就继续图 11.3

的准最佳方法。否则，如果数据 PDF 已知，而且信号服从线性模型，那么导出第 16 项中给出的似然比检验。然而，如果线性模型不合适，那么必须采用在第 1 项中描述的更一般的 LRT。当数据 PDF 除信号参数外是已知的，而信号是线性的，它的参数可以指定先验 PDF，我们就有了贝叶斯线性模型，与参数呈线性关系。因此，采用第 20 项的 LRT 是合适的。如果存在未知噪声参数，或者如果线性信号模型没有使用，那么采用在第 7 项描述的更一般的 LRT。对于所有这些情况，得出的 LRT 是最佳的。

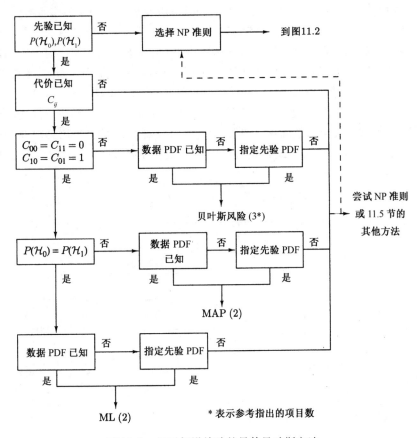

图 11.1 二元假设检验的最佳贝叶斯方法

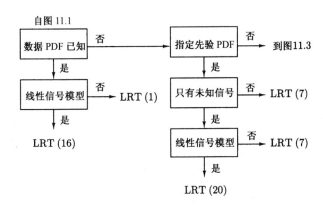

图 11.2 二元假设检验的最佳 NP 方法

现在假定 NP 准则，但是 PDF 包含未知参数。决策过程如图 11.3 所示，对未知参数不能指定先验 PDF。我们描述的检测器是准最佳的，也可能存在其他对于给定的 P_{FA} 使 P_D 更大的检测器。我们以假定只有信号参数已知来开始讨论。如果噪声是高斯的并采用线性信号模型，那么更好的方法就是采用在第 17 项中描述的 GLRT。然而，如果噪声是高斯的，而信号参数并不服从线性模型，那么 GLRT（第 8 项或者第 11 项）、Rao 检验（第 10 项或者第 13 项）和局部最大势（LMP）检验（第 14 项）都应该试一试。对于 IID 样本的非高斯噪声以及线性模型，可以应用在第 21 项描述的 Rao 检验。否则，对于更一般的非高斯噪声以及更一般的未知信号参数，GLRT（第 8 项或者第 11 项）、Rao 检验（第 10 项或者第 13 项）和局部最大势（LMP）检验（第 14 项）都应该试一试。当只有噪声参数未知的时候，第 6 项描述的 GLRT 是适合的。另外，对于未知信号和噪声参数，我们首先确定噪声是否是高斯的。如果它是，再进一步确定它是否是具有未知方差 σ^2 的高斯白噪声（WGN）。如果是，那么对于线性模型可以应用第 18 项描述的 GLRT。对于任意的信号模型，GLRT（第 11 项）或 Rao 检验（第 13 项）都应该可以应用。如果噪声是高斯的但不是白色的，那么这是有多个未知噪声参数的 $\boldsymbol{\theta}_w$；如果信号模型是线性的，那么采用第 19 项描述的 Rao 检验则更好。最后，对于非高斯噪声或者具有任意信号模型的相关/WGN，GLRT（第 11 项）或者 Rao 检验（第 13 项）可以试一试。

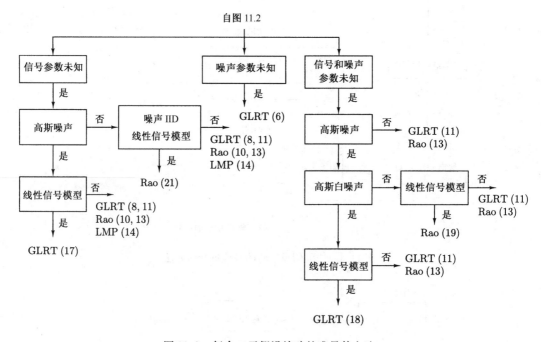

图 11.3 复合二元假设检验的准最佳方法

应该注意的是，尽管 Wald 检验在第 9 项和第 12 项中描述得很完整，但是在检测问题中还是很少采用，这是因为它要求 $\mathcal{H}_1$ 条件下的 MLE。如果 MLE 可以得到，那么在 $\mathcal{H}_0$ 条件下的 MLE 也是已知的，这是一个简单的问题。因此，GLRT 是一种更好的方法。

对于多假设检验的贝叶斯方法，我们参考图 11.4，流程图几乎与图 11.1 的二元假设情况完全相同，最后的判决准则也是二元情况的推广。注意，贝叶斯风险和 MAP/ML 规则分别是在贝叶斯风险最小和错误概率最小意义下的最佳结果。如果这些方法不能应用（通常是由于数据 PDF 中的未知参数），那么第 15 项描述的广义的 ML 准则可以试一试。但是，没有与此相关的最佳方法。

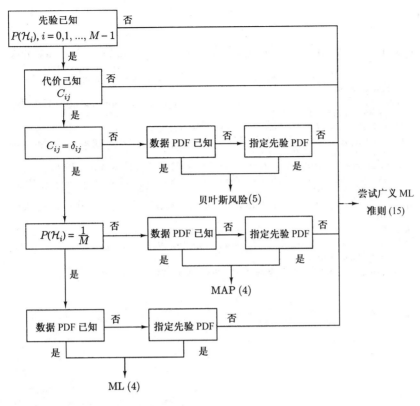

图 11.4 多元假设检验的最佳贝叶斯方法

11.5 其他方法和其他参考教材

除了我们已经描述的检测方法，还有许多众所周知的方法，由于超出了本书的范围，我们省略了对它们的讨论。我们现在简单地介绍一下这些方法。在描述具有未知参数的 NP 方法时，把检测器限制为对未知参数是不变的。这种方法尽管很难实现，但得到的检测器在限制的那一类检测器中是最佳的，这种检验称为一致最大势不变检验，在 [Lehmann 1959，Scharf 1991] 中进行了描述。Wald 检验是可以顺序实现且可以得到更好的检测性能的一种检验，在 [Kendall and Stuart 1976 ~ 1979，Zacks 1981，Helstrom 1995] 中对其进行了描述。在检测的贝叶斯方法中，采用极小极大方法可以帮助对假设先验概率的选择。从本质上讲，就是使最坏的可能风险最小，这种技术在 [Van Trees 1968，McDonough and Whalen 1995] 中进行了描述。最后，不依赖于数据 PDF 的精确知识的一类检测器称为非参数检测器。这些检测器的性能要比最佳的 NP 方法和贝叶斯方法差，但性能相当稳健，对于很宽范围内的 PDF 都有类似的性能。非参数检测器在 [Cox and Hinkley 1974，Kendall and Stuart 1976 ~ 1979，Huber 1981] 中进行了描述。

从工程的观点描述检测理论的推荐教材有 [Van Trees 1968，Scharf 1991，McDonough and Whalen 1995，Helstrom 1995]。从统计的观点对假设检验的更一般的讨论在 [Lehmann 1959，Rao 1973，Cox and Hinkley 1974，Graybill 1976，Kendall and Stuart 1976 ~ 1979，Zacks 1981] 中可以找到。

参考文献

Cox, D.R., D.V. Hinkley, *Theoretical Statistics*, Chapman and Hall, New York, 1974.

Graybill, F.A., *Theory and Application of the Linear Model*, Duxbury Press, North Scituate, Mass., 1976.

Helstrom, C.W., *Elements of Signal Detection and Estimation*, Prentice-Hall, Englewood Cliffs, N.J., 1995.

Huber, P.J., *Robust Statistics*, J. Wiley, New York, 1981.

Kendall, Sir M., A. Stuart, *The Advanced Theory of Statistics*, Vols. 1–3, Macmillan, New York, 1976–1979.

Lehmann, E.L, *Testing Statistical Hypotheses*, J. Wiley, New York, 1959.

McDonough, R.N., A.D. Whalen, *Detection of Signals in Noise*, Academic Press, New York, 1995.

Rao, C.R., *Linear Statistical Inference and its Applications*, J. Wiley, New York, 1973.

Scharf, L.L, *Statistical Signal Processing*, Addison-Wesley, Reading, Mass., 1991.

Van Trees, H.L., *Detection, Estimation, and Modulation Theory*, Vol. I, J. Wiley, New York, 1968.

Zacks, S., *Parametric Statistical Inference*, Pergamon, New York, 1981.

第 12 章　模型变化检测

12.1　引言

对物理系统特性在时间或空间变化的检测是一个相当重要且实际的问题。在语音中，声道变化或平稳或突然，以适应需要发出的声音。平稳运行的机器可能突然运行困难，这可能是由于失去油压，而使机器突然失效。在这种情况下，系统参数随时间发生了变化。系统参数同样还可能随空间变化，如声波传播速度在通过类似空气与水的边界时发生变化，以及温度随海拔高度发生变化。这些变化或是突然的（在交界处的声波速度），或是平稳的（随海拔高度的相关温度变化）。我们主要讨论"突然变化"的检测，这里只进行简单的描述，其他方法及应用读者可以参考 [Basseville and Nikiforov 1993]。

12.2　小结

本章研究了 DC 电平变化时刻检测的一些基本问题。若变化时刻及跳变时间前后 DC 电平值已知，则 NP 统计量由（12.5）式给出，它的性能由（12.6）式、（12.7）式给出。对于变化时刻已知但电平值未知的情况，GLRT 采用（12.8）式，性能为（12.9）式、（12.10）式。若变化时刻也是未知的，则 GLRT 生成的检验统计量为（12.11）式。对于多个未知变化时刻的问题，应用动态规划算法来降低 GLRT 的计算量，特别是对于未知 DC 电平及未知变化时刻，动态规划算法由（12.14）式和（12.13）式给出。本章还给出了一个三变化时刻的例子。对变化时刻更一般的动态规划解决方案由附录 12A 给出。最后，将 12.6 节的理论应用到机动目标检测和随机过程功率谱变化的检测中。

12.3　问题的描述

为了阐述基本问题，假定我们要检测一个参数在已知时刻的跳变。若在跳变前后的参数值均已知，则问题的解答变得相对简单。

例 12.1　在已知时刻已知 DC 电平的跳变

假定我们在具有已知方差 σ^2 的 WGN 中观测到一个已知幅度 $A = A_0$ 的 DC 电平。在某个已知时刻 $n = n_0$，DC 电平将从 $A = A_0$ 跳变到 $A = A_0 + \Delta A$。图 12.1 中显示的例子是 $A_0 = 1$、$\Delta A = 3$、$n_0 = 50$ 及 $\sigma^2 = 1$。跳变大小 ΔA 假定是已知的且 $\Delta A > 0$。我们想要设计一个检测器，它能够以高概率检测出跳变，同时控制虚警概率。此问题刚好是 Neyman-Pearson（NP）方法框架内的问题，因此解决起来是很容易的。假设检验为

$$\begin{aligned} \mathcal{H}_0 : x[n] &= \quad A_0 + w[n] \qquad\qquad\qquad n = 0,1,\ldots,N-1 \\ \mathcal{H}_1 : x[n] &= \begin{cases} A_0 + w[n] & n = 0,1,\ldots,n_0-1 \\ A_0 + \Delta A + w[n] & n = n_0, n_0+1,\ldots,N-1 \end{cases} \end{aligned} \tag{12.1}$$

其中 $w[n]$ 为已知方差 σ^2 的 WGN，已知 A_0 及 $\Delta A > 0$，跳变时间 n_0 已知。等效地，我们有参数检验问题

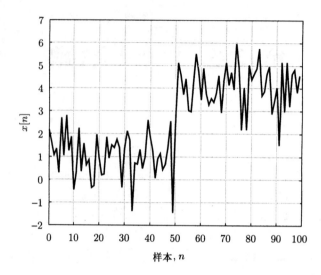

图 12.1 WGN 中的 DC 电平问题，DC 电平由 $A = 1$ 跳到 $A = 4$

$$\begin{aligned} \mathcal{H}_0 : A &= \quad A_0 \qquad\qquad\quad n = 0, 1, \ldots, N-1 \\ \mathcal{H}_1 : A &= \begin{cases} A_0 & n = 0, 1, \ldots, n_0 - 1 \\ A_0 + \Delta A & n = n_0, n_0 + 1, \ldots, N-1 \end{cases} \end{aligned} \qquad (12.2)$$

令 A_1 表示跳变前的 DC 电平值，A_2 表示跳变后的 DC 电平值，则将这个数据的 PDF 描述为

$$p(\mathbf{x}; A_1, A_2) = \frac{1}{(2\pi\sigma^2)^{\frac{N}{2}}} \exp\left[-\frac{1}{2\sigma^2}\left(\sum_{n=0}^{n_0-1}(x[n]-A_1)^2 + \sum_{n=n_0}^{N-1}(x[n]-A_2)^2 \right) \right] \quad (12.3)$$

在 P_{FA} 约束下使 P_D 最大的检测器是 NP 检测器，如果

$$L(\mathbf{x}) = \frac{p(\mathbf{x}; \mathcal{H}_1)}{p(\mathbf{x}; \mathcal{H}_0)} > \gamma$$

则判 $\mathcal{H}_1$，用 (12.3) 式表示，则为

$$L(\mathbf{x}) = \frac{p(\mathbf{x}; A_1 = A_0, A_2 = A_0 + \Delta A)}{p(\mathbf{x}; A_1 = A_0, A_2 = A_0)}$$

那么我们有

$$\begin{aligned} \ln L(\mathbf{x}) &= -\frac{1}{2\sigma^2} \sum_{n=n_0}^{N-1} \left[(x[n] - A_0 - \Delta A)^2 - (x[n] - A_0)^2 \right] \\ &= -\frac{1}{2\sigma^2} \sum_{n=n_0}^{N-1} \left[-2\Delta A(x[n] - A_0) + \Delta A^2 \right] \\ &= \frac{\Delta A}{\sigma^2} \sum_{n=n_0}^{N-1} (x[n] - A_0) - \frac{(N - n_0)\Delta A^2}{2\sigma^2} \end{aligned} \qquad (12.4)$$

或 $\mathcal{H}_1$ 的判决式为
$$T(\mathbf{x}) = \frac{1}{N - n_0} \sum_{n=n_0}^{N-1} (x[n] - A_0) > \gamma' \qquad (12.5)$$

检验统计量将跳变时间后的数据与 A_0 的偏差求平均，这并不奇怪，因为噪声样本是独立的，因此跳变前数据的知识是无关 (参见 3.5 节)。为了确定检测器性能，我们注意到

$$T(\mathbf{x}) \sim \begin{cases} \mathcal{N}(0, \sigma^2/(N - n_0)) & \text{在 } \mathcal{H}_0 \text{条件下} \\ \mathcal{N}(\Delta A, \sigma^2/(N - n_0)) & \text{在 } \mathcal{H}_1 \text{条件下} \end{cases}$$

这是均值偏移高斯－高斯问题的形式。因此，从第 3 章可得性能为

$$P_D = Q(Q^{-1}(P_{FA}) - \sqrt{d^2}) \tag{12.6}$$

其中

$$d^2 = \frac{\Delta A^2}{\sigma^2/(N-n_0)} = \frac{(N-n_0)\Delta A^2}{\sigma^2} \tag{12.7}$$

为偏移系数。如期望的一样，性能随着跳变后数据间隔长度 $N-n_0$ 的增加以及跳变幅度 ΔA 的增加而改善。观测数据越多，P_D 越高。我们可以将检测跳变所需的 $N-n_0$ 视为延迟时间。例如，若跳变量与噪声功率之比为 $\Delta A^2/\sigma^2 = 1$，我们要求 $P_{FA} = 0.001$、$P_D = 0.99$，那么从 (12.6) 式及 (12.7) 式，延迟最小为 $N-n_0 = 30$ 个样本。注意到门限由下式确定，

$$P_{FA} = Q\left(\frac{\gamma'}{\sqrt{\sigma^2/(N-n_0)}}\right)$$

即

$$\gamma' = \sqrt{\frac{\sigma^2}{N-n_0}} Q^{-1}(P_{FA})$$

门限随数据记录长度的增加而降低。举例来说，在图 12.2(a) 中我们画出了 $x[n]$ 的一个实现，其中 $A_0 = 1$、$\Delta A = 1$、$n_0 = 50$ 及 $\sigma^2 = 1$，对于图 12.2(a) 的现实，在图 12.2(b) 中画出了 $T(\mathbf{x})$［参见 (12.5) 式］与 $N-1$（即数据记录中最后一个样本）的函数关系，图中同时给出了在 $P_{FA} = 10^{-3}$ 与 $P_{FA} = 10^{-6}$ 时的门限 γ'。当 N 增大时，我们可以期望得到更精确的 DC 电平的估计，因而门限 γ' 下降。如果我们希望更早地检测到跳变，唯一的选择是要允许更高的虚警概率。从图 12.2(b) 中可以看出，对于 $P_{FA} = 10^{-6}$，大约有 18 个样本延迟；而对于 $P_{FA} = 10^{-3}$，则仅需 4 个样本延迟。

本例说明了在参数变化检测器中典型的折中方式。为了很快地检测，要求大的跳变或小的噪声。为了得到更好的性能，我们选择允许更多延迟［当然要假定信号跳变后保持常数（参见习题 12.2）］。这些性质由 (12.7) 式的偏移系数来概括。另外，在实际中，我们需要序贯地计算 $T(\mathbf{x})$，因此，如序贯最小二乘（参见本书卷 I 的第 8 章）（参见习题 12.1）与卡尔曼滤波等计算方法是有用的（参见本书卷 I 的第 13 章）。更加一般的是，如果感兴趣的参数的充分统计量存在，则计算就可以简化［Birdsall and Gobien 1973］。

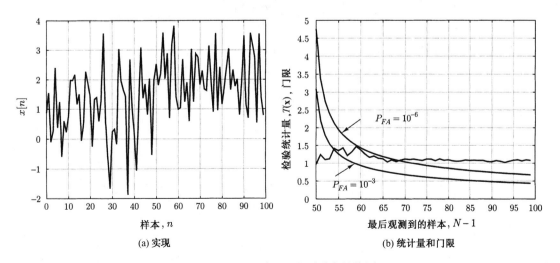

图 12.2　WGN 中 DC 电平跳变的检测

下一个例子讨论了 WGN 过程方差跳变的检测。

例 12.2　在已知时刻已知方差的跳变

现在，我们希望检测在已知时刻 n_0 的 WGN 方差或功率的跳变。如图 12.3 所示，在 $n_0 = 50$ 时，方差从 $\sigma^2 = 1$ 跳变到 $\sigma^2 = 4$。与前面的例题类似，考虑假设检验为

$$
\begin{aligned}
&\mathcal{H}_0 : x[n] = \quad w[n] \quad n = 0, 1, \ldots, N-1 \\
&\mathcal{H}_1 : x[n] = \begin{cases} w_1[n] & n = 0, 1, \ldots, n_0 - 1 \\ w_2[n] & n = n_0, n_0 + 1, \ldots, N-1 \end{cases}
\end{aligned}
$$

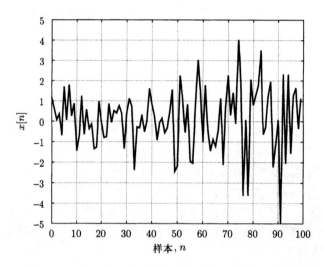

图 12.3　WGN 的现实，其方差从 $\sigma^2 = 1$ 跳变到 $\sigma^2 = 4$

其中 $w[n]$ 是已知方差为 σ_0^2 的 WGN，$w_1[n]$ 是已知方差为 σ_0^2 的 WGN，$w_2[n]$ 是已知方差为 $\sigma_0^2 + \Delta\sigma^2$ 且 $\Delta\sigma^2 > 0$ 的 WGN。进一步假设噪声过程 $w_1[n]$ 与 $w_2[n]$ 相互独立。从参数检验的角度有

$$
\begin{aligned}
&\mathcal{H}_0 : \sigma^2 = \quad \sigma_0^2 \quad\quad n = 0, 1, \ldots, N-1 \\
&\mathcal{H}_1 : \sigma^2 = \begin{cases} \sigma_0^2 & n = 0, 1, \ldots, n_0 - 1 \\ \sigma_0^2 + \Delta\sigma^2 & n = n_0, n_0 + 1, \ldots, N-1 \end{cases}
\end{aligned}
$$

其中 σ_0^2 及 $\Delta\sigma^2$ 已知，且 $\Delta\sigma^2 > 0$。NP 检测器的 $\mathcal{H}_1$ 判决式为

$$
L(\mathbf{x}) = \frac{p(\mathbf{x}; \mathcal{H}_1)}{p(\mathbf{x}; \mathcal{H}_0)} > \gamma
$$

其中

$$
L(\mathbf{x}) =
$$

$$
\frac{\dfrac{1}{(2\pi\sigma_0^2)^{\frac{n_0}{2}}} \exp\left(-\dfrac{1}{2\sigma_0^2} \displaystyle\sum_{n=0}^{n_0-1} x^2[n]\right) \dfrac{1}{(2\pi(\sigma_0^2 + \Delta\sigma^2))^{\frac{N-n_0}{2}}} \exp\left(-\dfrac{1}{2(\sigma_0^2 + \Delta\sigma^2)} \displaystyle\sum_{n=n_0}^{N-1} x^2[n]\right)}{\dfrac{1}{(2\pi\sigma_0^2)^{\frac{N}{2}}} \exp\left(-\dfrac{1}{2\sigma_0^2} \displaystyle\sum_{n=0}^{N-1} x^2[n]\right)}
$$

取对数并且只保留与数据有关的项，得

$$
\begin{aligned}
T'(\mathbf{x}) &= -\frac{1}{2}\left(\sum_{n=0}^{n_0-1}\frac{x^2[n]}{\sigma_0^2} + \sum_{n=n_0}^{N-1}\frac{x^2[n]}{\sigma_0^2+\Delta\sigma^2} - \sum_{n=0}^{N-1}\frac{x^2[n]}{\sigma_0^2}\right) \\
&= -\frac{1}{2}\left(-\sum_{n=n_0}^{N-1}\frac{x^2[n]}{\sigma_0^2} + \sum_{n=n_0}^{N-1}\frac{x^2[n]}{\sigma_0^2+\Delta\sigma^2}\right) \\
&= \frac{1}{2}\left(\sum_{n=n_0}^{N-1}x^2[n]\left(\frac{1}{\sigma_0^2}-\frac{1}{\sigma_0^2+\Delta\sigma^2}\right)\right)
\end{aligned}
$$

如果

$$
T(\mathbf{x}) = \sum_{n=n_0}^{N-1}x^2[n] > \gamma'
$$

我们判 $\mathcal{H}_1$。这刚好是能量检测器,能量检测器是在 WGN 中检测白高斯随机信号的 NP 检测器(参见例 5.1)。实际上,方差的跳变可以是由于在 $n=n_0$ 时加入了白高斯信号所引起的。检测器的性能在第 5 章给出,可以证明性能随 $\Delta\sigma^2/\sigma_0^2$ 的增加而改善。

在例 12.1 与例 12.2 中,为了实现 NP 检测器,我们实际上并不需要分别知道 ΔA 及 $\Delta\sigma^2$,只需要知道它们都是正值就足够了。在这两种情况下,NP 检验都为 UMP(参见第 3 章及习题 12.4)。

12.4　基本问题的扩展

现在,我们放宽前两个例题中严格的假定,而考虑跳变时间未知以及跳变前后的参数未知的情况。在实际中,这些假定更符合真实的情况。首先分析未知参数情况。

例 12.3　未知 DC 电平和已知跳变时间

如果我们假定 n_0 已知,但跳变前 DC 电平 A_1 和跳变后 DC 电平 A_2 未知,则假设检验问题为

$$
\begin{aligned}
\mathcal{H}_0 &: A_1 = A_2 \\
\mathcal{H}_1 &: A_1 \neq A_2
\end{aligned}
$$

即跳变前 DC 电平 A_1 及跳变值 $\Delta A = A_2 - A_1$ 对于我们是未知的。由于这是一个复合假设检验,因此我们应用 GLRT(参见第 6 章)。由于在假设 $\mathcal{H}_0$ 和 $\mathcal{H}_1$ 条件下 A_1 的 MLE 是不同的,因此在这种情况下需要保留所有样本。GLRT 的 $\mathcal{H}_1$ 判决式为

$$
L_G(\mathbf{x}) = \frac{p(\mathbf{x}; A_1=\hat{A}_1, A_2=\hat{A}_2)}{p(\mathbf{x}; A_1=\hat{A}, A_2=\hat{A})} > \gamma
$$

其中 $\hat{A}$ 为 $\mathcal{H}_0$ 条件下(跳变前)DC 电平的最大似然估计,$\hat{A}_1$、$\hat{A}_2$ 分别为跳变前后 DC 电平的 MLE。从(12.3)式有

$$
p(\mathbf{x}; A_1, A_2) = \frac{1}{(2\pi\sigma^2)^{\frac{N}{2}}}\exp\left[-\frac{1}{2\sigma^2}\left(\sum_{n=0}^{n_0-1}(x[n]-A_1)^2 + \sum_{n=n_0}^{N-1}(x[n]-A_2)^2\right)\right]
$$

我们很容易求得 MLE 为

$$
\begin{aligned}
\hat{A} &= \frac{1}{N}\sum_{n=0}^{N-1}x[n] = \bar{x} \\
\hat{A}_1 &= \frac{1}{n_0}\sum_{n=0}^{n_0-1}x[n] \\
\hat{A}_2 &= \frac{1}{N-n_0}\sum_{n=n_0}^{N-1}x[n]
\end{aligned}
$$

GLRT 变为

$$2\ln L_G(\mathbf{x})$$

$$= \frac{1}{\sigma^2}\left[\sum_{n=0}^{N-1}(x[n]-\bar{x})^2 - \sum_{n=0}^{n_0-1}(x[n]-\hat{A}_1)^2 - \sum_{n=n_0}^{N-1}(x[n]-\hat{A}_2)^2\right]$$

$$= \frac{1}{\sigma^2}\left[\sum_{n=0}^{N-1}x^2[n]-N\bar{x}^2 - \left(\sum_{n=0}^{n_0-1}x^2[n]-n_0\hat{A}_1^2\right)\right.$$

$$\left. - \left(\sum_{n=n_0}^{N-1}x^2[n]-(N-n_0)\hat{A}_2^2\right)\right]$$

$$= \frac{1}{\sigma^2}\left[(N-n_0)\hat{A}_2^2 + n_0\hat{A}_1^2 - N\bar{x}^2\right]$$

$$= \frac{N}{\sigma^2}\left[\frac{n_0}{N}(\hat{A}_1^2-\hat{A}_2^2) + \hat{A}_2^2 - \bar{x}^2\right]$$

注意

$$\bar{x} = \frac{n_0}{N}\hat{A}_1 + \frac{N-n_0}{N}\hat{A}_2$$

$$= \frac{n_0}{N}(\hat{A}_1-\hat{A}_2) + \hat{A}_2$$

经某些化简后, 如果

$$2\ln L_G(\mathbf{x}) = \frac{(\hat{A}_1-\hat{A}_2)^2}{\sigma^2\left(\frac{1}{n_0}+\frac{1}{N-n_0}\right)} > \gamma' \tag{12.8}$$

我们判 $\mathcal{H}_1$。可以看到, GLRT 是计算跳变前后估计的电平差（由标准偏差归一化）, 并将此差值的平方与门限进行比较。由于 $\hat{A}_1$、$\hat{A}_2$ 为高斯分布且相互独立, 精确的 PDF 很容易求出。通常,

$$\hat{A}_1 - \hat{A}_2 \sim \begin{cases} \mathcal{N}\left(0, \sigma^2\left(\frac{1}{n_0}+\frac{1}{N-n_0}\right)\right) & \text{在 } \mathcal{H}_0 \text{ 条件下} \\ \mathcal{N}\left(A_1-A_2, \sigma^2\left(\frac{1}{n_0}+\frac{1}{N-n_0}\right)\right) & \text{在 } \mathcal{H}_1 \text{ 条件下} \end{cases}$$

所以

$$2\ln L_G(\mathbf{x}) \sim \begin{cases} \chi_1^2 & \text{在 } \mathcal{H}_0 \text{ 条件下} \\ \chi_1'^2(\lambda) & \text{在 } \mathcal{H}_1 \text{ 条件下} \end{cases} \tag{12.9}$$

其中

$$\lambda = \frac{(A_1-A_2)^2}{\sigma^2\left(\frac{1}{n_0}+\frac{1}{N-n_0}\right)} \tag{12.10}$$

不出所料, 性能随 λ 的增加而单调提高, 即随着跳变功率 – 噪声比值及两段数据记录长度的增加而提高。有意思的是, 最好的性能出现在刚好在数据记录的中点发生跳变时（参见习题 12.9）。

下面, 我们将已知 DC 电平的例 12.1 扩展到适合未知跳变时间的情况。

例 12.4　已知 DC 电平和未知跳变时间

现在我们的假设由（12.2）式给出, 其中 A_0、$\Delta A > 0$ 已知, 但 n_0 未知。我们假定 $n_{0_{\min}} \leqslant n_0 \leqslant n_{0_{\max}}$, 其中假定 $n_{0_{\min}} \gg 1$ 和 $n_{0_{\max}} \ll N-1$, 这样即使发生跳变, 也不会太接近观测间隔的两个端点。应用 GLRT, 如果

$$L_G(\mathbf{x}) = \frac{p(\mathbf{x}; \hat{n}_0, \mathcal{H}_1)}{p(\mathbf{x}; \mathcal{H}_0)} > \gamma$$

我们判 $\mathcal{H}_1$。其中 $\hat{n}_0$ 是 $\mathcal{H}_1$ 条件下的 MLE。等价地我们有（参见第 6 章）

$$\begin{aligned} L_G(\mathbf{x}) &= \max_{n_0} \frac{p(\mathbf{x}; n_0, \mathcal{H}_1)}{p(\mathbf{x}; \mathcal{H}_0)} \\ &= \max_{n_0} L(\mathbf{x}; n_0) \end{aligned}$$

或

$$\ln L_G(\mathbf{x}) = \ln \max_{n_0} L(\mathbf{x}; n_0) = \max_{n_0} \ln L(\mathbf{x}; n_0)$$

其中 $L(\mathbf{x}; n_0)$ 刚好是例 12.1 中的似然比。这样，由（12.4）式有

$$\begin{aligned} \ln L(\mathbf{x}; n_0) &= \frac{\Delta A}{\sigma^2} \sum_{n=n_0}^{N-1} (x[n] - A_0) - \frac{(N-n_0)\Delta A^2}{2\sigma^2} \\ &= \frac{\Delta A}{\sigma^2} \sum_{n=n_0}^{N-1} \left(x[n] - A_0 - \frac{\Delta A}{2} \right) \end{aligned}$$

因此

$$\ln L_G(\mathbf{x}) = \frac{\Delta A}{\sigma^2} \max_{n_0} \sum_{n=n_0}^{N-1} \left(x[n] - A_0 - \frac{\Delta A}{2} \right)$$

如果

$$T(\mathbf{x}) = \max_{n_0} \sum_{n=n_0}^{N-1} \left(x[n] - A_0 - \frac{\Delta A}{2} \right) > \gamma'$$

我们判 $\mathcal{H}_1$。通常的渐近 GLRT 统计量在这里并不成立。将结果与例 12.1 相比较，我们看到基本差别是对所有可能的 n_0 值使检验统计量最大。这与未知到达时间的信号检测的结果相同（参见第 7 章）。在这里我们要检测的信号为跳变量或 $s[n] = \Delta A$，即两种假设的均值之差。

最后一种情形是 DC 电平及跳变时间均未知，这时可以证明（参见习题 12.10），如果

$$\max_{n_0} \frac{(\hat{A}_1 - \hat{A}_2)^2}{\sigma^2 \left(\frac{1}{n_0} + \frac{1}{N-n_0} \right)} > \gamma' \tag{12.11}$$

GLRT 判 $\mathcal{H}_1$。其中

$$\hat{A}_1 = \frac{1}{n_0} \sum_{n=0}^{n_0-1} x[n]$$

$$\hat{A}_2 = \frac{1}{N-n_0} \sum_{n=n_0}^{N-1} x[n]$$

方差跳变的类似结果在习题 12.11 和习题 12.12 中进行了讨论。

12.5　多个变化时刻

　　一个相当重要且实际的问题是在数据记录中参数值变化不止一次，因此，我们希望确定多个变化时刻。图 12.4 给出的是 WGN 中 DC 电平的例子。变化时刻在 $n_0 = 20$、$n_1 = 50$ 和 $n_2 = 65$，DC 电平分别为 $A = 1$，4，2，6，且 $\sigma^2 = 1$。问题可能相当复杂，并且当存在未知参数时将更加复杂。复杂性主要是由于有许多似然比需要计算，随着变化时刻数的增加，其组合将呈爆炸性增长。例如在图 12.4 中，如果我们要列出所有可能的变化时刻，那么对于 M 个变化，计算量大约为 $N^3/6$，一般是 $O(N^M)$。为使计算量降低到可以处理的程度，可以采用动态规划（dynamic programming，DP）技术。动态规划的计算量随 M 线性增加，且算法在数字计算机上容易实现。我们以一个例子来阐述基本方法。

例 12.5　未知 DC 电平和未知跳变时间

假定 DC 电平如图 12.4 变化三次，则问题就是要检测或等价于要估计变化时刻。如果我们能够确定变化时刻的 MLE，则我们提出的任何假设检验能够由 GLRT 实现。举例来说，我们可能希望检验是两次变化还是三次变化。为了达到此目的，将需要在所有可能性上计算似然比。我们将假设检验问题留给读者（参见习题 12.13 的例子），而主要讨论电平和变化时刻的估计。

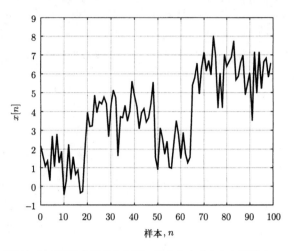

图 12.4　WGN 中的 DC 电平，其中有多个 DC 电平跳变

假设方差为 σ^2 的 WGN 中的信号为

$$s[n] = \begin{cases} A_0 & n = 0, 1, \ldots, n_0 - 1 \\ A_1 & n = n_0, n_0 + 1, \ldots, n_1 - 1 \\ A_2 & n = n_1, n_1 + 1, \ldots, n_2 - 1 \\ A_3 & n = n_2, n_2 + 1, \ldots, N - 1 \end{cases}$$

假定我们不知道电平值，因此必须与变化时刻联合估计。很显然，若变化时刻 n_i 已知，则每个电平值 A_i 的 MLE 由每段数据的样本均值给出。

$\mathbf{A} = [A_0 A_1 A_2 A_3]^T$ 和 $\mathbf{n} = [n_0 n_1 n_2]^T$ 的联合 MLE 可通过使下式最小而求出，

$$\begin{aligned} J(\mathbf{A}, \mathbf{n}) &= \sum_{n=0}^{n_0-1} (x[n] - A_0)^2 + \sum_{n=n_0}^{n_1-1} (x[n] - A_1)^2 \\ &+ \sum_{n=n_1}^{n_2-1} (x[n] - A_2)^2 + \sum_{n=n_2}^{N-1} (x[n] - A_3)^2 \end{aligned} \tag{12.12}$$

动态规划也是一种求极小值的方法，为了求 $J(\mathbf{A}, \mathbf{n})$ 的最小值，它利用的观测并不需要计算 n_0、n_1、n_2 的所有组合，它的基本原理可以参考图 12.5 来解释。目标是一个人按最短路径从点 A 到达点 D，各段的距离已经标出。通过对所有可能的路径计算距离，我们看到路径 AGFD 的距离最短。然而，采用下述策略可以不采用穷尽搜索就能确定最佳路径。首先，假定我们是通过最佳路径到达第二级，则我们必定在 C、F 或 H 中的一点。若我们在 C 点，则通过的路径是 ABC 或 AEC，两者之中较短的是 AEC。因此，若 C 点在最佳路径上，则答案必为 AECD，这省略了路径 ABCD 的计算。类似地，若 F 点在最佳路径上，则我们必然通过路径 AGF，因为它是路径 ABF、AEF 和 AGF 中的最短路径。因此，我们省略了路径 ABFD 及 AEFD 的计算。继续采用这种方法，最终可以确定最佳路径为 AGFD。此过程的决策树由图 12.6 表示。注意，在第二级，我们有效地消除了许多路径。实际上在第二级，由于最佳路径必然经过 C、F、H 中的一点，我们仅保留了其中的三条最佳路径。在任意级可以采用同样的处理。由于在每一级我们仅保留固定数目的路径，因此计算量与级数呈线性关系。

下面将动态规划应用于多个变化时刻的问题。在这样做时我们必须指出，并非所有问题都能够应用此方法。方法的内在要求是极小化的误差满足一定形式的假定，这种形式适合于递归计算，而且具有马尔可夫性质。根据前面的例子，马尔可夫性质要求从 C 到 D 的距离与我们如何到达 C 无关，这使我们可以不考虑以前路径的特性而进行距离相加。另外，根据 DP 的最优化问题的数学表达显得相当复杂，对于初学者来说并不容易明白。读者可以参考 [Bellman and Dreyfus 1962, Larson and Casti, 1982]，以获得更多的论述和 DP 的例题。

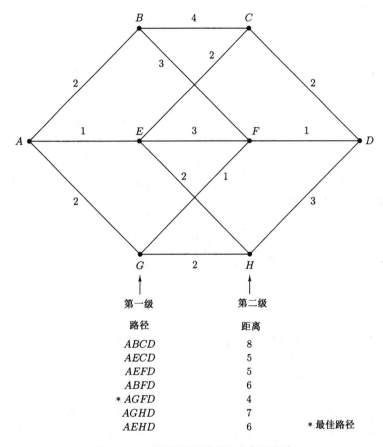

图 12.5 列举的所有路径和它们的距离

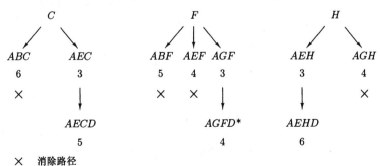

图 12.6 搜索最佳路径的动态规划

为了在 **A** 和 **n** 上使 (12.12) 式最小，我们首先注意到，对于给定的变化时刻，有

$$\hat{A}_i = \frac{1}{n_i - n_{i-1}} \sum_{n=n_{i-1}}^{n_i - 1} x[n]$$

其中 $i = 0, 1, 2, 3$，$n_{-1} = 0$，$n_3 = N$。这刚好是数据区间 $[n_{i-1}, n_i - 1]$ 的样本均值。我们定义

$$\Delta_i[n_{i-1}, n_i - 1] = \sum_{n=n_{i-1}}^{n_i - 1} (x[n] - \hat{A}_i)^2 \tag{12.13}$$

注意，在 $\mathbf{A}$ 和 $\mathbf{n}$ 上使 $J(\mathbf{A}, \mathbf{n})$ 极小化相当于在 $\mathbf{n}$ 上使下式最小，

$$J(\hat{\mathbf{A}}, \mathbf{n}) = \sum_{i=0}^{3} \Delta_i[n_{i-1}, n_i - 1]$$

采用 DP，为了在 n_0、n_1、n_2 上使 $J(\hat{\mathbf{A}}, \mathbf{n})$ 最小，我们定义

$$I_k[L] = \min_{\substack{n_0, n_1, \dots, n_{k-1} \\ n_{-1} = 0, n_k = L+1}} \sum_{i=0}^{k} \Delta_i[n_{i-1}, n_i - 1]$$

其中 $0 < n_0 < n_1 < \dots < n_{k-1} < L+1$。注意，$I_3[N-1]$ 为 $J(\hat{\mathbf{A}}, \mathbf{n})$ 的最小值。下面我们建立一个最小值的递归计算方法，该方法如同图 12.5 中描述的从 A 到 D 的最小距离等于从 A 到第二级最小距离加第二级到 D 的距离之和，

$$
\begin{aligned}
I_k[L] &= \min_{\substack{n_{k-1} \\ n_k = L+1}} \min_{\substack{n_0, n_1, \dots, n_{k-2} \\ n_{-1} = 0}} \sum_{i=0}^{k} \Delta_i[n_{i-1}, n_i - 1] \\
&= \min_{\substack{n_{k-1} \\ n_k = L+1}} \min_{\substack{n_0, n_1, \dots, n_{k-2} \\ n_{-1} = 0}} \sum_{i=0}^{k-1} \Delta_i[n_{i-1}, n_i - 1] + \Delta_k[n_{k-1}, n_k - 1] \\
&= \min_{\substack{n_{k-1} \\ n_k = L+1}} \left[\left(\min_{\substack{n_0, n_1, \dots, n_{k-2} \\ n_{-1} = 0}} \sum_{i=0}^{k-1} \Delta_i[n_{i-1}, n_i - 1] \right) + \Delta_k[n_{k-1}, n_k - 1] \right]
\end{aligned}
$$

最后我们有
$$I_k[L] = \min_{n_{k-1}} \left(I_{k-1}[n_{k-1} - 1] + \Delta_k[n_{k-1}, L] \right) \tag{12.14}$$

也就是说，对于数据记录 $[0, L]$，$k+1$ 段（k 个变化时刻）的最小误差，则是在 $n = n_{k-1} - 1$ 结束的前 k 段最小误差与从 $n = n_{k-1}$ 到 $n = L$ 的最后一段的误差之和。我们问题的解答为 $k = 3$ 及 $L = N - 1$。

假定最小长度段为一个样本，那么，问题求解的步骤如下所示：

1. 令 $k = 0$，$I_0[L]$（$L = 0, 1, \dots, N-4$）的计算为

$$I_0[L] = \Delta_0[n_{-1} = 0, n_0 - 1 = L] = \sum_{n=0}^{L} \left(x[n] - \hat{A}_0 \right)^2$$

其中 $\hat{A}_0 = (1/(L+1)) \sum_{n=0}^{L} x[n]$。

2. 令 $k = 1$，$I_1[L]$（$L = 1, 2, \dots, N-3$）的计算为

$$I_1[L] = \min_{1 \leqslant n_0 \leqslant L} (I_0[n_0 - 1] + \Delta_1[n_0, L])$$

其中在步骤 1 已经确定 $I_0[n_0 - 1]$（$n_0 = 1, 2, \dots, N-3$）。$\Delta_1[n_0, L]$ 项从（12.13）式中可以求出。对于每一个 L，确定使 $I_1[L]$ 最小的 n_0 值，并称之为 $n_0(L)$。

3. 令 $k = 2$，$I_2[L]$（$L = 2, 3, \dots, N-2$）的计算为

$$I_2[L] = \min_{2 \leqslant n_1 \leqslant L} (I_1[n_1 - 1] + \Delta_2[n_1, L])$$

为求 $I_1[n_1 - 1]$，可以利用步骤 2 的结果。同样，$\Delta_2[n_1, L]$ 项从（12.13）式中可以求出。对于每一个 L，确定使 $I_2[L]$ 最小的 n_1 值，称之为 $n_1[L]$。

4. 最后，令 $k = 3$，$I_3[L](L = N - 1)$ 的计算为

$$I_3[L] = \min_{3 \leqslant n_2 \leqslant L} (I_2[n_2 - 1] + \Delta_3[n_2, L])$$

n_2 的最小值为 $n_2(N - 1)$，函数 $J(\hat{\mathbf{A}}, \mathbf{n})$ 的最小值为 $I_3[N - 1]$。

5. 变化时刻用后向递归法求得，

$$
\begin{aligned}
\hat{n}_2 &= n_2(N - 1) \\
\hat{n}_1 &= n_1(\hat{n}_2 - 1) \\
\hat{n}_0 &= n_0(\hat{n}_1 - 1)
\end{aligned}
$$

为了理解 DP 算法实现中的递归过程，读者应计算一个简单的数值例子。在这个例子中，$A = 1, 4, 2, 6, n_0 = 20, n_1 = 50, n_2 = 65$，结果为 $\hat{n}_0 = 20, \hat{n}_1 = 49, \hat{n}_2 = 65$。在附录 12B 中利用 MATLAB 编写的程序 dp.m 实现了此算法。从 (12.14) 式注意到，主要的计算量在于计算

$$\Delta_k[n_{k-1}, L] = \sum_{n=n_{k-1}}^{L} (x[n] - \hat{A}_k)^2 \tag{12.15}$$

这是当数据记录 $[n_{k-1}, L]$ 用来估计均值时的最小二乘误差。这样，可以利用序贯最小二乘公式实现递归运算（参见本书卷 I 的第 170 页 ~ 第 171 页）。用 $\hat{A}[m, n]$ 表示样本均值，用 $J_{\min}[m, n]$ 表示数据记录 $[m, n]$ 的最小二乘误差。递归公式为

$$
\begin{aligned}
\hat{A}[m, n] &= \hat{A}[m, n - 1] + \frac{1}{n - m + 1}(x[n] - \hat{A}[m, n - 1]) \\
J_{\min}[m, n] &= J_{\min}[m, n - 1] + \frac{n - m}{n - m + 1}(x[n] - \hat{A}[m, n - 1])^2
\end{aligned}
$$

递归公式初始值为 $\hat{A}[0, 0] = x[0]$ 及 $J_{\min}[0, 0] = 0$，对于每一个 $n \geqslant m$（其中 $m = 0, 1, \ldots, N - 1$）继续进行处理。注意，一旦数据记录前后端点已知，如果 MLE 很容易求得，那么此方法可以很容易地扩展到任意数目的段。DP 方法检测变化时刻的更通用公式在附录 12A 中给出。采用 AR 模型的语音分段是其中的一个应用 [Svendsen and Soong 1987]。另一应用是参数从一段到另一段变化的线性模型。如果段的数目未知，则可以应用 MDL 技术（参见第 6 章）。

12.6　信号处理的例子

现在，将我们的结果应用到感兴趣的一些信号处理问题中。第一个例子为目标偏离标称直线航线的检测。第二个例子是关于随机过程 PSD 变化的检测，功率谱的变化是从白色谱到有色谱。第一个例子在运动控制以及机动目标跟踪中得到了应用，第二个例子在检测/估计算法的精确统计建模中十分重要。

12.6.1　机动检测

对于一个直线运动目标来说，我们希望检测到它是否偏离以及何时偏离其标称直线航线。目标假定在一平面内运动，因此在时刻 $t = n\Delta$ 其标称位置为

$$
\begin{aligned}
r_x[n] &= r_x[0] + v_x n\Delta \\
r_y[n] &= r_y[0] + v_y n\Delta
\end{aligned}
$$

其中 $n \geqslant 0$，Δ 为样本之间的时间间隔。其初始位置 $(r_x[0], r_y[0])$ 已知，速度 (v_x, v_y) 假定为常数且已知。[此模型与应用卡尔曼跟踪滤波器的模型参见本书卷 I 的第 316 页 ~ 第 317 页）有一些不同，此处无控制噪声 (plant noise)。然而，此例可以扩展到前一种情况，尽管这非常麻烦。] 如

果在某一时刻 $n = n_0$，目标偏离其直线航线，则它存在加速度。对于 $n \geq n_0$，目标的位置为

$$r_x[n] \;=\; r_x[0] + v_x n\Delta + \frac{1}{2}a_x(n - n_0)^2\Delta^2$$

$$r_y[n] \;=\; r_y[0] + v_y n\Delta + \frac{1}{2}a_y(n - n_0)^2\Delta^2$$

其中 (a_x, a_y) 表示加速度。为了检测这个加速度，需要在 $n \geq n_0$ 时检验是否 $a_x \neq 0$ 和/或 $a_y \neq 0$。由于传感器误差的存在，我们的 $r_x[n]$、$r_y[n]$ 的知识并不精确。我们在模型中将此误差视为 WGN。那么，对于 $n = 0, 1, \ldots, n_0 - 1$，观测模型变成

$$r_x[n] \;=\; r_x[0] + v_x n\Delta + w_x[n]$$

$$r_y[n] \;=\; r_y[0] + v_y n\Delta + w_y[n]$$

而对于 $n = n_0, n_0 + 1, \ldots, N - 1$，观测模型为

$$r_x[n] \;=\; r_x[0] + v_x n\Delta + \frac{1}{2}a_x(n - n_0)^2\Delta^2 + w_x[n]$$

$$r_y[n] \;=\; r_y[0] + v_y n\Delta + \frac{1}{2}a_y(n - n_0)^2\Delta^2 + w_y[n]$$

假定噪声过程 $w_x[n]$、$w_y[n]$ 为具有已知方差 σ^2 的 WGN，且相互独立。利用这样的假定，我们可以对数据建立线性模型，因此检测问题变化为模型的参数检验问题。如果我们在 $n = N - 1 > n_0$ 时刻根据观测数据集合 $\{n_0, n_0 + 1, \ldots, N - 1\}$ 进行判决，则可以直接应用经典线性模型的 GLRT（参见定理 7.1）。$n = n_0$ 时刻以前的数据与问题无关（由于观测噪声是 WGN，因此也是相互独立的），可以放弃这些数据。因此，对于 $n_0 \leq n \leq N - 1$，通过定义

$$\epsilon_x[n] \;=\; r_x[n] - r_x[0] - v_x n\Delta$$

$$\epsilon_y[n] \;=\; r_y[n] - r_y[0] - v_y n\Delta$$

线性模型变为

$$\underbrace{\begin{bmatrix} \boldsymbol{\epsilon}_x \\ \boldsymbol{\epsilon}_y \end{bmatrix}}_{\mathbf{x}} = \underbrace{\begin{bmatrix} \mathbf{h} & \mathbf{0} \\ \mathbf{0} & \mathbf{h} \end{bmatrix}}_{\mathbf{H}} \underbrace{\begin{bmatrix} a_x \\ a_y \end{bmatrix}}_{\boldsymbol{\theta}} + \underbrace{\begin{bmatrix} \mathbf{w}_x \\ \mathbf{w}_y \end{bmatrix}}_{\mathbf{w}}$$

其中

$$\boldsymbol{\epsilon}_x \;=\; [\epsilon_x[n_0]\,\epsilon_x[n_0 + 1]\ldots\epsilon_x[N - 1]]^T$$

$$\boldsymbol{\epsilon}_y \;=\; [\epsilon_y[n_0]\,\epsilon_y[n_0 + 1]\ldots\epsilon_y[N - 1]]^T$$

$$\mathbf{h} \;=\; [0\;\Delta^2/2\ldots(N - 1 - n_0)^2\Delta^2/2]^T$$

$$\mathbf{w}_x \;=\; [w_x[n_0]\,w_x[n_0 + 1]\ldots w_x[N - 1]]^T$$

$$\mathbf{w}_y \;=\; [w_y[n_0]\,w_y[n_0 + 1]\ldots w_y[N - 1]]^T$$

且 $\mathbf{w} \sim \mathcal{N}(\mathbf{0}, \sigma^2\mathbf{I})$。$\mathbf{x}$ 与 $\mathbf{H}$ 的维数分别为 $2(N - n_0) \times 1$ 及 $2(N - n_0) \times 2$。应用定理 7.1（参见第 7 章），我们希望检验

$$\mathcal{H}_0 : \boldsymbol{\theta} = \mathbf{0}$$
$$\mathcal{H}_1 : \boldsymbol{\theta} \neq \mathbf{0}$$

在定理 7.1 中令 $\mathbf{A} = \mathbf{I}$，$\mathbf{b} = \mathbf{0}$，如果

$$T(\mathbf{x}) = \frac{\hat{\boldsymbol{\theta}}_1^T \mathbf{H}^T \mathbf{H} \hat{\boldsymbol{\theta}}_1}{\sigma^2} > \gamma' \tag{12.16}$$

GLRT 判 $\mathcal{H}_1$，其中 $\hat{\boldsymbol{\theta}}_1 = (\mathbf{H}^T\mathbf{H})^{-1}\mathbf{H}^T\mathbf{x}$，因此有

$$T(\mathbf{x}) = \frac{\mathbf{x}^T\mathbf{H}(\mathbf{H}^T\mathbf{H})^{-1}\mathbf{H}^T\mathbf{x}}{\sigma^2}$$

又有 $\mathbf{H}^T\mathbf{H} = \mathrm{diag}(\mathbf{h}^T\mathbf{h}, \mathbf{h}^T\mathbf{h}) = \mathbf{h}^T\mathbf{h}\mathbf{I}$，所以

$$
\begin{aligned}
T(\mathbf{x}) &= \frac{||\mathbf{H}^T\mathbf{x}||^2}{\sigma^2\mathbf{h}^T\mathbf{h}} \\
&= \frac{(\mathbf{h}^T\boldsymbol{\epsilon}_x)^2 + (\mathbf{h}^T\boldsymbol{\epsilon}_y)^2}{\sigma^2\mathbf{h}^T\mathbf{h}}
\end{aligned}
$$

或者最终如果　$T(\mathbf{x}) = \dfrac{\left(\sum\limits_{n=n_0}^{N-1}\dfrac{(n-n_0)^2\Delta^2}{2}\epsilon_x[n]\right)^2 + \left(\sum\limits_{n=n_0}^{N-1}\dfrac{(n-n_0)^2\Delta^2}{2}\epsilon_y[n]\right)^2}{\sigma^2\sum\limits_{n=n_0}^{N-1}\left(\dfrac{(n-n_0)^2\Delta^2}{2}\right)^2} > \gamma'$

我们判 $\mathcal{H}_1$。从(12.16)式，可以证明上式等效为

$$T(\mathbf{x}) = \left[\frac{1}{\sigma^2}\sum_{n=n_0}^{N-1}\left(\frac{(n-n_0)^2\Delta^2}{2}\right)^2\right](\hat{a}_x^2 + \hat{a}_y^2)$$

其中　$\begin{bmatrix}\hat{a}_x \\ \hat{a}_y\end{bmatrix} = \begin{bmatrix}(\mathbf{h}^T\mathbf{h})^{-1}\mathbf{h}^T\boldsymbol{\epsilon}_x \\ (\mathbf{h}^T\mathbf{h})^{-1}\mathbf{h}^T\boldsymbol{\epsilon}_y\end{bmatrix}$

为加速度的最小方差无偏估计量。注意，在 $\mathcal{H}_0$ 条件下，从定理7.1，我们有 $T(\mathbf{x}) \sim \chi_2^2$。因此，很容易得出

$$P_{FA} = \exp(-\gamma'/2)$$

在实际中，n_0 通常是未知的，因此对每一个可能的变化时刻都需要计算 $T(\mathbf{x})$。此外，为使统计量能够更快速地检测变化，通常采用 M 点固定长度数据窗 $[n_0, n_0 + M - 1]$（其中 $M << N$）来计算统计量，然后对每一个可能的 n_0 确定检验统计量。为了快速检测变化，M 应取较小值；然而，为了防止过多的虚警，M 应取较大值，通常这需要进行折中考虑。因此，考察在间隔 $[n_0, n_0 + M - 1]$ 上数据的统计量为

$$T_{n_0}(\mathbf{x}) = \frac{\left(\sum\limits_{n=n_0}^{n_0+M-1}\dfrac{(n-n_0)^2\Delta^2}{2}\epsilon_x[n]\right)^2 + \left(\sum\limits_{n=n_0}^{n_0+M-1}\dfrac{(n-n_0)^2\Delta^2}{2}\epsilon_y[n]\right)^2}{\sigma^2\sum\limits_{n=n_0}^{n_0+M-1}\left(\dfrac{(n-n_0)^2\Delta^2}{2}\right)^2} > \gamma'$$

对于每一个可能的机动时刻 $n_0 \geqslant 0$，都需要计算检测统计量，下面给出一个例子。目标的初始位置为 $(r_x[0], r_y[0]) = (0, 0)$，速度为 $(v_x, v_y) = (1, 1)$，样本之间的时间间隔为 $\Delta = 1$。在时刻 $n = 0, 1, \ldots, n_0 - 1$，目标保持在标称直线航线上，其中 $n_0 = 50$。当 $n \geqslant n_0$ 时，目标存在加速度，其加速度为 $(a_x, a_y) = (0.03, 0.05)$。若将方差为 $\sigma^2 = 10$ 的 WGN 加到位置数据上来表示测量误差，那么典型的现实如图 12.7 所示。注意，标称直线航线用虚线表示，从时刻 $n_0 = 50$ 起由于存在加速度，因此使得目标位置偏离标称直线航线。在图 12.8 中画出了窗口宽度 $M = 20$ 时 $T_{n_0}(\mathbf{x})$ 与 n_0 的关系。加速度将在延迟约 30 个样本后被检测到，这取决于门限的选择。例如，若门限设置为 100，则首次检测到变化时刻为 $\hat{n}_0 = 65$。由于检测窗口 $[n_0, n_0 + M - 1]$ 是 $[n_0, n_0 + 19]$，对数据记录 $[65, 84]$ 的检测经过了 35 个样本的延迟。

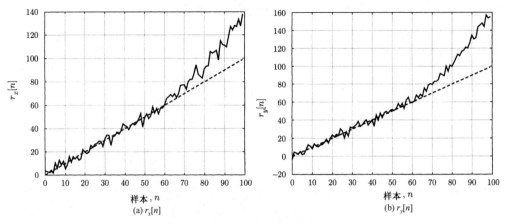

图 12.7　WGN 中加速度目标的位置

12.6.2　时变 PSD 检测

下面分析高斯随机过程 PSD 从白色变化到有色的检测问题。该过程可以表示随机信号或噪声。为了对有色过程建模，假定功率谱密度为 AR(1) 型（参见 9.5 节及附录 1），

$$P_{xx}(f) = \frac{\sigma_u^2}{|1 + a[1]\exp(-j2\pi f)|^2}$$

（12.17）

其中 $|a[1]| < 1$ 且 $\sigma_u^2 > 0$。推导出的结果很容易扩展到任意阶的 AR PSD。功率谱在变化前为白噪声，对应于（12.17）式中 $a[1] =$

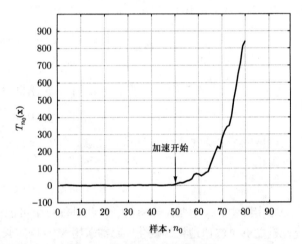

图 12.8　用来检测加速度的检验统计量

0，而随后的有色过程表现为 $a[1] \neq 0$。在变化前后允许不同的 σ_u^2，并分别表示为 σ_1^2 和 σ_2^2，因此，同样也能检测出功率水平的变化。我们对 $\mathcal{H}_0$ 条件下过程功率 $\sigma_u^2 = \sigma_0^2$ 或 $\mathcal{H}_1$ 条件下变化前过程的功率 σ_1^2 不做任何假定，对 $\mathcal{H}_1$ 条件下变化后过程的 AR 参数 $a[1]$、σ_2^2 同样不做假定。因此，为了得到方差估计，变化前的数据须保留。假设检验变为

$$\mathcal{H}_0 : a[1] = 0, \sigma_u^2 = \sigma_0^2 \qquad n = 0, 1, \ldots, N-1$$
$$\mathcal{H}_1 : a[1] = 0, \sigma_u^2 = \sigma_1^2 \qquad n = 0, 1, \ldots, n_0 - 1$$
$$a[1] \neq 0, \sigma_u^2 = \sigma_2^2 \neq \sigma_1^2 \qquad n = n_0, n_0 + 1, \ldots N-1$$

其中在 $\mathcal{H}_1$ 条件下过程变化前后假定是独立的。如果

$$L_G(\mathbf{x}) = \frac{p(\mathbf{x}_1; a[1] = 0, \hat{\sigma_1^2}) p(\mathbf{x}_2; \hat{a}[1], \hat{\sigma_2^2})}{p(\mathbf{x}; \hat{\sigma_0^2})} > \gamma$$

GLRT 判 $\mathcal{H}_1$。其中 $\mathbf{x}_1 = [x[0]\, x[1] \ldots x[n_0-1]]^T$，$\mathbf{x}_2 = [x[n_0]\, x[n_0+1] \ldots x[N-1]]^T$。在 $\mathcal{H}_1$ 条件下，$\hat{\sigma_1^2}$ 为 σ_u^2 基于 $\mathbf{x}_1$ 的 MLE，$\hat{a}[1]$、$\hat{\sigma_2^2}$ 是 $a[1]$ 和 σ_u^2 基于 $\mathbf{x}_2$ 的 MLE。在 $\mathcal{H}_0$ 条件下，$\hat{\sigma_0^2}$ 是 σ_u^2 基于 $\mathbf{x} = [x[0]\, x[1] \ldots x[N-1]]^T$ 的 MLE。在 $\mathcal{H}_0$ 条件下很容易证明 σ_u^2 的 MLE 为

$$\hat{\sigma_0^2} = \frac{1}{N} \sum_{n=0}^{N-1} x^2[n]$$

因此
$$p(\mathbf{x}; \hat{\sigma_0^2}) = \frac{1}{(2\pi\hat{\sigma_0^2})^{\frac{N}{2}}} \exp(-N/2)$$

在 $\mathcal{H}_1$ 条件下，当 $0 \le n \le n_0 - 1$ 时，我们刚好有白高斯过程，因此有

$$p(\mathbf{x}_1; a[1] = 0, \sigma_1^2) = \frac{1}{(2\pi\sigma_1^2)^{\frac{n_0}{2}}} \exp\left(-\frac{1}{2\sigma_1^2} \sum_{n=0}^{n_0-1} x^2[n]\right)$$

由此可得
$$\hat{\sigma_1^2} = \frac{1}{n_0} \sum_{n=0}^{n_0-1} x^2[n]$$

为求 $\mathcal{H}_1$ 条件下 $n \ge n_0$ 时的 MLE，我们需要 AR(1) 过程的 PDF。对于观测数据集合 $\mathbf{x}' = [x[k]\ x[k+1]\dots x[k+K-1]]^T$，可以证明 PDF 近似为（对于大数据记录或大的 K 值）[Kay 1988]

$$p(\mathbf{x}'; a[1], \sigma_u^2) = \frac{1}{(2\pi\sigma_u^2)^{\frac{K}{2}}} \exp\left[-\frac{1}{2\sigma_u^2} \sum_{n=k+1}^{k+K-1} (x[n] + a[1]x[n-1])^2\right]$$

所以
$$p(\mathbf{x}_2; a[1], \sigma_2^2) = \frac{1}{(2\pi\sigma_2^2)^{\frac{N-n_0}{2}}} \exp\left(-\frac{1}{2\sigma_2^2} \sum_{n=n_0+1}^{N-1} (x[n] + a[1]x[n-1])^2\right) \tag{12.18}$$

可以证明（参见习题 12.15），

$$\hat{a}[1] = -\frac{\displaystyle\sum_{n=n_0+1}^{N-1} x[n]x[n-1]}{\displaystyle\sum_{n=n_0+1}^{N-1} x^2[n-1]} \tag{12.19}$$

$$\hat{\sigma_2^2} = \frac{1}{N-n_0} \sum_{n=n_0+1}^{N-1} (x[n] + \hat{a}[1]x[n-1])^2 \tag{12.20}$$

应用(12.19)式可得

$$\hat{\sigma_2^2} \approx \left[\frac{1}{N-n_0} \sum_{n=n_0+1}^{N-1} x^2[n]\right]\left[\left(1 - \hat{a}^2[1]\right)\frac{\displaystyle\sum_{n=n_0+1}^{N-1} x^2[n-1]}{\displaystyle\sum_{n=n_0+1}^{N-1} x^2[n]}\right] \tag{12.21}$$

$$\approx \left[\frac{1}{N-n_0} \sum_{n=n_0}^{N-1} x^2[n]\right](1 - \hat{a}^2[1])$$

将 MLE 代入 GLRT 检验统计量的分子，有

$$p(\mathbf{x}_1; a[1] = 0, \hat{\sigma_1^2})p(\mathbf{x}_2; \hat{a}[1], \hat{\sigma_2^2}) =$$

$$\frac{1}{(2\pi\hat{\sigma_1^2})^{\frac{n_0}{2}}} \exp(-n_0/2)\frac{1}{(2\pi\hat{\sigma_2^2})^{\frac{N-n_0}{2}}} \exp(-(N-n_0)/2)$$

这样
$$L_G(\mathbf{x}) = \frac{(\hat{\sigma_0^2})^{\frac{N}{2}}}{(\hat{\sigma_1^2})^{\frac{n_0}{2}}(\hat{\sigma_2^2})^{\frac{N-n_0}{2}}}$$

或者应用(12.21)式，上式变为

$$L_G(\mathbf{x}) = \frac{(\hat{\sigma_0^2})^{\frac{N}{2}}}{(\hat{\sigma_1^2})^{\frac{n_0}{2}} \left(\frac{1}{N-n_0} \sum_{n=n_0}^{N-1} x^2[n]\right)^{\frac{N-n_0}{2}}} \left(\frac{1}{1-\hat{a}^2[1]}\right)^{\frac{N-n_0}{2}}$$

最终，如果

$$L_G(\mathbf{x}) = \left(\frac{(\hat{r}_0[0])^{\frac{N}{2}}}{(\hat{r}_1[0])^{\frac{n_0}{2}} (\hat{r}_2[0])^{\frac{N-n_0}{2}}}\right) \left(\frac{1}{1-\hat{a}^2[1]}\right)^{\frac{N-n_0}{2}} > \gamma \qquad (12.22)$$

GLRT 判 $\mathcal{H}_1$。为了更直观地解释此结论，我们将功率估计定义为自相关函数零延迟估计。因此，$\hat{r}_0[0] = \hat{\sigma_0^2}$ 是假定没有变化时过程功率谱的估计，而 $\hat{r}_1[0] = (1/n_0) \sum_{n=0}^{n_0-1} x^2[n]$ 和 $\hat{r}_2[0] = (1/(N-n_0)) \sum_{n=n_0}^{N-1} x^2[n]$ 分别是变化前和变化后过程功率谱的估计。可以看到 $L_G(\mathbf{x})$ 的第一项表示过程功率的变化，第二项表示 PSD 形状的变化。这两者的变化都会使得括号内的系数远大于 1(参见习题 12.16)。

举例来说，考虑一个随机过程在 $n_0 = 50$ 时刻，从方差为 $\sigma_u^2 = 5$ 的白高斯过程变化到参数 $a[1] = -0.9$、$\sigma_u^2 = 1$ 的 AR(1) 过程。这个过程的现实如图 12.9 所示。注意到在变化后过程样本之间的相关性增强，因此起伏并不那么迅速。另外，变化后功率微增到 $\sigma_u^2/(1-a^2[1]) = 5.3$。如果我们对变化时刻的先验知识不做任何假定，那么我们必须对每一个可能的 n_0 都要计算 GLRT。在图 12.10 中，我们画出了当 $10 \leq n_0 \leq 90$ 和 $N = 100$ 时对每组数据记录 $[n_0, N-1]$ 的 $2\ln L_G(\mathbf{x})$，其中 $L_G(\mathbf{x})$ 用 (12.22) 式计算，并采用图 12.9 所示的现实。注意，峰值在 $\hat{n}_0 = 51$ 处，而且从图 12.11 中可以看出，一旦 n_0

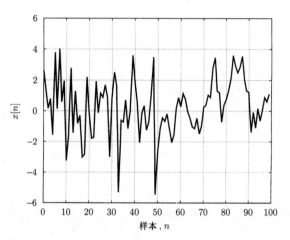

图 12.9　PSD 从白噪声变为色噪声的随机过程的现实

超过真实的变化时刻，$a[1]$ 的估计值就在其真值附近。这是因为当 $n_0 = 50$ 时，在计算 $2\ln L_G(\mathbf{x})$ 中我们采用了数据记录 $[n_0, N-1] = [50, 99]$ 来估计 $a[1]$。从图 12.11 中可以看出，这个估计值大约为 $\hat{a}[1] = -0.8$。因此，我们不仅能够检测变化，而且可以估计出变化后的新参数。

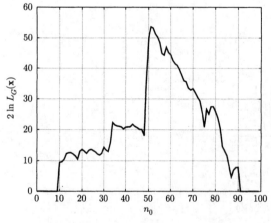

图 12.10　PSD 变化时刻的 GLRT 检验

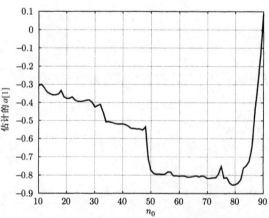

图 12.11　估计的 AR(1) 滤波器参数

参考文献

Basseville, M., I.V. Nikiforov, *Detection of Abrupt Changes: Theory and Application*, Prentice-Hall, Englewood Cliffs, N.J. 1993.

Bellman, R., S. Dreyfus, *Applied Dynamic Programming*, Princeton Univ. Press, Princeton, N.J., 1962.

Birdsall, T.G., J.O. Gobien, "Sufficient Statistics and Reproducing Densities in Simultaneous Detection and Estimation," *IEEE Trans. on Info. Theory*, Vol. IT-19, pp. 760–768, 1973.

Kay, S.M., *Modern Spectral Estimation: Theory and Application*, Prentice-Hall, Englewood Cliffs, N.J., 1988.

Larson, R.E., J.L. Casti, *Principles of Dynamic Programming*, Vol. I,II, Marcel Dekker, New York, 1982.

Svendsen, F.K., F.K. Soong, "On the Automatic Segmentation of Speech Signals," 1987 Int. Conf. Acoust., Speech, and Signal Processing, Dallas, TX, pp. 77–80.

习题

12.1　令(12.5)式的检验统计量表示为 $T[N-1]$，表明该统计量是基于数据记录 $[0, N-1]$ 的。证明它可以通过求一个 g 使得 $T[N] = T[N-1] + g(x[N], T[N-1])$，即 $T[N]$ 可以随数据记录长度 N 的增加而序贯地计算。注意

$$T[N] = \frac{1}{N - n_0 + 1} \sum_{n=n_0}^{N} (x[n] - A_0) \tag{12.23}$$

12.2　设信号为

$$s[n] = \begin{cases} 2 & n = 0, 1, \ldots, 4 \\ 3 & n = 5, 6, \ldots, 9 \\ 0 & n = 10, 11, \ldots, 14 \end{cases}$$

当 $5 \leqslant N \leqslant 14$ 时，计算(12.23)式的检验统计量 $T[N]$。注意信号在 $n_0 = 5$ 及 $n_1 = 10$ 跳变。假定 $A_0 = 2$ 且无噪声，当 $N > 9$ 时会发生什么情况？

12.3　对于例 12.1 描述的问题，画出延迟时间与 $|\Delta A|$ 的函数关系。假定噪声方差为 $\sigma^2 = 1$，期望运行条件为 $P_{FA} = 10^{-3}$ 及 $P_D = 0.99$。

12.4　对于例 12.1，证明只要 $\Delta A > 0$，检验是关于 ΔA 的 UMP。也就是说，证明在没有 ΔA 的先验知识时，NP 检测器可以实现最佳检验(能求出检验统计量及门限)。

12.5　若在例 12.3 中，跳变前的 DC 电平是已知的，求检测电平变化的 GLRT。

12.6　在具有已知方差 σ^2 的 WGN 中观测到正弦信号 $s[n] = \cos 2\pi f_0 n (n = 0, 1, \ldots, N-1)$。为了确定在已知时刻 n_0 频率从已知频率 f_0 变化到未知频率，求检验统计量。可以假定 N 很大，且频率不在 0 或 1/2 附近。

12.7　在 PDF 为 $p(w[n])$ 的 IID 噪声中，观测到已知幅度 A 的 DC 电平，$n = 0, 1, \ldots, N-1$。对于已知跳变时刻 n_0 和未知跳变幅度 ΔA 的电平跳变问题，求 $L_G(\mathbf{x})$。

12.8　为了检验通信链路的运行，在发射信息中插入已知导向信号 $s[n]$。在接收机中提取并验证导向信号以保证链路畅通。若链路正确运行，导向信号应被无失真地接收。试提出一种检测器，确定何时没有导向信号。假定 $\mathcal{H}_1$ 为链路失败的假设。可以应用关于噪声的任何合理的假定。

12.9　在例 12.3 中，求使检测性能最大的 n_0，并解释你的结果。

12.10　证明：对于未知 DC 电平及未知跳变时间，GLRT 为(12.11)式。提示：应用例 12.3 及习题 7.21 的结论。

12.11　在已知时刻 n_0，WGN 的方差可能发生跳变。若跳变前方差 σ_0^2 已知，但跳变幅度 $\Delta \sigma^2$ 是未知的，证明对于此问题，如果

$$2\ln L_G(\mathbf{x}) = (N-n_0)\left[\frac{\sigma_0^2 + \widehat{\Delta\sigma^2}}{\sigma_0^2} - \ln\left(\frac{\sigma_0^2 + \widehat{\Delta\sigma^2}}{\sigma_0^2}\right) - 1\right] > \gamma'$$

GLRT 判 $\mathcal{H}_1$。其中
$$\widehat{\Delta\sigma^2} = \frac{1}{N-n_0}\sum_{n=n_0}^{N-1}x^2[n] - \sigma_0^2$$

然后，对于 $x>1$，$x-\ln x-1$ 是 x 的单调函数，化简检验统计量。假定 $\widehat{\Delta\sigma^2}>0$。

12.12 重复习题 12.11，但现在假定在 $\mathcal{H}_1$ 条件下，跳变前方差 σ_1^2 及跳变后方差 σ_2^2 均是未知的。另外，假定在 $\mathcal{H}_0$ 条件下，方差 σ^2 也是未知的。证明，如果

$$2\ln L_G(\mathbf{x}) = N\ln\left(\frac{\hat{\sigma^2}}{(\hat{\sigma_1^2})^{\frac{n_0}{N}}(\hat{\sigma_2^2})^{\frac{N-n_0}{N}}}\right) > \gamma'$$

GLRT 判 $\mathcal{H}_1$。其中 $\hat{\sigma^2}$ 是基于整个数据记录的方差估计，$\hat{\sigma_1^2}$ 是基于区间 $[0, n_0-1]$ 的数据记录的估计，$\hat{\sigma_2^2}$ 是基于区间 $[n_0, N-1]$ 的数据记录的估计。在 $n_0 = N/2$ 且 N 为偶数时，化简并解释你的结果。

12.13 考虑下面的多变化问题

$$\mathcal{H}_0 : x[n] = \quad w[n] \qquad n = 0,1,\ldots,N-1$$
$$\mathcal{H}_1 : x[n] = \begin{cases} A_0 + w[n] & n = 0,1,\ldots,n_0-1 \\ A_1 + w[n] & n = n_0, n_0+1,\ldots,n_1-1 \\ A_2 + w[n] & n = n_1, n_1+1\ldots,N-1 \end{cases}$$

其中 A_0、A_1、A_2 及 n_0、n_1、n_2 未知，$w[n]$ 为未知方差的 WGN。证明 GLRT 可以写为

$$L_G(\mathbf{x}) = \max_{n_0,n_1,n_2}\left(\frac{\hat{\sigma_0^2}}{\hat{\sigma_1^2}}\right)^{\frac{N}{2}}$$

其中

$$\hat{\sigma_0^2} = \frac{1}{N}\sum_{n=0}^{N-1}x^2[n]$$

$$\hat{\sigma_1^2} = \frac{1}{N}\left(\sum_{n=0}^{n_0-1}(x[n]-\hat{A}_0)^2 + \sum_{n=n_0}^{n_1-1}(x[n]-\hat{A}_1)^2 + \sum_{n=n_1}^{N-1}(x[n]-\hat{A}_2)^2\right)$$

及

$$\hat{A}_0 = \frac{1}{n_0}\sum_{n=0}^{n_0-1}x[n]$$

$$\hat{A}_1 = \frac{1}{n_1-n_0}\sum_{n=n_0}^{n_1-1}x[n]$$

$$\hat{A}_2 = \frac{1}{N-n_1}\sum_{n=n_1}^{N-1}x[n]$$

12.14 在例 12.5 中，当用直线或 $A+Bn$ 替代各段的 DC 电平时，解释如何修改 DP 算法。其中 A 及 B 未知。

12.15 通过使 (12.18) 式给出的 $p(\mathbf{x}_2; a[1], \sigma_2^2)$ 最大，验证 (12.19) 式及 (12.20) 式。

12.16 证明在 $\hat{r}_1[0] \neq \hat{r}_2[0]$ 时，(12.22) 式的第一项大于 1，由于对于大的 N，$|\hat{a}[1]| < 1$，因此第二项也大于 1。提示：首先证明 $\hat{r}_0[0] = (n_0/N)\hat{r}_1[0] + ((N-n_0)/N)\hat{r}_2[0]$。然后，利用不等式

$$\frac{\alpha a + (1-\alpha)b}{a^\alpha b^{1-\alpha}} \geq 1$$

其中 $a \geq 0$，$b \geq 0$，$0 < \alpha < 1$，上式当且仅当 $a=b$ 时等式成立。对于 $\alpha = 1/2$，这是数学均值除以几何均值。

附录12A　分段的通用动态规划方法

我们通过选择一组变化时刻集合 $\{n_0, n_1, \ldots, n_{N_s-2}\}$，将时间序列划分为 N_s 段，如图12.12所示。因此，我们假定第 i 段 $(i=0,1,\ldots,N_s-1)$ 的 PDF 为 $p_i(x[n_{i-1}], x[n_{i-1}+1], \ldots, x[n_i-1]; \boldsymbol{\theta}_i)$，其中 $\boldsymbol{\theta}_i$ 为未知参数矢量。此外，我们假定各段之间统计独立。利用这些假定，数据集合的 PDF 可以写为

$$\prod_{i=0}^{N_s-1} p_i(x[n_{i-1}], x[n_{i-1}+1], \ldots, x[n_i-1]; \boldsymbol{\theta}_i) \tag{12A.1}$$

其中我们定义 $n_{-1}=0$ 和 $n_{N_s-1}=N$。MLE 分段选择 $\{n_0, n_1, \ldots, n_{N_s-2}, \boldsymbol{\theta}_0, \boldsymbol{\theta}_1, \ldots, \boldsymbol{\theta}_{N_s-1}\}$ 作为使 (12A.1)式最大的那些值，或由定义

$$\mathbf{x}[i,j] = [x[i]\, x[i+1] \ldots x[j]]^T$$

MLE 分段必须使

$$\sum_{i=0}^{N_s-1} \ln p_i(\mathbf{x}[n_{i-1}, n_i-1]; \boldsymbol{\theta}_i)$$

最大。为了应用 DP，令 $\hat{\boldsymbol{\theta}}_i$ 为 $\boldsymbol{\theta}_i$ 基于第 i 个数据段（即 $\mathbf{x}[n_{i-1}, n_i-1] = [x[n_{i-1}]\, x[n_{i-1}+1] \ldots x[n_i-1]]^T$ 的 MLE。定义

$$\Delta_i[n_{i-1}, n_i-1] = -\ln p_i(\mathbf{x}[n_{i-1}, n_i-1]; \hat{\boldsymbol{\theta}}_i)$$

我们希望使

$$\sum_{i=0}^{N_s-1} \Delta_i[n_{i-1}, n_i-1]$$

最小。现在可以应用12.5节的结果生成递推式

$$I_k[L] = \min_{n_{k-1}} \left(I_{k-1}[n_{k-1}-1] + \Delta_k[n_{k-1}, L] \right)$$

若考虑到每段至少需要一个采样长度的约束，则有

$$I_k[L] = \min_{k \leqslant n_{k-1} \leqslant L} \left(I_{k-1}[n_{k-1}-1] + \Delta_k[n_{k-1}, L] \right)$$

当 $k = N_s-1$ 和 $L = N-1$ 时，就可以得到最初问题的解答。为了开始递归，我们需要计算

$$
\begin{aligned}
I_0[L] &= \Delta_0[n_{-1}, L] \\
&= -\ln p_0(\mathbf{x}[n_{-1}, L]; \hat{\boldsymbol{\theta}}_0) \\
&= -\ln p_0(\mathbf{x}[0, L]; \hat{\boldsymbol{\theta}}_0)
\end{aligned}
$$

其中 $\hat{\boldsymbol{\theta}}_0$ 是基于 $\mathbf{x}[0, L]$ 的 MLE，$L = 0, 1, \ldots, N-N_s$。

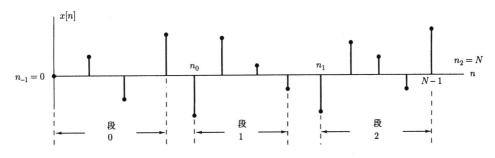

图12.12　各段和变化时间的定义（$N_s = 3$）

附录 12B 动态规划的 MATLAB 程序

```
%   dp.m
%
%   This program implements the dynamic programming algorithm
%   for determining the three change times of a signal that
%   consists of four unknown DC levels in WGN (see Figure 12.4).
%   The DC levels and change times are unknown.
%
    clear all
%   Generate data
    randn('seed',0)
    A=[1;4;2;6];varw=1;sig=sqrt(varw);
    x=[sig*randn(20,1)+A(1); sig*randn(30,1)+A(2);...
       sig*randn(15,1)+A(3);sig*randn(35,1)+A(4)];
    N=length(x);
%   Begin DP algorithm
%   Since MATLAB cannot accommodate matrix/vector indices of zero,
%   augment L,k,n by one when necessary.
%   Initialize DP algorithm
    for L=0:N-4
    LL=L+1;
    I(1,LL)=(x(1:LL)-mean(x(1:LL)))'*(x(1:LL)-mean(x(1:LL)));
    end
%   Begin DP recursions
    for k=1:3
      kk=k+1;
      if k<3

        for L=k:N-4+k
        LL=L+1;
%   Load in large number to prevent minimizing value of J
%   to occur for a value of J(1:k), which is not computed
        J(1:k)=10000*ones(k,1);
%   Compute least squares error for all possible change times
          for n=k:L
          nn=n+1;
          Del=(x(nn:LL)-mean(x(nn:LL)))'*(x(nn:LL)-mean(x(nn:LL)));
          J(nn)=I(kk-1,nn-1)+Del;
          end
%   Determine minimum of least squares error and change time that
%   yields the minimum
          [I(kk,LL),ntrans(L,k)]=min(J(1:LL));
          end
        else
%   Final stage computation
        L=N-1;LL=L+1;J(1:k)=10000*ones(k,1);

          for n=k:N-1
          nn=n+1;
          Del=(x(nn:LL)-mean(x(nn:LL)))'*(x(nn:LL)-mean(x(nn:LL)));
          J(nn)=I(kk-1,nn-1)+Del;
          end
        [Imin,ntrans(N-1,k)]=min(J(1:N));
        end
    end
%   Determine change times that minimize least squares error
    n2est=ntrans(N-1,3);
    n1est=ntrans(n2est-1,2);
    n0est=ntrans(n1est-1,1);
%   Reference change times to [0,N-1] interval instead of
%   MATLAB's [1,N]
    n0est=n0est-1
    n1est=n1est-1
    n2est=n2est-1
```

第13章 复矢量扩展及阵列处理

13.1 引言

在很多感兴趣的实际问题中，接收数据样本实际为矢量。应用多传感器的实际场合有雷达、声呐、通信、红外成像及生物医学信号处理等。以前各章推导的检测器结构可以通过扩展来处理这些数据样本矢量。得到的方法通常称为本章描述的阵列处理。另外，由于这些应用大多涉及带通信号，因此考虑信号的复包络是比较方便的。这样，我们将一些以前的结论推广到复数据情况。很多代数运算包含多维高斯 PDF 的复扩展，这在本书卷 I 的第 15 章有所描述，读者在阅读本章之前可以先复习有关的章节。

13.2 小结

在 13.3 节中推导了复数据的 Neyman-Pearson(NP) 检测器。匹配滤波器或仿形－相关器由 (13.3) 式给出，其检测性能由 (13.6) 式及 (13.7) 式给出。(13.10) 式给出了广义匹配滤波器，它的检测性能由 (13.11) 式及 (13.12) 式给出。最后，估计器－相关器检测器由 (13.14) 式及 (13.15) 式进行了归纳，其检测性能在习题 13.8 中有所描述。当信号为含有未知参数的确定性信号并且可以用复经典线性模型表示时，GLRT 检测器由 (13.19) 式给出，(13.20) 式给出精确的检测性能。另一方面，若信号服从贝叶斯线性模型(未知参数为随机的)，则 13.4.2 节描述了其 Neyman-Pearson 检测器。常规检测器扩展到复矢量观测量在 13.5 节进行了讨论，在 13.6 节中归纳了检测器结构。特别是，对于已知确定性信号，不同噪声方差假定的检测器由 (13.26) 式、(13.27) 式、(13.29) 式、(13.30) 式给出。若信号为随机的，则 13.6.5 节描述了多种检测器。在具有未知参数的确定性信号以及经典线性模型的假定等情况中，GLRT 由 (13.34) 式或 (13.35) 式给出，其对应的精确检测性能由 (13.36) 式、(13.37) 式归纳。若数据记录很大且信号为 WSS 多通道高斯随机过程，则近似的估计器－相关器由 (13.43) 式给出。最后，在 13.8 节将本章的结果应用于主动声呐/雷达及宽带被动声呐中，(13.50) 式给出了主动声呐/雷达检测器，(13.57) 式及 (13.56) 式给出了宽带被动声呐检测器。

13.3 已知 PDF

我们现在考虑匹配滤波器(或仿形－相关器)、广义匹配滤波器及估计器－相关器检测器的复数据扩展。在每一种情况中，假定我们的目标是在约束 P_{FA} 的条件下使 P_D 最大，因而应该采用 NP 准则。于是，LRT 是最佳检测器。

13.3.1 匹配滤波器

首先，我们考虑在复高斯白噪声(CWGN)中检测已知复确定性信号。假设检验问题为

$$
\begin{array}{ll}
\mathcal{H}_0: \tilde{x}[n] = \tilde{w}[n] & n = 0, 1, \ldots, N-1 \\
\mathcal{H}_1: \tilde{x}[n] = \tilde{s}[n] + \tilde{w}[n] & n = 0, 1, \ldots, N-1
\end{array}
\tag{13.1}
$$

其中 $\tilde{s}[n]$ 为已知复信号，$\tilde{w}[n]$ 是方差为 σ^2 的 CWGN，即 $\tilde{w}[n] \sim \mathcal{CN}(0, \sigma^2)$，所有样本均不相关，因而也是相互独立的。为了避免混淆，我们在复数上加代字符"~"(如 $\tilde{x}[n]$)，以区别与之对

应的实数(如 $x[n]$)。如果

$$L(\tilde{\mathbf{x}}) = \frac{p(\tilde{\mathbf{x}};\mathcal{H}_1)}{p(\tilde{\mathbf{x}};\mathcal{H}_0)} > \gamma$$

LRT 判 $\mathcal{H}_1$，其中 $\tilde{\mathbf{x}} = [\tilde{x}[0]\tilde{x}[1]\dots\tilde{x}[N-1]]^T$。又

$$p(\tilde{\mathbf{x}};\mathcal{H}_1) = \frac{1}{\pi^N\sigma^{2N}}\exp\left[-\frac{1}{\sigma^2}(\tilde{\mathbf{x}}-\tilde{\mathbf{s}})^H(\tilde{\mathbf{x}}-\tilde{\mathbf{s}})\right]$$

$$p(\tilde{\mathbf{x}};\mathcal{H}_0) = \frac{1}{\pi^N\sigma^{2N}}\exp\left[-\frac{1}{\sigma^2}\tilde{\mathbf{x}}^H\tilde{\mathbf{x}}\right]$$

其中 H 表示复共轭转置，$\tilde{\mathbf{s}} = [\tilde{s}[0]\tilde{s}[1]\dots\tilde{s}[N-1]]^T$。因此有

$$\ln L(\tilde{\mathbf{x}}) = -\frac{1}{\sigma^2}\left[(\tilde{\mathbf{x}}-\tilde{\mathbf{s}})^H(\tilde{\mathbf{x}}-\tilde{\mathbf{s}})-\tilde{\mathbf{x}}^H\tilde{\mathbf{x}}\right] = -\frac{1}{\sigma^2}\left[-\tilde{\mathbf{x}}^H\tilde{\mathbf{s}}-\tilde{\mathbf{s}}^H\tilde{\mathbf{x}}+\tilde{\mathbf{s}}^H\tilde{\mathbf{s}}\right]$$

$$= \frac{2}{\sigma^2}\mathrm{Re}(\tilde{\mathbf{s}}^H\tilde{\mathbf{x}}) - \frac{1}{\sigma^2}\tilde{\mathbf{s}}^H\tilde{\mathbf{s}}$$

由于 $\tilde{\mathbf{s}}$ 已知，如果 $\qquad T(\tilde{\mathbf{x}}) = \mathrm{Re}(\tilde{\mathbf{s}}^H\tilde{\mathbf{x}}) > \gamma'$ $\qquad\qquad$ (13.2)

我们判 $\mathcal{H}_1$，或等价为 $\qquad T(\tilde{\mathbf{x}}) = \mathrm{Re}\left(\sum_{n=0}^{N-1}\tilde{x}[n]\tilde{s}^*[n]\right) > \gamma'$ $\qquad$ (13.3)

如图 13.1 所示。这是仿形 – 相关器的复数形式。也可以用匹配滤波器的形式表示(参见习题 13.2)。因为独立的复高斯随机变量之和也是复高斯随机变量，其实部为实高斯随机变量，因此检测性很容易求得。令 $\tilde{z} = \sum_{n=0}^{N-1}\tilde{x}[n]\tilde{s}^*[n]$，并注意到它也是复高斯随机变量，它的矩为

$$E(\tilde{z};\mathcal{H}_0) = \sum_{n=0}^{N-1}E(\tilde{x}[n])\tilde{s}^*[n] = 0$$

$$E(\tilde{z};\mathcal{H}_1) = \sum_{n=0}^{N-1}E(\tilde{x}[n])\tilde{s}^*[n] = \sum_{n=0}^{N-1}|\tilde{s}[n]|^2$$

$$\mathrm{var}(\tilde{z};\mathcal{H}_0) = \mathrm{var}\left(\sum_{n=0}^{N-1}\tilde{x}[n]\tilde{s}^*[n]\right)$$

$$= \sum_{n=0}^{N-1}\mathrm{var}(\tilde{x}[n])|\tilde{s}[n]|^2 = \sigma^2\sum_{n=0}^{N-1}|\tilde{s}[n]|^2$$

由于 $\mathrm{var}(\tilde{a}\tilde{z}) = |\tilde{a}|^2\mathrm{var}(\tilde{z})$ 和 $\tilde{x}[n]$ 是互不相关的。类似地，在 $\mathcal{H}_1$ 条件下具有相同的方差，因此有

$$\tilde{z} \sim \begin{cases} \mathcal{CN}(0,\sigma^2\mathcal{E}) & \text{在}\mathcal{H}_0\text{条件下} \\ \mathcal{CN}(\mathcal{E},\sigma^2\mathcal{E}) & \text{在}\mathcal{H}_1\text{条件下} \end{cases} \qquad (13.4)$$

其中 $\mathcal{E} = \sum_{n=0}^{N-1}|\tilde{s}[n]|^2$ 为信号能量。由于复高斯随机变量的实部及虚部均为实高斯随机变量，且相互独立，方差相同(为复高斯随机变量总方差的一半)，我们有

$$T(\tilde{\mathbf{x}}) = \mathrm{Re}(\tilde{z}) \sim \begin{cases} \mathcal{N}(0,\sigma^2\mathcal{E}/2) & \text{在}\mathcal{H}_0\text{条件下} \\ \mathcal{N}(\mathcal{E},\sigma^2\mathcal{E}/2) & \text{在}\mathcal{H}_1\text{条件下} \end{cases} \qquad (13.5)$$

其中我们注意到 $\mathcal{E}$ 为实数。这就是均值偏移高斯 – 高斯问题，从第 4 章可以立即得出

$$P_{FA} = Q\left(\frac{\gamma'}{\sqrt{\sigma^2\mathcal{E}/2}}\right) \qquad (13.6)$$

$$P_D = Q\left(\frac{\gamma' - \mathcal{E}}{\sqrt{\sigma^2\mathcal{E}/2}}\right) \tag{13.7}$$

将 $\gamma' = \sqrt{\sigma^2\mathcal{E}/2}\,Q^{-1}(P_{FA})$ 代入 P_D 表达式中消去门限 γ' 后可得

$$P_D = Q\left(Q^{-1}(P_{FA}) - \sqrt{d^2}\right) \tag{13.8}$$

其中，偏移系数为

$$d^2 = \frac{2\mathcal{E}}{\sigma^2} \tag{13.9}$$

注意到 d^2 为实数情形时获得值的两倍。这主要是由于 $\mathcal{H}_1$ 条件下 $\tilde{z}$ 的均值为实数 [参见 (13.4) 式]。因此，检验统计量仅保留 $\tilde{z}$ 的实部，导致方差减半。下面给出一个例子。

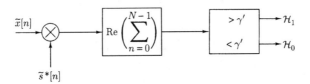

图 13.1　复数据的仿形 - 相关器

例 13.1　CWGN 中的复 DC 电平

若 $\tilde{s}[n] = \tilde{A}$，其中 $\tilde{A}$ 为已知复数，则由 (13.3) 式，如果

$$T(\tilde{\mathbf{x}}) = \mathrm{Re}\left(\sum_{n=0}^{N-1}\tilde{x}[n]\tilde{A}^*\right) > \gamma'$$

仿形 - 相关器判 $\mathcal{H}_1$。如果令 $\tilde{x}[n] = u[n] + jv[n]$ 及 $\tilde{A} = A_R + jA_I$，那么上式变成

$$T(\tilde{\mathbf{x}}) = \mathrm{Re}\left(\sum_{n=0}^{N-1}(u[n]+jv[n])(A_R-jA_I)\right) = A_R\sum_{n=0}^{N-1}u[n] + A_I\sum_{n=0}^{N-1}v[n]$$

或

$$T'(\tilde{\mathbf{x}}) = \frac{1}{N}T(\tilde{\mathbf{x}}) = A_R\bar{u} + A_I\bar{v}$$

其中 $\bar{u}$、$\bar{v}$ 分别为 $u[n]$、$v[n]$ 的样本均值。若令 $\bar{\tilde{x}} = \bar{u} + j\bar{v}$，则

$$T'(\tilde{\mathbf{x}}) = \mathrm{Re}(\tilde{A}^*\bar{\tilde{x}})$$

除非 $\tilde{A}$ 已知为实数，这时有 $T'(\tilde{\mathbf{x}}) = A_R\bar{u}$，否则上式无法进一步简化。这个例子说明了复数据和复参数时的 NP 检测器并不总是模仿实数情形。复数情形更接近于 2×1 矢量情形，符合复数与 2×1 矢量之间的同构关系 (参见本书卷 I 的习题 15.5)。

检测性能由 (13.8) 式和 (13.9) 式给出，其中

$$d^2 = \frac{2\sum_{n=0}^{N-1}|\tilde{s}[n]|^2}{\sigma^2} = \frac{2N|\tilde{A}|^2}{\sigma^2}$$

注意到性能仅与 $\tilde{A}$ 的幅度有关，而与其相位无关。这是因为 $\lambda\,\mathcal{N}(0,\sigma^2)$ 随机变量具有圆对称 PDF，也就是无法从角度进行鉴别。参见习题 13.4。

13.3.2　广义匹配滤波器

下面同样考虑 (13.1) 式的假设检验问题，但满足 $\tilde{\mathbf{w}} \sim \mathcal{CN}(\mathbf{0}, \mathbf{C})$，其中 $\mathbf{C}$ 不必是 $\sigma^2\mathbf{I}$。这是

相关高斯噪声中已知确定性信号的检测问题。如果

$$L(\tilde{\mathbf{x}}) = \frac{p(\tilde{\mathbf{x}}; \mathcal{H}_1)}{p(\tilde{\mathbf{x}}; \mathcal{H}_0)} > \gamma$$

LRT 判 $\mathcal{H}_1$，其中

$$p(\tilde{\mathbf{x}}; \mathcal{H}_1) = \frac{1}{\pi^N \det(\mathbf{C})} \exp\left[-(\tilde{\mathbf{x}} - \tilde{\mathbf{s}})^H \mathbf{C}^{-1}(\tilde{\mathbf{x}} - \tilde{\mathbf{s}})\right]$$

$$p(\tilde{\mathbf{x}}; \mathcal{H}_0) = \frac{1}{\pi^N \det(\mathbf{C})} \exp\left[-\tilde{\mathbf{x}}^H \mathbf{C}^{-1}\tilde{\mathbf{x}}\right]$$

很容易证明，判决表达式可以化简为，如果

$$T(\tilde{\mathbf{x}}) = \mathrm{Re}(\tilde{\mathbf{s}}^H \mathbf{C}^{-1}\tilde{\mathbf{x}}) > \gamma' \tag{13.10}$$

我们判 $\mathcal{H}_1$，如图 13.2 所示。为了确定检测性能，我们首先注意到 $\tilde{z} = \tilde{\mathbf{s}}^H \mathbf{C}^{-1}\tilde{\mathbf{x}}$ 为复高斯随机变量，因为它是复高斯随机变量的线性变换。那么，很容易证明

$$E(\tilde{z}; \mathcal{H}_0) = 0$$

$$E(\tilde{z}; \mathcal{H}_1) = \tilde{\mathbf{s}}^H \mathbf{C}^{-1}\tilde{\mathbf{s}}$$

$$\mathrm{var}(\tilde{z}; \mathcal{H}_0) = \mathrm{var}(\tilde{z}; \mathcal{H}_1) = \tilde{\mathbf{s}}^H \mathbf{C}^{-1}\tilde{\mathbf{s}}$$

所以

$$T(\tilde{\mathbf{x}}) \sim \begin{cases} N(0, \tilde{\mathbf{s}}^H \mathbf{C}^{-1}\tilde{\mathbf{s}}/2) & \text{在}\mathcal{H}_0\text{条件下} \\ N(\tilde{\mathbf{s}}^H \mathbf{C}^{-1}\tilde{\mathbf{s}}, \tilde{\mathbf{s}}^H \mathbf{C}^{-1}\tilde{\mathbf{s}}/2) & \text{在}\mathcal{H}_1\text{条件下} \end{cases}$$

因此

$$P_{FA} = Q\left(\frac{\gamma'}{\sqrt{\tilde{\mathbf{s}}^H \mathbf{C}^{-1}\tilde{\mathbf{s}}/2}}\right) \tag{13.11}$$

$$P_D = Q\left(\frac{\gamma' - \tilde{\mathbf{s}}^H \mathbf{C}^{-1}\tilde{\mathbf{s}}}{\sqrt{\tilde{\mathbf{s}}^H \mathbf{C}^{-1}\tilde{\mathbf{s}}/2}}\right) \tag{13.12}$$

或者利用 $\gamma' = \sqrt{\tilde{\mathbf{s}}^H \mathbf{C}^{-1}\tilde{\mathbf{s}}/2}\, Q^{-1}(P_{FA})$，我们有

$$P_D = Q\left(Q^{-1}(P_{FA}) - \sqrt{d^2}\right)$$

其中偏移系数为

$$d^2 = 2\tilde{\mathbf{s}}^H \mathbf{C}^{-1}\tilde{\mathbf{s}}$$

注意 $\tilde{\mathbf{s}}^H \mathbf{C}^{-1}\tilde{\mathbf{s}}$ 为实数。在习题 13.5 中要求读者验证此结论。如果 $\mathbf{C} = \sigma^2\mathbf{I}$，则检测器及其性能化简为前一种情形。如第 4 章所述，将 $\mathbf{C}^{-1}$ 分解为 $\mathbf{D}^H\mathbf{D}$，那么由 (13.10) 式得

$$T(\tilde{\mathbf{x}}) = \mathrm{Re}(\tilde{\mathbf{s}}^H \mathbf{D}^H \mathbf{D}\tilde{\mathbf{x}}) = \mathrm{Re}(\tilde{\mathbf{s}}'^H \tilde{\mathbf{x}}')$$

其中 $\tilde{\mathbf{s}}' = \mathbf{D}\tilde{\mathbf{s}}$，$\tilde{\mathbf{x}}' = \mathbf{D}\tilde{\mathbf{x}}$ 是 $\tilde{\mathbf{x}}$ 的白化形式，因为有 $\mathbf{C}_{\tilde{\mathbf{x}}'} = \mathbf{I}$。

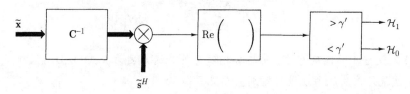

图 13.2　复数据的广义匹配滤波器

13.3.3　估计器 – 相关器

考虑检测问题　　　　　$\begin{aligned}\mathcal{H}_0 &: \tilde{x}[n] = \tilde{w}[n] & n = 0,1,\ldots,N-1 \\ \mathcal{H}_1 &: \tilde{x}[n] = \tilde{s}[n] + \tilde{w}[n] & n = 0,1,\ldots,N-1\end{aligned}$

其中 $\tilde{s}[n]$ 是均值为零、方差阵为 $\mathbf{C}_{\tilde{s}}$ 的复高斯随机过程，$\tilde{w}[n]$ 是方差为 σ^2 的 CWGN。这是在 CWGN 中检测随机信号问题。如果

$$L(\tilde{\mathbf{x}}) = \frac{p(\tilde{\mathbf{x}};\mathcal{H}_1)}{p(\tilde{\mathbf{x}};\mathcal{H}_0)} > \gamma$$

LRT 判 $\mathcal{H}_1$，其中 PDF 为

$$p(\tilde{\mathbf{x}};\mathcal{H}_1) = \frac{1}{\pi^N \det(\mathbf{C}_{\tilde{s}} + \sigma^2\mathbf{I})} \exp\left[-\tilde{\mathbf{x}}^H(\mathbf{C}_{\tilde{s}} + \sigma^2\mathbf{I})^{-1}\tilde{\mathbf{x}}\right]$$

$$p(\tilde{\mathbf{x}};\mathcal{H}_0) = \frac{1}{\pi^N \sigma^{2N}} \exp\left[-\frac{1}{\sigma^2}\tilde{\mathbf{x}}^H\tilde{\mathbf{x}}\right]$$

对数似然比为 $\ln L(\tilde{\mathbf{x}}) = -\tilde{\mathbf{x}}^H\left[(\mathbf{C}_{\tilde{s}} + \sigma^2\mathbf{I})^{-1} - \frac{1}{\sigma^2}\mathbf{I}\right]\tilde{\mathbf{x}} - \ln\det(\mathbf{C}_{\tilde{s}} + \sigma^2\mathbf{I}) + \ln\det\sigma^{2N}$　　(13.13)

应用矩阵求逆引理（参见 5.3 节），有

$$(\mathbf{C}_{\tilde{s}} + \sigma^2\mathbf{I})^{-1} = \frac{1}{\sigma^2}\mathbf{I} - \frac{1}{\sigma^4}\left(\frac{1}{\sigma^2}\mathbf{I} + \mathbf{C}_{\tilde{s}}^{-1}\right)^{-1}$$

在 (13.13) 式中消去与数据无关的项，并乘以比例因子 σ^2 得

$$T(\tilde{\mathbf{x}}) = \tilde{\mathbf{x}}^H \frac{1}{\sigma^2}\left(\frac{1}{\sigma^2}\mathbf{I} + \mathbf{C}_{\tilde{s}}^{-1}\right)^{-1}\tilde{\mathbf{x}} = \tilde{\mathbf{x}}^H\hat{\tilde{\mathbf{s}}}$$

其中　　$\hat{\tilde{\mathbf{s}}} = \frac{1}{\sigma^2}\left(\frac{1}{\sigma^2}\mathbf{I} + \mathbf{C}_{\tilde{s}}^{-1}\right)^{-1}\tilde{\mathbf{x}} = \frac{1}{\sigma^2}\left[\frac{1}{\sigma^2}(\mathbf{C}_{\tilde{s}} + \sigma^2\mathbf{I})\mathbf{C}_{\tilde{s}}^{-1}\right]^{-1}\tilde{\mathbf{x}} = \mathbf{C}_{\tilde{s}}(\mathbf{C}_{\tilde{s}} + \sigma^2\mathbf{I})^{-1}\tilde{\mathbf{x}}$

因此，如果　　　　　　　　　$T(\tilde{\mathbf{x}}) = \tilde{\mathbf{x}}^H\hat{\tilde{\mathbf{s}}} > \gamma'$　　　　　　　　　　　(13.14)

我们判 $\mathcal{H}_1$，其中　　　　　　$\hat{\tilde{\mathbf{s}}} = \mathbf{C}_{\tilde{s}}(\mathbf{C}_{\tilde{s}} + \sigma^2\mathbf{I})^{-1}\tilde{\mathbf{x}}$　　　　　　　(13.15)

是 $\tilde{\mathbf{s}}$ 的复 MMSE 估计量（参见本书卷 I 的 15.8 节）。注意，检验统计量 $T(\tilde{\mathbf{x}})$ 满足 Hermitian 形式 $\tilde{\mathbf{x}}^H\mathbf{A}\tilde{\mathbf{x}}$，其中 $\mathbf{A}^H = \mathbf{A}$，所以它为实数。因为 $(\tilde{\mathbf{x}}^H\mathbf{A}\tilde{\mathbf{x}})^H = \tilde{\mathbf{x}}^H\mathbf{A}^H\tilde{\mathbf{x}} = \tilde{\mathbf{x}}^H\mathbf{A}\tilde{\mathbf{x}}$，这保证了 $\tilde{\mathbf{x}}^H\mathbf{A}\tilde{\mathbf{x}}$ 是实数。为了验证 $\mathbf{A} = \mathbf{C}_{\tilde{s}}(\mathbf{C}_{\tilde{s}} + \sigma^2\mathbf{I})^{-1}$ 为 Hermitian 形式，我们应用下列结论 $(\mathbf{AB})^H = \mathbf{B}^H\mathbf{A}^H$，两个 Hermitian 矩阵之和仍是 Hermitian 矩阵，Hermitian 矩阵的逆矩阵也是 Hermitian 矩阵（参见习题 13.7）。检测器如图 13.3 所示。估计器 – 相关器的检测性能通过下述方法解析地得到，首先将估计器 – 相关器变成 5.3 节的标准检测器。那么，在复数情况下，检验统计量为独立 χ_2^2 随机变量的加权和，而权值依赖于 $\mathbf{C}_{\tilde{s}}$ 的特征值及 σ^2。习题 13.8 探讨了一般的情况，而下面给出了一个信号方差阵的秩为 1 的简单例子。

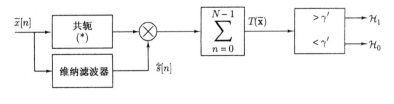

$$\hat{\tilde{\mathbf{s}}} = \mathbf{C}_{\tilde{s}}(\mathbf{C}_{\tilde{s}} + \sigma^2\mathbf{I})^{-1}\tilde{\mathbf{x}}$$

图 13.3　复数据的估计器 – 相关器

例 13.2 秩为 1 的信号协方差矩阵

来自非起伏点目标的主动声呐或雷达回波的复包络的标准模型为 [Van Trees 1971]

$$\tilde{s}[n] = \tilde{A}\tilde{h}[n]$$

其中 $\tilde{h}[n]$ 为已知复确定性信号，$\tilde{A}$ 为复高斯随机变量，且 $\tilde{A} \sim \mathcal{CN}(0, \sigma_A^2)$，假定与观测噪声 $\tilde{w}[n]$ 相互独立。发射信号为 $\tilde{h}[n]$，当从目标反射回来后，接收信号的增益及相位发生改变。未知的增益及相位用 $\tilde{A}$ 表示。注意到这种模型是复贝叶斯线性模型的特例（参见本书卷 I 的例 15.11）。利用上述假定，接收信号为复高斯随机过程，均值为零，方差阵为

$$\begin{aligned}
[\mathbf{C}_{\tilde{s}}]_{mn} &= E(\tilde{s}[m]\tilde{s}^*[n]) = E(\tilde{A}\tilde{h}[m]\tilde{A}^*\tilde{h}^*[n]) \\
&= E(|\tilde{A}|^2)\tilde{h}[m]\tilde{h}^*[n] = \sigma_A^2\tilde{h}[m]\tilde{h}^*[n]
\end{aligned}$$

或

$$\mathbf{C}_{\tilde{s}} = \sigma_A^2\tilde{\mathbf{h}}\tilde{\mathbf{h}}^H$$

其中 $\tilde{\mathbf{h}} = [\tilde{h}[0]\,\tilde{h}[1]\,\ldots\,\tilde{h}[N-1]]^T$。可见信号方差阵的秩为 1，可以应用 Woodbury 恒等式来确定 $\hat{\tilde{\mathbf{s}}}$。因此，从（13.15）式，有

$$\hat{\tilde{\mathbf{s}}} = \mathbf{C}_{\tilde{s}}(\mathbf{C}_{\tilde{s}} + \sigma^2\mathbf{I})^{-1}\tilde{\mathbf{x}} = \sigma_A^2\tilde{\mathbf{h}}\tilde{\mathbf{h}}^H(\sigma_A^2\tilde{\mathbf{h}}\tilde{\mathbf{h}}^H + \sigma^2\mathbf{I})^{-1}\tilde{\mathbf{x}}$$

应用 Woodbury 恒等式，即对复矩阵有

$$(\mathbf{A} + \mathbf{u}\mathbf{u}^H)^{-1} = \mathbf{A}^{-1} - \frac{\mathbf{A}^{-1}\mathbf{u}\mathbf{u}^H\mathbf{A}^{-1}}{1 + \mathbf{u}^H\mathbf{A}^{-1}\mathbf{u}} \tag{13.16}$$

其中 $\mathbf{u}$ 为列矢量，我们有

$$\hat{\tilde{\mathbf{s}}} = \sigma_A^2\tilde{\mathbf{h}}\tilde{\mathbf{h}}^H\left(\frac{1}{\sigma^2}\mathbf{I} - \frac{1}{\sigma^4}\frac{\sigma_A^2\tilde{\mathbf{h}}\tilde{\mathbf{h}}^H}{1 + \frac{\sigma_A^2}{\sigma^2}\tilde{\mathbf{h}}^H\tilde{\mathbf{h}}}\right)\tilde{\mathbf{x}} = \left(\frac{\sigma_A^2}{\sigma^2} - \frac{\sigma_A^4}{\sigma^4}\frac{\tilde{\mathbf{h}}^H\tilde{\mathbf{h}}}{1 + \frac{\sigma_A^2}{\sigma^2}\tilde{\mathbf{h}}^H\tilde{\mathbf{h}}}\right)\tilde{\mathbf{h}}\tilde{\mathbf{h}}^H\tilde{\mathbf{x}}$$

令 $\overline{\mathcal{E}} = E\left(\sum_{n=0}^{N-1}|\tilde{s}[n]|^2\right) = \sigma_A^2\tilde{\mathbf{h}}^H\tilde{\mathbf{h}}$ 为接收信号 $\tilde{s}[n]$ 的信号能量的数学期望，这样可以化简为

$$\hat{\tilde{\mathbf{s}}} = \frac{\sigma_A^2}{\overline{\mathcal{E}} + \sigma^2}\tilde{\mathbf{h}}\tilde{\mathbf{h}}^H\tilde{\mathbf{x}}$$

所以，由（13.14）式有

$$T(\tilde{\mathbf{x}}) = \frac{\sigma_A^2}{\overline{\mathcal{E}} + \sigma^2}|\tilde{\mathbf{h}}^H\tilde{\mathbf{x}}|^2$$

或最终有，如果

$$T'(\tilde{\mathbf{x}}) = \left|\sum_{n=0}^{N-1}\tilde{x}[n]\tilde{h}^*[n]\right|^2 > \gamma'' \tag{13.17}$$

我们判 $\mathcal{H}_1$，可以看出检验统计量为二次型、非相干匹配滤波器，它是习题 5.14 中讨论的实的、秩为 1 的检测器的复扩展。若发射信号为 $\tilde{h}[n] = \exp(j2\pi f_0 n)$，那么此检测器为 NP 检测器对瑞利衰落正弦信号的复扩展。注意在这种情况下，检验统计量 $T'(\tilde{\mathbf{x}})/N$ 正好是周期图，也就是说，没有做任何像例 5.5 所要求的近似。

由于 $\tilde{z} = \sum_{n=0}^{N-1}\tilde{x}[n]\tilde{h}^*[n]$ 是零均值复高斯随机变量，因此在两种假设下，$T'(\tilde{\mathbf{x}})$ 为一个比例 χ_2^2 随机变量（即与 χ_2^2 成比例），这样，检测性能够很容易求得。计算矩，由于 $E(\tilde{s}[n]) = E(\tilde{A})\tilde{h}[n] = 0$，因此我们有

$$E(\tilde{z}; \mathcal{H}_0) = E(\tilde{z}; \mathcal{H}_1) = 0$$

又因为

$$\text{var}(\tilde{z}; \mathcal{H}_0) = \text{var}\left(\sum_{n=0}^{N-1} \tilde{w}[n]\tilde{h}^*[n]\right) = \sigma^2 \sum_{n=0}^{N-1} |\tilde{h}[n]|^2 = \frac{\sigma^2 \bar{\mathcal{E}}}{\sigma_A^2}$$

$$\text{var}(\tilde{z}; \mathcal{H}_1) = \text{var}\left(\sum_{n=0}^{N-1} (\tilde{A}\tilde{h}[n] + \tilde{w}[n])\tilde{h}^*[n]\right)$$

$$= \text{var}\left(\sum_{n=0}^{N-1} \tilde{A}|\tilde{h}[n]|^2\right) + \text{var}\left(\sum_{n=0}^{N-1} \tilde{w}[n]\tilde{h}^*[n]\right)$$

$$= \sigma_A^2 \left(\sum_{n=0}^{N-1} |\tilde{h}[n]|^2\right)^2 + \frac{\sigma^2 \bar{\mathcal{E}}}{\sigma_A^2} = \frac{\bar{\mathcal{E}}^2}{\sigma_A^2} + \frac{\sigma^2 \bar{\mathcal{E}}}{\sigma_A^2}$$

因此，
$$\tilde{z} \sim \begin{cases} \mathcal{CN}(0, \sigma^2\bar{\mathcal{E}}/\sigma_A^2) & \text{在}\,\mathcal{H}_0\text{条件下} \\ \mathcal{CN}(0, \sigma^2\bar{\mathcal{E}}/\sigma_A^2 + \bar{\mathcal{E}}^2/\sigma_A^2) & \text{在}\,\mathcal{H}_1\text{条件下} \end{cases}$$

且在 $\mathcal{H}_0$ 及 $\mathcal{H}_1$ 条件下，$T'(\tilde{\mathbf{x}}) = |\tilde{z}|^2 = \text{Re}^2(\tilde{z}) + \text{Im}^2(\tilde{z})$ 是一个比例 χ_2^2 随机变量。回想一下，零均值复高斯随机变量的实部和虚部都是零均值、相同方差(总方差的一半)的，并且是相互独立的。那么

$$\frac{|\tilde{z}|^2}{\sigma_0^2/2} \sim \chi_2^2 \qquad \text{在}\,\mathcal{H}_0\text{条件下}$$

$$\frac{|\tilde{z}|^2}{\sigma_1^2/2} \sim \chi_2^2 \qquad \text{在}\,\mathcal{H}_1\text{条件下}$$

其中 $\sigma_0^2 = \sigma^2 \bar{\mathcal{E}}/\sigma_A^2$，$\sigma_1^2 = \sigma_0^2 + \bar{\mathcal{E}}^2/\sigma_A^2$。于是可得

$$P_{FA} = \exp\left(-\frac{\gamma''}{\sigma_0^2}\right)$$

$$P_D = \exp\left(-\frac{\gamma''}{\sigma_1^2}\right)$$

或消去 γ''，
$$P_D = P_{FA}^{\frac{1}{1+\bar{\mathcal{E}}/\sigma^2}} = P_{FA}^{\frac{1}{1+\bar{\eta}}} \tag{13.18}$$

其中 $\bar{\eta} = \bar{\mathcal{E}}/\sigma^2$ 为平均 ENR。最后，在 13.8.1 节的信号处理例子中讨论了当 $\tilde{A}$ 为未知确定性常数且 $\tilde{h}[n] = \exp(j2\pi f_0 n)$ 时的相同问题。

13.4　具有未知参数的 PDF

我们将讨论范围局限在已知方差 σ^2 的 CWGN 中，具有未知参数的确定性信号和随机信号的检测。此外，我们假定信号为具有广泛适用性的线性模型。在第一种情况，我们将未知信号参数看成确定性的，因此信号也是确定性的。然后应用复经典线性模型(参见本书卷 I 的例 15.9)。第二种情况我们将对未知信号参数指定一个先验 PDF，这样就将问题转化为具有已知 PDF 的随机信号检测问题，其中可以应用复贝叶斯线性模型(参见本书卷 I 的 15.8 节)。例 13.2 为后一种方法的特例。

13.4.1　确定性信号

考虑检测问题
$$\begin{array}{ll} \tilde{x}[n] = \tilde{w}[n] & n = 0, 1, \dots, N-1 \\ \tilde{x}[n] = \tilde{s}[n] + \tilde{w}[n] & n = 0, 1, \dots, N-1 \end{array}$$

其中 $\tilde{s}[n]$ 服从线性模型，即 $\tilde{\mathbf{s}} = \mathbf{H}\boldsymbol{\theta}$，$\mathbf{H}$ 为已知的复 $N \times p$ 观测矩阵，且 $N > p$，秩为 p，$\boldsymbol{\theta}$ 为未知的

$p \times 1$ 复参数矢量，$\tilde{w}[n]$ 为具有已知方差 σ^2 的 CWGN。应用复经典线性模型框架，在 $\mathcal{H}_0$ 条件下我们有 $\tilde{\mathbf{x}} = \tilde{\mathbf{w}}$，在 $\mathcal{H}_1$ 条件下我们有 $\tilde{\mathbf{x}} = \mathbf{H}\boldsymbol{\theta} + \tilde{\mathbf{w}}$。等价的参数检验为

$$\mathcal{H}_0 : \boldsymbol{\theta} = \mathbf{0}$$
$$\mathcal{H}_1 : \boldsymbol{\theta} \neq \mathbf{0}$$

如果

$$L_G(\tilde{\mathbf{x}}) = \frac{p(\tilde{\mathbf{x}}; \hat{\boldsymbol{\theta}}_1)}{p(\tilde{\mathbf{x}}; \boldsymbol{\theta} = \mathbf{0})} > \gamma$$

GLRT 判 $\mathcal{H}_1$，其中 $\hat{\boldsymbol{\theta}}_1$ 是 $\boldsymbol{\theta}$ 在 $\mathcal{H}_1$ 条件下的 MLE，即使得

$$p(\tilde{\mathbf{x}}; \boldsymbol{\theta}) = \frac{1}{\pi^N \sigma^{2N}} \exp\left[-\frac{1}{\sigma^2} (\tilde{\mathbf{x}} - \mathbf{H}\boldsymbol{\theta})^H (\tilde{\mathbf{x}} - \mathbf{H}\boldsymbol{\theta}) \right]$$

最大的值。可以证明 MLE 为 $\hat{\boldsymbol{\theta}}_1 = (\mathbf{H}^H\mathbf{H})^{-1}\mathbf{H}^H\mathbf{x}$（参见本书卷 I 的例 15.6）。因此，GLRT 变为

$$2\ln L_G(\mathbf{x})$$

$$= -\frac{2}{\sigma^2} \left[(\tilde{\mathbf{x}} - \mathbf{H}\hat{\boldsymbol{\theta}}_1)^H (\tilde{\mathbf{x}} - \mathbf{H}\hat{\boldsymbol{\theta}}_1) - \tilde{\mathbf{x}}^H\tilde{\mathbf{x}} \right]$$

$$= -\frac{2}{\sigma^2} \left[-\tilde{\mathbf{x}}^H\mathbf{H}\hat{\boldsymbol{\theta}}_1 - \hat{\boldsymbol{\theta}}_1^H\mathbf{H}^H\tilde{\mathbf{x}} + \hat{\boldsymbol{\theta}}_1^H\mathbf{H}^H\mathbf{H}\hat{\boldsymbol{\theta}}_1 \right]$$

$$= -\frac{2}{\sigma^2} \left[-\tilde{\mathbf{x}}^H\mathbf{H}(\mathbf{H}^H\mathbf{H})^{-1}\mathbf{H}^H\mathbf{H}\hat{\boldsymbol{\theta}}_1 - \hat{\boldsymbol{\theta}}_1^H\mathbf{H}^H\mathbf{H}(\mathbf{H}^H\mathbf{H})^{-1}\mathbf{H}^H\tilde{\mathbf{x}} + \hat{\boldsymbol{\theta}}_1^H\mathbf{H}^H\mathbf{H}\hat{\boldsymbol{\theta}}_1 \right]$$

$$= \frac{\hat{\boldsymbol{\theta}}_1^H\mathbf{H}^H\mathbf{H}\hat{\boldsymbol{\theta}}_1}{\sigma^2/2}$$

除因子 2 外，GLRT 与实数情况相同（在定理 7.1 中令 $\mathbf{A} = \mathbf{I}, \mathbf{b} = \mathbf{0}$）。因此，如果

$$T(\tilde{\mathbf{x}}) = \frac{\hat{\boldsymbol{\theta}}_1^H\mathbf{H}^H\mathbf{H}\hat{\boldsymbol{\theta}}_1}{\sigma^2/2} > \gamma' \tag{13.19}$$

我们判 $\mathcal{H}_1$，其中 $T(\tilde{\mathbf{x}})$ 为实的。在附录 13A 中证明了

$$T(\tilde{\mathbf{x}}) \sim \begin{cases} \chi_{2p}^2 & \text{在 } \mathcal{H}_0 \text{条件下} \\ \chi_{2p}'^2(\lambda) & \text{在 } \mathcal{H}_1 \text{条件下} \end{cases}$$

其中

$$\lambda = \frac{\boldsymbol{\theta}_1^H\mathbf{H}^H\mathbf{H}\boldsymbol{\theta}_1}{\sigma^2/2}$$

$\boldsymbol{\theta}_1$ 为在 $\mathcal{H}_1$ 条件下 $\boldsymbol{\theta}$ 的真值。因此检测性能变为

$$P_{FA} = Q_{\chi_{2p}^2}(\gamma')$$
$$P_D = Q_{\chi_{2p}'^2(\lambda)}(\gamma') \tag{13.20}$$

除了在 λ 中有一个因子 2 以及由于要检验 $2p$ 实参数而使自由度加倍，这些结论与实数情形相似（参见定理 7.1）。

13.4.2 随机信号

下面我们考虑相同的检测问题，不同之处是我们对未知参数矢量 $\boldsymbol{\theta}$ 指定一个先验 PDF。这样，我们就将问题转化为已知 PDF 的问题。特别是，除了对信号做线性模型假定即 $\tilde{\mathbf{s}} = \mathbf{H}\boldsymbol{\theta}$，还假定 $\boldsymbol{\theta} \sim \mathcal{CN}(\mathbf{0}, \mathbf{C}_\theta)$，这将生成一种贝叶斯线性模型。为了概括此模型，我们假定在假设 $\mathcal{H}_1$ 时观测为 $\tilde{\mathbf{x}} = \mathbf{H}\boldsymbol{\theta} + \tilde{\mathbf{w}}$，其中 $\tilde{\mathbf{x}}$ 为 $N \times 1$ 复数据矢量，$\mathbf{H}$ 为已知的 $N \times p$ 复观测矩阵且 $N > p$，$\boldsymbol{\theta}$ 是 $\boldsymbol{\theta} \sim \mathcal{CN}$

$(\mathbf{0}, \mathbf{C}_\theta)$ 的 $p \times 1$ 复随机矢量且与 $\tilde{\mathbf{w}}$ 相互独立，$\tilde{\mathbf{w}}$ 是 $\tilde{\mathbf{w}} \sim \mathcal{CN}(\mathbf{0}, \sigma^2\mathbf{I})$ 的 $N \times 1$ 复噪声矢量。在本书卷 I 的 15.8 节中，我们研究了稍微通用一点的、满足 $E(\boldsymbol{\theta}) = \boldsymbol{\mu}_\theta \neq \mathbf{0}$ 的贝叶斯线性模型形式。注意，信号 $\tilde{\mathbf{s}} = \mathbf{H}\boldsymbol{\theta}$ 现在是随机的且具有已知的 PDF $\tilde{\mathbf{s}} \sim \mathcal{CN}(\mathbf{0}, \mathbf{HC}_\theta\mathbf{H}^H)$。这样，检测问题化简为在 13.3.3 节中讨论过的问题。最佳 NP 检测器为估计器 – 相关器，即如果

$$T(\tilde{\mathbf{x}}) = \tilde{\mathbf{x}}^H \hat{\tilde{\mathbf{s}}} > \gamma'$$

我们判 $\mathcal{H}_1$，其中

$$\hat{\tilde{\mathbf{s}}} = \mathbf{C}_{\tilde{s}}(\mathbf{C}_{\tilde{s}} + \sigma^2\mathbf{I})^{-1}\tilde{\mathbf{x}} = \mathbf{HC}_\theta\mathbf{H}^H(\mathbf{HC}_\theta\mathbf{H}^H + \sigma^2\mathbf{I})^{-1}\tilde{\mathbf{x}}$$

在例 13.2 中已经给出了一个简单例子，检测性能在习题 13.8 中进行了推导。

13.5　矢量观测和 PDF

在许多信号处理系统中，观测或数据样本是矢量。一个典型的、也是我们重点关注的例子就是阵列处理。在阵列处理中，多传感器中的每一个在每一采样时刻都输出一电压。若有 M 个传感器，则在第 n 个采样时刻观测到的数据矢量为

$$\tilde{\mathbf{x}}[n] = \begin{bmatrix} \tilde{x}_0[n] \\ \tilde{x}_1[n] \\ \vdots \\ \tilde{x}_{M-1}[n] \end{bmatrix}$$

其中 $\tilde{x}_m[n]$ 为第 m 个传感器在时刻 n 的样本。对于给定的 n 值，数据矢量 $\tilde{\mathbf{x}}[n]$ 有时称为一个快拍，对应的是在给定时刻传感器阵列的输出。若在时刻间隔 $[0, N-1]$ 观测输出，则积累的数据集合为 $\{\tilde{\mathbf{x}}[0], \tilde{\mathbf{x}}[1], \ldots, \tilde{\mathbf{x}}[N-1]\}$。

为了一般性的缘故，我们假定数据样本为复数。将所有数据样本排列为一个大的矢量是很方便的，即

$$\tilde{\mathbf{x}} = \begin{bmatrix} \tilde{\mathbf{x}}[0] \\ \tilde{\mathbf{x}}[1] \\ \vdots \\ \tilde{\mathbf{x}}[N-1] \end{bmatrix} = \begin{bmatrix} \tilde{x}_0[0] \\ \tilde{x}_1[0] \\ \vdots \\ \tilde{x}_{M-1}[0] \\ \cdots\cdots\cdots \\ \tilde{x}_0[1] \\ \tilde{x}_1[1] \\ \vdots \\ \tilde{x}_{M-1}[1] \\ \cdots\cdots\cdots \\ \vdots \\ \cdots\cdots\cdots \\ \tilde{x}_0[N-1] \\ \tilde{x}_1[N-1] \\ \vdots \\ \tilde{x}_{M-1}[N-1] \end{bmatrix} \tag{13.21}$$

其维数为 $MN \times 1$。大数据矢量 $\tilde{\mathbf{x}}$ 由按列的顺序排列的快拍组成，我们称这种排列方式为时域排列。这也是矢量或等价的多通道时间序列处理假定的排列方式 [Robinson 1967，Hannan 1970，Kay 1988]。以图 13.4(a)、图 13.4(b) 为例，这种排列方式称为列转出(column rollout) [Graybill 1969]。一旦我们做此排列，大数据矢量就能像前面一样可以在确定不同的检测器中应用。唯一

的差别是方差阵的结构，而这种结构常常能简化和解释阵列处理中导出的检测器。为了理解这种结构，我们只考虑噪声，那么有 $\tilde{\mathbf{x}} = \tilde{\mathbf{w}} \sim \mathcal{CN}(\mathbf{0}, \mathbf{C})$，其中 $\mathbf{C}$ 为 $MN \times MN$ 的。根据定义，方差阵为 $\mathbf{C} = E(\tilde{\mathbf{x}}\tilde{\mathbf{x}}^H)$，所以，由（13.21）式有

$$
\mathbf{C} = E\left(
\begin{bmatrix}
\tilde{\mathbf{x}}[0] \\
\tilde{\mathbf{x}}[1] \\
\vdots \\
\tilde{\mathbf{x}}[N-1]
\end{bmatrix}
\begin{bmatrix}
\tilde{\mathbf{x}}^H[0] & \tilde{\mathbf{x}}^H[1] & \dots & \tilde{\mathbf{x}}^H[N-1]
\end{bmatrix}
\right)
$$

$$
= \begin{bmatrix}
E(\tilde{\mathbf{x}}[0]\tilde{\mathbf{x}}^H[0]) & E(\tilde{\mathbf{x}}[0]\tilde{\mathbf{x}}^H[1]) & \dots & E(\tilde{\mathbf{x}}[0]\tilde{\mathbf{x}}^H[N-1]) \\
E(\tilde{\mathbf{x}}[1]\tilde{\mathbf{x}}^H[0]) & E(\tilde{\mathbf{x}}[1]\tilde{\mathbf{x}}^H[1]) & \dots & E(\tilde{\mathbf{x}}[1]\tilde{\mathbf{x}}^H[N-1]) \\
\vdots & \vdots & \ddots & \vdots \\
E(\tilde{\mathbf{x}}[N-1]\tilde{\mathbf{x}}^H[0]) & E(\tilde{\mathbf{x}}[N-1]\tilde{\mathbf{x}}^H[1]) & \dots & E(\tilde{\mathbf{x}}[N-1]\tilde{\mathbf{x}}^H[N-1])
\end{bmatrix}
$$

$$
= \begin{bmatrix}
\mathbf{C}[0,0] & \mathbf{C}[0,1] & \dots & \mathbf{C}[0,N-1] \\
\mathbf{C}[1,0] & \mathbf{C}[1,1] & \dots & \mathbf{C}[1,N-1] \\
\vdots & \vdots & \ddots & \vdots \\
\mathbf{C}[N-1,0] & \mathbf{C}[N-1,1] & \dots & \mathbf{C}[N-1,N-1]
\end{bmatrix} \tag{13.22}
$$

其中
$$
\mathbf{C}[i,j] = E(\tilde{\mathbf{x}}[i]\tilde{\mathbf{x}}^H[j]) \tag{13.23}
$$

为第 i 和第 j 矢量样本的 $M \times M$ 子方差阵。注意，$\mathbf{C}^H[i,j] = \mathbf{C}[j,i]$，因此 $\mathbf{C}$ 为 Hermitian 矩阵。在标量 CWGN 的情况中，我们已经看到有 $\mathbf{C} = \sigma^2 \mathbf{I}$。如果 $\mathbf{C}[i,j] = \mathbf{0}(i \neq j)$，就可以得到后面的协方差，而且 $\mathbf{C}[i,i] = \sigma^2 \mathbf{I}_M$，其中 $\mathbf{I}_M$ 为 $M \times M$ 单位矩阵。在阵列处理中，$\mathbf{C} = \sigma^2 \mathbf{I}$ 意味着在每个传感器中的噪声过程是方差为 σ^2 的 CWGN，且传感器之间的过程噪声是不相关的。$\mathbf{C}[i,j] = \mathbf{0}$ $(i \neq j)$，而 $\mathbf{C}[i,i]$ 并不是比例单位矩阵（单位矩阵乘一个系数）也是有可能的。那么，在每个传感器之间，非零延迟的噪声过程是不相关的，但在同一时刻传感器之间的噪声过程是相关的。举例来说，当 $M = 2$ 及 $N = 3$ 时，方差阵为

$$
\mathbf{C} = \begin{bmatrix}
\mathbf{C}[0,0] & \mathbf{0} & \mathbf{0} \\
\mathbf{0} & \mathbf{C}[1,1] & \mathbf{0} \\
\mathbf{0} & \mathbf{0} & \mathbf{C}[2,2]
\end{bmatrix}
$$

为块对角形式。如果对于所有的 i，$\mathbf{C}[i,i]$ 相同，或者 $\mathbf{C}[i,j] = \boldsymbol{\Sigma}\delta_{ij}$ [Kay 1988]，那么此方差阵转化为多通道白噪声。另一种可能性是每个传感器的噪声过程是相关的，但各传感器之间的噪声过程是不相关的。举例来说，当 $M = 2$ 及 $N = 3$ 时有

$$
\mathbf{C} = \begin{bmatrix}
\mathbf{C}[0,0] & \mathbf{C}[0,1] & \mathbf{C}[0,2] \\
\mathbf{C}[1,0] & \mathbf{C}[1,1] & \mathbf{C}[1,2] \\
\mathbf{C}[2,0] & \mathbf{C}[2,1] & \mathbf{C}[2,2]
\end{bmatrix}
$$

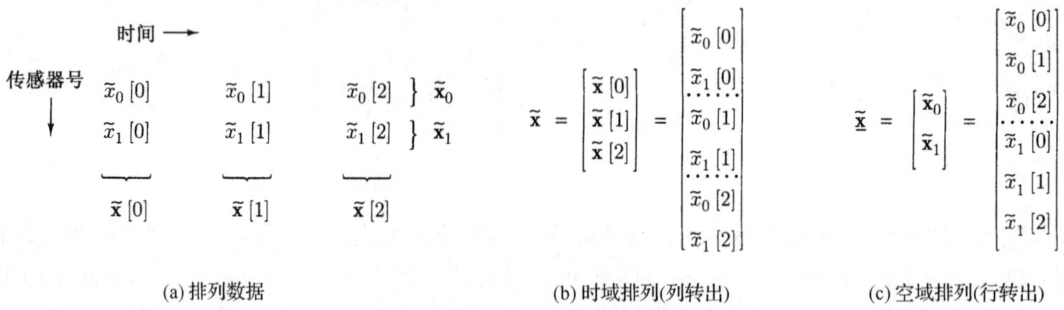

图 13.4　阵列数据的各种排列

其中$[i,j]$块为

$$\mathbf{C}[i,j] = E(\tilde{\mathbf{x}}[i]\tilde{\mathbf{x}}^H[j]) = E\left(\begin{bmatrix} \tilde{x}_0[i] \\ \tilde{x}_1[i] \end{bmatrix} \begin{bmatrix} \tilde{x}_0^*[j] & \tilde{x}_1^*[j] \end{bmatrix}\right)$$

$$= \begin{bmatrix} E(\tilde{x}_0[i]\tilde{x}_0^*[j]) & E(\tilde{x}_0[i]\tilde{x}_1^*[j]) \\ E(\tilde{x}_1[i]\tilde{x}_0^*[j]) & E(\tilde{x}_1[i]\tilde{x}_1^*[j]) \end{bmatrix} = \begin{bmatrix} E(\tilde{x}_0[i]\tilde{x}_0^*[j]) & 0 \\ 0 & E(\tilde{x}_1[i]\tilde{x}_1^*[j]) \end{bmatrix}$$

因此, 每个$M \times M$子方差阵$\mathbf{C}[i,j]$为对角矩阵。为了利用这一结构的特点, 定义一数据矢量

$$\tilde{\mathbf{x}}_m = \begin{bmatrix} \tilde{x}_m[0] \\ \tilde{x}_m[1] \\ \vdots \\ \tilde{x}_m[N-1] \end{bmatrix}$$

其中矢量$\tilde{\mathbf{x}}_m$是第m个传感器的观测数据矢量。那么, 根据各传感器之间不相关的假定有$E(\tilde{\mathbf{x}}_i\tilde{\mathbf{x}}_j^H) = \mathbf{0}(i \neq j)$。现在, 首选的数据样本排列为空域排列, 即排列各传感器的样本为一个$MN \times 1$大数据矢量

$$\underline{\tilde{\mathbf{x}}} = \begin{bmatrix} \tilde{\mathbf{x}}_0 \\ \tilde{\mathbf{x}}_1 \\ \vdots \\ \tilde{\mathbf{x}}_{M-1} \end{bmatrix}$$

在图13.4(a)、图13.4(c)中给出了例子。这种排列也称为行转出(row rollout)。下画线的使用是为了区别列转出。则当$M = 2$及$N = 3$时, 协方差矩阵为

$$\underline{\mathbf{C}} = E(\underline{\tilde{\mathbf{x}}}\,\underline{\tilde{\mathbf{x}}}^H) = \begin{bmatrix} E(\tilde{\mathbf{x}}_0\tilde{\mathbf{x}}_0^H) & 0 \\ 0 & E(\tilde{\mathbf{x}}_1\tilde{\mathbf{x}}_1^H) \end{bmatrix} = \begin{bmatrix} \mathbf{C}_{00} & 0 \\ 0 & \mathbf{C}_{11} \end{bmatrix}$$

其中$\mathbf{C}_{ii} = E(\tilde{\mathbf{x}}_i\tilde{\mathbf{x}}_i^H)$为第$i$个传感器数据样本的$N \times N$(此例中$N = 3$)协方差矩阵。此时, 由于各传感器之间的输出是不相关的, 方差阵$\underline{\mathbf{C}}$是$N \times N$块的块对角矩阵。

存在两种可能排列的原因在于数据集合的二维(2D)特性, 如图13.4(a)所示。由于在时刻n第m个传感器的数据样本为$\tilde{x}_m[n]$, 当$m = 0, 1, \ldots, M-1$和$n = 0, 1, \ldots, N-1$时, 我们有2D $M \times N$阵的数据样本。大数据矢量$\tilde{\mathbf{x}}$对应于图13.4的"列转出", 而$\underline{\tilde{\mathbf{x}}}$对应的是"行转出"。因此我们称$\tilde{\mathbf{x}}$为时域排列, 称$\underline{\tilde{\mathbf{x}}}$为空域排列, 以便区分这两种可能的排列。在样本时域不相关时前者是有优势的, 后者对各传感器之间样本不相关或样本空域不相关是有用的。

总之, 有四种我们感兴趣的情形, 它们是

1. 一般方差阵
2. 比例单位方差矩阵, 像CWGN那样
3. 根据$\tilde{\mathbf{x}}$得到的、时间上不相关的样本的块对角协方差矩阵
4. 根据$\underline{\tilde{\mathbf{x}}}$得到的、空间上不相关的样本的块对角协方差矩阵

下面我们确定各种情形下的PDF, 以备后面使用。数据集合假定为复高斯的, 均值为零, 协方差矩阵给定。

13.5.1 一般方差阵

PDF为

$$p(\tilde{\mathbf{x}}) = \frac{1}{\pi^{MN} \det(\mathbf{C})} \exp\left[-(\tilde{\mathbf{x}} - \tilde{\boldsymbol{\mu}})^H \mathbf{C}^{-1}(\tilde{\mathbf{x}} - \tilde{\boldsymbol{\mu}})\right] \tag{13.24}$$

其中$\tilde{\boldsymbol{\mu}}$是$MN \times 1$复均值矢量, $\mathbf{C}$是$MN \times MN$协方差矩阵。

13.5.2　比例单位协方差矩阵

如果 $\mathbf{C} = \sigma^2 \mathbf{I}$，那么，（13.24）式的 PDF 化为

$$p(\tilde{\mathbf{x}}) = \frac{1}{\pi^{MN} \sigma^{2MN}} \exp\left[-\frac{1}{\sigma^2}(\tilde{\mathbf{x}} - \tilde{\boldsymbol{\mu}})^H (\tilde{\mathbf{x}} - \tilde{\boldsymbol{\mu}})\right]$$

也可以利用时域排列形式写为

$$p(\tilde{\mathbf{x}}) = \frac{1}{\pi^{MN} \sigma^{2MN}} \exp\left(-\frac{1}{\sigma^2} \sum_{n=0}^{N-1} (\tilde{\mathbf{x}}[n] - \tilde{\boldsymbol{\mu}}[n])^H (\tilde{\mathbf{x}}[n] - \tilde{\boldsymbol{\mu}}[n])\right) \tag{13.25}$$

其中 $\tilde{\boldsymbol{\mu}}[n] = E(\tilde{\mathbf{x}}[n])$，或用空域排列形式表示为

$$p(\underline{\tilde{\mathbf{x}}}) = \frac{1}{\pi^{MN} \sigma^{2MN}} \exp\left(-\frac{1}{\sigma^2} \sum_{m=0}^{M-1} (\tilde{\mathbf{x}}_m - \tilde{\boldsymbol{\mu}}_m)^H (\tilde{\mathbf{x}}_m - \tilde{\boldsymbol{\mu}}_m)\right)$$

其中 $\tilde{\boldsymbol{\mu}}_m = E(\tilde{x}_m)$。

13.5.3　时域样本之间不相关

在这种情况下，我们有 $\mathbf{C}[i,j] = E(\tilde{\mathbf{x}}[i]\tilde{\mathbf{x}}^H[j]) = \mathbf{0}\,(i \neq j)$，所以，由（13.22）式，

$$\mathbf{C} = \begin{bmatrix} \mathbf{C}[0,0] & \mathbf{0} & \dots & \mathbf{0} \\ \mathbf{0} & \mathbf{C}[1,1] & \dots & \mathbf{0} \\ \vdots & \vdots & \ddots & \vdots \\ \mathbf{0} & \mathbf{0} & \dots & \mathbf{C}[N-1, N-1] \end{bmatrix}$$

因此，我们有

$$(\tilde{\mathbf{x}} - \tilde{\boldsymbol{\mu}})^H \mathbf{C}^{-1} (\tilde{\mathbf{x}} - \tilde{\boldsymbol{\mu}}) = \sum_{n=0}^{N-1} (\tilde{\mathbf{x}}[n] - \tilde{\boldsymbol{\mu}}[n])^H \mathbf{C}^{-1}[n,n](\tilde{\mathbf{x}}[n] - \tilde{\boldsymbol{\mu}}[n])$$

$$\det(\mathbf{C}) = \prod_{n=0}^{N-1} \det(\mathbf{C}[n,n])$$

又由（13.24）式，

$$p(\tilde{\mathbf{x}})$$

$$= \frac{1}{\pi^{MN} \prod\limits_{n=0}^{N-1} \det(\mathbf{C}[n,n])} \exp\left[-\sum_{n=0}^{N-1} (\tilde{\mathbf{x}}[n] - \tilde{\boldsymbol{\mu}}[n])^H \mathbf{C}^{-1}[n,n](\tilde{\mathbf{x}}[n] - \tilde{\boldsymbol{\mu}}[n])\right]$$

13.5.4　空域样本之间不相关

我们假定 $\mathbf{C}_{ij} = E(\tilde{\mathbf{x}}_i \tilde{\mathbf{x}}_j^H) = \mathbf{0}\,(i \neq j)$，其中 $\mathbf{C}_{ij}$ 为 $N \times N$。应用数据样本的空域排列，$\underline{\tilde{\mathbf{x}}}$ 的协方差矩阵变成

$$\underline{\mathbf{C}} = \begin{bmatrix} \mathbf{C}_{00} & \mathbf{0} & \dots & \mathbf{0} \\ \mathbf{0} & \mathbf{C}_{11} & \dots & \mathbf{0} \\ \vdots & \vdots & \ddots & \vdots \\ \mathbf{0} & \mathbf{0} & \dots & \mathbf{C}_{M-1, M-1} \end{bmatrix}$$

写为前面相似的形式，我们有

$$p(\tilde{\mathbf{x}}) = \frac{1}{\pi^{MN} \prod_{m=0}^{M-1} \det(\mathbf{C}_{mm})} \exp\left[-\sum_{m=0}^{M-1} (\tilde{\mathbf{x}}_m - \tilde{\boldsymbol{\mu}}_m)^H \mathbf{C}_{mm}^{-1} (\tilde{\mathbf{x}}_m - \tilde{\boldsymbol{\mu}}_m) \right]$$

13.6　矢量观测量的检测器

我们现在确定各种感兴趣情形的检测器。

13.6.1　CWGN 中的已知确定性信号

假设检验为

$$\begin{aligned} \mathcal{H}_0 &: \tilde{\mathbf{x}}[n] = \tilde{\mathbf{w}}[n] & n = 0, 1, \ldots, N-1 \\ \mathcal{H}_1 &: \tilde{\mathbf{x}}[n] = \tilde{\mathbf{s}}[n] + \tilde{\mathbf{w}}[n] & n = 0, 1, \ldots, N-1 \end{aligned}$$

其中 $\tilde{\mathbf{s}}[n]$ 是已知的复确定性信号，$\tilde{\mathbf{w}}[n]$ 是方差为 σ^2 的矢量 CWGN。后者定义为 $\tilde{\mathbf{w}}[n] \sim \mathcal{CN}(\mathbf{0}, \sigma^2 \mathbf{I}_M)$，其中当 $i \neq j$ 时 $\tilde{\mathbf{w}}[i]$ 与 $\tilde{\mathbf{w}}[j]$ 是不相关的，即 $E(\tilde{\mathbf{w}}[i]\tilde{\mathbf{w}}^H[j]) = \mathbf{0}(i \neq j)$。因此，协方差矩阵变成了 $\mathbf{C} = E(\tilde{\mathbf{w}}\tilde{\mathbf{w}}^H) = \sigma^2 \mathbf{I}$。如果

$$L(\tilde{\mathbf{x}}) = \frac{p(\tilde{\mathbf{x}}; \mathcal{H}_1)}{p(\tilde{\mathbf{x}}; \mathcal{H}_0)} > \gamma$$

NP 检测器判 $\mathcal{H}_1$。将 $\tilde{\boldsymbol{\mu}}[n] = \tilde{\mathbf{s}}[n]$ 应用于 (13.25) 式，有

$$\begin{aligned} \ln L(\tilde{\mathbf{x}}) &= -\frac{1}{\sigma^2}\left[\sum_{n=0}^{N-1}(\tilde{\mathbf{x}}[n] - \tilde{\mathbf{s}}[n])^H(\tilde{\mathbf{x}}[n] - \tilde{\mathbf{s}}[n]) - \sum_{n=0}^{N-1}\tilde{\mathbf{x}}^H[n]\tilde{\mathbf{x}}[n] \right] \\ &= -\frac{1}{\sigma^2}\left[\sum_{n=0}^{N-1}\left((\tilde{\mathbf{x}}[n] - \tilde{\mathbf{s}}[n])^H(\tilde{\mathbf{x}}[n] - \tilde{\mathbf{s}}[n]) - \tilde{\mathbf{x}}^H[n]\tilde{\mathbf{x}}[n] \right) \right] \\ &= -\frac{1}{\sigma^2}\left[\sum_{n=0}^{N-1}\left(-\tilde{\mathbf{x}}^H[n]\tilde{\mathbf{s}}[n] - \tilde{\mathbf{s}}^H[n]\tilde{\mathbf{x}}[n] + \tilde{\mathbf{s}}^H[n]\tilde{\mathbf{s}}[n] \right) \right] \end{aligned}$$

消去与数据无关的项，那么如果

$$T(\tilde{\mathbf{x}}) = \text{Re}\left(\sum_{n=0}^{N-1} \tilde{\mathbf{s}}^H[n]\tilde{\mathbf{x}}[n] \right) > \gamma' \tag{13.26}$$

我们判 $\mathcal{H}_1$。这是复阵列数据的仿形－相关器，如图 13.5(a) 所示。很明显，在标量情形下，上式化简为 (13.3) 式。注意，可以通过两种方式来分析此检测器。如前所述，将快拍 $\tilde{\mathbf{x}}[n]$ 与已知信号快拍 $\tilde{\mathbf{s}}[n]$ 进行相关。另外，

$$\begin{aligned} T(\tilde{\mathbf{x}}) &= \text{Re}\left(\sum_{n=0}^{N-1}\sum_{m=0}^{M-1} \tilde{x}_m[n]\tilde{s}_m^*[n] \right) = \text{Re}\left(\sum_{m=0}^{M-1}\sum_{n=0}^{N-1} \tilde{x}_m[n]\tilde{s}_m^*[n] \right) \\ &= \text{Re}\left(\sum_{m=0}^{M-1} \tilde{\mathbf{s}}_m^H \tilde{\mathbf{x}}_m \right) = \sum_{m=0}^{M-1} T_m(\tilde{\mathbf{x}}_m) \end{aligned}$$

其中 $T_m(\tilde{\mathbf{x}}_m) = \text{Re}(\tilde{\mathbf{s}}_m^H \tilde{\mathbf{x}}_m)$ 为第 m 个传感器的仿形－相关器的输出。因此，检测器将各传感器输出与该传感器的已知信号相关，然后将各传感器的相关结果求和。这是因为各传感器的输出是相互独立的，如图 13.5(b) 所示。本质上讲，因为数据集合为 2D 阵列，可以先对列进行相关后再对行进行相关，也可以反过来进行 (参见习题 13.15)。

从标量情形我们可以很容易得到检测性能。从 (13.5) 式，我们有

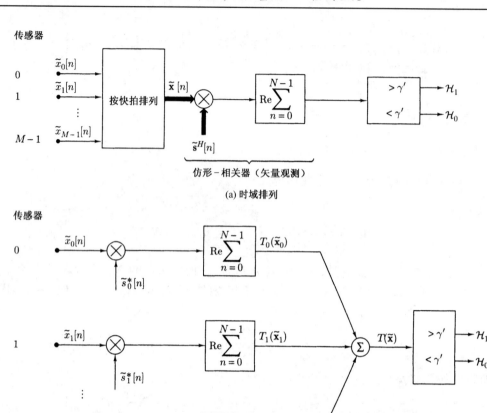

(a) 时域排列

(b) 空域排列

图 13.5 阵列数据的仿形 – 相关器

$$T_m(\tilde{\mathbf{x}}_m) \sim \begin{cases} \mathcal{N}(0, \sigma^2 \tilde{\mathbf{s}}_m^H \tilde{\mathbf{s}}_m/2) & \text{在 } \mathcal{H}_0 \text{条件下} \\ \mathcal{N}(\tilde{\mathbf{s}}_m^H \tilde{\mathbf{s}}_m, \sigma^2 \tilde{\mathbf{s}}_m^H \tilde{\mathbf{s}}_m/2) & \text{在 } \mathcal{H}_1 \text{条件下} \end{cases}$$

利用 $T_m(\tilde{\mathbf{x}}_m)$ 的独立性，可得

$$T(\tilde{\mathbf{x}}) = \sum_{m=0}^{M-1} T_m(\tilde{\mathbf{x}}_m) \sim \begin{cases} \mathcal{N}\left(0, \sum_{m=0}^{M-1} \sigma^2 \tilde{\mathbf{s}}_m^H \tilde{\mathbf{s}}_m/2\right) & \text{在 } \mathcal{H}_0 \text{条件下} \\ \mathcal{N}\left(\sum_{m=0}^{M-1} \tilde{\mathbf{s}}_m^H \tilde{\mathbf{s}}_m, \sum_{m=0}^{M-1} \sigma^2 \tilde{\mathbf{s}}_m^H \tilde{\mathbf{s}}_m/2\right) & \text{在 } \mathcal{H}_1 \text{条件下} \end{cases}$$

又有 $\sum_{m=0}^{M-1} \tilde{\mathbf{s}}_m^H \tilde{\mathbf{s}}_m = \sum_{m=0}^{M-1} \sum_{n=0}^{N-1} |\tilde{s}_m[n]|^2 = \mathcal{E}$，即总的信号能量，因此

$$P_{FA} = Q\left(\frac{\gamma'}{\sqrt{\sigma^2 \mathcal{E}/2}}\right)$$

$$P_D = Q\left(\frac{\gamma' - \mathcal{E}}{\sqrt{\sigma^2 \mathcal{E}/2}}\right)$$

或
$$P_D = Q\left(Q^{-1}(P_{FA}) - \sqrt{d^2}\right)$$

其中 $d^2 = 2\mathcal{E}/\sigma^2$。很明显，检测性能随着各传感器信号能量的增加及传感器数目的增加而改善。

13.6.2 已知确定性信号及一般噪声协方差

我们利用(13.10)式, 如果
$$T(\tilde{\mathbf{x}}) = \operatorname{Re}(\tilde{\mathbf{s}}^H \mathbf{C}^{-1} \tilde{\mathbf{x}}) > \gamma' \qquad (13.27)$$

NP 检测器判 $\mathcal{H}_1$。当然, 若 $\mathbf{C} = \sigma^2 \mathbf{I}$, 则与(13.26)式相同。检测性能已由(13.12)式给出。唯一的差别为 $\tilde{\mathbf{s}}$、$\tilde{\mathbf{x}}$ 和 $\mathbf{C}$ 的定义不同。由(13.12)式, 有

$$P_{FA} = Q\left(\frac{\gamma'}{\sqrt{\tilde{\mathbf{s}}^H \mathbf{C}^{-1} \tilde{\mathbf{s}}/2}}\right)$$

$$P_D = Q\left(\frac{\gamma' - \tilde{\mathbf{s}}^H \mathbf{C}^{-1} \tilde{\mathbf{s}}}{\sqrt{\tilde{\mathbf{s}}^H \mathbf{C}^{-1} \tilde{\mathbf{s}}/2}}\right)$$

或
$$P_D = Q\left(Q^{-1}(P_{FA}) - \sqrt{d^2}\right) \qquad (13.28)$$

其中 $d^2 = 2\tilde{\mathbf{s}}^H \mathbf{C}^{-1} \tilde{\mathbf{s}}$。

13.6.3 时域不相关噪声中已知确定性信号

若噪声在时域快拍与快拍之间不相关, 但在同一时刻传感器噪声之间是相关的, 则当 $i \neq j$ 时 $\mathbf{C}[i,j] = \mathbf{0}$。注意 $\mathbf{C}[i,i]$ 通常不是对角型的。那么,

$$\mathbf{C}^{-1} = \begin{bmatrix} \mathbf{C}^{-1}[0,0] & \mathbf{0} & \cdots & \mathbf{0} \\ \mathbf{0} & \mathbf{C}^{-1}[1,1] & \cdots & \mathbf{0} \\ \vdots & \vdots & \ddots & \vdots \\ \mathbf{0} & \mathbf{0} & \cdots & \mathbf{C}^{-1}[N-1, N-1] \end{bmatrix}$$

(13.27)式化简为
$$T(\tilde{\mathbf{x}}) = \operatorname{Re}\left(\sum_{n=0}^{N-1} \tilde{\mathbf{s}}^H[n] \mathbf{C}^{-1}[n,n] \tilde{\mathbf{x}}[n]\right) \qquad (13.29)$$

性能从(13.28)式得出, 其中 $d^2 = 2\sum_{n=0}^{N-1} \tilde{\mathbf{s}}^H[n] \mathbf{C}^{-1}[n,n] \tilde{\mathbf{s}}[n]$。

13.6.4 空域非相关噪声中已知确定性信号

若各传感器之间的噪声过程是不相关的, 但每个传感器的噪声过程是时域相关的(任一传感器), 则利用空域排列, 我们有

$$\underline{\mathbf{C}}^{-1} = \begin{bmatrix} \mathbf{C}_{00}^{-1} & \mathbf{0} & \cdots & \mathbf{0} \\ \mathbf{0} & \mathbf{C}_{11}^{-1} & \cdots & \mathbf{0} \\ \vdots & \vdots & \ddots & \vdots \\ \mathbf{0} & \mathbf{0} & \cdots & \mathbf{C}_{M-1,M-1}^{-1} \end{bmatrix}$$

由(13.27)式, 如果

$$T(\tilde{\mathbf{x}}) = \operatorname{Re}\left(\underline{\tilde{\mathbf{s}}}^H \underline{\mathbf{C}}^{-1} \underline{\tilde{\mathbf{x}}}\right) = \operatorname{Re}\left(\sum_{m=0}^{M-1} \tilde{\mathbf{s}}_m^H \mathbf{C}_{mm}^{-1} \tilde{\mathbf{x}}_m\right) = \sum_{m=0}^{M-1} T_m(\tilde{\mathbf{x}}_m) > \gamma' \qquad (13.30)$$

NP 检测器判 $\mathcal{H}_1$，其中 $T_m(\tilde{\mathbf{x}}_m) = \mathrm{Re}(\tilde{\mathbf{s}}_m^H \mathbf{C}_{mm}^{-1} \tilde{\mathbf{x}}_m)$ 为第 m 个传感器的广义匹配滤波器的输出或仿形－相关器的输出。检测性能从(13.28)式得出，其中 $d^2 = 2\sum_{m=0}^{M-1} \tilde{\mathbf{s}}_m^H \mathbf{C}_{mm}^{-1}\tilde{\mathbf{s}}_m$。

13.6.5　CWGN 中的随机信号

现在，我们将注意力转向随机信号的检测。检测问题为

$$
\begin{aligned}
\mathcal{H}_0 &: \tilde{\mathbf{x}}[n] = \tilde{\mathbf{w}}[n] & n = 0,1,\ldots,N-1\\
\mathcal{H}_1 &: \tilde{\mathbf{x}}[n] = \tilde{\mathbf{s}}[n] + \tilde{\mathbf{w}}[n] & n = 0,1,\ldots,N-1
\end{aligned}
$$

其中 $\tilde{\mathbf{s}}[n]$ 为零均值、方差阵为 $\mathbf{C}_{\tilde{s}} = E(\tilde{\mathbf{s}}\tilde{\mathbf{s}}^H)$ 的 CWGN，$\tilde{\mathbf{w}}[n]$ 是已知方差 σ^2 的矢量 CWGN 过程，且与 $\tilde{\mathbf{s}}[n]$ 相互独立。那么，直接应用(13.14)式，如果

$$T(\tilde{\mathbf{x}}) = \tilde{\mathbf{x}}^H \hat{\tilde{\mathbf{s}}} > \gamma' \tag{13.31}$$

我们判 $\mathcal{H}_1$，其中 $\qquad \hat{\tilde{\mathbf{s}}} = \mathbf{C}_{\tilde{s}}(\mathbf{C}_{\tilde{s}} + \sigma^2 \mathbf{I})^{-1}\tilde{\mathbf{x}}$

一些特例也是我们感兴趣的。如果信号空域和时域均不相关(或为白色的)，那么 $\mathbf{C}_{\tilde{s}} = \sigma_{\tilde{s}}^2 \mathbf{I}$，我们有

$$\hat{\tilde{\mathbf{s}}} = \frac{\sigma_{\tilde{s}}^2}{\sigma_{\tilde{s}}^2 + \sigma^2}\tilde{\mathbf{x}}$$

且利用空域排列，得

$$T(\tilde{\mathbf{x}}) \;=\; \frac{\sigma_{\tilde{s}}^2}{\sigma_{\tilde{s}}^2 + \sigma^2}\tilde{\mathbf{x}}^H\tilde{\mathbf{x}} \;=\; \frac{\sigma_{\tilde{s}}^2}{\sigma_{\tilde{s}}^2 + \sigma^2}\sum_{m=0}^{M-1}\tilde{\mathbf{x}}_m^H\tilde{\mathbf{x}}_m$$

因此，如果

$$T'(\tilde{\mathbf{x}}) = \sum_{m=0}^{M-1} T_m(\tilde{\mathbf{x}}_m) > \gamma''$$

我们判 $\mathcal{H}_1$。其中 $T_m(\tilde{\mathbf{x}}_m) = \sum_{n=0}^{N-1}|x_m[n]|^2$ 为第 m 个传感器的能量输出。它是各传感器能量检验统计量之和(参见例 5.1)。

如果信号只是时域不相关，由于

$$\mathbf{C}_{\tilde{s}} = \begin{bmatrix} \mathbf{C}_{\tilde{s}}[0,0] & \mathbf{0} & \ldots & \mathbf{0} \\ \mathbf{0} & \mathbf{C}_{\tilde{s}}[1,1] & \ldots & \mathbf{0} \\ \vdots & \vdots & \ddots & \vdots \\ \mathbf{0} & \mathbf{0} & \ldots & \mathbf{C}_{\tilde{s}}[N-1,N-1] \end{bmatrix}$$

并且令 $\hat{\tilde{\mathbf{s}}} = [\,\hat{\tilde{\mathbf{s}}}[0]\,\hat{\tilde{\mathbf{s}}}[1]\ldots\hat{\tilde{\mathbf{s}}}[N-1]\,]^T$，那么我们可以得出

$$\hat{\tilde{\mathbf{s}}}[n] = \mathbf{C}_{\tilde{s}}[n,n](\mathbf{C}_{\tilde{s}}[n,n] + \sigma^2 \mathbf{I})^{-1}\tilde{\mathbf{x}}[n]$$

并且由(13.31)式，我们有 $\qquad T(\tilde{\mathbf{x}}) = \sum_{n=0}^{N-1}\tilde{\mathbf{x}}^H[n]\hat{\tilde{\mathbf{s}}}[n]$

如图 13.6(a)所示。

若信号是空域不相关的，则由于

$$\underline{\mathbf{C}}_{\tilde{s}} = \begin{bmatrix} \mathbf{C}_{00} & \mathbf{0} & \ldots & \mathbf{0} \\ \mathbf{0} & \mathbf{C}_{11} & \ldots & \mathbf{0} \\ \vdots & \vdots & \ddots & \vdots \\ \mathbf{0} & \mathbf{0} & \ldots & \mathbf{C}_{M-1,M-1} \end{bmatrix}$$

为对角块形式，并且令 $\hat{\underline{\tilde{\mathbf{s}}}} = [\,\hat{\tilde{\mathbf{s}}}_0\,\hat{\tilde{\mathbf{s}}}_1\ldots\hat{\tilde{\mathbf{s}}}_{M-1}\,]^T$，我们可以得出

$$\hat{\tilde{\mathbf{s}}}_m = \mathbf{C}_{mm}(\mathbf{C}_{mm} + \sigma^2 \mathbf{I})^{-1}\tilde{\mathbf{x}}_m$$

又由(13.31)式可得

$$T(\tilde{\mathbf{x}}) = \sum_{m=0}^{M-1} \tilde{\mathbf{x}}_m^H \hat{\mathbf{s}}_m$$

如图 13.6(b)所示。

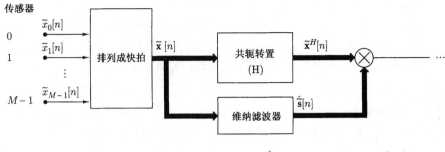

$$\hat{\tilde{\mathbf{s}}}[n] = \mathbf{C}_{\tilde{s}}[n, n](\mathbf{C}_{\tilde{s}}[n, n] + \sigma^2 \mathbf{I})^{-1} \tilde{\mathbf{x}}[n]$$

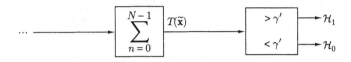

(a) 时域不相关信号

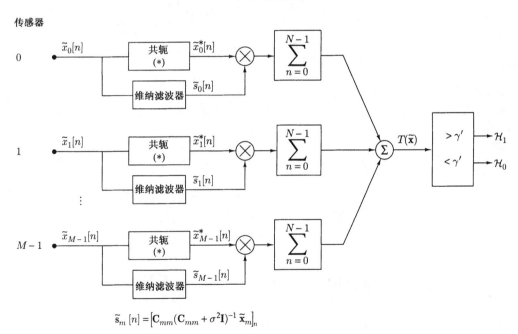

$$\tilde{\mathbf{s}}_m[n] = \left[\mathbf{C}_{mm}(\mathbf{C}_{mm} + \sigma^2 \mathbf{I})^{-1} \tilde{\mathbf{x}}_m\right]_n$$

(b) 空域不相关信号

图 13.6 阵列数据的估计器 – 相关器

13.6.6 CWGN 中具有未知参数的确定性信号

最后,我们考察 CWGN 中具有未知参数的确定性信号。假定信号服从经典线性模型,因此可以应用 13.4.1 节的结论。检测问题为

$$
\begin{aligned}
\mathcal{H}_0 &: \tilde{\mathbf{x}}[n] = \tilde{\mathbf{w}}[n] & n &= 0, 1, \ldots, N-1 \\
\mathcal{H}_1 &: \tilde{\mathbf{x}}[n] = \sum_{i=1}^{p} \mathbf{h}_i[n]\theta_i + \tilde{\mathbf{w}}[n] & n &= 0, 1, \ldots, N-1
\end{aligned}
\tag{13.32}
$$

其中确定性信号为 $\tilde{\mathbf{s}}[n] = \sum_{i=1}^{p} \mathbf{h}_i[n]\theta_i$，$\tilde{\mathbf{w}}[n]$ 是具有已知方差 σ^2 的矢量 CWGN。$M \times 1$ 观测矢量 $\mathbf{h}_i[n]$ 为复数且已知，假定信号参数 θ_i 为复数且未知。作为信号建模的一个例子，考虑在 M 个传感器上接收的两个正弦复信号的情形。除了延迟不同，在各传感器之间接收的正弦信号是相同的。令 $n_m(\beta_1)$、$n_m(\beta_2)$ 分别表示在第 m 个传感器上第一个、第二个正弦信号样本的延迟。参数 β_1、β_2 表示传播的正弦信号的到达角。那么，在第 m 个传感器上接收的信号可以表示为

$$
\tilde{s}_m[n] = A\exp\left[j(2\pi f_1(n - n_m(\beta_1)) + \phi)\right] + B\exp\left[j(2\pi f_2(n - n_m(\beta_2)) + \psi)\right]
$$

其中，像往常一样，$\tilde{s}_m[n]$ 为在第 m 个传感器上接收信号的第 n 个时域样本。假定 $\{A, \phi, B, \psi\}$ 未知，频率 f_1、f_2 及延迟 $n_m(\beta_1)$、$n_m(\beta_2)$ 是已知的。将样本排列成快拍，(13.32)式的线性信号模型为

$$
\tilde{\mathbf{s}}[n] = \underbrace{\begin{bmatrix} \exp[j2\pi f_1(n - n_0(\beta_1))] \\ \exp[j2\pi f_1(n - n_1(\beta_1))] \\ \vdots \\ \exp[j2\pi f_1(n - n_{M-1}(\beta_1))] \end{bmatrix}}_{\mathbf{h}_1[n]} \underbrace{A\exp(j\phi)}_{\theta_1}
$$

$$
+ \underbrace{\begin{bmatrix} \exp[j2\pi f_2(n - n_0(\beta_2))] \\ \exp[j2\pi f_2(n - n_1(\beta_2))] \\ \vdots \\ \exp[j2\pi f_2(n - n_{M-1}(\beta_2))] \end{bmatrix}}_{\mathbf{h}_2[n]} \underbrace{B\exp(j\psi)}_{\theta_2}
$$

上述模型在 13.8 节中将再次应用。

现在，我们可以将(13.32)式的信号通过时域排列而用经典线性模型形式表示为

$$
\begin{aligned}
\tilde{\mathbf{s}} &= \begin{bmatrix} \tilde{\mathbf{s}}[0] \\ \tilde{\mathbf{s}}[1] \\ \vdots \\ \tilde{\mathbf{s}}[N-1] \end{bmatrix} = \begin{bmatrix} \sum_{i=1}^{p} \mathbf{h}_i[0]\theta_i \\ \sum_{i=1}^{p} \mathbf{h}_i[1]\theta_i \\ \vdots \\ \sum_{i=1}^{p} \mathbf{h}_i[N-1]\theta_i \end{bmatrix} \\[2mm]
&= \underbrace{\begin{bmatrix} \mathbf{h}_1[0] & \mathbf{h}_2[0] & \ldots & \mathbf{h}_p[0] \\ \mathbf{h}_1[1] & \mathbf{h}_2[1] & \ldots & \mathbf{h}_p[1] \\ \vdots & \vdots & \ddots & \vdots \\ \mathbf{h}_1[N-1] & \mathbf{h}_2[N-1] & \ldots & \mathbf{h}_p[N-1] \end{bmatrix}}_{\mathbf{H}} \boldsymbol{\theta}
\end{aligned}
$$

注意，由于 $\mathbf{h}_i[n]$ 为 $M \times 1$ 维，所以观测矩阵 $\mathbf{H}$ 为 $MN \times p$ 维。

应用(13.19)式的线性模型结果，如果

$$
T(\tilde{\mathbf{x}}) = \frac{\hat{\boldsymbol{\theta}}_1^H \mathbf{H}^H \mathbf{H} \hat{\boldsymbol{\theta}}_1}{\sigma^2/2} > \gamma'
\tag{13.33}
$$

GLRT 判 $\mathcal{H}_1$，其中 $\hat{\boldsymbol{\theta}}_1 = (\mathbf{H}^H \mathbf{H})^{-1} \mathbf{H}^H \tilde{\mathbf{x}}$。令 $\hat{\tilde{\mathbf{s}}} = \mathbf{H}\hat{\boldsymbol{\theta}}_1$，采用时域排列，检验统计量可以简化表示为

$$T(\tilde{\mathbf{x}}) \;=\; \frac{\tilde{\mathbf{x}}^H \mathbf{H}(\mathbf{H}^H\mathbf{H})^{-1}\mathbf{H}^H\tilde{\mathbf{x}}}{\sigma^2/2} = \frac{\hat{\tilde{\mathbf{s}}}^H\tilde{\mathbf{x}}}{\sigma^2/2} \;=\; \frac{\displaystyle\sum_{n=0}^{N-1}\hat{\tilde{\mathbf{s}}}^H[n]\tilde{\mathbf{x}}[n]}{\sigma^2/2} \tag{13.34}$$

或者采用空域排列, 可等价地表示为
$$T(\tilde{\mathbf{x}}) = \frac{\displaystyle\sum_{m=0}^{M-1}\hat{\tilde{\mathbf{s}}}_m^H\tilde{\mathbf{x}}_m}{\sigma^2/2} \tag{13.35}$$

由 (13.20) 式可得检测性能为
$$P_{FA} \;=\; Q_{\chi^2_{2p}}(\gamma')$$

$$P_D \;=\; Q_{\chi^2_{2p}(\lambda)}(\gamma') \tag{13.36}$$

其中
$$\lambda = \frac{\boldsymbol{\theta}_1^H\mathbf{H}^H\mathbf{H}\boldsymbol{\theta}_1}{\sigma^2/2} \tag{13.37}$$

13.7　大数据记录的估计器 – 相关器

如同第 5 章所讨论的那样, 若数据记录长度足够大或 $N \to \infty$, 估计器 – 相关器有可能在频域实现, 这个结论是从近似的特征值分解及由此得出的信号方差阵的对角线化而得来的。在矢量情形, 信号方差阵得出的是变换的信号协方差矩阵, 它是块对角矩阵。在应用此结论前, 我们必须首先定义矢量或多通道 WSS 随机过程的自相关函数及功率谱密度。回想 $\tilde{\mathbf{x}}$ 的方差阵为

$$\mathbf{C} = \begin{bmatrix} \mathbf{C}[0,0] & \mathbf{C}[0,1] & \ldots & \mathbf{C}[0,N-1] \\ \mathbf{C}[1,0] & \mathbf{C}[1,1] & \ldots & \mathbf{C}[1,N-1] \\ \vdots & \vdots & \ddots & \vdots \\ \mathbf{C}[N-1,0] & \mathbf{C}[N-1,1] & \ldots & \mathbf{C}[N-1,N-1] \end{bmatrix}$$

其中 $\mathbf{C}[i,j] = E(\tilde{\mathbf{x}}[i]\tilde{\mathbf{x}}^H[j])$。若多通道时间序列 $\tilde{\mathbf{x}}[n]$ 为 WSS, 那么协方差矩阵 $\mathbf{C}[i,j]$ 仅与样本的时间延迟有关。在这种情况下,
$$\mathbf{C}[i,j] \;=\; E(\tilde{\mathbf{x}}[i]\tilde{\mathbf{x}}^H[j]) = E(\tilde{\mathbf{x}}[i-j]\tilde{\mathbf{x}}^H[0]) \;=\; E(\tilde{\mathbf{x}}^*[0]\tilde{\mathbf{x}}^T[i-j])^T$$

我们定义 $E(\tilde{\mathbf{x}}^*[0]\tilde{\mathbf{x}}^T[k])$ 为在延迟 k 的多通道 ACF; 或者更一般的, 定义多通道 ACF 为 $M \times M$ 矩阵 [Kay 1988]
$$\mathbf{R}_{\tilde{x}\tilde{x}}[k] = E(\tilde{\mathbf{x}}^*[n]\tilde{\mathbf{x}}^T[n+k])$$

因此, $\mathbf{C}[i,j] = \mathbf{R}_{\tilde{x}\tilde{x}}^T[i-j]$, 协方差矩阵变为

$$\mathbf{C} = \begin{bmatrix} \mathbf{R}_{\tilde{x}\tilde{x}}^T[0] & \mathbf{R}_{\tilde{x}\tilde{x}}^T[-1] & \ldots & \mathbf{R}_{\tilde{x}\tilde{x}}^T[-(N-1)] \\ \mathbf{R}_{\tilde{x}\tilde{x}}^T[1] & \mathbf{R}_{\tilde{x}\tilde{x}}^T[0] & \ldots & \mathbf{R}_{\tilde{x}\tilde{x}}^T[-(N-2)] \\ \vdots & \vdots & \ddots & \vdots \\ \mathbf{R}_{\tilde{x}\tilde{x}}^T[N-1] & \mathbf{R}_{\tilde{x}\tilde{x}}^T[N-2] & \ldots & \mathbf{R}_{\tilde{x}\tilde{x}}^T[0] \end{bmatrix} \tag{13.38}$$

注意到 $M \times M$ 矩阵沿 NW-SE (西北 – 东南) 对角线是相同的 (称为 block-Toeplitz 矩阵)。如果我们定义 $r_{ij}[k] = E(\tilde{x}_i^*[n]\tilde{x}_j[n+k])$ $(i=0,1,\ldots,M-1; j=0,1,\ldots,M-1)$, 那么 $r_{ij}[k]$ 为传感器 i 及传感器 j 之间延迟 k 时的互相关函数。因而延迟 k 时的多通道 ACF 为

$$\mathbf{R}_{\tilde{x}\tilde{x}}[k] = \begin{bmatrix} r_{00}[k] & r_{01}[k] & \ldots & r_{0,M-1}[k] \\ r_{10}[k] & r_{11}[k] & \ldots & r_{1,M-1}[k] \\ \vdots & \vdots & \ddots & \vdots \\ r_{M-1,0}[k] & r_{M-1,1}[k] & \ldots & r_{M-1,M-1}[k] \end{bmatrix}$$

$\mathbf{R}_{\tilde{x}\tilde{x}}[k]$ 的傅里叶变换定义为 $\mathbf{R}_{\tilde{x}\tilde{x}}[k]$ 每一元素的傅里叶变换，即

$$
\begin{aligned}
\mathbf{P}_{\tilde{x}\tilde{x}}(f) &= \sum_{k=-\infty}^{\infty} \mathbf{R}_{\tilde{x}\tilde{x}}[k]\exp(-j2\pi fk) \\
&= \begin{bmatrix} P_{00}(f) & P_{01}(f) & \cdots & P_{0,M-1}(f) \\ P_{10}(f) & P_{11}(f) & \cdots & P_{1,M-1}(f) \\ \vdots & \vdots & \ddots & \vdots \\ P_{M-1,0}(f) & P_{M-1,1}(f) & \cdots & P_{M-1,M-1}(f) \end{bmatrix}
\end{aligned}
$$

其中
$$
P_{ij}(f) = \sum_{k=-\infty}^{\infty} r_{ij}[k]\exp(-j2\pi fk)
$$

为传感器 i 及传感器 j 的互 PSD。主对角线上的各项为传感器的自 PSD，它刚好是通常的 PSD。矩阵 $\mathbf{P}_{\tilde{x}\tilde{x}}(f)$ 称为互谱矩阵（CSM）。可以证明它是 Hermitian 的和正定的（参见习题 13.19）。

现在扩展第 2 章中的结论，说明协方差矩阵 $\mathbf{C}$ 是如何近似为块对角的。考虑一个 ACF 满足 $\mathbf{R}_{\tilde{x}\tilde{x}}[k]=\mathbf{0}(k\geqslant 2)$ 多通道过程［称为多通道 MA（1）过程］，由（13.38）式有

$$
\mathbf{C} = \begin{bmatrix} \mathbf{R}_{\tilde{x}\tilde{x}}^{T}[0] & \mathbf{R}_{\tilde{x}\tilde{x}}^{T}[-1] & \mathbf{0} & \mathbf{0} & \cdots & \mathbf{0} \\ \mathbf{R}_{\tilde{x}\tilde{x}}^{T}[1] & \mathbf{R}_{\tilde{x}\tilde{x}}^{T}[0] & \mathbf{R}_{\tilde{x}\tilde{x}}^{T}[-1] & \mathbf{0} & \cdots & \mathbf{0} \\ \vdots & \vdots & \vdots & \vdots & \vdots & \vdots \\ \mathbf{0} & \mathbf{0} & \cdots & \mathbf{R}_{\tilde{x}\tilde{x}}^{T}[1] & \mathbf{R}_{\tilde{x}\tilde{x}}^{T}[0] & \mathbf{R}_{\tilde{x}\tilde{x}}^{T}[-1] \\ \mathbf{0} & \mathbf{0} & \cdots & \mathbf{0} & \mathbf{R}_{\tilde{x}\tilde{x}}^{T}[1] & \mathbf{R}_{\tilde{x}\tilde{x}}^{T}[0] \end{bmatrix}
$$

下面定义多通道正弦信号矩阵为

$$
\mathbf{V}_i = \frac{1}{\sqrt{N}} \begin{bmatrix} \mathbf{I}_M \\ \mathbf{I}_M\exp(j2\pi f_i) \\ \vdots \\ \mathbf{I}_M\exp[j2\pi f_i(N-1)] \end{bmatrix}
$$

其中 $f_i = i/N(i=0,1,\ldots,N-1)$，因而 $\mathbf{V}_i$ 为 $MN\times M$ 维，$\mathbf{I}_M$ 为 $M\times M$ 单位矩阵。那么，计算 $\mathbf{CV}_i$，我们有

$$
\mathbf{CV}_i
$$

$$
= \frac{1}{\sqrt{N}} \begin{bmatrix} \mathbf{R}_{\tilde{x}\tilde{x}}^{T}[0] + \mathbf{R}_{\tilde{x}\tilde{x}}^{T}[-1]\exp(j2\pi f_i) \\ \mathbf{R}_{\tilde{x}\tilde{x}}^{T}[1] + \mathbf{R}_{\tilde{x}\tilde{x}}^{T}[0]\exp(j2\pi f_i) + \mathbf{R}_{\tilde{x}\tilde{x}}^{T}[-1]\exp(j4\pi f_i) \\ \vdots \\ \mathbf{R}_{\tilde{x}\tilde{x}}^{T}[1]\exp[j2\pi f_i(N-2)] + \mathbf{R}_{\tilde{x}\tilde{x}}^{T}[0]\exp[j2\pi f_i(N-1)] \end{bmatrix}
$$

$$
= \frac{1}{\sqrt{N}} \begin{bmatrix} [\mathbf{R}_{\tilde{x}\tilde{x}}^{T}[0] + \mathbf{R}_{\tilde{x}\tilde{x}}^{T}[-1]\exp(j2\pi f_i)]1 \\ [\mathbf{R}_{\tilde{x}\tilde{x}}^{T}[1]\exp(-j2\pi f_i) + \mathbf{R}_{\tilde{x}\tilde{x}}^{T}[0] + \mathbf{R}_{\tilde{x}\tilde{x}}^{T}[-1]\exp(j2\pi f_i)]\exp(j2\pi f_i) \\ \vdots \\ [\mathbf{R}_{\tilde{x}\tilde{x}}^{T}[1]\exp(-j2\pi f_i) + \mathbf{R}_{\tilde{x}\tilde{x}}^{T}[0]]\exp[j2\pi f_i(N-1)] \end{bmatrix}
$$

$$
\approx \frac{1}{\sqrt{N}} \begin{bmatrix} \mathbf{I}_M\mathbf{P}_{\tilde{x}\tilde{x}}^{T}(f_i) \\ \mathbf{I}_M\exp(j2\pi f_i)\mathbf{P}_{\tilde{x}\tilde{x}}^{T}(f_i) \\ \vdots \\ \mathbf{I}_M\exp[j2\pi f_i(N-1)]\mathbf{P}_{\tilde{x}\tilde{x}}^{T}(f_i) \end{bmatrix}
$$

$$
= \frac{1}{\sqrt{N}} \begin{bmatrix} \mathbf{I}_M \\ \mathbf{I}_M\exp(j2\pi f_i) \\ \vdots \\ \mathbf{I}_M\exp[j2\pi f_i(N-1)] \end{bmatrix} \mathbf{P}_{\tilde{x}\tilde{x}}^{T}(f_i) = \mathbf{V}_i\mathbf{P}_{\tilde{x}\tilde{x}}^{T}(f_i)
$$

由于
$$\mathbf{P}_{\tilde{x}\tilde{x}}(f) = \mathbf{R}_{\tilde{x}\tilde{x}}[-1]\exp(j2\pi f) + \mathbf{R}_{\tilde{x}\tilde{x}}[0] + \mathbf{R}_{\tilde{x}\tilde{x}}[1]\exp(-j2\pi f)$$

是 CSM，令 $i = 0, 1, \ldots, N-1$，有

$$\mathbf{C}\underbrace{[\begin{array}{cccc} \mathbf{V}_0 & \mathbf{V}_1 & \ldots & \mathbf{V}_{N-1} \end{array}]}_{\mathbf{V}} =$$

$$\underbrace{[\begin{array}{cccc} \mathbf{V}_0 & \mathbf{V}_1 & \ldots & \mathbf{V}_{N-1} \end{array}]}_{\mathbf{V}} \underbrace{\begin{bmatrix} \mathbf{P}_{\tilde{x}\tilde{x}}^T(f_0) & \mathbf{0} & \ldots & \mathbf{0} \\ \mathbf{0} & \mathbf{P}_{\tilde{x}\tilde{x}}^T(f_1) & \ldots & \mathbf{0} \\ \vdots & \vdots & \ddots & \vdots \\ \mathbf{0} & \mathbf{0} & \ldots & \mathbf{P}_{\tilde{x}\tilde{x}}^T(f_{N-1}) \end{bmatrix}}_{\mathbf{P}_{\tilde{x}}^T} \quad (13.39)$$

又由于
$$\mathbf{V}^H\mathbf{V} = \begin{bmatrix} \mathbf{V}_0^H\mathbf{V}_0 & \mathbf{V}_0^H\mathbf{V}_1 & \ldots & \mathbf{V}_0^H\mathbf{V}_{N-1} \\ \mathbf{V}_1^H\mathbf{V}_0 & \mathbf{V}_1^H\mathbf{V}_1 & \ldots & \mathbf{V}_1^H\mathbf{V}_{N-1} \\ \vdots & \vdots & \ddots & \vdots \\ \mathbf{V}_0^H\mathbf{V}_{N-1} & \mathbf{V}_1^H\mathbf{V}_{N-1} & \ldots & \mathbf{V}_{N-1}^H\mathbf{V}_{N-1} \end{bmatrix}$$

和
$$\mathbf{V}_k^H\mathbf{V}_l = \frac{1}{N}\sum_{n=0}^{N-1}\mathbf{I}_M\exp(-j2\pi f_k n)\mathbf{I}_M\exp(j2\pi f_l n) = \mathbf{I}_M\delta_{kl}$$

因此 $\mathbf{V}$ 为酉矩阵（即满足 $\mathbf{V}^H = \mathbf{V}^{-1}$），于是我们有

$$\mathbf{V}^H\mathbf{C}\mathbf{V} = \mathbf{P}_{\tilde{x}}^T \quad (13.40)$$

因而 $\mathbf{C}$ 近似为块对角形式。若 $\mathbf{P}_{\tilde{x}}^T$ 的 $M \times M$ 块为对角形式，或者如果对于 $i = 0, 1, \ldots, N-1$，我们有

$$\mathbf{P}_{\tilde{x}\tilde{x}}^T(f_i) = \mathbf{P}_{\tilde{x}\tilde{x}}(f_i) = \begin{bmatrix} P_{00}(f_i) & 0 & \ldots & 0 \\ 0 & P_{11}(f_i) & \ldots & 0 \\ \vdots & \vdots & \ddots & \vdots \\ 0 & 0 & \ldots & P_{M-1,M-1}(f_i) \end{bmatrix}$$

那么 $\mathbf{C}$ 近似为对角化的。若互 PSD 为零或 $P_{ij}(f) = 0(i \neq j)$，则出现后一种情形。此时各传感器之间的 WSS 随机过程是不相关的。

现在，我们可以应用信号过程的 WSS 假定来近似估计器－相关器。应用此种方法的实用性是源于 $\mathbf{C}_{\tilde{s}}$ 的块对角形式允许 13.6.5 节的特殊形式的估计器－相关器。令 $\mathbf{P}_{\tilde{s}}$ 是（13.39）式中用 $\mathbf{P}_{\tilde{s}\tilde{s}}(f_i)$ 替代 $\mathbf{P}_{\tilde{x}\tilde{x}}(f_i)$ 的块对角矩阵。那么，由（13.40）式，对于多通道 WSS 信号过程和大数据记录，我们有

$$\mathbf{V}^H\mathbf{C}_{\tilde{s}}\mathbf{V} = \mathbf{P}_{\tilde{s}}^T$$

其中 $\mathbf{V}$ 为酉矩阵。于是，$\tilde{\mathbf{s}}$ 的 MMSE 估计器为

$$\begin{aligned} \hat{\tilde{\mathbf{s}}} &= \mathbf{C}_{\tilde{s}}(\mathbf{C}_{\tilde{s}} + \sigma^2\mathbf{I})^{-1}\tilde{\mathbf{x}} = \mathbf{V}\mathbf{P}_{\tilde{s}}^T\mathbf{V}^H(\mathbf{V}\mathbf{P}_{\tilde{s}}^T\mathbf{V}^H + \sigma^2\mathbf{I})^{-1}\tilde{\mathbf{x}} \\ &= \mathbf{V}\mathbf{P}_{\tilde{s}}^T\mathbf{V}^H[\mathbf{V}(\mathbf{P}_{\tilde{s}}^T + \sigma^2\mathbf{I})\mathbf{V}^H]^{-1}\tilde{\mathbf{x}} = \mathbf{V}\mathbf{P}_{\tilde{s}}^T(\mathbf{P}_{\tilde{s}}^T + \sigma^2\mathbf{I})^{-1}\mathbf{V}^H\tilde{\mathbf{x}} \end{aligned}$$

或
$$\mathbf{V}^H\hat{\tilde{\mathbf{s}}} = \mathbf{P}_{\tilde{s}}^T(\mathbf{P}_{\tilde{s}}^T + \sigma^2\mathbf{I})^{-1}\mathbf{V}^H\tilde{\mathbf{x}}$$

由 $\mathbf{P}_{\tilde{s}}^T$ 的对角块特性，有

$$\mathbf{P}_{\tilde{s}}^T(\mathbf{P}_{\tilde{s}}^T + \sigma^2\mathbf{I})^{-1} =$$

$$\begin{bmatrix} \mathbf{P}_{\tilde{s}\tilde{s}}^T(f_0)(\mathbf{P}_{\tilde{s}\tilde{s}}^T(f_0) + \sigma^2\mathbf{I})^{-1} & \mathbf{0} & \ldots & \mathbf{0} \\ \mathbf{0} & \mathbf{P}_{\tilde{s}\tilde{s}}^T(f_1)(\mathbf{P}_{\tilde{s}\tilde{s}}^T(f_1) + \sigma^2\mathbf{I})^{-1} & \ldots & \mathbf{0} \\ \vdots & \vdots & \ddots & \vdots \\ \mathbf{0} & \mathbf{0} & \ldots & \mathbf{P}_{\tilde{s}\tilde{s}}^T(f_{N-1})(\mathbf{P}_{\tilde{s}\tilde{s}}^T(f_{N-1}) + \sigma^2\mathbf{I})^{-1} \end{bmatrix}$$

但是

$$\mathbf{V}^H\tilde{\mathbf{x}} = \frac{1}{\sqrt{N}}\begin{bmatrix} \mathbf{V}_0^H\tilde{\mathbf{x}} \\ \mathbf{V}_1^H\tilde{\mathbf{x}} \\ \vdots \\ \mathbf{V}_{N-1}^H\tilde{\mathbf{x}} \end{bmatrix} = \frac{1}{\sqrt{N}}\begin{bmatrix} \sum_{n=0}^{N-1}\tilde{\mathbf{x}}[n]\exp(-j2\pi f_0 n) \\ \sum_{n=0}^{N-1}\tilde{\mathbf{x}}[n]\exp(-j2\pi f_1 n) \\ \vdots \\ \sum_{n=0}^{N-1}\tilde{\mathbf{x}}[n]\exp(-j2\pi f_{N-1} n) \end{bmatrix}$$

$$= \frac{1}{\sqrt{N}}\begin{bmatrix} \mathbf{X}(f_0) \\ \mathbf{X}(f_1) \\ \vdots \\ \mathbf{X}(f_{N-1}) \end{bmatrix}$$

其中 $\mathbf{X}(f) = \sum_{n=0}^{N-1}\tilde{\mathbf{x}}[n]\exp(-j2\pi fn)$ 为 $\tilde{\mathbf{x}}[n]$ $(n=0,1,\ldots,N-1)$ 的傅里叶变换，令 $\hat{\mathbf{S}}(f)$ 是 $\hat{\tilde{\mathbf{s}}}[n]$ 的傅里叶变换，可得出

$$\mathbf{V}^H\hat{\tilde{\mathbf{s}}} = \frac{1}{\sqrt{N}}\begin{bmatrix} \hat{\mathbf{S}}(f_0) \\ \hat{\mathbf{S}}(f_1) \\ \vdots \\ \hat{\mathbf{S}}(f_{N-1}) \end{bmatrix}$$

结合以上结论，对于 $i=0,1,\ldots,N-1$，我们有

$$\hat{\mathbf{S}}(f_i) = \mathbf{P}_{\tilde{s}\tilde{s}}^T(f_i)(\mathbf{P}_{\tilde{s}\tilde{s}}^T(f_i)+\sigma^2\mathbf{I})^{-1}\mathbf{X}(f_i) \tag{13.41}$$

这就是在频率 f_i 处信号傅里叶变换的多通道维纳滤波估计器（对于标量情况请参见 5.5 节）。$\mathbf{P}_{\tilde{s}}^T$ 的对角块特性是从频率解耦得出的。最后，如果

$$\begin{aligned} T(\tilde{\mathbf{x}}) &= \tilde{\mathbf{x}}^H\hat{\tilde{\mathbf{s}}} = \tilde{\mathbf{x}}^H\mathbf{V}\mathbf{V}^H\hat{\tilde{\mathbf{s}}} = (\mathbf{V}^H\tilde{\mathbf{x}})^H\mathbf{V}^H\hat{\tilde{\mathbf{s}}} \\ &= \frac{1}{N}\sum_{i=0}^{N-1}\mathbf{X}^H(f_i)\hat{\mathbf{S}}(f_i) > \gamma' \end{aligned} \tag{13.42}$$

或者如果

$$T(\tilde{\mathbf{x}}) = \frac{1}{N}\sum_{i=0}^{N-1}\mathbf{X}^H(f_i)\mathbf{P}_{\tilde{s}\tilde{s}}^T(f_i)(\mathbf{P}_{\tilde{s}\tilde{s}}^T(f_i)+\sigma^2\mathbf{I})^{-1}\mathbf{X}(f_i) > \gamma' \tag{13.43}$$

我们判 $\mathcal{H}_1$。若令 $X_m(f)$ 为第 m 个传感器的 N 个样本的傅里叶变换，或 $X_m(f)=[\mathbf{X}(f)]_m$，类似地有 $\hat{S}_m(f)=[\hat{\mathbf{S}}(f)]_m$，那么由（13.42）式，我们有

$$T(\tilde{\mathbf{x}}) = \frac{1}{N}\sum_{i=0}^{N-1}\left(\sum_{m=0}^{M-1}X_m^*(f_i)\hat{S}_m(f_i)\right) \tag{13.44}$$

如图 13.7 所示。可以看出估计器 – 相关器是对单一频率单元的传感器数据进行操作的，然后各频率单元的估计器 – 相关器的输出在一起取平均。然而注意到，由（13.41）式可知，通常 $\hat{S}_m(f_i)$ 依赖于所有传感器的数据，因此达不到完全解耦。仅当各传感器输出过程之间是不相关时，$\mathbf{P}_{\tilde{s}\tilde{s}}(f_i)$ 为对角形式，才能完全解耦。在此例中，由（13.41）式，我们有

$$\hat{S}_m(f_i) = [\hat{\mathbf{S}}(f_i)]_m = \frac{P_{mm}(f_i)}{P_{mm}(f_i)+\sigma^2}X_m(f_i)$$

其中 $P_{mm}(f)$ 为第 m 个传感器信号的自 PSD。由（13.44）式，可得

$$
\begin{aligned}
T(\tilde{\mathbf{x}}) &= \sum_{m=0}^{M-1} \sum_{i=0}^{N-1} \frac{P_{mm}(f_i)}{P_{mm}(f_i) + \sigma^2} \frac{1}{N} |X_m(f_i)|^2 \\
&= \sum_{m=0}^{M-1} \sum_{i=0}^{N-1} \frac{P_{mm}(f_i)}{P_{mm}(f_i) + \sigma^2} I_m(f_i) = \sum_{m=0}^{M-1} T_m(\tilde{\mathbf{x}}_m)
\end{aligned}
\tag{13.45}
$$

其中 $T_m(\tilde{\mathbf{x}}_m)$ 为基于单传感器的估计器 – 相关器，仅依赖于此单传感器的周期图 $I_m(f)$。[读者可以比较 (13.45) 式及 (5.27) 式。] 本质上，通过应用傅里叶变换我们实现了时域去相关，但只有当各传感器输出也不相关时，才能实现空域去相关。典型的阵列处理问题中，信号在空域是强相关的。实际上，这也是采用多传感器的主要原因——利用这种相关性。

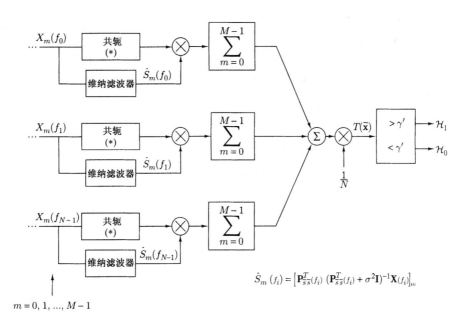

图 13.7　WSS 信号过程的多通道估计器 – 相关器

当 $\mathbf{P}_{\tilde{s}\tilde{s}}(f)$ 为 Toeplitz 矩阵时或 $P_{ij}(f)$ 仅依赖于 $j-i$ 时，出现了一种很重要的特殊情形。这是由于 $r_{ij}[k]$ 仅依赖于 $j-i$，那么数据在空域是宽平稳的。一个例子是各相邻传感器之间距离相同的线阵（参见习题 13.21），此时，通过空域傅里叶变换可以将 $\mathbf{P}_{\tilde{s}\tilde{s}}(f)$ 近似对角化。另外，可以应用 2D 傅

里叶变换将 $\mathbf{C}_{\tilde{s}}$ 近似对角化，这是由于 $\mathbf{C}_{\tilde{s}}$ 是双块 Toeplitz 矩阵，也就是说，它是块 Toeplitz 矩阵，且各块均是 Toeplitz 矩阵（参见习题 13.22），在下一节将分析此情形的一个例题。

13.8　信号处理的例子

下面我们在阵列处理问题中，应用前面的一些结论来设计检测器。一个主要的简化措施是假定信号源为空间某点（可以是从某源辐射或从某个目标反射）传播到阵列传感器。因而，除了由于传播时间差引起的延迟，各传感器的信号是相同的。信号源假定为远场，也就是说，沿波前平面的信号是不变的。我们首先考虑任意放置的传感器阵列，然后研究常采用几何结构的均匀放置的线阵检测器。信号传播方向假定在一平面内。我们面对的问题是在方差为 σ^2、时域及空域（传感器之间）不相关的 CWGN 中，检测具有未知参数确定性信号或具有已知 PDF 的随机信号。如图 13.8 描述的那样，源发射一实带通信号 $s(t)$，在 τ_m 秒后到达第 m 个传感器。因此，第 m 个传感器的信号为 $s_m(t)$ $=s(t-\tau_m)$。通常在处理带通信号时，提取 $s_m(t)$ 的复包络（参见本书卷 I 的 15.3 节）。带通信号 $s(t)$ 的复包络是复低通信号 $\tilde{s}(t)$，其关系为

$$s(t) = 2\mathrm{Re}(\tilde{s}(t)\exp(j2\pi F_0 t))$$

其中 F_0 是单位为 Hz 的带通信号中心频率。在第 m 个传感器处，我们有

$$
\begin{aligned}
s(t-\tau_m) &= 2\mathrm{Re}(\tilde{s}(t-\tau_m)\exp(j2\pi F_0(t-\tau_m))) \\
&= 2\mathrm{Re}(\tilde{s}(t-\tau_m)\exp(-j2\pi F_0\tau_m)\exp(j2\pi F_0 t))
\end{aligned}
$$

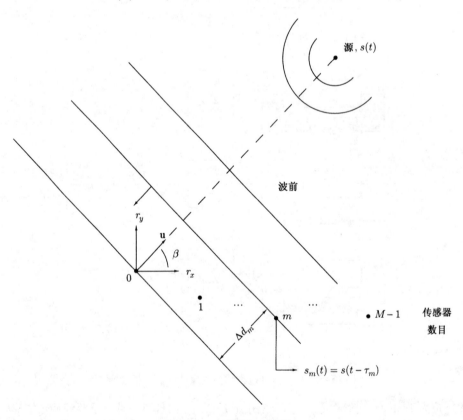

图 13.8　阵列处理问题

可以看出,在第 m 个传感器处的复包络为

$$\tilde{s}_m(t) = \tilde{s}(t - \tau_m)\exp(-j2\pi F_0\tau_m) \tag{13.46}$$

由于各传感器之间的位置关系,可以建立如下的 τ_m 与 τ_0 的关系。令 $\tau_m = \tau_0 + \Delta\tau_m$,其中 $\Delta\tau_m$ 为从第零个传感器到第 m 个传感器的信号传播所需的附加时间。附加的延迟刚好是沿传播方向从第零个传感器到第 m 个传感器之间的距离除以传播速度 c,或者为

$$\Delta\tau_m \;=\; \frac{\Delta d_m}{c} \;=\; -\frac{(\mathbf{r}_m - \mathbf{r}_0)^T\mathbf{u}}{c}$$
$$=\; -\frac{\mathbf{r}_m^T\mathbf{u}}{c}$$

其中 $\mathbf{r}_m$ 为第 m 个传感器的位置($\mathbf{r}_0 = [\,0\;0\,]^T$),$\mathbf{u} = [\,\cos\beta\;\sin\beta\,]^T$ 是与传播方向相反的单位矢量。现在,由(13.46)式,在第 m 个传感器接收的复包络信号为

$$\tilde{s}_m(t) = \tilde{s}(t - \tau_0 + \mathbf{r}_m^T\mathbf{u}/c)\exp\left[-j2\pi F_0(\tau_0 - \mathbf{r}_m^T\mathbf{u}/c)\right] \tag{13.47}$$

注意,延迟不仅与传感器位置有关,还与源位置的方位即 β 有关。下面,我们研究两种感兴趣的情形。第一种假定信号为有未知参数的确定性信号,典型的有主动声呐或雷达系统。而第二种情形是信号为具有已知 PSD 的 WSS 随机过程,这是典型的宽带被动声呐系统。

13.8.1　主动声呐/雷达

我们假定发射信号是频率为 F_0 Hz 的正弦波信号。由于运动目标的多普勒频移,因此反射信号的频率为 $F_0 + F_D$ Hz 的正弦波信号。在反射处信号为 $s(t) = B\cos\left[2\pi(F_0 + F_D)t + \psi\right]$,其复包络为 $\tilde{s}(t) = (B/2)\exp\left[j(2\pi F_D t + \psi)\right]$。由(13.47)式,第 m 个传感器上的复包络为

$$\tilde{s}_m(t) = (B/2)\exp\left[j(2\pi F_D(t - \tau_0 + \mathbf{r}_m^T\mathbf{u}/c) + \psi)\right]\exp\left[-j2\pi F_0(\tau_0 - \mathbf{r}_m^T\mathbf{u}/c)\right]$$

若我们在时刻 $t_n = n\Delta$ 对复包络采样,则第 m 个传感器上的信号为 $\tilde{s}_m[n] = \tilde{s}_m(n\Delta)$。令 $F_D\Delta = f_D$,$F_0\Delta = f_0$ 为频率(周期/采样)(或采样频率的分数),定义 $n_m(\beta) = -\mathbf{r}_m^T\mathbf{u}/(c\Delta)$ 为样本中第 m 个传感器的附加传播延迟(假定为整数)。则有

$$\tilde{s}_m[n] = (B/2)\exp\left[j(2\pi f_D n + \phi)\right]\exp\left[-j2\pi(f_0 + f_D)n_m(\beta)\right]$$

其中 $\phi = -2\pi(F_0 + F_D)\tau_0 + \psi$。令 $B/2 = A$ 及 $f_1 = f_0 + f_D$,有

$$\tilde{s}_m[n] = A\exp\left[j(2\pi f_D n + \phi)\right]\exp\left[-j2\pi f_1 n_m(\beta)\right] \tag{13.48}$$

可见第 m 个传感器的接收信号在时域则是幅度为 A、频率为 f_D、相位为 ϕ 的正弦波信号,另外存在一个相位差 $-2\pi f_1 n_m(\beta)$,这个相位差与传感器号有关。当然,最后一项源自到第 m 个传感器的附加传播时间。我们假定信号长度为 N 个样本点。由于第 m 个传感器样本的延迟为 $(\tau_0 - \mathbf{r}_m^T\mathbf{u}/c)/\Delta$。那么,在第 m 个传感器上信号出现的样本时刻为

$$n = \tau_0/\Delta + n_m(\beta), \tau_0/\Delta + n_m(\beta) + 1, \tau_0/\Delta + n_m(\beta) + N - 1$$

为了观测所有传感器的信号,数据窗长度必须为信号长度加上第一次到达的信号与最后到达的信号之间的附加延迟或时间间隔 $[\tau_0/\Delta + n_m(\beta)_{\min}, \tau_0/\Delta + n_m(\beta)_{\max} + N - 1]$。如果 $n_m(\beta)_{\max} - n_m(\beta)_{\min}$ 与 N 相比很小,则观测间隔 $[\tau_0/\Delta + n_m(\beta)_{\min}, \tau_0/\Delta + n_m(\beta)_{\min} + N - 1]$ 将包含各个传感器的大部分信号样本。做此假定并参考首次样本时间 $\tau_0/\Delta + n_m(\beta)_{\min}$,由(13.48)式得信号模型为

$$\tilde{s}_m[n] = A\exp\left[j(2\pi(f_D n - f_1 n_m(\beta)) + \phi)\right] \qquad n = 0, 1, \ldots, N - 1 \tag{13.49}$$

其中 $m = 0, 1, \ldots, M-1$。假定已知参数是 A 和 ϕ，为了能有效地使用该模型，我们必须知道多普勒频率 f_D、到达角 β 以及在第零个传感器上信号的到达时刻 τ_0/Δ。在实际中，很少知道这些参数，因此我们将要推导的 GLRT 统计量需要在这些附加参数的范围内最大化。假定噪声在时域及空域为 CWGN，即所有样本是不相关的，方差为 σ^2，我们可以应用 13.6.6 节的 GLRT。我们只需要根据(13.49)式得到 $\mathbf{H}$。如 13.6.6 节，将信号样本按时域排列为

$$\tilde{\mathbf{s}} = \begin{bmatrix} \tilde{\mathbf{s}}[0] \\ \vdots \\ \tilde{\mathbf{s}}[N-1] \end{bmatrix} = \underbrace{\begin{bmatrix} \exp[-j2\pi f_1 n_0(\beta)] \\ \vdots \\ \exp[-j2\pi f_1 n_{M-1}(\beta)] \\ \cdots\cdots\cdots\cdots\cdots\cdots\cdots\cdots\cdots\cdots \\ \vdots \\ \cdots\cdots\cdots\cdots\cdots\cdots\cdots\cdots\cdots\cdots \\ \exp[j2\pi(f_D(N-1) - f_1 n_0(\beta))] \\ \vdots \\ \exp[j2\pi(f_D(N-1) - f_1 n_{M-1}(\beta))] \end{bmatrix}}_{\mathbf{H}} \underbrace{A\exp(j\phi)}_{\boldsymbol{\theta}}$$

其中 $\mathbf{H}$ 的维数为 $MN \times 1$。注意到 $\mathbf{H}^H \mathbf{H} = MN$，由(13.33)式，如果

$$T(\tilde{\mathbf{x}}) = \frac{MN\hat{\boldsymbol{\theta}}_1^H \hat{\boldsymbol{\theta}}_1}{\sigma^2/2} > \gamma'$$

我们判 $\mathcal{H}_1$。但是 $\boldsymbol{\theta}$ 为复标量，因此有 $\quad T(\tilde{\mathbf{x}}) = \dfrac{MN|\hat{\theta}_1|^2}{\sigma^2/2}$

其中 $$\hat{\theta}_1 = (\mathbf{H}^H \mathbf{H})^{-1} \mathbf{H}^H \tilde{\mathbf{x}} = \mathbf{H}^H \tilde{\mathbf{x}}/(MN)$$

和 $$\mathbf{H}^H \tilde{\mathbf{x}} = \sum_{m=0}^{M-1} \sum_{n=0}^{N-1} \tilde{x}_m[n] \exp[-j2\pi(f_D n - f_1 n_m(\beta))]$$

那么 $$T(\tilde{\mathbf{x}}) = \frac{1}{MN\sigma^2/2} \left| \sum_{m=0}^{M-1} \sum_{n=0}^{N-1} \tilde{x}_m[n] \exp[-j2\pi(f_D n - f_1 n_m(\beta))] \right|^2 \tag{13.50}$$

令 $$\tilde{x}_B[n] = \frac{1}{M} \sum_{m=0}^{M-1} \tilde{x}_m[n] \exp[j2\pi f_1 n_m(\beta)] \tag{13.51}$$

那么检验量可以用更为直观的形式表示为

$$T(\tilde{\mathbf{x}}) = \frac{M}{\sigma^2/2} \frac{1}{N} \left| \sum_{n=0}^{N-1} \tilde{x}_B[n] \exp(-j2\pi f_D n) \right|^2 \tag{13.52}$$

现在，我们可以看出检验统计量刚好是数据 $\tilde{x}_B[n]$ 在 $f = f_D$ 处计算的比例周期图（周期图乘以一个系数）。为了看出(13.51)式组合运算的效果，我们注意到在第 m 个传感器上接收的信号为

$$\tilde{s}_m[n] = \exp[-j2\pi f_1 n_m(\beta)] A\exp[j(2\pi f_D n + \phi)]$$

它是一个相位根据传感器编号变化的正弦波信号。当然，相位差是由于传播延迟的不一致造成的。如果 $\tilde{x}_m[n] = \tilde{s}_m[n] + \tilde{w}_m[n]$，那么我们有

$$\begin{aligned} \tilde{x}_B[n] &= \frac{1}{M} \sum_{m=0}^{M-1} \tilde{s}_m[n] \exp[j2\pi f_1 n_m(\beta)] + \frac{1}{M} \sum_{m=0}^{M-1} \tilde{w}_m[n] \exp[j2\pi f_1 n_m(\beta)] \\ &= A\exp[j(2\pi f_D n + \phi)] + \frac{1}{M} \sum_{m=0}^{M-1} \tilde{w}_m[n] \exp[j2\pi f_1 n_m(\beta)] \end{aligned} \tag{13.53}$$

这种组合运算的效果是在所有传感器输出信号相加前调整相位,事实上是使传播引起的相位差调整为零。这个处理步骤称为波束形成。可以证明,这是一种空域滤波运算或等效于对空域数据的匹配滤波器[Knight, Pridham, and Kay 1981]。其效用就是使信号同相相加,而噪声则不是。于是,通过空域平均,SNR 得到增强。这种改善称为阵列增益,类似于时域滤波器的处理增益(参见第 4 章)。为了确定改善程度,定义阵列增益(AG)为输出的 SNR η_{out} 与输入的 SNR η_{in} 的比值,即

$$AG = 10\log_{10}\frac{\eta_{out}}{\eta_{in}} \qquad dB$$

输入 SNR 为 $\eta_{min} = A^2/\sigma^2$,而由(13.53)式,在波束形成器的输出端,SNR 为

$$\eta_{out} = \frac{A^2}{\text{var}\left(\dfrac{1}{M}\displaystyle\sum_{m=0}^{M-1}\tilde{w}_m[n]\exp(j2\pi f_1 n_m(\beta))\right)}$$

由于 $\tilde{w}_m[n]$ 按 m 来看是 IID 的(在空间上的 CWGN),因此我们有

$$\text{var}\left(\frac{1}{M}\sum_{m=0}^{M-1}\tilde{w}_m[n]\exp(j2\pi f_1 n_m(\beta))\right) = \frac{1}{M^2}\sum_{m=0}^{M-1}\text{var}\left[\tilde{w}_m[n]\exp(j2\pi f_1 n_m(\beta))\right]$$

$$= \frac{1}{M^2}\sum_{m=0}^{M-1}E(|\tilde{w}_m[n]|^2) = \sigma^2/M$$

因此 $AG = 10\log_{10}M$ dB。波束形成的效果就是通过因子 M 改善 SNR,其中 M 为传感器数目。整个检测器如图 13.9 所示。为了实现波束形成,我们需要信号到达角 β 的知识。注意到波束形成相当于空域处理,而周期图或正交匹配滤波器相当于时域处理。

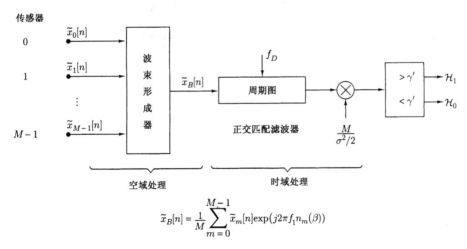

$$\tilde{x}_B[n] = \frac{1}{M}\sum_{m=0}^{M-1}\tilde{x}_m[n]\exp(j2\pi f_1 n_m(\beta))$$

图 13.9　正弦信号的主动声呐/雷达检测器

在(13.36)式及(13.37)式中,令 $p=1$,我们可以得到检测器的性能,

$$P_{FA} = Q_{\chi_2^2}(\gamma') = \exp(-\gamma'/2)$$

$$P_D = Q_{\chi_2'^2(\lambda)}(\gamma')$$

其中

$$\lambda = \frac{\boldsymbol{\theta}_1^H \mathbf{H}^H \mathbf{H}\boldsymbol{\theta}_1}{\sigma^2/2} = \frac{\bar{\mathbf{s}}^H\tilde{\mathbf{s}}}{\sigma^2/2} = \frac{\displaystyle\sum_{m=0}^{M-1}\sum_{n=0}^{N-1}|\tilde{s}_m[n]|^2}{\sigma^2/2} = \frac{MNA^2}{\sigma^2/2}$$

我们注意到，相对于单样本情况而言，非中心参量增加了 MN 倍，即 $10\log_{10}M + 10\log_{10}N$ dB。第一项为阵列增益，第二项为处理增益。

下面，我们将结论应用于图 13.10 所示的均匀间隔线阵。与一般情况的唯一差别是，延迟可以精确地表示为

$$n_m(\beta) = -m\frac{d}{c\Delta}\cos\beta$$

其中我们假定延迟为 Δ 的整数倍，因此 $n_m(\beta)$ 为一整数。由（13.49）式，接收信号变为

$$\tilde{s}_m[n] = A\exp\left[j(2\pi(f_D n + f_1\frac{d}{c\Delta}\cos\beta\, m) + \phi)\right]$$

它是时域频率为 f_D 以及空域频率为 $f_s = f_1 d/(c\Delta)\cos\beta$ 的 2D 正弦信号。（13.50）式的检测器化简为

$$T(\tilde{\mathbf{x}}) = \frac{1}{\sigma^2/2}\frac{1}{NM}\left|\sum_{m=0}^{M-1}\sum_{n=0}^{N-1}\tilde{x}_m[n]\exp\left[-j2\pi(f_s m + f_D n)\right]\right|^2 \tag{13.54}$$

检验统计量是在已知时域频率 f_D 和已知空域频率 f_s 处计算的比例 2D 周期图或正交匹配滤波器。在实际中，f_D 及 β 是未知的，因此在（13.54）式中所需的 f_D 及 f_s 是未知的。因而 GLRT 将归一化 2D 周期图的峰值视为检测统计量，此时可以应用 2D FFT 来有效地计算周期图。最后，由于到达时间也是未知的，整个检测器必须按时间顺序处理数据块，数据块通常是重叠的。此时 P_{FA} 的增加与频率单元数、到达角及所用的数据块近似呈线性关系（参见例 7.5）。检测概率与已知到达时间、到达角及频率时的情况是一样的。更多的实际考虑可以参考 [Knight，Pridham，and Kay 1981]。

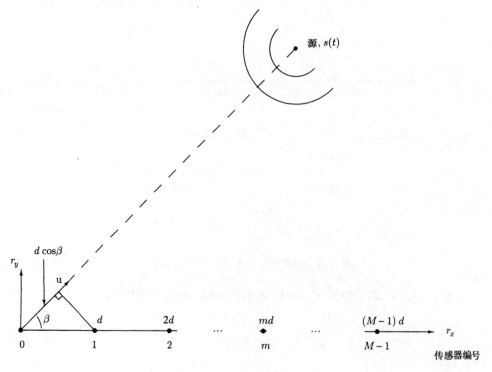

图 13.10 均匀间隔线阵几何

13.8.2 宽带被动声呐

现在，假定发射信号的复包络为宽带复 WSS 高斯随机过程。噪声如前面一样假定为 CWGN。同样，我们期待一种估计器 – 相关器的检测器结构。为了简化推导及结论，我们进一步假定数据记录长度足够大，因此我们可以应用 13.7 节中的渐近近似。当数据记录长度远大于信号相关时间（即信号 ACF 的有效长度）时这个假设成立。可以将发射信号看成中心频率为 F_0 的零均值实高斯带通随机过程。发射信号的复包络表示为 $\tilde{s}[n]$，注意到复包络为零均值复高斯随机过程，我们假定它是 WSS。$\tilde{s}[n]$ 的 PSD 是已知的，并且用 $P_{\tilde{s}\tilde{s}}(f)$ 表示。为应用 13.7 节中的结果，我们只需要确定信号的 CSM 或 $\mathbf{P}_{\tilde{s}\tilde{s}}(f)$。那么，由（13.43）式，如果

$$T(\tilde{\mathbf{x}}) = \frac{1}{N} \sum_{i=0}^{N-1} \mathbf{X}^H(f_i) \mathbf{P}_{\tilde{s}\tilde{s}}^T(f_i)(\mathbf{P}_{\tilde{s}\tilde{s}}^T(f_i) + \sigma^2 \mathbf{I})^{-1} \mathbf{X}(f_i) > \gamma'$$

我们判 $\mathcal{H}_1$，其中

$$[\mathbf{X}(f_i)]_m = \sum_{n=0}^{N-1} \tilde{x}_m[n] \exp(-j2\pi f_i n)$$

是第 m 个传感器输出端数据的离散傅里叶变换。为了求 CSM，我们应用

$$[\mathbf{P}_{\tilde{s}\tilde{s}}(f)]_{lm} = P_{lm}(f) = \mathcal{F}\{r_{lm}[k]\}$$

其中 $r_{lm}[k] = E(\tilde{s}_l^*[n]\tilde{s}_m[n+k])$ 为第 l 个传感器和第 m 个传感器之间的互相关。由（13.47）式，在第 m 个传感器上接收到的复包络信号为

$$\begin{aligned} \tilde{s}_m[n] &= \tilde{s}_m(n\Delta) \\ &= \tilde{s}(n\Delta - \tau_0 - n_m(\beta)\Delta) \exp[-j2\pi F_0(\tau_0 + n_m(\beta)\Delta)] \end{aligned}$$

其中我们应用了关系式 $n_m(\beta) = -\mathbf{r}_m^T \mathbf{u}/(c\Delta)$。由于 $\tilde{s}[n] = \tilde{s}(n\Delta)$，我们有

$$\tilde{s}_m[n] = \tilde{s}[n - n_m(\beta) - \tau_0/\Delta] \exp[-j2\pi F_0(\tau_0 + n_m(\beta)\Delta)]$$

观测间隔应选择使第一次到达的信号和最后到达的信号包含在数据集合中。另外，在通过校准来补偿时间延迟后，数据记录长度应尽可能大。在实际中，这些因素受限于信号过程的平稳性。ACF 为

$$r_{lm}[k]$$

$$\begin{aligned} &= E(\tilde{s}^*[n - n_l(\beta) - \tau_0/\Delta]\tilde{s}[n + k - n_m(\beta) - \tau_0/\Delta]) \\ &\quad \cdot \exp[j2\pi F_0\Delta(n_l(\beta) - n_m(\beta))] \\ &= r_{\tilde{s}\tilde{s}}[k + n_l(\beta) - n_m(\beta)] \exp[j2\pi F_0\Delta(n_l(\beta) - n_m(\beta))] \end{aligned}$$

因此

$$\begin{aligned} [\mathbf{P}_{\tilde{s}\tilde{s}}(f)]_{lm} &= \mathcal{F}\{r_{lm}[k]\} \\ &= P_{\tilde{s}\tilde{s}}(f) \exp[j2\pi(f + F_0\Delta)(n_l(\beta) - n_m(\beta))] \end{aligned}$$

利用矩阵形式表示为

$$\mathbf{P}_{\tilde{s}\tilde{s}}(f) = P_{\tilde{s}\tilde{s}}(f)\mathbf{e}^*(\beta)\mathbf{e}^T(\beta)$$

其中 $\mathbf{e}(\beta) = [1 \ \exp[-j2\pi(f + F_0\Delta)n_1(\beta)] \dots \exp[-j2\pi(f + F_0\Delta)n_{M-1}(\beta)]]^T$ [回想一下 $n_0(\beta) = 0$] 或

$$\mathbf{P}_{\tilde{s}\tilde{s}}^T(f) = P_{\tilde{s}\tilde{s}}(f)\mathbf{e}(\beta)\mathbf{e}^H(\beta)$$

注意到 CSM 的秩为 1，这允许我们应用 Woodbury 恒等式很容易地对 $\mathbf{P}_{\tilde{s}\tilde{s}}^T(f) + \sigma^2\mathbf{I}$ 求逆。应用（13.16）式，并且在 $f = f_i$ 时令 $\mathbf{e}_i(\beta)$ 表示 $\mathbf{e}(\beta)$，由此可得

$$(\mathbf{P}_{\tilde{s}\tilde{s}}^T(f_i) + \sigma^2\mathbf{I})^{-1} = (\sigma^2\mathbf{I} + P_{\tilde{s}\tilde{s}}(f_i)\mathbf{e}_i(\beta)\mathbf{e}_i^H(\beta))^{-1} = \frac{1}{\sigma^2}\mathbf{I} - \frac{1}{\sigma^4}\frac{P_{\tilde{s}\tilde{s}}(f_i)\mathbf{e}_i(\beta)\mathbf{e}_i^H(\beta)}{1 + MP_{\tilde{s}\tilde{s}}(f_i)/\sigma^2}$$

和
$$\mathbf{P}_{\tilde{s}\tilde{s}}^T(f_i)(\mathbf{P}_{\tilde{s}\tilde{s}}^T(f_i) + \sigma^2\mathbf{I})^{-1} = P_{\tilde{s}\tilde{s}}(f_i)\mathbf{e}_i(\beta)\mathbf{e}_i^H(\beta)\left[\frac{1}{\sigma^2}\mathbf{I} - \frac{1}{\sigma^4}\frac{P_{\tilde{s}\tilde{s}}(f_i)\mathbf{e}_i(\beta)\mathbf{e}_i^H(\beta)}{1 + MP_{\tilde{s}\tilde{s}}(f_i)/\sigma^2}\right]$$

$$= \left(1 - \frac{MP_{\tilde{s}\tilde{s}}(f_i)/\sigma^2}{1 + MP_{\tilde{s}\tilde{s}}(f_i)/\sigma^2}\right)\frac{P_{\tilde{s}\tilde{s}}(f_i)}{\sigma^2}\mathbf{e}_i(\beta)\mathbf{e}_i^H(\beta)$$

$$= \frac{P_{\tilde{s}\tilde{s}}(f_i)}{P_{\tilde{s}\tilde{s}}(f_i) + \sigma^2/M}\frac{1}{M}\mathbf{e}_i(\beta)\mathbf{e}_i^H(\beta)$$

由(13.41)式可得信号的 MMSE 估计量为

$$\hat{\mathbf{S}}(f_i) = \frac{P_{\tilde{s}\tilde{s}}(f_i)}{P_{\tilde{s}\tilde{s}}(f_i) + \sigma^2/M}\frac{\mathbf{e}_i^H(\beta)\mathbf{X}(f_i)}{M}\mathbf{e}_i(\beta) \tag{13.55}$$

或对于第 m 个传感器有

$$\hat{S}_m(f_i) = \frac{P_{\tilde{s}\tilde{s}}(f_i)}{P_{\tilde{s}\tilde{s}}(f_i) + \sigma^2/M}\left(\underbrace{\frac{1}{M}\sum_{m=0}^{M-1}X_m(f_i)\exp[j2\pi(F_0\Delta + f_i)n_m(\beta)]}_{\hat{S}_B(f_i)}\right)$$

$$\cdot\exp[-j2\pi(F_0\Delta + f_i)n_m(\beta)] \tag{13.56}$$

这是第 m 个传感器在 $f = f_i$ 时的复包络或低通信号的傅里叶变换的 MMSE 估计量。注意到它是由窄带频域波束形成器组成的，这个波束形成器通过适当的调相后，在 $f = f_i$ 对所有正弦信号分量求平均而形成了 $\hat{S}_B(f_i)$。对在每个传感器中由 $n_m(\beta)$ 时延引起的相移进行补偿是必需的。其次，$\exp[-j2\pi(F_0\Delta + f_i)n_m(\beta)]$ 式包含了合适的相位调整因子。最后，下列项

$$H(f_i) = \frac{P_{\tilde{s}\tilde{s}}(f_i)}{P_{\tilde{s}\tilde{s}}(f_i) + \sigma^2/M}$$

是时域维纳滤波器，它对于尽可能多地滤除 CWGN 是必需的。在波束形成后，噪声功率由于阵列增益而降为原有的 $1/M$，因此在维纳滤波器中有 σ^2/M 这一项。由(13.43)式，整个检测器变为

$$T(\tilde{\mathbf{x}}) = \frac{1}{N}\sum_{i=0}^{N-1}\mathbf{X}^H(f_i)\hat{\mathbf{S}}(f_i) \tag{13.57}$$

$$= \frac{1}{N}\sum_{i=0}^{N-1}\left(\sum_{m=0}^{M-1}X_m^*(f_i)\hat{S}_m(f_i)\right) \tag{13.58}$$

频率样本的应用将检测问题解耦成基于窄带信号 $X_m^*(f_i)\hat{S}_m(f_i)$（在给定频率只有一个样本）的估计器–相关器的计算，并根据 $T_i(\tilde{\mathbf{x}}) = \sum_{m=0}^{M-1}X_m^*(f_i)\hat{S}_m(f_i)$ 对各传感器求和后，在频率上对结果取平均。整个检测器如图 13.11 所示。由(13.57)式和(13.55)式，另一种表达式为

$$T(\tilde{\mathbf{x}}) = \frac{1}{N}\sum_{i=0}^{N-1}\mathbf{X}^H(f_i)H(f_i)\mathbf{e}_i(\beta)\frac{\mathbf{e}_i^H(\beta)}{M}\mathbf{X}(f_i)$$

$$= \frac{1}{NM}\sum_{i=0}^{N-1}H(f_i)|\mathbf{e}_i^H(\beta)\mathbf{X}(f_i)|^2$$

$$= \frac{M}{N}\sum_{i=0}^{N-1}H(f_i)\left|\frac{1}{M}\sum_{m=0}^{M-1}X_m(f_i)\exp[j2\pi(F_0\Delta + f_i)n_m(\beta)]\right|^2 \tag{13.59}$$

可以看出，它是由频域波束形成器、平方器、维纳滤波器及频率平均器组成的[Van Trees 1966]。

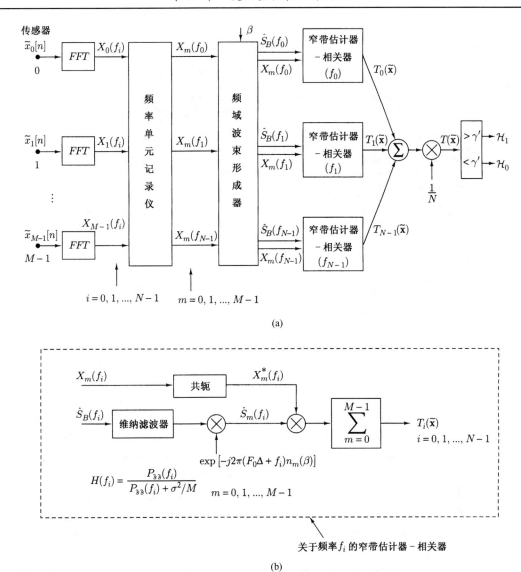

图 13.11 宽带被动声呐阵列传感器

在均匀间隔线阵的特殊情况下，我们有 $n_m(\beta) = -md/(c\Delta)\cos\beta$。由(13.56)式可得波束形成为

$$
\begin{aligned}
\hat{S}_B(f_i) &= \frac{1}{M}\sum_{m=0}^{M-1} X_m(f_i)\exp[-j2\pi(F_0\Delta + f_i)d/(c\Delta)\cos\beta\, m] \\
&= \frac{1}{M}\sum_{m=0}^{M-1} X_m(f_i)\exp(-j2\pi f_s m) \\
&= \frac{1}{M}\sum_{m=0}^{M-1}\sum_{n=0}^{N-1} \tilde{x}_m[n]\exp[-j2\pi(f_s m + f_i n)]
\end{aligned}
\tag{13.60}
$$

它是基于 2D 数据集 $\tilde{x}_m[n]$ 的比例 2D 离散傅里叶变换，其中 $f_s = (F_0\Delta + f_i)d/(c\Delta)\cos\beta$ 是空域频率，f_i 为时域频率。

在实际中，F_0 和 β 是未知的，因此 GLRT 必须在这些参数上最大化。另外，观测间隔 N 的长度通过假定信源的平稳性来确定。其他的实际考虑可以参见[Knight, Pridham, and Kay 1981]。

参考文献

Graybill, F.A., *Matrices with Applications in Statistics*, Wadsworth, Pacific Grove, Ca., 1969.

Hannan, E.J. *Multiple Time Series*, J. Wiley, New York, 1970.

Kay, S.M., *Modern Spectral Estimation: Theory and Application*, Prentice-Hall, Englewood Cliffs, N.J., 1988.

Knight, W.S., R.G. Pridham, S.M. Kay, "Digital Signal Processing for Sonar," *Proc. IEEE*, Vol. 69, pp. 1451–1506, Nov. 1981.

Robinson, E.A., *Multichannel Time Series Analysis with Digital Computer Programs*, Holden-Day, San Francisco, Ca. 1967.

Van Trees, H.L., "A Unified Theory for Optimum Array Processing," Report No. 4160866, Arthur D. Little, Inc., Cambridge, Mass., August 1966.

Van Trees, H.L., *Detection, Estimation, and Modulation Theory*, Vol. III, J. Wiley, New York, 1971.

习题

13.1 在具有方差为 σ^2 的 CWGN 中，根据 $\tilde{x}[n]$ $(n=0,1,\ldots,N-1)$ 检测复正弦信号 $\tilde{s}[n]=\tilde{A}\exp(j2\pi f_0 n)$。如果 $\tilde{A}$ 和 f_0 已知，确定 NP 检测器（包括门限）及其性能。

13.2 令

$$T(\tilde{\mathbf{x}}) = \text{Re}\left(\sum_{k=0}^{n} \tilde{h}[n-k]\tilde{x}[k]\right)\Bigg|_{n=N-1}$$

将(13.3)式用匹配滤波器形式表示，并确定 $\tilde{h}[n]$。

13.3 在本题中，我们应用实数据公式重新推导例 13.1 的结果。为此，令复观测 $\tilde{x}[n]=u[n]+jv[n]$ $(n=0,1,\ldots,N-1)$用实矢量排列为 $\mathbf{x}=[\mathbf{u}^T\mathbf{v}^T]^T$，其中 $\mathbf{u}=[u[0]u[1]\ldots u[N-1]]^T,\mathbf{v}=[v[0]v[1]\ldots v[N-1]]^T$。在例 13.1 的检测问题中，应用 LRT 根据实数据矢量 $\mathbf{x}$ 求 NP 检测统计量，然后证明统计量是相同的。提示：在假设 $\mathcal{H}_0$ 及 $\mathcal{H}_1$ 条件下，数据矢量 $\mathbf{x}$ 有实多维 PDF。

13.4 令 $\tilde{x}[0]=A\exp(j\phi)+\tilde{w}[0]$，其中 A、ϕ 为已知常数，$\tilde{w}[0]\sim\mathcal{CN}(0,\sigma^2)$。考虑 2×1 的实随机矢量 $[\text{Re}(\tilde{x}[0])]\text{Im}(\tilde{x}[0])]^T$ 的 PDF，分别画出在 $\mathcal{H}_0$ 条件下和 $A=0$ 时，以及在 $\mathcal{H}_1$ 条件下和 $A=1$、$\phi=0$ 时与 $A=1$、$\phi=\pi/2$ 时的 PDF 轮廓图。解释为什么 ϕ 值对 NP 检测器的检测性能没有影响。

13.5 通过求出 $\tilde{z}=\tilde{\mathbf{s}}^H\mathbf{C}^{-1}\tilde{\mathbf{s}}$ 的矩，验证(13.11)式及(13.12)式。

13.6 假定在方差为 σ^2 的 CWGN 中有一零均值 $\mathbf{C}_{\tilde{s}}=\sigma_{\tilde{s}}^2\mathbf{I}$ 的复高斯随机信号且协方差矩阵已知，求解 NP 检测统计量，并解释你的结果。

13.7 应用矩阵变换性质证明：

a. $(\mathbf{AB})^H=\mathbf{B}^H\mathbf{A}^H$

b. 若 $\mathbf{A}$ 及 $\mathbf{B}$ 为 Hermitian 型，则 $\mathbf{A}+\mathbf{B}$ 也为 Hermitian 型

c. 若 $\mathbf{A}^{-1}$ 为 Hermitian 型，则 $\mathbf{A}$ 为 Hermitian 型

然后，证明 $\mathbf{C}_{\tilde{s}}(\mathbf{C}_{\tilde{s}}+\sigma^2\mathbf{I})^{-1}$ 为 Hermitian 矩阵。提示：$\mathbf{C}_{\tilde{s}}$ 与 $(\mathbf{C}_{\tilde{s}}+\sigma^2\mathbf{I})^{-1}$ 是可以转换的(commute)。

13.8 在本题中，我们扩展 5.3 节的结论，确定复估计器–相关器的正则检测器及其性能。由于 $\mathbf{C}_{\tilde{s}}$ 为 Hermitian 和半正定矩阵，它可以对角化为 $\mathbf{V}^H\mathbf{C}_{\tilde{s}}\mathbf{V}=\mathbf{\Lambda}_{\tilde{s}}$。$N\times N$ 矩阵 $\mathbf{V}$ 为复模态矩阵，即 $\mathbf{V}=[\mathbf{v}_0\mathbf{v}_1\ldots\mathbf{v}_{N-1}]$，其中 $\mathbf{v}_i$ 为第 i 个 $N\times1$ 特征矢量；$N\times N$ 矩阵 $\mathbf{\Lambda}_{\tilde{s}}$ 为对角的，它的 $[n,n]$ 元素为 $\lambda_{\tilde{s}_n}$，其中 $\lambda_{\tilde{s}_n}$ 为第 n 个特征值。由于 $\mathbf{C}_{\tilde{s}}$ 为 Hermitian 型，因此其特征矢量可以选为正交矢量，即 $\mathbf{V}^H=\mathbf{V}^{-1}$，同时特征值是实的。此外，由于 $\mathbf{C}_{\tilde{s}}$ 的半正定性质，特征值全部是非负的。我们进一步假定特征值是各不相同的。证明(13.14)式的估计器–相关器可以表示为正则形式

$$T(\tilde{\mathbf{x}}) = \sum_{n=0}^{N-1} \frac{\lambda_{\tilde{s}_n}}{\lambda_{\tilde{s}_n}+\sigma^2}|\tilde{y}[n]|^2$$

其中 $\tilde{\mathbf{y}} = \mathbf{V}^H \tilde{\mathbf{x}}$。下一步，为了求检测性能，我们注意到 $|\tilde{y}[n]|^2$ 是一个比例 χ_2^2，并且 $\{\tilde{y}[0], \tilde{y}[1], \ldots,$ $\tilde{y}[N-1]\}$ 是相互独立的随机变量。利用下面的结论求 P_{FA} 和 P_D：若 $y = \sum_{n=0}^{N-1} \beta_n x_n$，其中 β_n 互不相同且 $\beta_n > 0$，x_n 是 IID 的，它的 PDF 为 χ_2^2，则 y 的 PDF 为

$$p(y) = \begin{cases} \displaystyle\sum_{n=0}^{N-1} C_n \frac{1}{2\beta_n} \exp\left[-\frac{y}{2\beta_n}\right] & y > 0 \\ 0 & y < 0 \end{cases}$$

其中
$$C_n = \prod_{\substack{i=0 \\ i \neq n}}^{N-1} \frac{1}{1 - \beta_i/\beta_n}$$

我们应该可以证明
$$P_{FA} = \sum_{n=0}^{N-1} A_n \exp(-\gamma'/\alpha_n)$$

其中 $\alpha_n = \lambda_{\tilde{s}_n} \sigma^2 / (\lambda_{\tilde{s}_n} + \sigma^2)$，以及

$$A_n = \prod_{\substack{i=0 \\ i \neq n}}^{N-1} \frac{1}{1 - \alpha_i/\alpha_n}$$

和
$$P_D = \sum_{n=0}^{N-1} B_n \exp(-\gamma'/\lambda_{\tilde{s}_n})$$

其中
$$B_n = \prod_{\substack{i=0 \\ i \neq n}}^{N-1} \frac{1}{1 - \lambda_{\tilde{s}_i}/\lambda_{\tilde{s}_n}}$$

13.9 在例 13.2 中，令 $\tilde{h}[n] = 1$，因此 $\tilde{s}[n]$ 是复随机 DC 电平，且 $\tilde{A} \sim \mathcal{CN}(0, \sigma_A^2)$。确定 NP 检测器并解释它的工作过程。另外，求出检测性能。

13.10 重复习题 13.9，但是 $\tilde{h}[n] = \exp(j2\pi f_0 n)$，讨论信号 $\tilde{h}[n]$ 对检测性能的影响。

13.11 我们希望在已知方差 σ^2 的 CWGN 中，根据数据集 $\tilde{x}[n]$（$n = 0, 1, \ldots, N-1$）来检测复确定性 DC 电平 $\tilde{A}$。如果 $\tilde{A}$ 是未知的，求出 GLRT，包括门限。

13.12 我们希望在已知方差 σ^2 的 CWGN 中检测具有未知幅度 $\tilde{A}$ 和已知频率 f_0 的复正弦信号 $\tilde{A}\exp(j2\pi f_0 n)$。假定观测为 $\tilde{x}[n]$（$n = 0, 1, \ldots, N-1$）。求 GLRT，包括门限，若 f_0 未知，检测器如何变化？

13.13 我们希望在已知方差 σ^2 的 CWGN 中检测信号 $\tilde{s}[n] = \tilde{A}_1 \tilde{\phi}_1[n] + \tilde{A}_2 \tilde{\phi}_2[n]$，其中 $\tilde{A}_1$、$\tilde{A}_2$ 是确定性的且未知，$\tilde{\phi}_1[n]$、$\tilde{\phi}_2[n]$ 是已知的正交基信号。根据观测 $\tilde{x}[n]$（$n = 0, 1, \ldots, N-1$）求 GLRT 的检验统计量。另外，将你的结果应用到下面这种特殊情况：$\tilde{\phi}_1[n] = (1/\sqrt{N})\exp(j2\pi f_1 n)$（$f_1 = k/N$），$\tilde{\phi}_2[n] = (1/\sqrt{N})\exp(j2\pi f_2 n)$（$f_2 = l/N$），其中 k，l 是不同的整数，并有 $k - l \neq rN$，其中 r 为整数。提示：正交性意味着 $\sum_{n=0}^{N-1} \tilde{\phi}_i^*[n] \tilde{\phi}_j[n] = \delta_{ij}$。

13.14 观测传感器阵列的输出。传感器数目 $M = 2$，样本数 $N = 3$，其中 $\{1, 2, 3\}$ 为传感器 1 的观测输出，$\{4, 5, 6\}$ 为传感器 2 的观测输出，求 $\tilde{\mathbf{x}}[n]$、$\tilde{\mathbf{x}}_m$，然后是 $\tilde{\mathbf{x}}$、$\underline{\tilde{\mathbf{x}}}$。

13.15 定义两个 $N \times N$ 矩阵 $\mathbf{A}$、$\mathbf{B}$ 的相关（内积）为

$$(\mathbf{A}, \mathbf{B}) = \sum_{i=0}^{N-1} \sum_{j=0}^{N-1} [\mathbf{A}]_{ij}^* [\mathbf{B}]_{ij} = \text{tr}(\mathbf{A}^H \mathbf{B})$$

证明：这种相关可以先通过列相关然后行相关来计算，或反过来计算。为此，将 $\mathbf{A}$、$\mathbf{B}$ 写为列形式 $\mathbf{A} = [\mathbf{a}_0 \ldots \mathbf{a}_{N-1}]$ 和 $\mathbf{B} = [\mathbf{b}_0 \ldots \mathbf{b}_{N-1}]$，或写为行形式

$$\mathbf{A} = \begin{bmatrix} \mathbf{c}_0^T \\ \vdots \\ \mathbf{c}_{N-1}^T \end{bmatrix}$$

$$\mathbf{B} = \begin{bmatrix} \mathbf{d}_0^T \\ \vdots \\ \mathbf{d}_{N-1}^T \end{bmatrix}$$

13.16 在阵列的输出端观测到正弦型随机过程

$$\tilde{x}_m[n] = \tilde{A} \exp\left[j(2\pi(f_0 m + f_1 n) + \phi)\right]$$

其中 $\tilde{A}$ 是确定性的，ϕ 为随机变量，满足 $\phi \sim \mathcal{U}[0, 2\pi]$。证明传感器 m 及 m' 之间的互相关函数为

$$r_{mm'}[k] = |\tilde{A}|^2 \exp\left[j2\pi(f_0(m' - m) + f_1 k)\right]$$

13.17 对于习题 13.16 给出的互相关函数，若 $M = 2$ 及 $N = 3$，求出 $\mathbf{R}_{\tilde{x}\tilde{x}}[k]$，$\mathbf{P}_{\tilde{x}\tilde{x}}[f]$ 和 $\mathbf{C}$ 的显式表达式。

13.18 若对于 $m \neq m'$，有 $E(\tilde{x}_m[l]\tilde{x}_{m'}^*[n]) = 0$，求出当 $M = 2$ 和 $N = 3$ 时的 $\mathbf{R}_{\tilde{x}\tilde{x}}[k]$ 和 $\mathbf{P}_{\tilde{x}\tilde{x}}[f]$。$\mathbf{C}$ 是否是 (13.38) 式给出的对角形式？若采用空域排列，结果如何？

13.19 证明 CSM 为 Hermitian 型且为半正定的。提示：为证明是半正定的，可令 $\tilde{y}[n] = \tilde{\boldsymbol{\xi}}^T \tilde{\mathbf{x}}[n]$，然后确定 $\tilde{y}[n]$ 的 ACF 和 PSD。

13.20 在 (13.45) 式中，证明当 $N \to \infty$ 时有

$$T(\tilde{\mathbf{x}}) \to N \sum_{m=0}^{M-1} \int_{-\frac{1}{2}}^{\frac{1}{2}} \frac{P_{mm}(f)}{P_{mm}(f) + \sigma^2} I_m(f) df$$

并加以解释。

13.21 如图 13.10 所示的均匀间隔线阵的连续时间输出转换成了复包络，然后进行采样，得到的复离散时间过程可以看成对 2D 连续过程 $\tilde{x}(r_x, t)$ 的采样，其中 r_x 表示沿 x 轴的距离，t 表示时间。根据这样的解释，我们有 $\tilde{x}_m[n] = \tilde{x}(md, n\Delta)$（$m = 0, 1, \ldots, M-1$；$n = 0, 1, \ldots, N-1$）。如果 $\tilde{x}(r_x, t)$ 在时域和空域为 WSS，那么我们定义采样空时 ACF 为

$$r[h, k] = E(\tilde{x}^*(md, n\Delta)\tilde{x}((m+h)d, (n+k)\Delta))$$

根据以上定义，我们可以将传感器之间的互相关函数重写为

$$r_{ij}[k] = E(\tilde{x}^*(id, n\Delta)\tilde{x}(jd, (n+k)\Delta)) = r[j-i, k]$$

求当 $r_{ij}[k] = r[i-j, k]$ 时的 $\mathbf{R}_{\tilde{x}\tilde{x}}[k]$。$\mathbf{R}_{\tilde{x}\tilde{x}}[k]$ 有什么特殊形式？

13.22 对于 $M = 2$ 及 $N = 3$，若空时 ACF 如习题 13.21 所定义，求 $\mathbf{C}_{\tilde{s}}$。解释为什么是双块 Toeplitz 型（矩阵为块 Toeplitz 型，且各块为 Toeplitz 型）。$\mathbf{C}_{\tilde{s}}$ 是 Toeplitz 型的吗？

13.23 如图 13.10 所示的均匀间隔线阵，假定 $\beta = \pi/2$（称为侧面到达），证明 (13.50) 式的 GLRT 可化简为

$$T(\tilde{\mathbf{x}}) = \frac{M}{N\sigma^2/2} \left| \frac{1}{M} \sum_{m=0}^{M-1} X_m(f_D) \right|^2$$

其中 $X_m(f) = \sum_{n=0}^{N-1} \tilde{x}_m[n] \exp(-j2\pi f n)$，并解释之。

13.24 如图 13.10 所示的均匀间隔线阵，假定 $\beta = \pi/2$，证明 (13.59) 式的估计器 - 相关器可以化简为

$$T(\tilde{\mathbf{x}}) = \frac{M}{N} \sum_{i=0}^{N-1} H(f_i) \left| \hat{S}_B(f_i) \right|^2$$

其中

$$\hat{S}_B(f_i) = \frac{1}{M} \sum_{m=0}^{M-1} X_m(f_i)$$

并解释之。

附录 13A 复线性模型 GLRT 的 PDF

为了求得 GLRT 统计量(13.19)式的 PDF,我们首先注意到由于 $\hat{\boldsymbol{\theta}}_1$ 是复高斯随机矢量 $\tilde{\mathbf{x}}$ 的线性变换,因此它是复高斯随机矢量。这样,可以证明(参见本书卷 I 的例 15.9) $\hat{\boldsymbol{\theta}}_1 \sim \mathcal{CN}(\boldsymbol{\theta}_1, \sigma^2(\mathbf{H}^H\mathbf{H})^{-1})$,于是,由(13.19)式,我们有 $T(\tilde{\mathbf{x}}) = 2\hat{\boldsymbol{\theta}}_1^H \mathbf{C}_{\hat{\theta}_1}^{-1} \hat{\boldsymbol{\theta}}_1$,其中 $\mathbf{C}_{\hat{\theta}_1} = \sigma^2(\mathbf{H}^H\mathbf{H})^{-1}$ 是 $\hat{\boldsymbol{\theta}}_1$ 的协方差矩阵。接着我们令 $\boldsymbol{\theta}_1 = \boldsymbol{\alpha} + j\boldsymbol{\beta}$ 和 $\hat{\boldsymbol{\theta}}_1 = \hat{\boldsymbol{\alpha}} + j\hat{\boldsymbol{\beta}}$,定义对应的 $2p \times 1$ 实矢量 $\boldsymbol{\xi} = [\boldsymbol{\alpha}^T \boldsymbol{\beta}^T]^T$ 和 $\hat{\boldsymbol{\xi}} = [\hat{\boldsymbol{\alpha}}^T \hat{\boldsymbol{\beta}}^T]^T$。那么,检验统计量等价于(参见本书卷 I 的附录 15A)

$$T(\tilde{\mathbf{x}}) = \hat{\boldsymbol{\xi}}^T \mathbf{C}_{\hat{\xi}}^{-1} \hat{\boldsymbol{\xi}}$$

其中 $\mathbf{C}_{\hat{\xi}}$ 是 $2p \times 2p$ 实估计量 $\hat{\boldsymbol{\xi}}$ 的实协方差矩阵。由于 $\hat{\boldsymbol{\theta}}_1 \sim \mathcal{CN}(\boldsymbol{\theta}_1, \mathbf{C}_{\hat{\theta}_1})$,因此可以得出(参见本书卷 I 的第 15 章)

$$\hat{\boldsymbol{\xi}} \sim \mathcal{N}\left(\begin{bmatrix} \boldsymbol{\alpha} \\ \boldsymbol{\beta} \end{bmatrix}, \mathbf{C}_{\hat{\xi}} \right)$$

接着我们应用定理,如果 $\mathbf{x} \sim \mathcal{N}(\boldsymbol{\mu}, \mathbf{C})$,其中 $\mathbf{x}$ 是实的 $N \times 1$ 随机矢量,则 $\mathbf{x}^T \mathbf{C}^{-1} \mathbf{x} \sim \chi_N'^2(\lambda)$,其中 $\lambda = \boldsymbol{\mu}^T \mathbf{C}^{-1} \boldsymbol{\mu}$(参见第 12 章),那么

$$T(\tilde{\mathbf{x}}) \sim \begin{cases} \chi_{2p}^2 & \text{在} \mathcal{H}_0 \text{条件下} \\ \chi_{2p}'^2(\lambda) & \text{在} \mathcal{H}_1 \text{条件下} \end{cases}$$

其中

$$\lambda = \begin{bmatrix} \boldsymbol{\alpha} \\ \boldsymbol{\beta} \end{bmatrix}^T \mathbf{C}_{\hat{\xi}}^{-1} \begin{bmatrix} \boldsymbol{\alpha} \\ \boldsymbol{\beta} \end{bmatrix}$$

而

$$\lambda = \begin{bmatrix} \boldsymbol{\alpha} \\ \boldsymbol{\beta} \end{bmatrix}^T \mathbf{C}_{\hat{\xi}}^{-1} \begin{bmatrix} \boldsymbol{\alpha} \\ \boldsymbol{\beta} \end{bmatrix} = 2\boldsymbol{\theta}_1^H \mathbf{C}_{\hat{\theta}_1}^{-1} \boldsymbol{\theta}_1 = \frac{\boldsymbol{\theta}_1^H \mathbf{H}^H \mathbf{H} \boldsymbol{\theta}_1}{\sigma^2/2}$$

附录1 重要概念回顾

A1.1 线性和矩阵代数

在本节里，我们回顾线性和矩阵代数理论的重要结论。接下来的讨论，假定读者已经熟悉这些内容。描述的特定概念在本书中已广泛用到。为了更好地理解这些内容，读者可参考 [Noble and Daniel 1977] 和 [Graybill 1969]。所有的矩阵和矢量都假定是实数。

A1.1.1 定义

考虑一个 $m \times n$ 阶矩阵 $\mathbf{A}$，矩阵的元素为 $a_{ij}(i = 1, 2, \ldots, m; j = 1, 2, \ldots, n)$。描述 $\mathbf{A}$ 的简单表示为

$$[\mathbf{A}]_{ij} = a_{ij}$$

$\mathbf{A}$ 的转置用 $\mathbf{A}^T$ 表示，它定义为元素 a_{ji} 的 $n \times m$ 矩阵，即

$$[\mathbf{A}^T]_{ij} = a_{ji}$$

方阵是 $m = n$ 的矩阵。如果 $\mathbf{A}^T = \mathbf{A}$，那么这个方阵是对称的。

矩阵的秩，是线性无关的行或列的数目（较小那个数目）。$n \times n$ 方阵的逆也是一个 $n \times n$ 方阵 $\mathbf{A}^{-1}$，它满足

$$\mathbf{A}^{-1}\mathbf{A} = \mathbf{A}\mathbf{A}^{-1} = \mathbf{I}$$

其中 $\mathbf{I}$ 是 $n \times n$ 单位矩阵。当且仅当 $\mathbf{A}$ 的秩是 n 时，逆矩阵存在。如果逆矩阵不存在，那么 $\mathbf{A}$ 是奇异的。

$n \times n$ 方阵的行列式用 $\det(\mathbf{A})$ 表示。它是这样计算的，

$$\det(\mathbf{A}) = \sum_{j=1}^{n} a_{ij}C_{ij}$$

其中
$$C_{ij} = (-1)^{i+j}M_{ij}$$

M_{ij} 是 $\mathbf{A}$ 的子矩阵的行列式，这个子矩阵是 $\mathbf{A}$ 消去第 i 行和第 j 列得到的，称之为 a_{ij} 的子式，C_{ij} 是 a_{ij} 的代数余子式。注意，对于任意的 $i(i = 1, 2, \ldots, n)$，得到的 $\det(\mathbf{A})$ 的值相同。

二次型 Q 定义为

$$Q = \sum_{i=1}^{n}\sum_{j=1}^{n} a_{ij}x_i x_j$$

在定义二次型时，假定 $a_{ji} = a_{ij}$。这种假设是不失一般性所必需的，因为任意的二次型函数都可以用这种方法表示。Q 也可以表示为

$$Q = \mathbf{x}^T \mathbf{A} \mathbf{x}$$

其中 $\mathbf{x} = [x_1 x_2 \ldots x_n]^T$，$\mathbf{A}$ 是一个 $n \times n$ 的矩阵，且 $a_{ji} = a_{ij}$，即 $\mathbf{A}$ 是一个对称矩阵。

如果 $n \times n$ 方阵 $\mathbf{A}$ 是对称的，且对于所有 $\mathbf{x} \neq \mathbf{0}$，

$$\mathbf{x}^T \mathbf{A} \mathbf{x} \geq 0$$

那么，它是半正定的。如果二次型严格为正，那么 $\mathbf{A}$ 是正定的。当我们称一个矩阵是正定或者半正定的时，通常假设矩阵是对称的。

$n \times n$ 方阵的迹是其对角线上的元素之和，即

$$\text{tr}(\mathbf{A}) = \sum_{i=1}^{n} a_{ii}$$

分块 $m \times n$ 矩阵 $\mathbf{A}$ 是用它的子矩阵表示的矩阵。例如一个 2×2 分块矩阵

$$\mathbf{A} = \begin{bmatrix} \mathbf{A}_{11} & \mathbf{A}_{12} \\ \mathbf{A}_{21} & \mathbf{A}_{22} \end{bmatrix}$$

每一个"元素" $\mathbf{A}_{ij}$ 是一个 $\mathbf{A}$ 的子矩阵。分块的维数可表示为

$$\begin{bmatrix} k \times l & k \times (n-l) \\ (m-k) \times l & (m-k) \times (n-l) \end{bmatrix}$$

A1.1.2　特殊矩阵

对角矩阵是一个 $n \times n$ 方阵，其中 $a_{ij} = 0 (i \neq j)$，即所有主对角线以外的元素是零。对角矩阵可以表示为

$$\mathbf{A} = \begin{bmatrix} a_{11} & 0 & \cdots & 0 \\ 0 & a_{22} & \cdots & 0 \\ \vdots & \vdots & \ddots & \vdots \\ 0 & 0 & \cdots & a_{nn} \end{bmatrix}$$

对角矩阵有时候用 $\text{diag}(a_{11}, a_{22}, \ldots, a_{nn})$ 表示。这个对角矩阵的逆可以简单地通过对主对角线上的每一个元素求逆而得到。

一般的对角矩阵是方型 $n \times n$ 块对角矩阵

$$\mathbf{A} = \begin{bmatrix} \mathbf{A}_{11} & \mathbf{0} & \cdots & \mathbf{0} \\ \mathbf{0} & \mathbf{A}_{22} & \cdots & \mathbf{0} \\ \vdots & \vdots & \ddots & \vdots \\ \mathbf{0} & \mathbf{0} & \cdots & \mathbf{A}_{kk} \end{bmatrix}$$

在这里所有的子矩阵 $\mathbf{A}_{ii}$ 是方阵，而其他子阵都是零。子阵的维数不必相等。例如，如果 $k=2$，$\mathbf{A}_{11}$ 可能的维数为 2×2，而 $\mathbf{A}_{22}$ 可能是一个标量。如果所有的 $\mathbf{A}_{ii}$ 都是非奇异的，那么逆很容易求得为

$$\mathbf{A}^{-1} = \begin{bmatrix} \mathbf{A}_{11}^{-1} & \mathbf{0} & \cdots & \mathbf{0} \\ \mathbf{0} & \mathbf{A}_{22}^{-1} & \cdots & \mathbf{0} \\ \vdots & \vdots & \ddots & \vdots \\ \mathbf{0} & \mathbf{0} & \cdots & \mathbf{A}_{kk}^{-1} \end{bmatrix}$$

另外，行列式是

$$\det(\mathbf{A}) = \prod_{i=1}^{n} \det(\mathbf{A}_{ii})$$

一个 $n \times n$ 方阵如果满足

$$\mathbf{A}^{-1} = \mathbf{A}^T$$

那么我们就称该方阵是正交矩阵。对于一个正交矩阵，它的行（列）也必须是正交的，即如果

$$\mathbf{A} = \begin{bmatrix} \mathbf{a}_1 & \mathbf{a}_2 & \cdots & \mathbf{a}_n \end{bmatrix}$$

$\mathbf{a}_i$ 表示第 i 列，条件

$$\mathbf{a}_i^T \mathbf{a}_j = \begin{cases} 0, & i \neq j \\ 1, & i = j \end{cases}$$

必须满足。通过正弦谐波之和或由离散傅里叶级数得到的数据模型，就是正交矩阵重要的一个例子。例如，n 为偶数时，

$$\mathbf{A} = \frac{1}{\sqrt{\frac{n}{2}}} \begin{bmatrix} \frac{1}{\sqrt{2}} & 1 & \cdots & \frac{1}{\sqrt{2}} & 0 & \cdots & 0 \\ \frac{1}{\sqrt{2}} & \cos\frac{2\pi}{n} & \cdots & \frac{1}{\sqrt{2}}\cos\frac{2\pi(\frac{n}{2})}{n} & \sin\frac{2\pi}{n} & \cdots & \sin\frac{2\pi(\frac{n}{2}-1)}{n} \\ \vdots & \vdots & \vdots & \vdots & \vdots & \vdots & \vdots \\ \frac{1}{\sqrt{2}} & \cos\frac{2\pi(n-1)}{n} & \cdots & \frac{1}{\sqrt{2}}\cos\frac{2\pi\frac{n}{2}(n-1)}{n} & \sin\frac{2\pi(n-1)}{n} & \cdots & \sin\frac{2\pi(\frac{n}{2}-1)(n-1)}{n} \end{bmatrix}$$

是一个正交矩阵。这是从如下的正交关系得到的，对于 $i,j = 0,1,\ldots,n/2$，

$$\sum_{k=0}^{n-1} \cos\frac{2\pi ki}{n} \cos\frac{2\pi kj}{n} = \begin{cases} 0 & i \neq j \\ \frac{n}{2} & i = j = 1,2,\ldots,\frac{n}{2}-1 \\ n & i = j = 0, \frac{n}{2} \end{cases}$$

和对于 $i, j = 1,2,\ldots,n/2-1$，

$$\sum_{k=0}^{n-1} \sin\frac{2\pi ki}{n} \sin\frac{2\pi kj}{n} = \frac{n}{2}\delta_{ij}$$

以及最后对于 $i = 0,1,\ldots,n/2$，$j = 1,2,\ldots,n/2-1$，

$$\sum_{k=0}^{n-1} \cos\frac{2\pi ki}{n} \sin\frac{2\pi kj}{n} = 0$$

这些正交关系通过使用复指数表示正弦和余弦并且利用下面的结论就可以证明，

$$\sum_{k=0}^{n-1} \exp\left(j\frac{2\pi}{n}kl\right) = n\delta_{l0}$$

其中 $l = 0,1,\ldots,n-1$ [Oppenheim and Schafer 1975]。

如果 $n \times n$ 方阵 $\mathbf{A}$ 满足

$$\mathbf{A}^2 = \mathbf{A}$$

我们称 $\mathbf{A}$ 为等幂矩阵。上面的条件隐含着 $\mathbf{A}^l = \mathbf{A}$，$l \geqslant 1$。一个例子就是投影矩阵

$$\mathbf{A} = \mathbf{H}(\mathbf{H}^T\mathbf{H})^{-1}\mathbf{H}^T$$

其中 $\mathbf{H}$ 是一个 $m \times n$ 满秩矩阵($m > n$)。

$n \times n$ Toeplitz 方阵定义为

$$[\mathbf{A}]_{ij} = a_{i-j}$$

即

$$\mathbf{A} = \begin{bmatrix} a_0 & a_{-1} & a_{-2} & \cdots & a_{-(n-1)} \\ a_1 & a_0 & a_{-1} & \cdots & a_{-(n-2)} \\ \vdots & \vdots & \vdots & \vdots & \vdots \\ a_{n-1} & a_{n-2} & a_{n-3} & \cdots & a_0 \end{bmatrix} \tag{A1.1}$$

沿着主对角线的每一个元素都是相等的。如果同时还有 $a_{-k} = a_k$，那么 $\mathbf{A}$ 是一个对称 Toeplitz 矩阵。

A1.1.3　矩阵运算和公式

在这一节里，总结了矩阵代数运算的一些有用的公式。对于 $n \times n$ 矩阵 $\mathbf{A}$ 和 $\mathbf{B}$，下列关系是有用的，

$$
\begin{aligned}
(\mathbf{AB})^T &= \mathbf{B}^T \mathbf{A}^T \\
(\mathbf{A}^T)^{-1} &= (\mathbf{A}^{-1})^T \\
(\mathbf{AB})^{-1} &= \mathbf{B}^{-1} \mathbf{A}^{-1} \\
\det(\mathbf{A}^T) &= \det(\mathbf{A}) \\
\det(c\mathbf{A}) &= c^n \det(\mathbf{A}) \quad (c \text{ a scalar}) \\
\det(\mathbf{AB}) &= \det(\mathbf{A}) \det(\mathbf{B}) \\
\det(\mathbf{A}^{-1}) &= \frac{1}{\det(\mathbf{A})} \\
\operatorname{tr}(\mathbf{AB}) &= \operatorname{tr}(\mathbf{BA}) \\
\operatorname{tr}(\mathbf{A}^T \mathbf{B}) &= \sum_{i=1}^{n} \sum_{j=1}^{n} [\mathbf{A}]_{ij} [\mathbf{B}]_{ij}
\end{aligned}
$$

在对线性和二次型形式进行求导时, 下面的梯度公式是很有用的

$$
\frac{\partial \mathbf{b}^T \mathbf{x}}{\partial \mathbf{x}} = \mathbf{b}
$$

$$
\frac{\partial \mathbf{x}^T \mathbf{A} \mathbf{x}}{\partial \mathbf{x}} = 2\mathbf{A}\mathbf{x}
$$

其中假设 $\mathbf{A}$ 是对称矩阵。另外, 对于矢量 $\mathbf{x}$ 和 $\mathbf{y}$ 我们有

$$
\mathbf{y}^T \mathbf{x} = \operatorname{tr}(\mathbf{x}\mathbf{y}^T)
$$

在解析地确定一个矩阵的逆时, 它通常是必需的。为此可以利用下面的公式。$n \times n$ 方阵的逆是

$$
\mathbf{A}^{-1} = \frac{\mathbf{C}^T}{\det(\mathbf{A})}
$$

其中 $\mathbf{C}$ 是 $\mathbf{A}$ 的代数余子式的 $n \times n$ 方阵, 代数余子式矩阵定义为

$$
[\mathbf{C}]_{ij} = (-1)^{i+j} M_{ij}
$$

其中 M_{ij} 是 a_{ij} 的子式, 它是通过消除 $\mathbf{A}$ 的第 i 行和第 j 列得到的。

另一个相当有用的公式是矩阵求逆引理,

$$
(\mathbf{A} + \mathbf{BCD})^{-1} = \mathbf{A}^{-1} - \mathbf{A}^{-1} \mathbf{B} (\mathbf{DA}^{-1}\mathbf{B} + \mathbf{C}^{-1})^{-1} \mathbf{DA}^{-1}
$$

其中假设 $\mathbf{A}$ 为 $n \times n$ 维, $\mathbf{B}$ 为 $n \times m$ 维, $\mathbf{C}$ 为 $m \times m$ 维, $\mathbf{D}$ 为 $m \times n$ 维, 且其中的逆矩阵都是存在的。$\mathbf{A}$ 的特殊情况称为 Woodbury 恒等式, 此时 $\mathbf{B}$ 是 $n \times 1$ 列矢量 $\mathbf{u}$, $\mathbf{C}$ 是单位标量, $\mathbf{D}$ 是一个 $1 \times n$ 行矢量 $\mathbf{u}^T$, 那么

$$
(\mathbf{A} + \mathbf{u}\mathbf{u}^T)^{-1} = \mathbf{A}^{-1} - \frac{\mathbf{A}^{-1}\mathbf{u}\mathbf{u}^T\mathbf{A}^{-1}}{1 + \mathbf{u}^T \mathbf{A}^{-1} \mathbf{u}}
$$

分块矩阵的运算可以把每一个子矩阵当作一个元素, 从而按照常规的矩阵代数规则进行运算。对于分块矩阵的相乘, 一起相乘的子矩阵必须是一致的。例如, 对于一个 2×2 分块矩阵

$$
\mathbf{AB} = \begin{bmatrix} \mathbf{A}_{11} & \mathbf{A}_{12} \\ \mathbf{A}_{21} & \mathbf{A}_{22} \end{bmatrix} \begin{bmatrix} \mathbf{B}_{11} & \mathbf{B}_{12} \\ \mathbf{B}_{21} & \mathbf{B}_{22} \end{bmatrix} = \begin{bmatrix} \mathbf{A}_{11}\mathbf{B}_{11} + \mathbf{A}_{12}\mathbf{B}_{21} & \mathbf{A}_{11}\mathbf{B}_{12} + \mathbf{A}_{12}\mathbf{B}_{22} \\ \mathbf{A}_{21}\mathbf{B}_{11} + \mathbf{A}_{22}\mathbf{B}_{21} & \mathbf{A}_{21}\mathbf{B}_{12} + \mathbf{A}_{22}\mathbf{B}_{22} \end{bmatrix}
$$

分块矩阵的转置通过对矩阵的子阵转置且对每一个子阵应用 T 来形成。对于一个 2×2 分块矩阵,

$$
\begin{bmatrix} \mathbf{A}_{11} & \mathbf{A}_{12} \\ \mathbf{A}_{21} & \mathbf{A}_{22} \end{bmatrix}^T = \begin{bmatrix} \mathbf{A}_{11}^T & \mathbf{A}_{21}^T \\ \mathbf{A}_{12}^T & \mathbf{A}_{22}^T \end{bmatrix}
$$

这些性质扩展到任意分块矩阵是相当简单的。分块矩阵的逆和行列式的计算可以借助下列公式。

令 $\mathbf{A}$ 是一个 $n \times n$ 分块方阵,

$$\mathbf{A} = \begin{bmatrix} \mathbf{A}_{11} & \mathbf{A}_{12} \\ \mathbf{A}_{21} & \mathbf{A}_{22} \end{bmatrix} = \begin{bmatrix} k \times k & k \times (n-k) \\ (n-k) \times k & (n-k) \times (n-k) \end{bmatrix}$$

那么

$$\mathbf{A}^{-1} = \begin{bmatrix} (\mathbf{A}_{11} - \mathbf{A}_{12}\mathbf{A}_{22}^{-1}\mathbf{A}_{21})^{-1} & -(\mathbf{A}_{11} - \mathbf{A}_{12}\mathbf{A}_{22}^{-1}\mathbf{A}_{21})^{-1}\mathbf{A}_{12}\mathbf{A}_{22}^{-1} \\ -(\mathbf{A}_{22} - \mathbf{A}_{21}\mathbf{A}_{11}^{-1}\mathbf{A}_{12})^{-1}\mathbf{A}_{21}\mathbf{A}_{11}^{-1} & (\mathbf{A}_{22} - \mathbf{A}_{21}\mathbf{A}_{11}^{-1}\mathbf{A}_{12})^{-1} \end{bmatrix}$$

$$\begin{aligned} \det(\mathbf{A}) &= \det(\mathbf{A}_{22})\det(\mathbf{A}_{11} - \mathbf{A}_{12}\mathbf{A}_{22}^{-1}\mathbf{A}_{21}) \\ &= \det(\mathbf{A}_{11})\det(\mathbf{A}_{22} - \mathbf{A}_{21}\mathbf{A}_{11}^{-1}\mathbf{A}_{12}) \end{aligned}$$

其中 $\mathbf{A}_{11}$ 和 $\mathbf{A}_{22}$ 的逆假定是存在的。

A1.1.4　定理

在本节中,总结了在本书里广泛运用的一些重要性质。

1. $n \times n$ 方阵 $\mathbf{A}$ 是可逆的(非奇异的),当且仅当它的行(或列)是线性无关的,或者等价于它的行列式是非零的。在这种情况下,$\mathbf{A}$ 是满秩的;否则,它是奇异的。

2. $n \times n$ 方阵 $\mathbf{A}$ 是正定的,当且仅当

　　a. 它可以写成

$$\mathbf{A} = \mathbf{C}\mathbf{C}^T \tag{A1.2}$$

　　其中 $\mathbf{C}$ 也是 $n \times n$ 的、满秩的,因而是可逆的,或

　　b. 主子式都是正的。(第 i 个主子项是对应的子矩阵的行列式,该子矩阵是去掉所有下标大于 i 的行和列而形成的。)如果 $\mathbf{A}$ 可以写成(A1.2)式所示的形式,但 $\mathbf{C}$ 不是满秩的,或者主子式只是非负的,那么 $\mathbf{A}$ 是半正定的。

3. 如果 $\mathbf{A}$ 是正定的,那么它的逆存在,可以通过(A1.2)式求出为 $\mathbf{A}^{-1} = (\mathbf{C}^{-1})^T (\mathbf{C}^{-1})$。

4. 令 $\mathbf{A}$ 是正定的,如果 $\mathbf{B}$ 是一个 $m \times n$ 的满秩矩阵($m \leq n$),那么 $\mathbf{BAB}^T$ 也是正定的。

5. 如果 $\mathbf{A}$ 是正定的(半正定的),那么

　　a. 对角元素是正的(非负的)。

　　b. $\mathbf{A}$ 的行列式(主子式)是正的(非负的)。

A1.1.5　矩阵的特征分解

$n \times n$ 方阵 $\mathbf{A}$ 的特征矢量是一个 $n \times 1$ 矢量 $\mathbf{v}$,对于某个标量 λ(它可能是复数),它满足

$$\mathbf{A}\mathbf{v} = \lambda\mathbf{v} \tag{A1.3}$$

λ 则是对应特征矢量 $\mathbf{v}$ 的 $\mathbf{A}$ 的特征值。假设特征矢量是归一化的,具有单位长度,即 $\mathbf{v}^T\mathbf{v} = 1$。如果 $\mathbf{A}$ 是对称的,那么我们可以求出 n 个线性无关的特征矢量,尽管一般来说它们不是唯一的。例如,一个单位矩阵的特征矢量是具有特征值为 1 的任意矢量。如果 $\mathbf{A}$ 是对称的,那么对应不同特征值的特征矢量是正交的,即 $\mathbf{v}_i^T\mathbf{v}_j = \delta_{ij}$,且特征值是实数。此外,如果矩阵是正定(半正定),那么特征值是正的(非负的)。对于一个半正定矩阵,秩等于非零特征值的个数。

(A1.3)式定义的关系式也可以写成

$$\mathbf{A} \begin{bmatrix} \mathbf{v}_1 & \mathbf{v}_2 & \dots & \mathbf{v}_n \end{bmatrix} = \begin{bmatrix} \lambda_1\mathbf{v}_1 & \lambda_2\mathbf{v}_2 & \dots & \lambda_n\mathbf{v}_n \end{bmatrix}$$

或者

$$\mathbf{A}\mathbf{V} = \mathbf{V}\boldsymbol{\Lambda} \tag{A1.4}$$

其中

$$\begin{aligned}
\mathbf{V} &= \begin{bmatrix} \mathbf{v}_1 & \mathbf{v}_2 & \dots & \mathbf{v}_n \end{bmatrix} \\
\Lambda &= \mathrm{diag}(\lambda_1, \lambda_2, \dots, \lambda_n)
\end{aligned}$$

如果 $\mathbf{A}$ 是对称的，那么对应于不同特征值的特征矢量是正交的，选择剩余的特征矢量来产生一个正交特征矢量集，那么 $\mathbf{V}$ 是一个正交矩阵。矩阵 $\mathbf{V}$ 称为模态矩阵(modal matrix)，这样，它的逆是 $\mathbf{V}^T$，所以(A1.4)式变成

$$\mathbf{A} = \mathbf{V}\Lambda\mathbf{V}^T = \sum_{i=1}^{n} \lambda_i \mathbf{v}_i \mathbf{v}_i^T$$

同样，逆矩阵可以很容易地确定为

$$\mathbf{A}^{-1} = \mathbf{V}^{T^{-1}}\Lambda^{-1}\mathbf{V}^{-1} = \mathbf{V}\Lambda^{-1}\mathbf{V}^T = \sum_{i=1}^{n} \frac{1}{\lambda_i} \mathbf{v}_i \mathbf{v}_i^T$$

最终从(A1.4)式得到有用的关系式为

$$\det(\mathbf{A}) = \det(\mathbf{V})\det(\Lambda)\det(\mathbf{V}^{-1}) = \det(\Lambda) = \prod_{i=1}^{n} \lambda_i$$

应该注意到，模态矩阵 $\mathbf{V}$ 将一个对称矩阵对角化，这可用于将一组随机变量去相关。假设 $\mathbf{x}$ 是均值为零的矢量随机变量，其协方差矩阵为 $\mathbf{C}_x$。那么，对于 $\mathbf{C}_x$ 的模态矩阵 $\mathbf{V}$，$\mathbf{y} = \mathbf{V}^T\mathbf{x}$ 是一个零均值并具有对角协方差矩阵的矢量随机变量。这样，由(A1.4)式，因为 $\mathbf{y}$ 的协方差矩阵是

$$\mathbf{C}_y = E(\mathbf{y}\mathbf{y}^T) = E(\mathbf{V}^T\mathbf{x}\mathbf{x}^T\mathbf{V}) = \mathbf{V}^T E(\mathbf{x}\mathbf{x}^T)\mathbf{V} = \mathbf{V}^T\mathbf{C}_x\mathbf{V} = \Lambda$$

其中 Λ 是对角矩阵。

A.1.1.6 不等式

Cauchy-Schwatz 不等式可用于简化最大值的求解问题，并且可以得到显式的解。对于两个矢量 $\mathbf{x}$ 和 $\mathbf{y}$，该不等式满足

$$(\mathbf{y}^T\mathbf{x})^2 \leqslant (\mathbf{y}^T\mathbf{y})(\mathbf{x}^T\mathbf{x})$$

当且仅当 $\mathbf{y} = c\mathbf{x}$ 时等号成立，其中 c 是任意常数。将其应用到 $g(x)$ 和 $h(x)$ 函数，我们通常假定该函数为实变量的复函数，那么 Cauchy-Schwatz 不等式具有以下形式，

$$\left| \int g(x)h(x)dx \right|^2 \leqslant \int |g(x)|^2 dx \int |h(x)|^2 dx$$

当且仅当 $g(x) = ch^*(x)$ 时等号成立，其中 c 是任意复常数。

A1.2 概率、随机过程和时间序列模型

假设读者已经熟悉概率论和随机过程的基本理论，本章则是对这些内容的回顾。如果读者需要深入了解这些内容，关于概率和随机过程推荐参考[Papoulis 1965]。关于时间序列模型可以参考[Kay 1988]。

A1.2.1 有用的概率密度函数

常用来描述随机变量的统计特性的概率密度函数(PDF)是高斯分布。均值为 μ_x、方差为 σ_x^2 的随机变量 x，如果 PDF 为

$$p(x) = \frac{1}{\sqrt{2\pi\sigma_x^2}} \exp\left[-\frac{1}{2\sigma_x^2}(x - \mu_x)^2 \right] \qquad -\infty < x < \infty \qquad (A1.5)$$

那么我们称它服从高斯或正态分布。常常简单表示为 $x \sim \mathcal{N}(\mu_x, \sigma_x^2)$,其中 ~ 表示"服从"。如果 $x \sim \mathcal{N}(0, \sigma_x^2)$,那么 x 的矩是

$$E(x^k) = \begin{cases} 1 \cdot 3 \cdots (k-1)\sigma_x^2 & k \text{ 为偶数} \\ 0 & k \text{ 为奇数} \end{cases}$$

扩展到随机变量集,即随机矢量 $\mathbf{x} = [x_1 x_2 \ldots x_n]^T$,它的均值是

$$E(\mathbf{x}) = \boldsymbol{\mu}_x$$

协方差矩阵是

$$E[(\mathbf{x} - \boldsymbol{\mu}_x)(\mathbf{x} - \boldsymbol{\mu}_x)^T] = \mathbf{C}_x$$

那么它的多维高斯 PDF 为

$$p(\mathbf{x}) = \frac{1}{(2\pi)^{\frac{N}{2}} \det^{\frac{1}{2}}(\mathbf{C}_x)} \exp\left[-\frac{1}{2}(\mathbf{x} - \boldsymbol{\mu}_x)^T \mathbf{C}_x^{-1}(\mathbf{x} - \boldsymbol{\mu}_x)\right] \qquad (A1.6)$$

注意 $\mathbf{C}_x$ 是一个 $n \times n$ 对称矩阵,$[\mathbf{C}_x]_{ij} = E\{[x_i - E(x_i)][x_j - E(x_j)]\} = \text{cov}(x_i, x_j)$,且假设它是正定的,所以 $\mathbf{C}_x$ 就是可逆的。如果 $\mathbf{C}_x$ 是一个对角矩阵,那么随机变量是不相关的。在这种情况下,(A1.6)式分解为 N 个(A1.5)式表示的单变量高斯 PDF 的乘积,因此随机变量也是相互独立的。如果 $\mathbf{x}$ 的均值为零,那么高阶联合矩很容易计算。特别是四阶矩为

$$E(x_i x_j x_k x_l) = E(x_i x_j)E(x_k x_l) + E(x_i x_k)E(x_j x_l) + E(x_i x_l)E(x_j x_k)$$

如果 $\mathbf{x}$ 是线性变换

$$\mathbf{y} = \mathbf{A}\mathbf{x} + \mathbf{b}$$

其中 $\mathbf{A}$ 为 $m \times n$ 维,$\mathbf{b}$ 为 $m \times 1$ 维,$m \leq n$,$\mathbf{A}$ 是满秩的(所以 $\mathbf{C}_y$ 是非奇异的),那么 $\mathbf{y}$ 也是服从多维高斯分布,且

$$E(\mathbf{y}) = \boldsymbol{\mu}_y = \mathbf{A}\boldsymbol{\mu}_x + \mathbf{b}$$

和

$$E[(\mathbf{y} - \boldsymbol{\mu}_y)(\mathbf{y} - \boldsymbol{\mu}_y)^T] = \mathbf{C}_y = \mathbf{A}\mathbf{C}_x\mathbf{A}^T$$

另一个有用的 PDF 是 χ^2 分布,它是从高斯分布推导出来的。如果 $\mathbf{x}$ 是由独立的、相同的随机变量 $x_i \sim \mathcal{N}(0,1)$ $(i = 1, 2, \ldots, n)$ 组成的,那么

$$y = \sum_{i=1}^{n} x_i^2 \sim \chi_n^2$$

其中 χ_n^2 表示具有 n 个自由度的 χ^2 随机变量。PDF 为

$$p(y) = \begin{cases} \frac{1}{2^{\frac{n}{2}} \Gamma(\frac{n}{2})} y^{\frac{n}{2}-1} \exp(-\frac{1}{2}y) & y \geq 0 \\ 0 & y < 0 \end{cases}$$

其中 $\Gamma(u)$ 是伽马积分。y 的均值和方差为

$$\begin{aligned} E(y) &= n \\ \text{var}(y) &= 2n \end{aligned}$$

A1.2.2　随机过程的特征

一个离散随机过程 $x[n]$ 是对每一个整数 n 定义的随机变量序列。如果离散随机过程是广义平稳(WSS)的,那么它的均值

$$E(x[n]) = \mu_x$$

与 n 无关,自相关函数(ACF)为

$$r_{xx}[k] = E(x[n]x[n+k]) \tag{A1.7}$$

它只与两个样本之间的时差 k 有关,而与它们的绝对位置无关。另外,自协方差函数为

$$c_{xx}[k] = E\left[(x[n]-\mu_x)(x[n+k]-\mu_x)\right] = r_{xx}[k] - \mu_x^2$$

类似地,两个联合 WSS 随机过程 $x[n]$ 和 $y[n]$ 的互相关函数(CCF)为

$$r_{xy}[k] = E(x[n]y[n+k])$$

互协方差函数为

$$c_{xy}[k] = E\left[(x[n]-\mu_x)(y[n+k]-\mu_y)\right] = r_{xy}[k] - \mu_x\mu_y$$

ACF 和 CCF 的一些有用性质为

$$
\begin{aligned}
r_{xx}[0] &\geqslant |r_{xx}[k]| \\
r_{xx}[-k] &= r_{xx}[k] \\
r_{xy}[-k] &= r_{yx}[k]
\end{aligned}
$$

注意 $r_{xx}[0]$ 是正的,这可以从(A1.7)式得出。

　　ACF 和 CCF 的 z 变换定义为

$$
\begin{aligned}
\mathcal{P}_{xx}(z) &= \sum_{k=-\infty}^{\infty} r_{xx}[k]z^{-k} \\
\mathcal{P}_{xy}(z) &= \sum_{k=-\infty}^{\infty} r_{xy}[k]z^{-k}
\end{aligned}
$$

由此引入功率谱密度(PSD)的定义。当在单位圆上进行计算时,$\mathcal{P}_{xx}(z)$ 和 $\mathcal{P}_{xy}(z)$ 就变成了自 PSD $P_{xx}(f) = \mathcal{P}_{xx}(\exp[j2\pi f])$,以及互 PSD $P_{xy}(f) = \mathcal{P}_{xy}(\exp[j2\pi f])$,即

$$P_{xx}(f) = \sum_{k=-\infty}^{\infty} r_{xx}[k]\exp(-j2\pi fk) \tag{A1.8}$$

$$P_{xy}(f) = \sum_{k=-\infty}^{\infty} r_{xy}[k]\exp(-j2\pi fk) \tag{A1.9}$$

也可以从互 PSD 的定义和性质 $r_{yx}[k] = r_{xy}[-k]$ 得出,

$$P_{yx}(f) = P_{xy}^*(f)$$

自 PSD 描述了 $x[n]$ 的功率在频率上的分布,它是实的和非负的。另一方面,互 PSD 一般是复的,它的幅度描述了 $x[n]$ 的频率分量与 $y[n]$ 的频率分量相关联的大小。互 PSD 的相位表示在给定的频率分量上,$x[n]$ 相对于 $y[n]$ 相位的滞后或超前。注意,两个谱密度都是周期的,周期为 1。频率间隔 $-1/2 \leqslant f \leqslant 1/2$ 被认为是基本周期。当不存在混淆时,$P_{xx}(f)$ 就简称为功率谱密度。

　　一个经常遇到的过程是离散白噪声过程。它定义为一个具有零均值、ACF 为

$$r_{xx}[k] = \sigma^2\delta[k]$$

的过程。其中 $\delta[k]$ 是离散冲激函数,这说明了它的每一个采样是互不相关的。利用(A1.8)式,PSD 变为

$$P_{xx}(f) = \sigma^2$$

可以看到它在频率上完全是平坦的。也就是说,白噪声在所有频率上都是等功率分布的。

　　对于一个冲激响应为 $h[n]$ 的线性时不变(LSI)系统,输入为 WSS 随机过程,输入过程 $x[n]$ 和输出过程 $y[n]$ 的相关性和功率谱密度函数存在多种关系。相关函数关系式为

$$
\begin{aligned}
r_{xy}[k] &= h[k] \star r_{xx}[k] = \sum_{l=-\infty}^{\infty} h[l] r_{xx}[k-l] \\
r_{yx}[k] &= h[-k] \star r_{xx}[k] = \sum_{l=-\infty}^{\infty} h[-l] r_{xx}[k-l] \\
r_{yy}[k] &= h[k] \star r_{yx}[k] = h[k] \star h[-k] \star r_{xx}[k] \\
&= \sum_{m=-\infty}^{\infty} h[k-m] \sum_{l=-\infty}^{\infty} h[-l] r_{xx}[m-l]
\end{aligned}
$$

其中 $\star$ 表示卷积。用 $\mathcal{H}(z) = \sum_{n=-\infty}^{\infty} h[n] z^{-n}$ 表示系统函数,那么从上面的相关函数的性质,可以得出 PSD 的下列关系,

$$
\begin{aligned}
\mathcal{P}_{xy}(z) &= \mathcal{H}(z) \mathcal{P}_{xx}(z) \\
\mathcal{P}_{yx}(z) &= \mathcal{H}(1/z) \mathcal{P}_{xx}(z) \\
\mathcal{P}_{yy}(z) &= \mathcal{H}(z) \mathcal{H}(1/z) \mathcal{P}_{xx}(z)
\end{aligned}
$$

特别是,令 $H(f) = \mathcal{H}[\exp(j2\pi f)]$ 是 LSI 系统的频率响应,那么可以得出如下式子,

$$
\begin{aligned}
P_{xy}(f) &= H(f) P_{xx}(f) \\
P_{yx}(f) &= H^*(f) P_{xx}(f) \\
P_{yy}(f) &= |H(f)|^2 P_{xx}(f)
\end{aligned}
$$

对于白噪声输入这样的特殊情况,由于 $P_{xx}(f) = \sigma^2$,因此输出的 PSD 变为

$$
P_{yy}(f) = |H(f)|^2 \sigma^2 \tag{A1.10}
$$

这将形成下面要讨论的时间序列模型的基础。

A1.2.3　高斯随机过程

如果一个过程任意样本 $x[n_0], x[n_1], \ldots, x[n_{N-1}]$ 的联合分布服从多维高斯 PDF,那么该过程称为高斯随机过程。如果连续采样得到矢量 $\mathbf{x} = [x[0] x[1] \ldots x[N-1]]^T$,那么假定零均值 WSS 随机过程,协方差矩阵取如下形式:

$$
\mathbf{C}_x = \begin{bmatrix}
r_{xx}[0] & r_{xx}[1] & \cdots & r_{xx}[N-1] \\
r_{xx}[1] & r_{xx}[0] & \cdots & r_{xx}[N-2] \\
\vdots & \vdots & \ddots & \vdots \\
r_{xx}[N-1] & r_{xx}[N-2] & \cdots & r_{xx}[0]
\end{bmatrix}
$$

协方差矩阵,或者更确切地说是自相关矩阵,具有(A1.1)式当 $a_k = a_{-k}$ 时的特殊的对称 Toeplitz 结构。

一个重要的高斯随机过程是白色过程。如前面讨论过的那样,白色过程的 ACF 是一个离散冲激函数。按照高斯随机过程的定义,一个白高斯随机过程 $x[n]$ 的均值为零,方差为 σ^2,即

$$
x[n] \sim N(0, \sigma^2) \qquad -\infty < n < \infty
$$

$$
r_{xx}[m-n] = E(x[n]x[m]) = 0 \qquad m \neq n
$$

由于高斯的假定,所有样本是统计独立的。

A1.2.4　时间序列模型

一类有用的时间序列模型是由有理传递函数模型组成的。将时间序列 $x[n]$ 看成方差为 σ_u^2 的白噪声 $u[n]$ 激励一个 LSI 滤波器的输出,其中滤波器的频率响应是 $H(f)$。这样,从(A1.10)式

得到它的 PSD 为

$$P_{xx}(f) = |H(f)|^2 \sigma_u^2$$

第一个时间序列模型称为自回归(AR)过程,它的时域表达式为

$$x[n] = -\sum_{k=1}^{p} a[k]x[n-k] + u[n]$$

称它为 p 阶 AR 过程,用 AR(p)表示。AR 参数由滤波器系数 $\{a[1],a[2],\dots,a[p]\}$ 和驱动白噪声方差 σ_u^2 组成。因为频率响应为

$$H(f) = \frac{1}{1 + \displaystyle\sum_{k=1}^{p} a[k]\exp(-j2\pi fk)}$$

AR PSD 是

$$P_{xx}(f) = \frac{\sigma_u^2}{\left| 1 + \displaystyle\sum_{k=1}^{p} a[k]\exp(-j2\pi fk) \right|^2}$$

可以证明 ACF 满足回归差分方程,

$$r_{xx}[k] = \begin{cases} -\displaystyle\sum_{l=1}^{p} a[l]r_{xx}[k-l] & k \geqslant 1 \\ -\displaystyle\sum_{l=1}^{p} a[l]r_{xx}[l] + \sigma_u^2 & k = 0 \end{cases}$$

对于 $k=1,2,\dots,p$,用矩阵形式表示,

$$\begin{bmatrix} r_{xx}[0] & r_{xx}[1] & \cdots & r_{xx}[p-1] \\ r_{xx}[1] & r_{xx}[0] & \cdots & r_{xx}[p-2] \\ \vdots & \vdots & \ddots & \vdots \\ r_{xx}[p-1] & r_{xx}[p-2] & \cdots & r_{xx}[0] \end{bmatrix} \begin{bmatrix} a[1] \\ a[2] \\ \vdots \\ a[p] \end{bmatrix} = - \begin{bmatrix} r_{xx}[1] \\ r_{xx}[2] \\ \vdots \\ r_{xx}[p] \end{bmatrix}$$

另外,

$$\sigma_u^2 = r_{xx}[0] + \sum_{k=1}^{p} a[k]r_{xx}[k]$$

给出了 ACF 的样本 $r_{xx}[k]$($k=0,1,\dots,p$),那么 AR 参数可以通过求解 p 个线性方程组来确定。这些方程称为 Yule-Walker 方程。例如,对于一个 AR(1)过程,

$$r_{xx}[k] = -a[1]r_{xx}[k-1] \qquad k \geqslant 1$$

求解得

$$r_{xx}[k] = r_{xx}[0](-a[1])^k \qquad k \geqslant 0$$

从

$$\sigma_u^2 = r_{xx}[0] + a[1]r_{xx}[1]$$

我们可以解出 $r_{xx}[0]$,得出 AR(1)过程的 ACF 为

$$r_{xx}[k] = \frac{\sigma_u^2}{1 - a^2[1]}(-a[1])^{|k|}$$

相应的 PSD 是

$$P_{xx}(f) = \frac{\sigma_u^2}{|1 + a[1]\exp(-j2\pi f)|^2}$$

如果 $a[1] < 0$,则 AR(1)的 PSD 绝大部分功率集中在低频;如果 $a[1] > 0$,则大部分集中在高频。AR(1)过程的系统函数是

$$\mathcal{H}(z) = \frac{1}{1 + a[1]z^{-1}}$$

在 $z = -a[1]$ 处有一个极点。因此,对于一个稳定过程必须有 $|a[1]| < 1$。

AR 过程是由只有极点的滤波器输出产生的,而滑动平均(MA)过程则是白噪声通过系统函数只有零点的滤波器形成的。$MA(q)$ 过程的时域表达式为

$$x[n] = u[n] + \sum_{k=1}^{q} b[k]u[n-k]$$

由于滤波器频率响应是
$$H(f) = 1 + \sum_{k=1}^{q} b[k]\exp(-j2\pi fk)$$

它的 PSD 是
$$P_{xx}(f) = \left| 1 + \sum_{k=1}^{q} b[k]\exp(-j2\pi fk) \right|^2 \sigma_u^2$$

$MA(q)$ 过程的 ACF 为

$$r_{xx}[k] = \begin{cases} \sigma_u^2 \sum_{l=0}^{q-|k|} b[l]b[l+|k|] & |k| \leqslant q \\ 0 & |k| > q \end{cases}$$

系统函数是
$$\mathcal{H}(z) = 1 + \sum_{k=1}^{q} b[k]z^{-k}$$

可以看出它只由零点组成。尽管并不要求稳定,通常还是假定零点满足 $|z_i| < 1$。这是因为零点 z_i 和 $1/z_i^*$ 两者都可以得出相同的 PSD,这导致了过程参数的可识别问题。

参考文献

Graybill, F.A., *Introduction to Matrices with Application in Statistics*, Wadsworth, Belmont, Ca., 1969.

Kay, S., *Modern Spectral Estimation: Theory and Application*, Prentice-Hall, Englewood Cliffs, N.J., 1988.

Noble, B., J.W. Daniel, *Applied Linear Algebra*, Prentice-Hall, Englewood Cliffs, N.J., 1977.

Oppenheim, A.V., R.W. Schafer, *Digital Signal Processing*, Prentice-Hall, Englewood Cliffs, N.J., 1975.

Papoulis, A., *Probability, Random Variables, and Stochastic Processes*, McGraw-Hill, New York, 1965.

附录 2　符号和缩写术语表

符号

（加粗字表示矢量或矩阵。其他的都是标量。）

$*$	复共轭
$\star$	卷积
$\hat{\ }$	表示估计量
$\check{\ }$	表示估计量
$\sim$	表示复数
$\sim$	表示服从分布
$\overset{a}{\sim}$	表示渐近服从分布
$\underset{\theta}{\arg\max}\, g(\theta)$	表示使 $g(\theta)$ 最大的 θ 的值
$[\mathbf{A}]_{ij}$	$\mathbf{A}$ 的第 ij 个元素
$[\mathbf{b}]_{i}$	$\mathbf{b}$ 的第 i 个元素
$\mathrm{Bmse}(\hat{\theta})$	贝叶斯均方误差 $\hat{\theta}$
χ_n^2	n 个自由度的 chi 平方分布
$\chi_n'^2(\lambda)$	具有 n 个自由度和非中心参量 λ 的非中心 chi 平方分布
$\mathrm{cov}(x,y)$	x 和 y 的协方差
$\mathbf{C}_x$ 或 $\mathbf{C}_{xx}$	$\mathbf{x}$ 的协方差矩阵
$\mathbf{C}_{xy}$	$\mathbf{x}$ 和 $\mathbf{y}$ 的协方差矩阵
$\mathbf{C}_{y\vert x}$	$\mathbf{x}$ 条件下关于 $\mathbf{y}$ 的 PDF 的 $\mathbf{y}$ 的协方差矩阵
$\mathcal{CN}(\tilde{\mu},\sigma^2)$	均值为 $\tilde{\mu}$、方差为 σ^2 的复正态分布
$\mathcal{CN}(\tilde{\boldsymbol{\mu}},\mathbf{C})$	均值为 $\tilde{\boldsymbol{\mu}}$、协方差矩阵为 $\mathbf{C}$ 的多维复正态分布
d^2	偏移系数
$\delta(t)$	冲激函数
$\delta[n]$	离散时间冲激序列
δ_{ij}	Kronecker 冲激函数
Δ	时间采样间隔
$\det(\mathbf{A})$	矩阵 $\mathbf{A}$ 的行列式
$\mathrm{diag}(\cdots)$	在主对角线上具有元素…的对角矩阵
$\mathbf{e}_i$	在第 i 个方向的自然单位矢量
E	期望值
E_x	关于 $\mathbf{x}$ 的 PDF 的期望值
$E(x;\mathcal{H}_i)$	假定 $\mathcal{H}_i$ 为真时 x 的期望值
$E_{x\vert\theta}$ 或 $E(x\vert\theta)$	θ 条件下关于 x 的 PDF 的条件期望值
$E(x\vert\mathcal{H}_i)$	在 $\mathcal{H}_i$ 为真的条件下 x 的期望值

$\mathcal{E}$	能量
$\bar{\mathcal{E}}$	平均能量
η	信噪比
f	离散时间频率
F	连续时间频率
$\mathcal{F}$	傅里叶变换
$\mathcal{F}^{-1}$	傅里叶反变换
$F_{m,n}$	分子和分母的自由度分别为 m 和 n 的 F 分布
$F'_{m,n}\ (\lambda)$	分子和分母的自由度分别为 m 和 n 的非中心 F 分布 λ
$\gamma(\gamma',\ \gamma'',\ \text{etc.})$	门限
$\Gamma(x)$	伽马函数
H	共轭转置
$\mathbf{H}$	观测矩阵
$(x,\ y)$	x 和 y 的内积
$i(\theta)$	单个数据样本和标量 θ 的 Fisher 信息
$I(\theta)$	标量 θ 的 Fisher 信息
$\mathbf{I}$ 或 $\mathbf{I}_n$	单位矩阵或 $n \times n$ 单位矩阵
$\mathbf{I}(\boldsymbol{\theta})$	矢量 $\boldsymbol{\theta}$ 的 Fisher 信息矩阵
$\mathbf{I}_{\theta_i \theta_j}(\boldsymbol{\theta})$	$r \times s$ $\mathbf{I}(\boldsymbol{\theta})$ 的分块矩阵
$I(f)$	周期图
$I_x(f)$	基于 $x[n]$ 的周期图
$\mathrm{Im}(\ )$	虚部
j	$\sqrt{-1}$
$l(\mathbf{x})$	对数似然比
$L(\mathbf{x})$	似然比
$L_G(\mathbf{x})$	广义似然比
$\mathrm{mse}(\hat{\theta})$	$\hat{\theta}$ 均方误差(经典)
$\mathbf{M}_{\hat{\theta}}$	$\hat{\boldsymbol{\theta}}$ 的均方误差矩阵
μ	均值
n	序列索引
N	观测数据集的长度
$\mathcal{N}(\mu,\ \sigma^2)$	均值为 μ、方差为 σ^2 的正态分布
$\mathcal{N}(\boldsymbol{\mu},\ \mathbf{C})$	均值为 $\boldsymbol{\mu}$、协方差矩阵为 $\mathbf{C}$ 的多维正态分布
$\|x\|$	x 的范数
$\mathbf{1}$	全 1 矢量
$p(x)$ 或 $p_x(x)$	x 的概率密度函数(PDF)
$p(\mathbf{x};\ \theta)$	具有 θ 参数的 $\mathbf{x}$ 的 PDF
$p(\mathbf{x};\ \mathcal{H}_i)$	$\mathcal{H}_i$ 为真时 $\mathbf{x}$ 的 PDF
$p(\mathbf{x};\ \theta,\ \mathcal{H}_i)$	$\mathcal{H}_i$ 为真时具有 θ 参数的 $\mathbf{x}$ 的条件 PDF
$p(\mathbf{x}|\theta)$	θ 条件下 $\mathbf{x}$ 的 PDF
$p(\mathbf{x}|\mathcal{H}_i)$	$\mathcal{H}_i$ 为真的条件下 $\mathbf{x}$ 的条件 PDF

$p(\mathbf{x}|\theta, \mathcal{H}_i)$	$\mathcal{H}_i$ 为真和 θ 条件下 $\mathbf{x}$ 的条件 PDF
$p(\mathbf{x}; \theta| \mathcal{H}_i)$	$\mathcal{H}_i$ 为真的条件下具有 θ 参数的 $\mathbf{x}$ 的条件 PDF
P_D	检测概率
P_e	错误概率
P_{FA}	虚警概率
$P(\mathcal{H}_i)$	$\mathcal{H}_i$ 的先验概率
$P(\mathcal{H}_i|\mathbf{x})$	$\mathcal{H}_i$ 的后验概率
$\mathbf{P}$	投影矩阵
$\mathbf{P}^\perp$	正交投影矩阵
$\dfrac{\partial}{\partial \mathbf{x}}$	关于 $\mathbf{x}$ 的梯度矢量
$\dfrac{\partial^2}{\partial \mathbf{x} \partial \mathbf{x}^T}$	关于 $\mathbf{x}$ 的 Hessian 矩阵
$\Pr\{\ \}$	概率
$P_{xx}(f)$	离散时间过程 $x[n]$ 的功率谱密度
$P_{xy}(f)$	离散时间过程 $x[n]$ 和 $y[n]$ 的互功率谱密度
$P_{xx}(F)$	连续时间过程 $x(t)$ 的功率谱密度
$\Phi(x)$	$\mathcal{N}(0,1)$ 随机变量的累积分布函数
ρ	相关系数
ρ_s	信号相关系数
$Q(x)$	$\mathcal{N}(0,1)$ 正态随机变量超过 x 的概率
$Q^{-1}(u)$	$N(0,1)$ 正态随机变量以概率 u 超过的值
$Q_{\chi_n^2}(x)$	χ_n^2 随机变量超过 x 的概率
$Q_{\chi_n'^2(\lambda)}(x)$	$\chi_n'^2(\lambda)$ 随机变量超过 x 的概率
$Q_{F_{m,n}}(x)$	$F_{m,n}$ 随机变量超过 x 的概率
$Q_{F'_{m,n(\lambda)}}(x)$	$F'_{m,n}(\lambda)$ 随机变量超过 x 的概率
$r_{xx}[k]$	离散时间过程 $x[n]$ 的自相关函数
$r_{xx}(\tau)$	连续时间过程 $x(t)$ 的自相关函数
$r_{xy}[k]$	离散时间过程 $x[n]$ 和 $y[n]$ 的互相关函数
$r_{xy}(\tau)$	连续时间过程 $x(t)$ 和 $y(t)$ 的互相关函数
$\mathbf{R}_{xx}$	$\mathbf{x}$ 的自相关矩阵
$\mathrm{Re}(\ )$	实部
σ^2	方差
$s[n]$	离散时间信号
$\mathbf{s}$	信号样本的矢量
$s(t)$	连续时间信号
$\mathrm{sgn}(x)$	符号函数（$x>0$ 时为 $=1$，$x<0$ 时为 $=-1$）
$T(\mathbf{x})$	检验统计量
$T_R(\mathbf{x})$	Rao 检验统计量
$T_W(\mathbf{x})$	Wald 检验统计量
t	连续时间

tr(**A**)	矩阵 **A** 的迹
$\theta(\boldsymbol{\theta})$	未知参数(矢量)
$\hat{\theta}(\hat{\boldsymbol{\theta}})$	$\theta(\boldsymbol{\theta})$ 的估计量
T	转置
$\mathcal{U}[a, b]$	在区间 $[a, b]$ 上均匀分布
var(x)	x 的方差
var(x; $\mathcal{H}_i$)	假定 $\mathcal{H}_i$ 为真时 x 的方差
var($x|\theta$)	条件 PDF 的方差或者 $p(x|\theta)$ 的方差
var($x|\mathcal{H}_i$)	$\mathcal{H}_i$ 为真的条件下 x 的方差
V	模态矩阵
$w[n]$	观测噪声序列
w	噪声样本矢量
$w(t)$	连续时间噪声
$x[n]$	观测的离散时间数据
x	数据样本矢量
$x(t)$	观测的连续时间波形
$\bar{x}$	x 的样本均值
$\mathcal{Z}$	z 变换
$\mathcal{Z}^{-1}$	z 反变换
0	全零的矢量或矩阵

缩写

ACF	自相关函数
AG	阵列增益
ANC	自适应噪声对消器
AR	自回归
AR(p)	p 阶自回归过程
ARMA	自回归滑动平均
BLUE	最佳线性无偏估计量
CCF	互相关函数
CDF	累积分布函数
CFAR	恒虚警率
CRLB	Cramer-Rao 下限
CSM	互谱矩阵
CWGN	复高斯白噪声
DC	恒定电平(直流)
DFT	离散傅里叶变换
EM	数学期望最大化
ENR	信号能量噪声比
FFT	快速傅里叶变换
FIR	有限冲激响应

GLRT	广义似然比
IID	独立同分布
IIR	无限冲激响应
LLR	对数似然比
LRT	似然比检验
LMMSE	线性最小均方误差
LMP	局部最大势
LO	局部最佳
LPC	线性预测编码
LS	最小二乘
LSE	最小二乘估计量
LSI	线性时不变
MA	滑动平均
MAP	最大后验
ML	最大似然
MLE	最大似然估计量
MMSE	最小均方误差
MSE	均方误差
MVDR	最小方差无失真响应
MVU	最小方差无偏
NP	Neyman-Pearson
OOK	启闭键控
PDF	概率密度函数
PG	处理增益
PRN	伪随机噪声
PSD	功率谱密度
RBLS	Rao-Blackwell-Lehmann-Scheffe
SNR	信噪比
TDL	节拍延时线(和 FIR 相同)
TDOA	到达时差
2D	二维
WGN	高斯白噪声
WSS	广义平稳

反侵权盗版声明

电子工业出版社依法对本作品享有专有出版权。任何未经权利人书面许可，复制、销售或通过信息网络传播本作品的行为；歪曲、篡改、剽窃本作品的行为，均违反《中华人民共和国著作权法》，其行为人应承担相应的民事责任和行政责任，构成犯罪的，将被依法追究刑事责任。

为了维护市场秩序，保护权利人的合法权益，我社将依法查处和打击侵权盗版的单位和个人。欢迎社会各界人士积极举报侵权盗版行为，本社将奖励举报有功人员，并保证举报人的信息不被泄露。

举报电话：（010）88254396；（010）88258888

传　　真：（010）88254397

E-mail：　dbqq@phei.com.cn

通信地址：北京市海淀区万寿路 173 信箱
　　　　　电子工业出版社总编办公室

邮　　编：100036